CHEMISCHES ZENTRALBLATT

1830 gegründet
1897—1945 von der Deutschen Chemischen Gesellschaft fortgeführt

Herausgegeben im Auftrage
der Deutschen Akademie der Wissenschaften zu Berlin,
der Chemischen Gesellschaft in der DDR,
der Akademie der Wissenschaften zu Göttingen
und der Gesellschaft Deutscher Chemiker
von Prof. Dr. HEINRICH BERTSCH und Prof. Dr. Dr. h. c. WILHELM KLEMM

Chefredakteure
Dr. HELGA VÖLZ und Dr.-Ing. CHRISTIAN WEISKE

REFERAT 0001—2298
SEITE 1—224
140. JAHRGANG

13/1969
26. MÄRZ 1969

AKADEMIE-VERLAG GMBH · BERLIN · VERLAG CHEMIE GMBH · WEINHEIM/BERGSTRASSE

Inhalt

Namenregister Nr. 13

Ein vollständiger oder gekürzter Abdruck der Referate ist ohne Genehmigung der Redaktion und des Verlages verboten!

Australische Patente — Aust.P.

Nr.	Ref.-Nr.	Bezugspatent
258 601	1637	(Brit.P. 905 823)
261 438	2241	
264 254	2283	(D.A.S. 1 171 920)
267 905	2274	(D.A.S. 1 194 853)
268 036	2270	(D.A.S. 1 204 455)
268	2007	(D.A.S. 1 188 060)
071	2007	(D.A.S. 1 188 060)
093	2268	(U.S.P. 3 124 505)
441	2285	(D.A.S. 1 166 547)
560	2295	(D.A.S. 1 163 310)
751	2276	(Brit.P. 1 014 346)
765	1618	(F.P. 1 322 527)
771	1654	(Brit.P. 967 009)
827	1678	(U.S.P. 3 118 886)
860	2279	(U.S.P. 3 105 003)
950	1597	(Oe.P. 239 218) (U.S.P. 3 075 975)
962	1598	(Brit.P. 995 256)
980	2280	(F.P 1 345 173)
269 202	1519	
268	2292	(D.A.S. 1 188 360)
784	1670	(Brit.P. 998 051)
842	2271	(F.P. 1 326 051)
876	1667	(D.A.S. 1 193 948)
909	1647	(F.P. 1 338 073)
939	1648	(U.S.P. 3 124 572)
943	1649	(U.S.P. 3 119 817)
997	1591	(D.A.S. 1 214 669)
270 011	1621	(U.S.P. 3 122 555)
100	2264	(Can.P. 685 053)
122	1669	(Oe.P. 227 880)
175	1671	(Brit.P. 999 121)
186	1666	(Brit.P. 1 012 943)
269	1603	(D.A.S. 1 182 664)
300	1581	(Belg.A.S. 628 482)
470	1668	(Brit.P. 965 019)
670	1580	(Brit.P. 971 700)
683	1662	(D.A.S. 1 138 777)
694	2269	(Port.P. 39 844)
716	2260	(F.P. 1 359 553)
747	1650	(D.A.S. 1 190 937)
792	2259	(D.A.S. 1 197 678)
796	1624	(D.A.S. 1 205 102)
803	1674	(D.A.S. 1 219 486)
875	1615	(Brit.P. 979 994)
271 088	2265	(U.S.P. 3 100 718)
119	2284	(Brit.P. 986 911)
156	1658	(D.A.S. 1 161 887)
220	2000	(Brit.P. 967 876)
256	1664	(Ung.P. 152 039)
313	1582	(Ind.P. 77 596)
340	1599	(Brit.P. 1 022 957)
483	2263	(F.P. 1 270 771)
494	1644	(Brit.P. 990 902)
522	1643	(Brit.P. 990 902)
589	1617	(Brit.P. 969 126)
272 247	2120	
476	2124	
273 192	2229	(D.A.S. 1 161 371)
274 423	2230	(D.A.S. 1 161 370)
275 131	2267	(D.A.S. 1 151 405)
195	2282	(D.P.[DDR] 41 584)

Belgische Auslegeschriften — Belg.A.S.

Nr.	Ref.-Nr.	Bezugspatent
651 712	2119	
655 518	2210	
656 244	2208	
668 023	2005	(D.A.S. 1 244 746)

Britische Patente — Brit.P.

Nr.	Ref.-Nr.	Bezugspatent
926 038	1628	(F.P.[Méd.] 625)
940 289	1998	(F.P. 1 316 980)
952 407	2167	(Can.P. 696 209) (Can.P. 696 210)
959 115	2197	(U.S.P. 3 102 096)
960 198	2003	(D.P.[DDR] 33 322)
971 672	2178	(F.P. 1 343 978)
974 983	1602	(U.S.P. 3 136 787)
978 854	2277	(D.P.[DDR] 31 754)
989 259	1600	(D.P.[DDR] 40 502)
917	1613	(D.P.[DDR] 36 432)
993 295	1626	(Oe.P. 242 149)
908	2226	(D.P.[DDR] 36 434)
1 000 406	1607	(U.S.P. 3 153 057)
654	1601	(D.A.S. 1 182 244)
1 003 473	1652	(F.P. 1 349 991)
1 007 579	1587	(F.P. 1 310 906)
1 011 109	2241	
554	1625	(D.P.[DDR] 37 805)
1 016 234	1620	(D.P.[DDR] 34 198)
840	1509	
1 017 615	1570	
1 018 118	2244	
1 019 572	1538	
1 021 858	1586	(Belg.A.S. 628 135)
1 022 031	1590	(Ung.P. 150 894)
1 023 802	2038	
1 024 654	2213	
1 025 043	2225	(F.P. 1 385 930)
1 026 930	1604	(D.A.S. 1 198 353) (D.A.S. 1 204 217)
1 031 364	1635	(Jap.A.S. 9 027/1965)
482	2217	(D.A.S. 1 233 820)
535	2203	
750	2071	
1 032 051	2243	
1 033 485	2132	
1 036 844	2224	(F.P. 1 370 001)
1 038 529	1574	
1 040 980	1609	
1 041 045	1997	(Belg.A.S. 633 974)
279	1557	
538	2223	(F.P. 1 370 010)
1 043 993	1623	(D.A.S. 1 203 783)
1 044 361	1512	
1 047 245	1508	
1 049 103	2242	
396	1539	
1 052 180	2272	(D.A.S. 1 221 214)
1 053 676	2049	
690	2246	
817	1565	
1 054 104	1519	
209	1566	
262	1558	
338	1515	
539	1527	
624	2070	
718	1526	
806	1573	
833	1510	
955	2032	
1 055 266	1576	
469	1484	
1 056 101	1577	
198	1564	
221	2043	
268	1502	
289	1491	
421	1522	
1 057 664	2088	
697	1567	
1 058 514	1474	
565	1503	
813	1482	
857	1500	
1 059 146	2096	
183	1534	
581	2104	
687	2097	
812	2079	
914	2106	
1 060 126	1572	
133	1571	
202	2110	
420	2053	
466	1496	
898	2067	
1 061 019	2083	
026	1547	
372	2056	
515	2059	
571	1523	
734	2108	
747	2125	
1 062 404	1532	
506	1548	
604	1476	
804	2047	
852	2068	
889	1501	
890	1501	
915	2062	
1 063 366	1497	
524	1486	
922	1545	
1 064 929	1490	
958	2077	
970	1575	
1 065 086	2103	
306	1520	
946	2111	
965	1488	
967	1488	
1 066 055	2109	
344	1477	
404	2075	
709	2034	
763	2048	
898	2058	
926	1511	
1 067 474	1531	
575	1473	
762	2050	
782	2101	
783	2117	
965	1568	
1 068 083	1513	
308	1989	
1 069 061	2091	
1 069 069	1494	
116	1540	
165	2126	
337	1493	
344	1499	
372	1489	
440	2100	
455	1974	
534	2095	
563	1498	
747	2082	
797	1479	
1 070 329	1555	
362	1487	
405	1506	
714	1480	
1 071 031	1550	
298	2115	
489	2072	
509	1552	
816	2102	
818	2076	
891	2130	
1 072 429	2089	
655	2119	
695	2044	
887	2207	
919	2093	
1 073 040	2116	
288	1478	
334	1563	
588	2123	
944	2090	
976	1504	
1 074 081	1485	
083	2078	
1 075 156	1524	
223	2107	
252	1561	
300	1481	
1 076 069	1537	
796	2064	
962	1546	
1 077 249	1469	
288	1470	
470	2045	
673	2094	
749	2054	
970	2250	
974	1518	
1 078 174	1544	
250	1495	
418	2080	
420	2081	
756	1514	
975	1525	
091	1505	
196	1579	
608	1471	
901	1967	
1 080 150	1556	
247	1569	
491	1542	
667	2046	
676	1541	
1 081 307	1554	
314	1483	
494	1559	
647	1551	
763	2253	
825	2063	
866	2112	
897	2113	
930	1560	
1 082 060	1521	
062	2114	
078	1996	
212	1535	
269	2073	
508	1553	
564	2037	
1 083 194	2121	
196	2210	
204	1543	
549	2084	
1 084 152	1529	
153	1530	
271	1578	
610	2129	
759	1549	
1 085 076	2105	
644	1472	
1 086 280	2057	
405	2039	
540	2087	
726	2042	
1 087 583	1492	
1 088 899	1975	
1 090 045	2206	
540	2215	
547	1983	
945	2211	
1 092 057	2205	

Nr.	Ref.-Nr.	Bezugspatent
1 094 943	2209	
1 118 075	2202	(D.A.S. 1 249 866)
1 120 150	2182	(D.A.S. 1 244 182)

Auslegeschriften der Patentanmeldungen des Deutschen Patentamtes München — D.A.S.

Nr.	Ref.-Nr.	Bezugspatent
1 194 843	1602	(U.S.P. 3 136 787)
1 214 348	2231	(Brit.P. 978 739)
1 215 725	1585	(Brit.P. 968 460)
1 217 949	1675	(D.P.[DDR] 39 649)
1 219 149	2221	(Brit.P. 944 407) (F.P. 1 304 058) (Schwz.P. 383 527)
156	2222	(Brit.P. 964 275) (Schwz.P. 383 526) (U.S.P. 3 102 110)
171	1672	(F.P.[Méd.] 1 586)
1 220 062	2219	(Brit.P. 1 005 646) (Schwz.P. 393 587) (U.S.P. 3 143 541)
066	2234	(U.S.P. 3 023 212)
837	2002	(U.S.P. 3 150 929)
952	2220	(Brit.P. 980 232) (Schwz.P. 384 750) (U.S.P. 3 133 086)
1 222 189	2240	(Oe.P. 238 347)
1 226 730	2239	(Schwz.P. 398 848) (U.S.P. 3 199 941)
1 227 414	1646	(Can.P. 695 123)
1 230 751	1660	(Brit.P. 976 415)
1 238 017	1655	(F.P. 1 365 290)
1 245 339	1998	(F.P. 1 316 980)
1 250 033	2233	(Can.P. 695 185)
1 263 660	2162	(Brit.P. 870 031)
749	2141	(Brit.P. 976 136)
780	2298	(Brit.P. 998 606)
1 264 435	2140	(Brit.P. 911 597)
1 267 365	2143	(F.P. 1 296 124)
686	2168	(Jap.A.S. 2 419/1965)
1 270 032	2135	(Brit.P. 981 697)
1 271 119	2194	(Brit.P. 962 925)
1 272 930	2164	(U.S.P. 3 033 892)
1 274 399	2291	(Port.P. 42 576)
569	2175	(U.S.P. 3 178 452)
570	2176	(Brit.P. 1 013 237)
572	2158	(F.P. 1 344 292)
575	2153	(Brit.P. 952 477) (Oe.P. 225 173)
1 275 045	2156	(Brit.P. 1 036 289)
047	2174	(Brit.P. 983 677)
056	2186	(Brit.P. 1 023 936)
065	2181	(Brit.P. 1 017 646)
540	2170	(Brit.P. 991 070)
1 276 628	2173	(F.P. 1 394 640)
635	2151	(Brit.P. 1 006 352)
1 277 242	2183	(Brit.P. 998 784)
250	2149	(F.P. 1 270 916)
843	2134	(Brit.P. 959 744)
859	2146	(Brit.P. 1 009 190)
1 278 432	2187	(U.S.P. 3 239 562)

Deutsche Patente — D.P.[DDR]

Nr.	Ref.-Nr.	Bezugspatent
29 841	2227	(Brit.P. 967 011)
31 097	2122	
35 242	2228	(D.A.S. 1 208 021)
42 955	1630	(D.A.S. 1 199 275)
46 273	1626	(Oe.P. 242 149)

Französische Patente — F.P.

Nr.	Ref.-Nr.	Bezugspatent
2 057	1625	(D.P.[DDR] 37 805) [Méd.]
88 651	1971	
89 134	2035	
90 383	1970	
1 336 360	2278	(Brit.P. 983 886)
876	2266	(Brit.P. 1 009 801)
1 340 297	2261	(Ung.P. 151 448)
1 372 418	2287	(U.S.P. 3 232 954)
1 437 364	1557	
1 457 891	1985	
1 461 074	2215	
1 468 316	1991	
1 469 158	1992	
1 473 547	1964	
1 477 584	1980	
1 480 826	1979	
1 482 251	2207	
1 485 224	2212	
1 490 372	2209	
874	2209	
1 494 009	1968	
1 495 507	1993	
789	1986	
1 499 326	1976	
881	1969	
1 501 177	1977	
1 503 615	1978	
1 505 395	1990	
1 509 951	1981	

Niederländische Patente — Niederl.P.

Nr.	Ref.-Nr.	Bezugspatent
120 204	1640	(Brit.P. 974 877)
122 487	1631	(Oe.P. 242 145)
802	2281	(Brit.P. 909 587)
123 593	2172	(Can.P. 691 217)
733	2163	(Brit.P. 867 966)
748	2192	(D.A.S. 1 159 453)
782	2148	(D.A.S. 1 150 982)
915	2136	(Brit.P. 912 822)
916	2137	(F.P. 1 284 455)
917	2138	(F.P. 1 284 457)
918	2142	(D.A.S. 1 180 731)
920	2144	(Brit.P. 988 155)

Oesterreichische Patente — Oe.P.

Nr.	Ref.-Nr.	Bezugspatent
241 452	1614	(D.P.[DDR] 36 431)
246 142	1620	(D.P.[DDR] 34 198)
253 129	1641	(D.A.S. 1 207 392)
130	1642	(Brit.P. 1 018 986)
256 039	2008	(Aust.P. 248 838)
183	1965	
354	1557	
355	1557	
356	1557	

Portugiesische Patente — Port.P.

Nr.	Ref.-Nr.	Bezugspatent
46 361	2251	
866	2255	
47 010	2252	

Schwedische Patente — Schwed.P.

Nr.	Ref.-Nr.	Bezugspatent
200 787	1595	(D.A.S. 1 068 242)
790	1633	(Schwz.P. 380 732)
959	2012	(D.A.S. 1 070 154)
962	1677	(D.A.S. 1 135 001)
201 020	2218	(D.A.S. 1 205 637)
155	1673	(F.P.[Méd.] 733)
346	1610	(Brit.P. 948 460)
387	2232	(F.P. 1 299 997)
491	1611	(Brit.P. 951 112)
504	2238	(F.P. 1 308 796)
505	2237	(F.P. 1 310 801)
508	2236	(F.P. 1 310 800)
584	1592	(D.A.S. 1 028 114)
896	1605	(U.S.P. 3 104 238)
202 128	1651	(D.A.S. 1 171 425)
132	1636	(F.P. 1 205 153)
134	1596	(Jap.A.S. 7081/1958)
179	2216	(F.P. 1 311 555)
221	2006	(D.A.S. 1 164 671)
329	2013	(Aust.P. 239 579)
332	1593	(Schwz.P. 371 107) (Schwz.P. 371 108)
336	1634	(D.A.S. 1 207 939)
497	2014	(Brit.P. 891 436)
501	1619	(Brit.P. 927 666)
726	1594	(Brit.P. 863 451)
729	1583	(Brit.P. 834 990)
873	2011	(Oe.P. 229 846)
877	1608	(Brit.P. 836 083)
203 061	1665	(D.A.S. 1 039 197)
130	1612	(Aust.P. 246 130)
132	1622	(D.A.S. 1 203 783)
133	1589	(Oe.P. 223 603)
176	2235	(Brit.P. 932 022)
177	2237	(F.P. 1 310 801)
179	2237	(F.P. 1 310 801)
303	1999	(F.P. 1 350 880)
305	1656	(Belg.P. 568 015)
880	1657	(Ind.P. 72 695)
885	1627	(D.A.S. 1 215 717)
204 006	1638	(Brit.P. 994 621)
007	1639	(Brit.P. 993 453)
141	1632	(Brit.P. 863 547)
142	1616	(Brit.P. 907 848)
292	1584	(Brit.P. 999 762)
296	1645	(D.A.S. 1 205 972)

Schweizer Patente — Schwz.P.

Nr.	Ref.-Nr.	Bezugspatent
388 288	1676	(F.P.[Méd.] 898)
390 258	1606	(Ung.P. 151 272)
259	1606	(Ung.P. 151 272)
396 014	1628	(F.P.[Méd.] 625)
912	1629	(Brit.P. 969 358)
398 526	1602	(U.S.P. 3 136 787)
887	1679	(F.P.[Méd.] 820)
408 018	1536	
411 805	2010	(Can.P. 679 093)
412 824	2001	(D.A.S. 1 036 222)
416 639	2092	
640	2092	
641	2092	
657	1641	(D.A.S. 1 207 392)
417 216	2258	
604	1508	
418 328	2074	
419 097	2038	
419 130	2098	
163	1539	
421 964	2093	
422 781	2118	
424 785	2099	
426 810	1620	(D.P.[DDR] 34 198)
427 819	1528	
848	1507	
428 673	1982	
696	2069	
432 486	2031	
509	1557	
433 249	2071	
277	1562	
320	1512	
374	2051	
435 224	2004	(Brit.P. 960 031)
263	1555	
766	1966	
767	1973	
768	1972	
436 253	1476	
289	1517	
298	1570	
735	1984	
437 287	1516	
438 257	2041	
313	1475	
528	2208	
439 525	2212	
441 283	2171	(Brit.P. 974 408)
313	2293	(Brit.P. 979 568)
372	2169	(Brit.P. 956 229)
622	2289	(Brit.P. 974 128)
442 264	2188	(D.A.S. 1 222 928)
284	2191	(D.A.S. 1 181 210)
295	2196	(F.P. 71 934)
296	2185	(Oe.P. 242 363)
340	2190	(Port.P. 42 402)
443 294	2201	(D.A.S. 1 194 417)
336	2180	(D.A.S. 1 222 933)
444 570	2297	(U.S.P. 3 083 135)
843	2152	(D.A.S. 1 216 290)
446 300	2154	(Brit.P. 1 015 079)
307	2184	(Brit.P. 990 796)
375	2161	(Can.P. 693 315)
391	2288	(D.A.S. 1 203 790)
447 129	2159	(Brit.P. 889 673)
139	2139	(Port.P. 40 793)
708	2286	(D.A.S. 1 197 679)
449 000	2200	(D.A.S. 1 196 197)
047	2166	(Niederl.P. 108 487)
320	2290	(D.A.S. 1 169 194)
451 109	2157	(D.A.S. 1 235 889)
933	2189	(D.A.S. 1 158 069)
452 522	2294	(D.A.S. 1 188 596)
453 324	2147	(Brit.P. 970 930) (D.A.S. 1 192 636)
356	2165	(D.A.S. 1 248 048)
376	2160	(U.S.P. 3 152 186)
454 124	2145	(D.A.S. 1 159 430)
126	2296	(Schwz.P. 454 126)
149	2193	(F.P. 84 219) (F.P. 1 359 676)

USA-Patente — U.S.P.

Nr.	Ref.-Nr.	Bezugspatent
3 147 300	2273	(D.A.S. 1 024 745)
3 170 912	2217	(D.A.S. 1 233 820)
914	2203	
3 181 996	1659	(Brit.P. 972 866)
3 192 198	1661	(Brit.P. 978 178)
3 194 632	2003	(D.P.[DDR] 33 322)
3 196 159	1588	(F.P. 1 298 913)
3 210 348	2244	
3 219 656	2119	
3 225 081	2262	(Can.P. 698 235)
3 232 974	2241	
3 238 202	2275	(Brit.P 985 466) (F.P. 1 327 314)
3 239 517	1533	
3 244 694	2224	(F.P. 1 370 001)
3 247 188	1653	(F.P. 1 290 124)
3 249 599	2223	(F.P. 1 370 010)
3 253 010	2179	(D.A.S. 1 154 091)
939	2009	(F.P. 1 347 579)
3 254 075	1509	
078	2213	
3 257 379	2223	(F.P. 1 370 010)
463	1663	(D.A.S. 1 188 590)
3 268 592	2249	
3 272 792	2214	
793	2214	
3 274 257	2245	
3 278 562	2085	
651	2248	
3 281 507	2247	
3 282 945	1538	
986	2040	
3 284 436	2204	
488	2177	(D.A.S. 1 135 886)
3 287 401	2036	
427	2066	
3 291 818	2150	(Oe.P. 242 117)

Nr.	Ref.-Nr.	Bezugspatent
3 294 835	2195	(D.A.S. 1 204 651)
3 296 296	2052	
3 297 719	2086	
3 299 121	2033	
3 311 468	1994	
3 341 632	2065	
3 344 173	2055	
3 345 390	2133	
3 346 369	1995	

Nr.	Ref.-Nr.	Bezugspatent
3 347 889	2128	
890	2257	
892	2131	
895	2061	
3 350 434	2127	
436	2132	
3 352 896	2060	
900	2254	
3 356 492	1988	

Nr.	Ref.-Nr.	Bezugspatent
3 357 821	1987	
3 385 890	2155	(D.A.S. 1 211 171)
3 387 012	2199	(D.A.S. 1 217 951)
3 388 142	2198	(D.A.S. 1 206 898)

Sowjetische Patente — UdSSR.P.

184 060	2256

CHEMISCHES ZENTRALBLATT

Nr. 13 · 26. März 1969
Referat 0001—2298
Seite 1—224

A. Allgemeine, physikalisch-anorganische und anorganische Chemie

0001 **Dimension und Orientierung von physikalischen Größen.** John Wenneberg. (Ark. Fysik **35** (1968) 1/2, 101—17; Dybecksgatan 9 B, Västerås, Sweden; engl.) — Im Größenkalkül wird manchmal mehr als die physikal. Dimension zur Charakterisierung einer physikal. Größe benötigt. Der hier eingeführte Begriff der „Orientierung" bezieht solche Größen, die Anlaß zu Mehrdeutigkeiten geben, auf drei Raumrichtungen u. auf die „Richtung" der Zeit, die durch die Indices x, y, z u. k bezeichnet werden. Regeln für das Orientierungskalkül werden entwickelt. Diese werden angewandt, um abgeleitete physikal. Größen zu erhalten. Eine Anzahl von Fällen in den verschiedenen Bereichen der Physik werden diskutiert, bes. in der Elektrizität u. im Magnetismus, wo eine graph. Darst. (Kette der elektr. Größen) zur Illustrierung der Zwischenbeziehungen dient. Die Beziehungen der verschiedenen Einheiten u. Syst. von Einheiten werden betrachtet. Ferner wird die histor. Entw., die zum gegenwärtigen Syst. der Einheiten (SI) führte, behandelt.
Herbert Weber 8

A-2. Physik der Atome und Moleküle

0002 **Austauschpotential für Elektronen in Atomen und Festkörpern.** David A. Liberman. (Physic. Rev. [2] **171** (1968) 1, 1—3; Univ. of Calif., LASL., Los Alamos, N.Mex.; engl.) — Das Hartree-Fock-Austauschpotential für ein homogenes, entartetes Elektronengas wird dem Fall variabler D. angepaßt. Es werden Ergebnisse für *Ar*- u. *Hg*-Atome mitgeteilt. Die Energieeigenwerte liegen sehr nahe bei den Hartree-Fock-Werten.
H. Liepack 22

0003 **Berechnungen oberer und unterer Energiegrenzen für Atome und Moleküle in der Thomas-Fermi-Theorie.** Robert E. Roberts. (Physic. Rev. [2] **170** (1968) 1, 8—11; Theoret. Chem. Inst., Univ. of Wis., Madison, Wis.; engl.) — Mit einfachen Funktionen werden die oberen u. unteren Grenzen der Thomas-Fermi-Energien von Atomen u. homonuklearen zweiatomigen Mol. bei verschiedenen Kernabständen ber., die um weniger als 0,2% beim Atom u. um höchstens 0,5% für Mol. abweichen.
H. Liepack 22

0004 **Zur Anwendung von Austauschpotentialen bei SCF-Rechnungen an Atomen.** W. H. Eugen Schwarz. (Z. Physik **214** (1968) 2, 149—56; Inst. für Phys. Chem., Univ. Frankfurt/Main; dt.) — Da das statist. Austauschpotential den Selbstaustausch lokalisierter Elektronensyst. nicht ausreichend berücksichtigt, wird eine einfache Korrektur vorgeschlagen, die dem (außer bei den äußeren Schalen) Rechnung trägt, so daß die Hartree-Fock-Gesamtenergien auf wenige ‰ genau erhalten werden. Weiterhin wird gezeigt, daß schon bei einem 3-Elektronen-Syst. die statist. Näherung zu guter Rumpf-Valenzelektronen-Austauschenergie führt, wenn man die Gombás-Korrektur berücksichtigt; u. zwar nicht nur bei direkter Orthogonalisierung des Valenzorbitals auf dem Rumpf, sondern auch bei Besetzungsverbot-Operator-Rechnungen.
Herbert Weber 22

0005 **Projizierte Hartree-Produktwellenfunktionen.** G. A. Gallup. (J. chem. Physics **48** (1968) 4, 1752—59; Dep. of Chem., Univ. of Nebr., Lincoln, Nebr.; engl.) — Diskussion einer Meth. zur CI-Berechnung für Atome u. Mol. unter Verw. von Young-Operatoren aus symm. Gruppen. Als Beispiel werden das H_2-Mol., das *He*-Atom u. das *Allyl*-Radikal betrachtet.
H. Liepack 22

0006 **Direkte Berechnung angenäherter natürlicher Orbitale und natürlicher Entwicklungskoeffizienten der Elektronenwellenfunktionen von Atomen und Molekülen. 2. Mitt. Entkopplung der Paargleichungen und Berechnung von Paar-Korrelationsenergien für die Grundzustände von Be und LiH.** Reinhart Ahlrichs und Werner Kutzelnigg. (J. chem. Physics **48** (1968) 4, 1819 bis 1832; Theoret. Chem. Group, Univ. of Göttingen, Germany; engl.) — 1. vgl. C. **1966**, 17-0100.
H. Liepack 22

0007 **Matrixelemente der Spin-Spin-Wechselwirkung für die f^3-Elektronenkonfiguration.** Edith F. Reilly. (Physic. Rev. [2] **170**, (1968) 1, 1—7; Frankford Arsenal, Philadelphia, Pa.; engl.) — Berechnung nach der Meth. von Innes u. Prüfung nach der von Trees.
H. Liepack 22

0008 **Bahn-Bahn-Wechselwirkung in positiven Ionen von Übergangselementen.** Jon Thorhallsson und Serafin Fraga. (Canad. J. Physics **46** (1968) 12, 1469 bis 1471; Div. of Theoret. Chem., Dep. of Chem., Univ. of Alberta, Edmonton, Alberta; engl.) — Best. der Bahn-Bahn-Wechselwrkg. aus analyt. Hartree-Fock-Funktionen. Diese Wechselwrkg. ist die gleiche für die verschiedenen Zustände, die aus einer gegebenen Konfig. hervorgehen u. den gleichen Ausgangszustand haben, u. ist in vielen Fällen größenordnungsmäßig vergleichbar zur Spin-Bahn-Wechselwirkung. Werte der Bahn-Bahn-Wechselwrkg. werden für das erste positive Ion der Konfig. $K(2)L(8)3s^2\,3p^6\,3d^n\,4s^2$ für Ti, V, Cr, Mn, Fe, Co, Ni sowie für verschiedene Zustände von Cr u. seinen positiven Ionen u. ferner für verschiedene Zustände von Mn IV u. Fe IV abgeleitet.
Herbert Weber 22

0009 **Entwicklung von reduzierten Basissätzen für die Silber-Ion-Orbitale.** M. Synek und F. Schmitz. (Physics Letters [Amsterdam] **27 A** (1968) 6, 349—50; Dep. of Phys., Tex. Christian Univ., Forth Worth, Tex.; engl.) — Berechnung analyt. Entw. für die Orbitalwellenfunktionen von Ag^+.
Herbert Weber 22

0010 **Prüfung von Hyperfeinstrukturmatrizen in einer Atomkonfiguration.** Cl. Bauche-Arnoult und J. Bauche. (J. opt. Soc. America **58** (1968) 5, 704—05; Labor. Aimé Cotton, C.N.R.S., Orsay; engl.) — Theoret. Arbeit.
Werner Schmidt/Berlin 22

0011 **Vielkörperberechnung der Hyperfeinstruktur.** H. P. Kelly. (Physics Letters [Amsterdam] **27 A** (1968) 6, 371—72; Dep. of Phys., Univ. of Va., Charlottesville, Va.; engl.) — Die Vielkörper-Störungstheorie von Brueckner u. Goldstone wird zur Berechnung der Hyperfeinkontaktwechselwrkg. von Sauerstoff benutzt. Der ber. Wert für $|\Psi(0)|^2$ ist 0,0601.
Herbert Weber 22

0012 **Berechnung der magnetischen Hyperfeinstruktur der ^1D-, ^3D-, ^1F- und ^3F-Zustände von $^7Li^+$.** C. Ambry, N. Bessis und C. M. Moser. (Physic. Rev. [2] **170** (1968) 1, 131—35; Labor. de Phys. Mol. Théor., Fac. des Sci., Paris; engl.) — Berechnung unter Berücksichtigung der Mischung von Singulett- u. Triplett-Funktionen, die sich aus jeder Konfig. (1snd) u. (1snf) durch die Spin-Bahn- u. Spin-Spin-Wechselwrkg. des Hamilton-Operators nach Breit u. die magnet. Wechselwrkg. zwischen Kern u. 1s-Elektron ergibt. Die ber. Verteilung der Niveaus ist in Übereinstimmung mit experimentellen Ergebnissen u. bestätigt die von Herzberg u. Moore zur Deutung der Spektren eingeführten Kopplungsregeln. Die Berechnungen deuten eine scheinbare Hyperfeinstruktur der Singulettzustände von $^7Li^+$ an, die analog der in den n^1D-Zuständen von ^3He zu beobachten ist.
H. Liepack 22

0013 **Verwendung der Hartree-Fock-Näherung zur Berechnung von Elektronenaffinitäten.** Arthur M. Lesk. (Physic. Rev. [2] **171** (1968) 1, 7—10; Dep. of Chem., Princeton Univ., Princeton, N.J.; engl.)
H. Liepack 22

0014 **Berechnung der Elektronenaffinität von Bor.** Henry F. Schaefer III und Frank E. Harris. (Physic. Rev. [2] **170** (1968) 1, 108—15; Dep. of Chem.,

Stanford Univ., Stanford, Calif.; engl.) — Ab initio-Berechnungen für die Grundzustände von neutralem B u. B^- mit CI-Wellenfunktionen, die die Hartree-Fock-Konfig., Einzelanregungen u. Doppelanregungen der Arten (1s, 2p), (2s, 2s), (2s, 2p) u. (2p, 2p) berücksichtigen. Nach den Berechnungen ist B^- stabil, die Elektronenaffinität von B beträgt 0,0028 Hartree (0,08 eV). Die Beiträge der vernachlässigten Korrelationen wurden untersucht, sie beeinflussen nicht die qual. Schlüsse. Die Berücksichtigung der wahrscheinlichen Fehler in den Berechnungen bestätigt die Stabilität von B^- u. führt zu einer Abschätzung von 0,25 eV für die Elektronenaffinität von B. H. Liepack 22

0015 **Konfigurationswechselwirkungsintegral für Pu I und II.** M. Wilson. (Physic. Rev. [2] **171** (1968) 1, 4—7; ANL, Argonne, Ill.; engl.) — Berechnung der Integrale u. Best. ihrer Phasen unter Verw. der nichtrelativist. radialen Hartree-Fock-Wellenfunktionen. H Liepack 22

0016 **Wechselwirkungsenergie dritter Ordnung zwischen Atomen.** Y. M. Chan und A. Dalgarno. (Molecular Physics **14** (1968) 2, 101—04; Dep. of Phys., Univ. of Malaya, Kuala Lumpur; engl.) — Entw. einer Meth. zur Berechnung der Wechselwrkg.-Energie (WE) höherer Ordnung zwischen Atomen mit großem Abstand R. Anwendung auf ein Paar von *H*-Atomen im Grundzustand. Der Hauptterm der WE 3. Ordnung ergibt sich zu $-3986/R^{11}$ aE. E. Richter 22

0017 **Berechnung der nichtretardierten van der Waals-Koeffizienten für zwei und drei He-Atome nach der Padé-Näherung.** K. T. Tang und M. Karplus. (Physic. Rev. [2] **171** (1968) 1, 70—74; Dep. of Phys., Pacific Lutheran Univ., Tacoma, Wash.; engl.) H. Liepack 22

0018 **Natur der chemischen Zweielektronen-Bindung. 7. Mitt. Mehrzentrenbindungen und H_3^+.** Ralph E. Christoffersen und Harrison Shull. (J. chem. Physics **48** (1968) 4, 1790—97; Dep. of Chem., Univ. of Kansas, Lawrence, Kansas; engl.) — 5. vgl. C. **1964**, 39-0465. — Unters. der chem. Bindung in H_3^+ durch eine natürliche Spin-Bahn-Analyse. Es besteht eine große Ähnlichkeit zu dem Analogen der vereinigten Atome Li^+. Die Hartree-Fock-Energie wird zu —1,301 Hartree abgeschätzt. Es wird ferner die Elektronendichte dargestellt. H. Liepack 22

0019 **Methode des Doppelatoms in Molekülen.** 7. Mitt. **Angeregte Singulettzustände von H_3^+.** Ay-ju A. Wu und Frank O. Ellison. (J. chem. Physics 48 (1968) 4, 1491 bis 1496; Dep. of Chem., Univ. of Pittsburgh, Pittsburgh, Pa.; engl.) — 6. vgl. ibid. 48 (1968) 2, 727; 5. vgl. C. **1968**, 37-0049. H. Liepack 22

0020 **Doppel-ζ-LCAO-SCF-MO-Berechnungen für NO_2^- und OF_2.** Rosanna Bonaccorsi, Carlo Petrongolo, Eolo Scrocco und Jacopo Tomasi. (J. chem. Physics **48** (1968) 4, 1497—99; Ist. di Chim. Fis., Univ. of Pisa, Italy; engl.) — Bestimmung der Grundzustands-Wellenfunktionen. H. Liepack 22

0021 **SCF-Berechnungen mit minimalem Basissystem und ausgeschlossene Orbitale für CN^-, HCN, N_3^-, HN_3, NCO^- und HNCO.** Rosanna Bonaccorsi, Carlo Petrongolo, Eolo Scrocco und Jacopo Tomasi. (J. chem. Physics 48 (1968) 4, 1500—08; engl.) — Vgl. vorst. Referat. — Berechnung von SCF-Wellenfunktionen für den Grundzustand. H. Liepack 22

0022 **Korrelation zwischen molekularen und atomaren Rydberg-Niveaus.** 1. Mitt. **Analyse der Rydberg-Zustände des Wassers.** Y. Harada und J. N. Murrell. (Molecular Physics **14** (1968) 2, 153—64; Chem. Labor., Univ. of Sussex, Brighton; engl.) — Ausgehend von den Rydberg-Niveaus des Ne werden die Energien der Rydberg-Niveaus des H_2O bez. des Ionisierungspotentials berechnet. Außer für die 3s-Zustände ergibt sich gute Übereinstimmung zwischen ber. u. beobachteten Energien. E. Richter 22

0023 **Kurven potentieller Energie der Zustände $^1\Pi$ und $^1\Sigma^+$ des Moleküls BCl.** Francois Gélébart und Andrée Johannin-Gilles. (C. R. hebd. Séances Acad. Sci., Sér. A et B **267** (1968) 6, B 408—11; Fac. des Sci. de Brest, Brest Finistère; franz.) — Berechnungen für $^{10}B^{35}Cl$, $^{11}B^{35}Cl$, $^{10}B^{37}Cl$ u. $^{11}B^{37}Cl$ nach der Meth. von Rydberg-Klein-Rees u. Vgl. mit einer Morse-Funktion für $^1\Sigma^+$. U. Venzke 22

0024 **Kurven der reduzierten Potentiale (RPC) für die Grundzustände von BeF, CS, SiN, P_2, SiS und GeO.** F. Jenč. (Spectrochim. Acta [Oxford], Part A 24 (1968) 3, 259—64; Inst. of Phys. Chem., Czechoslovak Acad. of Sci., Prague; engl.) — Aus den Rydberg-Klein-Rees-Vanderslice-Potentialkurven ber. Kurven der red. Potentiale für die Grundzustände der Mol. BeF, CS, SiN, P_2, SiS u. GeO sind untersucht worden. Die in vorheriger Unters. entdeckte allg. Regel für die RPC für zweiatomige Stoffe wurde damit befriedigend bestätigt. E. Otto 22

0025 **Elektronenstruktur von Sulfat-, Thiosulfat- und verwandten Ionen.** 1. Mitt. **Berechnung von MO-Niveaus.** David M. Bishop. (J. chem. Physics 48 (1968) 4, 1878; Dep. of Chem., Univ. of Ottawa, Ottawa, Canada; engl.) — Erratum zur C. **1967**, 41-0135 referierten Arbeit. Den Berechnungen der Energieniveaus für die Sulfationen liegen falsche Überlappungsmatrix-Elemente zugrunde. H. Liepack 22

0026 **Über den spektroskopischen Beweis der Geometrie von $(SiH_3)_3P$ und $(SiH_3)_3As$.** D. C. McKean. (Spectrochim. Acta [Oxford], Part A 24 (1968) 8, 1253—54; Chem. Dep. Univ. of Aberdeen Old Aberdeen, Scotland; engl.) — Für die Verb. $(SiH_3)_3N$, $(SiH_3)_3P$, $(SiH_3)_3As$, $(SiH_3)_3Sb$, $(SiH_3)_2O$ u. $(SiH_3)_2S$ werden die Kraftkonst. näherungsweise berechnet. Die Verb. $(SiH_3)_3P$, $(SiH_3)_3As$ u. $(SiH_3)_3Sb$ haben im Gegensatz zu den Angaben von G. Davidson et al. (ibid. A **23** (1967), 2609) pyramidenförmige Struktur. B. Plewinsky 22

0027 **Verbesserung der Konvergenz bei Kraftfeldberechnungen.** L. Nemes. (Spectrochim. Acta [Oxford], Part A **24** (1968) 3, 300—301; Central Res. Inst. for Chem., Hungarian Acad. of Sci., Budapest, Hungary; engl.) — Es wird gezeigt, daß eine Beziehung zwischen den Eigenwerten der Matrix R^TWR u. der Dispersion der ber. Kraftkonst. besteht. Jede dieser Größen kann bei automat. Modifizierung des Kraftfeld-Korrekturvektors in Hinsicht auf die Konvergenzverbesserung durch Berechnung der kleinsten Quadrate benutzt werden. E. Otto 22

0028 **Kraftkonstantenberechnung an BCl_3, BBr_3, CCl_4, CBr_4 und den gemischt substituierten Verbindungen dieser Reihen.** R. Mattes und H. J. Becher. (Z. physik. Chem. [Frankfurt/M.] [N.F.] **61** (1968) 1/4, 177—91; Anorg.-Chem. Inst., Univ. Münster; dt.) — Die Kraftkonst. von BCl_3 u. BBr_3 wurden unter Verw. der Frequenzen isotoper ^{10}B-Deriv. neu berechnet. Die Ergebnisse stimmen gut mit denen überein, die durch Bedingungen zur Potentialenergieverteilung der Valenzschwingung erhalten werden. Diese Bedingungen ergaben auch bei CCl_4 u. CBr_4 sinnvolle Kraftkonstanten. Die Kraftkonst. der gemischt substituierten Verb. BCl_2Br, $BClBr_2$, CCl_3Br, CCl_2Br_2 u. $CClBr_3$ wurden sowohl durch Übernahme abgestufter Wechselwrkg.-Konst. von den Verb. BCl_3, BBr_3, CCl_4 u. CBr_4 als auch durch Anwendung der Bedingungen zur Potentialenergieverteilung der Valenzschwingungen berechnet. Nach beiden Meth. wurden weitgehend übereinstimmende Resultate erhalten. E. Otto 22

0029 **Mittlere Schwingungsamplituden für kubische XY_8-Moleküle.** G. Nagarajan und A. Perumal. (Acta physica polon. **34** (1968) 1 (7), 41—47; Kalyanapuram, Thanjavur District, Madras State, India; engl.) — Für kub. XY_8-Mol. mit oktaedr. Symmetrie wird an Hand von Symmetriebetrachtungen eine Meth. zur Best. der quadrat. Mittelwerte der Schwingungsamplituden entwickelt. Werner Schmidt/Berlin 22

0030 **Berechnete Spektren axialsymmetrischer Moleküle in einem elektrischen Feld.** Peter L. Willson und T. H. Edwards. (J. chem. Physics 48 (1968) 4, 1874—75; Phys. Dep., Mich. State Univ., East Lansing, Mich.; engl.) —

Ableitung analyt. Ausdrücke für die Intensitäten von durch ein elektr. Feld induzierten Übergängen für axialsymm. Mol. mit einem permanenten Dipolmoment.
H. Liepack 22

0031 **Asymptotische Entwicklung für das integrale Absorptionsvermögen im Falle einfacher Spektrallinien und von Linien mit Hyperfeinstruktur und Isotopieverschiebungen.** C. van Trigt. (J. opt. Soc. America **58** (1968) 5, 669–78; Philips Res. Labor., N.V. Philips' Gloeilampenfabrieken, Eindhoven, Netherlands; engl.) — Bei den Berechnungen werden Abstand u. relative Intensitäten der verschiedenen Linien gemäß der Quantenmechanik berücksichtigt. Für die Linienform wird ein Voigt-Profil angenommen. Werner Schmidt/Berlin 22

0032 **Numerische Untersuchung zur Behandlung des Problems des ausgeschlossenen Volumens nach dem Variationsprinzip.** Ian McC. Torrens. (J. chem. Physics **48** (1968) 4, 1488–91; Sci. Center, Rockwell Corp., Thousand Oaks, Calif.; engl.) H. Liepack 22

0033 **Polarisation charakteristischer Röntgenstrahlung.** W. Mehlhorn. (Physics Letters [Amsterdam] **26** A (1968) 4, 166–67; Inst. für Kernphys., Univ. Münster; engl.) — Es wird gezeigt, daß charakterist. Röntgenstrahlung, die der Ionisation eines inneren Elektrons (n, $l > 0$, $j > 1/2$) durch Elektronen- oder Protonenstoß folgt, im allg. polarisiert sein sollte. Als Anwendung werden das Verhältnis der Ionisationsquerschnitte u. der Polarisationsgrad der L_3M_1-, L_3M_4- u. L_3M_5-Strahlung von *Kr* als Funktion der einfallenden Elektronenenergie dargestellt. E. Otto 24

0034 **Messungen der L_2-Unterschalenausbeute in ^{240}Pu, ^{236}U und ^{234}U.** J. Byrne, W. Gelletly, M. A. S. Ross und F. Shaikh. (Physic. Rev. [2] **170** (1968) 1, 80–90; Dep. of Natural Philos., Univ. of Edinburgh, Edinburgh, Scotland; engl.) — Aus Messungen der L-Röntgenstrahlenemission nach dem α-Zerfall von ^{244}Cm, ^{240}Pu u. ^{238}Pu wurden Fluoreszenz-, Auger- u. Coster-Kronig-Ausb. der L_2-Unterschalen in ^{240}Pu, ^{236}U u. ^{234}U bestimmt. Es wurden folgende Ergebnisse ermittelt: ^{240}Pu, $\omega_2 = 0{,}466 \pm 0{,}023$, $a_2 = 0{,}11 \pm 0{,}08$, $f_{23} = 0{,}42 \pm 0{,}08$; ^{236}U, $\omega_2 = 0{,}535 \pm 0{,}042$, $a_2 = 0{,}09 \pm 0{,}11$, $f_{23} = 0{,}37 \pm 0{,}07$; ^{234}U, $\omega_2 = 0{,}497 \pm 0{,}035$, $a_2 = 0{,}07 \pm 0{,}07$, $f_{23} = 0{,}43 \pm 0{,}06$. Die Fluoreszenzausb. zeigen gute Übereinstimmung mit Berechnungen auf Grund einer halbempir. Basis nach Listengarten, die Auger- bzw. Coster-Kronig-Ausb. sind jedoch sehr viel kleiner bzw. sehr viel größer als nach der Theorie.
H. Liepack 24

0035 **Parametrisierung von Absorptionslinienprofilen.** Bruce W. Shore. (Physic. Rev. [2] **171** (1968) 1, 43–54; Harvard Coll. Observatory, Cambridge, Mass.; engl.)
H. Liepack 26

0036 **Einfluß starker Stöße auf das H_α-Profil.** Michael E. Bacon und David F. Edwards. (Physic. Rev. [2] **170** (1968) 1, 125–27; Dep. of Phys., Colo. State Univ., Fort Collins, Colo.; engl.) — Die Berücksichtigung starker Stöße bei der Berechnung des H_α-Profils gibt Übereinstimmung zwischen Experiment u. Theorie innerhalb des experimentellen Fehlers. H. Liepack 26

0037 **Versuchsweise Interpretation des Temperatureinflusses auf die Verschiebung und Verbreiterung der Spektrallinie des durch Xenon gestörten Cäsiums.** Yvonne Leycuras. (C. R. hebd. Séances Acad. Sci., Sér. A et B **267** (1968) 10, B 515–17; C.N.R.S., Labor. de Hautes Pressions, Bellevue, Hautes-de-Seine; franz.) — Der beobachtete Temp.-Einfl. auf die $P_{3/2}$-Komponente der ersten Dubletts von Cs in Ggw. von Xe mit einer D. von 7,5 Amagat wird quantentheoret. auf Grund der Änderung des Atomdurchmessers von Cs im Verlauf des Übergangs erklärt, wobei angenommen wird, daß die Kurven der potentiellen Energie beider betrachteten Zustände sich kreuzen. U. Venzke 26

0038 **Interferometrische Messungen von Ar I- und Ar II-Wellenlängen im Bereich 5000–7000 Å.** Göran Norlén. (Ark. Fysik **35** (1968) 1/2, 119–28; Phys. Dep., Univ. of Lund; engl.) — Messung der Wellenlängen von 84 Linien im Ar I-Spektrum u. 69 Linien im Ar II-Spektrum, die in einer wassergekühlten Hohlkathode angeregt wurden.
Herbert Weber 26

0039 **Verglichene Einflüsse verschiedener Wasserstoffmoleküle auf die Lage und das Profil der Linie $\lambda = 2537$ Å von Quecksilber.** Jean Butaux und Robert Lennuier. (C. R. hebd. Séances Acad. Sci., Sér. A et B **267** (1968) 1, B 36–38; Dép. de Rech. phys. Fac. des Sci. Paris; franz.) — Untersucht wird der Einfl. von $^1H_2$, $^1H^2H$, $^2H_2$ bzw. $^3H_2$ bei Gasdrucken von < 1 atm. Die Meßergebnisse werden theoret. interpretiert unter Benutzung eines Lenard-Jones-Potentials, dessen Parameter berechnet werden. U. Venzke 26

0040 **Hyperfeinstruktur-Konstante A von ^{199}Hg im Niveau 6^1P_1; Hyperfeinstruktur der Linie 6^1P_1–8^1S_0 ($\lambda = 4916$ Å).** Jean-Pierre Chartier und Yves Lécluse. (C. R. hebd. Séances Acad. Sci., Sér. A et B **267** (1968) 3, B 195–98; Labor. de Spectrosc. atom., Fac. des Sci., Caen, Calvados; franz.) — Best. von $A = 119{,}66$ mk $\pm 0{,}33$ mk u. $g_J = 1{,}0163 \pm 0{,}0033$ für das 6^1P_1-Niveau von Hg. Herbert Weber 26

0041 **Bestimmung der Kernquadrupolmomente der beiden stabilen Europiumisotope aus dem Eu II-Spektrum.** G. Guthöhrlein. (Z. Physik **214** (1968) 4, 332–56; Inst. für Experimental phys. A, TU Hannover; dt.) — Die Hyperfeinstruktur der Übergänge $4f^76p\,^9P_{3,4,5}$–$4f^76s\,^9S_4$, $^7S_3$ im Funkenspektrum von Eu wurde mittels digital aufzeichnendem Doppel-Fabry-Perot-Spektrometer untersucht. Angereicherte Proben von ^{151}Eu u. ^{153}Eu in einer mit fl. Luft gekühlten Hohlkathoden-Lichtquelle wurden benutzt. Da die Hyperfeinaufspaltung der ^{9}P-Niveaus nicht vollständig aufgelöst wurde, wurden die Daten mittels Computer analysiert. Die A- u. B-Werte der ^{9}P-Niveaus wurden für beide Isotope bestimmt. Gute Übereinstimmung zwischen beobachteten u. ber. A-Werten wird nur erreicht, wenn der sphär.-symmetr. Teil des Operators der magnet. Hyperfeinwechselwrkg. für das 6p-Elektron als freier Parameter benutzt wird. Die Quadrupolmomente wurden aus den gemessenen B-Werten unter Benutzung ungestörter Eigenfunktionen abgeleitet. Die Ergebnisse sind $Q(^{151}\mathrm{Eu}) = (1{,}12 \pm 0{,}07) \cdot 10^{-24}$ cm^2 u. $Q(^{153}\mathrm{Eu}) = (2{,}85 \pm 0{,}18) \cdot 10^{-24}$ cm^2. Die für die Hyperfeinanomalie gefundenen Werte stimmen sehr gut mit den Werten überein, die aus Niveaus in Eu I u. Eu III abgeleitet wurden. Herbert Weber 26

0042 **Optische Isotopieverschiebungen und Kerndeformation in Dysprosium.** J. W. M. Dekker, P. F. A. Klinkenberg und J. F. Langkemper. (Physica [Utrecht] **39** (1968) 3, 393–412; Zeeman-Labor., Univ. van Amsterdam, Amsterdam, Nederland; engl.) — Die Isotopieverschiebungen von sechs DyI-Linien wurde nach dem Verf. der wechselnden Lichtquellen, die Proben mit angereicherten Isotopen enthielten, u. einem Fabry-Perot-Spektrometer mit Digitalausgang untersucht. Die Ergebnisse zeigen, daß die Isotopieverschiebung eine Mischung von Massen- u. Feldeffekt ist u. daß der Minimumwert des spezif. Masseneffektes ca. das Sechsfache des allg. Masseneffektes beträgt. Unter der Annahme, daß dieser Minimumwert der wahrscheinlichste ist, wird die relative Feldverschiebung erhalten. Diese wird als kombinierte Vol.- u. Quadrupolverschiebung interpretiert. Die Ergebnisse werden in Verb. mit dem Kollektivmodell des Kerns unter Berücksichtigung der Kerndeformation diskutiert. Es wird ein ziemlich konsistentes Bild erhalten, sowohl bezüglich der Irregularitäten in der relativen Feldverschiebung als auch der Spins u. Paritäten der ungerade-A-Kerne. Herbert Weber 26

0043 **Über die Beteiligung metastabiler Niveaus gewisser Atome im Verlauf ihrer Anregung im spektrographischen Bogen unter dem Normaldruck eines einatomigen Gases.** Jacques Bril und Hubert Dieudonné. (C. R. hebd. Séances Acad. Sci., Sér. A et B **267** (1968) 5, B 321–24; Centre de Rech. du Groupe Péchiney, Voreppe, Isère; franz.) — Die Spektren von *Y, C, B, Ag, Cd, Pb, Zr, Bi, Ce, Lu* u. *Yb* werden in *Ne*-, *He*- u. *Ar*-Atmosphäre im Bereich von 2110–5380 Å im elektr. Lichtbogen aufgenommen, wobei etwa 190 Linien beobachtet u. identifiziert werden, die an der Luft nicht in Erscheinung treten. Für die den Linien entsprechenden Übergänge ergeben sich im Mittel höhere Werte des oberen Niveaus als in Luft. Die Werte des oberen Niveaus ergeben sich meist durch unelast. Stöße zwischen einem Gasatom im metastabilen Zustand u. einem neutralen oder ionisierten Atom des strahlenden Elements im Grundzustand. Daneben können jedoch manche Übergänge nur durch das Auftreten eines metastabilen Niveaus des strahlenden Elements erklärt werden. 10 derartige, an Y, C u. B ermittelte Übergänge sind tabelliert. U. Venzke 26

0044 **Durch Protonen- und H-Atom-Stoß auf H_2 erzeugte Vakuum-UV-Emission.** Duane A. Dahlberg, D. Kent Anderson und Irving E. Dayton. (Physic. Rev. [2] **170** (1968) 1, 127—30; Mont. State Univ., Bozeman, Mont.; engl.) — Es wurde das durch Stöße mit Protonen u. H-Atomen mit H_2-Mol. angeregte Spektrum im Wellenlängenbereich 1200—1700 Å unter Bedingungen eines dünnen Targets untersucht. Auffallende Merkmale des Spektrums sind Banden, die von den B- u. C-Zuständen von H_2 ausgehen, sowie die Lyman-α-Linie von atomarem H. Die relativen Wrkg.-Querschnitte für die Emission von Lyman-α sowie des Lyman-Bandensyst. vom D-Zustand von H_2 wurden für Stoßenergien im Bereich 20—130 keV ermittelt. Die abs. Werte dieser Wrkg.-Querschnitte wurden durch Vgl. mit bekannten Wrkg.-Querschnitten für Lyman-α abgeschätzt. Der Wrkg.-Querschnitt für Protonenanregung der Summe der B- u. C-Zustände von H_2 wurde in der ersten Bornschen Näherung berechnet. H. Liepack 26

0045 **Lumineszenz von Teilchen, die durch einen Streuprozeß von Wasserstoffionen an der Oberfläche metallischer Targets entstehen.** V. V. Gritsyna, T. S. Kijan, A. G. Koval' und Ja. M. Fogel'. (Physics Letters [Amsterdam] **27 A** (1968) 5, 292—93; Kharkov State Univ., Dzergingsky Square; engl.) — Die Lumineszenzspektren, die durch Beschuß von *Ta*- u. *Cu*-Targets mit H^+- u. H_2^+-Ionenstrahlen hervorgerufen werden, werden aufgenommen. Im Spektrum des Leuchtbereichs werden nur H_α-, H_β- u. H_γ-Linien der Balmer-Serien von Wasserstoff beobachtet. Es wird gezeigt, daß der Leuchtbereich, der nahe den mit Wasserstoffionen beschossenen Targets entsteht, durch schnelle angeregte H-Atome gebildet wird, die aus dem Prozeß unelast. Streuung von Wasserstoffionen bei Zusammenstößen mit Oberflächenatomen des Targets entstehen. E. Otto 26

0046 **Spektrales Emissionsvermögen für Schumann-Runge-Banden von Sauerstoff.** Y. Ben-Aryeh. (J. opt. Soc. America **58** (1968) 5, 679—84; Dep. of Phys., Technion-Israel Inst. of Technol., Haifa; engl.) — Das spektrale Emissionsvermögen der Schumann-Runge-Banden für O_2 (1700—5000 Å) wird für verschiedene Temp. (300, 900, 4100°K) u. für kurze u. lange opt. Weglängen berechnet. Stoß- u. Prädissoziationsverbreiterung der Linien werden an Hand des Vgl. theoret. Bandenmodellberechnungen mit Meßwerten für das Emissionsvermögen diskutiert. Werner Schmidt/Berlin 26

0047 **Neue Analyse mit hoher Auflösung mehrerer Banden des Systems D → X des Moleküls As_2.** Pierre Perdigon, Jean d'Incan und Joseph Janin. (C. R. hebd. Séances Acad. Sci., Sér. A et B **267** (1968) 3, B 202—04; Labor. de Spectrosc. et de Luminesc. de l'Univ. de Lyon, Villeurbanne, Rhône; franz.) — Vgl. C. **1967,** 4-0114 u. 12-0129. — Die Analyse der Banden (0,2) bis (0,7), (1,3), (2,1), (3,1), (6,0) u. (7,0) erlaubte die Neubest. der Rotationskonst. der Zustände X u. D. Die Intensitäten der Banden, die mit Hilfe der erhaltenen Werte ber. wurden, sind in guter Übereinstimmung mit den experimentellen Ergebnissen.
Herbert Weber 26

0048 **Elektronische Übergänge in $TiCl_4$, $TiCl_3OR$, $TiCl_2 \cdot (OR)_2$, $TiCl(OR)_3$ und $Ti(OR)_4$ ($R = iso\text{-}C_3H_7$).** C. Dijkgraaf und J. P. G. Rousseau. (Spectrochim. Acta [Oxford], Part A **24** (1968) 8, 1213—17; Central Labor., N.V. Nederlandse Staatsmijnen/DSM Geleen The Netherlands; engl.) — Von verd. Lsg. der Verb. $TiCl_4$, $TiCl_3\text{-}O\text{-}iso\text{-}C_3H_7$, $TiCl_2(\text{-}O\text{-}iso\text{-}C_3H_7)_2$, $TiCl(\text{-}O\text{-}iso\text{-}C_3H_7)_3$ u. $Ti(\text{-}O\text{-}iso\text{-}C_3H_7)_4$ in n-Hexan (~ 0,3—3 mmol/l) werden Absorptionsspektren im Bereich 30000—50000 cm^{-1} aufgenommen. Eine Zuordnung der beobachteten Absorptionsbanden wird durchgeführt. Für $TiCl_4$ wird ein vereinfachtes Energieniveaudiagramm angegeben.
B. Plewinsky 26

0049 **$B^2\Sigma$ → $A^2\Pi_i$-Banden von CN.** F. J. LeBlanc. (J. chem. Physics **48** (1968) 4, 1841—42; Air Force Cambridge Res. Labor., Office of Aerospace Res., Bedford, Mass.; engl.) — Die Banden wurden in einer Mischung von akt. Stickstoff mit Spuren von CH_4, C_2H_2, C_2H_6 u. CCl_4 beobachtet. Es wurden 8 Banden im Wellenlängenbereich 4000—5000 Å gefunden, von denen jede zwei Köpfe im Abstand von ca. 60 cm^{-1} hat. H. Liepack 26

0050 **Optischer Nachweis von induzierter Emission in CN bei 20 cm Wellenlänge.** Kenneth M. Evenson. (Appl. Physics Letters **12** (1968) 8, 253—54; NBS Boulder, Colo.; engl.) — Die induzierte Emission wird durch Messung einer Intensitätszunahme der violetten $B^2\Sigma^+$ → $X^2\Sigma^+$(0,0)-Bande von CN nahe 3875 Å nachgewiesen. Sechs von sieben erlaubten elektr. Dipolübergängen zwischen den Hyperfeinniveaus des J = 7/2 λ-Dubletts im 10. Schwingungsniveau des $A^2\pi_{3/2}$-Zustands von CN werden beobachtet, die entsprechenden Frequenzen zwischen 1580 u. 1650 MHz u. relativen Intensitäten der Linien u. das Niveauschema sind angegeben.
U. Venzke 26

0051 **Spektroskopische Untersuchungen von Ru(II)-Komplexen. Zuordnung der Lumineszenz.** D. M. Klassen und G. A. Crosby. (J. chem. Physics **48** (1968) **4**, **1853** bis 1858; Dep. of Chem., Univ. of N. Mex., Albuquerque, N. Mex.; engl.) — Unters. der Absorptions- u. Emissionsspektren von *cis-Dicyano-bis-[2.2'-dipyridyl]-Ru(II)*, *Äthylendiamin-bis-[2.2'-dipyridyl]-Ru(II)-jodid*, *cis-Bis-[pyridin]-bis-[2.2'-dipyridyl]-Ru(II)-jodid*, *Oxalato-bis-[2.2'-dipyridyl]-Ru(II)*, *cis-Dichloro-bis-[2.2'-dipyridyl]-Ru(II)*, *Tris-[1.10-phenanthrolin]-Ru(II)-jodid*, *Tris-[2.2'-dipyridyl]-Ru(II)-chlorid*, *Bis-[2.2'.2''-tripyridyl]-Ru(II)-jodid* u. *Oxalato-bis-[1.10-phenanthrolin]-Ru(II)*. Es wird angenommen, daß die bei allen Verb. beobachtete intensive Lumineszenz bei UV-Anregung auf Ladungsübertragung zurückzuführen ist. H. Liepack 26

0052 **Zirkulardichroismus von Lanthanid(III)-Komplexen. 1. Mitt. Einige Lanthanid(III)-Komplexe von l-Propylendiamintetraessigsäure.** S. Misumi, S. Kida und T. Isobe. (Spectrochim. Acta [Oxford], Part A **24** (1968) 3, 271—75; Inorg. Chem. Labor., Fac. of Sci., Kyushu Univ., Fukuoka; engl.) — Absorptionsspektren u. Spektren des Zirkulardichroismus (CD) wurden bei Zimmertemp. u. im Bereich von 300—600 nm von Komplexen von Pr^{3+}, Nd^{3+}, Sm^{3+}, Dy^{3+}, Ho^{3+} u. Er^{3+} mit 1-Propylendiamintetraessigsäure in wss. Lsg. gemessen. Die Ligandenfeldaufspaltung der J-Niveaus wurde durch CD besser beobachtet als durch die Absorptionsspektren. Die relative CD-Intensität wurde in bezug auf die Absorptionsbandenintensität diskutiert. Sie konnte gut aufgeklärt werden auf der Basis, daß die CD-Intensität dem Prod. aus magnet. u. elektr. Dipolmoment in Zusammenhang mit dem Elektronen-Übergang proportional ist. Auf Grund dieser Diskussion wird das Ergebnis der vorliegenden Experimente erfolgreich auf die Best. des Ursprungs des J-Niveaus bei ca. 380 nm von Er^{3+} angewandt.
E. Otto 26

0053 **Lichtverschiebungen in den Alkalimetallatomen.** B. S. Mathur, H. Tang und W. Happer. (Physic. Rev. [2] **171** (1968) 1, 11—19; Columbia Radiat. Labor., Columbia Univ., New York; N.Y., engl.) — Ableitung quant. Formeln zur Berechnung der Lichtverschiebung infolge virtueller Übergänge in einem Alkalimetallatom. Die für ^{87}Rb ber. theoret. Lichtverschiebungen sind in quant. Übereinstimmung mit den experimentell bestimmten. H. Liepack 28

0054 **Verzerrung von Molekülen in starken elektrischen Feldern.** Richard G. Brewer und A. D. McLean. (Physic. Rev. Letters **21** (1968) 5, 271—74; IBM Res. Labor., San Jose, Calif.; engl.) — Vf. berechnen für den Grundzustand des *CO*-Mol. die stat. Polarisierbarkeit in

Abhängigkeit vom elektr. Feld. Bei Feldern der Größenordnung der Ionisationsfeldstärke nimmt die Polarisierbarkeit beträchtlich zu (ca. 30%), was nicht durch die gewöhnliche Multipol-Entw. beschrieben werden kann. E. Richter 28

0055 **Exakte Lösung für einen Hamilton-Operator bei Wechselwirkung von N Molekülen mit einem Strahlungsfeld.** Michael Tavis und Frederick W. Cummings. (Physic. Rev. [2] **170** (1968) 2, 379—84; Univ. of Calif., Riverside, Calif.; engl.) — Exakte Lsg. für die Wechselwrkg. von N ident. Zwei-Niveau-Mol. über eine Dipolkopplung mit einem quantisierten Einmoden-Strahlungsfeld bei Resonanz. Für grund- u. tiefliegende Anregungszustände sowie für die meisten höheren Anregungszustände werden Näherungsausdrücke für die Eigenvektoren u. Eigenwerte abgeleitet. H. Liepack 28

0056 **Linienverbreiterung durch optische Störung.** J. H. Hertz, K. Hoffmann, W. Brunner, H. Paul, G. Richter und H. Steudel. (Physics Letters [Amsterdam] **26 A** (1968) 4, 156—57; DAW Berlin, Inst. für Optik u. Spektroskopie, Berlin-Adlershof; dt.) — In Ggw. eines He–Ne-Laserstrahles wird die Verbreiterung einer spontanen emittierten *Ne*-Linie beobachtet, die dem Anfangsniveau der spontanen Emission u. einem anderen entspricht. Eine grobe numer. Abschätzung gibt hinreichende Übereinstimmung mit dem experimentellen Wert. E. Otto 28

0057 **Ausstrahlung der geraden Harmonischen einer Lichtwelle durch einem statischen elektrischen Feld unterworfene Moleküle.** Guy Mayer. (C. R. hebd. Séances Acad. Sci., Sér. A et B **267** (1968) 1, B 54—57; Dép. de Rech. électroopt. de la C.S.F., Domaine de Corbeville, Orsay, Essonne; franz.) — An gasförmigem H_2, O_2, CH_4, CO, CCl_4, $CHCl_3$, C_2H_6, C_2H_5Br, CH_3J, C_2H_5J, wird die Intensität der beobachteten 2. Harmon. bei wachsendem elektr. Feld gemessen u. die Polarisation analysiert. Kein meßbarer Effekt wird an CS_2, C_3H_6O, CH_4O u. C_2H_5OH beobachtet. U. Venzke 28

0058 **Quantentheorie der elektrischen Doppelbrechung von diamagnetischen Molekülen (Kerr-Effekt). Allgemeiner Formalismus.** Robert Locqueneux und Pierre Smet. (C. R. hebd. Séances Acad. Sci., Sér. A et B **267** (1968) 6, B 353—56; Dép. de Phys., Fac. des Sci., Lille, Nord; franz.) U. Venzke 28

0059 **Quantentheorie der elektrischen Doppelbrechung von diamagnetischen Molekülen (Kerr-Effekt). Anwendungen.** Robert Locqueneux und Pierre Smet. (C.R. hebd. Séances Acad. Sci., Sér. A et B **267** (1968) 7, B 433—36; Dép. de Phys., Fac. des Sci. Lille, Nord; franz.) — Früher durchgeführte allgemeine Berechnungen (vgl. vorst. Ref.) werden zur Best. der Kerr-Konst. von H_2, CH_4 u. C_2H_6 benutzt. U. Venzke 28

0060 **Doppelphotonen-Streuung durch Wechselwirkung von Quadrupol- und Oktopol-Molekülen.** S. Kielich. (Physics Letters [Amsterdam] **27 A** (1968) 5, 307—08; Dep. of Mol. Phys., A. Mickiewicz Univ., Poznàn, Grùnwaldka 6, Poland; engl.) — In Übereinstimmung mit dem Experiment schließt Doppelphotonen-Streuung durch tetraedr. Mol. deren oktopolinduzierte Dipolwechselwrkg. u. Translationsschwankungen ein. Quadrupolinduzierte Dipolwechselwrkg. kann Streuung der 2. Harmon. durch Mol. mit Inversionszentrum verursachen. E. Otto 28

0061 **Stimulierte Lichtstreuung in Wasserstoffgas bei niedrigen Drücken.** I. L. Fabelinskii, D. I. Mash, V. V. Morozov und V. S. Starunov. (Physics Letters [Amsterdam] **27 A** (1968) 5, 253—54; P. N. Lebedev Phys. Inst., Moscow, USSR; engl.) — Das Phänomen stimulierter Temp.-Streuung von Licht wurde in H_2-Gas beobachtet. Der Effekt wurde im Druckbereich von 1,5 bis 6,5 atm gefunden. Er ist dem Effekt stimulierter Temp.-(Entropie)-Streuung von Licht ähnlich, der kürzlich in Fl. nachgewiesen wurde (Zaitzev et al., Pis'ma Zh. Eksp. i Teor. Fiz. **6** [1967], 8). E. Otto 28

0062 **Depolarisation des durch Xenon und durch einige gasförmige Alkane gestreuten Lichtes (Rayleigh-Effekt).** André Massoulier. (C. R. hebd. Séances Acad. Sci., Sér. A et B **267** (1968) 2, B 132—34; Labor. d'Opt. mol. de la Fac. des Sci. de Bordeaux, Talence; franz.) — Die mit einer neuen App. gemessenen Werte sind niedriger als die anderer Autoren u. liegen für Xe zwischen $3 \cdot 10^{-4}$ u. $6 \cdot 10^{-4}$. Für *Äthan*, *Propan*, *n-Butan*, *n-Pentan*, *n-Hexan*, *n-Heptan*, *n-Octan*, *n-Nonan* u. *n-Decan* werden Werte zwischen $46 \pm 4 \cdot 10^{-4}$ (Äthan) u. $140 \pm 15 \cdot 10^{-4}$ (n-Decan) erhalten. U. Venzke 28

0063 **Optisch induzierte Streuung.** J. R. Chamberlain. (Physics Letters [Amsterdam] **27 A** (1968) 6, 325—26; Phys. Dep., Monash Univ., Clayton, Victoria, Australia; engl.) — Theoret. Unters. zu opt. Streueffekten (z. B. Raman-Effekt), die durch opt. Pumpen induziert werden können (vorl. Mitt.). Herbert Weber 28

0064 **Modulation eines Fluoreszenzlichtbündels durch einen optisch gepumpten Dampf bei Doppelquantenresonanz.** W. Franzen, P. B. Newell und D. S. Edmonds jun. (Physic. Rev. [2] **170** (1968) 1, 17—27; Dep. of Phys., Boston Univ., Boston, Mass.; engl.) — Experimentelle u. theoret. Unters. der Hochfrequenzmodulation eines Lichtstrahles, der durch opt. gepumpten ^{85}*Rb*-Dampf bei einer Doppelquantenresonanz im Grundzustand gestreut wird. H. Liepack 28

0065 **Einfluß der Charakteristiken eines Detektor-Lichtkegels auf die Signale der modulierten Absorption und Dispersion eines ^{201}Hg-Dampfes.** Franck Laloë, Michèle Leduc und Paolo Minguzzi. (C. R. hebd. Séances Acad. Sci., Sér. A et B **267** (1968) 5, B 328—31; Fac. des Sci., Labor. de Spectroscop. hertz., Paris; franz.) — ^{201}-Hg-Dampf wird dem polarisierten Licht einer Hg-Lampe, die nacheinander mit verschiedenen Hg-Isotopen ($^{204, 198, 199}$Hg u. $^{202, 200, 196}$Hg) gefüllt wird, unter der Einwrkg. eines Hochfrequenzfeldes mit der Kreisfrequenz ω ausgesetzt, wobei die Richtung des angelegten Magnetfeldes senkrecht zur Richtung des Lichtstrahls verläuft. Unter diesen Bedingungen können die 3 Hyperfeinkomponenten der Linie $\lambda = 2537$ Å des ^{201}Hg nacheinander angeregt werden u. kann der durch Orientierung u. Ausrichtung bedingte Umfang der Modulation (mit ω u. $2\,\omega$) bestimmt werden. Die Meßanordnung wird beschrieben unter Darlegung der Rolle des Polarisators u. des Analysators bei verschiedener Magnetfeldrichtung. Die experimentellen Ergebnisse bestätigen die theoret. Voraussagen. U. Venzke 28

0066 **Neue Methode zur Orientierung und Ausrichtung verschiedener angeregter Niveaus von ^{3}He.** Franck Laloë. (C. R. hebd. Séances Acad. Sci., Sér. A et B **267** (1968) 3, B 208—11; Fac. des Sci. de Paris, Labor. de Spectrosc. hertzienne de l'E.N.S., Paris; franz.) — Unters. zur Orientierung u. Ausrichtung von angeregten ^{3}He-Zuständen, die in einer Entladung erzeugt wurden, durch Kernorientierung im Grundzustand: Bei Grundzustandsatomen wird der Kernspin $\vec{I}$ in der Richtung eines stat. Magnetfeldes orientiert (z. B. durch opt. Pumpen). Die Wechselwrkg., die während des Anregungsstoßes in einer Entladung auf den Spin $\vec{I}$ wirken, sind infolge der kurzen Stoßdauer vernachlässigbar; die Atome behalten daher ihre Kernorientierung. Herbert Weber 28

0067 **Verstärkung des optischen Pumpens von Alkalimetalldampf durch Löschung.** F. A. Franz. (Physics Letters [Amsterdam] **27 A** (1968) 7, 457—58; Dep. of Phys., Ind. Univ., Bloomington, USA; engl.) — Opt. Pumpen von Cs in N_2 erzeugt eine abnormal große Grundzustands-Spinpolarisation. Es wird gezeigt, daß der Effekt hauptsächlich auf der Beseitigung von Streuresonanzfluoreszenz durch Löschung (Quenching des angeregten Zustandes $^2P_{1/2}$ von Cs durch N_2) beruht, eher als auf einer Modifizierung der Wahrscheinlichkeiten des opt. Pumpens. Herbert Weber 28

0068 **Messungen der g_J-Verhältnisse für ^{85}Rb, ^{87}Rb, Wasserstoff und Deuterium und des Hyperfeinabstandes**

von Deuterium. G. S. Hayne, E. S. Ensberg und H. G. Robinson. (Physic. Rev. [2] **171** (1968) 1, 20–31; Gibbs Labor., Yale Univ., New Haven, Conn.; engl.) — Messungen der Verhältnisse der atomaren g-Faktoren zwischen ^{85}Rb, ^{87}Rb, H u. D sowie des Hyperfeinabstandes für den Grundzustand in D durch opt. Pumpen. Es ist $g_J(^{85,87}Rb)/g_J(H) = 1 + (23{,}6 \pm 0{,}4) \cdot 10^{-6}$, $g_J(^{85,87}Rb)/g_J(D) = 1 + (23{,}5 \pm 0{,}3) \cdot 10^{-6}$, $g_J(D)/g_J(H) = 1 + (0{,}1 \pm 0{,}2) \cdot 10^{-6}$, $\Delta\nu$ (D) = **327384352,6 ± 1,2 Hz.**
H. Liepack 28

0069 **Zeeman-Effekt in Neon, Wasserstoff und Sauerstoff für große Quantenzahlen und für Frequenzen von 5–20 MHz.** Théodore V. Ionescu und Dumitru C. Ionescu. (C. R. hebd. Séances Acad. Sci., Sér. A et B **267** (1968) 4, B 263–66; Labor. d'Électr., Fac. de Phys., Univ. de Bucarest, Roumanie; franz.) — Meßanordnung u. Ergebnisse der Unters. der Energieabsorption von ionisiertem Ne, H_2 u. O_2 bei Änderung des Entladungsstroms, des magnet. Feldes, der Frequenz u. des Druckes ($\sim 10^{-4}$ Torr). U. Venzke 28

0070 **Levelcrossing-Experiment zur Lebensdauer der $2s2p^2\ ^2D_{3/2,5/2}$-Terme im Bor I-Spektrum.** A. Hese und H.-P. Weise. (Z. Physik **215** (1968) 1, 95–102; Inst. für Kernphys., TU Berlin; dt.) — In Abhängigkeit von einem äußeren Magnetfeld wurde die Intensität der Resonanzstrahlung in der Umgebung von H = O untersucht (Hanle-Effekt). Die Lebensdauer der $2s2p^{2\,2}D_{3/2,5/2}$ Zustände von B I wurde aus Nullfeld-Levelcrossing abgeleitet u. ergab $\tau = (2{,}31 \pm 0{,}25) \cdot 10^{-8}$ s. Die beim Übergang in den Grundzustand emittierten Linien haben die Wellenlängen 2089,55 Å u. 2090,24 Å.
Herbert Weber 28

0071 **Magnetische Depolarisation von nach rückwärts gestreutem Resonanzlicht von Quecksilber im 6^3P_1-Zustand. Einflüsse der Mehrfachstreuung und der Quecksilber-Quecksilber-Stöße.** Barbara Dodsworth und Alain Omont. (C. R. hebd. Séances Acad. Sci., Sér. A et B **267** (1968) 6, B 396–99; Labor. de Spectroscop. hertzienne, Fac. des Sci., Paris; franz.) — Untersucht wird die Termkreuzung im Feld 0 (Hanle-Effekt) an ^{198}Hg-Dampf mit Dichten zwischen $N = 2 \cdot 10^{11}$ u. $2 \cdot 10^{16}$ Atomen Hg/cm^3 bei Anregung durch eine ^{198}Hg-Lampe in einer Anordnung, bei der Anregungs- u. Beobachtungsrichtung des Lichtes antiparallel u. nahe der Richtung des angelegten Magnetfeldes verlaufen. Das beobachtete, nach rückwärts gestreute Resonanzlicht ist dabei nur teilweise depolarisiert, so daß die Signale der doppelten Resonanz u. der Termkreuzung bis zu sehr hohen Drücken zu beobachten sind. Aus Unters. der Breite W der für die Termkreuzung erhaltenen Kurven in Abhängigkeit von der Dampfdichte bei rückwärts gestreutem u. z. Vgl. bei senkrecht zur Anregungsrichtung gestreutem Licht wird der Einfl. von „Resonanz"-Kollisionen in dem reinen Isotopen bei hohem Druck sowie der Einfl. „kohärenter" Mehrfachstreuung in dem anisotropen Milieu bei $N > 10^{13}$ ermittelt, ferner der Einfl. von Stößen gegen die Zellenwand. Letztere werden für den Unterschied zwischen dem experimentell ermittelten Wert für W von $6{,}2 \cdot 10^{-9}\,N \cdot cm^3 \cdot s^{-1}$ u. dem theoret. erwarteten von $4{,}0 \cdot 10^{-9} N \cdot cm^3 \cdot s^{-1}$ verantwortlich gemacht. U. Venzke 28

0072 **Lebensdauern und Oszillatorstärken der $^3P_1^0$-Atomzustände von Pb und Sn.** R. L. DeZafra und Alan Marshall. (Physic. Rev. [2] **170** (1968) 1, 28–36; Dep. of Phys., State Univ. of N.Y., Stony Brook, N.Y.; engl.) — Als mittlere Lebensdauer wurde aus dem Hanle-Effekt $\tau_{Pb} = (5{,}58 \pm 0{,}72) \cdot 10^{-9}$ u. $\tau_{Sn} = (4{,}84 \pm 0{,}26) \cdot 10^{-9}$ s bestimmt. Aus diesen Ergebnissen u. den Verzweigungsverhältnissen für Übergänge zur Grundzustandskonfig. wurden folgende Oszillatorstärken für die drei wichtigen Zerfallszweige vom $^3P_1^0$-Zustand von Pb bestimmt: f_0(2833 Å) = 0,197 ± 0,030; f_1 (3640 Å) = 0,059 ± 0,010; f_2 (4058 Å) = 0,142 ± 0,025; entsprechend für Sn: f_0 (2863 Å) = 0,186 ± 0,018; f_1 (3009 Å) = 0,048 ± 0,005; f_2 (3175 Å) = 0,035 ± 0,003 u. f_3 (3801 Å) = 0,035 ± 0,003. H. Liepack 28

0073 **Hyperfeinstrukturuntersuchungen von ^{61}Ni und das elektrische Quadrupolmoment des Kerngrundzustandes.** W. J. Childs und L. S. Goodman. (Physic. Rev. [2] **170** (1968) 1, 136–40; ANL, Argonne, Ill.; engl.) — Unters. der Hyperfeinstruktur der vier niedrigsten Atomniveaus von ^{61}Ni nach der magnet. Atomstrahlresonanzmethode. Die Übereinstimmung zwischen den Ergebnissen u. der Theorie der Hyperfeinwechselwrkg. ist gut. Die Notwendigkeit der Berücksichtigung einer starken Abweichung des Atoms von der LS-Grenze bei der Berechnung des elektr. Quadrupolmomentes Q des Kerngrundzustandes von ^{61}Ni wird diskutiert. Die für die Elektronenkonfig. $3d^94s^3D_{2,3}$- u. $3d^84s^2\ ^3F_{3,4}$-Ber. Q-Werte weichen um nur 3% ab. Unter Berücksichtigung des multiplikativen Korrekturfaktors beträgt für die $3d^94s$-Konfig. der korrigierte Wert Q = 0,162 (15) b.
H. Liepack 28

0074 **Hyperfeinstruktur von sieben niedrigen Atomniveaus in ^{59}Co und das elektrische Kernquadrupolmoment.** W. J. Childs und L. S. Goodman. (Physic. Rev. [2] **170** (1968) 1, 50–63; ANL, Argonne, Ill.; engl.) — Die Unters. erfolgen nach der magnet. Atomstrahl-Resonanzmethode. Es wird eine große Übereinstimmung zwischen Theorie u. Vers. gefunden, es bleiben jedoch einige Schwierigkeiten zum Verständnis von Einzelheiten der Quadrupolwechselwirkung. Die Quadrupolmomente des ^{59}Co-Kerngrundzustandes wurden für jede der beiden Elektronenkonfig. ($3d^74s^2$ u. $3d^84s$) bestimmt. Der Unterschied zwischen den beiden Werten ist außerhalb des experimentellen Fehlers u. wahrscheinlich auf unterschiedliche Sternheimer-Abschirmung in den beiden Konfig. zurückzuführen. Der elektron. g-Faktor wird für jeden untersuchten Zustand mitgeteilt.
H. Liepack 28

0075 **Hyperfeinpumpen von Cs-Dampf mit hohem Wirkungsgrad.** K. Ernst und F. Strumia. (Physic. Rev. [2] **170** (1968) 1, 48–49; Ist. di Fis., Univ. di Pisa, Pisa; engl.) — Das Hyperfeinpumpen von Cs-Dampf erfolgte mit einem magnet. Filter für das Pumplicht. Das Filter war durchlässig für die Hyperfeinkomponente der D_1-Resonanzlinie, die von F = 4-Unterniveau des Grundzustandes ausgeht. Durch das Hyperfeinpumpen wird damit das Niveau mit F = 3 besetzt. Ne wurde als Puffergas verwendet, die besten Resultate ergaben sich bei 20 Torr. Unter diesen Bedingungen gehen 15% der Cs-Atome vom Hyperfeinniveau F = 4 nach F = 3 über. Die Relaxationszeit in Abhängigkeit von der Cs-Dampfdichte wurde für fünf verschiedene Ne-Drücke gemessen, der Wrkg.-Querschnitt des Cs–Cs-Spinaustauschs wurde zu $(2{,}20 \pm 0{,}15) \cdot 10^{-14}$ cm^2 bestimmt.
H. Liepack 28

0076 **Hyperfein-Relaxation in Cs-Dampf.** K. Ernst, P. Minguzzi und F. Strumia. (Physics Letters [Amsterdam] **27 A** (1968) 7, 418–19; Gruppo Naz. di Struttura della Materia del C.N.R., Ist. di Fis. dell'Univ., Pisa, Italy; engl.) — Der Diffusionskoeff. D_0 von Cs im Puffergas u. der Querschnitt $\sigma_{[S.I.]}$ für Stöße mit Puffergas-Atomen wurden durch Hyperfein-Pumpen von Cs in Ggw. von Ne bei verschiedenen Drücken gemessen. Die Ergebnisse sind $D_0 = 0{,}15 \pm 0{,}03$ cm^2/s (bei 0°C u. 760 Torr), $\sigma_{[S.I.]} = 0{,}9 \pm 0{,}1) \cdot 10^{-22}$ cm^2.
Herbert Weber 28

0077 **Atomstrahlresonanzmessung der differentiellen Polarisierbarkeit zwischen Zeeman-Unterzuständen im Grundzustand des Cs-Atoms.** J. P. Carrico, A. Adler, M. R. Baker, S. Legowski, E. Lipworth, P. G. H. Sandars, T. S. Stein und M. C. Weisskopf. (Physic. Rev. [2] **170** (1968) 1, 64–76; Dep. of Phys., Brandeis Univ., Waltham, Mass.; engl.) — Es wurde der Flop-in-Übergang (4, −3) ↔ (4, −4) bei kleinem Magnetfeld untersucht u. eine kleine quadrat. Stark-Verschiebung $\delta f = -127 \pm 20$ Hz bei 10^5 V/cm beobachtet. Die Breite des zentralen Ramsey-Max. beträgt ca. 2 kHz. Die instrumentellen Einfl. auf die Ungenauigkeit werden eingehend diskutiert. Es wird eine Theorie des quadrat. Stark-Effektes entwickelt, der die Mischung sowohl des Dipol- als auch des Quadrupol-Teiles des Hyperfeinstruktur-Operators im ersten angeregten Zustand berücksichtigt. Der theoret. abgeschätzte Wert beträgt $\delta f = -118$ Hz bei 10^5 V/cm. H. Liepack 28

0078 **Messung der elektrischen Dipolpolarisierbarkeiten von metastabilem Quecksilber.** Judah Levine, Robert

J. Celotta und Benjamin Bederson. (Physic. Rev. [2] **171** (1968) 1, 31–35; Dep. of Phys., N.Y. Univ., Univ. Heights, New York, N.Y.; engl.) — Messung der elektr. Dipolpolarisierbarkeiten des metastabilen $6s6p^3P_2$-Zustandes von Hg. Es ist $\alpha_{zz}(M_J = 2) = (4,7 \pm 1,9) \cdot 10^{-24}$ cm³, α_{zz} $(M_J = 1) = (4,4 \pm 0,9) \cdot 10^{-24}$ cm³, $\overline{\alpha} = (4,5 \pm 1,5) \cdot 10^{-24}$ cm³. Es wurde ferner die mittlere Polarisierbarkeit des metastabilen $5d^96s^26p^3D_3$-Zustandes von Hg zu $\overline{\alpha} = (1,8 \pm 0,8) \cdot 10^{-24}$ cm³ bestimmt.
H. Liepack 28

0079 **Korrektur in der Berechnung des Beitrages der Elektronen zur Linienverbreiterung durch den Stark-Effekt.** Roger Assous. (C. R. hebd. Séances Acad. Sci., Sér. A et B **267** (1968) 5, B 325–27; Labor. des Rech. phys., Paris.; franz.) — Unterschiede zwischen experimentell bestimmten u. nach der Theorie von Griem-Baranger berechneten Werten für die Linienverbreiterung werden beseitigt, wenn für die Funktion a(z) zur Berechnung des Beitrags schwacher Elektronenstöße zur Linienverbreiterung korrigierte Werte nach Seaton eingesetzt werden. Die Berechnungen werden für 14 *Ar*-Linien zwischen 1,2356 u. 2,098 μ durchgeführt.
U. Venzke 28

0080 **Bestätigung der Beziehung für die Rotationsresonanzbedingung.** Jean-Claude Chardon, Mohamed Ferhat und Geneviève Théobald. (C. R. hebd. Séances Acad. Sci., Sér. A et B **267** (1968) 1, B 51–53; Labor. de Spectroscop. hertz., Fac. des Sci., Besançon, Doubs.; franz.) — Es werden Berechnungen im Anschluß an frühere experimentelle Unters. der Rotationsresonanz bei elektr. Dipolübergängen zwischen Zeeman-Niveaus von NO durchgeführt. U. Venzke 28

0081 **Ermittlung von IR-Absorptionsbandenintensitäten bei Messungen oberhalb Raumtemperatur.** A. Neszmélyi und L. Imre. (Spectrochim. Acta [Oxford], Part A **24** (1968) 3, 297–300; Hungarian Acad. of Sci., Central Res. Inst. for Chem., Budapest, Hungary; engl.) — IR-Emission von erhitzten Fl. verursacht beträchtliche Schwierigkeiten bei der Best. wahrer Absorptionskoeffizienten. Unter Verw. einer kalibrierten Iris als Zusatzgerät zu konventionellen Doppelstrahl-Spektrometern könnte der Effekt spontaner Emission für solche Fälle korrigiert werden, bei denen die Transmissions-Null-Linie des Spektrometers nicht abs. ist. Als Anwendung wird die 524-cm⁻¹-Bande von fl. *Cyclohexan* bei 70° mit abnehmender Durchlässigkeit der Iris wiedergegeben.
E. Otto 30

0082 **Druckinduzierte IR-Absorption der Fundamentalbande von Wasserstoff in H_2–Ne- und H_2–Kr-Mischungen bei Raumtemperatur.** S. Paddi Reddy und W. F. Lee. (Canad. J. Physics **46** (1968) 12, 1373–79; Dep. of Phys., Mem. Univ. of Newfoundland, St.John's, Newfoundland; engl.) — Messungen bei Drücken bis zu 400 Atmosphären.
Herbert Weber 30

0083 **IR-Spektrum von matrixisoliertem OH-Radikal.** Nicolo Aquista, Louis J. Schoen und David R. Lide jun. (J. chem. Physics **48** (1968) 4, 1534–36; NBS, Washington, D.C.; engl.) — Unters. der IR-Absorption im Bereich 3450 cm⁻¹ von H_2O in Ar-Matrizen bei Vakuum-UV-Photolyse bei 20,4 u. 4,2°K. Die Aufspaltungen u. Isotopie-Frequenzverhältnisse aus $H_2{}^{16}O$–$D_2{}^{16}O$-, $H_2{}^{16}O$–$H_2{}^{18}O$- u. $D_2{}^{16}O$–$D_2{}^{18}O$-Mischungen führen zur Zuordnung dieser Spektren von fixierten OH-Radikalen. Eine Rotationsbewegung von OH konnte nicht nachgewiesen werden. H. Liepack 30

0084 **Infrarot- und Raman-Spektren des Monosilylarsins.** J. E. Drake und J. Simpson. (Spectrochim. Acta [Oxford], Part A **24** (1968) 8, 981–84; Dep. of Chem., The Univ. Southhampton; engl.) — Von gasf. (Gasdruck 10 u. 240 Torr) u. von festem *SiH_3AsH_2* wird das IR-Spektrum (4000–400 cm⁻¹), von fl. SiH_3AsH_2 das Raman-Spektrum (Raman-Wellenzahlen 2200–200 cm⁻¹) aufgenommen. Mit Ausnahme der Torsionsschwingungen können alle anderen Grundschwingungsbanden zugeordnet werden. B. Plewinsky 30

0085 **Reines Rotationsspektrum von Deuteriumfluoriddampf.** Alfred J. Perkins. (Spectrochim. Acta [Oxford], Part A **24** (1968) 3, 285–86; Chem. Div., ANL., Argonne, Ill.; engl.) — Es wird über die Frequenzen von 15 beobachteten Linien im reinen Rotationsspektrum von DF-Dampf bei Raumtemp. berichtet. Ferner werden die Rotationskonst. des Schwingungsgrundzustandes mit entsprechenden Literaturwerten verglichen.
E. Otto 30

0086 **Bortrifluorid: Untersuchung von ν_2 und Bestimmung der Molekülgeometrie.** S. G. W. Ginn, J. K. Kenney und John Overend. (J. chem. Physics **48** (1968) 4, 1571–79; Mol. Spectrosc. Labor., School of Chem., Univ. of Minn., Minneapolis, Minn.; engl.) — Es wurde ν_2 von $^{10}BF_3$ mit einer Auflsg. von ca. 0,03 cm⁻¹ gemessen. Die neu bestimmten Konst. $B_0 = 0,3447_4 \pm 0,0005$ ($^{10}BF_3$) u. $0,3450_5 \pm 0,0005$ cm⁻¹ ($^{11}BF_3$) entsprechen der aus Elektronenbeugungsvers. von Kuchitsu u. Konaka ermittelten Geometrie, weichen aber wesentlich von den Werten von Nielsen ab. Es wurden bestimmt: $r_0 = 1,309_6 \pm 0,001$ Å ($^{10}BF_3$), $r_0 = 1,309_0 \pm 0,001$ Å ($^{11}BF_3$), $r_e = 1,307_2 \pm 0,002$ Å ($^{10}BF_3$). Aus den heißen Banden wurden Werte von (B′ – B″) für ν_4 u. einige anharmon. Konst. $x_{ss'}$ ermittelt. H. Liepack 30

0087 **Infrarotspektren von $POCl_3$ und $PSCl_3$ bei 77°K.** Françoise Marsault-Hérail und Nicole Tartar. (C. R. hebd. Séances Acad. Sci., Sér. A et B **267** (1968) 4, B 270–73; Phys. expériment. mol., Paris; franz.) — Aus der Feinstruktur der Banden der im Bereich von 2000–200 cm⁻¹ bei 77°K aufgenommenen Spektren der festen Verb. u. Vgl. mit den bei 293°K untersuchten Spektren der fl. Verb. wird geschlossen, daß die festen Verb. im orthorhomb. Syst. kristallisieren. Die bereits bekannten Zuordnungen der Normalschwingungsmoden der isolierten Mol. werden überprüft.
U. Venzke 30

0088 **Rotationsspektrum von Thionylchlorid.** Jean Burie, Jean-Luc Destombes, Alain Dubrulle und Gérard Journel. (C. R. hebd. Séances Acad. Sci., Sér. A et B **267** (1968) 1, B 48–50; Labor. de Spectroscop. hertz. la Fac. des Sci. de Lille, Lille-Distribut., Nord; franz.) — Das Rotationsspektrum von $SO^{35}Cl^{35}Cl$ wird zwischen 8000 u. 18000 MHz untersucht. Aus der Zuordnung der Absorptionslinien des Q^c-Zweiges ergibt sich die Rotationskonst. A – C = 3124 MHz u. der Asymmetrieparameter $\varkappa = -0,4488$. U. Venzke 30

0089 **Untersuchung des Cyanwasserstoff-Dimeren durch Matrixisolierung.** Charles M. King und Eugene R. Nixon. (J. chem. Physics **48** (1968) 4, 1685–95; Dep. of Chem. and Labor. for Res. on the Structure of Matter, Univ. of Pa., Philadelphia, Pa.; engl.) — Auf Grund der IR-Spektren von HCN u. DCN in Ar-, N_2- u. CO-Matrizen zwischen 4,5 u. 20,5°K wird geschlossen, daß kein Beweis für Rotation des Monomeren in diesen Matrizen vorliegt; das Dimere hat eine lineare oder angenähert lineare HCN · HCN-Struktur. Die Frequenzen der Valenzschwingung der H-Bindung u. der Torsion um die H-Bindung werden nach dem Lippincott-Potential berechnet.
H. Liepack 30

0090 **$b^1\Sigma^+ - X^3\Sigma$-Bandensystem von SO.** R. Colin. (Canad. J. Physics **46** (1968) 13, 1539–46; Div. of Pure Phys., Nat. Res. Council of Canada, Ottowa; engl.) — Die Banden 0–0, 1–1, 2–2 u. 0–1 des $b^1\Sigma^+ - X^3\Sigma^-$-Übergangs des SO-Mol. wurde im Nachleuchten beobachtet, wenn COS + O_2 schnell durch eine Mikrowellenentladung gepumpt wird. Die zwei stärksten Banden, 0–0 u. 1–1, die bei 9549,08 bzw. 9626,13 Å liegen, wurden bei hoher Auflsg. photographiert u. analysiert. Unter Benutzung der $X^3\Sigma^-$-Rotationskonst. wurden die Schwingungs- u. Rotationskonst. des $^1\Sigma^+$-Zustandes (T_e = 10509,97 cm⁻¹) bestimmt. Ein $a^1\Delta$-Zustand von SO wird bei T ≈ 6350 cm⁻¹ vorausgesagt.
Herbert Weber 30

0091 **Infrarot- und Raman-Spektrum von Chrom(III)-oxid.** D. A. Brown, D. Cunningham und W. K. Glass. (Spectrochim. Acta [Oxford], Part A **24** (1968) 8, 965 bis 968; Dep. of Chem., Univ. Coll., Belfield, Dublin, Ireland; engl.) — Das IR-Spektrum von Cr_2O_3 wird im Bereich von 300–1300 cm⁻¹ u. das Raman-Spektrum im Bereich von 240–650 cm⁻¹ angegeben. Die Cr–O-Valenz- u. -Deformationsfrequenzen werden auf der Grundlage eines oktaedr. koordinierten Cr-Ions zugeord-

net. Die Kraftkonst. werden unter Benutzung eines einfachen Urey-Bradley-Feldes berechnet.
B. Plewinsky 30

0092 **IR-Spektren von Silber- und Thallium(I)-sulfat.** E. J. Baran und P. J. Aymonino. (Spectrochim. Acta [Oxford], Part A **24** (1968) 3, 288–91; Cat. de Quím. Inorg. Fac. de Quím. y Farm., Univ. Nac. de La Plata, Argentina; engl.) — Die IR-Spektren von Ag_2SO_4 u. Tl_2SO_4 (als Nujolanreibungen oder KBr-Preßlinge) werden für den Bereich der S–O-Valenzschwingungsfrequenzen wiedergegeben u. unter Anwendung der Halford-Regeln für die Lagensymmetrie diskutiert.
E. Otto 30

0093 **IR-Spektren von Bariumtetraoxometallaten.** E. J. Baran und P. J. Aymonino. (Spectrochim. Acta [Oxford], Part A **24** (1968) 3, 291–95; Cat. de Quím. Inorg., Fac. de Quím. y Farm., Univ. Nac. de La Plata, La Plata, Argentina; engl.) — Die asymm. Valenzschwingungsfrequenzen von $Ba(MnO_4)_2$, $BaMnO_4$, $Ba_3(MnO_4)_2$, $Ba_3 \cdot (CrO_4)_2$ u. $Ba_3(VO_4)_2$ mit T_d-Übergängen werden mit der Elektronenstruktur der komplexen Anionen korreliert. Dadurch wird der Einfl. von Kernladung u. Anzahl der antibindenden π-Elektronen auf ν_3 gezeigt.
E. Otto 30

0094 **Einflüsse auf die Infrarotspektren planarer Anionen mit D_{3h}-Symmetrie. 4. Mitt. Schwingungsspektren einiger komplexer Carbonate im Bereich 4000–400 cm⁻¹.** J. A. Goldsmith und S. D. Ross. (Spectrochim. Acta [Oxford], Part A **24** (1968) 8, 993–98; Dep. of Chem., Chelsea College of Sci. and Technol., Chelsea, London; engl.) — 3. vgl. C. **1968**, 25-0098. — Die IR-Spektren der Verb. $[Co(NH_3)_5CO_3]X$, u. $[Co(NH_3)_4CO_3]X$ ($X = NO_3$, J, Br, Cl u. SO_4) werden untersucht. Im Gegensatz zu der Intensität der verbotenen Übergänge ist die Aufspaltung der entarteten Schwingungen in den zweizähnigen Komplexen größer als in den einzähnigen. B. Plewinsky 30

0095 **Verbotene Übergänge in den Infrarot-Spektren tetraedrischer Anionen. 4. Mitt. Schwingungsspektren (4000–400 cm⁻¹) einiger Sulfato- und Phosphato-Kobalt(III)-Komplexe.** A. Hezel und S. D. Ross. (Spectrochim. Acta [Oxford], Part A **24** (1968) 8, 985–92; Dep. of Chem., Chelsea Coll. of Sci. and Technol. Chelsea, London; engl.) — 3. vgl. C. **1963**, 5-0132. — Es werden die IR-Spektren der Verb. $[Co(NH_3)_5SO_4]X$ ($X = Cl$, Br, J u. NO_3), $[(NH_3)_4Co(SO_4)(NH_2)Co(NH_3)_4]$ Y_3($Y = Cl$, Br u. NO_3), $[Co(NH_3)_4PO_4]$ sowie $[Co(NH_3)_4PO_4] \cdot 3H_2O$ untersucht. Die Extinktionskoeff. u. die Aufspaltungen der entarteten Schwingungen der einzähnigen Komplexe werden mit denen der zweizähnigen verglichen. Eine Normalkoordinatenanalyse wird für die Komplexionen durchgeführt. B. Plewinsky 30

0096 **Laser-Raman-Spektrum und Schwingungszuordnung des Tetracyanoniccolat(II)-Ions.** D. Jones, I. J. Hyams und E. R. Lippincott. (Spectrochim. Acta [Oxford], Part A **24** (1968) 8, 973–80; Dep. of Chem., Univ. of Maryland College Park, Maryland; engl.) — Die durch einen He–Ne-Laser bei 6328 Å angeregten Raman-Spektren werden von $Na_2(Ni(CN)_4] \cdot 3H_2O$, $K_2[Ni(CN)_4] \cdot H_2O$ u. von $Ba[Ni(CN)_4] \cdot 4H_2O$ sowie von den wss. Lsg. der Verb. angenommen. Alle Schwingungsfrequenzen mit Ausnahme der C–Ni–C-Deformationsschwingung können zugeordnet werden. Die erhaltenen Werte stimmen ziemlich gut mit denen von R. L. McCullough et al. (ibid. **16** (1960) 929) überein.
B. Plewinsky 30

0097 **Organische Metallkomplexe. 5. Mitt. IR-Spektren von ¹³C-, ¹⁸O- und ²H-markierten Acetylacetonaten.** H. Junge und H. Musso. (Spectrochim. Acta [Oxford], Part A **24** (1968) 8, 1219–43; Abt. für Chem. der Ruhr Univ. Bochum u. Inst. für Org. Chem. d. Univ. Marburg; dt.) — 4. vgl. C. **1968**, 59-0004. — IR-Spektren der mit ¹³C, ¹⁸O u. ²H markierten *Cu(II)-*, *Pd(II)-*, *Be-*, *Mg-*, *Li-*, *Na-*, *K-* u. *Al*-Acetylacetonate werden in Lsg. ($HCCl_3$) u. in KBr untersucht. Die Zuordnungen werden aus den Spektren orientierter Mol. im polarisierten Licht erhalten. B. Plewinsky 30

0098 **Schwingungsspektren metallorganischer Verbindungen. 3. Mitt. Infrarotspektren und Zuordnungen für Bis-[pentafluorphenyl]-thallium(III)-Verbindungen.** G. B. Deacon und J. H. S. Green. (Spectrochim. Acta [Oxford], Part A **24** (1968) 8, 1125–33; Chem. Dep., Monash Univ., Clayton, Victoria, Australia; engl.) — Die IR-Spektren (2000–40 cm⁻¹) der Verb. $(C_6F_5)_2TlX$ ($X = F^-$, Cl^- oder Br^-) werden aufgenommen u. die Zuordnungen der beobachteten Frequenzen durchgeführt. Von den folgenden Verb., die alle die $(C_6F_5)_2Tl$-Gruppe enthalten, werden die IR-Absorptionsfrequenzen angegeben. $(R_F)_2TlX$ ($X = NO_3^-$, $^1/_2\ SO_4^{2-}$, CH_3COO^-, CF_3COO^-, $C_6H_5COO^-$, $C_6F_5COO^-$, $R_F = C_6F_5$), $(R_F)_2LTlX$ ($L = Py.$, $(C_6H_5)_3PO$, $(C_6H_5)_3AsO$, $(C_6H_5)_3P$ oder $(C_6H_5)_3As$), $M(R_F)_2TlX_2$ ($M = (C_6H_5)_4P^+$ oder $(C_2H_5)_4N^+$) u. $(R_F)_2 \cdot L^*TlX$ ($L^* =$ 2.2'-*Bipyridyl* oder 1.10-*Phenanthrolin*) sowie von $(R_F)_2$ $[(C_6H_5)_3AsO]_2TlNO_3$ u. von $(R_F)_2TlBr$ in Aceton. — 2. vgl. ibid. **24** (1968) 7, 885.
B. Plewinsky 30

0099 **Schwingungsspektren von Liganden und Komplexen. 4. Mitt. Infrarotspektren der o-Phenylen-bis-[dimethylarsin]-Komplexe mit Zink, Cadmium und Quecksilber.** G. B. Deacon und J. H. S. Green. (Spectrochim. Acta [Oxford], Part A **24** (1968) 8, 959–64; Chem. Dep., Monash Univ., Clayton, Victoria, Australia; engl.) — 3. vgl. ibid. **24** (1968) 7, 853. — Die IR-Spektren (3500 bis 500 cm⁻¹) der o-Phenylen-bis-[dimethylarsin]-Komplexe $MD_2(ClO_4)_2$ ($M = Zn$, Cd oder Hg; $D =$ o-Phenylen-bis-[dimethylarsin]) sowie der Komplexe (3650–200 cm⁻¹) MDX_2 ($X = Cl$ oder Hg) u. $ZnDJ_2$ werden aufgenommen. Die Zuordnungen der beobachteten Frequenzen (einschließlich der Metall-Halogen-Valenzfrequenzen) werden vorgeschlagen u. im Zusammenhang mit den Strukturen der Komplexe diskutiert. B. Plewinsky 30

0100 **Spektren einiger aus Semicarbazid, Thiosemicarbazid, Acetonsemicarbazon, und 1.2.4-Triazol mit Kupferhalogeniden und Salzen von Sauerstoffsäuren gebildeter Komplexe im fernen Infrarot (450–80 cm⁻¹).** M. J. Campbell, B. Grzeskowiak und M. Goldstein. (Spectrochim. Acta [Oxford], Part A **24** (1968) 8, 1149 bis 1159; Chem. Dep., The Woolwich Polytechn. London; engl.) — Die Spektren der Komplexe CuL_2X_2 u. $CuLX_2$ ($L =$ *Semicarbazid*, *Thiosemicarbazid*, *Acetonsemicarbazon* u. *1.2.4-Triazol*; $X = Cl$, Br, NO_3, ClO_4 u. $1/2SO_4$) werden im festen Zustand im fernen IR aufgenommen. Aus den Zuordnungen der ν(Cu-L)-, ν(Cu-Halogen)- u. ν(Cu-O_x Sauerstoffsäureanion)-Schwingungen wird auf die Koordinationszahl, die Geometrie u. den Bindungszustand der Komplexe geschlossen. Die Ergebnisse werden mit den Resultaten der Elektronenspektren u. der Spektren im mittleren IR verglichen.
B. Plewinsky 30

0101 **Spektren von 3- und 4-Alkylpyridinkomplexen mit einigen Übergangsmetallkationen im fernen Infrarot.** J. Burgess. (Spectrochim. Acta [Oxford], Part A **24** (1968) 3, 277–83; Chem. Dep., Leicester Univ., Leicester; engl.) — Die FIR-Spektren (200–400 cm⁻¹) von monomeren oktaedr. *trans*-$MnL_4(NCS)_2$, $CoL_4(NCS)_2$, $NiL_4 \cdot (NCS)_2$ u. $NiL_4(NCO)_2$, verzerrt oktaedr. $CuL_2(NCS)_2$ CuL_2Cl_2 sowie von tetraedr. $ZnL_2(NCS)_2$ werden mitgeteilt, wobei L in den Komplexen *3-* u. *4-Methylpyridin* *3-* u. *4-Äthylpyridin*, *4-Isopropylpyridin* bzw. *3.5-Dimethylpyridin* bedeutet. Die beobachteten Frequenzverschiebungen werden durch Massen- u. Elektroneneinfl. der Alkylsubstituenten u. die relativen Anordnungen der Metall-d- u. Liganden-π-Orbitale diskutiert.
E. Otto 30

0102 **Spektroskopische Untersuchungen von phosphororganischen Verbindungen. 4. Mitt. Infrarot-Spektren und Struktur von Tetramethyldiphosphindisulfid-Metallhalogenid-Komplexen.** M. Arshad A. Beg und S. H. Khawaja. (Spectrochim. Acta [Oxford], Part A **24** (1968) 8, 1031–35; Central Labor., Pakistan Council of Sci. and Industr. Res. Karachi-Pakistan; engl.) — 3. vgl. C. **1967**, 33-0963. — Die IR-Spektren von *Tetramethyldiphosphindisulfid* u. von *Tetramethyldiphosphindisulfid*-Komplexen mit $CdCl_2$, $HgCl_2$, $HgBr_2$, HgJ_2, $CuCl_2$, $CuBr_2$, $ZnCl_2$, $BiCl_3$ u. $SnCl_4$ werden im Bereich 4000–525 cm⁻¹ untersucht. Aus den Spektren werden Rückschlüsse auf die mögliche Struktur der Komplexe gezogen.
B. Plewinsky 30

0103 **Infrarot-Spektren (500–20 cm^{-1}) einiger vernetzter Metallthiocyanat-Isomeren.** D. M. L. Goodgame und B. W. Malerbi. (Spectrochim. Acta [Oxford], Part A 24 (1968) 8, 1254–55; Inorg. Chem. Res. Labor. Imperial Coll. of Sci. and Technol., London; engl.) — Die Spektren der Thiocyanat-Isothiocyanat-Isomerenpaare *Pd* · $[(C_6H_5)_3As]_2(NCS)_2$ u. $Pd[(C_6H_5)_3As]_2(SCN)_2$ sowie *Pd* · $bipy(NCS)_2$ u. $Pd\,bipy(SCN)_2$ werden untersucht. In jedem Falle ist ν(Pd-NCS) > ν(Pd-SCN). B. Plewinsky 30

0104 **Polarisierte Ramanspektren. 1. Mitt. Auswahlregeln.** Chen-hanson Ting. (Spectrochim. Acta [Oxford], Part A 24 (1968) 8, 1177–89; Inst. für Phys. Chem., der Univ. Stuttgart, Germany; engl.) — Theoret. Untersuchung. B. Plewinsky 30

0105 **Raman-Linienbreiten für Berechnungen der Anregungsschwelle und -ausbeute.** W. R. L. Clements und B. P. Stoicheff. (Appl. Physics Letters 12 (1968) 8, 246–48; Dep. of Phys., Univ. of Toronto, Toronto Canada; engl.) — Es werden die Linienbreiten in den normalen Raman-Spektren von fünf Fl. (CS_2, *Bzl.*, *Toluol*, O_2, N_2), die für Unters. der induzierten Raman-Streuung von Interesse sind, gemessen. Die Spektren werden mit der 6328-Å-Strahlung eines He–Ne-Lasers angeregt u. mit einem Fabry-Perot-Interferometer untersucht. U. Venzke 30

0106 **Raman-Spektrum des Stickstofftrichlorids bei hoher Auflösung.** Michel Delhaye, Nicole Durrieu-Mercier und Michel Migeon. (C. R. hebd. Séances Acad. Sci., Sér. A et B 267 (1968) 2, B 135–38; Fac. des Sci., Labor. de Spectrosc. Raman, Lille; franz.) — Das an NCl_3 in CCl_4-Lsg. (bei Anregung durch einen *He–Ne*-Laser) aufgenommene Spektrum zeigt vier Grundlinien bei 256, 347, 536 u. 638 cm^{-1}, die Linien bei 347 u. 536 cm^{-1} sind polarisiert. Es wird spektroskop. nachgewiesen, daß die Linie bei 536 cm^{-1} nicht durch freies Chlor bedingt ist. Die Ergebnisse entsprechen einer Pyramidenstruktur der Symmetrie C_{3v}. U. Venzke 30

0107 **Mikrowellenspektrum des SO-Radikals. S–O-Abstand im Gleichgewicht, elektrische Quadrupolkopplungskonstante und die Konstanten der magnetischen Hyperfeinstruktur.** T. Amano, E. Hirota und Y. Morino. (J. physic. Soc. Japan 25 (1968) 1, 300; engl.) — Erratum zu T. Amano et al., ibid. 22 (1967) 2, 399. E. Richter 32

0108 **Hyperfeinstruktur im Millimeterspektrum von Schwefelwasserstoff: elektrische Resonanzspektroskopie an asymmetrischen Kreiselmolekülen.** R. E. Cupp, R. A. Kempf und J. J. Gallagher. (Physic. Rev. [2] 171 (1968) 1, 60–69; Martin Marietta Corporat., Orlando, Fla.; engl.) — Die magnet. Hyperfeinstruktur des $1_{-1} \rightleftharpoons 1_1$-Rotationsüberganges von H_2S wurde vollständig aufgelöst. Die Hyperfeinkopplungskonst. wurden bestimmt zu $C_{SS} = 16726 \pm 30$ (Spin–Spin), $C^{1}_{10} = -16239 \pm 10$ (Spin–Rotation)-Konst. für den 1_1-Rotationszustand) u. $C^{1}_{01} = -15885 \pm 10$ Hz (Spin–Rotation-Konst. für den 1_{-1}-Rotationszustand). Die Zentralfrequenz des Rotationsüberganges wurde zu $\nu_0 = 168762762373 \pm 20$ Hz bestimmt. Es wurden sieben Rotationsübergänge von H_2S beobachtet. Die Meth. der elektr. Resonanz wurde durch Beobachtung des $4_0 \rightleftharpoons 4_2$-Rotationsüberganges von H_2S bis zu einer Wellenlänge von 813 μ erweitert. H. Liepack 32

0109 **Messung der g-Werte von Atomniveaus von Neon in einem Zeeman-Laser.** P. Brun, A. Le Floch und J. P. Tache. (Physics Letters [Amsterdam] 27A (1968) 6, 352–53; Fac. des Sci. de Rennes, France; engl.) — Best. des g-Faktors des $2s_2$-Niveaus zu $g = 1{,}23 \pm 0{,}02$. Herbert Weber 34

0110 **Übergangsverhalten eines durch einen Entladungsstrom modulierten He–Ne-Lasers.** Shozo Hongo, Kazuo Kawabe und Yoshio Inuishi. (Jap. J. appl. Physics 7 (1968) 5, 549; Fac. of Engng., Osaka Univ., Miyakojima, Osaka; engl.) — Das Übergangsverh. der 6328-Å-Emission eines He–Ne-Gaslasers (He: 0,1; Ne: 0,1 Torr) wird untersucht. B. Plewinsky 34

0111 **Einfluß von Gasfluß auf die Zusammensetzung und Ausgangsleistung eines CO_2–He–N_2-Lasers.** A. L. S. Smith. (Physics Letters [Amsterdam] 27 A (1968) 7, 432–33; Dep. of Phys., Univ. of St. Andrews, Fife, UK; engl.) — Die mol. Zus. eines CO_2–He–N_2-Fließgas-Lasers wurde mit einem Massenspektrometer untersucht. CO_2 wird in CO u. O_2 umgewandelt ($2CO_2 \rightarrow 2CO + O_2$). Der Betrag der Umwandlung steht zu Änderungen in der Laser-Ausgangsleistung in Beziehung. Herbert Weber 34

0112 **Mechanismus und Zeitverhalten der Laseremission bei 538 μm von JCN.** Masanobu Yamanaka, Shōzō Kon, Junya Yamamoto und Hiroshi Yoshinaga. (Jap. J. appl. Physics 7 (1968) 5, 554; Inst. of Plasma Phys., Nagoya Univ., Nagoya; engl.) — Es werden JCN-Dampf (0,13 Torr) sowie $J_2 + C_2N_2$; J_2; C_2N_2; $H_2O + JCN$; $H_2O + C_2N_2$; *BrCN*; $H_2O + BrCN$ u. CH_3CN untersucht. Die Linie bei 538 μm wird nur beobachtet, wenn J, C u. N anwesend sind. Daraus folgt, daß die 538-μm-Linie dem JCN-Mol. zugeordnet werden muß u. nicht dem CN-Radikal. B. Plewinsky 34

0113 **Thermische Erzeugung einer Besetzungsinversion in Kohlendioxid.** E. E. Wisniewski, M. E. Fein, J. T. Verdeyen und B. E. Cherrington. [Appl. Physics Letters 12 (1968) 8, 257–58; Dep. of Electr. Engng., Univ. of Ill., Urbana, Ill.; engl.) — Eine Besetzungsinversion für den $00^01 \rightarrow 10^00(10{,}6\ \mu)$-Übergang in CO_2 durch Übertragung der Anregungsenergie von therm. angeregtem N_2 auf CO_2 in einem CO_2–N_2-Laser wird experimentell nachgewiesen. U. Venzke 34

0114 **Trennung von gewöhnlich vereinigten Linien der magnetischen Resonanz unter der Einwirkung einer Lichtstrahlung.** Bernard Cagnac, Alice Izraël und Michel Nogaret. (C. R. hebd. Séances Acad. Sci., Sér. A et B 267 (1968) 4, B 274–77; Labor. de Spectroscop. hertz. de l'E.N.S., Fac. des Sci. de Paris; franz.) — Unters. werden an ^{201}Hg durchgeführt, das mit dem Kernspin 3/2 im Grundzustand 4 Zeeman-Unterniveaus aufweist, die unter normalen Bedingungen eine einzige Linie der kernmagnet. Resonanz ergeben. Unter dem Einfl. starker Lichtstrahlung, die nicht in Resonanz steht, werden drei verschiedene KMR-Linien beobachtet. Die entsprechende Meßanordnung wird beschrieben, die Ergebnisse werden diskutiert. U. Venzke 36

0115 **Paramagnetische Resonanz von Aminokupferkomplexen.** Teh-ching Chiang. (J. chem. Physics 48 (1968) 4, 1814–18; Dep. of Chem., Univ. of Toronto, Toronto, Ontario; engl.) — Unters. der EPR-Spektren der Komplexverb. von $CuCl_2$, $CuBr_2$, CuF_2 u. $Cu(NO_3)_2$ mit Tri-n-propylamin, Di-n-propylamin, n-Propylamin, Dibenzylamin u. Benzylamin bei 77 °K u. Zimmertemperatur. In einem nichtpolaren Lsgm. (Ae./A. 1:1) hängen g-Wert u. Hyperfeinaufspaltungskonst. sowohl vom Aminliganden als auch vom Anion ab, während in H_2O nur eine Abhängigkeit von den Aminliganden vorliegt. Opt. Spektren der Syst. bei Zimmertemp. zeigen dieselbe Abhängigkeit. Die Anionenabhängigkeit der Parameter des Spin-Hamilton-Operators kann durch Zulassung von Beimischungen angeregter Zustände mit 4s-Charakter zu dem einzeln besetzten Orbital durch vibron. Kopplung erklärt werden. Die Annahme vibron. Kopplung entspricht auch dem Einfl. der Aminliganden auf die Kontakt-Hyperfeinwechselwirkung. H. Liepack 36

0116 **^{19}F-NMR-Spektren einiger Pentafluorphenylverbindungen von Elementen der IV. Gruppe.** K. W. Jolley und L. H. Sutcliffe. (Spectrochim. Acta [Oxford], Part A 24 (1968) 8, 1191–1203; Donnan Chem. Labor., The Univ. Liverpool; engl.) — Die chem. Verschiebung der ^{19}F-Kerne wird für die Verb. $Si(R_F)_4$, (I) $Ge(R_F)_4$ (II), $(R)_2Ge(R_F)_2$ (III), $(R)_3GeR_F$ (IV), $ClGe(R_F)_3$ (V), $BrGe(R_F)_3$ (VI), $HOGe(R_F)_3$ (VII), $Sn(R_F)_4$ (VIII), $RSn(R_F)_3$ (IX), $(R)_2Sn(R_F)_2$ (X), $(R)_3SnR_F$ (XI), $CH_3Sn(R_F)_3$ (XII), $(CH_3)_2Sn(R_F)_2$ (XIII), $(CH_3)_3SnR_F$ (XIV), $Pb(R_F)_4$ (XV), $(R)_3PbR_F$ (XVI) u. $(CH_3)_3PbR_F$ (XVII) u. die chem. Verschiebung der Protonen wird für die Verb. **III, IV, VII, IX, X, XI, XII, XIII, XIV, XVI** u. **XVII** sowie für $(R)_4Ge$, $(R)_4Sn$ u. $(CH_3)_4Sn$ bestimmt ($R = C_6H_5$; $R_F = C_6F_5$).

Die meta- u. para-chem. Verschiebungen der ^{19}F-Kerne werden benutzt, um Vorhersagen über die π-Akzeptorenstärke der organ. Substituenten zu machen. Für die Verb. **III, IV, VI, VII, XIII, XIV** u. **XVII** werden die ^{19}F-Kopplungskonst. angegeben. B. Plewinsky 36

0117 **Relaxation der Protonen der Methylgruppen des Kupferacetatmonohydrateinkristalls, $Cu_2(COOCH_3)_4 \cdot 2H_2O$ bei tiefen Temperaturen.** You Hing Tchao und Sylvain Clément. (C. R. hebd. Séances Acad. Sci., Sér. A et B **267** (1968) 1, B 11—14; Inst. d'Electron. Labor. associé au C.N.R.S. Fac. des Sci. Bâtiment, Orsay, Essonne; franz.) — Die NMR-Linie ($\Delta\nu \simeq$ 20 kHz) der Protonen der CH_3-Gruppen wird bei 20,4—34°K bei Resonanzfrequenzen zwischen 14 u. 8 MHz untersucht. Für die Spin-Gitter-Relaxationszeit T_1 ergibt sich in Abhängigkeit von der Frequenz ν_n die Beziehung $T_1 \sim \nu^2_n$, in Abhängigkeit von der Temp. die Beziehung $T_1 = A(\omega^2_n) \cdot e^{B(1/T)}$. Es wird angenommen, daß die Protonen um ihre Symmetrieachse rotieren u. die Mol.-Rotationen im wesentlichen die Spin-Gitter-Relaxation bestimmen. U. Venzke 36

0118 **Mössbauer-Effekt in Organoantimonverbindungen.** S. E. Gukasyan und V. S. Shpinel. (Physica Status solidi [Berlin] **29** (1968) 1, 49—52; Inst. of Nucl. Phys., Moscow State Univ.; engl.) — Die chem. Isomerenverschiebungen der 37,2-keV-γ-Linie des ^{121}Sb-Kerns in $(C_6H_5)_3SbCl_2$; $(C_6H_5)_3SbF_2$; $(o\text{-}CH_3OC_6H_4)_3SbCl_2$; $(C_6H_5)_4SbBr$; $(C_6H_5)_4SbBF_4$; $(p\text{-}ClC_6H_4)_3Sb$ u. $(p\text{-}CH_3 \cdot OC_6H_4)_3Sb$ wurden unter Verw. einer ^{121}Sb-Quelle in $^{121}SnO_2$ gemessen. Die Resonanzabsorptionsspektren sind hauptsächlich verbreiterte Einzellinien mit beträchtlicher Asymmetrie. Die erhaltenen Ergebnisse werden auf der Grundlage der halbempir. Meth. der Hybridbahnen erklärt. H. Roschkowski 37

0119 **Rotations-Korrelationsfunktionen bei der Neutronenstreuung durch Molekülgase.** Ashok K. Agrawal und Sidney Yip. (Physic. Rev. [2] **171** (1968) 1, 263 bis 271; Dep. of Nucl. Engng., MIT, Cambridge, Mass.; engl.) — Berechnung des Wrkg.-Querschnittes der inkohärenten Neutronenstreuung in Abhängigkeit von klass. Rotationszeit-Korrelationsfunktionen. Es werden explizite Ausdrücke für sphär., lineare u. symm. Mol. angegeben u. auf CH_4, HCl u. NH_3 angewendet. Ein Vgl. mit exakten quantenmechan. Berechnungen u. experimentellen Ergebnissen zeigt, daß die Gaußsche Näherung hinreichend genau ist. H. Liepack 40

0120 **Elektronenbeugung in Gasen. Streuung in diffusen Strahlen.** John Rundgren. (Ark. Fysik **35** (1968) 1/2, 31—49; Dep. of Theoret. Phys., Royal Inst. of Technol., Stockholm; engl.) — Eine Streuanordnung, bei der ein diffuser Elektronenstrahl einen diffusen Molekularstrahl kreuzt, wird theoret. analysiert. Das mathemat. Problem der Ableitung von Mol.-Struktur-Parametern aus einer kollektiven Interferenz-Intensitätskurve wird für den Fall eines Atompaares behandelt. Zwei Verf. zur Messung der Moleküldichteverteilungen werden diskutiert. Herbert Weber 40

0121 **Molekülstöße.** 6. Mitt. **Diagramm-Methoden.** C. F. Curtiss. (J. chem. Physics **48** (1968) 4, 1725—31; Theoret. Chem. Inst. Univ. of Wis., Madison, Wis.; engl.) — 5. vgl. C. **1968**, 11-0173. H. Liepack 44

0122 **Schwingungsrelaxation anharmonischer Oszillatoren mit austauschdominierten Stößen.** C. E. Treanor, J. W. Rich und R. G. Rehm. (J. chem. Physics **48** (1968) 4, 1798—1807; Cornell Aeronaut. Labor., Inc., Buffalo, N.Y.; engl.) H. Liepack 44

0123 **Adiabatische Phasenverschiebungen als unterer Grenzfall.** C. A. Coulson und R. B. Gerber. (Molecular Physics **14** (1968) 2, 117—31; Math. Inst., Oxford; engl.) — Vf. zeigen, daß bei Stoßprozessen Phasenverschiebungen in der adiabat. Näherung untere Grenzen der exakten Phasenverschiebungen sind, vorausgesetzt, daß nichtadiabat. Übergänge energet. verboten sind. E. Richter 44

0124 **Halbklassische Behandlung des Problems mehrfacher Wendepunkte — Phasenverschiebungen und Eigenwerte.** William H. Miller. (J. chem. Physics **48** (1968) 4, 1651—58; Dep. of Chem., Harvard Univ., Cambridge, Mass.; engl.) — Ableitung eines einfachen, physikal. verständlichen Ausdrucks für die Streuphasenverschiebung im Falle eines Max. im effektiven radialen Potential. Diskussion der Resonanzen in der Energieabhängigkeit der totalen elast. Wrkg.-Querschnitte, Anwendung auf die Eigenwerte eines behinderten Rotators. H. Liepack 44

0125 **Absolute totale Stoßquerschnitte für Maxwell-Strahlen von H_2 und He bei Streuung an H_2 und He von Raumtemperatur.** P. Cantini, M. Cavallini, M. G. Dondi und G. Scoles. (Physics Letters [Amsterdam] **27 A** (1968) 5, 284—85; Gruppo Nazionale di Struttura della Mater. del C.N.R. Inst. di Fis. Sperimentale dell' Univ. Genova, Italy; engl.) — Die abs. Werte der totalen Stoßquerschnitte sind für die Syst. He–He, H_2–H_2, H_2–He u. He–H_2 bestimmt worden. Die Geometrie der verwendeten einfachen Streukammer erlaubte eine bequeme Druckkalibrierung u. vermied Endkorrekturen der Streuungslängen. E. Otto 44

0126 **Genaue Potentialbestimmung aus Streumessungen: Alkalimetall–Edelgas-Systeme.** R. Düren, G. P. Raabe und Ch. Schlier. (Z. Physik **214** (1968) 4, 410—21; Phys. Inst., Univ. Freiburg i. Br.; dt.) — Ein neuer Potentialansatz [Modifizierung des (12—6)-Potentials] wurde zur Anpassung aller verfügbaren Daten über die Syst. Li–Kr, Na–Ar, Na–Kr, Na–Xe, K–Ar u. K–Kr benutzt. Eine χ^2-Minimum-Meth. wird als Verf. zur Anpassung der Daten u. zur Best. der Fehler der erhaltenen Parameter benutzt. Es zeigt sich, daß die Form des Potentials für alle hier untersuchten Syst. ähnlich ist. Sie ist jedoch wahrscheinlich verschieden von der für Edelgas–Edelgas-Syst. abgeleiteten. Herbert Weber 44

0127 **Störungsbehandlung der elastischen Weitwinkelstreuung.** R. J. Cross jun. (J. chem. Physics **48** (1968) 4, 1480—82; Dep. of Chem., Yale Univ., New Haven, Conn.; engl.) — Störungstheorie für die WKB-Phasenverschiebung u. den klass. Ablenkungswinkel für ein allg. Lennard-Jones-Potential. H. Liepack 44

0128 **Mögliche Resonanz in der Positron–Wasserstoff-Streuung.** Richard J. Drachman. (Physic. Rev. [2] **171** (1968) 1, 110—14; Labor. for Theoret. Stud., Nat. Aeronautics and Space Administrat., Goddard Space Flight Center, Greenbelt, Md.; engl.) — Unters. zum Auftreten einer Streuresonanz unterhalb der Positroniumschwelle. Der wahrscheinlichste Mechanismus zur Erzeugung der Resonanz würde die Existenz eines virtuellen Bindungszustandes in dem Positronium–Proton-Kanal infolge der großen Dipolpolarisierbarkeit u. Masse des Positroniumatoms sein. Eine adiabat. Nichtvariationsberechnung deutet auf die Existenz einer Resonanz bei 0,1 eV unterhalb der Schwelle hin. Die nichtadiabat. Terme in einer Variationsbehandlung eliminieren die scheinbare Resonanz. H. Liepack 44

0129 **Relativistische Effekte bei der Elektronenstreuung durch Atome.** A. C. Yates und T. G. Strand. (Physic. Rev. [2] **170** (1968) 1, 184—89; Dep. of Chem., Ind. Univ., Bloomington, Ind.; engl.) — Berechnung der relativist. u. nichtrelativist. differentiellen Wrkg.-Querschnitte für *Ar*, *Kr* u. *J* im Energiebereich 20 eV bis 150 keV. H. Liepack 44

0130 **Berechnung des optischen Potentials der Elektron–Wasserstoff-Singulettstreuung.** Hugh P. Kelly. (Physic. Rev. [2] **171** (1968) 1, 54—60; Dep .of Phys., Univ. of Va., Charlottesville, Va.; engl.) H. Liepack 44

0131 **Berechnung der Elektron–Wasserstoff-Streuung.** Robert L. Armstead. (Physic. Rev. [2] **171** (1968) 1, 91—93; Naval Postgraduate School, Monterey, Calif.; engl.) — Berechnung der Phasenverschiebungen der elast. Elektron–H-Streuung für L = 1. Eine Resonanz erscheint in der ^{3}P-Welle bei 9,727 eV. Es wurden ferner P-Wellen-Phasenverschiebungen für die elast. Positron–H-Streuung berechnet. H. Liepack 44

0132 **Kurzlebige Compoundzustände in der niederenergetischen Elektron–Helium-Streuung.** D. Andrick, H. Ehrhardt und M. Eyb. (Z. Physik **214** (1968) 4, 388–401; Phys. Inst., Univ. Freiburg i. Br.; dt.) — Elektronenstreumessungen der Energieabhängigkeit der Anregung der He-Zustände 2^3S, 2^1S, 2^3P u. 2^1P bei verschiedenen Streuwinkeln im Bereich von 20–145°. Im Energiebereich von 22–23 eV wurden fünf überlappende Resonanzen des (e-He)-Syst. bestimmt, von denen eine (22,42 eV) als 3^2S identifiziert wird, eine andere (22,60 eV) als 3^2P-Zustand. Die Energiewerte der anderen Resonanzen sind 22,55; 22,75 bzw. 22,85 eV. Die Halbwertsbreiten liegen unterhalb ca. 40 meV. Im 2^3P-Kanal verschwinden drei Peaks beim gleichen Streuwinkel, was sich in Termen von Resonanzpolen erster Ordnung nicht zu erklären scheinen läßt. Herbert Weber 44

0133 **Prüfungen der Born-Näherungen; differentielle und totale Wirkungsquerschnitte der elastischen Streuung von 100- bis 400-eV-Elektronen durch He.** L. Vriens, C. E. Kuyatt und S. R. Mielczarek. (Physic. Rev. [2] **170** (1968) 1, 163–69; NBS, Washington, D.C.; engl.) — Messung der Winkelabhängigkeit für Streuwinkel von 5–30° mit einem hochauflösenden Elektronenspektrometer. Es wurden große Abweichungen von der Born-Näherung gefunden, bes. für kleine Elektronenenergien u. kleine Streuwinkel. Für die Abweichungen sind bes. Austausch u. Polarisation verantwortlich. Die Ochkur-(Bonham-)Näherung ist beinahe äquivalent der Austauschnäherung erster Ordnung für Elektronenenergien von 350 u. 500 eV. Für die totalen Bornschen Wrkg.-Querschnitte werden analyt. Reihenentw. mitgeteilt. Die experimentellen Ergebnisse sind in qual. Übereinstimmung mit früheren Messungen, jedoch quant. verschieden u. erstrecken sich zu kleineren Streuwinkeln. H. Liepack 44

0134 **Elastische Streuung langsamer Elektronen durch Lithium und durch das Be^+-Ion.** Nicole Feautrier und Vo Ky Lan. (C. R. hebd. Séances Acad. Sci., Sér. A et B **267** (1968) 2, B 124–27; Observatoire de Paris-Meudon, Meudon; franz.) — Energet. Berechnungen. U. Venzke 44

0135 **Austauschstoßmethode für die Hochfrequenzspektroskopie gespeicherter Ionen.** F. G. Major und H. G. Dehmelt. (Physic. Rev. [2] **170** (1968) 1, 91–107; Dep. of Phys., Univ. of Wash., Seattle, Wash.; engl.) — Das Hochfrequenzspektrum von durch ein Feld eingeschlossenen paramagnet. Ionen im Ultrahochvakuum wird aus spinabhängigen Stoßprozessen mit einem spinpolarisierten Bündel neutraler Teilchen bestimmt. Mit bes. Bezug auf das $^3He^+$–Cs-Syst. werden Ratengleichungen für die Besetzungen magnet. Unterniveaus für ein Ion mit $I = 1/2$, $J = 1/2$ bei gleichzeitiger Wrkg. von Spinaustausch u. spinabhängigem Ladungsaustausch mit einem Alkalimetallatom abgeleitet. Nach diesen Gleichungen deuten die relativen Intensitäten in den $\Delta F = 0$-Übergängen von $^3He^+$ an, daß im opt. gepumpten Atomstrahl eine Cs-Spinpolarisation von 0,5 erzielt wurde. Die He^+-Polarisation näherte sich der des Cs-Atoms. Es wurde eine Gesamtänderung der He^+-Lebensdauer um 2% in einer Wechselwrkg.-Periode mit einer Dauer von 0,8 s beobachtet, die den optimalen Wert für die beobachtete 0,4-s-Lebensdauer gegen Cs-induzierten Ionenverlust darstellt. In Abwesenheit des Strahles betrug bei einem Restgasdruck von $3 \cdot 10^{-8}$ Torr die Lebensdauer 8 s. Das Signal/Rausch-Verhältnis der $\Delta F = 0$-Linien deutet an, daß die $\Delta F = \pm 1$-Übergänge beobachtbar sein sollten. H. Liepack 44

0136 **Spinaustausch zwischen optisch orientierten metastabilen He-Atomen und thermischen Elektronen im Strömungsnachleuchten.** L. D. Schearer. (Physic. Rev. [2] **171** (1968) 1, 81–84; Tex. Instrum. Inc., Dallas, Tex.; engl.) — Unters. von Spinaustauschstößen zwischen therm. Elektronen u. opt. orientierten metastabilen He-Atomen (2^3S_1) u. Messung des Austauschwrkg.-Querschnittes. H. Liepack 44

0137 **Spin-Austausch-Stöße in gekreuzten Atomstrahlen.** D. Beck, U. Henkel und A. Schultz. (Physics Letters [Amsterdam] **27A** (1968) 5, 277–78; Phys. Inst. der Univ. Freiburg, Freiburg, Germany; engl.) — Der Austausch von Elektronenspins zwischen *K*- u. *Cs*-Atomen wurde bei Stößen mit therm. Energie beobachtet. Über die Winkelverteilung spinveränderter K-Atome von 2,0 bis 20° Massenmittelpunktsyst. (CMS) bei einer Stoßenergie von $2{,}3 \cdot 10^{-13}$ erg wird berichtet. Vorläufige Vers. der Datenanalyse ergeben vernünftige Zahlen für die K–Cs($^3\Sigma$)-Wechselwirkung. E. Otto 44

0138 **Elastischer Kalium–Elektron-Spinaustausch: Vergleich des Experimentes mit einer Berechnung für enge Kopplung.** R. E. Collins, B. Bederson, M. Goldstein und K. Rubin. (Physics Letters [Amsterdam] **27 A** (1968) 7, 440–41; New York Univ., University Heights, New York, N.Y.; engl.) — Ein spin- u. geschwindigkeitsselektierter Atomstrahl wird mit einem Elektronenbündel gekreuzt. Das Profil des gestreuten Atombündels wurde gemessen (mit u. ohne Spinzustandsanalyse). Das Verhältnis des differentiellen Austauschquerschnittes zum vollen differentiellen Querschnitt für die elast. Streuung von Elektronen niedriger Energie an K für Winkel zwischen 15 u. 180° u. Energien zwischen 0,5 u. 1,2 eV wurde gemessen. Herbert Weber 44

0139 **Schwingungsanregung von H_2-Molekülen durch Zentralstoß mit Li^+-Ionen.** J. Schöttler und J. P. Toennies. (Z. Physik **214** (1968) 5, 472–502; Phys. Inst., Univ. Bonn; dt.) — Eine App. zur Messung des unelast. differentiellen Wrkg.-Querschnittes für Schwingungsanregung in Stößen von zweiatomigen Mol. mit monoenerget. Ionen bei Laboratoriumsenergien zwischen 10 u. 50 eV wird beschrieben. Die Meth. beruht auf der Messung der Laufzeit der Ionen mit einem Zeit–Amplitude-Konverter u. einem 100-Kanal-Impulshöhenanalysator. Aus der Verschiebung in der Laufzeit relativ zu der, die für elast. Streuung erwartet wird, wird der Endzustand des in einem Einzelstoß angeregten Mol. identifiziert. Durch Unters. von nur zentralen Stößen mit nahezu Nullstoßparameter werden Rotationsanregungen stark unterdrückt. Gemessene Laufzeiten nach Stößen von monoenerget. Li^+ mit H_2 zeigen, daß mit steigender Energie der wahrscheinlichste Vibrationsquantensprung von $0 \to 1$ auf $0 \to 2$, $0 \to 3$ usw. zunimmt. Im Gegensatz zu den üblichen Annahmen eines kleinen ster. Faktors für Vibrationsanregungen zeigen die Ergebnisse, daß der unelast. Wrkg.-Querschnitt größer ist als der elast. Wrkg.-Querschnitt. Aus Messungen bei verschiedenen Streuwinkeln bei 10 eV wird der integrale elast. Wrkg.-Querschnitt zu ca. 0,2 Å² abgeleitet, entsprechend einem differentiellen Wrkg.-Querschnitt von 0,4 Å²/sr. Gemessene Werte von integralen u. differentiellen totalen Wrkg.-Querschnitten für Li^+–He u. Li^+–H_2 werden mitgeteilt u. mit der Theorie verglichen. Direkte Dissoziation von D_2 durch Li^+ im Energiebereich von 25–55 eV wurde nicht beobachtet, was eine obere Grenze für den Querschnitt von $4 \cdot 10^{-4}$ Å²/sr ergibt. Herbert Weber 44

0140 **Die differentiellen Anregungsfunktionen der n=2-Zustände von Helium.** H. Ehrhardt, L. Langhans und F. Linder. (Z. Physik **214** (1968) 2, 179–94; Phys. Inst., Univ. Freiburg i. Br.; dt.) — Energie- u. Winkelabhängigkeiten für die Elektronenstoß-Anregung der 2^3S-, 2^1S-, 2^3P- u. 2^1P-Zustände von He wurden unter Benutzung monochromat. (0,05 eV) Elektronen im Energiebereich von 19–23 eV u. für Streuwinkel von 0–110° gemessen. Die Strukturen nahe der 2^3S-Schwelle wurden analysiert. Der erste in dieser Anregungsfunktion bei 19,95 eV entspricht hauptsächlich der schnellen Änderung der direkten s-Wellen-Phase der unelast. Streuung mit der Stoßenergie, was wiederum eine Folge der Existenz der 2^2S-Resonanz bei 19,3 eV ist. Energet. Lage u. Stoßenergieabhängigkeit des ersten Peaks bei 20,7 eV im 2^1S-Kanal ist in Übereinstimmung mit der Voraussage der Existenz eines virtuellen Resonanzzustandes. Ein Termschema der He^--Resonanz mit Konfig.-Zuordnungen wird wiedergegeben. Herbert Weber 44

0141 **Winkelabhängigkeit der 2^3S-Anregung von He durch Elektronenstoß bei hoher Energie.** Ik-Ju Kang und Chan Kyoo Choi. (Physic. Rev. [2] **171** (1968) 1, 123–25; Dep. of Phys., Southern Ill. Univ., Carbondale, Ill.; engl.) — Erklärung der beobachteten Winkelabhängigkeit des Wrkg.-Querschnittes aus der theoret.

Unters. der Elektronenstoßanregung von metastabilem He nach der Coulomb-Wellen-Näherung.
H. Liepack 44

0142 **Theoretische und numerische Untersuchung der 1s–2s-Anregung von atomarem Wasserstoff durch langsame Elektronen.** R. Kołodziejski. (Acta physica polon. **33** (1968) 6, 991–1006; Inst. of Phys., Polish Acad. of Sci., Warsaw; engl.) — Partielle (σ_p) u. totale (σ_T) Wrkg.-Querschnitte der 1s–2s-Anregung für atomaren Wasserstoff durch langsame Elektronen werden berechnet. Dabei werdender kugelsymm. Teil der Störung des H-Atoms durch das ankommende Elektron u. die Störung durch die Elektronenwellenfunktion berücksichtigt. σ_p-Werte nullter Ordnung (L = 0) ergeben sich näher bei Werten der Meth. der engen Kopplungen als der Born-Näherung. Werner Schmidt/Berlin 44

0143 **Nachweis von Erscheinungen der Autoionisation bei experimenteller Untersuchung der Ionisation von Krypton durch Stöße monoenergetischer Elektronen.** J. Peresse, F. Tuffin und G. Le Coz. (Physics Letters [Amsterdam] **27A** (1968) 6, 356–57; Fac. des Sci. de Brest, France; franz.) — In der Ionisationskurve von Kr nahe der Schwelle beim Beschuß mit monoenerget. Elektronen zeigen sich Autoionisationsprozesse zwischen den $^2P_{3/2}$- u. $^2P_{1/2}$-Zuständen von Kr^+. Neue Prozesse wurden bei 2,97; 4,50 u. 7,92 eV oberhalb der Schwelle erhalten. Obwohl kein angeregter Zustand von Kr in diesem Energiebereich spektroskop. bekannt ist, können diese Prozesse auf Autoionisation von verbotenen Zuständen zurückgeführt werden.
Herbert Weber 44

0144 **Lyman-α-Erzeugung und Polarisation bei He^+-Stößen mit H und H_2.** Robin A. Young, R. F. Stebbings und J. William McGowan. (Physic. Rev. [2] **171** (1968) 1, 85–90; Gulf Gen. Atomic Inc., John Jay Hopkins Labor. for Pure and Appl. Sci., San Diego, Calif.; engl.) — Messung des totalen Wrkg.-Querschnittes für Lyman-α-Erzeugung aus He^+–H(1s)-Stößen im Energiebereich 0,5–30 keV. Bei den niedrigen Ionenenergien bleiben die Wrkg.-Querschnitte groß, wahrscheinlich infolge von Rotationswechselwrkg. zwischen bestimmten Zuständen des Stoßkomplexes HeH^+. Es wurde ferner der totale Wrkg.-Querschnitt für Lyman-α-Erzeugung aus He^+–H_2-Stößen bestimmt. Für die Emission von Lyman-α aus Stößen von He^+, Ne^+ u. Ar^+ mit atomarem H wurden einige Polarisationswerte ermittelt. H. Liepack 44

0145 **Kinetischer und spektroskopischer Zwang auf den Ursprung des N_2-Nachleuchtens.** Sidney W. Benson. (J. chem. Physics **48** (1968) 4, 1765–68; Dep. of Thermochem. and Chem. Kinetics, Stanford Res. Inst., Menlo Park, Calif.; engl.) — Die große Übergangswahrscheinlichkeit für die Kurvenkreuzung in der N_2-Vordissoziation $N_2(^3B) \rightleftharpoons N_2(^5\Sigma)$ garantiert, daß die in bezug auf die Rotation heißen Angehörigen des 12. Schwingungsniveaus des B-Zustandes $(^3B^{(12)})^*$ stets im Gleichgew. mit freien N-Atomen ohne Mitwrkg. eines dritten Körpers sind. Es wird ein kinet. Schema für diese Species angegeben, daß Rotations- u. Schwingungslöschung neben elektron. Löschung berücksichtigt. Löschung durch schnelle Rotation bewirkt eine Pseudogleichgew.-Besetzung der normalen $^3B^{(12)}$-Spezies. Die Gleichgew.-Konst. K_B für $2N \rightleftharpoons N_2(^3B^{(12)})$ wurde zu $10^{-1,2}$ Liter/Mol bei 300°K abgeschätzt, die Aktivierungsenergie beträgt −2,2 kcal/Mol. Mit $10^{5,0\pm0,3}$ s^{-1} als Strahlungsgeschw.-Konst. des 12–8-Übergangs folgt eine abs. Emissionsintensität für diese Bande von $10^{2,9\pm0,3}$ Liter/Mol · s. Die 11., 10. u. 9. Schwingungsniveaus scheinen durch sukzessive Stoßentaktivierung des 12. Niveaus besetzt zu werden. Diese Stoßentaktivierung ist in Konkurrenz zur elektron. Löschung. H. Liepack 44

0146 **Relative Wechselwirkungsradien für die Löschung von Molekülen im Triplettzustand.** Seymour Siegel und Henry S. Judeikis. (J. chem. Physics **48** (1968) 4, 1613–19; Aerospace Corp., El Segundo, Calif.; engl.) — Aus der Intensität der stationären Phosphoreszenzemission u. des ESR-Signals der Mol. im Triplettzustand in Abhängigkeit von den Zusätzen wurde der Einfl. von *O_2*, *NO* u. *Xe* auf den Übergang vom angeregten Triplett- zum Grundzustand in *Naphthalin* untersucht.
H. Liepack 44

0147 **Anregung von selbstionisierenden Niveaus in Ne durch Ionenstoß.** A. K. Edwards und M. E. Rudd. (Physic. Rev. [2] **170** (1968) 1, 140–44; Behlen Labor. of Phys., Univ. of Nebr., Lincoln, Nebr.; engl.) — Selbstionisierende Zustände von neutralem u. einfach ionisiertem Ne wurden durch Beschuß von Ne-Gas mit H^+, He^+ u. Ne^+ im Bereich 150–250 keV erzeugt. Im Elektronenspektrum wurden 60 Linien gefunden, von denen 43 in 13 Rydberg-Serien klassifiziert wurden. Es wurden ferner Auger-Elektronen von Ein- u. Zwei-Leerstellen-Zuständen untersucht. Die relativen Intensitäten aller Übergänge werden mitgeteilt. H. Liepack 44

0148 **Unter Benutzung einer gestörten Greenschen Funktion berechneter Wirkungsquerschnitt der Vielphotonenionisation.** Yves Gontier und Michel Trahin. (C. R. hebd. Séances Acad. Sci., Sér. A et B **267** (1968) 6, B 357–59; Centre d'Étude nucl. de Saclay, Serv. de Phys., appl. Serv. de Phys. des Interact. électr. Essonne; franz.) — Es wird gezeigt, wie das Auftreten von Quasiresonanzen den Ausdruck für den Wrkg.-Querschnitt der Vielphotonenionisation eines Atoms ändern kann.
U. Venzke 44

0149 **Experimentelle Untersuchung der Ionisation des Deuteriums unter dem Einfluß eines Lasers mit kurzem Impuls.** Francis Floux, Daniel Guyot und Philippe Langer. (C. R. hebd. Séances Acad. Sci., Sér. A et B **267** (1968) 6, B 416–19; C.E.A., Centre de Limeil, Villeneuve-Saint-Georges, Val-de-Marne; franz.) — Unters. bei Drücken zwischen 300 u. 1500 Torr zeigen die Existenz einer nach der Theorie erwarteten Durchschlagswelle. Ein Wert für die Dauer der Kaskadenerscheinung wird abgeleitet. U. Venzke 44

0150 **Ionisationsenergie von HF und DF.** H. J. Lempka und W. C. Price. (J. chem. Physics **48** (1968) 4, 1875–76; Phys. Dep., King's Coll. London, England; engl.) — Die von Vf. aufgenommenen Photoelektronenspektren von HF u. DF weichen in der Beobachtung u. bes. in der Deutung von den von Frost, McDowell u. Vroom (ibid. **46**, [1967] 4255) erhaltenen Ergebnissen ab, während für HCl, HBr u. HJ ziemliche Übereinstimmung erzielt wurde. Für den Bereich 16–17 eV werden die Photoelektronenspektren von HF u. DF als Ionisation zum $^2\Pi_{1\,1/2,1/2}$-Syst. des Mol.-Ions gedeutet. Eine breite Bande von 18,7–21,0 eV mit Max. bei ca. 20 eV wird dem $^2\Sigma^+$-Zustand von HF^+ zugeordnet. Das Fehlen einer Schwingungsstruktur ist die Folge der Wechselwrkg. mit benachbarten Zuständen. Das DF-Spektrum ist nicht so gut aufgelöst wie das von HF.
H. Liepack 44

0151 **Doppelelektronenemission im Photoabsorptionsprozeß.** Manfred O. Krause, Thomas A. Carlson und R. D. Dismukes. (Physic. Rev. [2] **170** (1968) 1, 37–47; ORNL, Oak Ridge, Tenn.; engl.) — Die aus *Ne* durch MgK_α- u. AlK_α-Röntgenstrahlen sowie aus *Ar* durch TiK_α ausgelösten Elektronen wurden mit einem elektrostat. Energieanalysator untersucht. Auf der Seite niedriger Energie der Photoliniencharakteristik der Einelektronenemission treten diskrete Max. u. Kontinua auf, die durch Anregung u. Ionisation eines zweiten Elektrons gedeutet werden. Es wurden folgende Wahrscheinlichkeiten der Zweielektronenübergänge abgeleitet: Ne KL: (18,5 ± 1,0)%; Ar KL: (2,5 ± 0,8)% u. Ar KM: (20,7 ± 1,4)%. Bei ca. 85% der Doppelereignisse gehen beide Elektronen in das Kontinuum; in ca. 15% wird das weniger fest gebundene Elektron zu angeregten diskreten Zuständen bewegt. Unter Verw. von Hartree-Fock-Einelektron-Wellenfunktionen entspricht die Theorie des Elektronen-Shakeoffs den beobachteten Intensitäten. Ca. 80% der Shake-off-Elektronen haben Energien von $0 \leqq E \leqq E_l$, E_l Bindungsenergie des L- oder M-Elektrons in einem Atom, dem ein K-Elektron fehlt. Konsequenzen dieser Unters. im Hinblick auf Röntgen- u. Auger-Elektronensatelliten werden diskutiert. Es wurden folgende relative Intensitäten von K_α-Satelliten gemessen: Mg 13%, Al 8,5% u. Ti 4%.
H. Liepack 44

0152 **Durch Austauschstoß mit dem neutralen metastabilen Zustand beobachtete Ausrichtung des Grundzustandes von Xe durch Elektronenstoßionisation.** Tetsuo Hadeishi und Chung-Heng Liu. (Physic. Rev. [2] **170** (1968) 1, 145–50; Lawrence Radiat. Labor., Univ. of Calif., Berkeley, Calif.; engl.) — Beobachtung von Austauschstößen zwischen einfach ionisiertem Xe im Grundzustand $^2P_{3/2}$ u. neutralem Xe im metastabilen Zustand $^3P_2$ durch paramagnet. Resonanz. Die Ionen im Grundzustand u. Atome im metastabilen Zustand wurden gebildet u. ausgerichtet durch Beschuß mit einem Strahl langsamer Elektronen. Es wird eine phänomenolog. Theorie entwickelt, die das Vorzeichen des Signals der magnet. Resonanz der Grundzustandsionen relativ zu dem der neutralen Atome im metastabilen Zustand erklärt. Es wird experimentell nachgewiesen, daß die Grundzustandsionen $Xe^+(^2P_{3/2})$ durch Stoßionisation durch langsame Elektronen ausgerichtet werden u. daß diese Ausrichtung über Austauschstöße mit dem metastabilen Zustand nachweisbar ist. H. Liepack 44

0153 **Häufigkeit angeregter Ionen in O^+- und O_2^+-Bündeln.** B. R. Turner, J. A. Rutherford und D. M. J. Compton. (J. chem. Physics **48** (1968) 4, 1602–08; Gulf General Atomic Inc., John Jay Hopkins Labor. for Pure and Appl. Sci., San Diego, Calif.; engl.) — Es werden ca. 20 μs nach Ionenbldg. die Anteile angeregter Ionen in einem bei verschiedenen Energien E_e der Elektronen in der Ionenquelle erzeugten Ionenstrahl bestimmt. In jedem Fall scheint nur ein angeregter Zustand von Bedeutung zu sein: für O_2^+ ist der Anteil f dieses angeregten Zustands 0,22, 0,30 u. 0,33 für E_e-Werte von 25, 50 bzw. 100 eV. Für O^+ ist f = 0,27 für E_e = 50 eV u. 0,30 für E_e = 100 eV. H. Liepack 44

0154 **Relative Besetzung von N^+ und N_2^{2+} in einem Ionenstrahl der Masse 14.** Dennis W. Vance. (J. chem. Physics **48** (1968) 4, 1873–74; Res. Labor., Xerox Corp., Rochester, N.Y.; engl.) — Vf. bestimmt den N_2^{2+}-Anteil in einem Ionenstrahl der Masse 14 aus der Sekundärelektronenemission von Mo. Die Meth. beruht auf der Tatsache, daß die Ausb. γ_i bei Ionenenergien < 500 eV der Rekombinationsenergie des auftreffenden Ions nahezu proportional ist. Danach ist die N_2^{2+}-Konz. höher als von McGowan u. Kerwin (Proc. Physic. Soc. 82 [1963] 357) angegeben. H. Liepack 44

0155 **Beweglichkeiten von massenidentifizierten H_3^+ und H^+ in Wasserstoff.** D. L. Albritton, T. M. Miller, D. W. Martin und E. W. McDaniel. (Physic. Rev. [2] **171** (1968) 1, 94–102; School of Phys., Ga. Inst. of Technol., Atlanta, Ga.; engl.) — Messung der Driftgeschw. von massenidentifizierten H_3^+ u. H^+ in H_2 bei Zimmertemperatur. H_3^+ sind in therm. Gleichgew. mit dem Gas bei E/p_0 < ca. 10 V/cm Torr, H^+ bei E/p_0 < ca. 5. Die red. Nullfeldbeweglichkeiten betragen für H_3^+ 11,1 ± 0,6, H^+ 16,0 ± 0,8 cm²/Vs. Die Wasserstoffion-Mol.-Rk. beeinflussen nicht die Eindeutigkeit in der Ermittlung der Nullfeldbeweglichkeiten. Nur ein kleiner Anteil der nachgewiesenen H_3^+ wird durch Dreikörperkonversion von H^+ in H_3^+ gebildet. Oberhalb E/p_0 von ca. 54 V/cm Torr trägt das Aufbrechen von H_3^+ wesentlich zum H^+-Signal bei. Die reakt. Bldg. von H_5^+ aus H_3^+ wurde nachgewiesen. Es wurde ferner die Nullfeldbeweglichkeit von K-Ionen in H_2 bestimmt. H. Liepack 44

0156 **Beweglichkeiten und Reaktionsgeschwindigkeiten von Ne-Ionen in Ne.** E. C. Beaty und P. L. Patterson. (Physic. Rev. [2] **170** (1968) 1, 116–21; Joint Inst. for Labor. Astrophys., Boulder, Colo.; engl.) — Die Beweglichkeiten von Ne^+ u. Ne_2^+ in Ne wurden bei 300°K gemessen. Bei kleinem E/p_0 genügen sie den Gleichungen $K(Ne^+) = 4{,}07[1 + 8{,}0 \cdot 10^{3}(E/p_0)^2 + 2{,}0 \cdot 10^{-6}(E/p_0)^4]^{-1/8}$ u. $K(Ne_2^+) = 6{,}14\{[1 + 8{,}3 \cdot 10^{-3}(E/p_0)^2]/[1 + 2{,}0 \cdot 10^{-3} \cdot (E/p_0)^2 + 8{,}4 \cdot 10^{-6}(E/p_0)^4]\}^{1/5}$, E/p_0 in V/cm Torr. Ne^+ ging über eine Dreikörperrk. in Ne_2^+ mit Geschw.-Koeff. zwischen $7 \cdot 10^{-32}$ cm⁶/s bei E/p_0 = 2,0 V/cm Torr u. ca. $5 \cdot 10^{-32}$ cm⁶/s bei E/p_0 = 6,0 V/cm Torr über. H. Liepack 44

0157 **Beweglichkeiten positiver Ionen in trockener Luft.** G. Sinnott, D. E. Golden und R. N. Varney. (Physic. Rev. [2] **170** (1968) 1, 272–75; Lockheed Palo Alto Res. Labor., Palo Alto, Calif.; engl.) — Messungen von Driftgeschw. in Abhängigkeit von E/N für $2 \cdot 10^{-6} \lesssim E/N \lesssim 2 \cdot 10^{-14}$ V cm² u. für $1{,}8 \cdot 10^{15} \lesssim N \lesssim 7 \cdot 10^{15}$ cm⁻³. Für N_2^+, NO^+ u. O_2^+ wurden die Nullfeldbeweglichkeiten zu 1,6, 3,5 u. 2,5 cm²/Vs bestimmt. Aus Ergebnissen für großes E/N wurden die Impulsübertragungsquerschnitte zu 110, 21 u. 30 Å² bestimmt. N^+ u. O^+ verschwanden sehr schnell infolge von Ion-Mol.-Reaktionen. Teilergebnisse deuteten an, daß O^+ ca. 5% u. N^+ ca. 10% schneller als NO^+ in Luft ist. N_2^+ verschwand schnell durch Ladungsaustausch mit O_2. Bei Atmosphärendruck kann N_2^+ nicht lange genug anwesend sein, um die klass. Beobachtungen zu erklären. H. Liepack 44

0158 **Ablösung von Elektronen von H^- und O^- durch Elektronenstoß.** G. C. Tisone und L. M. Branscomb. (Physic. Rev. [2] **170** (1968) 1, 169–83; Joint Inst. for Labor. Astrophys., Boulder, Colo.; engl.) — Der Wrkg.-Querschnitt für die Elektronenablsg. von H^- wurde bis herab zu 8,4 eV u. der abs. Wrkg.-Querschnitt für die Elektronenablsg. von O^- im Energiebereich 7,1–487,1 eV gemessen. Die Ergebnisse werden mit Berechnungen nach Bethe-Born verglichen. Die Berechnung mit der halbklass. Coulomb-Korrektur ist in qual. Übereinstimmung mit den experimentellen Ergebnissen für Elektronenenergien > 20 eV sowohl für H^- als auch O^-, obwohl die Energieabhängigkeit des H^--Wrkg.-Querschnitts von 100–500 eV nicht dem theoret. Anstieg für die Grenze hoher Energie entspricht. H. Liepack 44

0159 **Messung der Ladungsaustausch-Wirkungsquerschnitte bei hoher Energie für auftreffende Protonen und atomaren H in verschiedenen Gasen.** L. H. Toburen, M. Y. Nakai und R. A. Langley. (Physic. Rev. [2] **171** (1968) 1, 114–22; ORNL, Oak Ridge, Tenn.; engl.) — Messung der Wrkg.-Querschnitte für Elektroneneinfang σ_{10} u. Elektronenverlust σ_{01} für Protonen u. atomaren H in H_2, He, Ar, Kr, N_2, O_2, CO, CO_2, H_2O, CH_4, C_2H_4, C_2H_6 u. C_4H_{10} für den Energiebereich 100 bis 2500 keV. Nach der Additivitätsregel wurden die Wrkg.-Querschnitte σ_{10} u. σ_{01} für H^+ u. H^0 in C abgeschätzt. H. Liepack 44

0160 **Wirkungsquerschnittmessungen für den Ladungsaustausch bei niedriger Energie (1–100 eV) für Stöße von Edelgasionen mit Gasen.** P. Mahadevan und G. D. Magnuson. (Physic. Rev. [2] **171** (1968) 1, 103–09; Advanced Res. Labor., McDonnell Douglas Corporat., Huntington Beach, Calif.; engl.) — Unters. der Stöße $He^- + He$, $He^+ + N_2$, $He^+ + O_2$, $He^+ + Ar$, $Ar^+ + Ar$, $Ar^+ + N_2$, $Ar^+ + H_2$ u. $Ar^+ + He$. Für die symm. Fälle entsprechen die Wrkg.-Querschnitte einem Ausdruck $\sigma^{1/2} = a - b \ln E$. H. Liepack 44

0161 **Ladungsaustausch-Wirkungsquerschnitte von N_2^{2+} in N_2, CO_2 und Ar und Kontamination von N^+-Strahlen durch N_2^{2+}.** H. F. Savage und F. C. Witteborn. (J. chem. Physics **48** (1968) 4, 1872–73; Ames Res. Center, NASA Moffett Field, Calif.; engl.) — Messung der Wrkg.-Querschnitte σ_{21} u. σ_{10} für N_2^{2+}-Energien von 100–1000 eV. Bei Beschuß mit 50-eV-Elektronen in der Carlston-Magnuson-Ionenquelle betrug das N_2^{2+}/N^+-Verhältnis 10^{-4}. Dieses Verhältnis wurde auf 10^{-6} für Elektronenenergien von 30–40 eV reduziert. Selbst dieser kleine N_2^{2+}-Anteil ist ausreichend, um das Signal des N^+-Ladungsaustauschs fast vollständig zu maskieren. H. Liepack 44

0162 **Einfangradius für Ionenrekombination.** Eric K. Parks. (J. chem. Physics **48** (1968) 4, 1483–87; Dep. of Chem. and Inorgan. Materials Res., Div. of the Lawrence Radiat. Labor., Univ. of Calif., Berkeley, Calif.; engl.) — Ableitung eines Ausdrucks für den nach Thomson für Dreikörper-Ionenrekombination definierten Einfangradius für beliebige Massen der Ionen u. neutralen Teilchen. Die für O_2^+–O_2^-–O_2, NO^+–NO_2^-–Xe, NO^+–NO_2^-–Kr, NO^+–NO_2^-–Ar, Tl_2^+J–TlJ_2^-–Xe, Tl_2^+J–TlJ_2^-–Ar, Tl_2^+Br–$TlBr_2^-$–Xe, Tl_2^+Br–$TlBr_2^-$–Ar, Tl_2^+Cl–$TlCl_2^-$–Xe, Tl_2^+Cl–$TlCl_2^-$–Ar, $PbBr^+$–Br^-–Xe u. $PbBr^+$–Br^-–Ar ber. Geschw.-Konst. werden mit experimentellen Werten verglichen. H. Liepack 44

0163 **Protonenaffinitäten von H_2S und H_2O.** J. L. Beauchamp und S. E. Buttrill jun. (J. chem. Physics **48** (1968) 4, 1783—89; Dep. of Chem., Stanford Univ., Stanford, Calif.; engl.) — Durch Ionenzyklotron-Einzel- u. Mehrfachresonanzspektroskopie wurden Ion-Mol.-Rk. in H_2S, $H_2S + CD_4$, $H_2S + C_2H_4$, $H_2S + C_3H_6$, $H_2S + H_2O$, H_2O, $H_2O + C_2H_4$, $C_2H_4 + C_2H_5OH$, $CH_2O + H_2O$ u. $H_2O + C_2H_5Br$, bei denen H_3O^+ u. H_3S^+ beteiligt sind, untersucht. Die Protonenaffinitäten wurden bestimmt zu 164 ± 4 kcal/Mol für H_2O u. 178 ± 2 kcal/Mol für H_2S. H. Liepack 44

0164 **Ion-Molekül- und Chemiionisationsreaktionen in H_2 durch Photoionisation.** W. A. Chupka, M. E. Russell und K. Refaey. (J. chem. Physics **48** (1968) 4, 1518—27; ANL, Argonne, Ill.; engl.) — Unters. der Bldg. von H_3^+ durch Ion-Mol.- u. Chemiionisationsprozesse, die durch Photonenstoß in H_2 ausgelöst wurden, in Abhängigkeit von der Photonenenergie mit Auflösungsbreiten zwischen 0,05 u. 0,002 eV. Die Rk. $H_2^+ + H_2 \rightarrow H_3^+ + H$ verläuft über mindestens zwei verschiedene Mechanismen. Bei sehr kleinen kinet. Energien hat der vorherrschende Mechanismus einen Rk.-Wrkg.-Querschnitt, der langsam mit zunehmender Schwingungsenergie des Ions abnimmt. Bei höheren kinet. Energien überwiegt ein Mechanismus, für den der Wrkg.-Querschnitt mit zunehmender Schwingungsenergie des Ions zunimmt. Die Rotationsenergie des Ions hat bei niedrigen kinet. Energien nur einen kleinen Einfl. auf den Rk.-Wrkg.-Querschnitt. Bei der H_3^+-Bldg. durch Chemiionisation unterhalb der Ionisationsschwelle von H_2 sind angeregte H-Atome (wahrscheinlich metastabiler 2 ^2S-Zustand) sowie angeregte H_2-Mol. beteiligt. Der Wrkg.-Querschnitt für Chemiionisation durch angeregte H-Atome nimmt mit der kinet. Energie ab. Die Protonenaffinität von H_2 wurde zu $\geqq$ 3,936 eV bestimmt. H. Liepack 44

0165 **Ion-Molekül-Reaktionen von NH_3^+ durch Photoionisation.** W. A. Chupka und M. E. Russell. (J. chem. Physics **48** (1968) 4, 1527—33; engl.) — Vgl. vorst. Referat. — Die Photoionisationsausb.-Kurven wurden für NH_3^+, NH_4^+ u. H_3O^+ in NH_3 u. Gasmischungen von NH_3 u. H_2O gemessen. Für die Rk. $NH_3^+ + NH_3 \rightarrow NH_4^+ + NH_2$ (1) u. $NH_3^+ + H_2O \rightarrow NH_4^+ + OH$ (2) wurde die Abhängigkeit der relativen Wrkg.-Querschnitte von der Schwingungsenergie des NH_3^+ bestimmt. Der Wrkg.-Querschnitt für (1) nimmt mit zunehmender Schwingungsenergie ab, während er für (2) angenähert unabhängig von der Schwingungsenergie ist. Die Ergebnisse werden in Verb. mit der Bldg. intermediärer Komplexe u. mit Stripping-Modellen diskutiert. Als obere Grenzen für die Protonenaffinität wurden $\geqq$ 8,54 eV für NH_3 u. $\geqq$ 7,0 eV für H_2O bestimmt. H. Liepack 44

0166 **Laser-induziertes Breakdown von freondotierten Edelgasen.** M. Young, S. L. Chen und N. R. Isenor. (Canad. J. Physics **46** (1968) 13, 1537—38; Dep. of Phys., Univ. of Waterloo, Waterloo, Ontario; engl.) — Breakdown von Ar-Gas mit Freon-12-Verunreinigung wurde untersucht. Bei hohem Druck erhöht das Freon die Breakdown-Schwelle, während die Schwelle bei niedrigem Druck kleiner wird. Es wird gezeigt, daß dieses Verh. aus der Elektronenanlagerung u. Multiphotonenionisation des Freons resultiert. Der Versuch wird als weiterer Beweis für Multiphotonenionisation u. für die Kaskadentheorie des Breakdowns angesehen. Herbert Weber 46

0167 **Besetzung angeregter Niveaus von Atomen und Ionen: Elektronentemperatur und Dichte aus relativen Linienintensitäten der Ionen C IV, N V und O VI.** S. Suckewer. (Physic. Rev. [2] **170** (1968) 1, 239—44; Inst. of Nucl. Res., Warsaw, Poland; engl.) — Entw. einer Theorie der Besetzung angeregter Niveaus von Atomen u. Ionen für stationäre, nichttherm. Plasmen. Die Besetzungen der Niveaus 2P, 3P u. 3D von C IV, N V u. O VI wurden bestimmt. Sie sind in sehr guter Übereinstimmung mit Besetzungen, die direkt aus dem Gleichgew. von Anregungs- u. Löschprozessen bestimmt wurden. Es werden Darst. gebracht, aus denen Elektronendichte u. Temp. aus relativen Intensitäten von 3 ausgewählten Linien eines gegebenen Ions ermittelt werden können. H. Liepack 46

0168 **Entladungsbedingungen zur Anregung des Heliummolekül-Bandenspektrums.** K. G. Emeleus und H. M. Grimley. (Rev. roum. Physique **13** (1968) 3, 261—66; School of Phys. and Appl. Math., Queen's Univ., Belfast; engl.) — He_2-Mol.-Banden lassen sich aus dem Nachleuchten, dem anodenseitigen negativen Glimmlicht u. der positiven Säule erhalten. Es wird ein Überblick für diese Anregungsmeth. gegeben u. gefunden, daß kein Widerspruch bez. des Ursprungs eines He_2^*-Mol. aus einer Rekombinationsrk. von He_2^+ mit Elektronen besteht. Zur weiteren Klärung wird auf die Notwendigkeit von Messungen bei höheren Drücken hingewiesen. Werner Schmidt/Berlin 46

0169 **Messung der Dichte metastabiler Neon-Atome in einer normalen Glimmentladung durch optische Absorption.** André Ricard, Jean-Michel Rocard und Anne-Marie Gomes. (C. R. hebd. Séances Acad. Sci., Sér. A et B **267** (1968) 10, B 511—14; Labor. de Phys. des Milieux ionisés, Fac. des Sci., Toulouse; franz.) — Aus der Absorption der Ne I-Linien bei 5882, 6096 u. 6533 Å in einem Entladungsrohr von 15 mm ⌀ mit reinem Ne von 2,6 Torr bei einem Entladungsstrom von $3 \cdot 10^{-3}$ A ergibt sich eine Besetzung der entsprechenden Niveaus ($^3P_2$, $^3P_1$ u. $^3P_0$) von $2{,}4 \cdot 10^{11}$, $4{,}8 \cdot 10^{10}$ u. $2{,}7 \cdot 10^{10}$ cm^{-3}. Diese Werte bleiben während der Vers.-Dauer (100 Min.) konst., wenn das Absorptionsrohr an ein Vakuum von $2 \cdot 10^{-8}$ Torr angeschlossen war, nehmen dagegen mit der Vers.-Dauer ab bei Verw. eines Vakuums von nur $4 \cdot 10^{-7}$ Torr. Der so beobachtete Einfl. von Verunreinigungen auf die D. metastabiler Ne-Atome wird diskutiert. U. Venzke 46

0170 **Neue Daten zur Verbreiterung und Verschiebung von ArI- und ArII-Spektrallinien in einem Bogenplasma.** Iancu Iova. (Rev. roum. Physique **13** (1968) 3, 267—73; Bucharest Univ., Fac. of Phys.; engl.) — Verbreiterung u. Verschiebung für ArI- u. ArII-Linien (7 Linien zwischen 4164,19 u. 4309,24 Å) in einem Bogenplasma werden bei 4 atm unter der Wrkg. lokaler Felder für Elektronen u. Ionen untersucht. Für eine Elektronenkonz. von $1{,}6 \cdot 10^{16}$ cm^{-3} u. eine Elektronentemp. von 21300 °K ergibt sich bez. der Verbreiterung eine Übereinstimmung innerhalb 10% zwischen Theorie u. Experiment. Die Linienverschiebung ist um ca. 20% größer als theoret. vorausgesagt. Werner Schmidt/Berlin 46

0171 **Bestimmung einiger Transporteigenschaften von Argon aus Bogen-Übergangsverhalten.** N. Konjević, K. R. Hearne und H. Edels. (Z. Physik **214** (1968) 2, 109—26; Dep. of Electr. Engng. and Electronics, Univ. of Liverpool; engl.) — Beschreibung einer neuen Meth. zur Ableitung der elektr. Leitfähigkeit u. der Elektronenbeweglichkeit aus Messungen des Zerfalls, der einer Bogenunterbrechung folgt, oder des Ansprechens eines wandstabilisierten Bogens auf eine stufenförmige Änderung des Stroms. Dabei wurde ein Laser-Interferometer zur Aufzeichnung der entsprechenden Änderungen der Elektronendichte benutzt. Die Meth. wurde auf Bögen verschiedener Radien angewendet. Die abgeleiteten Transporteig. werden im Bereich 880—12200 °K für Ar bei Atmosphärendruck wiedergegeben. Herbert Weber 46

0172 **Prüfung der Plasmaentmischung und Bestimmung einiger Materialfunktionen von Schwefelhexafluorid mittels Temperaturmessungen am 100-A-Kaskadenbogen.** H. Motschmann. (Z. Physik **214** (1968) 1, 42—56; Forschungslabor. Erlangen der Siemens AG; dt.) — Zwischen den zwei radialen Temp.-Verteilungen, die durch Messung der abs. Intensitäten einer F-Atom-Linie u. einer S-Ionen-Linie unter Berücksichtigung des Entmischungseffekts bestimmt worden sind, wurde Übereinstimmung gefunden. Diese Ergebnisse bestätigen die theoret. Berechnungen über Plasmaentmischung von Frie (Z. Physik **201** [1967] 269). Zusätzlich wurden die Best. der elektr. Leitfähigkeit u. der Wärmeleitfähigkeit in Richtung höherer Temp. fortgesetzt, die Ergebnisse wurden mit der Theorie verglichen. Strahlungsmessungen bis zu 150 A zeigten, daß die erhaltenen Werte für einen Bogen in SF_6 im Vgl. mit denen in einem Ar-Bogen klein sind u. ebenfalls niedriger liegen als in N_2. E. Otto 46

0173 **Nachweis von Funkenschädigungen in Nb-Einkristallen durch Ätzfiguren.** H. D. Guberman. (J. appl. Physics **39** (1968) 6, 2975—76; Solid State Div., ORNL, Oal Ridge, Tenn.; engl.) — In einem Einkrist. mit der longitudinalen Achse parallel zu ⟨111⟩, untersuchte Oberfläche senkrecht zu ⟨111⟩, wurde eine Kerbe senkrecht zu ⟨111⟩ eingeschnitten. Die wachstumsbedingte Versetzungs-Substruktur sowie die funkeninduzierten Versetzungskonfig. wurden untersucht. Die Schäden nahmen mit abnehmender Funkenenergie ab. Bei dem Prozeß werden Stoßwellen von beachtlicher Amplitude erzeugt, die sich durch das massive Material fortpflanzen. Es wird darauf hingewiesen, daß vom Standpunkt der Schädigung ein sorgfältiges mechan. Schneiden nicht im Nachteil gegenüber einem Funkenschneiden im mittleren Funkenbereich ist. H. Liepack 46

A–3. Physik der Festkörper und Flüssigkeiten

Struktur

0174 **Irreduzible Darstellungen der Kleinen Gruppen von D^{14}_{4h}.** J. G. Gay, W. A. Albers jun. und F. J. Arlinghaus. (J. Physics Chem. Solids **29** (1968) 8, 1449—59; Phys. Dep., Res. Labor., General Motors Corp., Warren, Misch.; engl.) — Irreduzible Darstell. der Kleinen Gruppen der Raumgruppe D^{14}_{4h} mit Rutilstruktur werden tabelliert. Die Tabellierung umfaßt Einzel- u. Doppelwertdarst. aller Punkte hoher Symmetrie der Brillouin-Zone. Für multidimensionale Darstell. werden Beispiele der Darstell. sowie deren Charaktere angegeben. Ebenso werden Kompatibilitätsbeziehungen zwischen Darst. Kleiner Gruppen an verschiedenen Punkten der Zone tabelliert. K. H. Härdtl 51

0175 **Einfluß einer großen Anzahl schwerer Atome auf die Verteilung von Strukturfaktoren bei zentrischen und azentrischen Kristallen.** G. D. Nigam. (Indian J. pure appl. Physics **6** (1968) 5, 256—57; Dep. of Phys., Indian Inst. of Technol., Madras; engl.) — Der Einfl. einer großen Anzahl schwerer Atome auf die statist. Verteilung von Strukturfaktoren bei zentr. u. azentr. Krist. wurde untersucht. Es wird gezeigt, daß — außer im Fall von azentr. Krist. mit zentrosymm. Gruppen schwerer Atome — die Verteilung durch die Gegenwart schwerer Atome nicht beeinflußt wird, vorausgesetzt, daß diese ausreichend groß sind. E. Otto 51

0176 **Absolute Atomformfaktoren von Wolfram.** T. Paakkari und P. Suortti. (Physica Status solidi [Berlin] **28** (1968) 2, 539—45; Dep. of Phys., Univ. of Helsinki; engl.) — Die Atomformfaktoren f für W im Bereich $\sin\theta/\lambda \leqq 1{,}1$ A^{-1} werden durch Messung der Intensitäten der Braggschen Reflexe unter Verw. von MoK_α-Strahlung bestimmt. Die erhaltenen f-Werte werden korr. u. mit verschiedenen theoret. Berechnungen verglichen. Die Dirac-Slater-Werte stimmen sehr gut mit den experimentell erhaltenen Daten überein. H. Roschkowski 51

0177 **Elektronische Programmiereinrichtung zur Vermessung von Röntgenkleinwinkelstreukurven.** H. Leopold. (Z. angew. Physik **25** (1968) 2, 81—85; Inst. für phys. Chemie, Univ. Graz; dt.) Herbert Weber 51

0178 **Messung der thermischen diffusen Röntgenstreuung der transversalen akustischen [0h0]-Dispersionskurve von Natriumchlorid.** J. E. Eldridge. (J. Physics Chem. Solids **29** (1968) 6, 1059—61; Dep. of Phys., Univ. of Nebraska, Lincoln, Nebr.; engl.) — Vf. messen die therm. diffuse Röntgenstreuung (T.D.S.) von NaCl mit einem photograph. Meßverfahren. Eine Analyse der Meßergebnisse liefert die transversale akust. [0h0]-Phonondispersionskurve. Zur Berechnung der T.D.S.-Korrekturen zweiter Ordnung wird ein zuverlässiges dynam. Gittermodell verwendet sowie zwei neue Meth. für die Korrekturen höherer Ordnung. Die damit gewonnene Dispersionskurve stimmt gut mit der aus Neutronenexperimenten erhaltenen überein. K. H. Härdtl 51

0179 **Durch dünne Schichten hervorgerufene Röntgeninterferenzen.** Guy Mesnard und Roger Guerry. (C. R. hebd. Séances Acad. Sci., Sér. A et B **267** (1968) **4**, B 294—95; Labor. d'Électron. et de Phys. du Solide de l'Univ. de Lyon, Villeurbanne; franz.) — Unters. werden an dünnen Schichten von Metallen (*Ni, Cu*) bzw. von Al_2O_3, TiO_2 u. *Ba-Titanat* auf Glas durchgeführt, deren Dicke aus den gemessenen Interferenzen bestimmt wird. Die Methodik wird diskutiert. U. Venzke 51

0180 **Beobachtungen der Effekte der Röntgenpolarisation an Pendellösungsstreifen mit dem Dreikristall-Röntgenspektrometer.** E. Zielińska-Rohozińska. (Physica Status solidi [Berlin] **28** (1968) 2, K 139—42; Inst. of Exper. Phys., Univ. of Warsaw; engl.) — Beobachtungen an Pendellösungsstreifen von einem *Si*-Einkrist. werden beschrieben. H. Roschkowski 51

0181 **Röntgenstrahlen-Totalreflexions-Untersuchungen von Germanium, Gold und Glas mittels eines Dreikristallspektrometers.** G. Raunio und O. Svensson. (Ark. Fysik **35** (1968) 1/2, 149—59; Dep. of Phys., Chalmers Univ. of Technol., Gothenburg, Sweden; engl.) — Messungen für die Wellenlängen 1,11990, 1,392218, 1,540562, 1,788965 u. 1,936042 Å. Im Fall von Ge werden experimentelle u. theoret. Kurven verglichen. Die Diskrepanzen, die offenbar nicht nur auf Interferenzphänomene in dünnen Ge-Filmen zurückgeführt werden können, werden diskutiert. Herbert Weber 51

0182 **Beugung von Elektronen niedriger Energie an Kristalloberflächen. 1. Mitt. Eine Matrixformulierung.** C. M. K. Watts. (J. Physics, C (Proc. physic. Soc.) [2] 1 (1968) 5, 1237—45; H. H. Wills Phys. Labor., Univ. of Bristol; engl.) — Die Elektronenbeugung an Krist.-Oberflächen wird unter Verw. einer Matrix-Formulierung für die Mehrfachstreuungstheorie diskutiert. Ausdrücke werden abgeleitet für die Intensität des an der Oberfläche gebeugten Strahls bei einer Fremd-Überstruktur u. bei kleinen Gruppen von Fremdatomen an der Oberfläche. A. Jaeschke 51

0183 **Gitterbilder von Kristallen aus leichten Elementen, die durch axiale Belichtung aufgelöst werden.** Keiji Yada und Tadatosi Hibi. (Jap. J. appl. Physics **7** (1968) 2, 178; Res. Inst. for Scient. Measurements, Tohoku Univ., Sendai; engl.) — Als Krist. mit leichten Elementen wurden *Graphit*, *MgO* u. *LiF* durch axiale Belichtung im HU-11B-Elektronenmikroskop mit Punktkathode bei 100 kV beobachtet. Es zeigte sich, daß die Gittersäume (lattice fringes) von ca. 2 Å Abstand in den Krist. noch durch axiale Belichtung mit Punktkathode auflösbar waren. 1,5 Å, die bei Au unter gleichen Bedingungen noch auflösbar waren, konnten hier nicht mehr beobachtet werden. Die Reduzierung im Kontrast bei leichten Elementen kann durch das Ansteigen der unelast. gestreuten Komponente erklärt werden. Herbert Weber 51

0184 **Bemerkungen über Energieverlust-Messungen mit einem Hochspannungs-Elektronenmikroskop.** A. J. F. Metherell. (Jap. J. appl. Physics **7** (1968) 2, 99—101; Cavendish Labor., Cambridge, England; engl.) — Unters. zu der Möglichkeit, daß die chromat. Aberration ein entscheidender Faktor bei der Best. der Probendicke ist, die mit einem Hochspannungs-Elektronenmikroskop ausreichend durchdrungen werden kann. Ein einfaches Modell für die multiple unelast. Streuung wird behandelt; eine Meth. zur Berechnung des wahrscheinlichsten Verlustes wird diskutiert. Die so erhaltenen theoret. Verlustprofile werden mit experimentellen Ergebnissen verglichen, die mit einem 500-kV-Elektronenmikroskop erhalten worden waren. Herbert Weber 51

0185 **Ein neuer Dampfkondensationseffekt in amorphen Substanzen als Artefaktquelle bei der Elektronenmikroskopie.** N. B. Cryer, A. Keller und F. M. Willmouth. (J. appl. Physics **39** (1968) 6, 2943—47; H. H. Wills Phys. Labor., Univ. of Bristol, Bristol, England; engl.) — Die Standardsubstanzen für Abdrücke u. Abschattungen verursachen einen strukturierten Überwachsungseffekt, der einer untersuchten Faser ein tannenbaumähnliches

Aussehen gibt. Der gleiche Effekt wurde entlang von Schichtkanten beobachtet. Einige Merkmale dieses Effektes, der zu Mißdeutungen bei elektronenmkr. Aufnahmen führte, werden diskutiert.
H. Liepack 51

0186 **Wirkungsquerschnitte der unelastischen Streuung für 200- und 400-keV-Elektronen.** C. E. Dick und J. W. Motz. (Physic. Rev. [2] **171** (1968) 1, 75–80; NBS, Washington, D.C.; engl.) — Es wurden die Impulshöhenverteilungen in einem Si-Detektor für unter 40, 90, 120 u. 140° gestreute Elektronen beim Auftreffen von 200- u. 400-keV-Elektronen auf dünne Targets aus *Al, Cu, Sn* u. *Au* experimentell bestimmt. Aus den Verteilungen wurden die über die Energien der gestreuten Elektronen im Energiebereich unterhalb des elast. Max. integrierten unelast. Wrkg.-Querschnitte ermittelt. Die unelast. Streuquerschnitte nehmen scharf für Winkel $> 90°$ zu, so daß das Verhältnis von unelast. zu elast. Wrkg.-Querschnitt > 1 wird. Diese unelast. Weitwinkelstreuquerschnitte nehmen mit der Ordnungszahl des Targets zu sowie mit der mittleren Bindungsenergie pro Targetelektron. H. Liepack 51

0187 **Kleinwinkelstreuung subthermischer Neutronen an verformtem polykristallinem Kupfer.** E. Taglauer. (Physica Status solidi [Berlin] **29** (1968) 1, 259–68; Inst. für Festkörper- u. Neutronenphys., Kernforsch.-Anlage, Jülisch; engl.) — Die Anteile verschiedener Gitterfehler zur Kleinwinkelstreuung subtherm. Neutronen an polykrist. Cu werden untersucht. Diskutiert werden Dichteschwankungen durch Verzerrungsfelder von statist. angeordneten Stufenversetzungen, Kornaufspaltungseffekte u. eine korngrößenabhängige starke Streuung bei sehr kleinen Winkeln. H. Roschkowski 51

0188 **Neutronenbeugung durch einen schwingenden Quarzkristall.** B. Chalupa, R. Michalec, V. Petržílka, J. Tichý und J. Zelenka. (Physica Status solidi [Berlin] **29** (1968) 1, K 51–54; Nucl. Res. Inst., Czechoslovak Acad. of Sci., Řež.; engl.) — Die Beugung eines monochromat. Neutronenstrahls an der (11,0)-Ebene eines schwingenden bzw. nicht schwingenden Quarzkrist. wurde untersucht. Am schwingenden Krist. wurde eine 40fache Erhöhung der Intensität des gebeugten Strahls beobachtet, während die Halbwertsbreite der Rockingkurve unverändert blieb.
H. Roschkowski 51

0189 **Struktur- und Phasenumwandlungen von Gallium.** J. E. Inglesfield. (J. physics, C (Proc. physic. Soc.) [2] **1** (1968) 5, 1337–46; Cavendish Labor., Cambridge; engl.) — Die Struktur- u. die durch Druck herbeigeführten Phasenumwandlungen von festem Ga werden auf der Grundlage der Pseudopotential- u. der Störungstheorie (2. Ordnung) untersucht. Die komplexe Struktur von Ga I läßt sich weitgehend durch ein Gleichgew. zwischen der elektrostat. Energie, die eine einfache u. raumerfüllende Struktur begünstigt, u. der Bandstrukturenergie, die eine Verzerrung begünstigt, erklären. Die Phasenumwandlungen sind ein empfindliches Kriterium für den Pseudopotential-Formfaktor. Eine Erklärung für die Bldg. einer metastabilen Phase beim Erstarren von unterkühltem Ga wird vorgeschlagen. A. Jaeschke 52

0190 **Bornsche Behandlung der Phasenübergänge von Alkalimetallhalogeniden unter Verwendung neuer van der Waals-Koeffizienten.** K. J. Rao, G. V. Subba Rao und C. N. R. Rao. (J. Physics, C (Proc. physic. Soc.) [2] **1** (1968) 4, 1134–36; Dep. of Chem., Indian Inst. of Technol., Kanpur, India; engl.) — Unter Anwendung des Born-Mayer-Modells u. mittels Verw. neu ber. van der Waals-Koeff. werden die Phasenübergänge von *KCl, KBr, KJ, RbCl, RbBr, RbJ* u. *CsCl* bestimmt.
E. Richter 52

0191 **Röntgenographische Untersuchung der Phasenumwandlung und der Gitterschwingungen von Lanthanaluminat.** V. Plakhty und W. Cochran. (Physica Status solidi [Berlin] **29** (1968) 1, K 81–83; Inst. of Semiconductors, Leningrad; engl.) — Röntgenbeugungsunters. an einem $LaAlO_3$-Einkrist. bei Temp. bis herauf zu 625° lassen auf einen Phasenübergang 2. Ordnung bei $525 \pm 10°$ schließen. Die Art der Gitterschwingungen wird besprochen. H. Roschkowski 52

0192 **Bildung zweidimensionaler Netzebenenkeime der Gleichgewichtsform bei der inhibierten Elektrokristallisation.** G. Eichkorn und H. Fischer. (Z. physik. Chem. [Frankfurt/M.] [N. F.] **61** (1968) 1/4, 10–15; Inst. für Phys. Chem. und Elektrochem., TH Karlsruhe; dt.) — Mit Hilfe der Ansätze von Stranski und Kaischew (Z. physik. Chem. **26**,[1934], 100) kann nach Pangarov (Electrochim. Acta **9**, [1964], 721) die Gleichgew.-Form von (100)-Netzebenenkeimen des kub. flächenzentrierten Cu ber. werden. In Verb. mit den von Vf. bei der inhibierten Elektrokristallisation experimentell erhaltenen Werten für die freie Enthalpie zur Bldg. von (110)-Flächenkeimen von Cu werden einige Gittereig. ermittelt.
E. Otto 54

0193 **Cluster-Konzentration bei der Keimbildung und das klassische Phasenintegral.** Jens Lothe und G. M. Pound. (J. chem. Physics **48** (1968) 4, 1849–52; Fys. Inst., Blindern Univ., Oslo, Norway; engl.) — Unters. der Gleichgew.-Konz. von Clustern bei der homogenen Keimbldg. aus der Dampfphase unter Benutzung des klass. Phasenintegrals. Die Bewegungen eines stationären Clusters entsprechen mehr der Translations- u. Torsionsschwingung als einer freien Translation u. Rotation in einem großen freien Volumen. In diesem Fall ergibt sich die ursprüngliche Lothe-Pound-Gleichung. Der Korrekturfaktor 10^{17} zur klass. Theorie der homogenen Keimbldg. bei der Kondensation bleibt erhalten.
H. Liepack 54

0194 **Magnetische Untersuchungen zur heterogenen und Matrixkeimbildung bei der Entmischung von Kupfer-Kobalt-Mischkristallen.** A. Knappwost und H. Förster. (Z. physik. Chem. [Frankfurt/M.] [N. F.] **61** (1968) 1/4, 153–66; dt.) — Bei der Entmischung übersättigter Cu–Co-Polykrist. (0,5–2,5 Gew.-% Co) lassen sich aus der Analyse der Magnetisierungskurven zwei Teilchengruppen erkennen, die sich in ihrer Größe stärker unterscheiden. Durch Messungen an Einkrist. wird nachgewiesen, daß die Gruppierung der „größeren" Teilchen im wesentlichen durch heterogene Keimbldg. an Korngrenzen entsteht, während die „kleineren" Ausscheidungsbezirke durch Matrixkeimbldg. hervorgerufen werden.
E. Otto 54

0195 **Theorie der Wanderung von an einer Oberfläche haftenden Kristalliten.** Raymond Kern, Albert Masson und Jean-Jacques Métois. (C. R. hebd. Séances Acad. Sci., Sér. A et B **267** (1968) 2, B 142–45; Labor. des Mécanismes de la Croissanee, Marseille, Saint-Jérôme; franz.) — Mit Hilfe der Gleichung von Langevin u. der Theorie von Mott wird ein Ausdruck für den Diffusionskoeff. entwickelt u. auf frühere Messungen der Wanderung von 20–30 Å großen *Au*-Krist. auf der (100)-Fläche von KCl angewandt. U. Venzke 54

0196 **Experimenteller Nachweis der Brownschen Bewegung von durch thermisches Verdampfen auf einer sauberen Spaltfläche niedergeschlagenen Kristalliten.** Albert Masson, Jean-Jacques Métois und Raymond Kern. (C. R. hebd. Séances Acad. Sci., Sér. A et B **267** (1968) 1, B 64–67; Labor. des Mécanismes de la Croissance crist., Fac. des Sci., Marseille, Saint-Jérôme, Bouches-du Rhône; franz.) — Nach elektronenmkr. Unters. führen *Au*-Krist. von 20–30 Å $\varnothing$, die aus einem Atomstrahl bei $\leqq 8 \cdot 10^{-9}$ Torr auf einer (100)-Spaltfläche von *KCl* abgeschieden sind, oberhalb 100° eine Brownsche Bewegung aus, wobei ein Diffusionskoeff. von $D \approx 10^9 \exp\ |\ -37000/RT\ |\ cm^2 \cdot s^{-1}$ ermittelt wird. Die Unters. werden im Zusammenhang mit dem Mechanismus der Epitaxie diskutiert.
U. Venzke 54

0197 **Wachstum von Diamant-Keimkristallen durch Dampfniederschlag.** John C. Angus, Herbert A. Will und Wayne S. Stanko. (J. appl. Physics **39** (1968) 6, 2915–22; Case Western Res. Univ., Cleveland, O.; engl.) — C wurde auf jungfräuliches natürliches Diamantpulver aus CH_4-Gas bei 1050° u. 0,3 Torr niedergeschlagen. Durch chem. Analyse, chem. Ätzen, Dichtemessungen, Röntgen- u. Elektronen-Beugung, Mikrowellen-

absorption, ESR u. visuelle Beobachtungen wurden die Niederschläge als neue Diamanten identifiziert.
H. Liepack 54

0198 **Reine Einkristalle von Kaliumjodid.** V. Topa, G. Mitroaica und G. Hlevca. (Rev. roum. Physique **13** (1968) 4, 337–44; Inst. für Phys., Bukarest; dt.) — Auf Grund der mit Einkrist. erhaltenen Absorptionsspektren im IR zeigt sich, daß das Reagens-KJ als Hauptverunreinigungen die Anionen NO_3^-, NO_2^-, SO_4^{2-}, CN^- u. CNO^- enthält. Verfolgt man die Wirksamkeit der verschiedenen Reinigungsmeth. durch das Schwächen der Absorptionsbanden der erwähnten Anionen, so gelangt man zur Folgerung, daß sie alle durch zwei Umkristallisierungen entfernt werden können. Das Durchleiten von Reinigungsstoffen (Jod, Jodoform oder Methylenjodid) durch die KJ-Schmelze entfernt sie auch, mit Ausnahme von CN^- u. CNO^-. Hingegen aber hat letztere Meth. den Vorteil, zu einem Stoff zu führen, welcher nicht an den Wänden des Quarz- oder Sinterkorundbehälters anhaftet u. somit durch Zonenschmelzen weiter gereinigt werden kann. Die besten Ergebnisse erhält man, wenn man beide Meth. — Umkristallisieren u. Durchleiten von Reinigungsstoffen — nacheinander anwendet.
Herbert Weber 54

0199 **Herstellung von CdS–CdSe-Einkristallen mit Konzentrationsgradienten.** P. Reimers und W. Ruppel. (Physica Status solidi [Berlin] **29** (1968) 1, K 31–33; Inst. für angew. Phys., Univ., Karlsruhe; engl.) — Mit Hilfe des von Piper et al. (J. appl. Physics **32** (1961), 1278) beschriebenen Verf. wurden CdS–CdSe-Einkrist. erhalten, deren Zus. innerhalb eines Einkrist. von CdS an einem Ende zu einem ungefähr äquimol. CdS–CdSe-Gemisch am anderen Ende variierte. Die Zus.-Verteilung wurde durch opt. Absorptionsmessung nachgewiesen u. röntgenograph. bestätigt. H. Roschkowski 54

0200 **Darstellung von tetragonalem Germaniumdioxid zur Passivierung von Germaniumproben.** Takehisa Yashiro, Yoshitaka Igarashi, Tatsuya Niimi und Satoshi Takeuchi. (Jap. J. appl. Physics **7** (1968) 5, 556–57; Electr. Communicat. Labor., Nippon Telegraph and Telephone Public Corporat., Musashinoshi, Tokyo; engl.) — Wegen der Schwierigkeiten der Bldg. von tetragonalen *GeO_2*-Schichten durch direkte Ox. auf einem *Ge*-Krist. wird aus hexagonalem GeO_2 u. Ge-Pulver hergestelltes *GeO* bei 680° auf einem Ge-Krist. in Anwesenheit von O_2 in tetragonales GeO_2 übergeführt. IR-Absorptionsspektren (8–25 μm) werden von GeO-, hexagonalen GeO_2- sowie tetragonalen GeO_2-Schichten auf Ge-Krist. aufgenommen. B. Plewinsky 54

0201 **Wachstum von Y–Ga-Granat:Nd-Einkristallen und ihre Laseroszillationen.** Masatsugu Suzuishi, Hiroo Ito und Tetsuro Yamaguchi. (Jap. J. appl. Physics **7** (1968) 2, 183–84; Res. Labor., OKI Electr. Ind. Co., Ltd., Shibaura, Minato-ku, Tokyo; engl.) — Das Ausgangssyst. für YGaG:Nd war 22,13 Y_2O_3–4,04 Nd_2O_3–49,86 Ga_2O_3–190,16 PbO–189,28 PbF_2 (in Gramm). Das Syst. wurde 18 Std. auf ca. 1250° gehalten. Die Kühlgeschw. war 0,9 oder 1,6°C/h von 1250° bis ca. 900° u. 10 oder 20°C/h von 900° bis Raumtemperatur. Temperung bei 1300° für 60 Std. in O_2-Atmosphäre u. nachfolgende Kühlung auf Zimmertemp. mit 32°C/h war zur Herst. von Laserstäben ausreichend. Ein Oszillogramm der gepulsten Laser-Oszillationen wird wiedergegeben.
Herbert Weber 54

0202 **Dreidimensionales Gleichgewichtsdiagramm der Kondensation kalter Plasmen (Ta, A, O)*, die durch reaktive Kathodenzerstäubung erhalten wurden.** R. Boistelle und G. Perny. (Rev. Physique appl. **3** (1968) 2, 121–26; Suppl. zu: J. Physique Labor. de Phys.-Chim. des Couches Minces, École Supér. de Chim., Mulhouse; franz.) — Durch Zerstäubung von Ta-Kathoden wurden Schichten von Ta u. Ta_2O_5 durch Kondensation in $Ar–O_2$-Mischungen oder in diesen reinen Gasen auf SiO_2-Träger erzeugt. Die durch reaktive Kathodenzerstäubung erhaltene Nd.-Rate der dünnen Filme wird als Funktion der experimentellem Parameter (Gasdruck, Zerstäubungsspannung, Kathode–Träger-Entfernung) untersucht. Optimale Werte dieser Parameter, die genau reproduzierbare dünne Filme ergaben, wurden gefunden. Man erhält ein dreidimensionales Diagramm, in dem jeder figurative Punkt des Raumes einem dünnen Film von gut definierter Dicke u. chem. Zus. entspricht. Elektronenmikrobeugung u. -mikroskopie zeigen, daß die dünnen Filme quasiamorph sind, u. daß der mittlere Durchmesser der Kristallite ca. 20 Å beträgt.
Herbert Weber 54

0203 **Ursprung und Natur der nichtflüchtigen Verunreinigung von epitaktischen Si-Schichten auf Korund-Träger (α-Al_2O_3).** J. Mercier. (Rev. Physique appl. **3** (1968) 2, 127–30; Suppl. zu: J. Physique; C.N.R.S., Grenoble; franz.) — Eine rein elektr. Meth. erlaubt die qual. u. quant. Best. der Quellen der p-Typ-Verunreinigungen, die an epitakt. Si-Schichten auf α-Al_2O_3 (Pyrolyse von SiH_4) beobachtet werden. Als Dotierungsagens wird Al angegeben. Als Ursprünge der Kontamination kommen verschiedene Quellen in Betracht (u. a. vom Suszeptor u. vom Substrat nach einem unbekannten Mechanismus). Eine beträchtliche Abnahme der Kontamination mittels eines Quarz-Schutzes kann nur durch einen Effekt der Dotierungsgetterung erklärt werden.
Herbert Weber 54

0204 **Untersuchung epitaktischer Filme von Kalium und von Rubidium durch Beugung von Elektronen schwacher Energie.** Georges-Albert Boutry, Henri Dormont, Jean-Claude Richard und Pierre Saget. (C. R. hebd. Séances Acad. Sci., Sér. A et B **267** (1968) 4, B 255–58; Labor. d'Électron. et de Phys. appl., Limeil-Brévannes, Val-de-Marne; franz.) — 0,5 μ dicke Schichten von K u. Rb werden bei 10^{-9} Torr aus der Dampfphase bei einer Kondensationstemp. von 0° auf *KF*- u. *NaCl*-Einkrist. niedergeschlagen. In den mit Elektronenenergien zwischen 300 u. 1000 eV erhaltenen Beugungsdiagrammen treten nur Kikuchi-Linien auf. Die quasieinkrist. Schichten von K auf KF sind parallel zur (100)-Fläche von KF, die von K u. Rb auf NaCl parallel zur (110)-Fläche von NaCl orientiert.
U. Venzke 54

0205 **Epitaktische dünne Schichten von InP auf Germanium.** Jean Perrin und Lucien Capella. (C.R. hebd. Séances Acad. Sci., Sér. A et B **267** (1968) 3, B 218 bis 221; Labor. des Mécanismes de la Croissance crist., Fac. des Sci., Saint-Jérôme, Marseille; franz.). — Dünne epitakt. Schichten von InP wurden auf den Flächen (100), (110) u. (111) von Ge durch chem. Rk. in der Dampfphase erhalten. Die Ausgangssubst. sind In- u. PCl_3-Dämpfe im Ar-Strom. Herbert Weber 54

0206 **Epitaktisches Wachstum von Nickelferrit auf (111)- und (110)-Oberflächen von MgO.** Koichi Nagasawa, Yoshichika Bando und Toshio Takada. (Jap. J. appl. Physics **7** (1968) 2, 174; Inst. for Chem. Res., Kyoto Univ., Kyoto; engl.) — Einkrist.-Filme von Ni-Ferrit auf MgO wurden in einem geschlossenen Syst. unter Benutzung von HCl-Gas hergestellt. Als Rk. zwischen $NiFe_2O_4$ u. HCl oberhalb 800° wird $NiFe_2O_4$ + $8HCl = NiCl_2 + 2FeCl_3 + 4H_2O$ angesehen. Die Röhre befand sich in einem Ofen mit Temp.-Differenz, wobei die Temp. der Quelle (gesintertes Ni-Ferrit) 1030°, die des Substrates 860° betrug. Die Wachstumsgeschw. beträgt ca. 100 Å/h. Das Atomverhältnis von Fe zu Ni im Film wurde durch chem. Analyse zu $1{,}97 \pm 0{,}04$ bestimmt.
Herbert Weber 54

0207 **Experimentelle Anordnung zur Untersuchung des Kristallwachstums aus Schmelzbädern.** M. Gautherie. (Rev. Physique appl. **3** (1968) 2, 131–42; Suppl. zu: J. Physique; Labor. de Minéralogie, Fac. des Sci., Strasbourg; franz.) — Beschreibung einer App. zur Best. der Temp.-Verteilung an der Grenzfläche eines Krist.-Schmelze-Syst. durch IR-Thermometrie u. Anwendung auf die Messung des normalen Emissionsvermögens, der Wärmeleitfähigkeit sowie der Wachstums- u. Schmelzgeschw. von Sn, Bi u. Pb in Abhängigkeit von der kristallograph. Orientierung. Herbert Weber 54

0208 **Ätzmuster von Habitus- und Bruch-Prismenflächen von synthetischem Quarz.** M. S. Joshi und P. N. Kotru. (Indian J. pure appl. Physics **5** (1967) 12, 568 bis 571; Phys. Dep., Sardar Patel Univ., Vallabh Vidyanagar, Gujarat; engl.) — Es wurden mkr. Unters. von charakterist. Ätzmustern durchgeführt, die durch Ätzen von Bruch-Prismenflächen u. Spalt-Oberflächen synthet. Quarzes mit NaOH u. NaF erhalten wurden. Die durch Ätzung, Polieren u. Nachätzen entstandenen Muster zeigen lineare Störungen. Die exakte Übereinstimmung der Anzahl u. Lage der Ätzgruben an gleichen Bruch-Oberflächen wird diskutiert. Hexagonale Löcher sind auf verlängertes Ätzen einer dünnen Schicht des Krist. zurückzuführen. Die Ätzmuster an den beiden Seiten eines dünnen Plättchens stimmten überein; ihre relative Verschiebung wurde gemessen u. die Existenz von nicht-parallelen, geknickten u. linearen Defekten wird aufgezeigt. H. Jehne 56

0209 **Untersuchung der Punktdefekte im thermodynamischen Gleichgewicht durch Dilatometrie: Germanium.** Christian Janot, Georges Bianchi und Bernard George. (C. R. hebd. Séances Acad. Sci., Sér. A et B **267** (1968) 5, B 336—69; Labor. de Phys. du Solide, Nancy; franz.) — Die therm. Ausdehnung $\Delta L/L_0$ eines Ge-Einkrist. von 65 cm Länge mit 6—9000 Fehlstellen/cm² wird bei Temp. zwischen 50 u. 925° untersucht. Die erhaltenen Meßdaten liegen zwischen $14{,}9 \cdot 10^{-5}$ u. $639{,}9 \cdot 10^{-5}$ u. damit in der gleichen Größenordnung wie der mit Hilfe von FeK_α-Strahlung ermittelte Ausdehnungskoeff. des Kristallparameters. Aus dem Verh. kann geschlossen werden, daß der Krist. bei hoher Temp. Frenkel-Paare oder Fehlstellen mit einer Bldg.-Energie von 2 eV enthält. U. Venzke 56

0210 **Thermisches Quasigleichgewicht von Leerstellen, Doppelleerstellen und Verunreinigungen in Platin** J. Polák. (Physica Status solidi [Berlin] 28 (1968) 2, 773 bis 782; Inst. of Metallurg., Czechoslovak Acad. of Sci., Brno; engl.) — Es wird die Änderung des spezif. elektr. Widerstands von in W. u. in Luft abgeschrecktem Pt gemessen. Im Anfangsbereich der isothermen Ausheilkurve wird bei ca. 250° ein Übergang beobachtet. Die möglichen Wechselwrkg. zwischen Punktdefekten im abgeschreckten Pt werden analysiert u. mit experimentellen Angaben verglichen. H. Roschkowski 56

0211 **Statistisches Modell teilweise geordneter Fehlstellen in UO_{2+x}.** Leon M. Atlas. (J. Physics Chem. Solids **29** (1968) 8, 1349—58; Metallurgy Div., Argonne Nat. Labor., Argonne, Ill.; engl.) — Vf. entwickelt ein statist. Modell, das in idealisierter Weise eine Fehlstellenordnung u. deren Temp.-Abhängigkeit berücksichtigt. Als wichtigste Fehlstellen werden O-Ionen auf Zwischengitterplätzen angenommen, die mit O-Leerstellen u. U^{5+}-Ionen assoziiert sind, sowie nicht assoziierte U^{5+}-Ionen. Es werden zwei Ordnungsarten betrachtet: Einmal die innere Struktur eines Fehlstellen-Clusters, zum anderen die nicht statist. verteilten Abstände zwischen den Clustern u. zwischen freien U^{5+}-Ionen. Darüberhinaus wird der Schwingungsbeitrag des Überschußsauerstoffs in UO_{2+x} abgeschätzt. Die aus diesem statist. Modell abgeleiteten thermodyn. Werte stimmen gut mit experimentellen Ergebnissen überein. K. H. Härdtl 56

0212 **Beweis für die Leerstellen-Anhäufung in gehärtetem Nickel.** Stanislas Scherrer, Georges Lozes und Bernard Deviot. (C. R. hebd. Séances Acad. Sci., Sér. A et B **267** (1968) 3, B 212—14; Labor. de Phys. de Solide, E.N.S.M.I.M., Nancy; franz.) — Proben von reinem Ni wurden in He-Atm. mit einer Anfangsgeschw. von 30000°/s gehärtet. Die Unters. des Ausglühens durch Messung des elektr. Widerstandes zeigte 2 Stadien: Das eine hat ein Zentrum bei 190° u. entspricht einem Anlassen der Leerstellen (Stadium IV), das andere liegt zwischen 350 u. 700° u. wird als Anlassen der während der Härtung gebildeten Anhäufungen interpretiert. Elektronenmkr. Unters. lieferten Beweise für diese Anhäufungen. Herbert Weber 56

0213 **Abschreckversuche an Pt–Rh-Legierungen.** T. Ricolfi und S. Sartori. (Physics Letters [Amsterdam] **26 A** (1968) 4, 141—42; Ist. Termometrico Italiano, C.N.R., Torino, Italy; engl.) — Die Aktivierungsenergien für Bldg. u. Erholung von abgeschreckten Leerstellen in Pt-Drähten mit 17,40% Rh werden aus Messungen des elektr. spezif. Widerstands abgeleitet. E. Otto 56

0214 **Leerstellen und Versetzungen in Eu-dotierten KCl-Einkristallen.** Z. K. Kun, J. D. Konitzer und J. Wallner. (J. Physics Chem. Solids **29** (1968) 6, 895—904; Res. Dep. Zenith Radio Corp., Chicago, Ill.; engl.) — Mit Hilfe der Bridgman-Stockbarger-Meth. werden Eu-dotierte KCl-Krist. mit Eu-Konz. zwischen 1,1 u. $16{,}5 \cdot 10^{-5}$ Mol-% hergestellt. Eine Analyse der opt. Absorptionskurven deutet darauf hin, daß die beobachteten Max. durch zweiwertiges Eu hervorgerufen werden. Zur Best. der Kationenleerstellenkonz. werden Ionenleitfähigkeitsmessungen durchgeführt. Die Versetzungsdichte wird sowohl mit Ätzgrübchenzählungen als auch durch Röntgenaufnahmen bestimmt. Beide Größen erweisen sich der Eu-Konz. als proportional. Es wird vermutet, daß Eu substitutionell als Eu^{2+} auf K-Plätzen eingebaut wird u. jeweils eine positive Leerstelle erzeugt. Die Proportionalität zwischen Eu-Konz. u. Versetzungsdichte wird auf eine Wechselwrkg. zwischen Störstellen u. wandernden Versetzungen zurückgeführt. K. H. Härdtl 56

0215 **Gleichgewichts-Leerstellenkonzentration in KCl.** B. von Guérard, H. Peisl und W. Waidelich. (Physica Status solidi [Berlin] **29** (1968) 1, K59—61; I. Phys. Inst., TH, Darmstadt; engl.) — Die Defektkonz. von KCl im therm. Gleichgew. wird durch Vgl. der Wärmeausdehnung des Gitterparameters mit der des Gesamtkrist. im Bereich 400—750° ermittelt. Die Gleichgew.-Konz. beträgt bei Extrapolation auf den F. ca. $2 \cdot 10^{-3}$. H. Roschkowski 56

0216 **Beobachtung großer Störungen in hoch mit Te dotierten GaAs-Kristallen.** Takashi Iizuka. (Jap. J. appl. Physics **7** (1968) 5, 485—89; Electrotechn. Labor., Tanashi, Tokyo; engl.) — In hochdotierten GaAs:Te-Einkrist. wird eine heterogene Verteilung der Verunreinigungen beobachtet. Die Verunreinigungseinschlüsse enthalten Te u. Ga, jedoch kein As. B. Plewinsky 56

0217 **Untersuchung von Mikroausscheidungen in hoch mit Te dotierten GaAs-Kristallen.** Takashi Iizuka. (Jap. J. appl. Physics **7** (1968) 5, 490—97; engl.) — Vgl. vorst. Referat. — Inhomogenitäten in hoch mit Te dotierten, aus der Schmelze gezogenen GaAs-Krist. (Ladungsträgerkonz. $> 1{,}6 \cdot 10^{18}\,cm^{-3}$) werden untersucht. Ein mikroausscheidungsfreies Gebiet wird im Bereich einer Versetzung beobachtet u. qual. analysiert. Kleinwinkelgrenzen werden festgestellt u. die Unterschiede der Verunreinigungskonz. im Bereich der Grenzen bestimmt. B. Plewinsky 56

0218 **Natur von Stapelfehlerdefekten in epitaktischen Si-Schichten.** G. Dionne. (J. appl. Physics **39** (1968) 6, 2940—42; Northern Electr. Co. Ltd., Res. and Dev. Labor, Ottawa, Canada; engl.) — Diskussion der Natur der „dreieckigen" Defekte in (111)-orientierten epitakt. Si-Schichten sowie von „quadrat." Defekten in (100)-orientierten Schichten. H. Liepack 56

0219 **Stapelfehler auf (100)-Ebenen im kubisch-raumzentrierten Gitter.** B. Pegel. (Physica Status solidi [Berlin] **28** (1968) 2, 603—09; Inst. für Metallphys. u. Reinstmetalle, DAW zu Berlin, Dresden; engl.) — Es wird eine Abschätzung der oberen Grenze der Energien der Stapelfehler vom α-Typ für kub.-raumzentriertes *V, Nb, Ta, Cr, Mo, W* u. *Fe* gegeben. Die Versetzungsweiten aufgespaltener, gleitfähiger Schraubenversetzungen sollten in allen Fällen mindestens vom Betrag eines Burgers-Vektor sein. H. Roschkowski 56

0220 **Spannungstensor einer endlichen Versetzung.** Shigeru Asano. (J. physic. Soc. Japan **25** (1968) 1, 220—26; Dep. of Phys., Nagoya Inst. of Technol., Nagoya; engl.) — Angabe von Ausdrücken für das Spannungsfeld eines Versetzungssegments in allg., dyad. Form ohne Bezug auf ein bes. Koordinatensystem. E. Richter 56

0221 **Versetzungskernstrukturen.** Bevil J. Shaw und M. A. Jaswon. (J. appl. Physics **39** (1968) 6, 2734—38; Westinghouse Res. Labor., Pittsburgh, Pa.; engl.) —

Beschreibung einer Meth. zur Konstruktion der Atomkonfig. eines Versetzungskerns in einem Krist.-Gitter. Als Beispiel werden Versetzungskerne in einfach kub., kub.-raumzentrierten u. Diamant-Gittern untersucht. Es werden ferner Probleme diskutiert, die mit der freien Valenz u. mit der Bewegung einer Versetzungslinie durch das Gitter zusammenhängen. H. Liepack 56

0222 **Spannung zur Bewegung einer Versetzung durch einen Festkörper mit Versetzungsstapelung.** E. Smith. (J. appl. Physics **39** (1968) 6, 2790—92; Central Electr. Res. Labor., Leatherhead, Surrey, U.K.; engl.) — Es wird gezeigt, daß bei Aufhebung der Annahme, die Versetzungen innerhalb eines Stapels sind durch das Spannungsfeld der beweglichen Versetzung unbeeinflußt, die Folgerung, daß die isolierte sich bewegende Versetzung einer positiven Scherspannung ausgesetzt ist, nicht länger streng korrekt ist, da Bereiche negativer Scherspannung in der Nähe der Stapelspitzen existieren. H. Liepack 56

0223 **Beobachtung paralleler Anordnungen reiner Stufenversetzungen in Si.** D. Green, R. H. Glaenzer, A. G. Jordan und A. J. Noreika. (J. appl. Physics **39** (1968) 6, 2937—39; Carnegie-Mellon Univ., Pittsburgh, Pa.; engl.) — Durch Biegebelastung an vier Punkten wurden Si-Scheiben plast. deformiert. Die Proben waren so orientiert, daß die aufgelösten Scherspannungen entlang einer einzigen Familie krist. {111}-Flächen am größten waren. Das Verh. eines einzelnen Gleitsyst. wurde sowohl opt. als auch mit einem Rasterelektronenmikroskop bei Verbiegung bei Temp. > 1000° beobachtet. Bei tieferen Temp. erfolgte mehrfaches Gleiten. Die Transmissionselektronenmikroskopie zeigte, daß die Versetzungen in parallelen Reihen angeordnet sind, wobei einzelnes Gleiten vorwiegt u. sie als reine Stufe klassifiziert. H. Liepack 56

0224 **Dynamische Behandlung der spannungsinduzierten Dissoziation von dreieckigen Frankschen Versetzungsschleifen in kubisch-flächenzentrierten Metallen.** P. Humble und C. T. Forwood. (Physica Status solidi [Berlin] **29** (1968) 1, 99—106; CSIRO, Div. of Tribophys., Univ. of Melbourne; engl.) — Theoret. Unters. der Versetzungsdissoziation. Für *Ag*, *Cu* u. *Au* werden mit Hilfe der gewonnenen Beziehungen die Stapelfehlerenergien zu 19 ± 3; 62 ± 9 bzw. 47 ± 7 erg/cm² abgeleitet. H. Roschkowski 56

0225 **Versetzungsanordnung in der Oberflächenschicht von Kupfer-Einkristallen nach Zugverformung.** J. Krejčí und P. Lukáš. (Czechoslov. J. Physics, Sect. B **18** (1968) 7, 954—55; Inst. of Metallurg., Czech. Acad. Sci., Brno; engl.) — Bis zur Stufe II ($\varepsilon = 11\%$), $\dot{\varepsilon} = 6 \cdot 10^{-4}\,s^{-1}$, verformte Cu-Einkrist. ($25 \times 5 \times 3\,mm^3$) wurden in Streifen parallel zu {121} geschnitten u. zu dünnen Folien präpariert. Es ergab sich für Oberflächenschicht u. übriges Vol. der Probe die gleiche Versetzungssubstruktur. Werner Schmidt/Berlin 56

0226 **Helikale Versetzungen in stark dotiertem GaAs-Kristallen.** Takashi Iizuka und Makoto Kikuchi. (Jap. J. appl. Physics **7** (1968) 2, 175; Electrotechn. Labor., Tanashi, Tokyo; engl.) — Die Bldg. der helikalen Versetzungen wird zum Teil auf die Tatsache zurückgeführt, daß die Helices vorwiegend in stark dotierten Krist. infolge des Pinning-Effektes der gelösten Atome erzeugt werden. Da das Te-Atom in Te-dotiertem GaAs einen größeren tetraedr. Radius (1,38 Å) hat als das As-Atom (1,18 Å) läßt sich annehmen, daß die Substitution von Te in As-Plätzen eine hinreichende Anzahl von Leerstellen erfordert, u. das Klettern entspricht dem Mangel an Leerstellen. Herbert Weber 56

0227 **Ätzlösungen zum Nachweis von Versetzungen in KCl-Kristallen.** S. Keerti und G. A. Dubov. (Indian J. pure appl. Physics **6** (1968) 5, 258—59; Dep. of Appl. Phys., Gov. Engng. College, Jabalpur; engl.) — Für KCl-Einkrist. werden drei neue Ätzmittel gefunden. Sie enthalten *A.*, *Methylalkohol, Butylalkohol*, $PbSO_4$, $CdCl_2$, $Ba(OH)_2$, *Eisessig* u. *HCl*. Als Spülmittel wird Isobutylalkohol verwendet. Mit diesen Ätzmitteln erhaltene Ätzgrübchen auf (100)-Flächen sind vollständig konturiert u. quadratförmig. E. Otto 56

0228 **Elektronendichteverteilung in Silberbromid.** E. Vogl und W. Waidelich. (Z. angew. Physik **25** (1968) 2, 98—104; I. Phys. Inst., TH Darmstadt; dt.) — An AgBr-Pulvern wurden die Intensitäten der Bragg-Reflexe bei Zimmertemp., bei der Temp. des fl. Stickstoffs u. der des fl. He gemessen. Daraus wurden die relativen Strukturamplituden ber. u. mit den bekannten Daten des LiF über eine Vergleichsmessung am (200)-Reflex die abs. Werte bestimmt. Durch eine Fourier-Synth. wurde die Elektronendichteverteilung im AgBr erhalten. Die Ergebnisse zeigen, daß die Elektronendichte nicht kugelsymm. um die Atomschwerpunkte verteilt ist. In der Nachbarschaft des Punktes (¹/₄, ¹/₄, 0), sowie aller äquivalenten Punkte, wurde eine beträchtliche Elektronendichte festgestellt. Zwischen Ag u. Br ist sie größer als für eine ionogene Bindung zu erwarten ist. Herbert Weber 58

0229 **Struktur einer neuen geordneten Phase, die durch Tempern von β'-Martensit der Legierung Cu–Al erhalten wird.** Patrice Duval und Pierre Haymann. (C. R. hebd. Séances Acad. Sci., Sér. A et B **267** (1968) 6, B 388—91; Labor. de Microsc. électr., Fac. des Sci. de Rouen, Mont-Saint-Aignan, Seine-Maritime; franz.) — Die β'-Martensitphase einer Cu-Leg. mit 10—12% Al wird einen Monat im Vakuum bei 350° getempert. Im elektronenmkr. Bild erscheint eine neue geordnete Phase, die mit Hilfe von Beugungsdiagrammen identifiziert wird. Die Struktur ist monoklin, Raumgruppe P2/m, die Parameter der orthorhomb. Zelle sind a = 8,8, b = 4,4 u. c = 6,3 Å. U. Venzke 58

0230 **Struktur und Eigenschaften der halbleitenden Verbindung $ZnSnP_2$.** A. A. Vaipolin, N. A. Goryunova, L. I. Kleshchinskii, G. V. Loshakova und E. O. Osmanov. (Physica Status solidi [Berlin] **29** (1968) 1, 435—42; Ioffe Phys.-techn. Inst., Acad. of Sci. of USSR, Leningrad; engl.) — Durch Auswertung von Röntgenbeugungsaufnahmen wird die Lage des P-Atoms in $ZnSnP_2$ mit geordneter Chalkopyrit-Struktur bestimmt, x = 0,239. Krist. mit verschiedenem Ordnungsgrad wurden durch Variation der Abkühlgeschw. der Schmelze während der Züchtung erhalten. Die teilweise geordneten Krist. besitzen Mosaikstruktur u. bestehen aus Blöckchen mit Chalkopyrit- u. Sphaleritstruktur. Aus Messungen bei Raumtemp. u. der des fl. N_2 wird gefunden, daß die Debye-Temp. für Krist. mit unterschiedlichem Ordnungsgrad gleich ist. Die mittleren Quadrate der Atomverlagerungen u. die Mikrohärte wachsen mit zunehmender Fehlordnung. Die Zunahme der Hall-Beweglichkeit der Löcher ist direkt mit dem Fehlordnungsgrad verbunden. H. Roschkowski 58

0231 **Geordnete Struktur von $TiO_{1,25}$.** D. Watanabe, O. Terasaki, A. Jostsons und J. R. Castles. (J. physic. Soc. Japan **25** (1968) 1, 292; Dep. of Phys., Tohoku Univ., Sendai; engl.) — Mittels Elektronenmikroskopie, Elektronenbeugung u. Röntgen-Pulveraufnahmen zeigen Vf., daß die Leg. TiO_x mit $1{,}1 < x \leq 1{,}25$ nach langer Temperbehandlung (7 Tage bei 700° u. danach 7 Tage bei 400°) eine geordnete Struktur (a_0 = 4, 1707 Å, a = 6,594 Å, Raumgruppe I4/m) aufweisen. E. Richter 58

0232 **Kristallographische Untersuchung des Überganges in Ti_2O_3.** C. N. R. Rao, R. E. Loehman und J. M. Honig. (Physics Letters [Amsterdam] **27 A** (1968) 5, 271—72; Dep. of Chem., Purdue Univ., Lafayette, Ind., USA; engl.) — Röntgenkristallograph. Unters. von hochgereinigtem Ti_2O_3 zeigen abrupte Veränderungen der Gitterparameter mit der Temp. im Bereich von 390 bis 470°K. Die Ausdehnung der Einheitszelle in diesem Temp.-Bereich steht in Beziehung zu entsprechenden Veränderungen des spezif. Widerstandes. E. Otto 58

0233 **Strukturelle und magnetische Untersuchungen an Lösungen fester Oxide. 3. Mitt. Manganoxid in Magnesiumoxid.** A. Cimino, M. Lo Jacono, P. Porta und M. Valigi. (Z. physik. Chem. [Frankfurt/M.] [N.F.] **59** (1968) 1/4, 134—50; Ist. di Chim. Gen. dell'Univ. di Perugia; engl.) — 2. vgl. C. **1968**, 14-0503. — Vf. untersuchen die Änderung der Gitterparameter von *MgO*

nach Zusatz von *MnO* (max. 5 Atom-%) bzw. MnO u. Li_2O. Die festen Lsg. werden in oxidierender u. reduzierender Atmosphäre hergestellt. Die magnet. Suszeptibilität wird im Temp.-Bereich 98—298°K gemessen. Die Bldg. einer Mg_6MnO_8-Phase wird festgestellt.
B. Plewinsky 58

0234 **Gitterkonstantenbestimmung und Indizierung der Pulverdiagramme von Scandiumvanadat (Scandium, Erbium)-Vanadat und Erbiumvanadat mit Hilfe eines Computer-Programms.** W. Hintzmann, E. Ecker und N. Hoffmann. (Solid State Commun. **6** (1968) 7, 441 bis 445; Physikal. Inst. der Univ. Karlsruhe; dt.) — Vf. stellen $ScVO_4$, (Sc, Er)VO_4 (10:1 u. 100:1) u. $ErVO_4$ her. Die Gitterkonst. werden genau bestimmt u. die Indizierung des Pulverdiagramms von $ErVO_4$ festgelegt. Ein Algol 60-Programm wurde geschrieben, das gestattet, bei näherungsweiser bekannten Gitterkonst. den im Pulverdiagramm vermessenen Linien Miller'sche Indizes zuzuordnen, sowie die Gitterkonst. zu verfeinern. Es werden alle Krist.-Syst. berücksichtigt. Die untersuchten Verb. kristallisieren im tetragonalen Krist.-Syst. in der Raumgruppe I 4_1/amd. Die Gitterkonst. betragen: $ScVO_4$: a = 6,777 ± 0,001, c = 6,134 ± 0,001; (Sc, Er) · VO_4 (100:1): 6,784 ± 0,002 u. 6,135 ± 0,002; (Sc, Er) · VO_4 (10:1): 6,823 ± 0,001 u. 6,156 ± 0,001; $ErVO_4$: 7,101 ± 0,001 u. 6,274 ± 0,001. K. H. Härdtl 58

0235 **Neutronenbeugungsuntersuchung von mit Gallium substituiertem Magnetit.** H. Gamari-Seale und P. Papamantellos. (Physica Status solidi [Berlin] **29** (1968) 1, 323—31; Nucl. Res. Centre „Democritus", Aghia Paraskevi, Attikis, Athens; engl.) — Die Verteilung von Ga^{3+} u. Fe^{3+} auf Tetraeder- u. Oktaederplätze A u. B des inversen Spinells $Fe_{3-t}Ga_tO_4$ mit t = 0,442 u. 0,628 wird mit Hilfe der Neutronenbeugung an Einkrist. bestimmt. Die Ga_4^+-Ionen sind folgendermaßen verteilt: 93 bzw. 76% in Tetraeder-, 7 bzw. 24% auf Oktaederplätzen für t = 0,442 bzw. 0,628.
H. Roschkowski 58

0236 **Radialverteilungsfunktion aus den Percus-Yevick- und „convolution hypernetted chain"-Gleichungen bei hohen Dichten.** F. Sommer und K. Werber. (Physics Letters [Amsterdam] **27 A** (1968) 7, 425—26; Lehrstuhl für Theoret. Metallphys., Univ. Münster, Germany; engl.) — Die Radialverteilungsfunktion g(r) für fl. Al bei **943°K** wurde durch Lsg. der P–Y- u. C–H–N–C-Gleichungen unter Benutzung eines oszillator. Potentials berechnet. Herbert Weber 60

0237 **Unelastische Streuung von kalten Neutronen an flüssigem Argon bei erhöhten Temperaturen.** W. S. Andrus, H. R. Muether und H. Palevsky. (Physics Letters [Amsterdam] **26 A** (1968) 4, 152—53; Brookhaven Nat. Labor. and State Univ. of N.Y. at Stony Brook; engl.) — Die Streuung von 4-Å-Neutronen an fl. Ar wurde gemessen. Die Temp.-Abhängigkeit der quasielast. Breite ist nicht im Einklang mit der Hypothese der freien Diffusion. Die Werte sind in Übereinstimmung mit der Theorie von Singwi über kohärente quasielast. Streuung an Flüssigkeiten. E. Otto 60

0238 **Strukturfaktor für flüssige Metalle.** 2. Mitt. **Ergebnisse für flüssiges Zn, Tl, Pb, Sn und Bi.** D. M. North, J. E. Enderby und P. A. Egelstaff. (J. Physics, C (Proc. physic. Soc.) [2] **1** (1968) 4, 1075—87; Univ. of Sheffield AERE, Harwell, Didcot, Berks; engl.) — 1. vgl. C (D. M. North et al., ibid., [2] 1, 784—94, 1968) — Die Strukturfaktoren genannter fl. Metalle werden in der Nähe des F. mittels Neutronenbeugung gemessen u. daraus die totalen Korrelationsfunktionen berechnet. Außerdem wurde das Temp.-Verh. von fl. Pb untersucht. Die vorhergesagte Temp.-Abhängigkeit des Widerstands u. der Thermokraft steht mit experimentellen Ergebnissen im Einklang.
E. Richter 60

0239 **Kritische Opaleszenz in binären Mischungen flüssiger Metalle.** 1. Mitt. **Temperaturabhängigkeit.** G. D. Wignall und P. A. Egelstaff. (J. Physics, C (Proc. physic. Soc.) [2] **1** (1968) 4, 1088—96; Solid State Phys. Div., AERE., Harwell, Didcot Berks; engl.) — Mittels Streuung von 5,3 Å-Neutronen wird die krit. Opaleszenz der Mischungen *Bi–Zn* (17 Atom-% Bi), *Pb–Ga* (57,6 Atom-% Ga) u. *Bi–Ga* (30 Atom-% Bi) untersucht. Der erhaltene Wrkg.-Querschnitt stimmt mit der Theorie der krit. Streuung von Ornstein u. Zernike überein.
E. Richter 60

0240 **Massenstromschwankungen in flüssigem Blei.** P. D. Randolph. (Physic. Rev. Letters **20** (1968) 11, 531—33; Id. Nucl. Corporat., Idaho Falls, Id.; engl.) — Neutronenstreuungsmessungen (Winkelabhängigkeit der Intensität) werden bei 352° an fl. Pb durchgeführt u. diskutiert (vgl. C. **1967**, 47-0275). A. Jaeschke 60

Mechanische und thermische Eigenschaften

0241 **Theorie fehlgeordneter ternärer Legierungen.** 1. Mitt. **Lineare Näherung.** Raza A. Tahir-Kheli. (Physic. Rev. [2] **169** (1968) 3, 517—23; Dep. of Phys., Temple Univ., Philadelphia, Pa.; engl.) — Formulierung der statist. Mechanik ternärer Syst. mit beliebiger Zus. u. paarweisen zwischenatomaren Potentialen beliebiger Reichweite nach der Meth. der Green-Funktion. Die Übergangstemp. werden abgeschätzt.
H. Liepack 71

0242 **Berechnung des Punktgitterpotentials eines begrenzten Kristalls.** O. G. Vendik. (Physica Status solidi [Berlin] **28** (1968) 2, 789—96; Phys. Dep., Surrey Univ., London; engl.) — Die Eigenfunktionen des elektrostat. Potentials in einem rechteckigen Kasten werden zur Berechnung des Potentials des Punktgitters eines Ionenkrist. verwendet. Die Ergebnisse werden zur Deutung von Elektronenbeugungsaufnahmen von Anliker et al. (1954) an der Oberfläche eines $BaTiO_3$-Kristalls verwendet. H. Roschkowski 72

0243 **Coulomb-Beitrag zur dynamischen Matrix für nichtkubische Gitter mit einer Basis.** W. F. King. (Physics Letters [Amsterdam] **27 A** (1968) 6, 386—87; Dep. of Phys., Pa. State Univ., University Park, Pa.; engl.) Herbert Weber 72

0244 **Modell für die Gitterdynamik in Metallen.** Louis Chéveau. (Physic. Rev. [2] **169** (1968) 3, 496—97; Dep. de Phys., Univ. de Montréal, Montréal, Canada; engl.) — Es wird ein neues Modell zur Berechnung der Dispersionskurven in Metallen vorgeschlagen. Die Leitungselektronen werden mit der Thomas-Fermi-Wechselwrkg. berücksichtigt. In dem Modell sind die Symmetrieforderungen befriedigt, u. es werden keine äußeren Kräfte zur Erhaltung des stat. Gleichgew. benötigt. H. Liepack 72

0245 **Gitterdynamische Berechnung für Alkalimetalle.** Paul S. Ho. (Physic. Rev. [2] **169** (1968) 3, 523—29; Dep. of Mater. Sci. and Engng., Cornell Univ., Ithaca, N.Y.; engl.) — Berechnung der Gitterdynamik für Alkalimetalle, wobei das Gitterpotential aus der elektrostat. Energie u. der abgeschirmten Elektron-Ion-Wechselwrkg. besteht. Es werden Ausdrücke für die Elastizitätskonst. abgeleitet. Die Scherwellen sind durch das elektrostat. Potential bestimmt, für longitudinale Wellen sind die Beiträge beider Potentiale vergleichbar u. von entgegengesetztem Vorzeichen. Die Übereinstimmung zwischen ber. u. beobachteten Dispersionskurven ist gut für *Na* u. *K*, für die Neutronenbeugungsergebnisse zur Verfügung stehen. Es wurde ferner das effektive Ion–Ion-Potential für die Alkalimetalle berechnet. Alle diese Potentiale haben ein Minimum in der Nähe der Gleichgewichtslage u. durch Elektron–Ion-Wechselwrkg. bedingte Oszillationen großer Reichweite.
H. Liepack 72

0246 **Gitterdynamik von Metallen mit hexagonaler Struktur.** A. Czachor. (Physica Status solidi [Berlin] **29** (1968) 1, 423—34; Inst. of Nucl. Res., Swierk; engl.) — Die Gitterdynamik von hexagonal dicht gepacktem *Mg*, *Zn* u. *Be* wird unter der Annahme verschiedener „first principle"-Potentiale für die Wechselwrkg. zwischen den Ionen untersucht. H. Roschkowski 72

0247 **Dynamisches Gittermodell mit Zentralkräften für Zirkoniumhydrid.** E. L. Slaggie. (J. Physics Chem. Solids **29** (1968) 6, 923—34; Gulf General Atomic Inc., John Jay Hopkins Labor. for Pure and Applied Sci., San Diego, Calif.; engl.) — Auf der Basis der Meth. von

Born u. von Karman konstruiert Vf. für ZrH_2 ein dynam. Gittermodell mit Zentralkräften. Es werden vier Kraftkonst. eingeführt, die die Zentralkraftwechselwrkg. bis zu zweitnächsten Nachbarn der Zr-Atome u. bis zu drittnächsten Nachbarn der H-Atome darstellen. Der Zusammenhang zwischen der Form der Frequenzverteilung u. den inneratomaren Kräften wird numer. untersucht. Es wird gefunden, daß vernünftige Werte für die Kraftkonst. zu Frequenzverteilungen führen, die mit den Ergebnissen der spezif. Wärme u. Neutronenstreuexperimenten konsistent sind. K. H. Härdtl 72

0248 **„Hard-Core"-Renormalisierung in der Gitterdynamik von Quanten-Kristallen.** G. Meissner. (Physics Letters [Amsterdam] **27 A** (1968) 5, 261—62; Labor. of Atomic. and Solid State Phys., Cornell Univ., Ithaca, N.Y., USA; engl.) — Unters. zur Verallgemeinerung der selbstkonsistenten Phononentheorie unter Einschluß interatomarer, singulärer („hard-core")-Potentiale bei allen Temperaturen. Der explizite Ausdruck für das Phononen-Spektrum wird abgeleitet. E. Otto 72

0249 **Untersuchung der Gitterdynamik mit Hilfe von vibronischen Spektren.** Max Wagner. (Z. Physik **214** (1968) 1, 78—107; I. Inst. für Theoret. Phys., Univ. Stuttgart; engl.) E. Otto 72

0250 **Diagrammethode in der MO—LCAO-Kristallfeldtheorie.** S. S. Bishton und D. J. Newman. (J. Physics Chem. Solids **29** (1968) 7, 1245—53; Dep. of Phys., Queen Mary College, London; engl.) — Vf. entwickeln eine Diagrammeth., womit Matrixelemente zwischen Determinantenzuständen u. nichtorthogonalen Komponenten in Form von Reihenentw. der Überlappintegrale ber. werden können. Es kann gezeigt werden, daß die Störungsenergien 1. u. 2. Ordnung als verküpfte Diagrammbündel ausgedrückt werden können. Die Ergebnisse werden benutzt, um MO-LCAO-Ausdrücke zu bestimmen, die sich auf das Krist.-Feld von *Seltenerdmetall*-Ionen beziehen. K. H. Härdtl 72

0251 **Zustandsgleichung kubischer Festkörper: Einige Verallgemeinerungen.** C. A. Swenson. (J. Physics Chem. Solids **29** (1968) 8, 1337—48; Inst. for Atomic Res. and Dep. of Phys., Ia. State Univ., Ames, Ia.; engl.) — Die Zustandsgleichungen (Druck-Temp.-Vol.-Beziehungen) können für eine Anzahl kub. Festkörper bei hohen Temp. durch einen temperaturunabhängigen, isotherm. Vol.-Modul B_T angenähert werden, der linear mit dem angelegten Druck variiert. Dies wird durch eine Analyse sowohl stat. u. dynam. Messungen als auch durch elementare Rechnungen, die auf der Mie-Grüneisen-Zustandsgleichung basieren, demonstriert. Diese Verallgemeinerungen sollten innerhalb 1—2% für B_T auch bei tiefen Temp. gültig sein, mit Ausnahme der Edelgas-Festkörper. Für die Hochtemp. Zustandsgleichung ergibt sich unter anderem, daß die Grüneisen-Konst. eine temperaturunabhängige, lineare Funktion des Vol. ist u. daß B_T eine lineare Funktion der Temp. bei konst. Druck ist. Diese Beziehungen sollten in erster Näherung für die meisten kub. Festkörper gelten. K. H. Härdtl 72

0252 **Anderson-Grüneisen-Parameter δ für Alkalimetallhalogenide vom NaCl-Typ für Born-Meyer-Potentiale.** V. K. Mathur und S. P. Singh. (J. Physics Chem. Solids **29** (1968) 6, 959—62; Dep. of Phys., Kurukshetra Univ., Kurukshetra, India; engl.) — Vf. berechnen den Anderson-Grüneisen-Parameter δ für NaCl-Typ-Alkalimetallhalogenide AB (A = Li, Na, K u. Rb; B = F, Cl, Br u. J) u. CsF unter Annahme eines Born-Meyer-Potentials. K. H. Härdtl 72

0253 **Debye-Waller-Faktoren der Alkalimetallhalogenide.** W. J. L. Buyers und T. Smith. (J. Physics Chem. Solids **29** (1968) 6, 1051—57; Chalk River Nucl. Labor., Chalk River, Ontario; engl.) — Vf. berechnen die Debye-Waller-Faktoren von NaCl, NaBr, NaJ, KBr, KCl u. NaF in Abhängigkeit von der Temp. zwischen 0—900°K auf der Basis des Deformationsdipolmodells. Die Ergebnisse stimmen mit den Experimenten bei Temp. überein, bei welchen ein Vgl. möglich ist. In vielen Fällen ist jedoch der experimentelle Fehler größer als die erwartete Unsicherheit der Rechenergebnisse. K. H. Härdtl 72

0254 **Anharmonische Beiträge des Debye-Waller-Faktors für Fe in Cu und Au.** R. M. Housley, F. Hess und T. Sinnema. (Solid State Commun. **6** (1968) 6, 375—78; Suppl. zu: J. Physics Chem. Solids Sci. Center, North American Rockwell Corp., Thousand Oaks, Calif.; engl.) — Vf. bestimmen den Debye-Waller-Faktor mit Mössbauer-Messungen zwischen Raumtemp. u. ca. 1200°K von Fe in Cu u. Au. Eine durch Diffusion hervorgerufene Anomalie läßt sich nicht bestätigen. Die Ergebnisse scheinen im allg. mit einem quasi-harmon. Modell der Gitterdynamik in Übereinstimmung zu sein, obgleich die anharmon. Beiträge ungefähr um einen Faktor zwei größer sind, als man für die reinen Wirtsgitter erwarten kann. K. H. Härdtl 72

0255 **Theorie der Kohäsion der Edelmetalle.** 2. Mitt. V. K. Nikulin und M. B. Trzhaskovskaya. (Physica Status solidi [Berlin] **28** (1968) 2, 801—06; Ioffe Phys.-techn. Inst., Acad. of Sci. of USSR, Leningrad; engl.) — 1. vgl. C. **1967,** 27-0294. — Auf Grund von l.c. erhaltenen Ergebnissen wird eine Berechnung der Bindungsenergie, des Radius der Wigner-Seitz-Kugel u. der Kompressibilität von *Cu* u. *Ag* durchgeführt, wobei ein nicht lokales Modellpotential verwendet wird. Für diese Elemente wird eine isotrope effektive Masse berechnet. H. Roschkowski 72

0256 **Zum Viel-Elektronen-Problem in Metallen.** 1. Mitt. **Hamilton-Operator, Bewegungsgleichungen und Ansatz für Spektralfunktionen.** P. Brand. (Z. Physik **214** (1968) 3, 221—39; Inst. für Phys. am MPI für Metallforsch., Stuttgart; dt.) — Quasiteilchen (nicht ident. mit den Landau-Quasiteilchen) werden so definiert, daß ein Ansatz für die Spektralfunktionen ihrer Green-Funktionen gemacht werden kann. Herbert Weber 72

0257 **Zum Viel-Elektronen-Problem in Metallen.** 2. Mitt. **Variations-Verfahren und Übergang zum inhomogenen Modell.** P. Brand. (Z. Physik **214** (1968) 3, 240—50; dt.) — 1. vgl. vorst. Referat. — Best. der Spektralfunktionen der Green-Funktionen für die Quasiteilchen nach einem Variationsverf. mit Minimalisierung des thermodynam. Potentials $\Omega(T, V, \mu)$. Herbert Weber 72

0258 **Nullpunktsschwingungsenergie von kubischen Kristallen.** G. G. Chell. (J. Physics C (Proc. physic. Soc.) [2] **1** (1968) 4, 839—48; Phys. Dep., Univ. of Surrey, London; engl.) — Die Resultate einer Berechnung der Nullpunktsschwingungsenergien dreier kub. Gitter mittels der Näherung von Bethe werden auf Edelgaskrist. angewandt, um 3 Modelle zu untersuchen: 1. alleinige zentrale Wechselwrkg. nächster Nachbarn, 2. zentrale Wechselwrkg. aller Nachbarn mit Lennard-Jones m-6 Potential u. 3. zentrale Wechselwrkg. aller Nachbarn u. nicht-zentrale Wechselwrkg. (Axilrod- u. Teller-Potential). Anwendung auf *Ne*, *Ar*, *Kr* u. *Xe*. E. Richter 72

0259 **Berechnung der Gitterfrequenzverteilungsfunktionen mittels fortgesetzter Fraktionen.** J. Deltour. (Physica [Utrecht] **39** (1968) 3, 413—23; Dép. de Phys. Théor., Univ. de Liège, Belgique; engl.) Herbert Weber 72

0260 **Berechnung von thermodynamischen Gittereigenschaften mittels fortgesetzter Fraktionen.** J. Deltour. (Physica [Utrecht] **39** (1968) 3, 424—30; engl.) — Vgl. vorst. Referat. — Die Meth. der fortgesetzten Fraktionen wird zur Berechnung der thermodynam. Schwingungseig. erweitert. Herbert Weber 72

0261 **Berechnung von Frequenzverteilungsfunktions-Momenten hoher Ordnung für isotop fehlgeordnete Gitter.** J. Deltour. (Physica [Utrecht] **39** (1968) 3, 431—38; engl.) — Vgl. vorst. Referate. — Anwendung der entwickelten Meth. auf die Berechnung der 100 ersten Momente der fehlgeordneten zweiatomigen linearen Kette. Herbert Weber 72

0262 **Zentralkraftfeld-Näherung für die Berechnung von Gitterschwingungen ohne Torsionscharakter von**

Molekülkristallen. S. H. Walmsley. (Molecular Physics **14** (1968) 2, 165—70; William Ramsay and Ralph Forster Labor., Univ. Coll., London; engl.) — Berechnung der Gitterschwingungsfrequenzen der Mol.-Krist. *HCl, HBr,* H_2S, NH_3, CO_2, SO_2 u. Vgl. mit experimentellen Ergebnissen anderer Autoren. E. Richter 72

0263 **Anharmonizität von Gitterschwingungen von Alkalimetallhalogeniden.** S. P. Srivastava, M. N. Sharma und M. P. Madan. (J. physic. Soc. Japan **25** (1968) 1, 212—17; Dep. of Phys., Univ. of Lucknow, Lucknow, India; engl.) — Mittels einiger realist. Potentialfunktionen werden Ausdrücke für die Berechnung der Anharmonizität erhalten. Es wird der Vers. unternommen, die anharmon. Terme der Fundamentalschwingung zu berechnen. Numer. Beispiele: *LiF, LiCl, LiBr, LiJ, NaF, NaC,, NaBr, NaJ, KCl, KBr, KJ, RbCl, RbBr, RbJ, CsCl* u. *CsBr.* E. Richter 72

0264 **Bestimmung von Schwingungsfrequenzen in MgF_2 durch unelastische Neutronenstreuung.** Claude Benoit, Rémy Kahn, Jean-Paul Trotin und Ray Stevenson. (C. R. hebd. Séances Acad. Sci., Sér. A et B **267** (1968) 1, B 61—63; Dep. de Phys. crist., Fac. des Sci., Montpellier, Hérault; franz.) — Die Darst. des untersuchten Einkrist. wird beschrieben. MgF_2 kristallisiert in der Raumgruppe $P4_2mnm$ u. besitzt im Zentrum der Brillouin-Zone 18 normale Schwingungsmoden, von denen die Moden A_{1u} u. E_u aktiv im IR, die Moden A_{1g}, B_{1g}, B_{2g} u. E_g aktiv in der Raman-Streuung u. die Moden A_{2g}, $B_{1u}{}^1$ u. $B_{2u}{}^2$ inaktiv im IR u. in der Raman-Streuung sind. Mit Hilfe unelast. Neutronenstreuung werden die Frequenzen $\nu(B_{1g}) = 87\ cm^{-1} \pm 6$ u. $\nu(B_{1u}{}^1) = 210\ cm^{-1} \pm 13$ bestimmt u. mit von anderen Autoren experimentell bestimmten oder berechneten Frequenzen verglichen. U. Venzke 72

0265 **Rotationsanregungen in festem D_2.** D. Ramm, H. Meyer, J. F. Jarvis und R. L. Mills. (Solid State Commun. **6** (1968) 7, 497—99; Dep. of Phys., Duke Univ., Durham, N.C.; engl.) — Aus Messungen von $(dP/dT)_V$ wird in der kub. Phase von festem D_2 die durchschnittliche Energie $\overline{\Delta}$ der Rotationsanregung in Abhängigkeit von der para-D_2-Konz. bestimmt. Die Extrapolation führt zu $\overline{\Delta}/k = 18°$ für reines para-D_2. Die damit erhaltene Quadrupolkopplungskonst. $\Gamma = \overline{\Delta}/19$ ist kleiner als die für das starre Gitter von D_2 vorhergesagte. K. H. Härdtl 72

0266 **Einfluß kovalenter Bindung auf optische Phononen — empirische Beziehung.** Eugene Loh. (Physic. Rev. [2] **169** (1968) 3, 750—52; Phys. Sci. Dep., Douglas Aircraft Co., Santa Monica, Calif.; engl.) — Es wird gezeigt, daß die Kraftkonst. $k = m\omega^2$ der transversalen opt. Schwingungen in dielektr. Festkörpern stark von dem Anteil der kovalenten Bindung C = 1-i zwischen benachbarten Atomen abhängt, wobei i der Anteil des Ionencharakters in der Bindung ist. Für Festkörper in den schweren isoelektron. Reihen (z. B. die gemischte Reihe von Si–Ge, die Ge-Reihe, die gemischte Reihe von Ge–α-Sn u. die α-Sn-Reihe), in denen der Kernabstand innerhalb der gleichen isoelektron. Reihe angenähert konst. gehalten wird, hängt k allein von C ab u. ist $\sim C^n$ mit $1 < n < 2$. H. Liepack 72

0267 **Feste ^3He–^4He-Mischungen.** R. A. Guyer. (Physics Letters [Amsterdam] **27 A** (1968) 7, 452—53; Dep. of Phys., Duke Univ., Durham, N.C.; engl.) — Das Modell, bei dem jedes Atom auf einem Gitterplatz einen vollständigen Satz von harmon. Oszillatorzuständen verfügbar hat, wird auf die Berechnung der Eig. von festen He-Mischungen angewendet. Erwartungswerte der Verschiebung der nächsten Nachbarn („Gitterverzerrung") wird behandelt. Herbert Weber 72

0268 **Gradient des elektrischen Feldes an einer (100)-Fläche einiger Alkalimetallhalogenid-Kristalle.** Ronald J. Brown und John M. Vail. (J. chem. Physics **48** (1968) 4, 1780—83; Dep. of Phys., Univ. of Manitoba, Winnipeg, Manitoba, Canada; engl.) — Berechnung für verschiedene Oberflächenplätze für *RbCl, RbBr, KCl, KBr, KJ* u. *RbJ* nach dem Modell von Benson, Freeman u. Dempsey. Die Mössbauer-Quadrupolaufspaltung für die Oberfläche wird abgeschätzt, sie ist unterhalb der zur Prüfung des benutzten Modells erforderlichen Größenordnung. Eine Prüfung des Modells kann auf Grund der Tatsache erfolgen, daß der Gradient des elektr. Feldes für Plätze positiver Ionen in der Oberfläche von KJ das Vorzeichen ändert, wenn die Polarisationen u. Verschiebungen der Oberflächenionen berücksichtigt werden. H. Liepack 72

0269 **Verformbares Schalenmodell für die Alkalimetallhalogenide.** A. N. Basu und S. Sengupta. (Physica Status solidi [Berlin] **29** (1968) 1, 367—75; Phys. Dep., Jadavpur Univ.; engl.) — Das einfache Schalenmodell, das die Polarisierbarkeit der Ionen berücksichtigt, wird unter Einbeziehung der Verformungen der Elektronenschalen während der Schwingungen der Ionen verbessert. Die Deformierbarkeit wird phänomenolog. eingeführt, u. es wird gezeigt, daß dies zu einer Dreikörperwechselwrkg. zwischen gleichen Teilchen führt. Wegen der Einbeziehung der Vielkörpereffekte erfüllen die Elastizitätskonst. im allg. nicht die Cauchy-Beziehung $C_{12} = C_{44}$. Die Theorie wird angewendet zur Berechnung der Dispersionskurven für NaJ u. das Ergebnis wird mit Kurven nach dem einfachen Schalenmodell u. mit Kurven, die durch Neutronenbeugungsvers. erhalten werden, verglichen. Das Modell mit verformbaren Schalen zeigt deutlich bessere Übereinstimmung. H. Roschkowski 72

0270 **Berechnung der Kohäsion und der Oberflächenspannung von Übergangsmetallen mit einer Methode der starken Bindungen.** F. Cyrot-Lackmann. (J. Physics Chem. Solids **29** (1968) 7, 1235—43; Labor. de Phys. des Solides, Fac. des Sci., Orsay, France; franz.) — Die Kohäsionsenergie u. die Oberflächenspannung von Übergangsmetallen (*Cr, Fe, Mo, Te, Ru, W, Re, Os*) werden in Abhängigkeit von der Auffüllung des d-Bandes mit Hilfe einer isotropen starken Bindungs-Näherung in einfachen kub. Krist. berechnet. Für diesen Zweck verwendet Vf. eine Impulsentwicklung der Zustandsdichte des d-Bandes. Für halbgefüllte Bänder ergibt sich eine genaue u. schnell konvergierende Entw., die zu vernünftigen numer. Ergebnissen führt. K. H. Härdtl 72

0271 **Kohäsion von Oberflächenatomen von hemisphärischen Wolframkristallen, beobachtet durch Feldionenmikroskopie.** Shozo Tamaki und Tsukasa Kuroda. (Jap. J. appl. Physics **7** (1968) 2, 180—81; Inst. of Scient. and Ind. Res., Osaka Univ., Sakai, Osaka; engl.) — Unters. an Hand von He-Ionen-Bildern von W-Spektren nach Feldverdampfung. Es ist wahrscheinlich, daß die Kohäsionsenergie der Oberflächenatome in den Netzebenen in folgender Reihenfolge abnimmt: {001}, {111}, {011} u. {112}. Die Atomkonfig. in der Krist.-Ebene müßte daher zur Kohäsionsenergie beitragen. Herbert Weber 72

0272 **Bindung und Felddesorption einzelner Wolframatome.** Gert Ehrlich und C. F. Kirk. (J. chem. Physics **48** (1968) 4, 1465—80; Gen. Electr. Res. and Develop. Center, Schenectady, N.Y.; engl.) — Die Bindungsenergie einzelner W-Atome auf verschiedenen Flächen eines W-Krist. wurde aus der Felddesorption bei 20°K bestimmt. Unter diesen Bedingungen ist Tunnelung u. nicht Verdampfung über einen Schottky-Sattel der begrenzende Schritt. Es werden Beziehungen zwischen Desorptionsfeld u. Atombindung abgeleitet. Aus der Desorption einzelner Adatome wurden folgende Bindungsenergien ermittelt: (110) 5,3, (211) 7,0, (310) 6,7, (111) 6,0, (321) 6,7 u. (411) 6,2 eV. Für die niedrig indizierten Flächen wie (110), (211) u. (310) besteht vernünftige Übereinstimmung mit den aus Morse- u. Lennard-Jones-Potentialen abgeschätzten Energien. Für rauhere Flächen sind die experimentellen Werte wesentlich kleiner als erwartet. Der Vgl. von Bindungsenergien mit Aktivierungsenergien der Oberflächenwanderung über (211) u. (321) läßt vermuten, daß Schwankungen in den Lagen der Gitteratome eine wesentliche Rolle bei der Oberflächenwanderung spielen. H. Liepack 72

0273 **Kollektive Koordinaten für ein trigonal verzerrtes Tetraeder.** C. A. Bates. (J. Physics, C (Proc.

physic. Soc.) [2] **1** (1968) **4**, 872—76; Phys. Dep., Univ. of Nottingham; engl.) — Ableitung der kollektiven Koordinaten u. Best. der Änderungen des lokalen Krist.-Felds bei Verschiebung der Ligandenionen relativ zu einem Zentralion. Beispiel: Cu^{2+} in ZnO.

E. Richter 72

0274 **Oberflächenzustände deformierter Kristalle in der Näherung fester Bindung.** M. Stęślicka. (Acta physica polon. **33** (1968) 6, 981; Dep. of Experimental Phys., Univ. of Wrocław; engl.) — In einem dreidimensionalen Modell des deformierten Krist. mit einem Hamilton-Operator $H = H_0 + dV$, wo H_0 der Hamilton-Operator des nichtdeformierten, abgegrenzten Krist. ist u. dV die Potentialänderung infolge der Änderung der Gitterkonst. beschreibt, beeinflußt die Deformation die Wechselwrkg. zwischen den Oberflächenatomen u. ihren erst- u. zweitnächsten Nachbarn. Im Gegensatz zu nichtdeformierten Krist. sind die Existenzbedingungen für Oberflächenzustände für ein-, zwei- u. dreidimensionale Rechnungen verschieden. Werner Schmidt/Berlin 72

0275 **Mit Hilfe der Beugung langsamer Elektronen beobachtete Änderung des Oberflächenzustandes der (111)-Fläche von Silber.** Claude Corotte, Pierre Ducros und Anthony Mascall. (C. R. hebd. Séances Acad. Sci., Sér. A et B **267** (1968) 10, B 507—10; Labor. de Spectrométrie phys., Domaine Universitaire, Saint-Martin-d'Hères; franz.) — Die Elektronenbeugungsdiagramme eines Ag-Einkrist., der mit Ar-Teilchen beschossen u. über einen längeren Zeitraum hin therm. Behandlungen bei verschiedenen Temp. unter einem Vakuum von $4 \cdot 10^{-10}$ Torr ausgesetzt wird, werden untersucht u. gedeutet.

U. Venzke 72

0276 **Leerstellenrelaxationen in kubisch raumzentrierten Kristallen.** H. H. Grimes und J. H. Rice. (J. Physics Chem. Solids **29** (1968) 8, 1481—84; N.A.S.A., Lewis Res. Center, Cleveland, Ohio; engl.) — Vf. berechnen die prozentuale Relaxation von Atomen um Leerstellen in kub. raumzentriertem *Ba*, *Fe* u. *Na*. Die Rechnung erstreckt sich bis auf achtnächste Nachbarn u. wird mit den Ergebnissen anderer Autoren verglichen. Ebenso werden die Relaxationsenergien berechnet, die sich zu 0,612 eV für *Ba*, 1,17 ev für *Fe* u. 0,520 eV für *Na* ergeben. Der Einfl. der Krist.-Größe auf die Relaxation wird angegeben. K. H. Härdtl 72

0277 **Kristallbaufehler innerhalb einer Atomreihe in dreidimensionalen Gittern.** O. Litzman und J. Celý. (Czechoslov. J. Physics, Sect. B **18** (1968) 7, 847—59; Nat. Sci. Fac., J. E. Purkyně Univ., Brno; engl.) — Es werden lokalisierte Moden in der Nähe eines Fehlers in der Atomreihe für ein einfaches kub. Gitter mit Berücksichtigung von Wechselwrkg. nächster Nachbarn untersucht. Für den Fall von Massenänderungen innerhalb der Reihe werden Kriterien für das Auftreten lokalisierter Moden angegeben. Das Frequenzband akust. lokalisierter Moden (beginnend bei der Frequenz $\omega = 0$) ist dem einer linearen Kette sehr ähnlich.

Werner Schmidt/Berlin 72

0278 **Verallgemeinerte Wannier- und Bloch-Funktionen für ein Gitter mit einer Substitutionsverunreinigung.** M. D. Girardeau. (Physics Letters [Amsterdam] **27 A** (1968) 5, 282—83; Inst. of Theoret. Sci. and Dep. of Phys., Univ. of Oreg., Eugene, Oreg., USA; engl.) E. Otto 72

0279 **Anwendung der Grüneisen-Formel auf die Bestimmung der rückstoßfreien Fraktionen für die γ-Strahlen von ^{57}Fe in kubischen Gittern.** F. A. Deeney und V. P. Ruddy. (Physics Letters [Amsterdam] **27 A** (1968) 6, 350—51; Phys. Dep., Princeton, Univ., USA; engl.) — Berechnungen u. Vgl. mit Ergebnissen von Mössbauer-Experimenten. Unter Benutzung der Grüneisen-Formel für mittlere Atomschwingungsamplituden wurden Verhältnisse der rückstoßfreien Fraktionen bei verschiedenen Temp. für ^{57}Fe in verschiedenen kub. Gittern (Cu, W, Au, Rh, Pd, Pt, Ir, Fe) bestimmt. Für Fe-Gitter beobachtete Diskrepanzen werden diskutiert (Postulierung eines magnet. Terms, der die Größe der rückstoßfreien Fraktion beeinflußt). Herbert Weber 72

0280 **Untersuchung des Mössbauer-Effekts beim Tempern von Eisen–Kohlenstoff-Martensit.** Hiromitsu Ino, Takeshi Moriya, F. Eiichi Fujita, Yutaka Maeda, Yutaka Ono und Yukio Inokuti. (J. physic. Soc. Japan **25** (1968) 1, 88—99; Phys., Dep., Fac. of Engng. Sci., Osaka Univ., Toyonaka, Osaka; engl.) — Unters. des Mössbauer-Effekts von ^{57}Fe beim Tempern von martensit. Fe–C-Stählen. Das Auftreten der ε-, χ- u. Zementitphasen sowie die vorliegenden Bindungsarten werden untersucht. Das χ-Carbid wird in der Temperstufe IIIa gebildet. Die elektron. Zustände der mit den C-Atomen koordinierten Fe-Atome im Martensit u. im ε-Carbid (Stufe I) sind im wesentlichen gleich.

E. Richter 72

0281 **Mössbauer-Effekt in einigen Fe–Al-Legierungen.** V. V. Nemoshkalenko, O. N. Rasumov und V. V. Gorskii. (Physica Status solidi [Berlin] **29** (1968) 1, 45—48; Inst. of Metal Phys., Acad. of Sci. of Ukrainian. SSR, Kiev; engl.) — Aus einer allg. Betrachtung der unter Verw. von ^{57}Co in Cr als Mössbauer-Quelle gemessenen Isomerenverschiebung u. der Parameter der Röntgenemissions-K-Spektren von Al u. Fe in $FeAl_2$ wird geschlossen, daß der Übergang von Fe_3Al zu FeAl mit einem Elektronenübergang vom Al-Atom zum Fe-Atom mit Auffüllung der 3d-Zustände verbunden ist; dieser Prozeß scheint in der äquiatomaren Leg. vollendet zu sein. Eine weitere Erhöhung des Al-Anteils in der Leg. (Übergang von FeAl zu $FeAl_2$) führt zu wachsender Auffüllung der p-Schale der Fe-Atome.

H. Roschkowski 72

0282 **Mössbauer-Spektren von $LiAl_{5-x}Fe_xO_8$.** F. DeS. Barros, P. J. Viccaro und J. O. Artman. (Physics Letters [Amsterdam] **27 A** (1968) 6, 374—75; Carnegie-Mellon Univ., Pittsburgh, Pa.; engl.) — Unters. bez. der Gitterstellen-Identifizierung u. der Quadrupolwechselwrkg. der ^{57}Fe-Kerne mit dem Gitter als Funktion der Fe-Konzentration. Die Einheitszelle in $LiAl_{5-x}Fe_xO_8$ enthält vier Formeleinheiten. Die Sauerstoff-Ionen bilden ein kub. dichtgepacktes Gitter mit 64 tetraedr. (A) u. 32 oktaedr. (B) Zwischengitterplätzen pro Einheitszelle. Im Idealfall sind die Li^+ auf B-Plätzen, während die Al^{3+} oder Fe^{3+} B- u. A-Stellen im Verhältnis $B/A = 3/2$ besetzen. Die ^{57m}Fe-Quadrupolaufspaltung in geordnetem $LiAl_{5-x}Fe_xO_8$ ist stark konzentrationsabhängig. Für $x = 0{,}25$, beträgt die A-Stellen-Aufspaltung ($0{,}675 \pm 0{,}009$) mm/s, während für $x = 5{,}0$ diese Größe $< (0{,}02 \pm 0{,}07)$ mm/s ist. Die inneren Fe-Magnetfelder wurden in $LiFe_5O_8$ bestimmt. Die ungewöhnlich niedrigen Werte der A-Stellen-Isomerenverschiebung für kleine Fe^{3+}-Konz. zeigt, daß dieses Ion einem hohen Grad an kovalenter Bindung unterworfen ist.

Herbert Weber 72

0283 **Herstellung von ^{57}Fe-Mössbauer-Quellen mit schmaler Linie und Untersuchung einiger Ursachen für die Linienverbreiterung.** S. M. Qaim, P. J. Black und M. J. Evans. (J. Physics, C (Proc. physic. Soc.) [2] **1** (1968) 5, 1388—97; Dep. of Phys., Univ. of Birmingham; engl.) — Durch Elektroabscheidung von ^{57}Co auf verschiedenen Metallen u. anschließendes Eindiffundieren bei hohen Temp. wurden die Quellen hergestellt. Die Linienbreite wird nicht durch den Grad der Perfektion des Wirtsgitters beeinflußt. Die schmalsten Linien — erhalten in kub.-flächenzentrierten u. kub.-innenzentrierten Strukturen — haben gegenüber der natürlichen um 30% größere Breiten. Mikrosondenanalysen zeigten eine homogene Verteilung der Quellenatome im Wirtsgitter. Der Einfl. steigender Konz. an Quellenatomen auf die Linienbreite wurde untersucht. Das Anlassen führt anscheinend zu einer schnellen Anfangsdiffusion der abgeschiedenen Substanz, der die normale Diffusion folgt.

A. Jaeschke 72

0284 **Mössbauer-Effekt in ^{83}Kr mit ^{83}Se-Quellen.** S. Bukshpan, C. Goldstein und T. Sonnino. (Physics Letters [Amsterdam] **27 A** (1968) 6, 372—73; Nucl. Phys. Dep., Soreq Nucl. Res. Centre, Yavne, Israel; engl.) — Vgl. C. **1967**, 41-0071. — Neue Quellen für Mössbauer-Effekt-Vers. in ^{83}Kr wurden erzeugt durch Zerfall von ^{83}Se über ^{83}Br zu ^{83m}Kr. Die Quellen in Form von ZnSe, PbSe u. SnSe erzeugen Linien natürlicher Breite gegenüber Absorbern aus festem Kr u. zeigen eine Quadrupolaufspaltung in Kr-Hydrochinon-Clathraten mit einer Kopplung von 9,5 MHz. Die relative Verschiebung zwi-

schen ZnSe u. PbSe in Clathrat-Vers. wurde ermittelt zu δ (ZnSe–PbSe) = +0,012 + 0,001 mm/s. Die gleiche relative Verschiebung wurde mit festem Kr gefunden. Unter der Annahme von $\Delta R/R = +(4 \pm 2) \cdot 10^{-4}$ würde diese relative Verschiebung einen höheren Wert von $|\psi(0)|^2$ in Kr-Kernen in PbSe als in ZnSe entsprechen. Eine mögliche Erklärung dafür ist der Unterschied in den Elektronegativitäten zwischen Pb u. Zn. Die höhere Elektronegativität von Pb kann eine leichte Ausdehnung der Elektronenwolke der äußeren p-Elektronen bewirken, was zu einem Ansteigen der s-Elektronendichte bei den Kr-Kernen führen würde.
Herbert Weber 72

0285 **Mössbauer-Spektren oxidischer Spinelle mit Sn^{4+}-Ionen.** M. P. Gupta und H. B. Mathur. (J. Physics Chem. Solids **29** (1968) 8, 1479–81; National Chem. Labor., Poona, India; engl.) — Vf. untersuchen bei 25° u. —194° mit einer $^{119}SnO_2$-Quelle die Mössbauer-Spektren der Spinelle $SnCo_2O_4$, $SnMg_2O_4$, $SnZn_2O_4$ u. $SnMn_2 \cdot O_4$. Die Spektren aller vier Verb. sind gleich u. zeigen ein Absorptionsdublett bei —0,25 u. +0,50 mm/sec, das mit einer Quadrupolaufspaltung gedeutet wird. Diese beobachtete Aufspaltung stimmt mit der Annahme überein, daß die Sn^{4+}-Ionen oktaedr. B-Plätze besetzen.
K. H. Härdtl 72

0286 **Charakteristische Debye-Temperatur bei T = 0 für kubische Kristalle.** I. J. Zucker. (J. Physics, C (Proc. physic. Soc.) [2] **1** (1968) 5, 1456–59; Dep. of Phys., Univ. of Surrey, Guilford; engl.) — Vgl. zweier Formeln für die Berechnung der charakterist. Temp. kub. krist. Elemente bei 0°K. A. Jaeschke 74

0287 **Thermodynamische Vereinbarkeit von spezifischer Wärme und Grüneisen-Verhältnis.** Richard Fowles. (J. appl. Physics **39** (1968) 6, 2973; Shock Dynamics Labor. and Dep. of Phys., Wash. State Univ., Pullman, Wash.; engl.) — Ableitung u. Diskussion der Kompatibilitätsbeziehungen. H. Liepack 74

0288 **Analyse der zusätzlichen spezifischen Wärme von Kupfer zwischen 300 und 1200°K.** C. R. Brooks. (J. Physics Chem. Solids **29** (1968) 8, 1377–85; Dep. of Chem. and Metallurgical Engng., Univ. of Tenn., Knoxville, Tenn.; engl.) — Kürzlich durchgeführte Messungen der spezif. Wärme von Cu zwischen 300 u. 1200°K werden analysiert, um Beiträge aus der Bldg. von Gitterfehlstellen u. von anharmon. Effekten abzuschätzen. Diese zusätzliche spezif. Wärme wird erhalten, indem von der spezif. Wärme bei konst. Vol ein theoret. Wert abgezogen wird, der auf der spezif. Wärme von Debye unter Verw. einer einzigen Debye-Temp. u. unter Berücksichtigung elektron. Beiträge basiert. Die zusätzliche spezif. Wärme steigt stärker als linear mit der Temp. an. Sie wird bei ca. 600°K merkbar u. erreicht bei 1200°K 7% der gesamten spezif. Wärme. Die Bldg. von Einfachleerstellen wird bei 800°K merklich, u. die dadurch bedingte zusätzliche spezif. Wärme umfaßt bei 1200° $^1/_3$ der gesamten zusätzlichen Wärme. Die restlichen $^2/_3$ beruhen vermutlich auf anharmon. Effekte.
K. H. Härdtl 74

0289 **Spezifische Wärmen der Verbindungen YCu und YAg zwischen 1,3 und 5°K.** Jacques Pierre. (C. R. hebd. Séances Acad. Sci., Sér. A et B **267** (1968) 4, B 287 bis 289; Labor. d'Électrostat. et de Phys. du Métal, Grenoble, Isère; franz.) — Messungen der spezif. Wärme von YCu, YAg, $YCu_{0,9}Ni_{0,1}$, $YCu_{0,9}Zn_{0,1}$ u. $YCu_{0,8}Zn_{0,2}$ zwischen 1,3 u. 5°K ergeben die Beziehung $C = \gamma T + \beta T^3$. Der Elektronenterm γT entspricht dabei einer Zustandsdichte im Fermi-Niveau, die etwa dreimal so groß ist wie die, die einem Modell freier Elektronen entspricht. Die Gitterwärme folgt der Gleichung $C_R = \beta T^3 = 1944\, T/\Theta_y)^3 + (T/\Theta_M)^3]$ J/Mol · °K, wobei Θ_y u. Θ_M die Debye-Temp. für Y u. das Leg.-Metall M angeben. Die für die untersuchten Verb. ermittelten Parameter sind tabelliert. U. Venzke 74

0290 **Spezifische Wärme von Eis nahe der „ferroelektrischen" Übergangstemperatur.** A. van den Beukel. (Physica Status solidi [Berlin] **28** (1968) 2, 565–68; Labor. voor Metaalkunde, Techn. Hogeschool, Delft; engl.) — Nach Dengel et al. (Physics Letters [Amsterdam] **9** (1964), **291**) findet in Eis bei 100°K ein Übergang statt, von dem angenommen wird, daß er ferroelektr. ist. Messungen der spezif. Wärme in diesem Temp.-Bereich ergeben 2 Max. bei 104 u. 132°K. Die Energie u. Übergangsentropie, die diesen beiden Max. entspricht, beträgt 4,3 0,8 cal/Mol bzw. 0,04 cal/Mol Grad.
H. Roschkowski 74

0291 **Spezifische Wärmen bei tiefen Temperaturen und verwandte thermodynamische Eigenschaften von Natriumfluorid und Cäsiumbromid.** A. J. Kirkham und B. Yates. (J. Physics, C (Proc. physic. Soc.) [2] **1** (1968) 5, 1162–70; Math. Dep., Univ. of Leeds; engl.) — Die spezif. Wärmen C_p von NaF u. CsBr wurden bei 20 bis 300°K gemessen. Die Grüneisen-Parameter $\gamma = \beta V / C_V \chi_T$ wurden daraus mit Hilfe von Literaturdaten für die therm. Ausdehnung u. die Elastizität berechnet. Ebenso wie bei NaCl u. NaJ nimmt beim NaF γ mit sinkender Temp. ab, während beim CsBr γ ebenso wie bei CsCl u. CsJ unabhängig von der Temp. ist. Die charakterist. Temp. (Debye) Θ in Abhängigkeit von der Temp. werden berechnet. A. Jaeschke 74

0292 **Messungen der spezifischen Wärme bei hohen Frequenzen und der Austauschkonstanten von $GdCl_3$.** R. B. Clover und W. P. Wolf. (Solid State Commun. **6** (1968) 6, 331–34; Suppl. zu: J. Physics Chem. Solids Yale Univ., New Haven, Conn.; engl.) — Es werden verbesserte Hochfrequenz-Suszeptibilitätsexperimente durchgeführt, um die magnet. spezif. Wärme C_M von $GdCl_3$ bei 77 u. 20,4°K zu bestimmen. Die Ergebnisse werden mit extrapolierten kalorimetr. Messungen unterhalb 4,2°K u. mit einer Hochtemp.-Rechnung verglichen, die unter Verw. der aus EPR-Messungen an Gd–Gd-Paaren abgeleiteten Austauschkonst. J_{nn} u. J_{nnn} durchgeführt wird. Eine Korrelation aller Ergebnisse führt zu einer eindeutigen Best. von J_{nn} zu $(-0{,}039 \pm 0{,}002)$°K bzw. $J_{nnn} = (+0{,}048 \pm 0{,}002)$ °K.
K. H. Härdtl 74

0293 **Spezifische Wärme von Gd-dotiertem EuS.** V. L. Moruzzi, D. T. Teaney und B. J. C. van der Hoeven jun. (Solid State Commun. **6** (1968) 7, 461–64; IBM Watson Res. Center, Yorktown Heights, N.Y.; engl.) — Das Max. der magnet. spezif. Wärme in EuS wird durch Dotierung mit Gd verbreitert u. zu höheren Temp. hin verschoben. Die Energie erhöht sich bis zu Temp. von 50°K, während die Entropie abnimmt. Die Ergebnisse werden mit dem Cluster-Modell von Kasuya verglichen. K. H. Härdtl 74

0294 **Bestimmung der Debye-Temperatur von SnTe mit Hilfe des Mössbauer-Effekts von ^{119}Sn und ^{125}Te.** S. Bukshpan. (Solid State Commun. **6** (1968) 7, 477–78; Soreq Nucl. Res. Center, Yavne, Israel; engl.) — Die Temp.-Abhängigkeit des rückstoßfreien Anteils bei Mössbauer-Messungen an ^{119}Sn u. ^{125}Te in SnTe wird im Bereich 85–250°K gemessen. Für beide Fälle können unter der Annahme eines Debye-Modells für den rückstoßfreien Anteil die Debye-Temp. ber. werden. Sie betragen (132 ± 3)°K (^{119}Sn) bzw. (141 ± 5)°K (^{125}Te). Diese Werte sind in guter Übereinstimmung mit den aus spezif. Wärmemessungen erhaltenen Debye-Temp. von 130°K. K. H. Härdtl 74

0295 **Spezifische Wärme unterhalb von 4,5°K von vakuumreduziertem Rutil (TiO_2).** T. R. Sandin und P. H. Keesom. (Physics Letters [Amsterdam] **26 A** (1968) 4, 167–68; Phys. Dep., Purdue Univ., Lafayette, Ind.; engl.) — Die zusätzliche spezif. Wärme von im Vakuum red. Rutil wird durch ein Modell wiedergegeben, in dem lokalisierte Donatorzustände zu einem schmalen Verunreinigungsband beitragen. E. Otto 74

0296 **Wärmekapazität von $KMnF_3$ und K_2MnF_4 unterhalb 1,0°K.** J. H. P. Colpa, K. H. Chang und F. P. D. Obbema. (Physics Letters [Amsterdam] **27 A** (1968) 6, 380–81; Natuurkund. Labor. der Univ. van Amsterdam; engl.)
Herbert Weber 74

0297 **Wärmekapazitäts-Anomalie von Kupfer-Lanthan-Doppelnitrat unterhalb 1°K.** K. W. Mess, H. W. J. Blöte und W. J. Huiskamp. (Physics Letters [Amsterdam] **27 A** (1968) 6, 353—54; Kamerlingh Onnes Labor., Leiden, Netherlands; engl.) — Messungen der Wärmekapazität von $La_2Cu_3(NO_3)_{12} \cdot 24H_2O$ zwischen 0,05 u. 0,5 °K nach kalorimetr. Meth. zeigen eine Singularität bei $T_N = 0{,}089$ °K. Herbert Weber 74

0298 **Temperaturabhängigkeit der Ultraschallgeschwindigkeit in einkristallinem Silicium zwischen 25 und 830°.** M. Ezz-El-Arab, B. Galperin, J. Brielles und B. Vodar. (Solid State Commun. **6** (1968) 6, 387—90; Suppl. zu: J. Physics Chem. Solids Labor. de Hautes Pressions, C.N.R.S., Bellevue, France; franz.) — In einem p-leitendem Si-Einkrist. mit einem spezif. elektr. Widerstand von 0,22 Ωcm werden die Ultraschallgeschw. bei 30 MHz einer longitudinalen u. zweier transversaler Wellen zwischen 25 u. 830° gemessen. Aus den experimentellen Ergebnissen werden die Elastizitätskonst. C_{44}, C_{11} u. $(1/2) \cdot (C_{11}-C_{12})$ berechnet. Sie ergeben sich bei 25° in Einheiten von 10^{10} dyn/cm² zu $C_{44} = 79{,}02 \pm 0{,}32$; $C_{11} = 165{,}25 \pm 1{,}32$ u. $(1/2) \cdot (C_{11}-C_{12}) = 50{,}68 \pm 0{,}21$. K. H. Härdtl 76

0299 **Einflüsse der Versetzungsbewegung auf die Ultraschalldämpfung in Kalium und Gold bei tiefen Temperaturen.** Giovan G. Natale und Isadore Rudnick. (J. appl. Physics **39** (1968) 6, 2744—46; Univ. of Calif., Los Angeles, Calif.; engl.) — Messung der Ultraschalldämpfung in dünnen K-Stäben aus dem Resonanzabklingen von 2,5—77 °K im Frequenzbereich von 200 bis 400 kHz. Zwischen 25 u. 40 °K wurde ein breites Absorptionsmax. gefunden. Es wird auf einen therm. aktivierten Relaxationsprozeß mit einer Aktivierungsenergie von 0,01 eV geschlossen. Die Abhängigkeit der Amplitude des Max. von der Reinheit u. von dem Temperzustand deutet an, daß dieser Effekt auf Versetzungsbewegung zurückzuführen ist. Die Granato-Lücke-Konst. wurden für den Gültigkeitsbereich der Granato-Lücke-Beziehung für K u. Au bestimmt. H. Liepack 76

0300 **Ultraschall-Dämpfung in MnF_2.** R. G. Evans. (Physics Letters [Amsterdam] **27 A** (1968) 7, 451—52; Dep. of Phys., Univ. of Essex, Wivenhoe Park, Cochester, Essex; engl.) — Messungen in der Nähe des Néel-Punktes; Temp.-Abhängigkeit der Dämpfung. Herbert Weber 76

0301 **Zeit- und Feldvariationen des akustischen Frequenzspektrums in verstärkendem CdS, nachgewiesen durch Brillouin-Streuungs-Messungen.** A. Ishida und Y. Inuishi. (Physics Letters [Amsterdam] **27 A** (1968) 7, 442—43; Dep. of Electr. Engng., Fac. of Engng., Osaka Univ., Miyakojima, Osaka, Japan; engl.) — Unters. der Frequenzverteilung des akust. Flusses, der in halbleitendem CdS erzeugt wird. Zeitliche Änderungen u. Feldabhängigkeit des akust. Frequenzspektrums wurden experimentell durch Brillouin-Streuung bestimmt. Die Ergebnisse zeigen, daß der nichtlineare akust. Verlust eine wichtige Rolle bei der Best. des Spektrums spielt. Herbert Weber 76

0302 **Erzeugung der zweiten Harmonischen von Mikrowellenphononen in Quarz und Saphir.** Paul H. Carr. (Physic. Rev. [2] **169** (1968) 3, 718—29; Air Force Cambridge Res. Labor., Office of Aerospace Res., L. G. Hanscom Field, Bedford, Mass.; engl.) — Unters. der Phonon–Phonon-Wechselwrkg. infolge der nichtlinearen elast. Eig. sowie der Nichtlinearitäten in der Erzeugung von Mikrowellenphononen an der Endfläche für Z-geschnittenen Quarz u. Saphir. Aus den Kopplungskonst. der Phonon–Phonon-Wechselwrkg. bei 4,2 °K wurden folgende Elastizitätskonst. dritter Ordnung (in Einheiten von 10^{11} N/m²) ermittelt: $c_{111} = -2{,}6 \pm 0{,}5$ für X-geschnittenen natürlichen Quarz u. -38 ± 3 für einen mit 0,01% Cr dotierten, a-orientierten Saphir, der nach dem Verneuil-Prozeß gezüchtet wurde; $c_{333} = -14 \pm 4$ für Z-geschnittenen Quarz u. -21 ± 1 für sowohl undotierten als auch mit 0,01% Cr dotierten, c-orientierten Saphir. H. Liepack 76

0303 **Innere Reibung bei hoher Temperatur und Transportmechanismen in Natriumsilicatgläsern.** M. B. Field. (J. appl. Physics **39** (1968) 6, 2927—31; Owens-Illinois Techn. Center, Toledo, O.; engl.) — Für fünf bin. Na-Silicatgläser unterschiedlicher Zus. u. therm. Vorgeschichte wurde die innere Reibung gemessen. Die Ergebnisse entsprechen einem Leerstellenmodell für den Ionentransport in Gläsern. Ein zweites bei hoher Temp. auftretendes Max. im Spektrum der inneren Reibung dieser Gläser ist wahrscheinlich auf spannungsinduzierte Diffusion einfach gebundener Sauerstoffionen zurückzuführen. Diese Ionen diffundieren in Leerstellen- oder Zwischengitterplätze, deren Konz. therm. aktiviert wird. Unterhalb 200° werden ca. 10^{12} cm^{-3} freie Plätze in die Gläser eingefroren. H. Liepack 76

0304 **Amplitudenabhängigkeit der inneren Reibung und des Schermoduls von Borfäden.** Tomas E. Firle. (J. appl. Physics **39** (1968) 6, 2839—45; Gulf Gen. Atomic Inc., John Jay Hopkins Labor. for Pure and Appl. Sci., San Diego, Calif.; engl.) — Messung der inneren Reibung u. des Schermoduls von im Dampf niedergeschlagenen B-Fäden bei Zimmertemp. in einem umgekehrten Torsionspendel bei ca. 5 Hz. Die Amplitudenabhängigkeit wurde von $6 \cdot 10^{-7}$ G bis $2 \cdot 10^{-3}$ G bestimmt, G Schermodul. Es wurden zwei Bereiche beobachtet: ein relativ amplitudenunabhängiger Bereich bis ca. 10^{-4} G u. ein stark amplitudenabhängiger für höhere Schwingungsspannungen. Innere Reibung u. Modul sind unabhängig von der Zahl der Spannungs–Dehnungszyklen für Amplituden $4 \cdot 10^{-4}$ G. Irreversible Änderungen begannen innerhalb weniger Zyklen bei oder oberhalb 10^{-3} G. Die Änderungen sind qual. ähnlich denen der Ablösung von Versetzungen in Metallen. Bei einer Dehnungsamplitude von $2 \cdot 10^{-6}$ wurden abs. Werte des Schermoduls bestimmt, ein typ. Wert $1{,}4 \cdot 10^{12}$ dyn/cm². H. Liepack 76

0305 **Messung von Phononen-Lebensdauern durch zwei aufeinanderfolgende Lichtimpulse.** G. Winterling und W. Heinicke. (Physics Letters [Amsterdam] **27 A** (1968) 6, 329—30; Phys.-Dep. der TH, München; engl.) — Durch Erzeugung von Phononen mit einem intensiven Lichtimpuls u. Beobachtung dieser Phononen mit einem zweiten verzögerten Impuls wurden sehr kurze Lebensdauern von longitudinalen Hyperschallphononen im Bereich 10^{-7}—10^{-8} s gemessen. Die Lebensdauern von 29-GHz-Phononen in z-geschnittenem Quarz wurden von 60 °K bis zu 150 °K bestimmt. Unter der Annahme einer Absorption infolge von Stößen mit therm. Phononen muß auf $\omega\tau_{therm} \geqq 1$ für 29-GHz-Phononen bis zu 150 °K geschlossen werden, was einer therm. Phononenlebensdauer (einschließlich U- u. N-Prozesse) von $\tau_{therm} \geqq 0{,}5 \cdot 10^{-11}$ s entspricht. Herbert Weber 76

0306 **Anwendung einer Phasenvergleichsmethode zur genauen Bestimmung der Verzögerungszeiten einer Ultraschallwelle hoher Frequenz in Materialien geringer Dicke.** Jean-Marc Desrumaux, Bernard Delannoy und Michel Moriamez. (C. R. hebd. Séances Acad. Sci., Sér. A et B **267** (1968) 1, B 4—6; Labor. d'Ultrasons et d'Hypersons, Fac. Sci. de Lille-Annappes, Lille-Gare, Nord; franz.) — Eine Meßanordnung für Ultraschallwellen von 30 MHz wird beschrieben. Damit bestimmte Verzögerungszeiten in *Cyclohexanol* liegen bei 25—60° zwischen 1483 u. 1395 m/s; der an einem *CdS*-Krist. in 001-Richtung bei gewöhnlicher Temp. erhaltene Wert beträgt 4890 m/s; weitere Messungen an *NaCl*-Krist. bestätigen frühere Ergebnisse u. ermöglichen die Best. der elast. Konst. an Einkristallen. U. Venzke 76

0307 **Verformungsarten der intermediären Phase NiAl.** R. T. Pascoe und C. W. A. Newey. (Physica Status solidi [Berlin] **29** (1968) 1, 357—66; Metallurg. Dep., Imp. Coll., London; engl.) — Die Verformungsarten von einkrist. NiAl bei Kompression zwischen 77 u. 1000 °K hängen von der Orientierung u. der Temp. ab. Die Vorzugsgleitrichtung ist [001], jedoch kann aus geometr. Gründen Kinkbldg. oder Gleiten in [111] oder [011]-Richtungen abhängig von der Temp. auftreten. H. Roschkowski 78

0308 **Gitterschwingungen und Elastizitätskonstanten von Molekülkristallen in der Paar-Potential-Näherung.** S. H. Walmsley. (J. chem. Physics **45** (1968) 4, 1438—44; William Ramsay and Ralph Forster Labor., Univ. Coll. London, London, England; engl.) — Ableitung von Aus-

drücken für Gitterschwingungsfrequenzen u. Elastizitätskonst. von Mol.-Krist. unter der Annahme, daß die Mol. starr sind u. daß die potentielle Energie die Summe der Wechselwrkg. zwischen Paaren von Mol. ist. Es werden die Elastizitätskonst. von festem CO_2 berechnet.
H. Liepack 78

0309 **Beziehung zwischen der makroskopischen und mikroskopischen Theorie der Kristallelastizität.** 2. Mitt. **Nichtprimitive Kristalle.** P. N. Keating. (Physic. Rev. [2] **169** (1968) 3, 758—66; Bendix Res. Labor., Southfield, Mich.; engl.) — 1. vgl. C. **1967,** 48-0292.
H. Liepack 78

0310 **Elastizitätskonstanten dritter Ordnung von quasiisotropen Stoffen.** R. A. H. Hamilton und J. E. Parrott. (J. Physics, C [Proc. physic. Soc.] [2] **1** (1968) 4, 829—34; Dep. of Appl. Phys., Univ. of Wales Inst. of Sci. and Technol., Cathays Park, Cardiff; engl.) — Unter Verw. der Meth. von Voigt u. von Reuss ber. Vf. die elast. Konst. eines isotropen polykrist. Festkörpers als Funktion der entsprechenden Einkrist.-Konstanten. Anwendung auf *Ge, Si, GaAs, NaCl, KCl, Cu, Ag* u. *Au*
E. Richter 78

0311 **Bemerkung zur Berechnung der Elastizitätskonstanten dritter Ordnung von quasi-isotropen Stoffen.** C. S. G. Cousins. (J. Physics, C (Proc. physic. Soc.) [2] **1** (1968) 4, 835—38; Phys. Dep., Univ. of Exeter, Exeter, Devon; engl.) — Vgl. vorst. Referat. — Der Unterschied zwischen den Mittelwerten von Voigt u. von Reuss für die 3. Ordnung hängt nur von der Einkrist.-Anisotropie 2. Ordnung ab. Mittels der Daten von Chang für *Nb* werden beide Meth. verglichen.
E. L. Richter 78

0312 **Abhängigkeit der Fließspannung von Durchmesser und Dichte prismatischer Versetzungsschleifen.** I. Crivelli-Visconti und I. G. Greenfield. (J. appl. Physics **39** (1968) 6, 2845—50; Univ. of Del., Newark, Del.; engl.) — Eine Al-Leg. mit 0,5 Atom-% Mg wurde von 600 auf —10° abgeschreckt u. bei verschiedenen Temp. u. Zeiten gealtert. Die bei diesen Behandlungen entstandene Übersättigung von Leerstellen erzeugt eine große Zahl prismat. Versetzungsschleifen, die merklich die mechan. Eig. der Leg. beeinflussen. Die Fließspannung wurde um das Dreifache gegenüber dem Wert der vollständig getemperten Leg. erhöht. Sowohl Schleifendichte als auch Schleifendurchmesser hatten Einfl. auf die Fließspannung. Die Struktur der abgeschreckten u. gealterten Proben wurde elektronenmkr. vor u. nach der Deformation beobachtet. Der Mechanismus der Wechselwrkg. zwischen prismat. Versetzungsschleifen u. Gleitversetzungen wurde untersucht. Die beste Übereinstimmung mit den experimentellen Ergebnissen liefert $\Delta\tau = \mu b(dN)^{1/2}/\omega$, $\Delta\tau$-Zunahme in der Fließspannung μ, b, d, N Schermodul, Burgers-Vektor, Schleifendurchmesser u. Schleifendichte, $\omega = 2{,}5$. Das Modell entspricht den experimentell gemessenen Werten der Fließspannung für Schleifendurchmesser bis ca. 500 Å. H. Liepack 78

0313 **Thermische Aktivierung von Gleitungen unter geringen Spannungen in der hexagonal dicht gepackten und kubisch-raumzentrierten Struktur.** B. Escaig. (Physica Status solidi [Berlin] **28** (1968) 2, 463—74; Labor. de Phys. des Solides, Fac. des Sci., Orsay; franz.)
H. Roschkowski 78

0314 **Beteiligtes Volumen und Temperaturerhöhung während diskontinuierlichen Gleitens bei tiefen Temperaturen.** Joachim C. Erdmann und James A. Jahoda. (J. appl. Physics **39** (1968) 6, 2793—97; Boeing Sci. Res. Labor., Seattle, Wash.; engl.) — Während des diskontinuierlichen Gleitens in 10 Cu-90 Ni- u. 72 Cu-28 Ni-Leg. bei der Temp. des fl. He wurde ein vorübergehender Temp.-Anstieg beobachtet. Die untersuchte Art des Gleitens kann sich durch die Probe ähnlich einem Luders-Band fortpflanzen. Es wurde eine Temp.-Erhöhung von ca. 5 auf ca. 35°K beobachtet. Der mittlere Wert des durch jedes Gleiten betroffenen Vol. beträgt $1{,}4 \cdot 10^{-3}$ cm³. Dieses Vol. entspricht angenähert der Reichweite der therm. Diffusion während des Zeitintervalls des Gleitens. H. Liepack 78

0315 **Erklärung zum Einfluß der Unterbelastung auf die dynamische Festigkeit.** H. Okubo und S. Kitaoka. (J. appl. Physics **39** (1968) 6, 2966—68; Dep. of Appl. Mechanics, Univ., Nagoya, Japan; engl.) — Es wurde die Spannungsverteilung an den Spitzen von fortschreitenden u. stationären Brüchen in *Stahl* nach der Elektroplattierungsmeth. untersucht. Der Einfl. der Unterbelastung auf die dynam. Festigkeit wird hauptsächlich stationären Brüchen zugeschrieben. H. Liepack 78

0316 **Auflösung der Tait-Gleichung.** Gérard Jenner und Michel Millet. (C. R. hebd. Séances Acad. Sci., Sér. A et B **267** (1968) 3, B 176—78; Labor. de Chim. org. appl., Dep. des Hautes Press., C.N.R.S., Strasbourg; franz.) — Die von Tait in Zusammenhang mit der Unters. der Kompressibilität von Meerwasser vorgeschlagene Gleichung, — $(\Delta V/V) = C \cdot \log[(B + P)/(B + P_0)]$, bezieht sich auf das Vol. eines Körpers unter Druck. Meth. zur Berechnung der Konst. der Gleichung werden untersucht. Werte von B u. C für Äthylbromid u. n-Butylbromid bei verschiedenen Temp. werden abgeleitet. Herbert Weber 78

0317 **Plastische Deformation von Si-Einkristallen durch Eindruckprüfung und Ritzen mit geringer Last.** Masayuki Ikeda. (Jap. J. appl. Physics **7** (1968) 5, 551; Electrotechn. Labor., Tokyo; engl.) — Die Experimente werden an Si-Einkrist. mit einer Versetzungsdichte von 10^3 cm^{-2} u. einem spezif. Widerstand von 30 $\Omega \cdot$ cm durchgeführt. Die Oberflächen werden mit einem Diamanten (Radius ca. 3 μm) mit einer Last von 1—10 g eingedrückt. Zum Ritzen der Proben werden Lasten von 3—25 g verwendet. B. Plewinsky 78

0318 **Elastizitätskonstanten von metallischem Lithium.** T. B. Boffey. (J. Physics, C (Proc. physic. Soc.) [2] **1** (1968) 5, 1332—36; Math. Dep., Univ. of Malawi; engl.) — Die Ergebnisse der Berechnung einer Bänderstruktur für metall. Li nach der Meth. von Korringa, Kohn u. Rostoker werden angegeben, u. ein Modell für die Energie der Leitungselektronen wird erhalten. Das Modell wird verwendet, um den Einfl. der Verzerrung der Fermi-Fläche auf die Werte der Konst. $c_{11}-c_{12}$ (0,224 dyn cm^{-2}) u. c_{44} (1,11) abzuschätzen.
A. Jaeschke 78

0319 **Der zur Pyramidalversetzungsbewegung in Zn erforderliche Spannungszustand.** R. C. Blish II und T. Vreeland jun. (J. appl. Physics **39** (1968) 6, 2816—18; W. M. Keck Labor. of Engng. Mater., Calif. Inst. of Technol., Pasadena, Calif.; engl.) — Eine Zug- oder Druckspannung in einer Richtung, bei der das basale Gleiten zum Minimum wird, kann in Zn-Einkrist. pyramidenförmige Gleitbänder zweiter Ordnung hervorrufen. Die zur Einleitung pyramidaler Versetzungsbewegung erforderliche Spannung hängt nicht von der Temp. ab, jedoch ist die Versetzungsbewegung bei einer gegebenen Spannung von der Temp. abhängig, u. die sehr kleine Versetzungsgeschw. bei tiefen Temp. führt zu einer fehlerhaften Abschätzung der „Startspannung" für pyramidenförmige Versetzungen. Die Versetzungsgeschw. bei einer konst. Temp. ist eine Funktion des Betrages, aber nicht der Richtung der Schubspannung.
H. Liepack 78

0320 **Gittererweichung und -härtung von Niobstannid-Einkristallen bei niedrigen Temperaturen.** W. Rehwald. (Physics Letters [Amsterdam] **27 A** (1968) 5, 287—88; Labor. RCA, Ltd., Zürich, Switzerland; engl.) — Bei Schallgeschw.-Messungen an Nb_3Sn-Einkrist. ist außer einer Gittererweichung auch eine Gitterhärtung bei Temp. unterhalb des Umwandlungspunktes beobachtet worden. Das steht im Einklang mit der Theorie, die voraussagt, daß der Einfl. der d-Elektronen auf das Elastizitätsverh. bei T = 0 verschwindet. Die Elastizitätsmoduln C_{11}, C_{12} u. B sind für den Temp.-Bereich von 0 bis 300°K angegeben. E. Otto 78

0321 **Lösungshärtung und Verformung von Niob-Wolfram-Legierungen.** B. Harris. (Physica Status solidi [Berlin] **29** (1968) 1, 383—90; School of Appl. Sci., Univ. of Sussex, Brighton; engl.) — Die Abhängigkeit der Fließspannung von der Dehnungsgeschw. u. der Temp. wird an Nb-Leg. mit 0—5,3 Atom-% W untersucht. Leg. mit 0,25; 0,5 u. 2,6 Atom-% W zeigen unübliche Zwillingsmax. in der Abhängigkeit von $(\Delta\sigma/\Delta \ln \dot{\varepsilon})_T$ von T, was zu anomal hohen Werten für die Aktivierungsenergie der Verformung bei ca. 150 °K führt. Das Verh. der Leg. mit 5,3 Atom-% W entspricht den üblicherweise bei kub.-raumzentrierten Metallen beobachteten. Bei 150 °K wird die Überlagerung zweier Verformungsmechanismen vermutet. H. Roschkowski 78

0322 **Plastische Verformung von Eisen-Whiskereinkristallen zwischen 300 und 4 °K.** R. Conte, P. Groh und B. Escaig. (Physica Status solidi [Berlin] **28** (1968) 2, 475–88; Centre de Rech. sur les Trés Basses Temp., CNRS, Grenoble; franz.) — Dehnungsgeschw.- u. Temp.-Wechselvers. an Fe-Whiskern werden beschrieben. Die Elastizitätsgrenze, die Aktivierungsenergie u. das Aktivierungsvol. werden bestimmt. Die Vers.-Daten zeigen, daß die Peierls-Reibung in der kub.-raumzentrierten Struktur mit einer Dissoziation von Versetzungen verbunden sein sollte. H. Roschkowski 78

0323 **Untersuchung der Härtung und der Struktur der Kupfer–Magnesium-Legierung mit 2,4 Gewichtsprozent Magnesium.** Xavier Auvray und René Graf. (C. R. hebd. Séances Acad. Sci., Sér. A et B **267** (1968) 7, B 451–54; Labor. de Rech. métallurg. de l'Inst. Nat. Supérieur de Chim. industr. de Rouen, Mont-Saint-Aignan, Seine-Maritime; franz.) — Die aus den Elementen gewonnene Leg. wird durch 4tägiges Behandeln bei 710° in H_2-Atmosphäre homogenisiert, in der Kälte in 1,5 mm dicke Streifen geteilt u. nach 2std. Erhitzen bei 720° in W. abgeschreckt. Die Härtung erfolgt durch Anlassen bei 350, 400, 450 u. 500° u. ist durch Ausscheiden der Phase Cu_2Mg bedingt, deren Auftreten im Röntgendiagramm u. in mikroskop. Abb. verfolgt wird. Untersucht wird die Vickers-Härte unter einer Belastung von 30 kg in Abhängigkeit von der Anlaßtemp. u. der Anlaßdauer (bis zu mehreren Tagen). Sie steigt nach einer Inkubationszeit konst. auf Maximalwerte zwischen 115 u. 140 kg/mm² u. nimmt dann langsam ab. Cu_2O wird zuerst an den Korngrenzen abgeschieden u. ist epitakt. orientiert gemäß $(111)_{Cu_2Mg}//(111)_{Cu}$. U. Venzke 78

0324 **Verringerung der mechanischen Festigkeit von Kupfer durch einen dünnen epitaktischen Überzug von Nickel.** G. E. Ruddle und H. G. F. Wilsdorf. (Appl. Physics Letters **12** (1968) 8, 271–73; Dep. of Mater. Sci. School of Engng. and Appl. Sci., Univ. of Va., Charlottesville, Va.; engl.) — 600 Å dicke epitakt. Ni-Schichten, die auf elektrochem. Wege auf Cu-Einkrist. bestimmter Orientierung u. Geometrie niedergeschlagen werden, verringern deren krit. Streckgrenze um etwa die Hälfte ihres Wertes. Scherspannung–Dehnung-Kurven für die Krist. mit u. ohne Überzug sind wiedergegeben. Die Vorgänge werden im opt. u. im Elektronenmikroskop beobachtet, die Schichten mit Hilfe von Elektronenbeugung untersucht. Der Mechanismus wird diskutiert. U. Venzke 78

0325 **Kritische Schubspannung mit zweiwertigen Kationen dotierter Alkalimetallhalogenide. 1. Mitt. Nichtagglomerierte Fremdion-Leerstellen-Paare.** W. Frank. (Physica Status solidi [Berlin] **29** (1968) 1, 391–402; Inst. für Phys., MPI für Metallforsch., Stuttgart; dt.) — Es wird gezeigt, daß bei Alkalimetallhalogeniden, welche zweiwertige Kationen in Form von Fremdion-Kationleerstellen-Paaren (elast. Dipolen) enthalten, die krit. Schubspannung durch die elast. Wechselwrkg. dieser Dipole mit den Versetzungen verursacht wird. Vgl. mit Vers.-Daten aus der Literatur. — 27 Literaturangaben. H. Roschkowski 78

0326 **Elastizitätskonstanten und Zugfestigkeit von Alkalimetallhalogeniden des NaCl-Typs.** P. O. Szomor. (Physica Status solidi [Berlin] **28** (1968) 2, 529–37; Dep. of Exper. Phys., Univ. of Technol., Budapest; engl.) — Die elast. Konst. 2. Ordnung u. die Zugfestigkeit von *MeX* (Me = *Li, Na, K, Rb*; X = *F, Cl, Br, J*) u. von *CsF* bei Raumtemp. werden mit dem Born-Mayerschen Modell der Gitterenergie ion. Festkörper berechnet. H. Roschkowski 78

0327 **Härte von mit verschiedenen $BaCl_2$-Konzentrationen in der Schmelze hergestellten NaCl-Einkristallen.** Š. Kupča. (Physica Status solidi [Berlin] **29** (1968) 1, K 15–17; Inst. of Phys., Slovak Acad. of Sci., Bratislava; engl.) — Der Einfl. einer Dotierung mit $BaCl_2$ (5–10000 ppm) u. verschiedener therm. Behandlungen auf die Fließspannung von NaCl-Einkrist., die nach Kyropoulos aus der Schmelze gezüchtet wurden, wird untersucht. In jedem Fall wird eine Verfestigung der dotierten gegenüber undotierten Proben festgestellt. Der Verfestigungsmechanismus wird erörtert. H. Roschkowski 78

0328 **Elastizitätskonstanten von Magnesiumfluorid.** H. R. Cutler, J. J. Gibson und K. A. McCarthy. (Solid State Commun. **6** (1968) 7, 431–33; Dep. of Phys., Tufts Univ., Medford, Mass.; engl.) — Mit einer Ultraschall-Pulstechnik werden die Elastizitätskonst. von MgF_2-Einkrist. bei Raumtemp. gemessen. Sie ergeben sich in Einheiten von 10^{12} dyn/cm² zu: $c_{11} = 1,237 \pm 0,037$; $c_{33} = 1,770 \pm 0,025$; $c_{44} = 0,552 \pm 0,004$; $c_{66} = 0,978 \pm 0,017$; $c_{12} = 0,732 \pm 0,039$ u. $c_{13} = 0,536 \pm 0,027$. Die experimentell bestimmten Schallgeschw. werden mit den Ergebnissen theoret. Dispersionskurven von Katiyar u. Krishnan (Zitat 3) verglichen u. mit Ausnahme der TA_2-Mode in guter Übereinstimmung gefunden. K. H. Härdtl 78

0329 **Druck- und Temperaturabhängigkeiten der Elastizitätskonstanten von CaF_2 und BaF_2.** C. Wong und D. E. Schuele. (J. Physics Chem. Solids **29** (1968) 8, 1309–30; Case Western Res. Univ., Cleveland, O.; engl.) — Mit Hilfe einer Ultraschall-Pulsechomeßmeth. bestimmen Vf. die Elastizitätskonst. u. deren Druck- u. Temp.-Abhängigkeit für CaF_2 u. BaF_2 bei 195 u. 298 °K. Die Elastizitätskonst. u. ihre Druckabhängigkeiten werden mit dem Dipolschalenmodell von Axe analysiert. Der Grüneisen-Parameter wird für den Tieftemp.-Grenzfall berechnet. Er stimmt gut mit dem aus thermodynam. Werten erhaltenen Parameter überein. Die explizite Temp.-Abhängigkeit der Normalschwingungsfrequenzen für die dispersionsfreien akust. Moden werden berechnet. Die Ultraschallzustandsgleichung wird bestimmt u. mit Bridgmans Druckwerten verglichen. K. H. Härdtl 78

0330 **Elastizitätskonstanten von Calcit.** Dattatraya P. Dandekar. (J. appl. Physics **39** (1968) 6, 2971–73; Dep. of Geophys. Univ. of Chicago, Chicago, Ill.; engl.) — Best. der Elastizitätskonst. aus Unters. ihrer Abhängigkeit vom Druck bei 25° durch die Impulsechometh. u. ihrer Abhängigkeit von der Temp. bei 1 atm durch die Phasenvergleichsmethode. H. Liepack 78

0331 **Druckabhängigkeit der Elastizitätskonstanten von einkristallinem Aluminiumoxid.** J. H. Gieske und G. R. Barsch. (Physica Status solidi [Berlin] **29** (1968) 1, 121 bis 131; Mater. Res. Labor., Pa. State Univ., University Park, Pa.; engl.) — Die 6 elast. Konst. von Al_2O_3-Einkrist. wurden bei 25° in Abhängigkeit vom hydrostat. Druck mittels des Ultraschall-Überlagerungsverf. gemessen. In allen Fällen wurde eine lineare Druckabhängigkeit gefunden. Die Ergebnisse können annähernd durch die theoret. Daten für die hexagonal dichteste Kugelpackung mit Zentralkräften zwischen nächsten Nachbarn beschrieben werden. Sie werden außerdem dazu verwandt, die Druckabhängigkeit der Gitterparameter mit Hilfe der Thurstonschen Zustandsgleichung zu berechnen. H. Roschkowski 78

0332 **Voigt-Reuss-Hill(VRH)-Näherung und die Elastizitätsmoduln von polykristallinem ZnO, TiO_2 (Rutil) und α-Al_2O_3.** D. H. Chung und W. R. Buessem. (J. appl. Physics **39** (1968) 6, 2777–82; Mater. Res. Labor., Pa. State Univ., University Park, Pa.; engl.) — Es wird gezeigt, daß die VRH-Näherung zur Berechnung isotroper polykrist. Elastizitätsmoduln in Abhängigkeit von den anisotropen Einkrist.-Elastizitätskonst. exakt anwendbar für ZnO, TiO_2 (Rutil) u. α-Al_2O_3 ist. Es wurden folgende polykrist., isotrope Elastizitätsmoduln bei Zimmertemp. ermittelt ZnO: G = 4,56 (± 0,04), E = 12,35 (± 0,09); TiO_2: G = 11,15 (± 0,09), E = 28,42 (± 0,14); α-Al_2O_3: G = 16,35 (± 0,12), E = 40,39 (± 0,31), G u. E sind die isotropen Scher- u. Young-Moduln in Einheiten von 10^{11} dyn/cm². H. Liepack 78

0333 **Einfluß stöchiometrischer Defekte und Fremdatomzusätze auf das stationäre Kriechen in PbS-Einkristallen.** Martin S. Seltzer. (J. appl. Physics **39** (1968) 6, 2869 bis 2871; Metal Sci. Group, Battelle Mem. Inst., Columbus Labor., Columbus, O.; engl.) — Unters. im Temp.-Bereich 650—700°. Die Kriechgeschw. für undotiertes PbS nehmen mit abnehmendem $P^{1/2}(S_2)$ in dem Bereich zu, in dem sich p-leitende S-Überschußkrist. ergeben u. dann mit abnehmendem $P^{-1/2}(S_2)$ ab, in dem Bereich, in dem n-leitende Pb-Überschußkrist. gebildet werden. Bei den niedrigsten S_2-Drücken waren die Kriechgeschw. unabhängig von der Zusammensetzung. Die maximale Kriechgeschw. für eine gegebene Temp. wurde bei einem S_2-Druck erreicht, der stöchiometr. PbS entsprach. Für PbS mit 0,5 Mol.-% Bi_2S_3 nahm die Kriechgeschw. mit abnehmendem $P^{1/4}(S_2)$ zu, sie war unabhängig vom S_2-Druck für Werte unterhalb 10^{-4} atm, während die Kriechgeschw. für mit 0,5 oder $^1/_{20}$ Mol.-% Ag_2S dotierte Krist. mit abnehmendem $P^{-1/4}(S_2)$ abnahm u. für S_2-Drücke unterhalb 10^{-3} atm von diesen unabhängig war. Es wird angenommen, daß verschiedene atomare Defekte das diffusionsbegrenzte Kriechen in PbS beeinflussen, wobei der vorwiegende Defekt von der Zus. der Verb. u. von der Dosierungskonz. abhängt.

H. Liepack 78

0334 **Wirkung von Druck auf Gitterparameter.** 1. Mitt. **PbS und PbTe.** 2. Mitt. **Gd, NiO und α-MnS.** I. Wakabayashi, H. Kobayashi, H. Nagasaki und S. Minomura. (J. physic. Soc. Japan **25** (1968) 1, 227—33; Inst. for Solid State Phys., Univ. of Tokyo, Roppongi, Minatoku, Tokyo; engl.) — PbS, PbTe, Gd, NiO u. α-MnS wurden bis zu Drücken von 90 kbar bei Raumtemp. belastet u. die Änderungen der Gitterparameter röntgenograph. bestimmt. Der Temp.-Einfl. auf die Grüneisen-Parameter von Gd, NiO u. α-MnS wurde aus therm. Daten ber. u. die Temp.-Abhängigkeit diskutiert.

E. Richter 78

0335 **Ultraschalldämpfung und Elastizitätskonstanten für UO_2.** Ogden G. Brandt und Charles T. Walker. (Physic. Rev. [2] **170** (1968) 2, 528—41; Dep. of Phys., Northwestern Univ., Evanston, Ill.; engl.) — Es wurden c_{11}, $c_{11}-c_{12}$ u. c_{44} zwischen 4,2 u. 300°K gemessen. In der Nähe des Néel-Punktes wurden für alle drei Elastizitätskonst. Anomalien gefunden. Es wurde ferner die Ultraschalldämpfung bei 50 MHz für alle drei Elastizitätskonst. in Abhängigkeit von der Temp. gemessen. Das Verh. von c_{44} im paramagnet. Bereich wird in Verb. mit der Kopplung zwischen elast. Spannungen u. dem Triplettgrundzustand für U^{4+} diskutiert. Der Betrag des Spannungskopplungsparameters wird zu 722 cm^{-1} pro Einheitsspannung bestimmt. Dynam. Jahn-Teller-Wechselwrkg. werden als Ursache dieser Kopplung diskutiert. Die aus der Dämpfung für c_{44} abgeleitete Relaxationszeit zeigt eine exponentielle Temp.-Abhängigkeit, sie ist in der Größenordnung von 10^{-11} s. Es ist anzunehmen, daß die c_{44}-Werte die Winkelabhängigkeit der Austauschenergie, bes. der U—O—U-Bindung wiedergeben. Die c_{11}- u. $c_{11}-c_{12}$-Dämpfungen unterhalb T_N sind in qual. Übereinstimmung mit der Thoerie von Landau-Khalatnikov der Relaxation durch krit. Streuung durch Fernbereichsschwankungen. Die entsprechende Relaxationszeit wurde zu $5 \cdot 10^{-10}$ s abgeschätzt. Oberhalb T_N liegen derartige Schwankungen nicht vor.

H. Liepack 78

0336 **Thermische Ausdehnung kubischer Metalle im Modell von Krebs.** A. K. Singh und P. K. Sharma. (Physica Status solidi [Berlin] **28** (1968) 2, 643—48; Phys. Dep., Univ. of Allahabad; engl.) — Die Temp.-Abhängigkeit der Grüneisen-Parameter für *Cu, Ag, Au, Al, Na* u. *K* wird aus den experimentellen Werten der Druckabhängigkeit der Elastizitätskonst. ber., wobei das Krebssche Modell für die Gitterdynamik der Metalle verwendet. wird. Die ber. Temp.-Abhängigkeiten des Grüneisen-Parameters stimmen für Cu, nicht aber für die anderen Metalle befriedigend mit dem Vers. überein.

H. Roschkowski 80

0337 **Thermisch induzierte Spannungen in Schichten kubischer Metalle.** F. Witt und R. W. Vook. (J. appl. Physics **39** (1968) 6, 2773—76; Pitman-Dunn Res. Labor., Frankford Arsenal, Philadelphia, Pa.; engl.) — Die mit Temp.-Änderungen zusammenhängenden Spannungen von dünnen Schichten auf Substraten unterschiedlicher Ausdehnungskoeff. u. die entsprechenden Spannungsenergien wurden für Krist. mit verschiedenen kristallograph. Orientierungen relativ zur Oberfläche des Films für *Cu, Au, Ag, Al, Ni, Pb, Pd* sowie *Cr, Fe, Nb, Mo, Ta, V* u. *W* berechnet.

H. Liepack 80

0338 **Halbempirische Formeln für thermische Ausdehnung und Grüneisen-Konstanten von Ionenkristallen.** C. M. Kachhava und S. C. Saxena. (J. appl. Physics **39** (1968) 6, 2973—75; Phys. Dep., Rajasthan Univ., Jaipur, India; engl.) — Ableitung aus der Kraftkonst.-Theorie von Born u. Huang. Die experimentell ermittelten u. ber. Werte von β u. γ werden für *LiF, LiCl, LiBr, LiJ, NaF, NaCl, NaBr, NaJ, KF, KCl, KBr, KJ, RbF, RbCl, RbBr, RbJ, CsF, CsCl, CsBr* u. *CsJ* angegeben.

H. Liepack 80

0339 **Tieftemperaturgrenze des effektiven Grüneisenparameters in den Fluoriden von Calcium, Strontium und Barium nach dem Schalenmodell von Axe.** R. Srinivasan. (J. Physics, C (Proc. physic. Soc.) [2] **1** (1968) 4, 1138—40; Dep. of Phys., Indian Inst. of. Technol., Madras, India; engl.) — Berechnung der Grüneisen-Parameter von CaF_2, SrF_2 u. BaF_2 nach dem Modell von Axe u. Vgl. mit Werten von Bailey u. Yates.

E. Richter 80

0340 **Röntgenmessungen der Gitterdilatation von HgTe.** L. Śniadower, M. Psoda und R. R. Gałazka. (Physica Status solidi [Berlin] **28** (1968) 2, K 121—23; Inst. of Phys., Pol. Acad. of Sci., Warsaw; engl.) — Die Veränderung der Gitterkonst. von einem HgTe-Einkrist. mit Zinkblendestruktur zwischen 77 u. 300°K wurden röntgenograph. bestimmt. Die Gitterkonst. hängt zwischen Raumtemp. u. 140°K linear von der Temp. ab, unterhalb 140°K wird eine Nichtlinearität beobachtet. Ein anomaler Verlauf des therm. Ausdehnungskoeff. wird nicht festgestellt.

H. Roschkowski 80

0341 **Allgemeinste Form des thermodynamischen Integral-Prinzips.** I. Gyarmati. (Z. physik. Chem. [Leipzig] **239** (1968) 1/2, 133—37; Polytechn. Univ. Budapest, Dep. of Phys. Chem., Budapest [Hungary]; engl.) — Die Ableitung der allgemeinsten Form des thermodynam. Integral-Prinzips für die entsprechende lokale Form des Prinzips der kleinsten Energie-Dissipation wird vorgeführt. Weiter wird mit Hilfe eines ergänzenden Theorems eine Anwendung auf den Fall der Wärmeleitung geprüft.

E. Otto 82

0342 **Neuformulierung des Gyarmati-Prinzips in einem verallgemeinerten „Γ"-Bild.** H. Farkas. (Z. physik. Chem. [Leipzig] **239** (1968) 1/2, 124—32; Polytechn. Univ. Budapest, Dep. of Phys. Chem., Budapest [Hungary]; engl.) — Vf. geht von der Kraft-Darst. des Prinzips der kleinsten Energie-Dissipation nach Gyarmati aus u. gibt für den Fall der Wärmeleitung in Festkörpern eine Neuformulierung des Gyarmati-Integrals in einem verallgemeinerten „Γ"-Bild.

E. Otto 82

0343 **Bestimmung der Temperaturleitfähigkeit nach der Temperaturwellen-Methode.** Akihisa Tomokiyo und Toshihiro Okada. (Jap. J. appl. physics **7** (1968) 2, 128—34; Dep. of Appl. Phys., Tokyo Inst. of Technol., Ohokayama, Meguro-ko, Tokyo; engl.) — Theoret. Unters. zur Best. der Wärmeleitfähigkeit aus Temp.-Wellen, Beschreibung einer App., Best der Temp.-Leitfähigkeit von n-Ge (Messung bei Raumtemp.).

Herbert Weber 82

0344 **Thermische Leitfähigkeit von Niob–Titan.** L. Dubeck und K. S. L. Setty. (Physics Letters [Amsterdam] **27 A** (1968) 6, 334—35; Phys. Dep., Temple Univ., Philadelphia, Pa.; engl.) — Messungen für eine Stangenprobe von Nb-67 Atom-% Ti unterhalb 4,2°K zeigen, daß Phononenleitung vorherrscht; die Wärmeleitfähigkeit ist bis zu 6000 G unabhängig vom Feld.

Herbert Weber 82

0345 **Phononen–Elektronen-Streukoeffizienten in verdünnten Silber–Mangan-Legierungen.** M. S. R. Chari und N. S. Natarajan. (Physica Status solidi [Berlin] **29** (1968) 1, K 69—72; Nat. Phys. Labor. of India, New

Delhi; engl.) — Ableitung der Elektronen–Phononen-Streukoeff. für Ag-Leg. mit 0,02—0,31 Atom-% Mn an Hand von Meßdaten zur therm. Leitfähigkeit der Proben aus der Literatur. H. Roschkowski 82

0346 **Anomale thermische Leitfähigkeit von $BaTiO_3$ nahe dem ferroelektrischen Umwandlungspunkt.** Masayoshi Inoue. (J. physic. Soc. Japan **25** (1968) 1, 288; Dep. of Phys., Kyushu Univ., Fukuoka; engl.) — Vf. ber. die therm. Leitfähigkeit von $BaTiO_3$ in der Nähe des Curie-Punktes (391 °K) u. erhält Übereinstimmung mit experimentellen Daten. E. Richter 82

0347 **Thermische Eigenschaften von Zinnsulfid-Einkristallen.** Ya. S. Feiziev, Ya. N. Nasirov und O. N. Novruzov. (Physica Status solidi [Berlin] **28** (1968) 2, K 113—15; Inst. of Phys., Acad. of Sci. of Azerbaidzhan SSR, Baku; engl.) — Die Temp.-Leitfähigkeit u. die spezif. Wärme von SnS-Einkrist. bei ca. 100—900 °K werden mit Hilfe eines Lichtimpulsverf. gemessen u. aus den Daten die Wärmeleitfähigkeit berechnet. H. Roschkowski 82

0348 **Wärmeleitfähigkeit von Seignettesalz als Funktion der Temperatur.** Daniel Chauvin und Michel Remoissenet. (C. R. hebd. Séances Acad. Sci., Sér. A et B **267** (1968) 3, B 215—17; Labor. de Diélectr.-Ferroélectr., Fac. des Sci., Dijon; franz.) — Die für Einkrist. in der Nähe der Curie-Temp. erhaltenen Ergebnisse zeigen keine Anomalie der Wärmeleitfähigkeit. Herbert Weber 82

0349 **Klassische und quantenmechanische Geschwindigkeitstheorien für Festkörper.** J. H. Weiner. (Physic. Rev. [2] **169** (1968) 3, 570—77; Columbia, Univ., New York, N.Y.; engl.) — Ableitung einer Geschw.-Gleichung für die Defektbewegung in Festkörpern unter Einbeziehung quantenmechan. Effekte. H. Liepack 84

0350 **Beitrag zur Analyse von Korngrenzen-Diffusionsmessungen.** Jaroslav Kučera. (Canad. J. Physics **46** (1968) 13, 1511—21; Inst. of Metallurgy, Czechoslovak Acad. of Sci., Brno, Czechoslovakia; engl.) — Die exakten Lsg. des Korngrenzen-Diffusions-Problems nach Whipple u. Suzuoka wurden auf die Gruzin-Meth. ausgedehnt. Herbert Weber 84

0351 **Diffusion in Ordnung-Unordnung-Legierungen. Die kubisch flächenzentrierte AB_3-Legierung.** M. Schoijet und L. A. Girifalco. (J. Physics Chem. Solids **29** (1968) 6, 911—22; School of Metallurgy and Materials Sci. and Labor. for Res. on the Struct. of Matter, Univ. of Pa., Philadelphia, Pa.; engl.) — Mit Hilfe von Kirkwoods Theorie leiten Vf. Formeln für den Ordnungsabhängigen Teil der Leerstellenbldgs- u. Wanderungsenergien für Cu_3Au-Leg. ab. Die Leerstellenbldg.-Energien für Plätze im Au-Teilgitter hängt stark von der Ordnung ab u. ist größer als die entsprechende Energie für das Cu-Teilgitter. Es wird vermutet, daß die aus Abschreckexperimenten erhaltenen Aktivierungsenergien durch die Aktivierungsenergie eines Sprunges des Au-Atoms bestimmt wird, die sich von der Aktivierungsenergie der Au-Diffusion — wie sie aus Diffusionsmessungen erhalten wird — unterscheidet. Mögliche Sprungreihenfolgen für die Au- u. Cu-Atome u. eine Deutung der inneren Reibungsexperimente werden vorgeschlagen. K. H. Härdtl 84

0352 **Beobachtungen zum Einfluß der Oberflächenrauhigkeit auf die Diffusion.** R. J. Borg und D. Y. F. Lai. (J. appl. Physics **39** (1968) 6, 2738—43; Lawrence Radiat. Labor., Univ. of Calif., Livermore, Calif.; engl.) — Durch zykl. Durchlaufen der α-γ-Transformation wurden Fe-Proben mit unterschiedlicher Oberflächenrauhigkeit hergestellt. Die mit ^{59}Fe durchgeführten Diffusionsunters. führten zu einem nicht reellen hohen Wert des Diffusionskoeffizienten. Die Größenordnung des Fehlers wurde in Abhängigkeit von Dt u. des Grades der Rauhigkeit abgeschätzt. Die Oberflächenrauhigkeit kann bei der Best. sehr kleiner Diffusionskoeff. die Hauptfehlerquelle sein. Eine unebene Oberfläche kann ferner zu anomalen Eindringprofilen in der Nähe der Oberfläche u. damit zu anomalen Werten von D führen. H. Liepack 84

0353 **Untersuchung von Festkörperdiffusion mit Hilfe der Röntgenfluoreszenzanalyse.** 1. Mitt. **Röntgenographische Oberflächenmethode.** Bertold Reuter, Hans-Werner Sichting und Karl Plieth. (Z. physik. Chem. [Frankfurt/M.] [N.F.] **61** (1968) 1/4, 143—52; Inst. für Anorg. u. Analyt. Chem., TU Berlin; dt.) — Es wird ein Verf. angegeben, mit dessen Hilfe die Diffusion zweier Elemente (z. B. Cu in Ni) ineinander durch Beobachtung der Fluoreszenzintensität des diffundierenden Elements verfolgt werden kann. Die Best. des Diffusionskoeff. aus der Intensitätsabnahme der charakterist. Strahlung des in dünner Schicht auf die Matrix aufgetragenen Elements wird beschrieben. Best.-Funktionen für einige einfache Bedingungen werden explizit abgeleitet. E. Otto 84

0354 **Leerstellenkonzentration und Diffusion in festen Edelgasen.** H. R. Glyde und J. A. Venables. (J. Physics Chem. Solids **29** (1968) 7, 1093—98; School of Mathematical and Physical Sci., Univ. of Sussex, Falmer, Brighton, Sussex; engl.) — Mit Hilfe der aus Festkörpereig. abgeleiteten Zwei-Körper-Potentiale werden die Leerstellenkonz. p_v u. der Selbstdiffusionskoeff. D von festem *Ar*, *Kr* u. *Xe* berechnet. Die berechneten Werte von D sind in Übereinstimmung mit den experimentellen Ergebnissen, die Werte von p_v jedoch nicht. Die Übereinstimmung bei D läßt auf die Abwesenheit von Vielkörperkräften schließen, während die Diskrepanz bei p_v auf einen Beitrag von 20% deutet. K. H. Härdtl 84

0355 **Reduktion des Isotopieeffekts bei der Diffusion von Wasserstoff in Nickel bei tiefen Temperaturen.** Y. Ebisuzaki und M. O'Keeffe. (J. chem. Physics **48** (1968) 4, 1867—68; Chem. Dep., Ariz. State Univ., Tempe, Ariz.; engl.) — Aus Messungen im Bereich von 360 °K schließen Vf., daß der Isotopieeffekt bei Erniedrigung der Temp. stark red. wird. H. Liepack 84

0356 **Eindringen von Sauerstoff in CaF_2: Sm^{2+}-Kristallen.** Katsutoshi Muto und Kenzo Awazu. (J. Physics Chem. Solids **29** (1968) 7, 1269—73; Central Res. Labor., Mitsubishi Electric Corp., Amagasaki, Japan; engl.) — Die Diffusion von O^{2-}-Ionen in CaF_2:Sm^{2+}-Krist. läßt sich durch die Entfärbung der Krist. direkt verfolgen. In Ggw. von H_2O-Dampf dringen die O^{2-}-Ionen leicht in die Krist. ein, in einer O_2-Atmosphäre ist die Eindringtiefe jedoch sehr begrenzt. Die Diffusion ist isotrop, ihre Aktivierungsenergie wird zu 45 $\pm$ 4 Kcal/Mol abgeschätzt. Darüber hinaus untersuchen Vf. die Abhängigkeit der Sm^{3+}-Fluoreszenz vom Eindringprozeß. Das Emissionsspektrum der Sm^{3+}-Ionen in der transparenten Zone zeigt sowohl Typ I(C_3)- als auch Typ II(C_4)-Zentren. Es wird gefunden, daß die Sm^{3+}-Ionen nicht nur durch O^{2-}-Ionen, sondern auch durch F^--Ionen auf Zwischengitterplätzen ladungskompensiert sind. Das Emissionsspektrum der undurchsichtigen Zone zeigt nur Zentren vom Typ I. K. H. Härdtl 84

0357 **Diffusion von Zink in GaAs.** Mitsuhiro Maruyama. (Jap. J. appl. Physics **7** (1968) 5, 476—84; Central Res. Labor., Nippon Electr. Co., Ltd., Kawasaki, Japan; engl.) — Die Diffusion von Zn in GaAs-Krist. mit einer Versetzungsdichte von $0-10^{18}$ cm^{-2} wird bei verschiedenen As-Dampfdrücken untersucht. Die Messungen werden an p-GaAs-Einkrist. mit einer Te-Konz. von $(1-2) \cdot 10^{17}$ cm^{-3} im Temp.-Bereich von 748—980° durchgeführt. B. Plewinsky 84

0358 **Selbstdiffusion von Cadmium und Tellur in Cadmiumtellurid.** P. M. Borsenberger und D. A. Stevenson. (J. Physics Chem. Solids **29** (1968) 8, 1277—86; Dep. of Materials Sci., Stanford Univ., Stanford, Calif.; engl.) — Durch Aufnahme der Konz.-Profile von radioaktiven ^{109}Cd u. ^{123}Te werden die Selbstdiffusionskoeff. von Cd(D_{Cd}) u. Te(D_{Te}) in CdTe in Abhängigkeit von der Temp., dem Partialdruck der Komponenten u. einer Dotierung bestimmt. D_{Cd} wird nicht wesentlich durch den Partialdruck beeinflußt, wird jedoch durch eine Al-(Donator) u. durch eine Au- (Akzeptor)-Dotierung erhöht. Cd_{Te} steigt mit wachsendem Druck. Vf. deuten die experimentellen Ergebnisse mit einer Cd-Selbstdiffusion durch die Bewegung sowohl ionisierter Cd-Leerstellen-Akzeptoren als auch Cd-Zwischengitter-Donatoren. Die Te-Selbstdiffusion wird auf der Basis neutraler Zwischengitterfehlstellen erklärt. Es wird ferner geschlossen, daß in CdTe bei hohen Temp. das wichtigste elektr. aktive Fehlstellengleichgew. aus einer Frenkel-Fehlordnung im Cd-Teilgitter besteht. K. H. Härdtl 84

0359 **Diffusion von Pb-Ionen in gereinigten NaCl-Kristallen.** W. A. Mannion, C. A. Allen und W. J. Fredericks. (J. chem. Physics 48 (1968) 4, 1537—40; Chem. Dep., Oreg. State Univ., Corvallis, Oreg.; engl.) — Unters. der Diffusion von Pb^{2+} in gereinigtem NaCl im Temp.-Bereich 348—553° unter Verw. von ^{210}Pb. Aus dem konzentrationsabhängigen Diffusionskoeff. wurde die freie Assoziationsenergie des Pb^{2+}-Kationleerstellen-Komplexes abgeschätzt; sie beträgt 0,35 eV bei 553° u. nimmt auf 0,48 eV bei 348° zu. Die freie Assoziationsenergie ist in den gereinigten Krist. kleiner als in kommerziellen. Der Sättigungsdiffusionskoeff. ist im angegebenen Temp.-Bereich durch $D_s = 0{,}0175 \exp(-22800 \text{ cal/RT})$ gegeben. Die Pb-Ionen-Störstellen sind an Substitutions-Kationenplätze in KCl stärker gebunden als in NaCl. H. Liepack 84

0360 **Krümmung im Diagramm ln D gegen 1/T für die Selbstdiffusion von Nickel bei Temperaturen von 980 bis 1400°.** H. Bakker. (Physica Status solidi [Berlin] 28 (1968) 2, 569—76; Natuurkundig Labor., Univ., Amsterdam; engl.) — Eine ziemlich gleichmäßig verlaufende Krümmung wurde in der graph. Darst. von ln D gegen 1/T für die Tracerselbstdiffusion in einkrist. Ni bei den genannten Temp. gefunden. Die Aktivierungsenergien u. Frequenzfaktoren bei den höchsten u. niedrigsten Temp. waren in Übereinstimmung mit Literaturdaten. Es erwies sich als möglich, die Kurve in Beiträge von einfachen u. mehrfachen Leerstellen zu zerlegen. Bes. wurden genaue Werte für die charakterist. Größen der Diffusion über einfache Leerstellen erhalten. H. Roschkowski 84

0361 **Anomale Diffusion von Nickel in Einkristallen von Bleiselenid bei 700°.** B. Swaroop und J. B. Wagner jun. (Appl. Physics Letters 12 (1968) 8, 267—68; Dep. of Mater. Sci. and Mater. Res. Center, Northwestern Univ. Evanston, Ill.; engl.) — Die Diffusion von ^{63}Ni in undotierte bzw. mit *Ag* oder *Bi* dotierte Einkrist. von *PbSe* wird unter mehrstd. Erhitzen bei 700° verfolgt. Die an p-PbSe u. an p-PbSe:Ag erhaltenen Eindringprofile zeigen ein Minimum, das mit der Zeit in das Innere des Krist. wandert u. dem Auftreten eines p-n-Übergangs entspricht. Das Profil für die Diffusion von ^{63}Ni in n-PbSe:Bi zeigt kein Minimum. U. Venzke 84

0362 **Thermische Diffusion von Ag in Bi_2Te_3-Einkristallen.** H. P. Dibbs und J. R. Tremblay. (J. appl. Physics 39 (1968) 6, 2976—77; Canada Dep. of Energy, Mines and Resources, Mines Branch, Ottawa, Canada; engl.) — Die Unters. der therm. Diffusion parallel zu den Spaltflächen ergab eine gemittelte Transportwärme von $6{,}1 \pm 0{,}9$ kcal/Mol. H. Liepack 84

0363 **Dampfdruckuntersuchungen der Verunreinigungsdiffusion und -Löslichkeit in A^{II}–B^{VI}-Verbindungen, demonstriert am System CdS:Au:S_2.** E. Nebauer. (Physica Status solidi [Berlin] 29 (1968) 1, 269—81; Bereich Halbleiterphys., Phys.-techn. Inst., DAW, Berlin; engl.) — Es wird die Bedeutung von Messungen des Diffusionskoeff. D u. der Löslichkeit S in Abhängigkeit vom Komponentendampfdruck p für die Unters. von Fehlordnungsproblemen der A^{II}–B^{VI}-Verb. diskutiert. Unter Heranziehung der Tracertechnik (^{198}Au) wird diese Meth. für einen Kationen-Fremddiffusionsvorgang am Syst. CdS: Au:S_2 dargestellt. Die gemessenen Diffusionsprofile C(x) sind nicht vom Fickschen Typ. Nach Elimination der Oberflächen- u. Versetzungsdiffusion können D(T, p, C) u. außerdem simultan S(T, p) erhalten werden. Die Ergebnisse werden in einem Fehlordnungsmodell mit gesteuerter Eigenfehlordnung diskutiert. Es wurde gefunden, daß Au in CdS über einfach geladene Cd-Lücken diffundiert u. als einfach negativ geladener Akzeptor wirkt. H. Roschkowski 84

0364 **Erklärung der Selbstdiffusion und Leerstelleneigenschaften in Gold.** A. Seeger und H. Mehrer. (Physica Status solidi [Berlin] 29 (1968) 1, 231—43; Inst. für theoret. u. angew. Phys., Univ., Stuttgart; engl.) — Selbstdiffusionsdaten u. Messungen der Gleichgew.-Konz. von Gitterleerstellen in Au aus der Literatur werden krit. analysiert. Ein in sich konsistenter Satz von Selbstdiffusions- u. Leerstellenparametern wird abgeleitet. — 40 Literaturangaben. H. Roschkowski 84

0365 **Ausheilkinetik von Leerstellendefekten in abgeschrecktem Gold bei erhöhten Temperaturen.** C. G. Wang, D. N. Seidman und R. W. Balluffi. (Physic. Rev. [2] 169 (1968) 3, 553—69; Dep. of Mater. Sci. and Engng., Cornell Univ., Ithaca, N.Y.; engl.) — Ein widerstandsgeheizter Draht in einem mit He gefüllten Kryostat wurde von 700° auf eine erhöhte Ausheiltemp. ($180 \leq T_a \leq 670°$) abgeschreckt, bei der er für Perioden zwischen 100 ms u. 10 Min. belassen wurde u. dann auf 78°K abgeschreckt. Der Gesamtverlust an Defekten wurde aus Messungen des elektr. Widerstandes bei 4,2°K bestimmt. Die Ausheilergebnisse entsprechen einem Monoleerstelle-Doppelleerstelle-Ausheilmodell, in dem die Doppelleerstelle eine Wanderungsenergie von $E^m = 0{,}69$ eV u. eine Bindungsenergie von 0,40 eV besitzt. Die Ausheilkinetik entspricht einem einfachen Ausheilen nach bestehenden Versetzungen. Für $T_a \leq 483°$ scheinen die Versetzungen wie perfekte Liniensenken zu wirken bei D. zwischen 0,65 u. $5{,}1 \cdot 10^7 \text{ cm}^{-2}$ in den verschiedenen Proben. Oberhalb $T_a \approx 600°$ scheint die Senkenwrkg. abzunehmen wegen der Abnahme der das Klettern bewirkenden Kraft. H. Liepack 84

0366 **Energieverlust von nach [110] kanalisierten α-Rückstoßatomen in Gold.** K. Ibel und R. Sizmann. (Physica Status solidi [Berlin] 29 (1968) 1, 403—15; Physik-Dep., TH, München; engl.) — Der differentielle Energieverlust der Rückstoßatome ^{208}Pb, ^{210}Pb u. ^{208}Tl, die sich ausgerichtet entlang den [110]-Atomreihen in Au bewegen, wurde mit einer Flugzeittechnik gemessen. Es wird gezeigt, daß die gefundenen Werte vorwiegend auf Wechselwrkg. mit Elektronen beruhen. H. Roschkowski 86

0367 **Blasenbildung bei Aluminium durch Protonenbestrahlung.** Leonard H. Milacek, Raymond D. Daniels und James A. Cooley. (J. appl. Physics 39 (1968) 6, 2803—15; Univ. of Okla., Norman, Okla; engl.) — Bei Bestrahlung von hochreinem Al mit Protonen im Bereich 10—200 keV wurden auf der Oberfläche Grübchen u. Bläschen gebildet. Die Grübchenbldg. erfolgte während der Bestrahlung u. ist die vorwiegende Oberflächenschädigung bei niedrigeren Protonenenergien. Die Bläschenbldg. erfolgte bei Umgebungstemp. bei Bestrahlungsenergien von 70 keV oder niedriger, bei Bestrahlung bei 100 keV oder höher wurde eine kleine Menge Bläschen spontan gebildet. Zur Erzeugung einer großen Bläschenkonz. war jedoch ein Tempern oberhalb 200° erforderlich. Die Bläschen können entweder innerhalb der Al-Matrix oder an der Oxid-Metall-Grenzfläche je nach Bestrahlungs- u. Umgebungsbedingungen gebildet werden. Die Bldg. von Bläschen innerhalb der Al-Matrix wird als der allgemeinere Fall angesehen. Er ist verantwortlich für den unter bestimmten Bestrahlungsbedingungen beobachteten Grübcheneffekt. H. Liepack 86

0368 **Direkte Messung der durch schnelle Reaktorneutronen im Calciumwolframat gebildeten Sauerstoffleerstellen.** K. C. Chu und C. Kikuchi. (Physic. Rev. [2] 169 (1968) 3, 752—57; Dep. of Nucl. Engng., Univ. of Mich., Ann Arbor, Mich.; engl.) — An mit schnellen Reaktorneutronen bestrahlten $CaWO_4$-Einkrist. wurden ESR-Spektren bei 77°K aufgenommen. Aus den g-Tensoren, der Hyperfeinwechselwrkg. u. aus Ergebnissen bei einaxialer Spannung wurde eines der Zentren als paramagnet. W in Verb. mit einer verschobenen erstnächsten 0 identifiziert. Die experimentell bestimmte Defektkonz. stimmt gut mit der ber. überein. H. Liepack 86

0369 **Durch Bestrahlung erzeugte Volumenausdehnung von KCl und KBr bei tiefen Temperaturen.** E. H. Farnum und B. S. H. Royce. (Physics Letters [Amsterdam 26 A (1968) 4, 164—65; Princeton Univ., Princeton, N.J.; engl.) — Die durch Relaxation um Frenkel-Defekte verursachten Vol.-Ausdehnungen wurden bei 80°K u. 6°K gemessen. Die Frenkel-Defekte sind durch Röntgenbestrahlung erzeugt worden. Für KCl u. KBr ergeben die Werte bei 80° eine Relaxation von der Größenordnung für F-Zentrum-Frenkel-Paare, die zuvor für F-Zentren allein bestimmt worden ist. Dadurch wird gezeigt, daß eine Relaxation um ein neutrales Zwischengitteratom klein ist. Im Gegensatz dazu zeigen die Messungen bei 6°K eine Relaxation um das negative Zwischengitterion an, die von gleicher Größenordnung wie die mit dem α-Zentrum assoziierte ist. E. Otto 86

0370 **Elektronenmikroskopische Untersuchung agglomerierter Defekte in bestrahltem reinem Nickel.** A. Bourret und D. Dautreppe. (Physica Status solidi [Berlin] **29** (1968) 1, 283—98; CEN, Grenoble; engl.) — Reine Ni-Folien wurden mit Neutronen u. Elektronen bestrahlt u. danach elektronenmkr. untersucht. Nach Neutronenbestrahlung bei 77°K wurden Frankſche Zwischengitter-Versetzungsschleifen u. Leerstellenagglomerate in Form tetraedr. Hohlräume ermittelt, nach Elektronenbestrahlung bei 10° nur Frankſche Zwischengitter-Versetzungsschleifen bei Dosen von mehr als $4 \cdot 10^{19}$ e/cm² bei 2 MeV. H. Roschkowski 86

0371 **Elektronenbestrahlung und Erholung von Wolfram.** H. H. Neely, D. W. Keefer und A. Sosin. (Physica Status solidi [Berlin] 28 (1968) 2, 675—82; Atom. Internat., Div. of North American Rockwell Co., Canoga Park, Calif.; engl.) — Messungen der elektr. Leitfähigkeit werden verwendet, um Schädigungsraten u. Erholungsverh. von 99,99%ig. W nach Elektronenbestrahlung bei ca. 4,2°K zu untersuchen. Die Meßergebnisse für die Schädigungsraten lassen eine Vorlagerungsenergie zwischen 38 u. 42 eV vermuten. Die Erholung des elektr. Restwiderstands weist drei große Bereiche bei 4,2 bis 100; 100—500 u. 500—1000°K auf. Für den 3. Bereich gilt eine Aktivierungsenergie von 1,1 eV. H. Roschkowski 86

0372 **Analyse der Punktdefektzustände in Kupfer. 1. Mitt. Einfluß des Punktdefektzustands auf die Strahlungsschädenrate bei 80°K.** F. Dworschak, H. Schuster, H. Wollenberger und J. Wurm. (Physica Status solidi [Berlin] **29** (1968) 1, 75—80; Vande Graaff-Labor. Aachen der KFA Jülich; engl.) — Messungen der Schädlingsrate bei 80°K aus der Literatur sowie eigene Messungen bei Elektronenbeschuß zeigen, daß das Modell der unsättigbaren Senken von Walker (1962) für Cu in einem weiten Konz.-Bereich der Haftstellen u. strahlungsinduzierten Defekte gilt.Das Modell basiert auf der freien Wanderung von Zwischengitteratomen unterhalb 80°K. Durch Messung der Schädigungsrate bei 80°K können effektive Konz. von Leerstellen u. Zwischengitteratom-Haftstellen bestimmt werden, die durch beliebige Vorbehandlungen erzeugt wurden. H. Roschkowski 86

0373 **Analyse der Punktdefektzustände in Kupfer. 2. Mitt. Einflüsse des Ausheilens in Stufe I und Stufe III auf durch Elektronenbestrahlung erzeugte Frenkel-Paare.** F. Dworschak, H. Schuster, H. Wollenberger und J. Wurm. (Physica Status solidi [Berlin] **29** (1968) 1, 81—89; engl.) — 1. vgl. vorst. Referat. — Mit Hilfe von Messungen der Schädigungsrate bei 80°K werden die Punktdefektzustände vor u. nach Erholung in Stufe I u. Stufe III miteinander verglichen. Die Ergebnisse sind am einfachsten durch Leerstellenwanderung in Stufe III zu deuten. Schließt man diese aus, so muß ein Teil der in Stufe III beweglichen Zwischengitteratome (2. Konfig.) in eine 3. Konfig. übergehen. Die in Stufe I frei beweglichen Zwischengitteratome bilden zumindestens teilweise stabile Doppelzwischengitteratome. H. Roschkowski 86

0374 **Durch langsame Elektronen verursachte Defekte in Alkalimetallhalogeniden.** P. D. Townsend und J. C. Kelly. (Physics Letters [Amsterdam] **26 A** (1968) 4, 138—39; School of Math. and Phys. Sci., Univ. of Sussex, England; engl.) — Der Beschuß von Alkalimetallhalogeniden (*LiF, NaCl, KCl, KJ*) mit Elektronen niedriger Energie (100 bis 600 eV) erzeugt Farbzentren u. Zerstäubung. Diese Prozesse werden im Hinblick auf verschiedene Theorien der Defektbldg. betrachtet. Bes. wird der Fall von NaCl behandelt. Die Cl-Ausb. als Funktion des Elektronenflusses ist angegeben. Ferner zeigt NaCl Fluoreszenz im sichtbaren Bereich. Vgl.-Experimente mit *Glas, MgO* u. KN_3 sind genannt. E. Otto 86

0375 **Extinktionsabstand und Absorptionskoeffizient von Elektronen in Aluminiumproben für Spannungen zwischen 50 und 1200 kV.** Annie Mazel und René Ayroles. (C. R. hebd. Séances Acad. Sci., Sér. A et B **267** (1968) 2, B 108—11; Labor. d'Opt. électron. du C.N.R.S., Toulouse; franz.) — Die Extinktionskonturen für (111)- u. (200)-Ebenen von einigen Tausend Å dicken Al-Folien im elektronenmkr. Bild u. die Absorptionskoeff. werden in Abhängigkeit von der Beschleunigungsspannung der Elektronen untersucht. Das Anwachsen des Extinktionsabstandes mit der Spannung u. das Erreichen von Endwerten bei sehr hoher Spannung entspricht der dynam. Theorie für mehrere Bündel. Die für das Anwachsen des Transmissionsvermögens mit der Spannung erhaltenen Meßwerte liegen etwas tiefer als die nach der dynam. Theorie für zwei Bündel erhaltenen Daten. U. Venzke 86

0376 **Änderungen des charakteristischen Energieverlustes von 2,5 eV von Elektronen in Gold in Abhängigkeit von der Dicke der Proben.** Antoine Carillon. (C. R. hebd. Séances Acad. Sci., Sér. A et B **267** (1968) 5, B 332 bis 335; Labor. de Chim. phys. de la Fac. des Sci. de Paris, Orsay, Essonne; franz.) — Die an 153, 230, 460 u. 635 Å dicken Au-Schichten erhaltenen Energieverlustspektren zeigen nur in Hinsicht auf die erste bei 2,5 eV beobachtete Linie eine Abhängigkeit von der Dicke der Schicht. Ihre relative Intensität (im Vgl. zu der Linie bei 24 eV) fällt von 1,30 (bei 153 Å) auf 0,60 (bei 635 Å) u. ihre Lage verschiebt sich von 2,35 eV (bei 153 Å) auf 2,95 eV (bei 635 Å). Das Verhalten wird durch Anregung von Oberflächenplasmonen erklärt. U. Venzke 86

0377 **Retardierungseffekte im Energieverlustspektrum von GaP.** C. v. Festenberg. (Z. Physik **214** (1968) 5, 464—71; Inst. für Angew. Phys., Univ. Hamburg; dt.) — Energieverlustintensitäten von 50-kV-Elektronen in dünnen Einkrist. von GaP wurden untersucht. Diskrepanzen im Bereich niedriger Energien wurden durch Vgl. der gemessenen Energieverlustintensitäten mit den aus der DK nach früheren Theorien ber. gefunden (Abweichungen in den abs. Intensitäten u. ein zusätzlicher Peak bei 3,2 eV). Diese zusätzliche Intensität im Energieverlustspektrum wird auf Strahlungsverluste der Elektronen zurückgeführt, weil ε_1 von GaP so groß ist, daß Čerenkov-Strahlung möglich wird. Die experimentellen Ergebnisse sind in guter Übereinstimmung mit der Energieverlustwahrscheinlichkeit, die nach Kröger unter Berücksichtigung der Retardation ber. wurden. Herbert Weber 86

0378 **Bindungsenergie des Positroniummoleküls.** R. R. Sharma. (Physic. Rev. [2] **171** (1968) 1, 36—42; Dep. of Phys., Purdue Univ., Lafayette, Ind.; engl.) — Mit einer geeigneten Variationswellenfunktion wird die Bindungsenergie des Positroniummol. zu 0,948 eV berechnet. H. Liepack 86

Optische Eigenschaften

0379 **Franz-Keldysh-Effekt im Hochfrequenzbereich.** Yizhak Yacoby. (Physic. Rev. [2] **169** (1968) 3, 610 bis 619; Dep. of Electr. Engng. and Center for Mater. Sci. and Engng., MIT, Cambridge, Mass.; engl.) — Berechnung der Übergangsgeschw. von Elektronen u. des mit diesem Übergang zusammenhängenden Stromes bei Einw. eines elektr. Feldes sehr hoher Frequenzen. H. Liepack 91

0380 **Magnetoplasma-Moden in Alkalimetallen.** Y. C. Cheng, J. S. Clarke und N. D. Mermin. (Physic. Rev. Letters **20** (1968) 26, 1486—88; Labor. of Atomic and Solid State Phys., Cornell Univ., Ithaca N.Y.; engl.) — Wechselwrkg. von Fermi-Flüssigkeiten in Alkalimetallen führen zu einer Familie langwelliger elektromagnet. Schwingungen, die sich parallel zu einem gleichmäßigen Magnetfeld ausbreiten. Die theoret. Unters. werden auf *K* angewendet. B. Plewinsky 91

0381 **Optische Plasmaresonanzen in Festkörpern.** W. Steinmann. (Physica Status solidi [Berlin] **28** (1968) 2,

437—62; Sektion Phys., Univ., München; engl.) — Übersicht an Hand experimenteller Beobachtungen an *Ag, Al* u. *K* aus der Literatur. 104 Literaturangaben.
H. Roschkowski 91

0382 **Transversale stimulierte Emission in Flüssigkeiten.** J. L. Emmett und A. L. Schawlow. (Physic. Rev. [2] **170** (1968) 2, 358—62; Dep. of Phys., Stanford Univ., Stanford, Calif.; engl.) — Die zu einem Laser-Strahl transversale stimulierte Brillouin-Streuung wurde in fl. H_2O, CH_3OH, Essigsäure, CCl_4, $SiCl_4$, Chloroform u. C_6H_6 untersucht, die Hyperschallgeschw. wurden bestimmt. In Bzl. wurde eine Anti-Stokes-Streuung beobachtet, die eine 200-MHz-Frequenzverschiebung aufwies. Diese Streuung wurde versuchsweise als stimulierte therm. Rayleigh-Streuung identifiziert.
H. Liepack 92

0383 **Elektronische Eigenschaften von flüssigem Wasser im Vakuumultraviolett.** L. Robinson Painter, R. N. Hamm, E. T. Arakawa und D. R. Birkhoff. (Physic. Rev. Letters **21** (1968) 5, 282—84; Health Phys. Div., ORNL, Oak Ridge, Tenn.; engl.) — Die Reflexion von fl. W. wurde nach zwei Verf. im Bereich von 1050 bis 3000 Å gemessen: 1. im offenen Gefäß im Gleichgew. mit seinem Dampf, 2. in einer CaF_2- oder Quarzzelle. Real- u. Imaginärteil des Brechungsindex u. die DK wiesen auf einen Exzitonenübergang bei 8,3 eV, einen Zwischenbandübergang bei 9,6 eV u. einen Bandabstand von 9 eV hin.
E. Richter 92

0384 **Untersuchung der Rayleigh-Flügel und stimulierten Brillouin-Streuung in Flüssigkeiten.** Marguerite Denariez und Georges Bret. (Physic. Rev. [2] **171** (1968) 1, 160—71; Labor. de Photophys. Mol., Fac. des Sci., Orsay, France; engl.) — Messungen an *Bzl, Toluol, Nitrobenzol, CS_2, Aceton, Cyclohexan, Methanol, n-Hexan, CCl_4* u. *H_2O*.
H. Liepack 92

0385 **Thermische Lichtstreuung durch Ionenkristalle.** M. Daybell, K. O. White und O. Theimer. (J. Physics Chem. Solids **29** (1968) 6, 1077—79; N. Mex. State Univ., Dep. of Phys., Las Cruces, N.Mex.; engl.) — Die Streuung von Laser-Licht (6328 Å) in NaCl- u. KCl-Krist. wird zwischen 80 u. 300 °K untersucht. Der Winkel zwischen dem Lichtstrahl u. der kristallograph. X-Achse ⌀ beträgt 0 oder 45°, der Streuwinkel 90°. Die Streuintensität ist für ⌀ = 45° um den Faktor 10 höher als für ⌀ = 0°. Diese Erscheinung wird mit einer bevorzugten Anordnung der Punktfehlstellen an Versetzungslinien gedeutet, die meistens in [100]-Richtung orientiert sind. Eine Abschätzung des Intensitätsverhältnisses von Rayleigh-Streuung I_R zu Brillouin-Streuung I_B liefert $I_R/I_B = 0{,}20 \pm 0{,}14$.
K. H. Härdtl 92

0386 **Raman-Streuung durch Polaritonen.** E. Burstein, S. Ushioda und A. Pinczuk. (Solid State Commun. **6** (1968) 6, 407—11; Suppl. zu: J. Physics Chem. Silids Dep. of Phys., Univ. of Calif., Irvine, Calif.; engl.) — Im Krist. ohne Symm. Zentrum nehmen Polaritonen an der Raman-Streuung erster Ordnung (Ein-Polariton-Streuung) durch elektr. Dipol-Anregungen u. elektr. Feldinduzierten Änderungen der elektr. Suszeptibilität teil. Die elektr. Dipol-Oszillationen u. die Amplituden des elektr. Feldes von Polaritonen werden aus der Energiedichte elektromagnet. Strahlung in einem dispersionsbehafteten Dielektrikum sowie aus der Beziehung zwischen den elektr. Dipol-Oszillationen u. den Feldamplituden, wie sie sich durch die Bewegungsgleichungen ergeben, einfach u. direkt abgeleitet. Die Größe der makroskop. elektr. Felder u. die Amplituden der atomaren Verschiebung für gekoppelte Plasmon-LO-Phonon-Moden sind den entsprechenden Größen für gekoppelte Photon-TO-Polariton-Moden derselben Frequenz gleich.
K. H. Härdtl 92

0387 **Spektrales IR-Emissionsvermögen und optische Eigenschaften von Yttriumvanadat.** H. E. Rast, H. H. Caspers und S. A. Miller. (Physic. Rev. [2] **169** (1968) 3, 705—09; Infrared Div., Res. Dep., Naval Weapons Center Corona Labor., Corona, Calif.; engl.) — Unters. des spektralen IR-Emissionsvermögens E von YVO_4-Einkrist. bei ca. 4,2 u. 77 °K im Wellenlängenbereich 4 bis 125 μm. Von den erwarteten sieben akt. transversalen opt. Moden bei $\mathbf{k} \sim 0$ wurden sechs beobachtet u. symmetriezugeordnet. Für E_u wurden Frequenzen von 196, 261 u. 488 cm^{-1} u. für A_{2u} von 310, 455 u. 803 cm^{-1} beobachtet. Aus der Beziehung zwischen Emissions- u. Reflexionsvermögen $E_1 = 1\text{-}R$ im opaken Bereich der Gitterschwingungen wurde R bestimmt. Die IR-Dispersionsparameter wurden für die E_u-Schwingungen ermittelt.
H. Liepack 92

0388 **Optische Konstanten von anisotropen Materialien aus Energieverlust-Experimenten.** F. Bassani und E. Tosatti. (Physics Letters [Amsterdam] **27 A** (1968) 7, 446—47; Scuola Normale Superiore and Ist. di Fis., Pisa, Italy; engl.) — Eine Kramers-Kronig-Analyse des Elektronenverlustes erlaubt eine Berechnung der opt. Konst. von anisotropen Materialien. Die Analyse wird für Graphit durchgeführt, wobei die opt. Konst. entlang der c-Achse zwischen 5 u. 30 eV erhalten wird.
Herbert Weber 92

0389 **Elektronen-Energieverlustmessungen und Berechnung optischer Konstanten.** 1. Mitt. **Festes Xenon.** P. Keil. (Z. Physik **214** (1968) 3, 251—65; Inst. für Angew. Phys. der Univ. Hamburg; dt.) — Energieverluste für 51-keV-Elektronen wurden an festem Xe gemessen. Das Spektrum zeigt Exzitonenstruktur u. einen Plasmaverlust. Aus der Energieverlustfunktion $-\text{Im}\, 1/\varepsilon$ werden opt. Konst. mittels einer Kramers-Kronig-Transformation berechnet. Sie sind in Übereinstimmung mit opt. Absorptionsmessungen.
Herbert Weber 92

0390 **Elektronen-Energieverlustmessungen und Berechnung optischer Konstanten.** 2. Mitt. **Kaliumbromid.** P. Keil. (Z. Physik **214** (1968) 3, 266—84; dt.) — 1. vgl. vorst. Referat. — Energieverluste für 51-keV-Elektronen wurden an KBr-Filmen von 290—2700 Å Dicke gemessen. Das Verlustspektrum wird in Termen von Exzitonenstruktur, Interbandstruktur u. Plasmonen interpretiert. Die Temp.-Abhängigkeit bez. Lage u. Halbwertsbreite sowie die Winkelabhängigkeit der Intensität der verschiedenen Energieverluste werden untersucht. Aus dem Verlustspektrum wird die Energieverlustfunktion $-\text{Im}\, 1/\varepsilon$ berechnet. Mittels Kramers-Kronig-Transformation werden opt. Konst. aus der Verlustfunktion berechnet. Absorption u. Reflexion stimmen sehr gut mit opt. Spektren überein.
Herbert Weber 92

0391 **Photoemissions- und optische Untersuchungen der Elektronenstruktur von Palladium.** A. Y.-C. Yu und W. E. Spicer. (Physic. Rev. [2] **169** (1968) 3, 497—507; Stanford Electron. Labor., Stanford Univ., Stanford, Calif.; engl.) — Messung von Photoemission u. opt. Reflexionsvermögen bei ca. $5 \cdot 10^{-9}$ Torr an Pd-Proben, die in demselben Vakuum hergestellt wurden, für $h\nu \leq 11{,}8$ eV. Ferner wurden Photoemissionsmessungen an Pd-Proben in schlechterem Vakuum für $h\nu = 16{,}8$ u. 21,3 eV durchgeführt. Nach der Kramers-Kronig-Beziehung wurden ε_1, ε_2, $\omega\sigma$, α u. Im $(1/\varepsilon)$ berechnet. Im angegebenen Spektralbereich liegen vorwiegend nichtdirekte opt. Übergänge vor. Relativ schwache direkte Übergänge wurden für $11{,}8\ \text{eV} > h\nu > 9{,}8$ eV gefunden. Die opt. Zustandsdichte hat Max. bei $E-E_f = -0{,}1$ u. $-1{,}1$ eV. Die in Ni, Co, Se u. Cr gefundene hohe Zustandsdichte in der Nähe von $E-E_f = -5$ eV konnte nicht nachgewiesen werden. Die bei der Fermi-Energie ermittelten Zustandsdichten sind in hinreichender Übereinstimmung mit Werten aus Bandberechnungen. Aus den Reflexionsmessungen ergab sich ein starkes Max. in der Verlustfunktion bei $h\nu = 7{,}5$ eV. Ein Max. in den Energieverteilungskurven, das bei 7,5 eV unterhalb der Maximalenergie in den Energieverteilungen für $h\nu = 18{,}6$ u. 21,3 eV auftritt, ist auf durch Plasmaresonanz gestreute Elektronen zurückzuführen.
H. Liepack 92

0392 **Spannungsabhängige Frequenzverschiebung der Resonanz-Bandmode in NaCl:Cu⁺.** G. Busse, W. Prettl und L. Genzel. (Physics Letters [Amsterdam] **27 A** (1958) 7, 438—40; Phys. Inst., Univ. Freiburg i. Br.; engl.) — Unters. des Spannungsverh. der opt. aktiven Resonanzbandmode in $NaCl{:}Cu^+$ bei $\nu_R = 23{,}6\ cm^{-1}$. Transmissionsmessungen wurden mit einem period. arbeitenden interferometr. Modulator für das ferne IR durchgeführt. Die Spannungen (uniaxial stress) wurden entlang der

krist. Orientierungen [100] u. [110] angelegt. Die Frequenz der Resonanzbandmode wurde für verschiedene Richtungen des einfallenden Bündels u. Polarisationen der Strahlung gemessen. Die Symmetrie der Resonanzbandmode u. der anharmon. Kopplungskoeff. in NaCl: Cu^+ wurden aus der spannungsabhängigen Verschiebung der Resonanzfrequenz bestimmt.
Herbert Weber 92

0393 **Reflexionsmessungen an Plasmakanten zur Untersuchung von Halbleitern.** T. S. Moss, T. D. F. Hawkins und G. J. Burrell. (J. Physics, C (Proc. physic. Soc.) [2] **1** (1968) 5, 1435—46; Royal Aircraft Establ., Farnborough, Hants.; engl.) — Wie Messungen des Reflexionsvermögens (3—40 μm) an n- u. p-*GaAs*, an n–p-Übergängen u. n-Cd_3As_2 sowie theoret. Betrachtungen zeigen, können Reflexionsmessungen an Plasmakanten sehr genaue Werte der effektiven Masse oder der Ladungsträgerkonz. ebenso wie für die Streuzeit u. die elektr. Leitfähigkeit liefern. Durch Messungen beim Brewster-Winkel mit polarisiertem Licht können die Eig. von tiefer gelegenen Schichten wie p–n-Übergängen untersucht werden.
A. Jaeschke 92

0394 **Reflexionsvermögen von amorphem und polykristallinem $CdGeAs_2$ im Bereich 0,6—5,5 eV.** A. Abrahám, V. Vorlíček und M. Závětová. (Czechoslov. J. Physics, Sect. B **18** (1968) 7, 958—59; Inst. of Solid State Phys., Czechosl. Acad. Sci., Prague; engl.) — Werte für das Reflexionsvermögen u. den Brechungsindex werden in zwei Diagrammen mitgeteilt.
Werner Schmidt/Berlin 92

0395 **Photoreflexionsvermögen von Cadmiumsulfid bei der Fundamentalabsorptionskante.** E. Y. Wang und W. A. Albers jun. (Physics Letters [Amsterdam] **27 A** (1968) 6, 347—48; Res. Labor., Gen. Motors Corporat., Warren, Mich.; engl.) — Weitere Unters. zu einem neuen Modulationsverf., bei dem die Variationen der Reflexion eines monochromat. Lichtbündels durch eine zweite intensive u. gepulste UV-Lichtquelle erzeugt werden. Bei diesem sogenannten Photoreflektanzverf. wurde die fraktionelle Änderung der Reflektanz, $\Delta R/R$ nahe der Fundamentalkante beobachtet. Das Photoreflektanzspektrum von CdS bei 83 °K wird wiedergegeben. Im Gegensatz zum Zimmertemp.-Spektrum wird die Feinstruktur nahe der Fundamentalbandkante aufgelöst. Die Exzitonenpeaks A, B u. C werden identifiziert. Zusätzlich gibt es zwei anomale Peaks, die entweder dem ersten angeregten Zustand der B- u. C-Exzitonen oder dem direkten Bandkantenübergang für die B- u. C-Valenzbänder zugeschrieben werden können.
Herbert Weber 92

0396 **Optische Absorption in $GeSe_{0,75}Te_{0,25}$.** James A. Muir und Robert J. Cashman. (Physic. Rev. [2] **169** (1968) 3, 602—04; Dep. of Phys., Northwestern Univ., Evanston, Ill.; engl.) — Die elektr. Eig. dieser neuen IV–VI-Verb. sind ähnlich denen der entarteten Halbleiter GeTe u. SnTe. Die opt. Absorption wurde an Einkrist. gemessen, die durch einen Jodtransportprozeß gezüchtet wurden. Die Messungen zeigen eine scharfe Absorptionskante gefolgt von einem steilen Anstieg in der Absorption bei größeren Wellenlängen, die durch eine große Konz. freier Träger (10^{20} Löcher cm^{-3}) verursacht wird. Die Absorptionskante wird als die fundamentale Absorptionskante eines Halbleiters gedeutet. Es wird angenommen, daß $GeSe_{0,75}Te_{0,25}$ ein entarteter Halbleiter mit einem Bandabstand wesentlich kleiner als 0,82 eV ist.
H. Liepack 92

0397 **Elektronenstruktur von CdO.** 2. Mitt. **Spektralverteilung optischer Konstanten.** M. Altwein, H. Finkenrath, Č. Koňák, J. Stuke und G. Zimmerer. (Physica Status solidi [Berlin] **29** (1968) 1, 203—09; Phys. Inst., Univ., Marburg/Lahn; engl.) — 1. vgl. ibid. 28 (1968) 2, 577. — Die Reflexionsvermögen von CdO-Einkrist. bis zu Photonenenergien von 13 eV wurde gemessen. Gleiche Unters. wurden an polykrist. Material durchgeführt u. das Absorptionsvermögen dünner Schichten bestimmt. Der Verlauf der durch Kramers-Kronig-Analyse bestimmten opt. Konst. n u. k wird an Hand der l.c. ber. Bandstruktur diskutiert. Hinweise auf die Existenz einer indirekten Energielücke werden gefunden.
H. Roschkowski 92

0398 **Optische Absorption von kleinen Polaronen in halbleitendem NiO und CoO im nahen und fernen Infrarot.** I. G. Austin, B. D. Clay und C. E. Turner. (J. Physics, C (Proc. physic. Soc.) [2] **1** (1968) 5, 1418—34; Dep. of Phys., Univ. of Sheffield; engl.) — Die mit Ladungsträgern in NiO u. CoO verbundene opt. Absorption wurde aus Transmissionsmessungen an reinen u. Li-dotierten Krist. im Bereich 0,5—700 μm bei Temp. zwischen 100- u. 500 °K untersucht. Die Absorption nimmt mit steigender Frequenz bis zu einem Max. bei 1 eV schwach u. dann über 2 eV hinaus stärker zu. Zwischen 0,5 u. ca. 4 μm nimmt die Absorption langsam mit steigender Temp. zu u. steht in Beziehung zur Li-Konzentration. Die elektr. Leitfähigkeit im fernen IR (σ_{IR}]) ist unabhängig von der Frequenz, u. bei T $\leqq$ 300—400 °K ist $\sigma_{IR} > \sigma_a$ (Gleichstromleitfähigkeit). Die Aktivierungsenergie von σ_{IR} ist kleiner als die von σ_a Vf. schließen, daß in NiO u. CoO die Absorption hauptsächlich durch um Li-Zentren springende Polaronen mit kleinem Radius bei Aktivierungsenergien (hohe Temp.) von 0,2—0,25 eV bzw. 0,3—0,4 eV zurückzuführen ist. A. Jaeschke 92

0399 **Brechungsindices von $LiTaO_3$ bei hohen Temperaturen.** Hiroshi Iwasaki, Tomoaki Yamada, Nobukazu Niizeki, Hiroo Toyoda und Hideo Kubota. (Jap. J. appl. Physics **7** (1968) 2, 185—86; Electr. Communicat. Labor., Nippon Telegraph and Telephone Public Corporat., Musashino-shi, Tokyo; engl.) — Messungen von Raumtemp. bis oberhalb des Curie-Punktes (630°) für Wellenlängen von 468—644 mμ.
Herbert Weber 92

0400 **Temperatureffekte auf das Vakuumultraviolett-Reflexionsvermögen von α-Quarz.** K. Platzöder. (Physica Status solidi [Berlin] **29** (1968) 1, K 63—64; Sektion Phys., Univ., München; engl.) — Das Reflexionsvermögen von α-Quarz bei 295, 473 u. 573 °K im Bereich ca. 5—17 eV wurde gemessen. Die in diesem Bereich auftretende Feinstruktur wird besprochen. H. Roschkowski 92

0401 **Das elektrische Feld in Kristallen.** 3. Mitt. **Brechungsvermögen von α-Quarz.** H. C. Bolton und P. N. McIntyre. (J. Physics, C (Proc. physic. Soc.) [2] **1** (1968) 4, 889—94; Phys. Dep., Monash Univ., Clayton, Victoria, Australia; engl.) — 2. vgl. C. **1966**, 3-0266. — Unter Verw. von Dipol-Gittersummen von α-Quarz wird das Brechungsvermögen als Funktion der Si- u. O-Polarisierbarkeiten berechnet. Nimmt man an, daß Quarz aus einem isotropen Si^{4+}-Ion u. einem O^{2-}-Ion besteht, so ergeben die Berechnungen einen axialen Polarisierbarkeitstensor des Sauerstoffions mit $\alpha_0'' = 1{,}43$ Å^3 u. $\alpha_0\perp = 1{,}32$ Å^3. E. Richter 92

0402 **Brechungsindex von bei tiefen Temperaturen niedergeschlagenem CO_2.** K. E. Tempelmeyer und D. W. Mills jun. (J. appl. Physics **39** (1968) 6, 2968—69; ARO, Inc., Arnold Air Force Stat., Tenn.; engl.) — An auf Oberflächen von 77 °K niedergeschlagenem CO_2 wurden aus Messungen der Bragg-Interferenzen die Brechungsindices bestimmt. H. Liepack 92

0403 **Temperaturuntersuchungen der Magnetoplasmareflexion in Quecksilbertellurid.** L. Śniadower. (Physica Status solidi [Berlin] 28 (1968) 2, K 125—30; Inst. of Phys., Pol. Acad. of Sci., Warsaw; engl.) — Unters. der Magnetoplasmareflexion an n-HgTe-Proben bei 8 °K im IR-Bereich (15—25 nm) werden beschrieben. Aus den Ergebnissen wird die effektive Masse im Fermi-Niveau u. die DK am Profil der Plasmakante ermittelt.
H. Roschkowski 92

0404 **Optische Übergänge in amorphen Bor-Schichten.** K. Morrjani und C. Feldman. (Solid State Commun. **6** (1968) 7, 473—75; John Hopkins Univ., Applied Phys. Labor., Silver Spring, Md.; engl.) — Die opt. Konst. von amorphen B-Schichten werden im Energiebereich 0,6 bis 6,0 eV bestimmt. Aus der spektralen Abhängigkeit des Imaginärteiles der DK werden die indirekten u. direkten Energieabstände (0,74 bzw. 1,38 eV) abgeschätzt. Die Ergebnisse werden mit denjenigen von krist. B verglichen. K. H. Härdtl 92

0405 **Plasmaresonanz-Transmission in Magnesium.** H. O. Tittel. (Physics Letters [Amsterdam] **26 A** (1968) 4,

145–46; Inst. für Angew. Phys., Univ. Hamburg, Hamburg; engl.) — Die opt. Durchlässigkeit dünner Mg-Filme (160 Å) wurde für p-polarisiertes Licht im Vakuum-UV-Bereich untersucht, wobei eine Minimum-Transparenz bei der Plasmafrequenz gefunden wurde. Gute Übereinstimmung zwischen gemessenen u. auf Basis des Modells des freien Elektronengases ber. Werten konnte festgestellt werden. E. Otto 92

0406 **Kristallstruktur und optische Eigenschaften von dünnen, organogenen Titanoxidschichten auf Glasunterlagen.** H. Bach und H. Schroeder. (Thin solid Films [Lausanne] **1** (1968) 4, 255–76; Phys. Inst., Univ., Frankfurt/Main; dt.) — Auf Trägern aus Quarzglas (a), Supremax (b) bzw. Natron–Kalk–Silicat-Glas (c) werden aus alkohol. Lsg. von $(C_2H_5O)_2TiCl_2$ oder Butyltitanat 500–1000 Å dicke Schichten von Ti-Oxiden abgeschieden; die Schichten werden durch Tempern bei Temp. (T) bis 600° verfestigt. Von den Schichten werden Struktur u. Habitus mit Hilfe von Elektronenmikroskopie u. -beugung untersucht sowie die Durchlässigkeit (D) für Licht mit Wellenlängen λ zwischen 0,3 u. 0,6 μ bestimmt. Die Krist.-Struktur der wärmebehandelten Schichten ist abhängig von der Zus. der Träger. Auf a u. b wird bevorzugt *Anatas* (**I**) bzw. bei größerem T *Rutil* (**II**) gebildet, während auf Gläsern mit höherem Na-Geh. (c) *Brookit* (**III**) u. daneben eine Na_xTiO_2-Phase (**IV**) entstehen. Die relativen Konz. von **I**, **II** u. **III** werden durch Schichtherst. u. -behandlung bestimmt. Durch Vorbeschichtung mit SiO_2 (Dicke d $\leqq$ 240 Å) wird die Diffusion von Na^+ aus dem Träger vermindert bzw. unterdrückt u. die Bldg. instabiler TiO_2-Phasen (**III, IV**) gefördert. Aus Messungen von D folgt, daß die Absorptionskante von **III** u. **IV** zu kleinerem λ verschoben u. der Brechungsindex n kleiner als der von **I**-Schichten ist. Die opt. Eig. von **I**- u. **II**-Schichten sind nahezu identisch. Der Konz.-Gradient der Na^+-Diffusion ist bei dickeren Schichten durch die Änderung von n in der Schicht nachweisbar. Herbert Müller 92

0407 **Lichtabsorption durch Oberflächenplasmonen-Anregung.** P. Dobberstein, A. Hampe und G. Sauerbrey. (Physics Letters [Amsterdam] **27 A** (1968) 5, 256–57; Phys.-Techn. Bundesanstalt, Inst. Berlin, Germany; engl.) — Das Reflexionsvermögen von im UHV auf Glasträger aufgedampften *Ag*-Schichten (0,5 μm Dicke) nimmt im Energiebreich der Oberflächenplasmonen ab, da Kopplung zwischen Licht u. Oberflächenwellen über Oberflächenrauhigkeit erfolgt. E. Otto 92

0408 **Interpretation der anomalen optischen Absorption von sehr dünnen Silberschichten unter Vakuum und unter Argon-Atmosphäre.** André Carlan. (C. R. hebd. Séances Acad. Sci., Sér. A et B **267** (1968) **3**, B 222–25; Centre d'Etudes des Couches minces, Fac. des Sci., Marseille; franz.) — Elektronenmkr. Aufnahmen von Ag-Schichten zeigen beim Übergang vom Vakuum zur Ar-Atm. eine Verkleinerung der Anzahl der Körner u. eine Vergrößerung des Kornduchmessers u. der Abstände. Damit läßt sich die Änderung der opt. Absorption der sehr dünnen Ag-Schichten beim Übergang vom Vakuum in Ar-Atm. erklären. Eine Verkleinerung dieser Absorption u. eine Verschiebung des Maximums gegen kürzere Wellenlängen wird gefunden. Unter der Wrkg. von Ar gibt es eine Neigung zur „Koagulation" der Schichten. Herbert Weber 92

0409 **Neues Verfahren zur Messung von Dicke und optischen Eigenschaften dünner Filme, die auf rauhen Oberflächen erhalten wurden.** Agneta Persson, Carl-Eric Blomqvist und Hans Nordén. (Ark. Fysik **35** (1968) 1/2, 129–47; Dep. of Phys., Univ. of Lund, Sweden; engl.) — Vf. untersuchen die Übertragung eines dünnen Filmes, der auf einer lösl. Unterlage hergestellt wurde, auf einen anderen Träger, der für die Messung von Dicke u. opt. Eig. geeigneter ist. Der in die Dickenmessung eingehende Fehler ist kleiner als 10 Å. Die Messungen wurden an dünnen (400–3000 Å) Au-Filmen durchgeführt, die auf Oberflächen von NaCl- oder CdJ_2-Krist. aufgedampft u. auf opt. ebene Scheiben von geschmolzenem Quarz übertragen wurden. Das Verf. ist für die Unters. von epitakt. gewachsenen Filmen von Interesse. Herbert Weber 92

0410 **Absorptionsbandkante in Gold.** Per-Olof Nilsson, Agneta Persson und Hans Nordén. (Ark. Fysik **35** (1968) 1/2, 165–76; engl.) — Vgl. vorst. Referat. — Die opt. Absorptionskante von Au im sichtbaren Bereich wurde durch Reflexions- u. Transmissionsmessungen an dünnen aufgedampften Au-Filmen (600 bis 800 Å auf Quarzscheiben oder CbJ_2-Einkrist.) untersucht. Es wird festgestellt, daß die Kante einem Quantenübergang vom d-Band zur Fermi-Oberfläche nahe dem L-Punkt entspricht. In Abweichung von der Theorie nahe der Schwelle wird auf Lebensdauerverbreiterung u. Banddeformation zurückgeführt. Der Einfl. von Defekten in den Proben auf die opt. Konst. wird diskutiert. Herbert Weber 92

0411 **Faraday-Effekt in paramagnetischen Systemen.** W. Y. Lung und J. R. Chamberlain. (Physics Letters [Amsterdam] **27 A** (1968) 6, 365–66; Dep. of Phys., Monash Univ., Clayton, Victoria, Australia; engl.) — Messungen der Wellenlängenabhängigkeit der Faraday-Rotation für Er^{3+}-Ionen in $Y_3Al_5O_{12}$ zeigen, daß die Kramers-Formel befolgt wird u. daß eine angeregte Konfig. bei Energien (62 $\pm$ 4) $\cdot$ 10^3 cm^{-1} am Effekt beteiligt ist. Herbert Weber 92

0412 **Faraday-Effekt von amorphem Selen.** B. Garben und H. Seliger. (Physica Status solidi [Berlin] **29** (1968) 1, K 27–29; IV. Phys. Inst., Univ., Göttingen; engl.) — Der Faraday-Effekt an amorphem Se wurde an durch schnelles Erstarren der Schmelze gewonnenen Proben bei 0,75–4,02 μm u. an Aufdampfschichten bei 0,70–0,85 μm in Abhängigkeit von der magnet. Induktion u. der Probendicke gemessen. Als effektive Masse der für den Faraday-Effekt verantwortlichen Ladungsträger wird m = 2,4 $\pm$ 0,5 m_0 (m_0 = Ruhemasse des Elektrons) bestimmt. H. Roschkowski 92

0413 **Magnetooptische Absorption durch hyperbolische Exzitonen.** H. I. Ralph. (Physics Letters [Amsterdam] **27 A** (1968) 7, 431–32; Dep. of Electr. Engng., McMaster Univ., Hamilton, Ontario, Canada; engl.) — Theoret. Unters. zur magnetoopt. Absorptionskurve nahe Sattelpunkten. Herbert Weber 92

0414 **Linearer elektrooptischer Effekt von Exzitonen in CuCl.** E. Mohler. (Physica Status solidi [Berlin] **29** (1968) 1, K 55–57; Phys. Inst., Univ., Frankfurt am Main; engl.) — Die relative Änderung des Reflexionsvermögens bei normalem Einfall von CuCl-Einkrist. im äußeren elektr. Feld wurde im Spektralbereich der Exzitonen gemessen u. besprochen. H. Roschkowski 92

0415 **Elektroreflexion bei schrägem Einfall bei Ge.** S. Ballarò, A. Balzarotti und V. Grasso. (Physica Status solidi [Berlin] **28** (1968) 2, K 109–12; Ist. di Fis., Univ. di Messina, Messina; engl.) — Die Veränderung des opt. Reflexionsvermögens bei ca. 2–3,5 eV im elektr. Feld wird bei verschiedenen Feldorientierungen gemessen. H. Roschkowski 92

0416 **Optische Modulation durch akustoelektrische Domänen in p-GaSb.** C. S. Kumar, P. O. Sliva und R. Bray. (Physic. Rev. [2] **169** (1968) **3**, 680–89; Dep. of Phys., Purdue Univ., Lafayette, Ind.; engl.) — Die Domänen hohen Widerstandes u. hoher Feldstärke können in p-GaSb zu einer starken Modulation der Transmission von IR-Licht führen. Die Modulation wurde in reinstem p-GaSb u. in Li-diffundiertem Material untersucht. Der prim. Effekt besteht in einer starken Abnahme der Transmission, die auf Wellenlängen in der Nähe der Eigenabsorptionskante beschränkt ist. Die Modulation entspricht einer kurzzeitigen Verschiebung u./oder Verbreiterung der Kante in Richtung größerer Wellenlänge. Dieser Effekt wurde am besten in Li-diffundiertem GaSb beobachtet. Es wurden Beziehungen zwischen der opt. Modulation u. der lokalen elektr. Feldstärke in der Domäne aufgestellt. H. Liepack 92

0417 **K-Absorptionskante von Gallium-Metall und seinen Verbindungen.** L. P. Verma und B. K. Agarwal. (Indian J. pure appl. Physics **5** (1967) 12, 616; Dep. of

(Phys., Univ. of Allahabad, Allahabad; engl.) — K-Absorptionskanten von Ga u. Ga-Chloriden, -Oxiden, -Nitraten u. -Sulfaten wurden polarograph. aufgenommen. Eine Verschiebung der Absorptionskante ist in allen Fällen auf chem. Wrkg. zurückzuführen, die minimal beim Chlorid, maximal für Sulfate sind.
H. Jehne 94

0418 **Untersuchung der Röntgenspektren von hexagonalem und kubischem Bornitrid.** V. A. Fomichev und M. A. Rumsh. (J. Physics Chem. Solids **29** (1968) 6, 1015—24; Inst. of Phys., Leningrad State Univ.; engl.) — Vf. messen die K-Röntgenemissionsspektren u. Quantenausbeutespektren von B u. N in kub. BN. Die Ergebnisse sind vergleichbar mit den Spektren, die früher für hexagonales BN erhalten wurden. Aus den Ergebnissen können folgende Werte abgeleitet werden: Bandabstand von BN_{kub} = (6,0 ± 0,5) eV; Bandabstand von BN_{hex} = (4,5 ± 0,5) eV. Breite des Valenzbandes von BN_{hex} = (20,8 ± 0,5) eV oder (15,3 ± 0,5) eV. Die Breite des Valenzbandes von BN_{kub} beträgt (15,4 ± 0,5) eV.
K. H. Härdtl 94

0419 **Untersuchung der Energiebandstruktur von Borphosphid mittels ultraweicher Röntgenstrahlspektroskopie.** V. A. Fomichev, I. I. Zhukova und I. K. Polushina. (J. Physics Chem. Solids **29** (1968) 6, 1025—32; Inst. of Phys., Leningrad State Univ., Leningrad; engl.) — Vf. messen die K-Röntgenstrahlemissionsspektren von B u. die $L_{2,3}$-Spektren von P der Verb. BP sowie die photoelektr. K-Spektren von B u. $L_{2,3}$-Spektren von P in BP. Dabei entspricht der Energieabstand zwischen dem Ende des Emissionsspektrums u. dem Anfang des photoelektr. Spektrums dem Bandabstand. Für das B-Spektrum erhält man 2,1 eV u. für das P-Spektrum —1,9 eV. Diese Werte stimmen gut mit den Ergebnissen der opt. Messungen (2,0 eV) überein. Aus den Spektren ergibt sich ferner, daß Valenzelektronenzustände mit s-Symm. in Bodennähe der Valenzzone konzentriert sind, während Zustände mit p-Symm. sich an der Oberkante konzentrieren. Ebenso werden Schlüsse über den Charakter der chem. Bindung gezogen.
K. H. Härdtl 94

0420 **Modell für erweiterte Feinstruktur bei Röntgenabsorptionsspektren.** Pushpa Chivate, P. S. Damle, N. V. Joshi und C. Mande. (J. Physics, C(Proc. physic. Soc.) [2] **1** (1968) 5, 1171—75; Dep. of Phys., Poona Univ., India; engl.) — Die Mn-K-Absorptionsspektren von *Mn*, *MnO*, Mn_3O_4, Mn_2O_3 u. MnO_2 wurden aufgenommen (0—100 eV). Die Theorie von Lytle (Proc. Ann. Conf. on Applicat. of X-Ray Analysis, Denver **1965**), die die erweiterte Feinstruktur auf der Seite hoher Energie der Röntgen-Absorptionskanten von Metallen sehr gut erklärt, wird für die Anwendung auf Verb. auf der Grundlage einer Potentialwand begrenzter Höhe um das absorbierende Atom modifiziert. Dieses Modell interpretiert die erweiterte Feinstruktur in der Nachbarschaft der Mn-K-Absorptionskante bei Mn-Oxiden zufriedenstellend.
A. Jaeschke 94

0421 **K-Röntgenabsorptionsfeinstruktur von Nb und Cu bei tiefen Temperaturen.** Thomas A. Boster und John E. Edwards. (Physic. Rev. [2] **170** (1968) 1, 12—16; Phys. Dep., Oklahoma City Univ., Olklahoma City, Oka.; engl.) — Die K-Absorptionsfeinstruktur von Nb u. Cu wurde bei 300, 77 u. 4,2°K untersucht, um die fundamentale Abhängigkeit der Feinstrukturvariationen von der Debye-Temp. u. der Lokalisierung der Streupotentiale zu bestimmen. Die Zunahme in der Amplitude der Feinstrukturschwankungen mit Erniedrigung der Absorbertemp. u. die Abhängigkeit der Temp.-Variationen der Feinstruktur von der Debye-Temp. stimmen mit der Theorie überein. Es wurde keine wesentliche Änderung der energet. Lage der Feinstruktur bei Erniedrigung der Temp. der beiden Absorber gefunden.
H. Liepack 94

0422 **Durch 0,5- bis 2,8-MeV-Elektronen in dicken Al- und Fe-Targets erzeugte Bremsstrahlung.** W. E. Dance, D. H. Rester, B. J. Farmer, J. H. Johnson und L. L. Baggerly. (J. appl. Physics **39** (1968) 6, 2881—89; LTV Res. Center, Ling-Temco-Vought, Inc., Dallas, Tex.; engl.) — Messung der Bremsstrahlung, die durch Elektronen mit Energien von 0,5, 1,0, 2,0 u. 2,8 MeV in Targets von zur Bremsung der Elektronen hinreichender Dicke erzeugt wurde. Die spektralen Verteilungen der äußeren Bremsstrahlungsintensität pro Einheitsraumwinkel werden für Emissionswinkel von 0 bis 150° dargestellt, desgleichen die spektralen Verteilungen der Strahlungsintensität bei Integration über alle Winkel u. über die Vorwärtshalbkugel. Die totale äußere Strahlungsenergie ist abhängig vom Quadrat der Energie der auftreffenden Elektronen T_0. Der äußere Wrkg.-Grad für die Bremsstrahlungserzeugung beträgt $4{,}8 \cdot 10^{-3}$ T_0 für Al u. $9{,}2 \cdot 10^{-3}$ T_0 für Fe, T_0 in MeV.
H. Liepack 94

0423 **Einfluß von Kristallimperfektionen auf Emission von Röntgenstrahlen durch Elektronenbeschuß in Kupferkristallen.** Kazuhiko Izui und Shigemi Furuno. (Jap. J. appl. Physics **7** (1968) 2, 184—85; Japan Atomic Energy Res. Inst., Tokaimura, Ibaraki-ken; engl.) — Vorl. Mitt. über Unters. im Hinblick auf die quant. Elektronensonden-Mikroanalyse mit Messungen bei Beschleunigungsspannungen von 10—45 kV.
Herbert Weber 94

0424 **Beitrag der Bahn-Gitter-Wechselwirkung zur Aufspaltung des $^8S_{7/2}$-Grundzustandes.** T. J. Menne. (Physic. Rev. [2] **170** (1968) 2, 356—58; Res. Div., McDonnell Co., St. Louis, Mo.; engl.) — Berechnung des stat. Beitrags der Bahn-Gitter-Wechselwrkg. zur Aufspaltung des Grundzustandes von Seltenerdmetallionen im S-Zustand sowie explizite Behandlung der Mischungseffekte infolge Spin-Bahn-Kopplung. Die nullpunkt- u. temperaturabhängigen Phononenverteilungen wurden ermittelt; für Gd^{3+} in CaF_2 ist die durch diese Terme verursachte Aufspaltung um ca. drei Größenordnungen kleiner als der gemessene Wert, sie hat zur beobachteten Aufspaltung entgegengesetztes Vorzeichen u. zeigt ein ungenaues Temp.-Verhalten. Es wird geschlossen, daß die stat. Bahn-Gitter-Wechselwrkg. nicht für die Aufspaltung des Grundzustandes von Ionen im S-Zustand verantwortlich ist.
H. Liepack 94

0425 **Beitrag des elektrischen Moments zweiter Ordnung zur optischen Absorption in Kristallen.** R. O. Davies und D. Healey. (J. Physics, C (Proc. physic. Soc.) [2] **1** (1968) 5, 1176—83; Phys. Dep., Queen Mary Coll., London; engl.) — Formeln für die opt. Absorption auf Grund des Terms 2. Ordnung in der Reihe für das elektr. Moment in Krist. werden abgeleitet. Sie eignen sich zur Berechnung der Fehlstellenabsorption.
A. Jaeschke 94

0426 **Theorie der defektinduzierten Einphonon-Absorption in Edelgaskristallen.** R. O. Davies und D. Healey. (J. Physics, C (Proc. physic. Soc.) [2] **1** (1968) 5, 1184 bis 1193; engl.) — Vgl. vorst. Referat. — Mit Hilfe der Green-Funktion wird die IR-Einphonon-Absorption durch ungeladene Punktdefekte in einem kub.-flächenzentrierten Bravais-Wirtsgitter berechnet. Ein Vgl. mit experimentellen Literaturdaten für *Xe*-Defekte in *Ar* zeigt, daß sich aus nicht-radialen Verschiebungen von Nachbaratomen relativ zum Defekt Verzerrungsdipolmomente ergeben.
A. Jaeschke 94

0427 **Polarisation von Übergängen zu den magnetischen Unterzuständen von Triplettexzitonen.** Richard H. Clarke und Robin M. Hochstrasser. (J. chem. Physics **48** (1968) 4, 1745—48; Dep. of Chem., Univ. of Pa., Philadelphia, Pa.; engl.) — Ableitung von Intensitätsbeziehungen u. Diskussion der Polarisation für Davydov-Singulettzustände eines Krist. mit zwei Mol. in der Elementarzelle. Unters. des Singulett-Triplett-Übergangs von *Phenazin*.
H. Liepack 94

0428 **Zeeman-Spektren von Ionen in kubischen Kristallen: berechnete Intensitäten für die Übergänge $\Gamma_6 \rightarrow \Gamma_8$ und $\Gamma_7 \rightarrow \Gamma_8$.** D. F. Johnston, S. Marlow und W. A. Runciman. (J. Physics, C (Proc. physic. Soc.) [2] **1** (1968) 5, 1455—56; AERE, Harwell, Didcot, Berks.; engl.) — Tabellen für die Intensitäten bei Übergängen in Ionen, Punktdefekten oder an Gitterstellen kub. Symmetrie.
A. Jaeschke 94

0429 **Theorie des Polaroneneffekts in den magnetooptischen Eigenschaften von InSb.** M. Nakayama. (Physics Letters [Amsterdam] **27 A** (1968) 5, 315—16;

Inst. of Phys., Coll. of Gen. Educat., Univ. of Tokyo, Meguro, Tokyo, Japan; engl.) — Der Polaroneneinfl. auf das Landau-Niveau N = 1 wird untersucht u. das Zyklotronenresonanzlinienprofil wird für $\omega = \omega_0$ berechnet. E. Otto 94

0430 **Elektronenspektrum von trigonalem Selen.** Rolf Sandrock. (Physic. Rev. [2] **169** (1968) 3, 642—50; James Franck Inst., Univ. of Chicago, Chicago, Ill.; engl.) — Aus den empir. Formfaktoren für kub. ZnSe wird ein Pseudopotential für elementares Se abgeleitet, aus dem die Energiebänder entlang aller Symmetrieachsen der Brillouin-Zone ber. werden. Der Imaginärteil der dielektr. Funktion wird ermittelt. In das Spektrum geht eine starke Abhängigkeit von den Variationen der Oszillatorstärken im k-Raum ein. Der Realteil der dielektr. Funktion u. das Reflexionsspektrum wurden für Polarisationen parallel u. senkrecht zur trigonalen Achse berechnet. H. Liepack 94

0431 **Einfluß schwacher elektrischer Felder auf die Absorptionskante in dotiertem Germanium.** V. M. Asnin, G. L. Eristavi und A. A. Rogachev. (Physica Status solidi [Berlin] **29** (1968) 1, 443—46; Ioffe Phys.-techn. Inst., Acad. of Sci. of USSR, Leningrad; engl.) — Eine Änderung ders Absorptionsspektrums in der Nähe der direkten Bandkante von Ge wird bei Anlegen eines schwachen elektr. Felds beobachtet. Es wird angenommen, daß dieser Effekt durch die Abschirmung der Coulomb-Wechselwrkg. durch Ladungsträger verursacht wird, die durch Lawinendurchschlag aus flachen Störstellenzentren befreit werden. H. Roschkowski 94

0432 **Neue Bande im Absorptionsspektrum von $MnCl_2$.** Anjani Mehra. (J. chem. Physics **48** (1968) 4, 1871; Dep. of Phys., Indian Inst. of Technol., Kanpur, India; engl.) — Im Absorptionsspektrum von $MnCl_2$-Krist. bei 77 °K wurde eine neue Bande bei 30500 cm^{-1} beobachtet, die $^4T_1(P)$ zugeordnet wird. Eine kleine Blauverschiebung dieser Bande beim Abkühlen deutet auf eine Dq-Zunahme beim Abkühlen hin. Die einzelne Bande bei 38400 cm^{-1} ist wahrscheinlich auf eine Überlappung der $^4A_2(F)$- u. $^4T_1(F)$-Banden zurückzuführen. Die Bande bei 40700 cm^{-1} wird $^4T_2(F)$ zugeordnet. Diese Bande ist die intensivste. Die von Pappalardo bei 42370 cm^{-1} gefundene Bande wurde wegen der starken Untergrundabsorption nicht beobachtet. Die Energieniveaus von Mn^{2+} werden berechnet. H. Liepack 94

0433 **Optische Absorptionsspektren der Metalljodide mit Schichtstrukturen.** M. R. Tubbs. (J. Physics Chem. Solids **29** (1968) 7, 1191—1203; School of Phys., Univ. of Warwick, Coventry; engl.) — Die Eigenabsorptionsspektren dünner krist. Schichten von CaJ_2, CdJ_2, FeJ_2, MnJ_2, PbJ_2, ZnJ_2, BiJ_3 u. SbJ_3 werden zwischen 14000 u. 55000 cm^{-1} (1,7—6,8 eV) gemessen. Die Spektren aller Jodide zeigen scharfe Excitonen-Max. sowohl in der Nähe der Bandkante als auch bei weit höheren Energien. Die Lage u. Multiplizität der Excitonen-Max. der meisten Materialien sind mit einem Modell nullter Ordnung konsistent, das die Anregung der J-Ionen in den hohen elektr. Feldern, die durch die Schichtstruktur verursacht werden, einschließt. Dieses Modell sagt vier starke Excitonen-Max. voraus: Ein niederenerget. Halogen-Dublett in Bandkantennähe u. ein hochenerget. Halogen-Dublett 1—2 eV oberhalb der Bandkante. K. H. Härdtl 94

0434 **Veränderung der Lage des Exzitonenmaximums mit dem Gitterparameter in Metalljodidkristallen.** M. R. Tubbs. (Physica Status solidi [Berlin] **28** (1968) 2, K 135—37; School of Phys., Univ. of Warwick, Coventry; engl.) — Die Excitonenspektren von LiJ, NaJ, KJ, RbJ, CsJ, FeJ_2, CoJ_2, NiJ_2, ZnJ_2, CdJ_2, MnJ_2, BiJ_3, SbJ_3, CaJ_2 u. PbJ_2 werden mit den Ionenabständen in den Krist. verglichen. Für die Alkalimetallhalogenide bzw. die Di- u. Trijodide mit Schichtstruktur werden lineare Beziehungen zwischen der Photonenenergie der Excitonenmax. u. der reziproken Wurzel des Ionenabstands gefunden. H. Roschkowski 94

0435 **Optisches Absorptionsspektrum eingefangener Elektronen in alkalischem Eis.** L. Kevan, D. R. Renneke und R. J. Friauf. (Solid State Commun. **6** (1968) 7, 469—71; Dep. of Chem. and Phys., Univ. of Kans., Lawrence, Kan.; engl.) — Das opt. Absorptionsspektrum zwischen 400 u. 1800 nm von 10 m NaOH-Eiskrist. wird bei 75 °K nach verschieden starker Bestrahlung mit ^{60}Co-γ-Strahlen aufgenommen. Bei einer Bestrahlungsdosis über 10 Mrad vermindert sich die Ein-Elektron-Bande (e_t^-) bei 585 nm u. gleichzeitig vergrößert sich eine breite Absorptionsbande mit Max. bei 1000 nm. Bei Beleuchtung mit Licht von 585 nm vergrößert sich die IR-Bande weiter. Diese Ergebnisse sind in Übereinstimmung mit der gleichzeitigen Verminderung des e_t^--ERS-Signals. Vf. schlagen ein Modell für die IR-Bande vor, bei dem zwei Elektronen in derselben Leerstelle eingefangen sind, ähnlich wie es bei dem F'-Zentrum in den Alkalimetallhalogenidkrist. beobachtet wird. K. H. Härdtl 94

0436 **Elektroreflexionsspektrum von Kupfer(I)-oxid-Kristallen.** S. N. Shestatskii und V. V. Sobolev. (Physica Status solidi [Berlin] 28 (1968) 2, K 131—33; Acad. of Sci. of MoldavianSSR, Kishinev; engl.) — Bei Raumtemp. u. 600—400 nm wird das Reflexionsspektrum eines Cu_2O-Krist. aufgenommen, an den ein elektr. Feld angelegt wird. Zwei Max. des beobachteten Spektrums bei 457 u. 479 nm werden direkten Interbandübergängen vom oberen Dublettvalenzband zum zweiten Leitungsband zugeordnet. H. Roschkowski 94

0437 **Elektronenabsorptionsspektrum von $K_2[NiF_4]$.** J. S. Tiwari, A. Mehra und K. G. Srivastava. (Jap. J. appl. Physics **7** (1968) 5, 506—08; Dep. of Phys., Allahabad Univ., Allahabad, India; engl.) — Das opt. Absorptionsspektrum von $K_2[NiF_4]$-Einkrist. wird im Wellenlängenbereich von 3000—17000 Å bei Zimmertemp. gemessen. Die Banden werden verschiedenen angeregten Niveaus der Ni^{2+}-Ionen in O_h-Symmetrie zugeordnet. Die Krist.-Feld-Parameter B, C u. Dq werden zu 965, 4135 u. 755 cm^{-1} bestimmt. B. Plewinsky 94

0438 **Optische Absorption geschmolzener Mischungen von Kaliumnitrat mit Erdalkalimetallnitraten.** Yves Doucet, Robert Bailleux und Noël Camoin. (C. R. hebd. Séances Acad. Sci., Sér. A et B **267** (1968) 7, B 444—46; Labor. de Thermodynam. des Sels fondus, Fac. des Sci., Marseille; franz.) — Die Energie des Max. der bei 3000 Å gelegenen Absorptionsbande von Mischungen von KNO_3 mit $Ba(NO_3)_2$, $Sr(NO_3)_2$ bzw. $Ca(NO_3)_2$ wird bei 357° u. am F. der jeweiligen Mischung in Abhängigkeit von der Zus. bestimmt. Zusammenhänge mit dem Phasendiagramm der Syst. werden dargelegt. U. Venzke 94

0439 **Absorptionsspektren der Ammonium- und Natriumdichromate bei 2 °K. Struktur der Linien.** Bernard Butowiez und Roger Martelli. (C. R. hebd. Séances Acad. Sci., Sér. A et B **267** (1968) 2, B 146—48; Labor. de Phys. M.P. 1, Fac. des Sci., Marseille; franz.) — Die Spektren werden an monoklinen Einkrist. in gradlinig polarisiertem Licht aufgenommen. Die 7 bzw. 13 im Spektrum von $(NH_4)_2Cr_2O_7$ bzw. $Na_2Cr_2O_7 \cdot 2\,H_2O$ zwischen 5307, 50 u. 5172,57 bzw. 5339,30 u. 5173,41 Å identifizierten Linien entsprechen Elektronenübergängen bei Aufspaltung in mehrere Komponenten. U. Venzke 94

0440 **Optische Phononen in festem Wasserstoff und Deuterium im geordneten Zustand.** Walter N. Hardy, Isaac F. Silvera, K. N. Klump und O. Schnepp. (Physic. Rev. Letters **21** (1968) 5, 291—94; Sci. Center, North Amer. Rockwell Corporat., Thousand Oaks, Calif.; engl.) — Absorptionsspektren im fernen IR von angereichertem Parawasserstoff u. Paradeuterium werden aufgenommen u. die beobachteten Linien (6—350 cm^{-1}) opt. Phononen zugeschrieben, die mit den geordneten Untergittern verbunden sind. E. Richter 94

0441 **Verbreiterung der N_1-Null-Phonon-Linie in Natriumchlorid durch mechanische Verspannung.** A. E. Hughes. (J. Physics Chem. Solids **29** (1968) 8, 1461—77; Solid State Phys. Div., Atomic Energy Res. Establ., Harwell, Discot, Berks.; engl.) — Mechan. Verspannungen verbreitern die opt. Absorptionslinien in Kristallen. Die

Verbreiterung kann mit einer statist. Theorie beschrieben werden, die mit experimentellen Unters. der scharfen N_1-Null-Phononlinie in NaCl überprüft wird. Die statist. verteilten mechan. Verspannungen werden durch Dotierung mit Alkalimetall- u. Halogenidionen hervorgerufen. Die Theorie sagt eine durch die Störstellenverspannungsfelder verursachten Lorentz-Verteilung der Linienform vorher, sowie Verschiebungen u. Halbwertsbreiten, die proportional zur relativen Änderung der Gitterkonst. bzw. der Elastizitätskonst. sind. Im ganzen gesehen kann gute Übereinstimmung zwischen Experiment u. Theorie gefunden werden. K. H. Härdtl 94

0442 **Infrarot-Gitterabsorption von Silicium und Germanium.** W. Kress, H. Borik und R. K. Wehner. (Physica Status solidi [Berlin] **29** (1968) 1, 133—43; Inst. für theoret. Phys., Univ., Frankfurt/Main; engl.) — Die Zweiphononen-Absorptionsbanden von Si u. Ge werden ber., wobei das Dipolmoment 2. Ordnung bis zum zweitnächsten Nachbarn berücksichtigt wird. Die Übereinstimmung zwischen den gemessenen u. den ber. Banden zeigt, daß das für die Rechnungen zugrundegelegte Schalenmodell die Phononendispersionskurven recht gut wiedergibt. Die nähere Betrachtung der restlichen Abweichungen zwischen gemessenen u. ber. Frequenzen ergibt, daß in einem gewissen Bereich der Brillouin-Zone das Schalenmodell besser angepaßt werden sollte. H. Roschkowski 94

0443 **Absorptionsspektren von Erbiumchlorid und von Dysprosiumchlorid im fernen Infrarot.** Armand Hadni und Pierre Strimer. (C. R. hebd. Séances Acad. Sci., Sér. A et B **267** (1968) 6, B 400—03; Fac. des Sci., Inst. de Phys., Nancy, Meuthe-et-Moselle; franz.) — Untersucht wird der Einfl. des Kristallfeldes auf die Aufspaltung der Linien in den reinen Substanzen u. in anderen Seltenerdmetallchloriden mit Er^{3+}- u. Dy^{3+}-Dotierungen. Das Spektrum von $ErCl_3$ im Bereich von 16—250 cm^{-1} wird bei 25, 80 u. 290°K aufgenommen. Die bei 25°K beobachteten Hauptlinien liegen zwischen 22,1 u. 61 u. bei 67,5 cm^{-1}. Das bei 4,2, 25, 80 u. 290°K im Bereich von 16—100 cm^{-1} ermittelte Spektrum von $DyCl_3$ zeigt (bei 4,2°K) eine breite Bande bei 37 cm^{-1}. Die aus den Spektren ermittelte Aufspaltung der Grundniveaus unter dem Einfl. des Kristallfeldes wird mit der für Er^{3+} in YCl_3 u. $LaCl_3$ u. der für Dy^{3+} in $LaCl_3$ auf andere Weise ermittelten Aufspaltung verglichen. Während die für Er^{3+} in YCl_3 indirekt ermittelten Niveaus bei 22,6—25,15 u. 60,83—66,24 cm^{-1} u. damit an ähnlicher Stelle wie in $ErCl_3$ liegen, wird für Er^{3+} u. Dy^{3+} in $LaCl_3$ eine andere Aufspaltung als für die reinen Substanzen gefunden. U. Venzke 94

0444 **Spektren synthetischer Zeolithe mit Übergangsmetallionen.** 1. Mitt. **Theorie der $d^9(d^1)$- und $d^8(d^2)$-Elektronenkonfigurationen im Kristallfeld mit D_{3h}-Symmetrie.** R. Polák und V. Černý. (J. Physics Chem. Solids **29** (1968) 6, 945—50; Inst. of Phys. Chem., Czechoslovak Acad. of Sci., Prague; engl.) — Zur Deutung der elekron. Spektren von Übergangsmetallionen im Krist.-Gitter synthet. Zeolithe werden die $d^9(d^1)$- u. $d^8(d^2)$-Elektronenkonfig. bei einer Störung mit D_{3h}-Symmetrie untersucht. Der ^2D-Term des freien d^1-Elektrons spaltet in drei Terme $^2A_1'$, $^2E'$ u. $^2E''$ auf. Die Aufspaltung der $d^2(d^8)$-Konfig. durch das Krist.-Feld wird ebenfalls bestimmt. Der Grundzustand ist stets ein Triplett, so daß das Ion immer paramagnet. ist. K. H. Härdtl 94

0445 **Spektren synthetischer Zeolithe mit Übergangsmetallionen.** 2. Mitt. **Ni^{2+}-Ionen in Linde-Molekularsieben vom Typ A.** K. Klier und M. Rálek. (J. Physics Chem. Solids **29** (1968) 6, 951—57; engl.) — 1. vgl. vorst. Referat. — Vf. messen u. deuten die Reflexionsspektren zwischen 0,35 u. 2,2 μ von Ni^{2+}-Ionen in synthet. Zeolithen (Mol.-Siebe, Linde Typ A). Entsprechend dem Hydratationsgrad treten drei verschiedene Komplexe auf: Der Hexaquokomplex in vollständig hydratisiertem Zeolith, der Monoquokomplex in teilweise hydratisiertem Zeolith u. Ni^{2+}-Ionen, die in den hexagonalen Fenstern des Alumosilicatnetzwerkes sitzen. Die Spektren dieser Ionen werden mit der l.c. entwickelten Theorie gedeutet. Spektren von Komplexen mit adsorbiertem Cyclopropan u. Äthylen werden beschrieben u. gedeutet. K. H. Härdtl 94

0446 **Momentenanalyse der R_2-Nullphononen-Linie in NaF unter einaxialem Druck.** F. Lanzl, H. Morian, W. von der Osten und W. Waidelich. (Z. Physik **214** (1968) 5, 447—56; I. Phys. Inst., TH Darmstadt; dt.) — Die R_2-Nullphononen -Absorptionslinie 4480 Å in NaF bei 4,2°K u. 23°K wird unter einaxialem Druck entlang <100> u. <110> untersucht. Gemäß dem F_3-Modell des R-Zentrums (drei F-Zentren) wird gefunden, daß die R_2-Linie einem Übergang zwischen einem entarteten Grundzustand (^2E) u. einem nichtentarteten angeregten Zustand (^2A) dieses Zentrums entspricht. An Stelle einer Aufspaltung in einzelne Komponenten unter Druck werden Änderungen in der Linienform beobachtet, die mittels der Momentenmeth. analysiert werden. Das nullte u. erste Moment der Linie werden als Funktion von Druck u. Temp. berechnet. Die theoret. Momente sind in guter Übereinstimmung mit den aus experimentellen Daten bestimmten. Aus einem Vgl. der gemessenen Momente mit den theoret. Ausdrücken werden Druckaufspaltungsparameter erhalten, die die Beseitigung der Orientierungs- u. Orbitalentartung des R-Zentrums unter einaxialem Druck beschreiben. Die entsprechenden Dehnungsparameter der R_2-Linien in NaF werden mit denen anderer Alkalihalogenide verglichen. Herbert Weber 94

0447 **Multiphononenabsorption von Kristallen mit Punktdefekten im starken Strahlungsfeld.** H. Böttiger. (Physica Status solidi [Berlin] 28 (1968) 2, 611—21; Inst. für Krist.-Phys., DAW, Berlin; dt.) — Es wird die Gitterabsorption durch Summenprozesse in Krist. mit einer lokalisierten Schwingung im starken Strahlungsfeld unter Verw. einer Diagrammtechnik untersucht. Für die hochfrequenten Seitenbanden der lokalisierten Schwingung von H^--Defekten in Alkalimetallhalogeniden wird die krit. Feldstärke, in deren Nähe die beobachtete Absorption rapide anwächst, zu ca. 10^6 V/cm abgeschätzt. H. Roschkowski 94

0448 **Langwellige longitudinale Phononen von Mehrmodenkristallen.** I. F. Chang, S. S. Mitra, J. N. Plendl und L. C. Mansur. (Physica Status solidi [Berlin] **28** (1968) 2, 663—73; Dep. of Electr. Engng., Univ. of Rhode Island, Kingston; engl.) — Entw. eines Verf. zur Berechnung der Frequenzen der longitudinalen opt. Moden u. Beispielsberechnungen für die Mischkrist. $ZnS_{1-x}Se_x$ u. $CdS_{1-x}Se_x$ sowie für α-Al_2O_3, Cr_2O_3, $SrTiO_3$ u. $KTaO_3$. H. Roschkowski 94

0449 **Schwingungsspektren komplexer oktaedrischer Anionen im kristallisierten Zustand; Einfluß der Kationen.** Henri Poulet, Christiane Belgodère und Martine Debeau. (C. R. hebd. Séances Acad. Sci., Sér. A et B **267** (1968) 4, B 290—93; Labor. des Rech. phys., Paris; franz.) — Für $(NH_4)_2SnCl_6$, K_2SnCl_6, Rb_2SnCl_6, Cs_2SnCl_6, $(NH_4)_2SnBr_6$, $(NH_4)_2PtCl_6$, K_2PtCl_6, Rb_2PtCl_6 u. $(NH_4)_2PtBr_6$ in krist. Zustand werden die Kraftkonst. eines modifizierten Urey-Bradley-Feldes u. die Grundfrequenzen des Krist. ber. u. mit den eyperimentell aus IR- u. Raman-Spektren ermittelten Frequenzen verglichen. U. Venzke 94

0450 **Schwingungsspektren von $ZrCl_4$ und $Zr(NO_3)_4$.** J. Weidlein, U. Müller und K. Dehnicke. (Spectrochim. Acta [Oxford], Part A **24** (1968) 3, 253—58; Labor. für Anorg. Chem., TH Stuttgart; dt.) — Die IR- u. Raman-Spektren werden von festem $ZrCl_4$ u. $Zr(NO_3)_4$ aufgenommen u. zugeordnet. Für $ZrCl_4$ zeigt sich eine polymere Struktur von Zr_2Cl_8-Einheiten mit D_{2h}-Symmetrie. Das Spektrum von $Zr(NO_3)_4$ kann in der gleichen Art wie für $Sn(NO_3)_4$ u. $Ti(NO_3)_4$ mit einer KZ 8 für Zr (D_{2h}) erklärt werden. E. Otto 94

0451 **Absorptionsspektren im fernen Infrarot von sieben wasserfreien und kristallwasserhaltigen Halogeniden: $BaCl_2$, $BaBr_2$, $SrBr_2$, $SrCl_2$, $PbCl_2$, $PbBr_2$ und NaJ.** A. Hadni, G. Morlot und F. Brehat. (Spectrochim. Acta [Oxford], Part A **24** (1968) 8, 1167—75; Univ. de Nancy, Nancy, France; franz.) — Es werden die Spektren der Verb. $BaCl_2$, $BaCl_2 \cdot 2\,H_2O$, $BaCl_2 \cdot 2\,D_2O$, $BaBr_2$, $BaBr_2 \cdot 2\,H_2O$, $BaBr_2 \cdot 2\,D_2O$, $SrCl_2$, $SrCl_2 \cdot 6\,H_2O$, $SrBr_2$, $SrBr_2 \cdot$

6 H_2O, NaJ, NaJ · 2 H_2O, $PbCl_2$ u. *$PbBr_2$* bei 19,80 u. 290 °K im fernen IR untersucht. Bei den Krist.-Hydraten können durch Vgl. der Spektren mit denen der deuterierten Verb. die Absorptionsbanden, die auf die Krist.-W.-Mol. zurückzuführen sind, bestimmt werden. Zwei niedrigfrequente Absorptionsbanden, deren Lage sich bei der Deuterierung nicht ändert, werden den Schwingungen der schwersten Atome in der Elementarzelle zugeordnet. B. Plewinsky 94

0452 **Infrarotabsorption durch Donatorenzustände in ZnS-Einkristallen.** H. Kukimoto, S. Shinoya, T. Koda und R. Hioki. (J. Physics Chem. Solids **29** (1968) 6, 935–44; Inst. for Solid State Phys., Univ. of Tokyo, Roppongi, Minato-ku, Tokyo; engl.) — Einkrist. von ZnS:Cu, Al u. ZnS:Ag, Al werden aus der Schmelze unter hohem Druck mit der Bridgman-Meth. gezogen. Im IR-Bereich von 3–14 μ wird bei gleichzeitiger UV-Bestrahlung eine breite Absorptionsbande gefunden. Diese Absorption wird dem Übergang von Elektronen zugeschrieben, die an flachen Al-Donatoren eingefangen waren. Die beobachteten Spektren werden mit den Theorien der effektive-Masse-Näherung u. der k · p-Störung analysiert, wobei gute Übereinstimmung zwischen Theorie u. Experiment erzielt wird. Die opt. u. therm. Ionisierungsenergien der Donatorelektronen ergeben sich zu 0,100 bzw. 0,074 eV u. die effektive Masse der Elektronen zu 0,34 $\pm$ 0,02 m_0. Der Zusammenhang zwischen der IR-Absorption u. der sichtbaren Lumineszenz wird diskutiert. K. H. Härdtl 94

0453 **IR-dielektrisches Verhalten und Gitterschwingungen von Calcium- und Strontiumoxiden.** J. L. Jacobson und E. R. Nixon. (J. Physics Chem. Solids **29** (1968) 6, 967–76; Dep. of Chem. and Labor. for the Res. on the Structure of Matter, Univ. of Pa., Philadelphia, Pa.; engl.) — Vf. berichten über die opt. u. dielektr. Eig. von CaO u. SrO. Die Reflexionsspektren von Einkrist. u. die Absorptionsspektren von einkrist. u. polykrist. Schichten werden mit einer klass. Oszillatortheorie beschrieben. Die effektiven Ladungen von Szigeti stimmen nur näherungsweise mit den theoret. Werten überein, die man aus einem Schalenmodell erhält. Die Multiphononspektren werden ebenfalls angegeben, doch ist eine Deutung wegen der fehlenden Dispersionswerte unmöglich. K. H. Härdtl 94

0454 **Infrarotspektren und Kationenverteilungen von Manganferriten.** V. A. M. Brabers und P. Dekker. (Physica Status solidi [Berlin] **29** (1968) 1, K 73–76; Labor. voor Materiaalkunde, Techn. Hogeschool, Eindhoven; engl.) — Aus Messungen der IR-Spektren von $Mn_xFe_{3-x}O_4$ mit x = 0,8; 0,9; 1,0; 1,25 u. 1,4 wird auf die Kationenverteilung auf Oktaeder- u. Tetraederplätze in den Ferriten geschlossen. H. Roschkowski 94

0455 **Absorptionsspektrum von Ammoniumuranylsulfat.** K. V. Narasimham und M. Girija. (Indian J. pure appl. Physics **6** (1968) 5, 231–35; Defence Sci. Labor., Metcalfe House, Delhi; engl.) — Elektronen- u. IR-Absorptionsspektrum von $(NH_4)_2UO_2 \cdot (SO_4)_2 \cdot 2\ H_2O$ wurden erneut untersucht. Für die Elektronenabsorptionsbanden wurde eine Analyse auf Grund der vier Elektronenübergänge aus dem gemeinsamen Grundzustand zu verschiedenen höheren Zuständen vorgeschlagen. Ferner wurden UO_2-, SO_4- u. Krist.-Gitterfrequenzen erhalten. Eine Erklärung für einige IR-Banden wurde auf Grund der Frequenzen der Ionen von UO_2, SO_4, NH_4 u. des Hydratwasser vorgeschlagen. E. Otto 94

0456 **Gerüstschwingungen einiger Carbonato-, -Phosphato- und -Sulfato-kobalt(III)-Komplexe.** J. A. Goldsmith, A. Hezel und S. D. Ross. (Spectrochim. Acta [Oxford], Part A **24** (1968) 8, 1139–47; Dep. of Chem., Chelsea Coll. of Sci. and Technol.; engl.) — Die IR-Spektren von 18 Komplexen werden im Bereich 500 bis 60 cm^{-1} untersucht. Die beobachteten Frequenzen werden den Gerüst- u. den Gitterschwingungen zugeordnet. B. Plewinsky 94

0457 **Temperaturabhängigkeit der Raman-Linien von α-Al_2O_3.** M. Ashkin, J. H. Parker jun. und D. W. Feldman. (Solid State Commun. **6** (1968) 6, 343–46; Suppl. zu: J. Physics Chem. Solids, Westinghouse Res. Labor., Beulah Road, Churchill Borough, Pittsburgh, Pa.; engl.) — Vf. messen die Temp.-Abhängigkeit der Frequenzen u. der Linienbreiten von Raman-aktiven Gitterschwingungen von α-Al_2O_3 zwischen 77 u. 1200 °K. Die Temp.-Abhängigkeit der Frequenzen wird mit den Ergebnissen von Schauer (Zitat 5) verglichen, die auf einem therm. Expansionsmodell basieren. Die Temp.-Abhängigkeit der Linienbreiten wird mit den Ergebnissen eines einfachen Zerfallmodells zweier u. dreier Phononen verglichen. K. H. Härdtl 94

0458 **Raman-Spektren von ultramikroskopischen Streuzentren in LiF- und NaCl-Einkristallen.** G. Heilmann. (Z. Physik **214** (1968) 4, 402–09; Inst. für Experimental-Phys., Univ. des Saarlandes, Saarbrücken; dt.) — Stokes-Raman-Spektren von ultramikroskop. Streuzentren in LiF u. NaCl-Einkrist., die durch das fokussierte Licht eines He–Ne-Gaslasers von 21,4 mW bei 632,8 nm angeregt wurden, werden erstmals mitgeteilt. Die Spektren zeigen im wesentlichen drei Teile: 1. ein Kontinuum u. die Begrenzungsfrequenz von transversalen opt. Phononen bei kleinen Frequenzverschiebungen als ein Raman-Effekt erster Ordnung; 2. Raman-Effekt zweiter Ordnung, der bisher für LiF nicht gemessen wurde; 3. ein starkes Kontinuum bei größeren Wellenzahlen, das Drei-Phononen-Prozessen zugeschrieben werden kann. Letzteres wird plausibel, wenn die hohe Feldstärke von 5 · 10^5 V/m in der engsten Beschränkung des anregenden Lichtbündels u. die wesentlichen Gitterdeformationen in den Streuzentren betrachtet werden. Die Spektren von LiF sind weit intensiver als die von NaCl. Herbert Weber 94

0459 **Absorptions- und Emissionsspektren von OH und OD in festem Ne. Nachweis der Rotation.** D. S. Tinti. (J. chem. Physics **48** (1968) 4, 1459–64; Gates and Crellin Labor. of Chem., Calif. Inst. of Technol., Pasadena, Calif.; engl.) — Unters. des $A^2\Sigma^+$–$X^2\Pi_i$-Syst. von OH u. OD in festem Ne bei 4,2 °K. Die Emission wurde von v' > 0 beobachtet, es liegt eine relativ kleine Schwingungs-Relaxationszeit im $A^2\Sigma^+$-Zustand von OH u. OD in festem Ne vor. Es wurde eine beachtliche Feinstruktur gefunden, die für die beiden Isotope abweicht u. kein Spiegelbild in Absorption u. Emission ist. Die beobachtete Struktur in festem Ne kann teilweise durch eine schwach gestörte Rotationsbewegung in dem Festkörper gedeutet werden. Die größere Störung für OH im Vgl. zu OD läßt auf wesentliche Bedeutung der Translations-Rotationskopplung schließen. Es wird auf Rotations-Relaxationszeiten < 10^{-6} s geschlossen. H. Liepack 94

0460 **Optische Absorption infolge von Eigendefekten in CdS-Einkristallen.** R. Boyn. (Physica Status solidi [Berlin] **29** (1968) 1, 307–21; Bereich Halbleiteropt., Dektion Phys., Humboldt-Univ., Berlin; engl.) — Durch Eigenstörstellen hervorgerufene opt. Absorptionsspektren in CdS wurden bei 0,13–2,5 eV bei 80 °K gemessen. Die Ergebnisse zeigen, daß Cd auf Zwischengitterplatz (Cd_i) u. Cd-Lücken (V_{Cd}) die dominierenden elektron. akt. Eigenstörstellen sind. u. als Doppeldonatoren bzw. Doppelakzeptoren wirken. H. Roschkowski 94

0461 **F-Zentrum in Ionenkristallen: Semikontinuum-Polaronenmodelle.** Herbert S. Bennett. (Physic. Rev. [2] **169** (1968) 3, 729–45; NBS, Washington, D.C.; engl.) — Unters. der Zustände des F-Zentrums nach einem Modell mit einer selbstkonsistenten Behandlung der Bewegung der nächsten Nachbarn des F-Zentrums u. der F-Elektronen. Das Gitter wird nach der klass. Ionenkristalltheorie beschrieben, das F-Elektron entsprechend dem Semikontinuum-Polaronenmodell. Absorptionsenergie, Emissionsenergie, Lebensdauer des ersten angeregten Zustandes, therm. Aktivierungsenergien u. der Huang-Rhys-Faktor werden für das Hartree- u. das quasiadiabat. Modell berechnet. Das Semikontinuum-Polaronenmodell nach Hartree stimmt am besten mit den experimentellen Ergebnissen für *NaCl, KCl, CaF_2, SrF_2* u. *BaF_2* überein. Die therm. Aktivierungsenergien u. die Lebensdauer des ersten angeregten Zustandes hängen am stärksten von der physikal. Aussage eines gegebenen Modelles ab. H. Liepack 94

0462 **Durch U- und F-Zentren im fernen IR verursachte Absorption.** D. Bäuerle und B. Fritz. (Solid State Commun. 6 (1968) 7, 453–56; II. Physikal. Inst., Univ. Stuttgart; engl.) — Die Änderung der Absorption, die sich bei einer Umwandlung von F- in U-Zentren ergibt, wird im Bereich zwischen 10 u. 93 cm^{-1} gemessen. In *KJ* ergeben F-Zentren in der akust. opt. Bandlücke eine scharfe Absorptionslinie bei 83 cm^{-1}. F'-Zentren führen zu einer Resonanzabsorption bei 68,5 cm^{-1}. K. H. Härdtl 94

0463 **Das F-Zentrum in Alkalimetallhalogenidkristallen (NaCl-Struktur).** T. F. Hunter. (Molecular Physics 14 (1968) 2, 171–81; Univ. of East Anglia, School of Chem. Sci., Norwich, Norfolk, England; engl.) — Beschreibung der Elektronenverteilung des F-Zentrums unter Verw. topolog. Wellenfunktionen u. Berechnung der Energien opt. Absorptionsübergänge. Anwendung auf *LiF*, *LiCl*, *LiBr*, *LiJ*, *NaF*, *NaCl*, *NaBr*, *NaJ*, *KF*, *KCl*, *KBr*, *KJ*, *RbF*, *RbCl*, *RbBr* u. *RbJ*. E. Richter 94

0464 **Stark-Effekt in Farbzentren von Alkalimetallhalogeniden.** Charles R. Rhyner und John R. Cameron. (Physic. Rev. [2] **169** (1968) 3, 710–17; Dep. of Phys., Univ. of Wis., Madison, Wis.; engl.) — Der Stark-Effekt des F-Zentrums in *NaCl*, *NaBr*, *KCl*, *KBr*, *KJ* u. *RbCl*, des M-Zentrums in KCl u. des Z_1-Zentrums in KCl: Sr wurden in einem elektr. Wechselfeld gemessen. Die auf ein lokales Lorentz-Feld von 200 kV/cm normierte Änderung des Absorptionskoeff. $\Delta\alpha/\alpha$ am Max. der F-Bande beträgt für NaCl u. NaBr ca. $2 \cdot 10^{-6}$, für RbCl $11 \cdot 10^{-6}$ u. für KCl, KBr u. KJ $17 \cdot 10^{-6}$. Der $\Delta\alpha/\alpha$-Wert im Max. der M-Bande in KCl beträgt $(3{,}9 \pm 0{,}4) \cdot 10^{-6}$ für ein angelegtes elektr. Feld von 97 kV/cm. Die Änderung des Absorptionskoeff. $\Delta\alpha$ in Abhängigkeit von der Photonenenergie ergibt eine nichtsymm. Kurve, aus der auf einen nichtlinearen Stark-Effekt u. damit auf die Ungültigkeit des Seitz-Modells geschlossen wird. $\Delta\alpha$ nimmt bei Energien < die der M-Bande zu, entsprechend einer Abnahme im Absorptionskoeff. der M-Bande. Der Effekt wird einer Mischung zweier nichtentarteter Energieterme entgegengesetzter Parität zugeschrieben. Der opt. Übergang zum Niveau niedrigerer Energie ist normalerweise verboten. Das Z_1-Zentrum in KCl:Sr zeigte keinen nachweisbaren Stark-Effekt. Für ein angelegtes elektr. Feld von 97 kV/cm wurde $\Delta\alpha/\alpha < 8 \cdot 10^{-6}$ bestimmt. Falls Z_1 ein permanentes Dipolmoment besitzt, ist die Differenz zwischen den Erwartungswerten des Dipolmomentes im Grunzustand u. im angeregten Zustand $< 1{,}0 \cdot 10^{-20}$ cgs. H. Liepack 94

0465 **ESR- und optische Untersuchungen von O_2^- in NaF.** M. L. Meistrich. (J. Physics Chem. Solids **29** (1968) 7, 1111–18; Labor. of Atomic and Solid State Phys., Cornell Univ., Ithaca, N.Y.; engl.) — Durch Röntgenbestrahlung bei Raumtemp. werden in OH^--dotierten NaF-Einkrist. O_2^--Mol.-Ionen gebildet u. bei 4,2 °K mit ESR-Messungen identifiziert. Der g-Faktor hat axiale Symmetrie bzgl. der Mol.-Achse mit $g_\parallel = 2{,}97$ u. $g_\perp = 1{,}41$. In ^{17}O-angereicherten Krist. kann die Hyperfeinwechselwrkg. mit dem ^{17}O-Kern gemessen werden. Die ESR-Parameter von O_2^- in NaF werden mit der elektron. Struktur von O_2^- in anderen Alkalimetallhalogeniden verglichen. Die großen g-Verschiebungen u. die beträchtliche Störung der O_2^--Mol.-Wellenfunktionen im kleinen NaF-Gitter gestalten eine quant. Behandlung jedoch schwierig. Im nahen UV kann weder eine Absorptionsbande noch eine Fluoreszenzanregungsbande beobachtet werden. Eine erst bei 8,7 eV auftretende Bande wird dem O_2^--Ion zugeschrieben. Bei der durch Röntgenstrahlung bewirkten Bldg. von O_2^- werden verschiedene andere Fehlstellen, die wahrscheinlich auch O enthalten erzeugt. Ihre Resonanzspektren werden untersucht, eine Identifizierung ist hier jedoch nicht möglich. K. H. Härdtl 94

0466 **UV- und IR-Absorption von OH^--dotiertem NaF.** M. L. Meistrich. (J. Physics Chem. Solids **29** (1968) 7, 1119–25; engl.) — Vgl. vorst. Referat. — Die IR-Absorption von OH^--dotiertem NaF zeigt zwei deutliche Strukturen: eine breite Linie bei 3728 cm^{-1}, die einem substitionellen OH^--Ion zugeschrieben wird u. eine Reihe scharfer Linien zwischen 3540 u. 3660 cm^{-1}, die durch OH-Komplexe verursacht werden. Bei Röntgenbestrahlung zersetzen sich die OH^--Ionen u. bilden substitutionelle H^-- u. O_2^--Ionen. H^--Ionen erzeugen eine Absorptionsbande bei 7,9 eV, die O_2^--Absorption liegt vermutlich bei 8,7 eV. K. H. Härdtl 94

0467 **Verhalten der F-Bande in Lithiumfluorid zwischen 80 und 300 °K bei Erwärmung und Nachbestrahlung.** J. D. Comins und P. T. Wedepohl. (J. Physics, C (Proc. physic. Soc.) [2] **1** (1968) 4, 906–12; Dep. of Phys., Univ. of the Witwatersrand, Johannesburg, South Africa; engl.) — LiF-Proben wurden bei 81 °K bestrahlt u. danach auf Raumtemp. gebracht. Drei Ausheilstufen der F-Bande wurden in diesem Temp.-Bereich gefunden. Die Stufen I (120 °K) u. III (250 °K) wurden schon von anderer Seite gefunden, Stufe II (180 °K) war bisher nicht bekannt. Die Proben wurden außerdem auf verschiedene Temp. zwischen 81 °K u. Raumtemp. nach Bestrahlung erwärmt, danach wieder gekühlt u. neu bestrahlt. Sowohl das Verhalten der F-Bande beim Ausheilen als auch bei Nachbestrahlung waren stark probenabhängig. Eine neue opt. Absorptionsbande nach Bestrahlung bei 81 °K wurde gefunden. Diese Bande (415 nm) heilt bei 100 °K aus. E. Richter 94

0468 **Jahn-Teller-Schwingungsstruktur des R'-Zentrums in LiF.** H. R. Fetterman und D. B. Fitchen. (Solid State Commun. 6 (1968) 7, 501–03; Labor. of Atomic and Solid State Phys., Cornell Univ., Ithaca, N.Y.; engl.) — Vf. messen eine Schwingungsfeinstruktur in der Nähe des Phononen-freien Übergangs ($A \rightleftharpoons E$, 8328 Å) des R'-Zentrums in LiF. Die Feinstruktur zeigt verschiedene charakterist. Merkmale eines dynam. Jahn-Teller-Effekts im angeregten Zustand. K. H. Härdtl 94

0469 **Magnetischer Zirkulardichroismus des R'-Zentrums in LiF.** J. A. Davis und D. B. Fitchen. (Solid State Commun. 6 (1968) 7, 505–07; Labor. of Atomic andSolid State Phys., Cornell Univ., Ithaca, N.Y.; engl.) — Vf. beobachten für R'-Zentren in LiF zwischen 1,6 u. 4,2 °K u. für Magnetfeldern unter 24 kG einen temperaturabhängigen zirkularen Dichroismus. Der Effekt ist proportional zur differentiellen Ableitung der 8328 Å-Absorptionsbande. Aus den Ergebnissen folgt, daß der opt. Übergang vom Typ $^2A_2 \rightleftharpoons {}^2E_2$ ist u. daß der Bahndrehimpuls im angeregten Zustand durch einen dyn. Jahn-Teller-Effekt stark red. ist. K. H. Härdtl 94

0470 **R_N- und N-Zentren in NaF-Kristallen, die bei der Temperatur des flüssigen Stickstoffs mit Protonen bestrahlt wurde.** A. Kikuchi und K. Ozawa. (Physics Letters [Amsterdam] **27 A** (1968) 7, 443–44; Japan Atomic Energy Res. Inst., Tokaimura, Japan; engl.) — Die Einfl. der therm. Temperung auf die R_N-Absorptionsbanden bei 570 u. 632 nm, die in NaF-Krist. durch Erwärmung auf Raumtemp. nach Protonenbestrahlung bei der Temp. des fl. N_2 induziert werden, wurden untersucht. Die R_N-Zentren zeigen eine charakterist. Transformation der N-Zentren des F_4-Modells bei ca. 393 °K. Herbert Weber 94

0471 **Übergangseffekte bei der Raumtemperatur-F-Färbung von mit Röntgen- oder γ-Strahlen bestrahltem NaCl.** C. Sánchez und F. Agulló-López. (Physica Status solidi [Berlin] **29** (1968) 1, 217–30; Div. de Fis., Junta de Energ. Nucl., Madrid; engl.) — Ein Übergangseffekt bei der Bldg. von F-Zentren in NaCl wird beschrieben, der stets dann auftriit, wenn eine Röntgen- oder γ-Bestrahlung der Proben nach einer Unterbrechung, während der die Krist. im Dunkeln lagern, wieder aufgenommen wird. Ein theoret. Modell für diesen Übergangseffekt wird abgeleitet. H. Roschkowski 94

0472 **Optische, ESR- und elektrische Untersuchungen von mit Cadmium dotierten, gefärbten KCl-Kristallen.** S. C. Jain, G. D. Sootha und R. K. Jain. (J. Physics, C (Proc. physic. Soc.) [2] **1** (1968) 5, 1220–27; Nat. Phys. Labor., New Delhi; engl.) — An gefärbten, mit Cd dotierten KCl-Krist. wird zusätzlich zur F-Bande bei 565 nm eine UV-Bande bei 310 nm beobachtet. Bei Anstieg der Cd-Konz. nimmt die Absorption ersterer ab u. die letzterer zu. Bei Erhitzung der Krist. auf 350–600° verschwinden beide Banden, u. eine neue erscheint bei 275 nm (Halbwertsbreite 0,70 eV). Die für die 275 nm-Bande verantwortlichen Zentren erzeugen eine ESR-Absorptionslinie von Lorentz-Form mit einem g-Wert von 1,999 u. scheinen metall. koll. Cd-Teilchen darzustellen. Das (elektr.) Leitfähigkeitsverhältnis σ_c/σ_n [$\sigma_c(\sigma_n)$ Leitfähigkeit des gefärbten (ungefärbten) Krist.] bleibt zwischen Raumtemp. u. ca. 500° kleiner als 1. Bei röntgenbestrahlten Krist. verschiebt sich die V_3-Bande bei 218 nm (reines KCl) mit steigender Cd-Konz. nach größeren Wellenlängen, u. die Halbwertsbreite vergrößert sich. Die Verstärkung der F-Bandenabsorption wächst mit steigendem Cd-Geh. ca. 10%. Darüber sinkt sie wieder. A. Jaeschke 94

0473 **Optische und thermische Stabilität, Halbwertsbreiten und Oszillatorstärken von F-Aggregat-Banden in hochreinen KBr-Kristallen.** S. C. Jain und V. K. Jain. (J. Physics, C (Proc. physic. Soc.) [2]1 (1968) 4, 895 bis 905; Nat. Phys. Labor., New Dehli, India; engl.) — Zerfall u. Entstehung von F-, F-Aggregat- u. kolloidalen Zentren in additiv verfärbten Krist. wurden untersucht. Für F-, M-, R_1-, R_2- u. N-Banden werden therm. Stabilitätsbereiche, Peaklagen, Halbwertsbreiten u. Oszillatorstärken angegeben. E. Richter 94

0474 **Untersuchung einiger photochemischer Reaktionen in den mit NO_2^- und NO_3^- verunreinigten Alkalimetallhalogeniden.** V. Ţopa, M. Botez und Gh. Mitroaica. (Rev. roum. Physique **13** (1968) 3, 215–21; Inst. de Phys., Bucarest; franz.) — Bei UV-Bestrahlung von mit NO_2^- u. NO_3^- verunreinigten *NaCl-, KCl-, KBr-* u. *KJ*-Krist. zeigen sich bei KBr u. KJ zwei verschiedene photochem. Rk.: 1. $J^- + 3\,NO_3^- + h\nu \rightarrow 3\,NO_2^- + JO_3^-$ u. 2. $Br^- + 3\,NO_3^- + h\nu \rightarrow 3\,NO_2^- + BrO_3^-$. In Abhängigkeit von NO_2^-- u. NO_3^--Konz. sowie von der Bestrahlungszeit führt die erste Rk. zu einer Absorptionsbande im Sichtbaren u. einer im IR. Diese Banden sind nicht an das V_K-Zentrum gebunden, obwohl Form u. Lage der Bande im Sichtbaren der des V_K-Zentrums sehr ähnlich ist. Sie werden als eine Folge der UV-Bestrahlung angesehen. E. Otto 94

0475 **Durch U-Zentren in gemischten Alkalimetallhalogeniden verursachte lokale Moden der Gitterschwingungen.** S. S. Jaswal und M. E. Striefler. (Solid State Commun. **6** (1968) 6, 351–54; Suppl. zu: J. Physics Chem. Solids Behlen Labor. of Phys., Univ. of Nebr., Lincoln, Nebr.; engl.) — In Alkalimetallhalogeniden verursacht ein U-Zentrum eine dreifach entartete Mode, die durch die Ggw. zusätzlicher Verunreinigungen in der Nähe des U-Zentrums in Seitenbanden aufspaltet. Diese durch ein u. zwei Rb^+-Ionen als nächste Nachbarn eines U-Zentrums in KCl verursachten Seitenbandfrequenzen werden mit der Molekül-Modell-Näherung berechnet. Die berechneten Werte werden mit den experimentellen Ergebnissen verglichen u. in guter Übereinstimmung gefunden. K. H. Härdtl 94

0476 **Absorption von kolloidalem Silber in KCl.** W. Kleemann. (Z. Physik **215** (1968) 2, 113–20; I. Phys. Inst., Univ. Göttingen; engl.) — Die B-Zentren in Ag-dotierten Alkalimetallhalogeniden sind ein Ag^--Ion auf einer Anionenstelle. Bei hohen Temp. findet eine Dissoziation in F-Zentren u. neutrale Ag-Atome gemäß der therm. aktivierten Zerfallsrk. $Ag^- \rightarrow Ag_i^0 + e^-$ statt. Während des Zerfalls in KCl wird eine Absorptionsbande bei 455 nm gefunden, die möglicherweise Ag-Zwischengitteratomen oder kleinen Ag-Aggregaten entspricht. Der opt. Extinktionskoeff. von kolloidalem Ag, das in KCl in Verb. mit der therm. Dissoziation von Ag^--Zentren gebildet wird, wird untersucht. Änderungen der Lage, der Halbwertsbreite u. der Höhe der Extinktionsbande bei Temperung werden mitgeteilt. Eine Erklärung nach der Mie-Theorie wird wiedergegeben, bei der die Begrenzung der mittleren freien Weglänge der Elektronen durch Oberflächenstreuung an den kleinen kolloidalen Ag-Teilchen berücksichtigt wird. Herbert Weber 94

0477 **Anionische Silberzentren („B-Zentren") in Alkalimetallhalogeniden.** W. Kleemann. (Z. Physik **214** (1968) 3, 285–320; I. Phys. Inst. der Univ. Göttingen; dt.) — Es wird angenommen, daß negativ geladene Ag-Ionen auf Anionenplätzen für die B-Banden in Ag-dotierten Alkalimetallhalogeniden verantwortlich sind. Die folgenden Unters. bestätigen dieses Modell des B-Zentrums. Opt. Absorption u. Emission von B-Zentren wurden in NaCl, KCl, RbCl, KBr, RbBr, KJ u. RbJ von 450 bis 4°K gemessen. Konfigurationskoordinatendiagramme wurden für KCl, KBr u. KJ erhalten. Zur Best. der Ladung des B-Zentrums wurde eine chem. Meth. benutzt. Therm. oder opt. Anregung verursacht eine Dissoziation der B-Zentren in neutrale Ag-Atome u. F-Zentren. Die Ag^0-Zentren sind bei tiefer Temp. an Zwischengitterpositionen gebunden. Bei hoher Temp. sammeln sie sich zu kolloidalen Zentren. Tetragonale B_A-Zentren wurden während des opt. Bleichens des B-Bandes in gemischten Krist. des Typs KCl + ΔNaCl gebildet. Ihre Absorptions- u. Emissionsspektren, opt. Orientierung sowie polarisierte Emission wurden untersucht. Diese Eig. sind ähnlich denen von F_A-Zentren. B_A-Fluoreszenz, die nahezu völlig in [100]-Richtung polarisiert ist, wurden beobachtet. Eine Jahn-Teller-Aufspaltung der B-Absorptionsbande wurde in RbCl bei niedrigen Temp. aufgelöst. Die Aufspaltung bestätigt die Konfig. $5s^2$ für das Ag^--Ion. Die Ergebnisse werden mit denen für die isoelektron. Zentren In^+ u. Sn^+ verglichen. Dünne Filme von Alkalimetallhalogeniden, die geringe Mengen an Ag, Cu oder Tl enthielten, wurden durch Dampfkondensation hergestellt. Neue Banden im UV-Bereich wurden gefunden, möglicherweise infolge von Cu^-- u. Tl^--Zentren. Herbert Weber 94

0478 **Mollwo-Ivey-Beziehung von H- und F-Banden von Erdalkalimetallfluoriden.** R. A. Shatas, G. A. Tanton und A. Mukerji. (Physica Status solidi [Berlin] **28** (1968) 2, K 143–45; Phys. Sci. Labor., Redstone Arsenal, Ala.; engl.) — Die Wellenlängen der F- u. H-Banden röntgenbestrahlter *CaF_2-, SrF_2-* u. *BaF_2*-Krist. werden bei der Temp. des fl. He aufgenommen u. befolgen die Mollwo-Ivey-Beziehung. H. Roschkowski 94

0479 **Bildung und Ausbleichung von durch Röntgenstrahlen induzierten F-Zentren in CaF_2.** J. Arends. (Solid State Commun. **6** (1968) 6, 421–23; Suppl. zu: J. Physics Chem. Solids Princeton Univ., Princeton, N.J.; engl.) — Vf. berichtet über die Bldg. u. opt. Ausbleichung Röntgenstrahl-induzierter F-Zentren in CaF_2 bei 77°K. Aus den Meßwerten ergibt sich, daß die F-Zentren Anionenleerstellen sind, die bei der Bestrahlung erzeugt werden. Die verfärbten Krist. lassen sich mit 375 nm-Licht ausbleichen. Bei erneuter Röntgenbestrahlung ergeben sich erneut F-Zentren. Ein Modell für das 225 nm-Absorptionsband wird diskutiert. K. H. Härdtl 94

0480 **Ermittlung der Energie des optischen Übergangs 1s–2p für F-Zentren in CaF_2.** R. J. Fleming. (Physica Status solid [Berlin] **29** (1968) 1, K 77–80; Phys. Dep., Monash Univ., Clayton, Va.; engl.) — Theoret. Energieberechnungen. Eine Wellenfunktion für das F-Zentrum wird abgeleitet. H. Roschkowski 94

0481 **Struktur des angeregten Zustandes des J^--Zentrums in AgCl.** R. K. Ahrenkiel. (Solid State Commun. **6** (1968) 7, 493–96; Res. Labor. Eastman Kodak Comp., Rochester, N.Y.; engl.) — Messungen der strahlenden Lebensdauer bei tiefen Temp. von J^- in AgCl deuten auf die Existenz zweier angeregter Zustände mit einem Energieabstand von 0,73 mV. Diese Aufspaltung wird mit dem Jahn-Teller-Effekt des angeregten P-Zustandes gedeutet. K. H. Härdtl 94

0482 **Spin-Bahn-Kopplung und Spannungsspektren von trigonalen Farbzentren in Magnesiumoxid.** I. K. Ludlow. (J. Physics, C (Proc. physic. Soc.) [2] **1** (1968) 5, 1194 bis 1204; Solid State Phys. Div., Atomic Energy Res. Establ., Harwell, Didcot, Berks.; engl.) — Nach Neutronenbestrahlung u. therm. Anlassen wurden bei den Absorptionsspektren von MgO-Einkrist. zwei unabhängige Nullphonon-Linien bei 6420 u. 6490 Å beobachtet. Die Linie bei 6490 Å ist um 9 cm^{-1} aufgespalten auf Grund einer Spin-Bahn-Wechselwirkung. Die Polarisationsspektren der zwei Farbzentren wurden bei einaxialen Spannungen bis zu 50 kp mm^{-2} untersucht u. stimmen mit theoret. Aussagen für elektr. Dipolübergänge in trigonalen Zentren überein. A. Jaeschke 94

0483 **Durch Gammabestrahlung erzeugte Farbzentren in Na_2O–Al_2O_3–GeO_2-Gläsern.** Carlo Bettinali und Giovanni Bonetti. (Z. physik. Chem. [Frankfurt/M.] [N.F.] **61** (1968) 1/4, 37–46; CNEN, Ist. di Chim. Gen. ed Inorg., Univ. di Roma; engl.) — Durch γ-Bestrahlung mit ^{60}Co induzierte Farbzentren sind in 15 Gläsern des Syst. Na_2O–Al_2O_3–GeO_2 sowie von Na_2O–GeO_2 mit Hilfe von ESR-, opt. Absorptions- u. Thermolumineszenz-Spektren untersucht worden. Die Zus. der Gläser u. die verschiedenen strukturellen Einheiten bestimmen die Art der erzeugten Zentren. Verschiedene Koordinationen von Ge u. Al wurden mit den untersuchten Farbzentren in Verb. gebracht. E. Otto 94

0484 **Wechselbeziehung von aus experimentellem Abklingen und Thermolumineszenzkurven berechneten Elektronenhaftstellen-Tiefen.** V. K. Mathur und K. N. Razdan. (Indian J. pure appl. Physics **6** (1968) 5, 260–62; Dep. of Phys., Kurukshetra Univ. Kurukshetra; engl.) — Von *SrS:Bi-* u. *BaS:Cu*-Phosphoren wurde das Abklingen von Phosphoreszenz u. Thermolumineszenz untersucht. Die Abklingkurven wurden in eine Reihe von Exponentialkurven zerlegt u. die Haftstellen-Tiefen aus den Exponentialkonst. u. den Thermolumineszenz-Max. für *SrS:Bi* (Na_2SO_4) u. *BaS:Cu(Borax)* berechnet. E. Otto 96

0485 **Symmetrie-Auswahlregeln elektrischer Dipolübergänge von Eu^{3+} und Sm^{2+} in Kristallen: ein fester IR-Quantenzählerverstärker.** Francis K. Fong, Lawrence A. Vredevoe und Roger E. De Wames. (Physic. Rev. [2] **170** (1968) 2, 412–17; Sci. Center/Aerospace and Syst. Group, North Amer. Rockwell Gorporat., Thousand Oaks, Calif.; engl.) — Unters. elektr. Dipolübergänge innerhalb der $4f^6$-Grundkonfig. von Eu^{3+} u. Sm^{2+} für verschiedene Symmetrien zeigen, daß diese Ionen-Auswahlregeln in C_{3h}-, D_{3h}- u. D_3-Symmetrien haben, die eine merkliche Verstärkung erlauben. Es wird ein Schema für einen 10-μ-IR-Quantenzählerverstärker vorgeschlagen, mit dem der Nachw. der 10-μ-Photonen eines CO_2-Lasers möglich sein sollte. H. Liepack 96

0486 **Effekte mehrfacher Sensibilisierung in CaF_2: Yb + Nd.** T. F. Ewanizky, D. W. Grosse und P. J. Caplan. (J. appl. Physics **39** (1968) 6, 2765–68; Inst. for Exploratory Res., U.S. Army Electron. Command, Fort Monmouth, N.J.; engl.) — Es wurde der Energietransport zwischen drei verschiedenen Ionen beobachtet. Nd liegt nur im dreiwertigen Zustand vor, während Yb sowohl zweiwertige als auch dreiwertige Lumineszenzzentren bildet. Der Energietransport $Yb^{2+} \rightarrow Nd^{3+}$ u. $Nd^{3+} \rightarrow Yb^{3+}$ wurde nachgewiesen. Die Unters. des Yb^{2+}-Fluoreszenzabklingens in Krist. mit 0,1 Mol.-% Yb u. 1,0 Mol.-% Nd ergibt bei 77°K einen Wrkg.-Grad für den strahlungslosen Transport von 0,62. Die Sensibilisierung von Yb^{3+} durch Nd^{3+} erzeugt eine starke IR-Emission, hauptsächlich bei 0,9752 μ. Die Yb^{3+}-Emission ist um angenähert zwei Größenordnungen erhöht. H. Liepack 96

0487 **Temperaturabhängigkeit der Breitbandfluoreszenz von $RbMnF_3$.** W. W. Holloway jun. und M. Kestigian. (Physica Status solidi [Berlin] **28** (1968) 2, K 159–62; Sperry Rand Res. Center, Sudbury, Mass.; engl.) — Die Temp.-Abhängigkeit der Fluoreszenzlebensdauer zwischen 30 u. 40 bzw. 80 u. 120°K wird gemessen u. die entsprechenden Aktivierungsenergien werden bestimmt. H. Roschkowski 96

0488 **Eigenschaften von Exzitonenzuständen in NaJ.** 1. Mitt. **Eigenphotolumineszenz.** M. P. Fontana, H. Blume und W. J. van Sciver. (Physica Status solidi [Berlin] **29** (1968) 1, 159–66; Dep. of Phys., Lehigh Univ., Bethlehem, Pa.; engl.) — Ausb. u. Abklingdauer der Eigenlumineszenz von NaJ wurden in Abhängigkeit von der Temp. u. der UV-Anregungsenergie untersucht. Bei Anregung im Bereich der Band–Band-Übergänge sind Ausb. u. Abklingdauer bei tiefer Temp. konst. u. nehmen oberhalb 77 bzw. 60°K ab. Die Abnahme der Abklingzeit hängt nicht mit strahlongslosen Übergängen innerhalb des Lumineszenzzentrums zusammen. Bei Anregung im Exzitonenbereich erreicht die Ausb. bei 60°K ein Max. u. fällt sowohl zu höheren als auch zu tieferen Temp. hin ab. Das Verh. bei höherer Temp. ähnelt dem bei Anregung im Bereich der Band–Band-Übergänge. Bei 5°K ist die Lumineszenzausb. bei Exzitonenanregung vernachlässigbar klein. Das Verh. bei tiefer Temp. wird mit Hilfe von lokalisierten Exzitonenzuständen u. therm. aktivierten Übergängen zwischen ihnen erklärt. H. Roschkowski 96

0489 **Elektrolumineszenz von Silberhalogeniden bei niedrigen Temperaturen.** H. Męczyńska und H. L. Oczkowski. (Acta physica polon. **34** (1968) 1 (7), 147–58; Dep. of Experimental Phys., Nicholas Copernicus Univ., Torun; engl.) — Es wurde die Elektrolumineszenz von AgCl-, AgBr-Krist., von Mischkrist. AgCl–1 Mol.-% AgJ u. AgBr–1 Mol.-% AgJ sowie von dünnen Schichten dieser Materialien bei fl.-Luft-Temp. untersucht. Danach kann es als gesichert betrachtet werden, daß die Elektrolumineszenz der Silberhalogenide durch leitende Ag-Einschlüsse hervorgerufen wird. Innerhalb dieser Einschlüsse finder entweder bipolare Feldemission statt, oder es treten Stoßionisationsprozesse im hohen elektr. Feld auf. Dieses Verh. entspricht Interpretationen nach dem Modell von Fischer (vgl. J. electrochem. Soc. **109** (1962) 1043) u. von Maeda (vgl. J. physic. Soc. Japan **15** (1960) 2051). Werner Schmidt/Berlin 96

0490 **Energieniveaus von Stickstoff–Stickstoff-Paaren in Galliumphosphid.** J. W. Allen. (J. Physics, C (Proc. physic. Soc.) [2] **1** (1968) 4, 1136–38; Serv. Electr. Res. Labor., Baldock, Herts.; engl.) — Vf. nehmen an, daß das Linienspektrum von N–N-Paaren in GaP durch Rekombination eines Excitons in der Nähe eines N-Atoms entsteht, das durch das Spannungsfeld eines zweiten N-Atoms beeinflußt wird. E. Richter 96

0491 **Herstellung von Elektrolumineszenzdioden aus epitaktischen p-auf-n-Schichten aus der flüssigen Phase auf GaP mit hohem Wirkungsgrad.** K. K. Shih, M. R. Lorenz und L. M. Foster. (J. appl. Physics **39** (1968) 6, 2747–49; IBM Watson Res. Center, Yorktown Heights, N.Y.; engl.) — Die Herst.-Meth. besteht aus dem Nd. einer Zn–O-dotierten Schicht auf einer n-leitenden Unterlage u. Wärmebehandlung des Überganges für 16 Std. bei 600–700°. Durch diese Wärmebehandlung wurde die äußere Quantenausb. um einen Faktor zwei oder drei erhöht. H. Liepack 96

0492 **Grüne Elektrolumineszenz von durch epitaktisches Wachstum aus der flüssigen Phase hergestellten GaP-p-n-Übergängen.** K. K. Shih, J. M. Woodall, S. E. Blum und L. M. Foster. (J. appl. Physics **39** (1968) 6, 2962 bis 2963; IBM Watson Res. Center, Yorktown Heights, N.Y.; engl.) — Von 100 aus fünf verschiedenen Züchtungen hergestellten Dioden hatten über 80% äußere Quantenausb. von 2 bis $2{,}5 \cdot 10^{-4}$ bei 300°. Den höchsten Wert von $3 \cdot 10^{-4}$ hatte eine mit Zn u. S dotierte Diode; $5 \cdot 10^{-4}$ wurden mit einer Diode in antireflektierendem Epoxidharz erzielt. H. Liepack 96

0493 **Mit hoher Ausbeute rot emittierende p-n-Übergänge, die in GaP durch Wachsen aus der Lösung von dicken Schichten p-leitenden Materials auf aus dem Dampf gewachsenen n-leitenden Unterlagen hergestellt wurden.** H. A. Allen und G. A. Henderson. (J. appl. Physics **39** (1968) 6, 2977–78; Texas Instruments, Inc., Dallas, Tex.; engl.) — Es wurden Übergänge hergestellt, die ohne Verw. antireflektierender Überzüge oder Epoxid-Einschließung eine äußere Quantenausb. von 0,7% ergaben. H. Liepack 96

0494 **Anregungs- und Emissionsspektren von durch Wismut aktiviertem Scandium- und Yttriumoxid.** Georges Boulon, Joseph Janin und Françoise Gaume-Mahn. (C. R. hebd. Séances Acad. Sci., Sér. A et B **267** (1968) 5, B 340–43; Labor. de Spectroscop. et de Luminescence de l'Univ. de Lyon; franz.) — Die an Sc_2O_3–xBi (x = 0,006 u. 0,013) u. Y_2O_3–xBi (x = 0,0054; 0,0162 u. 0,0270) bei 77°K aufgenommenen Anregungsspektren zeigen eine Dublett-Hauptbande (λ = 3300 u. 3450 Å) sowie eine Sekundärbande mit λ = 3720 Å, die dem Bi zugeordnet werden. Durch Anregung mit Licht der Wellenlänge $\lambda = 3650$ Å bei 77 u. 295°K erhaltene Emissionsspektren weisen eine violette Bande mit einem Max. bei 4080 Å u. eine grüne Bande mit Max. bei 5000 Å [Sc_2O_3(Bi)] bzw. bei 5170 Å [Y_2O_3(Bi)] auf. Die Intensitätsänderung der violetten u. grünen Fluoreszenz bei Temp. zwischen 77 u. 550°K wird untersucht. Die violette Fluoreszenz ergibt sich aus einer Anregung in der Sekundärbande, die grüne Fluoreszenz aus einer Anregung in der Hauptbande entsprechend dem Übergang $^3P_1 \rightarrow {}^1S_0$. U. Venzke 96

0495 **Angleichung der Spintemperaturen zwischen den Ionen im angeregten fluoreszierenden Zustand und denselben Ionen im Grundzustand, beobachtet an Mn^{2+} in einem Spinell.** Martine Rousseau, Elmar Dormann und Robert Romestain. (C. R. hebd. Séances Acad. Sci., Sér. A et B **267** (1968) 1, B 68—71; Labor. de Spectroscop. Hertz., Fac. des Sci. Paris; franz.) — Unters. der Polarisation der Fluoreszenz von Mn^{2+} in dem Spinell $MgO \cdot 3Al_2O_3$ bei 1,85°K geben Auskunft über die Besetzungen der Zeemann-Unterniveaus der Mn^{2+}-Ionen im angeregten Zustand. Es wird gezeigt, daß diese von Besetzungsänderungen im Grundzustand, die durch EPR-Messungen nachgewiesen werden, abhängen. U. Venzke 96

0496 **Alterungsmechanismus der ZnS : Cu - Elektrolumineszenz.** D. Hahn und J. Mimkes. (J. Physics Chem. Solids **29** (1968) 8, 1287—92; Physikal.-Technische Bundesanstalt, Inst. Berlin; engl.) — Die Spannungs-Helligkeits-Beziehung der Elektrolumineszenz von ZnS: Cu-Pulver ergibt sich nach einer Alterung als abhängig von Spannung, Zeit, Frequenz, Temp. u. Cu-Konzentration. Unters. über die Ursachen der Alterung führen zu einer chem. Rk. des Materials zusammen mit einer Zn-Diffusion. Unter der Annahme einer Stoßionisation folgt aus den Massenwrkg.-Gesetzen für die chem. Rk. ein Modell, aus welchem die Alterung in Abhängigkeit von den oben erwähnten Parametern berechnet werden kann. Die Übereinstimmung zwischen experimentellen u. theoret. Ergebnissen ist befriedigend. K. H. Härdtl 96

0497 **Emission von CdS-Einkristallen im 2,0 eV-Bereich.** O. Goede. (Physica Status solidi [Berlin] 28 (1968) 2, K 167—70; Bereich Halbleiteropt., Sektion Phys., Humboldt-Univ., Berlin; engl.) — Zwei breite Emissionsbanden im Bereich von 2,0 eV werden an CdS-Krist. nachgewiesen. Bei 77°K tritt in von ca. 750° abgeschreckten Krist. eine Emissionsbande mit Max. bei 2,05 eV auf (H-Bande). Nach langsamem Abkühlen der Krist. von der gleichen Temp. wird bei 77°K eine Bande festgestellt, die um ca. 80 meV zu niedrigeren Energien verschoben ist. Bandform u. Temp.-Abhängigkeit der H-Bande bei 51—230°K werden besprochen. Das für die H-Bande verantwortliche Zentrum ist ein Defektassoziat, das zumindestens einen Eigendefekt einschließt. H. Roschkowski 96

0498 **Durch Wechselstrom modulierte grüne Kantenemission von CdS.** A. Cingolani, A. Rizzo und A. Levialdi. (Physica Status solidi [Berlin] **28** (1968) 2, K 151—54; Ist. di Fis., Univ. di Bari; engl.) — Der Einfl. eines elektr. Wechselfelds auf die grüne Kantenemission von CdS bei 77°K wird untersucht. Die Modulation der Lumineszenz durch das elektr. Feld ist ein Effekt 1. Ordnung im Vgl. zum Franz-Keldysh-Effekt. H. Roschkowski 96

0499 **Kanten- und selbst-aktivierte Emission in Zinkselenid.** Seishi Iida. (J. Physic. Soc. Japan **25** (1968) 1, 177—84; Central Res. Labor., Tokyo Shibaura (TOSHIBA) Electr. Co., Ltd., I-Komukai, Toshiba-cho, Kawasaki; engl.) — Die Photolumineszenzeig. der Kantenemission u. die selbst-aktivierte Emission von ZnSe werden untersucht. Die Spektren der Kantenemission bei der Temp. des fl. He u. der selbstaktivierten Emission zeigen bei abnehmender Anregungsintensität u. auch mit der Zeit nach der Anregung Linienverschiebungen zu niedrigeren Energien hin, was durch eine Donator-Akzeptor-Paar-Rekombination gedeutet wird. Die Bindungsenergien der Donatoren u. Akzeptoren werden aus zeitaufgelösten Spektren erhalten. Die selbstaktivierte Emission wird im wesentlichen durch Absorption des Wirtsgitters verursacht, die Quantenausb. beträgt 0,25 (Raumtemp.) bzw. 0,70 (Temp. des fl. N_2). E. Richter 96

0500 **$^2E \rightleftharpoons {}^4A_2$-Übergang in $K_3Co(CN)_6$: Cr^{3+}-Kristallen.** Robert A. Condrate und Leslie S. Forster. (J. chem. Physics **48** (1968) 4, 1514—17; Dep. of Chem., Univ. of Ariz., Tucson, Ariz.; engl.) — Die Unters. des $^2E \rightleftharpoons {}^4A_2$-Spektrums von Cr(III) deutet eine ^2E-Aufspaltung von 49 cm^{-1} an. Die sehr schwachen 0–0-Linien entsprechen einem zentralsymm. Komplex u. einem magnet. Dipolübergang. Die gemessene Lebensdauer ist > 100 ms u. damit um einen Faktor 10 größer als die aus dem Absorptionsspektrum berechnete. H. Liepack 96

0501 **Bedeutung von Verunreinigungen und D_2O-Substitution für die Fluoreszenz-Lebensdauer von Uranyl-Salzen.** D. D. Pant und H. C. Pant. (Indian J. pure appl. Physics **6** (1968) 5, 219—22; Dep. of Phys., D.S.B. Gov. College, Naini Tal; engl.) — Die Fluoreszenzlebensdauer (τ) wurde bei Raumtemp. u. 80°K von $UO_2(NO_3)_2 \cdot 6H_2O$; $UO_2SO_4 \cdot 3H_2O$; $Na[UO_2(CH_3COO)_3]$; $Cs_2[UO_2Cl_4]$; $K_2[UO_2(NO_3)_4]$; $K_2UO_2(SO_4)_2 \cdot 2H_2O$ u. $UO_2Cl_2 \cdot 3H_2O$ gemessen. Anomalien werden mit der Anwesenheit anderer Uranyl-Verunreinigungen erklärt. Für frische Proben wurde größeres τ gefunden, u. τ-Änderung bei verschiedenen Uranylsalzen wurde dem Unterschied in der Oszillatorstärke des 1. Elektronenüberganges in Absorption zugeschrieben. Der Einfl. einer D_2O-Substitution auf τ wurde an $UO_2SO_4 \cdot 3D_2O$ (**I**) u. $K_2UO_2(SO_4)_2 \cdot 2D_2O$ (**II**) untersucht. Bei **I** steigt τ mit der Deuterierung, während **II** diesen Effekt nicht zeigt. E. Otto 96

0502 **Lumineszenz von Natriumsalicylat bei verschiedenen Temperaturen.** Georges Déjardin, René Falgon, Joseph Janin und René Louat. (C. R. hebd. Séances Acad. Sci., Sér. A et B **267** (1968) 1, B 72—77; Labor. de Spectroscop. et de Luminescence de l'Univ. de Lyon; franz.) — An dünnen Schichten von Na-Salicylat u. zum Vgl. von $CaCO_3$ wird die Intensität u. das Spektrum der Fluoreszenz u. der Thermolumineszenz u. deren zeitliche Konstanz bei Bestrahlung mit UV-Licht von 1850, 2537 u. 3650 Å bei Temp. zwischen $-196°$ u. $+230°$ untersucht u. diskutiert. U. Venzke 96

0503 **Form der Energiekurve der Fluoreszenzemission von Natriumsalicylat.** Jean Grafmeyer und Joseph Janin. (C. R. hebd. Séances Acad. Sci., Sér. A et B **267** (1968) 2, B 153—55; Labor. de Spectrosc. et de Luminescenz de l'Univ. de Lyon, Lyon; franz.) — Dünne Schichten von Na-Salicylat werden bei Temp. zwischen 4 u. 450°K im Vakuum der Strahlung von 2537 Å ausgesetzt. Die für eine Temp. von 295°K wiedergegebene Kurve der Intensität der Lumineszenzstrahlung in Abhängigkeit von der Frequenz zeigt eine Gauss-Verteilung u. entspricht der Theorie des pseudoharmon. Oszillators. U. Venzke 96

0504 **Lumineszenz kristallisierter Chrom(III)-Verbindungen.** Gerhard Vierke und Karl Heinz Hansen. (Z. physik. Chem. [Frankfurt/M.] [N.F.] **59** (1968) 1/4, 109—23; Inst. für Phys. Chem., Univ. Frankfurt am Main; dt.) — Die Lumineszenzspektren der Verb. $[Cr \cdot (ha)_6]X_3$, $[Cr(ha)_6]JSO_4$, $[Cr(ha)_6]_2[SiF_6]_3$ sowie von $CrCl_3$, $K_3[CrF_6]$ u. $[Cr(an)_6](ClO_4)_3$ (ha = *Harnstoff*, an = *Antipyrin*; X = ClO_4, NO_3, Cl u. J), teils in polykrist. Form, teils in Form von Einkrist., werden bei 80°K gemessen. Für die wichtigsten Lumineszenzbanden wird eine Zuordnung vorgeschlagen. Der Fluoreszenzübergang $^4T_{2g}$–$^4A_{2g}$, der bisher nur bei der Verb. $[Cr \cdot (ha)_6](ClO_4)_3$ gefunden wurde, wird auch im Lumineszenzspektrum von $CrCl_3$, K_3CrF_6 u. $[Cr(an)_6](ClO_4)_3$ festgestellt. B. Plewinsky 96

0505 **Natur von durch Thallium in Glas verursachtem Haftstelleneinfang und Lumineszenzzentren.** A. K. Ghosh. (J. Physics Chem. Solids **29** (1968) 8, 1387—93; Argonne National Labor., Argonne, Ill.; engl.) — Die strahlungsinduzierten Absorptionsbanden von Tl-dotierten Aluminiumboratgläsern u, von Quarzglas werden im wesentlichen Zentren wie Tl^0(Atom) u. Tl^{2+}-Ionen zuge-

schrieben. Die Tl^+-Ionen in Glas fangen sowohl Elektronen als auch Löcher ein. Die in Aluminiumboratgläsern beobachtete Phosphoreszenz u. Thermolumineszenz werden durch die Rekombinationsstrahlung verursacht. Eine Rekombination von Löchern mit Tl^0-Zentren u. von Elektronen mit Tl^{2+}-Zentren führt zu einer Emission, die für Tl^+-Ionen charakterist. ist.
K. H. Härdtl 96

0506 **Elektrolumineszenz in den Metall–Dielektrikum–Metall-Strukturen.** Gheorghe Samachisa, Jacques Gaudron und Pierre Thureau. (C. R. hebd. Séances Acad. Sci., Sér. A et B **267** (1968) 9, B 494—96; Labor. de Phys. expér., Fac. des Sci. de Caen, Calvados; franz.) — Unter bestimmten experimentellen Bedingungen kann eine Lumineszenz in dem als Kathode dienenden Metall beobachtet werden. Durch Nd. aus der Dampfphase werden Strukturen mit *Al* u. SiO_x bzw. Al_2O_3 als Dielektrikum sowie mit Al, *Au* bzw. *Ag* als zweitem Metall dargestellt. Aus den an Al–SiO_x–Au; Al–Al_2O_3–Au u. Al–SiO_x–Al im Bereich von 3800—12000 Å erhaltenen Spektren ergibt sich, daß die Lumineszenz unabhängig von der Art des Dielektrikums ist u. von der Art des Metalls nicht merkbar beeinflußt wird. Sie zeigt ein kontinuierliches Spektrum, das von einem Bandenspektrum überlagert ist. Die Ergebnisse werden diskutiert.
U. Venzke 96

0507 **Elektrolumineszenz von Au–Si_3N_4–ZnSe-Dioden im Sichtbaren.** Kenji Nojima, Hiroyoshi Komiya und Sumiaki Ibuki. (Jap. J. appl. Physics **7** (1968) 5, 559—60; Central Res. Labor., Mitsubishi Electr. Corporat., Amagasaki, Hyogo; engl.) — Von Au–Si_3N_4–ZnSe- sowie von Au–ZnSe-Dioden werden die I—V-Charakteristiken bei 77 °K, die Abhängigkeit der Vorspannung von der Kapazität bei 300 °K sowie die Injektionselektrolumineszenzspektren (450—650 nm) bei 77 °K angegeben. Die Emission der Au–Si_3N_4–ZnSe-Diode ist intensiver als die der Au–ZnSe-Diode.
B. Plewinsky 96

0508 **Messung der Linienformen der Positronenvernichtung mit einem Ge(Li)-Detektor. Untersuchung von Vernichtungsprozessen in Ag, Polyäthylen und Be.** H. P. Hotz, J. M. Mathiesen und J. P. Hurley. (Physic. Rev. [2] **170** (1968) 2, 351—55; U. S. Naval Radiolog. Defense Labor., San Francisco, Calif.; engl.) — Der Photo-Peak in einem Ge(Li)-Detektor aus der Vernichtungsstrahlung ist wesentlich breiter als der der γ-Strahlung gleicher Energie. Es ist anzunehmen, daß die Zunahme der Breite eine Folge der Doppler-Verbreiterung des Photo-Peaks der Vernichtungsstrahlung ist, d. h. es wird die longitudinale Doppler-Verschiebung der Strahlungen gemessen, während die transversale Verschiebung in den üblichen Winkelkorrelationsvers. gemessen wird. Es wurden Impulsverteilungen ermittelt. Sehr große Verbesserungen des Auflösungsvermögens des Ge(Li)-Detektors sind nicht zu erwarten.
H. Liepack 96

0509 **Dynamische Kernpolarisation von flüssigem ^{3}He durch optisches Pumpen.** H. H. McAdams. (Physic. Rev. [2] **170** (1968) 1, 276—85; Phys. Dep., Rice Univ., Houston, Tex.; engl.) — Durch opt. Pumpen von ^{3}He-Gas bei Zimmertemp. in Diffusionskontakt mit fl. ^{3}He bei 0,93 °K wurde eine dynam. verstärkte Kernspinpolarisation der Fl. erzielt. In einer fl. Probe von 20 mm^3 wurde eine stationäre Polarisation von 0,085% sowie in einer Probe von 2 mm^3 eine kurzzeitige Polarisation von 0,15% beobachtet. In dichtem ^{3}He-Gas bei 4 mm Hg u. 0,93 °K betrug die Polarisation 2%. Es wird eine Gleichung zur Beschreibung des Diffusionstransports der Polarisation vom Gas zur Fl. in Ggw. von Polarisationsgradienten, therm. Gradienten u. Relaxationsprozeß abgeleitet.
H. Liepack 98

0510 **Modulationseffekt-Korrekturen für Linienformen der magnetischen Resonanz.** S. E. Svanson. (Ark. Fysik **35** (1968) 1/2, 161—64; Dep. of Phys. Chem., Univ. of Gothenburg, Sweden; engl.) — Ableitung von Korrekturen für die Berechnung der Fourier-Transformierten von magnet. Resonanzlinien, die unter Benutzung von Phasennachweisverf. unter Anwendung von Modulationsamplitude u. Modulationsfrequenz erhalten worden waren.
Herbert Weber 98

0511 **Sättigung und spektrale Streuung bei der Elektronenspinresonanz.** S. Clough und C. A. Scott. (J. Physics, C (Proc. physic. Soc.) [2] **1** (1968) 4, 919—31; Dep. of Phys., Univ. of Nottingham; engl.) — Allg. Theorie der Sättigung einer ESR-Linie. Messungen an einem Cu^{2+}-Komplex bei 4 °K unterstützen das thermodynam. Modell, auf dem die Theorie der Vf. beruht. Absorptions- u. Dispersionsmessungen an *Rubin* bei 4 °K (ohne Feldmodulation) zeigen die Anwendbarkeit der Theorie von Bloembergen et al.
E. Richter 98

0512 **Bestimmung der Form der Absorptions- und Dispersionssignale in nichtisolierenden paramagnetischen Substanzen durch schnelle Modulation.** Serge Morand und Geneviève Théobald. (C. R. hebd. Séances Acad. Sci., Sér. A et B **267** (1968) 4, B 248—50; Labor. de Spectroscop. hertz., Fac. des Sci., Besançon, Doubs.; franz.) — Allg. Berechnungen zur Best. der Form der Absorptions- u. Dispersionssignale aus Unters. der 1. Harmon. des Resonanzsignals bei schnell moduliertem magnet. Richtfeld werden durchgeführt u. auf Unters. der 1. Harmon. des Resonanzsignals der Leitungselektronen großer *Li*-Teilchen angewandt.
U. Venzke 98

0513 **Beschreibung der ESR-Spektren der $^6S_{5/2}$-Ionen in trigonalen Kristallfeldern mit dem Spin–Hamilton-Operator.** V. Lupei, A. Lupei und I. Ursu. (Rev. roum. Physique **13** (1968) 4, 327—36; Univ. of Cluj, Romania; engl.)
Herbert Weber 98

0514 **Der lineare elektrische Feldeffekt beim Spektrum der paramagnetischen Elektronenresonanz von Cu^{2+} im tetraedrischen Kristallfeld.** C. A. Bates. (J. Physics, C (Proc. physic. Soc.) [2] **1** (1968) 4, 877—88; Phys. Dep., Univ. of Nottingham; engl.) — Vgl. C. **1969**, 13-0273. — Eine theoret. Diskussion des linearen elektr. Feldeffekts im Cu^{2+}-ESR-Spektrum zeigt, daß der elektron. Effekt durch die Existenz von Hybriden der 3d- u. 4p-Orbitale im Cu^{2+}-Grundzustand hervorgerufen wird. Der ion. Effekt wird durch die Änderung des lokalen Krist.-Felds durch die relative Verschiebung der Ligandenionen erklärt. Eine meßbare Verschiebung des g Wertes wird für den Fall trigonaler Verzerrung vorhergesagt.
E. Richter 98

0515 **ESR-Bestimmung der Ausbeute von Triplettzuständen.** M. Guéron, J. Eisinger und R. G. Shulman. (Molecular Physics **14** (1968) 2, 111—16; Bell Telephone Labor., Inc., Murray Hill, N.J.; engl.) — Vf. entwickeln eine prakt. Meth. zur Messung der Ausb. von Triplettzuständen mit Lebensdauern $> 10^{-2}$ s. Dazu wird die Intensität der $\Delta m = 2$-Spinresonanz für eine gegebene Zahl beliebig orientierter Tripletts als Funktion der Nullfeldaufspaltung u. der Linienbreite berechnet. Die Ausb. wird durch Vgl. der gemessenen Intensität mit der Intensität eines Standards bekannter Ausb. erhalten. Anwendung der Meth. auf *Naphthalin*.
E. Richter 98

0516 **Temperaturabhängige Isotopieverschiebungen und phononeninduzierte Nullfeldaufspaltung.** C. Y. Huang. (Physics Letters [Amsterdam] **27 A** (1968) 7, 437—38; Dep. of Phys. and Condensed State Center, Case Western Reserve Univ., Cleveland, O.; engl.) — Theoret. Unters. zur Isotopieverschiebung in Nullfeld-Aufspaltung von ESR-Spektren (vgl. S. A. Marshall et al. C. **1965**, 47-0285 u. C. **1967**, 6-0374). Das Debye-Modell wird zur Berechnung des quadrat. Mittelwertes der Verschiebung der magnet. Ionen in Wirtsgittern benutzt. Die Theorie kann die beobachtete Temp.-Abhängigkeit der Isotopieverschiebung in der Nullfeld-Aufspaltung wiedergeben: Vgl. mit Messungen der Verschiebung von ^{52}Cr relativ zu ^{53}Cr in MgO (l.c.), $^{54,56,57}Fe^{3+}$ in Calcit, $^{155,157}Gd^{3+}$ in ThO_2.
Herbert Weber 98

0517 **FIR-Hochauflösungsspektroskopie für EPR-Linien mit einem Laser.** J. Boettcher, K. Dransfeld und K. F. Renk. (Physics Letters [Amsterdam] **26 A** (1968) 4, 146—48; Phys. Dep., TH München; engl.) — Sehr enge Absorptionslinien wurden bei 10^{12} Hz im EPR-

Spektrum von konz. *Ho-Äthylsulfat* im festen Zustand gefunden. Bei 4 °K beträgt die individuelle Linienbreite des gut aufgelösten Hyperfein-Oktetts nicht mehr als 125 G. E. Otto 98

0518 **Elektronischen Eigenschaften von Bor-Kohlenstoff-Verbindungen.** Jean-Jacques Koulmann, Noël Perol und Pierre Taglang. (C. R. hebd. Séances Acad. Sci., Sér. A et B **267** (1968) 1, B 15–18; Collège Sci. Univ., Mulhouse, Haut-Rhin; franz.) — An B mit 0–10% C werden Unters. der EPR u. des IR-Spektrums sowie röntgenograph. Unters. in Abhängigkeit von der Zus. durchgeführt. Danach enthalten Proben mit $\geq 2{,}5\%$ Graphit Carbide der Zus. $B_{12}C_3$ u. $B_{13}C_2$. Es wird angenommen, daß $B_{12}C_3$ den Paramagnetismus der Proben bedingt u. paramagnet. Zentren bildet, deren Zahl errechnet wird. Werte der magnet. Suszeptibilität sind angegeben. U. Venzke 98

0519 **Paramagnetische Resonanz in verdünnten Chrom-Eisen-Legierungen.** M. B. Salamon und F. J. Feigl. (J. Physics Chem. Solids **29** (1968) 8, 1443–47; Dep. of Phys. and Materials Res. Labor., Univ. of Ill., Urbana, Ill.; engl.) — Vf. berichten über ESR-Messungen an Fe-Atomen in verd. Cr–Fe-Leg. in der Nähe der Néel-Temperatur. Es kann gezeigt werden, daß das Fe-Moment ein gutes Hilfsmittel zur Unters. der Magnetisierung des Wirtsmaterials ist u. daß das Verh. der Resonanzlinie als Meßmeth. für die Fe–Fe- u. Fe–Cr-Wechselwrkg. dienen kann. K. H. Härdtl 98

0520 **Einfluß von Licht auf die ESR von F-Zentren.** D. Schmid und V. Zimmermann. (Physics Letters [Amsterdam] **27** A (1968) 7, 459–60; 3. Phys. Inst., Univ. Stuttgart, Germany; engl.) — An *KCl*-Krist., die additiv oder elektrolyt. gefärbt waren, wurde die opt. Sättigung der ESR von F-Zentren untersucht. Die beobachtete Quantenausb. für einen Spinflip-Übergang ist kleiner als bei früheren Untersuchungen. Herbert Weber 98

0521 **ESR- und optisches Spektrum von Ti^{3+} in CaF_2.** W. Low und A. Rosenthal. (Physics Letters [Amsterdam], **26** A (1968) 4, 143; Microwave Div., Dep. of Phys. Hebrew Univ., Jerusalem; engl.) — Das ESR-Spektrum von Ti^{3+} in CaF_2 wurde von Zimmertemp. bis zu 2 °K gemessen. Die Konst. des Spin-Hamilton-Operators wurden bestimmt. Die opt. Spektren nahe 7200 cm^{-1} erlauben die Best. von $\lambda = 100\ cm^{-1}$. Es wurden weder Jahne-Teller-Aufspaltung noch Linienverbreiterung beobachtet. E. Otto 98

0522 **Durch ESR in Kristallen mit einaxialer Spannungsbelastung gemessene Spin–Gitter-Wechselwirkungen von Nd^{3+} und U^{3+} in CaF_2.** T. D. Black und P. L. Donoho. (Physic. Rev. [2] **170**, (1968) 2, 462–69; William Marsh Rice Univ., Houston, Tex.; engl.) — Experimentelle Best. des Spin–Gitter-Hamilton-Operators für Nd^{3+} u. U^{3+} auf Plätzen tetragonaler Symmetrie in CaF_2. Die Komponenten des Spin–Gitter-Kopplungstensors wurden aus Messungen des Einfl. stat. einaxialer Spannung auf die ESR-Spektren dieser Ionen ermittelt. Der effektive Spin–Gitter-Hamilton-Operator zur Deutung des Einfl. der Spannung auf die Ionen, die Kramers-Dublett-Grundzustände haben, wird bestimmt, aus diesem werden die Stärke der Ultraschall-Spinresonanzabsorption u. die direkte Ein-Phonon-Spin–Gitter-Relaxationszeit für diese Ionen berechnet. Die ber. Relaxationszeiten weichen stark von den experimentellen Ergebnissen ab, eine Erklärung hierfür kann nicht gegeben werden. H. Liepack 98

0523 **EPR-Untersuchung von $CuSiF_6 \cdot 4H_2O$ und $CuSnF_6 \cdot 4H_2O$.** A. K. Pal. (Physica [Utrecht] **39** (1968) 3, 387 bis 392; Indian Assoc. for the Cultivation of Sci., Calcutta, India; engl.) — Der Paramagnetismus von Einkrist. dieser Verb. wurde unter Benutzung der EPR-Meth. für das K-Band bei 300 u. bei 90 °K untersucht. Der Cu(II)-Komplex in beiden Krist. hat angenähert tetragonale Symmetrie, was nach Röntgen-Strukturdaten von isomorphem $CuTiF_6 \cdot 4\ H_2O$ zu erwarten war. Im Fall von $CuSiF_6 \cdot 4H_2O$ wurden Messungen der Linienbreite für verschiedene Ebenen durchgeführt. Diese Unters. zeigt die Notwendigkeit der Berücksichtigung der Austauschwechselwrkg. u. der Feinstrukturwechselwrkg., die ihren Ursprung in Hyperfein- u. Krist.-Feldern haben, um die beobachteten Ergebnisse zu interpretieren. Herbert Weber 98

0524 **Elektronenspinresonanz von Eisen in Silberchlorid.** K. A. Hay, D. J. E. Ingram und A. C. Tomlinson. (J. Physics, C (Proc. physic. Soc.) [2] **1** (1968) 5, 1205 bis 1213; Dep. of Phys., Univ. of Keele; engl.) — In mit Fe(II) dotierten (10–100 ppm) $AgCl:Fe^{2+}$-Krist. wurde bei Bestrahlung mit einer Hg-Lampe (mit AlCl-Filter) bei Temp., die die Ag^+-Diffusion zulassen (200 –300 °K), Fe^{3+} gebildet, wie ESR-Messungen bei 77° u. 20 °K zeigten. Fe^{2+} wirkt als Löcher-Falle, jedoch unterhalb 168 °K als Rekombinationszentrum. Bei der Bldg. des stabilen tetraedr. $[FeCl_4]^-$-Komplexes wurde ein neues Spektrum beobachtet, das auf der trigonalen Verzerrung dieses Komplexes durch ein benachbartes Ag^--Ion beruht. Die Bldg. von tetraedr. $[FeBr_4]^-$ bei Bestrahlung von $AgBr:Fe^{2+}$ mit sichtbarem Licht bei 153–186 °K wurde ebenfalls untersucht. A. Jaeschke 98

0525 **Struktur des paramagnetischen Lithium-Zentrums in Zinkoxid und Berylliumoxid.** O. F. Schirmer. (J. Physics Chem. Solids **29** (1968) 8, 1407–29; Inst. für Elektrowerkstoffe der Fraunhofer-Gesellschaft, Freiburg i. Br.; engl.) — Werden Li-dotierte ZnO- u. BeO-Krist. mit UV oder Röntgen-Strahlen bestrahlt, so entstehen paramagnet. Fehlstellen, die aus einem Loch bestehen, welches an einem O^{2-}-Ion–Li^+-Störstellenpaar eingefangen ist. Der Zustand niedrigster Energie des Loches tritt dann ein, wenn die O^-–Li^+-Richtung mit der polaren c-Achse des Krist. zusammenfällt. Der Energieabstand zu den übrigen drei nichtaxialen Lagen des Loches wird bestimmt, indem die Besetzungswahrscheinlichkeit für beide Arten von Lagen in Abhängigkeit von der Temp. untersucht wird. Die Übergänge des Loches zwischen seinen vier möglichen Lagen läßt sich bei der Aufnahme der ESR-Spektren beobachten. Aus einer Analyse der anisotropen Li-Hyperfeinwechselwrkg. ergibt sich, daß in beiden Krist. der Li^+–O^--Abstand um 40% größer ist als die normale Bindungslänge. K. H. Härdtl 98

0526 **Paramagnetische Resonanz von $ZnO:Mn^{2+}$-Einkristallen.** A. Hausmann und H. Huppertz. (J. Physics Chem. Solids **29** (1968) 1369–75; II. Physikal. Inst., TH Aachen; engl.) — Mn^{2+}-dotierte ZnO-Einkrist. werden mit ESR bei 9,5 u. 35 GHz untersucht. Die gemessenen Spektren zeigen eine minimale Linienbreite von 0,25 G. Die Resonanzen lassen sich mit einem Spin-Hamilton-Operator axialer Symmetrie beschreiben, dessen Parameter mit großer Genauigkeit bestimmt werden. Verbotene Übergänge mit $\Delta M = \pm 1$, $\Delta m = \pm 1 \ldots \pm 5$ werden beobachtet. Aus diesen Übergängen läßt sich der Kern-g-Faktor direkt berechnen. Eine winkelabhängige Aufspaltung aller Linien in Dubletts wird nachgewiesen. K. H. Härdtl 98

0527 **Kubische Feldparameter von $^6S_{5/2}$-Ionen in Zinkoxidkristallen.** A. Hausmann. (Solid State Commun. **6** (1968) 7, 457–59; II. Physikal. Inst., TH Aachen; engl.) — ESR-Messungen bei 35 GHz an Mn^{2+}- oder Fe^{3+}-dotierten ZnO-Einkrist. werden benutzt, um den Anteil des kub. Beitrags zum Krist.-Feld zu bestimmen. Die Werte für diesen Parameter sind $|a| = 7{,}1$ u. $|a| = 46{,}8$ Gauß für Mn bzw. Fe. Weiterhin wird über Einzelheiten des makroskop. Krist.-Wachstums berichtet, die sich aus den Resonanzmessungen ergeben. K. H. Härdtl 98

0528 **Elektronenspinresonanz in Cadmiumsulfid.** J. Rs. Brailsford und J. Woods. (J. Physics, C (Proc. physic. Soc.) [2] **1** (1968) 5, 1213–19; Dep. of Appl. Phys., Univ. of Durham; engl.) — ESR-Messungen wurden an 16 undotierten CdS-Einkrist. bei der Temp. des fl. He durchgeführt. Drei, nicht mit Verunreinigungen verbundene Resonanzlinien wurden bei $g_{\parallel} = 1{,}80$ ($\pm 0{,}02$) u. $g_{\perp} = 1{,}79$; $g_{\parallel} = 2{,}00$ u. $g_{\perp} = 1{,}98$; $g_{\parallel} = 2{,}12$ u. $g_{\perp} = 2{,}10$ beobachtet. Ihr Ursprung wird diskutiert. A. Jaeschke 98

0529 **Fe^{3+} in kubischen und axialen Feldern in kubischem ZnSe.** Gordon G. Wepfer und Chihiro Kikuchi.

(Physic. Rev. [2] **170** (1968) 2, 445–54; Air Force Inst. of Technol., Wright-Patterson Air Force Base, O.; engl.) — Kub. ZnSe-Krist. wurden aus der Dampfphase mit einer LiOH-enthaltenden Ausgangssubstanz hergestellt. Das EPR-Spektrum bei 77 °K besteht aus einer intensiven isotropen Linie bei $g = 2{,}0464 \pm 0{,}0004$ sowie aus einer Gruppe winkelabhängiger Linien, von denen jede in Abhängigkeit von der Krist.-Orientierung zwischen $g_{\parallel} = 2{,}072 \pm 0{,}004$ u. $g_{\perp} = 6{,}1 \pm 0{,}1$ liegt. Die intensive Linie wird dem zentralen $(1/2 \to -1/2)$-Übergang von Fe^{3+} auf einem Zn-Substitutionsplatz zugeordnet. Die weniger intensiven winkelabhängigen Linien werden Fe^{3+} in einem Krist.-Feld mit einer starken axialen Komponente zugeschrieben. Die axiale Komponente hat die Symmetrie des nächstbenachbarten Platzes. Die große Nullfeldaufspaltung infolge einer Se-Leerstelle oder eines Substitutionsplatzes bewirkt ein Spindublett mit niedrigster Energie, es wird nur ein Übergang innerhalb dieses Dubletts beobachtet. Daraus ergibt sich eine einzige EPR-Linie mit $g_{\parallel} \simeq 2$ u. $g_{\perp} \simeq 6$, wobei die parallele Richtung mit |111| zusammenfällt. Die vier möglichen Plätze sind nicht äquivalent. Es wurden ferner die opt. Eig. untersucht, die mit den die EPR-Signale verursachenden Störstellen zusammenhängen. H. Liepack 98

0530 **EPR- und Thermolumineszenzmessungen an $CaWO_4$-Kristallen.** G. K. Born, R. J. Grasser und A. O. Scharmann. (Physica Status solidi [Berlin] **28** (1968) 2, 583–88; I. Phys. Inst., Justus-Liebig-Univ., Gießen; engl.) — Nach Bestrahlung mit Röntgenquanten im Energiebereich von 50–150 keV bei der Temp. der fl. Luft werden in $CaWO_4$-Einkrist. paramagnet. Zentren nachgewiesen. Das Zentrum mit einem g-Faktor von etwas über 2 wird einem Defektelektron zugeschrieben, das stabil zwischen 2 Wolframatkomplexen eingefangen ist. Das Signal des zugehörigen Elektrons ist breit u. schwer nachweisbar. Die Zentrendichte im Krist. hängt linear von der Bestrahlungsdosis ab. Die Abnahme des EPR-Signals dieser Zentren mit der Temp. ist mit der vom Krist. emittierten Thermolumineszenz verknüpft. H. Roschkowski 98

0531 **Magnetische Eigenschaften von $[IrX_6]^{2-}$-Komplexen.** J. H. M. Thornley. (J. Physics C (Proc. physic. Soc.) [2] **1** (1968) 4, 1024–37; Clarendon Labor., Oxford; engl.) — Die Theorie oktaedr. d^5-Komplexe mit niedrigem Spin wird neu geprüft, wobei gefunden wird, daß angeregte Zustände beträchtlich zu den magnet. Eig. des Grundzustands beitragen können. ESR-Experimente wurden an $[IrX_6]^{2-}$-Komplexen ($X = F, Cl, Br$) $\leq 1\%$ in $Cs_2[Ir, GeF_6]$; $K_2[Ir, PtF_6]$; $(NH_4)_2[Ir, PtCl_6]$; $K_2[Ir_2, PtCl_6]$; $Na_2[Ir, PtCl_6] \cdot 6H_2O$; $Na_2[Ir, PtBr_6] \cdot 6H_2O$ u. $K_2[Ir, PtBr_6]$ durchgeführt. Diese Komplexe sind kovalenter als bisher angenommen wurde. E. Richter 98

0532 **Durch paramagnetische Elektronenresonanz beobachteter Schalteffekt in vanadyldotiertem ferroelektrischem Triglycinsulfat.** W. Windsch und E. Hartmann. (Physica Status solidi [Berlin] **29** (1968) 1, K 11–13; Phys. Inst., Karl-Marx-Univ., Leipzig; engl.) — Die EPR-Spektren von mit Vanadylionen dotiertem Triglycinsulfat weisen auf die Ggw. von 2 äquivalenten Oxo-bis-[glycinato]-vanadinkomplexen pro Elementarzelle hin. Ein angelegtes äußeres elektr. Feld (entlang der ferroelektr. Achse) verändert die Intensität des normalen Spektrums u. erzeugt zusätzliche Linien. Wirkt das elektr. Feld nur wenige Minuten auf den Krist. ein, dann führt das Anlegen eines entgegengesetzten elektr. Felds zu einer sofortigen Rückbldg. des Anfangsspektrums. Bei längerer Einw. des prim. Felds verläuft dieser Vorgang nur nach totalem Abklingen des Feldspektrums. Eine Theorie für die Feld- u. Zeitabhängigkeit des Prozesses wird entwickelt. H. Roschkowski 98

0533 **Elektrische Verschiebungen der paramagnetischen Resonanz von ferroelektrischem, mit Cu^{2+} dotiertem Rochellesalz.** G. Völkel und W. Windsch. (Physica Status solidi [Berlin] **28** (1968) 2, K 163–65; Phys. Inst., Karl-Marx-Univ., Leipzig; engl.) H. Roschkowski 98

0534 **Paramagnetische Resonanz von Fe^{3+} in Methylammoniumalaun.** R. C. Kemp. (J. Physics, C (Proc. physic. Soc.) [2] **1** (1968) 5, 1228–36; Div. of Phys., Nat. Stand. Labor., Commonwealth Sci. and Ind. Res. Organizat., Sydney; engl.) — Die Spin-Hamilton-Koeff. für Fe^{3+} (0,2%) in $(CH_3NH_3)Al(SO_4)_2 \cdot 12H_2O$ wurden bei 77 °K mit der klass. paramagnet. Resonanzmeth. bestimmt. Der g-Wert beträgt $2{,}003 \pm 0{,}004$ u. ist isotrop. Die Nullfeld-Aufspaltungsfrequenzen, direkt gemessen bei 77 °K, betragen $\nu_{1/2-3/2} = 12229 (\pm 10)$ MHz u. $\nu_{3/2-5/2} = 22080$ u. stimmen mit der Spin-Hamilton-Gleichung bei Verw. der gemessenen Koeff. überein. Demnach ist die Spin-Hamilton-Gleichung für dieses Salz für Magnetfelder zwischen 0 u. 10000 G gültig. A. Jaeschke 98

0535 **Inhomogene ESR-Linienverbreiterung in Rubin.** C. J. Kirkby und J. S. Thorp. (J. Physics, C (Proc. physic. Soc.) [2] **1** (1968) 4, 913–18; Dep. of Appl. Phys., Univ. of Durham; engl.) — Die Winkeländerungen der ESR-Linienbreiten der $(\Delta M = 1)$-Übergänge bei 35 GHz werden an aus der Dampfphase gezogenen Rubinkrist. mit Cr-Konz. von 0,015–0,20 Atom-% untersucht. Die die Verzerrung der Cr-Plätze u. die axiale Desorientierung charakterisierenden Parameter werden ermittelt. E. Richter 98

0536 **Durch Elektronenspinresonanz von Mn^{2+} beobachteter selektiver Austausch von Kationenplätzen in Zeolithen.** 2. Mitt. **Linde Y.** T. I. Barry und L. A. Lay. (J. Physics Chem. Solids **29** (1968) 8, 1395–405, 2 Tafeln; Ministry of Technol., Nat. Phys. Labor., Teddington, Middlesex; engl.) — 1. vgl. C. **1967**, 30-0327. — Mit Hilfe von ESR-Messungen kann die Lage der Mn^{2+}-Ionen in Zeolithen bestimmt werden. Ebenso wird die Kationenverteilung in Abhängigkeit von den anwesenden Kationen u. der Wärmebehandlung beobachtet. Es ergibt sich, daß die Verteilung nicht nur durch die Ionenladung u. den Ionenradius bestimmt wird, sondern auch durch die Größe der kovalenten Bindungsanteile. Während der H_2O-Abgabe konzentrieren sich die zwei- u. vierwertigen Ionen auf Plätzen innerhalb der Sodalit-Käfige. Unters. am Linde-Y-Zeolith (Y); ESR-Spektren von: Y/Li^+Mn^{2+}; Y/Na^+Mn^{2+}; Y/K^+Mn^{2+}; Y/Cs^+Mn^{2+}; $Y/Mg^{2+}Mn^{2+}$; $Y/Ca^{2+}Mn^{2+}$; $Y/Zn^{2+}Mn^{2+}$; $Y/La^{3+}Mn^{2+}$. K. H. Härdtl 98

0537 **Einfluß von Deuteronen auf Protonenrelaxationszeiten in paramagnetischen Lösungen.** G. Padmavathi. (Indian J. pure appl. Physics **6** (1968) 5, 216–18; Dep. of Phys., Andhra Univ., Waltair; engl.) — Der Einfl. von Deuteronen auf Protonenrelaxationszeiten wurde durch Messungen von Protonenrelaxationszeiten in wss. Lsg. paramagnet. Ionen untersucht, wobei H_2O durch variierende Beträge von D_2O ersetzt wurde oder Mischungen von H_2O u. D_2O in verschiedenen Konz. vorlagen. Die untersuchten paramagnet. Ionen waren Mn^{2+} (als $MnSO_4 \cdot H_2O$) mit ^6S-Grundzustand u. Ni^{2+} (als $NiSO_4 \cdot 6H_2O$) u. Ce^{3+} [als $Ce_2(SO_4)_3$] mit F-Grundzustand. Die Protonenrelaxationszeit stieg stets bei Ersatz von H_2O durch D_2O, der Anstieg war dabei größer als die Zunahme des D_2O-%-Gehalts. Bei Ce^{3+}- u. Ni^{2+}-Ionen-Lsg. ist der relative Anstieg sehr viel größer als in Mn^{2+}-Lösungen. Das große Anwachsen der Relaxation bei D_2O-Konz.-Erhöhung wird einem Protonenaustausch über Wasserstoffbindungen zugeschrieben. Der größere relative Anstieg bei C^{3+} u. Ni^{2+} im Vgl. zu Mn^{2+} kann aus der Differenz der Grundzustände der Ionen herrühren. E. Otto 98

0538 **Bestimmung der Elektronenspin-Gitter-Relaxationszeit T_1 im direkten Prozeß.** K. Pfeuffer. (Physica Status solidi [Berlin] **29** (1968) 1, 171–77; Phys. Inst., Univ., Karlsruhe; engl.) — Bei der Spin-Gitter-Relaxation paramagnet. Ionen in Krist. wird mit den üblichen Meßmeth. im all. die Spin-Kühlbad-Relaxationszeit T_{eff} beobachtet. Beim Auftreten eines Phononenenglasses ist die Spin-Gitter-Relaxationszeit T_1 nicht mehr mit T_{eff} identisch. Es wird ein Verf. angegeben, mit dem die Best. von T_1 auch beim Auftreten eines Phononenengpasses möglich ist. Anwendung auf Messungen an *Nd-Äthylsulfat*. H. Roschkowski 98

0539 **Konzentrationsabhängige Spin-Gitter-Relaxation in n-leitendem Silicium.** Ko Sugihara. (J. Physics Chem. Solids 29 (1968) 7, 1099—10; Wireless Res. Labor., Matsushita Electric Industrial Co. Ltd., Kadoma, Osaka, Japan; engl.) — Vf. untersucht den Spin-Gitter-Relaxationsmechanismus für Donatorelektronen in unkompensierten Si. Isolierte Spins leiten ihre Anregungsenergie mit dem Spin-Diffusionsprozeß zu Zentren mit schneller Relaxationszeit weiter. Für geringe Dotierungen, $N_D < 10^{16}/cm^3$, wirken austauschgekoppelte Donatorpaare als schnelle Zentren. Die Theorie liefert die richtige Größenordnung für die Relaxationsrate, die jedoch im Gegensatz zur Theorie etwas feldabhängig ist. Für höher dotierte Proben, $N_D > 10^{16}/cm^3$, kann die Relaxationsrate unter der Annahme einer geringen Konz. neutraler ionisierter Donatorpaare gedeutet werden. Der Relaxationsprozeß dieser Paare resultiert aus zwei unterschiedlichen Mechanismen, wovon einer feldabhängig u. ein zweiter feldunabhängig ist. Der erste Mechanismus hängt stark von N_D ab, der zweite nur wenig.
K. H. Härdtl 98

0540 **Kernspin-Gitter-Relaxation in K-Metall.** J. A. Kaeck. (Solid State Commun. 6 (1968) 6, 335—36; Suppl. zu: J. Physics Chem. Solids, Labor. of Atomic and Solid State Phys., Cornell Univ., Ithaca, N.Y.; engl.) — Vf. berichtet über die Spin-Gitter-Relaxationszeit T_1 des ^{39}K-Spin-Syst. in metall. K bei Temp. zwischen 1 u. 4°K. $T_1 \cdot$ Temp. (°K) ergibt sich zu 23,5 ± 1,0 sec · °K. Aus dem freien Induktionsabfall wird eine obere Linienbreite von 0,1 G abgeleitet. H. K. Härdtl 98

0541 **Spin-Gitter-Relaxation von Neodym in Lanthan-Magnesiumnitrat.** J. Ramakrishna. (Indian J. pure appl. Physics 5 (1967) 12, 565—67; Clarendon Labor., Univ. of Oxford, Oxford; engl.) — Die Elektronenspin-Gitter-Relaxation von Nd in Lanthan-Magnesiumnitrat wurde unter Anwendung des Sättigungs-Impulses im X-Band (8,8 GHz) untersucht. Die Relaxation folgt dem Orbach-Prozeß bei höherer Temp. (> 4°K) u. einem direkten Prozeß bei niedrigerer Temp. (< 4°K). Die Relaxation ist auch von der Konz. an Nd im Krist. abhängig. Möglicherweise ist das einer Kreuzrelaxation zwischen der Hauptlinie u. verschiedenen anderen Nebenlinien zuzuschreiben, wie es an einer Seite der Hauptlinie für höhere Konz. beobachtet wurde. H. Jehne 98

0542 **Eine NMR-Suche nach thermischen Anomalien in den Protonenspin-Gitter-Relaxationszeiten für Wasser.** L. O. Bowen. (Physics Letters [Amsterdam] **26 A** (1968) 4, 150—51; Dep. of Phys., Univ. of the Witwatersrand, Johannesburg, South Africa; engl.) — Es wurden keine Ergebnisse für Protonen-T_1-Dikontinuitäten über Temp.-Bereiche von ca. 3° um die Temp. der fraglichen therm. Diskontinuitäten gefunden. E. Otto 98

0543 **Spin-Gitter-Relaxation in einigen Iridiumsalzen.** 1. Mitt. **Relaxation des isolierten $[IrCl_6]^{2-}$-Komplexes.** E. A. Harris und K. S. Yngvesson. (J. Physics, C (Proc. physic. Soc.) [2] **1** (1968) 4, 990—1010; Clarendon Labor., Oxford; engl.) — Vf. messen die Spin-Gitter-Relaxationszeiten für isolierte $[IrCl_6]^{2-}$-Komplexe in $(NH_4)_2[PtCl_6]$ u. $K_2[PtCl_6]$ von 9,5—24 GHz. Für beide Salze werden die Relaxationsgeschw. als Summen von Ausdrücken entsprechend einem direkten Prozeß, einem Raman-Prozeß u. einem von der Konz. abhängigen Prozeß mathemat. formuliert. E. Richter 98

0544 **Spin-Gitter-Relaxation in einigen Iridiumsalzen.** 2. Mitt. **Relaxation von Paaren nächster Nachbarn mit Austauschkopplung.** E. A. Harris und K. S. Yngvesson. (J. Physics, C (Proc. physic. Soc.) [2] **1** (1968) 4, 1011—23; Clarendon Labor., Oxford; engl.) — 1. vgl. vorst. Referat. — Vf. messen die Spin-Gitter-Relaxationszeiten T_1 bei X- u. K-Band-Frequenzen für Übergänge innerhalb des angeregten T = 1-Zustandes von Paaren von $[IrCl_6]^{2-}$-Komplexen in $(NH_4)_2 \cdot PtCl_6$-Kristallen. Die Temp.-Abhängigkeit der Relaxationszeit zeigt, daß ein Zwei-Phononen-Prozeß bei kleinen Ir/Pt-Konz. vorherrscht. Bei höheren Ir-Konz. (Ir/Pt = 5—8,5%) wird ein von der Konz. abhängiger Prozeß mit einer Temp.-Änderung von $1/T_1 \sim \exp(-\Delta/kT)$ beobachtet. E. Richter 98

0545 **Theorie der isotropen und anisotropen Knight-Verschiebungen in Beryllium.** P. Jena, S. D. Mahanti und T. P. Das. (Physic. Rev. Letters **20** (1968) 11, 544—46; Univ. of Calif., Riverside, Calif.; engl.)
A. Jaeschke 98

0546 **Messung der s-d-Mischung von Mn in Cu.** J. A. McElroy und A. J. Heeger. (Physic. Rev. Letters **20** (1968) 26, 1481—84; Dep. of Phys. and Labor. for Res. on the Structure of Matter, Univ. of Pa., Philadelphia, Pa.; engl.) — Die Linienbreite der Spinresonanz von Mn (0,1%) bei verschiedenen Konz. von Si (0—3 Atom-%) u. Al (0—5,5 Atom-%) in Cu ist für T < 4,2°K temperaturunabhängig. Im Bereich von 20—100°K wird jedoch bei einer Mn-Konz. von 1,5% in Si (1,06—4,86%) enthaltendem Cu eine lineare Temp.-Abhängigkeit der Linienbreite der Spinresonanz von Mn beobachtet. Die Messungen deuten auf eine Erweiterung der Wellenfunktion für magnet. Verunreinigungen in einem Metall u. ermöglichen eine Best. der s-d-Mischung von Mn in Cu ($V_{dk} \cong 1$ eV). Die Spinrelaxation eines lokalen Momentes wird mit Hilfe der Spinbahnwechselwrkg. einer entfernten Verunreinigung theoret. untersucht. B. Plewinsky 98

0547 **Kernmagnetische Resonanz in flüssigen Natrium-Alkalimetall-Legierungen.** D. E. Thornton und W. H. Young. (J. Physics, C (Proc. physic. Soc.) [2] **1** (1968) 4, 1097—1102; Dep. of Phys., Univ. of Sheffield; engl.) — Vf. zeigen, daß eine einfache Theorie der Abschirmung die Änderungen der Knight-Verschiebung für jegliche bisher untersuchte verd. Lsg. eines Alkalimetalls in einem anderen erklärt. Diskutiert werden die Syst. *NaLi, NaK, NaRb, NaCs* (sowie die Syst. *CuAg* u. *CuAu*).
E. Richter 98

0548 **Kernresonanz in Legierungen von Übergangsmetallen.** C. Froidevaux. (Z. angew. Physik **25** (1968) 2, 41—45; Labor. de Phys. des Solides, Fac. des Sci., Orsay; dt.) — NMR in ungeordneten Leg. werden beschrieben. Dadurch soll gezeigt werden, daß man in gewissen günstigen Fällen ein detailliertes Bild der Raumverteilung der paramagnet. Suszeptibilität erhalten kann. Ladungsabschirmungen sowie Elektron-Elektron-Wechselwrkg. in Pt-Leg. werden diskutiert. Unters. (^{195}Pt-Kernresonanz, ^{195}Pt-Knight-Verschiebung, Suszeptibilität) wurden an Pt-Au-, Pt-Ir-, Pt-Pd-, Pt:Mo- u. Pt:Ni-Leg. durchgeführt. Weiter wird ein Beispiel angegeben, wo die lokale Quadrupolkopplung in der Nähe von Leerstellen untersucht wurde: Relative Häufigkeit der Vanadin-Gitterplätze mit 0, 1, 2 oder 3 Kohlenstoff-Leerstellen bei den 1. Nachbarn in C_yV-Verb. mit y = 0,86 bis 0,6. Herbert Weber 98

0549 **Kernmagnetische Resonanz und Relaxation von ^{195}Pt in Platin-Palladium-Legierungen.** A. Narath und H. T. Weaver. (Solid State Commun. **6** (1968) 6, 413—15; Suppl. zu: J. Physics Chem. Solids Sandia Labor., Albuquerque, N.Mex.; engl.) — NMR-Messungen am ^{195}Pt in $Pt_{1-x}Pd_x$-Leg. mit x = 0; 0,10; 0,30; 0,50; 0,70; 0,90; 0,95 u. 0,975 werden an gepulverten Proben zwischen 1 u. 4°K durchgeführt. Die Experimente zeigen, daß die lokale d-Spin-Suszeptibilität dieser Leg. auf der Pt-reichen Seite weit geringer ist als auf der Pd-reichen Seite. K. H. Härdtl 98

0550 **Chemische Verschiebungen von einwertigen substitutionellen Ionen in Alkalimetallhalogenid-Kristallen.** L. O. Andersson. (Physics Letters [Amsterdam] **27 A** (1968) 6, 383—84; Varian AG Res. Labor., Zürich; engl.) — Eine Verschiebung wird beobachtet zwischen der NMR-Linie von einem substitutionellen Ion in niedriger Konz. (ca. 0,2%) u. der Linie von dem gleichen Ion bei 100% Substitution: ^{79}Br in KJ u. NaCl (Bezugssubstanzen KBr bzw. NaBr), ^{127}J in KBr (KJ), ^{23}Na in KBr (NaBr), ^{87}Rb in KJ u. KBr (RbJ bzw. RbBr). Für Alkalimetallionen korreliert die Verschiebung mit der Änderung in der Überlappung mit den nächsten Nachbarionen. Herbert Weber 98

0551 **Ursache der Knight-Verschiebung des Lösungsmittels in Legierungen.** D. O. Van Ostenburg und L. C. R. Alfred. (Physic. Rev. Letters **20** (1968) 26, 1484—85; Argonne Nat. Labor., Argonne Ill.; engl.) —

Krit. Bemerkung zur Arbeit von Watson et al. (Phys. Rev. Letters **20** (1968) 653). B. Plewinsky 98

0552 **Kernquadrupolresonanz-Verschiebungen von exzentrischen Ionen in KCl.** W. D. Wilson und M. Blume. (J. Physics Chem. Solids **29** (1968) 7, 1167—76; Phys. Dep., Brookhaven National Labor., Upton, N.Y.; engl.) — Vf. berechnen die Kernquadrupolresonanz-Verschiebungen der NMR-Linien der Kerne von exzentr. Li^+- u. Cu^+-Ionen in KCl mit Hilfe der Störungstheorie u. durch eine direkte Lsg. der Säkulargleichung. Für den Fall, daß die Fehlstellenionen in der Abwesenheit eines angelegten elektr. Feldes schnell zwischen gleichwertigen Lagen wandern, sind keine Verschiebungen zu erwarten. Große Verschiebungen sollen dagegen zu beobachten sein, wenn die therm. oder Tunnelsprungwahrscheinlichkeiten klein sind oder wenn ein elektr. Feld angelegt ist, um das Teilchen in einer der Potentialmulden zu lokalisieren. Der große Unterschied der Verschiebungen für die verschiedenen Lagen des Fehlstellenions im Krist. sollte es ermöglichen, daß Messungen der Quadrupolresonanz zur Aufklärung der Größe u. Richtung der Exzentrizität von Störstellenionen in Alkalimetallhalogeniden beitragen. K. H. Härdtl 98

0553 **Knight-Verschiebungen in binären Alkalimetall-Legierungen.** D. E. Thornton, W. H. Young, S. B. Van Der Molen und W. Van Der Lugt. (Physics Letters [Amsterdam] **27 A** (1968) 6, 396—97; Dep. of Phys., Univ. of Sheffield, Sheffield, England; engl.) — Durch einfache Abschirmungstheorie u. die Blandin-Daniel-Formel werden die relativen Änderungen (sowohl in der Größe als auch in Vorzeichen) aller 13 Lsgm.-Knight-Verschiebungen erklärt, die bis jetzt in Alkalimetall–Alkalimetall-Leg. beobachtet wurden: K in Na, Rb, Cs; Rb in K u. Cs; Cs in K u. Rb. Herbert Weber 98

0554 **NMR-Messungen der Feldgradienten an Br-Kernen, die ein substitutionelles Cl-Ion in einem KBr-Kristall umgeben.** Lars-Olov Andersson und Lars Ödberg. (Ark. Fysik **35** (1968) 1/2, 85—99; NMR Group, Royal Inst. of Technol. Stockholm; engl.) Herbert Weber 98

0555 **Übertragung von Hyperfeinwechselwirkung durch ungepaarten Spin auf dazwischenliegende Ionen: V^{2+} und M^{2+} in $KMgF_3$.** J. J. Davies. (J. Physics, C (Proc. physic. Soc.) [2] **1** (1968) 4, 849—58; Clarendon Labor., Oxford; engl.) — Mittels ENDOR werden die Parameter der Hyperfeinwechselwrgk.-Übertragung für Fluorionen, die die zweitnächsten Nachbarn von V^{2+} u. Mn^{2+} in $KMgF_3$ sind, gemessen. Der Hauptbeitrag zur Wechselwrkg. rührt her von der Dipolkopplung zwischen Fluorkern u. elektron. Spin des Verunreinigungsions. E. Richter 98

0556 **Kernmagnetische Resonanz und Suszeptibilität von äquiatomaren Seltenerdmetall–Aluminium-Verbindungen.** A. M. van Diepen, H. W. de Wijn und K. H. J. Buschow. (Physica Status solidi [Berlin] **29** (1968) 1, 189—92; Natuurkundig Labor., Univ., Amsterdam; engl.) — Die Knight-Verschiebung der NMR von ^{27}Al u. die Suszeptibilitäten von *LaAl, GdAl, TbAl, DyAl, HoAl* u. *ErAl* wurden in Abhängigkeit von der Temp. gemessen. Die Ergebnisse werden nach der Theorie von Rudermann, Kittel, Kasuya u. Yosida diskutiert. Das Austauschintegral Γ zwischen Leitungselektronen u. 4f-Elektronen wird zu —0,39 eV bestimmt. H. Roschkowski 98

0557 **Knight-Verschiebungen von ^{13}C in den Carbiden von U und Th.** W. Burton Lewis, Sherman W. Rabideau, N. H. Krikorian und W. G. Witteman. (Physic. Rev. [2] **170** (1968) 1, 455—62; Univ. of Calif., LASL., Los Alamos, N.Mex.; engl.) — Unters. der ^{13}C-NMR in nichtangereichertem *ThC*, ThC_2, *UC*, U_2C_3 u. UC_2. Die Knight-Verschiebung in den halbmetall. Th-Carbiden ist negativ, für alle U-Carbide positiv. Für alle Carbide außer U_2C_3 war die ^{13}C-Knight-Verschiebung temperaturunabhängig. Entsprechend anderen halbmetall. U-Verb. können die magnet. Eig. der U-Carbide am besten bei höheren Temp. durch ein lokalisiertes f-Elektronen-Modell mit einer großen Krist.-Feld-Aufspaltung erklärt werden. Die ^{13}C-Knight-Verschiebung in den U-Carbiden wird durch ein effektives Hyperfeinfeld gedeutet, das auf zwei 5f-Elektronen in UC u. UC_2 u. drei in U_2C_3 zurückgeführt wird. Nur das tiefste Krist.-Feld-Niveau der $^3He_4$-Konfig. (das nichtmagnet. Niveau Γ_1 im Falle von UC) ist merklich in UC u. UC_2 besetzt. H. Liepack 98

0558 **^{14}N-Kern-Quadrupol-Resonanz-Untersuchung des NO_2^--Ions in einfachen Nitriten.** R. A. Marino, T. Oja und P. J. Bray. (Physics Letters [Amsterdam] **27 A** (1968) 5, 263—64; Dep. of Phys., Brown Univ., Providence, Rhode Island, USA; engl.) — Das ^{14}N-NQR-Spektrum wurde von verschiedenen einfachen Nitriten beobachtet u. eine relative Unempfindlichkeit gegenüber besonderen Krist.-Gittern festgestellt. Die Ergebnisse werden mit der Elektronenstruktur des NO_2^--Ions erklärt. Spektren bei 77°K sind für folgende Stoffe angegeben: $LiNO_2 \cdot H_2O$, $NaNO_2$, $Ca(NO_2)_2 \cdot H_2O$, $Sr(NO_2)_2 \cdot H_2O$ u. $Ba(NO_2)_2 \cdot H_2O$. E. Otto 98

0559 **Ionenbewegung in Tetrafluoroborat-Salzen.** 2. Mitt. D. J. Huettner, J. L. Ragle, L. Sherk, T. R. Stengle und H. J. C. Yeh. (J. chem. Physics **48** (1968) 4, 1739—44; Dep. of Chem., Univ. of Mass., Amherst, Mass.; engl.) — 1. vgl. C. **1969**, 4-0365. — Unters. der F-Kernrelaxation u. Linienbreiten in Abhängigkeit von der Temp. für XBF_4, $X = ND_4$, K, Rb, Cs, NO, NO_2 u. Na. Aus dem nichtexponentiellen Abklingen der longitudinalen Magnetisierung im Temp.-Bereich in der Nähe des Phasenübergangs rhomb.-kub. wurden Anionen-Korrelationszeiten τ_F ermittelt. Die Aktivierungsenergien nehmen glatt mit zunehmendem Kationenradius ab. Es wurden Phasenübergänge in $RbBF_4$, $CsBF_4$, $NOBF_4$ u. NO_2BF_4 bei 523, 449, 433 u. 335°K beobachtet. Die Quadrupol-Kopplungskonst. von ^{11}B in den Alkalimetallsalzen bei Zimmertemp. werden angegeben. H. Liepack 98

0560 **Kernresonanz von ferrimagnetischem $MnCr_2O_4$ mit spiralförmiger Spinkonfiguration.** T. W. Houston und A. J. Heeger. (J. Physics Chem. Solids **29** (1968) 7, 1085—92; Dep. of Phys. and Labor. for Res. on the Structure of Matter, Univ. of Pa., Philadelphia, Pa.; engl.) — Vf. untersuchen die NMR von ^{55}Mn in ferrimagnet. $MnCr_2O_4$ mit spiralförmiger Spinkonfiguration in Abhängigkeit von der Temp. u. dem Magnetfeld. Unter Verwendung der NMR-Frequenz als Maß für die Teilgittermagnetisierung wird eine T^3-Abhängigkeit beobachtet, die auf eine lineare Spinwellendispersionsbeziehung deutet, wie sie von einer spiralförmigen Spinkonfig. erwartet wird. Die Feldabhängigkeit der NMR-Frequenz wird mit einem Spiralmodell analysiert u. liefert einen Kegelhalbwinkel von 63,5°. Die Experimente deuten auf lokale Abweichungen von der idealen ferrimagnet. Spirale. K. H. Härdtl 98

0561 **NMR von ^{93}Nb in ferroelektrischem $LiNbO_3$.** R. Kind, H. Gränicher, B. Derighetti, F. Waldner und E. Brun. (Solid State Commun. **6** (1968) 7, 439—40; Labor. für Festkörperphys. der E.T.H., Zürich; engl.) — Die Quadrupolkopplungskonst. von ^{93}Nb in $LiNbO_3$ wird bei Raumtemp. zu $22{,}02 \pm 0{,}04$ MHz bestimmt. K. H. Härdtl 98

0562 **Beobachtung der ^{169}Tm-NMR in Thuliumgalliumgranat.** E. D. Jones. (J. Physics Chem. Solids **29** (1968) 8, 1305—08; Sandia Labor., Albuquerque, N.Mex.; engl.) — Vf. beobachtet bei 4°K in Einkrist. von $Tm_3Ga_5O_{12}$ die NMR des ^{169}Tm-Kerns. Die Unters. der Winkelabhängigkeit der Resonanzen zeigt deutlich, daß die Symmetrie der Tm^{3+}-Krist.-Feldwechselwrkg. orthorhomb. ist. Aus einer Analyse der NMR-Ergebnisse ergeben sich die Komponenten des orthorhomb. Suszeptibilitätstensors. Ebenso wird der experimentelle Wert $\langle r^{-3} \rangle = 11{,}7 \pm 0{,}2$ a. u. erhalten. K. H. Härdtl 98

0563 **Untergittermagnetisierung einiger Seltenerdmetall-Eisengranate.** Samuel M. Myers, Roland Gonano und Horst Meyer. (Physic. Rev. [2] **170** (1968) 2, 513—19; Dep. of Phys., Duke Univ., Durham, N.C.; engl.) — Es wurden Impulsmessungen der NMR-Frequenz von ^{57}Fe in den Gd-, Tm- u. Lu-Eisengranaten in Abhängigkeit von der Temp. bis herauf zu ca. 380°K durchgeführt. Der Einfl. der Energie des Hochfrequenzimpulses auf die beobachtete Linienform wird diskutiert. Für hinreichend hohe Energie ist die beobachtete Linienform auf Resonanz innerhalb der Domänen zurückzuführen u. von der Resonanz in den Domänenwänden verschieden. Die Magnetisierungen für die a-, d- u. c-Untergitter wurden berechnet. Für Gd-Eisengranat werden die Ergebnisse nach der Spinwellentheorie u. der Molekularfeldnäherung analysiert. Der Dispersionsparameter beträgt $D = 8{,}2\ cm^{-1}$, ferner ist $J_{cd} = 2{,}86\ cm^{-1}$ u. $J_{cc} = -0{,}03\ cm^{-1}$. Der Einfl. der Gd^{3+}-Magnetisierung auf die Fe-Untergitter wird nachgewiesen u. diskutiert. Es wurden ferner die Untergittermagnetisierung von Tm- u. Lu-Eisengranat sowie die ^{57}Fe-Resonanzen bei 4,2 °K für Er- u. Dy-Eisengranat untersucht. H. Liepack 98

0564 **Untergittermagnetisierung in Europiumeisengranat.** S. M. Myers, J. P. Remeika und Horst Meyer. (Physic. Rev. [2] **170** (1968) 2, 520–23; engl.) — Vgl. vorst. Referat. — Die NMR-Frequenzen von ^{57}Fe wurden zwischen 4,2 u. 370 °K gemessen. Die Magnetisierungen der a-, d- u. c-Untergitter wurden berechnet. Es ist $D = 28{,}4 \pm 0{,}8\ cm^{-1}$. Die Temp.-Abhängigkeit des auf Eu^{3+} wirkenden Austauschfeldes bestätigt, daß die Wechselwrkg. zwischen den a- u. c-Untergittern vernachlässigbar sind u. zeigt, daß $J_{ac}/J_{cd} < 0{,}03$. Unter Heranziehung von Mössbauer-Ergebnissen folgt $J_{cd} = -2{,}74\ cm^{-1}$ u. $J'_{cd} = -0{,}19\ cm^{-1}$ als Parameter für den Austausch mit den erst- u. zweitnächsrten Nachbarn auf dem d-Untergitter. H. Liepack 98

0565 **NMR-Untersuchungen der Diffusion in glasigen und kristallinen Lithiumboraten.** S. G. Bishop und P. J. Bray. (J. chem. Physics **48** (1968) 4, 1709–17; Dep. of Phys., Brown Univ., Providence, R. I.; engl.) — Die ^{7}Li-NMR-Spektren von Li-Borat-Gläsern mit 28,6, 37, 50 u. 60 Mol-% Li_2O wurden in Abhängigkeit von der Temp. untersucht. Sie verengern sich plötzlich mit zunehmender Temp. zwischen 250 u. 475 °K. Es handelt sich um eine Bewegungsverengerung, die auf die Diffusion der Li-Ionen in den Gläsern zurückgeführt wird. Die Aktivierungsenergien dieser Diffusion liegen im angegebenen Konz.-Bereich zwischen 0,22 u. 0,12 eV. Die ^{1}B-NMR-Linien dieser Gläser werden wegen Aufhebung der Li–B-Wechselwrkg. beim Einsetzen der Li-Diffusion etwas reduziert. Die Linienbreiten der ^{7}Li-Spektren aus krist. Li-Boraten ($Li_2O \cdot nB_2O_3$, n = 1, 2, 3, 4 u. $3\ Li_2O \cdot 2\ B_2O_3$) nehmen ebenfalls mit zunehmender Temp. ab, die Aktivierungsenergien liegen zwischen 0,14 ($Li_2O \cdot 4\ B_2O_3$) u. 0,43 eV ($3\ Li_2O \cdot 2\ B_2O_3$). Es wird angenommen, daß es sich um Bewegung innerhalb begrenzter Bereiche handelt. H. Liepack 98

0566 **PMR von $Zn(CH_3COO)_2 \cdot 2\ H_2O$.** S. Seethalakshmy und R. Srinivasan. (Indian J. pure appl. Physics **6** (1968) 5, 259–60; Dep. of Phys., Indian Inst. of Sci. Bangalore 12; engl.) — Das von Niekerk et al. (1953) vorgeschlagene Wasserstoff-Bindungsschema für den Krist. wurde durch PMR-Messungen verifiziert. Bindungsabstände u. die Orientierung der verschiedenen Achsen wurden untersucht. Sie bestätigen das oben genannte Schema. E. Otto 98

0567 **^{35}Cl-Kernquadrupolresonanz in $NH_4H(ClCH_2COO)_2$.** Taisei Yamamoto, Nobuo Nakamura und Hideaki Chihara. (J. physic. Soc. Japan **25** (1968) 1, 291; Dep. of Chem., Fac. of Sci., Osaka Univ., Toyonaka, Osaka; engl.) — Die ^{35}Cl-Resonanz von polykrist. $NH_4H \cdot (ClCH_2COO)_2$ wurde zwischen 20 u. 310 °K gemessen, dabei wurde nur eine Resonanzlinie $\nu = (33{,}7103 \pm 0{,}0004)$ MHz bei Raumtemp. beobachtet. Diese Linie spaltet unterhalb 120 °K in zwei Komponenten auf. Die Ergebnisse werden im Zusammenhang mit ferroelektr. Einstellvorgängen diskutiert. E. Richter 98

0568 **^{19}F-NMR-Untersuchung an glasigem Thermo-Phosphat.** M. Pollak-Stachurowa, W. Borownicki und M. Szustakowski. (Acta physica polon. **34** (1968) 1(7), 141–46; Inst. of Nucl. Phys., Cracow; engl.) — In glasigem Thermo-Phosphat der Zus. 40% Fluorapatit, $Ca_5(PO_4)_3F$, u. 60% Calciummetasilicat, $CaSiO_3$, wurde eine ^{19}F-NMR-Linie gefunden, die mit einem polykrist. Modell des Fluorapatits konsistent ist. Werner Schmidt/Berlin 98

0569 **NMR-Linienverschiebungen am System Wasser-Saccharosekohle.** D. Geschke. (Z. physik. Chem. [Leipzig] **239** (1968) 1/2, 138–41; Fachbereich Phys., Abt. Elektr. der Karl-Marx-Univ. Leipzig; dt.) — Vf. versucht, die genannte NMR-Linienverschiebung zu deuten. E. Otto 98

0570 **Magnetische Resonanz in CoS_2-Pulver.** T. Miyadai, S. Miyahara und T. Teranishi. (Physics Letters [Amsterdam] **27 A** (1968) 7, 434–35; Dep. of Phys., Fac. of Sci., Hokkaido Univ., Sapporo, Japan; engl.) — Bei u. oberhalb der Curie-Temp. (T_c) wird ein g-Wert von 2,06 erhalten. Oberhalb T_c steigt die Lininebreite sehr steil mit steigender Temperatur. Unterhalb T_c wurde die ferromagnet. Resonanz beobachtet. Herbert Weber 98

0571 **Frequenzabhängigkeit der Ultraschall-Spinresonanzabsorption in $CaF_2:U^{4+}$.** P. F. McDonald, H. C. Meyer und P. L. Donoho. (Solid State Commun. **6** (1968) 6, 367–69; Suppl. zu: J. Physics Chem. Solids, Physical Sci. Labor., Redstone Arsenal, Ala.; engl.) — Mit einer Pulsechomeßmeth. bei Frequenzen von ca. 0,5; 1,5 u. 9 GHz wird die Ultraschall-Spinresonanz (USR) in $CaF_2:U^{4+}$ bestimmt. Entsprechend den theoret. Erwartungen wird gefunden, daß die integrierte USR-Absorption proportional der Meßfrequenz ist. I. H. Härdtl 98

0572 **Flüssigkeits-Laser ($SeOCl_2$–Nd^{3+}) mit Q-Schaltung bei Raumtemperatur.** Gentaro Yamaguchi, Fumihiro Endo, Shin-ichi Murakawa, Shunji Okamura und Chiyoe Yamanaka. (Jap. J. appl. Physics **7** (1968) 2, 179; Dep. of Electr. Engng., Fac. of Engng., Osaka Univ., Miyakojima, Osaka; engl.) — Die Lebensdauer des $^{4}F_{3/2}$ von Nd^{3+} in $SeOCl_2$ wurde zu 83 μs bestimmt. Herbert Weber 100

0573 **Ein flüssiger $SeOCl_2:Nd^{3+}$-Laser hoher Qualität.** Daisuke Kato und Koichi Shimoda. (Jap. J. appl. Physics **7** (1968) 5, 548; Dep. of Phys., Univ. of Tokyo, Tokyo; engl.) — Vf. berichten über eine Verbesserung der Charakteristika fl. $SeOCl_2:Nd^{3+}$-Laser durch Reinigung des Lsgm. mit Hilfe eines Zonengefrierverfahrens. Die Fluoreszenzlebensdauer des Nd^{3+} im $SeOCl_2$ wird als Funktion der Temp. (20–60°) gemessen. Außer von der Temp. hängt die Lebensdauer noch von der Reinheit der Lsg. ab. B. Plewinsky 100

0574 **Interferenzuntersuchungen der Emission eines passiv Q-geschalteten Rubinlasers.** A. Flamholz und G. J. Wolga. (J. appl. Physics **39** (1968) 6, 2723–30; Cornell Univ., Ithaca, N.Y.; engl.) — Es wurde eine Blauverschiebung in der Emissionsfrequenz in Abhängigkeit von der Zeit beobachtet. Die von der Leistung abhängige Rate der Frequenzverschiebung beträgt 3,4 MHz/nsMW. Es wird ein Modell für eine Beziehung zwischen der Änderung in der opt. Weglänge des Rubins u. der Änderung in der Besetzungsinversion während der Emission vorgeschlagen. H. Liepack 100

0575 **Wachstum und Laser-Eigenschaften von Einkristallen aus Yttrium–Gadolinium–Aluminium-Granaten.** B. Cockayne, D. B. Gasson, D. Findlay, D. W. Goodwin und R. A. Clay. (J. Physics Chem. Solids **29** (1968) 6, 905–10; Royal Radar Establ., Malvern Worcesters.; engl.) — Vf. zeigen, daß opt. durchsichtige Granat-Einkrist. aus $Y_3Al_5O_{12}$(YAG)-Schmelzen, die bis zu 30 Mol-% $Gd_3Al_5O_{10}$ (GdAG) enthalten, gezogen werden können. Gd bewirkt eine Erhöhung der YAG-Gitterkonst., so daß mehr Nd^{3+} aufgenommen werden kann. Ein Vgl. der Meßergebnisse von gepulsten Lasern aus Nd^{3+}/YGdAG- u. Nd^{3+}/YAG-Stäben zeigt jedoch, daß trotz der erhöhten Nd^{3+}-Konz. im Mischgranat andere Faktoren u. bes. die erhöhte Linienbreite den Mischgranat als Wirtsgitter weniger günstig erscheinen lassen. Das Phasendiagramm zwischen YAG u. GdAG wird teilweise bestimmt. Messungen des Absorptionskoeff. u. der Absorptions- u. Fluoreszenzlinienbreiten werden in Abhängigkeit von der Gd-Konz. durchgeführt. K. H. Härdtl 100

Elektrische Eigenschaften

0576 **Die muffin-tin-Näherung bei der Berechnung der Elektronenbänderstruktur.** F. Beleznay und M. J.

Lawrence. (J. Physics, C (Proc. physic. Soc.) [2] 1 (1968) 5, 1288—95; H. H. Wills Phys. Labor., Univ. of Bristol; engl.) — Abweichungen von der muffin-tin-Form derart, daß das Krist.-Potential im Zwischengitterbereich unterschiedlich ist, können, wie ein numer. Beispiel am *Ge* zeigt, für die Berechnung der Elektronenbänderstruktur von Bedeutung sein. A. Jaeschke 111

0577 **Modell für Elektronenkorrelationen in Hybridbändern.** D. A. Smith. (J. Physics, C (Proc. physic. Soc.) [2] 1 (1968) 5, 1263—78; Dep. of Phys., Monash Univ., Clayton, Victoria, Australia; engl.) — Die korrelierte Bewegung von in einem Leitungsband befindlichen, mit vollständig lokalisierten nicht-entarteten Atom-Niveaus hybridisierenden Elektronen wird theoret. behandelt, wobei lediglich die intraatomare Coulomb-Abstoßung berücksichtigt wird. A. Jaeschke 111

0578 **Energiespektrum eines fehlgeordneten Systems und Verunreinigungsbedingung.** S. Nakai und W. F. Klawiter. (Physics Letters [Amsterdam] 27 A (1968) 6, 393—94; Univ. of Wyo., Laramie, Wyo.; engl) — Unters. zur Verunreinigungsleitung in Verb. mit der Bedingung für lokalisierte Zustände. Das Verh. eines Elektrons in einem aperiod. Gitter wird mittels der Matrixtheorie untersucht. Diese Meth. liefert eine quant. Bedingung für die Existenz von nichtlokalisierten Zuständen. Vf. beschränken sich auf den Fall, bei dem der Hopping-Prozeß unwichtig ist u. ferner auf den Fall niedriger Konz. von Verunreinigungsatomen. Herbert Weber 111

0579 **Elektronische Oberflächenzustände nach dem eindimensionalen Kronig-Penney-Modell eines halbunendlich ausgedehnten Kristalls.** J. Koutecký, V. Tapilin und M. Tomášek. (Czechoslov. J. Physics, Sect. B 18 (1968) 7, 866—79; Inst. of Phys. Chem., Czechoslov. Acad. Sci., Praha; russ.) — Es werden das Energiespektrum u. die Wellenfunktionen der Elektronen nach dem MO-LCAO-Verf. im eindimensionalen Modell für einen halbunendlich ausgedehnten Krist. berechnet. Neben Tamm- u. Shockley-Oberflächenzuständen werden noch Shockley-Subzustände erhalten. Die Art des Oberflächenzustandes hängt von seiner Lage im verbotenen Energieband ab. Die Ergebnisse werden mit Daten nach der Hückel-Näherung verglichen. Werner Schmidt/Berlin 111

0580 **Temperaturabhängige effektive Massen von Leitungselektronen.** Göran Grimvall. (J. Physics Chem. Solids 29 (1968) 7, 1221—25; Inst. of Theoretical Phys., Göteborg, Schweden; engl.) — Die Temp.-Abhängigkeit der effektiven Elektronenmasse, die in der spezif. Wärme, in der Zyklotronresonanz u. der Amplitude des de-Haas-van-Alphen-Effekts auftritt, wird diskutiert. Eine genaue Berechnung wird für *Na* bei tiefen Temp. gegeben. Ein Einstein-Modell liefert die Temp.-Abhängigkeit der therm. Masse als universelle Funktion von T/Θ_E. Diese Funktion wird ber. u. gekennzeichnet. K. H. Härdtl 111

0581 **Energieübertragung zwischen Elektronen- und Phononensystemen in einem Metall.** O. G. Vendik. (J. Physics, C (Proc. physic. Soc.) [2] 1 (1968) 5, 1318 bis 1323; Phys. Dep., Univ. of Surrey; engl.) — Die Theorie der gekoppelten Boltzmann-Gleichung wurde auf den Energieaustauschprozeß zwischen dem Elektronen- u. dem Phononensyst. eines Metalls angewendet. Auf Grund experimenteller Literaturdaten ergab sich für die Relaxationszeit τ dieses Prozesses beim *Cu* (Zimmertemp.) $\tau = 5 \cdot 10^{-7}$ s. A. Jaeschke 111

0582 **Bestimmung einiger Streufaktoren für den Fall gemischter Streuung von Ladungsträgern.** R. Kužel. (Czechoslov. J. Physics, Sect. B 18 (1968) 5, 584—92; Fac. of Math. and Phys., Charles Univ., Prague; engl.) — Es wird eine Meth. zur Best. der Fermi-Energie u. einiger Streufaktoren im Falle gemischter Streuung von Ladungsträgern angegeben unter der Annahme, daß die Relaxationszeit durch $\tau = Cx^s$ beschrieben wird. Streufaktoren in den Ausdrücken für Hall-Koeff., Thermokraft u. Nernst-Ettingshausen-Koeff. werden bestimmt. Werner Schmidt/Berlin 111

0583 **Streuung in entartetem Material durch einfach ionisierte Störstellen.** J. B. Krieger und S. Strauss. (Physic. Rev. [2] 169 (1968) 3, 674—79; Polytechn. Inst. of Brooklyn, Brooklyn, N.Y.; engl.) — Berechnung des Transportquerschnittes Q für ein Potential vom Thomas-Fermi-Typ, für ein abgeschirmtes Coulomb-Potential u. des spezif. Widerstandes. H. Liepack 111

0584 **Erzeugung der zweiten Harmonischen durch gedämpfte Alfvén-Wellen und durch Helikonen in anisotropen Festkörperplasmen.** W. R. Wisseman und R. T. Bate. (Physic. Rev. Letters 20 (1068) 26, 1492—95; Tex. Instrum. inc., Dalla, Tex.; engl.) — Die Erzeugung der zweiten Harmon. u. Mischung wird bei der Ausbreitung gedämpfter Alfvén-Wellen in reinem *Bi* u. bei der Fortpflanzung von Helikonen in mit *Te* dotiertem Bi beobachtet. B. Plewinsky 111

0585 **Erzeugung der Harmonischen von Mikrowellen durch heiße Träger.** P. David Fisher. (Appl. Physics Letters 12 (1968) 8, 248—50; Appl. Phys. and Math. Group Westinghouse Defense and Space Center Baltimore, Md.; engl.) — Wenn das Mikrowellenfeld in mit *Ga* dotiertem n-*Ge* bei entsprechender Anordnung einen D.-Gradienten aufweist, wird als 2. Harmon. der Mikrowellenschwingung eine thermoelektr. Spannung beobachtet, die zunächst mit der Mikrowellenstärke ansteigt u. dann bei 1 mW einen Sättigungswert erreicht. Diese Spannung kann zur direkten Messung der Energierelaxationszeit freier Ladungsträger benutzt werden. U. Venzke 112

0586 **Thermoelektrische Kraft von Kupfer.** Akira Hasegawa und Tadao Kasuya. (J. physic. Soc. Japan 25 (1968) 1, 141—50; Dep. of Phys., Fac. of Sci., Tohoku Univ., Sendai; engl.) — Der durch Elektron–Phonon-Wechselwrkg. u. Störstellenstreuung bewirkte diffuse Anteil der Thermokraft von Cu wird berechnet. E. Richter 112

0587 **Thermo-EMK verdünnter Cu–Ni-Legierungen in einem Magnetfeld.** C. L. Foiles. (Physic. Rev. [2] 169 (1968) 3, 471—76; Phys. Dep., Mich. State Univ., East Lansing, Mich.; engl.) — Die Messungen erfolgten an Cu–Ni-Leg. mit 0,1, 0,35, 0,63 u. 0,85% Ni sowie an einer Cu–Co-Leg. mit 0,1% Co. Durch die Ggw. des Feldes wird kein anomales Verh. in der Thermo-EMK induziert. Im Temp.-Bereich 4,2—20°K scheint kein systemat. Feldeffekt vorzuliegen, die durch ein 10-kOe-Feld hervorgerufene maximale Änderung war $< 0{,}05\ \mu V/°K$. Aus der Temp.-Abhängigkeit der abs. Thermo-EMK der Cu–Ni-Leg. ist zu schließen, daß die Diffusionskomponente einer Goerter-Nordheim-Beziehung folgt. H. Liepack 112

0588 **Anomalien in der Thermokraft von Pd–Ni-Legierungen.** C. L. Foiles und A. I. Schindler. (Physics Letters [Amsterdam] 26A (1968) 4, 154—55; Mich. State Univ., East Lansing, Mich.; engl.) — Die Thermo-EMK von vier Pd–Ni-Leg. (Pd mit Ni-Zusätzen in Atom-% von 0,5; 1,0; 1,66 u. 6,16) wurde gemessen. Paramagnet. Proben, die einen erhöhten T^2-Term im spezif. Widerstand zeigen, zeigen eine Anomalie nahe 20°K. Eine ferromagnet. Probe zeigt keine Anomalie. E. Otto 112

0589 **Thermokraft von Ionenkristallen.** 3. Mitt. **Thermokraft und Ionenleitfähigkeit von mit Bariumbromid dotiertem Kaliumbromid.** Hideoki Hoshino und Mitsuo Shimoji. (J. Physics Chem. Solids 26 (1968) 8, 1431—41; Dep. of Chem., Fac. of Sci., Kokkaido Univ., Sapporo, Japan; engl.) — 2. vgl. C. **1968,** 20-0341. — Die Thermokraft u. elektr. Leitfähigkeit von reinem u. mit $BaBr_2$ dotiertem KBr wird unter Verw. von Pt- u. Graphit-Elektroden zwischen 520 u. 700° gemessen. Die Transportwärme der Kationenleerstellen ergibt sich zu —1,0 eV. Die Meßergebnisse werden mit einem Fehlstellenmodell beschrieben, das aus einer Assoziation zwischen einer Kationenleerstelle u. einer zweiwertigen Kationenstörstelle besteht. Es ergeben sich folgende Werte: Bldg.-Energie einer Schottky-Fehlstelle: 2,40 eV. Freie Assoziationsenergie eines Ba^{2+}-Ions u. einer Kationenleerstelle: $-0{,}27 \pm 0{,}1$ eV. Bewegungsentropie einer Kationenleerstelle: 0,4 k. Bldg.-Entropie einer Schottky-Fehlstelle: 8,7 k. Bei einer Zn^{2+}- oder

Pb^{2+}-Dotierung der KBr-Krist. ergibt sich trotz großer Dotierungskonz. nur ein geringer Leitfähigkeitswert.
K. H. Härdtl 112

0590 **Großer Magneto-Seebeck-Effekt in einer extrinsischen Bi-Sb-Legierung.** C. B. Thomas und H. J. Goldsmid. (Physics Letters [Amsterdam] **27 A** (1968) 6, 369–70; School of Phys., Bath Univ. of Technol., UK; engl.) — Bei Anlegung eines hohen Magnetfeldes wurde eine Änderung des Seebeck-Koeff. von $-60\ \mu V/Grad$ zu $-123\ \mu V/Grad$ bei 80°K für einen Einkrist. von $Bi_{95}Sb_5$ mit 0,002 Atom-% Te-Dotierung beobachtet. Das Material wird als extrins. n-Typ-Leiter angesehen, u. alle Messungen der Transporteig. sind in Einklang mit der Annahme, daß die Lochkonz. vernachlässigbar ist. Die Änderung von $-11\ \mu V/Grad$ auf $-25\ \mu V/Grad$, die für den Krist. mit 0,1 Atom-% Te beobachtet wurde, ist ebenfalls wesentlich höher als die, die für ein parabol. Band erwartet wird. Die Beobachtungen können erklärt werden, wenn die Tatsache berücksichtigt wird, daß das Elektronenband für Bi u. seine Leg. nicht parabol. ist.
Herbert Weber 112

0591 **Emissionsrauschen und Oberflächenwanderung bei Kaliumbedampfung von Wolframspitzen im Feldelektronenmikroskop.** Ch. Kleint und R. Męclewski. (Acta physica polon. **33** (1968) 6, 887–97; Phys. Inst., Karl-Marx-Univ. Leipzig; dt.) — Die Bedampfung einer W-Spitze im Feldelektronenmikroskop mit K wurde bei Emittertemp. von 375, 295 u. 196°K durchgeführt u. das Stromrauschen sowie die Spannung für konst. Emissionsstrom gemessen. Es wird der Zusammenhang des Rauschens mit Platzwechselvorgängen des K auf den verschiedenartigen Emitterflächen (hauptsächlich {011}, {112}, {100}) diskutiert Außerdem werden charakterist. Bedeckungsvorgänge bei 195°K beschrieben.
Werner Schmidt/Berlin 114

0592 **Charakteristische Energieverluste langsamer Elektronen, die von Aluminium und Kupfer reflektiert werden.** J. Thirlwell. (J. Physics, C (Proc. physic. Soc.) [2] 1 (1968) 4, 979–89; Phys. Dep., Imperial Coll., London; engl.) — Die charakterist. Energieverlustspektren von an Al- u. Cu-Aufdampfschichten reflektierten Elektronen werden für prim. Elektronenenergien von 9–265 eV gemessen u. die Oberflächen- u. Vol.-Verluste diskutiert.
E. Richter 114

0593 **Mehrfachemissions-Verteilung von Sekundärelektronen aus Metallen.** V. Y. Foo und R. C. Dougal. (J. Physics, C (Proc. physic. Soc.) [2] 1 (1968) 5, 1324 bis 1331; Phys. Dep., Univ. Coll. London; engl.) — Die stat. Verteilung der Mehrfachemission von Sekundärelektronen, die durch Bestrahlung von *Cu*, *Ag*, *Pt* u. *Au* mit Elektronen von 60–960 eV erzeugt wurden, wurde gemessen. Sie zeigt Abweichungen von der Poisson-Verteilung, die diskutiert werden. A. Jaeschke 114

0594 **Statistik der atomteilcheninduzierten Elektronenauslösung aus Festkörpern.** Heinz Greupner. (Z. Physik **214** (1968) 5, 427–36; I. Phys. Inst. der Humboldt-Univ. Berlin; dt.) — Früher gemessene Wahrscheinlichkeitsverteilungen der Elektronenejektionen aus Festkörpern durch Beschuß mit atomaren Teilchen werden mit theoret. Verteilungen verglichen.
Herbert Weber 114

0595 **Photoelektrischer Effekt bei sehr niedrigen Lichtintensitäten.** L. Csillag, M. Jánossy, Zs. Náray und T. Salamon. (Physics Letters [Amsterdam] **27 A** (1968) 6, 343–44; Central Res. Inst. for Phys., Budapest; engl.) — Die Photokathode eines Photomultipliers wurde mit sehr kurzen Lichtimpulsen bestrahlt; die Anzahl N der Photoelektronen, die pro Zeiteinheit ausgelöst werden, wurde als Funktion der Energie E des einfallenden Lichtimpulses gemessen. Die Meßanordnung bestand aus einem He–Ne–Gas-Laser mit Betrieb bei $\lambda = 6328$ Å als Lichtquelle. Sehr kurze Lichtimpulse mit einer Halbwertsbreite von $1{,}5 \cdot 10^{-8}$ s u. einer Wiederholungsrate von $8 \cdot 10^2\ s^{-1}$ wurden durch ein rotierendes Spiegelsyst. erzeugt. Die erhaltenen Beziehungen zwischen E u. N sind linear, auch wenn die absorbierte Energie $< h\gamma$ ist (vorl. Mitt.). Herbert Weber 114

0596 **Photoelektrische Eigenschaften von reinem, im Ultrahochvakuum dargestelltem und aufbewahrtem Rubidium.** René Perrin. (C. R. hebd. Séances Acad. Sci., Sér. A et B **267** (1968) 1, B 58–60; Labor. d'Electron. et de Phys. appl., Limeil-Brévannes, Val-de-Marne; franz.) — Die an 4 μ dicken Rb-Schichten auf Glas bei 77°K u. $< 10^{-10}$ Torr bei Bestrahlen mit natürlichem bzw. polarisiertem Licht gemessene photoelektr. Ausb. durchläuft in Abhängigkeit von der Wellenlänge des Lichts ein Max. bei ~ 4700 Å. Eine vektorielle Selektivität im klass. Sinn wird erst nach Tempern der Schicht bei 195°K beobachtet. Die Photoemissionsschwelle liegt bei 5600 Å, die auf 0°K bezogene Austrittsarbeit beträgt 2,21 eV.
U. Venzke 114

0597 **Photoemissionsuntersuchung der Elektronenstruktur von CdSe und CdS mit Wurtzit-Struktur.** J. L. Shay und W. E. Spicer. (Physic. Rev. [2] **169** (1968) 3, 650–69; Stanford Electronics Labor., Stanford Univ., Stanford, Calif.; engl.) — Bei Photoemissionsunters. von im Vakuum gespaltenen CdSe- u. CdS-Einkrist. wurden auf direkte u. nichtdirekte Übergänge zurückzuführende Strukturen gefunden. Nach Separierung der Beiträge der direkten Übergänge zu den Energieverteilungen wurden Energie der Anfangs- u. Endzustände der die Struktur verursachenden Übergänge sowie die Art der Übergänge bestimmt. Für CdSe sind die das E_2-Reflexionsmax. verursachenden Übergänge direkt, ihre Anfangszustände sind nahe $-1{,}6$ eV u. die Endzustände nahe 5,8 eV in bezug auf das Valenzbandmaximum. Diese Übergänge erfolgen in Bereichen der Brillouin-Zone um H u. K. Das E_1'-Reflexionsmax. ist auf direkte Übergänge von Anfangszuständen nahe $-0{,}9$ eV nach Endzuständen nahe 7,5 eV zurückzuführen. Der Anteil der direkten Übergänge in der Absorption nahe des E_1'-Max. beträgt nur ca. 20%. Für $\hbar\omega \gtrsim 10{,}2$ eV wurden direkte Übergänge von Anfangszuständen in der Nähe des Valenzbandmax. beobachtet. Daraus wird auf ein Γ-Leitungsband nahe 10,2 eV geschlossen. Ein tiefes Valenzband befindet sich bei $-9{,}9$ eV. Die Ergebnisse für CdSe sind ähnlich. Das entsprechende Leitungsband liegt ca. 0,5 eV höher als in CdSe. H. Liepack 114

0598 **Phasenumwandlung und die Photoemissions-Quantenausbeute bei niedrigen Temperaturen von Cs_3Sb-Filmen.** G. M. de' Munari, F. Giusiano und G. Mambriani. (Physica Status solidi [Berlin] **29** (1968) 1, 341–56; Ist. di Fis., Univ., Parma; engl.) — Die Photoemissions-Quantenausb. von Cs_3Sb-Dünnschichten wurde als Funktion der Temp. bei sehr niedrigen Lichtintensitäten gemessen. Die Ergebnisse deuten darauf hin, daß Cs_3Sb in zwei Phasen existiert, von denen eine (Phase II) dem Zustand mit hoher Quantenausb. entspricht, während die Phase I eine viel geringere, stark von der Lichtintensität abhängige Quantenausb. hat. Phase I existiert nur unterhalb 260 ± 2°K. Für Phase I wird eine regulär kub.-raumzentrierte, für Phase II eine pseudokub.-raumzentrierte Struktur vermutet. Eine Bandstruktur für die Verb. wird vorgeschlagen.
H. Roschkowski 114

0599 **L-Banden und erste Exzitonenbanden im Photoemissionsspektrum von Alkalimetalljodiden.** P. Petrescu. (Physica Status solidi [Berlin] **29** (1968) 1, 333–40; Inst. of Phys., Romanian Acad., Bucharest; engl.) — Die Photoelektronenemissionsspektren von *NaJ*, *KJ*, *RbJ* u. *CsJ* werden experimentell bei ca. 200 bis 700 nm untersucht. Neben den bereits aus opt. Absorptionsmessungen bekannten Banden werden die L_1–L_4-Banden bei NaJ, die L_4-Bande bei RbJ u. die Feinstruktur der E_1-Banden in KJ u. RbJ angegeben. Bei CsJ wird Elektronenemission entsprechend der ersten Exzitonenbande in Abwesenheit von F-Zentren festgestellt.
H. Roschkowski 114

0600 **Photoemissionsspektrum von LiF:Mg.** P. Petrescu. (Physica Status solidi [Berlin] **29** (1968) 1, K 1–2, 2 Tafeln; engl.) — Vgl. vorst. Referat. — Mit Mg dotierte (10^{-4})LiF-Polykristallschichten wurden mit Elektronen beschossen u. ihre Photoelektronenemission bei Raumtemp. unter Anregung mit einer Xe-Lampe wurde untersucht. Es tritt die F-Bande bei 250 nm, die M-Bande bei 450 nm u. eine weitere Bande bei 350 nm auf. Der Ursprung der Banden wird kurz besprochen.
H. Roschkowski 114

0601 **Nachweis von L-Banden in den Photoemissionsspektren von KF und KCl.** P. Petrescu. (Physica Status solidi [Berlin] **29** (1968) 1, K 3–5, 2 Tafeln; engl.) — Vgl. vorst. Referate. — Durch Elektronenemissionsspektroskopie wurde analog zu den l.c. beschriebenen Vers. die K- u. L_1-L_4-Bande in KF bei **360, 300, 275,** 250 u. 220 nm sowie die F-Bande bei 440 nm nachgewiesen. Für KCl treten die L_1-L_3-Banden bei **335,** 295 u. 250 nm auf. H. Roschkowski 114

0602 **Photostimulation der Exoelektronenemission im Infrarot-Spektralbereich.** P. Görlich und M. Ludwig. (Physica Status solidi [Berlin] **28** (1968) 2, K 117–19; Jena, Carl-Zeiss-Str. 1; engl.) — Die Photostimulation der Exoelektronenemission von mechan. angeregten *Al*-Proben unter dem Einfl. der Strahlung eines $CaWO_4$:Nd-Lasers (1060 nm) im Impulsbetrieb wird untersucht. Der Emissionsmechanismus wird erörtert.
H. Roschkowski 114

0603 **Einfluß der Prästimulation durch UV-Strahlung und Elektronenbeschuß auf die Exoelektronenemission von plastisch deformiertem Aluminium.** A. Gieroszyński. (Acta physica polon. **34** (1968) 1(7), 63–78; Dep. of Solid State Phys., B. Bierut Univ., Wrocław; engl.) — Es wird die Elektronenemission von Al im Vakuum nach Prästimulation der Oxidschicht der Probe durch UV-Licht oder durch Elektronenbeschuß u. UV-Licht (UV-Emission eines weißglühenden W-Fadens, Elektronenenergien 50–2000 eV) untersucht. Beide Anregungsarten erzeugen photostimulierte Elektronenemission; nach der UV-Stimulation durchgeführte Deformation der Probe (1%) wird ein erneuter Emissionsanstieg beobachtet, der bei 3% Deformation im Max. erreicht, danach leicht abfällt u. dann bis zum Probenbruch wiederum ansteigt. UV-Licht u. Elektronenbeschuß bei Probendeformation ergeben ebenfalls Emissionsanstiege abhängig von der Oxidschichtdicke. Es wird angenommen, daß das starke elektr. Feld in den Mikrorissen des Oxids mit dem durch UV-Licht u. Elektronenbeschuß erzeugten elektr. Feld in Wechselwrkg. tritt. Auf dieser Basis werden die vielfältigen Abhängigkeiten diskutiert. Werner Schmidt/Berlin 114

0604 **Temperatureinfluß auf die photostimulierte (Exo)-Elektronenemission von plastisch deformiertem Aluminium im Vakuum.** A. Gieroszyński. (Acta physica polon. **34** (1968) 1(7), 101–09; engl.) — Vgl. vorst. Referat. — Die photostimulierte (Exo)-Elektronenemission wurde im Temp.-Bereich 290–450°K untersucht. Als temperaturabhängige Größen wurden die Anfangsdehnung, die Kinetik des Emissionsanstiegs während der Deformation u. der Emissionsabfall nach Beendigung der Deformation gefunden. Die effektiven, in den Rissen erzeugten elektr. Felder werden kleiner mit ansteigender Temp. der Probe, wodurch sich die Emissionsbedingungen ändern.
Werner Schmidt/Berlin 114

0605 **Studium der Bildung der F-Zentren in NaCl mittels der Exoelektronenemission.** R. Seidl und V. Střelka. (Czechoslov. J. Physics, Sect. B **18** (1968) 5, 593–600; Inst. für Festkörperphys., Tschechoslowak. Akad. der Wiss., Prag; dt.) — Es wurden die Grundeig. des Verlaufs der Verfärbung eines NaCl-Krist. durch Röntgenbestrahlung mit Hilfe der Exoelektronenemission untersucht u. folgende Ergebnisse erhalten: 1. Bei genügend kleinen Strahlungsintensitäten verläuft die Verfärbung, ähnlich wie im Vol., exponential. 2. Die D. des mit der therm. Entfärbung der F-Zentren zusammenhängenden Emissionsstromes ist proportional der Konz. der F-Zentren. 3. Bei größeren Strahlungsintensitäten existieren offensichtlich in der Oberflächenschicht andere Verhältnisse als die von Mitchell et al. (vgl. Physic. Rev. **121** (1961) 484) bei KCl gefundenen.
Werner Schmidt/Berlin 114

0606 **Thermische Aktivierungsenergie und das Problem des Mechanismus der Emission bei der Exoelektronenemission von NaCl.** 1. Mitt. R. Seidl. (Czechoslov. J. Physics, Sect. B **18** (1968) 5, 601–17; dt.) — Vgl. vorst. Referat. — Es wurde der Wert der therm. Aktivierungsenergie aus zwei Best.-Gleichungen zu $2{,}24 \pm ^{0{,}02}_{0{,}12}$ bzw. $2{,}06 \pm ^{0{,}00}_{0{,}10}$ u. der Wert des Frequenzfaktors zu $(1{,}13 \pm 0{,}03) \cdot 10^{18}\ s^{-1}$ aus der im Zusammenhang mit dem therm. Entfärben von F-Zentren in NaCl erscheinenden Exoelektronenemission ermittelt. Auf Grund dieser Werte ergeben sich Widersprüche in den bestehenden Ansichten über den Mechanismus der Exoelektronenemission sowie über die therm. Aktivierungsenergien.
Werner Schmidt/Berlin 114

0607 **Beziehung zwischen Elektrolumineszenz und Elektronenemission von dünnen Metall–Oxid–Metall-Sandwichstrukturen.** H. Kanter. (Appl. Physics Letters **12** (1968) 8, 243–44; Aerospace Corporation El Segundo, Calif.; engl.) — In Ergänzung früherer eigener Unters. u. zur Klärung von Deutungen anderer Autoren wird der Elektronenstrom zwischen der Au-Schicht von *Al*–Al_2O_3–Au-Strukturen u. einem Au-Kollektor in beiden Stromrichtungen unter Spannungen von 6 bis > 8 V untersucht. Die Elektronenemission wird durch die Photoemission von Elektronen unter dem Einfl. der in der Al_2O_3-Schicht beobachteten Elektrolumineszenz bestimmt, wenn die Au-Schicht negativ gegenüber der Al-Schicht u. der Kollektor positiv oder negativ gegenüber der Probe ist sowie wenn die Au-Schicht positiv u. der Kollektor negativ ist bzw. wenn er gegenüber der Probe positiv ist u. die Spannung mehr als 8 V beträgt. Der zwischen der (gegenüber Al) positiven Au-Schicht u. dem (gegenüber der Probe) positivem Kollektor unter Spannungen von 6–7,5 V beobachtete Elektronenstrom scheint durch andere Faktoren als die Elektrolumineszenz bedingt zu sein. U. Venzke 114

0608 **Doppelgruppen k·p-Entwicklungen, die sich über die volle Zone erstrecken, für Diamant- und Zinkblendestrukturen.** J. G. Broerman. (J. Physics Chem. Solids **29** (1968) 7, 1147–66; McDonnell Douglas Corp., St. Louis, Mo.; engl.) — Vf. beschreibt einen Formalismus zur Entw. von Wellenfunktionen in Richtungen hoher Symmetrie in Abhängigkeit der irreduziblen Darst. von Doppelgruppen des Wellenvektors im Zonenzentrum der Diamantstruktur. Die Meth. liefert eine genaue Behandlung der Spin-Bahn-Kopplung u. der Eigenfunktionen. *Ge* u. *GaAs* werden als Beispiele betrachtet, u. ihre E_0'-Übergänge werden diskutiert. Impulsmatrixelemente werden angegeben. K. H. Härdtl 116

0609 **Methode der gemischten Basis für Energieband-Berechnungen.** A. Barry Kunz. (Physics Letters [Amsterdam] **27 A** (1968) 6, 401–02; Dep. of Phys., Lehigh Univ., Bethlehem, Pa.; engl.) — Die Benutzung einer Basis, die sich aus ebenen Wellen plus Bloch-Funktionen enger Bindung zusammensetzt, wird für Elektronen-Energieband-Berechnungen vorgeschlagen. Ergebnisse werden für die niedrigsten zwei Γ_1-Leitungszustände von *CsJ* wiedergegeben u. mit OPW-Ergebnissen verglichen. Herbert Weber 116

0610 **Spin–Bahn-Aufspaltung der Energiebänder einiger kubischer II–VI-Verbindungen.** P. Eckelt. (Solid State Commun. **6** (1968) 7, 489–91; Inst. für theoret. Phys. II, Univ. Marburg; engl.) — Mit Hilfe der relativist. KKR-Meth. werden die Spin–Bahn-Aufspaltungen der Energiebänder von kub. ZnS, ZnSe, ZnTe u. CdTe berechnet. Die Übereinstimmung mit den nur teilweise vorhandenen Meßergebnissen ist sehr gut. K. H. Härdtl 116

0611 **Lasermethode zur Bestimmung der Energieverbreiterung des Bandausläufers von entarteten Halbleitern.** A. N. Chakravarti. (Indian J. pure appl. Physics **6** (1968) 5, 249–51; Inst. of Radiophys. u. Electr., Univ. College of Technol., Calcutta; engl.) — Es wird gezeigt, daß sich die Energieverbreiterung des Leitungsbandausläufers von entarteten Halbleitern aus der Wellenlängenverschiebung der Max.-Emission von Injektionslasern bestimmen läßt. E. Otto 116

0612 **Rekombinationsmechanismen.** V. L. Bonch-Bruevich und E. G. Landsberg. (Physica Status solidi [Berlin] **29** (1968) 1, 9–43; Fac. of Phys., Moscow State Univ.; engl.) — Übersicht über Mechanismen der Ladungsträgerrekombination in Halbleitern. — 157 Literaturangaben. H. Roschkowski 116

0613 **Beobachtungsmöglichkeit für negative thermisch angeregte Leitfähigkeit.** P. Bräunlich. (J. appl. Physics **39** (1968) 6, 2953—56; Bendix Res. Labor., Southfield, Mich.; engl.) — Es werden Vers. diskutiert, die annehmen lassen, daß in Verb. wie CdS Löcherhaftstellen therm. angeregte Geschw.-Prozesse beeinflussen können. Für einen dieser Effekte, der negativen therm. angeregten Leitfähigkeit, wird eine phänomenolog. Theorie entwickelt. Für den Effekt notwendige Bedingungen sowie experimentelle Meth. zur Beobachtung werden beschrieben. H. Liepack 116

0614 **Experimentelle Bestimmung von Änderungen in der Leitfähigkeit mit dem elektrischen Feld aus der Untersuchung stationärer Domänen hoher Feldstärke.** K. W. Böer, G. Döhler, G. A. Dussell und P. Voss. (Physic. Rev. [2] **169** (1968) 3, 700—05; Phys. Dep., Univ. of Del., Newark, Del.; engl.) — Beschreibung einer Meth. zur experimentellen Best. der Leitfähigkeit in Abhängigkeit von dem tatsächlichen elektr. Feld bei hohen Feldstärken im Bereich negativer differentieller Leitfähigkeit. Für mit *Ag* u. *Al* dotiertes *CdS* nimmt die Leitfähigkeit von ca. 10^{-7} auf $< 10^{-10}\ \Omega^{-1}\ cm^{-1}$ bei Feldern von 20 bis 200 kV/cm ab. H. Liepack 116

0615 **Polaronen - Störstellen - Hoppingleitfähigkeit.** J. Schnakenberg. (Physica Status solidi [Berlin] **28** (1968) 2, 623—33; Inst. für theoret. Phys., Univ., Köln; engl.) — Theoret. Analyse der Störstellen-Hoppingleitfähigkeit in polaren Gittern u. amorphen Substanzen mit Bezugnahme auf Meßdaten an einem V_2O_5 u. VO_2 enthaltenden P_2O_5-Glas aus der Literatur.
H. Roschkowski 116

0616 **Nichtlineare Phononenwechselwirkung in piezoelektrischen Halbleitern und Einfluß auf die Stromsättigung.** Kazuo Yamada. (Physic. Rev. [2] **169** (1968) 3, 690—99; Dep. of Phys., Univ. of Ill., Urbana, Ill.; engl.) — Unters. des nichtlinearen Transportproblems für das instabile Phonon in piezoelektr. Halbleitern. Der akustoelektr. Strom wird abgeschätzt.
H. Liepack 116

0617 **Galvanomagnetische Koeffizienten heißer Elektronen von polaren Halbleitern.** P. Das und V. Sahni. (J. Physics, C (Proc. physic. Soc.) [2] **1** (1968) 5, 1398 bis 1411; Polytechn. Inst. of Brooklyn, Brooklyn, N.Y.; engl.) — Die galvanomagnet. Effekte heißer Elektronen in polaren Halbleitern (III—V oder gemischte) werden unter Berücksichtigung der Wrkg. verschiedener Phononenstreumechanismen theoret. untersucht.
A. Jaeschke 116

0618 **Galvanomagnetische Effekte in piezoelektrischen Halbleitern bei hohem elektrischen Feld.** Richard S. Crandall. (Physic. Rev. [2] **169** (1968) 3, 585—92; RCA Labor., Princeton, N.J.; engl.) — Lösung der Boltzmann-Transportgleichung für den Fall der elast. Streuung u. der Streuung durch akust. Phononen. Der Tensor der magnet. Leitfähigkeitsänderung wird für starke magnet. u. elektr. Felder berechnet. Die Anisotropie der piezoelektr. Streuung wird für Strukturen vom Zinkblende- u. Wurtzit-Typ untersucht; eingehende Behandlung von *CdS*. H. Liepack 116

0619 **Methode der direkten Messung von Verbreiterungen des Verarmungsbereichs eines p—n-Übergangs in Abhängigkeit von der Spannung.** Raymond Birebent und Roger Morelière. (C. R. hebd. Séances Acad. Sci., Sér. A et B **267** (1968) 9, B 491—93; Labor. de Semi-conducteurs, E.N.S.E.I.H.T., Toulouse; franz.) — Eine Meth. des opt. Abtastens wird an Hand eines aus n-*Si* gewonnenen Diffusionsübergangs erläutert.
U. Venzke 116

0620 **Elektronentransport in flüssigem und festem Schwefel.** P. K. Ghosh und W. E. Spear. (J. Physics, C (Proc. physic. Soc.) [2] **1** (1968) 5, 1347—58; Dep. of Phys., Univ. of Leicester; engl.) — Der Transport erzeugter Ladungsträger in S wurde mit Hilfe der Driftbeweglichkeit während des Schmelzens von Einkrist. (bei ca. 114°) u. in aus hochreinem (99,9999%) bzw. normalem, festem S hergestellten fl. S untersucht. In hochreinem S tritt hauptsächlich Elektronentransport über einen intermol. Sprungmechanismus auf. Der Elektronentransportmechanismus ist der gleiche wie im Festkörper, jedoch sinkt während des Schmelzens die intermol. Überlappungsenergie um den Faktor 5, u. bei 120° beträgt die Elektronenbeweglichkeit μ_e $10^{-4}\ cm^2\ s^{-1}\ V^{-1}$. Die Löcherleitung, die im festen S in einem Polaronenband auftritt, geht beim Schmelzen in einen Sprungmechanismus über. Größe u. Temp.-Abhängigkeit von μ_n entsprechen dann denen von μ_e. Bei weniger reinem fl. S ergeben sich zusätzliche Effekte auf Grund der Ionisation von Verunreinigungsmol. während des Ladungsträgerdurchgangs. Oberhalb 160° ändert sich dei Temp.-Abhängigkeit von μ_e u. μ_n auf Grund des Aufbrechens u. der Polymerisation der S_8-Ringmoleküle. Die Effektivität der Photoerzeugung ist in fl. S geringer als in festem, aber die spektrale Abhängigkeit ist die gleiche. Der Dunkelstrom in hochreinem S hat ohmschen Charakter; sein unterschiedliches Verh. in weniger reinem S wird der Bldg. von Heteroladungsschichten an den Elektroden zugeschrieben. A. Jaeschke 116

0621 **Einfluß einer Wärmebehandlung und von Natriumbeimengungen auf die Temperaturabhängigkeit der elektrischen Leitfähigkeit von amorphem Selen.** F. B. Gadzhiev, Ch. M. Askerov und G. M. Aliev. (Physica Status solidi [Berlin] **29** (1968) 1, K 47—50; Inst. of Phys., Acad. of Sci. of Azerbaidshan SSR, Baku; engl.) — Der Einfl. einer 10—60min. Erhitzung auf 100° bzw. von Zusätzen von 0,001 u. 0,01 Gew.-% Na zu amorphem Se auf dessen elektr. Leitfähigkeit bei 10—60° wird untersucht. Beide Behandlungen erhöhen die Leitfähigkeit u. führen zu einer Abnahme ihrer Aktivierungsenergie. Die Veränderungen werden mit der beginnenden Kristallisation der Proben in Zusammenhang gebracht.
H. Roschkowski 116

0622 **Lokale Verteilung des spezifischen Widerstandes im Querschnitt dünner Selen-Schichten.** V. Šanderová und L. Kučera. (Czechoslov. J. Physics, Sect. B **18** (1968) 7, 951—53; Electrotechn. Fac., Czech. Techn. Univ., Prague; engl.) — Es wurden Potentialverteilungsmessungen an $Au–Se_1–Se_2–Au$-Proben durchgeführt. Se_1 u. Se_2 waren zwei verschieden dicke (550 u. 250 μm) u. im Verhältnis 50:1 Br-dotierte Se-Schichten. Die erhaltenen Spannungswerte als Funktion der Dicke zeigen, daß nach der Kristallisation des anfangs amorphen Se zur leitenden hexagonalen Struktur kein Konz.-Ausgleich des Br durch Diffusion stattfindet. Werner Schmidt 116

0623 **Beitrag zur Klärung des großen Flußwiderstandes von Selengleichrichtern.** V. Šanderová, J. Kodeš, L. Kučera und J. Kroczek. (Czechoslov. J. Physics, Sect. B **18** (1968) 5, 635—39; Phys. Inst. der Elektrotechn. Hochschule, Prag; dt.) — Werte des inneren Widerstandes von Se-Gleichrichtern im linearen Feld der Strom–Spannung-Kennlinie in Durchlaßrichtung liegen um 3 Größenordnungen höher als für Ge- oder Si-Gleichrichter. Röntgenaufnahmen der Krist.-Struktur der Se-Schicht nach Wärmebehandlungen verschiedener Dauer zeigen ein Anwachsen der Krist.-Größe, so daß dadurch der innere Widerstand red. sein sollte. Messungen des inneren Widerstandes zeigen jedoch ein allmähliches Anwachsen nach einem anfänglichen Abfall, das offensichtlich auf einen Alterungsprozeß zurückzuführen ist.
Werner Schmidt 116

0624 **Piezowiderstand von Tellur.** 2. Mitt. **Versuche mit die Symmetrie senkenden Drücken.** K. H. Herrmann und J. Puhlmann. (Physica Status solidi [Berlin] **29** (1968) 1, 193—202; Sektion Phys., Humboldt-Univ.-Berlin; engl.) — 1. vgl. C. **1968**, 29-0432. — An Te-Einkrist. mit Akzeptorkonz. zwischen $5{,}8 \cdot 10^{14}$ u. $4{,}9 \cdot 10^{17}\ cm^{-3}$ werden die acht unabhängigen Piezowiderstandskoeff. gemessen. Im Störleitungsgebiet sind alle Koeff. temperaturabhängig. Das widerspricht einer Vieltalstruktur des Valenzbandes. Die Anisotropie des Piezowiderstandseffekts wird stark durch Strukturdefekte beeinflußt. H. Roschkowski 116

0625 **Hall-Effekt-Messungen an Tellur an Magnetfeldern bis 150 kG.** W. Zimmermann und F. Stöckmann. (Physica Status solidi [Berlin] **28** (1968) 2, K 101—04; Inst. für angew. Phys., Univ., Karlsruhe; dt.) — Die Hall-Koeff. u. alle Koeff. des Tensors der magnet.

Widerstandsänderung wurden an Te-Einkrist. mit einer Dotierungskonz. von $10^{14}-10^{15}$ cm^{-3} in Feldern bis 150 kG u. Temp. von 150—350°K gemessen. H. Roschkowski 116

0626 **Empirische LCAO-Energiebänder von Silicium unter Berücksichtigung drittnächster Nachbarn.** I. Alstrup und K. Johansen. (Physica Status solidi [Berlin] **28** (1968) 2, 555—64; Haldor Topsoe Res. Labor., Vedboek; engl.) — Bandstrukturberechnungen für Si. H. Roschkowski 116

0627 **Kupfer-Donatoren in Silicium.** A. Křemen. (Czechoslov. J. Physics, Sect. **B 18** (1968) 7, 937—50; Res. Inst. of Radiocommunicat., Prague; engl.) — Für versetzungsfreies p-Si, das mit Cu unter verschiedenen Bedingungen bei Temp. um 1000° gesätt. war, wurde die Temp.-Abhängigkeit (80—100°K) des spezif. Widerstandes u. der Hall-Konst. gemessen. Nach den Ergebnissen bilden die Cu-Donatoren Komplexe, deren Dimensionen u. physikal. Charakteristiken von der Präparationsmeth. abhängig sind. Werner Schmidt 116

0628 **Einführungsraten elektrisch aktiver Defekte in n- und p-Si durch Elektronen- und Neutronen-Bestrahlung.** H. J. Stein und R. Gereth. (J. appl. Physics **39** (1968) 6, 2890—2904; Sandia Labor., Albuquerque, N.Mex.; engl.) — Die durch Bestrahlung mit 1,7-MeV-Elektronen u. Reaktorneutronen hervorgerufenen Trägerentfernungsraten in n- u. p-Si wurden bei 270°K an Proben mit spezif. Widerständen zwischen 0,1 u. 50 $\Omega \cdot$ cm gemessen. Die durch Elektronenbestrahlung hervorgerufenen Raten hängen in n-Si stark vom Krist.-Wachstum ab, die kleinsten Raten wurden für in einem Quarztiegel gewachsenes Material beobachtet. Die Löcherentfernungsrate in p-Si bei Elektronenbestrahlung zeigt nur schwache Abhängigkeit vom Krist.-Wachstum, die bei darauffolgendem isochronem Anlaß stärker ausgeprägt wird. Die durch Neutronenbestrahlung verursachte Trägerentfernung bei 270°K hängt nur schwach vom Krist.-Wachstum u. vom Leitfähigkeitstyp ab. Ein darauffolgendes isochrones Anlassen bewirkt auch hier eine ausgeprägtere Abhängigkeit von Krist.-Wachstum u. Leitfähigkeitstyp. H. Liepack 116

0629 **Dotierung von Silicium durch Ionen-Einbau.** Tadatsugu Itoh, Taroh Inada und Kiyoshi Kanekawa. (Appl. Physics Letters **12** (1968) 8, 244—46; School of Sci. and Engng., Waseda Univ. Shinjuku-ku, Tokyo, Japan; engl.) — Si-Einkrist. werden mit 10-keV-Al-Ionen (in Dosierungen von 10^{14}, 10^{15} u. 10^{16} Ionen/cm^2) beschossen u. dann 20 Min. bei 800° getempert. Verursachte Strahlenschäden u. ihre Ausheilung werden aus Elektronenbeugungsdiagrammen der Oberfläche vor u. nach dem Tempern ermittelt. Aus Hall-Effektsmessungen ergibt sich eine effektive Ladungsträgerbeweglichkeit von $\mu_{eff} = 170$ cm^2/V · s. Durch Unters. der Schichtwiderstände u. der Photo-EMK zwischen Oberfläche u. Substrat (bei Bestrahlen mit einer W-Lampe) wird die Tiefenabhängigkeit der Ladungsträgerkonz. in den bei 800° getemperten Krist. u. in solchen, deren Oberflächenschicht in einer Dicke von 800 Å vor dem Tempern entfernt wurde, gemessen. Im ersten Fall sind die Ionen bis zu 0,58 μ tief in den Krist. eingedrungen, im zweiten Fall nur etwa halb so tief. Die Eindringprofile sind wiedergegeben. Aus den Unters. ergibt sich, daß die eingebauten Al-Ionen erst während des Temperns tiefer in den Krist. hineindiffundieren. U. Venzke 116

0630 **Experimenteller Nachweis von In und Tl auf Zwischengitterplätzen in durch Ionenbeschuß dotiertem Silicium.** J. A. Davies, L. Eriksson und J. W. Mayer. (Appl. Physics Letters **12** (1968) 8, 255—56; Chalk River Nucl. Labor., Chalk River, Ontario; engl.) — Si-Targets werden bei 350—450° mit $1-3 \cdot 10^{14}$ Tl- bzw. In-Ionen/cm^2 (40 keV) beschossen. Die so gewonnenen Proben enthalten $\sim 5 \cdot 10^{19}$ Fremdionen/cm^3, die auf Gitter- u. Zwischengitterplätze verteilt sind. Bei Tempern unter langsamer Temp.-Steigerung wird bei 525—575° eine irreversible Wanderung der Ionen von den Gitter- auf die Zwischengitterplätze beobachtet, bis der Vorgang bei 575° abgeschlossen ist. Im Zusammenhang damit wird nach Hall-Effekt-Messungen ein p→n-Übergang beobachtet. Der Platz der Ionen u. ihre Wanderung werden an Hand der Streuung von 1,0-MeV-He-Ionen nach einer früher beschriebenen Meth. ermittelt. U. Venzke 116

0631 **Beobachtete Einfangparameter von photoangeregten Trägern in Germanium und Silicium.** J. R. Barker und C. J. Hearn. (Physics Letters [Amsterdam] **26A** (1968) 4, 148—49; Dep. of Appl. Phys., Univ. of Durham, Durham, Großbritannien; engl.) — Es wird angenommen, daß Anomalien in der Hall-Zahl für Diskrepanzen zwischen experimentellen u. theoret. Haftstellenparametern in Ge u. Si verantwortlich sind. E. Otto 116

0632 **Durch Vakuumaufdampfen auf Sapphir hergestellte epitaktische Si-Schichten und ihre elektrischen Eigenschaften.** Tadatsugu Itoh, Shinichi Hasegawa und Hisatsune Watanabe. (J. appl. Physics **39** (1968) 6, 2069—71; School of Sci. and Engng., Waseda Univ., Tokyo, Japan; engl.) — Die Schichten wurden bei Unterlagetemp. von 850—950° bei Drücken von $8 \cdot 10^{-7}$ bis $4 \cdot 10^{-8}$ Torr hergestellt. Für die bei 900° aufgedampften Schichten waren (111) u. (100) parallel zu (0001) u. (1012). Es wurden Hall-Beweglichkeit u. Trägerkonz. in Abhängigkeit von der Temp. von 77°K bis Zimmertemp. gemessen. H. Liepack 116

0633 **Trägertransport in dünnen Si-Schichten.** D. J. Dumin und P. H. Robinson. (J. appl. Physics **39** (1968) 6, 2759—65; RCA Labor., Princeton, N.J.; engl.) — Für auf Saphir-Einkrist. epitakt. aufgewachsene p- u. n-leitende Si-Schichten von 1—2 μ Dicke wurden Hall-Beweglichkeiten für Trägerkonz. zwischen 10^{13} u. 10^{20} cm^{-3} gemessen. Für Trägerkonz. $> 10^{17}$ cm^{-3} nahm die Beweglichkeit mit zunehmender Trägerkonz. ab, was auf ein Überwiegen der Störstellenstreuung bei höheren Trägerkonz. hinweist. Bei kleineren Trägerkonz. wird die Beweglichkeit infolge Streuung durch Krist.-Defekte auf ca. 30% der Beweglichkeit von massivem Si beschränkt. Die Wrkg. der Krist.-Defekte als Elektronenhaftstellen wurde durch Messung der Elektronenkonz. in Schichten konst. Donatordichte, aber unterschiedlicher Versetzungsdichte (Abnahme der Elektronenkonz. bei Anstieg der Defektdichte), nachgewiesen. Die D. der elektron. akt. Zentren wurde zu ca. $10^{15}-10^{17}$ cm^{-3} abgeschätzt. Eine merkliche opt. Absorption wurde bei Energien $< 1{,}1$ eV beobachtet. H. Liepack 116

0634 **Transporteigenschaften von Elektronen in invertierten Si-Oberflächen.** F. F. Fang und A. B. Fowler. (Physic. Rev. [2] **169** (1968) 3, 619—31; IBM Watson Res. Center, Yorktown Heights, N.Y.; engl.) — Messungen der effektiven Beweglichkeit, der Feldeffekt-Beweglichkeit, der Hall-Beweglichkeit u. der Trägerdichte von Si in Abhängigkeit von einem zur Oberfläche senkrechten Feld bei Temp. von 4,2—300°K. Es wurde wenigstens ein Max. in der Beweglichkeit beobachtet. Die Temp.-Abhängigkeit wurde für verschiedene Feldstärken untersucht. Bei Zimmertemp. wurde ein einzelnes Max. in der Beweglichkeit dicht an der Inversionsschwelle gefunden. Bei Temp.-Erniedrigung nahm dieses Max. zu; in der Nähe von 80°K nahm es ab. Ein weiteres Max. trat bei ca. 100°K bei höheren Feldstärken auf; es nahm bei Temp.-Erniedrigung zu. Zwischen 77,3 u. 4,2°K wurde eine anomale Verschiebung in der Leitungsschwelle beobachtet. Es wurden der Einfl. von Grenzflächenzuständen u. ihre D. in der Nähe des Leitungsbandes untersucht. H. Liepack 116

0635 **Experimentelle Untersuchung der Doppelinjektion in p-Silicium.** Susumu Okazaki und Makoto Hiramatsu. (Jap. J. appl. Physics **7** (1968) 5, 557—58; Dep. of Phys., Fac. of Sci., Okayama Univ., Okayama; engl.) — Die Abhängigkeit der Stromdichte von der Spannung (10^{-2}—10 V) wird für p-Si mit Injektionskontakten bei verschiedenen Temp. (255—362°K) untersucht. Die Schwellenhöhe der p—n-Kontakte wird zu 0,23 eV bestimmt. Die Lebensdauer der freien Ladungsträger beträgt $4{,}6 \cdot 10^{-7}$ s. B. Plewinsky 116

0636 **Heteroübergänge zwischen amorphem Si und Si-Einkristallen.** R. Grigorovici, N. Croitoru, M. Marina und L. Năstase. (Rev. roum. Physique 13 (1968) 4, 317—25; Inst. of Phys. Bucharest, Acad. of the Socialist Republic of Romania; engl.) — Unters. der V-I-Charakteristiken u. der Kapazitätsänderungen mit der invers angelegten Spannung. Die Ergebnisse zeigten, daß amorphes Si vom p-Typ ist. Herbert Weber 116

0637 **Halbleiter-Metall-Übergang in n-leitendem Silicium.** M. N. Alexander und D. F. Holcomb. (Solid State Commun. 6 (1968) 6, 355—58; Suppl. zu: J. Physics Chem. Solids Labor. of Atomic and Solid State Phys., Cornell Univ., Ithaca, N.Y.; engl.) — Aus einer Sichtung u. Zusammenfassung des experimentellen Beweismaterials über den Halbleiter-Metall-Übergang in Abhängigkeit von der Störstellenkonz. in n-Si folgt, daß der Übergang in zwei Stufen erfolgt. Die erste Stufe besteht in einer Delokalisierung der Elektronen, die zweite Stufe erscheint, wenn das Fermi-Niveau mit dem Leitungsband des Si-Wirtsgitters zusammenfällt. K. H. Härdtl 116

0638 **Untersuchungen am p-n-Übergang vom Silicium für Sonnenenergie-Umwandlung.** R. B. Gangadhar, R. S. Mathur, H. K. Sehgal und Arun P. Kulshreshtha. (Indian J. pure appl. Physics 5 (1967) 12, 593—95; Dep. of Phys., Indian Inst. of Technol., New Delhi; engl.) — Sonnenzellen mit eindiffundiertem P u. B wurden hergestellt. Eine einfache Anordnung für die Herst. von Netzkontakten der Proben wurde entwickelt. Die V-I-Charakteristik u. die spektrale Empfindlichkeit im Bereich 0,3—1,0 μm zeigen die Überlegenheit der Sonnenzellen mit eindiffundiertem B gegenüber denen mit P. H. Jehne 116

0639 **Unstabilität von p-i-n-Dioden aus Si im Lawinengebiet.** Yuji Okuto, Motoki Kondo, Isao Nagashima und Ichizo Uchida. (Jap. J. appl. Physics 7 (1968) 5, 553; Central Res. Labor., Nippon Electr. Co., Ltd., Kawasaki, Japan; engl.) — Die Dioden werden aus epitakt. gewachsenen n-n^+-Plättchen aus Si durch *B*-Diffusion hergestellt. Von zwei typ. Dioden werden die I-V-Charakteristiken angegeben. Eine hat, wenn die Lawinenladungsträgerdichte nahezu gleich der Konz. der ionisierten Donatoren der n-Schicht ist, zwei Bereiche negativen Widerstandes. Die andere hat normale I-V-Charakteristik. B. Plewinsky 116

0640 **Magnetisch induzierte Spinumkehr-Übergänge bei der Störstellen-Sprungleitung in n-Germanium.** J. A. Chroboczek, E. W. Prohofsky und R. J. Sladek. (Physic. Rev. [2] 169 (1968) 3, 593—602; Dep. of Phys., Purdue Univ., Lafayette, Ind.; engl.) — Bei starken Magnetfeldern (45—146 kG) hat die magnet. Widerstandsänderung ϱ/ϱ_0 der Sprungleitung in n-Ge eine Temp.-Abhängigkeit, die mit der Feldstärke zunimmt. Dieser Effekt kann durch Tunnelung unter Phononenbeteiligung mit Umkehrung der Spins von Elektronen während ihrer Übergänge zwischen Donatoren erklärt werden. Die Spinumkehrungen werden durch starke Kopplung von Phononenscherwellen mit Spins von Elektronen in Donatorgrundzuständen in Ggw. des Magnetfeldes verursacht. Ableitung eines Ausdrucks für die Wahrscheinlichkeit des Überganges zwischen Donatoren mit Spinumklappung. H. Liepack 116

0641 **Schichtwiderstand von epitaktisch gewachsenen Germanium-Schichten.** Tetsuya Arizumi, Tatau Nishinaga und Masahiro Kakehi. (Jap. J. appl. Physics 7 (1968) 5, 468—75; Dep. of Electronics, Fac. of Engng., Nagoya Univ., Nagoya; engl.) — Der spezif. Widerstand von epitakt. gewachsenen *Ge*-Schichten steigt monoton mit steigender Schichtdicke an. Die Gitterfehlstellen, die den spezif. Widerstand erniedrigen, sind nicht gleichmäßig über die gesamte Schichtdicke verteilt, sondern häufen sich an der Grenzfläche Substrat-Schicht u. verschwinden bei 10—20 μm Entfernung von der Grenzfläche. B. Plewinsky 116

0642 **Negativer Widerstand durch Stoßionisation in bestrahltem Germanium.** Takao Wada, Yutaka Fukuoka und Tetsuya Arizumi. (J. physic. Soc. Japan 25 (1968) 1, 165—73; Dep. of Electronics, Fac. of Engng., Nagoya Univ., Nagoya; engl.) — Bei Bestrahlung von n-Ge mit Elektronen (9 MeV, 10^{15} cm^{-2}) verhalten sich die I-V-Charakteristiken bei Raumtemp. normal, bei tieferen Temp. werden jedoch Durchschlagseffekte, verbunden mit einem negativen Widerstand, beobachtet. Die Einsatzfeldstärke des Durchschlags liegt für die Temp. 4,2, 77 u. 220°K bei 950, 450 bzw. 220 V/cm. Die Ergebnisse werden durch die Theorie von Kurosawa gestützt. E. Richter 116

0643 **Elektrische Leitfähigkeit und Hall-Effekt von mangandotiertem Germanium und der Einfluß von Wärmebehandlungen auf den Einbauzustand des Mangans.** H. J. Gläser und D. Geist. (Physica Status solidi [Berlin] 29 (1968) 1, 167—70; Inst. für angew. Phys., TU, Clausthal; dt.) — Durch verschiedene Wärmebehandlungen kann der Zustand von Mn in Ge-Einkrist. geändert werden. Diese Änderung beeinflußt nicht nur die Trägerkonz., sondern auch die Beweglichkeit. Die Ergebnisse werden durch das Verh. des EPR-Spektrums des substitutionell eingebauten Mn bestätigt. Das atomar gelöste Mn liegt nach rascher Probenkühlung von 800° als Mn^{2-} vor. H. Roschkowski 116

0644 **Ausbreitung von Magnetoplasmawellen in Zwei-Ladungsträger-Systemen wie p-Halbleitern: Untersuchung der Transporteigenschaften von p-Germanium mit Hilfe von Magnetoplasmawellen.** A. C. Baynham. (J. Physics, C (Proc. physic. Soc.) [2] 1 (1968) 5, 1447—54; Royal Radar Establ., Malvern, Worcs.; engl.) A. Jaeschke 116

0645 **Multipler negativer Widerstand in Ge-Dioden.** Masamori Iida und Morihiko Kimata. (Jap. J. appl. Physics 7 (1968) 2, 188; Dep. of Electr. Engng., School of Sci. and Engng., Waseda Univ., Shinjuku, Tokyo; engl.) — Multipler negativer Widerstand wird in Gasentladungen mit Vielpunkte-zu-Ebene-Geometrie erhalten. Immer, wenn ein zusätzlicher Stromweg gebildet wird, tritt ein neuer Bereich negativen Widerstands in der V-I-Kurve auf. Diese Charakteristik ist ähnlich derjenigen der Ge-p-i-p-Diode. Es wird postuliert, daß, ähnlich wie bei Gasentladungen, fadenförmige Stromwege im intrins. Bereich der Ge-p-i-p-Struktur gebildet werden. Herbert Weber 116

0646 **Stromfluß in Dioden mit negativem Widerstand.** Morihiko Kimata und Masamori Iida. (Jap. J. appl. Physics 7 (1968) 2, 177; Dep. of Electr. Engng., School of Sci. and Engng., Waseda Univ., Shinjuku, Tokyo; engl.) — p-i-p-Strukturen werden durch Leg.-Meth. aus *Ge* mit *Au*-Verunreinigungen, die durch flache Donatoren kompensiert werden, hergestellt. Diese Strukturen zeigen die stromgesteuerten negativen Widerstände bei der Temp. des fl. N_2, die beträchtlich durch äußere Magnetfelder beeinflußt werden. Betrachtet man die wahrscheinliche Stoßionisation im intrins. Bereich der p-i-p-Struktur, so läßt sich postulieren, daß der Stromweg in der p-i-p-Diode ähnlich der einer Gasentladung ist. Herbert Weber 116

0647 **Laserinduzierter Durchschlag in Ionenkristallen und in einem Polymeren.** Yoshioyuki Yasojima, Masatoshi Takeda und Yoshio Inuishi. (Jap. J. appl. Physics 7 (1968) 5, 552; Fac. of Engng., Osaka Univ., Miyakojima, Osaka; engl.) — Der durch einen Rubin-Laser induzierte elektr. Durchschlag wird für *NaCl*, *KCl*, *KBr* u. *KJ* sowie für *Polymethacrylsäuremethylester* untersucht. Es werden die Durchschlagsschwellenfelder gemessen. Für die Ionenkrist. wird der Einfl. des Bandabstandes auf die Durchschlagsschwellen untersucht. B. Plewinsky 116

0648 **Ionenleitung von reinem und mit Ba^{2+} dotiertem CsCl.** H. Weijma und B. R. Knottnerus. (Physica Status solidi [Berlin] 29 (1968) 1, K 43—45; Solid State Phys. Labor., Groningen; engl.) — Die Leitfähigkeit von reinem u. mit 15—80 ppm Ba dotiertem CsCl wird als Funktion der Temp. bei ca. 250—600° gemessen. Der Leitungsmechanismus wird besprochen. H. Roschkowski 116

0649 **Elektronenbänder für Rubidiumchlorid und die kubisch-flächenzentrierten Alkalimetallbromide.** A. B. Kunz. (Physica Status solidi [Berlin] 29 (1968) 1, 115—20; Dep. of Phys., Lehigh Univ., Bethlehem, Pa.; engl.) — Die Schrödinger-Gleichung wird für die

Valenz- u. Leitungsbänder von RbCl u. die kub.-flächenzentrierten Bromide *LiBr*, *NaBr*, *KBr* u. *RbBr* mit Hilfe der Meth. orthogonalisierter ebener Wellen gelöst. Es werden Ergebnisse für einige Punkte hoher Symmetrie in der 1. Brillouin-Zone angegeben u. mit dem Vers. verglichen. H. Roschkowski 116

0650 **Temperaturabhängigkeit der Diffusion photoangeregter Löcher in AgBr.** M. Georgiev, E. Zagorska und J. Malinowski. (Physica Status solidi [Berlin] 28 (1968) 2, 725—30; Inst. of Phys. Chem., Bulg. Acad. of Sci., Sofia; engl.) — Eine Nachw.-Technik, die auf dem Ausbleichen einer dünnen Ag-Schicht beruht, wird zur Unters. der Diffusion von photoinduzierten Defektelektronen zwischen —35 u. +35° verwendet. Der scheinbare Diffusionskoeff. zeigt eine Arrhenius-Abhängigkeit von der abs. Temp. mit einer Aktivierungsenergie von 0,53 eV. H. Roschkowski 116

0651 **Faraday-Effekt zur Bestimmung von Elektronenkonzentrationen und Konzentrationsprofilen in n-GaAs.** R. R. Alfano und D. H. Baird. (J. appl. Physics 39 (1968) 6, 2931—36; Bayside Labor., Res. Center of Gen. Telephone and Electron. Labor., Inc., Bayside, N.Y.; engl.) — Elektronenkonz. u. Elektronenkonz.-Profil wurden aus der Faraday-Rotation für n-GaAs mit $n = 10^{15}-10^{18}$ cm^{-3} bestimmt. H. Liepack 116

0652 **Weiche Plasmamodelle in GaAs.** E. Conwell. (Physic. Rev. Letters 21 (1968) 5, 288—90; Bayside Labor., Res. Center of Gen. Telephone & Electronics Labor. Inc., Bayside, N.Y.; engl.) — Unter Verw. eines Zweitalmodells wird die Plasmafrequenz ω_p für GaAs berechnet. Dabei wird gefunden, daß die Feldabhängigkeit von ω_p nicht der von Pytte u. Thomas vorhergesagten entspricht u. daß ω_p bei Ladungsträgerkonz. $> 10^{18}$ cm^{-3} nicht verschwindet. E. Richter 116

0653 **Exzitonenisolator in GaAs-Übergängen.** R. T. Payne. (Physic. Rev. Letters 21 (1968) 5, 284—88; Univ. of Southern Calif., Los Angeles, Calif.; engl.) — Vf. berichtet über die Existenz von exziton. Isolatorbereichen in Halbleiterübergängen (sowohl Metall-Halbleiter- als auch p–n-Halbleiterübergänge). E. Richter 116

0654 **Einfluß von Dotierungsschwankungen auf begrenzte Raumladungsakkumulation in n-GaAs.** G. A. Acket. (Physics Letters [Amsterdam] 27A (1968) 5, 293—94; Philips Res. Labor., N. V. Philips' Gloeilampenfabriken, Eindhoven, Netherlands; engl.) — Es wird über Experimente berichtet, die sich auf das Verschwinden von Bereichsoszillationen in epitakt. n-GaAs auf halbisolierendem Substrat beziehen. Die Oszillationen wurden durch ein äußeres angelegtes Mikrowellenfeld verursacht. Die Ergebnisse liefern Informationen über den Einfl. von Dotierungsschwankungen auf begrenzte Raumladungsakkumulation in diesem Material. E. Otto 116

0655 **Hall-Effekt und Beweglichkeit in n-GaAs.** F. Huth. (Physica Status solidi [Berlin] 29 (1968) 1, K 35—37; VEB Halbleiterwerk Frankfurt/Oder, Gleichrichterwerk Stahnsdorf; engl.) — Die Temp.-Abhängigkeit des Hall-Koeff. von der Temp. sowie die der Hall-Beweglichkeit wurde an verschieden hergestellten n-GaAs-Krist. untersucht. Die beobachtete Temp.-Abhängigkeit der Beweglichkeit geht wahrscheinlich auf eine nicht gleichförmige Mikroverteilung von Donatoren zurück. H. Roschkowski 116

0656 **Magnetfeldabhängige Verunreinigungszustände in n-InSb.** J. Durkan und N. H. March. (J. Physics, C (Proc. physic. Soc.) [2] 1 (1968) 4, 1118—27; Dep. of Phys., Univ. of Sheffield; engl.) — Mittels der Theorie der Abschirmung eines geladenen Zentrums durch Leitungselektronen wird das Verh. der Niveaus isolierter Donatoren im Magnetfeld untersucht. Dazu werden die beiden tiefsten Verunreinigungsniveaus als Funktion des Magnetfeldes berechnet. Der Bandabstand hängt nur schwach von der (angenommenen) Elektronendichte ab, die Größe der Aktivierungsenergie entspricht innerhalb eines weiten Feldbereichs dem Bandabstand. E. Richter 116

0657 **Kopplung zwischen Störstellenzuständen und optischen Phononen in einem magnetischen Feld in InSb.** R. Kaplan und R. F. Wallis. (Physic. Rev. Letters 20 (1968) 26, 1499—1502; Nav. Res. Labor., Washington, D.C.; engl.) — Die Spektralabhängigkeit der Photoleitfähigkeit von relativ reinem n-InSb (netto Donatorkonz. ca. $7 \cdot 10^{13}$ cm^{-3}) wird bei 4,2 u. 1,5 °K bei Photonenenergien zwischen 4 u. 45 meV in Magnetfeldern bis zu 55 kG gemessen. Wenn die durch Störstellen verschobene Zyklotronresonanzfrequenz in die Nähe der longitudinalen opt. Phononenfrequenz kommt, werden eine Anzahl von Max. in der Photoleitfähigkeitskurve beobachtet. Einige dieser Max. werden durch Photonenabsorption, die durch die Bldg. eines LO-Phonons u. gleichzeitige Anregung des elektron. Störstellenzustandes hervorgerufen wird, gedeutet. B. Plewinsky 116

0658 **Magnetfeldeinfluß auf die Stoßionisierungsgeschwindigkeit und Instabilitäten in InSb.** David K. Ferry und Helmut Heinrich. (Physic. Rev. [2] 169 (1968) 3, 670—73; Labor. for Phys. Electronics and Dev. of Electr. Engng., Tex. Technol. Coll., Lubbock, Tex.; engl.) — Das Magnetfeld bewirkt eine Erniedrigung der Trägererzeugungsgeschw., der Betrag dieser Abnahme ist vom elektr. Feld abhängig. Longitudinale u. transversale Magnetfelder scheinen den gleichen Einfl. zu haben. Die Abhängigkeit vom elektr. Feld ist von der Form $g(E) \sim \exp(-k/E)$ für mittlere Feldstärken. Für im wesentlichen konst. Strom wird eine Plasmainstabilität beobachtet, die durch einen scharfen Abfall in der Spannung über die Probe charakterisiert ist. Die Stromschwelle der Instabilität nimmt mit dem angelegten longitudinalen Magnetfeld ab. Für transversale Magnetfelder nimmt die Stromschwelle anfangs zu u. dann ab mit einem max. Schwellenstrom bei 500 G. Beide Orientierungen des Magnetfeldes erniedrigen die Größenordnung der Spannungsabnahme. H. Liepack 116

0659 **Ausgeprägte Helikon-Quantendämpfung in entarteten, zylinderförmigen Halbleitern.** Hiroshi Numata. (J. physic. Soc. Japan 25 (1968) 1, 202—11; Dep. of Appl. Phys., Fac. of Engng., Univ. of Tokyo, Tokyo; engl.) — Theoret. Betrachtung der Anregung von elektromagnet. Helicon-Wellen in einem Plasma, das aus einem degenerierten Elektronengas, begrenzt durch einen unendlich langen Zylinder, besteht. Diskussion des Beispiels *InSb*. E. Richter 116

0660 **Niederfrequente Instabilitäten in InSb-Plasmen in schwachen longitudinalen Magnetfeldern.** Tadao Ishii und Yoshio Inuishi. (J. physic. Soc. Japan 25 (1968) 1, 295; Fac. of Engng., Osaka Univ., Higashinoda, Miyakojima, Osaka; engl.) — Vf. messen die Stromdichte-Feldstärke-Beziehung ($10-10^3$ V/cm) dreier InSb-Proben u. beobachten eine Buckel (ΔE) bei Anlegen eines schwachen Magnetfeldes. Die Bldg.-Zeit von ΔE nimmt mit zunehmender Stromdichte u. auch mit zunehmendem Magnetfeld ab. Die Ergebnisse werden durch die Wechselwrkg. von Phononen u. Elektronen im durch den Pinch-Effekt verdichteten Plasma gedeutet. E. Richter 116

0661 **Verstärkung von Ultraschallwellen in InSb unter Gleichstrombetrieb und transversalem Magnetfeld.** Hisao Hayakawa und Makoto Kikuchi. (Appl. Physics Letters 12 (1968) 8, 251—52; Electr. Labor. Nagaty-cho, Tokyo, Japan; engl.) — Die Verstärkung von 225-MHz-Ultraschallwellen in mit *Ge* dotiertem n-InSb bei gleichzeitiger Einw. eines elektr. Gleichfeldes u. eines transversalen Magnetfeldes wird bei 77 °K in Abhängigkeit von den Feldstärken untersucht. Es werden Werte bis zu 20 dB gemessen. Die Meßanordnung wird beschrieben, die Ergebnisse sind graph. dargestellt u. werden diskutiert. U. Venzke 116

0662 **Transversaler Durchbruch in Indiumantimonid.** H. Heinrich und E. Müller. (Solid State Commun. 6 (1968) 6, 391—93; Suppl. zu: J. Physics Chem. Solids, Inst. für Angewandte Phys., Univ. Wien; engl.) — Vf. berichten über das zeitabhängige Verh. des transversalen Durchbruchs in InSb. Es kann gezeigt werden, daß das Verh. der Hall-Spannung im nsec-Bereich von einer

Instabilität verursacht wird, über die vor kurzem von Ancker-Johnson berichtet wurde. Aus der Magnetfeldabhängigkeit läßt sich schließen, daß zwischen der Sättigung der Hall-Spannung bei langen Zeiten (> 150 nsec) u. dieser Instabilität eine enge Beziehung besteht. K. H. Härdtl 116

0663 **Leitfähigkeit von eingeleitetem InSb in starken elektrischen Feldern.** P. Weissglas und K. Blötekjaer. (Physica Status solidi [Berlin] 28 (1968) 2, 711—18; Microwave Dep., Roy. Inst. of Technol., Stockholm; engl.) H. Roschkowski 116

0664 **Magnetische Widerstandsänderung von Nichtgleichgewichtsplasmen in InSb.** Betsy Ancker-Johnson. (J. Physics Chem. Solids **29** (1968) 7, 1127—38; Boeing Scientific Res. Labor., Seattle, Wash.; engl.) — Die Leitfähigkeit injizierter sowie stoßionisierter Plasmen in p-InSb wird bei 77 °K in Abhängigkeit von der Amplitude u. der Richtung eines Magnetfeldes relativ zum elektr. Feld gemessen. Bez. der relativen Orientierung Θ werden sehr große Anisotropiewerte der magnet. Widerstandsänderung festgestellt. In der Nähe der Max. entwickeln sich große Leitfähigkeitsoszillationen mit einer Frequenz im 10-MHz-Bereich. Die Wellenform der Oszillationen wird in Abhängigkeit von Θ untersucht. Alle diese Eig. werden qual. mit der wohlbekannten spiralförmigen Instabilität u. mit einer Theorie über die Rolle einer transversalen Komponente des Magnetfeldes bei der Plasmaverteilung erklärt. In stoßionisierten Plasmen werden Strom-Spannungs-Charakteristiken mit negativen Widerstandsbereichen sowohl in Gegenwart als auch bei Abwesenheit von Magnetfeldern gemessen. Diese Erscheinungen werden ebenfalls qual. gedeutet. K. H. Härdtl 116

0665 **Versetzungen und ihre Beziehung zu Irregularitäten in Zn-diffundierten GaAsP-p-n-Übergängen.** Daniel A. Grenning und A. H. Herzog. (J. appl. Physics **39** (1968) 6, 2783—90; Monsanto Co., St. Louis, Miss.; engl.) — Unters. der Geometrie von p-n-Übergängen, die durch Zn-Diffusion in epitakt. gewachsene [100]-GaAsP-Waffeln vom n-Typ gebildet wurden. Es wurde ferner die Versetzungsstruktur untersucht. Für epitakt. Krist. mit einer (100)-Wachstumsfläche überwiegt eine eingewachsene Versetzung, deren Achse in [100]-Richtung senkrecht zur Wachstumsfläche liegt. Durch eine bes. Wachstumsmeth. kann die D. der Vol.-Versetzungen stark zugunsten einer Anordnung von [110]-Versetzungen merklich red. werden, die in der Nähe der Grenzfläche zwischen Substrat u. epitakt. aufgewachsener Schicht liegen. Es wurden Versetzungsdichten im Bereich von ca. $0,5 \cdot 10^6$ bis $50 \cdot 10^6$ cm^{-2} untersucht. H. Liepack 116

0666 **Einfluß gleichzeitiger Beleuchtung und mechanischer Spannung auf die I—V-Charakteristik eines p-n-Übergangs in GaP.** L. Ask und G. Björklund. (Physics Letters [Amsterdam] **27 A** (1968) 5, 297—98; Inst. of Technol., Dep. of Solid State Phys., Lund/Sweden; engl.) — Durch Unters. des Einfl. von Beleuchtung mit sichtbarem oder IR-Licht bei gleichzeitiger Anwendung einer mechan. Spannung auf einen p-n-Übergang in GaP wird gezeigt, daß eine anisotrope Spannung nicht nur eine Änderung der Bandstruktur, sondern auch eine Änderung der Rekombinationskinetik verursacht. E. Otto 116

0667 **Speichereffekte in photoleitendem GaP:Cu.** H. G. Grimmeiss und G. Olofsson. (Physica Status solidi [Berlin] 28 (1968) 2, 547—54; Inst. of Technol., Dep. of Solid State Phys., Lund; engl.) — Es wird experimentell gezeigt, daß in photoleitendem, mit Cu dotiertem GaP nach der Anregung mit Licht größerer oder kleinerer Energie als die Bandkante eine Ladungsspeicherung auftreten kann. Eine beträchtliche Speicherung ist eine Std. nach der Anregung selbst bei Raumtemp. noch nachzuweisen. Die gespeicherte Ladungsmenge wurde in Abhängigkeit von der IR-Photonenenergie, äußerer Spannung u. Anregungsdichte gemessen. H. Roschkowski 116

0668 **Einige Eigenschaften von glasigem und kristallinem $CdGeP_2$.** N. A. Goryunova, S. M. Ryvkin, G. P. Shpenikov, I. I. Tichina und V. G. Fedotov. (Physica Status solidi [Berlin] **28** (1968) 2, 489—94; Ioffe Phys.-techn. Inst., Acad. of Sci. of USSR, Leningrad; engl.) — In glasigem u. krist. $CdGeP_2$ wird Rekombinationsstrahlung beobachtet, die elektr. Leitfähigkeit u. die Hall-Konst. werden an n- u. p-leitenden krist. Proben mit $n = 6 \cdot 10^{10} - 7 \cdot 10^{15}$ cm^{-3} bzw. $p = 7 \cdot 10^{14}$ bis $4 \cdot 10^{15}$ cm^{-3} sowie an p-leitenden glasigen Proben untersucht. Der Einfl. der Rekristallisation von glasigem $CdGeP_2$ u. der Einfl. von Verunreinigungen auf die Rekombinationsstrahlung von krist. $CdGeP_2$ wird bestimmt. H. Roschkowski 116

0669 **Anodischer Wachstumsmechanismus von Oxiden mit niedriger Ionenleitfähigkeit.** C. R. Fritzsche. (Solid State Commun. **6** (1968) 6, 341—42; Suppl. zu: J. Physics Chem. Solids, Inst. für Elektrowerkstoffe, Freiburg/Br.; engl.) — Vf. nimmt an, daß in anod. wachsendem amorphen SiO_2 die beweglichen Ionen durch Stoßionisation erzeugt werden. Mit dieser Annahme läßt sich die Abhängigkeit des Oxydations-Wrkg.-Grades vom Strom u. das Abklingen des Stromes bei konst. Spannung ableiten. Aus der Abklingkonst. läßt sich die mittlere Stoßzeit zu $3 \cdot 10^{-16}$ sec abschätzen. K. H. Härdtl 116

0670 **Wechselstrom-Hall-Messungen in Strontiumtitanatkristallen von 190—500 °K: Abhängigkeit der Hall-Beweglichkeit von der Ladungsträgerdichte.** D. Parker und J. Yahia. (Physic. Rev. [2] **169** (1968) 3, 605—09; Lamar State Coll. of Technol., Beaumont, Tex.; engl.) — Es wurde eine Zunahme der Beweglichkeit mit Zunahme des Red.-Grades der Krist. gefunden. Die Temp.-Abhängigkeit der Beweglichkeit schien im wesentlichen für alle Proben gleich u. von der Form $\mu_0 \exp(\Theta/T)$ mit μ_0 = Konst. zu sein. Θ wurde zu ca. 700 °K ber., μ_0 zu 0,42, 1,0 u. 1,42 cm^2 V^{-1} s^{-1}, wobei der niedrigste Wert der Probe mit geringster Red. entsprach. Mit dem μ_0-Wert für den am wenigsten red. Krist. wurde eine Polaronenmasse von 3,1 m_0 berechnet. H. Liepack 116

0671 **Einfluß der Gasadsorption auf den Metall-$BaTiO_3$-Kontakt.** R. T. Thomas, R. H. Tredgold und R. H. Williams. (J. Physics, C (Proc. physic. Soc.) [2] **1** (1968) 5, 1370—75; Phys. Dep., Univ. Coll. of North Wales, Bangor, Caernarvonshire; engl.) — Photoemissionsmessungen wurden an einer Wärmebehandlung (200—400°) in O_2-Atmorshäre ausgesetzten $BaTiO_3$-Einkrist. durchgeführt. Die Elektronenaffinität der Oberflächen steigt bei Ggw. von chemisorbiertem Sauerstoff. Die scheinbare elektr. Leitfähigkeit der Krist. (Strom-Spannung-Charakteristik) wird erhöht, wenn sie vor der Elektrodenabscheidung (Al) in O_2-Atmosphäre erhitzt werden. Ein Modell für den Mechanismus der Injektion von Ladungsträgern in $BaTiO_3$ wird angegeben. A. Jaeschke 116

0672 **Elektronische Driftbeweglichkeiten und raumladungsbegrenzte Ströme in Li-dotiertem Zinkoxid.** M. A. Seitz und D. H. Whitmore. (J. Physics Chem. Solids **29** (1968) 6, 1033—49; Dep. of Materials Sci., Northwestern Univ., Evanstone, Ill.; engl.) — Vf. messen die Elektronenlebensdauern u. -driftbeweglichkeiten zwischen 250 u. 400 °K in orientierten Einkrist. von hochohmigen, Li-dotiertem ZnO, indem die Laufzeit der Elektronen in planparallelen Proben gemessen wird. Dabei werden die Elektronen an einer Oberfläche durch 10 nsec-Lichtblitze injiziert. Bei 300 °K betragen die Driftbeweglichkeiten 2—8 cm^2/Vsec. Sie sind unabhängig von der Krist.-Orientierung. Die beobachtete exponentielle Temp.-Abhängigkeit der Beweglichkeit läßt erkennen, daß die Elektronendriftbeweglichkeit durch therm. Ionisation aus den Haftstellen bestimmt wird. Die Elektronenlebensdauern liegen bei 300 °K zwischen 30 u. 100 μsec, die Elektronenreichweiten betragen 1 bis $10 \cdot 10^{-4}$ cm^2/V u. sind temperaturunabhängig. Mit Hilfe ohm. In-Elektroden können bei hohen Feldstärken raumladungsbegrenzte Ströme injiziert werden. Aus den Strom-Spannungs- u. Strom-Temp.-Kennlinien ergeben sich enge Bänder von Elektronenhaftstellen 0,42 u. 0,72—0,80 eV unterhalb der Leitungsbandkante. K. H. Härdtl 116

0673 **Transmission von 35-GHz-Mikrowellen durch akusto-elektrisch angeregtes ZnO.** M. Bruun und N. I. Meyer. (Solid State Commun. **6** (1968) 6, 359—62; Suppl. zu: J. Physics Chem. Solids; Phys. Labor. III, Technical Univ. of Denmark, Lyngby; engl.) — Vf. berichten über gleichzeitige Messungen von Mikrowellentransmission u. elektr. Potential von oszillierendem ZnO-Krist. in Abhängigkeit von der Lage u. der Zeit. Daraus lassen sich charakterist. Phononenpaket- u. Hochfelddomänen-Parameter bestimmen.
K. H. Härdtl 116

0674 **Elektronenstruktur von CdO. 1. Mitt. Bandstruktur (APW-Methode).** K. Maschke und U. Rössler. (Physica Status solidi [Berlin] 28 (1968) 2, 577—81; Inst. für theoret. Phys. II, Univ., Marburg/Lahn; engl.) — Es wurde die Bandstruktur für CdO längs der Symmetrieachsen der Brillouin-Zone mit Hilfe der APW-Meth. berechnet. Die erhaltenen Bänder sind denjenigen der Ag-Halogenide ähnlich. H. Roschkowski 116

0675 **Anisotropie im elektrischen Widerstand von Vanadindioxid-Einkristallen.** C. R. Everhart und J. B. MacChesney. (J. appl. Physics **39** (1968) 6, 2872—74; Bell Telephone Labor., Inc., Murray Hill, N.J.; engl.) — Von undotierten u. Fe-dotierten VO_2-Einkrist. wurde der spezif. elektr. Widerstand in Abhängigkeit von der Temp. in der Ungebung der Übergangstemp. parallel u. senkrecht zur monoklinen a-Richtung gemessen. Sowohl für dotierte als auch undotierte Krist. ist der Widerstand senkrecht zu a größer als parallel zu a. Das Auftreten der Anisotropie ist in Übereinstimmung mit der Erklärung für den Mechanismus der elektr. Leitfähigkeit in dieser Phase nach Goodenough. H. Liepack 116

0676 **Änderung der elektrischen Leitfähigkeit des Urandioxids unter dem Einfluß eines Neutronenflusses.** Jean Debiesse, Siegfried Klein, André Sorriaux und Marcel Lipskier. (C. R. hebd. Séances Acad. Sci., Sér. A et B **267** (1968) 8, B 469—72; Inst. Nat. des Sci. et Techn. Nucl., I.N.S.T.N., Essonne; franz.) — Die Erzeugung elektr. Ladungen durch Kernrk. im Innern einer mit UO_2-Pulver gefüllten Sonde bewirkt eine Änderung ihres elektr. Widerstands. Untersucht wird die Änderung des Widerstandes ϱ von UO_2 bei Bestrahlen mit Neutronen eines Kernreaktors in Abhängigkeit von dessen Leistung (20—100 kW). Die Abweichung der erhaltenen Kurve von einer Geraden wird durch zusätzliche therm. Effekte erklärt. Für eine Leistung von 100 kW u. damit eine Bestrahlung mit 10^{11} Neutronen · $cm^{-2} \cdot s^{-1}$ wird eine Anzahl von Kernspaltungen im Innern der UO_2-Sonde von $N_f = 5 \cdot 10^{11}$ pro Sekunde errechnet, der die Erzeugung von $15{,}4 \cdot 10^{18}$ Elektronenladungen pro Sekunde entspricht. Die dabei beobachtete Widerstandsänderung $\Delta\varrho/\varrho$ liegt in der Größenordnung von $1°/_{00}$. Die Meßapp. ist beschrieben. U. Venzke 116

0677 **Magnetische Widerstandsänderung von Ferriten des Spinell-Typs.** N. Rezlescu und V. Petrescu. (Rev. roum. Physique **13** (1968) 4, 379—81; Centre de rech. phys., Jassy Acad. de la Républ. Socialiste de Roumanie; franz.) — Vorl. Mitt. über Messungen an $NiFe_2O_4$, $ZnFe_2O_4$, $NiO_{0,5}ZnO_{0,5}Fe_2O_3$, $CuFe_2O_4$, $CuO_{0,5}ZnO_{0,5} \cdot Fe_2O_3$, $CuO_{0,5}MnO_{0,5}Fe_2O_3$, $MnFe_2O_4$, $MnO_{0,5}ZnO_{0,5} \cdot Fe_2O_3$, $MgFe_2O_4$, $MgO_{0,5}ZnO_{0,5}Fe_2O_3$, $CoFe_2O_4$. Vf. finden, daß für alle diese untersuchten Ferrite die transversalen u. longitudinalen magnet. Widerstandsänderungen das gleiche Vorzeichen haben: negativ.
Herbert Weber 116

0678 **Herstellung von Cu_2O-Proben mit hohem Widerstand und Untersuchung ihrer photogalvanomagnetischen Eigenschaften bei niedrigen Temperaturen.** J. P. Zielinger, F. L. Weichman, M. Zouaghi und E. Fortin. (Rev. Physique appl. **3** (1968) 2, 143—51; Suppl. zu: J. Physique; Labor. de Spectroscopie et d'Opt. du Corps Solide, Univ. de Strasbourg; franz.) — Beschreibung der Meth. u. der benutzten Apparatur. Proben mit hohem Widerstand (10^8—10^9 Ohm · cm bei 300°K) wurden durch Temperung unter Vakuum (10^{-7} Torr) während mehrerer Std. bei $T \geq 400°$ hergestellt. Auf diese Weise werden Oberflächeneffekte eliminiert u. die für Cu_2O charakterist. Ergebnisse erhalten. Die App. erlaubte sowohl die Herst. der Proben als auch die nachfolgenden Messungen der Leitfähigkeit, des Hall-Effektes, der Photoleitfähigkeit, des Photo-Hall-Effektes u. des photomagnetoelektr. Effektes bei tiefen Temp. ohne Entfernung der Proben aus dem Vakuum. Die elektr. Schaltung erlaubt Unters. an Proben bis zu 10^{12} Ohm.
Herbert Weber 116

0679 **Elektrische und optische Eigenschaften von $Cu_{2-x}S$ ($0 \leq x \leq 0{,}2$).** Nobuo Nakayama. (J. physic. Soc. Japan **25** (1968) 1, 290—91; Wireless Res. Labor., Matsushita Electr. Ind. Co., Ltd., Kadoma, Osaka; engl.) — Mittels Widerstands- u. Hall-Effekt-Messungen werden elektr. Leitfähigkeit, Beweglichkeit u. Konz. der Ladungsträger der Kupfersulfide bestimmt. An durch Verdampfen von $Cu_{1,8}S$- u. Cu_2S-Krist. hergestellten Filmen werden Transmission u. Reflexion (0,45—0,7 μ) gemessen. Der Absorptionskoeff. wird als Funktion der Wellenzahl ($1{,}6$—$2{,}2 \cdot 10^4$ cm^{-1}) dargestellt.
E. Richter 116

0680 **Beobachtung einer oszillatorischen Lebensdauer bei CdS.** D. T. Y. Wei, C. M. Penchina und Y. S. Park. (Physica Status solidi [Berlin] **29** (1968) 1, K 7—10, 1 Tafel; Dep. of Phys. and Astron., Univ. of Mass., Amherst, Mass.; engl.) — Durch Messung des Abklingverh. der Photoleitung von CdS bei 4800—4400 Å wird ein oszillator. Verh. der Elektronenlebensdauern in den Proben nachgewiesen. H. Roschkowski 116

0681 **Elektrische Leitung in n-Cadmiumsulfid bei tiefen Temperaturen.** Richard S. Crandall. (Physic. Rev. [2] **169** (1968) 3, 577—84; RCA Labor., Princeton, N.J.; engl.) — Messungen von Hall-Beweglichkeit u. elektr. Leitfähigkeit in n-CdS zwischen 1,8 u. 294°K. Es wurden sowohl ohmsche als auch nichtohmsche Bereiche bei tiefen Temp. untersucht. In diesen undotierten Krist. wurde ein Donatorniveau von 0,021 eV gefunden, das wahrscheinlich auf Überschuß-Cd zurückzuführen ist. Unterhalb 22°K wurde Ladungstransport durch Störleitung beobachtet. Die Abhängigkeit der Leitungsbandbeweglichkeit vom elektr. Feld wird durch Effekte heißer Elektronen u. durch den akustoelektr. Effekt verursacht. Unter Berücksichtigung einer Streuung durch ionisierte Störstellen u. akust. Phononen ergibt sich gute Übereinstimmung zwischen den Vers. u. der Theorie heißer Elektronen. Es wurden ferner Elektron–Phonon-Wechselwrkg. über Deformations- u. piezoelektr. Potentiale berücksichtigt. Im Störleitungsbereich werden durch das heißen Elektronen entsprechende Verh. der Leitungsbandelektronen Abhängigkeiten der Hall-Beweglichkeit vom elektr. Feld verursacht. H. Liepack 116

0682 **Stärkenabhängigkeit der Leitfähigkeit infolge der polykristallinen Struktur in aufgedampften dünnen CdS-Filmen.** S. Berger, W. Kahle und G. Jäniche. (Physica Status solidi [Berlin] 28 (1968) 2, K 97—100, 1 Tafel; Bereich Halbleiteropt., Phys.-techn. Inst., DAW, Berlin; engl.) — Die Leitfähigkeit von CdS-Aufdampffilmen auf Glas wurde während ihres Bldg.-Prozesses in Abhängigkeit von der Schichtdicke gemessen. Der beobachtete Leitfähigkeitsanstieg wird auf die Abnahme der Anzahl der Kristallitgrenzen beim Wachstumsprozeß zurückgeführt. H. Roschkowski 116

0683 **Photoelektronische Bestimmung der Strahlenschädigung durch Elektronen in CdS-Kristallen.** Ho Bin Im und Richard H. Bube. (J. appl. Physics **39** (1968) 6, 2908—14; Dep. of Mater. Sci., Stanford Univ., Stanford, Calif.; engl.) — Die Strahlenschädigung durch Elektronen mit Energien zwischen 75 keV u. 2 MeV in CdS-Einkrist. wurde aus Messungen der Dunkelleitfähigkeit, Photoleitfähigkeit in Abhängigkeit von der Temp., spektraler Empfindlichkeit der Photoleitfähigkeit, opt. Löschung der Photoleitfähigkeit u. therm. stimulierter Leitfähigkeit bestimmt. Die Elektronenbestrahlung bewirkt hauptsächlich eine Abnahme der Elektronenlebensdauer in photoempfindlichen Krist. hohen Widerstandes, wenn die Elektronenenergie ≥ 400 keV ist. Durch Tempern der bestrahlten Krist. bei tiefer Temp. unter Beleuchtung werden die Einfl. auf die Elektronenlebensdauer beseitigt. Nach diesem Tempern zeigen jedoch alle be-

strahlten Krist. eine Haftstellenverteilung, die wesentlich von der nicht bestrahlter Krist. abweicht.
H. Liepack

0684 **Durch Chemisorption und Desorption von Sauerstoff beeinflußte Oberflächenphotoleitfähigkeit von CdS.** E.-H. Weber. (Physica Status solidi [Berlin] 28 (1968) 2, 649–62; Bereich Halbleiteropt., Phys.-techn. Ins., DAW, Berlin; engl.) – Es wird eine Meth. entwickelt, die es gestattet, aus der Spektralverteilung der Photoleitfähigkeit u. aus der Größe des O_2-Einfl. auf die Photoleitfähigkeit den Charakter von Raumladungsrandschichten an der Oberfläche von CdS-artigen Photoleitern zu bestimmen. Es zeigt sich, daß an der Oberfläche dickerer CdS-Plättchen, deren Photoleitfähigkeit empfindlich gegen Änderungen des O_2-Drucks ist, Anreicherungsrandschichten vorhanden sind. Das macht eine Reinterpretation der bisherigen Modellvorstellungen über die Chemisorptions- u. Desorptionsprozesse notwendig. Geschwindiskeitsbestimmender Schritt der Chemisorption bzw. Desorption ist demnach der Einfang von Elektronen bzw. Löchern durch neutralen bzw. negativ geladenen Sauerstoff. H. Roschkowski 116

0685 **Infrarot-Löschung der Photoleitfähigkeit in CdS:P-Einkristallen.** Michio Yoshizawa. (Jap. J. appl. Physics 7 (1968) 2, 182–83; Central Res. Labor. of Mitsubishi Electr. Corporat., Amagasaki, Hyogo; engl.)
Herbert Weber 116

0686 **Kurzzeitige Photoströme in CdS.** J. M. Canfield und J. L. Todd. (J. appl. Physics 39 (1968) 6, 2965–66; Sandia Labor., Albuquerque, N.Mex.; engl.) – CdS-Stäbe ($0{,}5 \times 1{,}0 \times 10$ mm³) mit der Länge parallel zur c-Achse wurden an einer Stirnfläche mit einer Xe-Blitzröhre kurzzeitig angeregt, die Photoströme wurden in Abhängigkeit von der Zeit, vom Dunkelwiderstand sowie in Abhängigkeit von der Wellenlänge gemessen. Eine wesentliche Photoempfindlichkeit wurde bereits für Photonenenergien erzielt, die wesentlich kleiner als der Bandabstand in CdS waren. Es wurden Leitfähigkeitszunahmen bis zu 8 Größenordnungen beobachtet. Ein Sättigungseffekt wurde nicht gefunden. H. Liepack 116

0687 **Niederfrequenz-Oszillationen in CdS-Photoleitern, induziert durch optisches Löschen.** P. R. Herczfeld. (Physica [Utrecht] 39 (1968) 3, 439–43; Dep. of Electr. Engng., Univ. of Minn., Minneapolis, Minn.; engl.) – Das Stromrauschen in CdS-Photoleitern wurde gemessen. Unter besonderen Bedingungen können die Photostromfluktuationen in Niederfrequenzoszillationen übergehen. Der CdS-Krist. wurde durch ein stark absorbierendes blaues Licht von 4830 Å (Band-zu-Band-Übergang) beleuchtung, um Photoleitfähigkeit zu induzieren u. ferner mit einem 1,13-μ-IR-Bündel zu deren Löschung bestrahlt. Es wurde kein Beweis für einen negativen Widerstand gefunden. Die Oszillationen sind wahrscheinlich direkt mit Rekombination, Löschung u. inhomogenen Anregungsprozessen verbunden. Herbert Weber 116

0688 **Photoleitung in $Cd(S_xSe_{1-x})$-Filmen mit abgestufter Zusammensetzung.** D. Bonnet, H. Germer und H. Rabenhorst. (Physica Status solidi [Berlin] 29 (1968) 1, K 65–67; Battelle-Inst. e.V., Frankfurt/Main; engl.) – Die Photoleitung von CdS–CdSe-Aufdampfschichten auf Au, deren Zus. durch Veränderung der Zus. des verdampfenden Materials kontinuierlich variiert wurde, wird bei 400–900 nm gemessen. Bei den Filmen mit abgestufter Zus. ist der Bereich der Photoempfindlichkeit größer als bei den Komponenten. Dabei treten Unterschiede bei Belichtung von der CdS- bzw. CdSe-Seite der gemischten Filme auf. H. Roschkowski 116

0689 **Elektrische Eigenschaften von n-CdSe-Einkristallen die unter Stickstoffatmosphäre hergestellt wurden.** P. Höschl und S. Kubálková. (Czechoslov. J. Physics, Sect. B 18 (1968) 7, 897–99; Fac. of Math. and Phys., Charles Univ., Prague; engl.) – Die Einkrist. wurden aus der Schmelze unter 100 atm N_2 hergestellt. Aus der Temp.-Abhängigkeit (160–1500 °K) des spezif. Widerstandes u. der Hall-Konst. wurden die Aktivierungsenergie der Donatoren u. die Breite des verbotenen Bandes zu $\varepsilon_D = (0{,}15 \pm 0{,}02)$ eV u. $E_g = (1{,}88 \pm 0{,}033)$ eV bestimmt. Werner Schmidt/Berlin 116

0690 **Widerstand von CdSe-Schichten.** S. G. Ellis. (J. Physics Chem. Solids 29 (1968) 7, 1139–42; RCA Labor., Priceton, N.J.; engl.) – Während der Herst. von CdSe-Schichten wird der Schichtwiderstand durch eine schnelle, reversible Oberflächenadsorption von Restgasen des Vakuumsyst. beeinflußt. Dieses Gas wird durch CdSe ersetzt u. nicht in die wachsende Schicht eingebaut. Es kann gezeigt werden, daß der langsame, irreversible Widerstandsanstieg bei der Exponierung der Schichten an Luft ein Vol.-Effekt ist. Es wird angenommen, daß der Widerstandsanstieg durch Sauerstoff zustande kommt, der in Se-Leerstellen eindiffundiert. Dieser Anstieg ist kleiner für stöchiometr. u. damit hochohmigere Schichten.
K. H. Härdtl 116

0691 **Photostromsättigung in Cadmiumselenidschichten.** S. G. Ellis. (J. Physics Chem. Solids 29 (1968) 7, 1143–46; engl.) – Vgl. vorst. Referat. – Die Stromspannungskennlinien von CdSe-Schichten zeigen bei Beleuchtung eine Sättigung bei Feldstärken von 10^4 V/cm, während der Dunkelstrom sich nicht sättigt. Diese Erscheinung wird mit der Annahme gedeutet, daß in Anodennähe ein Bereich mit einer Löcherverarmung entsteht, u. wobei die Anode keine Löcher injiziert. Die Unters. mit Impulsen liefert eine Meth. zur Best. der Zeit, die zur Leerung von Löcherhaftstellen in der Nähe des Valenzbandes benötigt wird. K. H. Härdtl 116

0692 **Optische Bandlücke in TlSe.** P. B. Pickar und H. D. Tiller. (Physica Status solidi [Berlin] 29 (1968) 1, 153–58; Radiation, Inc., Melbourne, Fla.; engl.) – Die opt. Absorption u. Photoleitung von TlSe-Einkrist.-Proben, die nach dem Bridgman-Stockbarger-u. dem Zonenrekristallisationsverf. gezüchtet wurden, werden bestimmt. Röntgenbeugungsaufnahmen führten auf eine tetragonale Struktur mit $a = 8{,}02$ u. $c = 7{,}00$ Å. Die opt. Messungen im Bereich 0,62–1,20 eV führen für indirekte Übergänge auf einen Bandabstand von 0,73 eV.
H. Roschkowski 116

0693 **Dotierung von Bleiselenid mit Gadolinium.** G. B. Bacskay, P. J. Fensham und I. M. Ritchie. (J. Physics Chem. Solids 29 (1968) 7, 1213–19; Dep. of Chem., Univ. of Melbourne, Parkville, Viktoria, Australia; engl.) – PbSe-Einkrist. werden mit Gd mit Konz. zwischen 0,1 u. 0,5 Mol-% dotiert. Hall-Effekt, elektr. Leitfähigkeit u. EPR dieser Krist. werden zwischen 4 u. 298 °K gemessen. Die Ladungsträgerkonz. ist im gesamten Temp.-Bereich konst., was auf eine Störbandleitung deutet. Die Beweglichkeit μ ändert sich mit der Temp. gemäß $\mu = (5{,}5 \pm 2{,}0) \cdot 10^8 T^{-(2{,}26 \pm 0{,}10)}$. Durch EPR-Messungen wird die Dotierung als Gd^{3+} auf gleichmäßig verteilten Plätzen mit kub. Symmetrie gedeutet. Es wird angenommen, daß dies eher Zwischengitterplätze sind als Kationenplätze. K. H. Härdtl 116

0694 **Akzeptorniveaus in Cadmiumtellurid.** Robert Triboulet. (C. R. hebd. Séances Acad. Sci., Sér. A et B 267 (1968) 6, B 420–23; Labor. de Magnétisme et de Phys. des Solides, Meudon-Bellevue, Hauts-de-Seine; franz.) – CdTe-Einkrist. mit Akzeptorfehlstellen verschiedener Konz. werden durch Tempern bei 800° u. 900° unter Cd-Drücken zwischen $3 \cdot 10^{-3}$ u. 10^{-2} atm. gewonnen. Durch Messungen des Hall-Effektes bei 120–330 °K wird die Zahl der Akzeptoren N_A u. die Ionisationsenergie der Akzeptorniveaus E_A bestimmt. Die für E_A ermittelten Werte liegen zwischen 0,02 u. 0,22 eV, für die Abhängigkeit von N_A ergibt sich die Beziehung $E_A = E_0 - \alpha N_A^{1/3}$ mit $\alpha = 1{,}8 \cdot 10^{-7}$ u. $E_0 = 0{,}25$ eV. Die graph. Darst. von log N_A in Abhängigkeit von log P_{Cd} ergibt eine Gerade mit der Neigung von $\sim 1/2$. U. Venzke 116

0695 **Nachweis eines doppelt ionisierten Eigendonators in CdTe.** R. C. Whelan und D. Shaw. (Physica Status solidi [Berlin] 29 (1968) 1, 145–52; Phys. Dep., Univ. of Hull; engl.) – Die elektr. Leitfähigkeit von CdTe bei 490–950° wurde in Abhängigkeit vom eingestellten Cd-Partialdruck p_{Cd} gemessen. Die Leitfähigkeit verhält sich wie $p_{Cd}^{1/2}$ u. wird durch einen doppelt ionisierten Eigendonator erklärt, dessen Ionisierungsenergie zu $\leq 0{,}24$ eV bestimmt wurde. Die Einbauenergie des doppelt ionisierten Donators in das CdTe-Gitter beträgt $1{,}65 \pm 0{,}15$ eV. Das Fehlstellengleichgew. wurde durch einen Vol.-Diffusionsprozeß erzeugt, der andere Eig. besitzt als die Selbstdiffusionsprozesse mit radioakt. Isotopen. H. Roschkowski 116

0696 **Kurzzeitige Ströme in halbisolierendem CdTe als Charakteristika tiefer Haftstellen.** K. R. Zanio, W. M. Akutagawa und R. Kikuchi. (J. appl. Physics **39** (1968) 6, 2818—28; Hughes Res. Labor., Malibu, Calif.; engl.) — Unters. des Ladungstransports in halbisolierenden CdTe-Einkrist. unter dem Einfl. des Fixierens in tiefen Haftstellen u. der darauffolgenden therm. Freilassung von Trägern aus Haftstellen. Aus dem kurzzeitigen Ansprechen von Oberflächensperrschicht-Anordnungen gegenüber α-Teilchen wurden Löcher-Fixierungszeiten von 60 ns bestimmt. Fixierungszeiten der Elektronen liegen zwischen 30 u. 90 ns. Die Ablösungszeiten zwischen —60 u. 60° deuten an, daß in dem halbisolierenden Material eine Elektronenhaftstelle mit einer Aktivierungsenergie von 0,59 $\pm$ 0,04 eV unterhalb des Leitungsbandes existieren kann. Die zur Bldg. eines Elektron-Loch-Paares erforderliche Energie wurde zu 4,9 $\pm$ 0,1 eV bestimmt. H. Liepack 116

0697 **Kinetik der Röntgenphotoleitung von CdSe und CdTe sowie Bestimmung der Elektron-Loch-Erzeugungsenergie.** M. Vaněček, J. Toušek und E. Klier. (Physica Status solidi [Berlin] **28** (1968) 2, K 147—49; Fac. of Math. and Phys., Charles Univ., Prague; engl.) — Die Relaxationskurven der Photoleitung röntgenbestrahlter CdSe- u. CdTe-Einkrist. werden untersucht. Für die Bldg.-Energie eines Paars freier Träger werden für eine aus der Dampfphase erhaltene bzw. zonengeschmolzene CdSe-Probe 3,7 bzw. 4,0 eV erhalten. H. Roschkowski 116

0698 **Oszillierende Photoleitfähigkeit von flachen Donatoren in n-CdTe.** A. L. Mears, A. R. L. Spray und R. A. Stradling. (J. Physics, C (Proc. physic. Soc.) [2] **1** (1968) 5, 1412—17; Clarendon Labor., Univ. of Oxford; engl.) — Ausgesprochene Minima in Abständen der halben Frequenz der longitudinalen opt. Phononen wurden bei der Unters. der Frequenzabhängigkeit (100—3000 cm^{-1}) der Fremdphotoleitfähigkeit von n-CdTe bei 12 °K beobachtet. Diese Beobachtung wird auf die Existenz zweier verschiedener Reihen von Minima zurückgeführt, die jeweils Abstände der Frequenz des opt. Phonons (171,4 cm^{-1}) aufweisen. Demnach liegen zwei verschiedene Einfangprozesse zugrunde. Die Amplitude der oszillierenden Photoleitfähigkeit ändert sich mit der Potenz —4,9 der Frequenz der einfallenden Strahlung. A. Jaeschke 116

0699 **Elektrische Eigenschaften von flüssigen Legierungen von Thallium und Tellur vom n-Typ.** Melvin Cutler und Marshall B. Field. (Physic. Rev. [2] **169** (1968) 3, 632—41; Oreg. State Univ., Corvallis, Oreg.; engl.) — Es wurden elektr. Leitfähigkeit u. Seebeck-Koeff. S von fl. Tl–Te-Leg. in Abhängigkeit von der Zus. X (Atom-% Tl) u. der Temp. T für $67 < X < 72$ sowie die Dotierungseinfl. von Ag, Cd, In, Sn oder Sb untersucht. In den meisten Bereichen von T u. X wurde nur eine kleine Abhängigkeit von σ u. S von T gefunden. Die Ergebnisse deuten darauf hin, daß die Streuung durch nichttherm. Fehlordnung der Fl. verursacht wird. Die Elektronenkonz. n ist proportional der Tl-Konz. im Überschuß zu Tl_2Te. Als Valenzen werden angegeben Tl +3, Ag +1, Cd +2, In +1, Sn +2, Sb —1. Es wird angenommen, daß ein großer Anteil der Elektronenladung im Leitungsband als Folge der Abschirmung des Potentials der Donator- u. Akzeptor-Ionen lokalisiert ist. Der Ladungsanteil freier Elektronen ist $0,15 \gtrsim \alpha \gtrsim 0,5$; ferner ist $1,0 < m^*/m < 2,0$, entsprechend einer DK < 10. H. Liepack 116

0700 **Bandstruktur von α-Sn, InSb und CdTe unter Einschluß von Spin-Bahn-Effekten.** S. Bloom und T. K. Bergstresser. (Solid State Commun. **6** (1968) 7, 465 bis 67; RCA Labor., Princeton, N.J.; engl.) — Mit Hilfe der Pseudopotentialmeth. berechnen Vf. unter Einschluß von Spin-Bahn-Effekten die Bandstrukturen für die volle Zone von α-Sn, InSb u. CdTe. Bei einer empir. Anpassung der Spin-Bahn-Aufspaltung an ausgewählten Punkten der Brillouin-Zone wird gefunden, daß die Bandstrukturen an anderen Punkten der Zone gut mit dem Experiment übereinstimmen. Ein Vgl. mit den Ergebnissen von Berechnungen nach der k · p-Meth. ergibt, daß Vf. viel kleinere Aufspaltungen finden. K. H. Härdtl 116

0701 **Elektrische Leitfähigkeit in einem extrem dünnen Einkristall.** Eduardo Ugaz und Henn H. Soonpaa. (Solid State Commun. **6** (1968) 6, 417—20; Suppl. zu: J. Physics Chem. Solids, Dep. of Phys., Univ. of N. Dak., Grand Forks, N. Dak.; engl.) — Vf. messen die elektr. Leitfähigkeit σ bei 77 °K extrem dünner einkrist. Schichten von $Bi_8Te_7S_5$. Die Schichten haben atomar glatte Oberflächen u. ihre genau bekannte Dicke beträgt nur wenige Gitterkonstanten. Bei Schichtdicken unter 5 Gitterkonst. (ca. 50 Å) nimmt σ stark ab. Für diese dünnen Krist. ist die Zahl der möglichen Impulswerte für Elektronen mit Fermi-Energie begrenzt u. „size-Effekt-Quantisierung" verursacht eine große Abweichung von der Fuchs-Gleichung. K. H. Härdtl 116

0702 **Darstellung von Kristallen der Zusammensetzung BiTeJ.** Jaromier Horak und Huguette Rodot. (C. R. hebd. Séances Acad. Sci., Sér. A et B **267** (1968) 6, B 363 bis 366; Labor. de Magnét. et de Phys. des Solides, Meudon-Bellevue; franz.) — Das Phasendiagramm des Syst. Bi/Te/J wird ermittelt, wobei die Syst. BiJ_3/Bi_2Te_3 u. BiTeJ/Te mit Hilfe der DTA untersucht werden. Die Darst. von BiTeJ in Form von polykrist. hexagonalen Lamellen bzw. in Form von Einkrist. erfolgt aus den geschmolzenen Elementen oder aus Lsg. von BiJ_3 mit $Bi_2 \cdot Te_3$ oder durch Kristallisation aus der Gasphase. Aus Debye-Scherrer-Aufnahmen u. Laue-Diagrammen ergeben sich die Krist.-Parameter a = 4,30 $\pm$ 0,01 u. c = 6,80 $\pm$ 0,01 Å, wahrscheinliche Raumgruppe D_{3d}^3. Die verschieden dargestellten Präp. sind n-Leiter mit 3,47 bis $8,4 \cdot 10^{19}$ Ladungsträgern/cm^3, Beweglichkeiten zwischen 3,7 u. $4,5 \cdot 10^{-4}\ \Omega \cdot$ cm. Werte für den ebenfalls gemessenen Hall-Effekt sind nicht angegeben. Die Krist. sind entartete Halbleiter, wobei das Fermi-Niveau wahrscheinlich nahe bei dem Leitungsband liegt. U. Venzke 116

0703 **Hochfrequenzleitfähigkeit von reduziertem Rutil.** Tsuneaki Goto und Toshihiro Okada. (J. physic. Soc. Japan **25** (1968) 1, 289, Dep. of Appl. Phys., Tokyo Inst. of Technol., Oh-okayama, Meguro-ku, Tokyo; engl.) — Vf. messen Leitfähigkeit u. DK von red. Rutil im Frequenzbereich 10^7—10^{11} Hz u. im Temp.-Bereich von 80—400 °K. Die Hochfrequenzleitung des TiO_2 wird der Sprungleitung kleiner Polaronen, die in der Nähe von Gitterdefekten lokalisiert sind, zugeschrieben. E. Richter 116

0704 **Röntgenanalyse der Grenzflächenschicht von Ge-Si-n–n-Heteroübergängen.** Takeo Fujimoto und Jiro Yamaguchi. (Jap. J. appl. Physics **7** (1968) 5, 562 bis 563; Fac. of Energ. Sci., Osaka Univ., Toyonaka; engl.) — Zus. u. Dicke der Grenzflächenschicht von Ge–Si-Übergängen werden bestimmt. B. Plewinsky 116

0705 **Charakteristiken von Al–Al_2O_3–Bi-Tunnelübergängen.** Yuji Sawatari und Michio Arai. (Jap. J. appl. Physics **7** (1968) 5, 560—61; Dep. of Appl. Phys., Fac. of Engng., Univ. of Tokyo, Tokyo; engl.) — Bei den Temp. 4,2; 77 u. 300 °K wird der Leitwert von Al ($\sim$ 1000 Å)–Al_2O_3 (50 Å)–Bi (3000 Å)-Übergängen als Funktion der Vorspannung gemessen. Der Widerstand der Übergänge variiert von 1 kΩ bis 1 MΩ u. ist fast unabhängig von der Temperatur. Daraus folgt, daß der Strom durch Elektronentunnelung hervorgerufen wird. B. Plewinsky 116

0706 **Dampfniederschlag von Siliciumnitrid-Filmen auf Silicium und Eigenschaften von MNS-Dioden.** Takuo Sugano, Katsumi Hirai, Koichi Kuroiwa und Koitiro Hoh. (Jap. J. appl. Physics **7** (1968) 2, 122—27; Dep. of Electron. Engng., Fac. of Engng., Univ. of Tokyo, Bunkyo-ku, Tokyo; engl.) — Ein Si-Nitrid-Film wurde auf Si durch Gasphasen-Rk. zwischen SiH_4 u. NH_3 mit N_2 als Trägergas u. mit einem horizontalen widerstandsgeheizten Ofen im Temp.-Bereich 650—950° niedergeschlagen. Je höher die Substrattemp. war, desto größer war die IR-Wellenzahl, bei der die maximale Absorption auftrat. Bei niedriger Temp. niedergeschlagene Filme zeigten Hysterese der C–V-Kurve. Zur Messung der Charakteristiken u. Stabilitäten der Si–Si-Nitrid-Struktur wurden MNS-Dioden durch Aufdampfung von Al-Elektroden auf den Nitridfilm hergestellt. Die Dioden waren sehr stabil gegenüber BT-Behandlung (BT = Bias Temp.), selbst bei Kontaminierung mit NaOH. Die Grenzflächen-Ladungsdichte betrug $1{,}5 \cdot 10^{12}$ e/cm^2; sie war wenig von der Oberflächenbehandlung vor dem Film-Nd. abhängig u. scheint fast völlig durch die positive Ladung im Nitridfilm bestimmt zu sein. Die C–V-Kurve der Diode zeigte eine Frequenzabhängigkeit, die der Anhäufung von Elektronen in Nitridfilm nahe der Grenzfläche entspricht. Herbert Weber 116

0707 **Speicherverhalten eines MNS-Kondensators.** Henry C. Pao und M. O'Connell. (Appl. Physics Letters **12** (1968) 8, 260—63; Sperry Rand Res. Center, Sudbury, Mass.; engl.) — Das Speicherverh. eines Metall-*Silicium-nitrid–Silicium*-Kondensators mit Al-Elektroden unter dem Einfl. von Hochspannungsimpulsen wird beschrieben. U. Venzke 116

0708 **Ströme durch dünne Aluminiumnitrid-Schichten.** G. Lewicki und C. A. Mead. (J. Physics Chem. Solids **29** (1968) 7, 1255—67; Calif. Inst. of Technology, Pasadena, Calif.; engl.) — Die Strom–Spannungs-Kennlinie von Al–AlN–Mg-Strukturen werden in Abhängigkeit von der Isolatorschichtdicke aufgenommen. Für AlN-Schichten $\leqq 48$ Å können die Ergebnisse mit einer direkten Elektronentunnelung durch eine trapezförmige Potentialbarriere erklärt werden. Aus den Charakteristiken lassen sich die Barrierenenergien an der Metall-Isolator-Grenzfläche u. die Energie-Impulsbeziehung über einen beträchtlichen Teil des verbotenen Bandes von AlN bestimmen. Für Strukturen mit Schichtdicken > 48 Å werden temperaturabhängige Ströme gefunden, deren physikal. Ursprung augenblicklich noch nicht verstanden wird. K. H. Härdtl 116

0709 **Abhängigkeit der Hyperfeinwechselwirkung vom Zellenpotential in Li, Na und K.** R. A. Moore und S. H. Vosko. (Canad. J. Physics **46** (1968) 12, 1425—34; Westinghouse Res. Labor., Pittburgh, Pa.; engl.) — Vgl. C. **1967**, **47**-0440. — Unters. der Wrkg. des Einschlusses des Hartree-Feldes infolge der Leitungselektronen in das Zellenpotential auf die Fermi-Oberflächen-Elektronenwellenfunktionen. Vf. finden, daß die Fermi-Oberflächen-Elektronendichte am Kern durch Einschluß dieses Terms um 10—20% red. wird. Herbert Weber 118

0710 **Elektronenstruktur der Edelmetalle.** 1. Mitt. **Energiebänder.** R. L. Jacobs. (J. Physics, C (Proc. physic. Soc.) [2] **1** (1968) 5, 1296—1306; Cavendish Labor., Cambridge; engl.) — Bänderstrukturen von *Cu, Ag* u. *Au* wurden für die Brillouin-Zone nach der Korringa-Kohn-Rostoker-Meth. ber. u. mit experimentellen Literaturdaten verglichen. A. Jaeschke 118

0711 **Elektronenstruktur der Edelmetalle.** 2. Mitt. **Modell-Hamilton-Gleichung.** R. L. Jacobs. (J. Physics, C (Proc. physic. Soc.) [2] **1** (1968) 5, 1307—11; engl.) — 1. vgl. vorst. Referat. — Modell-Hamilton-Gleichungen wurden aufgestellt, die den l.c. ber. Energiebändern für *Cu, Ag* u. *Au* entsprechen. Die Abhängigkeit der Parameter der Modellgleichungen von der Gitterkonst. wird diskutiert. A. Jaeschke 118

0712 **Faraday-Rotation von Alfvén-Wellen in flüssigem Natrium.** W. F. Druyvesteyn, C. A. A. J. Greebe, A. J. Smets und R. Ruyg, (Physics Letters [Amsterdam] **27 A** (1968) 5, 301—02; Philips Res. Labor., N.V. Philips' Gloeilampenfabrieken, Eindhoven, The Netherlands; engl.) — Über die Beobachtung der Faraday-Rotation von Alfvén-Wellen in fl. Na wird berichtet. Quant. Übereinstimmung mit theoret. Erwartungen wurde gefunden. Messungen dieser Rotation geben ähnliche Informationen wie Hall-Effekt-Messungen. E. Otto 118

0713 **Elektrischer Widerstand von Palladium bei hohen Drücken von gasförmigem Wasserstoff bei Raumtemperatur.** B. Baranowski und R. Wisniewski. (J. Physics Chem. Solids **29** (1968) 7, 1275—76; Inst. of Phys. Chem., Polish Acad. of Sci., Warsaw; engl.) — Vf. messen die Abhängigkeit des elektr. Widerstandes σ von 10 μ Pd-Schichten vom H_2-Druck zwischen 0 u. 15000 Atm. bei Raumtemperatur. Der anfängliche Wideranstieg erreicht bei Drücken unterhalb 200 Atm. ein Max. u. nimmt anschließend wieder ab. Aus dieser Abnahme ergibt sich, daß σ von Pd eine lineare Funktion des chem. Potentials von gasförmigem H_2 ist. Der H_2-Geh. in Pd bei diesen hohen Drücken kann nicht gemessen werden. Die gefundene Widerstandsabnahme wird mit einer erhöhten Ordnung in der reinen β-Phase gedeutet. K. H. Härdtl 118

0714 **Versagen von Konzentrationsentwicklung für den Störstellenwiderstand bei der Temperatur 0.** T. Neal. (Physic. Rev. [2] **169** (1968) 3, 508—16; Carnegie-Mellon Univ., Pittsburgh, Pa.; engl.) — Der spezif. Widerstand eines Metalles bei der Temp. 0 läßt sich nicht einfach nach Potenzen der Störstellendichte n_i entwickeln. Der spezif. Widerstand ϱ bricht zusammen mit $n_i^3 \ln n_i$. H. Liepack 118

0715 **Elektrischer Widerstand infolge von Leerstellen und Verunreinigungen in Aluminium: Bandstruktur-Effekte bei der Defektstreuung in mehrwertigen Metallen.** Y. Fukai. (Physics Letters [Amsterdam] **27 A** (1968) 7, 416—17; Dep. of Mining, Metallurgy and Petroleum Engng., Univ. of Ill., Urbana, Ill.; engl.) — Berechnung unter Einschluß des Effektes der Überschneidung der Brillouin-Zone mit der Fermi-Oberfläche. Die Ergebnisse zeigen die Bedeutung dieses Effektes bei der Elektronenstreuung durch Defekte in mehrwertigen Metallen. Herbert Weber 118

0716 **Wachstum und Änderung des elektrischen Widerstandes von Uran durch Bestrahlung mit thermischen Neutronen bei 4,6 °K.** S. Goller, G. Vogl, H. Wenzl und J. C. Jousset. (Physics Letters [Amsterdam] **27 A** (1968) 7, 408—09; Phys. Dep., TH München; engl.) — Längenmessungen von α-Uran bei 4,6 °K im Reaktor zeigen, daß der Wachstumskoeff. G ($G = \Delta l/l\tau$ mit τ = Fraktion aller gespaltenen Nuklide, Burn-up) beträchtlich mit dem Burn-up variiert, in Übereinstimmung mit dem Leteurtre-Modell. Der anfängliche Wert von G ist größer als 250000. Herbert Weber 118

0717 **Leerstellen in Gold und die Matthiessen-Regel.** R. R. Conte und J. Dural. (Physics Letters [Amsterdam] **27 A** (1968) 6, 368—69; Centre d'ét. nucl., Fontenay-aux-Roses, France; franz.) — Da der Eigenwiderstand von Defekten in einem Metall nur dann unabhängig von der Temp. (Matthiessen-Regel) sein kann, wenn diese Defekte ohne Wechselwrkg. mit den Schwingungsmoden des Metalls sind, können Abweichungen von der Matthiessen-Regel Informationen über die Wechselwrkg. liefern. Der Widerstand $\Delta\varrho$ von Abschreckungsleerstellen in Au wurde als Funktion der Temp. zwischen 4 u. 300 °K gemessen. Oberhalb der Debye-Temp. Θ_D steigt $\Delta\varrho$ mit T, so daß $\Delta\varrho$ (300 °K)/$\Delta\varrho$ (4 °K) $\approx$ 4 ist. Herbert Weber 118

0718 **Experimenteller Nachweis, daß das Mott-Modell für die Widerstände von Quecksilberlegierungen nicht gültig ist.** P. D. Adams. (Physic. Rev. Letters **20** (1968) 11, 537—38; Brookhaven Nat. Labor., Upton, N.Y.; engl.) — Die Abhängigkeit des spezif. elektr. Widerstandes von fl. Hg–*Au*-Leg. von der Zus. (0—5 Atom-% Au wird bei 300° gemessen. Es ergibt sich, daß Abweichungen der Zustandsdichte von dem Wert für freie Elektronen an der Fermi-Oberfläche keinen wesentlichen Einfl. auf das ungewöhnliche Widerstandsverh. von fl. Hg u. Hg-Leg. haben. A. Jaeschke 118

0719 **Kommentar zu einer Arbeit von Popplewell et al., „Messung der spezifischen Leitfähigkeit für ungeordnete Spins in Gd–Y-Legierungen".** J. Hennephof und G. Hoekstra. (J. Physics, C (Proc. physic. Soc.) [2] **1** (1968) 4, 1140—42; Solid State Phys. Labor., Univ. of Groningen, The Netherlands; engl.) — Vgl. Popplewell et al. (Proc. Phys. Soc., **92** (1967) 177—82). Vf. erhebt Einwände gegen die in l.c. durchgeführte Messung der Konz.-Abhängigkeit der Austauschkopplungskonst. J. E. Richter 118

0720 **Anomalien im elektrischen Widerstand von Legierungen von Vanadin mit Übergangsmetallen.** M. A. Taylor. (Physica [Utrecht] **39** (1968) 3, 327–33; Solid State Phys. Div., A.E.R.E. Harwell, Berks., U.K.; engl.) — Die Temp.-Abhängigkeit des elektr. Widerstandes von festen Lsg. von Mn, Fe, Ti, Ni u. Co in V wurde von 20–293°K gemessen. Die Anomalie in der Temp.-Abhängigkeit des Widerstandes von reinem V wurde auch in der Mehrzahl der untersuchten Leg. gefunden. Die Übergangsmetall-Konz. betrugen maximal 24,9 Atom-% (im Fall von Fe). Herbert Weber 118

0721 **Absolute Thermokraft und elektrischer Widerstand chromreicher Chrom–Nickel-Legierungen.** K. Schröder und N. P. Baum. (Physica Status solidi [Berlin] **29** (1968) 1, 107–14; Dep. of Chem. Engng. and Metallurg., Syracuse Univ., Syracuse, N.Y.; engl.) — Die abs. Thermokraft S u. der elektr. Widerstand ϱ von Cr–Ni-Leg. mit bis zu 10 Atom-% Ni bei 100 bis 600°K wurde bestimmt. Sowohl S als auch ϱ sind oberhalb Raumtemp. lineare Funktionen der Temperatur. Leg. mit weniger als 4 Atom-% Ni zeigen bei tieferen Temp. ein Max. in S u. ϱ, welches mit antiferromagnet. Ordnungsvorgängen in Zusammenhang gebracht wurde. Die Néel-Temp. sinkt ca. um 100°K/Atom-% Ni. H. Roschkowski 118

0722 **Transmissionselektronenmikroskopische Untersuchung des „K-Zustandes" in Fe–Al-Legierungen.** D. Watanabe, H. Morita, H. Saitô und S. Ogawa. (J. physic. Soc. Japan **25** (1968) 1, 293; Res. Inst. for Iron, Steel and other Metals, Tohoku Univ., Sendai; engl.) — Zur Aufklärung der Natur des „K-Zustandes" (Widerstandseffekt in Fe–Al-Leg. mit mehr als 20,02 Atom-% Al) werden Fe–Al-Leg. mit 17,87–21,54 Atom-% Al untersucht. Es wird geschlossen, daß die Bldg. kleiner Bereiche vom Fe_3Al-Typ (50 Å oder kleiner) für die Entstehung des „K-Zustandes" wesentlich ist. E. Richter 118

0723 **Messung der Widerstandsanomalie von FePd-Legierungen in der Nähe des Curie-Punktes.** G. Longworth und C. C. Tsuei. (Physics Letters [Amsterdam] **27 A** (1968) 5, 258–59; Calif. Inst. of Technol., Pasadena, Calif. USA; engl.) — Der Temp.-Koeff. des spezif. Widerstandes ist für verschiedene Fe–Pd-Leg. (1, 2,5, 5, 7,5 u. 10 Atom-% Fe) in der Nähe der Curie-Temp. (T_c) bestimmt worden. Er zeigt ein spitzes Max. am Curie-Punkt. Die Proben wurden vor der Widerstandsmessung im Bereich von 10–300°K einige Tage bei 1000° getempert. Die Werte für T_c liegen — in der Reihenfolge der genannten Leg. — bei 37, 90, 142, 193 u. 237°K (±1°K). E. Otto 118

0724 **Elektrischer Widerstand von Nickel und seinen Legierungen.** T. Farrell und D. Greig. (J. Physics, C (Proc. physic. Soc.) [2] **1** (1968) 5, 1359–69; Dep. of Phys., Univ. of Leeds; engl.) — Der spezif. elektr. Widerstand von verd. Ni-Leg. mit *Pd, Cu, Co, Fe, Mn, Cr, V* u. *Ti* (0,1–5 Atom-%) u. reinem Ni wurde im Temp.-Bereich 1–120°K u. bei 273°K gemessen. Der Restwiderstand ist für Leg. von Ni mit seinen Nachbarn im Periodensyst. (Pd, Cu, Co, Fe u. Mn) sehr klein, dagegen um eine Größenordnung größer in Cr-, V- u. Ti-haltigen Legierungen. Bei 273°K sind die Abweichungen von der Matthiessenschen Regel in den Leg. mit Co, Fe, Mn u. Cr ungewöhnlich groß, kleiner in denen mit Cu, V u. Ti u. vernachlässigbar in Ni–Pd. Die Abweichungen von der Matthiessenschen Regel werden durch Spin-Mischung von Elektronen mit Spin ↑ u. ↓ interpretiert. A. Jaeschke 118

0725 **Elektrische Restwiderstände von verdünnten Nickel-Legierungen mit Elementen der Palladium- und Platin-Gruppen.** M. C. Cadeville und J. Durand. (Solid State Commun. **6** (1968) 6, 399–401; Suppl. zu: J. Physics Chem. Solids Inst. de Phys., Strasbourg, Univ.; franz.) — Vf. messen den elektr. Restwiderstand ϱ von Ni-Leg. mit 0,5–5 Atom-% Rh, Ru, Pt, Ir, Os u. Re bei 4,2°K. ϱ nimmt linear mit der Konz. des gelösten Stoffes zu. Die spezif. Zunahme ist am größten, wenn der Unterschied in der Atomladung zwischen der Matrix u. den gelösten Atomen 3–5 beträgt. Aus den Ergebnissen wird auf das Auftreten eines virtuellen „sd"-Bindungszustand am Fermi-Niveau bei einer Ladungsdifferenz zwischen der Matrix u. dem gelösten Atom geschlossen. Der Bindungszustand wird schwächer, wenn man von der ersten zur dritten Reihe der Übergangsmetalle geht. K. H. Härdtl 118

0726 **Abschreckwiderstand in verdünnten Au:Pt-Legierungen.** A. Camanzi, G. Schianchi, N. Mancini und E. Rimini. (Physics Letters [Amsterdam] **27 A** (1968) 7, 448–49; Ist. di Fis. dell'Univ., Parma, Italy; engl.) — Zur Unters. der Bindungsenergie zwischen einer Leerstelle u. einem Verunreinigungsatom werden Löschungsvers. in Au u. Au + 1% Pt durchgeführt [Abschrecken von Drähten in W. bei Raumtemp.; Messung von $\Delta\varrho/\varrho$ (20°)]. Herbert Weber 118

0727 **Elektrische Leitfähigkeit von dünnen Metallfilmen mit sehr glatten Oberflächen.** A. A. Cottey. (Thin solid Films [Lausanne] **1** (1968) 4, 297–307; School of Mathemat. and Phys., Univ. of East Anglia, Norwich; engl.) — Theoret. Unters. der elektr. Leitfähigkeit σ von dünnen kontinuierlichen Metallfilmen unter Berücksichtigung des Modells von Fuchs [1938]. Für Filme mit sehr glatten Oberflächen, bei denen Leitungselektronen an den Grenzflächen spiegelnd mit der Wahrscheinlichkeit p nahe 1 reflektiert werden, kann die Grenzflächenstreuung mit der Annahme einer mittleren freien Weglänge behandelt werden. Das Verf. ist ebenfalls anwendbar, wenn p für beide Grenzflächen verschieden ist bzw. vom Einfallswinkel der Elektronen abhängt. Es wird gezeigt, daß die Ergebnisse von σ-Messungen an aufgedampften u. aufgestäubten Schichten von Au, Bi, Pb bzw. Sn auf verschiedenen Trägern mit p = 1 interpretiert werden können, wenn auch keine atomar ebenen Grenzflächen vorliegen. Herbert Müller 118

0728 **Darstellung und elektrische Eigenschaften dünner, unter Ultrahochvakuum niedergeschlagener Nickelschichten.** Jean Le Bas. (C. R. hebd. Séances Acad. Sci., Sér. A et B **267** (1968) 9, B 477–80; Labor. de Phys. des Couches minces, Fac. des Sci. de Rouen; franz.) — 80–900 Å dicke Ni-Schichten werden aus der Dampfphase bei $5 \cdot 10^{-10}$ Torr auf *Glimmer* oder *Vycor*-Glas niedergeschlagen. Nach Elektronenbeugungsaufnahmen enthalten sie Mikrokrist. von 5–20 Å ⌀. Der an ihnen gemessene elektr. Widerstand ϱ nimmt bei Schichtdicken d zwischen 80 u. 300 Å mit wachsender Schichtdicke ab u. liegt bei Ni auf Glas höher als bei Ni auf Glimmer. Bei d-Werten zwischen 300 u. 900 Å bleibt ϱ etwa konst. u. wird durch die Art des Substrats nicht mehr beeinflußt. Die erhaltenen ϱ-Werte liegen etwas höher als ϱ von massivem Ni, jedoch niedriger als die Werte von anderen Autoren für bei 10^{-6} Torr erhaltene Ni-Schichten. Sie entsprechen den Daten, die diese Autoren an ihren Schichten nach Tempern bei 420° erhielten. U. Venzke 118

0729 **Elektrischer Widerstand von durch Zerstäubung in einer Triode hergestellten dünnen Au-Schichten.** P. A. B. Toombs und P. Bennett. (J. appl. Physics **39** (1968) 6, 2948–53; Standard Telecommunicat. Labor., Harlow, Essex, England; engl.) — Unters. von Schichten mit Dicken zwischen 200 u. 4000 Å auf Glasunterlagen. Die frisch hergestellten Schichten haben eine konst. Widerstand von ca. dem vierfachen Wert des massiven Materials. Ein Tempern bei 300° für vier Std. red. den Widerstand auf den zweifachen Wert des massiven Materials. Die Kurven Widerstand in Abhängigkeit von der Temp. sind linear u. parallel zu denen von massivem Au. Die Keimbldg. der Schichten erfolgte extrem schnell. Bei 70° aufgedampfte Schichten hatten einen Widerstand von nur dem Zweifachen des Endwertes bei < 70 Å Dicke. Der Endwiderstand stellte sich ein, sobald die Schichten kontinuierlich wurden, bei ca. 100 Å mit 70° Unterlagetemp. u. ca. 250 Å bei 250°. Das Verh. wird durch Spiegelreflexion der Leitungselektronen an den Schichtoberflächen erklärt. H. Liepack 118

0730 **Einfluß der Wärmebehandlung auf die Eigenschaften von dünnen Platinschichten.** Alain Touraine und Antoine Colombani. (C. R. hebd. Séances Acad.

Sci., Sér. A et B **267** (1968) 3, B 226—29; Labor. de Phys. des Couches minces, Fac. des Sci. de Rouen, Mont-Saint-Aignan, Seine-Maritime; franz.) — Der Einfl. der Ausglühtemp. u. der Temp. Θ_s des Trägers während der Aufdampfung auf den elektr. Widerstand u. dessen Temp.-Koeff. wird für dünne Schichten von Pt untersucht. Vf. zeigen die Existenz einer optimalen Aufdampftemp. (Θ_s = ca. 250°) u. die Möglichkeit der Erzeugung von Schichten mit Temp.-Koeff. in der Nähe desjenigen für das massive Metall. Herbert Weber 118

0731 **Optimalisierung des ebenen Hall-Effektes in dünnen ferromagnetischen Filmen.** Claude Battarel, Michel Galinier, Robert Morille und Bernard Carpuat. (C. R. hebd. Séances Acad. Sci., Sér. A et B **267** (1968) 3, B 179—82; Centre d'Informat., Fac. des Sci., Toulouse; franz.) — Messungen der ebenen Hall-Spannungen E_p als Funktion der Filmdicke wurden an einer Leg. von 83% Ni u. 17% Fe durchgeführt. Die optimalen Verhältnisse (Geometrie) des Vers.-Ausbaus (z. B. Wahl des Verhältnisses d/c von Schichtlänge c in Stromrichtung u. Breite d der Spannungsabgreifung in der Mitte von c) werden untersucht. Ferner werden untersucht: Abhängigkeit von der Temp. des Trägers (Pyrexglas) während der Aufdampfung, Koeff. des ebenen Hall-Effektes C_p als Funktion des Ni-Geh. im Ni–Fe sowie die Änderung von ΔE_p mit dem Geh. eines dritten Elementes (Co, Pd, V) in Ni–Fe mit schwacher Magnetostriktion. Herbert Weber 118

0732 **Quantentheorie der magnetischen Widerstandsänderung.** 1. Mitt. **Elektron-Störstellen-System.** Eike Bangert. (Z. Physik **215** (1968) 2, 177—91; Inst. für theoret. Phys., Univ. Göttingen; dt.) — Unters. zu einem Syst. freier Elektronen u. Störstellen. Herbert Weber 118

0733 **Quantentheorie der magnetischen Widerstandsänderung.** 2. Mitt. **Elektron–Phonon-System.** Eike Bangert. (Z. Physik **215** (1968) 2, 192—209; dt.) Herbert Weber 118

0734 **Einfluß der Grenzoberfläche auf die magnetische Widerstandsänderung von Wismut.** Yu. A. Bogod, V. V. Eremenko und L. K. Chubova. (Physica Status solidi [Berlin] 28 (1968) 2, K 155—57; Phys.-techn. Inst. of Low Temp., Acad. of Sci. of UkrainianSSR, Kharkov; engl.) — Widerstandsmessungen an Bi-Einkrist. in transversalen Magnetfeldern bis zu 20 kOe bei 77 u. 4,2 °K werden beschrieben. Die Dicke der Krist. wurde durch Elektropolieren verändert. Im Anfangsstadium ist die magnet. Widerstandsänderung bei 4,2 °K linear vom Feld in allen Feldrichtungen abhängig. H. Roschkowski 118

0735 **Theorie des gewöhnlichen Hall-Koeffizienten von Eisen bei tiefen Temperaturen.** M. G. Cottam und R. B. Stinchcombe. (J. Physics, C (Proc. physic. Soc.) [2] **1** (1968) 4, 1052—64; Dep. of Theoret. Phys., Oxford Univ.; engl.) — Unters. des Hall-Koeff. R_0 für kub.-raumzentriertes Fe bei Temp. unterhalb 100 °K unter Verw. eines Zweibändermodells. Für R_0 ($T \to 0$ °K) wird $(0{,}3 \pm 0{,}15) \cdot 10^{-13} \Omega \cdot \mathrm{cm}\, G^{-1}$ erhalten. E. Richter 118

0736 **Hall-Effekt, magnetische Widerstandsänderung, spezifischer Widerstand und Größeneinfluß in Ni.** A. C. Ehrlich und D. Rivier. (J. Physics Chem. Solids **29** (1968) 8, 1293—304; Inst. de Phys. Experimentale de L'Univ. de Lausanne, Lausanne; engl.) — Vf. messen Hall-Effekt, transversale magnet. Widerstandsänderung (mit B sowohl parallel als auch senkrecht zur Probenoberfläche) u. spezif. elektr. Widerstand in Abhängigkeit von der Temp. (1,85—20,1 °K) u. der Probendicke (1,005—0,041 mm) von hochreinem polykrist. Ni-Plättchen. Bei 1,85 u. 4,15 °K ist oberhalb der magnet. Sättigung der Hall-Widerstand linear mit dem Magnetfeld, jedoch nicht linear bei 14,1 u. 20,1 °K. Bei den tiefsten Temp. ändert sich der elektr. Widerstand mit T^2. Der einzige deutliche Dickeneffekt tritt bei der magnet. Widerstandsänderung auf mit B senkrecht zu Probenoberfläche. Es wird gezeigt, daß eine Kaltbearbeitung der Proben die galvanomagnet. Eig. beeinflußt. K. H. Härdtl 118

0737 **Hall-Effekt und magnetische Widerstandsänderung von Kupfereinkristallen bei tiefen Temperaturen.** K. E. Saeger. (Physica Status solidi [Berlin] **28** (1968) 2, 589—602; MPI für Metallforsch., Stuttgart; engl.) — An Cu-Einkrist. verschiedener Reinheit wurden Messungen der Feld-, Temp.- u. Orientierungsabhängigkeit von Hall-Koeff. u. Widerstandsänderung im transversalen Magnetfeld durchgeführt. Im Fall hoher Magnetfelder u. tiefer Temp. wird für beide Größen die Kohler-Regel bei reinen Proben für alle untersuchten Krist.-Orientierungen erfüllt. Durch Temp.- oder Verunreinigungsgeh.-Erhöhung werden Abweichungen von der Kohler-Regel hervorgerufen. H. Roschkowski 118

0738 **Negative magnetische Widerstandsänderung in verdünnten Legierungen.** M.-T. Béal-Monod und R. A. Weiner. (Physic. Rev. [2] **170** (1968) 2, 552—59; Dep. of Phys., Univ. of Calif., San Diego, La Jolla, Calif.; engl.) — Berechnung einer negativen magnetischen Widerstandsänderung verd. Leg. mit magnet. Übergangsmetall-Verunreinigungen in zweiter Bornscher Näherung unter Verw. eines s–d-Austauschmodells. Die Variation der magnet. Widerstandsänderung ist eine Folge der Feld- u. Temp.-Abhängigkeit der Amplituden der Leitungselektronenstreuung sowie des Einfrierens der Spinfreiheitsgrade der Störstellen durch das Magnetfeld. Die theoret. Ergebnisse werden durch Vers. an *Cu–Mn*-Leg. sowie *Cu–Fe*-Leg. bestätigt. H. Liepack 118

0739 **Galvanomagnetischer Effekt in ferromagnetischen Legierungen der Systeme Nickel–Tantal und Nickel–Niob.** Z. I. Alizade und T. G. Magarramov. (Physica Status solidi [Berlin] **29** (1968) 1, K 19—22; Azerbaidshan Polytechn. Inst., Baku; engl.) — Die magnet. Widerstandsänderung von Ni-Leg. mit 0,7—2,0 (Atom-%) Ta oder 1,3—3,8 Nb, die Sättigungsmagnetisierung u. die Temp.-Abhängigkeit des elektr. Widerstands wird gemessen. Die Meßdaten bestätigen die Anwendbarkeit einer von Kikoin et al. (Z. eksper. teoret. Fiz. **46** (1964), 67) abgeleiteten Beziehung zwischen der magnet. Widerstandsänderung u. der Magnetisierung von Ferromagnetika im Bereich des Paraprozesses. H. Roschkowski 118

0740 **Elektron–Phonon-Massenrenormalisierung.** P. N. Trofimenkoff, J. P. Carbotte und R. C. Dynes. (Physics Letters [Amsterdam] **27 A** (1968) 6, 394—95; Dep. of Phys., McMaster Univ., Hamilton, Ontario, Canada; engl.) — Unters. im Verlauf prinzipieller Berechnungen der krit. Temp. T_c für Supraleitfähigkeit in einfachen Metallen u. Legierungen. Aus einem Born-von Kármàn-Modell der Phononen u. einer Heine-Abarenkov-Form der Elektron–Ion-Pseudopotentials wurden die phononenrenormalisierten effektiven Massen der Elektronen in Na, K, Al, Pb, Pb–Tl u. Tl–Bi bestimmt. Die abgeleiteten Supraleitungseig. in Al, Pb u. den Leg. sind in guter Übereinstimmung mit dem Experiment. Herbert Weber 120

0741 **Anomale Supraleitungs-Keimbildungsfelder.** P. C. Wraight. (Physics Letters [Amsterdam] **26 A** (1968) 4, 140—41; Cavendish Labor., Cambridge, U.K.; engl.) — Eine Alternativ-Erklärung der anomalen Verhältnisse von H_{c3} zu H_{c2}, die hauptsächlich in *In–Tl-Leg.* gefunden wurden, wird vorgebracht, u. weitere Experimente werden vorgeschlagen. E. Otto 120

0742 **Kernspin–Gitter-Relaxation in supraleitenden gemischten Zuständen.** Noriaki Okubo und Yoshika Masuda. (Physic. Rev. Letters **20** (1968) 26, 1475—77; Dep. of Phys., Nagoya Univ., Chikusa-ku, Nagoya, Jap.; engl.) — Die Kernspin–Gitter-Relaxationszeit von ^{51}V in dem Supraleiter 2. Art V_3Sn (21,2 Atom-% Sn) wird als Funktion der Temp. (1,2—4,2 °K) u. der Magnetfeldstärke (4,47—13,41 KG) bei Frequenzen von 15, 10 u. 5 MHz gemessen. B. Plewinsky 120

0743 **Fluxoidenechos.** I. B. Goldberg, E. Ehrenfreund und M. Weger. (Physic. Rev. Letters **20** (1968) 11, 539—40; Dep. of Phys., Hebrew Univ. of Jerusalem, Jerusalem; engl.) — Induzierte Strahlung von Supra-

leitern des Typs II, nämlich *V–Ti-* u. *Nb–Zr*-Leg., wird in Form von Echos beobachtet, wenn die Supraleiter in einem Magnetfeld liegen u. mit HF-Impulsen (3–20 MHz; 5 μs) angeregt werden. Die Echoamplitude wird in Abhängigkeit vom Magnetfeld ermittelt u. ist der Feldstärke proportional. Echos werden an pulverisierten Proben in Luft oder an in Luft mit Bornitridmaterial gemahlenen beobachtet, nicht jedoch an Proben in H_2 u. solchen, die mit Wolframcarbidmaterial gemahlen wurden. Die Echos werden der Anregung von Fluxoiden zugeschrieben, die sich wie anharmon. Oszillatoren verhalten, u. treten nur unterhalb T_c auf.
A. Jaeschke 120

0744 **Auftreten des Peak-Effektes in Typ-II-Supraleitern.** C. C. Chang und J. B. McKinnon. (Physics Letters [Amsterdam] **27 A** (1968) 7, 414–15; Univ. of Manchester, Inst. of Sci. and Technol., Manchester, UK.; engl.) — Die durchgeführten Experimente lassen vermuten, daß die Beobachtung des Peak-Effektes zur Meth. der Messung des krit. Stromes in Beziehung stehen kann. Strom–Spannung-Charakteristiken einer $Ti_{80}Nb_{20}$-Probe wurden untersucht. Die Benutzung eines empfindlichen Voltmeters zeigt einen Peak-Effekt, während die Benutzung eines weniger empfindlichen Voltmeters einen gleichförmig höheren krit. Strom ohne Peak-Effekt liefert. Ähnliche Messungen wurden an Nb–Ta-Streifen durchgeführt. Die Ergebnisse waren ähnlich denen für die Ti–Nb-Leg., obgleich die „Stufe" in der Flux-Flow-Kurve nicht so ausgeprägt ist.
Herbert Weber 120

0745 **Erhöhung der kritischen Temperatur von Aluminium durch molekulare Einschlüsse.** F. R. Gamble und H. M. McConnell. (Physics Letters [Amsterdam] **26 A** (1968) 4, 162–63; Stauffer Labor. for Phys. Chem., Stanford, Calif.; engl.) — Krit. Temp. bis zu 5,24° wurden für Al-Filme mit *Tetracyanchinonmethan* auf *Quarz*-Krist. als Träger beobachtet. Der normale elektr. Widerstand u. die krit. Temp. werden als Funktion der Belegung mit Tetracyanchinonmethan bei konst. Al-Belegung vor u. nach Temperung angegeben.
E. Otto 120

0746 **Diffusion von Quasiteilchen in supraleitenden Aluminiumfilmen.** S. Y. Hsieh und James L. Levine. (Physic. Rev. Letters **20** (1968) 26, 1502–04; IBM Watson Labor., Columbia Univ., New York, N.Y.; engl.) — Die Diffusion von Quasiteilchen-Anregungen (ungepaarte Elektronen) wird in Filmen aus supraleitendem *Al* beobachtet. Zur Messung werden *Al*/Al_2O_3/*In*-Tunnelübergänge benutzt. Die gemessene Diffusionskonst. beträgt 22,5 $cm^2 \cdot s^{-1}$.
B. Plewinsky 120

0747 **Energielücken-Anisotropie und spezifische Wärme von supraleitenden Al–Mg-Legierungen.** J. D. N. Cheeke und E. Ducla-Soares. (Physics Letters [Amsterdam] **27 A** (1968) 5, 264–65; Centre de Rech. sur les Très Basses Temp. C.N.R.S. Grenoble, France; engl.) — Die spezif. Wärme von reinem *Al* u. verd. *Al*-Mg-Leg. mit 0,09; 0,49 u. 1,06 Atom-% Mg ist zwischen 0,20 u. 0,60 °K gemessen worden. Die red. Anisotropie $(a^2) \approx 0{,}010$ ist im Einklang mit vorherigen Arbeiten u. die Abhängigkeit von der Reinheit der Leg. ist in qual. Übereinstimmung mit der Theorie von Clem (Ann. Physics **40**, [1966], 268).
E. Otto 120

0748 **Übergangstemperaturen zur Supraleitung verschiedener Bleilegierungen.** Eckhard Nembach. (J. Physics Chem. Solids **29** (1968) 7, 1205–11; Inorganic Materials Res. Div., Lawrence Radiation Labor., Univ. of Calif., Berkeley, Calif.; engl.) — Die Übergangstemp. zur Supraleitung von T_c von Pb-Leg. mit 1–7 Atom-% Cd, Hg, In, Tl, Sn, Sb u. Bi werden gemessen. T_c ändert sich linear mit der Konz. des gelösten Stoffes. dT_c/dC ergibt sich für Cd zu $-11{,}8 \cdot 10^{-3 \mathrm{Grad/Atom\text{-}\%}}$ für Hg: −7,7; In: −16,9; Tl: −24,5; Sn: +15,2, Sb: +134,5 u. Bi: +42,3. Für In, Sn u. Sb liegt T_c höher als für die schwereren Elemente der gleichen Gruppe des period. Systems. Als Ursache wird eine Änderung des Phononenspektrums durch die Leg.-Bldg. angesehen. Im Syst. Pb–In wird T_c im Bereich 0–65 Atom-% gemessen. T_c sinkt monoton mit steigendem In-Gehalt.
K. H. Härdtl 120

0749 **Nernst-Effekt in supraleitendem Niob.** R. P. Huebener und A. Seher. (Solid State Commun. **6** (1968) 6, 403–06; Suppl. zu: J. Physics Chem. Solids; Inst. für Festkörper- und Neutronenphysik der Kernforsch.-Anlage Jülich; engl.) — Vf. messen die Nernst-Spannung im Mischzustand von supraleitendem Nb in Abhängigkeit vom Magnetfeld. Die Proben bestanden aus hochgereinigter Nb-Folie von 18 μ Dicke. Durch Messung der Nernst-Spannung an verschiedenen Stellen der gleichen Probe konnten Einzelheiten der Flußlinienbewegung in einem Temp.-Gradienten bestimmt werden. Für einen vorgegebenen Probenabschnitt ließ sich die Gleichheit von eindringendem u. austretendem Fluß direkt demonstrieren.
K. H. Härdtl 120

0750 **Peak-Effekt und die Cluster-Bildung von aufgelöstem Sauerstoff in supraleitendem Nb.** K. A. Jones und R. M. Rose. (Physics Letters [Amsterdam] **27 A** (1968) 7, 412–13; Dep. of Metallurgy and Materials Sci. and Center for Materials Sci. and Engng., MIT, Cambridge, Mass.; engl.) — Vf. untersuchen die Ggw. von Clustern von aufgelöstem Sauerstoff als eine Ursache des J_c-Peak-Effekts (Peak in der krit. Stromdichte beim oberen krit. Feld H_{c2}) in supraleitendem Nb. Der Peak-Effekt in andern Fällen könnte anderen Typen von Mikrostruktur-Heterogenitäten der gleichen Größe zugeschrieben werden.
Herbert Weber 120

0751 **Flußsprünge in supraleitenden Stäben von Nb-50% Ti.** J. Chikaba, F. Irie und K. Yamafuji. (Physics Letters [Amsterdam] **27 A** (1968) 7, 407–09; Dep. of Electronics, Kyushu Univ., Fukuoka, Japan; engl.) — Ein angelegtes Magnetfeld H_{fj}, beim dem der erste Flußsprung in der anfänglichen Magnetisierung auftritt, wurde als Funktion der Sweeping-Rate dH/dt, der Badtemp. T_{He} u. der Probengröße beobachtet. Ein Minimum in der Kurve von H_{fj} über dH/dt wurde gefunden.
Herbert Weber 120

0752 **Supraleitungseigenschaften von reagierend aufgestäubten dünnen Schichten ternärer Nitride, Nb–Ti–N und Nb–Zr–N.** H. Bell, Y. M. Shy, D. E. Anderson und L. E. Toth. (J. appl. Physics **39** (1968) 6, 2797–2803; Univ. of Minn., Minneapolis, Minn.; engl.) — Krit. Felder, Ströme u. Temp. wurden in Abhängigkeit von der Zus. gemessen u. mit den Eig. gesinterter Nitride der gleichen Zus. verglichen. Die dünnen Schichten haben im wesentlichen höhere krit. Stromdichten, höhere krit. Felder, aber niedrigere krit. Temp. als die massiven Proben.
H. Liepack 120

0753 **Messung von $\varkappa_1(t)$ und $\varkappa_2(t)$ in Ta–Nb-Legierungen.** C. W. Smith, E. R. Sanford und R. W. Rollins. (Physics Letters [Amsterdam] **27 A** (1968) 6, 362–63; Dep. of Phys., O. Univ., Athens, O.; engl.) — Messungen an reinem Ta u. Ta_x–Nb_{1-x}-Leg. (x = 0,95; 0,85; 0,65 u. 0,50). Die Temp.-Abhängigkeit der Ginzburg-Landau-Parameter $\varkappa_1$ u. $\varkappa_2$ für die Ta–Nb-Leg. zeigt offenbare Übereinstimmung mit der Theorie. Die red. Funktion $\varkappa_2(t)$ wird für T/T_c-Werte von 0,2–1,0 dargestellt.
Herbert Weber 120

0754 **Supraleitfähigkeit in aufgedampften Wolfram-Filmen.** S. Basavaiah und S. R. Pollack. (Appl. Physics Letters **12** (1968) 8, 259–60; School of Metallurg. and Mater. Sci., Univ. of Pa. Philadelphia, Pa.; engl.) — 500–1500 Å dicke W-Filme werden bei $3 \cdot 10^{-6}$, $2 \cdot 10^{-7}$ u. $3 \cdot 10^{-9}$ Torr auf Glas aufgedampft u. mit Hilfe von Röntgen- u. Elektronenbeugungsdiagrammen untersucht. Die bei $3 \cdot 10^{-6}$ Torr gewonnenen Filme bestehen aus β-W u. werden bei T_c-Werten zwischen 3,1 u. 3,3 °K supraleitend, während die bei $3 \cdot 10^{-9}$ Torr erhaltenen Schichten α-W enthalten u. bis zu 1 °K herab keine Supraleitfähigkeit zeigen. Durch Tunnelungs-Unters. wird die Energielücke $\Delta(T)$ von β-W in Abhängigkeit von der Temp. bestimmt. Die für $2\Delta(0)/kT_c$ erhaltenen Werte liegen zwischen 2,63 u. 3,64. Der Verlauf der für $\Delta(T)/\Delta(0)$ gegen T/T_c erhaltenen Kurve folgt der BCS-Theorie.
U. Venzke 120

0755 **Wechselwirkung des Josephson-Wechselstroms mit Oberflächenplasmonen.** E. N. Economou und K. L. Ngai. (Physic. Rev. Letters **20** (1968) 11, 547–50; Erratum ibid. **20** (1968) 13, 701; James Franck Inst. and

Dep. of Phys., Univ. of Chicago, Ill.; engl.) — Die Möglichkeit der Kopplung niederfrequenter Oberflächenplasmonen in Tunnelübergängen mit dem Josephson-Wechselstrom wird theoret. geprüft (betrachtete Geometrie: 3 Filme Supraleiter-Isolator-Supraleiter). Der Vgl. mit experimentellen Literaturdaten für Pb u. Sn scheint die Existenz derartiger Plasmonen zu bestätigen. A. Jaeschke 120

0756 **Supraleitungstunneln in den Tieftemperaturphasen von Gallium.** Helmut Wühl, J. E. Jackson und C. V. Briscoe. (Physic. Rev. Letters **20** (1968) 26, 1496 bis 1499; Univ. of North Caroline at Chapel Hill, Chapel Hill, N.C.; engl.) — Von *Al–Al₂O₃–Ga*-Tunnelübergängen („amorphes" u. β-Ga) werden bei 2°K die Strom–Spannung-Charakteristiken aufgenommen. Die $Al–Al_2O_3$–Ga-Dioden werden durch Ox. von Al, das auf eine Quarzunterlage aufgedampft wurde, u. anschließende Kondens. von Ga bei 4°K hergestellt. Durch Aufdampfen bei dieser Temp. entsteht „amorphes" Ga, das beim Tempern (15—60°K) in krist. β-Ga übergeht. Für die beiden metastabilen Tieftemp.-Phasen wird das Verhältnis der Supraleitungsenergielücke zur Übergangstemp., $2\Delta_0/kT_c$, zu 4,5 („amorphes" Ga) u. 3,9 (Krist. β-Ga) bestimmt. B. Plewinsky 120

0757 **Messung der Supraleitfähigkeit kleiner Zinn-Teilchen durch Tunneln.** I. Giaever und H. R. Zeller. (Physic. Rev. Letters **20** (1968) 26, 1504—07; Gen. Electr. Res. and Dev. Center, Schenectady, N.Y.; engl.) — Es wird der Stromfluß durch kleine Sn-Teilchen, die in einem Al_2O_3-Film eingebettet sind, im Temp.-Bereich von 1,6 bis 300°K u. bei einer Magnetfeldstärke von 0—35 kOe gemessen. Die Übergangscharakteristiken zeigen ein ausgeprägtes Max. im Widerstand bei der Vorspannung Null. Eine untere Begrenzung der Supraleitfähigkeit durch die Teilchengröße konnte bis zum Radius von 25 Å nicht beobachtet werden. B. Plewinsky 120

Dielektrische und magnetische Eigenschaften

0758 **Dielektrische Definition der Elektronegativität.** J. C. Phillips. (Physic. Rev. Letters **20** (1968) 11, 550 bis 553; Cavendish Labor., Cambridge, England; engl.) — Ein einfaches Modell wird für die stat. elektron. DK von Zinkblende- u. Wurtzit-Krist. auf der Grundlage der DK von Krist. des Diamant-Typs (C, Si, Ge, Sn) vorgeschlagen. Das Modell führt zu einer natürlichen Definition der Elektronegativität in (sp^3)-hybridisierten Valenzzuständen [Behandlung heteropolarer (sp^3)-gebundener Kristalle]. A. Jaeschke 131

0759 **Dielektrische Eigenschaften von wäßrigen Lösungen bestimmter Salze der Übergangselemente.** P. S. Krishna Mohana Rao und D. Premaswarup. (Indian J. pure appl. Physics **5** (1967) 12, 581—83; Microwave Res. Labor., Andhra Univ., Waltair; engl.) — Die DK u. Verlustfaktoren wss. Lsg. von $MnCl_2$, $CoCl_2$, $NiCl_2$ u. $CuCl_2$ werden bei 28° u. bei Konz. von 0,25 m bis zur Sättigung gemessen. Die Messungen erfolgen bei den Wellenlängen 1,276; 3,14 u. 4,4 cm. Die Leitfähigkeitsmessungen erfolgen bei 1000 Hz. Von diesen Ergebnissen ausgehend wurden auf Grund der Debye-Formel die stat. DK u. die Relaxationszeit errechnet. Alle Salze zeigen eine Erniedrigung der DK u. eine Veränderung in der Relaxationszeit des Wassers. Nach der Meth. von Hasted et al. (1948) wird die minimale Hydratationszahl der 4 positiven Ionen geschätzt; sie beträgt für diese jeweils 9. H. Jehne 132

0760 **Quantenmechanische Struktur in der dielektrischen Funktion von Metallen und Formen anomaler Ausbreitung.** A. J. Glick und Earl Callen. (Physic. Rev. [2] **169** (1968) 3, 530—40; Dep. of Phys. and Astronomy, Univ. of Md., College Park, Md.; engl.) — Vgl. ibid. **20** (1966) 3, 574. H. Liepack 132

0761 **Theorie der Neutralisation eines isolierten Ionenpaares: Anwendung der Methode vorgeschriebener Diffusion auf den statistischen Weg in einem Coulomb-Feld.** A. Mozumder. (J. chem. Physics 48 (1968) 4, 1659 bis 1665; Dep. of Chem. and the Radiat. Labor., Univ. of Notre Dame, Notre Dame, Ind.; engl.) — Best. der Wahrscheinlichkeit, daß das Ionenpaar für eine gegebene Zeit unneutralisiert bleibt. Die Halbwertszeit der Neutralisation wird ber. u. ihre Abhängigkeit von Zeit, Temp. u. Termalisierungslänge untersucht. H. Liepack 132

0762 **Dielektrisches Verhalten von Eis mit HCl-Verunreinigung.** I. G. Young und R. E. Salomon. (J. chem. Physics **48** (1968) 4, 1635—44; Dep. of Chem., Temple Univ. of the Commonwealth Syst. of Higher Educat., Philadelphia, Pa.; engl.) — Unters. der komplexen DK von mit HCl dotiertem Eis im Konz.-Bereich $2 \cdot 10^{-6}$ bis $2 \cdot 10^{-4}$ molar. Die Dissoziation von HCl in Eis wurde in Abhängigkeit von der Temp. bei $2 \cdot 10^{-6}$ molar berechnet. Die Ergebnisse für $1 \cdot 10^{-5}$ molar u. darunter bestätigen das Debye-Modell mit nur einer Relaxationszeit. Es ist anzunehmen, daß in einem begrenzten Konz.-Bereich HCl substitutionell in das Eisgitter eingebaut ist. H. Liepack 132

0763 **Einfluß der Elektrodenausführung auf die Grenzflächenpolarisation von NaCl-Kristallen.** A. Kessler und E. Mariani. (J. Physics Chem. Solids **29** (1968) 6, 1079 bis 1082; Inst. of Phys., Slowak Acad. of Sci., Bratislava, CSSR; engl.) — In NaCl-Krist. können bei erhöhten Temp. bei akust. Frequenzen hohe Relaxationsmax. beobachtet werden. Es kann gezeigt werden, daß die Höhe der Relaxationsmax. stark von der Elektrodenausführung abhängt, so daß die beobachteten Effekte höchstwahrscheinlich durch eine Blockierung der Elektroden verursacht werden. K. H. Härdtl 132

0764 **Paraelektrische und paraelastische Umorientierung von Amidionen in KCl, KBr und KJ.** R. Windheim. (Z. Physik **215** (1968) 2, 152—76; I. Phys. Inst., Univ. Göttingen; dt.) — Proben mit Amidzentren für die elektr. Messungen werden durch Diffusionsrk. eines mit F-Zentren dotierten Krist. in einer Ammoniakatmosphäre hergestellt. Das im Krist. gelöste Ammoniak wird anschließend durch F-Zentren zu NH_2^-- u. U-Zentren red., indem man die F-Zentren elektrolyt. einwanderen läßt: $NH_3 + 2[e^-] \rightarrow [NH_2^-] + [H^-]$. Die UV-Absorptionen infolge der Amidionen in KCl, KBr u. KJ sind empfindlich gegenüber äußeren angelegten elektr. Feldern u. mechan. Spannungen. Die Größe der Änderung in der Absorption hängt von der Orientierung der Richtung des angelegten elektr. Feldes oder des Druckes relativ zum Krist.-Gitter sowie von der Richtung der Polarisation der UV-Strahlung ab. Durch Anlegung von elektr. Feldern war es möglich, die Amid-Bandenabsorption in KJ um bis zu 80% zu erhöhen oder um bis zu 40% zu reduzieren. Mit einaxialem Druck wurden Erhöhungen von 60% u. Verminderungen von 50% erzeugt. Nahezu alle Messungen wurden unterhalb 10°K durchgeführt. Schlußfolgerungen: 1. Die Oszillatorstärke des Amidions senkrecht zur HNH-Ebene (f_x) ist viel größer als in der HNH-Ebene ($f_y \approx f_z$). 2. Leichte Richtungen für das elektr. Dipolmoment des Amidions sind (100), wobei die Hauptoszillatorstärke f_x ebenfalls in den (100)-Richtungen liegt. 3. Unter einaxialem Druck sind Orientierungen des elektr. Dipols begünstigt, für die die Entfernung von den Protonen zu ihren nächsten K^+-Nachbarn am größten ist. 4. Das Dipolmoment von NH_2^- in KCl u. KBr ergibt sich zu $0{,}23 \cdot 10^{-8}$ e · cm. Es ist etwas kleiner als das des Amidradikals ($0{,}26 \cdot 10^{-8}$ e · cm). 5. Das Dipolmoment von NH_2^- in KJ ergibt sich zu $4{,}4 \cdot 10^{-8}$ e · cm, d. h. fast doppelt so groß wie für NH_2^- in KCl oder KBr. Vf. nehmen an, daß das vergrößerte Moment einer Verschiebung des Amidions innerhalb der Anionenleerstelle entspricht. Dieser Beitrag muß zum stat. Moment des Ions hinzugefügt werden. Die Experimente zeigen, daß die Dipolmoment-Komponenten nicht notwendigerweise parallel zueinander sind. Herbert Weber 132

0765 **Anomale Temperaturabhängigkeit der Dielektrizitätskonstante von anodischem Al_2O_3.** C. Vodenicharov, E. Klain, L. Andreeva und S. Ikonopisov. (Physics Letters [Amsterdam] **27 A** (1968) 6, 336; Dep. of Phys., Higher Chemico-Technol. Inst., Sofia; engl.) — Die DK von anod. Al_2O_3-Filmen wächst mit der Temp. in verschiedener Weise, u. zwar in Abhängigkeit von den Bedingungen der Darst. u. erreicht einen konst. Wert oberhalb ca. 300°K. Herbert Weber 132

0766 **Struktur von aufgedampften Siliciumoxidschichten und ihr Einfluß auf die elektrischen und optischen Eigenschaften.** D. S. Allan und K. E. G. Pitt. (Thin solid Films [Lausanne] 1 (1968) 4, 245—54; Morganite Res. and Dev. Ltd., Wandsworth, London; engl.) — Durch Aufdampfen von SiO bei Restgasdrücken p von 10^{-6} bis 10^{-5} Torr u. mit Geschw. (AG) von 10—30 Å/s werden auf mit Al-Aufdampfschichten versehene Glasträger 0,5 μ dicke SiO_x-Schichten aufgebracht. Nach Vervollständigung von Kondensatorstrukturen durch aufgedampfte Al-Elektroden werden dielektr. Verluste tg δ, Temp.-Koeff. (TK) der Kapazität u. Durchbruchsspannung U_d bestimmt. An 0,4—0,5 μ dicken SiO_x-Schichten, die auf Träger aus Glas, Si bzw. KBr nach dem gleichen Verf. aufgedampft waren, werden die Absorptionsspektren im Wellenlängenbereich 0,37—25 μ untersucht. Die Schichten besitzen für p = 10^{-6} (Torr) u. AG = 30 (Å/s) tg $\delta = 10^{-2}$, TK = +500 (ppm/Grad) u. U_d = 100 V, für p = $2 \cdot 10^{-6}$ u. AG = 20 tg $\delta = 2 \cdot 10^{-3}$, TK = +150 u. U_d = 150 V bzw. für p = $5 \cdot 10^{-6}$ u. AG = 10 tgδ = $1 \cdot 10^{-3}$, TK = +50 u. U_d = 200 V; die entsprechenden opt. Absorptionskoeff. sind $6 \cdot 10^4$ (cm^{-1}), $2 \cdot 10^4$ bzw. $1{,}4 \cdot 10^4$. Die Abhängigkeit der opt. u. elektr. Eig. von p u. AG werden unter Berücksichtigung der Schichtzus., bes. des O-Geh. diskutiert. Die Schichteig. können durch therm. Nachbehandlung bei 240—300° an Luft verbessert werden. Herbert Müller 132

0767 **Polarisation von $LaNiFe_{11}O_{19}$.** N. Kumar, Prafulla Chandra, V. N. Mulay und A. P. B. Sinha. (Indian J. pure appl. Physics 5 (1967) 12, 614—15; Nat. Chem. Labor., Poona; engl.) — Bei der Gleichstrom-Leitfähigkeit von $LaNiFe_{11}O_{19}$ wurde eine bleibende Polarisation auch nach Abschalten des Feldes beobachtet. Der Polarisationsstrom klingt entsprechend der Gleichung $I = I_0 + I_1 \exp(-t/\tau)$ ab, wobei I die konst. Komponente des Stroms ist, die der Thermo-EMK eines Temp.-Gradienten zugeordnet ist. Die Zeitkonst. τ ist entsprechend $\tau = \tau_0 \exp(\varDelta E/kT)$ mit $\varDelta E \approx 6$ kcal/Mol temperaturabhängig. H. Jehne 132

0768 **Thermische Hysterese in beiden Phasenübergängen von $NaH_3(SeO_3)_2$.** L. C. Nino und J. A. Gonzalo. (Solid State Commun. 6 (1968) 7, 427—29; Puerto Rico Nucl. Center, Mayaguez, Puerto Rico; engl.) — Vf. messen DK u. spontane Polarisation beim Abkühlen u. Erhitzen von —60 auf —190° von $NaH_3(SeO_3)_2$. Es können zwei Phasenübergänge bei —79° u. —180° beobachtet werden, die beide eine therm. Hysterese zeigen. Die Breite der Hysteresis beträgt 3,2 bzw. 20,1°. Unter der Annahme, daß ein doppeltes Potentialminimum in Richtung der H-Bindungen für die Dipolordnung verantwortlich ist, ist es möglich, die therm. Hysterese (mit ihren nichtkontinuierlichen Verschwinden der spontanen Polarisation) mit der Höhe der Potentialbarriere zu korrelieren. Die Energie der Potentialbarrieren wird zu 0,4 (—79°) bzw. 0,1 kcal/Mol (—180°) abgeschätzt. Diese Werte deuten auf kurze H-Bindungen. K. H. Härdtl 134

0769 **Halbleiter- und dielektrische Eigenschaften elektrophoretischer gesinterter Schichten von mit Samarium oder mit Lanthan dotiertem Bariumtitanat.** Guy Mesnard und Bernard Stenghel. (C. R. hebd. Séances Acad. Sci., Sér. A et B 267 (1968) 2, B 95—97; Labor. d'Électron. et de Phys. du Solide de l'Univ. de Lyon, Villeurbanne; franz.) — Die Abhängigkeit der elektr. Eig. von der Dotierung u. von der Art der Darst. u. des Sinterns der Schichten wird untersucht u. diskutiert. An bei 1350° während 45 Min., 4 Std. bzw. 15 Std. gesinterten Schichten werden elektr. Widerstände von 10^9—10^{10}; von 10^7—10^8 bzw. von 10^5 $\Omega \cdot$ cm gemessen, während die DK mit der Sinterdauer zunimmt. Die Schichten zeigen ferroelektr. Verhalten. Die Beobachtungen werden zu den Vorgängen der Oberflächenveränderung u. des Kornwachstums während des Sinterns in Beziehung gesetzt. U. Venzke 134

0770 **Kritisches Verhalten der ^{75}As-Quadrupolwechselwirkung in ferroelektrischen Kristallen von KH_2AsO_4.** G. Cinader, D. Zamir und I. Pelah. (Solid State Commun. 6 (1968) 7, 435—37; Soreq Nucl. Res. Center, Yavne, Israel; engl.) — NMR u. krit. Temp.-Verh. der Quadrupolwechselwrkg. des ^{75}As-Kernes in der paraelektr. Phase von KH_2AsO_4. Ein atomares Modell für den ferroelektr. Phasenübergangsmechanismus wird vorgeschlagen. Es basiert auf der Kopplung zwischen der Protonen-Bewegung in einem leicht asymmetr. Potential-Doppelminimum u. der Ionenverschiebung. K. H. Härdtl 134

0771 **Oberflächenaufladung von Triglycinsulfat.** Glenn D. Robertson jun. und Norman A. Baily. (J. appl. Physics 39 (1968) 6, 2905—08; Hughes Res. Labor., Malibu, Calif.; engl.) — Beim Erwärmen jungfräulicher Triglycinsulfat-Krist. durch die ferroelektr. Curie-Temp. wird Licht emittiert, das seinen Ursprung in elektr. Entladungen in der umgebenden Atmosphäre hat. Es wurden erste negative u. zweite positive Bandenspektren von N_2 beobachtet. Die Erscheinung wiederholt sich nur, wenn der Krist. einer feuchten Umgebung ausgesetzt wurde. Die für die Leuchterscheinung verantwortliche Feuchtigkeitsschicht ist nicht dicker als 50 Å. H. Liepack 134

0772 **Mögliche theoretische Erklärung der Verschiebung der Curietemperatur in KH_2PO_4 und KD_2PO_4 mit dem hydrostatischen Druck.** L. Novakovic. (J. Physics Chem. Solids 29 (1968) 6, 963—66; Boris Kidric Inst. of Nucl. Sci., Beograd, Yugoslavia; engl.) — Vf. deutet die von Umebayashi et al. gefundene Verschiebung der Curie-Temp. mit einem hydrostat. Druck. Es kann gezeigt werden, daß die Meßergebnisse nicht nur qual. sondern auch quant. mit dem Modell vereinbar sind, wobei die Protonen bzw. Deuteronen eine Potentialbarriere quantenmechan. durchtunneln. K. H. Härdtl 134

0773 **Bemerkung zu „Sekundärspannungen in einem durch Spannungsimpulse aktivierten piezoelektrischen Element" von O. M. Stuetzer.** Donn Lobdell. (J. appl. Physics 39 (1968) 6, 2975; Hewlett-Packard Labor., Palo Alto, Calif.; engl.) — Vgl. ibid. 38 [1967] 3901. H. Liepack 134

0774 **Bestimmung elektromechanischer Kopplungskoeffizienten dünner CdS-Schichten.** A. J. Bahr und Ian N. Court. (J. appl. Physics 39 (1968) 6, 2863—68; Stanford Res. Inst., Menlo Park, Calif.; engl.) — Aus Messungen im Ultrahochfrequenzbereich an teilweise orientierten CdS-Schichten wurden Kopplungskoeff. longitudinaler Dickeschwingungen bei lateraler Einspannung von 0,15 ± 0,01 bestimmt. Dieser Wert entspricht innerhalb des experimentellen Fehlers dem von massivem Material. H. Liepack 134

0775 **Theorie von magnetisiertem, festem ^{3}He.** Louis Goldstein. (Physic Rev. [2] 171 (1968) 1, 194—209; Univ. of Calif., LASL, Los Alamos, N.Mex.; engl.) H. Liepack 136

0776 **Exakt lösbares Modell für die s-d-Wechselwirkung bei Verunreinigungen mit dem Spin S=1/2.** G. Vertogen. (Physic. Rev. Letters 20 (1968) 11, 541—43; Solid State Phys. Labor., Univ. of Groningen, Groningen, The Netherlands; engl.) — Unters. im Hinblick auf die antiferromagnet. Kopplung. A. Jaeschke 136

0777 **Stabilität des Ferro- und Antiferromagnetismus unter s-f-Wechselwirkung.** A. J. Fedro und Tadashi Arai. (Physic. Rev. [2] 170 (1968) 2, 583—94; ANL, Argonne, Ill.; engl.) — Unters. des Spinsyst. mit indirekter s-f-Austauschwechselwrkg. für Seltenerdmetalle u. Legierungen. H. Liepack 136

0778 **Theorie indirekter Kernwechselwirkungen in Rb- und Cs-Metallen.** S. D. Mahanti und T. P. Das. (Physic. Rev. [2] 170 (1968) 2, 426—44; Dep. of Phys., Univ. of Calif., Riverside, Calif.; engl.) — Quant. Berechnung der Ruderman-Kittel- u. pseudodipolaren Parameter A_{ij} u. B_{ij} für ^{85}Rb u. ^{133}Cs in den entsprechenden Metallen. H. Liepack 136

0779 **Einfluß einer Spin-Umklappstreuung auf austauschverstärkte Suszeptibilitäten.** W. W. Warren jun., W. Gilbert Clark und P. Pincus. (Solid State Commun. 6 (1968) 6, 371—73; Suppl. zu: J. Physics Chem. Solids, Dep. of Phys., Univ. of Calif., Los Angeles, Calif.; engl.) — Vf. zeigen, daß eine schnelle Spin-Umklappstreuung zu Verkleinerung der Austauschverstärkung der Pauli-

Suszeptibilität von Metallen u. der Curie-Weiss-Temp. von magnet. Materialien führen kann. Dieser Effekt spielt dann eine Rolle, wenn die Spin-Umklapprate mit einer der wesentlichen Austauschfrequenzen vergleichbar wird. Die Größenordnung des Effekts wird abgeschätzt.
K. H. Härtdl 136

0780 **Abhängigkeit der Austauschwechselwirkungen von der Verspannung in verdünnten Pd–Fe-Legierungen und in reinem Pd.** E. Fawcett, D. B. McWhan, R. C. Sherwood und M. P. Sarachik. (Solid State Commun. **6** (1968) 7, 509–13; Bell Telephone Labor., Murray Hill, N.J.; engl.) — Vf. messen die Magnetostriktion u. die Druckabhängigkeit der Curie-Temp. von ferromagnet. Pd-Leg. mit 0,3; 1 u. 3 Atom-% Fe. Aus den Messungen läßt sich eine positive Verspannungsabhängigkeit der Austauschwechselwrkg. zwischen den Leitungselektronen u. den lokalen Momenten nachweisen. Dieses Ergebnis steht im Gegensatz zu der negativen Verspannungsabhängigkeit der Austauschwechselwrkg. in reinem Pd.
K. H. Härdtl 136

0781 **Spinwellentheorie der magnetischen Kristallanisotropie in Gadoliniummetall.** M. S. S. Brooks und D. A. Goodings. (J. Physics, C (Proc. physic. Soc.) [2] **1** (1968) 5, 1279–87; Univ. of Sussex, Brighton, Sussex; engl.) — Modell, bei dem ein Krist.-Feld von der Symmetrie einer hexagonal dichtesten Kugelpackung u. magnet. Dipol-Dipol-Wechselwrkg. als eine Störung 1. Ordnung beim isotropen Austausch behandelt werden.
A. Jaeschke 136

0782 **Grundzustand einer paramagnetischen Störstelle in einem Metall.** Joel A. Appelbaum und Jun Kondo. (Physic. Rev. [2] **170** (1968) 2, 542–51; Bell Telephone Labor., Murray Hill, N.J.; engl.) H. Liepack 136

0783 **Störstelleneinflüsse auf Spinschwankungen in fast ferromagnetischen Metallen.** Peter Fulde und Alan Luther. (Physic. Rev. [2] **170** (1968) 2, 570–75; Inst. Max von Laue-Paul Langevin, Garching bei München; engl.) — Unters. des Einfl. der mittleren freien Weglänge auf die Spinsuszeptibilität von fast ferromagnet. Metallen. Der Beitrag der spezif. Wärme bei tiefer Temp. zu den Spinschwankungen wird berechnet. Während der in T lineare Term durch die mittlere freie Weglänge nicht beeinflußt wird, zeigt im Gegensatz zum Phononenfall der $T^3 \ln T$-Beitrag eine starke Abhängigkeit.
H. Liepack 136

0784 **Zwei-Magnonen-Relaxation an Versetzungen in Ferromagneten.** J. Morkowski. (Physics Letters [Amsterdam] **26 A** (1968) 4, 144–45; Ferromagnet. Labor., Inst. of Phys. of the Polish Acad. of Sci., Poznań, Poland; engl.) — Ferromagnet. Relaxation wird durch Zwei-Magnonen-Streuungsprozesse an Versetzungen diskutiert. Die Magnonenkopplung an Versetzungen erfolgt durch magnetoelast. Energie. E. Otto 136

0785 **Beitrag der Versetzungen zur Anisotropie des magnetischen Einmündungsgesetzes in Nickel.** A. Holz und H. Kronmüller. (Physica Status solidi [Berlin] **28** (1968) 2, 755–71; Inst. für Phys., MPI für Metallforsch., Stuttgart; dt.) — Das magnet. Einmündungsgesetz bei Ggw. von Stufenversetzungen wird in Abhängigkeit von der Magnetfeldrichtung für Ni als numer. Beispiel berechnet. H. Roschkowski 136

0786 **Statistische Thermodynamik des endlichen Ising-Modells.** 1. Mitt. Syu Ono, Yukihiko Karaki, Masuo Suzuki und Chikao Kawabata. (J. physic. Soc. Japan **25** (1968) 1, 54–59; Inst. of Phys., Coll. of Gen. Educat., Univ. of Tokyo; engl.) — Die Zustandssumme eines dreidimensionalen Ising-Modells wurde mittels eines schnellen Computers für eine kub. Anordnung von 27 Punkten berechnet. Die spezif. Wärme des $3\times3\times3$-Gitters wurde als Temp.-Funktion bestimmt. Die sich aus der Darst. der spezif. Wärme ergebende krit. Temp. ist etwas niedriger als nach der Padé-Näherung. Die Resultate werden mit Ergebnissen der exakten Onsager-Lsg. verglichen. E. Richter 136

0787 **E-Typ-Orbitale oktaedrisch koordinierter Ionen.** C. A. Bates, J. M. Dixon, J. R. Fletcher und K. W. H. Stevens. (J. Physics, C (Proc. physic. Soc.) [2] **1** (1968), 4 859–72; Dep. of Phys., Univ. of Nottingham; engl.) — Theoret. Unters. der Eig. eines paramagnet. Ions in einem E_g-Orbitalzustand bei Wechselwrkg. mit dem Gitter. Anwendung auf Cr^{2+} in MgO. E. Richter 136

0788 **Suszeptibilität des quasigebundenen Zustandes in verdünnten magnetischen Legierungen bei schwachen Feldern.** D. J. W. Geldart. (Physics Letters [Amsterdam] **27 A** (1968) 6, 337; Dep. of Phys., Dalhousie Univ., Halifax, N.S., Canada; engl.) — Die Temp.-Abhängigkeit der paramagnet. Suszeptibilität bei schwachen Feldern im quasigebundenen Zustand bei niedriger Temp. wird selbstkonsistent in einem Modell nach Takano u. Ogawa berechnet. Herbert Weber 136

0789 **Lokalisiertes magnetisches Moment einer paramagnetischen Verunreinigung in einem Kristall.** C. Mehrotra. (Indian J. pure appl. Physics **5** (1967) 12, 561–64; Dep. of Phys., Indian Inst. of Technol., Kanpur; engl.) — Die Bedingung für das Vorhandensein eines lokalisierten magnet. Moments in Metallen bei Ggw. von paramagnet. Verunreinigungsatomen mit ausgedehnten nichtmagnet. u. lokalisierten magnet. Störungen wird untersucht. Die Abhängigkeit des lokalisierten magnet. Moments von den Störparametern des Verunreinigungsatoms wird explicit erhalten. H. Jehne 136

0790 **Lokalisierte magnetische Momente und Pauling-Valenz im Metall Mangan, einigen 3d-Übergangsmetalllegierungen und intermetallischen Verbindungen.** Nobuo Môri und Tadayasu Mitsui. (J. physic. Soc. Japan **25** (1968) 1, 82–88; Dep. of Phys., Fac. of Sci., Hokkaido Univ., Sapporo; engl.) — Die Abhängigkeit von magnet. Momenten an Mn-Atomplätzen von der Krist.-Umgebung wird diskutiert. Dabei ergibt sich Linearität zwischen der Größe der magnet. Momente u. der Pauling-Valenz am einzelnen Mn-Atomplatz. Der Kovalenz-Effekt spielt bei der Best. der Größe magnet. Momente an Mn-Plätzen eine wichtige Rolle. Diskussion folgender Metalle u. Leg.: $Fe_{15,5}V_{14,5}$, *α-Mn*, *γ-Mn*, Cu_2MnAl, Cu_2MnIn, Cu_2MnSn, Au_2MnAl, Au_4Mn, Mn_4N, *MnAs*, *MnBi*, *MnSb*, *MnTe*, *α-MnS*, *MnSe*, MnS_2, $MnSe_2$, $MnTe_2$, Mn_2Sb, *MnP* u. Mn_2Sn. E. Richter 136

0791 **Vanadinmoment in geordnetem Au_4V.** G. Y. Chin, R. C. Sherwood, J. H. Wernick, D. R. Mendorf und G. S. Knapp. (Physics Letters [Amsterdam] **27 A** (1968) 5, 302–03; Bell Telephone Labor., Inc., Murray Hill, N.J., USA; engl.) — Das magnet. Moment von Au_4V war durch Ordnungsanlassen einer Probe unter Kompression wesentlich angestiegen; 0,83 μ_B pro V-Atom wurden bei 4,2 °K u. 44 kOe im Vgl. zu sonst gebräuchlichen Werten von 0,4–0,5 μ_B ohne Spannungsanlassen erhalten.
E. Otto 136

0792 **Magnetothermodynamik von α-$NiSO_4 \cdot 6\,H_2O$.** 2. Mitt. **Wärmekapazität, Entropie, magnetisches Moment und innere Energie von 0,4 bis 4,2 °K bei Feldern von 0–90 kG entlang der Bisektrix der a- und b-Achsen.** R. A. Fisher, G. E. Brodale, E. W. Hornung und W. F. Giauque. (J. chem. Physics **48** (1968) 4, 1769–79; Low Temperature Labor., Dep. of Chem., Univ. of Calif., Berkeley, Calif.; engl.) — 1. vgl. C. **1968**, 45-0451. — Die Messungen erfolgten in stabilisierten Feldern von 0 bis 90 kG. Selbst bei 0,4 °K u. 90 kG konnte keine magnet. Sättigung erreicht werden, obgleich kein Temp.-Koeff. des magnet. Moments unterhalb 0,7 °K vorlag. Die Wärmekapazität näherte sich bei den tiefsten Temp. u. allen Feldstärken dem Wert Null. Obwohl eine idealisierte Berechnung einen Kernspinbeitrag zur Wärmekapazität in einem Feld von 90 kG zwischen 0,4 u. 1 °K andeutet, konnte nicht nachgewiesen werden, daß diese Komponente mit dem Gitter im Gleichgew. war. Die schnelle Abnahme der spezif. Elektronenwärme auf Null nahe 1 °K bei 90 kG deutet an, daß über das Elektronensyst. nicht die Kernspins mit dem Gitter bei Temp. ins Gleichgew. gebracht werden können, bei denen die Kernspin-Wärmekapazität einen wesentlichen Beitrag geben sollte. Die Entropie, ihre Änderung mit der Feldstärke, die isentrop. Änderung der Temp. mit dem Feld, die differentielle magnet. Suszeptibilität, die innere Energie, Enthalpie u. Magnetisierungsarbeit werden tabellar. angegeben. H. Liepack 136

0793 **De-Haas-van-Alphen-Beobachtung einer Anomalie in der Elektronenstreuung in Legierungen, die den Kondo-Effekt zeigen.** P. T. Coleridge und I. M. Templeton. (Physics Letters [Amsterdam] **27 A** (1968) 6, 344–45; Div. of Pure Phys., Nat. Res. Council, Ottawa, Canada; engl.) – Eine ausgeprägte Streuanomalie wurde für „Belly"-Elektronen in sehr verd. Cu–Cr-Leg. mit 15 bis 300 ppm (At.) Cr beobachtet. Die Anomalie ist stark von Magnetfeld, Temp. u. Konz. abhängig. Die Anomalie läßt sich durch das Aufbrechen des quasigebundenen Zustandes durch das Magnetfeld erklären.
Herbert Weber 136

0794 **Untersuchung der Fermi-Fläche von reinem und dotiertem Antimon mit dem de-Haas-van-Alphen-Effekt.** Yoshio Ishizawa. (J. physic. Soc. Japan **25** (1968) 1, 150–60; Inst. for Solid State Phys., Univ. of Tokyo, Roppongi, Minato-ku, Tokyo; engl.) – Mittels Torsionsmagnetometer oder mit der Niederfrequenz-Modulationstechnik wird der de-Haas-van-Alphen-Effekt von reinem Sb bzw. *Sn*- oder *Te*-dotiertem Sb gemessen. Die Fermi-Flächen u. ihre Änderungen bei Dotierung (0,10 Atom-% Sn bzw. 0,2 Te) werden diskutiert, wobei die α-Ladungsträger mit Löchern, die β-Ladungsträger mit Elektronen identifiziert werden.
E. Richter 136

0795 **De-Haas-van-Alphen-Effekt in reinem und Germanium-dotiertem Arsen.** Yoshio Ishizawa. (J. physic. Soc. Japan **25** (1968) 1, 160–65; engl.) – Vgl. vorst. Referat. – In reinem As werden zwei Gruppen kurzperiod. Oszillationen für stark- (α-Oszillation) u. schwach- (β-Oszillation) geneigte Taschen neben der lang-period. Oszillation der geneigten Hyperboloide (γ-Oszillation) beobachtet. α- u. γ-Oszillation entsprechen einer mehrfach verbundenen Fermi-Fläche, β-Oszillationen geschlossenen Taschen. Ge-Dotierung bewirkt eine Änderung der α- u. γ-Perioden.
E. Richter 136

0796 **Untersuchung des de-Haas-van-Alphen-Effektes in verdünnten Legierungen auf Al-Basis.** J. P. G. Shepherd und W. L. Gordon. (Physic. Rev. [2] **169** (1968) 3, 541 bis 552; Case Western Reserve Univ., Cleveland, O.; engl.) – Unters. an Al-Leg. mit bis zu 1 Atom-% Zn, Si, Ge, Mg u. Ag. Ähnlich wie für reines Al wurden in den meisten Leg. drei Syst. von Oszillationen beobachtet, die ihren Ursprung in der Fermi-Fläche der dritten Zone haben. Die Perioden der Oszillationen sind im allg. von denen des reinen Al verschieden. Diese Abweichungen sind in ausgezeichneter Übereinstimmung mit dem starren Bändermodell. Die mit den Oszillationen zusammenhängenden effektiven Massen sind gegenüber denen des reinen Al ungeändert. Dingle-Temp. u. Relaxationszeiten für die Elektronen der Fläche der dritten Zone wurden gemessen. Die Streuung ist innerhalb des experimentellen Fehlers isotrop.
H. Liepack 136

0797 **Temperaturabhängigkeit der magnetokristallinen Energiekonstanten K_1, K_2 und K_3 von Eisen.** H. Gengnagel und U. Hofmann. (Physica Status solidi [Berlin] **29** (1968) 1, 91–97; Inst. für magnet. Werkstoffe, DAW, Jena; engl.) – Die Konst. K_1, K_2 u. K_3 der magnetokrist. Energie von kugelförmigen Fe-Krist. werden mit der Drehmomentenmeth. bei 20–800°K bestimmt. Die Temp.-Abhängigkeit von K_1 ist in guter Übereinstimmung mit den Messungen anderer Autoren. Die Konst. K_2 u. K_3 sind im Vgl. zu K_1 sehr klein.
H. Roschkowski 136

0798 **Magnetische Hyperfeinfelder bei ^{119}Sn in Erbium.** D. C. Price und R. Street. (J. Physics, C (Proc. physic. Soc.) [2] **1** (1968) 5, 1258–62; Dep. of Phys., Monash Univ., Clayton, Victoria, Australia; engl.) – ^{119}Sn-Mössbauer-Spektren wurden für verd. Er–Sn-Leg. (< 0,03 Atom-% Sn) bei 4,2, 59, 64 u. 70°K aufgenommen. Die für die kon. ferromagnet. Tieftemp.- u. die sinusförmige antiferromagnet. Hochtemp.-Phase erhaltenen Ergebnisse stimmen mit den bekannten magnet. Strukturen dieser Phasen überein, wenn das Hyperfeinfeld an jedem ^{119}Sn-Kern proportional der Magnetisierung des Wirts an dieser Gitterstelle ist. Bei 4,2°K betrug der Wert des auf alle ^{119}Sn-Kerne wirkenden Hyperfeinfeldes 124 ± 4 kG.
A. Jaeschke 136

0799 **Temperaturabhängigkeit des Hyperfeinfeldes von Mn in Fe.** I. A. Campbell und A. A. Gomes. (Solid State Commun. **6** (1968) 6, 395–97; Suppl. zu: J. Physics Chem. Solids, Labor. de Phys. des Solides, Fac. des Sci. d'Orsay; engl.) – Mit einer einfachen Entw. des Friedel-Modells für Übergangsmetall-Störstellen in ferromagnet. Metallen kann eine Erklärung für die Einzigartigkeit des anomalen Temp.-Verlaufes des Hyperfeinfeldes von Mn in Fe gegeben werden. Das Modell ist mit einem Moment Null des Mn-Atoms konsistent.
K. H. Härdtl 136

0800 **Hyperfeinfelder an gelösten Atomen in Ferromagnetika: Cd und Ru in Ni.** D. A. Shirley, S. S. Rosenblum und E. Matthias. (Physic. Rev. [2] **170** (1968) 2, 363–78; Dep. of Chem. and Lawrence Radiat. Labor., Univ. of Calif., Berkeley, Calif.; engl.) – Unters. der temperaturabhängigen Hyperfeinfelder an ^{111}Cd u. ^{99}Ru in Ni oberhalb u. unterhalb des Curie-Punktes nach der TDPAC-Meth. (time-differential perturbed angular correlation). Die Beiträge von Leitungselektronen- u. Rumpfpolarisation zum Hyperfeinfeld von gelösten Atomen der Übergangsreihe werden untersucht, die lokalisierten Momente werden für Mn, Fe, Co, Ni, Ru, Rh, Pd, Os, Ir u. Pt ermittelt u. mit Ergebnissen aus der Neutronenstreuung verglichen. Die Abweichungen werden auf die von beiden Meth. gemessenen unterschiedlichen Größen zurückgeführt. Ein sowohl Leitungselektronen als auch Rumpfpolarisation berücksichtigendes Mol.-Feld-Modell ist auch oberhalb T_C anwendbar. Diesem Modell entspricht $H_{Hf}(T)$ in ^{55}Mn–Fe für alle Spins zwischen 1/2 u. 5/2, woraus folgt, daß j nicht allein aus $H_{Hf}(T)$ bestimmt werden kann. Das lokale Moment von ^{55}Mn in Fe beträgt (1,5 ± 0,5) μ_B. Für ^{99}Ru in Ni ist das lokalisierte Moment ca. 0,5 μ_B. Für $T > T_C$ wurden paramagnet. Knight-Verschiebungen bis zu –80% beobachtet. Das Modell von Lovesey entspricht den Beobachtungen unterhalb T_C für j = 1/2. Für ^{111}Cd in Ni wurde unterhalb T_C kein lokales Moment angedeutet, die Cd-Atome haben die gleiche temperaturabhängige Magnetisierung wie die nächstbenachbarten Ni-Atome. Die paramagnet. Knight-Verschiebungen bis zu –60% oberhalb T_C sind in ausgezeichneter Übereinstimmung mit den Aussagen des Modells der Leitungselektronenpolarisation.
H. Liepack 136

0801 **Gestörte Winkelverteilung von rückstoßimplantierten ^{19}F-Kernen in einer Nickelumgebung.** O. Klepper und H. Spehl. (Z. Physik **215** (1968) 1, 17–27; Phys. Inst., Inst. Freiburg i. Br.; engl.) – Magnet. Hyperfeinfelder, die auf ^{19}F in einem Ni-Gitter wirken, werden untersucht (Winkelverteilung der 197-keV-γ-Strahlen). Zeitabhängige Spinrotation, die der Anregung u. Rückstoßimplantation mit einem gepulsten Protonenbündel unter Benutzung der Rk. ^{19}F(p, p')^{19}F* folgt, wurde beobachtet. Zwei Hyperfeinfelder wurden bei 290°K nachgewiesen: $H_{hf}^{(1)} = +17,6 \pm 0,5$ kG u. $H_{hf}^{(2)} = +91 \pm 3$ kG. Die Änderung der effektiven Felder mit dem äußeren polarisierenden Feld wurde untersucht. Die mittlere Lebensdauer des 197-keV-Niveaus wurde zu $\tau = 128 \pm 2$ ns bestimmt.
Herbert Weber 136

0802 **Vorzeichenbestimmung des magnetischen Hyperfeinfeldes durch den Mössbauer-Faraday-Effekt.** U. Gonser und R. M. Housley. (Physics Letters [Amsterdam] **26 A** (1968) 4, 157–58; Sci. Center of North American Rockwell Corporat., Thousand Oaks, Calif.; engl.) – Der Kern-Faraday-Effekt kann für die Vorzeichenbest. des magnet. Hyperfeinfeldes in einer Null-Geschw.-Mössbauer-App. benutzt werden. Er findet Anwendung für Fe^{2+} in MgO u. auf die Fe-Lagen in dem Spinell $MgFe_2O_4$.
E. Otto 136

0803 **Hyperfeinfeld von ^{237}Np in NpO_2.** B. D. Dunlap, G. M. Kalvius, D. J. Lam und M. B. Brodsky. (J. Physics Chem. Solids **29** (1968) 8, 1365–67; Argonne National Labor., Argonne, Ill.; engl.) – Mit Hilfe von Mössbauer-Effektmessungen des 59,6 keV-Übergangs in ^{237}Np werden zwischen 4,2 u. 30°K die Kernhyperfeinspektren in NpO_2 untersucht. Bei tiefen Temp. beobachten Vf. eine Verbreiterung der Resonanzlinie, die

mit einer kleinen, nicht auflösbaren magnet. Aufspaltung erklärt wird. Aus der Größe des magnet. Hyperfeinfeldes wird das magnet. Moment des Np-Atoms zu ca. 0,01 μ_B abgeschätzt. Diese Ergebnisse bestätigen das Auftreten einer antiferromagnet. Ordnung, wobei das magnet. Moment im geordneten Zustand ungewöhnlich klein ist. Die Meßergebnisse stimmen mit den aus Suszeptibilitäts- u. spezif. Wärmemessungen erhaltenen Werten überein.
K. H. Härdtl 136

0804 **Mössbauer-Untersuchungen der kubischen intermetallischen Laves-Verbindungen von Eisen und Seltenerdmetallen.** G. J. Bowden, D. St. P. Bunbury, A. P. Guimaraes und R. E. Synder. (J. Physics, C (Proc. physic. Soc.) [2] 1 (1968) 5, 1376—87; Phys. Labor., Univ. of Manchester; engl.) — Der Mössbauer-Effekt in ^{57}Fe wurde zur Unters. der Hyperfeinfelder an den Fe-Stellen in polykrist. Proben der kub. Laves-Phasen AFe_2 mit A = *Ce, Sm, Gd, Tb, Dy, Ho, Er, Y* u. *Zr* bei 77° u. 300 °K gemessen. Die ^{57}Fe-Spektren in den Verb. mit Tb, Er, Y u. Zr zeigen zwei verschiedene 6-Linien-Diagramme, während in denen mit Dy u. Ho nur eins auftritt. Das beruht auf der Magnetisierungsrichtung [111] bzw. [001]. Beim Sm, Gd u. Ce ist das Verh. komplizierter. Die Hyperfeinfelder an ^{57}Fe- u. ^{161}Dy-Stellen von $DyFe_2$ wurden in Abhängigkeit von der Temp. untersucht.
A. Jaeschke 136

0805 **Magnetisches Verhalten von FeF_3 in der Nähe der Curie-Temperatur.** L. M. Levinson. (J. Physics Chem. Solids 29 (1968) 8, 1331—36; Dep. of Electronics, Weizmann Inst. of Sci., Rehovoth, Israel; engl.) — FeF_3 ist ein weicher Ferromagnet. mit einer Remanenz u. einem Verkantungswinkel in der erwarteten Größe. Das makroskop. Moment zeigt in der Nähe der Curie-Temp. ein anomales Verh., wobei ein steiler Abfall des Verkantungswinkels beobachtet wird. Die Curie-Temp. wird mit Mössbauer-Messungen sowie mit Messungen des magnet. Moments zu 89,0 °K bestimmt.
K. H. Härdtl 136

0806 **Untersuchung der Verbindung $UFeO_4$ durch Mössbauer-Effekt und durch Neutronenbeugung.** Madeleine Bacmann, Raymond Chevalier, Erwin Félix Bertaut, Georges Roult und Michel Belakhovsky. (C. R. hebd. Séances Acad. Sci., Sér. A et B 267 (1968) 10, B 518—21; Centre d'Et. nucl., Grenoble; franz.) — Im Temp.-Bereich 60—27 °K aufgenommene Neutronenbeugungsdiagramme von $UFeO_4$ zeigen bei T_N = 55 °K das Auftreten einer antiferromagnet. Ordnung entlang Oy u. bei T_C = 42 °K eine neue Ordnung mit antiferromagnet. u. starker ferromagnet. Komponente, die mit der früher bei 4,2 °K beobachteten ident. ist. In Übereinstimmung damit weisen die Mössbauer-Spektren unterhalb 54,5 °K eine Feinstruktur auf, u. zwar zwischen 42 u. 54,5 °K ein klass. Spektrum mit sechs Linien ohne Quadrupolkopplung, unterhalb 42 °K sechs Linien mit konst. Quadrupolkopplung (4ε = 0,40 mm/s) u. bei 42 °K ein Spektrum mit zwölf Linien, das der Überlagerung zweier Zustände entspricht. Die für die Änderung des inneren Feldes mit der Temp. erhaltene Kurve erfährt eine sprunghafte Änderung bei 42 °K.
U. Venzke 136

0807 **Ladungsverteilung in den Mischoxidsystemen $Zn \cdot Mn_xFe_{(2-x)}O_4$ und $CoMn_xFe_{(2-x)}O_4$.** C. M. Yagnik und H. B. Mathur. (Indian J. pure appl. Physics 6 (1968) 5, 211—13; Nat. Chem. Labor., Poona; engl.) — Die Ladungsverteilung in den Mischoxidsyst. $ZnMnFeO_4$ u. $CoMnFeO_4$ mit Spinellstruktur ist durch Mössbauer-Unters. bestimmt worden. Fe u. Mn liegen in $ZnMnFeO_4$ im dreiwertigen Zustand vor. Die Mössbauer-Unters. schließen die Möglichkeit von Fe u. Co im zweiwertigen Zustand aus. Die Ladungsverteilung in $CoMnFeO_4$ kann durch $Co^{3+}Mn^{2+}Fe^{3+}O_4$ dargestellt werden. Mössbauer-Spektren von $ZnMn_{0,5}Fe_{1,5}O_4$; $ZnMnFeO_4$ u. $CoMnFeO_4$ mit ^{57}Co in Cu als Quelle u. von $K_4[Fe(CN)_6] \cdot 3H_2O$ mit $^{57}CoMnFeO_4$ als Quelle sind aufgenommen worden.
E. Otto 136

0808 **Mössbauer-Effekt und Austauschanisotropie von eisenreichen FeNi-Legierungen mit kubisch flächenzentrierter Struktur.** Yoji Nakamura, Yasuo Takeda und Masayuki Shiga. (J. physic. Soc. Japan 25 (1968) 1, 287—88; Dep. of Metal Sci. and Technol., Kyoto Univ., Kyoto; engl.) — Vf. messen die Temp.-Abhängigkeit (6 °K bis Raumtemp.) der Mössbauer-Spektren von Fe–Ni-Leg. (29,5 Atom-% Ni). Die Fe–Ni-Leg. enthalten sowohl ferromagnet. als auch antiferromagnet. Bereiche.
E. Richter 136

0809 **Mössbauer-Untersuchung von γ-Fe–Ni-Legierungen mit geringer Nickel-Konzentration.** Hajime Asano. (J. physic. Soc. Japan 25 (1968) 1, 286; Dep. of Chem., Fac. of Sci., Kyoto Univ., Kyoto; engl.) — Angabe der Mössbauer-Spektren von Fe–Ni-Leg. mit 24 Atom-% Ni bei 77 bzw. 4,2 °K. Das innere Feld beträgt 31,3 kOe, die Néel-Temp. liegt zwischen 4,2 u. 77 °K.
E. Richter 136

0810 **Mössbauer-Untersuchung von Alni-Legierungen.** G. Albanese, G. Asti, M. Musci und R. Criscuoli. (Z. angew. Physik 25 (1968) 2, 62—65; Ist. di Fis. dell' Univ., Parma, Italy; engl.) — Eine Leg. der Zus. 50 (Atom-%) Fe, 24 Al, 23 Ni, 3 Cu wurde durch Induktionsschmelzen hergestellt. Als Mössbauer-Quelle bei Zimmertemp. diente ^{57}Co in Cu. Durch das Mössbauer-Verf. wurden chem. Zus. u. magnet. Eig. der Phasen der „Alni-Leg." im Syst. Fe–Ni–Al untersucht. Sowohl nach optimaler Dauermagnetbehandlung wie nach Abschrecken von 1260° u. folgender Anlaßbehandlung bei verschiedenen Temp. bleibt in den Proben der Prozentsatz des Fe in paramagnet. Umgebung immer wesentlich niedriger als er es nach Bradleys Phasendiagramm sein sollte. Die auf Grund der Ergebnisse ber. theoret. Werte der Sättigungsmagnetisierung stimmen mit der experimentellen Kurve der Sättigungsmagnetisierung in Abhängigkeit von der Anlaßtemp. überein. Der Unterschied zwischen dem ber. u. gemessenen Verlauf der Magnetisierungskoerzitivfeldstärke in Abhängigkeit von der Anlaßtemp. kann anderen Ursachen neben der Gestalt- u. Magnetokrist.-Anisotropie zugeschrieben werden. Einige Meßergebnisse an Proben, die bei 300° angelassen wurden, u. bei denen die Entmischung der Phasen bei verschiedenen Stufen unterbrochen wurde, scheinen nicht in Übereinstimmung mit der Hypothese von spinodaler Entmischung zu sein.
Herbert Weber 136

0811 **Magnetische Eigenschaften der hexagonal-dichtgepackten Eisen–Ruthenium-Legierungen.** Hideo Ohno, Mamoru Mekata und Hideo Takaki. (J. physic. Soc. Japan 25 (1968) 1, 283; Dep. of Chem., Fac. of Sci., Kyoto Univ., Kyoto; engl.) — An Fe–Ru-Leg. (15, 20 u. 30 Atom-% Ru) werden Mössbauer-Effekt, elektr. Widerstand u. magnet. Suszeptibilität gemessen, um Informationen über die hexagonale Hochdruckphase des Fe, die diesen Leg. strukturanalog ist, zu erhalten. Néel-Temp., Isomerenverschiebung, inneres Feld u. magnet. Suszeptibilität werden für die drei Leg. tabellar. angegeben.
E. Richter 136

0812 **Mössbauer-Effekt in $Fe_{1-x}Cu_xCr_2S_4$.** G. Haacke und A. J. Nozik. (Solid State Commun. 6 (1968) 6, 363—65; Suppl. zu: J. Physics Chem. Solids, Central Res. Div., American Cyanamid Comp., Stamford, Conn.; engl.) — Die Mössbauer-Spektren von $Fe_{1-x}Cu_xCr_2S_4$ zeigen, daß im Bereich $0 < x < 0{,}5$ Fe^{2+}- u. Fe^{3+}-Ionen vorhanden sind, während für $0{,}5 \leqq x < 1$ nur Fe^{3+}-Ionen existieren. Zwischen Fe^{2+} u. Fe^{3+} tritt oberhalb der Curie-Temp. ein schneller Elektronenaustausch auf. Die chem. Bindung der beiden verschiedenen Fe-Ionen hat einen beträchtlichen kovalenten Charakter.
K. H. Härdtl 136

0813 **Mössbauer-Untersuchung des Ulvöspinells, $Fe_2 \cdot TiO_4$.** Kazuo Ôno, Louis Chandler und Atsuko Ito. (J. physic. Soc. Japan 25 (1968) 1, 174—76; Univ. of Ill., Chicago, Ill.; engl.) — Fe_2TiO_4 enthält zwei Arten von Fe^{2+}-Ionen: sie befinden sich entweder auf tetraedr. oder auf oktaedr. Plätzen. Durch Unters. der Temp.-Abhängigkeit der Mössbauer-Spektren im Temp.-Bereich 4,2—800 °K werden die Elektronenzustände beider Arten von Ionen bestimmt. Durch die erhaltenen Elektronenstrukturen wird die spontane Magnetisierung (Max. bei ca. 100 °K) qual. erklärt.
E. Richter 136

0814 **Magnon-Energien und Austauschwechselwirkungen in Terbium.** J. C. Gylden Houmann. (Solid State Commun. **6** (1968) 7, 479—84; Res. Establ. Risö, Roskilde, Denmark; engl.) — Unter Verw. experimenteller Ergebnisse bez. der inelast. Neutronenstreuung an Tb bei 90°K ber. Vf. die Magnon-Zustandsdichte u. damit den magnet. Beitrag zur spezif. Wärme sowie die Austauschwechselwrkg. zwischen Ionen desselben Teilgitters. K. H. Härdtl 136

0815 **Beobachtung von Effekten der Spinwellen-Renormalisierung in Eisen und Nickel.** M. W. Stringfellow. (J. Physics, C (Proc. physic. Soc.) [2] **1** (1968) 4, 950—65; Materials Phys. Div., AERE., Harwell, Didcot Berks; engl.) — Die Winkelverteilungen der Neutronen-Kleinwinkelstreuung bei Spinwellen langer Wellenlänge werden für Temp. bis zur Curie-Temp. T_c u. darüber gemessen. Für Temp. unter 0,9 T_c werden daraus die Spinwellensteifheit D, der Spinwellenwrkg.-Querschnitt u. die Lebensdauer der Spinwellen erhalten. Für Temp. oberhalb von 0,9 T_c werden die beobachteten Winkelverteilungen für krit. Streuung korrigiert. E. Richter 136

0816 **Durch Neutronenstreuung untersuchte Spinwellen in Cr_2O_3.** E. J. Samuelsen. (Physics Letters [Amsterdam] **26 A** (1968) 4, 160—61; Inst. für Atomenergi, Kjeller, Norway; engl.) — Die Energie-Dispersions-Beziehung akust. Spinwellen in Cr_2O_3-Einkrist. wurde für zwei verschiedene kristallograph. Richtungen bei 80°K u. 205°K durch unelast. Neutronenstreuung untersucht u. mit der Spinwellenstruktur von α-Fe_2O_3 verglichen. E. Otto 136

0817 **Aus der Suszeptibilität abgeleitete Teilgittermagnetisierung in Cr_2O_3.** H. Shaked und S. Shtrikman. (Solid State Commun. **6** (1968) 6, 425—26; Suppl. zu: J. Physics Chem. Solids, Dep. of Phys., Nucl. Res. Center, Negev Beer Sheva, Israel; engl.) — Vf. untersuchen mit Neutronenbeugungsexperimenten die Teilgittermagnetisierung von Cr_2O_3. Die Ergebnisse stimmen besser mit der Temp.-Abhängigkeit überein, wie sie sich mit der Molekularfeldtheorie aus der empir. Parallelsuszeptibilität berechnen läßt, als mit der 3/2-Spin-Brillouin-Kurve. K. H. Härdtl 136

0818 **Untersuchung der normalen Spinellverbindung $MgCr_2O_4$ durch Neutronenbeugung.** René Plumier. (C. R. hebd. Séances Acad. Sci., Sér. A et B **267** (1968) 2, B 98—101; Serv. de Documentat. du C.E.A., Gif-sur-Yvette; franz.) — Der Spinell $MgCr_2O_4$ ist bei 4,2°K antiferromagnetisch. Ein Vgl. der bei 4,2 u. 300°K aufgenommenen Neutronenbeugungsspektren ergibt bei 4,2°K zusätzliche Reflexe, die einer magnet. Zelle mit einem Parameter, der doppelt so groß ist wie der der chem. Zelle, zugeordnet werden. Die Spinmomente sind parallel zu [100] u. [010] ausgerichtet. U. Venzke 136

0819 **Magnetische Strukturen der geordneten Trirutile Cr_2WO_6, Cr_2TeO_6 und Fe_2TeO_6.** W. Kunnmann, S. La Placa, L. M. Corliss, J. M. Hastings und E. Banks. (J. Physics Chem. Solids **29** (1968) 8, 1359—64; Chem. Dep., Brookhaven National Labor., Upton, N.Y.; engl.) — Cr_2WO_6, Cr_2TeO_6 u. Fe_2TeO_6 gehören zur chem. Raumgruppe $P4_2/mnm$ (Z = 2) u. sind bei 4,2°K antiferromagnet. geordnet. Aus Neutronenbeugungsunters. im geordneten Zustand ergibt sich, daß die magnet. Ionen kollineare Spinanordnungen in einer mit der chem. Zelle ident. magnet. Zelle besitzen. Die Momente der 3d-Ionen der Verb. betragen 2,14 bzw. 2,45 u. 4,19 μ_B. Obwohl Cr_2TeO_6 u. Cr_2WO_6 nahezu ident. Cr–O–Cr-Bindungswinkel u. Bindungsabstände aufweisen, ist die erste Verb. magnet. raumzentriert, während die zweite Verb. anti-raumzentriert ist. In beiden Fällen liegen die Cr-Spins in der Basisebene. Fe_2TeO_6 gleicht in der Struktur Cr_2TeO_6 mit der Ausnahme, daß der Spin längs der c-Achse liegt. V_2WO_6 wird ebenfalls hergestellt u. besitzt auch die Trirutilstruktur. Vorläufige Neutronenbeugungsunters. zeigen, daß es bei 4,2°K mit der Cr_2WO_6-Struktur magnet. geordnet ist. K. H. Härdtl 136

0820 **Spin-Korrelationen in paramagnetischem $RbMnF_3$.** C. G. Windsor, G. A. Briggs und M. Kestigian. (J. Physics, C (Proc. physic. Soc.) [2] **1** (1968) 4, 940—49; Solid State Phys. Div, AERE., Harwell, Didcot Berks; engl.) — Mittels inelast. Neutronenstreuung wird die vom Wellenvektor u. der Frequenz abhängige Spin-Korrelationsfunktion für die (110)-Fläche von paramagnet. $RbMnF_3$ bei 3,5 T_N bestimmt. Ein Vgl. mit bestehenden Theorien wird durchgeführt. E. Richter 136

0821 **Neutronenbeugungsuntersuchung der magnetischen Ordnung in K_2IrCl_6, K_2ReBr_6 und K_2ReCl_6.** V. J. Minkiewicz, G. Shirane, B. C. Frazer, B. G. Wheeler und P. B. Dorain. (J. Physics Chem. Solids **29** (1968) 6, 881—84; Brookhaven National Labor., Upton, N.Y.; engl.) — Neutronenbeugungsmessungen an pulverförmigem K_2ReBr_6 unterhalb der Néel-Temp. von 15,3°K zeigen, daß diese Verb. eine magnet. Ordnung vom Typ 1 besitzt. Die Ergebnisse von Experimenten an Krist. von K_2IrCl_6 stimmen mit früheren Ergebnissen überein, die eine 3A-Ordnung feststellten. Eingehende Streuexperimente an Einkrist. von K_2ReCl_6 ergeben eine magnet. Streuamplitude für das Re^{4+}-Ion, die mit einer $d\varepsilon^3$-Konfig. konsistent ist. K. H. Härdtl 136

0822 **Neutronenbeugungsuntersuchung des antiferromagnetischen Mn_2N.** Mamoru Mekata, Junsuke Haruna und Hideo Takaki. (J. physic. Soc. Japan **25** (1968) 1, 234—38; Dep. of Chem., Fac. of Sci., Kyoto Univ., Kyoto; engl.) — Die Krist.-Struktur sowie die magnet. Struktur von antiferromagnet. Mn_2N wurde mittels Neutronenbeugung bei 290, 230 u. 120°K untersucht. Eine orthorhomb. Anordnung der N-Atome auf den oktaedr. Zwischengitterplätzen des hexagonalen dichtgepackten Mn-Gitters wurde gefunden. Die Krist.-Struktur ist vom ξ-Fe_2N-Typ mit der Raumgruppe D_{2h}^{14}-Pbna. Die magnet. Struktur zeigt vier Untergitter mit der gleich orthorhomb. Einheitszelle wie die chem. Struktur. Das magnet. Moment des Mn-Atoms ist 1,4 ± 0,4 μ_B bei 230°K u. 1,6 ± 0,4 μ_B bei 120°K. E. Richter 136

0823 **Neutronenbeugungsuntersuchungen und magnetische Messungen an Oxidsulfiden der Seltenerdmetalle T_2O_2S.** R. Ballestracci, E. F. Bertaut und G. Quezel. (J. Physics Chem. Solids **29** (1968) 6, 1001—14; C.E.N Grenoble; franz.) — Mit Neutronenbeugungsunters. werden die Spinstrukturen der hexagonalen Verb. T_2O_2S (T = Gd, Tb, Dy u. Ho) aufgeklärt. Bei tiefen Temp. ordnen sich die Momente antiferromagnet. mit Néel-Temp. von 7,7°K für T = Tb, 5,7 (Gd); 5,85 (Dy) u. 2,5 (Ho). Für Tb_2O_2S beträgt der Ausbreitungsvektor k = [0,1/2,1/2] u. für Dy_2O_2S[0,1/2,1/2]. Für T = Er wird bei 1,5°K Nahordnung gefunden, die noch untersucht wird. Die magnet. Suszeptibilität von Eu_2O_2S ist bis zu den tiefsten Meßtemp. von 1,8°K paramagnetisch. K. H. Härdtl 136

0824 **Beobachtung ferromagnetischer Bereiche bei Magnetisierung in Wechselfeldern bis zu 20 kHz.** B. Passon. (Z. angew. Physik **25** (1968) 2, 56—61; Sekt. Phys., Univ. München; dt.) — Die stroboskop. Beobachtung ferromagnet. Bereiche, die in Wechselfeldern von fast 0 bis 200 Hz ummagnetisiert wurden, zeigte eine starke Abhängigkeit zwischen Bereichskonfig. u. Feldfrequenz. Um Magnetisierungsvorgänge auch bei höheren Frequenzen des Feldes bis etwa 20 kHz untersuchen zu können, war es nötig, eine neuartige stroboskop. Beobachtungsapp. zu entwickeln, deren Aufbau u. Wirkungsweise beschrieben wird. Weiterhin wird über einen bei der Bereichsbewegung auftretenden Vorgang berichtet, der zu einer Nichtreproduzierbarkeit des Ummagnetisierungsvorganges führt u. die stroboskop. Beobachtung dynam. Prozesse bei kleinen Frequenzen u. großer Aussteuerung erschwert oder ganz unmöglich macht. Die Bereichsstruktur in der Oberfläche eines FeSi-Einkrist. wurde untersucht. Herbert Weber 136

0825 **Temperaturabhängigkeit der Magnetisierung eines amorphen Ferromagnetikums.** C. C. Tsuei, G. Longworth und S. C. H. Lin. (Physic. Rev. [2] **170** (1968) 2, 603—06; Calif. Inst. of Technol., Pasadena, Calif.; engl.) — Messung der Magnetisierung u. des magnet. Hyperfeinfeldes in Abhängigkeit von der Temp. für die amorphe Leg. $Fe_{80}P_{12,5}C_{7,5}$. Das Mössbauer-Spektrum der Leg. besteht aus verbreiterten Linien, das mittlere Hyperfeinfeld beträgt 282 ± 1 kG bei 4,2°K u. hat eine Temp.-Abhängigkeit im wesentlichen entsprechend einer Brillouin-Funktion mit einer Curie-Temp. von (586 ± 2)°K. Die Magnetisierung in Abhängigkeit von der Temp. stimmt mit der Abhängigkeit des Hyperfeinfeldes überein u. ergibt ein magnet. Moment pro Fe-Atom von (2,10 ± 0,01) μ_B. Zur Erklärung der Form der Mössbauer-Spektren wird ein einfaches Modell entwickelt, das auch die Red. des magnet. Momentes pro Fe-Atom im Vgl. zu reinem Fe erklärt. Obwohl das magnet. Moment pro Fe-Atom in dieser amorphen Leg. nur etwas kleiner als das des reinen Fe ist, ist die Curie-Temp. stark red., wahrscheinlich infolge des Fehlens einer strengen Periodizität in der Atomanordnung. H. Liepack 136

0826 **Verbesserter Entmagnetisierungs-Kryostat für Mössbauer-Effekt-Experimente.** Motoo Shinohara, Atsushi Ishigaki und Kazuo Ôno. (Jap. J. appl. Physics **7** (1968) 2, 170—73; Inst. for Solid State Phys., Univ. of Tokyo, Tokyo; engl.) — Die niedrigste Temp., die mit Cr–K-Alaun als Kühlsalz erhalten wurde, betrug 0,025°K; die Temp. des Alauns erreichte 0,05°K in 6,5 Stunden. Die mit $MnNH_4$-Tutton-Salz erreichte niedrigste Temp. betrug 0,15°K; die Temp. blieb prakt. konst., solange fl. He im Bad war. Die magnet. Hyperfeinstruktur von $K_3Fe(CN)_6$ (T_N = 0,13°K) wurde durch Anwendung des beschriebenen Kryostaten (mit Be-Fenster) durch Mössbauer-Absorptionsspektren beobachtet; das interne Magnetfeld an der Stelle eines Fe-Kerns in $K_3Fe(CN)_6$ wurde zu 193 kOe bestimmt. Herbert Weber 136

0827 **Neuer Typ von Streifendomänen.** Eiji Tatsumoto, Kazuhiro Hara und Takashi Hashimoto. (Jap. J. appl. Physics **7** (1968) 2, 176; Fac. of Sci., Hiroshima Univ., Hiroshima; engl.) — Ein Typ II von Streifendomänen wird mittels Pulvermustern in 76% Ni–Fe-Filmen von mehr als 2000 Å Dicke beobachtet, die bei einem Einfallswinkel von 45° auf Glas-Substrat (200° C im Vakuum von ca. 10^{-5} Torr) aufgedampft worden waren. Für Typ I ist die Normalkomponente zur Filmebene für das Mittel der lokalen magnet. Momente in jeder Domäne abwechselnd entgegengesetzt in der Richtung, u. die Tangentialkomponente ist parallel u. in gleicher Richtung. In Typ II sind sowohl die Normal- als auch die Tangentialkomponenten abwechselnd entgegengesetzt in der Richtung. Beim Magnetisierungsumkehr-Prozeß wird in der Nähe der Sättigung der Magnetisierung nur Typ I u. um die Remanenz nur Typ II beobachtet. Ein gleichzeitiges Auftreten von beiden Typen konnte bei einer krit. Stufe beobachtet werden, bei der eine bemerkenswerte diskontinuierliche Änderung der Magnetisierung durch Messung der magnet. Widerstandsänderung nachgewiesen wurde. Die Streifendomänen von Typ II können der Existenz einer großen Anisotropie in der Einfallsebene zugeschrieben werden. Das Anisotropiefeld wurde zu ca. 600 Oe bestimmt. Herbert Weber 136

0828 **Einfluß thermomagnetischer Behandlungen auf den Ordnungsvorgang in der Legierung CoPt.** Philippe Eurin, François Valla und Jean Paulevé. (C. R. hebd. Séances Acad. Sci., Sér. A et B **267** (1968) 10, B 500 bis 502; Sect. de Phys. du Solide, Centre d'Et. nucl., Grenoble; franz.) — CoPt entwickelt unterhalb 825° eine tetragonale Ordnung vom AuCu-Typ mit starker magnet. Anisotropie. Untersucht wird der Einfl. eines Magnetfeldes auf den Ordnungsvorgang in ungeordnetem, durch Abschrecken (von 1100° aus) gewonnenem CoPt während des Temperns bei 300° bzw. bei schrittweiser Temp.-Steigerung (50°/30 Min.) bis auf 750° durch Messung der auftretenden Anisotropie bei verschiedener Magnetfeldrichtung. Ein nach 20std. Behandlung bei 750° unter einem Magnetfeld in (001)-Richtung vollständig geordneter Krist. mit der Anisotropiekonst. $P_1 = 4,3 \cdot 10^7$ erg/cm³ enthält nach Unters. seiner Magnetisierung in [001]- bzw. [100]-Richtung nur den einen Domänentyp, der der Feldrichtung während des Temperns entspricht. U. Venzke 136

0829 **Anisotropie der Koerzitivkraft von tri- und quadruaxialen ferromagnetischen Einkristallen.** J. Pospiech. (Acta physica polon. **34** (1968) 1 (7), 111—18; Inst. of Basic Techn. Problems, Polish Acad. of Sci., Dep. of Metals, Cracow; engl.) — Unter Vernachlässigung des Einfl. von Gitterstörungen auf Änderungen in der Domänenstruktur wird eine Funktion abgeleitet, die die Koerzitivkraft-Anisotropie eines Einkrist. beschreibt. Die Funktion besitzt Eig., die sich aus von verschiedenen Autoren durchgeführten Messungen der Koerzitivkraft-Anisotropie an *Fe* u. *Ni* ergeben. Werner Schmidt/Berlin 136

0830 **Magnetische Zustände von Cerantimonid mit Natriumchlorid-Struktur.** Takashi Tsuchida und Yoji Nakamura. (J. physic. Soc. Japan **25** (1968) 1, 284; Dep. of Metal Sci. and Technol., Kyoto Univ., Kyoto; engl.) — Vf. messen die Temp.-Abhängigkeit der Magnetisierung bei kleinen Feldern u. die Abhängigkeit der Magnetisierung von der Feldstärke für verschiedene Temp. an CeSb-Proben, die durch direkte Rk. stöchiometr. Mengen von Ce u. Sb dargestellt wurden. Ein magnet. Phasendiagramm für CeSb wird aufgestellt u. diskutiert. E. Richter 136

0831 **Metamagnetische Eigenschaften der Verbindungen Tb_3Al_2 und Dy_3Al_2.** Bernard Barbara, Christian Bècle, Jacques-Louis Féron, Remy Lemaire und René Pauthenet. (C. R. hebd. Séances Acad. Sci., Sér. A et B **267** (1968) 4, B 244—47; Labor. d'Electr. et de Phys. du Métal, Grenoble, Isère; franz.) — Messungen der Magnetisierung σ werden unter Feldern bis 70 kOe bei Temp. zwischen 2 u. 293°K, Messungen der Suszeptibilität χ zwischen 293 u. 900°K durchgeführt. Die Verb. zeigen eine ferromagnet. ⇄ paramagnet. Umwandlung bei 190°K (Tb_3Al_2) bzw. 76°K (Dy_3Al_2). Bei höherer Temp. ergibt sich für die Temp.-Abhängigkeit von χ ein Curie-Weiß-Gesetz mit den paramagnet. Curie-Temp. 125°K (Tb_3Al_2) bzw. 31°K (Dy_3Al_2). Bei sehr tiefen Temp. verschwindet das ferromagnet. Verhalten unterhalb krit. Felder, die bei 4,2°K ca. 33 kOe(Tb_3Al_2) bzw. 21 kOe (Dy_3Al_2) betragen u. aus deren Temp.-Abhängigkeit sich Umwandlungstemp. bei dem Feld 0 von 10°K (Tb_3Al_2) bzw. 20°K (Dy_3Al_2) ergeben. In Übereinstimmung mit Neutronenbeugungsunters. zeigt Tb_3Al_2 unterhalb 10°K eine nicht kollineare Ausrichtung der magnet. Momente u. besitzt eine von 0 verschiedene resultierende Magnetisierung. Dy_3Al_2 ist unterhalb 20°K antiferromagnet. u. zeigt unterhalb der krit. Feldstärken keine spontane Magnetisierung. Beide Verb. besitzen eine starke magnetokrist. Anisotropie. Die Umwandlung bei tiefen Temp. ist mit starken Einfl. des Kristallfeldes verknüpft. U. Venzke 136

0832 **Magnetische Eigenschaften von $ZrFe_2$ und $TiFe_2$ innerhalb ihres Homogenitätsbereichs.** W. Brückner, R. Perthel, K. Kleinstück und G. E. R. Schulze. (Physica Status solidi [Berlin] **29** (1968) 1, 211—16; Inst. für metall. Spezialwerkstoffe, DAW, Dresden; engl.) — Die Magnetisierungen u. magnet. Sättigungsmomente von $TiFe_2$ u. $ZrFe_2$ wurden im Homogenitätsbereich in Abhängigkeit von der Konz. untersucht. $TiFe_2$ ist auf der titanreichen Seite u. bei stöchiometr. Zus. antiferromagnet., bei Fe-Überschuß dagegen ferromagnetisch. $ZrFe_2$ ist im gesamten Homogenitätsbereich ferromagnetisch. Die Abhängigkeiten der Curie-Temp. u. der Sättigungsmagnetisierungen von der Konz. wurden bestimmt. Die in der Literatur existierenden Diskrepanzen in den Angaben über die magnet. Eig. von $ZrFe_2$ u. $TiFe_2$ werden auf die Existenz des Homogenitätsbereichs zurückgeführt. H. Roschkowski 136

0833 **Magnetische Eigenschaften von $Zr_{1-x}Ti_xZn_2$, $Zr_{1-x}Y_xZn_2$, $Zr_{1-x}Nb_xZn_2$ und $Zr_{1-x}Hf_xZn_2$.** Shinji Ogawa. (J. physic. Soc. Japan **25** (1968) 1, 109—19; Electrotechn. Labor., Tanashi, Tokyo; engl.) — An den genannten tern. Leg. ($x \leq 0,3$; 0,1; 0,2 bzw. 0,33) werden Magnetisierungsmessungen durchgeführt. Der Ferromagnetismus von $ZrZn_2$ verschwindet bei Zusätzen von Y, Nb u. Hf bei $x \approx 0,03$; 0,07 bzw. 0,15, während die Leg. mit Ti sämtlich ferromagnet. sind. Die Curie-Temp. der Ti-Leg. nimmt zuerst mit wachsendem x zu, erreicht ein Max. von 49°K bei x = 0,2 u. nimmt danach wieder ab. Bis zu 80 kG erreicht die Magnetisierung der ferromagnet. Leg. keine Sättigung. Die paramagnet. Suszeptibilitäten der

Ti- u. Hf-Leg. folgen im Gegensatz zu den Nb-Leg. angenähert dem Curie-Weiss-Gesetz.
E. Richter 136

0834 **Magnetische Eigenschaften der Übergangsmetall-boracite.** G. Quèzel und H. Schmid. (Solid State Commun. **6** (1968) 7, 447–51; Labor. d'Electrostat. et de Phys. du Métal, Grenoble; franz.) — Vf. messen zwischen 1,8 u. 300°K magnet. Suszeptibilität u. Magnetisierung folgender Übergangsmetall-Boracite: Me–X-Boracite mit Me = Cr, Fe, Co, Ni u. Cu; X = Cl, Br u. J (mit Ausnahme von Cu–J-Boracit). Alle Verb. zeigen eine antiferromagnet. Ordnung bei tiefen Temperaturen. Mit Ausnahme der Cr-Verb. erscheint bei der antiferromagnet. Ordnungstemp. ein ferromagnet. Moment.
K. H. Härdtl 136

0835 **Magnetische Anisotropie und Magnetisierung von MnSb-Kristallen.** Toshimichi Okita und Yoshimi Makino. (J. physic. Soc. Japan **25** (1968) 1, 120–24; Sony Corporat. Res. Labor., Hodojaya, Yokohama; engl.) — An MnSb-Einkrist. (ε-Phase) werden zwischen 4,2 u. 800°K Magnetisierung u. Torsion gemessen. Die Temp.-Abhängigkeit der Sättigungsmagnetisierung einer Probe mit 48,2 Atom-% Mn folgt der Brillouin-Funktion mit J = 3/2 bis 2, während Mn-reichere Proben geringe Abweichungen zeigen. Die Sättigungsmagnetisierung pro Mn-Atom nimmt mit zunehmendem Mn-Geh. (48,2–55,3 Atom-% Mn) zu. E. Richter 136

0836 **Magnetisierung eisenreicher fester Lösungen mit Nicht-Übergangselementen.** A. T. Aldred. (J. Physics, C (Proc. physic. Soc.) [2] **1** (1968) 4, 1103–11; Metallurg. Div., ANL, Argonne, Ill. U.S.A.; engl.) — Die Sättigungsmagnetisierungen kub.-raumzentrierter, eisenreicher fester Fe-Leg. mit Cu, Au, Ge, Sn u. Sb wurden zwischen Raumtemp. u. 8°K gemessen. Die mittleren magnet. Momente der Atome nehmen linear mit der Lsg.-Konz. ab. E. Richter 136

0837 **Durch Konzentrationsschwankungen verursachte magnetische Heterogenität in Invar-Legierungen.** Sukeji Kachi, Hajime Asano und Norihiko Nakanishi. (J. physic. Soc. Japan **25** (1968) 1, 285; Dep. of Chem., Fac. of Sci., Kyoto Univ., Kyoto; engl.) — Vf. messen die Sättigungsmagnetisierung von Fe–Ni-Leg. (20–30 Atom-% Ni) bei den Temp. des fl. He u. des fl. N_2. Das magnet. Moment wird in Abhängigkeit von der Ni-Konz. dargestellt. Die Ergebnisse werden unter der Annahme von Konz.-Schwankungen diskutiert.
E. Richter 136

0838 **Magnetische Eigenschaften intermetallischer Verbindungen zwischen Nickel und den Seltenerdmetallen mit der Formel T_3Ni.** Jacques-Louis Féron, Remy Lemaire, Dominique Paccard und René Pauthenet. (C. R. hebd. Séances Acad. Sci., Sér. A et B **267** (1968) 6, B 371–74; Labor. d'Electr. et de Phys. du Métal, Grenoble, Isère; franz.) — Unters. der Magnetisierung werden zwischen 1,5 u. 300°K bei Feldern bis 27 oder 70 kOe durchgeführt. Y_3Ni u. Sm_3Ni zeigen einen schwachen temp.-unabhängigen Paramagnetismus, die übrigen Verb. folgen bei hoher Temp. einem Curie-Weiß-Gesetz. Tm_3Ni ist ferromagnet. unterhalb 12°K; Pr_3Ni; Nd_3Ni; Gd_3Ni; Dy_3Ni u. Ho_3Ni sind unterhalb einer Néel-Temp. Θ_N von 2; 15; 100; 35 bzw. 20°K antiferromagnet., Er_3Ni u. Tb_3Ni zeigen unterhalb Θ_N = 9°K bzw. 62°K eine nicht kollineare Ausrichtung der magnet. Momente. Der Verlauf der Magnetisierung bei 4,2°K u. (für Tb_3Ni) bei weiteren Temp. in Abhängigkeit vom Feld ist dargestellt, die ermittelten magnet. Momente u. paramagnet. Curie-Temp. Θ_p sind tabelliert. U. Venzke 136

0839 **Feldabhängigkeit der Steifheitskonstanten für verdünnte Pd–Fe-Legierungen.** T. F. Smith, W. E. Gardner und J. I. Budnick. (Physic. Letters [Amsterdam] **27 A** (1968) 6, 326–27; Mater. Phys. Div., Atomic Energy Res. Establ., Harwell, Didcot, Berks., UK; engl.) — Messungen der Magnetisierung als Funktion der Temp. wurden in Feldern von 5–36 kOe an Leg. mit 0,15; 0,28 u. 0,53 Atom-% Fe durchgeführt. Ferner wurde eine Isotherme von 0–50 kOe bei 1,3°K für die Leg. mit 0,15 Atom-% u. bei 4,2°K für die beiden anderen Leg. erhalten. Die Unters. führte zur ersten Beobachtung einer Feldabhängigkeit der Spinwellen-Steifheits-Konstanten.
Herbert Weber 136

0840 **Magnetische Nachwirkung in Nickel nach Neutronenbestrahlung und plastischer Verformung.** F. Walz. (Physica Status solidi [Berlin] **29** (1968) 1, 245–58; Inst. für Phys., MPI für Metallforsch., Stuttgart; dt.) — Die Nachwrkg. der Anfangssuszeptibilität in Ni-Einkrist. nach Neutronenbestrahlung u. plast. Verformung wird zwischen −180 u. +150° untersucht. Bei −128, −100, −80, −38 u. −21° werden ausgeprägte Nachwrkg.-Max. beobachtet, die durch einfache Relaxationsprozesse beschrieben werden können. Zwischen 0 u. +150° tritt, auch nach plast. Verformung, ein wenig strukturiertes Relaxationsgebiet auf, das bei 50° ein breites Max. besitzt. In Übereinstimmung mit zusätzlich durchgeführten Koerzitivkraftmessungen u. Erholungsvers. werden die beobachteten Relaxationsprozesse der Umorientierung kleiner anisotroper Komplexe aus Eigenfehlstellen bzw. Eigenfehlstellen u. Fremdatomen zugeschrieben, H. Roschkowski 136

0841 **Thermometrie mit Cer(III)-Magnesiumnitrat und Messungen an Fermi-Flüssigkeiten.** A. C. Anderson. (Physic. Rev. Letters **20** (1968) 26, 1474–75; Dep. of Phys. and Mater. Res. Labor., Univ. of Ill., Urbana, Ill.; engl.) — Messungen des Demagnetisierungsfaktors an Ce(III)-Mg-Nitrat-Thermometern zeigen, daß Formkorrekturen an diesen Thermometern, die bei vielen Experimenten mit fl. ^3He sowie Mischungen aus ^3He bis ^4He verwendet werden, sehr gering sind. Aus diesem Grunde ist die an den genannten Unters. angebrachte Kritik ungerechtfertigt. B. Plewinsky 136

0842 **Spinwellen in ferromagnetischen dünnen Schichten mit Domänenstruktur.** L. Wojtczak und A. Sukiennicki. (Acta physica polon. **33** (1968) 6, 1013–23; Dep. of Theoret. Phys., Univ. of Łodź; engl.) — Die Eig. ferromagnet. dünner Schichten mit Domänenstruktur werden nach der Spinwellentheorie behandelt.
Werner Schmidt/Berlin 136

0843 **Domänenwandübergänge in dünnen Schichten.** R. Carey. (Thin solid Films [Lausanne] **1** (1968) 4, 323 bis 324; Dep. of Appl. Phys., Lanchester Coll. of Technol., Coventry; engl.) — Für dünne ferromagnet. Schichten werden mit Hilfe der Beziehungen von S. Middelhoek (Thesis, Amsterdam 1961) die Änderungen der Dicke von Bloch-Néel-Wänden bzw. Bloch-Cross-tie-Wänden in Abhängigkeit von Schichtanisotropie K u. Sättigungsmagnetisierung M_S berechnet. Die Übergänge beider Wandtypen sind bis $K \leq 10^5$ erg/cm³ nahezu unabhängig von K, während bes. für kleine M_S die krit. Dicken ab- bzw. zunehmen. Herbert Müller 136

0844 **Herstellung und Eigenschaften von Cr-Schichten.** A. A. Milgram und Chih-shun Lu. (J. appl. Physics **39** (1968) 6, 2851–56; Carrier Res. and Dev. Co., Syracuse, N.Y.; engl.) — Unters. von Orientierung, elektr. u. magnet. Eig. von durch Vakuumaufdampfen hergestellten dünnen Cr-Schichten. Die Filmorientierung hing von dem als Substrat benutzten, teilweise glasförmigen Material ab. Es wurde eine Widerstandsanomalie beobachtet, die mit dem Übergang antiferromagnet.–paramagnet. in massivem Cr zusammenhängt. Die experimentell beobachtete Beziehung zwischen Widerstand u. Temp. für die Cr-Schichten wird durch Einfl. der Spannung auf die magnet. Übergangstemp. erklärt.
H. Liepack 136

0845 **Zum Magnetismus von aufgedampften Silber–Mangan-Legierungen.** Dietrich Korn. (Z. Physik **214** (1968) 2, 136–48; I. Phys. Inst. Univ. Göttingen; dt.) — Ag–Mn-Leg. werden durch gleichzeitige Kondens. beider Komponenten (2 Verdampfungsquellen) auf eine Unterlage (mattierte krist. Quarzplatte) bei 30°K erzeugt. Nach dieser Meth. wird eine statist. Verteilung der Mn-Atome in Ag erhalten. Die Suszeptibilität von ungetemperten Filmen befolgt das Curie-Gesetz für alle Mn-Konz. bis zu 16 Atom-%. Oberhalb dieser Konz. gilt das Curie-Weiss-Gesetz mit einer negativen paramagnet. Curie-Temperatur. Das magnet. Moment nimmt mit steigender Mn-Konz. ab. Für kleine Konz.

entspricht das magnet. Moment eines Mn-Atoms einem Spin von 4/2. Die Temp. der Spinordnung ist proportional zur Mn-Konzentration. Eine Temperung der Filme auf 300 °K ändert die Verteilung der Mn-Atome u. der magnet. Eigenschaften. Die magnet. Messungen an getemperten Filmen sind in qual. Übereinstimmung mit bekannten Messungen an geschmolzenen Ag-Mn-Legierungen. Die magnet. Eig. werden nach der Theorie von Friedel, Ziman u. Overhauser diskutiert.
Herbert Weber 136

0846 **Bestimmung der Austausch-Steifheitskonstanten unter Verwendung schnellen Schaltens dünner magnetischer Fe-Ni-Schichten.** Nobutake Imamura und Soshin Chikazumi. (J. physic. Soc. Japan **25** (1968) 1, 125—32; Inst. for Solid State Phys., Univ. of Tokyo, Roppongi, Tokyo; engl.) — Messung der Austauschsteifheitskonst. A an 18% Fe–82% Ni-Schichten von 2000—11000 Å Dicke. E. Richter 136

0847 **Temperaturabhängigkeit der Anisotropiedispersion dünner Ni-Fe-Filme.** Morio Masuda, Toshitaka Fujii und Susumu Uchiyama. (Jap. J. appl. Physics **7** (1968) 5, 509—11; Dep. of Electr. Engng., Fac. of Engng., Nagoya Univ., Nagoya; engl.) — Die Domänenstruktur in Ni–Fe-Filmen (70—90% Ni), die durch ein Wechselfeld in der schweren Richtung entmagnetisiert werden, wird mit Hilfe des magnetoopt. Faraday-Effektes als Funktion der Temp. (25—400°) untersucht. Die aus der Domänenstruktur abgeschätzte makroskop. Winkeldispersion wird mit der aus der Messung der ferromagnet. Resonanz bestimmten verglichen.
B. Plewinsky 136

0848 **Ferro-antiferromagnetische Kopplung und Magnetisierung in dünnen Co–CoO- und Ni–NiO-Mehrfachschichten.** C. Schlenker. (Physica Status solidi [Berlin] 28 (1968) 2, 507—17; Labor. d'Electrostat. et de Phys. du Metal, Grenoble; franz.) — Die Temp.-Abhängigkeit der ferro-antiferromagnet. Kopplung wird bei —190 bis +20° in polykrist., oberflächenox. Co- u. Ni-Filmen untersucht. Die gerichtete Anisotropie verschwindet bei einer Übergangstemp. unterhalb der Néel-Temp. u. steht in Beziehung zur Dicke des Films. Diese Anisotropie hängt nicht von der Kopplung ab. Das beobachtete Max. der Koerzitivkraft u. die Abnahme des Hystereseverlusts bei Temp. nahe der Übergangstemp. stimmen qual. mit einem Modell überein, in dem die Momente in den antiferromagnet. Atomebenen durch die Kopplung bei tiefen Temp. „verzerrt" sind u. der Film nur bei hohen Temp. „starr" ist. H. Roschkowski 136

0849 **Antiparalle Austauschkopplung in Gd-Permalloy-Schichtfilmen.** Nobuo Hayashi, Eiichi Goto und Kōzō Nishimoto. (Jap. J. appl. Physics **7** (1968) 5, 555; Dep. of Phys., Univ. of Tokyo, Tokyo; engl.) — Von Permalloy (81 Ni, 19 Fe; 3000 Å)-Gd (300 Å)-Permalloy(100 Å)-Schichtfilmen werden Hysteresisschleifen in der leichten Richtung bei 25° u. bei 78 °K gemessen. Die magnet. Austauschkopplung bei der Grenzfläche der ferromagnet. Gd- u. Permalloyschicht ist negativ. B. Plewinsky 136

0850 **Kontrast im Relief von dünnen ferromagnetischen Schichten in der Lorentz-Mikroskopie.** Pierre Vigier und Pierre Haymann. (C. R. hebd. Séances Acad. Sci., Sér. A et B **267** (1968) 1, B 22—24; Labor. de Microscopie electr., Fac. des Sci. de Rouen, Mont-Saint-Aignan, Seine-Maritime; franz.) — Lokale Drehungen der Magnetisierung unter dem Einfl. von Magnetfeldern werden in elektronenmkr. Abb. des Reliefs dünner ferromagnet. Schichten sichtbar gemacht.
U. Venzke 136

0851 **Temperaturabhängigkeit magnetischer Verluste in α-Fe–C(N) im Falle der Snoek-Relaxation.** J. W. Moroń und J. Rasek. (Acta physica polon. **33** (1968) 6, 899 bis 912; Dep. of Gen. Phys., Higher School of Pedagogy, Katowice; engl.) — Für die Temp.-Abhängigkeit der Relaxationsverluste (δ_r) in Verb. mit dem Snoek-Prozeß wird unter Benutzung der Rechnungen von Krupička u. Roskovec (vgl. Czechoslov. J. Phys. **16B** (1966) 99) eine neue Beziehung abgeleitet. Die mit einer Maxwell-Wien-Brücke für reines Fe, das N u. C in Form fester Lsg. (0,02% C; 0,001% N) enthielt, erhaltenen experimentellen Kurven tg δ_r = f(T) lassen sich als Summe zweier Relaxationsprozesse beschreiben in Übereinstimmung mit der abgeleiteten Beziehung.
Werner Schmidt/Berlin 136

0852 **Magnetische Suszeptibilität von PuO_2.** G. Raphael und R. Lallement. (Solid State Commun. **6** (1968) 6, 383—85; Suppl. zu: J. Physics Chem. Solids; C. E. N. de Fomtenay-aux-Roses, France; franz.) — Vf. messen die magnet. Suszeptibilität χ von $PuO_{2,00}$ zwischen 4 u. 1000 °K. χ ist konst. u. beträgt 536 emu/Mol. Es wird angenommen, daß diese Art von Magnetismus ein Van Vleck-Paramagnetismus ist, der durch Anregungen zwischen den Niveaus Y_1 u. Y_4 des $5I_4$-Multipletts unter der Wrkg. des Krist.-Feldes der Sauerstoff-Ionen verursacht wird. K. H. Härdtl 136

0853 **Struktur von antiferromagnetischem UO_2.** A. P. Cracknell. (Physics Letters [Amsterdam] **27 A** (1968) 7, 426—27; Dep. of Phys., Univ. of Essex, Wivenhoe Park, Colchester, Essex, UK; engl.) — Unters. zur Erklärung des nahezu isotropen schwachen Ferromagnetismus in UO_2 durch Annahme einer gekanteten antiferromagnet. Struktur (Φ zwischen 0,2 u. 0,4°), zusammen mit der Existenz von Domänen. Herbert Weber 136

0854 **Einfluß von Gitterverzerrungen auf das magnetische Verhalten von Manganiten des Perowskittyps.** V. A. Bokov, N. A. Grigoryan, M. F. Bryzhina und V. V. Tikhonov. (Physica Status solidi [Berlin] **28** (1968) 2, 835—47; Inst. of Semiconductors, Acad. of Sci. of USSR, Leningrad; engl.) — Untersucht werden Mischkrist. der Zus. $Nd_{1-x}Me_xMnO_3$ mit Me = *Ca*, *Sr*, *Ba* u. die tern. Syst. $(Bi_{1-x}La_x)_{0,5}Ca_{0,5}MnO_3$ sowie $Bi_{0,5}(Ca_{1-x}Me_x)_{0,5} \cdot MnO_3$ mit Me = *Sr*, *Pb* u. *Ba*. Verzerrungen der kub. Perowskitstruktur werden röntgenograph. bei Raumtemp. u. der Temp. des fl. N_2 nachgewiesen. Die magnet. Messungen werden bei 77—800 °K durchgeführt. Kub. u. wenig verzerrte Proben sind rein ferromagnet., bei verzerrten Strukturen treten red. spontane Momente u. in einigen Fällen Antiferromagnetismus auf. Das magnet. Verh. der Proben wird auf Grund von Betrachtungen der Elektronenstruktur diskutiert.
H. Roschkowski 136

0855 **Elektrische und magnetische Eigenschaften von Zink-Nickel-Manganiten.** D. B. Ghare und A. P. B. Sinha. (J. Physics Chem. Solids **29** (1968) 6, 885—94; National Chem. Labor., Poona, Bombay, India; engl.) — Vf. stellen eine Reihe von Verb. der allg. Formel $ZnNi_x \cdot Mn_{2-x}O_4$ her, die sowohl Mn^{3+}- als auch Mn^{4+}-Ionen auf oktaedr. Gitterplätzen enthalten u. untersuchen die strukturellen, elektr. u. magnet. Eig. der Mischkrist.-Reihe. Verb. mit $x \leqq 0,3$ sind tetragonal, mit $x \geqq 0,5$ kubisch. Die elektr. Eig. deuten darauf hin, daß die Leitung durch kleine Polaronen erfolgt u. aus Thermokraftmessungen ergibt sich, daß Verb. mit $x \leqq 0,3$ p-Leitung u. mit $x > 0,5$ n-Leitung zeigen. Die Verb. mit $x = 0,5$ ist unterhalb 200° p-leitend u. oberhalb n-leitend. In der Auftragung der reziproken magnet. Suszeptibilität $(1/\chi)$ gegen die Temp. ergibt sich für alle Verb. eine deutliche Abnahme der $1/\chi$-Werte unterhalb 100 °K, wie man in ferrimagnet. Verb. findet.
K. H. Härdtl 136

0856 **Starke Pb-Ferrite.** Michael Tokar und John H. Koenig. (J. appl. Physics **39** (1968) 6, 2977; School of Ceramics, Rutgers, State Univ., New Brunswick, N.J.; engl.) — Es wurden harte Ferrite auf Pb-Basis mit kleinen Zusätzen von Oxiden wie B_2O_3 oder SiO_2 hergestellt u. deren magnet. Eig. untersucht. Die Energieprod. der polykrist. „isotropen" Proben sind gegenüber denen der „isotropen" Ba-Ferrite um 30—40% verbessert. Bei den Sintertemp. bilden sich niedrig schmelzende Phasen, die beim Abkühlen an den Korngrenzen der Ferritkrist. ausgeschieden bleiben. Dadurch wird die Restinduktion auf 2700 G erhöht (2200 G für nicht dotiertes Material). Die Koerzitivkraft wird nur schwach herabgesetzt. Durch die Zusätze wird der Orientierungsgrad erhöht. H. Liepack 136

0857 **Einfluß von hydrostatischem Druck auf die magnetische Anisotropie von Fe^{2+}- und Fe^{3+}-Ionen in Ferriten**

mit Spinell-Struktur. Akira Sawaoka und Naoto Kawai. (J. physic. Soc. Japan **25** (1968) 1, 133—40; Dep. of Phys., Fac. of Engng. Sci., Osaka Univ., Toyonaka, Osaka; engl.) — Für 10 Ferrite wird bei Raumtemp. die Druckabhängigkeit der magnet. Anisotropiekonst. erster Ordnung (K_1), K_1^{-1} (dK_1/dp), bestimmt: $Li_{0,5} \cdot Fe_{2,5}O_4$ (+4,1[$\cdot 10^{-6}$ bar^{-1}]), $NiFe_2O_4$ (+3,3), $Li_{0,05}Fe_{2,95} \cdot O_4$ (—18,0), Fe_3O_4 (—13,5), $Fe_{2,96}Ti_{0,04}O_4$ (—9,4), $Fe_{2,90} \cdot Ti_{0,10}O_4$ (—6,5), $Fe_{2,82}Ti_{0,18}O_4$ (—1,4), $Fe_{2,69}Ti_{0,31}O_4$ (+3,0), $MnFe_2O_4$ (+7,0) u. $Mn_{0,8}Zn_{0,2}Fe_2O_4$ (+6,0).
E. Richter 136

0858 **Magnetisierung von Ferriten unter der gleichzeitigen Wirkung eines magnetischen Zirkularwechselfeldes und eines longitudinalen konstanten Feldes.** V. Petrescu und N. Rezlescu. (Rev. roum. Physique **13** (1968) 4, 311—16; Centre de rech. phys., Jassy Acad. de la République Socialiste de Roumanie; franz.) — Unters. des Procopiu-Effektes an einem *Ni–Zn–Co-Ferrit.*
Herbert Weber 136

0859 **Magnetisierung des Dysprosium-Perowskit-Ferrits $DyFeO_3$.** L. André Apostolov. (C. R. hebd. Séances Acad. Sci., Sér. A et B **267** (1968) 8, B 457—60; Labor. d'Électr. et de Phys. du Métal, Grenoble, Isère; franz.) — Die Messungen werden bei 1,8—1450°K unter Feldern bis 26 kOe durchgeführt. Oberhalb T_{N_1} = 645 ± 5°K ist die Verb. paramagnet. mit einer paramagnet. Curie-Temp. von Θ_{p_1} = 97°K u. einer molaren Curie-Konst. C_1 von 17,25. Unterhalb Zimmertemp. bis zu T_{N_2} = 3,50°K zeigt die Magnetisierung einen ferromagnet. u. einen paramagnet. Term nebeneinander. Für den paramagnet. Term wird eine zweite Curie-Temp. Θ_{p_2} = 2°K u. eine zweite Curie-Konst. C_2 = 14,15 erhalten. Unterhalb 3,5°K verhält sich die Verb. in schwachen Feldern antiferromagnet., bei Feldern > 3800 Oe wächst die Magnetisierung jäh auf einen ersten Sättigungswert von 3,17 μ_B (bei 1,8°K) u. bei > 6800 Oe in gleicher Art auf einen zweiten bei 14000—15000 Oe erreichten Sättigungswert von 5,9 μ_B (bei 1,8°K). In schwachem Feld (≃ 80 Oe) wächst die spontane Magnetisierung mit abnehmender Temp. bis zu einem Max. bei 32°K. Zur Ermittlung des Anteils von Dy^{3+} bzw. Fe^{3+} an dem magnet. Verhalten wird $LuFeO_3$ (Lu^{3+} besitzt kein magnet. Moment) in gleicher Weise bei 20—1200°K untersucht. $LuFeO_3$ ist oberhalb T_N = 630 ± 10°K paramagnet. u. unterhalb Zimmertemp. antiferromagnet. mit geringem ferromagnet. Anteil. Aus einem Vgl. der Unters. ergibt sich für $DyFeO_3$, daß $C_2 = C_{Dy}$ u. $\Theta_{p_2} = \Theta_{p_{Dy}}$ ist. Das Verhalten von $DyFeO_3$ unterhalb 3,5°K wird bei Feldern < 7000 Oe als helimagnet., bei > 7000 Oe als metamagnet. gedeutet. U. Venzke 136

0860 **Konstitution von $Cu_{0,5}Fe_{2,5}O_4$.** E. Kitzinger und Z. Šimša. (Czechoslov. J. Physics, Sect. **B 18** (1968) 7, 955—57; Inst. of Solid State Phys., Czechosl. Acad. Sci., Prague; engl.) — Zur Best. der Valenzzustände werden spezif. elektr. Widerstand ϱ u. Seebeck-Koeff. Θ für von 1250° abgeschreckte, polykrist. Ferrite der Zus. $Cu_{0,52}Fe_{2,48}O_4$ in Abhängigkeit von der Temp. (300 bis 900°K) gemessen. Bei der ersten Messung nach dem Abschrecken sind ϱ u. Θ im Bereich 700—850°K zeitabhängig u. wandern zu höheren Werten. Bei wiederholten Messungen ergeben sich reproduzierbare Kurven. Zwischen Raumtemp. u. 650°K weisen die Ergebnisse auf das gleichzeitige Vorliegen großer Konz. von Fe^{2+} u. Fe^{3+} auf Oktaederplätzen des Spinellgitters hin. Messungen der Sättigungsmagnetisierung ergeben als Kationenverteilung $Fe^{3+}_{0,73}Cu^{2+}_{0,27}(Cu^{2+}_{0,25}Fe^{3+}_{0,48}Fe^{2+}_{1,27})O_4$. Oberhalb 700°K treten irreversible Prozesse im abgeschreckten Material auf, die zu einem teilweisen Zerfall des Ferrits in α-Fe_2O_3 u. $CuFeO_2$ führen.
Werner Schmidt/Berlin 136

0861 **Untersuchung des Systems $Li_{0,5}Fe_{2,5}O_4$–Fe_2CuO_4.** Michel Lenglet. (C. R. hebd. Séances Acad. Sci., Sér. A et B **267** (1968) 6, B 367—71; Fac. des Sci., Nancy, Meuthe-et-Moselle; franz.) — Mischspinelle der Zus. $(Li^{+}_{0,5}Fe^{3+}_{0,5})_{1-a}Cu_a^{2+}Fe_2^{3+}O_4^{2-}$ werden bei 800° aus den Oxiden oder den reinen Spinellen dargestellt. Für Präp. mit a = 0; 0,1; 0,2 ... 0,9; 1, die a) durch langsames Abkühlen u. b) durch Abschrecken (von einer Ausgangstemp. von 850° aus) gewonnen werden, werden Gitterparameter, Intensitätsverhältnisse I_{400}/I_{220} für Röntgenbeugungslinien, Curie-Temp. u. magnet. Momente mitgeteilt. Ferner wird die Änderung des magnet. Moments von Fe_2CuO_4 in Abhängigkeit von der Abschrecktemp. (600—1000°) untersucht. Die abgeschreckten Präp. zeigen Spinellstruktur, die langsam abgekühlten erfahren bei a > 0,5 eine quadrat. Deformation. Aus den Unters. ergibt sich, daß die Cu^{2+}-Ionen in den langsam abgekühlten Präp. fast ausschließlich auf B-Plätzen u. in den abgeschreckten Präp. auf A- u. B-Plätzen, jedoch vornehmlich auf B-Plätzen sitzen. Die Änderung des magnet. Moments von Fe_2CuO_4 mit der Abschrecktemp. (von > 900°) wird durch Wanderung der Cu^{2+}-Ionen von B- auf A-Plätze erklärt. U. Venzke 136

0862 **Zwei neue Erscheinungsformen des photomagnetischen Effekts.** U. Enz und H. van der Heide. (Solid State Commun. **6** (1968) 6, 347—49; Suppl. zu: J. Physics Chem. Solids; Philips Res. Labor., N. V. Philips Gloeilampenfabrieken, Eindhoven; engl.) — Die photomagnet. Eig. von Si-substituierten *Y-Granaten* werden untersucht. Es zeigt sich, daß IR-Strahlung große Veränderungen der Permeabilität u. der Koerzitivkraft dieses Materials hervorruft. Zum Beispiel bewirkt eine Intensität von 10^{-2} W/cm^2 in 5 Min. eine Reduktion der Anfangspermeabilität eines „Einkrist.-Rahmens" um einen Faktor drei. Der Effekt ist abhängig von der Anzahl der totalen absorbierten Photonen. Die Ansprechzeit des Effekts konnte nicht ermittelt werden, sie ist aber kleiner als 10^{-4} sec. Messungen der spektralen Abhängigkeit ergeben eine photomagnet. Absorptionskante bei einer Wellenlänge von 1,3 μ. Vf. diskutieren ein Modell, in welchem die Strahlung eine Änderung der Verteilung der zweiwertigen Fe-Ionen im Krist. bewirkt, woraus die Änderung der magnet. Eig. folgt.
K. H. Härdtl 136

0863 **Modulation der reflektierten Mikrowellenenergie in Yttriumeisengranat durch stehende Spinwellen.** S. Wang, G. Thomas und Ta-lin Hsu. (J. appl. Physics **39** (1968) 6, 2719—22; Dep. of Electr. Engng. and Computer Sci. and Electron. Res. Labor., Univ. of Calif., Berkeley, Calif.; engl.) — Unters. der oberhalb der Schwelle für Spinwelleninstabilität auftretenden niederfrequenten Oszillationen. Die Frequenz der kohärenten Oszillationen hängt vom angelegten magnet. Gleichfeld ab. Es wird eine einfache Theorie entwickelt, die die experimentellen Beobachtungen gut erklären kann.
H. Liepack 136

0864 **Einfluß einer Erbiumdotierung auf die Ausbreitungsgeschwindigkeit magnetischer Domänenwände in Yttriumeisengranat.** H. Harper und R. W. Teale. (J. Physics, C (Proc. physic. Soc.) [2] **1** (1968) 4, 1046—51; Phys. Dep., Univ. of Sheffield, Yorks.; engl.) — Daten der ferromagnet. Resonanz einer Probe der Zus. $Er_{0,078} \cdot Y_{2,922}Fe_5O_{12}$ werden verwendet, um die Wandbeweglichkeit in diesem Stoff vorauszusagen. Es wird an einem Yttriumeisengranat u. an einer Probe obiger Zus. der Zeitpunkt der Flußumkehr nach plötzlichem Anlegen eines Magnetfelds gemessen. Zwischen 3 u. 60°K besteht Übereinstimmung zwischen Theorie u. Experiment.
E. Richter 136

0865 **Einfache Methode zur Bestimmung von Frequenz und Form magnetostatischer Schwingungen.** C. Thiessen. (J. appl. Physics **39** (1968) 6, 2875—81; Dt. Versuchsanstalt für Luft- und Raumfahrt, Oberpfaffenhofen, Germany; engl.) — Beschreibung der Meth. u. experimentelle Unters. der Resonanzen in normal magnetisierten dünnen *Yttriumeisengranat*-Scheiben in sieben verschiedenen Resonatorplätzen bei 6525 MHz.
H. Liepack 136

0866 **Magnetoelektrischer Effekt in $LiNiPO_4$.** Michel Mercier und Pierre Bauer. (C. R. hebd. Séances Acad. Sci., Sér. A et B **267** (1968) 8, B 465—68; Labor. d'Electr. et de Phys. du Métal Grenoble, Isère; franz.) — $LiNiPO_4$ krist. in der orthorhomb. Raumgruppe Pnma mit a = 10,03, b = 5,85 u. c = 4,68 Å u. Z = 4. Die magnet. Zelle ist mit der chem. ident.; unterhalb T_N = 23 ± 2°K sind die Ni-Atome antiferromagnet. kollinear (A_2) geordnet. — Bestimmt wird der magnetoelektr. Effekt α zwischen 2,5 u. 20°K (unter einem stetigen magnet. Feld von 2000 Oe in Spinrichtung) durch Messung der Magnetisierung M bei Anlegen eines elektr. Feldes E von 750 V_{eff}/cm bzw. durch Messung der elektr. Polarisation P bei Anlegen eines Magnetfeldes H von 6 Oe_{eff}. Die nach beiden Meth. erhaltenen Werte für α sind identisch. Sie steigen mit der Temp. bis zu Maximalwerten bei 20°K u. fallen dann auf 0. α_{zz}, erhalten durch Messung von M_z im Feld E_x bzw. von P_x im Feld H_z erreicht ein Max. von $(2,3 \pm 0,1) \cdot 10^{-4}$; α_{zx}, erhalten aus M_x im Feld E_z bzw. aus P_z im Feld H_x erreicht ein Max. von $(5,4 \pm 0,1) \cdot 10^{-4}$. Die Messungen bestätigen, daß die Spins parallel zur c-Achse des Krist. ausgerichtet sind. Weitere Unters. zeigen das Anwachsen der Maximal- u. Minimalwerte von α_{zz} bis zu Sättigungswerten unter dem Einfl. von Änderungen des stetigen Magnetfeldes, wenn es von 100 auf 2800 Oe gesteigert wird. U. Venzke 136

0867 **Stark-Kristallfeldaufspaltung in $TmAl_3$.** K. H. J. Buschow. (Z. physik. Chem. [Frankfurt/M.] [N. F.] **59** (1968) 1/4, 21–26; Philips Res. Labor. N. V. Philips Gloeilampenfab., Eindhoven/Netherlands; engl.) — Vf. untersucht bei der Verb. *$TmAl_3$* die Abhängigkeit der Suszeptibilität von der Temp. (4,2–700°K) sowie die Feldabhängigkeit der Magnetisierung bei 4,6°K. Das anomale Verh. dieser Verb. bei tiefen Temp. kann durch eine Krist.-Feldaufspaltung des entarteten Grundzustandes des Tm^{3+}-Ions von etwa 290 cm^{-1} erklärt werden. Die experimentell bestimmte Curie-Temp. von −19°K besteht aus einem Beitrag des Krist.-Feldes $\Theta_{krist} = -11$°K) u. einem Beitrag des Austauschfeldes $\Theta_{ex} = -8$°K). Für α- u. *β-$ErAl_3$* wird die Suszeptibilität als Temp.-Funktion (5–80°K) bestimmt. Die Ergebnisse werden mit den anderen Seltenerdmetall–Aluminiumverb. verglichen. B. Plewinsky 136

0868 **Magnetische Ordnungstemperaturen von Einkristallen der Seltenerdmetalle bei hohen Drücken: Gadolinium–Terbium–Dysprosium.** H. Bartholin und D. Bloch. (J. Physics Chem. Solids **29** (1968) 6, 1063 bis 1075; Labor. d'Electrostat. et de Phys. du Métal, Grenoble; engl.) — Die magnet. Ordnungstemp. von Gd-, Tb- u. Dy-Einkristall. werden experimentell bei hydrostat. Drücken bis zu 6 kbar gemessen. Die Curie-Temp. von Gd nimmt mit steigendem Druck mit einem Koeff. von $(-1,40 \pm 0,02) \cdot 10^{-3}$ Grad/bar ab. Tb u. Dy durchlaufen bei hohen Temp. einen antiferro-–paramagnet. Übergang bei der Néel-Temp. T_N u. bei niedrigeren Temp. einen ferromagnet.–antiferromagnet. Übergang bei der Curie-Temp. T_C. Für Tb ergibt sich: $dT_N/dp = (-0,84 \pm 0,02) \cdot 10^{-3}$ Grad/bar u. $dT_C/dp = (-1,24 \pm 0,02) \cdot 10^{-3}$. Die entsprechenden Werte für Dy ergeben sich zu $(-0,41 \pm 0,01) \cdot 10^{-3}$ u. $(-1,27 \pm 0,02) \cdot 10^{-3}$. Diese Verschiebungen werden durch die Änderungen der Austausch- u. Anisotropieenergien mit den interatomaren Abständen verursacht. K. H. Härdtl 136

0869 **Magnetische Suszeptibilität von Neodymhexaborid.** H. Hacker jun. und M. S. Lin. (Solid State Commun. **6** (1968) 6, 379–81; Suppl. zu: J. Physics Chem. Solids; Dep. of Electrical Engng., Duke Univ., Durham, N.C.; engl.) — Die magnet. Suszeptibilität von NdB_6 wird zwischen 4 u. 250°K gemessen. Die Ergebnisse lassen erkennen, daß die Verb. einen antiferromagnet.–paramagnet. Übergang bei T_N = 8,45°K durchläuft. Die Suszeptibilität beträgt bei 298°K $23,8 \cdot 10^{-6}$ e. m. u./g, während der Wert bei 8,45°K auf $178,0 \cdot 10^{-6}$ ansteigt. K. H. Härdtl 136

0870 **Beweis eines wandernden Elektronenmoments in kubischen Laves-Phasen von Seltenerdmetall–Übergangsmetall-Verbindungen.** A. R. Piercy und K. N. R. Taylor. (J. Physics, C (Proc. physic. Soc.) [2] **1** (1968) 4, 1112–17; Phys. Dep., Univ. of Durham; engl.) — Die magnet. Eig. der Reihe pseudobin. Verb. YFe_uCo_{2-u} (u = 0–2) wurden untersucht, um nähere Einzelheiten bez. der Natur des Übergangsmetallmoments in den Laves-Phasen oben genannter Verb. zu erfahren. Die Änderung des innerhalb dieser Serie beobachteten Moments läßt sich durch ein nicht lokalisiertes, mit dem Übergangsmetallion verbundenes Moment erklären. E. Richter 136

0871 **Magnetische Eigenschaften intermetallischer Verbindungen der Formel T_3Al_2 zwischen Aluminium und den Seltenerdmetallen.** Bernard Barbara, Christian Bècle, Remy Lemaire und René Pauthenet. (C. R. hebd. Séances Acad. Sci., Sér. A et B **267** (1968) 5, B 309 bis **312**; Labor. de Électrostat. et de Phys. du Métal, Grenoble, Isère; franz.) — Die Änderung des magnet. Verhaltens in der Reihe *Gd_3Al_2*, *Tb_3Al_2*, *Dy_3Al_2*, *Ho_3Al_2*, *Er_3Al_2*, *Tm_3Al_2* bei Feldern bis 70 kOe u. Temp. zwischen 1,5 u. ~300°K wird untersucht. Alle Verb. folgen im paramagnet. Zustand einem Gesetz von Curie-Weiß mit den paramagnet. Curie-Temp. Θ_p (in der angegebenen Reihenfolge) von 285; 125; 31; 10; −3; −10°K. Unterhalb der ferromagnet. Curie-Temp. Θ_C von 282; 190; 76 bzw. 33°K sind die ersten vier Verb. ferromagnet., unterhalb einer Umwandlungstemp. Θ_t von 10; 20 bzw. 11°K sind Tb_3Al_2, Dy_3Al_2 u. Ho_3Al_2 metamagnet., während Gd_3Al_2 ferromagnet. bleibt mit einer abs. Sättigungsmagnetisierung von 7,15 μ_B pro Gd-Atom. Er_3Al_2 u. Tm_3Al_2 sind nicht mehr ferromagnet., sondern unterhalb einer Néel-Temp. Θ_N von 9 bzw. 3°K metamagnetisch. Im metamagnet. Zustand zeigen die Verb. eine antiferromagnet. oder nicht kollineare Ausrichtung der magnet. Momente. U. Venzke 136

0872 **Magnetische Suszeptibilität von flüssigem CdSb.** M. Matyáš. (Czechoslov. J. Physics, Sect. B **18** (1968) 5, 646–48; Inst. of Solid State Phys., Czechoslovak Acad. of Sci., Prague; engl.) — Die Temp.-Abhängigkeit der magnet. Suszeptibilität $\varkappa$ von fl. CdSb (n- u. p-Typ) wird in der Umgebung von F. (500–800°K) gemessen. Die $\varkappa$(T) Kurven zeigen für verschiedene Proben den gleichen Verlauf: unterhalb von F. ist $\varkappa$ schwach temperaturabhängig, am F. springt $\varkappa$ (paramagnet. Charakter), in der fl. Phase ist $\varkappa$ temperaturunabhängig. Es wird angenommen, daß sich CdSb im fl. Zustand wie ein Metall verhält. Die Schmelze besteht aus Cd^{2+} u. Sb^{5+} u. aus dem Elektronengas der Valenzelektronen. Am F. ändert sich die Zahl der Elektronen gegenüber dem festen CdSb um Größenordnungen. Wenn $\varkappa$ des Elektronengases paramagnet. ist, ist eine plötzliche paramagnet. $\varkappa$-Änderung zu erwarten. Werner Schmidt/Berlin 136

0873 **Magnetische Eigenschaften und Struktur von $MnAs_xSb_{1-x}$-Mischkristallen.** N. N. Sirota und E. A. Vasilev. (Physica Status solidi [Berlin] **28** (1968) 2, K 175 bis 177; Inst. of Phys. of Solids and Semiconductors, Beloruss. Acad. of Sci., Minsk; engl.) — An *MnSb*, *MnAs* u. Mischkrist. mit x = 0,25; 0,50 u. 0,75 wird die Temp.-Abhängigkeit der magnet. Suszeptibilität bei 300–700°K u. die Curie-Temp. bestimmt. Die magnet. Daten sowie Neutronenbeugungsunters. deuten darauf hin, daß sich in den untersuchten Mischkrist. die magnet. Struktur nicht mit der Zus. ändert. H. Roschkowski 136

0874 **Strukturen und magnetische Eigenschaften einiger Metall(I)-Chrom(III)-Sulfide und Selenide.** P. F. Bongers, C. F. Van Bruggen, J. Koopstra, W. P. F. A. M. Omloo, G. A. Wiegers und F. Jellinek. (J. Physics Chem. Solids **29** (1968) 6, 977–84; Philips Res. Labor., Eindhoven, The Netherlands; engl.) — Die Krist.-Strukturen der Verb. $MCrX_2$ (M = Na, Ag, Cu; X = S, Se) werden untersucht. Alle Verb. erweisen sich als rhomboedr. u. ihre Gitterkonst. betragen: $NaCrS_2$- a = 3,549 Å, c = 19,44 Å, c/a = 5,477; $NaCrSe_2$ — 3,729; 20,48; 5,491; $CuCrS_2$ — 3,483; 18,72; 5,375; $AgCrS_2$ — 3,496; 20,53; 5,872; $CuCrSe_2$ — 3,676, 19,37; 5,269; $AgCrSe_2$ — 3,682; 21,35; 5,766. Die magnet. Suszeptibilität wird zwischen 4 u. 800°K gemessen. Die Verb. sind antiferromagnet. mit Néel-Temp. zwischen 19 u. 50°K. Ferromagnet. Wechselwrkg. in den Cr-Schichten werden in $NaCrS_2$, $NaCrSe_2$ u. $AgCrSe_2$ beobachtet. $NaCrS_2$ besitzt wahrscheinlich eine spiralförmige Spin-Struktur. K. H. Härdtl 136

0875 **Einfluß der magnetischen Ordnung auf die Gitterschwingung von $K[NiF_3]$.** Kaduwo Sintani, Yuzo Tomono, Atsushi Tsuchida und Kiiti Siratori. (J. physic. Soc. Japan **25** (1968) 1, 99–108; Inst. for Solid State Phys., Univ. of Tokyo, Minato-ku, Tokyo; engl.) — Die Gitterschwingungen von $K[NiF_3]$ werden in fernen IR bei verschiedenen Temp. (einschließlich Néel-Temp.)

gemessen. Dabei werden drei Schwingungsmoden (ν_1, ν_2, ν_3) beobachtet. In der zweiten Mode wird eine positive Verschiebung durch antiferromagnet. Einstellung gefunden, deren Analyse die zweite Ableitung des Austauschintegrals bez. der Fluor-Verschiebung ergibt. In ν_1 wird eine schwache Änderung des Temp.-Koeff. der Frequenz beim Néel-Punkt gemessen.
E. Richter 136

0876 **Magnetische Suszeptibilität von Thoriumcarbiden, -nitriden und -carbidnitriden.** S. Aronson und A. B. Auskern. (J. chem. Physics **48** (1968) 4, 1760—65; Brookhaven Nat. Labor., Upton, N.Y.; engl.) — Messung der magnet. Suszeptibilitäten von Th-Carbiden mit C/Th zwischen 0,743 u. 1,873, ThN, Th_3N_4, $ThC_{0,775}N_{0,113}$, $ThC_{0,625}N_{0,275}$, $ThC_{0,459}N_{0,489}$, $ThC_{0,202}N_{0,734}$, $ThC_{0,206}\cdot N_{0,749}$ u. $ThC_{0,251}N_{0,936}$ bei -190, -76 u. 22°. Alle Proben zeigten einen kleinen, temperaturunabhängigen Paramagnetismus. Während die elektr. Eig. hauptsächlich durch die Leitungselektronen bestimmt sind, ist die magnet. Suszeptibilität hauptsächlich eine Eig. der Löcher in der Bandstruktur.
H. Liepack 136

0877 **Ultraschalldämpfung in der Nähe und oberhalb des Spin-Flop-Überganges von MnF_2.** Y. Shapira und J. Zak. (Physic. Rev. [2] **170** (1968) 2, 503—12; Francis Bitter Nat. Magnet. Labor., MIT, Cambridge, Mass.; engl.) — Messung der Ultraschalldämpfung in MnF_2 bei 4,2°K in stationären Magnetfeldern bis zu 150 kG mit longitudinalen u. Scher-Schallwellen von 8—310 MHz für Ausbreitungsrichtungen parallel zu [100], [110] u. [001]. Es wurde ein scharfes Max. in der Dämpfung in der Nähe des Spin-Flop-Überganges bei 93 kG beobachtet. Dieses Max. tritt nur auf, wenn **H** nicht mehr als einige Zehntel Grade von [001] abweicht, für zwei akust. Moden existiert in Abhängigkeit vom Magnetfeld eine große Absorptionskante in der Nähe des Spin-Flop-Überganges. Diese Kante wurde nur beobachtet, wenn **H** nicht mehr als ca. 2° von [001] abwich. Es wurde ferner die antiferromagnet. Resonanz im X-Band untersucht. Verschiedene Mechanismen zur Erklärung der Magnetfeldabhängigkeit der Ultraschalldämpfung werden diskutiert.
H. Liepack 136

0878 **Berechnung von paramagnetischen Suszeptibilitäten der Metalle Ni, Pd und Pt.** Nobuo Mori. (J. physic. Soc. Japan **25** (1968) 1, 72—76; Shibaura Inst. of Technol., Shibaura, Minato-ku, Tokyo; engl.) — Die Formel von Kubo u. Obata für die paramagnet. Suszeptibilität von Metallen wird für den Einfl. mol. Felder erweitert. Damit werden auf der Basis von Energiebändern nach Friedel et al. die paramagnet. Suszeptibilitäten von Ni, Pd u. Pt berechnet. Für vernünftige Werte des Mol.-Feld-Koeff. ergibt sich gute Übereinstimmung zwischen Theorie u. Experiment.
E. Richter 136

0879 **Druckabhängigkeit der magnetischen Übergänge in Fe–Rh-Legierungen.** R. C. Wayne. (Physic. Rev. [2] **170** (1968) 2, 523—27; Sandia Labor., Albuquerque, N.Mex.; engl.) — Messung der Druckkoeff. der Curie-Temp. Θ u. der Temp. des Überganges erster Ordnung T_0 für die Leg. $Fe_{0,490}Rh_{0,510}$, $Fe_{0,472}Rh_{0,528}$, $Fe_{0,483}\cdot Rh_{0,477}Ir_{0,040}$, $Fe_{0,483}Rh_{0,459}Ir_{0,058}$, $Fe_{0,477}Rh_{0,507}Pd_{0,016}$, $Fe_{0,48}Rh_{0,52}$, $Fe_{0,47}Rh_{0,53}$ u. $Fe_{0,50}Rh_{0,50}$. Die Koeff. sind für alle Leg. bis 25 kbar druckunabhängig. Ein Tripelpunkt in der P–T-Ebene wird nachgewiesen. Bei Drücken oberhalb des krit. Druckes existiert kein ferromagnet. Zustand, sondern nur antiferromagnet. u. paramagnet. Zustände entsprechend der Theorie von Hargitai, wonach die Rh-Atome im antiferromagnet. Zustand kein Moment haben. Das Verhältnis von Vol.-Änderung zu Magnetisierungsänderung wird mit theoret. Ergebnissen verglichen. Die Austauschinversion sowie die Einfl. von Wärmebehandlung auf T_0 u. dT_0/dP sowie die Beziehung zwischen T_0 u. dT_0/dP werden diskutiert.
H. Liepack 136

0880 **Die Symmetrieeigenschaften der magnetfeldinduzierten Kohlenstoffanisotropie in Ni–Fe- und Ni–Co-Legierungen und ihre Deutung.** C. Radeloff und E. Adler. (Z. angew. Physik **25** (1968) 2, 46—56; Vacuumschmelze, Hanau; dt.) — Vgl. C. **1967**, 2-0510 u. 11-0540. — Auf Zwischengitterplätzen gelöster Kohlenstoff ruft in kub.-flächenzentrierten Leg. durch Diffusion magnetfeldinduzierte Anisotropie hervor, deren Eig. an polykrist. u. an quasieinkrist. Ni–Fe- u. Ni–Co-Leg. untersucht werden. Experimentelle Ergebnisse sowie theoret. Betrachtungen führen zu einer Erweiterung der bisherigen Modellvorstellung. Bes. ergeben die Unters. zwanglos eine energet. Bewertung der verschiedenen möglichen anisotropen Umgebungen des C-Atoms. Mit diesem detaillierten Modell können die experimentellen Ergebnisse einschließlich der Symmetrieeig. der C-Anisotropie zufriedenstellend gedeutet werden.
Herbert Weber 136

0881 **Magnetische Eigenschaften der stöchiometrischen Laves-Phasenverbindung des Systems Kobalt–Titan.** Takurô Nakamicmi, Yoshihira Aoki und Mikio Yamamoto. (J. physic. Soc. Japan **25** (1968) 1, 77—81; Res. Inst. for Iron, Steel and Other Metals, Tôhoku Univ., Sendai; engl.) — Mittels Röntgenbeugung u. magnet. Unters. wird die Existenz einer kub. Laves-Phase Co_2Ti im Zus.-Bereich von $\pm < 1$ Atom-% nahe der stöchiometr. Zus. nachgewiesen. Magnet. Messungen (4,2 bis 800°K) zeigen, daß diese kub. Laves-Phase antiferromagnet. (Néel-Temp. = 43°K) ist. Die Darst. der reziproken magnet. Suszeptibilität über der Temp. im paramagnet. Bereich ergibt eine zur Temp.-Achse stark konkave Kurve. Die Kurve läßt sich durch ein modifiziertes Curie-Weiß-Gesetz mit einem effektiven magnet. Moment des Co-Atoms von 0,45 μ_B beschreiben.
E. Richter 136

0882 **Diffusionsbedingter magnetischer Zähigkeitseffekt in Eisen–Kohlenstoff-Martensit.** J. Kinel, J. W. Moroń und J. Przybyła. (Physica Status solidi [Berlin] **29** (1968) 1, K 39—41; Higher Ped. Coll., Katowice; engl.) — Die Desakkomodation der Permeabilität eines Fe–W–V–Cr-Stahls (1,4% C; 5 W; 0,5 Cr; 0,2 V; 0,25 Mn; 0,25 Si) wurde in Abhängigkeit von der Temp. untersucht. Bei 80° wird ein Nacheffekt beobachtet, der weder auf die Snoek-Relaxation, noch auf den Köster-Prozeß zurückgeführt werden kann. Er wird anscheinend von C-Atomen verursacht, die ihre Lage zwischen verzerrten Gitterplätzen des tetragonalen Martensits wechseln.
H. Roschkowski 136

A-4. Thermodynamik, Mechanik der Gase und Flüssigkeiten, Gleichgewichte

0883 **Struktur der Korrelationsfunktionen in der Nähe des kritischen Punktes.** Gerald L. Jones. (Physic. Rev. [2] **171** (1968) 1, 243—47; Dep. of Phys., Univ. of Notre Dame, Notre Dame, Ind.; engl.) — Theoret. Unters.
H. Liepack 141

0884 **Phänomenologische Theorie nahe kritischen Punkten.** V. K. Wong. (Physics Letters [Amsterdam] **27 A** (1968) 6, 358—59; Dep. of Phys., O. State Univ., Columbus, O.; engl.) — Information in der Ordnungsparameter-Korrelationsfunktion wird zur Aufstellung einer phänomenolog. Theorie benutzt, die mit den bekannten krit. Exponenten in Einklang ist u. Effekte großer Fluktuationen einschließt. Auf frühere Unters. für fl. He u. magnet. Übergänge wird hingewiesen. Herbert Weber 142

0885 **Ursprung der Irreversibilität aus konventionellen Gleichgewichtsbegriffen.** D. G. Schweitzer. (Physics Letters [Amsterdam] **27 A** (1968) 6, 402—04; Brookhaven Nat. Labor., Upton, N.Y.; engl.) — Vf. zeigt, daß Irreversibilität aus der konventionellen Gleichgew.-Thermodynamik vorausgesagt werden kann. Sie steht in Zusammenhang mit der Koexistenz von Phasen u. tritt auf, wenn eine thermodynam. Variable durch einen Gleichgew.-Prozeß an eine zweite unabhängige Variable gekoppelt ist. Als Beispiel wird das Hystereseverh. im W.–Eis-Gleichgew. behandelt, das aus der Kopplung des Gleichgew.-Druckes an die unabhängige Temp.-Variable resultiert (Kurve für das totale Vol. einer bestimmten Masse von W. im Gleichgew. mit Eis als Funktion einer Koordinate X, in der der Druck an die Temp. gekoppelt ist.
Herbert Weber 142

0886 **Festlegung der Stabilitätsbedingungen für das thermodynamische Gleichgewicht.** J. T. Łopuszański. (Acta physica polon. **33** (1968) 6, 953—57; Inst. of Theoret. Phys., Univ. of Wrocław; engl.) — Die Stabilitätsbedingungen für das thermodynam. Gleichgew.

werden diskutiert, es wird gezeigt, daß scheinbare Widersprüche der in Lehrbüchern (vgl. z. B. Landau u. Lifshits, Statistical Physics, Moscow, 1951) angegebenen Meth. sich durch sorgfältigere physikal. u. mathemat. Behandlungen vermeiden lassen.

Werner Schmidt/Berlin 142

0887 **Erweiterung der Ornstein-Zernike-Theorie des kritischen Bereichs.** G. Stell. (Physic. Rev. Letters **20** (1968) 11, 533–36; Labor. de Phys. Théor. et Hautes Énergies, Orsay, France; engl.) — Eine neue Beziehung zwischen der Kurvenform der krit. Isothermen u. dem Bereich der Zweiteilchen-Korrelationsfunktion wird abgeleitet. A. Jaeschke 146

0888 **Zweiter Virialkoeffizient für eine beliebige Potentialfunktion.** John R. Sams. (Molecular Physics **14** (1968) 2, 193–95; Dep. of Chem., Univ. of B.C., Vancouver, Canada; engl.) — Angabe neuer Integralformen für Quantenkorrekturen des 2. Virialkoeff. B. Die thermodynam. Eig. eines reinen Realgases lassen sich für beliebige Potenzgesetze angeben. E. Richter 146

0889 **Thermodynamische Grenzen für Wärmekapazitäten bei konstantem Volumen und adiabatische Kompressibilitäten.** John C. Wheeler und Robert B. Griffiths. (Physic. Rev. [2] **170** (1968) 1, 249–56; Chem. Dep., Cornell Univ., Ithaca, N.Y.; engl.) — Das Ergebnis von Rice, ein Ort von Punkten von unendlichem C_V sei im allg. unverträglich mit der thermodynam. Stabilität, wird aus einer strengen oberen Grenze für die Wärmekapazität bei konst. Vol. C_V abgeleitet. Eine analoge obere Grenze existiert für die adiabat. Kompressibilität. Die Grenzen werden für Mehrkomponentensyst. erweitert. Diskussion von Schlußfolgerungen für fl. *He* sowie Ferromagnetika mit Störstellen. H. Liepack 146

0890 **Dreiteilcheneffekte in der Paarverteilungsfunktion für ^{4}He-Gas.** Harry F. Jordan und Lloyd D. Fosdick. (Physic. Rev. [2] **271** (1968) 1, 128–49; Dep. of Electr. Engng., Univ. of Colo., Boulder, Colo.; engl.) — Berechnung des in der D. linearen Teiles der Paarverteilungsfunktion u. des dritten Virialkoeff., wobei die Dreiteilchen-Wechselwrkg.-Energie als Summe von Lennard-Jones-(12–6)-Potentialen zwischen den Paaren der Teilchen angenommen wurde. Paarverteilungsfunktion u. dritter Virialkoeff. wurden für Temp. von 273–5°K ermittelt. H. Liepack 146

0891 **Thermooptische Anzeige der Änderungen eines Molekularstrahls.** Claude Genty und Jean-Gérard Théobald. (C. R. hebd. Séances Acad. Sci., Sér. A et B **267** (1968) 1, B 39–40; Labor. de Spectroscop. hertz., Fac. des Sci., Besançon; franz.) — Eine Vorr. wird beschrieben, die es gestattet, Änderungen in Mol.-Strahlen aus der Änderung der Leuchtintensität eines erhitzten (W-)Drahtes zu bestimmen, die mit Hilfe einer Photozelle registriert wird. U. Venzke 146

0892 **In einem Ar-Ultraschallstrahl gemessene Viskositätsquerschnitte bei tiefer Temperatur.** E. L. Knuth und S. S. Fisher. (J. chem. Physics **48** (1968) 4, 1674–84; Dep. of Engng., Univ. of Calif., Los Angeles, Calif.; engl.) — Ableitung einer exakten Translations-Relaxationsgleichung. Wenigstens für kleine Temp.-Differenzen ist der entsprechende Wrkg.-Querschnitt der Transportquerschnitt der therm. Leitfähigkeit (oder Viskosität). Mit dieser Relaxationsgleichung werden Ar-Wrkg.-Querschnitte aus Geschw.-Verteilungen ber., die in der Mittellinie eines freien Strahls nach der Mol.-Strahl-Meth. gemessen wurden. Die Werte nehmen mit abnehmender Temp. von ca. 25°–10°K ab. H. Liepack 146

0893 **Anomale Transporteigenschaften eines van der Waals-Gases.** Raymond D. Mountain und Robert Zwanzig. (J. chem. Physics **48** (1968) 4, 1451–58; NBS, Washington, D.C.; engl.) — Berechnung des Beitrages des weitreichenden Potentials zu den Transportkoeff. eines van der Waals-Gases im krit. Bereich. H. Liepack 146

0894 **Messung der Wärmeleitfähigkeit von Wasserstoff zwischen 2000 und 7000°K.** K. Behringer, W. Kollmar und J. Mentel. (Z. Physik **215** (1968) 2, 127–51; Elektrophys. Inst., TH München; dt.) — Zur Best. der therm. Leitfähigkeit von Wasserstoff im Temp.-Bereich zwischen 2000 u. 7000°K wurden experimentelle u. theoret. Unters. durchgeführt. Die radialen Temp.-Verteilungen für verschiedene Ströme u. die E-I-Charakteristik eines wandstabilisierten Niederstrom-Wasserstoff-Bogens wurden gemessen. Im Dunkelbereich des Bogens außerhalb des hellen Kerns wurden Temp. u. Wärmeleitfähigkeit zwischen 2000 u. 4500°K mittels Schlierenverf. erhalten. Die Elektronentemp. im Kern des Bogens ergibt sich aus spektroskop. Messungen. Die Gastemp. wurde nach einer Formel ber., die aus kinet. Gastheorie abgeleitet wurde. Unter Annahme eines konst. Stoßintegrals QeH^{11} wurde die radiale Verteilung der elektr. Leitfähigkeit nach der Langevin-Formel berechnet. Der erhaltene Wert ist $Q^{11}_{eH} = 30 \cdot 10^{-6}$ cm^2. Die Wärmeleitfähigkeit zeigt einen starken Peak bei 3740°K, der für den Dissoziationsprozeß charakterist. ist. Herbert Weber 146

0895 **Temperaturleitfähigkeit von CO_2 im kritischen Bereich.** H. L. Swinney und Herman Z. Cummins. (Physic. Rev. [2] **171** (1968) 1, 152–60; Dep. of Phys., Johns Hopkins Univ., Baltimore, Md.; engl.) — Messung der Rayleigh-Linienbreite in CO_2 im krit. Bereich in Abhängigkeit von Temp. u. Zellenhöhe. Die aus der Landau-Placzek-Gleichung ber. Temp.-Leitfähigkeit $\varkappa$ ist in ausgezeichneter Übereinstimmung mit Werten aus thermodynam. Messungen bei drei Temp. innerhalb des untersuchten Temp.-Bereichs. Damit ist die Landau-Placzek-Gleichung wenigstens für Temp. nicht zu dicht bei T_c bestätigt. Es werden Gleichungen für $\varkappa$ entlang der krit. Isochore sowie entlang der Gas-Koexistenzkurve sowie der Fl.-Koexistenzkurve für $0{,}02 \leq (T-T_c) \leq 5{,}3°$. angegeben. H. Liepack 146

0896 **Einfluß der Verteilung der Atommassen innerhalb des Moleküls auf die Thermodiffusion. 2. Mitt. Isotopische Methan- und Methan/Ar-Mischungen.** G. A. Stevens und A. E. de Vries. (Physica [Utrecht] **39** (1968) 3, 346–60; FOM-Inst. voor Atoom en Molecuulfysica, Amsterdam, Nederland; engl.) — 1. vgl. C. **1967, 39**-0502. — Die Temp.-Abhängigkeit des Thermodiffusionsfaktors für verschiedene Isotopenmischungen von Methan (^{12}C, ^{13}C, ^{14}C, H, D) u. Mischungen von Ar (^{36}Ar, ^{40}Ar) u. Methan wurde in zwei Swing-Separatoren zwischen 80 u. 300°K untersucht. Die Isotopenmischungen zeigten einen bemerkenswerten Einfl. der Massenverteilung im Mol., während eine Beschreibung mit einem Lennard-Jones-(12,6)-Potential weiterhin möglich ist. Diese Mischungen konnten grob in zwei Kategorien klassifiziert werden, eine mit einer Potentialschachttiefe von 190–196°K, die andere mit einer von 223–225°K. Die erste besteht aus Mischungen von sphär. Kreiselmol. mit Nulldifferenz in den Trägheitsmomenten, die zweite aus Mischungen von Mol. mit verschiedenen Trägheitsmomenten. Aus dem Vgl. zwischen theoret. u. experimentellen Ergebnissen wird gefolgert, daß die Viskosität nicht stark durch die Ggw. von elast. Stößen beeinflußt wird, während Diffusion u. Thermodiffusion kleinere bzw. größere ε-Werte liefern würden, wenn sie nach der Chapman-Enskog-Theorie beschrieben werden. Für alle untersuchten Mischungen von Methan u. Ar ergab sich die Inversionstemp. zu 137,5°K. Eine Konz.-Reversion in diesen Mischungen lieferte eine unerwartet kleine Änderung des Thermodiffusionsfaktors. Unelast. Stöße zwischen Ar u. Methan spielen wahrscheinlich eine kleinere Rolle als die zwischen den Methanmolekülen. Herbert Weber 146

0897 **Druckabhängigkeit der thermischen Diffusion und der thermischen Konzentrationsverschiebung von Gasgemischen.** G. Dickel und K. Seyffarth. (Z. physik. Chem. [Frankfurt/M.] [N.F.] **59** (1968) 1/4, 63–75; Phys.-Chem. Inst., Univ. München; dt.) — Es wird die Druckabhängigkeit der therm. Entmischung des Isotopenpaares ^{20}Ne–^{22}Ne (0–80 atm) sowie die therm. Entmischung u. gleichzeitig die therm. Diffusion der Gasgemische H_2–CO_2 (10–150 atm), He–C_2H_4 (20 bis 80 atm) u. He–C_2H_6 (10–70 atm) untersucht. B. Plewinsky 146

0898 **Hochfrequenz-Moduln der Elastizität von Quantenflüssigkeiten.** J. F. Fernández. (Physics Letters [Amsterdam] **27 A** (1968) 6, 363—64; School of Phys., Ga. Inst. of Technol., Atlanta, Ga.; engl.) — Ableitung der Cauchy-Relation für $\omega \to \infty$.
Herbert Weber 146

0899 **Quantenmechanische Paarkorrelationsfunktion harter Kugeln.** Sigurd Yves Larsen. (J. chem. Physics **48** (1968) 4, 1701—08; NBS, Washington, D.C.; engl.) — Berechnung des dichteunabhängigen Teils der quantenmechan. direkten u. Austausch-Paarkorrelationsfunktionen für harte Kugeln für λ_T/σ = 1,4, 2, 2,93761, 4, 6, 8 u. 10 sowie für die unmittelbare Nähe der Kugeloberfläche für λ_T/σ = 0,025 u. 0,05. Die aus den Korrelationsfunktionen bestimmten Virialkoeff. sind in befriedigender Übereinstimmung mit den sehr genauen Werten von Boyd, Larsen u. Kilpatrick.
H. Liepack 146

0900 **Entwicklung der Transportkoeffizienten für tiefe Temperatur und spezifische Wärme von Fermi-Flüssigkeiten.** V. J. Emery. (Physic. Rev. [2] **170** (1968) 1, 205—12; Brookhaven Nat. Labor., Upton, N.Y.; engl.)
H. Liepack 146

0901 **Beitrag von Dreikörperkräften in der Theorie der Flüssigkeiten.** H. W. Graben. (Physic. Rev. Letters **20** (1968) 11, 529—31; Dep. of Phys., Clemson Univ., Clemson, S.C.; engl.) — Berechnungen zeigen, daß der Beitrag von Dreikörperkräften zur überschüssigen Inneren Energie der Fl. offenbar beträchtlich ist.
A. Jaeschke 146

0902 **Untersuchung der Diffusion einfacher Flüssigkeiten aus der frequenzabhängigen Reibungskonstanten.** Paul C. Martin und Sidney Yip. (Physic. Rev. [2] **170** (1968) 1, 151—55; Lyman Labor. of Phys., Harvard Univ., Cambridge, Mass.; engl.) — Diskussion der Selbstdiffusionsbewegungen eines Atoms in einer einfachen Flüssigkeit. Die Verw. einfacher frequenzabhängiger Reibungskonst. führt zu Berechnungen der Geschw.-Autokorrelationsfunktion u. Selbstdiffusionskoeffizienten.
H. Liepack 146

0903 **Momente der Impulsdichte-Korrelationsfunktionen in einfachen Flüssigkeiten.** Dieter Forster, Paul C. Martin und Sidney Yip. (Physic. Rev. [2] **170** (1968) 1, 155—59; Lyman Labor. of Phys., Harvard Univ., Cambridge, Mass.; engl.) — Ableitung der vierten Frequenzmomente der longitudinalen u. transversalen Impulskorrelationsfunktionen in einer einfachen klass. Flüssigkeit. Numer. Ergebnisse in der k = 0-Grenze für ein Lennard-Jones-Potential. H. Liepack 146

0904 **Momentmethodennäherung für die Viskosität einfacher Flüssigkeiten: Anwendung auf Argon.** Dieter Forster, Paul C. Martin und Sidney Yip. (Physic. Rev. [2] **170** (1968) 1, 160—63; engl.) — Vgl. vorst. Referat. — Berechnung der Scherviskosität, der langwelligen, niederfrequenten Grenze der transversalen Strom–Strom-Korrelationsfunktion nach einer Momentmethode. Die für verschiedene Werte von D. u. Temp. erhaltenen numer. Ergebnisse sind in guter Übereinstimmung mit experimentellen Werten für Ar.
H. Liepack 146

0905 **Beweglichkeitsmaxima in Edelgas-Flüssigkeiten.** J. Lekner. (Physics Letters [Amsterdam] **27 A** (1968) 6, 341—42; Cavendish Labor., Cambridge, UK; engl.) — Theoret. Unters. zu einer bestimmten D. in fl. Ar, Kr u. Xe, bei der die mittlere Streulänge für Elektron–Atom-Streuung Null ist. Die Beweglichkeit der Elektronen hat dann ein Max., das durch Fluktuationen im effektiven Potential bestimmt ist. Für Kr bei 180°K u. 30 atm ergibt sich die Beweglichkeit beim Max. zu 4300 cm²/Vs.
Herbert Weber 146

0906 **Diskontinuitäten in der Ionenbeweglichkeit in suprafluidem He: Prüfung der Huang-Olinto-Theorie.** D. L. Goodstein, U. Buontempo und M. Cerdonio. (Physic. Rev. [2] **171** (1968) 1, 181—86; Univ. of Rome, Rome; engl.) — Durch Messungen der Ionenbeweglichkeiten in fl. He mit hoher Empfindlichkeit wurde die Theorie als falsch nachgewiesen. H. Liepack 146

0907 **Beweglichkeit positiver und negativer Ladungen in ^{3}He am kritischen Punkt.** R. Cantelli, I. Modena und F. P. Ricci. (Physic. Rev. [2] **171** (1968) 1, 236—42; Comitato Naz. per l'Energia Nucl., Labor. Naz. di Frascati, Frascati, Italy; engl.) — Für beide Ladungsträgerarten wurde eine Abnahme in der Beweglichkeit von ca. 30% beobachtet. Der Einfl. der krit. Erscheinungen auf die Form der Beweglichkeitskurven ist für beide Trägerarten unterschiedlich, wahrscheinlich infolge des unterschiedlichen effektiven Radius für positive u. negative Träger. H. Liepack 146

0908 **Bildung von Wirbelringen durch negative Ionen in verdünnten Mischungen von ^{3}He–^{4}He.** G. W. Rayfield. (Physic Rev Letters **20** (1968) 26, 1467—68; Phys. Dep., Univ. of Oreg., Eugene, Oreg.; engl.) — Vgl. ibid. **19** (1967) 1371. — Während der Zusatz von ^{3}He zu superfluidem He einen ausgesprochenen Einfl. auf die Geschw. der Bldg. von Wirbelringen durch negative Ionen hat, wird die Geschw. der Bldg. dieser Wirbelringe durch positive Ionen nicht beeinflußt.
B. Plewinsky 146

0909 **Flüssiges ^{3}He.** 1. Mitt. **Berechnung der Bindungsenergie aus Zweikörperkorrelationen.** E. Østgaard. (Physic. Rev. [2] **170** (1968) 1, 257—72; Palmer Phys. Labor., Princeton Univ., Princeton, N.J.; engl.) — Berechnungen nach der Brueckner-Theorie. Bei Berücksichtigung von nur Zweikörpertermen beträgt die Bindungsenergie für fl. ^{3}He ca. —0,5°K pro Teilchen.
H. Liepack 146

0910 **Flüssiges ^{3}He.** 2. Mitt. **Dreikörperkorrelationen und ihr Beitrag zur Bindungsenergie.** E. Østgaard. (Physic. Rev. [2] **171** (1968) 1, 248—62; Palmer Phys. Labor., Princeton Univ., Princeton, N.J.; engl.) — 1. vgl. vorst. Referat. — Berechnung des Dreikörperbeitrags zur Bindungsenergie von fl. ^{3}He zu ca. —1°K pro Teilchen. Aus dem Energiebeitrag der Zweikörper- u. Dreikörper-Korrelationen folgt eine Bindungsenergie von ca. —1,5°K pro Teilchen für fl. ^{3}He (experimenteller Wert —2,5°K pro Teilchen). H. Liepack 146

0911 **Fermi-Flüssigkeits-Transportkoeffizienten verdünnter Lösungen von ^{3}He in ^{4}He.** Gordon Baym und C. Ebner. (Physic. Rev. [2] **170** (1968) 1, 346—50; Dep. of Phys., Univ. of Ill., Urbana, Ill.; engl.) — Eine kleine Modifizierung der effektiven Wechselwrkg. zwischen ^{3}He-Quasiteilchen nach Bardeen, Baym u. Pines zusammen mit Variationslsg. der Transportgleichung ergibt befriedigende Übereinstimmung mit Messungen der Spindiffusion u. der Wärmeleitfähigkeit zweier verd. Lsg. von ^{3}He in ^{4}He bei sehr tiefen Temperaturen.
H. Liepack 146

0912 **Einfluß des Gravitationsfeldes auf den suprafluiden Übergang in ^{4}He.** Guenter Ahlers. (Physic. Rev. [2] **171** (1968) 1, 275—82; Bell Telephone Labor., Murray Hill, N.J.; engl.) — Es wird die Koexistenz von HeII u. HeI im thermodynam. Gleichgew. über einen endlichen Temp.-Bereich für fl. He-Proben endlicher Höhe experimentell nachgewiesen. Die Geschw. der Bewegung mit der Temp. der Grenzfläche zwischen den beiden Phasen ergibt einen Anstieg für die Übergangsgerade von 113,9 ± 4,6 atm/°K bei Sättigungsdampfdruck in quant. Übereinstimmung mit direkten Messungen. H. Liepack 146

0913 **Phonon–Quasiteilchen-Wechselwirkungen in verdünnten Lösungen von ^{3}He in suprafluidem ^{4}He.** 2. Mitt. **Phonon–Boltzmann-Gleichung und erste Viskosität.** Gordon Baym und W. F. Saam. (Physic. Rev. [2] **171** (1968) 1, 172—78; Dep. of Phys., Univ. of Ill., Urbana, Ill.; engl.) — 1. vgl. ibid. [2] **164** (1967) 1, 235. — Konstruktion der Phonon–Boltzmann-Gleichung unter Berücksichtigung der Phonon–^{3}He-Streuung u. von Absorptionsprozessen. Bei Vernachlässigung von Phonon–Phonon-Wechselwrkg. ist diese Gleichung exakt lösbar. Die erste Viskosität der Lsg. mit ^{3}He-Konz. von 1,3 u. 5% molar wird für T $\lesssim$ 0,6°K berechnet.
H. Liepack 146

0914 **Geschwindigkeit und Dämpfung des ersten Schalls in der Nähe des λ-Punktes von He.** M. Barmatz und I. Rudnick. (Physic. Rev. [2] **170** (1968) 1, 224—38; Phys. Dep., Univ. of Calif., Los Angeles, Calif.; engl.) — Die Geschw. u. Dämpfung des ersten Schalls wurden innerhalb von Mikrograden des λ-Überganges von fl. He bei einer Frequenz von 22 kHz gemessen. Die Dämpfung erreicht ein Max. ca. 1 oder 2 Mikrograd unterhalb des Überganges, während die Geschw. ein Minimum bei 6 Mikrograd unterhalb T_λ aufweist. Oberhalb des Überganges genügt die Schallgeschw. der erforderlichen Bedingung zur Gültigkeit der Pippard-Buckingham-Fairbank-Beziehungen bis mindestens 6 Milligrad vom λ-Punkt. Unterhalb T_λ zeigt die Geschw. eine zusätzliche Temp.-Abhängigkeit neben der erwarteten aus den Pippard-Buckingham-Fairbank-Beziehungen, die proportional $|T_\lambda - T|^{0,9}$ ist. Die Schallgeschw. oberhalb u. unterhalb des Überganges erreicht beim λ-Punkt den Wert 217,3 m/s. H. Liepack 146

0915 **λ-Punkt von ^{4}He in einem rotierenden Ringsystem.** W. Veith und F. Pobell. (Physics Letters [Amsterdam] **27 A** (1968) 5, 254—55; Phys.-Dep. der TH München, Germany; engl.) — Der λ-Punkt von fl. ^{4}He wurde in einem Ringsyst. innerhalb von $\Delta T_\lambda = 1 \cdot 10^{-5}$°K bis zu $\omega = 31\,s^{-1}$ als rotationsunabhängig gefunden. Das ist in Übereinstimmung mit der Theorie, steht aber im Gegensatz zu einem vorherigen Experiment. E. Otto 146

0916 **Phänomenologische Theorie für flüssiges Helium in der Nähe des λ-Überganges.** V. K. Wong. (Physics Letters [Amsterdam] **27 A** (1968) 5, 269—70; Dep. of Phys., O. State Univ., Columbus, O. USA; engl.) — Motivierung einer neuen Form der phänomenolog. Landau-Theorie für Übergänge 2. Ordnung mit Anwendung auf fl. He. E. Otto 146

0917 **Geschwindigkeit des zweiten Schalls in der Nähe des λ-Punktes von Helium.** C. J. Pearce, J. A. Lipa und M. J. Buckingham. (Physic. Rev. Letters **20** (1968) 26, 1471—73; Dep. of Phys., the Univ. of Western Australia, Nedlands, Western Austral.; engl.) — Aus den Meßergebnissen folgt, daß die Geschw. des zweiten Schalls $(T_\lambda - T)^{0,386}$ proportional ist. B. Plewinsky 146

0918 **Wärmeleitfähigkeit von flüssigem und gasförmigem Argon.** B. J. Bailey und K. Kellner. (Physica [Utrecht] **39** (1968) 3, 444—62; Phys. Dep., Southampton Univ., Southampton, England; engl.) — Die Wärmeleitfähigkeit wurde zwischen 90 u. 300°K bei Drücken von Atmosphärendruck bis 500 kgf · cm^{-2} unter Benutzung einer vertikalen konzentr. zylindr. App. bestimmt. Die Daten werden tabelliert u. ferner in graph. Form als geglättete Isobaren u. Isothermen wiedergegeben. Unter Benutzung der aufgestellten Korrelationen kann die Wärmeleitfähigkeit von Ar innerhalb 3% aus Werten von Temp. u. D. allein erhalten werden. Messungen wurden in den Bereichen der Phasenänderung (Dampf–Fl. u. Fl.–Festkörper) u. ebenso im krit. Bereich durchgeführt. Es zeigt sich ein anomales Ansteigen der Leitfähigkeit bei Annäherung an den krit. Punkt (150,86°K, 49,95 kgf · cm^{-2}). Tests zeigten, daß dies nicht auf Konvektion zurückzuführen ist. Herbert Weber 146

0919 **Diffusion in flüssigen Zinn–Zink-Legierungen. 2. Mitt. Untersuchungen der Fremddiffusion sowie der Zusammenhänge zwischen den phänomenologischen Koeffizienten.** W. Pippel und W. Lange. (Z. physik. Chem. [Leipzig] **239** (1968) 1/2, 104—14; Inst. für Anw. radioakt. Isotope, Dresden; dt.) — 1. Mitt. vgl. ibid. **238,** 289, 5/6 (1968) — In geschmolzenen Sn–Zn-Leg. wurde mit der Überschichtungsmeth. u. Matano-Auswertung der Fremdkoeff. in Abhängigkeit von Temp. u. Konz. bestimmt u. die Erfüllung der Boltzmann-Bedingung (parabol. Zeitgesetz) experimentell überprüft. Mit Hilfe der l. c. gemessenen Selbstdiffusionskoeff. wurde für vier verschiedene Temp. oberhalb der Liquidus-Kurve der thermodynam. Faktor (1 + d ln f/d ln c) berechnet. Der Zusammenhang zwischen Selbst- u. Fremdkoeff. im Zweikomponentensyst. wird für das schmelzfl. Syst. Sn–Zn überprüft. E. Otto 146

0920 **Wärmeleitfähigkeit von flüssigem Quecksilber.** M. J. Duggin. (Physics Letters [Amsterdam] **27 A** (1968) 5, 257—58; CSIRO-Div. of Phys., Sydney, Australia; engl.) — Wärmeleitfähigkeitsmessungen wurden an Hg zwischen 350 u. 500°K durchgeführt. Aus den Meßergebnissen u. dem elektr. spezif. Widerstand ist die Lorenz-Zahl für verschiedene Temp. ber. worden. E. Otto 146

0921 **Messungen des Spaltdruckes extrem dünner Flüssigkeitsfilme zwischen Festkörperoberflächen.** G. Peschel. (Z. physik. Chem. [Frankfurt/M.] [N. F.] **59** (1968) 1/4, 27—48; Inst. für Phys. Chem., Univ. Würzburg; dt.) — Es wird der Aufbau einer App. zur Messung thermodynam. Eig. extrem dünner Fl.-Filme zwischen zwei hochpolierten Quarzglasoberflächen beschrieben. Eine Quarzglasoberfläche induziert in einer ihr angrenzenden Fl. weitreichende Ordnungszustände der Mol., soweit diese anisotrop sind oder ein Dipolmoment besitzen. Nähert man zwei Quarzglasflächen, die in Fl. getaucht sind, einander, so tritt bei Flächenabständen in der Größenordnung von 10^{-5} cm ein Druck auf, der in Richtung der Flächennormalen entgegen der Bewegungsrichtung wirkt u. als Spaltdruck bezeichnet wird. Das Verh. wird bei hochreinem H_2O beobachtet. B. Plewinsky 146

0922 **Untersuchung der Temperaturabhängigkeit der Ultraschallgeschwindigkeit im geschmolzenen Zustand.** T. Krishnamurty und K. Subba Rao. (Indian J. pure appl. Physics **6** (1968) 5, 247—48; Dep. of Phys., Andhra Univ., Waltair; engl.) — Die Temp.-Abhängigkeit der Ultraschallgeschw. wurde in fl. *Se*, sowie in eutekt. Gemischen von KNO_3–$LiNO_3$, KNO_3–$NaNO_3$ u. $ZnCl_2$–KCl bei einer Frequenz von 3 MHz u. in den Temp.-Bereichen von 300° bis über den F. u. zwischen 230 bis 300° untersucht. Die adiabat. Kompressibilität wird ber. u. ihre Temp.-Abhängigkeit diskutiert. E. Otto 146

0923 **Viskosität von Wasser.** M. F. Soonawala. (Indian J. pure appl. Physics **6** (1968) 5, 225—28; Shanthi Nagar, Bangalore; engl.) — Die Viskosität (η) von W. wird als Funktion der Potentialenergie (E) eines Mol. mit Rücksicht auf seine Umgebung ausgedrückt. Bei gegebener Temp. wird sie durch den Ausdruck $\eta = A \cdot \exp[-q(E_0 - E)/kT]$, in dem A, q u. E_0 Konst. sind, wiedergegeben. Das anomale Verh. von W. bei Temp. unter ca. 30°, wo η mit steigendem Druck abnimmt, wird befriedigend auf Grund des Ausdrucks erklärt. Die Beziehung kann auch zu $\eta = A \exp(U/kT)$ red. werden, wobei U die Änderung der inneren Energie bedeutet. Werte für die Konst. A, q u. E_0, die bei 0, 50 u. 100° bestimmt wurden, werden mitgeteilt. E. Otto 146

0924 **Ermittlung des scheinbaren molaren Ausdehnungsvermögens aus dem scheinbaren Mol-Volumen.** A. V. Satyavati. (Indian J. pure appl. Physics **6** (1968) 5, 248—49; Dep. of Phys., Shivaji Univ., Kolhapur; engl.) — Die D. wss. Lsg. von $LiJ \cdot 2H_2O$, RbJ, $BaJ_2 \cdot 2H_2O$, $CaJ_2 \cdot 4H_2O$ u. ZnJ_2 wurde bei verschiedenen Temp. bestimmt. Die Werte des scheinbaren Mol-Vol. bei verschiedenen Konz. u. unendlicher Verdünnung, die bei verschiedenen Temp. ermittelt wurden, werden zur Best. des scheinbaren molaren Ausdehnungsvermögens ΦE aller oben erwähnten Salze benutzt. Die Art der Änderung von ΦE mit der Konz. wird mit anderen scheinbaren molaren Eig. verglichen. E. Otto 146

0925 **Näherungs-Berechnungen von thermodynamischen Funktionen heißer Gase.** J. Artmann. (Z. angew. Physik **25** (1968) 2, 104—09; Dt. Versuchsanstalt für Luft- und Raumfahrt e. V.-Inst. für Plasmadynamik, Stuttgart-Vaihingen; dt.) — Vgl. C. **1966,** 25-0434. — Am Beispiel des Stickstoffs wird gezeigt, daß im Bereich der Dissoziation zweiatomiger Mol., wie in den Bereichen beliebig aufeinander folgender Ionisationen, die thermodynam. Funktionen durch sehr einfache Näherungsmeth. ber. werden können. Die Beschreibung verschiedenster Ionisationsstufen kann wesentlich vereinfacht werden, wenn die Bereiche überlappender Rk. möglichst klein sind. Als Kriterium für diese Näherung kann man angeben, daß für alle auf die erste Rk. folgende Rk. diejenige bestimmend ist, für die der Ionisationsgrad mindestens $x_1 \geq 0{,}01$ ist. Diese Näherungsmeth. ermöglichen u. a. eine wesentlich schnellere u. einfachere Auswertung. Herbert Weber 148

0926 **Thermische Zersetzung von Natriumazid: Einfluß der Kristallgröße, Topochemie und Gasanalyse.** R. F. Walker. (J. Physics Chem. Solids **29** (1968) 6, 985–1000, 3 Tafeln; Surface Phys., Cavendish Labor., Cambridge, England; engl.) — Die Kinetik der therm. Zers. von NaN_3 wird bei Temp. zwischen 200 u. 370° untersucht. Es kann gezeigt werden, daß die Kinetik von der spezif. Oberfläche der Krist. abhängt. Die Zersetzung beginnt an den Kanten der Krist.-Plättchen u. schreitet in Richtung parallel zu den Na- u. N-Ebenen fort. Bei Zersetzungstemp. bis zu 370° verbleibt ein Rückstand, der vermutlich durch eine Rückrk. zwischen Gasverunreinigungen wie H_2O, CO u. CO_2 u. dem Na verursacht wird. Bei Zersetzungstemp. oberhalb 370°, bei denen NaOH bereits flüchtig ist, verbleiben nur wenig Rückstände. K. H. Härdtl 150

0927 **Messung von (δP/δT)v und verwandten Eigenschaften in verfestigten Gasen.** 1. Mitt. **Festes ^{4}He.** John F. Jarvis, Dietolf Ramm und Horst Meyer. (Physic. Rev. [2] **170** (1968) 1, 320–27; Dep. of Phys., Duke Univ., Durham, N.C.; engl.) — Mit einem sehr empfindlichen Dehnungsmesser konnten Druckänderungen von 2 · 10^{-5} bar innerhalb eines kleinen, mit verfestigtem He gefüllten Behälters nachgewiesen werden. Es wurden Druckänderungen mit der Temp. entlang verschiedener Isochoren in der hexagonal dichtgepackten u. kub. raumzentrierten Phase von ^{4}He gemessen. Die Zustandsgleichung bei T = 0°K wurde abgeleitet u. aus dieser die Kompressibilität k_T u. die Änderung in der inneren Energie in Abhängigkeit vom Volumen. (δP/δT)v wird tabellar. angegeben, die Temp.-Abhängigkeit wird diskutiert. Der Grüneisen-Koeff. ist volumen- u. druckabhängig. H. Liepack 152

0928 **Druck–Dichte–Temperatur-Fläche von ^{4}He in der Nähe des kritischen Punktes.** Pat R. Roach. (Physic. Rev. [2] **170** (1968) 1, 213–23; Dep. of Phys. and James Franck Inst., Univ. of Chicago, Chicago, Ill.; engl.) — Die D. von ^{4}He wurde in Abhängigkeit von Temp. u. Druck entlang verschiedener Wege in der Nähe des krit. Punktes gemessen. Es werden Potenzgesetze für die Koexistenzkurve, die krit. Isotherme, die krit. Isobare, für die isotherme Kompressibilität entlang der Koexistenzkurve u. für den therm. Ausdehnungskoeff. entlang der Koexistenzkurve angegeben. H. Liepack 152

0929 **Schmelzkurven-Maxima bei hohem Druck.** 2. Mitt. **Flüssiges Caesium. Spezifischer Widerstand, Hall-Effekt und Zusammensetzung von geschmolzenem Tellur.** Eliezer Rapoport. (J. chem. Physics **48** (1968) 4, 1433–37; Chem. Phys. Group of the National Phys. and National Chem. Res. Labor., South African Council for Sci. and Industrial Res., Pretoria, South Africa; engl.) — Analyse der Ergebnisse aus Messungen von Hall-Effekt u. elektr. Leitfähigkeit für fl. Te nach dem Modell des Vf. (ibid. **46** [1967] 2891). Es wird angenommen, daß fl. Te aus der normalen Form u. einer metall. Form ähnlich einer der Hochdruckphasen von Te zusammengesetzt ist. Es wird ein Wert für die Wechselwrkg.-Energie w abgeleitet, mit dem die Irregularität in der Hochdruck-Schmelzkurve nach Stishov, Tikhomirova u. Tonkov erklärt wird. Für fl. Te u. fl. Cs werden Isokonzentrationslinien in der p–T-Ebene konstruiert. H. Liepack 152

0930 **Phasendiagramm von Rubidiumnitrat zwischen 200–330° und 0–1500 atm.** B. Cleaver und J. F. Williams. (J. Physics Chem. Solids **29** (1968) 6, 877–80; Dep. of Chem., Univ. of Southampton, Hampsh., England; engl.) — Das Phasendiagramm von $RbNO_3$ wird zwischen 200 u. 330° bis zu Drücken von 1500 atm. bestimmt. Im untersuchten Bereich werden drei stabile feste Phasen gefunden, die bei einem Tripelpunkt von 294,5 ± 1° u. 780 ± 20 atm koexistieren. Ein zweiter Tripelpunkt zwischen zwei der festen Phasen u. der Schmelze wird bei 304 ± 1° u. 900 ± 20 atm gefunden. Es kann gezeigt werden, daß das Diagramm mit den Umwandlungswärmen zwischen den einzelnen Phasen u. mit den aus den Einheitszellenabmessungen ber. D. konsistent ist. Ebenso messen Vf. die Erstarrungskurve von mit Ar gesättigtem $RbNO_3$ bis zu Drücken von 500 atm. Die Löslichkeit von Ar in der Schmelze wird zu 2 · 10^{-7} Mol ml^{-1} atm^{-1} bestimmt. Zwischen den Liquiduskurven von $RbNO_3$ u. KNO_3 wird eine Ähnlichkeit festgestellt, woraus gefolgert wird, daß $RbNO_3$ I mit KNO_3 V isostrukturell ist. K. H. Härdtl 152

0931 **Röntgenstrahluntersuchungen chemischer und polymorpher Gleichgewichte unter hydrostatischem Druck.** Briant L. Davis und Michael J. Walawender. (J. Physics Chem. Solids **29** (1968) 7, 1177–89, 1 Tafel; Inst. of Atmospheric Sci., S.Dak. School of Mines and Technology, Rapid City, S.Dak.; engl.) — Vf. konstruieren ein Druckgefäß, womit Röntgenstrukturaufnahmen bis zu Drücken von 5000 bar u. Temp. bis 300° durchgeführt werden können. Unters. im Syst. *$CaSO_4$–H_2O* zeigen zumindest eine neue Phase, die nur bei Drücken von ca. 500 bar stabil ist u. die auf der Basis einer verzerrten Anhydritzelle mit a = $6{,}46_9$ Å, b = $6{,}81_5$ u. c = $7{,}14_8$ (Z = 4) indiziert werden kann. Gips wandelt sich in Anwesenheit einer 4-molaren NaCl-Lsg. bei 98 ± 2° u. 100 bar in eine Hemihydrat-Phase um. Unters. über die Stabilitätsbedingungen von AgJ-IV zeigen, daß rein kub. (II') oder feinkörnige Mischungen von kub. oder hexagonalem (II) AgJ nicht vollständig in die Phase IV innerhalb der Meßzeit umgewandelt werden. Reines hexagonales AgJ(II) wandelt sich dagegen schnell ohne Polygonisierung in die Phase IV um. Der Verlauf des Phasenübergangs II–III stimmt mit den Angaben von Bridgman überein (Phasennomenklatur vgl. Bassett et al., Am. Mineral. **50** (1965)). K. H. Härdtl 154

0932 **Gas–Gas-Gleichgewicht im System Neon–Krypton.** N. J. Trappeniers und J. A. Schouten. (Physics Letters [Amsterdam] **27 A** (1968) 6, 340–41; Van der Waalslabor., Univ. van Amsterdam, Amsterdam; engl.) — Im Rahmen einer Unters. des Dampf–Fl.-Gleichgew. des Syst. Ne–Kr zwischen −95 u. −150° u. Drücken bis zu 1850 Atm. wurde bei hohen Drücken eine Trennung in zwei Gasphasen beobachtet. Die Koordinaten des „double plaitpoint" sind 1240(±25) Atm. u. −108,43 (±0,02)°. Die krit. Mischung enthält 37,5% Kr. Es wird geschlossen, daß das Gas–Gas-Gleichgew. im Syst. Ne–Kr vom Typ II ist (d. h. die krit. Kurve hat ein Temp.-Minimum). Herbert Weber 154

0933 **Untersuchungen zur Thermodynamik des Systems Kupfer–Silber–Selen.** Nilo Valverde. (Z. physik. Chem. [Frankfurt/M.] [N. F.] **61** (1968) 1/4, 92–107; MPI für phys. Chem., Göttingen; dt.) — Im quasibin. Syst. *Cu_2Se–Ag_2Se* liegt bei 300° eine Mischungslücke zwischen 69 u. 79 Mol.-% Ag_2Se. *CuSe* u. fl. *Se* koexistieren mit einem Cu_2Se–Ag_2Se-Mischkrist. mit 50 Mol.-% Ag_2Se. Das thermodynam. Verh. von Cu_2Se–Ag_2Se-Mischkrist. mit Metall-Unterschuß bzw. -Überschuß wurde durch coulometr. Titrationen bei 300° untersucht. Bei Ersatz von *Cu^+*- durch *Ag^+*- Ionen im Bereich von 0–60 Mol.-% Ag_2Se steigt die Energie der Defektelektronen (Cu^{2+}-Ionen) analog wie in *Cu_2S–Ag_2S* nach Werner (Z. physik. Chem. N. F. 47 (1965) 267). Dieser Anstieg kann durch Störung der quantenmechan. Resonanz zwischen Cu^{2+}- u. Cu^+-Ionen bei teilweisem Ersatz von Cu^+- durch Ag^+-Ionen gedeutet werden. Die Gibbs-Funktionen für die Bldg. von Cu_2Se u. CuSe wurden zu ΔG^0 = −20,32 bzw. −10,95 kcal bestimmt. E. Otto 154

0934 **Gleichgewichtsmessungen am System Silberjodid–Kupfer(I)-jodid.** D. Hoeschen und J. Nölting. (Z. physik. Chem. [Frankfurt/M.] [N. F.] **59** (1968) 1/4, 221–23; Inst. für phys. Chem., Univ. Göttingen; dt.) — Durch Diffusionsmessungen werden die Grenzen des Entmischungsgebietes zwischen den Hochtemp.-Phasen α-CuJ u. α'-AgJ im Temp.-Bereich 340–470° bestimmt u. mit Literaturdaten verglichen. B. Plewinsky 154

0935 **Korrigierte Druck–Temperatur-Kurven einiger Phasengrenzen fest–fest und fest–flüssig unterhalb 500°.** Carl W. F. T. Pistorius, Eliezer Rapoport und J. B. Clark. (Z. physik. Chem. [Frankfurt/M.] [N. F.] **59** (1968) 1/4, 200–05; Nat. Phys. and Nat. Chem. Res. Labor., South African Council for Sci. and Ind. Res., Pretoria, South Africa; engl.) — Frühere Best. der

Phasendiagramme der Verb. *$NaNO_3$, $RbNO_3$, $TlNO_3$, $AgNO_3$, KNO_2, $NaNO_2$, Na_2SO_4, Na_2CrO_4, Ag_2SO_4, Ag_2SeO_4, Ag_2CrO_4, $NaClO_3$, $PbZrO_3$, Li_2CrO_4, Hexamethylentetramin, Adamantan* u. *Teflon* sowie der Syst. *$CuSO_4$–H_2O, Li_2SO_4–H_2O* u. *$SrCl_2$–H_2O* werden bez. des Einfl. des unsymm. Druckverlustes korrigiert. Die korr. Phasengrenzen werden in analyt. Form angegeben.
B. Plewinsky 154

0936 **Theorie konformer Lösungen bestimmter geschmolzener Salze.** H. Ted Davis und John McDonald. (J. chem. Physics **48** (1968) 4, 1644—50; Dep. of Chem. and Chem. Engng., Univ. of Minn., Minneapolis, Minn.; engl.) — Aus der Theorie von Ress, Katz u. Kleppa werden Formeln für die thermodynam. Überschußgrößen für Mischungen bei konst. Temp. u. Druck abgeleitet. Numer. Abschätzungen der Mischungswärmen von Nitraten der Syst. Na–Li, Na–K, Na–Rb u. Na–Cs stimmen ausgezeichnet mit experimentellen Ergebnissen überein. Das Mischungsvol. ändert sich nach der Theorie mit dem Quadrat der Differenz der Ionendurchmesser der Komponenten der Mischung. H. Liepack 154

A-5. Elektrochemie

0937 **Theorie des solvatisierten Elektrons in polaren Flüssigkeiten.** 1. Mitt. **Modell orientierter Dipole.** Kaoru Iguchi. (J. chem. Physics **48** (1968) 4, 1735—38; Dep. of Fundamental Chem., School of Sci. and Engng., Waseda Univ., Nishi-Okubo, Shinjuku-ku, Tokyo; engl.) — Es wird angenommen, daß die Mol.-Dipole sphär. um das Elektron orientiert sind. Das Potentialfeld in Folge dieser Orientierung, die Energieniveaus, die Absorptionsmax. u. ihre Temp.-Abhängigkeit u. die Solvatationswärme werden für verschiedene Temp. berechnet. Diskussion für fl. NH_3, Methanol, Äthanol, Isopropanol u. n-Butanol. H. Liepack 161

0938 **Magnetoelektrische Effekte in Elektrolytlösungen.** W. Holzapfel. (Z. physik. Chem. [Frankfurt/M.] [N. F.] **59** (1968) 1/4, 166—76; Inst. für Phys. Chem. u. Elektrochem. der Univ. Karlsruhe; dt.) — Mit Hilfe der Thermodynamik irreversibler Prozesse werden die theoret. Zusammenhänge der magnetoelektr. Effekte in Elektrolytlsg. untersucht. B. Plewinsky 162

0939 **Der heutige Stand der elektrochemischen Stromquellen und Akkumulatoren.** K. J. Euler. (Z. angew. Physik **25** (1968) 2, 130—36; VARTA AG, Frankfurt/Main; dt.) — Überblick. — 14 Literaturangaben.
Herbert Weber 166

0940 **Tauchversuche an der Silberelektrode zur Deutung des Billiter-Potentials.** A. Schirmer, H. Schneider und W. Schlegelmilch. (Z. physik. Chem. [Leipzig] **239** (1968) 1/2, 75—83; Lehrstuhl für theoret. Phys. der TH Ilmenau; dt.) — Unters., ob das Billiter-Potential ebenso wie das Lippmann-Potential ein Nulladungspotential ist. Bei Tauchvers. an der Ag-Elektrode wird eine Abhängigkeit des Billiter-Potentials vom O_2-Partialdruck u. dem pH-Wert festgestellt. Es ist wahrscheinlich, daß auch mit der Tauchelektrode das Nullladungspotential bestimmt wird, u. daß die Unterscheidung zwischen Lippmann- u. Billiter-Potential nicht erforderlich ist. E. Otto 166

0941 **Neue Hexahalogenometallate des Rheniums und Technetiums.** R. Münze. (Z. physik. Chem. [Leipzig] **239** (1968) 1/2, 31—32; Zentral-Inst. für Kernforschg. der Dtsch. Akad. d. Wissenschaft, Bereich Radiochem., Rossendorf; dt.) — Vf. versuchte durch Red. bei kontrolliertem Kathodenpotential v. $[ReCl_6]^{2-}$; $[ReBr_6]^{2-}$ u. $[TcCl_6]^{2-}$ an großen Hg-Elektroden die entsprechenden Hexahalogeno- bzw. Hydroxohalogenometallate von Re^{3+} u. Tc^{3+} zu erzeugen. Hierbei wurden beobachtet: $[ReCl_6]^{3-}$; $[Re(OH)Cl_5]^{3-}$; $[Re(OH)Cl_5]^{2-}$; $[ReBr_6]^{3-}$; $[Re(OH)Br_5]^{2-}$; $[Re(OH)Br_5]^{3-}$; $[TcCl_6]^{3-}$; $[TcBr_6]^{2-}$ u. $[Tc(OH)Br_5]^{3-}$. E. Otto 170

A-6. Kolloidchemie, Grenzflächen

0942 **Untersuchung der Leitfähigkeit des Systems Wasser–Lithiumseifen–n-Butanol.** K. N. Mehrotra und S. C. Bhargava. (Z. physik. Chem. [Leipzig] **239** (1968) 1/2, 17—23; Chem. Dep., Univ. Jodhpur, Jodhpur, India; engl.) — Die spezif. Leitfähigkeit des Syst. W.–Li-Seifen–n-Butanol sinkt mit steigender Konz. der Seifen u. von n-Butanol ebenso wie mit der Kettenlänge der Seifen. Die Leitfähigkeitsergebnisse bestätigen, daß zwei Arten von Mizellen in den Seifenlsg. gebildet werden u. die Veränderung in der Natur der Mizellen bei n-Butanol-Konz. um 50% erfolgt. Für die Messungen fanden *Li-Caprinat, Li-Caprylat* u. *Li-Capronat* (F. 247,0°; 240,0° u. 226,0°) Anwendung. Die Leitfähigkeit der Li-Seifenlsg. ist kleiner als die von Na- u. K-Seifenlösung.
E. Otto 186

0943 **Zellenstruktur in Zinn-Einkristallen.** R. K. Shukla. (Indian J. pure appl. Physics **6** (1968) 5, 252 bis 254; Dep. of Phys., M. S. Univ. of Baroda, Baroda; engl.) — An der Spitze freier Oberflächen von Sn-Einkrist., die mit Geschw. von 0,5—4,0 cm/h nach der Bridgman-Meth. gewachsen waren, wurde Zellenstruktur beobachtet. Metallograph. u. Ätz-Techniken sind angewendet worden, um die Art der Grenzfläche fest–fl. zu untersuchen. E. Otto 200

0944 **Kinetik des Wassertransportes durch $Cu_2[Fe(CN)_6]$-Membranen.** A. Knappwost, G. Job und F. D. Grigutsch. (Z. physik. Chem. [Frankfurt/M.] [N.F.] **59** (1968) 1/4, 124—33; Inst. für Physik. Chem. der Univ. Hamburg; dt.) — Die Einströmgeschw. des W. in mit Rohrzuckerlsg. (0,5 m) gefüllte Pfeffersche Zellen mit *$Cu_2[Fe(CN)_6]$*-Membranen wird zwischen 10 u. 50° gemessen. Daraus wird die Aktivierungsenergie des W.-Transportes zu (7,5 ± 0,3) kcal/Mol bestimmt.
B. Plewinsky 200

0945 **Adsorptionsenergie und -Isothermen von Ionen an der Elektrode.** H. D. Hurwitz. (J. chem. Physics **48** (1968) 4, 1541—58; Electrochem. Labor., Univ. of Pa., Philadelphia, Pa.; engl.) — Theoret. Unters. der Ionenadsorption an der Hg-Elektrode (bewegliche Adsorption) mit Ableitung eines Ausdrucks für die überschüssige freie Energie der Adsorption. Es wird eine Adsorptionsisotherme abgeleitet u. mit experimentellen Ergebnissen für die Cl^--Adsorption verglichen. H. Liepack 204

0946 **Änderung der Elektronenaffinität eines Halbleiters infolge verschiedener Formen der Chemisorption.** L. Ahmad. (Physica Status solidi [Berlin] **29** (1968) 1, 179—87; Dep. of Phys., UCNW, Bangor, North Wales; engl.) — Es wird ein Modell zur Berechnung der Veränderung der Elektronenaffinität mit der Änderung des Bedeckungsgrades der Oberfläche für den Fall vorgeschlagen, daß eine gegebene Gasart in verschiedenen Formen auf einer Halbleiteroberfläche chemisorbiert wird. Dieses Modell enthält 2 Parameter, die in Anpassung an die experimentellen Ergebnisse gewählt werden können. Es wird auf die Sauerstoffchemisorption an verformten (100)-$BaTiO_3$-Oberflächen angewendet. Es wird postuliert, daß die Chemisorption in neutraler u. Ionenform erfolgt. Das mit der neutralen Form verbundene Dipolmoment, die maximal erreichbare Bedeckung u. die entsprechende Änderung der Elektronenaffinität wurden zu ca. 3,1 Debye; ca. 0,54 bzw. ca. 3,2 eV bestimmt. H. Roschkowski 204

0947 **Adsorption von Sauerstoff an Wolfram und einige Effekte in Zusammenhang mit thermischer Desorption.** J. Czyżewski und C. Workowski. (Acta physica polon. **33** (1968) 6, 913—21; Dep. of Experimental Phys., Univ. of Wrocław; engl.) — Die Sauerstoffadsorption an einer W-Spitze wurde im Feldelektronenmikroskop durch Messung der Austrittsarbeit in Abhängigkeit von der Sauerstoffbedeckung bei 300°K untersucht. Für sehr kleine Bedeckungen ($3 \cdot 10^{13}$ Atome/cm²) tritt ein Minimum der mittleren Austrittsarbeit bei ($\bar{\varphi}$) auf. Der Abfall im Wert für $\bar{\varphi}$ beträgt 0,1 eV. Aus charakterist. Änderungen in den Emissionsbildern wird auf eine Umordnung der Oberflächenatome als Folge der Adsorption geschlossen. Aus Messungen der therm. Desorption wurde auf die Diffusion von atomarem Sauerstoff von der Oberfläche in das Metallinnere geschlossen. Bei T = 1500°K bewirkt die Sauerstoffadsorption eine Änderung der geometr. Gleichgew.-Form des W-Einkristalls.
Werner Schmidt/Berlin 204

0948 **Wechselwirkung langsamer Elektronen mit Koadsorbaten auf Wolfram.** Carol J. Bennette und Lynwood W. Swanson. (J. appl. Physics **39** (1968) 6, 2749—55; Field Emission Corporat., McMinnville, Oreg.; engl.) — Aus der Feldemission wurde der Einfl. langsamer Elektronen (20—300 eV) untersucht, die auf Cs, Hg u. O_2 an reinem u. oxydiertem W auftrafen. Aus den Austrittsarbeitsänderungen u. den bekannten Beziehungen zwischen der Austrittsarbeit u. dem Bedeckungsgrad für die verschiedenen Syst. wurden die Wrkg.-Querschnitte der Desorption bestimmt. Für Cs an reinem W u. für Hg sowohl auf reinem als auch oxydiertem W sind die Wrkg.-Querschnitte kleiner als 10^{21} cm². Cs wird von einer oxydierten W-Oberfläche durch Beschuß mit 250-eV-Elektronen ohne Störung der darunter befindlichen chemisorbierten O-Schicht desorbiert. Die Wrkg.-Querschnitte für die Desorption von Cs von mit Sauerstoff angereichertem W nehmen mit zunehmender Cs-Bedeckung bis zu einem Max. von $8 \cdot 10^{-20}$ cm² zu u. sind unabhängig von der Menge des darunter befindlichen O. Die Ergebnisse zeigen, daß die Oberflächenbindung durch die darunter befindliche O-Schicht beeinflußt wird, bes. eine größere Lokalisierung der Bindungselektronen in der Cs–O-Bindung im Vgl. zur Cs–W-Bindung.
H. Liepack 204

0949 **Dehydratisierung von Alkoholen an Aluminiumoxid. 6. Mitt. Adsorptionsstrukturen von Wasser und Diäthyläther.** Helmut Knözinger und Einhard Ress. (Z. physik. Chem. [Frankfurt/M.] [N.F.] **59** (1968) 1/4, 49—62; Phys.-Chem. Inst., Univ. München; dt.) — 4. vgl. C. **1967,** 42-0909. — Es wird die Adsorption von *H_2O* u. *Diäthyläther* an *γ-Al_2O_3* IR-spektroskop. untersucht. W. wird bei kleinen Oberflächenkonz. entweder über eine oder über zwei passive H-Brücken an Oberflächenhydroxylgruppen adsorbiert. Bei Temp. unterhalb 200° zeigt Diäthyläther eine analoge Adsorptionsstruktur, oberhalb 200° entsteht ein Oberflächenäthylat. Mögliche Teilschritte der Ätherbldg. u. des Ätherzerfalls werden angeführt. B. Plewinsky 204

0950 **Untersuchung der Gettereffekte von metallischen Verunreinigungen in Silicium.** Masakatsu Nakamura, Taketoshi Kato und Noboru Oi. (Jap. J. appl. Physics **7** (1968) 5, 512—19; Semiconductor Engng. Dep., Tokyo Shibaura Electr. Co., Ltd., Kawasaki, Japan; engl.) — Der Gettermechanismus von *Cu-*, *Fe-* u. *Au-*Verunreinigungen in Si wird unter Benutzung der radioakt. Tracer ^{64}Cu, ^{59}Fe u. ^{198}Au untersucht. Die Si-Proben die eine homogene Verunreinigungsverteilung aufweisen, werden mit glasigem *P_2O_5* bzw. *B_2O_3* beschichtet. Nach einer Std. bei 1250° wird durch sukzessive Ätztechnik das Konz.-Profil der metall. Verunreinigungen in P_2O_5 bzw. B_2O_3 bestimmt. Zur Unters. der Gettereffekte durch mechan. erzeugte Kristallbaufehler werden die Oberflächen der Si-Proben durch SiC-Puder (10 μm) aufgerauht, eine Std. bei 1200° in einer Ar-Atmosphäre erhitzt u. die Konz.-Profile bestimmt.
B. Plewinsky 204

0951 **Gegenionbindung in wäßrigen Lösungen von Natriumpolystyrolsulfonat.** E. Baumgartner, S. Liberman und A. Lagos. (Z. physik. Chem. [Frankfurt/M.] [N.F.] **61** (1968) 1/4, 211—19; Dep. de Quimica Inorg. Analit. y Quimica Fisica, Fac. de Ciencias Exactas y Naturales, Perú 222 Buenos Aires, Argentina; engl.) — Der Diffusionskoeff. von *Na^+* als Gegenion in wss. Lsg. von Na-Polystyrolsulfonat wurde nach der Tracer-Meth. bestimmt. Die Konz.-Abhängigkeit zeigt bei ca. $5 \cdot 10^{-2}$ n ein Minimum auf. Mit den erhaltenen Werten von D_{Na^+} wurde nach der Theorie von Lifson u. Jackson die frei diffundierende Ionenfraktion berechnet. Experimentelle Best. der freien Ionenfraktion erfolgte durch Messung der Überführungszahlen im gleichen Konz.-Bereich. Es wird angenommen, daß die Zunahme von D_{Na^+} über $5 \cdot 10^{-2}$ n hinaus durch Neuverteilung der Gegenionen von höheren elektr. Potentialen zu niedrigeren bedingt ist u. nicht durch Überlagerung benachbarter Ketten verursacht wird. Ferner kann gefolgert werden, daß die Gegenionbindung durch die allg. Ladungsflächendichte auf dem Polyion u. nicht durch begrenzte Ladungsverteilung erfolgt. E. Otto 206

A–7. Kinetik, Katalyse

0952 **Symmetrie brechende Instabilitäten in dissipativen Systemen.** 2. Mitt. I. Prigogine und R. Lefever. (J. chem. Physics **48** (1968) 4, 1695—1700; Fac. des Sci., Univ. Libre de Bruxelles, Belgium; engl.) — 1. vgl. ibid. **46** (1967) 3542. — Entw. einer thermodynam. Theorie.
H. Liepack 211

0953 **Koagulation von Verbindungen bei chemischen Reaktionen.** Hisamoto Furuse. (J. physic. Soc. Japan **25** (1968) 1, 218—20; Inst. of Appl. Microbiol., Univ. of Tokyo, Tokyo; engl.) — Theoret. Arbeit über die Koagulation von Verb., die durch chem. Rk. kontinuierlich erzeugt werden, auf der Basis der Theorie von Smoluchowski (Koagulation von koll. Teilchen).
E. Richter 211

0954 **Mechanismus der thermischen Reaktion zwischen Bis-[fluorsulfuryl]-peroxid und Stickstoffmonoxid.** G. von Ellenrieder und H. J. Schumacher. (Z. physik. Chem. [Frankfurt/M.] [N.F.] **59** (1968) 1/4, 151—56; Fac. de Quím. Y Farmac. Univ. Nac. de la Plata, La Plata, Argentinien; dt.) — Es wird die therm. Rk. $F_2S_2O_6 + 2NO = 2FSO_3NO$ im Temp.-Bereich zwischen —35 u. —15° bei Gesamtdrücken von 2—15 Torr untersucht. Die RG ist dem $F_2S_2O_6$- u. dem NO-Partialdruck proportional. Die RGK wird zu $K = 3 \cdot 10^7{}_{exp}$ [—(5100 ± 700)/RT] $Mol^{-1}\,l\,s^{-1}$ bestimmt. B. Plewinsky 212

0955 **Kinetik der thermischen Reaktion zwischen Bis-[fluorsulfuryl]-peroxid und Stickstoffdioxid.** G. von Ellenrieder und H. J. Schumacher. (Z. physik. Chem. [Frankfurt/M.] [N.F.] **59** (1968) 1/4, 157—65; dt.) — Vgl. vorst. Referat. — Die Rk. zwischen *$F_2S_2O_6$* u. *NO_2* wird im Temp.-Bereich von —10 bis +15° kinet. untersucht. Als einziges Rk.-Prod. entsteht FSO_3NO_2. Die RG ist unabhängig vom Gesamtdruck u. vom NO_2-Partialdruck u. ist proportional der $F_2S_2O_6$-Konzentration. Die RGK wird zu $K_1 = 3{,}0 \cdot 10^{15} \exp(-23800 \pm 500)/RT \cdot s^{-1}$ bestimmt. B. Plewinsky 212

0956 **Zusammenhang zwischen der Fortpflanzungsgeschwindigkeit und der Ionendichte der Flamme.** Kunio Terao und Tadashi Sato. (Jap. J. appl. Physics **7** (1968) 5, 563—64; Yokohama Nat. Univ., Fac. of Engng., Yokohama; dt.) — In einem Plexiglaskanal wird ein Gemisch von *C_3H_8*, *O_2* u. *Luft* mit verschiedenem Mischungsverhältnis gezündet. Durch Messung der Ionendichte der Flammenfront wird der Wert der Flammenfortpflanzungsgeschw. abgeschätzt.
B. Plewinsky 214

0957 **Einfluß bevorzugter Diffusion auf die Stabilität einer laminaren Flamme.** Jean-Yves Parlange. (J. chem. Physics **48** (1968) 4, 1843—49; Engng. and Appl. Sci. Dep., Yale Univ., New Haven, Conn.; engl.) — Ableitung von Stabilitätskriterien. Die bevorzugte Diffusion stabilisiert (oder destabilisiert) eine Flamme, je nachdem, ob die Mangelkomponente der Mischung die weniger (oder mehr) bewegliche Komponente ist. Eine Stabilisierung erfolgt ferner, wenn die beweglichere Spezies ein Rk.-Prod. ist. H. Liepack 214

0958 **Übergang von der Verzweigungsketten-Kinetik zum partiellen Gleichgewicht bei der Verbrennung von Wasserstoff-Sauerstoff-Feingemischen in Stoßwellen.** W. C. Gardiner jun., K. Morinaga, D. L. Ripley und T. Takeyama. (J. chem. Physics **48** (1968) 4, 1665—73; Dep. of Chem., Univ. of Tex., Austin, Tex.; engl.) — Die Konz.-Profile des OH-Radikals bei der stoßgezündeten Verbrennung von H_2–O_2–Ar-Feingemischen bei ca. 0,3 atm u. ca. 1400°K zeigen ausgeprägte Spitzen vor Erreichen des partiellen Gleichgewichts. Die möglichen Ursachen dieses Verh. werden diskutiert.
H. Liepack 214

0959 **Pyrolyse und Verbrennung von Metallhydriden — Analyse durch kinetische Spektroskopie.** R. V. Petrella und T. L. Spink. (J. chem. Physics **48** (1968) 4, 1445—51; Sci. Projects Labor., Dow Chem. Comp., Midland, Mich.; engl.) — Die Zers. von *AlH_3* u. *BeH_2* durch Blitzpyrolyse wurde durch kinet. Spektroskopie bei 2477 ± 20°K untersucht. Das Hauptdissoziationsprod. in der Blitzpyrolyse von AlH_3 ist AlH. Die Existenz eines Subhydrids AlH_2 wird postuliert. In der Blitzpyrolyse von BeH_2 wird zuerst BeH gefunden. Einige μs nach dem Erscheinen nimmt BeH in der Intensität ab. 25 μs nach dem Blitz werden die ersten Banden von BeH^+ beobachtet. Ab 60 μs ist BeH^+ das überwiegende Be enthaltende Pyrolyseprodukt. Die pyrolyt. Zers. von BeH_2 wurde bis 165 μs nach dem Blitz beobachtet. Die blitzinduzierte Verbrennung von BeH_2 in O_2 wurde bei 20 Torr untersucht. Die Absorptionsspektren von OH, BeH, BeH^+ u. BeO werden beschrieben, u. die relativen Konz. werden für die Periode von 140 μs nach dem Blitz angegeben. Es wird ein Verbrennungsmechanismus für BeH_2 entwickelt. H. Liepack 214

0960 **Chemie der Kohlenstoffbildung in Flammen.** K. H. Homann und H. G. Wagner. (Proc. Roy. Soc. [London], Ser. A **307** (1968) 1489, 141—52; Inst. of Phys. Chem., Univ. of Bochum and Göttingen; engl.) — Übersicht über die Bldg. u. das Verh. von C-Partikeln in Flammen bei verschiedener Zus. der Ausgangsgase, bes. bei C_2H_2/O_2-Gemischen. A. Jaeschke 214

0961 **Thermokinetische Messungen nach dem Prinzip der Wärmeflußkalorimetrie.** 2. Mitt. **Reaktionen 2. Ordnung.** Friedrich Becker und Alfred Maelicke. (Z. physik. Chem. [Frankfurt/M.] [N.F.] **61** (1968) 1/4, 192—210; Anorg.-Chem. Inst. der Univ. Münster; dt.) — 1. vgl. ibid. **55** (1967) 280. — Die theoret. thermokinet. Ergebnisse werden auf Rk. 2. Ordnung mit gleichen u. ungleichen Konz. der Rk.-Partner angewandt. Zunächst werden die experimentellen Voraussetzungen zur Erfüllung der Funktion $(dQ/dt)^{1/2} = f(Q)(dQ/dt$ = Wärmefluß, Q = insgesamt abgeflossene Wärmemenge) untersucht. Als Anwendungsgebiete werden die Verseifung von *Glykolmonomethylätheracetat* durch wss. NaOH-Lsg. bei 25° u. die *Glykol*-Spaltung des *L*(+)-*Weinsäurediäthylesters* durch $Pb(CH_3COO)_4$ in Bzl.-Eisessig (ca. 1:1) bei 25° untersucht, wobei für eine Messung ca. 1 mMol der Rk.-Partner benötigt wird bei einer Genauigkeit von ± 1% der Geschw.-Konstante. Anwendungsbereich u. Vorteile der Meth. werden diskutiert. E. Otto 216

0962 **Doppelte Umsetzungen im festen Zustand.** 1. Mitt. **Untersuchungen zur Kinetik der Festkörperreaktion zwischen einkristallinem PbS und polykristallinem CdO mit mikroskopischen Methoden.** Volkmar Leute. (Z. physik. Chem. [Frankfurt/M.] [N.F.] **59** (1968) 1/4, 76—90; Phys.-Chem. Inst., Univ. München; dt.) — Es wird die Kinetik der Festkörperrk. *PbS* + *CdO* → *PbO* + *CdS* im Temp.-Bereich 463—618° mkr. untersucht. Als Rk.-Prod. bilden sich rhomb. PbO u. kub. CdS. Bei höheren Temp. (690°) tritt auch $PbSO_4$ als Rk.-Prod. auf. Während die Vol.-Rk. dem quadrat. Geschw.-Gesetz gehorcht, ist die Kinetik der Oberflächenrk. von nullter Ordnung. B. Plewinsky 218

0963 **Doppelte Umsetzungen im festen Zustand.** 2. Mitt. **Untersuchungen zum Diffusionsmechanismus der Festkörperreaktion PbS + CdO → PbO + CdS mit dem Mikroskop und der Elektronen-Mikrosonde.** Volkmar Leute. (Z. physik. Chem. [Frankfurt/M.] [N.F.] **59** (1968) 1/4, 91—108; Phys.-Chem. Inst., Univ. München; dt.) — 1. vgl. vorst. Referat. — Die mikrochem. Natur der Rk.-Schicht, die bei der Festkörperrk. zwischen einem *PbS*-Einkrist. u. polykrist. *CdO* entsteht, wird untersucht. Im Gegensatz zum Wagnerschen Modell scheiden sich die beiden Prod. *PbO* u. *CdS* in getrennten Teilschichten hintereinander ab. Die Rk.-Schicht kommt durch gegenseitige Kationendiffusion zustande. Die Rk. ins PbS hinein verläuft viermal so rasch wie ins CdO. Bei hohen Temp. (690°) verläuft die Festkörperrk. offensichtlich nach einem anderen Rk.-Mechanismus, da nun $PbSO_4$ als Rk.-Prod. nachgewiesen werden kann. B. Plewinsky 218

0964 **Topochemische Einflüsse auf die Festkörperreaktion ZnS + CdO = ZnO + CdS.** H. Kleykamp, G.-M. Schwab und R. Sizmann. (Z. physik. Chem. [Frankfurt/M.] [N.F.] **61** (1968) 1/4, 16—28; Phys.-Chem. Inst., Univ. München; dt.) — Die isotherme Kinetik der Pulverrk. wird mit Hilfe eines Differentialkalorimeters verfolgt. Über die Lsg.-Wärmen können Umsätze mit einem Fehler von 2% gemessen werden. Die Rk. wird bei 3 Mischungsverhältnissen (ZnS:CdO = 2:1; 1:1; 1:2) bei 482° untersucht. Die mittleren Korngrößen von ZnS betragen 31 u. 38 μm, die von CdO 2 μm. Der ermittelte Diffusionskoeff. beträgt $D = 6 \cdot 10^{-12}$ cm²/s. Die scheinbare Ordnung wird diskutiert. Kinetik u. Elektronenstrahl-Mikroanalyse ergeben einen mehrphasigen Schichtmechanismus ZnS–CdS–ZnO–CdO. Für den Stofftransport sind Fehlstellen infolge des Lückenmechanismus nicht notwendig. Die Diffusion der Kationen erfolgt über leere Tetraeder- u. Oktaederplätze des Wurtzit-Gitters. E. Otto 218

0965 **Kinetische Untersuchung über die Reduktion von Kupfer(I)-sulfid durch Wasserstoff.** Tokiaki Tanaka, Hideo Shimamura und Kyosuke Jibiki. (Z. physik. Chem. [Frankfurt/M.] [N.F.] **61** (1968) 1/4, 133—42; Dep. of Metallurg., Fac. of Engng., Hokkaido Univ., Sapporo, Japan; engl.) — Unter Verw. dicker Proben wurde die Red.-Geschw. von $Cu_2S(Cu_{1,93}S)$ durch H_2 thermographimetr. zwischen 400 u. 750° gemessen. Die Geschw.-Kurven zeigten einen langen linearen ca. 45% der Gesamtrk. einnehmenden Bereich. Die Aktivierungsenergie für die Red. ergab sich unterhalb 450° zu 42,8 u. zwischen 450 u. 750° zu 4,7 kcal/Mol. Bei Temp. unter 450° ist der Geschw.-bestimmende Schritt die Wasserstoff-Chemisorption an der Grenzfläche. Ein analyt. Ausdruck für die Red.-Geschw. wurde abgeleitet, der für die Geschw.-Konst. gute Übereinstimmung mit experimentellen Werten zeigte. Oberhalb 450° wird die Geschw. durch die H_2S-Diffusion bestimmt. E. Otto 218

0966 **Entwicklung von Wasser aus Alkalimetallhalogenid-Einkristallen.** A. K. Green und E. Bauer. (J. appl. Physics **39** (1968) 6, 2769—73; Michelson Labor., China Lake, Calif.; engl.) — Es wurde die Entw. von W. nach dem Heizen im Vakuum von NaCl- u. KCl-Krist. untersucht, die über bestimmte Zeitintervalle einer kontrollierten Feuchtigkeit ausgesetzt waren. Es wurden drei Arten der W.-Entw. beobachtet: 1. eine konst. Zuwachsrate von H_2O mit zunehmender Temp., die H_2O-Störstellen im Vol. zugeschrieben wird, 2. Desorptionsmax., die wahrscheinlich mit der Bldg. eines NaOH-Hydrats (KOH-Hydrat) zusammenhängen, u. 3. Ausbrüche, die charakterist. für Krist. sind, die einem Sättigungslsg.-Dampfdruck ausgesetzt waren. H. Liepack 218

0967 **Beziehungen zwischen katalytischen, aciden und porösen Eigenschaften von Alumosilicaten.** I. Bakardjiew, K.-H. Schnabel und K. Wencke. (Z. physik. Chem. [Leipzig] **239** (1968) 1/2, 65—74; Inst. für anorg. u. allg. Chem. der Bulgar. Akad. der Wissenschaften Sofia; dt.) — Alumosilicate gleicher chem. Zus., aber verschiedener Oberflächengröße u. Porosität wurden als Katalysatoren der i-Propanol-Dehydrierung untersucht. Die Porosität wurde durch Verteilungsfunktionen der Oberfläche nach der Krümmung beschrieben. Es besteht ein mathemat. ausdrückbarer Zusammenhang zwischen Oberflächenkrümmung, Acidität u. katalyt. Größen, mit dessen Hilfe Voraussagen über die katalyt. Aktivität von Alumosilicaten gemacht werden können. E. Otto 220

0968 **pH-Abhängigkeit der Radikalausbeute in der Strahlenchemie wäßriger Lösungen.** D. G. Marketos, N. Th. Rakintzis und Gabriel Stein. (Z. physik. Chem. [Frankfurt/M.] [N.F.] **59** (1958) 1/4, 177—88; Nuclear Res. Center „Democritos", Radiat. Chem. Labor., Aghia Paraskevi-Attikis, Athens, Greece; engl.) — *Safranin T* wird bei der Bestrahlung (92 Ci) mit γ-Strahlen (^{60}Co) in wss. Lsg. durch OH-Radikale, jedoch nicht durch HO_2, O_2^- u. H_2O_2 oxydiert. Die Abnahme der Safranin-T-Konz. wird in Abhängigkeit vom pH-Wert der Lsg. unter Verw. der Säuren H_2SO_4, $HClO_4$ u. H_3PO_4 untersucht. Zusätzlich wird der Einfl. von H_2O_2, *Jodid-Ionen* sowie von *2.5-Dichlorhydrochinon-(1.4)* ermittelt. B. Plewinsky 222

0969 **Bemerkung zu „Einfluß der Dielektrizitätskonstante auf die Ausbeute der während der Radiolyse einer Flüssigkeit gebildeten freien Ionen" und zu „Kinetik der Entfernung von positiver Ladung und Elektronen".** W. G. Burns. (J. chem. Physics **48** (1968) 4, 1876—77; Chem.

Div., A.E.R.E., Harwell, Berks.; engl.) — Vgl. Freeman u. Fayadh (C. **1967**, 41-0988) u. Freeman ibid. **46** [1967] 2822. — Diskussionsbemerkung zu den l.c. veröffentlichten Arbeiten mit Hinweis auf eine erforderliche Modifizierung auf Grund der benutzten Reichweiteverteilung der Sekundärelektronen.
H. Liepack 222

0970 **Antwort auf „Bemerkung zu ‚Einfluß der Dielektrizitätskonstante auf die Ausbeute der während der Radiolyse einer Flüssigkeit gebildeten freien Ionen' und zu ‚Kinetik der Entfernung positiver Ladung und Elektronen'".** G. R. Freeman. (J. chem. Physics **48** (1968) 4, 1877—78; Chem. Dep., Univ. of Alberta, Edmonton, Alberta, Canada; engl.) — Erwiderung zur vorst. referierten Arbeit. H. Liepack 222

A–8. Darstellung und Reaktionen von Elementen und anorganischen Verbindungen

Nichtmetalle

0971 **Chemie der Tellur–Fluor-Verbindungen.** 2. Mitt. **Chemische Eigenschaften und physikalische Konstanten einiger die F_5Te-Gruppe enthaltender Verbindungen.** A. Engelbrecht, W. Loreck und W. Nehoda. (Z. anorg. allg. Chem. **360** (1968) 1/2, 88—96; Innsbruck, Univ., Inst. für Anorg. u. Analyt. Chem.; dt.) — 1. vgl. C. **1966**, 4-0563. — Die Rk. von formelreinem BaH_4TeO_6 mit HSO_3F führt mit 95%ig. Ausb. zu *F_5TeOH* (**I**), aus dem folgende Deriv. dargestellt wurden: **I** + SO_3 (als Oleum) → *F_5TeOSO_2OH* (**II**); Erhitzen von **II** auf 130° in Ggw. von SO_3 → *$(F_5TeO)_2SO_2$* (**IV**), Rk. von **II** mit *HSO_3F* (1:10) → *F_5TeOSO_2F* (**III**); **IV** u. *$KOTeF_5$* oder *KCl* als SO_3-Acceptoren → *$(F_5Te)_2O$* (**V**); beim mehrfachen Versetzen von **II** mit *$ClSO_3H$* läßt sich durch Abziehen im Vakuum *F_5TeOSO_2Cl* (**VI**) in 85%ig. Ausb. erhalten. Die Reinigung der Verb. erfolgte durch Dest. mit gaschromatograph. Reinheitskontrolle. Von **I**—**VI** wurden folgende physikal. Daten bestimmt: F. (39,1; —9,2; —99,4; —40,4; —36,6; —66°), Dampfdruck: $\log p = A \cdot 10^3/T + B$; A/B = (—1,6651/7,8722; —2,9467/10,1400; —1,6782/7,9204; —2,2917/8,6948; —1,5714/7,5998; —1,9289/8,0572); D. = $-A \cdot 10^{-3}$ T + B; —A/B = (—4,144/3,916; —2,518/3,3073; —3,8834/3,5723; —4,706/4,2204; —3,183/3,3689). Die gaschromatograph. Retentionsvol. sind tabelliert.
H. Bürger 255

0972 **Salzartiges Verhalten von Tellur(IV)-chlorid.** Ram Chand Paul, Krishan Kant Paul und K. C. Mulhotra. (Chem. and Ind. **1968**, 36, 1227—28; Chandigarh, Indien, Panjab Univ., Dep. of Chem.; engl.) — An Hand von 15 Literaturangaben wird gezeigt, daß $TeCl_4$ (**I**) ein salzartiges Verh. aufweisen kann. **I** löst sich in $H_2S_2O_7$ unter Bldg. von $[TeCl_3]^+$-Ionen. Aus Leitfähigkeitsmessungen (LFM) von $[TeCl_3][SO_3Cl]$ (**II**) in Nitromethan u. Nitrobenzol wird geschlossen, daß **II** eine dimere ringförmige oder polymere kettenförmige Struktur besitzt. Von **I** konnten nachst. gelbe Komplexe hergestellt werden: **I** · 1 Pyridin (F. > 220°); **I** · 2 Pyridin (**III**; > 215°); **I** · 2 Chinolin (220°); **I** · 2 γ-Picolin (116°); **I** · 2 Isochinolin (125°); **I** · 2 Dimethylanilin (Fl.); **I** · 2 n-Butylamin (152°); **I** · 2 Triäthylamin (126°); **I** · 2 Morpholin (142°). LFM ergaben, daß die Komplexe starke Elektrolyte sind: **I** + 2 Pyridin → **III** ⇌ $[TeCl_3 \cdot Py_2]^+ + Cl^-$. Aus den Unters.-Ergebnissen wird gefolgert, daß auch **I** nach **I** → $TeCl_3^+ + Cl^-$ dissoziiert.
G. Gattow 255

0973 **Silicium–Stickstoff-Verbindungen.** 75. Mitt. **Umsetzungen von Lithium-bis-[trichlorsilyl]-amid mit Bortrichlorid.** Ulrich Wannagat und Peter Schmidt. (Inorg. nuclear Chem. Letters **4** (1968) 6, 355—59; Suppl. zu: J. inorg. nuclear Chem., Inst. für Anorg. Chem., TH, Braunschweig; dt.) — 72. vgl. C. **1968**, 17-0767. — Durch 5std. Rk. von $LiN(SiCl_3)_2$ u. BCl_3 (1:1) in PAe. bei —20° wird in 80%ig. Ausb. *Bis-[trichlorsilyl]-aminodichlorboran* (**I**), F. —2°, $Kp._{760}$ 210°, $Kp._{0,01}$ 51°, n_D^{20} 1,4816, $D._4^{20}$ 1,6435, als farblose, sehr hydrolyseempfindliche Fl. erhalten. Durch 5std. Rühren von $LiN(SiCl_3)_2$ mit BCl_3 (2:1) in PAe. bei —20° u. anschließendes 2,5std. Rückflußerhitzen wird neben **I** (43%) u. wenig *1.1.3.3-Tetrachlor-2.4-bis-[trichlorsilyl]-cyclo-1.3-disil-2.4-diazan* in 17%ig. Ausb. *Di-[bis-(trichlorsilyl)-amino]-chlorboran* (**II**), F. 62°, $Kp._{0,01}$ 117°, in Form weißer, fächerförmiger, sehr hydrolyseempfindlicher Krist. erhalten. Aus **I** wird durch 33std. Thermolyse bei 200 bis 210° (Rückfluß) unter BCl_3- u. $SiCl_4$-Abspaltung ein Gemisch höhermol. Prod. gebildet, aus dem durch Subl. in 10—35%ig. Ausb. *1.3.3-Trichlor-2.4-bis-[trichlorsilyl]-cyclo-1-bor-3-sil-2.4-diazan* (**III**), F. 65° (PAe.), Subl. 51—52°/0,01 Torr, in Form großer, hydrolyseempfindlicher Krist. isoliert wurde. — IR- u. ^{11}B-NMR-Spektren von **I**—**III**. A. Blaschette 261

0974 **Silicium–Stickstoff-Verbindungen.** 77. Mitt. **Hexabromdisilazan, 1.3-Dibromtetrachlordisilazan und Oktachlortrisilazan.** Ulrich Wannagat und Manfred Schulze. (Z. Chem. 8 (1968) 7, 255—56; dt.) — 76. vgl. C. **1969**, 13-0977; 75. vgl. vorst. Referat. — Beim Einleiten von NH_3 in eine Lsg. von $SiBr_4$ in Ae. bei —78° bildet sich neben NH_4Br u. polymerem *$SiBr_2NH$* in 12,1%ig. Ausb. *Hexabromdisilazan*, F. 12—13°, $Kp._{0,01}$ 81°, $D._4^{20}$ 2,816. Das bei der analogen Rk. von NH_3 mit $SiCl_4$ erhaltene polymere *$SiCl_2NH$* setzt sich mit HBr in PAe. bei —78° in 12%ig. Ausb. zu *1.3-Dibromtetrachlordisilazan*, F. —50 bis —49°, $Kp._2$ 57—58°, n_D^{20} 1,5097, $D._4^{20}$ 2,0004, um. Das IR-Spektrum wird tabellar. mitgeteilt. Durch NH_4Cl-katalysierten Halogenaustausch erhält man bei der gleichen Rk. auch *Oktachlortrisilazan*, $Kp._2$ 92—93°, n_D^{20} 1,4778, $D._4^{20}$ 1,5839, 3,5% Ausbeute.
Hans Bürger 261

Metalle

0975 **Darstellung und einige Eigenschaften von zwei neuen Kaliumdiphosphaten: $K_3H_5(P_2O_7)_2$ und $K_4H_8(P_2O_7)_3$.** Gérard Brun. (C. R. hebd. Séances Acad. Sci., Sér. C. **266** (1968) 12, 918—20; Labor. de Chim. min. C, Fac. des Sci., Montpellier, Hérault; franz.) — *$K_3H_5(P_2O_7)_2$* u. *$K_4H_8(P_2O_7)_3$* entstehen beim Versetzen einer $H_4P_2O_7$-Lsg. in A. bei 0° mit einer wss. K_2CO_3-Lsg. im stöchiometr. Verhältnis. Bei intensivem Rühren fallen die Verb. sofort aus, sie wurden röntgenograph. u. IR-spektroskop. im Bereich 400—3000 cm^{-1} charakterisiert. Die beiden Verb. zersetzen sich schon vor dem Schmelzen ab 180 bzw. 125°. Sie werden bei 100° unter der Einw. von W.-Dampf hydrolyt. gemäß $2K_3H_5(P_2O_7)_2 + H_2O \rightarrow 3K_2H_2P_2O_7 + 2H_3PO_4$ bzw. $K_4H_8(P_2O_7)_3 + H_2O \rightarrow 2K_2H_2P_2O_7 + 2H_3PO_4$ gespalten. J. J. Pohl 275

0976 **Zink- und Magnesiumderivate von Decaboran.** N. N. Greenwood und N. F. Travers. (J. chem. Soc. [London], Sect. A **1968**, 1, 15—20; Univ., Newcastle upon Tyne; engl.) — Vgl. ibid. **1967**, 6, 880. — Verb. ZnR_2, wie $Zn(CH_3)_2$ (**I**), $Zn(C_2H_5)_2$ (**II**) oder $Zn(C_6H_5)_2$ (**III**) reagieren mit $B_{10}H_{14}$ (**IV**) in L = Ae., THF oder Dioxan unter Bldg. von RH u. luftempfindlichen gelben Krist. von *$ZnB_{10}H_{12} \cdot 1,3-2\ L$*, weitere Beispiele für neutrale 6.9-Deriv. mit innerer Brücke u. direkten Zn—B-Bindungen. Sie reagieren mit HCl in Ae. langsam zu $ZnCl_2$ u. **IV**. Sie ionisieren in wss. oder alkohol. Lsg. unter Bldg. des Dianions $[Zn(B_{10}H_{12})_2]^{2-}$, das als Tetramethylammoniumsalz gefällt wurde. Während sie in CH_2Cl_2 Nichtelektrolyte sind, sind sie in A. oder CH_3CN starke 2:2-Elektrolyte, wenn man das doppelte Molgew. in Lsg. voraussetzt. Sie lösen sich auch in $C_2H_4Cl_2$ dimer. Auf Grund der UV-, IR-, ^{1}H- u. ^{11}B-NMR-Spektren werden ihre Strukturen u. ihre wahrscheinliche Topologie diskutiert. Entsprechend reagiert $Mg(C_2H_5)_2$ (**V**) bei niedrigeren Temp. mit **IV** zu *$MgB_{10}H_{12} \cdot 2\ (C_2H_5)_2O$* (**VI**); diese Verb. zersetzt sich leicht an der Luft u. beim Lösen in A. oder W. unter H_2-Entw.; sie löst sich nicht in organ. Lsgm. u. reagiert nicht mit HCl in Ae., sondern zersetzt sich. $Hg(CH_3)_2$ reagiert nicht mit **IV** in Ae., auch nicht unter längerem Rückflußkochen.

Versuche (unter strengem Feuchtigkeitsausschluß im Vakuum oder unter N_2): *$ZnB_{10}H_{12} \cdot L$*, (L =) *1,3 $(C_2H_5)_2O$*, Zers. ca. 130°, 4 Tage lange Rk. von **II** u. **IV** im abgeschmolzenen Rohr bei Raumtemp., gelbes Kristallisat, 63% (Ausb.), aus CH_2Cl_2/Ae.; *1,4 $(C_2H_5)_2O$*, a) in 2 Tagen aus **I** u. **IV** (molares Verhältnis 1:1), 6%;

b) analog 2:1, 13%; c) Dest. von **II** in eine Lsg. von **IV** in Bzl. bei −196°, Zuschmelzen des evakuierten Gefäßes, Erwärmen auf Raumtemp., 40std. Stehenlassen, Öffnen, Hineindest. von Ae. unter N_2, 7 Tage langes Stehenlassen, Abfiltrieren, Waschen mit Ae. u. Trocknen im Vakuum, 48%; *1,5 $(C_2H_5)_2O$*, in 20 Std. aus **III** u. **IV** (1:1), 83%; *1,7 THF*, a) in 2 Tagen aus **I** u. **IV** (1:1) in THF, 5%; b) analog 2:1, 13%; *1,8 THF*, in 24 Std. aus **III** u. **IV** (1:1); 83%; *1 Dioxan*, in 30 Std. aus 1,35 ml **II** u. 1,61 g **IV** in Dioxan, gelbe Krist., 3,47 g; *1,6 Dioxan*, in 24 Std. aus 0,88 g **III** u. 0,5 g **IV**, 1,05 g. — **VI**, aus einer Lsg. von **V** in Ae. u. **IV** bei −78° in 3 Std., Erwärmen auf 0°, 5std. Rk. u. Aufarbeiten, Pulver, 72%. G. Heller 288

0977 **Silicium-Stickstoff-Verbindungen.** 76. Mitt. **Umsetzungen von Hexachlordisilazan mit Diäthylzink.** Ulrich Wannagat und Peter Schmidt. (Inorg. nuclear Chem. Letters **4** (1968) 6, 331—34; Suppl. zu: J. inorg. nuclear Chem., Inst. für Anorg. Chem., TH, Braunschweig; dt.) — 75. vgl. C. **1969**, 13-0974. — Durch Rk. von $(Cl_3Si)_2NH$ mit $Zn(C_2H_5)_2$ (Molverhältnis 1:1) bei 0° entsteht in 82%ig. Ausb. *Äthylzink-bis-[trichlorsilyl]-amid* (**I**), $C_2H_5Cl_6NSi_2Zn$, F. −7°, $Kp._{0,01}$ 72°, n_D^{20} 1,5088, $D._4^{20}$ 1,6742. **I** ist eine farblose Fl., verfärbt sich am Licht, ist hydrolyseempfindlich, entflammt sich spontan beim Auftreffen auf rauhe Oberflächen u. zerfällt > 100° in $ZnCl_2$, $Zn(C_2H_5)_2$ u. *1.1.3.3-Tetrachlor-2.4-bis-[trichlorsilyl]-cyclo-1.3-disil-2.4-diazan* (**II**). Rk. von **I** u. $(Cl_3Si)_2NH$ (1:1) bei 100° führt neben **II** zu 40% *Zink-di-[bis-(trichlorsilyl)-amid]* (**III**), $Cl_{12}N_2Si_4Zn$, F. 49°, $Kp._{0,01}$ 84—85°, weiße, licht- u. O_2-empfindliche Nadeln. **I** u. **III** wurden schwingungsspektroskop. charakterisiert; die Si-N-Valenzkraftkonst. besitzt in beiden Mol. hohe Werte von ≧ 5,0 mdyn/Å. A. Blaschette 288

0978 **Zink(II-)-Komplexe mit gemischten Liganden.** S. Guru und D. V. Ramana Rao. (Z. anorg. allg. Chem. **358** (1968) 3/4, 187—92; Reg. Engng. Coll., Dep. of Chem., Rourkela [India]; engl.) — Durch Umsetzung der entsprechenden Tetraalkylammoniumtetrahalogenozinkate mit 4-Vinylpyridin (VP), 4-Methylpyridin (MP) u. Thioharnstoff (TH) in äther. Lsg. (5std. Rückflußkochen) wurden nachst. Komplexe erhalten: $[(CH_3)_4N][ZnBr_3(VP)]$, F. 120°; $[(C_2H_5)_4N][ZnBr_3(VP)]$, F. 123°; $[(CH_3)_4N][ZnBr_3(MP)_2]$, F. 130°; $[(C_2H_5)_4N] \cdot [ZnBr_3(MP)]$, F. 125°; $[(C_2H_5)_4N]_2[ZnBr_4(TH)_2]$, F. 130°, u. $[(C_2H_5)_4N][ZnCl_3(TH)]$, F. 83°. — IR- u. Leitfähigkeitsdaten vgl. Original. H. J. Schönherr 288

0979 **Azomethinderivate.** 4. Mitt. **Reaktion einiger Organozinkverbindungen mit Diphenylketimin, Phenylcyanid und tert.-Butylcyanid.** I. Pattison und K. Wade. (J. chem. Soc. [London], Sect. A **1968**, 1, 57—61; Durham Univ.; engl.) — 3. vgl. C. **1968**, 34-0816. — Die Darst. von luft- u. feuchtigkeitsempfindlichen sowie therm. instabilen, in Bzl. dimeren Azomethinderiv. $[Ph_2C{=}N{-}ZnR]_2$ mit Ph = C_6H_5 u. R = CH_3, C_2H_5 u. Ph aus $Ph_2C{=}NH$ (**I**) u. ZnR_2 sowie deren Rk. werden beschrieben; ihre IR- u. ${}^1H$-NMR-Spektren werden diskutiert. Während PhCN mit ZnR_2 reagiert, wird bei Zugabe von tert.-C_4H_9CN zu ZnR_2 keine Rk. beobachtet.

Versuche (im Vakuum oder unter N_2): $[Ph_2C{=}N{-}ZnR]_2$, (R =) CH_3 (**II**), Zers. ca. 80°, durch Einschmelzen von **I** u. $Zn(CH_3)_2$ (1:1) bei −196°, Erwärmen auf 30°, Öffnen u. Umkrist. aus Hexan/Toluol (**III**), gelb; C_2H_5, Zers. ca. 85°, Erwärmen auf 65°, gelb; *Ph* (**IV**), F. 132° (Zers.), Erwärmen von Lsg. von **I** u. $Zn(C_6H_5)_2$ in **III** auf 40°, Konz. im Vakuum, Kristalle. — $[(Ph_2C{=}N)_2 \cdot Zn]_n$, F. 260° (Zers.), a) Erhitzen einer Lsg. von **IV** in **III** auf 80° unter Rühren; b) Erhitzen von **V** auf 100° unter N_2, Abkühlen u. Waschen mit **III**, nichtflüchtiges unlösl. Pulver. — $Ph_2C{=}N{-}ZnCH_3 \cdot 2\,py$, F. 139° (aus Bzl./Hexan), Zugabe von trockenem py zu **II** (3:1—1:1) in Bzl. u. Fällen mit Hexan. — $(PhCN)_3$, F. 234° (aus Bzl.), durch Erhitzen von PhCN u. $Zn(C_2H_5)_2$ (1:1) auf 160° u. Kühlen; analog mit $Zn(CH_3)_2$. — $PhCN \cdot ZnPh_2$ (**V**), Zers. 100°, Zugabe von PhCN zu einer Suspension von $ZnPh_2$ in **III** bei −78°, Erwärmen auf 20°, Filtrieren u. Verdampfen von **IV** unter Vakuum, nichtflüchtige viskose Flüssigkeit. G. Heller 288

0980 **Reaktion von Schwefeldioxid mit Dimethylzink und Dimethylquecksilber.** N. A. D. Carey und H. C. Clark. (Canad. J. Chem. **46** (1968) 4, 649—51; Dep. of Chem., Univ. of Western Ontario, London, Ontario; engl.) — Dimethylzink (**I**) reagiert ebenso wie Dimethylquecksilber (**II**) unter Spaltung der Alkyl-Metall-Bindung mit SO_2 zu $CH_3ZnO \cdot SO \cdot CH_3$ u. $(CH_3SO \cdot O)_2Zn$ sowie zu $(CH_3Hg)_2SO_2$ u. $CH_3HgSOOCH_3$. IR-Spektren vgl. Original.

Versuche: *Dimethylzink* (**I**), C_2H_6Zn, aus CH_3J u. Zn-Staub in Ggw. von Cu. — $CH_3ZnO \cdot SO \cdot CH_3$, $C_2H_6O_2SZn$, durch Kondens. von SO_2 an **I**. — $(CH_3SO \cdot O)_2Zn$, analog vorst. Verb. mit überschüssigem SO_2. — $(CH_3Hg)_2SO_2$, $C_2H_6Hg_2O_2S$, aus SO_2 (Überschuß) u. **II** in 150 Std. bei Raumtemp., Einengen im Vakuum. — $CH_3HgSO \cdot OCH_3$ (**III**), $C_2H_6HgO_2S$, F. 148° (CH_2Cl_2), aus ber. Mengen **II** u. SO_2 in 11 Tagen bei Raumtemp.; daneben *isomeres* **III**. H. J. Schönherr 290

0981 **Einige Reaktionen von Bis-[π-cyclopentadienyl]-diphenyltitan.** Haruo Masai, Kenkichi Sonogashira und Nobue Hagihara. (Bull. chem. Soc. Japan **41** (1968) 3, 750—51; Inst. of Sci. and Ind. Res., Osaka Univ., Suita, Osaka; engl.) — Die Titelverb. (**II**) setzt sich beim Erhitzen in Bzl. mit Diphenylacetylen (**I**) zu *1.1-Bis-[π-cyclopentadienyl]-2.3-diphenyl-1-titanabenzo-(4.5)-cyclopentadien-(2.4)* (**III**) um. Die Struktur ergibt sich aus den Rk.-Prod. mit HCl (→ *Triphenyläthylen* u. *Bis-[π-cyclopentadienyl]-titandichlorid*), mit CO (→ *2.3-Diphenylindon*) u. mit J_2 [→ *cis-1-Jod-1.2-diphenyl-2-(o-jodphenyl)-äthylen*]. Bis-[π-cyclopentadienyl]-dimethyltitan reagiert dagegen mit **I** nicht. **II** ergibt bereits bei Raumtemp. mit CO *Benzophenon*.

Versuche: *Bis-(π-cyclopentadienyl)-diphenyltitan* (**II**), nach Summers et al. [1954]. — **III**, $C_{30}H_{24}Ti$, F. 227—228° (Methylenchlorid–PAe.), durch 1std. Rückflußkochen von **II** u. **I** in Bzl. unter N_2, Chromatographie an Al_2O_3 unter N_2, Eluierung mit Bzl.; 46% (Ausb.). — *Di-(π-cyclopentadienyl)-titandichlorid*, aus **III** u. verd. HCl in Chlf., Chlf.-Extraktion, Einengen, PAe.-Extraktion; 70%; daneben aus dem PAe.-Extrakt 70% *Triphenyläthylen* [$C_{20}H_{16}$, F. 72,5—73,5° (PAe.)]. — *2.3-Diphenylindon*, $C_{21}H_{14}O$, F. 156,5—157,5° (Bzl./PAe.), aus **III** u. CO in Bzl. bei Raumtemp. in 7 Std. bei 200 at, Chromatographie an Al_2O_3 u. Elution mit Bzl.; 70%. — *cis-1-Jod-1.2-diphenyl-2-(o-jodphenyl)-äthylen*, $C_{20}H_{14}J_2$, F. 172—173° (Bzl./PAe.), aus **III** in Bzl. u. überschüssigem J_2, 1 Std. Stehen, Extraktion mit PAe. u. Chromatographie; 64%. — *Benzophenon*, $C_{13}H_{10}O$, $Kp._3$ 118°, aus **II** u. CO analog vorvorst. Verb., Einengen, PAe.-Extraktion; 85%. *2.4-Dinitrophenylhydrazon*, $C_{19}H_{14}N_4O_4$, F. 247—248°. H. J. Schönherr 321

0982 **Reaktionen von Organozinnverbindungen.** 8. Mitt. **Reaktionen von Zinnhydriden mit Perfluorvinylsiliciumverbindungen.** M. Akhtar und H. C. Clark. (Canad. J. Chem. **46** (1968) 4, 633—42; Dep. of Chem., Univ. of Western Ontario, London, Ontario; engl.) — 7. vgl. C. **1968**, 21-0833. — Trimethylzinnhydrid (**I**) u. Dimethylzinndihydrid (**II**) reagieren bei erhöhter Temp. (60°) mit Trimethyl-(trifluorvinyl)- (**III**) bzw. Dimethyl-bis-[trifluorvinyl]-silan (**IV**) über eine β-F-Eliminierung zu *Organozinnfluoriden* u. *Fluorvinylsilanen*. IR- u. NMR-Daten werden ausführlich interpretiert.

Versuche: *Trimethylzinnhydrid* (**I**), nach Finholt et al. [1947] in n-Butyläther. — *Dimethylzinndihydrid* (**II**), analog vorstehend. — *Trimethyl-[perfluorvinyl]-silan* (**III**), nach Tarrant et al. (J. org. Chemistry **31** (1966) 1143); 50% (Ausb.). — *Dimethyl-bis-[perfluorvinyl]-silan* (**IV**), analog vorst.; 44%. — *Trimethylzinnfluorid* (**V**), durch 60std. Erhitzen von **I** u. **III** in einem vorher evakuierten Rohr auf 55°, Abscheidung eines weißen Nd., Gaschromatographie des übrigen Rk.-Prod. [Gemisch aus 36% *cis-Trimethyl-(1.2-difluorvinyl)-silan* (**VIII**), 5% *trans-Trimethyl-(1.2-difluorvinyl)-silan* (**X**), 41% *Trimethyl-(2.2-difluorvinyl)-silan* (**VII**) u. 18% *Trimethyl-(2-fluoräthyl)-silan* (**XI**)]. — *1-Trimethylsilyl-2-trimethylstannyl-1.2.2-trifluoräthan – 1-Trimethylsilyl-1-trimethylstannyl-1.2.2-trifluoräthan-3:2-Gemisch* (**VI**), $C_8H_{19}F_3SiSn$, Zers. bei 100°, a) aus **I** u. **III** durch UV-Bestrahlung in 10 Std. bei 25°, Vakuumfraktionierung

bei $-78°$; 77%; daneben Spuren von **V**. **VI** zersetzt sich nach 1 Woche bei 25° vollständig in **V** u. ein 2:1-Gemisch aus **VII** u. **VIII**. Mit 20%ig. NaOH entsteht quant. *Trifluoräthylen*; b) aus **I** u. **III** in Ggw. von Azo-bis-isobutyronitril (**IX**) in 10 Std. bei 35°, Zugabe von **IX** u. 10std. Erhitzen auf 50°, Vakuumfraktionierung; 54%; daneben Gemisch aus **VII**, **VIII**, **X** u. **XI**, sowie **V** u. metall. *Sn*; c) durch 10std. Bestrahlung eines Gemisches aus **I**, **III** u. Hydrochinon bei 25—50°; 62%; daneben wenig **VII**, **XI**, **V**, H_2 u. *Sn*. — *Trimethyl-(2.2-difluorvinyl)-silan* (**VII**), durch 10std. Erhitzen eines Gemisches aus 421 mg „Galvinoxyl" (nach Bartlett et al., C. **1968**, 11199) 82 mg **IX**, 265 mg **I**, 247 mg **III** u. 2 ml abs. Bzl. auf 50°, Vakuumfraktionierung; 192 mg. — *Dimethylzinndifluorid* a) aus **II** u. **III** (24 Std. bei 60°); Spuren neben Spuren von **VIII** u. **VII**; b) durch 16std. UV-Bestrahlen von **II** u. **III** bei 25°; 80%; daneben *Gemisch* aus 29% **VIII**, 5,5% **X**, 49% **VII** u. 16,5% **XI** (%-Geh. mit NMR ermittelt). — *Dimethyl-bis-[perfluorvinyl]-silan* (**IV**)-**I**-*Addukt*, durch 4std. Bestrahlung von **I** u. **IV** bei 25°; Spuren; daneben 34,7% **V**. — Gemisch aus *Dimethyl-bis-[2.2-difluorvinyl]-silan, cis-* u. *trans-Dimethyl-(1.2-difluorvinyl)-silan* u. *Dimethyl-bis-[2-fluoräthyl]-silan*, aus **I** u. **IV** (45 Std. bei 55°); Spuren; daneben 1,5% **V**. — **I** u. **IV** liefern in 45 Std. bei 55° in Ggw. von **IX** nur wenig **V**. — *Dimethylzinndifluorid*, a) aus 127 mg **II** u. 186 mg **IV** (2 Tage bei Raumtemp.); 26 mg; b) aus **II** u. **IV** (8 Std. bei 55°); 75%; c) durch 30min. UV-Bestrahlen von **II** u. **IV** bei 25°; 41%. Daneben werden IR-spektroskop. eine Reihe anderer Verb. nachgewiesen.
H. J. Schönherr 327

0983 **Reaktion von 8-Hydroxychinolin mit kovalenten Halogeniden.** 2. Mitt. **Zinn(IV)- und Titan(IV)-halogenide.** M. J. Frazer und B. Rimmer. (J. chem. Soc. [London], Sect. A **1968**, 1, 69—74; London, Northern Polytechnic; engl.) — 1. vgl. C. **1968**, 6-0745. — Wenn 2 Mol 8-Hydroxychinolin (oxH) in $CHCl_3$ oder THF zum geeigneten Halogenid gegeben wird, bilden sich Addukte des Typs $MX_4 \cdot 2oxH$ ($M = Ti, Sn$; $X = F, Br, J$); ist M jedoch *Si* oder *Ge*, bilden sich keine Addukte, sondern unter Abspaltung von HX Verb. des Typs MX_2ox_2. Die 1:2-Addukte lassen sich durch Erhitzen ($X = F, Br, J$) oder einen Überschuß oxH ($X = Br, J$) ebenfalls in Verb. des Typs MX_2ox_2 überführen. TiX_2ox_2 liefert mit einem Überschuß oxH $TiXox_3$, in dem Ti im Falle von $X = Br$ u. *F* heptakoordiniert ist. $TiJ(ox)_3$ ist ein 1:1-Elektrolyt. Die Verb. MCl_3ox ($M = Ti, Sn$) bilden mit oxH Addukte, in denen das Metall wahrscheinlich pentakoordiniert ist.
U. Goetze 327

0984 **Molekulare Additionsverbindungen von Zinn(IV)-chlorid mit Dicarbonsäureäthylestern in Benzol und Methylenchlorid.** Andrzej Kemula und Reynold T. Iwamoto. (J. physic. Chem. **72** (1968) 4, 1334—40; Dep. of Chem., Univ. of Kansas, Lawrence, Kan.; engl.) — Es werden Akzeptor-Donator-Komplexe des $SnCl_4$ mit Äthylacetat, Äthyloxalat, Äthylmalonat, Äthylsuccinat, Äthylglutarat u. Äthyladipat untersucht. Äthylacetat bildet in Abhängigkeit vom Akzeptor-Donator-Verhältnis *1:1-* u. *1:2-SnCl₄-Ester-Komplexe*, während Äthyloxalat u. Äthylmalonat 5- bzw. 6-zählige *Ringchelate* bilden. Mit Äthylsuccinat erhält man sowohl chelatisierte als auch monokoordinierte Verb. in Lsg.; Äthylglutarat u. Äthyladipat schließlich bilden keine Chelate mehr, sondern *1:1-* u. *2:1-SnCl₄-Ester-Addukte* in Abhängigkeit vom $SnCl_4$:Ester-Verhältnis. Bldg.-Konst. sowie ΔH- u. ΔS-Werte für die Komplexe des Äthyloxalats, des Äthylmalonats sowie für die 1:1-Komplexe des Äthylsuccinats u. Äthyladipats sind angegeben.
H. J. Schönherr 327

0985 **Reaktionsweisen von Vanadinhexacarbonyl mit di- und tritertiären Phosphinen.** H. Behrens und K. Lutz. (Z. anorg. allg. Chem. **356** (1968) 5/6, 225—33; Erlangen, Inst. für Anorg. Chem. der Univ.; dt.) — $V(CO)_6$ (**I**) reagiert mit 1.2-Bis-[diphenylphosphino]-äthan (DP) je nach Wahl der Rk.-Temp. u. der Molverhältnisse entweder unter Valenzdisproportionierung oder unter CO-Substitution. Die Valenzdisproportionierung zu $[V(DP)_3]\cdot[V(CO)_6]_2$ erfolgt bei Raumtemp. u. Verw. von **I** u. DP im Verhältnis 1:1. Wird ein Rk.-Gemisch von **I** u. DP im Molverhältnis 1:1 auf 120° erhitzt, so erfolgt CO-Substitution unter Bldg. von $V(CO)_4DP$ (**II**). Wird das Molverhältnis **I**:DP = 1:2 gewählt, so entsteht bei 120° $V(CO)_2(DP)_2$ (**III**). Bei der Umsetzung von **I** mit 1.1.1-Tris-[diphenylphosphinomethylen]-äthan (TP) bei 120° entsteht ebenfalls unter CO-Substitution $V(CO)_3TP$ (**IV**). Die Rk. von **II**, **III** u. **IV** mit bipy, phen oder 2.2′.2″-Tripyridyl (tripy) bei 120° erfolgt unter vollständiger Substitution der CO- u. P-haltigen Liganden u. Bldg. von $V(bipy)_3$, $V(phen)_3$ bzw. $V(tripy)_2$. Werden die Rk. zwischen **II** u. bipy bzw. phen unterhalb 80° ausgeführt, so entstehen unter Valenzdisproportionierung die Komplexe $[V(bipy)_3][V(CO)_4DP]_2$ bzw. $[V(phen)_3][V(CO)_4DP]_2$. Die dargestellten Verb. werden mittels chem. Analyse, Mol.-Gew.-Best., elektr. Leitfähigkeit, magnet. Momente u. IR-Spektren charakterisiert.

Versuche: $[V(DP)_3][V(CO)_6]_2$, durch 6—7std. Schütteln von **I** u. DP (1:1) in Bzl. bei 20°, Umkrist. aus CH_2Cl_2/PAe.; rotbraune Nadeln, (Ausb. 96,4%, (μ_{eff} =) 4,01 BM, leicht lösl. in polaren Lsgm. mit Ausnahme von W., schwer lösl. in Bzl., PAe., Cyclohexan. — $V(CO)_4DP$ (**II**), durch 12std. Erhitzen von **I** u. DP (1:1) in PAe. auf 120°, Umfällung aus Bzl./PAe.; dunkelgrüne nadelförmige Krist., 95,5%, 1,96 BM, lösl. in Bzl., THF, Aceton. — $V(CO)_2(DP)_2$ (**III**), durch 48std. Erhitzen von **I** u. DP (1:2) in PAe. auf 120°, Umfällung aus THF/PAe.; dunkelroter Feststoff, 92%, 1,77 BM. — $V(CO)_3TP$ (**IV**), durch 10std. Erhitzen von **I** u. TP (1:1) in Cyclohexan auf 120°, Extraktion mit heißem Bzl.; büschelförmige, gelbe Krist., 94,3%, 1,93 BM, lösl. in Bzl., THF, unlösl. in Cyclohexan. — $[V(bipy)_3][V(CO)_4DP]_2$, durch 6std. Erhitzen von **II** u. bipy (1:2) in Bzl. auf 75°, Waschen mit Bzl., Umfällen aus wss. Aceton; schwarzgrüner Feststoff, 89%, 3,97 BM, wenig lösl. in Benzol. — $[V(phen)_3][V(CO)_4DP]_2$, durch 8std. Erhitzen von **II** u. phen (1:2) in Bzl. auf 60°, Zugabe von PAe. zur filtrierten Lsg., Umkrist. aus Aceton; dunkelgrüner Feststoff, 65,7%, 4,02 BM, lösl. in Benzol. — $V(bipy)_3$, a) durch 48std. Erhitzen von **II** u. bipy (1:4) in Cyclohexan auf 140°; 74,5%; oder b) durch 48std. Erhitzen von **III** u. bipy (1:3) in Cyclohexan auf 120°; 95%; oder c) durch 24std. Erhitzen von **IV** u. bipy (1:3) in Cyclohexan auf 120°; 92%, 1,79 BM. — $V(phen)_3$, a) durch 48std. Erhitzen von **II** u. phen (1:3) in Cyclohexan auf 140°; 69,3%; oder b) durch 48std. Erhitzen von **III** u. phen (1:3) in Cyclohexan auf 120°; 95,4%; oder c) durch 24std. Erhitzen von **IV** u. phen (1:3) in Cyclohexan auf 120°; 94,6%, 1,82 BM.
M. Steidinger 330

0986 **Elektrochemische Untersuchungen an Molybdän-Äthylendiamintetraessigsäurekomplexen.** Franklin A. Schultz und Donald T. Sawyer. (J. electroanalyt. Chem. Interfacial Electrochem. [Lausanne] **17** (1968) 1—2, 207—25; Dep. of Chem., Univ. of Calif., Riverside, Calif.; engl.) — Unter den Chelatkomplexen mit EDTA (H_4Y) sind die mit Mo(VI) u. Mo(V) wegen ihres Metall zu Ligand-Verhältnisses von 2:1 ungewöhnlich. Mit Hilfe von Coulometrie, Chronopotentiometrie u. cycl. Voltammetrie wurde die Elektrochemie von $[Mo_2O_6Y]^{4-}$ (**I**) u. $[Mo_2O_4Y]^{2-}$ (**II**) untersucht, um eine Beziehung zu ihren durch NMR- u. Röntgenunters. bestimmten Strukturen herzustellen. In **I** sind zwei voneinander völlig unabhängige MoO_3-Gruppen durch eine Y^{4-}-Gruppe verbunden. In Ggw. von 0,05—0,1 m EDTA erfordert die Red. von 0,005—0,07 m Mo(VI) bei pH 3,2—4 insgesamt ca. 3 Elektronen pro Mo-Atom, doch ist die Anfangsrk. eine Red. von Mo(VI) zu Mo(IV), das zu Mo(V) u. Mo(III) disproportioniert. **II** ist ein diamagnet. Chelatkomplex mit zwei O-Brücken. **II** wird durch eine Reihe paralleler, nahezu voneinander unabhängiger Schritte reduziert. Eine dritte Reihe von Verb. wird von der Mo(III)-Species gebildet, die coulometr. aus **I** entsteht. Die Einmaligkeit der verschiedenen Mo-EDTA-Species wird am besten durch Unters. mit Hilfe der cycl. Voltammetrie deutlich: die Geschw. der Disproportionierung von Mo(IV) ist beträchtlich langsamer für solche Verb., in denen die Mo-Atome durch O-Brücken verbunden sind.
G. Heller 336

0987 **Darstellung von $UO_{2,37}$ bei hohen Drücken.** H. Hoekstra, S. Siegel und P. Charpin. (J. inorg, nuclear Chem. **30** (1968) 2, 519—23; Argonne, Ill., ANL, Chem. Div.; engl.) — Aus Mischungen von UO_2 u. U_3O_8 entsteht bei 30—40 kbar u. 500—1400° $UO_{2,37\pm0,02}$, D. 11,34 g/cm³. Die Krist.-Symmetrie ist monoklin mit a = 5,378, b = 5,559, c = 5,378 Å u. β = 90,29°. Das IR-Spektrum ähnelt dem von UO_2 mehr als dem von U_3O_8. D. Ertel 339

0988 **Reaktion von Technetiumhexafluorid mit Stickstoffmonoxid, Nitrosylfluorid und Nitrylfluorid.** John H. Holloway und Henry Selig. (J. inorg. nuclear Chem. **30** (1968) 2, 473—78; Argonne, Ill., ANL, Chem. Div.; engl.) — Durch Rk. von TcF_6 mit NO, NOF u. NO_2F erhalten Vf. die Verb. *$NOTcF_6$*, *$(NO)_2TcF_8$* bzw. *NO_2TcF_7*. Die magnet. Suszeptibilitäten u. Momente u. IR-Spektren dieser Verb. werden mitgeteilt u. mit denen analoger W-, Re- u. Os-Komplexe verglichen. Vers. zur Herst. von $NOTcF_7$ schlugen fehl. D. Ertel 351

0989 **Zur Kenntnis des Rhenium(VII)-oxids und zur Reaktion des Re_2O_7 mit 1.4-Dioxan.** B. Krebs und A. Müller. (Z. Naturforsch. **23b** (1968) 4, 415—19; Göttingen, Univ., Anorg.-Chem. Inst.; dt.) — Re_2O_7 (I) wurde IR-spektroskop. im Bereich von 120—4000 cm^{-1} sowie massenspektrometr. untersucht; die Absorptionsmax. u. die über I in der Gasphase auftretenden Spezies werden mitgeteilt. Es wird vermutet, daß I eine polymere Struktur besitzt, in der weitgehend kovalent gebundene ReO_n-Polyeder über Ecken verknüpft sind. I ist in keinem der untersuchten Lsgm. ohne Zers. löslich. Bei dem von Nechamkin et al. (vgl. C. **1952**, 1789) beschriebenen (di = 1.4-Dioxan) I · 3di handelt es sich tatsächlich um I · 2H_2O · 2di (II). II, dessen IR-Spektrum mitgeteilt u. diskutiert wird, krist. rhomb. mit Z = 4 in der Raumgruppe $P2_12_12_1-D_2^4$: a = 26,58 ± 0,08, b = 9,52 ± 0,03, c = 6,70 ± 0,02 Å; $D_{\cdot R}$ 2,73, $D_{\cdot exp}^{20}$ 2,70 g/cm³. G. Gattow 352

0990 **Thermische Zersetzung des Doppelsalzes $Na_2Fe \cdot (SO_4)_2 \cdot 4H_2O$. Existenz einer kristallinen Phase des Typs $Na_2Fe_x^{3+}Fe_{1-x}^{2+}(SO_4)_2(OH)_x$.** Louis Cot. (C. R. hebd. Séances Acad. Sci., Sér. C **266** (1968) 12, 921—23; Labor. de Chim. Min. C, Fac. des Sci., Montpellier, Hérault; franz.) — Röntgenograph. u. chem. analyt. Unters. der therm. Zers. von $Na_2Fe(SO_4)_2 \cdot 4H_2O$ (I) zeigen, daß I im Vakuum (10^{-5} Torr) bei 45° in das wasserfreie Salz übergeht. Bei 350° verläuft die Rk. nach $4Na_2Fe(SO_4)_2 \cdot 4H_2O \rightarrow 4Na_2SO_4 + 2Fe_2O_3 + 16H_2O + 4SO_2 + O_2$. In N_2-Atmosphäre entsteht das Monohydrat bei 95°, das wasserfreie Salz bei 130°, das sich bei 450° unter Bldg. von $Na_3Fe(SO_4)_3 + Na_2SO_4 + Fe_2O_3$ zersetzt. Bei 580° liegt $Na_2SO_4 + Fe_2O_3$ vor. An der Luft entsteht bei 100° $Na_2Fe_x^{3+}Fe_{1-x}^{2+}(SO_4)_2(OH)_x$, bei 380° $Na_3Fe(SO_4)_3 + Fe_2O_3$ u. bei 510° schließlich $Na_2SO_4 + Fe_2O_3$. Die röntgenograph. Charakteristiken der bin. Verb. sind angegeben. J. J. Pohl 354

0991 **Übergangsmetall-Nitrosylverbindungen.** 2. Mitt. **$[Fe(NO)(CO)_2(Ph_3P)_2]^+$, ein mit $[Mn(NO)(CO)_2(Ph_3P)_2]$ isoelektronisches und isostrukturelles Kation.** G. R. Crooks und B. F. G. Johnson. (J. chem. Soc. [London], Sect. A **1968**, 6, 1238—40; Univ. Coll. London; engl.) — 1. vgl. ibid. **1967**, 3, 475. — Komplexe des Typs *$[Fe(NO)(CO)_2 \cdot (Ph_3P)_2]X$* mit Ph = *$C_6H_5$* u. X = *Cl* (I), *Br* (II), *NO_3*, *PF_6*, *BF_4* u. *J* wurden dargestellt; sie sind in polaren Lsgm. lösl. u. in unpolaren unlöslich. Beim Vers., den Komplex mit X = NO_2 darzustellen, zersetzt sich das Kation. I u. II sind instabil u. zersetzen sich während des Aufarbeitens; mit X = PF_6 läßt sich der Komplex bis zu drei Wochen an der Luft aufbewahren. Nach Molgew.-Best. in $CHCl_3$, den IR-Spektren u. Leitfähigkeitsbest. in Nitrobenzol handelt es sich um 1:1-Elektrolyte. Die IR-Banden zwischen 1700 u. 2200 cm^{-1} sprechen in Analogie zum ungeladenen $[Mn(NO)(CO)_2(PPh_3)_2]$ für eine trigonal-bipyramidale Struktur des Kations $[Fe(NO)(CO)_2 \cdot (PPh_3)_2]^+$ mit den PPh_3-Gruppen an den Spitzen u. einer äquatorialen NO-Gruppe. Auch $Fe(CO)_4(PPh_3)$ reagiert mit NOCl oder NOBr zu I oder II in 50%ig. Ausb. in einer Zweistufenrk., nicht aber zu $[Fe(NO)(CO)_3(PPh_3)]X$.

Versuche (unter O_2-freiem N_2, Waschen aller Komplexe mit trockenem Ae. u. Trocknen im Vakuum): *$[Fe(NO)(CO)_2(Ph_3P)_2]X$*, (X =) *Cl* (I), durch Zutropfen einer Lsg. von frisch dest. NOCl in entgastem CH_3CN zu einer Suspension von $(Ph_3P)_2Fe(CO)_3$ (III) in CH_3CN bei —10° unter Rühren, Zugabe von W. zur klaren orangefarbenen Lsg., Chromatographieren an SiO_2, Entfernen des CH_3CN unter Vakuum u. Umkrist. aus Methanol/A., gelbe Plättchen; *Br* (II), analog aus NOBr; *NO_3*, a) Zutropfen einer 10%ig. Lsg. von N_2O_4 in Bzl. zu einer Lsg. von III in Bzl. bei genau 0° unter Rühren, ½std. Rühren u. Abfiltrieren, 45% (Ausb.), aus Methanol/A. hellgelbe Plättchen; b) Zugabe eines Überschusses einer gesätt. wss. KNO_3-Lsg. zu einer Lsg. von I in Aceton, sofortiges Abfiltrieren u. Waschen mit W.; aus Aceton/Ae. gelbe Plättchen; wie vorst. Meth. b: *PF_6*, mit NH_4PF_6, aus THF/Ae. 86%; *BF_4*, mit $NaBF_4$, aus THF/Ae. 65%; *J*, mit LiJ, aus Aceton/Leichtbenzin ca. 50%; *SCN*, mit KSCN, unsauberes Produkt. G. Heller 354

0992 **Synthese von Tricarbonyl-1.2-benzocycloheptatrien-eisen und Benzotropylium-eisen-tricarbonyltetrafluoroborat.** Domenick J. Bertelli und James M. Viebrock. (Inorg. Chem. [Washington] 7 (1968) 6, 1240 bis 1241; Santa Barbara, Calif., Univ., Dep. of Chem.; engl.) — Die Umsetzung von Eisenpentacarbonyl (I) mit 3.4-Benzocycloheptatrien (II) führt über das *1.2-Benzoisomere*, das einen *Tricarbonylkomplex* bildet. So gibt die Rk. von I mit II bzw. 5-Methyl-3.4-benzocycloheptatrien *1.2-Benzocycloheptatrien-eisentricarbonyl* (III) bzw. das *7-Methyl-1.2-benzocycloheptatrien-eisentricarbonyl* (IV). Die Umsetzung von III mit Triphenylcarboniumtetrafluoroborat führt anstatt zum Hydridabzug zu einer Additions-Rk., die wahrscheinlich darauf zurückzuführen ist, daß die Eisentricarbonylgruppe einen ion. Pentadieniumliganden mit leerem, nicht bindendem π-Orbital gegenüber einem ion. Tropyliumliganden, der nur ungefüllte Antibindungs-π-Orbitale hat, bevorzugt. Die Rk. von III mit Triphenylcarbonium-tetrafluoroborat kann sich jedoch, unter schnellem Hydridabzug, zu dem sich vom Benzotropyliumion spektroanalyt. merklich unterscheidenden *Ion* (V) vollziehen. Die Absorptions- u. NMR-Spektren der Verb., sowie Rk.-Mechanismen werden diskutiert.

Versuche: Benzocycloheptatrien-eisentricarbonyle, durch 72std. Erhitzen von I mit dem entsprechenden Benzocycloheptatrien auf 120° unter inerter Atmosphäre, Kühlen, Zugeben von Hexan u. Filtrieren: *1.2-* (III), $C_{14}H_{10}FeO_3$, Subl. 100°/0,25 Torr (gelbfarben), 66% (Ausb.), mit II. — *1-Methyl-2.3-*, $C_{15}H_{12}FeO_3$, F. 89 bis 90° (Subl., gelb), 95%, mit 3-Methyl-3.4-benzocycloheptatrien. — *Benzotropylium-eisentricarbonyl-tetrafluoroborat* (V), $C_{13}H_9FeO_3BF_4$, F. 230° (Zers., gelbe Nadeln), 92,2%, durch ½std. Rk. von III mit Triphenylmethylcarboniumtetrafluoroborat in CH_2Cl_2, Waschen des Nd. mit CH_2Cl_2. H. Gleinig 354△

0993 **Übergangsmetallcarbonylkomplexe ringförmiger Phosphitester: 4-Methyl-, 4-Äthyl- und 4-Propyl-2.6.7-trioxa-1-phosphabicyclo[2.2.2]octan.** William E. Stanclift und David G. Hendricker. (Inorg. Chem. [Washington] 7 (1968) 6, 1242—44; Clippinger Labor. O. Univ., Athens, O.; engl.) — Mit den 4-Alkyl-2.6.7-trioxa-1-phosphabicyclo[2.2.2]octanen, L = $P(OCH_2)_3CR$ (R = CH_3, C_2H_5 oder C_3H_7), bilden Metallcarbonyle mono-, di- oder trisubstituierte Komplexe, deren IR- u. ¹H-NMR-Spektren in $CHCl_3$-Lsg. aufgenommen u. diskutiert werden. Die Löslichkeit in organ. Lsgm. steigt mit der Kettenlänge von R. Die mono- u. disubstituierten Komplexe zersetzen sich nach mehrtägigem bis mehrwöchigem Stehenlassen an der Luft, während die Lsg. mehrere Std. lang stabil sind. Die farblosen trisubstituierten Komplexe scheinen weniger beständig zu sein.

Versuche: (R =) *C_3H_7*: *$Fe(CO)_4L$*, durch 17std. Rückflußkochen von $Fe(CO)_5$ u. L (1,1:1) in n-Octan unter einem He-Strom u. magnet. Rühren, Saugfiltration, Waschen u. Umkrist. aus Ae. sowie Vakuumtrocknen; 31% (Ausb.); analog: *$Cr(CO)_5L$*, 24 Std., aus $CHCl_3$ mit Pentan oder Hexan gefällt, 15%; *trans-$Cr(CO)_4L_2$*, 24 Std., $Cr(CO)_6$ u. L (1:1,1), aus $CHCl_3$, 20%; *$Mo(CO)_5L$*, 14 Std., aus $CHCl_3$ mit Pentan, 42%; *cis-$Mo(CO)_4L_2$*, 9 Std., aus $CHCl_3$, 10%; *trans-$Mo(CO)_4L_2$*, 9 Std., aus $CHCl_3$ mit Pentan oder Hexan, 37%. — *cis-$Cr(CO)_3L_3$* (R =) *CH_3*, in 5 Std. aus $C_7H_8Cr(CO)_3$ u. über-

schüssigem L in Methylcyclohexan, Ae. oder Toluol, aus Chlf., 87%; analog: C_2H_5, in 1 Std., 85%; C_3H_7, in 2 Std., 96%; *cis-Mo(CO)₃L₃*, (R =) CH_3, analog in 3 Std. aus $C_7H_8Mo(CO)_3$, Chromatographieren an Al_2O_3 mittels $CHCl_3$/Hexan, 97%; C_2H_5, in 7 Std. 81%; C_3H_7 in 6 Std. 66%. – R = C_3H_7: *trans-Fe(CO)₃L₂*, 6std. Bestrahlung von $Fe(CO)_5$ u. L in Dioxan im Quarzkolben mit UV-Licht unter He u. magnet. Rühren, aus $CHCl_3$ mit Pentan; 9%; analog: *W(CO)₅L*, in 2 Std., 40%; *cis-W(CO)₄L₂*, in 6 Std. u. fraktionierte Krist. nach Chromatographieren an Al_2O_3 mittels $CHCl_3$/Hexan, 15%, *trans-W(CO)₄L₂*, 2. Fraktion, 32%. – *cis-W(CO)₃L₃*, (R =) CH_3, wie vorst. 24 Std. lang in Toluol, aus $CHCl_3$, 22%; C_2H_5, in 17 Std., durch Chromatographieren an Al_2O_3 mittels $CHCl_3$/Hexan, 28%; C_3H_7, wie vorst. in 24 Std., 31%.
G. Heller 354

0994 **Hydrothermale Synthese von Na–Co-Faseramphibol.** N. I. Nesterčuk, T. A. Makarova und A. D. Fedoseev. (Doklady Akad. Nauk SSSR **179** (1968) 1, 106 bis 107; Inst. chim. silikatov im. Grebenščikova AN SSSR; russ.) – Na–Co-Amphibole wurden durch Mitfällung bei der Zugabe von $CoSO_4$-Lsg. zu $Na_2SiO_3 \cdot 9\,H_2O$-Lsg. beim Rühren, durch gemeinsame nasse Zerkleinerung von Co_2O_3, Quarz u. NaOH oder $Na_2SiO_3 \cdot 9\,H_2O$ oder von $Co(OH)_2$ ausgehend, das durch Fällen von $CoSO_4 \cdot 7\,H_2O$ mit Alkali erhalten wurde, bei 300 bis 500° u. ca. 900 atm während 10–168 Std. dargestellt. Beim ber. Verhältnis für $Na_2Co_6Si_8O_{22}(OH)_2$ krist. Cohaltiger Faseramphibol u. Co-Orthosilicat. Ein 10- bis 15%ig. Quarzüberschuß ermöglicht die Darst. von reinem Na–Co-Amphibol. Längere hydrothermale Behandlungszeit ermöglicht die Darst. von dickeren Fasern (4–5 μ) der Zus. $Na_{2,65}H_{0,23}Co_{5,43}Fe^{3+}_{0,06}Si_{7,98}O_{22}(OH)_2$, N'g = 1,660–1,682, N'p = 1,649–1,666. Das Prod. wurde röntgenograph. u. mit der DTA-Meth. charakterisiert.
J. J. Pohl 355

0995 **Arylamin-Koordinationskomplexe. 2. Mitt. Tetragonal verzerrte Nickel(II)-Komplexe mit koordiniertem Perchlorat.** A. V. Butcher, D. J. Phillips und J. P. Redfern. (J. chem. Soc. [London], Sect. A **1968**, 5, 1064–67; Univ. of Surrey; London; engl.) – 1. vgl. C. **1968**, 31-0853. – Paramagnet. Komplexe des Typs $[Ni(L)_4(ClO_4)_2]$ mit L = substituiertem Anilin wurden dargestellt. Nach ihren magnet. u. spektralen Eig. haben sie verzerrt tetragonale Strukturen mit einzähnigen ClO_4-Gruppen. Es wurde versucht, das Ausmaß der Verzerrung, das durch das Splitting der ersten spinerlaubten Elektronenabsorptionsbande gemessen wird, auf verschiedene Parameter der Komplexe u. Amine zu beziehen. Der axiale Krist.-Feldparameter 10 D_q^z für die ClO_4-Gruppe ist in dieser Komplexreihe nicht konst., sondern nimmt ab, wenn das planare Feld 10 D_q^{xy} der Anilinliganden größer wird. Aniline mit Methyl- oder Chlorgruppen in ortho-Stellung scheinen die Koordination durch axiale ClO_4-Gruppen ster. zu hindern, wobei ungewöhnlich niedrige 10 D_q^z-Werte erhalten werden. Einige ion. Komplexe des Typs $[Ni(L)_n](ClO_4)_2$ mit n = 4 u. n = 6 werden mit bestimmten Aminen erhalten.

Versuche: $[Ni(L)_4(ClO_4)_2]$, (L =) *Anilin* (I), 12std. Behandeln von $Ni(ClO_4)_2 \cdot 6\,H_2O$ mit 2.2-Dimethoxypropan u. Isopropanol, Eindampfen der Lsg. auf die Hälfte durch Erwärmen unter red. Druck, Zugabe einer Lsg. von überschüssigem L in trockenem Bzl., Konz. der Lsg. bis zur Krist.-Bldg., Abfiltrieren, Waschen mit Bzl./Isopropanol u. dann mit trockenem Bzl., an feuchter Luft zersetzlicher Komplex, (μ_{eff} =) 3,21 (BM); analog: *o-Toluidin* 3,23; *m-Toluidin* 3,40; *p-Toluidin* 3,19; *o-Chloranilin* 3,24; *m-Chloranilin* 3,28; *m-Bromanilin* 3,25; *m-Jodanilin* 3,22; *m-Anisidin* 3,23; *m-Phenetidin* 3,18; *p-Phenetidin*, aus Bzl./Isopropanol 3,17; *2.5-Xylidin* 3,24; *3.4-Dichloranilin* 3,30; Komplexe, die nach dem Waschen immer noch L im Überschuß enthalten: *p-Anisidin, p-Chloranilin, p-Bromanilin* u. *p-Jodanilin*; $[Ni(L)_4](ClO_4)_2$, (L =) *o-Anisidin*, wie I, 3,13; *o-Phenetidin* 3,32; $[Ni(L)_6](ClO_4)_2$, (L =) *m-Toluidin* 3,22; *3.4-Xylidin* 3,23.
G. Heller 356

0996 **Komplexe von Diaminobenzolen. 2. Mitt. p-Phenylendiaminkomplexe von Kobalt(II) und Nickel(II).** Edward J. Duff. (J. inorg. nuclear Chem. **30** (1968) 3, 861 bis 865; Dep. of Chem., Queen Elizabeth Coll., London; engl.) – 1. vgl. C. **1968**, 43-0666 – Es werden 3 Typen von p-Phenylendiamin (L)-Komplexen dargestellt: MX_2L (M = Co^{2+}, Ni^{2+}; X = Cl^-, Br^-, J^-), MX_2L_2 (M = Co^{2+}, Ni^{2+}; X = Cl^-, Br^-, J^-, ClO_4^- u. NO_3^-) u. NiX_2L_3 (X = Cl^-, Br^-, J^-). Alle Ni-Komplexe sind oktaedr., die Halogenkomplexe von Co tetraedr. u. die Perchlorato- u. Nitrato-Komplexe von Co oktaedrisch. Farbe, magnet. Momente, Leitfähigkeiten, Elementaranalysen sowie Hauptbanden der Elektronen- u. IR-Spektren der dargestellten Komplexe werden im Orig. angegeben.
H. J. Schönherr 356

0997 **Kobalt(II)-, Nickel(II)- und Kupfer(II)-Komplexe von 2-Methylimidazol.** W. J. Eilbeck, F. Holmes, Christine E. Taylor und A. E. Underhill. (J. chem. Soc. [London], Sect. A **1968**, 1, 128–32; Univ. Coll. of North Wales, Bangor, Caernarvonshire; engl.) – Vgl. ibid. **1967**, 5, 757. – Die Komplexe $[MX_2(HL)_2]$ mit HL = *2-Methylimidazol*, M = *Co*, X = *Cl*, *Br* oder *J*, M = *Ni*, X = *Br* oder *J* u. M = *Cu*, X = *Cl* oder *Br* haben auf Grund ihrer spektralen u. magnet. Eig. tetraedr. low-spin-Strukturen, während $[NiCl_2(HL)_2]$ eine polymere oktaedr. Struktur mit Cl-Brücken besitzt. Die Komplexe ML_2 sind Innerkomplexe; bei M = *Co* u. *Cu* mit tetraedr. Struktur, wobei L brückenbildend wirkt u. bei M = *Ni* mit quadrat.-planarer polymerer Struktur. $CuCl_2(HL)_4$ besitzt nach seinem IR-Spektrum eine ähnliche Struktur wie der entsprechende 4-Methylimidazolkomplex. Die unterschiedliche Struktur dieser Komplexe im Vgl. zu den entsprechenden 2-Methylpyridinkomplexen wird auf die größere ster. Hinderung u. die größere Basizität von HL zurückgeführt.

Versuche (Trocknen im Vakuum über Silicagel bei Raumtemp.): $[CoCl_2(HL)_2]$, aus $CoCl_2 \cdot 6\,H_2O$ u. HL (1:2) in A., Fällen mit Ae., Filtrieren u. Waschen mit Ae., königsblaue Krist., (μ_{eff} =) 4,58 (BM); $[CoBr_2(HL)_2]$, königsblau, 4,56; $[CoJ_2(HL)_2]$, Verdampfen des A. bei Raumtemp., dunkelblau, 4,53; $[CuBr_2(HL)_2]$, aus A., Waschen mit A., rötlichorangefarben, 1,86; $[NiCl_2(HL)_2]$, Schmelzen von $NiCl_2 \cdot 6\,H_2O$ u. HL (1:2) bei 110°, Waschen mit Bzl. u. Vakuumtrocknen bei 80°, hygroskop., braungelb, 3,41; analog: $[NiBr_2(HL)_2]$, königsblau, 3,59; $[NiJ_2(HL)_2]$, dunkelgrün, 3,47; $[CuCl_2(HL)_2]$, Waschen mit Ae., gelbgrün, 1,86; $[CuCl_2(HL)_{2,1}]$ gelbgrün bis $[CuCl_2(HL)_{3,5}]$ blaugrün, aus $CuCl_2 \cdot$ aq u. HL (1:2 bis 1:4) in A.; $[CuCl_2(HL)_4]$, aus Aceton, tiefblau; CuL_2, Zutropfen von 3 n KOH zu einer wss. Lsg. von $Cu(NO_3)_2 \cdot 3\,H_2O$ u. HL (1:8) unter Rühren, braun, 1,37; CoL_2, analog, Verhältnis 1:10, purpurfarben, 3,54; NiL_2, 1:14, gelb, diamagnetisch.
G. Heller 358

0998 **Kobalt(II)-, Nickel(II)- und Kupfer(II)-Komplexe von 4(5)-Bromimidazol.** W. J. Eilbeck, F. Holmes, Christine E. Taylor und A. E. Underhill. (J. chem. Soc. [London], Sect. A **1968**, 6, 1189–94; engl.) – Vgl. vorst. Referat. – Die Labilität des Imino-H-Atoms im tautomeren 4(5)-Bromimidazol (HL) bewirkt, daß der Ligand entweder als 4- oder 5-Bromimidazol koordiniert werden kann. In den trans-oktaedr. Komplexen $CoCl_2 \cdot (HL)_4$, $NiX_2(HL)_4$ (X = Cl, Br, J) oder $NiX_2(HL)_2$ (X = Cl oder Br) soll 5-Bromimidazol vorliegen. Die Verb. $CoX_2(HL)_2$ (X = Cl, Br, J) u. $NiJ_2(HL)_2$ sind nach ihren diffusen Reflexionsspektren pseudo-tetraedr. mit brückenbildenden X-Atomen, während $CuX_2(HL)_2$ (X = Cl oder Br) u. $CuBr_2(HL)_4$ tetragonal verzerrte pseudooktaedr. Strukturen besitzen. Auf Grund der IR-Spektren sollen $NiCl_2(HL)_6$, $CuCl_2(HL)_4$ u. $CuCl_2(HL)_6$ HL als Clathrat enthalten. Der „innere" Komplex CoL_2 hat tetraedr. Struktur mit brückenbildenden L^--Liganden zwischen den benachbarten Co^{2+}-Ionen; für NiL_2 wird quadrat.-planare Struktur vermutet. Die Stöchiometrie u. Stereochemie aller Komplexe werden bes. in Beziehung zu Basizität u. π-Bindungseig. des Liganden diskutiert.

Versuche (Waschen aller Prod. mit Ae. u. Trocknen im Vakuum über Silicagel bei Raumtemp.): $CuCl_2(HL)_2$, Zugabe einer konz. Lsg. von $CuCl_2 \cdot$ aq in A. zu einer Lsg. von HL (1:2) in A. u. Stehenlassen, grün, (μ_{eff} =) 1,88 (BM); $CuBr_2(HL)_2$, analog 1,82; $CoBr_2(HL)_2$, aus $CoBr_2$ in A. u. HL (1:2) in A. u. Fällen mit Ae., blau, 4,56; analog: $CoJ_2(HL)_2$, blau, 4,79; $CoCl_2(HL)_6$, im

Verhältnis 1:12, rosafarben, unrein; $CoCl_2(HL)_2$, Vakuumtrocknen bei 40°, blau, 4,76; $NiCl_2(HL)_2$, Schmelzen von $NiCl_2 \cdot 6\,H_2O$ u. HL (im stöchiometr. Verhältnis 1:2) bei 110° u. Vakuumtrocknen bei 80°, bräunlichgelb, 3,14; analog: $NiBr_2(HL)_2$, bräunlichgelb, 3,42; $NiJ_2(HL)_2$, grün, 3,23; $NiCl_2(HL)_4$, bräunlichgrün, 3,15; $NiBr_2 \cdot (HL)_4$, bräunlichgelb, 3,22; $NiJ_2(HL)_4$, dunkelgrün, 3,26; $CuCl_2(HL)_4$, grün, 1,84; $NiCl_2(HL)_6$, bräunlichgrün, 3,28; $CuCl_2(HL)_6$, grün, 1,97; $CuBr_2(HL)_4$, analog, aber Zugabe von Ae. zur Verfestigung; CuL_2, Zugabe einer Lsg. von $Cu(NO_3)_2 \cdot aq$ in A. zu HL (1:12) in A., Zutropfen von wss. 3 n KOH-Lsg. unter Rühren bis zur Fällung, braun; NiL_2, ähnlich (1:22), gelb; CoL_2, purpurfarben, 3,95. G. Heller 358

0999 **Trennung des DL-Asparaginsäure-Kupferkomplexes in die optischen Isomere mit Hilfe von Biopolymeren.** Kaoru Harada. (Nature [London] **218** (1968) 5137, 199; Inst. of Molecular Evol., Univ. of Miami, Coral Gables, Fa.; engl.) — Die durch Mischen einer heißen wss. Lsg. von DL-Asparaginsäure (HL; $\alpha_D^{25} = 0{,}0$) mit einer wss. Lsg. von Cu-Acetat im molaren Verhältnis 2:1 in Ggw. von wenig Essigsäure hergestellte filtrierte Lsg. von CuL_2 wird bei 40° mit einem Biopolymeren wie „Baumwolle zur Adsorption" versetzt u. 3 Std. stehengelassen, abfiltriert, mit W. u. Aceton gewaschen, in 5%ig. Essigsäure durch Erhitzen gelöst, H_2S eingeleitet, CuS abfiltriert u. das Filtrat zur Trockne verdampft. Für das erhaltene freie HL wurde α_D^{25} zu $-11{,}0°$ bestimmt. Also adsorbiert das Biopolymere stärker D-CuL_2; das bedeutet eine teilweise opt. Spaltung (13%). Analoge Vers. mit Wolle als Biopolymerem dauerten länger u. waren nicht so wirksam. G. Heller 358

1000 **Silberverbindungen mit Glutathion.** T. V. Zegžda, G. D. Zegžda und V. M. Sul'man. (Doklady Akad. Nauk SSSR **179** (1968) 4, 855—57; Novosibirskij gos. univ.; russ.) — Durch Änderung des Molverhältnisses von Ag^+ u. Glutathion (H_3R) wurden Verb. der Zus. AgH_2R, Ag_2HR, Ag_3R u. $Ag_2H_2R(ClO_4)$ erhalten. Die Verb. sind in W., A. u. Ae. unlöslich. Bei $25 \pm 0{,}2°$ u. $\mu = 0{,}5$ ($NaClO_4$) betragen die Dissoziationskonst. von Glutathion nach Daten der bas. Titration $pK_1 = 3{,}50$, $pK_2 = 8{,}70$, $pK_3 = 10{,}01$. Die Instabilitätskonst. von AgH_2R u. Ag_2HR sind $pK_1 = 15{,}1 \pm 0{,}4$ u. $pK_2 = 66{,}03$. J. J. Pohl 359

1001 **Dodekacarbonyltriruthenium.** M. I. Bruce und F. G. A. Stone. (Angew. Chem. **80** (1968) 12, 460—65; dt.; int. Edit. **7** (1968) 6, 427—32; engl.; Dep. of Inorg. Chem., Univ., Bristol.) — Übersicht [Darst., physikal.-chem. Eig., Rk., Vgl. mit $Fe_3(CO)_{12}$]. — 74 Literaturangaben. D. Hoene 363

1002 **Fixierung von atmosphärischem Stickstoff durch Rutheniumverbindungen.** A. D. Allen und F. Bottomley. (Canad. J. Chem. **46** (1968) 3, 469; Lash Miller Chem. Labor., Univ. of Toronto, Toronto, Ontario; engl.) — Eine Lsg. von 0,1 m $[Ru^{III}(NH_3)_5Cl]Cl_2$ in 0,1 m H_2SO_4 wurde mit amalgamiertem Zn unter Ar bis zur Neutralisation der Lsg. red., dann ein Luftstrom bis zur Bldg. von rosafarbenem $[Ru^{III}(NH_3)_5OH]^{2+}$ eingeleitet, die Luft wieder durch Ar vertrieben, wieder Säure zugegeben, die Red. bis zur Neutralisation unter Ar durchgeführt u. wieder Luft eingeleitet. Die einzelnen Rk.-Schritte wurden 5—7 Std. lang wiederholt, bis keine Rosafärbung beim $^3/_4$std. Leiten von Luft durch die Lsg. auftrat. Dann wurde wieder Säure unter Ar zugegeben, filtriert, mit einer Lsg. von $NaBF_4$ (I) gefällt u. ein gelber Nd. abfiltriert, der nach seinem Elektronenspektrum (starke Bande bei 263, schwache bei 221 nm) hauptsächlich aus $[(NH_3)_5Ru^{II}-N_2-Ru^{II}(NH_3)_5](BF_4)_4$ besteht. Beim Erwärmen mit konz. wss. Ammoniaklsg. entsteht bei Zugabe von I $[Ru^{II}(NH_3)_5N_2](BF_4)_2$. Damit wurde erstmalig atmosphär. N_2 zur Darst. dieser Komplexe benutzt. G. Heller 363

1003 **Synthese und Charakteristiken einiger Rh(III)-Diacidotetramine.** E. F. Šubočkina, M. A. Sejfer und O. E. Zvjagincev. (Ž. neorg. Chim. **13** (1968) 5, 1382 bis 1385; Inst. obšč. i neorg. chim. im. Kurnakova AN SSSR; russ.) — Eine Reihe von Rh(III)-Komplexen mit Aminen wird hergestellt. Die erhaltenen Verb. wurden im IR-, UV- u. im sichtbaren Bereich untersucht. Versuche: *cis*-$[RhA_4Cl_2]Cl$ (A = *Allylamin*) beim Zutropfen von Allylamin zu 0,5 g Rhodiumchlorid in 10 ml W. in Ggw. von einigen Tropfen Methanol, gelbe Prismen. $[Rh(A)_4Cl_2]NO_3$ entsteht beim Versetzen der Lsg. des Chlorids mit wenig konz. HNO_3, prismat. Kristalle. $[RhA_5Cl]Cl_2$ entsteht bei der Einw. von Allylamin auf trockenes Rhodiumchlorid. — *cis*-$[Rh(CH_3NH_2)_4Cl_2] \cdot Cl$ entsteht bei der Zugabe von Methylamin zu 1 g Rh-Chlorid in 5 ml W. u. einigen Tropfen Methanol bis zur schwach alkal. Rk., dunkelgelbe Prismen. *cis*-$[Rh \cdot (CH_3NH_2)_4Cl_2]NO_3$ beim Versetzen des Chlorids mit konz. HNO_3, gelbe Kristalle. *trans*-$[Rh(CH_3NH_2)_4Cl_2]Cl$ aus der Mutterlauge der cis-Verb. nach 1—2 Tagen, Prismen. *cis*-$[Rh(C_2H_5NH_2)_4Cl_2]Cl$, *cis*-$[Rh(C_2H_5NH_2)_4 \cdot Cl_2]NO_3$ u. *trans*-$[Rh(C_2H_5NH_2)_4Cl_2]Cl$ sowie *cis*-$[Rh \cdot (C_3H_7NH_2)_4Cl_2]Cl$ analog. J. J. Pohl 364

1004 **Addition von Wasser an mit Rhodium(III) koordinierten Formylpyridinen.** R. D. Gillard und B. T. Heaton. (J. chem. Soc. [London], Sect. A **1968**, 6, 1405 bis 1406; Univ. of Kent, Canterbury; engl.) — Während sich beim $^1/_2$std. Durchleiten von H_2 durch eine Lsg. von 0,4 g „$RhCl_3$" u. 0,7 g 3-pyCHO (Hpy = Pyridin) in W. bei 40° bei Konz. der gelben Lsg. in einer Ausb. von 0,5 g *trans*-$[Rh^{III}(3\text{-}pyCHO)_4Cl_2]Cl \cdot 3\,H_2O$ in Form kleiner gelber Nadeln bildet, erhält man analog aus 0,4 g „$RhCl_3$" u. 0,7 g 4-pyCHO bei 20° nach Filtrieren u. langsamer Konz. durch Addition von H_2O an die C=O-Bindung des Liganden *trans*-$[Rh^{III}[4\text{-}pyCH(OH)_2]_4Cl_2]Cl$ (I) in Form gelborangefarbener rhomb. Krist. in einer Ausb. von 0,4 g. Beides sind 1:1-Elektrolyte in W., die trans-Konfig. von **I** wird durch die Bande im Elektronenspektrum bei 408 nm bestätigt. **I** hat im IR-Spektrum breite Absorptionsbanden bei ca. 1030 u. 1070 cm^{-1} (ν_{C-OH}) u. bei 3250 cm^{-1} (ν_{CO-H}). Das beweist die Anlagerung von W. an die C=O-Doppelbindung. Erst bei 18std. Erhitzen von **I** auf 80° bei 0,005 Torr erhält man unter Abgabe von 4 Mol H_2O *trans*-$[Rh^{III}(4\text{-}pyCHO)_4Cl_2] \cdot Cl$ (**II**). **II** hat die erwartete scharfe IR-Bande bei 1715 cm^{-1} ($\nu_{C=O}$) u. im Elektronenspektrum Banden bei 380 u. 415 nm. Beim Umkrist. von **II** aus W. bildet sich **I**. Rh(III)-Komplexe mit 2-pyCHO konnten nicht dargestellt werden. G. Heller 364

1005 **Synthese und Eigenschaften von Palladiumcarbonylbromid-Komplexen.** G. G. Kutjukov, A. B. Fasman, V. F. Vozdviženskij und Ju. A. Kušnikov. (Ž. neorg. Chim. **13** (1968) 6, 1452—47; Inst. chim. nauk AN Kaz. SSR; russ.) — Pd-Carbonylkomplexe entstehen beim Schütteln von $PdBr_2$- oder K_2PdBr_4-Suspensionen in Dioxan–W. in einer CO-Atmosphäre bei 20°. $PdBr_2CO$ konnte auch im festen Zustand bei der Rk. von $PdBr_2$ mit CO bei Sättigung mit Methanoldämpfen dargestellt werden. Die Carbonylbromide zeigen eine individuelle katalyt. Aktivität bei der Red. von p-Benzochinon. Bei der Rk. von K_2PdBr_4 dürfte sich $[PdCOBr_2]_2 \cdot 4\,KBr \cdot 2\,C_4H_8O_2$ bilden. J. J. Pohl 365

1006 **Dihydrazino-phthalazin-Komplexe.** 6. Mitt. **Dihydrazino-phthalazin-metallsulfate.** I. Grecu und Elena Curea. (Rev. roum. Chim. **13** (1968) 6, 781—86; Fac. de Pharm., Chaire de chim. min., Cluj; franz.) — 5. bzw. 2. vgl. Rev. Chim. [Bucureşti] **17** (1966) 7, 434. — Die 1,4-Dihydrazino-phthalazin(L)-Komplexe: $[CuLSO_4]$, $[Zn \cdot LSO_4]$, $[CdLSO_4] \cdot 2H_2O$, $[FeLSO_4] \cdot 3H_2O$, $[CoLSO_4] \cdot 2H_2O$, $[NiLSO_4] \cdot 2H_2O$ u. $[PdLSO_4] \cdot 2H_2O$ wurden durch die Rk. einer 0,01—0,05 m Metallsulfatlsg. mit warmem L in wss. Lsg. erhalten. Die Stabilität der Prod. beim Erhitzen wurde thermogravimetr. untersucht. L wurde in Form der Co-Verb. quant. mit Hilfe einer indirekten komplexometr. Meth. bestimmt. J. J. Pohl 365

1007 **Synthese von Osmiumdioxid.** A. N. Rjabov, I. N. Semenov und I. I. Kožina. (Ž. neorg. Chim. **13** (1968) 6, 1701—02; Leningradskij gos. univ., kaf. neorg. chim.; russ.) — Braunes OsO_2 entsteht beim Erhitzen von metall. Os in Ggw. eines Sauerstoffüberschusses während mehrerer Std. durch Erhitzen bis 700°. Eine kleine OsO_4-Beimengung kann leicht durch Subl. im Vakuum entfernt werden. Die Gleichgew. Os_{fest} + OsO_{4gas} ⇌ 2Os · $O_{2\,fest}$ u. $3OsO_{2\,fest}$ ⇌ $2OsO_{3\,gas}$ + Os_{fest} sind bei < 700° prakt. vollkommen auf die Seite der Dioxidbldg. verschoben. Tetragonales OsO_2 hat nach röntgenograph. Daten a = 4,50, c = 3,19 Å. J. J. Pohl 366

1008 **Pentamine $[Pt(NH_3)_3(py)(NH_3)Cl](NO_3)_3$ und $[Pt \cdot (NH_3)_2(py)_2(NH_3)Cl](NO_3)_3$ und ihre Säureeigenschaften.** A. A. Grinberg, Ch. I. Gil'dengeršel' und V. F. Budanov. (Ž. neorg. Chim. **13** (1968) 5, 1365—69; russ.) — Die Unters. der Säureeig. von $[Pt(NH_3)_3(py) \cdot (NH_3)Cl](NO_3)_3$ (I) u. $[Pt(NH_3)_2(py)_2(NH_3)Cl](NO_3)_3$ (II) zeigt, daß ein Austausch von Ammoniakmol. gegen Py. den Säuregrad der Kationen erhöht. K_1 von $[Pt(NH_3)_5 \cdot Cl]^{3+}$ ist $8,9 \cdot 10^{-9}$, K_1 vom Kation des **I** $1,2 \cdot 10^{-7}$. Mit wachsender Zahl der Py.-Mol. steigt ebenfalls der Säuregrad, das Kation von **II** hat $K_1 = 1,8 \cdot 10^{-6}$.

Versuche: *$[Pt(NH_3)_3py(NH_3)Cl](NO_3)_3$* (I) entsteht beim Versetzen von 1,5 g $[Pt(NH_3)_3pyCl_2](NO_3)_2$ mit 10 ml W. u. 10 ml konz. Ammoniaklsg., Filtrieren nach drei Tagen, Versetzen mit 20 ml konz. HNO_3 u. 60 ml A., 1,3 g, 80%. *$[Pt(NH_3)_2(py)_2(NH_3)Cl](NO_3)_3$* (II) beim Versetzen von 2 g $[Pt(NH_3)_2(py)_2Cl_2](NO_3)_2$ mit 11 ml W. u. 16 ml konz. Ammoniaklsg., analog, 1,2 g, 55%. Die 0,001 m Lsg. der Pentamine zeigen bei 25° eine mol. elektr. Leitfähigkeit von 370—372 $\Omega^{-1} \cdot cm^2$, dissoziieren also unter Bldg. von vier Ionen. J. J. Pohl 368

1009 **Platin(II)- und Palladium(II)-Komplexverbindungen mit 6-Mercaptopurin.** A. A. Grinberg, Ju. S. Varšavskij, M. I. Gel'fman, N. V. Kiseleva und D. B. Smolenskaja. (Ž. neorg. Chim. **13** (1968) 3, 803—13; russ.) — Die Umsetzung von $K_2[PtCl_4]$, $K_2[PdCl_4]$, cis -u. trans-$[Pt(NH_3)_2Cl_2]$ u. trans-$[Pd \cdot (NH_3)_2Cl_2]$ mit 6-Mercaptopurin (I; H_2MP) wurden im sauren u. neutralen Medium untersucht. Die bei der Einw. eines Überschusses von I auf die isomeren Diamminplatin(II)-Komplexe entstehenden Prod. zeigen eine hohe trans-Wrkg. des schwefelhaltigen Liganden u. eine inerte Platin–Stickstoff-Bindung. Der Charakter der Umsetzung der Pd-Komplexe mit 6-Mercaptopurin ist durch die kleine thermodynam. Stabilität der Bindungen der Liganden mit dem Zentralatom im Falle des Pd(II) bedingt. Die Koordination von I führt zu einer starken Steigerung der sauren Eigenschaften.

Versuche: *$[Pt(H_2MP)_2]SO_4$* entsteht beim Lösen von 0,82 g I in 100 ml 2,5 n H_2SO_4 beim Erwärmen, Versetzen mit 0,5 g $K_2[PtCl_4]$ in 10 ml 2,5 n H_2SO_4, 0,82 g, gelber Niederschlag. Die Verb. ist in W. prakt. unlösl. u. zersetzt sich bei ca. 270°; sie bildet sich auch bei der Einw. von 6 Mol I auf 1 Mol cis-$[Pt(NH_3)_2Cl_2]$ im schwefelsaurem Medium. *$[Pt(HMP)_2]$* entsteht bei der gleichen Rk. im neutralen Medium. *$[Pt(NH_3)(H_2MP)_2][HgJ_4]_2$* entsteht bei der Umsetzung der K-Verb. mit dem 6fachen I-Überschuß in H_2SO_4-Lsg. u. Fällen mit K_2HgJ_4, gelber mikrokrist. Niederschlag. *$[Pd(H_2MP)_2]SO_4$* entsteht analog wie die Pt-Verb., *$[Pd(HMP)_2]$* bildet sich beim Molverhältnis I:$PdCl_4^{2-}$ = 2, *$[Pd_2(HMP)_2\mu\text{-}MP]$* u. *$[Pd_2 \cdot (HMP)_3Cl]$* beim Molverhältnis 1,5. $[Pd(H_2MP)_2]SO_4$ u. $[Pd(HMP)_2]$ entstehen auch bei der Rk. von I mit trans-$[Pd(NH_3)_2Cl_2]$ im schwefelsauren bzw. neutralen Medium. Die Rk.-Prod. wurden durch Best. der elektr. Leitfähigkeit, des pH-Werts der Lsg. u. durch Aufnahme der IR-Spektren im Bereich 700—1800 cm^{-1} charakterisiert. J. J. Pohl 368

1010 **Reaktion von Thioharnstoff mit komplexen Pt(II)-Nitroverbindungen.** G. V. Derbišer, N. P. Filatova und A. V. Babaeva. (Ž. neorg. Chim. **13** (1968) 5, 1362—64; Inst. obšč. i neorg. chim. im. Kurnakova AN SSSR; russ.) — *trans-$[Pt(TH)_2(NO_2)_2]$* wurde aus wss. Lsg. von $K_2[Pt(NO_2)_4]$:Thioharnstoff (TH) = 1:2 in Form eines feinen, grünen Nd. erhalten, 85%. Die cis-Verb. entsteht aus cis-$K_2[Pt(NO_2)_2Cl_2]$ analog, rosafarbene kleine Kristalle. Die IR-Spektren bestätigen den Konfigurationsunterschied. *$[Pt(TH)_4][Pt(NO_2)_4]$* beim Versetzen einer $K_2[Pt(NO_2)_4]$-Lsg. mit einer $[Pt(TH)_4]Cl_2$-Lsg., gelber Nd., Ng = 1,806, Nm = 1,754, Np = 1,732, 72%. *$[Pt(TH)_2Cl_2]$* aus cis-$[Pt(TH)_2(NO_2)_2]$ bei der Einw. von 10%ig. HCl, orangegelber Niederschlag. *cis-$[Pt \cdot (TH)_2(py)_2](NO_2)_2$* bildet sich beim Lösen von cis-$[Pt \cdot (TH)_2(NO_2)_2]$ in Py. u. Verdampfen der Lsg. über H_2SO_4. Beim Lösen der trans-Verb. bildet sich *trans-$[Pt(TH)_2 \cdot (py)_2](NO_2)_2$*. J. J. Pohl 368

1011 **Synthesen von Platin–Germanium-Komplexen.** J. K. Wittle und G. Urry. (Inorg. Chem. [Washington] 7 (1968) **3**, 560—66; Bendridge Wetherill Labor., Purdue Univ., Lafayette, Ind.; engl.) — Aus Lsg. von $HGeCl_3$ in konz. HCl u. den Platinaten werden dargestellt: *Tetramethylammonium-hydridopentakis-[trichlorgermyl]-platinat(IV)* [I; reagiert mit $(CH_3)_3N$ (1:1,8) bei —79° (24 Std.) zu einer gelben Verb.), das gelbe u. rote Isomere des *Tetramethylammoniumdichloro-bis-[trichlorgermyl]-platinat(II)* (II), *Triphenylphosphoniumtetrachloro-bis-[trichlorgermyl]-platinat(IV)* (III), *Dichloro-bis-[trichlorgermyl]-bis-[triphenylphosphin]-platin(IV)* (IV), *Chloro-[trichlorgermyl]-bis-[triphenylphosphin]-platin(II)* (V) u. *Trichloro-[trichlorgermyl]-bis-[triphenylphosphin]-platin(IV)* (VI). $SiCl_3$ reagiert mit $[Cl_3PPtCl_2]_2$ bei Zimmertemp. zu dem braunen *$[Cl_3PPtSiCl_3]_x$* (VII), welches leicht hydrolysiert u. aus Bzl. rekrist. werden kann. Pyrolyse bei 320° gibt Cl_2, $SiCl_4$ u. PCl_3. Analog wird mit $HGeCl_3$ das braune *$[Cl_3PPt \cdot GeCl_3]_x$* (VIII) gebildet. Aus $NiCl_2$ in konz. HCl, $CH_3 \cdot COCH_3$ bzw. $C_6H_5NO_2$ u. $HGeCl_3$ entstehen wahrscheinlich Ni–Ge-Komplexe, welche nicht isoliert werden können.

Versuche: *Tetramethylammoniumhydrido-pentakis-[trichlorgermyl]-platinat(IV)* (I), F. 257—263° (Zers.), aus 7,32 mMol $HGeCl_3$, 0,98 mMol K_2PtCl_4 u. 2,97 mMol $(CH_3)_4NCl$ in konz. HCl. — Gelbes *Tetramethylammonium-dichloro-bis-[trichlorgermyl]-platinat(II)* (II), F. 260—266°, analog I aus 2,237 mMol $HGeCl_3$, 1,118 mMol K_2PtCl_4 u. 2,237 mMol $(CH_3)_4NCl$. *Rotes Isomeres*, F. 207—210°, aus I in CH_3NO_2 durch Ausfällen mit Äther. — *Triphenylphosphonium-tetrachloro-bis-[trichlorgermyl]-platinat(IV)* (III), F. 172°, durch Zugabe von $HGeCl_3$ zu K_2PtCl_4 bzw. K_2PtCl_6 in konz. HCl u. Zugabe von $(C_6H_5)_3P$ in A.; Rekrist. aus CH_3NO_2, A. oder Bzl. gibt gelbe u. rote Öle. — *Dichloro-bis-[trichlorgermyl]-bis-[triphenylphosphin]-platin(IV)* (IV), F. 247—253°, durch Erhitzen von III auf 130° im Vakuum. — *Chloro-[trichlorgermyl]-bis-[triphenylphosphin]-platin(II)* (V), F. 253—254°, aus K_2PtCl_4, $HGeCl_3$ in HCl u. $(C_6H_5)_3P$. — *Trichloro-[trichlorgermyl]-bis-[triphenylphosphin]-platin(IV)* (VI), F. 240°, aus cis-Dichloro-bis-[triphenylphosphin]-platin(II) u. $HGeCl_3$ in Ae. u. CH_3COCH_3. — IR-Daten für **I—VII** werden angegeben. I. Jaehn 368

B. Physikalische organische Chemie

1012 **Physikalische Eigenschaften von Kohlenwasserstoffen.** 13. Mitt. **Äthylenglykole.** Robert W. Gallant. (Hydrocarbon Processing **46** (1967) 4, 183—96; Dow Chemical Co., Plaquemine, La.; engl.) — 12. vgl. ibid. **47** (1967) 3, 143; 14. vgl. C. **1968**, **47**-0782. — Folgende physikal. Eig. von *Äthylen-*, *Diäthylen-* u. *Triäthylenglykol* (I) werden zusammengestellt: Krit. Parameter, Dampfdrücke der wss. 20—100%ig. Lsg. (zwischen 0—240°, für I 0—160°), Verdampfungswärmen (40 bis 440°), spezif. Wärmen (0—500°), spezif. Wärmen der wss. 20—100%ig. Lsg. (0—180°), Dichten der wss. 20—100%ig. Lsg. (—20 bis 180°), Viskositäten in der Dampf- (0—500°) bzw. fl. Phase (—10 bis 180°), Viskositäten der wss. 20—100%ig. Lsg. (—15 bis 180°), Oberflächenspannung der Verb. (0—180°) u. der wss. Lsg. bei 25°, Wärmeleitfähigkeiten der Dämpfe (0 bis 500°) u. der wss. Lsg. (—20 bis 180°). G. Kirsten 400△

B–1. Optische, elektrische und magnetische Eigenschaften, Spektren

1013 **Untersuchung des intensitätsabhängigen Brechungsindex in Flüssigkeiten.** Fujio Shimizu. (J.

physic. Soc. Japan **22** (1967) 4, 1070—77; Dep. of Phys., Univ. of Tokyo; engl.) — Messung der Suszeptibilität des opt. Kerr-Effekts (5200—4200 Å Laserlicht) an CS_2, *Bzl.*, CCl_4 u. *Aceton.* K. Jaeger 402

1014 **Frequenzverbreiterung in Flüssigkeiten als Folge eines kurzen Lichtimpulses.** Fujio Shimizu. (Physic. Rev. Letters **19** (1967) 19, 1097—1100; Dep. of Phys., Univ., Toronto, Canada; engl.) — Die Lichtfadenverbreiterung im Frequenzspektrum von *Schwefelkohlenstoff* bei Rubin-Q-Laseranregung wird untersucht u. die Struktur des Spektrums bez. einer Phasenmodulation durch den intensitätsabhängigen Brechungsindex diskutiert. F. Langenbucher 402

1015 **Anisotropie in der Molekülpolarisierbarkeit bei Strukturanalysen — einige neue Beispiele.** Manuel James Aroney. (Chim. Chron. [Athen] **32** (1967) 4, 39—44; Chem. School, Univ. of Sydney, N.S.W., Australia; engl.) — Auswertung von Doppelbrechungsdaten aus der Literatur. M. Knaack 402

1016 **Dynamik flüssigen Methans aus der Streuung kalter Neutronen.** B. A. Dasannacharya und G. Venkataraman. (Physic. Rev. [2] **156** (1967) 1, 196—204; Nuclear Phys. Div., Atomic Energy Establishment Trombay, Bombay, India; engl.) R. Kirchlechner 402

1017 **Untersuchungen der optischen Rotationsdispersion.** 41. Mitt. **Absolute Konfiguration von Plicatinsäure.** R. J. Swan, W. Klyne und H. Mac Lean. (Canad. J. Chem. **45** (1967) 3, 319—24; Westfield Coll., Univ. of London, London; engl.) — 25. vgl. C. **1966,** 29-0673. — Durch Best. der opt. Rotations(ORD)-Kurven von *2.3.6-Trihydroxy-7-methoxy-2-hydroxymethyl-4-[3'.4'-dihydroxy-5'-methoxyphenyl]-tetralincarbonsäure-(3)* (**I**; *Plicatinsäure*) u. dessen Deriv. u. durch Vgl. mit den ORD-Daten von Lignanen bekannter Konfig. können Vf. zeigen, daß **I** die abs. Konfig. 2R · 3S · 4R besitzt. Die UV- u. ORD-Daten folgender Verb. sind tabelliert: **I**, *Tri-O-methylplicatinsäure* u. deren *Methylester*, *Plicatin*, *Tri-O-methylplicatin*, *2.3-Dihydroxy-6.7-dimethoxy-2.3-dihydroxymethyl-4-[3'.4'.5'-trimethoxyphenyl]-tetralin*, *2.3-Dihydroxy-6.7-dimethoxy-4-[3'.4'.5'-trimethoxyphenyl]-tetralincarbonsäure-(3)-methylester*, *Desoxyisopodophyllotoxin*, *Neopodophyllotoxin* u. dessen *6.7-Dimethoxyanalogon*, *Desoxypodophyllotoxin* u. dessen *6.7-Dimethoxyanalogon*, *6.7-O-Demethylendesoxypodophyllotoxin*, *Dimethylcycloolivil*, *α-Conidendrin*, *Dimethyl-α-conidendrylalkohol*, *Dimethyl-α-conidendrin* u. *Dimethyl-α-retrodendrin.* G. O. Jäger 404△

1018 **Optische Rotationsdispersionskurven einiger N-Salicylidenaminozucker.** Shigeharu Inouye. (Chem. pharmac. Bull. [Tokyo] **15** (1967) 10, 1557—66; Meiji Seika Kaisha, Ltd., Central Res. Labor.; engl.) — Die ORD- u. CD-Kurven der *N-Salicylidenderiv.* (**A**) von *β-D-Gluco-* u. *β-D-Mannopyranosylamin*, *2-Amino-2-desoxy-α-D-* (**I**), *2-Amino-2-desoxy-β-D-* (**II**), *3-Amino-3-desoxy-α-D-* (**III**), *3-Amino-3-desoxy-β-L-*, *6-Amino-6-desoxy-α-D-* u. *3.6-Diamino-3.6-didesoxy-α-D-methylglucopyranosid* (**IV**), *2-Amino-2-desoxy-D-glucose*, *-D-galactose*, *-D-mannose* u. *-D-glucitol*, *3-Amino-3-desoxy-α-D-* (**V**) u. *3.6-Diamino-3.6-didesoxy-α-D-methylmannopyranosid* (**VI**), *3.6-Diamino-3.6-didesoxy-α-D-methylaltropyranosid* u. *5-Amino-5-desoxy-1.2-O-isopropyliden-α-D-xylofuranose* wurden in Methanol u. z. T. in Dioxan aufgenommen. G. O. Jäger 404△

1019 **Stimulierte Rayleigh-Streuung in Flüssigkeiten.** N. D. Foltz, C. W. Cho, D. H. Rank und T. A. Wiggins. (Physic. Rev. [2] **165** (1968) 2, 396—400; Phys. Dep., Pa. State Univ., University Park, Pa.; engl.) — Die stimulierte Rayleigh-Streuung wird bei *Nitrobenzol*, *o-Nitrophenol*, *o-Nitroanilin*, *m-Nitrobenzaldehyd*, *o-*, *m-*, u. *p-Nitrotoluol*, *p-Nitroanisol*, *m-Nitroacetophenon*, *2.5-Dimethylnitrobenzol*, *m-Dinitrobenzol*, *2.4-Dinitrotoluol*, *Benzonitril*, *Benzoylchlorid*, *Styrol*, *Naphthalin*, *1-Bromnaphthalin*, *α-Chlornaphthalin*, *Azoxybenzol* u. *n-Benzylidenanilin* untersucht u. gefunden, daß eine scharfe Rayleigh-Linie nur mit beträchtlichem Elliptizitätsgrad in der Polarisation eines einfallenden Laserstrahls erscheint u. am besten aus Vor- u. Rückstreuung eines zirkular polarisierten Strahlenbündels bestimmt wird. Die beobachteten Frequenzverschiebungen werden für die Best. von Orientierung-Relaxationszeiten der untersuchten Fl. benutzt u. können zur Abschätzung der Mol.-Größe verwendet werden. E. Otto 408

1020 **Stimulierte Raman- und Brillouin-Streuung mit psec-Lichtimpulsen.** S. L. Shapiro, J. A. Giordmaine und K. W. Wecht. (Physic. Rev. Letters **19** (1967) 19, 1093—95; Bell Telephone Labor., Murray Hill, N.J.; engl.) — Bei Verw. eines Nd^{3+}-Glaslasers (5300 Å-Impulse von 1—2 psec) wird die angeregte Brillouin- u. Raman-Streuung von *Schwefelkohlenstoff* (**I**), *Bzl.*, *Toluol*, *Chlorbenzol*, *Brombenzol* (**II**), *Nitrobenzol* (**III**) sowie den 1:2-Gemischen **I**-*Tetrachlormethan*, **I**-*Hexan*, **I**-*Aceton*, **I**–**II** u. **I**–**III** untersucht. Beide Emissionen werden stark gedämpft, wenn die Dauer der Anregungsimpulse kleiner als die Mol.-Reorientierungszeit ist (Red. des Kerr-Effektes). F. Langenbucher 408

1021 **Lumineszenzabklingzeiten von UV-angeregten Szintillatorlösungen.** C. D. Amata, M. Burton, W. P. Helman, P. K. Ludwig und S. A. Rodemeyer. (J. chem. Physics **48** (1968) 5, 2374—36; Notre Dame, Ind., Univ., Dep. of Chem.; engl.) — Die Fluoreszenzabklingzeiten folgender Verb. in Cyclohexan bzw. Nonan werden bestimmt: *2-[Naphthyl-(1)]-5-phenyl-*, *2.5-Bis-[biphenylyl]-oxazol*, *Phenylbiphenyloxadiazol*, *2.5-Diphenyl-1.3.4-oxadiazol*, *1.4-Diphenyloxazol*, *9.10-Dibrom-*, *9.10-Diphenylanthracen*, *Diphenylhexatrien*, *Diphenyl-octatetraen*, *1.1.4.4-Tetraphenylbutadien*, *p.p'-Diphenylstilben*, *Perylen*, *Phenanthren*, *4-Brom-p-terphenyl*, *p-Terphenyl*, *p-Quaterphenyl*, *Tetracen*, *Tetramethylhexaphenyl*, *Bzl.*, *Toluol*, *p-Xylol* u. *Mesitylen.* G. O. Jäger 408△

1022 **Selbstfokussierende und stimulierte Raman- und Brillouin-Streuung in Flüssigkeiten.** Y. R. Shen und Y. J. Shaham. (Physic. Rev. [2] **168** (1967) 2, 224—31; Phys. Dep., Univ. of Calif., Berkeley, Calif.; engl.) — Es wurde die Selbstfokussierung eines Q-Rubin-Laserbündels in *Schwefelkohlenstoff*, *Nitrobenzol*, *Brombenzol*, *m-Xylol*, *Bzl.*, *Anilin*, *Chloroform*, *Tetrachlormethan*, *Hexan* u. *Aceton* untersucht. Für einige Fl. kann die Temp.-Abhängigkeit der Selbstfokussierung nicht durch den opt. Kerr-Effekt u. die Elektrostriktion erklärt werden. In diesen Fällen scheint eine stimulierte Brillouin-Streuung in Vorwärtsrichtung von Bedeutung zu sein. Der Einfl. von Selbstfokussierung u. Selbsteinfang auf die Vorwärts-Rückwärts-Asymmetrie in der Stokes-Komponente wird diskutiert. H. Liepack 408

1023 **Triplett–Triplett-Absorption von aromatischen und heterocyclischen Molekülen bei 77°K.** Bryan R. Henry und Michael Kasha. (J. chem. Physics **47** (1967) 9, 3319—27; Inst. of Mol. Biophys. and Dep. of Chem., Fla. State Univ., Tallahasee, Fla.; engl.) — Untersucht werden die Triplett–Triplett-Absorptionsspektren von *Triphenylen*, *Phenanthren* u. dessen D_{10}-Deriv., *Triphenylamin*, *Diphenylamin*, *Chinoxalin*, *Phenothiazin* u. *Carbazol* in verschiedener fester Matrix. I. Jaehn 408

1024 **Energieübertragung zwischen Benzol und Biacetyl und Lebensdauer von Triplett-Benzol in der Gasphase.** C. S. Parmenter und B. L. Ring. (J. chem. Physics **46** (1967) 5, 1998—99; Dep. of Chem., Ind. Univ., Bloomington, Ind.; engl.) — Die Best. der Triplett-Lebensdauer erfolgt bei 20 J-3 μsec-Blitz-Photosensibilisierung (Abwesenheit von Triplett–Triplett-Wechselwrkg.) von 20 Torr Bzl. + 0,01 Torr Biacetyl. S. Lampenscherf 408

1025 **Anwachsen und Abklingen der verzögerten Lumineszenz.** B. N. Srinivasan, M. Kinoshita, J. W. Rabalais und S. P. McGlynn. (J. chem. Physics **48** (1968) 5, 1924—31; Baton Rouge, La., La. State Univ. Coates Chem. Labor.; engl.) — Untersucht werden die Anwachs- u. Abklingzeiten der langlebigen Lumineszenz folgender Syst.: D_8-*Naphthalin* (D_8-**I**), *Phenanthren* (**II**) u. *Triphenylen* in Glas-Matrix, **II**, D_{10}-**II**, D_8-**I** u. *Chrysen* (**III**) in einem Biphenyl-Krist. sowie von **III** in einem **II**-Kristall. G. O. Jäger 408△

1026 **Direkte und verzögerte Fluoreszenz von durch Röntgenstrahlen angeregten Anthracen-Kristallen.** W. G.

Perkins. (J. chem. Physics 48 (1968) 2, 931—38; Albuquerque, N.Mex., Sandia Labor.; engl.)
G. O. Jäger 408△

1027 **Energieübergang und Löschung des Triplett-Zustands durch Cr(III)-Komplexe.** D. J. Binet, Edward L. Goldberg und Leslie S. Forster. (J. physic. Chem. 72 (1968) 8, 3017—20; Dep. of Chem., The Univ. of Ariz., Tucson, Ariz.; engl.) — Im fl. Syst. bei —113° wird die Löschung der *Benzil*-Phosphoreszenz durch Cr^{3+}-Komplexe ($[Cr(NCS)_6]^{3-}$, $[Cr(CN)_6]^{3-}$, $[Cr(en)_3]^{3+}$, $\{Cr[(NH_2)_2\cdot(CO]_6\}^{3+}$, $[Cr(Acetylaceton)_3]$ u. *Anthracen* untersucht.
K.-J. Lucas 408

1028 **Fluoreszenzlöschung bei Hexafluoraceton durch Hg.** N. C. Lang und K. O. Kutschke. (Canad. J. Chem. 46 (1968) 6, 1031—33; Div. of Pure Chem., Nat. Res. Council of Canada, Ottawa; engl.) — Das Verhältnis der relativen Ausb. der Fluoreszenz u. Phosphoreszenz von Hexafluoraceton, das bei 3130 Å angeregt wurde, wurde gemessen. J. Pickardt 408

1029 **Vibronen-Spin-Bahn-Wechselwirkungen bei heteroaromatischen Molekülen. 1. Mitt. Polycyclische Monoazine.** E. C. Lim und Jack M. H. Yu. (J. chem. Physics 47 (1967) 9, 3270—75; Chicago, Ill., Loyola Univ., Dep. of Chem.; engl.) — Untersucht wird die Lsgm.-Abhängigkeit, Phosphoreszenzpolarisation u. -lebensdauer von *Chinolin, Isochinolin* (I), D_7-I, *Phenanthridin* u. *5.6-Benzochinolin* u. bez. Vibronen-Wechselwrkg. zwischen n, π^+- u. $\pi_T\pi^*$-Zuständen diskutiert. G. O. Jäger 408△

1030 **Intramolekulare Energieübertragung bei der Chemilumineszenz.** Emil H. White und David F. Roswell. (J. Amer. chem. Soc. 89 (1967) 15, 3944—45; Dep. of Chem., John Hopkins Univ., Baltimore Md.; engl.) — Untersucht wird die Chemilumineszenz u. Fluoreszenz von *5-[9.10-Diphenylanthryl-(2)-methyl]-naphthalin-2.3-dicarbonsäurehydrazid* [F. 252—256°, aus N-Methylnaphthalin-2.3-dicarbonsäureimid über *N-Methyl-5-chlormethylnaphthalin-2.3-dicarbonsäureimid* (F. 225—227°) u. *N-Methyl-5-(9.10-diphenylanthryl-(2)-methyl)-naphthalin-2.3-dicarbonsäureimid* (F. 259—261°)] u. von *4-Acridon-(9)-yl-(10)-methyl]-phthalsäurehydrazid* [F. 290° (Zers.), aus N.4-Dimethylphthalimid über *4-Brommethyl-N-methylphthalimid* (F. 129—131°) u. *4-[Acridon-(9)-yl-(10)-methyl]-N-methylphthalimid* (F. 291—293°)] im Syst. H_2O–NaOH–H_2O_2 u. DMSO–NaOH–O_2. G. O. Jäger 408△

1031 **Fluoreszenzlöschung via Ladungsübertragung: Das System Perylen–N.N-Dimethylanilin.** William R. Ware und Herbert P. Richter. (J. chem. Physics 48 (1968) 4, 1595—1601; San Diego, Calif., State Coll., Dep. of Chem.; engl.) — Die Kinetik der Fluoreszenzlöschung des Syst. wird in einer Reihe von Lsgm. mit der DK von 2,3—37 durch direkte Beobachtung des Fluoreszenzabklingverh. untersucht. Eine Ladungsübertragung (CT)-Emission wird nur bei Verw. von Lsgm. mit DK zwischen 2 u. 4 beobachtet. Die RGK der Bldg. des CT-Komplexes im gesamten DK-Bereich werden bestimmt.
G. O. Jäger 408△

1032 **Fluoreszenzuntersuchungen mit Tryptophan-Peptiden.** E. Edelhoch, L. Brand und M. Wilchek. (Biochemistry [Washington] 6 (1967) 2, 547—59; Dep. of Biophys., Weizmann Inst. of Sci., Rehovoth, Israel; engl.) — Untersucht werden: *Tryptophyl-(Gly)$_n$-tyrosin* mit n = *0—4, N-Z-(Gly)$_2$-L-Trp-OBzl, N-Z-(Gly)$_3$-L-Trp-OBzl, N-Z-4-A-But-L-Trp-OBzl, N-Z-5-A-Val-L-Trp-OBzl, N-Z-6-A-Cap-L-Trp-OBzl, N-Z-7-A-Hep-L-Trp-OBzl, N-Z-9-A-Non-L-Trp-OBzl, N-Z-11-A-Und-L-Trp-OBzl, (Gly)$_2$-L-Trp, (Gly)$_3$-L-Trp, β-Ala-L-Trp, 4-A-But-L-Trp, 5-A-Val-L-Trp, 6-A-Cap-L-Trp, 7-A-Hep-L-Trp, 9-A-Non-L-Trp, 11-A-Und-L-Trp*, But = Buttersäure, Val = Valeriansäure, Cap = Capronsäure, Hep = Heptansäure, Non = Nonansäure, Und = Undecansäure, A = Amino, Bzl = Benzyl. K. Krüger 408

1033 **Chemilumineszenz des Leuchtkäfer-Luciferins. Modell für die Biolumineszenzreaktion und Identifizierung des Produktes im angeregten Zustand.** Thomas A. Hopkins, Howard H. Seliger, Emil H. White und Malcolm W. Cass. (J. Amer. chem. Soc. 89 (1967) 26, 7148—50; Baltimore, Md., Johns Hopkins Univ., Dep. of Biol.; engl.) — In den Syst. *DL-Luciferyladenylat* (I)/DMS/Base/O_2 bzw. DL-I/W./Imidazol/O_2 werden Chemilumineszenzerscheinungen beobachtet, die der roten Biolumineszenz von D-I in saurem Milieu in Ggw. von Luciferase entsprechen. Das Chemilumineszenzemissionsspektrum von *5.5-Dimethylluciferyladenylat* (II) ist mit dem von DL-I u. dem Fluoreszenzemissionsspektrum des Chemilumineszenzendprod. *2-[5.5-Dimethylthiazolinon-(4)-yl-(2)]-6-hydroxybenzthiazolmonoanion* (III) identisch. In Analogie zur Rk. von II nehmen Vf. an, daß die Emission der roten Bio- bzw. Chemilumineszenz von D-I bzw. DL-I vom angeregten Zustand des Monoanions des *2-[Thiazolinon-(4)-yl-(2)]-6-hydroxybenzthiazols* (IV) ausgeht. Die emittierende Spezies der im Syst. D-I/Luciferase/O_2 auftretenden gelbgrünen Biolumineszenz ist offenbar das IV-Dianion. III (Phenolform) wird durch Kondens. von α-Mercaptoisobuttersäureäthylester mit 2-Cyan-6-hydroxybenzthiazol dargestellt. G. O. Jäger 408△

1034 **Chemilumineszenz eines Analogon von Luciferin aus Glühwürmchen.** Frank McCapra, Y. C. Chang und V. P. Francois. (Chem. Commun. **1968, 1,** 22—23; Chem. Labor., Univ. of Sussex, Brighton; engl.) — Die Chemilumineszenz von *5′.5′-Dimethylluciferinphenylester* in DMSO mit Guanidincarbonat wird untersucht u. ein Mechanismus über einen C–O–O–C-4-Ring am C(4′)-Atom unter Bldg. von angeregtem *2-[6-Oxidobenzothiazolyl-(2)]-4-oxo-5.5-dimethyl-Δ²-thiazolin* diskutiert. Dargestellt wurde außerdem *4′-[1.2-Dioxo-2.4-dicyclohexyl-2.4-diazabutyl]-5′.5′-dimethylluciferin.* G. Westphal 408△

1035 **Chemolumineszenz verschiedener Xanthenfarbstoffe. 1. Mitt. Kinetische Untersuchungen der Uranin- und Eosinchemolumineszenz.** Isao Kamiya und Ryojirô Iwaki. (Bull. chem. Soc. Japan **39,** 257—64, 1966; Nagoya, Chikusa-ku, Dep. of General Education, Nagoya Univ.; engl.) — Es wurde die Zeitabhängigkeit der Intensität der Chemolumineszenz der Xanthenfarbstoffe Uranin u. Eosin mit H_2O_2 in alkal. Lsg. in Abhängigkeit von der H_2O_2-, der NaOH- u. der Farbstoffkonz., der Konz. zugegebener Lsgm. (Methanol, A., Isopropanol, n-Propanol, Dioxan, Glycerin) u. der Temp. untersucht.
K.-H. Bielicki 408

1036 **Chemolumineszenz verschiedener Xanthenfarbstoffe. 2. Mitt. Die Chemolumineszenzemissionsspektren von Uranin und Eosin.** Isao Kamiya und Ryojirô Iwaki. (Bull. chem. Soc. Japan **39,** 264—69, 1966; engl.) — 1. vgl. vorst. Referat. — Es werden die Chemolumineszenz-Emissionsspektren von *Eosin* u. *Uranin* mit H_2O_2 bzw. O_3/Luft u. das Emissionsspektrum Uranin/Luminol photoelektr. gemessen u. mit den Fluoreszenzspektren der beiden Farbstoffe verglichen. K.-H. Bielicki 408

1037 **Chemolumineszenz verschiedener Xanthenfarbstoffe. 3. Mitt. Einfluß von zugegebenen fremden Farbstoffen auf die Lichterzeugung.** Isao Kamiya und Ryojirô Iwaki. (Bull. chem. Soc. Japan **39,** 269—76, 1966; engl.) — 2. vgl. vorst. Referat. — Die Intensität der Chemolumineszenz des Syst. *Uranin/H_2O_2* wird durch Zugabe von *Trypaflavin*, die des Eosin/H_2O_2-Syst. durch Uranin beeinflußt. Ferner werden das Inkrement der totalen Lichtemission Δ u. die relative Intensität σ unter verschiedenen Bedingungen untersucht.
K.-H. Bielicki 408

1038 **Chemolumineszenz verschiedener Xanthenfarbstoffe. 4. Mitt. Theoretische Betrachtungen.** Isao Kamiya und Ryojirô Iwaki. (Bull. chem. Soc. Japan **39,** 277—81, 1966; engl.) — 3. vgl. vorst. Referat. — Auf der Grundlage der von den Vf. bei der Unters. der Chemolumineszenz von *Eosin* u. *Uranin* erhaltenen Ergebnisse, wird ein, alle experimentellen Ergebnisse grundsätzlich erklärendes Rk.-Schema für die Chemolumineszenzrk. vorgeschlagen. K.-H. Bielicki 408

1039 **Kontinuierlich abstimmbare organische Farbstoff-Laser mit schmaler Bandbreite.** B. H. Soffer und B. B. McFarland. (Appl. Physics Letters 10 (1967) 10, 266—67; Korad Corp., Santa Monica, Calif.; engl.) — Eine wirksame spektrale Einengung u. Möglichkeiten zur Abstimmung über einen breiten Spektralbereich konnten für feste u. fl. organ. Farbstoff-Laser (*Rhodamin 6G* in alkohol. Lsg. bzw. als feste Probe in Polymethylmethacrylat) unter Verw. von Beugungsgittern als Hohlraum-Reflektoren erreicht werden. S. Lampenscherf 408

1040 **Untersuchung verschiedener polarer flüssiger Dielektrika mit der Methode des Thermoionenstroms.** Pierre Dansas und Pierre Sixou. (C. R. hebd. Séances Acad. Sci., Sér. A et B **266** (1968) 8, B 459—62; Labor. de Phys. électron. Fac. des Sci., Orsay, Essone; franz.) — Die Relaxationszeit u. die Aktivierungsenergie von polaren Dielektrika können mit Hilfe der Thermoionenstrommeth. bestimmt werden, auch wenn die Erhitzungstemp. der Proben nicht linear mit der Zeit steigt. Die Meth. ist außer für Ionenkrist. auch für polare unterkühlte Schmelzen verwendbar. Als Beispiel sind Vers. mit *2-Äthylhexanol-(1)* u. *Trikresylphosphat* angeführt. J. J. Pohl 410

1041 **Dielektrische Untersuchungen.** 19. Mitt. **Molekül-Relaxation einiger starrer Moleküle.** J. Crossley, W. F. Hassell und S. Walker. (Canad. J. Chem. **46** (1968) 12, 2181—85; Chem. Dep., Lakehead Univ., Port Arthur, Ontario; engl.) — 18. vgl. C. **1969**, 8-0938. — Es wurden die DK, die dielektr. Verluste, Relaxationszeiten u. Dipolmomente von *Py.*, *Thiophen*, *Furan*, *Pentamethylensulfid*, *symm.-Trioxan*, *Tetrahydropyran*, *Campher* u. *Cyclohexanon* in nichtpolaren Lsgm. bestimmt. D. Strauch 410

1042 **Dielektrische Untersuchungen.** 21. Mitt. **Relaxationsprozeß einiger Halogenäthane in p-Xylol-Lösung.** J. Crossley und S. Walker. (J. chem. Physics **48** (1968) 10, 4742—46; Chem. Dep., Univ. of Aston, Birmingham; engl.) — 20. vgl. C. **1969**, 12-0892.; 19. vgl. vorst. Referat. — Es wurden die Relaxationszeiten u. scheinbaren Dipolmomente von *1.1-Dichlor-*, *1.1-Dibrom-*, *1.2-Dichlor-*, *1.1.1-Trichlor-*, *1.1.2-Trichlor-*, *1.1.1.2-Tetrachlor-*, *1.1.2.2-Tetrachlor-*, *1.1.2.2-Tetrabrom-* u. *Pentachloräthan* bestimmt. D. Strauch 410

1043 **Dipolmomente der Lösung und Atompolarisation von Chlor-, Brom- und Jodbenzolen.** H. H. Huang und E. P. A. Sullivan. (Austral. J. Chem. **21** (1968) 7, 1721 bis 1725; Chem. Dep., Univ. of Singapore, Singapore; engl.) – Tabelliert sind die DK u. D. in CCl_4 bei 25° von *Bzl.*, *Chlor-* (**I**), *p-Dichlor-*, *Brom-* (**II**), *p-Dibrom-*, *Jod-* (**III**) u. *p-Dijodbenzol.* Für **I**, **II** u. **III** sind die ber. Dipolmomente sowie die Deformations-, Elektronen- u. Atompolarisationen angegeben. D. Schmitt 410

1044 **Untersuchung des elektrischen Moments von 6-Chlor-9-äthylpurin, 6-Chlor-9-phenäthylpurin und 6-Chlor-9-phenylpurin.** T. C. Chou, H. H. Lin und Ravi Varma. (J. chem. Soc. [London], Sect. B **1967** **5**, 410 bis 411; Dep. of Chem., Saint Joseph's Coll., Philadelphia, Pa.; engl.) — Die DK, Brechungsindices, D., Molpolarisation, Molrefraktion u. Dipolmomente von 9-Äthyl- (F. 81 bis 82°), 9-Phenyl- (F. 202—203°) u. 9-Phenäthyl-6-chlorpurin (F. 105—106°) werden bestimmt. S. Lampenscherf 410

1045 **Dielektrische Dispersion von wäßrigen Aminosäuren im Frequenzbereich 350—4000 MHz.** H. Hartmann, E. Lertes und R. Jaenicke. (Z. Naturforsch. **22a** (1967) 12, 2118—19; Inst. f. Phys. Chem., Univ. Frankfurt/M.; dt.) — Relaxationszeiten u. Dipolmomente u. molare quasistat. Totalinkremente bei 25° im isoelektr. Bereich sind von wss. Lsg. folgender Aminosäuren angegeben: *Glycin*, *α-* u. *β-Alanin*, *α-*, *β-* u. *γ-Aminobuttersäure.* A. Kiskéri Bocz 410

1046 **Theoretische magnetische Suszeptibilität einiger Borverbindungen.** Jean Baudet und Henry Leguesdron. (C. R. hebd. Séances Acad. Sci., Sér. A et B **264** (1967) 15, B 1090—92; Fac. des Sci. d'Abidjan, Côte d'Ivoire; franz.) — Nach der Näherung von Guy u. Tillieu wurde die magnet. Suszeptibilität von folgenden Verb. berechnet: Borane: *Tripropyl-*, *Tributyl-*, *Tripentyl-*, *Trihexyl-*; Borate: *Trimethyl-*, *Triäthyl-*, *Tripropyl-*, *Tributyl-*, *Tripentyl-*; Trithioborate: *Tripropyl-*, *Tributyl-*, *Tripentyl-*, *Trihexyl-*; Alkylboronsäuredibutylester: *Äthyl-*, *Butyl-*, *Pentyl-*, *Hexyl-*; *Äthylboronsäurediheptylester*; Dialkylborinsäurebutylester: *Dibutyl-*, *Dipentyl-*, *Dihexyl-*; *Tetrabutyl-* u. *Tetrahexylborinsäureanhydrid*, *Butyldithioboronsäuredipropyl-* u. *-dibutylester*, *Pentyldithioboronsäuredibutylester*, *Dibutyl* u. *Dihexylthioborinsäurebutylester*; 1.3.2-Dioxaborolane: *2-Butoxy-*, *2-Pentyloxy-*, *2-Äthyl-*, *2-Butyl* sowie *2-Butyl-* u. *2-Hexyl-1.2-oxaborolan.* J. Richter 412

1047 **Gruppenschwingungen und Schwingungsanalyse von die CD_3-Gruppe enthaltenden Molekülen.** J. M. Freeman und T. Henshall. (Canad. J. Chem. **46** (1968) **12**, 2175—78; Univ., Salford, England; engl.) — Die Meth. nach King u. Crawford wurde in Englisch-Electric KDF-9 Algol programmiert u. für die Schwingungsanalyse der CD_3-Gruppe in *CD_3-Dimethylsulfid* u. *D_6-Dimethylselenid* verwendet. D. Strauch 415

1048 **Die Elektronenspektren von n-Alkanen.** B. A. Lombos, P. Sauvageau und C. Sandorfy. (J. molecular Spectroscopy **24** (1967) 3, 253—69; Dep. de Chim., Univ. de Montréal, Montréal, Québec; engl.) — Die Elektronenspektren von *Methan*, *Äthan*, *Propan*, *n-Butan*, *n-Pentan*, *n-Hexan*, *n-Heptan* u. *n-Octan* wurden im Vakuum-UV bis 1150 Å gemessen. Die Spektren werden mit Hilfe von theoret. Betrachtungen nach Mulliken diskutiert u. nach Pariser u. Parr berechnet. E. Daltrozzo 418

1049 **Geometrie des niedrigsten Triplettzustandes von Benzol.** G. C. Nieman und D. S. Tinti. (J. chem. Physics **46** (1967) 4, 1432—43; Gates and Crellin Labor. of Chem., Calif. Inst. of Technol., Pasadena, Calif.; engl.) — Die Phosphoreszenz-, Fluoreszenz- u. Absorptionsspektren von Bzl. u. dessen *D-*, *[1.4-D_2]-*, *[1.3-D_2]-*, *[1.3.5-D_3]-*, *[1.2.4-D_3]-* u. *[1.3.4.5-D_4]*-Deriv. in einem C_6D_6-Wirtkrist. werden bei 4,2 °K untersucht. W. Wesly 418

1050 **Elektronenspektren linearer Diaza- und Tetraaza-Acene.** Franz Kummer und Herbert Zimmermann. (Ber. Bunsenges. physik. Chem. **71** (1967) **9**/10, 1119—26; Inst. f. Organ. Chem., Univ. München; dt.) — Die Elektronenspektren von *Pyrazin*, *Chinoxalin*, *Phenazin*, *Benzo[b]-*, *Dibenzo[b.i]-* (**I**), *Naphtho[2.3:b]-phenazin* (**II**), *Benzo[g]-chinoxalino[2.3:b]-* (**III**), *Chinoxalino-[2.3:b]-* u. *Benzo[g]-chinoxalin* wurden untersucht u. mit den Spektren der homologen Acene u. deren Monoazaderiv. verglichen. Die Darst. von **I**—**III** u. von *N.N'-Dihydronaphtho[2.3:b]-* (F. > 520) u. *Benzo[i]naphtho-[2.3:b]phenazin* (F. > 520°) wird beschrieben. A. Kiskéri Bocz 418

1051 **Chemie der Carbazole.** 3. Mitt. **UV-Adsorptionsspektren von 3- und 9-substituierten Carbazolen.** Masatane Kuroki. (J. chem. Soc. Japan, pure Chem. Sect. [Nippon Kagaku Zasshi] 88 (1967) 4, 463—68; Dep. of Indust. Chem., Fac. of Sci. and Engng., Nihon Univ., Kanda Surugadai Chiyoda-ku, Tokyo; jap., Auszug: engl.) — Untersucht wurden die UV-Absorptionsspektren der Carbazole: *3-Nitro-*, *3-Acetyl-*, *3-Benzoyl-*, *3-Jod-*, *3-Brom-*, *3-Chlor-*, *unsubstituiert*, *3-Methyl-*, *3-Hydroxy-*, *3-Amino-*, *9-Acetyl-*, *9-Benzoyl-*, *9-p-Nitrophenyl-*, *9-o-Nitrophenyl-*, *9-p-Chlorphenyl-*, *9-Phenyl-*, *9-Vinyl-*, *9-o-Tolyl-* ($C_{19}H_{15}N$, F. 64—65°), *9-p-Tolyl-*, *9-p-Methoxyphenyl-* ($C_{19}H_{15}NO$, F. 149—150°), *9-Äthyl-*, *9-Methyl-* u. *9-[Carbazolyl-(9)]-* sowie die Substituenteneinfl. (Hammett-σ-Konst. vgl. Orig.). J. J. Pohl 418

1052 **Spektroskopie von EDA-Komplexen bei hohen Drücken.** 6. Mitt. **Absorption und Fluoreszenz von kristallinen TNB- und TNF-Komplexen.** A. H. Kadhim und H. W. Offen. (J. chem. Physics 48 (1968) 2, 749—53; Santa Barbara, Calif., Univ. of Calif., Dep. of Chem.; engl.) — 5. vgl. C. **1969**, 10-0868. — Untersucht werden die Spektren der krist. Komplexe von *Anthracen*, *9-Methyl-*, *9.10-Dimethyl-*, *9-Phenylanthracen*, *Pyren* (**I**), *Benzidin*, *Indol* (**II**), *Naphthalin* (**III**), *Stilben* (**IV**), *Fluorren* (**V**) u. *Chrysen* (**VI**) mit *1.3.5-Trinitrobenzol* bzw. von **I**, **II**, **III**, **IV**, **V**, **VI**, *Hexamethylbenzol* u. *Phenanthren* mit *2.4.7-Trinitrofluorenon* zwischen 0 u. 30 kbar. Bei 25 kbar wird eine Rotverschiebung der Ladungsübertragung-Absorption von ca. 1200 cm^{-1} u. eine Rotverschiebung der Fluoreszenz von 200—1700 cm^{-1} beobachtet. G. O. Jäger 418△

1053 **Absorptionsspektren von Ketonen.** 9. Mitt. **Ultraviolettspektren und Zirculardichroismus von Bornenonen und anderen β.γ-ungesättigten Ketonen.** D. E. Bays,

R. C. Cookson und S. Mac Kenzie. (J. chem. Soc. [London], Sect. B **1967**, 3, 215–26; Dep. of Chem., Univ., Southhampton; engl.) — 8. vgl. ibid. **1966**, **9**, 885; 7. vgl. C. **1963**, 12356. — Die UV-Spektren u. der Zirculardichroismus (CD) von (—)-*Dehydrocampher* (**I**) u. (+)-*Dehydroepicampher* (**II**) zeigen Effekte gemischter n → π*- u. π → π*-Übergänge, die in den zugehörigen Arylderiv. ein Max. erreichen. Die CD- u. UV-Daten folgender Verb. sind tabelliert u. werden diskutiert: (—)-**I**, (+)-**II**, (+)-*Bicyclo-[2.2.2]-octenon*, (+)-*Bicyclo-[2.2.1]-heptenon*, (+)-*3-Phenyl-*, (+)-*3-p-Tolyl-* u. (+)-*3-p-Anisylbornen-(2)-on-(6)*, (—)-*2-Phenyl-* (**III**) u. (+)-*2-p-Anisylbornen-(2)-on-(5)*, (—)-*2-p-Anisyl-*, (+)-*5-exo-Hydroxy-2-p-anisyl-*, (+)-*3-p-Anisyl-*, (+)-*6-endo-Hydroxy-3-p-anisyl-*, (+)-*6-endo-Hydroxy-3-phenyl-*(—)-*5-exo-Hydroxy-2-phenyl-* u. (—)-*5-exo-Acetoxy-2-phenylbornen-(2)* (**IV**), (—)-*6-endo-Hydroxy-3-p-anisyl-1.5.5-trimethylbicyclo-[2.2.1]-hepten*, *2-Oxo-8-methoxycarbonyl-3.10a.-äthenoperhydrophenanthren*, (—)-*Oxodihydroambellinmethjodid*, (—)-*Oxoambellinmethjodid*, *19-Oxoandrosten-(5)-diol-(3β.17β)*, *Anhydrostrophantidin*, *Strophantidinacetat* u. *Allohimachalon*. Außerdem sind die CD-Daten von *3-Oxo-17β-acetoxy-$\Delta^{10,19}$-1(10 → 5)-abeo-5α-androsten*, (+)-*α-Cuparenon*, *Lanostanon-(1)*, *Lanosten-(8)-on-(1)*, *Lanostanon-(3)*, *1α-* u. *1β-Methyl-A-nor-19-norlanostatrien-(5.7.9)-on-(2)* u. *3-Hydroxy-1α-methyl-19-norlanostatrien-(5.7.9)-on-(2)* tabellar. wiedergegeben.

Versuche: (+)-*Dehydroepicampher* (**II**), $C_{10}H_{14}O$, F. 138–139°, durch Pyrolyse von 5-Oxoborneol-S-methylxanthat in PAe. unter N_2; Eindampfen, Lösen in A. u. Bldg. des *Semicarbazons*, $C_{11}H_{17}N_3O$, F. 218–222° (A.); durch Hydrolyse → **II**. — Bornene-(2): (+)-*6-endo-Hydroxy-3-phenyl-*, $C_{16}H_{20}O$, F. 102–103° (PAe.), aus Phenyllithium u. Oxoborneol (**V**) in Ae./THF. — Analog: (+)-*6-endo-Hydroxy-3-p-tolyl-*, $C_{17}H_{22}O$, aus **V**; (+)-*6-endo-Hydroxy-3-p-anisyl-*, $C_{17}H_{22}O_2$, F. 105–109° (PAe.), aus **V**; (+)-*5-exo-Hydroxy-2-p-anisyl-*, $C_{17}H_{22}O_2$, F. 89,5–90,5° (PAe.), aus p-Anisyl-Li (**VI**) u. 4-Hydroxycampher. (+)-*3-p-Anisyl-*, $C_{17}H_{22}O$, F. 80,5–81,5° ($CH_3 \cdot OH$), aus p-Anisylmagnesiumbromid u. Epicampher in THF. (—)-*5-exo-Acetoxy-2-phenyl-* (**IV**), $C_{18}H_{22}O_2$, F. 93–94° (A.), aus **VII** u. Acetanhydrid. (—)-*5-exo-Hydroxy-2-phenyl-*, $C_{16}H_{20}O$, F. 86–87° (wss. A.), aus **IV** mit äthanol. KOH. — Fenchan-endo, endo-diole-(2.5): *5-Phenyl-*, $C_{16}H_{22}O_2$, F. 113–115° (PAe.), aus Phenyl-Li u. Oxofenchol (**VIII**); *5-p-Anisyl-* (**IX**), aus **VI** u. **VIII**; *3-Phenyl-4.7.7-trimethyltricyclo-[2.2.1.0^{2,6}]-heptanol-(3)* (**VII**), Kp.$_{0,35}$ 100–102°, aus Phenyl-Li u. Pericyclocamphanon; daneben *5-Hydroxy-2-phenylbornen-(2)*; (—)-*6-endo-Hydroxy-3-p-anisyl-1.5.5-trimethylbicyclo-[2.2.1]-hepten*, $C_{17}H_{22}O_2$, F. 84–84,5° (PAe.), durch Einw. von BF_3-Ätherat auf **IX**. Bornen-(2)-one-(5): (—)-*2-Phenyl-* (**III**), $C_{16}H_{18}O$, F. 49–49,5° (PAe.) a) durch CrO_3-Ox. von (—)-2-Phenylbornen-(2)-ol-(5) (**X**). b) durch Oppenauer-Ox. von **X**. Analog **III** Meth. a: (+)-*2-p-Anisyl-*, $C_{17}H_{20}O_2$, F. 96,5–97°, aus 5-Hydroxy-2-p-anisylbornen-(2). Bornen-(2)-one-(6): (+)-*3-Phenyl-*, $C_{16}H_{18}O$, F. 103–104,5° (PAe.), a) analog **III** Meth. a) oder b) aus (+)-3-Phenylbornen-(2)-ol-(6). — Analog **III** Meth. a): (+)-*3-p-Tolyl-*, $C_{17}H_{20}O$, F. 68–72° (wss. CH_3OH), aus 6-Hydroxy-3-p-tolylbornen-(2); (+)-*3-p-Anisyl-*, $C_{17}H_{20}O_2$, F. 81,5–82° (PAe.), aus 6-Hydroxy-3-p-anisylbornen-(2). G. O. Jäger 418△

1054 **Absorptionsspektren von Ketonen. 10. Mitt. Photochemische Umlagerung von Bicyclo-[2.2.1]-hepten-(2)-onen zu Bicyclo-[3.2.0]-hepten-(2)-onen-(7) und deren Ultraviolett- und zirculardichroitische Spektren.** D. E. Bays und R. C. Cookson. (J. chem. Soc. [London], Sect. B **1967**, 3, 226–29; engl.) — 9. vgl. vorst. Referat. — *3.4.4-Trimethyl-* (**I**, → Semicarbazon, F. 213–215°) bzw. *4.4.5-Trimethyl-* (**II**, → Semicarbazon, F. 224–226°) bzw. *1-Phenyl-3.4.4-trimethyl-* (**III**) bzw. *1-Phenyl-4.5.5-trimethylbicyclo-[3.2.0]-hepten-(2)-on-(7)* (**IV**) entstehen aus (—)-*Dehydrocampher* (**V**) bzw. (+)-*Dehydroepicampher* (**VI**) bzw. (+)-*3-Phenylbornenon-(6)* (**VII**) bzw. (—)-*2-Phenylbornenon-(5)* (**VIII**) beim Bestrahlen mit Licht der Wellenlänge des intensiven n → π*-Übergangs der Bornenone **V** — **VIII**. Bei längeren Bestrahlungszeiten findet ein Zerfall der prim. Photoprod. in *Keten* u. das entsprechend substituierte *Cyclopentadien* statt, wobei aus **III** bzw. **IV** 3-Phenyl- (F. 70–71°) bzw. 2-Phenyl-1.5.5-trimethylcyclopentadien-(1.3) (Kp.$_{12}$ 114–116°) entstehen. UV-, CD- u. NMR-Daten von **I**, **II**, **III** u. **IV** sind tabelliert. G. O. Jäger 18△

1055 **Diskussion der Absorptionsspektren von substituierten 4-Pyridonen und ihren 4-Thio-Analogen.** K. Blažević und N. Trinajstic. (Croat. chem. Acta **39** (1967) 1, 25–28; Inst. „Ruder Bošković", Zagreb, Croatia, Yugoslavia; engl.) — UV-Maxima sind angegeben für: *1-[Naphthyl-(1)]-*, *1-Phenyl-*, *1-[4-Chlorphenyl]-*, *1-[4-Bromphenyl]-3-hydroxypyridon-(4)* u. *-thion-(4)-analoga*, *1-[Naphthyl-(1)]-*, *1-[p-Tolyl]-*, *1-Phenyl-*, *1-[4-Chlorphenyl]-*, *1-[4-Bromphenyl]-*, *1-[3-Nitrophenyl]-2-äthoxycarbonyl-5-hydroxypyridon-(4)* u. *thion-(4)-analoga.* K. Krüger 418

1056 **Sensibilisierte Emissionsspektren von Chinonen.** R. S. Singh. (Indian J. pure appl. Physics **6** (1968) 2, 91–93; Dep. of Spectroscopy, Banaras Hindu Univ., Varanasi; engl.) — Die n → π*-Emissionsspektren nachst. Chinone werden untersucht: *p-Benzochinon*, *D_4-p-Benzochinon*, *2-Methyl-* u. *2.5-Dichlor-p-benzochinon*, *1.4-Naphthochinon*, *2-Methylnaphthochinon-(1.4)*, *9.10-Anthrachinon*, *1-Methylanthrachinon-(1.10)*. Die n → π*-Übergänge der unsubstituierten oben genannten Chinone werden analysiert. Bzl. wird als Sensibilisator benutzt. D. Schmitt 418

1057 **Elektronenabsorptionsspektren der durch Photolyse gebildeten freien Radikale von Hydrochinon, p-Aminophenol und verwandten Verbindungen bei 77°K.** Katsumi Kimura, Kunio Yoshinaga und Hiroshi Tsubomura. (J. physic. Chem. **71** (1967) 13, 4485–91; Dep. of Chem., Fac. of Engng. Sci., Osaka Univ., Toyonaka, Osaka; engl.) — Die Spektren der bei der UV-Photolyse fester Lsg. bei 77°K von Hydrochinon, p-Aminophenol, *N-Methyl-*, *N.N-Dimethyl-p-aminophenol*, *p-Anisidin*, *N.N-Dimethyl-p-anisidin* (**I**), *p-Phenetidin*, *N.N-Dimethyl-p-phenylendiamin* u. eines **I**-Biphenyl-Gemisches gebildeten freien Radikale werden untersucht u. bez. der in den verschiedenen Lsgm. entstehenden Radikale diskutiert. K. Krüger 418

1058 **cis-trans-Isomerie bei 1-Amino-3-imino-propenen (Basen der Trimethincyaninreihe) am Beispiel des Malonaldehyddianils.** K. Feldmann, E. Daltrozzo und G. Scheibe. (Z. Naturforsch. **22b** (1967) 7, 722–31; München, TH, Inst. für Physikal. Chem.; dt.) — Untersucht werden die Elektronenspektren von *2.3-Dihydrodiazepinium-* (di-cis) u. *Bis-(dimethylamino)-trimethinperchlorat* (all-trans), *6-Phenyl-2.3-dihydrodiazepiniumperchlorat*, *1.4-Dimethyl-* u. *1.4-Diphenyl-* bzw. *1.4-Dimethyl-6-phenyl-* bzw. *1.4.6-Triphenyl-2.3-dihydrodiazepiniumperchlorat* bzw. *N.N-Dimethyl-N'-phenyl-* u. *N.N'-Diphenyltrimethinperchlorat*, *N.N'-Diphenyl-N.N'-dimethyltrimethinperchlorat* u. *Malonaldehyddianil*. G. O. Jäger 418△

1059 **Beziehung zwischen IR-Spektren und Spektren unelastischer Neutronenstreuung.** Ashok K. Agrawal und Sidney Yip. (J. chem. Physics **46** (1967) 5, 1999 bis 2000; engl.) — Es wird gezeigt, daß die von IR-Werten abgeleitete Rotationsbeziehungsfunktion direkt zu der Analyse der unelast. inkohärenten Streuung langsamer Neutronen verwendet werden kann. Numer. Ergebnisse der Funktion W(t) für fl. *Methan* sind angegeben (W = mittleres Quadrat der Verschiebung). S. Lampenscherf 420

1060 **Beobachtung des stimulierten Ramaneffekts an Kristallpulvern.** H. W. Schrötter. (Naturwissenschaften **54** (1967) 19, 513; Sektion Phys., Univ. München; dt.) — Stimulierte Ramanlinien von *Azobenzol*, *trans-Stilben*, *N-Benzylidenanilin* u. *p-Dimethylamino-azobenzol* konnten bei Anwendung eines Riesenimpuls-Rubinlasers registriert werden. A. Kiskéri Bocz 420

1061 **Form von IR-Absorptionsbanden in flüssiger Phase.** A. M. Kabiel und F. M. Tera. (Z. physik. Chem. [Leipzig] **234** (1967) 5/6, 289–96; Med. Res. Inst., Phys. Dep., Alexandria, U. A. R.; engl.) — Vf. schlagen zur Darstellung des Profils isolierter IR-Absorptionslinien in Fl. die Gleichung $\ln(I_0/I)_\nu = f/[1 + d^2(\nu - \nu_0)^2]^2$

vor (ν = Wellenzahl; I = Durchlässigkeit; f u. d = Linienparameter). Die Anwendung der Gleichung zur Berechnung der integralen Linienintensität wird am Beispiel der ν_{CO} von *Acetophenon* (1682 cm^{-1}) sowie der ν_{NH} von *Indol* (3490 cm^{-1}) in $CHCl_3$ bzw. CCl_4 demonstriert. F. Langenbucher 420

1062 **IR-Spektrum und Energieschwelle der inneren Rotation von Nitroäthylen.** K. R. Loos und Hs. H. Günthard. (J. chem. Physics **46** (1967) 3, 1200–06; Labor. für Phys. Chem., ETH, Zürich; engl.) — Das IR-Spektrum von gasf. $CH_2{=}CH{-}NO_2$ u. $CH_2{=}CD{-}NO_2$ wurde zwischen 70 u. 4000 cm^{-1} untersucht, die Barriere der inneren Rotation u. Normalkoordinatenparameter berechnet. F. Langenbucher 420

1063 **IR-Spektren einiger 5-Aminotetrazole und ihrer deuterierten Derivate.** Hans B. Jonassen, Thomas Paukert und Ronald A. Henry. (Appl. Spectroscopy **21** (1967) 2, 89–91; Richardson Chem. Labor., Tulane Univ., New Orleans, La.; engl.) — Untersucht werden die IR-Spektren von *5-Aminotetrazol*, dessen *Monohydrat, Na-Salz, ND_2*-Deriv. (u. Na-Salz) sowie den Tetrazolen: *1.5-Diamino-*, dessen $(ND_2)_2$-Deriv., *2.5-Diamino-*, dessen $(ND_2)_2$-Deriv., *1-Methyl-5-amino-*, dessen ND_2-Deriv., *2-Methyl-5-amino-*, dessen ND_2-Deriv., *1-Vinyl-5-amino-* u. dessen ND_2-Derivat. F. Langenbucher 420

1064 **Charakteristische IR-Absorptionsbanden der Si–CH_2CH_2CN- und der Si–$CH_2CH_2CH_2CN$-Gruppe.** Philip J. Launer. (Appl. Spectroscopy **22** (1968) 3, 201–03; Silicone Prod. Dep., General Electric Co., Waterford, N.Y.; engl.) — 12 bzw. 18 Banden im Bereich 3,41 bis 11,62 μ sind tabelliert u. werden diskutiert. D. Schmitt 420

1065 **IR-Spektren von Coffein-Salzen.** Denys Cook und Zephyr R. Regnier. (Canad. J. Chem. **45** (1967) 23, 2895–97; Res. Labor., Food and Drug Direct., Dep. of Nat. Health and Welfare, Ottawa; engl.) — Die Unters. der NH-, ND- u. CO-Absorptionsbanden von *Coffein-Hydrochlorid, -Hydrobromid, -Hydrojodid, -Hexachloroantimonat, -Hexafluorophosphat, -Hexafluoroantimonat, -Hexafluoroarsenat* u. *-Perchlorat* zeigen, daß eine Protonierung der Base in 9-Stellung erfolgt. F. Langenbucher 420

1066 **IR-Spektren von Theobromin-Salzen.** Denys Cook und Zephyr R. Regnier. (Canad. J. Chem. **45** (1967) 23, 2899–2902; engl.) — Vgl. vorst. Referat. — Untersucht u. analysiert werden die IR-Spektren von *Theobromin* (**I**), *-Hydrochlorid, -Hydrojodid* [F. 254° (Zers., wss. HJ)], *-Hexachloroantimonat* (F. 223–224°), *-Hexafluorophosphat* [F. 212° (Zers.)] u. *-Hexafluoroarsenat* [F. 247–249°; *Hydrat*, F. 212–214°]. Es werden eine über NH ··· OC-Brücken verbundene zentrosymm. Paarbldg. von **I** u. H-Brücken zwischen dem **I**-Anion u. dem protonierten $N_{(9)}$-Atom im Imidazolring nachgewiesen. F. Langenbucher 420

1067 **IR-Spektren von organischen Phosphaten in dem Kombinationsgebiet der C–O- und der P–O-Schwingungen.** Ken Ohwada. (Appl. Spectroscopy **22** (1968) 3, 209; Japan Atomic Energy Res. Inst., Tokai-mura, Ibaraki-ken; engl.) — Tabelliert sind die Werte für *Trimethyl-, Triäthyl-, Trichloräthyl-, Triallyl-* u. *Tributylphosphat.* D. Schmitt 420

1068 **Studien über Sulfinsäuren.** 5. Mitt. **Beziehung zwischen den IR-Frequenzen der Schwefel–Sauerstoff-Bindung in substituierten aromatischen Sulfinaten und Sulfonaten zu den Hammett'schen Substituentenkonstanten.** Bernt J. Lindberg. (Acta chem. scand. **21** (1967) 3, 841–42; Pharmacia AB, Uppsala; engl.) — 4. vgl. ibid. **20** (1966) 7, 1843; 2. vgl. C. **1969**, 11-1822. — Die symmetr. u. die asymmetr. SO-Valenzschwingungen von substituierten aromat. Natriumsulfinaten u. -sulfonaten in 15%iger wss. Lsg. werden in einem Diagramm gegen die entsprechende Hammett-Konst. aufgetragen. Als Substituenten wurden *p-NH_2, m-* u. *p-CH_3, p-CH_3·CONH, H, m-* u. *p-CH_3O, m-* u. *p-COO$^-$, m-* u. *p-Cl, p-CN, m-* u. *p-NO_2* für die Sulfinate u. *p-$(CH_3)_2N$, p-NH_2, p-OH, p-CH_3, H, m-* u. *p-COO$^-$, p-Cl, m-* u. *p-COOH, p-SO_3^-, p-CN* u. *m-* u. *p-NO_2* für die Sulfonate untersucht. A. Meixner 420

1069 **Schwingungszuordnungen für Polymethinketten und verwandte Strukturen.** 1. Mitt. **Mit Cyanin-Farbstoffen verwandte Pyridinkerne.** Felice Zuccarello, Antonio Foffani, Rosario Cataliotti und Antonio Poletti. (Ricerca sci. **37** (1967) 12, 1106–14; Ist. di Chim. Fis., Univ. di Perugia; engl.) — IR-Banden u. Zuordnungen werden für *1.1'-Dimethyl-, 1.1'-Diäthyl-(2.2'-pyridyl)-carbocyaninjodid, 1-Methyl-1'-äthyl-(2.2'-pyridyl)-cyaninjodid, 2-Methyl-, 4-Methyl-, 2-Vinyl-* (F. 218°), *4-Vinyl-* (F. 274–275°), *2-Cyan-, 4-Cyan-* u. *2-Chlor-N-methylpyridiniumjodid* angegeben. U. Radlbeck 420

1070 **Schwingungszuordnungen für Polymethinketten und verwandte Strukturen.** 2. Mitt. **Cyanin-Farbstoffe mit Pyridin-Endgruppen.** Rosario Cataliotti, Antonio Poletti, Felice Zuccarello und Antonio Foffani. (Ricerca sci. **37** (1967) 12, 1115–20; engl.) — IR-Banden u. Zuordnungen werden für *1.1'-Dimethyl-, 1.1'-Diäthyl-(2.2'-pyridyl)-carbocyaninjodid, 1-Methyl-1'-äthyl-(2.2'-pyridyl)-cyaninjodid, 3.3'-Diäthyl-(2.2'-thiazolyl)-carbocyaninjodid* u. *3.3'-Diäthyl-(2.2'-thiazolyl)-cyaninjodid* angegeben. — 1. vgl. vorst. Referat. U. Radlbeck 420

1071 **Übertragung der Feinstruktur bei der kernmagnetischen Doppelresonanz.** R. Freeman und Bo Gestblom. (J. chem. Physics **47** (1967) 4, 1472–79; Palo Alto, Calif., Varian Assoc., Analyt. Instruments Div.; engl.) — Durch Verw. der kernmagnet. Doppelresonanz wird die Feinstruktur der NMR-Spektren von *3-Brom-2-formylthiophen* u. *CD_3-Methylacetylen* untersucht. G. O. Jäger 424△

1072 **Molekularstruktur von Cyclopropan aus seiner ^{1}H-NMR in einem nematischen Lösungsmittel.** Lawrence C. Snyder und Saul Meiboom. (J. chem. Physics **47** (1967) 4, 1480–87; Murray Hill, N.J., Bell Telephone Labor., Inc.; engl.) — Durch Analyse des ^{1}H-NMR-Spektrums von Cyclopropan in nemat. p.p'-Di-n-hexyloxyazoxybenzol werden einige Bindungslängen u. -winkel ermittelt. G. O. Jäger 424△

1073 **Umklappen des Kernspins in festem Methan durch Sauerstoffkatalyse.** Harry P. Hopkins jun., Paul L. Donoho und Kenneth S. Pitzer. (J. chem. Physics **47** (1967) 2, 864–66; Dep. of Chem. and Phys., Rice Univ., Houston, Tex.; engl.) — Die Unters. wurden mit verschiedenen Sauerstoffkonzentrationen zwischen 4,2 u. 10°K ausgeführt. R. Kirchlechner 424

1074 **Protonenspinrelaxation in kristallinem Benzol.** U. Haeberlein und G. Maier. (Z. Naturforsch. **22a** (1967) 8, 1236–41; Phys. Inst., TU Stuttgart; dt.) — Die Spin–Gitter-Relaxation als Funktion der Frequenz u. der Temp. wurde gemessen; ber. die Spin–Gitter-Relaxationszeit u. das 2. Moment ($\Delta\omega^2$). W. Schramm 424

1075 **Stark gehinderte Rotation in $\alpha.\alpha$.2.6-Tetrachlortoluol. Stereospezifische Kopplung über fünf Bindungen. Beitrag der Hyperkonjugation zur weitreichenden Seitenkette-Ringproton-Kopplungskonstanten.** T. Schaefer, R. Schwenk, C. J. Macdonald und W. F. Reynolds. (Canad. J. Chem. **46** (1968) 12, 2187–88; Chem. Dep., Univ. of Manitoba, Winnipeg; engl.) — Das ^{1}H-NMR-Spektrum wird untersucht u. bez. eines Hyperkonjugationsmechanismus diskutiert. D. Strauch 424

1076 **NMR- und IR-Untersuchung von N-Vinylverbindungen.** William R. Landis und Theodore D. Perrine. (Appl. Spectroscopy **22** (1968) 3, 161–64; Labor. of Chem., Nat. Inst. of Arthritis and Metabolic Diseases, Bethesda, Md.; engl.) — Untersucht wurden *N-Vinylpyrrolidon-(2), N-Vinylsuccinimid, N-Vinyl-4-(p-methoxyphenyl)-pyrrolidon-(2), N-Vinylphthalimid* u. *N-Vinylcarbazol.* D. Schmitt 424

1077 **Substituenteneffekte auf geminale P–C–H-Kopplungskonstanten.** M. J. Gallagher. (Austral. J. Chem. **21** (1968) 5, 1197–1204; Kensington, N.S.W., Univ. of New South Wales, Dep. of Organ. Chem.; engl.) — Die ^{2}J(P–C–H) sind tabelliert von *Methyldiphenylphosphin,*

Methyl-phenyl-, Benzylphenyl-, [α-Hydroxy-o-chlorbenzyl]-phenyl-, Diphenylmethyl-phenylphosphinsäure, Chlormethyl-, Jodmethylphosphonsäurediäthylester, Methylendiphosphonsäure, -tetraäthylester, den Diphenylphosphinoxiden: *Methyl-, Chlormethyl-* (F. 137—138°), *Hydroxymethyl-* (F. 134—135°), *Morpholinomethyl-* [F. 158—160° (Zers.)], *Benzyl-, Allyl-, α-Hydroxybenzyl-, Diphenylmethyl-; Hydroxymethyl-, Chlormethyl-, Acetoxymethyl-, Allyl-triphenylphosphoniumchlorid*, Äthyl-, *Brommethyl-triphenylphosphoniumbromid* u. *Jodmethyl-triphenylphosphoniumjodid* sowie von weiteren 50 Organo-P-Verb. (Literaturdaten). B. I. 424△

1078 **Lösungsmittelabhängigkeit der ^{1}H-NMR-Spektren von einfachen Polymethin–Merocyanin-Farbstoffen.** 1. Mitt. **Der Einfluß der diamagnetischen Anisotropie des Lösungsmittels.** 2. Mitt. **Über Solvatochromieprobleme.** R. Radeglia und S. Dähne. (Ber. Bunsenges. physik. Chem. **70**, 745—50, 1966; Berlin, Dt. Akademie der Wiss., Inst. f. Phys. Chem.; dt.) — 2. bzw. **3.** vgl. C. **1969**, 1-0868. — Die chem. Verschiebungen der Protonen der Polymethine $(CH_3)_2N\cdot(CH)_nO$ mit n = 1, 3, 5, 7 werden in Bzl.-haltigen Lsgm.-Gemischen bestimmt. Ein einfaches Assoziationsmodell, das die Beeinflussung der chem. Verschiebungen der CH-Protonen durch die magnet. Anisotropie von assoziierten Bzl.-Mol. zu erklären gestattet, wird diskutiert. B. I. 424△

1079 **Elektronenspinresonanz-Untersuchungen der Reaktionen kurzlebiger organischer Radikale in Lösung.** R. O. C. Norman. (Proc. Roy. Soc. [London], Ser. A **302** (1967) 315—19; Dep. of Chem., Univ. York; engl.) — Saure wss. Lsg. von Titan(III)-Ionen u. H_2O_2 reagieren unter Bldg. von Hydroxyl-Radikalen: $Ti^{3+} + H_2O_2 \rightarrow Ti^{4+} + \cdot OH + OH^-$. Setzt man vorher eine organ. Substanz zu, so reagiert das ·OH mit dieser unter Bldg. eines organ. Radikals, worauf verschiedene Folge-Rk. eintreten. Solche organ. Zusätze waren: *Dimethyläther, Glykol, Phenylessigsäure, Phenäthylalkohol* u. *Hydrozimtsäure.* R. Kirchlechner 426

1080 **EPR-Untersuchungen von Ionenpaargleichgewichten.** Noboru Hirota. (J. physic. Chem. **71** (1967) 1, 127—39; Dep. of Chem., N.Y. State Univ. Stony Brook, N.Y.; engl.) — Untersucht wird die Temp.-Abhängigkeit der Alkalimetallaufspaltung von *Na-, K-, Cs-Anthracenid* u. *-Naphthalinid* in verschiedenen Lsgm., der ^{13}CO-Aufspaltung von *Li-, Na-, K-, Cs-Fluorenon* u. *Na-Hexamethylaceton* (77 °K). Angegeben sind kinet. u. thermodynam. Parameter u. Energiediagramme der Ionenpaarbldg. in Na-Anthracenid u. -Naphthalinid. J. Eliassaf 426

1081 **Änderungen der Linienbreite bei ESR-Spektren von in nematischen flüssigen Kristallen gelösten Radikalen.** H. R. Falle und G. R. Luckhurst. (Molecular Physics **12** (1967) 5, 493—96; Dep. of Theoret. Chem., Univ. Chem. Labor., Cambridge, England; engl.) — Gemessen wurde das ESR-Spektrum von *Carbazol-N-oxid* in der isotropen u. nemat. Mesophase von *p-Azoxyanisol.* Genau unterhalb des isotrop-nemat. Umwandlungspunktes (135°) zeigen die Spektren eine auffällige Änderung der Linienbreite, die bei sinkender Temp. undeutlicher wird. Der Effekt kann mit Sicherheit der Anisotropie in der Stickstoff-Hyperfeinstruktur u. dem mit der Brownschen Bewegung des Radikals gekoppelten g-Wert zugeschrieben werden. Theoret. Betrachtungen werden angestellt. R. Kirchlechner 426

1082 **HFS-Nullfeld-ESR an CH-Radikalen.** M. Birkle und G. Schoffa. (Z. Naturforsch. **23a** (1968) 6, 918—26; Physikal. Inst. der Univ. Kalrsruhe; dt.) — Die Meßmeth. der Hyperfeinstruktur-Nullfeldresonanz wird beschrieben. Von *Barbitur-, Malon-, Glyclohexan-1.1-diessig-, Glykol-, Fumarsäure, α-Alanin, Glycylglycin, Glycocyamin* u. *Kreatinin* werden die entsprechenden Spektren aufgenommen u. daraus der Hyperfeinkopplungstensor ermittelt. W. Pusch 426

1083 **Untersuchung der temperaturabhängigen ESR.** 1. Mitt. **Das Cyclooctatetraen-Anionradikal.** F. J. Smentowski und Gerald R. Stevenson. (J. Amer. chem. Soc. **89** (1967) 20, 5120—23; College Stat., Tex., Texas A u. M Univ., Dep. of Chem.; engl.) — Der Einfl. der Ionenpaarbldg. auf die Linienbreite der Hyperfeinaufspaltung, auf die Aktivierungsenergie der Linienverbreiterung u. auf die Spinkonz. im ESR-Spektrum wird bei —30° bis +10° untersucht. G. O. Jäger 426△

1084 **Hyperfeinstruktur im ESR-Spektrum von Di-tert.-butylnitroxid.** Roger J. Faber, Finley W. Markley und John A. Weil. (J. Chem. Physics **46** (1967) 5, 1652—54; Nat. Labor., Argonne, Ill.; engl.) — Die isotropen ^{14}N-, ^{15}N-, ^{13}C- u. ^{17}O-Aufspaltkonst. werden bestimmt. S. Lampenscherf 426

1085 **EPR-Untersuchung des Angriffs von Hydroxyl-Radikalen auf Allylalkohol.** P. Smith und P. B. Wood. (Canad. J. Chem. **45** (1967) 6, 649—54; Dep. of Chem., Duke Univ., Durham, N.C.; engl.) — Die EPR-Spektren der Titelverb. (**I**) bei Rk. mit OH-Radikalen (25°, verschiedene Rk.-Bedingungen) werden untersucht, die Hyperfein-Kopplungskonst. der aus **I** gebildeten Radikale bestimmt. S. Lampenscherf 426

1086 **EPR-Untersuchung von Flüssigkeiten während der Photolyse.** 4. Mitt. **Freie Radikale aus Acetaldehyd, Diacetyl und Acetoin.** Henry Zeldes und Ralph Livingston. (J. chem. Physics **47** (1967) 4, 1465—72; Oak Ridge, Tenn., Oak Ridge Nat. Labor., Chem. Div.; engl.) — 3. vgl. J. Amer. chem. Soc. **88** (1966) 19, 4333. — Die EPR-Spektren der UV-bestrahlten Lsg. (O_2-frei, enthalten H-Donatoren) werden bei Raumtemp. untersucht u. die entstandenen Radikale bzw. Anionen $CH\dot{C}HOH$, $CH_3CO\dot{C}OHCH_3$ u. $CH_3COCOCH_3^-$ diskutiert. G. O. Jäger 426△

1087 **Ionenpaarbildung des 1-Nitro-4-trifluormethoxybenzol-Anionradikals.** M. Thomas Jones und Darrell E. Zeller. (J. chem. Physics **48** (1968) 3341—42; Saint Louis Univ., Dep. of Chem., St. Louis, Mo.; engl.) — Die Hyperfeinaufspaltung im ESR-Spektrum von $\sim 5 \cdot 10^{-4}$ m Lsg. des Na-Salzes der Titelverb. in 1.2-Dimethoxyäthan u. deren Temp.-Abhängigkeit wird bei Zimmertemp. untersucht. Lsg. des K-Salzes zeigen keine Metallhyperfeinaufspaltung. W. Pusch 426

1088 **ESR von γ-bestrahlten Bromessigsäure-Kristallen.** J. R. Suttle und R. J. Lontz. (J. chem. Physics **46** (1967) 4, 1539—41; U.S. Army Res. Office, Durham, N.C.; engl.) — Die ESR-Spektren der bei 77 °K bestrahlten u. bei 0—90° getemperten Krist. werden untersucht. W. Wesly 426

1089 **ESR-Untersuchung γ-bestrahlter Einkristalle aromatischer Verbindungen.** 2. Mitt. **Ergebnisse für Diphenylessigsäure und allgemeine Probleme der Interpretation.** N. M. Atherton und R. S. F. Harding. (J. chem. Soc. [London], Sect. A **1967**, 9, 1490—91; Dep. Chem., Univ. Sheffield; engl.) — 1. vgl. C. **1966**, 33-0720. — Mittels ESR-Spektren der γ-bestrahlten Einkrist. der Titelverb. wurde das entstandene Radikal als Diphenylmethyl identifiziert u. der Tensor für die Protonen-Kopplung errechnet. Die Schwierigkeiten der Interpretation der ESR-Spektren bestrahlter aromat. Einkrist. u. die Wege zu ihrer Überwindung werden aufgezeigt. K. Vacek 426

1090 **ESR-Untersuchung von Ionen-Paaren des Phthalonitril-Anions mit Alkali-Metallen.** Kazuo Nakamura und Yasuo Deguchi. (Bull. chem. Soc. Japan **40** (1967) 4, 705—14; Dep. of Chem., Fac. of Sci., Kyoto Univ., Sakyo-ku Kyoto; engl.) — Li^+ bildet mit *Phthalonitril*-Anionen in ätherischen Lsg. zwei verschiedene Ionen-Paare im Temp.-Bereich —80° +20°. Neben dem freien Anion werden auch die K- u. Na-Ionenpaare ESR-spektroskop. untersucht. K. Vacek 426

1091 **Freie Radikale in bestrahlten Einkristallen von Purin-Nucleosiden: Adenosin, Desoxyadenosin und Desoxyguanosin.** Hermann Dertinger. (Z. Naturforsch. **22b** (1967) 12, 1261—66; Inst. f. Strahlenbiol., Kernforschungszentrum, Karlsruhe; dt.) — ESR-Unters. (35 GHz) an γ-bestrahlten (10^7 rad) Einkrist. von *Adenosin–Hydrochlorid, Desoxyadenosin–Hydrat* u. *Des-*

oxyguanosin–Hydrochlorid beweisen das Auftreten eines 7.8-Dihydroadenyl-(7)- bzw. 7.8-Dihydroguanyl-(7)-Radikals als Strahlungsprod., das durch H-Addition an das $C_{(8)}$-Atom der Purinbase entstanden ist. A. Kiskéri Bocz 426

1092 **Ursprung des ESR-Dubletts in der Nucleinsäurebase Cytosin: Einkristallstudie bei 8 mm Wellenlänge.** Hermann Dertinger. (Z. Naturforsch. **22b** (1967) 12, 1266–69; dt.) – Vgl. vorst. Referat. – Das ESR-Spektrum von ^{60}Co-γ-bestrahltem *Cytosin-Hydrat* zeigt die Bldg. eines Hydroxy-Radikals (durch H-Addition an die $>C_{(2)}=O$-Doppelbindung). A. Kiskéri Bocz 426

1093 **Polyanionen und deren Komplexe. 2. Mitt. Lichtinduzierter Paramagnetismus in festen Glykosaminoglykan-Farbstoff-Komplexen.** Endre A. Balazs, Glyn O. Phillips und Michael D. Young. (Biochim. biophysica Acta [Amsterdam] **141** (1967) 2, 382–409; Boston, Mass., Retina Foundat., Inst. of Biol. and Med. Sci., Dep. of Connect. Tissue Res.; engl.) – 1. vgl. C. **1968**, 26-1593. – Die lichtinduzierten ESR-Spektren der Komplexe von *Glycosaminoglykanen* (*Hyaluronsäure, Heparin A, B, C*) mit verschiedenen kation. *Thiazin-, Acridin-* u. *Triphenylmethanfarbstoffen* (*Azur A, Acridinorange, Kristallviolett, Bismarckbraun Y, Methylgrün*) werden untersucht. K. Maier 426

1094 **Messung der Zerfallszeiten von Molekülionen.** Ch. Ottinger. (Z. Naturforsch. **22a** (1967) 1, 20–40; Physikal. Inst. der Univ. Freiburg i. Br.; dt.) – Untersucht werden *n-Butan, n-Heptan, Bzl.*, CH_4 u. CO_2. A. Kiskéri Bocz 428

1095 **Auftrittspotentiale metastabiler Molekülionen.** I. Hertel und Ch. Ottinger. (Z. Naturforsch. **22a** (1967) 1, 40–47; Freiburg i. Br., Univ., Phys. Inst.; engl.) – Es werden die Unterschiede zwischen den Erscheinungspotentialen von metastabilen Fragmentionen, die ein paar μs nach der Ionisation gebildet werden u. normalen Fragmentionen bei der Ionisierung von *Benzonitril, n-Butan* u. *n-Heptan* gemessen. G. O. Jäger 428△

1096 **Massenspektrometrische Untersuchung aromatischer Verbindungen. 3. Mitt. Deutung der Ionisierung und Dissoziierung des Phenanthren- und Methylphenanthren-Moleküls durch Elektronenstoß.** Pierre Nounou. (J. Chim. physique Physico-Chim. biol. **65** (1968) 4, 700–16; Centre d'Ét. Nucl. de Grenoble; franz.) – 2. vgl. C. **1968**, 48-0900. – Mitgeteilt werden die Massenspektren sowie die Deutung der Fragmentierungs- bzw. Ionisierungsprozesse folgender Phenanthrene: *unsubstituiert, 1-, 2-, 4-* u. *9-Methyl-, 2.7-, 2.3-, 3.6-, 9.10-* u. *4.5-Dimethyl-*, [*9.10-*D_2]-, D_{10}- sowie zum Vgl. von *Diphenylacetylen* u. *Anthracen*. J. Richter 428

1097 **Massenspektren von Alkylchinolinen.** P. M. Draper und D. B. Mac Lean. (Canad. J. Chem. **46** (1968) 9, 1487–97; Dep. of Chem., McMaster Univ., Hamilton, Ontario, Canada; engl.) – Die durch Elektronenstoß induzierten Fragmentierungen von *2-, 3-, 4-* u. *8-Methylchinolin*; *2-, 3-, 4-, 6-* u. *8-Äthylchinolin*; *3-, 4-, 6-* u. *8-n-Propylchinolin*; *2-Isopropylchinolin*; *2.3-, 2.4-, 2.6-, 2.7-, 2.8-, 3.4-, 3.5-, 3.6-, 3.7-, 3.8-, 4.6-, 4.8-, 5.6-, 5.7-, 5.8-, 6.7-, 6.8-* u. *7.8-Dimethylchinolin* wurden untersucht u. mit Hilfe der Massenspektren deuterierter Analoga die Fragmentierungsmechanismen interpretiert. K.-H. Bielicki 428

1098 **Massenspektren von Tetrahydrochinolinen.** P. M. Draper und D. B. Mac Lean. (Canad. J. Chem. **46** (1968) 9, 1499–1505; engl.) – Vgl. vorst. Referat. – Es wurden die Massenspektren von *1.2.3.4-* u. *5.6.7.8-Tetrahydrochinolin* u. *2-, 3-, 4-* u. *6-Methyl-1.2.3.4-tetrahydrochinolin* gemessen u. die Fragmentierungsmechanismen mittels der Massenspektren deuterierter Analoga interpretiert. K.-H. Bielicki 428

1099 **Massenspektrometrische und gaschromatographische Untersuchung von Peptid-Methylester-N-Heptafluorobutyrylderivaten.** Bengt Å. Andersson. (Acta chem. scand. **21** (1967) 10, 2906–08; Inst. of Med. Biochem., Univ. of Göteborg, Sweden; engl.) – DL-Ala-DL-Phe-OMe u. Gly-gly-gly-OMe wurden mit Trifluoressigsäure- (I) u. Heptafluorbuttersäureanhydrid (II) acyliert. Der Austausch von **I** gegen **II** führt zu einer Abnahme der Verzögerungszeiten an Carbowax 20M von ca. 50%. Die Verdampfung für die massenspektroskop. Unters. kann bei wesentlich niedrigeren Temp. erfolgen. Die Massenspektren zeigen bei der Verw. von **I** u. **II** große Ähnlichkeiten. J. J. Pohl 428

B-2. Strukturforschung

1100 **Bestimmung von Tautomeren von α-Alkylacetylacetonen durch NMR-Spektroskopie.** Toshiyuki Shono, Minoru Tanaka, Yasuhiro Murotani und Koichiro Shinra. (J. chem. Soc. Japan, pure Chem. Sect. [Nippoan Kagaku Zasshi **88** (1967) 10, 1068–70; Osaka; Osaka Univ.; Fac. of Engng.; Dep. of Chem. Technol.; jap., Auszug: engl.) – Untersucht wurden nachst. 3-Alkylacetylacetone: *3-Methyl-, 3-n-Propyl* (I), *3-n-Butyl-, 3-Isopropyl-, 3-Isobutyl-* u. *3-sek.-Butyl-*, außerdem ist λ_{max} u. ε angegeben. H.-S. Park 431

1101 **Struktur von 3-Oxo-3.3a-dihydroguajazulen, dem Produkt der Dakin-Reaktion von 3-Formylguajazulen. Ein ungewöhnliches Beispiel der Keto-Enol-Tautomerie.** R. Fuks und G. Chiurdoglu. (Bull. Soc. chim. belges **76** (1967) 3–4, 244–57; Fac. des Sci. Appl., Serv. de Chim. Organ. E.P., Univ. Libre de Bruxelles; franz.) – Die Verb. (F. 134–136°, Hydrierung → *3-Oxoperhydroguajazulen, 3.4-Dinitrophenylhydrazon*, F. 184–186°) wurde in 60%ig. Ausb. erhalten. Ihr IR-, UV u. NMR-Spektrum ist angegeben. Letzteres weist auf die beiden Keton-Tautoren von 3-Hydroxyguajazulen in Lsg. hin. J. Richter 431

1102 **Strukturänderungen von Flavyliumsalzen. 4. Mitt. Polarographische und spektroskopische Untersuchung von Pelargonidinchlorid.** K. A. Harper. (Austral. J. Chem. **21** (1968) 1, 221–27; Div. of Food Pres. CSIRO, Ryde, N.S.W., Australien; engl.) – 3. vgl. ibid. **20** (1967) 12, 2691. – Die Titelverb. wurde in wss. methanol. Lsg. polarograph. u. spektroskop. (240–640 mμ) bez. der Strukturänderungen bei verschiedenen pH-Werten untersucht. B. Hempel 431

1103 **UB-Berechnung des CH-Moleküls.** N. Grün. (Z. Naturforsch. **22a** (1967) 8, 1228–34; dt.) – Inst. für theoret. Phys., Univ. Gießen; dt.) W. Schramm 432

1104 **Frank-Condon-Faktoren und r-Centroide für das $A^2\Delta \rightarrow X_2\Pi$-System des ^{12}CH-Moleküls.** A. N. Pathak und P. D. Singh. (Indian J. pure appl. Physics **5** (1967) 4, 139–40; Dep. of Phys. Univ. of Gorakhpur; engl.) – Die Berechnungen werden über Morse-Potentialfunktionen durchgeführt. W. Schramm 432

1105 **Allgemeine Störungsbehandlung zweiter Ordnung von Spindichten in ebenen konjugierten π-Radikalen.** Jean-Paul Malrieu. (J. chem. Physics **46** (1967) 5, 1654–70; Labor. de Chim. Quant., Inst. de Biol. Phys.-Chim., Paris; engl.) – W. Schramm 432

1106 **Optimierte MO-Wellenfunktionen für Methan aus einem Minimum-Basis-Satz.** Russell M. Pitzer. (J. chem. Physics **46** (1967) 12, 4871–75; Gates and Crellin Labor. of Chem., Calif., Inst. of Technol., Pasadena, Calif.; engl.) W. Schramm 432

1107 **Berechnung der magnetischen Suszeptibilität mit Protonenabschirmung in Methan.** Roger Hegstrom und William N. Lipscomb. (J. chem. Physics **46** (1967) 11, 4538–40; Dep. of Chem., Harvard Univ., Cambridge, Mass.; engl.) – Aus experimentellen Werten des magnet. Rotationsmomentes u. der Proton-Spin-Kopplungskonst. von CH_4 [Phys. Rev. **149** (1966) 14] aus verbesserten LCAO–MO–SCF-Wellenfunktionen werden paramagnet. u. diamagnet. Suszeptibilität u. Protonenabschirmung berechnet. W. Schramm 432

1108 **Die Streuung niederenergetischer Elektronen an Methan. Das zweite Ionisierungspotential.** H. Ehrhardt und F. Lindner. (Z. Naturforsch. **22a** (1967) 1, 11–14; Physikal. Inst. der Univ. Freiburg i. Br.; dt.) – A. Kiskéri Bocz 432

1109 **Elektronisch angeregte Zustände von Benzol und Äthylen.** P. A. Clark und J. L. Ragle. (J. chem. Physics **46** (1967) 11, 4235—40; Dep. of Chem., Mt. Holyoke Coll., South Hadley, Mass.; engl.) — Anwendung der semiempir. SCF-Meth. von Pople, Santry u. Segal. W. Schramm 432

1110 **Kovalenter und ionischer Charakter im Grund- und angeregten Zustand von Benzol.** Mary Craig und R. Stephen Berry. (J. Amer. chem. Soc. **89** (1967) 12, 2801—05; Dep. of Chem., Yale Univ., New Haven, Conn.; engl.) W. Schramm 432

1111 **Theoretische Untersuchungen von Zwei-Photon-Absorptionsprozessen. 1. Mitt. Molekulares Benzol.** Barry Honig, Joshua Jortner und Abraham Szöke. (J. chem. Physics **46** (1967) 7, 2714—27; Dep. of Chem., Univ., Tel-Aviv, Israel; engl.) — 2. vgl. C. **1969,** 4-0035. W. Schramm 432

1112 **Beweglichkeit von Ladungsträgern in Anthracen-Einkristallen.** Yusei Maruyama und Hiroo Inokuchi. (Bull. chem. Soc. Japan **40** (1967) 9, 2073—77; Univ. of Tokyo, Inst. for Solid State Phys. Roppongi, Minatoku, Tokyo; engl.) — Der Effekt der Raumladungspolarisation wird durch Messung der Driftbeweglichkeit bei Verw. eines gepulsten elektr. Feldes untersucht. Bestimmt wird auch der Photo-Hall-Effekt. M. Knaack 432

1113 **Delokalisierung im Schwingungsspektrum von Naphthalin.** Walter D. Jones und Victor Hymowitz. (J. molecular Spectroscopy **23** (1967) 3, 320—30; Dep. of Chem., San Diego State Coll., San Diego, Calif.; engl.) — Die Rolle der Delokalisierung wurde durch Berechnung von Dichtefunktionen, Symmetriekoordinaten, Übergängen u. Resonanzkraftparametern untersucht. W. Schramm 432

1114 **Eigenschaften des Grundzustands von N-haltigen 5-Ring-Heterocyclen.** W. Woźnicki und B. Żurawski. (Acta physica polon. **31** (1967) 1, 95—106; Dep. of Theoret. Phys., N. Copernicus Univ., Toruń; engl.) — Nach der G-FEMO-Meth. wurden für *Cyclopentadien, Pyrrol, Pyrazol, Imidazol, 1.2.3-, 1.2.4-, 1.2.5-, 1.3.4-Triazol, 1.2.3.4-, 1.2.3.5-Tetrazol, Pentazol* u. *Bzl.* Berechnungen der Elektronenstruktur durchgeführt u. mit experimentellen Daten sowie Ergebnissen von HMO-Berechnungen verglichen. W. Schramm 432

1115 **Elektronenzustände der Azoalkane.** M. B. Robin, Robert R. Hart und N. A. Kuebler. (J. Amer. chem. Soc. **89** (1967) 7, 1564—72; Murray Hill, N.J., Bell Telephone Labor., Inc.; engl.) — Die Elektronenspektren von *cis-* u. *trans-Diimin* werden mit Hilfe der SCF-Meth. unter Verw. von GTO-Funktionen ber. u. die Elektronenzust. mit denen des isoelektron. C_2H_4. Außerdem werden die theoret. Ergebnisse mit den im Bereich von 3—10 eV gemessenen Elektronenspektren von *trans-Azomethan, -äthan, -isopropan* u. *-isobutan, trans-Difluordiazin* u. *3-Methyl-1-pyrazolin* (Abb.) verglichen. G. O. Jäger 432△

1116 **Pople-ähnliche SCF–LCAO–Mo-Behandlung auf 7.7′, 8.8′-Tetracyanchinodimethan und seines einwertigen Anions.** David A. Lowitz. (J. chem. Physics **46** (1967) 12, 4698—4717; Central Res., Lord Corp. Erie, Pa.; engl.) W. Schramm 432

1117 **Polarographische und spektroskopische Untersuchungen von Chinonen und deren Hydroxylderivaten.** T. G. Edwards und R. Grinter. (Trans. Faraday Soc. **64** (1968) 544, 1070—76; Dep. of Chem. Phys. Univ. of Surrey Annex, London; engl.) — Vf. untersuchen an p-Benzochinone: *unsubstituiert, 2.5-Dihydroxy-, 2.5-Dimethoxy-, Tetrahydroxy*;- *o-Benzochinon*; 1.4-Naphthochinone: *unsubstituiert, 2-, 5-Hydroxy-, 5.8-Dihydroxy-*; *1.2-Naphthochinon, 9.10-Phenanthrenchinon*; 9.10-Anthrachinone: *unsubstituiert, 1-, 2-Hydroxy-, 1.2-, 1.4-Dihydroxy-, 1.4-Dimethoxy-, 1.4-Diacetoxy-, 1.5-Dihydroxy-, 1.5-Dimethoxy-, 1.8-Dihydroxy-, 1.2.5.8-Tetrahydroxy-, 1.4.5.8-Tetrahydroxy-*; u. *1.4-Anthrachinon* den Einfluß intramolekularer H-Brücken auf die π-Elektronen-Energieniveaus. Es werden die polarograph. Resultate u. die Ergebnisse aus Spektren der Ladungsübertragungs-Komplexe mit Tetramethyl-p-phenylendiamin mit denjenigen, die mittels der Hückel-Mo-Methode ber. worden sind, verglichen. B. Hempel 432

1118 **π-Elektronen-Konjugation in Porphyrinen.** Inan Chen. (J. molecular Spectrocsopy **23** (1967) 2, 144—48; Res. Labor., Xerox-Corp., Rochester, N.Y.; engl.) — Hückel-MO-Berechnungen für *Porphin* u. dessen Anion werden durchgeführt. W. Schramm 432

1119 **Elektronenstruktur und Photochemie der Flavine. 6. Mitt. Basizität des angeregten Zustands von Flavinen.** Pill-Soon Song. (Photochem. and Photobiol. **7** (1968) 3, 311—13; Dep. of Chem., Tex. Technol. Coll., Cubbock, Tex.; engl.) — 4. vgl. C. **1968,** 48-0943. — Nach PPP- u. CNDO-Meth. werden Elektronenstrukturdaten von *Isoalloxazin, Alloxazin, 2-* u. *4-Thioisoalloxazin* für Grundzustand u. niedrigsten angeregten Singulett- u. Triplettzustand berechnet. K. Maier 432

1120 **Beweis für die langsame Rotation um die sek.-Alkyl-N-Bindung bei einigen N.N-Di-sek.-alkylamiden.** T. H. Siddall III und W. E. Stewart. (J. chem. Physics **48** (1968) 7, 2928—35; Savannah River Labor., E. I. du Pont de Nemours and Co., Aiken, S.C.; engl.) — Aus der Temp.-Abhängigkeit der Form des NMR-Signals der Methingruppe wird auf eine langsame Rotation in nachst. Verb. geschlossen. Untersucht wurden: *N.N-Diisopropylacetamid, N.N-Diisopropylisobutyramid, N.N-Diamyl-(3)-acetamid,* u. *-isobutyramid,* sowie *N.N-Diisopropyl-propionamid, -α-chlorpropionamid, -monochloracetamid, -phenylacetamid, -di-* u. *-trichloracetamid, -formamid, -benzamid, -α-naphtoesäureamid, -o-toluylamid*; sowie *N-Isopropyl-N-diphenylmethylacetamid, N-Isopropyl-N-α-phenyläthylacetamid, N-Isopropyl-N-diphenylmethyl-isobutyramid* u. *N-Isopropyl-N-α-phenyläthylisobutyramid.* D. Schmitt 434

1121 **Stereochemische Untersuchungen von Monoterpenverbindungen. 2. Mitt. Konformation von 4-Hydroxymenthonen.** Takayuki Suga, Tsuyoshi Shishibori und Tamon Matsuura. (J. org. Chemistry **32** (1967) 4, 965—69; Dep. of Chem., Fac. of Sci., Hiroshima Univ., Hiroshima; engl.) — 1. vgl. C. **1965,** 31-1023. — Um die Konform. der diastereomeren 4-Hydroxymethone aufzuklären, wurden folgende Rk. durchgeführt u. die folgenden Verb. synthetisiert; (+)-trans-4-Hydroxyneomenthol (**I**), F. 76,5—77°, a) aus (+)-p-Menthen-(3) (**II**) durch Ox. mit Perameisensäure. *Mono-3.5-dinitrobenzoat* (DNB), F. 150—151°; b) durch 8std. Kochen von *(1R:4R)-(−)-4-Hydroxymenthon* (**III**) mit $LiAlH_4$ in Ae., daneben (+)-*cis-4-Hydroxymenthol* (**V**), F. 80—81°; DNB, $C_{10}H_{22}O_2$, F. 124—125°. — **III**, $C_{10}H_{18}O_2$, Kp.$_6$ 87—88°, durch Ox. von (+)-trans-**I** mit tert.-Butylchromat in Bzl. bei 30°; *2.4-Dinitrophenylhydrazon* (DNP), $C_{16}H_{22}N_4O_5$, F. 102,5 bis 103°, aus **III** u. 2.4-Dinitrophenylhydrazin (**VIII**) in 2 n HCl. *Acetylderiv.* (**VII**), $C_{17}H_{20}O_3$, Kp.$_{2,5}$ 102—103°, mittels Acetanhydrid in Ggw. von p-Toluolsulfonsäure. *(1R:4S)-(+)-4-Hydroxyisomenthon* (**IV**), $C_{10}H_{18}O_2$, Kp.$_6$ 86—88°, durch allmähliches Zugeben von $KMnO_4$ zu **II** in 20%ig. wss. Aceton bei −10°. *DNP*, $C_{16}H_{22}N_4O_5$, F. 123—124°, analog **III**-DNP. *Acetylderiv.*, $C_{12}H_{20}O_3$, F. 76,5—77°, analog **VII** aus **IV**; $[\alpha]_D^{25}$ +127,1°; daneben **V**; 28%. — *(−)-p-Menthen-(3)-on-(5), DNP*, F. 147 bis 148°, durch Einw. von **VIII** in A./H_2SO_4 auf **IV** bzw. **III**. — *(−)-trans-4-Hydroxyisomenthol*, F. 76—77°, analog (+)-trans-**I** Meth. b aus **IV**; DNB, $C_{17}H_{22}N_2O_2$, F. 150—151°; daneben *(+)-cis-4-Hydroxyisomenthol* (?), F. 93—94° (n-Hexan). G. O. Jäger 434△

1122 **Untersuchung über Sequiterpenoid. 15. Mitt. Sterische Konfiguration von Valeranon und seinen Derivaten.** Hiroshi Hikino, Yasuyoshi Takeshita, Yasuko Hikino und Tsunematsu Takemoto. (J. pharmac. Soc. Japan [Yagugakuzasshi] 87 (1967) **9,** 1035—39; Tohoku Univ. School of Med., Pharmakol. Inst.; jap., Auszug: engl.) — 11. vgl. C. **1967,** 59-0450. — Die Konform. von *Valeranon, Kanokonylacetat, Kanokonol* u. *Fauronylacetat* werden aus ORD-, NMR- u. IR-Daten bestimmt. H. S. Park 434

1123 **Über die molekulare Wärmebewegung und den Aufbau der reinen Flüssigkeiten und flüssigen Lösungen von**

Nichtelektrolyten. M. I. Schachparonow. (Z. physik. Chem. [Leipzig] **235** (1967) 3/4, 145–64; Moskau; dt.) — Übersicht. — 10 Literaturangaben.
A. Kiskéri Bocz 436

1124 **Instabilität von Dendritenspitzen.** L. R. Morris und W. C. Winegard. (J. Crystal Growth [Amsterdam] **1** (1967) 4, 245–46; Univ. of Guelph, Guelph, Ontario; engl.) — Vf. untersuchen das Dendritenwachstum in einer Schmelze von *Succinonitril* mit 1–15 Gew.-% Campher. Die Dendritenspitzen wachsen nicht mit gleichbleibender Gestalt sondern ändern period. ihre Form während des Wachstums. W. Laqua 438

1125 **Morphologie von Anthracen-Kristallen.** P. M. Robinson und H. G. Scott. (J. Crystal Growth [Amsterdam] **1** (1967) 4, 187–94; Commonwealth Sci. and Ind. Res. Organ., Univ. of Melbourne, Victoria, Australia; engl.) — Anthracen-Krist. aus Lsg. (Benzol u. Pentan), aus der Dampfphase (Vakuum bzw. N_2-Atmosphäre) u. aus der Schmelze wurden morpholog. untersucht.
W. Laqua 438

1126 **Kinetik der Erstarrung von 1.2-Diphenylbenzol.** R. J. Greet. (J. Crystal Growth [Amsterdam] **1** (1967) 4, 195–203; Mellon Inst., Pittsburgh, Pa.; engl.) — Die Wachstum-Geschw. von 1.2-Diphenylbenzol-Krist. aus einer unterkühlten Schmelze wurde zwischen 55,0° [0,5° (Unterkühlung)] u. −3,5° (59,0°) untersucht.
W. Laqua 438

1127 **Experimentelle Untersuchung und Deutung der Morphologie der nicht zentrosymmetrischen Kristalle von $(n\text{-}C_3H_7)_4NBr$.** Jean-Jacques Rousseau, Jean-Claude Monier und Robert Cadoret. (C. R. hebd. Séances Acad. Sci., Sér. A et B **266** (1968) 9, B 574–76; Labor. de Min. et Crist., Fac. des Sci., Caen, Calvados; franz.) W. Senf 438△

1128 **Kristallstruktur von Tetracentetrasulfid.** J. Toussaint und O. Dideberg. (Bull. Soc. roy. Sci. Liège **36** (1967) 11–12, 666–72; Univ. de Liège, Labor. de Cirstall.; franz.) W. Senf 438△

1129 **Kristallstruktur von Tris-[p-nitrophenyläthinyl]-arsin.** D. Mootz und W. Look. (Z. anorg. allg. Chem. **356** (1968) 5–6, 244–52; Braunschweig, Inst. für Anorg. Chem. der Techn. Hochsch.; dt.)
M. Steidinger 438

1130 **Kinetik des Wachstums von Triglycerid-Kristallen.** W. Skoda und M. Van den Tempel. (J. Crystal Growth [Amsterdam] **1** (1967) 4, 207–17; Unilever Res. Labor., Vlaardingen, Netherlands; engl.) — Untersucht wurde das Wachstum von *Glycerin-*, *Tristearin-*, *Tripalmitin-* u. *1.3-dipalmitat-2-stearat*-Krist. aus Lsg. in Triolein bzw. CCl_4. W. Laqua 438

1131 **Untersuchungen über das Vorschmelzen von Stearinsäure.** Hans-Jürgen Flammersheim, Joachim Krauße und Norbert Trzebowski. (Z. Chem. **7** (1967) 12, 473–74; Inst. f. Physik. Chem. d. Friedrich-Schiller-Univ., Jena; dt.) — Aus röntgendiffraktometr. u. IR-spektroskop. Messungen an der Titelverb. wird auf eine Veränderung des Krist.-Parameters a geschlossen.
A. Kiskéri Bocz 438

B–3. Thermodynamik

1132 **Empirische Beziehung der zweiten Virialkoeffizienten zur Berechnung von Dampf-Flüssigkeit-Gleichgewichten.** J. P. O'Connell und J. M. Prausnitz. (Ind. Engng. Chem., Process Design Development **6** (1967) 2, 245–50; Dep. of Chem. Engng., Univ. of Calif., Berkeley, Calif.; engl.) — Eine neue Beziehung wird aufgestellt u. deren Parameter der reinen Komponenten von folgenden Verb. angegeben: *Methylfluorid*, *-chlorid* (**I**), *-amin*, *-bromid* (**II**), *-jodid* (**III**), *Phosphin*, *Dimethyläther*, *Ae.*, *Dimethyl-*, *Trimethyl-*, *Äthyl-*, *Diäthyl-*, *Triäthylamin*, *Acetaldehyd*, *Äthylchlorid*, *-bromid* (**IV**), *-formiat*, *-acetat*, *Dichlordifluor-*, *Dichlorfluor-*, *Trichlorfluor-*, *Nitro-* (**V**), *Dichlormethan*, *Aceton* (**VI**), *Methyl-n-propyl-*, *Methyläthyl-*, *Methylisobutylketon*, *Methanol*, *A.*, *tert.Blutanol*, *Propanol-(2)*, *sek.-Butanol*, *Propanol*, *Isobutano-*, *Butanol*, *Methylformiat*, *-acetat*, *-propionat*, *n-Propylformiat*, *1.1.2-Trichlortrifluoräthan*, *Äthylmercaptan*, *Chloroform* (**VII**), *Fluorbenzol*, *Acetonitril*, *Py.*, *α-*, *β-*, *γ-Picolin* sowie NH_3, SO_2 u. H_2O. Tabelliert sind außerdem die experimentellen u. ber. Werte der zweiten Virialkoeff. der Syst. **VI**–*Bzl.*, **VI**–*n-Butan* (**VIII**), **VI**–Cyclohexan, **VI**–*n-Hexan*, **VI**–**V**, **VI**–*Ae.*, *n-Hexan*–*Ae.*, **VII**–Bzl., **VII**–*Tetrachlormethan*, **VII**–*n-Heptan*, **I**–*Propan* (**IX**), **II**–**IX**, **II**–**VIII** u. **II**–*n-Pentan* sowie die Fugazitätskoeff. in der Dampfphase folgender Syst.: Ae.–**VI**, **I**–**IX** u. Ae.–**VII**. U. Meisl 442

1133 **Kompressibilitätsfaktoren von Gasen bei hohen Drucken und hohen Temperaturen nach der Burnett-Methode. Methylchlorid.** K. W. Suh und T. S. Storvick. (A. I. Ch. E. Journal **13** (1967) 2, 231–36; Univ. of Mo., Columbia, Mo.; engl.) — Der Kompressibilitätsfaktor der Verb. wird bei 1–340 atm u. 200–350° bestimmt. K. Bohmhammel 442

1134 **Entropie der Moleküle als additive Größe der Bindungsentropie.** M. P. Muljava und V. U. Ševčuk. (Doklady Akad. Nauk SSSR **171** (1966) 6, 1369–72; russ.) — Auf der Grundlage eines Additivitätsschemas von Atom- u. Bindungsentropie werden für nachst. KW-Stoffe unter Standardbedingungen bei 600°K die Entropien ber. u. mit den Literaturwerten verglichen: Propane: *unsubstituiert*, *2-Methyl-*, *2.2-Dimethyl-*; Pentane: *3-Methyl-*, *2-Methyl-3-äthyl-*, *2.3.4-Trimethyl-*; Butane: *2.3-Dimethyl-*, *2.2.3-Trimethyl-*, *2.2.3.3-Tetramethyl-*; *n-Pentadecan*, *n-Eikosan*; *Äthylen*, *2-Methylpropen*, *Penten-(1)*, *2-Methyl-* u. *3-Methylbuten-(1)*, *cis-* u. *trans-Hexen-(3)*, *2-Methyl-penten-(2)*, *3-Methyl-trans-penten-(2)*, *2.3-Dimethyl-buten-(2)*, *Hepten-(1)*, *Decen-(1)*, u. *Nonadecen-(1)*; *Acetylen*, *Propin*, *Butin-(2)*, *Hexin-(1)*, *Decin-(1)* u. *Eikosin-(1)*. Wolfram Köhler 444

1135 **Thermodynamische Eigenschaften von Fluorverbindungen. 6. Mitt. Molwärme und Entropie von Pentafluorbenzol.** J. F. Counsell, J. L. Hales und J. F. Martin. (J. chem. Soc. [London], Sect. A **1968**, 9, 2042–44; Div. of Chem. Stand., Nat. Phys. Labor., Teddington, Middlesex; engl.) — 5. vgl. ibid. **1968**, 6, 1381; 4. vgl. C. **1967**, 29-0888. — Außerdem wurden noch Schmelz- u. Verdampfungswärme sowie der 2. Virialkoeff. bestimmt. D. Schmitt 444

1136 **Thermodynamik der Dissoziation von wäßrigen Toluidiniumionen.** W. F. O'Hara. (Canad. J. Chem. **46** (1968) 12, 1965–67; Sci. Dep., U.S. Naval Acad., Annapolis, Md.; engl.) — Die thermodynam. Daten der Dissoziation für *Anilinium-*, *o-*, *m-* u. *p-Toluidinium*-Ionen bei 25° wurden bestimmt. D. Strauch 444

1137 **Acetonitril: Spektrum im fernen IR und chemisch-thermodynamische Eigenschaften, Diskussion einer Entropie-Diskrepanz.** G. A. Crowder und Bobby R. Cook. (J. physic. Chem. **71** (1967) 4, 914–16; Dep. of Chem., West Tex. Univ., Canyon, Tex.; engl.) — Das IR-Spektrum von fl. u. gasf. CH_3CN wurde zwischen 75 u. 4000 cm^{-1} untersucht u. die in Literaturdaten bestehende Diskrepanz der Entropiewerte diskutiert. Die thermodynam. Funktionen sind tabelliert.
F. Langenbucher 444

1138 **Thermodynamische Untersuchung der Dimerisation von Cyclopentadien.** A. G. Turnbull und H. S. Hull. (Austral. J. Chem. **21** (1968) 7, 1789–97; Div. of Mineral Chem., CSIRO Chem. Res. Labor., Port Melbourne; engl.) — Die Dimerisationswärme der Titelverb. zu endo-Dicyclopentadien (**I**) wurde bestimmt, die Geschw. der Rk. gemessen u. die Dampfdruckgleichung für **I** aufgestellt. D. Schmitt 446

1139 **Abschätzung der Bildungswärmen von Chlorfluorkohlenwasserstoffen.** Alan S. Rodgers. (J. physic. Chem. **71** (1967) 7, 1996–2000; Saint Paul, Minn., Minn. Mining and Manuf. Co., Contract Res. Labor.; engl.) — Die Bldg.-Wärmen von folgenden Chlorfluorkohlenwasserstoffen ($C_nF_{(2n+2)-x}Cl_x$) werden nach der Meth. von Zahn (Wechselwrkg. der nächsten Nachbarn) korreliert: CF_4, CF_3Cl, CF_2Cl_2, $CFCl_3$, CCl_4, $CCl_3C\cdot Cl_3$, *Perfluormethylcyclohexan* (**I**), *Perfluoräthylcyclohexan*, *n*-C_7F_{16}, CF_2ClCF_2Cl u. $(CF_2CF_2)_n$. Aus der erhaltenen Korrelation werden die Bldg.-Wärmen bei 25° für folgende Olefine ($C_nF_{2n-x}Cl_x$) abgeschätzt: $CF_2 = CF_2$, $CF_2 = CFCl$, $CF_2 = CCl_2$, $CCl_2 = CCl_2$, $CF_3CF = CF_2$, $CF_3 \cdot CF_2CF = CF_2$, $CF_3CF_2CF_2CF = CF_2$ u. $(CF_3)_2C = CF_2$. Außerdem werden die Spannungsenergien bei 25° für folgende Verb. ber.: **I**, *cyclo*-$(CF_2CF_2)_2$ u. *cyclo*-$(CF_2 \cdot CFCl)_2$. B. I. 446△

1140 **Bildungswärmen von Trifluormethylchlorid und -bromid.** Allan Lord, C. A. Goy und H. O. Pritchard. (J. physic. Chem. **71** (1967) 8, 2705—07; Toronto, Canada, York Univ., Centre for Res. in Exper. Space Sci.; engl.) — Aus der Temp.-Abhängigkeit der Gleichgew.-Konst. der Rk. $CF_3Cl + J_2 \rightleftharpoons CF_3J + JCl$ u. $CF_3Br + J_2 \rightleftharpoons CF_3J + JBr$ zwischen 620 u. 740°K werden die Rk.-Wärmen berechnet u. die Bldg.-Wärmen der obigen Verb. ermittelt. B. I. 446△

1141 **Thermochemie der Epoxidreaktionen.** Z. A. Mušarov, I. G. Kaufman und S. G. Entelis. (Ž. fiz. Chim. **41** (1967) 4, 858—83; Inst. chim. fiziki AN SSSR; russ.) — Vf. bestimmen die Rk.-Wärme $\Delta H^{\circ}_{25^{\circ}}$ der Hydratisierung in Ggw. von $HClO_3$ u. der Addition von HNO_3 an *α-Epichlor-* u. *α-Epibromhydrin, Propylenoxid, Methyl-* u. *Phenylglycidyläther.* Die ΔH-Werte werden mit den Literaturwerten der Rk. von W., CH_3OH bzw. HCl mit offenkettigen u. cycl. Äthern sowie Epoxiden verglichen. Aus den ermittelten ΔH-Werten werden die ΔH-Werte der Salpetersäureesterbldg. von Alkoholen berechnet. J. Eliassaf 446

1142 **Ionisationspotential und Bildungswärme von Thioformaldehyd.** A. Jones und F. P. Lossing. (J. physic. Chem. **71** (1967) 12, 4111—13; Ottawa, Ontario, Canada, Nat. Res. Council of Canada, Div. of Pure Chem.; engl.) — Monomerer Thioformaldehyd wird als Zwischenstufe bei der Pyrolyse von Thiacyclobutan erhalten u. massenspektrometr. untersucht. Aus dem Ionisationspotential u. dem Appearancepotential von H_2CS^+ wird die Bldg.-Enthalpie $\Delta H_f(H_2CS) \leqq 24$ kcal/Mol berechnet. Außerdem werden die Dissoziationsenergien der einzelnen Bindungen angegeben. B. I. 446△

1143 **Die Temperaturabhängigkeit der Viskosität bei konstantem Druck einiger organischer Stoffe unter besonderer Berücksichtigung der Schmelzpunktsumgebung.** H. Cordes und W. Richter. (Z. physik. Chem. [Frankfurt/M.] [N. F.] **61** (1968) 1—4, 108—18; Inst. für phys. Chem. u. Elektrochem. der TH Braunschweig; dt.) — Die Temp.-Abhängigkeit der kinemat. Viskosität bei konst. Druck wird gemessen von *Diphenyl, Diphenylmethan, Diphenyläther, o-Terphenyl* u. *Naphthalin.* D. Schmitt 448

1144 **Ähnlichkeit der Absorptionskoeffizienten in gesättigten und überhitzten Dämpfen organischer Flüssigkeiten.** V. F. Nozdrev und A. Seidov. (Izvest. Akad. Nauk Turkm. SSR, Ser. fiz.-techn., chim. geol. Nauk **1967**, 1, 104—05; Mosk. oblastnoj pedinst. im. Krypckoj; russ.) — Vf. zeigen, daß der an der Sättigungslinie gemessene Ultraschallabsorptionskoeff. (USK) von gesätt. u. überhitzten *n-Hexan, n-Heptan, n-Octan* u. SF_6 eine monotone Funktion der Temp. T/T_{krit} ist u. somit das Theorem der übereinstimmenden Zustände auch für den USK gilt. J. Eliassaf 448

1145 **Tracer-Diffusion in Gummi-Benzol-Gemischen und deren Beziehung zur gegenseitigen Diffusion.** R. E. Pattle, P. J. A. Smith und R. W. Hill. (Trans. Faraday Soc. **63** (1967) 538, 2389—402; Salisbury, Wilts, Porton Down, Chem. Defence Exper. Establ.; engl.) — Tracer-Diffusionskoeff. von radioaktivem Bzl. werden bei 25° in Gemischen mit Gummi über den ges. Zus.-Bereich gemessen u. durch eine Formel vom Fujita-Typus beschrieben. B. I. 448△

1146 **Dispersion der Schallgeschwindigkeit in Methylenchlorid und in Gemischen von C_6H_6–CH_2Cl_2.** A. A. Berdyev und B. Chemraev. (Izvest. Akad. Nauk Turkm. SSR, Ser. fiz.-techn., chim. geol. Nauk **1967**, 1, 102—03; Fiz.-techn. inst. AN Turk. SSR; russ.) J. Eliassaf 448

1147 **Diffusions-Messungen an Äthanolamin–Wasser-Systemen mit einem „Wavefront-Shearing"-Interferometer.** W. J. Thomas und E. McK. Nicholl. (J. appl. Chem. **17** (1967) 9, 251—55; Dep. of Chem. Engng., Univ. of Surrey, London; engl.) — Die Messungen wurden an *Mono-, Di-* u. *Triäthanolamin* in wss. Lsg. durchgeführt. R. Kirchlechner 448

1148 **Ultraschallabsorption in Propionsäure.** Nobuhide Tatsumoto. (J. chem. Physics **47** (1967) 11, 4561 bis 4570; Dep. of Chem., Fac. of Sci., Hiroshima Univ., Japan; engl.) R. Kirchlechner 448

1149 **US-Schwingungspotentiale in wäßrigen Lösungen von Salzen organischer Säuren.** Raoul Zana und Ernest Yeager. (J. Chim. physique Physico-Chim. biol. **65** (1968) 3, 467—71; Centre de Rech. sur les Macromol. CNRS, Strasbourg; franz.) — Vf. bestimmen die Potentialunterschiede zwischen 2 Punkten der wss. Lsg. der K-Salze von *Ameisen-, Essigsäure* (auch *Na-Salz*), *Propionsäure* (auch *Na-* u. *Rb*-Salz), *Butter-, Capron-, Caprylsäure, Mono-, Di-, Trichloressigsäure, Benzoe-, Laurin-* u. *Myristinsäure.* J. Richter 448

B-4. Phasengleichgewichte, chemische Gleichgewichte und ihre Energetik

1150 **Verteilungskoeffizient von Methyljodid zwischen der Dampfphase und Wasser.** R. A. Hasty. (Canad. J. Chem. **46** (1968) 10, 1643—44; Battelle Memorial Inst., Pacific Northwest Labor., Richland, Wash.; engl.) — Zwischen 4,85 u. 68,5° wurde der Ostwald-Verteilungskoeff. β für die Löslichkeit von CH_3J in W. bestimmt. W. Laqua 454

1151 **Kryoskopische Untersuchung von Diaminomethanen in Schwefelsäure.** J. E. Fernandez und Roger Sutor. (J. org. Chemistry **32** (1967) 2, 477—78; Dep. of Chem., Univ. of South Fla., Tampa, Fla.; engl.) — Die Van't Hoffschen i-Faktoren von *Tetramethyldiaminomethan, Tetraäthyldiaminomethan, Tetra-n-propyldiaminomethan, Di-[N-piperidino]-methan* in H_2SO_4 werden angegeben. A. Kratochwill 454

1152 **Extraktion mit langkettigen tertiären Aminen.** 8. Mitt. **Extraktion von Trichloressigsäure und Wasser durch in o-Xylol gelöstes Trilaurylamin.** Libor Kuča und Erik Högfeldt. (Acta chem. scand. **21** (1967) 4, 1017 bis 1027; Dep. of Inorg. Chem., Royal Inst. of Technol. Stockholm, Sweden; engl.) — 7. vgl. C. **1968, 16**-0674. — Verteilungsmessungen u. die Best. des W.-Geh. in der organ. Phase zeigt, daß Trichloressigsäure (**I**) durch o-Xylol in Form von **I**. H_2O u. evtl. von $I_2 \cdot (H_2O)_3$ extrahiert wird. Die Extraktion von **I** mit Trilaurylamin (**II**)-Lsg. wurde durch Zweiphasentitration untersucht. Aus 1 m Na, H-Trichloracetatlsg. wird **I** in Form der Komplexe **II** · **I** u. **II** · I_2 extrahiert. Die Gleichgew.-Konst. der 1:1- u. 1:2-Komplexe werden berechnet u. die Verteilung von **I** u. der W.-Geh. in der organ. Phase bestimmt. Neben **II** · **I** u. **II** · I_2 deuten die Daten auf das Auftreten von **II** · $I_3 \cdot H_2O$ u. **II** · $I_7 \cdot (H_2O)_7$ hin. Die Aktivitätskoeff. von **I** u. die Aktivität von W. in wss. **I**-Lsg. wurde ermittelt. J. J. Pohl 454

1153 **Thermodynamik binärer Lösungen.** 2. Mitt. **Dampfdruck und Freie Überschußenergie von Anilin-Lösungen.** D. D. Deshpande und M. V. Pandya. (Trans. Faraday Soc. **63** (1967) 537, 2149—57; Dep. of Chem., Indian Inst. of Technol., Powai, Bombay; engl.) — 1. vgl. C. **1968, 15**-0941. — Isotherme Dampfdruckmessungen bei Temp. von 25—50° wurden an den Syst. Anilin(I)-*Bzl.*, **I**-*Tetrachlormethan* u. **I**-*Chlorbenzol* durchgeführt sowie deren Aktivitätskoeff. u. Freie Überschußenergien über den ges. Zus.-Bereich bei 25, 35 u. 45° ermittelt u. mit der Balescu-Theorie diskutiert. U. Meisl 454

1154 **Thermodynamik der Mischungen von Kettenmolekülen: Mischungswärme von linearen Methylsiloxanen.** D. Patterson, S. N. Bhattacharya und P. Picker. (Trans. Faraday Soc. **64** (1968) 543, 648—61; Dep. of Chem., Univ. de Montréal, Montréal, Canada; engl.) — Die Mischungswärme folgender Gemische von linearen Methylsiloxanen bei 25 ± 0,005° wurde bestimmt:

Hexamethyldisiloxan (I) – Oktamethyltrisiloxan (II), I-Dekamethyltetrasiloxan, I-Dodekamethylpentasiloxan (III), II–III, II-Polymer. Die erhaltenen Werte stimmen mit der Zellentheorie von Prigogine für die Thermodynamik von Kettenmol.-Gemischen, sowie mit dem Brönstedschen Kongruenzprinzip überein. Zwei Annahmen über die Vol.-Abhängigkeit der Konfig.-Energie einer Fl. wurden geprüft: die der van der Waalsschen Fl. gab gute, die des 6—12 Modells schlechte Ergebnisse. Die Beziehung der Prigogine-Theorie mit der von Flory, Orwoll u. Vrij wird diskutiert.
J. J. Pohl 454

1155 **Vergleichende Charakteristik des Einsalz–Aussalz-Effekts von Kaliumformiat in wäßrigen Lösungen von Ameisen-, Essig-, Propion- und Buttersäure.** I. N. Ciparis und R. L. Adomas. (Izvest. vysšich učebnych Zavedenij [Ivanovo], Chim. i chim. Technol. **10** (1967) 2, 160—62; Litowskaja Selskochozjaijstw.; russ.)
U. Karnstedt 454

1156 **Anmerkung zu „Solubilisierung eines wasserunlöslichen Farbstoffes als Bestimmungsmethode der Micellgewichte" von Hans Schott.** E. W. Anacker. (J. physic. Chem. **72** (1968) 1, 379—80; Dep. of Chem., Mont. State Univ., Bozeman, Mont.; engl.) — Vgl. ibid. **70** (1966), 2966. — Kritik an den l.c. berichteten Ergebnissen.
R. Junge 454

1157 **Antwort auf die Anmerkung zu „Solubilisierung eines wasserunlöslichen Farbstoffes als Bestimmungsmethode der Micellgewichte" und Anmerkung zur Molekulargewichtsbestimmung geladener Micellen durch Lichtstreuung.** Hans Schott. (J. physic. Chem. **72** (1968) 1, 380—82; US. Forest Products Labor., Madison, Wis.; engl.) — Vgl. vorst. Referat. R. Junge 454

1158 **Natur von adsorbiertem Olefin an Nickeloxid aus der Konkurrenzreaktions-Methode.** Yoshihiko Morooka und Atsumu Ozaki. (J. Amer. chem. Soc. **89** (1967) 20, 5124—28; Res. Labor. of Resources Utilization, Tokyo Inst. of Technol., Ohokayama, Meguro-ku, Tokyo; engl.) — Mit Hilfe der Konkurrenz-Rk.-Meth. wurden die relativen Adsorptionskonst. für *Äthylen, Propylen, Buten-1, cis-* u. *trans-Buten-2, 2-Methylpropen, Penten-1, 3-Methylbuten-1, cis-* u. *trans-Penten-2, 2-Methylbuten-1, 2-Methylbuten-2, Hexen-1* u. *Hepten-1* u. für *Propan, n-Butan, 2-Methylpropan, Acetylen* u. *Butadien* an Ni-Oxidkatalysatoren bestimmt. Die relativen Adsorptionskonst. u. die Stabilitätskonst. der *1.3.5-Trinitrobenzol*-Olefin-Komplexe u. die Geschw.-Konst. ihrer Rk. mit elektrophilen Substanzen werden bestimmt.
G. Malow 456

1159 **Assoziationsgleichgewichte in Systemen des Typus RXH-RXD(T)–RXR (X = Protonenakzeptoratom).** Wolfram Köhler. (Wiss. Z. Techn. Hochschule Chem. „Carl Schorlemmer" Leuna-Merseburg **9** (1967) 3, 253 bis 255; dt.) — Ausgehend von der Annahme, daß die freie Energie der Wasserstoffbrückenbindung bei der Kettenassoziation unabhängig vom Assozationsgrad ist, u. unter Verw. nur zweier Assoziationskonst. werden Beziehungen zur näherungsweisen quant. Beschreibung des Syst. RXH-RXD(T)-RXR (X = Protonenakzeptoratom) abgeleitet. Wolfram Köhler 458

1160 **Untersuchung der kolloid-chemischen Eigenschaften wäßriger Tensidlösungen.** Z. N. Markina. (Abh. dtsch. Akad. Wiss. Berlin, Kl. Chem., Geol. Biol. **1966** (1967) 6a, 916—25; Lehrstuhl für Kolloidchem., Lomonossow-Univ., Moskau; dt.) — Zur Aufklärung des Solubilisierungs-Mechanismus von Seifenlsg. wurde der Temp.-Einfluß auf die CMC untersucht. Die CMC von wss. nichthydrolysierenden Salzlsg. (Na-Salze der *Ölsäure, Dodecylsulfonat, Capron-, Capryl-, Pelargon-, Caprin-, Laurin-* u. *Myristinsäure*; in Ggw. von *Bzl, Äthylbenzol, Octan, Cyclohexan*) wurde auf konduktometr. u. interferometr. Wege sowie durch Grenzflächenspannungsmessungen im Temp.-Intervall von 10—90° bestimmt. Die Unters. der rheol. Eig. der oben genannten Stoffe im Temp.-Intervall von 6—70° gibt Aufschluß über die Stabilität der Mizellaggregate. Aus der Unters. der gleichgewichtsintermizellaren Löslichkeit im großen Konz.-Intervall durch Temp.-Erhöhung von 6—60° konnte gefolgert werden, daß die Koll. Löslichkeit der KW-Stoffe in wss. Lsg. einem endlichen Gleichgew.-Wert entspricht. G. Nikolajewski 458

1161 **Ionen-Lösungsmittel-Wechselwirkung. Bedeutung des Dipolmoments und der Basizität des Liganden.** W. R. Gilkerson und J. B. Ezell. (J. Amer. chem. Soc. **89** (1967) 4, 808—15; Univ. of S. C., Columbia, S.C.; engl.) — Die elektr. Äquivalent-Leitfähigkeiten von *Tri-n-butylammoniumpikrat* in Benzonitril, o-Dichlorbenzol (I) mit Zusätzen von *Methanol, Benzonitril* u. *Pyridin-N-oxid* (II), sowie in 1.2-Dichloräthan u. Chlorbenzol, beide mit *Triphenylphosphinoxid* (III) u. *Di-n-butylphenylphosphinoxid,* werden bei 25° gemessen. Die Ligandenassoziationskonst. K_L für die genannten Zusätze mit dem Tri-n-butylammoniumkation werden ber., ebenso werden die Säure-Base-Assoziationskonst. unter Ionenpaarbldg. zwischen *Pikrinsäure* u. Py., II sowie III in I bei 25° bestimmt. Die Dipolmomente der Liganden u. ihre Basizitäten sind wichtig zur Best. des Ionen-Liganden-Assoziationsgrades. Die K_L-Werte werden als ein Maß der spezif. Ion-Lsgm.-Wechselwrkg. benutzt u. mit anderen Messungen aus der Literatur verglichen. Die bestimmende Rolle des Ligandendipolmoments bei der Kationen-Liganden-Assoziation für die ion. Hydratation wird diskutiert. K. Jasche 458△

1162 **Reflexionsmessungen an adsorbierten Molekülverbindungen.** 4. Mitt. W. Braun und G. Kortüm. (Z. physik. Chem. [Frankfurt/M.] [N.F.] **61** (1968) 1—4, 167 bis 176; Inst. für Phys. Chem. der Univ. Tübingen; dt.) — 3. vgl. C. **1967,** 2-0857. — Es wurden die Reflexionsspektren der Ladungsübertragungsbande von an Kieselgel adsorbiertem *Hexamethylbenzol–1.3.5-Trinitrobenzol* untersucht. D. Schmitt 458

1163 **Hydratation undissoziierter Salze in Acetonitril.** I. M. Kolthoff und M. K. Chantooni jun. (J. Amer. chem. Soc. **89** (1967) 11, 2521—54; Minneapolis, Minn. Univ., School of Chem.; engl.) — Die Bldgs.-Konst. der *Mono-* u. *Dihydrate von K-pikrat, -salicylat, -3.5-dinitrobenzoat* u. *-3.5-dinitrophenolat* in Acetonitril wurden aus der Gesamt- u. Ionenlöslichkeit der Salze in Gegenwart bekannter W.-Konz. berechnet. L. Kramar 458

1164 **Komplexe von Sulfinylarylaminen mit Äthylalkohol.** Lucio Senatore und Angelo Dell' Atti. (Ann. Chimica **57** (1967) 2, 177—90; Bari, Univ., Ist. di Chim. fis.; ital.) — In Cyclohexan-A.-Gemischen verschiedener Zus. wurden bei 25° spektrophotometr. die Assoziationskonst. der Donator-Acceptor-Komplexe zwischen A. u. folgenden N-Sulfinylarylaminen bestimmt: *-anilin, -p-* u. *-m-toluidin, -p-* u. *-m-anisidin, -p-* u. *-m-chloranilin, -p-nitranilin, -p-dimethylaminoanilin* u. *-2.4.6-trimethylanilin.* Die Hammett-Beziehung wurde aufgestellt.
R. K. Müller 458

1165 **Dissoziations-Konstanten substituierter Nitrophenole in wäßriger Lösung bei 25°C.** R. A. Robinson. (J. Res. nat. Bur. Standards, Sect. A **71 A** (1967) 5, 385—89; Inst. for Mater. Res., NBS, Washington, D.C.; engl.) — pK-Werte von folgenden Nitrophenolen wurden spektrometr. bestimmt: *2-Chlor-4.6-dinitro-, 4-Chlor-2.6-dinitro-3-methyl-, 2-Chlor-6-nitro-, 2.4-Dibrom-6-nitro, 2.6-Dibrom-4-nitro-, 2.6-Dichlor-4-nitro-, 2.6-Dijod-4-nitro-, 2.4-Dinitro-6-methyl-, 2.6-Dinitro-4-methyl-, 2.4-Dinitro-3-methyl-6-isopropyl-, 2.4-Dinitro-6-phenyl-* u. *2.4-Dinitro-6-isopropylphenol.* Bei Einführung von o- u. p-Nitrogruppen in Phenole ist die pK-Erniedrigung nicht additiv. Die Differenz vom berechneten Wert wird um so höher, je niedriger der pK-Wert des Phenols bereits war. R. Kirchlechner 462

1166 **Säure-Dissoziationserscheinungen einiger methyl- und phenylsubstituierter 8-Mercaptochinoline.** Akira Kawase und Henry Freiser. (Analytic. Chem. **39** (1967) 1, 22—27; Univ. of Ariz., Tucson, Ariz.; engl.) — 8-Mercaptochinolinderiv. werden synthetisiert u. ihre UV- u. IR-Spektren untersucht. Die Dissoziationskonst. der Protonensäuren u. die Gleichgew.-Konst. des Tautomergiegleichgew. zwischen Zwitterion- u. neutraler Thiol-Form werden ermittelt u. zueinander in Beziehung gesetzt. Alle Methylderiv. liegen in reiner fester Form als Zwitterion vor.

Versuche: 8.8'-Dichinolyldisulfide (**A**): Die entsprechenden 8-Nitrochinolinderiv. werden synthetisiert u. zu den 8-Aminoderiv. red., aus denen durch Diazotierung, Versetzen mit Thioharnstofflsg. u. Ox. die Disulfide erhalten werden. — 8-Mercaptochinoline (**B**) entstehen aus **A** mit H_3PO_2-Lsg. in HCl-Lsg. unter N_2. Aus **B** werden die S-Methylderiv. mit CH_3J, $NaOCH_3$ u. CH_3OH in N_2-Atmosphäre erhalten. Die Benzoylderiv. entstehen aus **B** mit Benzoylchlorid. 8.8'-Dichinolyldisulfide: *4.4'-Dimethyl-*, $C_{20}H_{16}N_2S_2$, F. 264—265° ($CHCl_3$/A.); 91% (Ausb. bez. **C**). — *6.6'-Dimethyl-*, $C_{20}H_{16}N_2S_2$, F. 229—230°; 53%. — *7.7'-Dimethyl-*, $C_{20}H_{16}N_2S_2$, F. 186—187°; 34%. — *2.2'.4.4'-Tetramethyl-*, $C_{22}H_{20}N_2S_2$, F. 268—269°; 92%. — *4.4'.6.6'-Tetramethyl-*, $C_{22}H_{20}N_2S_2$, F. 289—290°; 51%. — *2.2'-Diphenyl-*, $C_{30}H_{20}N_2S_2$, F. 252—253°; 66—74%. — 8-Mercaptochinoline: *4-Methyl-*, $C_{10}H_9NS$, F. 106 bis 107°; 90%. *S-Methylderiv.*, $C_{11}H_{11}NS$, F. 93—94°; 83%. — *6-Methyl-*, $C_{10}H_9NS$, F. 41—42°; 80%. *S-Methylderiv.*, $C_{11}H_{11}NS$, F. 76—77°; 37%. — *7-Methyl-*, $C_{10}H_9NS$, F. 40—41°; 80%. *S-Methylderiv.*, $C_{11}H_{11}NS$; 55%. *S-Benzoylderiv.*, $C_{17}H_{13}NOS$, F. 136—137°; 44%. *2.4-Dimethyl-*, $C_{11}H_{11}NS$, F. 95—96°; 90%. *S-Methylderiv.*, $C_{12}H_{13}NS$, F. 112—113°; 56%. — *4.6-Dimethyl-*, $C_{11}H_{11}NS$, F. 108—109°; 80%. *S-Methylderiv.*, $C_{12}H_{13}NS$, F. 114—115°; 56%. — *2-Phenyl-* (**I**), fällt als blaßgrünes Öl an, das mit $CHCl_3$ extrahiert wird. *S-Methylderiv.*, $C_{16}H_{13}NS$, als gelbes Öl aus **I** mit CH_3J u. NaOH, wird mit Ae. extrahiert; 75%. *S-Benzoylderiv.*, F. 137—138° ($CHCl_3$/PAe.); 55%. W. Grimmich 462

1167 **Thermodynamik der Protonendissoziation in verdünnter wäßriger Lösung.** 8. Mitt. **pK-ΔH^0- und ΔS^0-Werte für die Protonenionisation verschiedener Pyrimidine und ihrer Nucleoside bei 25°.** James J. Christensen, J. Howard Rytting und Reed M. Izatt. (J. physic. Chem. **71** (1967) 8, 2700—05; Provo, Ut., Brigham Young Univ., Dep. of Chem. Engng. and Chem.; engl.) — 7. vgl. C. **1969, 3-1054.** — Folgende Verb. werden untersucht: *Cytosin, Cytidin, Thymin, Thymidin, Uracil* u. *Uridin.* B. I. 462△

1168 **Vergleich der Acidität und Basizität von aromatischen Aminen.** Ross Stewart und Douglas Dolman. (Canad. J. Chem. **45** (1967) 9, 925—28; Dep. of Chem., Univ. of British Columbia, Vancouver, B.C.; engl.) — Die pK-Werte sind angegeben von den Anilinen: *3-Chlor-*, *3-Trifluormethyl-*, *3-Cyan-*, *4-Cyan*, *3.4-Dichlor-*, *3.5-Dichlor-*, *2.3-Dichlor-*, *2.4-Dichlor-*, *2.5-Dichlor-*, *2.6-Dichlor-*, *4-Nitro-*, *2-Nitro-*, *2-Nitro-4-chlor-*, *4-Nitro-2.5-dichlor-*, *4-Nitro-2.6-dichlor-*, *2.4-Dinitro-*, *2.4-Dinitro-6-brom-*, *2.4.6-Trinitro-*, von den Diphenylaminen: *4-Methoxy-*, *4-Methyl-*, *unsubstituiert*, *3-Methoxy-*, *4-Chlor-*, *3-Chlor-*, *3-Trifluormethyl-*, *3.4'-Dichlor-*, *3-Nitro-*, *4-Methylsulfonyl-*, *2-Nitro-*, *4-Nitro-*, *4-Nitro-3'-trifluormethyl-*, *3.4'-Dinitro-* u. *4.4'-Dinitro-*. M. Knaack 462

1169 **Ionisations-Konstanten substituierter Benzoesäuren in Äthanol–Wasser.** G. M. Brauer, George Durany und Harold Argentar. (J. Res. nat. Bur. Standards, Sect. A **71 A** (1967) 5, 379—84; Inst. for Mater. Res., NBS, Washington, D.C.; engl.) — Die thermodynam. Ionisations-Konst. von *m-* u. *p-Allyl-* u. *m-* u. *p-Propenylbenzoesäure* wurden potentiometr. in wss. A. mit verschiedener A.-Konz. bestimmt. R. Kirchlechner 462

B–5. Elektrochemie

1170 **Isotopeneffekte bei der dissoziativen Elektronenanlagerung an Methan.** T. E. Sharp und J. T. Dowell. (J. chem. Physics **46** (1967) 4, 1530—31; Lockheed Res. Labor., Palo Alto Calif.; engl.) — Bestimmt wurde der Wrkg.-Querschnitt der negativen Ionen als Funktion der Elektronenenergie bei CH_4 u. CD_4. W. Wesly 466

1171 **Driftgeschwindigkeit langsamer Elektronen in Methan, Äthan, Äthylen, Propylen, Acetylen und Buten-(1).** C. R. Bowman und D. E. Gordon. (J. chem. Physics **46** (1967) 5, 1878—83; General Dynamics, Fort Worth, Tex.; engl.) — Die Driftgeschw. in den Titelverb. werden als Funktion von E/P, die Wrkg.-Querschnitte der Impulsübertragung als Funktion der Elektronenenergie im Bereich 0,010—0,063 eV ermittelt. S. Lampenscherf 466

1172 **Anmerkung zu Durchgangsstrommessungen in flüssigen Kristallen und verwandten Systemen.** George H. Heilmeier und Philip M. Heyman. (Physic. Rev. Letters **18** (1967) 15, 583—85; RCA Labor., Princeton, N.J.; engl.) — Strom–Spannung-Kurven werden von nemat. *p-Azoxyanisol* (120—136°) aufgenommen. Das nichtmesomorphe *Azobenzol* zeigt ähnliches Verhalten. S. Lampenscherf 468

1173 **Elektrische Leitfähigkeit und Radiolyse von γ-bestrahlten KW-Stoffen.** Rémy Gibaud. (J. Chim. physique Physico-Chim. biol. **64** (1967) 3, 521—28; Labor. de Phys. S. P. C. N. et Électrotechn. Fac. des Sci. de Bordeaux; franz.) — Die durch γ-Strahlen induzierte elektr. Leitfähigkeit nachst. Verb. wird im Temp.-Bereich —20 bis +80° bestimmt u. der Einfl. von Temp., elektr. Feld u. Substituenten untersucht: *Bzl.*, *Xylol*, *Toluol*, *Äthylbenzol*, *Mesitylen*, *Diphenylmethan*, *Isopropylbenzol*, *n-Hexan*, *n-Heptan*, *n-Octan*, *n-Nonan*, *n-Decan*, *3-Methylpentan*, *-hexan*, *-heptan*, *2.2-*, *2.3-Dimethylbutan* u. *2.4-Dimethylpentan* J. Schindler 468△

1174 **Zeitabhängigkeit der natürlichen elektrischen Leitfähigkeit des n-Hexans.** J. Terlecki. (Z. physik. Chem. [Leipzig] **237** (1968) 3—4, 157—66; Phys. Inst. der Medizin. Hochschule, Gdańsk, Polen; dt.) — Der zeitliche Abfall der Leitfähigkeit von *n-Hexan* u. zum Vgl. von *Decan* u. *Cyclohexan* in konst. elektr. Feld wird untersucht. A. Kiskéri/Bocz 468

1175 **Einfluß des gelösten Wassers auf den Stromtransport in flüssigem Benzol.** Gerhard Kleinheins. (Z. Naturforsch. **22 a** (1967) 12, 2120—21; Phys. Inst., Univ. Göttingen; dt.) — Differenzstrom–W.-Geh.- u. Strom–Temp.-Kurven sind angegeben. A. Kiskéri/Bocz 468

1176 **Physikochemische Eigenschaften geschmolzener organischer Salze.** 2. Mitt. **Leitfähigkeit, Molvolumen und Oberflächenspannung geschmolzener Alkylammoniumchloride.** A. Kisza und J. Hawranek. (Z. physik. Chem. [Leipzig] **237** (1968) 3—4, 210—24; Wroclaw, Poland, Univ., Dep. of Chem.; engl.) — 1. vgl. C. **1967, 55-0069.** — Folgende Verb. werden untersucht: *Methyl-*, *Äthyl-*, *Isopropyl-*, *n-Butyl-*, *Dimethyl-* u. *Diäthylammoniumchlorid.* Die physikal. Daten variieren stark mit der Temp. u. ändern sich systemat. mit der Zahl der C-Atome im Alkylammonium-Kation. B. I. 468△

1177 **Stoßionisation von Singulett-Excitonen in Molekül-Kristallen.** Amalia Bergman, Menahem Levine und Joshua Jortner. (Physic. Rev. Letters **18** (1967) 15, 593—96; Dep. of Chem., Univ., Tel-Aviv; engl.) — Untersucht wird der Elektronen-Relaxationsmechanismus von Singulett-Excitonenzuständen von krist. *Anthracen* durch Fluoreszenzunters. bei Laser-Anregung. S. Lampenscherf 470

1178 **Ladungsbeweglichkeit bei organischen Halbleitern unter hohem Druck. Anthracen.** Takashi Kajiwara, Hiroo Inokuchi und Shigeru Minomura. (Bull. chem. Soc. Japan **40** (1967) 5, 1055—58; Inst. for Solid State Phys., Univ. of Tokyo, Azabu, Tokyo; engl.) — Die Ladungsbeweglichkeit in Anthracen-Einkrist. in Richtung der einzelnen kristallograph. Achsen wird bei Drucken bis zu 7,4 kbar gemessen. K. H. Bielicki 470

1179 **Dunkelinjektion von Elektronen und Leerstellen sowie Strahlungsrekombination durch metallische Belegungen in Anthracen.** W. Mehl und B. Funk. (Physics Letters [Amsterdam] **25 A** (1967) 5, 364—65; Cynamid European Res. Inst., Cologny, Geneva; engl.) — Eine Na–K-Leg. injiziert Elektronen in Anthracen (**I**), während aufgedampftes Au Leerstellen injiziert. Das Spektrum der durch Strahlungsrekombination (bei gleichzeitiger Injektion von Elektronen u. Leerstellen von gegenüberliegenden Seiten eines **I**-Einkrist.) erzeugten

Lichtemission wird untersucht u. entspricht dem opt. angeregten Lumineszenzspektrum von I.
H. Kelm 470

1180 **Einfluß des Druckes auf die elektrische Leitfähigkeit von organischen Substanzen.** 2. Mitt. **α.α-Diphenyl-β-pikrylhydrazyl.** Jiro Osugi und Kimihiko Hara. (Rev. physic. Chem. Japan **36**, 81—87, 1966; Labor. of Phys. Chem., Dep. of Chem., Fac. of Sci., Kyoto Univ., Kyoto, Japan; engl.) — 1. vgl. Rev. physic. Chem. Japan **36** (1966) 1, 20; weitere 2. vgl. C. **1968**, 45-0944. — Die Temp.- u. Druckabhängigkeit des spezif. Widerstandes von α.α-Diphenyl-β-pikrylhydrazyl in den Bereichen 15—100° bzw. 30—70 kbar wurde gemessen. K. H. Bielicki 470

1181 **Elektronen in organischen Gläsern während der Photoionisation. Beobachtung des photodynamischen Gleichgewichts mittels ESR.** Jacob Lin, Kozo Tsuji und Francon Williams. (J. chem. Physics **46** (1967) 12, 4982—83; Dep. Chem. Univ. Tenn., Knoxville, Tenn.; engl.) — *N.N.N'.N'-Tetramethylphenylendiamin* wurde in verschiedenen glasförmigen Matrices (3-Methylpentan, Triäthylamin, 2-Methyltetrahydrofuran) bei 77°K direkt im ESR-Resonator photoionisiert. Die stationäre Konz. der eingefangenen Elektronen u. ihr therm. Zerfall für jede Matrix wurde gemessen. Die eingefangenen Elektronen sind mit IR-Licht ($\lambda > 1\ \mu$) völlig zu bleichen.
K. Vacek 470

1182 **Tempern von Phthalocyanin.** C. R. Westgate und G. Warfield. (J. chem. Physics **46** (1967) 2, 537—38; Princeton Univ., Princeton, N.J.; engl.) — Löcher mit einer D. von $10^{14}/cm^3$ u. einer Aktivierungsenergie von 0,36 eV wurden in metallfreien u. Pb-Phthalocyanin-Einkrist. durch Messung des therm. stimulierten Stromes beim Aufheizen gefunden. S. Lampenscherf 470

1183 **Photoemission von Löchern aus Metallen in Anthracen.** R. Williams und J. Dresner. (J. chem. Physics **46** (1967) 6, 2133—38; Princeton, N.J., RCA Labor.; engl.) — Die Photoemission von Löchern aus Metallelektroden in Anthracen (I) wurde für Au, Ag, Al, Pb u. Mg untersucht. Eine Photoemission von Elektronen aus diesen Metallen in I konnte nicht beobachtet werden. D. Rahner 472

1184 **Photoleitfähigkeit der Einkristalle von reinem Durol.** Jacques Martelli und Michel Martin-Bouyer. (J. Chim. physique Physico-Chim. biol. **65** (1968) 4, 717 bis 18; Inst. d'Ét. Nucl., Alger; franz.) J. Richter 472

1185 **Leucht-Peak-Analyse von reinem und dotiertem Naphthalin-Thermoelektret.** M. Campos, G. Leal Ferreira und S. Mascarenhas. (J. electrochem. Soc. **115** (1968) 4, 388—91; Phys. Dep., Escola Engenharia, Sao Carlos, Sao Paulo, Brazil; engl.) — Die Polarisationsströme von reinem u. mit α- u. *β-Naphthol* dotiertem Naphthalin (I) werden bei 280°K u. 305°K als Funktion der Zeit während der Polarisierung der entsprechenden Krist. gemessen. Nach vollzogener Polarisierung werden die Krist. bei konst. elektr. Feld E abgekühlt. Anschließend werden nach Abschalten des Feldes (E = 0) die Depolarisationsströme als Funktion der Zeit aufgenommen. Schließlich werden die Krist. wieder mit konst. Geschw. erwärmt u. zugehöriger Depolarisationsstrom gemessen. Die Aktivierungsenergien werden mitgeteilt. W. Pusch 472△

1186 **Pyroelektrizität von Glykollsulfat.** Guy Chanussot und Lucien Godefroy. (C. R. hebd. Séances Acad. Sci., Sér. A et B **265** (1967) 21, B 1189—91; Équipe Rech. assoc. au C. N. R. S., Fac. Sci., Dijon, Côte-d'Or; franz.) — Es wird gezeigt, daß bei Erwärmung eine anomale Entladung auftritt.
M. Schlegel 472

1187 **Kettentypen mit flüssiger Phase.** 1. Mitt. **Ketten mit Dodecanol.** Claude Gavach. (J. Chim. physique Physico-Chim. biol. **64** (1967) 5, 799—809; Dép. de Physico-chim. colloïdal du CNRS, Montpellier; franz.) — Vf. beschreibt Ketten des Typs KX in W. (1 m)/RX in *Nitrobenzol*/RX in *Nitrobenzol* + Dodecanol/KX in W. (1 m) [RX = *Dodecyl-trimethyl-ammoniumchlorid* oder *-bromid* oder *Hexadecyl-trimethyl-ammoniumchlorid*] u. bestimmt ihre EMK. J. Richter 474

1188 **Kettentypen mit flüssiger Phase.** 2. Mitt. **Ketten mit Benzol.** Claude Gavach. (J. Chim. physique Physico-Chim. biol. **64** (1967) 5, 810—17; franz.) — 1. vgl. vorst. Referat. — Vf. bestimmt die EMK von Ketten des Typs KCl in W. (3 m)/RX in *Nitrobenzol*/RX in *Nitrobenzol* + *Bzl.*/KCl in W. (3 m) [RX = *Hexadecyl-trimethyl-ammoniumchlorid*]. J. Richter 474

1189 **Kettentypen mit flüssiger Phase.** 3. Mitt. **Ketten mit doppelter Verteilung.** Claude Gavach. (J. Chim. physique Physico-Chim. biol. **64** (1967) 5, 818—23; franz.) — 2. vgl. vorst. Referat. — Vf. bestimmte die EMK der Syst. *KPi* in W./RPi in *Nitrobenzol*/RCl in W. [Pi = *Pikrat*, R = *Hexadecyl-* oder *Tetradecyl-trimethylammonium*] u. außerdem der Syst., in denen KPi durch *Na-Dodecylsulfat* ersetzt u. R = *Dodecyl-trimethylammonium* war. J. Richter 474

1190 **Redoxpotentiale von Phenol-/Phenoxyl-Systemen.** 3. Mitt. **Die coulometrische Bestimmung der Redoxpotentiale von dimerisierenden Phenoxylen.** Heinz Mauser, Ute Hezel und Bernhard Nickel. (Z. physik. Chem. [Frankfurt/M.] [N.F.] **57** (1968) 1/2, 49—55; dt.) — 2. vgl. C. **1969**, 10-1027. — Vf. entwickeln eine Meth. nach der neben dem Redoxpotential, Dimerisations- u. Zerfallskonst. für 2.6-Di-tert.-butyl-4-methoxycarbonyl- u. 2.4.6-Triphenyl-phenol/-phenoxyl bestimmt werden. J.-J. Heinrich 474

1191 **Elektrische und magnetische Eigenschaften von organischen Halbleitern.** 2. Mitt. **Temperaturabhängigkeit der Thermo-EMK von Donator-Akzeptor-Komplexen substituierter organischer Leukobasen vom Polyanilintyp mit Jod.** V. Hádek und K. Ulbert. (Collect czechoslov. chem. Commun. **32** (1967) 3, 1118—24; Inst. of Macromol. Chem., Czechoslovak Acad. of Sci., Prague; engl.) — 1. vgl. Chem. Commun. **1965**, **19**, 440. — Die experimentelle u. theoret. Temp.-Abhängigkeit der Thermo-EMK von Jod-Komplexen nachst. Donatoren wird untersucht: *N-[p-Dimethylaminophenyl]-N'.N'-dimethyl-p-phenylen-diamin, N.N'-Bis-[p-di-methylaminophenyl]-p-phenylendiamin, p.p'-Bis-[p-dimethylaminoanilino]-diphenylamin, Tris-[p-dimethylaminophenyl]-amin, Tris-[p-aminophenyl]-amin, N.N'-Diphenyl-p-phenylendiamin, N-Phenyl-N'-[p-aminophenyl]-p-phenylendiamin* u. *N.N'-Bis-[p-aminophenyl]-p-phenylendiamin.* J. J. Pohl 474

1192 **Elektroreduktion von Äthylen.** A. T. Kuhn. (Electrochim. Acta [London] **13** (1968) 3, 477—82; Chem. Dep. Univ. of Pa., Philadelphia, Pa.; engl.) — Die Red. in 1 n H_2SO_4 (25—90°, 0,01—1 atm C_2H_4) zu C_2H_6 wird untersucht (Stromspannungskurven). Das Red.-Potential ist prakt. pH-unabhängig. Ein Mechanismus der gleichzeitigen anod. Ox. u. kath. Red. von C_2H_4 wird vorgeschlagen, der auch zur Deutung des beobachteten Ruhepotentials als Mischpotential führt.
M. Frenzel 476

1193 **Anodische Oxydation von Methanol.** J. Verecken, C. Capel-Boute und C. Decroly. (Electrochim. Acta [London] **13** (1968) 3, 645—57; Fac. des Sci. Appl., Univ. Libre de Bruxelles; franz.) — Die anod. Ox. von CH_3OH in 1 n H_2SO_4 an platiniertem Pt wird untersucht. Die Ox. verläuft nach einer Sechselektronenrk. $CH_3OH + H_2O \rightarrow CO_2 + 6\,H^+ + 6\,e^-$; bei kleinen Stromdichten wird nicht immer eine CO_2-Entw. beobachtet. Die unteren Grenzwerte des Ox.-Potentials werden aus sehr langsam aufgenommenen potentiokinet. Kurven u. für leicht reproduzierbare Anfangsbedingungen ermittelt. Bestimmt wurde die optimale Elektrodenvorbehandlung, die maximale Rk.-Dauer, die Rk.-Prod. u. die Stromausb. bez. CO_2. M. Frenzel 476

1194 **Polarographisches Verhalten organischer Verbindungen mit zwei elektronegativen Gruppen.** P. Zuman. (Z. analyt. Chem. **224** (1967) 1, 374—83; J. Heyrovský Polarograph. Inst., Tschech. Akad. der Wiss., Prag; dt.) — Der Einfl. der Wechselwrkg. von zwei elektronegativen Gruppen auf den Verlauf der polarograph. Kurven wird am Beispiel einer Reihe von organ. Verb. (bes. p-disubstituierte Benzole, Literaturdaten) diskutiert.
H. Marsen 478

1195 **Selektive kathodische Reduktion des Benzolkerns.** Akira Misono, Tetsuo Osa, Takamichi Yamagishi und Teruyuki Kodama. (J. electrochem. Soc. **115** (1968) 3, 266–67; Hongo, Tokyo, Japan, Dep. of Ind. Chem., Fac. of Engng., Univ. of Tokyo; engl.) — Vf. red. *Bzl.* u. *Toluol* an einer Hg-Elektrode zu 1.4-Dihydrobenzol bez. 2.5-Dihydrotoluol. Vf. nehmen an, daß der Benzolring durch primär entstehende solvatisierte Elektronen red. wird. J. J. Heinrich 478

1196 **Adsorption und Reduktion von m-Nitrophenol an der Quecksilbertropfelektrode.** D. Britz und H. H. Bauer. (Electrochim. Acta [London] **13** (1968) 3, 347–59; C.S.I.R.O., Div. of Food Preservat., Ryde, N.S.W., Australia; engl.) — Gleich- u. wechselstrompolarograph. Unters. im Britton-Robinson-Puffer ergeben, daß m-Nitrophenol (**I**) bei Potentialen, die positiver als sein Red.-Potential E_r sind, adsorbiert u. die Doppelschichtkapazität herabgesetzt wird. Bei E_r hat die differentielle Doppelschichtkapazität ein Max., das teils faradaytisch ist, teils auf „Desorption" (durch Red.) von **I** zurückgeführt werden kann. Faraday-Impedanz (FI) u. ihr Phasenwinkel zeigen anomales Verh. u. deuten auf eine der ersten Red.-Stufe folgende Disproportionierung. In Ggw. von Tensiden (**A**, *tert.-Butanol*) verschwinden die Anomalien; bei kleinen **A**-Konz. nimmt die FI zu. Die **A** behindern die Disproportionierung u. verdrängen den adsorbierten Depolarisator. Nach der Einelektronenrk. folgt eine Zweielektronenstufe, u. zwar ohne **A** bei E_r, in Ggw. von **A** jedoch bei einem zum Desorptionspotential der **A** hin verschobenen Potential. Die RGK beider Rk. werden abgeschätzt. M. Frenzel 478

1197 **Polarographie von Piazthiol und Piazselenol in wäßriger Lösung.** V. Sh. Tsveniashvili, S. I. Zhdanov und Z. V. Todres. (Z. analyt. Chem. **224** (1967) 1, 389–406; Inst. of Electrochem., Acad. of Sci. of the USSR, Moscow; engl.) H. Marsen 478

1198 **Polarographie von Thiobenzamidderivaten.** Salvatore Gurrieri und Giuseppe C. Pappalardo. (Ann. Chimica **57** (1967) 10, 1136–41; Catania, Ist. di Chim. gen. ed inorgan. dell' Univ.; ital.) — Untersucht wurde der Substituenteneinfl. (Hammett-Konst.) auf das polarograph. Verh. von folgenden Thiobenzamiden: *unsubstituiert* (F. 116°), *p-Chlor-* (F. 130°), *p-Methyl-* (F. 166°) u. *p-Methoxy-* (F. 149°). Die gefundenen Werte der Rk.-Konst. ϱ für die beiden beobachteten Prozesse werden diskutiert. J. Richter 478

1199 **Polarographie von Chinonderivaten in DMF.** 1. Mitt. **Polarographie von Hydroxyanthrachinonderivaten in DMF.** Kazuo Yasukouchi, Hiroko Yamaguchi, Yukio Ono und Noriake Urabe. (J. chem. Soc. Japan, pure Chem. Sect. [Nippon Kagaku Zasshi] **88** (1967) 4, 428–32; Dep. of Pharm. Eng., Fac. of Pharm. Sci., Univ. of Kumamoto, Kuhonij, Ouemachi; jap., Auszug: engl. S. A 27. —) — 2. vgl. C. **1969, 3**-1072. — Untersucht wurde das polarograph. Verh. der Anthrachinone: *unsubstituiert, 2-Hydroxy-, 1-Hydroxy-, 1.2-Dihydroxy-*, dessen *2-K-Salz, 1.3-Dihydroxy-, 1.4-Dihydroxy-, 1.5-Dihydroxy-, 1.8-Dihydroxy-, 1.2.4-Trihydroxy-* u. *Na-1.2-Dihydroxyanthrachinon-3-sulfonat* sowie der Substituenteneinfl. auf die intramol. H-Bindungen. J. J. Pohl 478

1200 **Polarographische Untersuchung einiger Organoschwefel- und Organostickstoffverbindungen in DMSO.** Benjamin Y. Giang, Gary D. Christian und William C. Purdy. (J. polarogr. Soc. **13** (1967) 1, 17–22; Dep. of Chem., Univ. of Md., College Park., Md.; engl.) — Es wurden die Polarogramme folgender Verb. in DMSO an der tropfenden Hg-Elektrode aufgenommen u. die auftretenden anod. u. kathod. Wellen diskutiert: *2-Aminoäthanthiol-Hydrochlorid, Bis-[β-aminoäthyl]-disulfid-Dihydrochlorid, Cystein-Hydrochlorid, Cystin-Dihydrochlorid, 2-Aminoäthanol, Äthanthiol, Diäthyl-, Dimethylsulfid, Diäthyldisulfid, 4-Aminophenylsulfon, A., Butylamin, Tetraäthylammoniumchlorid, Essigsäure* sowie von NH_3, NH_4Cl, HCl, H_2SO_4, $HClO_4$, KCl u. $KClO_4$. J. Malur 478

1201 **Die Reduktions- und tensammetrische Welle von Dehydrocholsäure.** Masao Maruyama und Yoshio Okabe. (J. chem. Soc. Japan, pure Chem. Sect. [Nippon Kagaku Zasshi] **88** (1967) 4, 435–40; Dep. of Indust. Chem. Fac. of Sci. and Eng., Chuo Univ.; Kasuga, Bunkyo-ku, Tokyo; jap., Auszug: engl. S. A 28.) — Die Titelverb. wurde durch Gleich- u. Wechselstrompolarographie untersucht. J. J. Pohl 478

1202 **Charakteristik des Elektronenübergangs der prosthetischen Gruppe der Hämproteine.** Theodore Mark Bednarski und Joseph Jordan. (J. Amer. chem. Soc. **89** (1967) 7, 1552–58; Dep. Chem. Pennsylvania State Univ., University Park. Pa.,; engl.) — Der Elektronenübergang beim *Häm-Hämatin-Schritt* wurde durch Aufnahme der Diffusionsstrompolarogramme mit der Quecksilbertropfelektrode in wss. Pufferlsg. der Ionenstärke 0,1–0,2 verfolgt. J. Malur 478

1203 **Polarographische Untersuchungen der basischen Triarylmethanfarbstoffe.** 2. Mitt. **Kinetik, Gleichgewichte und polarographisches Verhalten von Malachitgrün in wäßrigen Lösungen.** Gösta Bengtsson. (Acta chem. scand. **21** (1967) 9, 2544–58; Inst. für anorgan. u. phys. Chem., Univ., Lund, Sweden; engl.) — 1. vgl. ibid. **21** (1967) 5, 1138. — Ermittelt wurden polarograph. Daten im pH-Bereich 1,0–7,47 u. RGK der Protonierung im pH-Bereich 0,60–6,89. Dargestellt wurde *Malachitgrün-Oxalat, Hydrat.* G. Praßler 478

B–6. Kinetik, Katalyse

1204 **Transanulare und interanulare Effekte bei 1.8-Naphthaloyl-(1'.8')-naphthalin und verwandten Verbindungen.** William C. Agosta. (J. Amer. chem. Soc. **89** (1967) 14, 3505–10; Rockefeller Univ., N.Y.; engl.) — Vgl. Tetrahedron Letters, 3635 (1966). — Bei Rk. an den nichtaromat. C-Atomen von 1.8-Naphthaloyl-(1'.8')-naphthalin (**I**) entstehen entweder Verb. mit einer O-Brücke zwischen diesen C-Atomen oder Verb. mit transanularen C–C-Bindungen. Im Verlauf der Unters. wurden folgende Verb. synthetisiert: 7.14-Endoxy-7H.14H-cycloocta-[1.2.3-de: 5.6.7-d'e']-dinaphthaline: *7-Hydroxy-*, $C_{22}H_{14}O_2$, F. 300–304° (Bzl.), Red. von **I** mit $NaBH_4$; 62% (Ausb.); *7-Hydroxy-14-methyl-*, $C_{23}H_{16}O_2$, F. 301–203° (Äthylacetat/Cyclohexan), aus **I** mittels CH_3Li, 53%; *7.14-Dihydroxy-*, $C_{22}H_{14}O_3$, F. 321–323° (wss. CH_3COOH), u. a) durch Kochen von **I** mit $CH_3 \cdot COOH$/konz. HCl; 94%; *7-Hydroxy-14-hydrazino-*, $C_{22} \cdot H_{16}N_2O_2$, partielles Schmelzen bei 260° u. anschließende Rekrist. (A.), aus **I** mit 97%ig. N_2H_4 in Äthylenglykol (ÄG), 90%. Acenaphth-[1.2:a]-acenaphthylene: *cis-6b.12b-Dihydroxy-6b.12b-dihydro-* (**II**), F. 316–318° (Aceton), durch Belichten von **I** unter N_2; *Unsubstituiert* (**V**), F. 284–286° (Cyclohexan), u. a. durch Erhitzen von **I** mit 10%ig. KOH u. 97%ig. N_2H_4 in ÄG unter N_2, 76%; **II**-*Acetonid*, $C_{25}H_{18}O_2$, F. 355° (Bzl.), aus **V** mit 70%ig. $HClO_4$ in Aceton bei Raumtemp.; 80%; **II**-*Carbonat*, $C_{23}H_{12}O_3$, F. 314–315° (Bzl.), durch Kochen von **V** mit K-tert.-Butylat in Diäthylcarbonat unter N_2; 92%. — *cis-6b-Hydroxy-6b.12b-dihydro-*, $C_{22}H_{14}O$, F. 209–211° (Bzl./Cyclohexan), a) analog **V** aus **I**; 81%; *cis-6b.12b-Dihydro-*, $C_{22}H_{14}$, F. 216–219° (A.), durch Hydrieren von **V**, Naphthoesäure-(1)-methylester: *8-[Naphthoyl-(1')]-*, $C_{23}H_{16}O_3$, F. 140–143° (CH_3OH), u. a. aus 8-[Naphthoyl-(1')]-naphthoesäure-(1) u. CH_2N_2, 96%; *Pseudo-8-[naphthoyl-(1')]-*, $C_{23}H_{16}O_3$, F. 204,5–206° (CH_3OH), Veresterung mit CH_3OH, *8-[2'-Methoxynaphthoyl-(1')]-*, $C_{24}H_{18}O_4$, F. 161°, aus 8-[2'-Methoxynaphthoyl-(1')]-naphthoesäure-(1) (**X**) u. CH_2N_2 in Ae./CH_3OH. — *3-[2'-Methoxynaphthyl-(1')]-naphthalid*, $C_{23}H_{16}O_3$, F. 177 bis 179° (A.), durch Hydrieren von **X**, 29%. G. O. Jäger 481△

1205 **Reaktionen von H-Atomen aus einer elektrischen Entladung bei Atmosphärendruck.** C. L. Currie und B. A. Thrush. (Trans. Faraday Soc. **64** (1968) 542, 390 bis 395; Cambridge, Univ., Dep. of Physic. Chem.; engl.) — Die durch Mikrowellen-Entladungen in Ar/H_2-Mischungen bei Atmosphärendruck entstehenden H-Atome wurden hinsichtlich ihrer Rk.-Fähigkeit mit Styrol

(I) untersucht. Sie erweisen sich bei −20° als wirksame Initiatoren für die Polymerisation von fl. I.
D. Ertel 482

1206 **Monomolekulare Konkurrenzreaktionen bei der Zersetzung von chemisch aktivierten Radikal-Systemen.** C. W. Larson, B. S. Rabinovitch und D. C. Tardy. (J. chem. Physics **47** (1967) 11, 4570–94; Dep. of Chem., Univ. of Wash., Seattle, Wash.; engl.) — Die abs. u. relativen Zerfallsgeschw. nachst. Radikale wurden gemessen: *3-Methylbutyl-(2)*, *3-Methylpentyl-(2)*, *3-Äthylpentyl-(2)*, *2-Methylpentyl-(3)*, *2-Methylhexyl-(3)* u. *3-Methylhexyl-(3)*. Ein quantenstatist. Modell für die abs. Zerfallsgeschw. stimmt mit den Experimenten gut überein. Energieparameter u. die Änderung der Schwingungsfrequenzen bei Bldg. der Zers.-Komplexe sind tabelliert.
R. Kirchlechner 482

1207 **Massenspektrometrische Untersuchungen von Ion-Molekel-Reaktionen in binären Systemen. 1. Mitt. Deuteron-Übertragungsreaktionen zwischen D_2O^+ und einigen ungesättigten Kohlenwasserstoffen.** Henryk Wincel. (Nukleonika [Warszawa] **12** (1967) 3, 183–92; Dep. of Radiation Chem., Inst. of Nuclear Res., Warszawa; engl.) — Die RGK u. Wrkg.-Querschnitte für die Rk. $D_2O^+ + M \rightarrow MD^+ + OD$ mit M = Äthylen, Propylen, Buten-(1), trans-Buten-(2), cis-Buten-(2), Penten-(1) u. Butadien-(1.3) werden bestimmt.
L. Leonhardt 482

1208 **Druckabhängigkeit der Methylradikalkombination.** J. Grotewold, E. A. Lissi und M. G. Neumann. (J. chem. Soc. [London], Sect. A **1968**, **2**, 375–81; Dep. de Quim. Inorgan., Analyt. y Quim. Fis., Fac. de Ciencias Exactas y Nat., Buenos Aires, Argentina; engl.) — Untersucht wird der Einfl. des Druckes (10 bis 0,0048 Torr) auf die RGK der wechselseitigen Kombination von CH_3–C_2H_5- bzw. CH_3–$(CH_3)_2CH$-Radikalpaaren (durch Photolyse der entsprechenden Azoverb.) bei 15–100°.
I. Jaehn 482

1209 **Reaktionen von freien Radikalen mit aromatischen Verbindungen in der Gasphase. 3. Mitt. Kinetik der Reaktion von Methylradikalen mit Anisol (Methoxybenzol).** M. F. R. Mulcahy, B. G. Tucker, D. J. Williams und J. R. Wilmshurst. (Austral. J. Chem. **20** (1967) 6, 1155 bis 1171; Coal Res. Labor., CSIRO, Chatswood, N.S.W.; engl.) — 2. vgl. C. **1966,** 13-0826. — Die Kinetik der Rk. von Methylradikalen (durch Pyrolyse von Di-tert.-butylperoxid) mit Anisol (**II**) wird im Temp.-Bereich **453–539** °K u. **10–30** Torr Gesamtdruck untersucht.
K. Jasche 482△

1210 **Reaktionen von F-haltigen Radikalen. 1. Mitt. H- und D-Abspaltung aus CD_3-Methanol durch Trifluormethylradikale.** E. R. Morris und J. C. J. Thynne. (Trans. Faraday Soc. **64** (1968) 542, 414–21; Univ. of Edinburgh; engl.) — 2. vgl. C. **1969,** 4-1078. — Die Kinetik der Rk. von CF_3-Radikalen (aus Hexafluoraceton bzw. Hexafluorazomethan) mit CH_3OH u. CD_3OH wird im Bereich 84–162° untersucht u. der prim. Isotopeneffekt bestimmt, desgleichen die Kinetik der Rk. mit *n-Butan*.
K. Jasche 482△

1211 **Radikalreaktionen von Tetrafluorhydrazin. Diallyläther.** Samuel F. Reed jun. (J. org. Chemistry **32** (1967) 11, 3675–76; Rohm and Haas Co., Redstone Res. Labor., Huntsville, Ala.; engl.) — Die Rk. bei 80° wird über die ^{19}F-NMR-Spektren der Prod. untersucht. Es entsteht 48% *Di-[2.3-bis-(difluoramino)-propyl]-äther*, 24% *cis-* u. 28% *trans-3.4-bis-[difluoraminomethyl]-tetrahydrofuran*. Ein Radikalmechanismus mit intermediärer Bldg. eines Tetrahydropyranringes wird diskutiert.
H. K. Hennige 482

1212 **Korrigierte Theorie zur Berechnung der Produktverteilungen der katalytischen Reaktion von Äthylen mit D_2.** C. Kemball und P. B. Welis. (J. chem. Soc. [London], Sect. A **1968**, 2, 444–46; Dep. of Chem., Univ., Edinburgh; engl.)
J. Jaehn 483

1213 **Zum Oxydationsmechanismus individueller Kohlenwasserstoffe in Gegenwart von Dithiophosphaten.** D. Shopov und S. Ivanov. (Z. physik. Chem. [Leipzig] **236** (1967) 5/6, **336–44**; Inst. für org. Chemie, Bulgar. Akademie d. Wiss., Sofia; dt.) — Mit Hilfe der Chemilumineszenzmeth. wird gezeigt, daß bei der Ox. von *Äthylbenzol* in Ggw. von viel Hydroperoxid (tert.-Butylperoxid) bei 50° die Menge der anfangs gebildeten Peroxidradikale nach Zusatz von *Zn-dicyclohexyldithiophosphat* größer ist. Als Inhibitor wurde *2-Methyl-6-tert.-butylphenol* verwendet. Zur Aufklärung des Zerfallsmechanismus des *Cumolhydroperoxids* in Ggw. von Dithiophosphaten wurde die Zers. ohne Lsgm. mit *Ba-dicyclohexyldithiophosphat* bei 20° untersucht. Weiter wurde die Ox.-Kinetik des Tetralins in Ggw. dieses Ba-dithiophosphats bei 130° untersucht.
G. Malow 484

1214 **Oxydation aromatischer Verbindungen durch $KMnO_4$ in Gegenwart von Acetanhydrid.** A. R. Inamdar, S. N. Kulkarni und K. S. Nargund. (J. Indian chem. Soc. **44** (1967) 5, 398–99; Dep. of Chem., Karnatak Univ., Dharwar, India; engl.) — Untersucht wurde die $KMnO_4$-Ox. von *Toluol, Äthyl-, n-Propylbenzol, 1-Methoxy-, 2-Methoxy-, 1-Chlor-, 2-Chlor-, 1-Brom-, 2-Bromnaphthalin, Anthracen, Acenaphthen, Hydrochinondimethyläther* u. *Veratrol*.
K. Jasche 484△

1215 **Elektrophile Oxydation von 1.2.3.4-Tetramethylnaphthalin und die Photochemie von Benzo-2.4-cyclohexadienonen.** Harold Hart und Roger K. Murray jun. (J. org. Chemistry **32** (1967) 8, 2448–52; East Lansing, Mich., Mich. State Univ., Dep. of Chem.; engl.) — Ox. von 1.2.3.4-Tetramethylnaphthalin (**I**) mit Peroxytrifluoressigsäure-Bortrifluoridätherat in Methylenchlorid führte zu 2.2.3.4-Tetramethyl-1(2H)-naphthalinon (**II**), 1.1.3.4-Tetramethyl-2(1H)-naphthalinon (**III**) u. 2.2.4.4-Tetramethyl-1.3-dioxotetralin. Die Bestrahlung von **II** in Ae. führte zu 3.4-Benzo-1.5.6.6-tetramethylbicyclo-[3.1.0]-hexen-2-on als dem prim. Photoprodukt. Bei der Photolyse von **III** konnte sowohl in Ae. als auch in Methanol kein flüchtiges Prod. gefunden werden.
G. Schlicht 484

1216 **Kinetik der Oxydation von Butandiol-(1.3) durch Peroxydisulfat mit Ag-Ionen als Katalysator.** G. D. Menghani und G. V. Bakore. (Z. physik. Chem. [Frankfurt/M.] [N.F.] **61** (1968) 1–4, 220–22; Dep. of Chem., Univ. of Jodhpur. Jodhpur, Indien; engl.) —
D. Schmitt 484

1217 **Konformationsbetrachtungen bei Chromsäureoxydationen. Oxydation einiger Cyclanole durch Chrom(VI)-oxid.** G. Srinivasan und N. Venkatasubramanian. (Proc. Indian Acad. Sci., Sect. A **65** (1967) 1, 30–37; Dep. of Chem., Vive Kanada Coll., Madras; engl.) — Es wird die Kinetik der CrO_3-Ox. von *Isopropanol, Pentanol-(2), Octanol-(2), Cyclopentanol, Cyclohexanol, Cycloheptanol, Cyclooctanol, Cyclododecanol, Borneol* u. *Isoborneol* in CH_3COOH/W. bei konst. Ionenstärke u. konst. pH durch period. jodometr. Best. der nicht umgesetzten Chromsäure untersucht.
G. O. Jäger 484△

1218 **Oxydation von Cyclohexanon mit Chromsäure; Reaktionsprodukte.** Jan Roček und Sr. Agatha Riehl. (J. org. Chemistry **32** (1967) 11, 3569–76; Dep. of Chem., The Catholic Univ. of America, Washington, D. C.; engl.)
R. Kirchlechner 484

1219 **Ringselektivität bei der Reduktion einiger Indole und Chinoline durch Lithium und Methanol in flüssigem Ammoniak.** William A. Remers, Gabriel J. Gibs, Charles Pidacks und Martin J. Weiss. (J. Amer. chem. Soc. **89** (1967) 21, 5513–14; Process and Preparat. Res. Sect., Lederle Labor., Pearl River, N.Y.; engl.) — Bei *5-Methoxy-1-methylindol* bzw. *6-Methoxychinolin* erfolgt je nach Vers.-Bedingungen Red. am Heterocyclen- bzw. am Benzolring. IR- u. UV-Daten sind angegeben.
J. Eliassaf 484

1220 **Reaktion von Nitrophenylpropionat mit N^α-Acetyllysin-methylamid. 6. Mitt. Über Nitrophenylester.** Helmut Zahn und Edgar Th. J. Fölsche. (Hoppe Seyler's Z. physiol. Chem. **345,** 215–20, 1966; Aachen, Rhein.-Westfäl. TH, Dt. Wollforschungsinst.; dt.) — 5. vgl. C. **1968,** 40-1061. — *Propionsäure-p-nitrophenylester* (F. 61–62°) acyliert die freie NH_2-Gruppe von *N-Acetyllysinmethylamid*. Die entsprechenden *Tyrosin-* u. *Serin*-Deriv. werden nicht acyliert. Die Kinetik der Acylierung wird spektralphotometr. durch Messung der Extinktion des p-Nitrophenolations bei 400 mμ untersucht. Die für die Acylierungsrk. bei pH 10 gefundene RGK beträgt 278 $Mol^{-1} \cdot min^{-1} \cdot l$. B. I. 486△

1221 **Reaktionen von 1.3-Dienen mit Acrylaten unter Verwendung von Übergangsmetallkomplex-Katalysatoren.** Akira Misono, Yasuzo Uchida, Taro Saito und Keiichi Uchida. (Bull. chem. Soc. Japan **40** (1967) 8, 1889–93; Dep. of Ind. Chem., Univ. of Tokyo, Hongo, Tokyo; engl.) — Vf. untersuchen die katalyt. Rk. von *1.3-Butadien* u. *Isopren* mit *Methyl-*, *Äthyl-* u. *n-Butylacrylat* unter Verw. von *Tris-(acetylacetonato)-Co(III)/Tris-(acetylacetonato)-Fe(III)/Triäthylaluminium* als Katalysator. Einfl. der Katalysatorkonz. u. des Komponentenverhältnisses werden untersucht. Als Rk.-Prod. wurden isoliert: *Heptadien-(2.3)-carbonsäure-methylester* (I), $Kp._5$ 50–53°, *-äthylester* (II), $Kp._{15}$ 100–105°, *-butylester* (III), $Kp._{1,5}$ 96–100°, *Heptadien-(3.5)-carbonsäuremethylester* (IV), *5-Methyl-heptadien-(2.5)-carbonsäureäthylester*, $Kp._6$ 103–105° u. *6-Methyl-heptadien-(2.5)-carbonsäureäthylester*, $Kp._6$ 106–108°. NMR-Daten von I–IV sind tabelliert. J. Oguntke 486

1222 **Verbindungen mit positivem Halogen.** 13. Mitt. **Chlorierung von Äthern, Aldehyden und anderen Molekülen mit polaren Substituenten durch tert.-Butylhypochlorit.** Cheves Walling und Michael J. Mintz. (J. Amer. chem. Soc. **89** (1967) 6, 1515–19; Columbia U., New York, N.Y.; engl.) — 12. vgl. ibid. **87** (1965) 22, 5179; 15. vgl. C. **1969**, 2-1097. — Untersucht wird die Kinetik der Chlorierung von: *2.5-Dimethyltetrahydrofuran*, *Propylen-* u. *Trimethylenoxid*, *Dibenzoyläther*, *Tetrahydrofuran* u. *-pyran*, *Ae.*, *Äthylen-*, *Isobutylen-* u. *Styroloxid*, *Diisopropyl-*, *Methyl-tert.-butyl-*, *Di-tert.-butyl-*, *tert.-Butylphenyläther*, *Cyclohexan*, *Dioxan*, *Methylal*, *Phenetol*, *Anisol*, *tert.-Butylbenzol*, *Toluol*, *Cyclohexen*, *2.3-Dimethylbutan*, *Ameisensäuremethylester*, *Cyclopentanon*, *Chlf.*, *Pentanon-(3)*, *Methylenchlorid*, *Aceton*, *Äthyl-* u. *Phenylacetat*, *tert.-Butylalkohol*, *Acetophenon*, *Äthyl-* u. *Methylbenzoat*. A. Kratochwill 487

1223 **Thermische Additionsreaktion von Brom an Äthylen in der Gasphase.** 3. Mitt. **Mechanismus der Reaktion.** T. Bérces und Z. G. Szabó. (Acta chim. Acad. Sci. hung. **53** (1967) 1, 55–65; Reakt. Kinet. Res. Group, Hungarian Acad. of Sci., Szeged; engl.) — 2. vgl. C. **1967**, 59-0142. — Untersucht wurde Mechanismus u. Kinetik (Aktivierungs- u. Gleichgew.-Parameter) der therm. Addition von Br_2 an Äthylen bei Raumtemp., die im Anfangsschritt an den Gefäßglaswänden katalysiert wird. K. Jasche 487△

1224 **Lösungsmittel- und Salzeinflüsse auf die Produkte der polaren Chlorierung linearer Pentene.** Marvin L. Poutsma und Joan L. Kartch. (J. Amer. chem. Soc. **89** (1967) 25, 6595–6604; Union Carbide Corp., Tarrytown, N.Y.; engl.) — Die Verteilung an Chlorierungsprod. von *cis-* (I) u. *trans-Penten-(2)* (II) sowie *Penten-(1)* in Methanol (III), A., Ameisensäure, tert.-Butanol, Essigsäure (IV) u. Trifluoressigsäure sowie bei Zugabe von LiCl, Li-Acetat, $LiClO_4$, Li-Formiat in IV u. von LiCl in III wird untersucht. Es wurden u. a. isoliert: Aus den I-Chlorierungsprod. in IV: *threo-2.3-Dichlorpentan*, $C_5H_{10}Cl_2$, $Kp._{21}$ 49–51° u. *2-Chlor-3-* sowie *3-Chlor-2-acetoxypentan*, $C_7H_{13}ClO_2$, $Kp._{20}$ 80–82° (Gemisch der Isomeren). — Aus den II-Chlorierungsprod. in IV: *erythro-2.3-Dichlorpentan*, $C_5H_{10}Cl_2$, $Kp._{21}$ 40–42° u. *erythro-2-Chlor-3-* sowie *erythro-3-Chlor-2-acetoxypentan*, $C_7H_{13}ClO_2$, $Kp._{21}$ 85–87° (Gemisch der Isomeren). — Chlorierung von I in HCOOH: *threo-3-Chlor-2-* u. *threo-2-Chlor-3-formyloxypentan*, $C_6H_{11}ClO_2$, Kp. 165–168° (Gemisch der Isomeren). K. Jasche 487△

1225 **Bromierung des 3.6-Endoxo-Δ^4-tetrahydrophthalsäureanhydrid-Systems. Stereochemie und Mechanismus.** Joaquin Mantecón, Luis Cortés, Eliseo Payo und Arturo Salazar. (J. org. Chemistry **32** (1967) 12, 3796–98; Caracas, Venecuela, Inst. Venezolano de Investigaciones Cientificas, Dep. of Chem.; engl.) — Es wird die Stereochemie der Bromierung von *3.6-Endoxo-Δ^4-tetrahydrophthalsäureanhydrid* (I), dessen *3-Methyl-* (II) u. *3.6-Dimethylderiv.* (III) untersucht. Bei der Bromierung von I wird ein Gemisch der trans- u. cis-Bromierungsprod. *exo-cis-3.6-Endoxo-4.5-trans-* u. *-4.5-cis-dibromtetrahydrophthalsäureanhydrid* erhalten. Aus II entstehen die beiden möglichen trans-Addukte *4-endo-5-exo-* bzw. *4-exo-5-endo-Dibrom-exo-cis-3.6-endoxo-3-methyltetrahydrophthalsäureanhydrid* u. die entsprechende *cis-4.5-Dibromverb.* (F. 165–167° bzw. 125–126° bzw. 266–268°). III liefert bei der Bromierung ausschließlich *exo-cis-3.6-Endoxo-3.6-dimethyl-4.5-trans-dibromtetrahydrophthalsäureanhydrid* (F. 127–128°). G. O. Jäger 487△

1226 **Konformationsanalyse von Brückenkopfcarboniumionen.** Gerald Jay Gleicher und Paul von R. Schleyer. (J. Amer. chem. Soc. **89** (1967) 3, 582–93; Princeton, N.J., Princeton Univ., Dep. of Chem.; engl.) — Die Solvolysegeschw. von *tert.-Butyl-*, *Homoadamantyl-(3)-*, *Adamantyl-(1)-*, *Bicyclo-[2.2.2]-octyl-(1)-* u. *Norbornyl-(1)-bromid* werden mittels rechner. durchgeführten Konform.-Analysen ermittelt u. mit den experimentellen Daten verglichen. Die Solvolysegeschw. der *Homoadamantyl-(1)-*, *Bicyclo-[3.3.1]-nonyl-(1)-* u. *Bicyclo-[3.2.1]-octyl-(1)-syst.* werden berechnet. Bindungslängen u. -winkel der untersuchten KW-Stoffe (berechnete u. experimentelle Werte) u. der zugehörigen Carboniumionen (berechnete Werte) sind tabelliert. G. O. Jäger 488△

1227 **Sterische Effekte bei der Solvolyse von cis- und trans-13.13-Dichlorbicyclo-[10.1.0]-tridecan.** William E. Parham und Richard J. Sperley. (J. org. Chemistry **33** (1967) 4, 924–26; School of Chem., Univ. of Minn.-Minneapolis, Minn.; engl.) — Aus cis-13.13-Dichlorbicyclo-[10.1.0]-tridecan ($Kp._{0,1}$ 135–143°) entsteht bei der Solvolyse in abs. A. bzw. in wss. Dioxan in Ggw. von $AgNO_3$ nahezu quant. *1-Äthoxy-* bzw. *trans-1-Hydroxy-2-chlortridecen-(2)* (I), F. 45–46°, während die trans-Verb. unter analogen Bedingungen nicht reagiert. Die Konstit. bzw. Konfig. von I ist durch die CrO_3-Ox. zu *2-Chlorcyclotridecen-(2)-on* bzw. Red. zu *trans-Cyclotridecen-(2)-ol-(1)* gesichert. G. O. Jäger 488△

1228 **Säurekatalysierte Hydrolyse von tert.-Butylmethyläther.** P. S. Harrison und V. R. Stimson. (Austral. J. Chem. **21** (1968) 5, 1355–57; Dep. of Phys. and Inorgan. Chem., Univ. of New England, Armidale, N.S.W.; engl.) — Die Kinetik der Hydrolyse wird bei 70–80° in Dioxanlsg. mit HCl-Zusatz untersucht. W. Pusch 488

1229 **Methanolyse von 4-Nitrophenylacetat.** Alicja Kirkien-Konasiewicz, A. M. Gude, M. Mc Graw, M. Knight und Allan Maccoll. (Chem. and Ind. **1967**, 36, 1527; Trinity Coll., Washington, D.C.; engl.) — Kinet. Unters. der basenkatalysierten Methanolyse von 4-Nitrophenylacetat bei 55,5° zeigen, daß die RGK 1. Ordnung (k_1) der Basenkonz. direkt proportional ist. Die basenbezogenen RGK 2. Ordnung (k_2^B) hängen in nicht-linearer Weise von den pK_B-Werten der untersuchten Basen *Pyridin*, *2-*, *3-*, *4-Picolin*, *2.6-*, *3.5-*, *2.4-*, *3.5-Lutidin* u. *2.4.6-Collidin* ab. K. Jasche 488△

1230 **Hydrolyse von Äthylglycinat in H_2SO_4-Lösungen.** R. W. Hay und L. Main. (Austral. J. Chem. **20** (1967) 8, 1757–60; Chem. Dep., Wellington, N.Z., Victoria Univ.; engl.) — Die Kinetik der Hydrolyse bei 43° wird spektrophotometr. untersucht. Axel Jochum 488

1231 **Katalytische Wirkung von makroretikularen Ionenaustauscherharzen.** 1. Mitt. **Hydrolyse und Umesterung durch makroretikulare Ionenaustauscherharz-Katalysatoren.** Takashi Suzuki, Manabu Senō und Takeo Yamaba. (J. chem. Soc. Japan, pure Chem. Sect. [Nippon Kagaku Zasshi] 88 (1967) 11, 1141–44; Tokyo, Tokyo Univ., Inst. of Ind. Sci.; jap., Auszug: engl.) — Untersucht wurden die Kinetik u. der Rk.-Mechanismus der Hydrolyse von *Äthyl-* u. *Methylacetat* u. die Umesterung zu *Butylacetat* in Ggw. von Amberlite 200, Amberlyst 15, Amberlite 900, Amberlyst 26 (A-26) sowie in Ggw. von Dowex-1 u. Benzolsulfonsäure als Vergleich. H. S. Park 488

1232 **Das 2.3-Diazobicyclo-[2.2.1]-heptyl-Ringsystem.** 3. Mitt. **Synthese und Charakterisierung einiger 7-substituierter Derivate.** Evan L. Allred und Clyde Anderson. (J. org. Chemistry **71** (1967) 6, 1874—77; Dep. of Chem., Univ. of Ut., Salt Lake City; engl.) — 2. vgl. C. **1969,** 2-1289. — Δ^5-2.3-Dicarbomethoxy-2.3-diazabicyclo-[2.2.1]-hepten-7-on-diäthylketal (**I**; F. 100—101°) wurde aus Methylazodicarboxylat u. Cyclopentadienondiäthylketal als Diels-Alder-Prod. dargestellt. Durch Hydrierung von **I** erhält man 2.3-Dicarbomethoxy-2.3-diazabicyclo-[2.2.1]-heptan-7-on-diäthylketal (**II**; F. 74 bis 75°). Aus **II** entsteht durch HBr/Eisessig 2-Carbomethoxy-2.3-diazabicyclo-[2.2.1]-heptan-7-on-diäthylketal (→ Phenylthiosemicarbazid, F. 137—137,5°). **II** reagiert ferner mit $CCl_4/AlCl_3$ u. $LiAlH_4$ zu 7.7-Dichlor-2.3-dicarbomethoxy-2.3-diazabicyclo-[2.2.1]-heptan (F. 87,5 bis 88°) bzw. N.N'-Dimethyl-2.3-diazabicyclo-[2.2.1]-heptan-7-on-diäthylketal (Kp.$_{12}$ 51—53°; → Methojodid, F. 178 bis 180°). Die Rk. von **I** u. **II** mit Säuren werden untersucht. L. Leonhardt 488

1233 **Katalyse der Hydrolyse von Methanphosphonsäureisopropylesterfluorid durch Magnesiumionen. Einfluß der Ladung bei der Katalyse durch Metallionen.** J. Epstein und W. A. Mosher. (J. physic. Chem. **72** (1968) 2, 622—25; Res. Labor., Edgewood Arsenal, Md.; engl.) — Die Kinetik u. der Rk.-Mechanismus werden untersucht. M. Steidinger 488

1234 **Gespannte Ringsysteme.** 4. Mitt. **Synthese und Solvolyse von exo-Bicyclo-[2.2.0]-hexyl-2-tosylat.** Richard N. McDonald und Charles E. Reineke. (J. org. Chemistry **71** (1967) 6, 1878—87; Dep. of Chem., Kan. State Univ., Manhattan; engl.) — 3. vgl. C. **1968,** 1-0961. — Durch katalyt. Red. von *Phthalsäureanhydrid* wird *Bicyclo-[2.2.0]-hexan-2.3-dicarbonsäureanhydrid* dargestellt. Es geht durch Behandlung mit Pb-tetraacetat in *Bicyclo-[2.2.0]-hexen-(2)* (**I**, Kp.$_{277}$ 43—48°) über. **I** läßt sich durch Hydroborierung bei 35—45° in 77%ig. Ausb. in *exo-Bicyclo-[2.2.0]-hexanol-(2)* (**II**, Kp. 69—70,5°) überführen. Ferner wurden aus **II** das exo-Bicyclo-[2.2.0]-hexyl-2-acetat u. -2-p-tosylat (**III**, Kp.$_{0,02-0,01}$ 75°) dargestellt. Die Acetolyse von **III** ergibt unverändertes **III**, 4-Cyclohexylacetat, exo-Bicyclo-[2.1.1.]-hexyl-5-acetat, 3-Cyclohexylacetat u. exo-Bicyclo-[2.2.0]-hexyl-2-acetat. Formolyse führt zu einer ähnlichen Prod.-Verteilung. L. Leonhardt 488

1235 **Mechanismus der Hydrolyse von Glykofuranosiden.** Brian Capon und David Thacker. (J. chem. Soc. [London], Sect. B **1967,** 3, 185—89: Birkbeck Coll., London; engl.) — Als Ergebnis der polarograph. Verfolgung der Kinetik der sauer-katalysierten Hydrolyse nachst. Methylfuranoside in 1 m $HClO_4$ bei 25 u. 35° werden die Aktivierungsenergien E_0 u. die $\Delta S^{\neq}$-Werte ermittelt: *α-D-Xylo-, β-D-Xylo-, β-L-Arabino-, α-D-Galacto-, β-D-Galacto-, α-D-Gluco-* u. *β-D-Gluco-*. K. Jasche 488△

1236 **Glycoproteide. Wirkung von Alkalien auf O-[N-acetyl-2-amino-2-desoxy-β-D-glucosyl]-serin und -threonin. Mechanismus der β-Eliminierung.** Jean Montreuil, Michel Monsigny und Marie-Thérèse Buchet. (C. R. hebd. Séances Acad. Sci., Sér. D **264** (1967) 16, 2068—71; Labor. de Chim. biol., Fac. des Sci. de Lille; franz.) — Vf. untersuchten die Wrkg. von verd. $NaOH/NaBH_4$ auf die beiden Glucoside u. deren *Amide.* Während erstere stabil sind, wird in den Amiden die Glucosidbindung gespalten. J.-S. Marcus 488

1237 **Stereochemie von Bicyclo-[3.2.1]-octan.** 15. Mitt. **Acetolyse fixierter Cyclohexyltosylate.** C. W. Jefford, D. T. Hill und J. Gunsher. (J. Amer. chem. Soc. **89** (1967) 26, 6881—84; Dep. of Chem., Temple Univ., Philadelphia, Pa.; engl.) — 14. vgl. C. **1968,** 57-0239. — Es werden die RGK erster Ordnung für die Acetolyse von *1-Tosyloxy-3.3.5.5-tetramethylcyclohexan* (**I**; F. 88—91°) sowie von *exo-* u. *endo-3-Tosyloxybicyclo-[3.2.1]-octan* (**II**; F. 76—77° bzw. 71—73°) bei 25° bestimmt u. die Zus. der erhaltenen Prod.-Gemische gaschromatograph. ermittelt. Aus **I** entsteht bei der Acetolyse die zugehörige *1-Acetoxyverb.* (**III**; 17,8%) u. *3.3.5.5-Tetramethylcyclohexen* (82,2%). Acetolyse von exo- bzw. endo-**II** liefert *Bicyclo-[3.2.1]-octen-(2)* (**IV**; 35,8%) u. *endo-3-Acetoxybicyclo-[3.2.1]-octan* (**V**; 64,2%) bzw. **IV** (44%), exo-**V** (34,5%) u. endo-**V** (21,5%). Die NMR-Daten (chem. Verschiebung, Kopplungskonst.) von **I**, exo- u. endo-**II**, **III**, exo- u. endo-**V**, *3.3.5.5-Tetramethylcyclohexanol* (**VI**) u. *exo-* u. *endo-Bicyclo-[3.2.1]-octanol-(3)* (**VII**) sind tabelliert. G. O. Jäger 488△

1238 **Relativgeschwindigkeiten der Bildung und Hydrolyse der Thiosemicarbazone einiger Steroid-Δ^4-3-ketone.** James C. Orr, Priscilla Carter und Lewis L. Engel. (Biochemistry [Washington] **6** (1967) 4, 1065—70; Harvard Univ., Collis P. Huntington Mem. Hosp., Boston, Mass.; engl.) — Relativgeschw. von Bldg. u. Hydrolyse folgender Testosteron(**I**)-thiosemicarbazone wurden untersucht: *17β-Hydroxy-4-methylandrost-4-en-3-on, 2α-Fluor-17β-hydroxyandrost-4-en-3-on, 17β-Hydroxy-6β-methylandrost-4-en-3-on, 17α-Hydroxyandrost-4-en-3-on, 17β-Hydroxyandrosta-4.9(11)-dien-3-on* (**V**), *17β-Hydroxy-16α-methylandrost-4-en-3-on, 17β-Hydroxy-17α-methylandrost-4-en-3-on,* Testosteron (**I**), *16β-Fluor-17β-hydroxyandrost-4-en-3-on, 16β-Chlor-17β-hydroxyandrost-4-en-3-on, 6α-Fluor-17β-hydroxyandrost-4-en-3-on, 17β-Hydroxyöstr-4-en-3-on, 17β-Hydroxy-6α-methylandrost-4-en-3-on, 11β.17β-Dihydroxyandrost-4-en-3-on* (**III**), *11α.17β-Dihydroxyandrost-4-en-3-on* (**II**), *6β-Fluor-17β-hydroxyandrost-4-en-3-on, 17β-Hydroxyandrost-4-en-3.11-dion* (**IV**), *17β-Hydroxy-5α-androstan-3-on* (**VI**). Thiosemicarbazone: **I**-, $C_{20}H_{31}N_3OS$, F. 158—161°. — *19-Nortestosteron-*, $C_{19}H_{29}N_3OS \cdot H_2O$, F. 149—152°. — **II**-, $C_{20}H_{31}N_3O_2S$, F. 242° (Zers.). — **III**-, $C_{20}H_{31}N_3O_2S$, F. 197,5—200,5°. — **IV**-, $C_{20}H_{29}N_3O_2S \cdot 0{,}5\,H_2O$, F. 238,5 bis 240,5°. — **V**-, $C_{20}H_{29}N_3OS \cdot 0{,}5\,H_2O$, F. 150—151°. — **VI**, $C_{20}H_{33}N_3OS$, F. 217—220°. K. Maier 488

1239 **Tritiumaustausch bei Verbindungen in verdünnten wäßrigen Lösungen.** W. R. Waterfield, J. A. Spanner und F. G. Stanford. (Nature [London] **218** (1968) 5140, 472—73; Radiochem. Center, Amersham, Buckinghamshire; engl.) — Untersucht wurden nachst. Verb.: *Per-T-L-* u. *DL-Alanin, 5-Amino-[3.5-T$_2$]-lävulinsäure, Per-T-L-Argenin, Per-T-L-Aspartinsäure, [2.5.6-T$_3$]-L-DOPA, [3.5-T$_2$]-L-Histidin, [4.5-T$_2$]-L-Leucin, Per-T-DL-Isoleucin, [4.5-T$_2$]-DL-Lysin, Per-T-DL-Methionin, [4-T]-L-Phenylalanin, [α.β-T$_2$]-L-Tyrosin,, [3.5-T$_2$]-L-Tyrosin, [2.8-T$_2$]-Adenin, Per-T-Adenosin, [5-T]-* u. *Per-T-Cytidin, Per-T-Desoxyadenosin, [8-T]-Guanosin, Per-T-5-Methylcytosin,* $T_{3(CH_3)}$*-Thymidin, [6-T]-Thymidin, [5-T]-* u. *[6-T]-Uracil, [5-T]-* u. *[6-T]-Uridin. [4.5-T$_2$]-L-Lysin,* $T_{3(CH_3)}$*-L-Methionin, Per-T-DL-Ornithin, Per-T-L-Serin, [6-T]-5-Bromuracil, [6-T]-Desoxyuridin, Per-T-Inosin,* $T_{3(CH_3)}$*-* u. *[6-T]-Thymin.* D. Schmitt 489

1240 **Isotopenaustausch zwischen p-Nitrobenzylchlorid und Chloridionen, untersucht durch elektrolytische Abscheidung.** P. Beronius und H. Johansson. (J. physic. Chem. **72** (1968) 2, 713—16; Div. of Phys. Chem., Univ. of Umeå, Umeå, Sweden; engl.) — Der Cl-Isotopenaustausch von p-Nitrobenzylchlorid mit $Li^{36}Cl$ in wasserfreiem Aceton wurde durch anod. Abscheidung des anorgan. Chlorids auf Ag-Elektroden nach bestimmten Austauschzeiten im Temp.-Bereich von 15—35° untersucht. Der Austausch ist vom S_N2-Typ. A. Pinkowski 489

1241 **Katalytische D-Austauschreaktionen mit organischen Verbindungen.** 36. Mitt. **Markierung von (—)-Inosit an selbstaktiviertem Platinoxid mit und ohne Bestrahlung.** S. J. Angyal, C. M. Fernandez und J. L. Garnett. (Austral. J. Chem. **20** (1967) 12, 2647—53; School of Chem., Univ. of N.S.W., Kensington, N.S.W.; engl.) — 31. vgl. C. **1969,** 2-1115; 38. vgl. C. **1969,** 2-1116. — Der Mechanismus des T-Einbaus beim Austausch der Titelverb. mit T_2O u. die Isotopenverteilung in den Austauschprod. wird untersucht. A. Pinkowski 489

1242 **Kinetisches Modell für den Mechanismus des basenkatalysierten H/D-Austauschs zwischen einer Carbonsäure und einem deuterierten Medium.** Warren T. Ford, Edward W. Graham und Donald J. Cram. (J. Amer. chem. Soc. **89** (1967) 3, 689—90; Univ. of Calif. at Los Angeles; engl.) — Es werden die Rk. von 9-Methyl-fluoren-2-carbonsäure-N.N-dimethylamid (**I**) bez. des Austausches des H-Atoms am C_9 in CH_3OK enthaltendem Methanol untersucht. Für die vier möglichen Richtungen — Austausch ohne Änderung des Drehsinns, Austausch mit Inversion, Inversion ohne Austausch (als „Isoinversion"

bezeichnet) u. die Inversion von deuteriertem **I** — werden Gleichungen für die RGK aufgestellt, wobei Rk. erster Ordnung angenommen werden. Für α wird ein Ausdruck abgeleitet. Die Racemisierung des **I** u. der H/D-Austausch in CH_3OH bzw. CH_3OD in Ggw. von CH_3OK werden mit RGK-Verhältnissen belegt. Außerdem werden für die Racemisierung von (+)-**I** in CH_3OD bei Anwesenheit von CH_3OK RGK mitgeteilt.
Hannes Schneider 489

1243 **Einzelheiten des Mechanismus des basenkatalysierten H/D-Austausches zwischen einer Carbonsäure und hydroxylischen Lösungsmitteln.** Warren T. Ford, Edward W. Graham und Donald J. Cram. (J. Amer. chem. Soc. **89** (1967) 3, 690—91; engl.) — Vgl. vorst. Referat. — Auf der Grundlage der kinet. Gleichungen der vorangegangenen Mitt. (s. vorst. Ref.) wird eine Meth. entwickelt, welche die Beiträge des Austausches ohne Veränderung des Drehsinns, des Austausches mit Inversion u. der Isoinversion zu den Gesamtergebnissen definiert. Über die Anwendung der Meth. auf die Rk. von **I** (s. vorst. Ref.) in CH_3OD–CH_3OK bzw. $(CH_3)_3COD$–C_6H_5OK wird berichtet. Außerdem wird ein Schema für den Mechanismus der stereochem. Rk. beim H/D-Austausch an **I** in CH_3OD diskutiert. Hannes Schneider 489

1244 **Dirigierende Wirkung einer Carboxylatgruppe in der Hydroborierung von Cyclohexenen.** J. Klein, E. Dunkelblum und D. Avrahami. (J. org. Chemistry **32** (1967) 4, 935—39; Dep. of Org. Chem., The Hebrew Univ., Jerusalem, Israel; engl.) — Hydroborierung (HB) von *Cyclohexen-4-carbonsäuremethylester* liefert *trans-3-Hydroxy-*, *trans-4-Hydroxy-*, *cis-3-Hydroxy-* u. *cis-4-Hydroxycyclohexancarbonsäuremethylester* im Verhältnis 4:2:1:1. HB von *Cyclohexen-cis-4.5-dicarbonsäuredimethylester* ergibt in 75%ig. Ausb. *trans.trans-3.4-Dicarbomethoxycyclohexanol*. *Cyclohexen-trans-4.5-dicarbonsäuredimethylester* bildet in der HB *trans.cis-3.4-* u. *cis.trans-3.4-dicarbomethoxycyclohexanol* im Verhältnis 7:3. HB des entsprechenden trans-Anhydrids liefert dieselben Prod. im Verhältnis 3:2. *3.5.5-Trimethylcyclohexen* reagiert zu *2-cis-* u. *2-trans-Methyl-4.4-dimethylcyclohexanol* u. *3-cis-* u. *3-trans-Methyl-4.4-dimethylcyclohexanol* im Verhältnis 16:47:34:3. HB von *1.5.5-Trimethylcyclohexen* liefert das *2-cis*-Isomere. *4-Methylcyclohexen* bildet bei der HB *cis-3-*, *trans-3-*, *cis-4-* u. *trans-4-Methylcyclohexanol* im Verhältnis 28:27:20:25. A. Kratochwill 489

1245 **Vergleich von Mercaptid- und Alkoxidionen als Reagens bei der olefinbildenden β-Eliminierung.** J. F. Bunnett und Enrico Bacciochi. (J. org. Chemistry **32** (1967) 1, 11—16; Metcalf Chem. Labor., Brown Univ., Providence, Rh.I.; engl.) — Die Kinetik der durch Methylat- u. Thioäthylationen induzierten Eliminierung wurde volumometr. u. gaschromatograph. an *Benzyldimethylcarbinylmethylsulfon* u. *-dimethylsulfoniumperchlorat* gemessen. J. Eliassaf 490

1246 **Faktoren, die die Reaktion des Benzylgrignardreagens beherrschen.** 2. Mitt. **Beweis für die Trien-Zwischenstufe in der Reaktion mit Chlormethylmethyläther.** Robert A. Benkeser und William DeTalvo. (J. Amer. chem. Soc. **89** (1967) 9, 2141—47; Chem. Labor. of Purdue Univ., Lafayette, Ind.; engl.) — 1. vgl. ibid. 88 (1966) 10, 2220; 3. vgl. C. **1968**, 64-0423.
A. Kratochwill 490

1247 **Reaktionen von Phenylmagnesiumbromid mit sterisch gehinderten Cyclobutanonen. 3. Mitt. Mechanismus der Grignard-Addition an derartige Carbonylgruppen.** Raymond D. Kimbrough jun. und Robert W. Askins. (J. org. Chemistry **32** (1967) 11, 3683—85; Atlanta, Ga., Ga. Inst. of Technol., Engng. Exp. Stat., Nuclear Sci. Div.; engl.) — 2. vgl. C. **1968**, 34-1023. — Untersucht wurde die Addition an *2.2.3-Triphenylcyclobutanon*, *8.8-Diphenyl-2-oxabicyclo-[4.2.0]-octanon-(7)*, *7.7-Diphenylbicyclo-[4.2.0]-octanon-(8)* (→ Cyclohexenyl-(1)-benzhydrylketon, F. 124—126°; 60% Ausb.) u. *7.7-Diphenyl-2-oxabicyclo-[3.2.0]-heptanon-(6)* [F. 124—126°, aus Diphenylketen (**I**) u. 2.3-Dihydrofuran; 58%; → 4-Triphenylvinyl-2.3-dihydrofuran, F. 129—131°; 60%]. Dargestellt wurden außerdem *6.6-Diphenyl-3-oxabicyclo-[3.2.0]-heptanon-(7)* (F. 123—124°, aus **I** u. 2.5-Dihydrofuran; 51%) u. *9.9-Diphenylbicyclo-[6.2.0]-decanon-(10)* (F. 94—95°, aus **I** u. Cycloocten; 74%).
A. Jochum 491

1248 **Kondensation von Formaldehyd mit α-Methylstyrol. Kinetik im heterogenen System.** J. Gaillard, M. Hellin und F. Coussemant. (Rev. Inst. franç. Pétrole Ann. Combustibles liquides **22** (1967) **6**, **945** bis 972; franz.) — Das Syst. besteht aus der wss. Phase (in der die Rk. abläuft) mit CH_2O u. H_2SO_4 als Katalysator u. der organ. Phase, die auch die Prod. enthält. Untersucht wurde die Kinetik der Rk., der Einfl. von Temp. u. der pH der wss. Phase sowie das Gleichgew. zwischen *3-Phenylbutandiol-(1.3)* als Hauptprimärprod. u. *4-Methyl-4-phenyl-1.3-dioxan* als Endprod. u. die Prius-Rk. von *3-Phenylbuten-(3)-ol* u. *4-Phenyl-5.6-dihydro-α-pyran*.
J. Richter 491

1249 **Automerisierung von Naphthalin in Gegenwart von $AlCl_3$.** Alexandru T. Balaban und Dan Fărcaşiu. (J. Amer. chem. Soc. **89** (1967) 8, 1958—60; Labor. of Labeled Org. Compounds, Inst. of Atomic Phys., Bucharest, Roumania; engl.) — Wanderung von ^{14}C aus der α-Stellung in die β- u. γ-Stellung ($C_{(9)}$ u. $C_{(10)}$).
A. Kratochwill 492

1250 **Deuterium-Wanderung während der säurekatalysierten Dehydratisierung des 6-D-5.6-Dihydroxy-3-chlorcyclohexadien-(1.3). Ein nichtenzymatisches Modell der NIH-Verschiebung.** Donald M. Jerina, John W. Daly und Bernhard Witkop. (J. Amer. chem. Soc. **89** (1967) 21, 5488—89; Nat. Inst. of Arthritis and Metabolic Diseases, Nat. Inst. of Health, Bethesda, Md.; engl.)
J. Eliassaf 492

1251 **Kinetik der basenkatalysierten Isomerisierung von Butadien- und Isoprensulfonen.** L. K. Brice, W. M. Chang, J. E. Smith und S. M. Sullivan. (J. physic. Chem. **71** (1967) 9, 2814—19; Va. Polytechnic Inst., Blacksburg, Va.; engl.) — Die Geschw. der basenkataylsierten Isomerisierung von α- u. *β-Butadiensulfon* sowie von α- u. *β-Isoprensulfon* wird bei verschiedenen Temp. zwischen 25 u. 55° in wss. NaOH (0,1—0,5 m) untersucht. Zusätzlich werden die RGK der gleichzeitig ablaufenden Hydratisierung von **I** bzw. **II** unter gleichen Bedingungen gemessen. Für die Isomerisierungen werden folgende thermodynam. Parameter ermittelt: ΔH^*, ΔS^*, ΔG^0, ΔH^0 u. ΔS^0. K. Jasche 492△

1252 **cis-trans-Isomerisierung ungesättigter Fettsäuren im Laufe der Alkydharz-Herstellung.** J. Hireš, E. Krejcar und J. Mleziva. (Fette, Seifen, Anstrichmittel **69** (1967) 4, 241—45; Forschungsinst. für synthet. Harze u. Lacke, Pardubice/CSSR; dt.) — Mittels IR-Spektroskopie wurde der Einfl. der Herstellungsbedingungen von Alkydharzen aus *Soja-* u. *Leinöl* auf die cis-trans-Isomerisierung der ungesättigten Fettsäuren bei 240 u. 260° untersucht. Bei erhöhter Temp. wird die Geschw. der Isomerisierung stark beeinflußt. Die Wrkg. von Katalysatoren (PbO, CaO u. NaOH) wurde während der Alkoholyse verfolgt. Der höhere trans-Isomerengehalt zeigt sich auch in den Eig. der Alkydharze.
A. Kiskéri Bocz 492

1253 **Säurekatalysierte Umlagerung von Enolesterepoxiden.** Kennth L. Williamson, Judith I. Coburn und Margaret F. Herr. (J. org. Chemistry **32** (1967) 12, 3934—37; Mount Holyoke Coll., South Hadley, Mass.; engl.) — Untersucht wurde die Kinetik der Umlagerung von *1-Acetoxy-1.2-epoxycyclohexan* ($Kp._{0,2}$ 35,5 bis 36,5°) zu 2-Acetoxycyclohexanon (F. 36—37°), von *3β-Acetoxy-2α.3α-epoxycholestan* [F. 133—134,5°, $[\alpha]_D^{25}$ +16,5° (c = 1,6, $CHCl_3$)] u. *2β-Acetoxycholestan-3-on* [F. 145—146°, $[\alpha]_D^{25}$ +86,9° (c = 1,79, $CHCl_3$)] zu 2α-Acetoxycholestan-3-on [F. 124,7—125,2°, $[\alpha]_D^{25}$ +51,6° (c = 1,67, $CHCl_3$)]. A. Jochum 492

1254 **Konfigurationsumkehrung der wandernden Gruppe bei einer thermischen 1.3-sigmatropischen Umlagerung.** Jerome A. Berson und George L. Nelson. (J. Amer. chem. Soc. **89** (1967) 21, 5503—04; Dep. of Chem., Univ. of Wis., Madison, Wis.; engl.) — Die Umwandlung von *exo-7-D-Bicyclo-[3.2.0]-hepten-(2)-endo-yl-(6)-acetat* ergibt *exo-Norbornenyl-acetat*, in welchem D u. die Acetatgruppe exo-Konfiguration besitzen. J. Eliassaf 492

1255 **Umklappen der Brücke und Umlagerung von Norbornadienyl- und 7-Methyl-norbornadienylkationen.** M. Brookhart, R. K. Lustgarten und S. Winstein. (J. Amer. chem. Soc. **89** (1967) 24, 6352—54; Dep. of Chem., Univ. of Calif., Los Angeles, Calif.; engl.) R. Kirchlechner 492

1256 **Umlagerung von α-Bromcamphersäureanhydrid.** Walter L. Meyer, Angelo P. Lobo und Richard N. McCarty. (J. org. Chemistry **32** (1967) 6, 1754—62; Bloomington, Ind., Indiana Univ., Dep. of Chem.; engl.) — Bei der Einw. von wss. Na_2CO_3 auf D-(—)-α-Bromcamphersäureanhydrid (**I**) entsteht neben (—)-*Camphansäure* (**II**) als Umlagerungsprod. (+)-*Laurolensäure* (**III**; *1.2.3-Trimethylcyclopenten-(2)-carbonsäure*). Unter analogen Bedingungen lagert sich **II** nicht zu **III** um. Ferner wurden folgende Verb. synthetisiert: 9:1-Gemisch aus *D-9-Hydroxyisoborneol* (**IV**) u. *-borneol* (**V**), $C_{10}H_{18}O_2$, F. 275—277°, durch Kochen von Methyl-D-(+)-trans-isoketopinat (**VI**) mit $LiAlH_4$ in THF; 90%. — Analog: 9:1-Gemisch aus $D_{3(2.9.9)}$-**IV** u. $D_{3(2.9.9)}$-**V**, F. 274—276°, aus **VI** u. $LiAlD_4$ in THF. — *D-(—)-9-Trityloxyisoborneol*, $C_{29}H_{32}O_2$, F. 169—170° (wss. A.) aus dem **IV**-**V**-Gemisch mit Tritylchlorid in Py.; $[\alpha]_D^{23}$ —12,5°; 90%; b) durch $NaBH_4$-Red. von D-(+)-9-Trityloxycampher in CH_3OH in Ggw. von KOH; 74%. — 9:1-Gemisch aus *D-9-Tosyloxyisoborneol* (**VII**) u. *-borneol* (**VIII**) durch Rk. des Gemisches aus **IV** u. **V** mit Tosylchlorid in Py.; 100%. — Analog: Gemisch aus $D_{3(2.9.9)}$-**VII** u. $D_{3(2.9.9)}$-**VIII**. G. O. Jäger 492△

1257 **Kinetische Gleichung für heterogen katalysierte unimolekulare Zerfallsprozesse.** G. Schay und P. Tétényi. (Acta chim. Acad. Sci. hung. **51** (1967) 1, 39—51; Central Res. Inst. for Chem. of the Hungarian Acad. of Sci., Budapest; engl.) — Eine früher aufgestellte Beziehung für katalyt. unimol. Rk. (ibid. **22** (1960), 247) wurde für den Fall einer in 2 Stufen ablaufenden Rk. u. für eine aus 2 Komponenten bestehenden Mischung erweitert. Die Überprüfung erfolgte an der gleichzeitigen Dehydrierung von *Methylcyclohexan* u. *Cyclohexan*. Der erste Schritt besteht in einer dissoziativen Adsorption mit nachfolgender Oberflächenrk. u. Eliminierung des Wasserstoffs. G. Ertl 493

1258 **Thermischer Zerfall von Biphenyl und Naphthalin in einem Strömungssystem.** J. Lahaye, H. B. Palmer und R. K. Sharma. (Carbon [Oxford] **6** (1968) 3, 419 bis 420; Dep. of Materials Sci., Pa. State Univ., Univ. Park, Pa.; engl.) — Die Pyrolyse von Biphenyl wird bei 1120—1320°K im Konz.-Bereich 0,20—1,4 Vol.-% bei ~ 740 Torr in He als Trägergas untersucht; die Pyrolyse von Naphthalin bei 1120—1270°K u. 0,95—1,8 Vol.-%. W. Pusch 493

1259 **Pyrolyse von Toluol und $[CD_3]$-Toluol; ein neuer Mechanismus.** Ellis K. Fields und Seymour Meyerson. (Z. Naturforsch. **23b** (1968) 8, 1114—15; Res. and Dev. Dep., Amoco Chem. Corp., Whiting, Ind.; engl.) — Die Pyrolyse wird bei 600° in Ggw. u. Abwesenheit von Nitrobenzol massenspektrometr. untersucht, u. im Gegensatz zu anderen Unters. wird ein Mechanismus über einen 2-Mol.-Komplex vorgeschlagen. D. Strauch 493

1260 **Richtung der Spaltung primärer Ozonide bei der methanolischen Ozonolyse von Styrol, Propenylbenzol und 2-Methylpropenylbenzol.** William P. Keaveney, Melvin G. Berger und James J. Pappas. (J. org. Chemistry **32** (1967) 5, 1537—42; Central Res. Labor., Interchem. Corp. Clifton, N.J.; engl.) — Das Verhältnis Carbonylkomponente: Methoxyhydroperoxid wurde bei —65 bis —70° bestimmt. IR- u. NMR-Daten sind tabelliert. J. Eliassaf 493

1261 **Monomolekulare thermische Zersetzung von 1-Methylcyclohexadien-(1,4).** H. M. Frey und D. H. Lister. (J. chem. Soc. [London], Sect. A **1967**, **4**, 509—11; Dep. of Chem., Univ. of Southampton, England; engl.) — Die Kinetik der Rk. wird gemessen. G. Beck 493

1262 **Thermischer Zerfall einiger Polynitroverbindungen in der Gasphase.** G. M. Nazin, G. B. Manelis, G. N. Nechiporenko und F. I. Dubovitsky. (Combust. and Flame **12** (1968) 2, 102—06; Inst. of Chem. Phys., U.S.S.R. Acad. of Sci., Moscow; engl.) — Die Kinetik des therm. Zerfalls von *Tetranitromethan*, *Hexanitroäthan*, *Chlor-*, *Brom-* u. *Jodtrinitromethan* u. *Dichlordinitromethan* in der Gasphase wird bei 100—160° manometr. untersucht. Die Rk. sind homogen u. verlaufen nach der 1. Ordnung. Die RG sind unabhängig vom Dampfdruck u. von NO_2-, NO- u. J_2-Zusätzen. W. Pusch 493△

1263 **Kinetik der Disproportionierung-Kombinationsreaktion zwischen dem sek.-Butoxy-Radikal und NO und die Pyrolyse der O—O-Bindung in Di-sek.-butylperoxid in der Gasphase.** R. F. Walker und L. Phillips. (J. chem. Soc. [London], Sect. A **1968**, 9, 2103—06; Explosives Res. and Dev. Establ., Ministry of Technol., Waltham Abbey, Essex; engl.) — Die Kinetik der Rk. $C_4H_9O\cdot + NO \rightarrow HNO + C_2H_5COCH_3$; $\rightarrow C_4H_9ONO$ im Bereich 100—140° wird untersucht. D. Strauch 493

1264 **Einfluß der Basenkonzentration und der Lösungsmittelpolarität auf die basenkatalysierte Zersetzung von Camphertosylhydrazon unter aprotischen Bedingungen.** Robert H. Shapiro, J. H. Duncan und J. C. Clopton. (J. Amer. chem. Soc. **89** (1967) 6, 1442—46; Dep. of Chem., Univ. of Colo., Boulder, Colo.; engl.) G. O. Jäger 493△

1265 **Thermische Zersetzung von tert.-Alkyl-N-arylcarbamaten.** 1. Mitt. **Einfluß der Ringsubstituenten.** M. P. Thorne. (Canad. J. Chem. **45** (1967) 21, 2537—46; St. John's Memorial Univ., St. John's, Newfoundland; engl.) — Untersucht wurden *tert.-Butyl-N-phenyl-* (F. 136°), *-N-m-tolyl-* (F. 55,5—56°), *-N-p-tolyl-* (F. 91°), *-N-m-nitrophenyl-* (F. 97—98°), *-N-p-nitrophenyl-* (F. 109—110°), *-N-m-chlorphenyl-* (F. 83°), *-N-p-chlorphenyl-* (F. 105—106°) u. *-N-p-methoxyphenylcarbamat* (F. 93,5°), sowie *tert.-Pentyl-N-phenylcarbamat*. A. Jochum 493

1266 **Chemische Anregung in Flammen und Oxydationswärme.** Anonym. (Combust. and Flame **12** (1968) 2, 174—76; Res. Council of Alberta, Edmonton, Alberta, Canada; engl.) — Literaturdaten von Flammen-Ionisationsdetektor(als C-Atomzähler)-Messungen an Flammen von Paraffinen, Alkoholen, Ketonen, Äthern, Estern, Säuren, Aldehyden u. Glykolen werden mit der Wärme der Rk. $C_xH_{2y+2}O_z + O_2 \rightarrow xCO + H_2 + yH_2O$ in Beziehung gebracht. W. Pusch 494△

1267 **C-Bildung in vorgemischten Flammen.** Stuart B. Reed. (Combust. and Flame **12** (1968) 2, 171—72; Watson House, Gas Council, London; engl.) — Vgl. ibid. **11** (1967) 265 u. Rep. Invest. U.S. Bur. Min. No. **5225** (1956). — Die l.c. berichteten Daten für die C-Bldg. in vorgemischten Flammen von *Methan*, *Äthan*, *Propan*, *Butan*, *Acetylen*, *Äthylen*, *Propylen*, *Butylen*, *Bzl.* u. *Toluol* werden auf OASC-Basis umgerechnet u. sind tabelliert. (OASC = O-Atome/Mol. KW-Stoff zur Unterdrückung der C-Bildung.) W. Pusch 494△

1268 **Kritische Zonenanalyse der Stabilisierung von Umkehrstrahlflammen.** L. Bellamy, C. H. Barron und J. R. O'Loughlin. (Combust. and Flame **12** (1968) 2, 107—14; School of Engng., Tulane Univ., New Orleans, La.; engl.) — Aus den Stabilitätscharakteristiken (SC) eines adiabat., homogenen chem. Reaktors wird eine Meth. zur Best. der SC eines Umkehrstrahlbrenners entwickelt. Nach der Meth. werden die Stabilitätsgrenzen eines *Propan–Luft*-Gemisches ber. u. mit experimentellen Werten verglichen. W. Pusch 494△

1269 **Bildung von Ruß und polycyclischen aromatischen KW-Stoffen in Diffusionsflammen.** 1. Mitt. B. B. Chakraborty und R. Long. (Combust. and Flame **12** (1968) 3, 226—36; Chem. Engng. Dep., Univ., Birmingham; engl.) — Die Mengen an chloroformlösl. Stoffen, polycycl. aromat. KW-Stoffen u. C-artigen Rückständen im trockenen Ruß von *Äthylen*-Diffusionsflammen werden bestimmt u. der Einfl. darauf durch Änderung des O_2-Index. bei O_2–N_2- u. O_2–*Ar*-Gemischen ermittelt. W. Pusch 494

1270 **Bildung von Ruß und polycyclischen aromatischen KW-Stoffen in Diffusionsflammen.** 2. Mitt. B. B. Chakraborty und R. Long. (Combust. and Flame **12** (1968) 3, 237–42; engl.) – 1. vgl. vorst. Referat. – Analog l.c. werden *Äthylen*–Luft–H_2- u. *Äthan*–Luft–H_2-Diffusionsflammen verschiedener Zus. untersucht. W. Pusch 494

1271 **Bildung von Ruß und polycyclischen aromatischen KW-Stoffen in Äthylen-Diffusionsflammen mit Methanolzusatz.** B. B. Chakraborty und R. Long. (Combust. and Flame **12** (1968) 2, 168–70; engl.) – Vgl. vorst. Referat. W. Pusch 494△

1272 **Initiierung von longitudinalen Niederstrom-Wechselstrom-Entladungen in geimpften Propan–Luft-Flammen.** J. H. Harker und I. Fells. (Combust. and Flame **12** (1968) 3, 286–88; Dep. of Chemical Engng., Univ. of Newcastle upon Tyne; engl.) – Die Spannung, die zwischen zwei Elektroden in Propan–Luft-Flammen angelegt werden muß, damit eine Entladung einsetzt, wird als Funktion des K_2CO_3-Zusatzes, der Gasströmungsgeschw. u. des Luft–Brennstoffverhältnisses gemessen. W. Pusch 494

1273 **Vergleich der Rußausbeuten an brennstoffreichen Acetylenflammen mit O_2 und N_2O.** K. H. Homann und W. Morgeneyer. (Combust. and Flame **12** (1968) 3, 284–86; Inst. für phys. Chem., Univ. Göttingen; engl.) – Die Verbrennung von C_2H_2–O_2–Ar- u. C_2H_2–N_2O–Ar-Flammen bei 130 Torr wird untersucht. W. Pusch 494

1274 **Vergleich der Rußausbeuten bei vorgemischten KW-Stoff-Flammen.** C. P. Fenimore und G. W. Jones. (Combust. and Flame **12** (1968) 3, 196–200; General Electric Res. & Dev. Center, Schenectady, N.Y.; engl.) – Die Verbrennung von *Äthylen* u. *Acetylen* in Flammen mit O_2–N_2O–Ar-Gemischen u. HCl-Zusätzen wird über die Rußausb. untersucht. W. Pusch 494

1275 **Einfluß verschiedener Zusätze auf die Rußbildung in laminaren Äthylen-Diffusionsflammen.** Iain S. McLintock. (Combust. and Flame **12** (1968) 3, 217–25; Fire Res. Stat., Boreham Wood, Herts.; engl.) – Der Einfl. von N_2-, Ar-, He-, CO_2- u. W.-Dampf wird über einen großen Konz.-Bereich der Zusätze durch Rauchpunkt-Messungen untersucht. W. Pusch 494

1276 **Die Chemie kalter Flammen.** 2. Mitt. **Nicht-isotherme Oxydation von 2-Methylpentan.** A. Fish. (Proc. Roy. Soc. [London], Ser. A **298** (1967) 1453, 204–37; Shell Res. Ltd., Thornton Res. Center, Chester; engl.) – 1. vgl. ibid. **293** (1966) 1434, 378. – Vf. untersucht die Rk. zwischen 2-Methylpentan u. O_2 im Existenzbereich kalter Flammen. Eine Prod.-Analyse wird durchgeführt u. die Bldg. der Rk.-Prod. durch die Alkylperoxyisomerisationstheorie erklärt. G. Beck 494

1277 **Untersuchung der Fluorkohlenstoff-Verbrennung.** 2. Mitt. **Detonationsgeschwindigkeiten und -grenzen von Perfluorcyclobutan–F_2–Gemischen.** E. A. Fletcher und D. B. Kittelson. (Combust. and Flame **12** (1968) 2, 119–24; Combustion Labor., Dep. of Mechan. Engng., Univ. of Minn., Minneapolis, Minn.; engl.) – 1. vgl. C. **1967,** 11-0710. W. Pusch 494△

1278 **Untersuchung der Fluorkohlenstoff-Verbrennung.** 3. Mitt. **Verpuffung in Perfluorcyclobutan-O_2-Gemischen. Ausbreitungsgeschwindigkeiten und -grenzen in einem 2,5-cm-Rohr.** E. A. Fletcher und D. B. Kittelson. (Combust. and Flame **12** (1968) 2, 164–65; Combustion Labor., Dep. of Mechan. Engng., Univ. of Minn., Minneapolis, Minn.; engl.) – 2. vgl. vorst. Referat. W. Pusch 494△

1279 **Elektronenmultiplizität von thermisch erzeugtem Cyannitren.** A. G. Anastassiou. (J. Amer. chem. Soc. **89** (1967) 13, 3184–91; Wilmington, Del., E. I. du Pont de Nemours and Co., Exper. Station, Central Res. Dep.; engl.) – Vgl. ibid. **88** (1966) 2322. – In Erweiterung der in l.c. mitgeteilten Ergebnisse wird die Stereochemie der Einlagerung von *Cyannitren* (dargestellt durch therm. Zers. von *Cyanazid*) in die –C–H-Bindungen der tert. C-Atome von *cis-* u. *trans-1.2-Dimethylcyclohexan* in einer Reihe von Lsgm. untersucht. G. O. Jäger 494△

1280 **Polyglycerin.** 4. Mitt. **Polymerisationskinetik von Glycerin.** Jiři Zajíc. (Sborník Vysoké Školy chem.-technol. Praze, Potravinárska Technol. **1966,** 91–101, 1966; Prague, Inst. of Chem. Technol., Dep. of Milk and Fat Technol.; engl.) – 1. vgl. C. **1965,** 45-2804. – Die Kinetik der Polymerisation von *Glycerin* bei erhöhten Temp. wird mit Hilfe der Produktenanalyse untersucht. Die RGK der einzelnen Rk.-Stufen werden bestimmt. Die Aktivierungsenergie der Diglycerinbldg. wird bestimmt. B. I. 494△

1281 **Ringöffnungsreaktivität und Polymerisation von cyclischen Monomeren.** 5. Mitt. **Kinetik der basenkatalysierten Reaktion von cis- und trans-2.3-Epoxybutan mit Phenol.** Shizuyoshi Sakai, Hisashi Yamaguchi und Yoshio Ishii. (J. chem. Soc. Japan, ind. Chem. Sect. [Kōgyō Kagaku Zassi] **70** (1967) 9, 1526–29; Nagoya, Nagoya Univ., Fac. of Engng., Dep. of Synthetic Chem.; jap., Auszug: engl.) – Untersucht wurde die mit Natriumphenolat katalysierte Rk. in n-Butanol u. Nitrobenzol als Lösungsmittel. H.-S Park 494

1282 **Verbrennung einfacher Ketone.** 1. Mitt. **Mechanismus bei niedrigen Temperaturen.** D. E. Hoare und Ting-Man Li. (Combust. and Flame **12** (1968) 2, 136–44; Dep. of Chem., Univ. of Dundee; engl.) – Es wird die nach einem Radikalmechanismus verlaufende Ox. von *Aceton* bei 330° u. 100 Torr, von *Diäthylketon* bei 279° u. 50 Torr u. von *Methyläthylketon* bei 310° u. 100 Torr bei der langsamen Verbrennung von Keton–O_2-Gemischen untersucht. W. Pusch 494△

1283 **Verbrennung einfacher Ketone.** 2. Mitt. **Mechanismus bei hohen Temperaturen.** D. E. Hoare und Ting-Man Li. (Combust. and Flame **12** (1968) 2, 145–54; engl.) – 1. vgl. vorst. Referat. – Die Ox. von *Aceton, Diäthylketon* u. *Methyläthylketon* wird analog l.c. bei 400° u. 100 bzw. 50 Torr untersucht. W. Pusch 494△

1284 **Langsame Verbrennung von Propionaldehyd in der Gasphase.** G. Skirrow und B. P. Whim. (Combust. and Flame **12** (1968) 3, 269–77; Donnan Labor., Univ., Liverpool; engl.) – Kinetik u. Mechanismus der Rk. werden zwischen 155 u. 220° untersucht. W. Pusch 494

1285 **Einige obere Grenzen für die einstufige Doppelersatz-Reaktion in Tritium-Rückstoßsystemen.** Y.-N. Tang und F. S. Rowland. (J. physic. Chem. **72** (1968) 2, 707–13; Dep. of Chem., Univ. of Calif., Irvine, Calif.; engl.) – Der gleichzeitige Ersatz von 2 Gruppen in einem Schritt durch T wurde am Beispiel des *n-Propyl-* u. *Isopropylchlorids* untersucht u. kein Beweis für obige Rk. gefunden. A. Pinkowski 496

1286 **Hohe innere Anregungsenergien der Folgeprodukte der energetischen Substitution von Wasserstoff durch Tritium in Methylisocyanid.** Cheng T. Ting und F. S. Rowland. (J. physic. Chem. **72** (1968) 2, 763–65; Dep. of Chem., Univ. of Calif., Irvine, Calif.; engl.) – Es werden die Ausb. der bei der Rk. von T-Rückstoßatomen mit CH_3NC gebildeten radioakt. Prod. CH_3T, CH_2TOH, C_2H_5T, CH_2TNC u. CH_2TCN bestimmt. CH_3NC wurde wegen seiner niedrigen Aktivierungsenergie von 38,4 kcal/mol für die Isomerisierungsrk. $CH_2TNC^* \rightarrow CH_2TCN$ als Target gewählt. A. Pinkowski 496

1287 **Szilard-Chalmers-Chemie von C_6H_{14}–$R^{127}J$–$^{129}J_2$-Lösungen.** H. M. Chang und J. E. Willard. (J. physic. Chem. **71** (1967) 11, 3576–79; Dep. of Chem., Univ. of Wis., Madison, Wis.; engl.) – Nachst. Subst. werden in *n-Hexan* gelöst, mit Neutronen bestrahlt u. die entstandenen Prod. analysiert: *$^{127}J_2$, $^{129}J_2$, ^{127}J-Isopropyljodid* u. *^{127}J-Äthyljodid.* A. Pinkowski 496

1288 **Scheinbare Reaktionen angeregter Edelgasatome mit organischen Festkörpern.** S. Schlick, T. Cole und H. C. Heller. (J. chem. Physics **47** (1967) 5, 1874–76; Ford Motor Comp., Dearborn, Mich.; engl.) – Im Gegensatz zu früheren Unters. wird bei Beschuß von *Methylmalonsäure, Thymin* oder *Polystyrol* mit angeregten *He-* oder *Ar*-Atomen keine Radikalbldg. be-

obachtet. Vermutlich erfolgt Radikalbldg. nur, wenn die Edelgase mit H_2 verunreinigt sind.
L. Leonhardt 498

1289 **Mechanismus der Paterno-Buechi-Reaktion.** N. C. Yang, Robert Loeschen und Diane Nitchell. (J. Amer. chem. Soc. **89** (1967) 21, 5465–66; Univ. of Chicago, Chicago, Ill.; engl.) — Die photochem. Addition von *Benzaldehyd, Benzophenon* u. *9-Anthraldehyd* an *2.3-Dimethylbuten-(2)* wurde untersucht.
I. Eliassaf 498

1290 **Koinzidenzmessung von Photoionen und Photoelektronen bei Methan.** Burkhard Brehm und Ewald von Puttkamer. (Z. Naturforsch. **22a** (1967) 1, 8–10; Physikal. Inst. der Univ. Freiburg i. Br.; dt.) — Eine neue Meth. zur experimentellen Unters. der momomol. Zerfallskinetik wird beschrieben. Sie besteht in der gleichzeitigen Messung von Elektronenenergie u. Ionenmasse an durch das Koinzidenzverf. eindeutig einander zugeordneten Ionisationsprod., die bei der Photoionisation mit monochromat. Licht erzeugt werden. Die Resultate an CH_4 werden mitgeteilt.
A. Kiskéri Bocz 498

1291 **Radiolyse von Methylcyclopentan.** 2. Mitt. **Einfluß von Benzol und Cyclohexadien-(1.3) in flüssiger Phase.** E. Diane Stover und Gordon R. Freeman. (Canad. J. Chem. **46** (1968) 12, 2109–14; Chem. Dep., Univ. of Alberta, Edmonton; engl.) — 1. vgl. C. **1969,** 8-1219.
D. Strauch 498

1292 **Photolyse von Trienen. Selektive Photoreaktion von 3.7.7-Trimethylcycloheptatrien.** Lee B. Jones und Vera K. Jones. (J. Amer. chem. Soc. **89** (1967) 8, 1880–83; Dep. of Chem., Univ. of Ariz., Tuscon, Ariz.; engl.) — Bestrahlung von 3.7.7-Trimethylcycloheptatrien (**I**) in Bzl. mit einer Hg-Hochdrucklampe gibt ein Gemisch von *2.2.6-Trimethylbicyclo-*[*3.2.0*]*-heptadien-(3.6)* (**II**), *1.5.7-Trimethyl-* (**III**) u. *1.3.7-Trimethylcycloheptatrien* (**IV**) sowie **I.**
J. Schuber 498

1293 **β-Styrylnitren.** J. H. Boyer, W. E. Krueger und G. J. Mikol. (J. Amer. chem. Soc. **89** (1967) 21, 5504 bis 5505; Dep. of Chem., Chicago Circle Campus, Univ. of Ill., Chicago, Ill.; engl.) — *β-Styrylazid* wird durch Pyrolyse u. auch durch Photolyse in *Phenylacetonitril* überführt. Vf. vermuten β-Styrylnitren als Zwischenprodukt.
J. Eliassaf 498

1294 **Die durch γ-Bestrahlung induzierten Additions-Reaktionen des Äthanols an Äthylen in der Gasphase.** 1. Mitt. **Ergebnisse und Reaktionsmechanismen.** Hiroshi Hotta, Hirondo Kurihara und Toshihiko Abe. (Bull. chem. Soc. Japan **40** (1967) 4, 714–18; Takasaki Radiation Chem. Establishment Japan Atomic Energy Res. Inst., Takasaki, Gunma; engl.) K. Vacek 498

1295 **Die durch γ-Bestrahlung induzierten Additions-Reaktionen des Äthanols an Äthylen in der Gasphase.** 2. Mitt. **Kinetische Analyse der Ergebnisse.** Hirondo Kurihara und Hiroshi Hotta. (Bull. chem. Soc. Japan **40** (1967) 4, 719–23; engl.) — 1. vgl. vorst. Referat. — Die kinet. Analyse der Ergebnisse von l.c. wurde mittels der modifizierten allg. Meth. von Gale u. Wagner [J. Am. Chem. Soc. **86,** (1964) 4531] durchgeführt.
K. Vacek 498

1296 **Röntgenradiolyse von Wasserdampf enthaltendem Methanol. Einfluß einiger Elektronen- und H-Atom-Fänger.** R. S. Dixon und M. G. Bailey. (Canad. J. Chem. **46** (1968) 12, 1957–64; Atomic Energy of Canada Ltd., Whiteshell, Nuclear Res. Establishment, Pinawa, Manitoba; engl.) — Die Radiolyse ($3{,}0 \cdot 10^{17}$ eV/g · min) wird bei 125° u. 1 atm in Ggw. u. Abwesenheit von Propylen, N_2O, SF_6 u. CCl_4 untersucht.
D. Strauch 498

1297 **Zwischenprodukte bei der photochemischen Umlagerung von Bicyclo-[3.1.0]-hexenonen.** Harold Hart und David W. Swatton. (J. Amer. chem. Soc. **89** (1967) 8, 1874–80; Dep. of Chem., Mich. State Univ., East Lansing, Mich.; engl.) — UV-Bestrahlung von *Hexamethylbicyclo-*[*3.1.0*]*-hexenon* (**I**) in Methanol durch Pyrex-Filter liefert *Hexamethyl-6-methoxycyclohexadien-(1.4)-ol* (**II**). Die Photolyse kann mit Benzophenon sensibilisiert werden. **II** geht bei therm. Behandlung oder mit Säure unter Abspaltung von Methanol in *Pentamethyl-6-methylencyclohexadien-(1.4)-ol* über (**III**), das bei weiterer Säurebehandlung *Hexamethylcyclohexadienon-(2.5)* gibt. Letzteres entsteht auch bei der säurekatalysierten Umlagerung von Hexamethylcyclohexadienon-(2.4). Der Verlauf dieser Rk. konnte unter Benutzung von D-markiertem **I** aufgeklärt werden. **II** wird durch Basen in *2.3.4.5.5.6-Hexamethyl-2-methoxycyclohexenon-(3)* umgewandelt, das unter therm. Eliminierung von Methanol *2.3.5.5.6-Pentamethyl-4-methylencyclohexenon-(2)* liefert. Therm. Isomerisierung von **III** gibt *3.4.5.5.6-Pentamethyl-2-methylencyclohexenon-(3).*
J. Schuber 498

1298 **Photochemie von Dibenzoyläthylenen. Mechanistische und untersuchende organische Photochemie.** 22. Mitt. Howard E. Zimmerman, Heinz G. Dürr, Richard S. Givens und Robert G. Lewis. (J. Amer. chem. Soc. **89** (1967) 8, 1863–74; Chem. Dep., Univ. of Wis., Madison, Wis.; engl.) — 21. vgl. C. **1969,** 3-1230. — *Dibenzoyläthylen* (**I**), *Dibenzoylstyrol* (**II**) u. *Dibenzoylstilben* (**III**) liefern bei Bestrahlung (320–360 mμ) in alkohol. Lsg. die Äthylester der *4-Phenyl-* (**IV**), *2.4-Diphenyl-* (**V**) bzw. *2.3.4-Triphenyl-4-phenoxybuten-(3)-säure* (**VI**). Die Rk. stellt eine 1.5-Phenylwanderung vom C zum O dar. Ferner wurde 4-Phenoxy-4-phenyl-3-butensäure-tert.-butylester hergestellt.
J. Schuber 498

1299 **ESR-Untersuchung der Photolyse von CF_3OF und CF_3OOCF_3 bei niedriger Temperatur. Das CF_3OO-Radikal in Lösung.** N. Vanderkooi jun. und W. B. Fox. (J. chem. Physics **47** (1967) 9, 3634–37; Indust. Chem. Div., Allied Chem. Corp., Morristown, N.J.; engl.) — Die ESR-Spektren von Lsg. von CF_3OF u. CF_3OOCF_3 nach UV-Bestrahlung werden bei –196° bis –170° untersucht.
G. O. Jäger 498△

1300 **Terpenoide.** 10. Mitt. **Wirkung von γ-Bestrahlung auf α-Pinen.** Bunichiro Tomita, Yoshiyuki Hirose und Tomoichiro Nakatsuka. (J. Japan Wood. Res. Soc. [Mokuzai Gakkaishi] **13** (1967) 1, 20–23; Fac. of Agriculture, Univ. of Tokyo, Tokyo; engl.) — 9. vgl. C. **1966,** 41-1373. — Nach der γ-Bestrahlung von α-Pinen unter Lufteinw. werden gaschromatograph. *α-Campholenaldehyd, Pinocarvon, Pinocarvenol, Myrtenal* u. *Verbenon* als Hauptprod., *α-Pinenepoxid* u. *Sobrenol* als Nebenprod. nachgewiesen.
K. Jasche 498△

1301 **Photodissoziation des durch UV-Bestrahlung von Cysteinhydrochlorid-Einkristallen gebildeten Thiyl-Radikals.** David H. Volman. (J. chem. Physics **46** (1967) 4, 1541–42; Dep. of Chem., Univ. of Calif., Davis, Calif.; engl.)
W. Wesly 498

1302 **Photochemie von Flavinen in Pyridin und mit einem Donator.** William E. Kurtin, Michael A. Latino und Pill-Soon Song. (Photochem. and Photobiol. **6** (1967) 4, 247–59; Lubbock, Tex., Tex. Technol. Coll., Dep. of Chem.; engl.) — Es wird die Kinetik der Photork. von *Ribo-* u. *Lumiflavin* (**I**) in Py. unter aeroben u. anaeroben Bedingungen, in Py./W. u. in Ggw. von N.N′-Dimethyl-N-benzyläthylendiamin (**II**) untersucht. Angegeben sind das ESR-Spektrum des *Flavinsemichinon*-Radikals sowie Elektronenstrukturdaten von **I**, seinem Semichinon u. **II**.
G. O. Jäger 498△

1303 **D–D-Mechanismus in der äthanolischen Lösung von Eosin.** Masae Nemoto, Yoshiharu Usui und Masao Koizumi. (Bull. chem. Soc. Japan **40** (1967) 5, 1035–40; Tohoku Univ., Fac. of Sci., Dep. of Chem., Katahira-cho, Sendai; engl.) — Der D–D-Mechanismus, während dem die photochem. Rk. durch Wechselwrkg. zwischen dem Triplet- u. dem Grundzustand des Farbstoffs eingeleitet wird, wird bestätigt.
G. Schlicht 498

C. Präparative organische Chemie, Naturstoffe

1304 **Reaktion stickstoffhaltiger Verbindungen mit molekularem Sauerstoff.** 4. Mitt. Eugen Höft und Hartmut Schulze. (Z. Chem. **7** (1967) 4, 137–48; Inst. für organ. Chemie der DAdW zu Berlin; dt.) — 3. vgl. Liebigs Ann. Chem. **697** (1966) 188. — Übersicht. — Vf. berichten über die Rk. von molekularem O_2 mit aliphat. u. cycloaliphat. Aminen, Amiden u. Lactamen, Hydroxylaminen, Hydrazinen, Dialkylanilinen, N-arylsubst. N-Heterocyclen, prim. aromat. Aminen u. Enaminen. — 143 Literaturangaben. — 2. vgl. C. **1968, 42-0983.**
G. Westphal 510△

1305 **Asymmetrische Reduktionen.** 1. Mitt. **Reduktion von Ketonen mit aktivem Isobornyloxyaluminiumdichlorid.** D. Nasipuri und G. Sarkar. (J. Indian chem. Soc. **44** (1967) 5, 425–29; Dep. of Chem., Univ. Coll. of Sci., Calcutta; engl.) — Aus einem Gemisch von ca. 90% (−)-Isoborneol u. ca. 10% (+)-Borneol wird mit trockenem $AlCl_3$ u. $LiAlH_4$ in abs. Ae. *opt.-akt. Isobornyloxyaluminiumdichlorid* (I) dargestellt. I red. Alkyl- bzw. Arylmethylketone zu *teilweise opt.-akt. Alkyl-* bzw. *Arylmethylcarbinolen* mit R-Konfiguration. Die größte opt. Reinheit wird mit 25,9% beim Methylphenylcarbinol erreicht. Die Stereospezifität wächst mit der Verzweigung am α-C-Atom der Ketone. Die Red. von Benzylmethylketon mit I gibt kein opt.-akt. Produkt. p-Methoxyacetophenon wird in Ae. bzw. THF nicht von I reduziert.

Versuche: *Äthylmethylcarbinol*, Kp. 98–100°, aus Äthylmethylketon u. 1,3 Val I in Ae.; $[\alpha]_D^{25-30}$ −0,385; 20–25% (Ausb.). — Analog: *Isopropylmethylcarbinol*, Kp. 110–112°, $[\alpha]_D^{25-30}$ −0,875; 20–28%. — *Isobutylmethylketon*, Kp. 135–137°, $[\alpha]_D^{25-30}$ −1,19°; 30–33%. — *tert.-Butylmethylcarbinol*, Kp. 120–122°, $[\alpha]_D^{25-30}$ −1,40°; 12–15%. — *Phenylmethylcarbinol*, $Kp._{12}$ 83–85°, $[\alpha]_D^{25-30}$ +11,04°; 50%.
Hans Köhne/Berlin 510△

1306 **Alkylierungen in Dimethylformamid.** A. K. Sen und Scion Sarma. (J. Indian chem. Soc. **44** (1967) 7, 644–45; Indian Inst. of Technol., Kharagpur; engl.) — Phthalimid (I) reagiert mit Brommalonsäurediäthylester (II) u. wasserfreiem K_2CO_3 in DMF zu *Phthalimidomalonsäurediäthylester* (III). III gibt analog mit Benzylchlorid (IV) *Phthalimidobenzylmalonsäurediäthylester* (V). Aus IV u. Malonsäurediäthylester (VI) wird so *Benzylmalonsäurediäthylester* erhalten. V wird alkal. zu *o-Carboxybenzamidobenzylmalonsäure* verseift, die beim Erhitzen in *N-Phthaloyl-DL-phenylalanin* übergeht.

Versuche: *Phthalimidomalonsäurediäthylester* (III), F. 71–72°, aus II, I u. wasserfreiem K_2CO_3 in DMF; 98% (Ausb.). — *Phthalimidobenzylmalonsäurediäthylester* (V), F. 109° (A.), aus III, IV u. wasserfreiem K_2CO_3 in DMF; 76%. — *o-Carboxybenzamidobenzylmalonsäure*, F. 159–162°, aus 71 g V u. sd. verd. NaOH; 52 g. — *N-Phthaloyl-DL-phenylalanin*, durch Erhitzen von vorst. Verb. über den F.; 100%. — *Benzylmalonsäurediäthylester*, $Kp._5$ 145–155°, aus IV u. VI analog V; 62%.
Hans Köhne/Berlin 520△

C-1. Acyclische Verbindungen

1307 **Alkoholysereaktionen von Alkylsulfiten.** R. C. Mehrotra und S. N. Mathur. (J. Indian chem. Soc. **44** (1967) 7, 651–53; Univ. of Rajsthan, Jaipur; engl.) — n-Alkohole bilden mit Diäthylsulfit (I) *Dialkylsulfite*. Sek. Alkohole geben mit I *Äthyl-sek.-alkylsulfite*. tert.-Butanol reagiert nicht mit I bzw. Dimethylsulfit (II). Aus II u. Isopropanol entsteht *Methylisopropylsulfit*.

Versuche: *Diäthylsulfit* (I), Kp. 161°, aus $SOCl_2$ u. C_2H_5OH. — *Dimethylsulfit* (II), Kp. 121,5°, a) aus $SOCl_2$ u. CH_3OH; b) aus I u. CH_3OH in sd. Bzl. unter Dest.; 54% (Ausb.). — Analog II nach b): *Di-n-propylsulfit*, $Kp._9$ 65°; 52%. — *Di-n-butylsulfit*, $Kp._{10}$ 76°; 75%. — *Diisobutylsulfit*, $Kp._7$ 65°; 79%. — *Diisoamylsulfit*, $Kp._{10}$ 86°; 80%. — *Äthylisopropylsulfit*, $Kp._7$ 55°; 77%. — *Äthyl-sek.-butylsulfit*, $Kp._{10}$ 65°; 76%. — *Methylisopropylsulfit*, $Kp._{10}$ 48°, aus II u. Isopropanol; 67%.
Hans Köhne/Berlin 610△

1308 **Verbesserte Darstellung von 2.3-Dihydro-p-dioxin (Dioxen).** Rodney D. Moss und Janet Paige. (J. chem. Engng. Data **12** (1967) 3, 452–54; E.C. Britton Res. Labor., The Dow Chem. Co., Midland, Mich.; engl.) — *2.3-Dihydro-p-dioxin* entsteht in 78%ig. Ausb. durch Dehydrierung-Dehydratisierung von Glykol bei 230–250° in fl. Phase. Über die Wrkg. von Katalysatoren (Harshaw 1800 P, Girdler T-980 usw.) u. Additiven ($KHSO_4$, $NaHSO_4$, $K_2S_2O_7$, Cr_2O_3 auf Silicagel, Al_2O_3) wird berichtet. Als Nebenprod. der Rk. konnten *Dioxan* u. *Dioxanon* nachgewiesen werden.

Versuch: *2.3-Dihydro-p-dioxin*, Kp. 93–95°, durch dehydrierende Dehydratisierung von Glykol bei 230–250°; 78% Ausbeute. G. Westphal 620△

1309 **Reaktion von Perfluorisobutylen mit Dimethylformamid.** Ju. A. Čeburkov und I. L. Knunjanc. (Izvest. Akad. Nauk SSSR, Ser. chim. **1967,** 346–51; Inst. ėlementoorg. soedinenij AN SSSR; russ.) — Perfluorisobuten (I) reagiert mit DMF unter Bldg. von *αH-Hexafluorisobutenyldimethylamin* u. *Perfluorpivalinsäurefluorid* (II). Aus II werden durch Rk. mit CH_3OH, NH_4OH oder Dimethylamin (IV) der *Methylester* (III), das *Amid* u. *Dimethylamid* von II dargestellt. II liefert bei der Ox. mit $NaNO_2$ *2-Nitrosononafluor-2-methylpropan*, u. daraus entsteht durch weitere Ox. u. Hydrolyse *Nonafluor-tert.-butanol*. Ein Rk.-Mechanismus wird diskutiert. IR-Daten s. Original.

Versuche: *Perfluorpivalinsäure, Fluorid* (II), $C_5F_{10}O$, F. 34,5–35,5°, durch mehrstd. Stehen von 224,5 g I mit DMF im Rohr, Abkühlen auf 78°, Entfernen der niedrig sd. Bestandteile u. Dest.; 96 g (Ausb.). Daneben *αH-Hexafluorisobutenyldimethylamin* [Kp. 171 bis 174°, $Kp._{19}$ 69°, durch Gießen des Rückstandes in W. u. Abtrennen des Öls; n_D^{20} 1,3842; 101 g]. *Methylester* (III), $C_6H_3F_9O_2$, $Kp._{742}$ 91–92°, durch Rk. von II mit CH_3OH; n_D^{20} 1,3014; 93%. *Amid*, $C_5H_2F_9NO$, F. 138° (Heptan), durch Rk. von II mit NH_4OH; 85%. *Dimethylamid*, $C_7H_6F_9NO$, $Kp._{23}$ 71–73°, durch Rühren von 30 g II mit 10 g IV bei −78°; n_D^{20} 1,3502; 40%. Daneben *αH-Hexafluorisobuttersäuredimethylamid* [$C_6H_7F_6NO$, F. 56,5–57,5° (Heptan)]. — *2H-Nonafluor-2-methylpropan*, durch 2std. Rk. von 1,2 g II mit 5 ml Aceton u. 0,18 ml W.; 0,98 g. — *β.β.β-Tris-[trifluormethyl]-äthanol*, $C_5H_3F_9O$, F. 105°, durch Zugabe von 29,5 g III in 100 ml Ae. zu 4,2 g $LiAlH_4$ in 250 ml Ae. unter N_2, 2std. Rühren, mehrstd. Stehen u. Zerlegen mit 12 ml W. u. 60 ml 30%ig. H_2SO_4; 3,58 g. — *2-Nitrosononafluor-2-methylpropan*, durch 3std. Stehen von II mit $NaNO_2$ in DMF; 71%. — *Nonafluor-tert.-butanol*, durch 1std. Erhitzen vorst. Verb. mit $NaNO_2$ u. DMF auf 100°; 55%.
H. Dalmer 810△

1310 **Synthese von α.α-Dimethylalkansäureestern.** E. Ja. Žarova, K. V. Puzickij, I. B. Rapoport, Ja. T. Ėjdus und N. I. Velizar'eva. (Neftechimija **7** (1967) 1, 92–96; VNII po pererabotke nefti; russ.) — Die Ester von Neoalkansäuren mit aliphat. α.ω-Diolen u. 2-Äthylhexanol-(1) weisen niedrige E. (z. T. < −70°) u. eine niedrige Viskosität bei 50° (2–10 cSt) auf. Die Ester mit 1.1.1-Tris-[hydroxymethyl]-propan u. Cyclohexandiol-(1.2) sind höherviskos u. erstarren bei ca. −45°.

Versuche: α.α-Dimethylalkansäurechloride, mit $SOCl_2$ (80–90% Ausb.): *-valeriansäure-*, $Kp._{10}$ 47–49°, $D._4^{20}$ 0,9676, n_D^{20} 1,4312. — *-capronsäure-*, $Kp._{10}$ 57–58°, $D._4^{20}$ 0,9571, n_D^{20} 1,4349. — *-önanthsäure-*, $Kp._{10}$ 74–76°, $D._4^{20}$ 0,9497. — *-caprylsäure-*, $Kp._{10}$ 90–91°, $D._4^{20}$ 0,9435, n_D^{20} 1,4422. — *-pelargonsäure-*, $Kp._{21}$ 125–126°, $D._4^{20}$ 0,9347, n_D^{20} 1,4443. — *Cyclohexandiol-(1.2)*, *Bis-α.α-dimethylvalerianat*, $Kp._{1-2}$ 168–170°, E. −63°, n_D^{20} 1,4535. *Bis-α.α-dimethylcapronat*, $Kp._{1-2}$ 180–181°, E. −49°, n_D^{20} 1,4549. *Bis-α.α-dimethylönanthat*, $Kp._{1-2}$ 192–194°, n_D^{20} 1,4579. *Bis-α.α-dimethylcaprylat*, $Kp._{1-2}$ 198–200°, E. −51°, n_D^{20} 1,4587. *Bis-α.α-dimethylpelargonat*, $Kp._{1-2}$ 209 bis 211°, E. −50,5°, n_D^{20} 1,4600. — *Hexandiol-(1.6)*, *Bis-α.α-dimethylcapronat*, $Kp._{1-2}$ 178–180°, E. −69°, n_D^{20} 1,4430. — *Decandiol-(1.10)*, *Bis-α.α-dimethylvalerianat*,

Kp.$_{1-2}$ 192—194°, E. —63°, n_D^{20} 1,4452. *Bis-α.α-dimethylcapronat*, Kp.$_{1-2}$ 202—205°, E. —66°, n_D^{20} 1,4481. — *1.1.1-Tris-[hydroxymethyl]-propan, Tris-α.α-dimethylvalerianat*, Kp.$_{1-2}$ 218—224°, E. —45°, n_D^{20} 1,4509. — *2-Äthylhexanol-(1), α.α-Dimethylvalerianat*, Kp.$_{1-2}$ 112 bis 114°, E. < —70°, n_D^{20} 1,4330. *α.α-Dimethylcapronat*, Kp.$_{1-2}$ 114—116°, E. < —70°, n_D^{20} 1,4305. *2.2-Dimethylundecanat*, Kp.$_{1-2}$ 154—160°, E. —69°, n_D^{20} 1,4460. *2.2-Dimethyltetradecanat*, Kp.$_{1-2}$ 156—166°, E. —67°, n_D^{20} 1,4510. H.-E. Toussaint 810

1311 **Organische Fluorverbindungen. 3. Mitt. Einwirkung von Perchlorylfluorid auf substituierte Cyanessigsäureäthylester und Tiertoxizität der fluorierten Produkte.** Herman Gershon, Stephen G. Schulman und A. David Spevack. (J. med. Chem. **10** (1967) 4, 536—41; Boyce Thompson Inst. for Plant Res., Inc., Yonkers, N.Y.; engl.) — 2. vgl. ibid. **10** (1967) 186; 1. vgl. C. **1967**, 20-0984. — Fluorierung von alkylierten Cyanessigsäureäthylestern (**A**) mit ClO_3F in Ggw. von $NaOC_2H_5$ führt unter gleichzeitiger Addition von A. an die CN-Bindung zu *2-Alkyl-2-äthoxyformimidoyl-2-fluoressigsäureäthylestern* (**B**), die mit NH_4OH in *2-Alkyl-2-fluormalonsäurediamide* (**C**) übergeführt werden. In Ggw. von Na oder K in aprot. Lsgm. reagieren die **A** mit ClO_3F zu den erwarteten *2-Alkyl-2-cyan-2-fluoressigsäureäthylestern* (**D**), die mit NaOH zu *2-Alkyl-2-fluormalonamidsäuren* bzw. mit NH_4OH zu den **C** verseift werden. Mit fl. NH_3 liefert 2-Cyan-2-fluorbuttersäureäthylester (**IV**) *2-Carbamoyl-2-fluorbutyramidin*. Saure Hydrolyse von **B** oder **D** führt zu *2-Fluorcarbonsäuren*. Die dargestellten Verb. zeigen keine Antitumoraktivität (Tabelle).

Versuche: *2-Cyan-4-methylvaleriansäure*, $C_7H_{11}\cdot NO_2$, Kp.$_{0,25}$ 103,5—104°, durch Rühren von 2-Cyan-4-methylvaleriansäureäthylester mit NaOH in A./W. (1:1) bei Raumtemp. über Nacht; 75% (Ausb.). — *2-Cyansuccinamid*, $C_5H_7N_3O_2$, F. 164—165,5° (Zers.; wss. A.), durch Stehen von 2-Cyanbernsteinsäurediäthylester in konz. NH_4OH bei 4° über Nacht u. 1wöchiges Stehen bei —10°; 58%. — Analog *2-Cyanglutaramid*, $C_6H_9N_3O_2$, F. 153—154° (wss. A.), aus 2-Cyanglutarsäurediäthylester; 83%. — 2-Äthoxyformimidoyl-2-fluorcarbonsäureäthylester (**B**): *-propionsäureäthylester* (**II**), $C_8\cdot H_{14}FNO_3$, Kp.$_{20}$ 90—92°, durch Zugabe von 2-Cyanpropionsäureäthylester (**I**) zu $NaOC_2H_5$ in abs. A. u. Zugabe von ClO_3F unter N_2 bei 10—15° bis zum Ende der exothermen Rk.; 75%. — Analog *-buttersäureäthylester*, $C_9H_{16}FNO_3$, Kp.$_{10}$ 84—85°; 80%. — *-n-valeriansäureäthylester*, $C_{10}H_{18}FNO_3$, Kp.$_{10}$ 97—98°; 75%. — *-3-methylbuttersäureäthylester* (**III**), $C_{10}H_{18}FNO_3$, Kp.$_{10}$ 91—93°; 72%. — *-capronsäureäthylester*, $C_{11}H_{20}FNO_3$, Kp.$_{10}$ 108—109,5°; 77%. — *-4-methylvaleriansäureäthylester*, Kp.$_{10}$ 102—104°; 80%. — *-3-methylvaleriansäureäthylester*, Kp.$_{10}$ 98—99,5°; 80%. — *-3-phenylpropionsäureäthylester*, $C_{14}H_{18}FNO_3$, Kp.$_{0,15}$ 105°; 70%. — *-glutarsäurediäthylester*, $C_{12}H_{20}FNO_5$, Kp.$_{0,3}$ 105°; 90%. — 2-Alkyl-2-fluormalonsäurediamide [**C**, F. aus Methanol/W. (95:5)]: *2-Methyl-*, $C_4H_7FN_2O_2$, F. 233 bis 234° (Zers.), durch 22tägiges Stehen von **II** in konz. NH_4OH/Methanol (4:1) bei —10°; 83%. — Analog *2-Äthyl-*, $C_5H_9FN_2O_2$, F. 184—185°; 60%. — *2-n-Propyl-*, $C_6H_{11}FN_2O_2$, F. 167—168°; 49%. — *2-Isobutyl-*, $C_7H_{13}\cdot FN_2O_2$, F. 203—204°; 53%. — *2-[β-Carbamoyläthyl]-*, $C_6H_{10}FN_3O_3$, F. 197—198°; 51%. — 2-Cyan-2-fluorcarbonsäureäthylester (**D**): *-propionsäureäthylester*, $C_6H_8FNO_2$, Kp.$_{10}$ 54—55°, durch Zugabe von **I** zu K in abs. A., Aufarbeiten u. Rk. mit ClO_3F analog **II**; 35%. — Analog *-buttersäureäthylester* (**IV**), $C_7H_{10}FNO_2$, Kp.$_{10}$ 67—68°, durch Zugabe von 2-Cyanbuttersäureäthylester zu Na in abs. Toluol bei < 90° u. Rk. mit ClO_3F analog **II**; 80%. — *-valeriansäureäthylester*, $C_8H_{12}FNO_2$, Kp.$_{10}$ 79°; 48%. — *-3-methylbuttersäureäthylester*, Kp.$_{10}$ 74°; 80%. — *-capronsäureäthylester*, $C_9H_{14}FNO_2$, Kp.$_{10}$ 90—90,5°; 47%. — *-4-methylvaleriansäureäthylester*, Kp.$_{10}$ 83°; 78%. — *-3-methylvaleriansäureäthylester*, Kp.$_{10}$ 86—87°; 46%. — *-3-phenylpropionsäureäthylester*, $C_{12}H_{12}FNO_2$, Kp.$_4$ 123°; 49%. — *-glutarsäurediäthylester*, $C_{10}H_{14}FNO_4$, Kp.$_5$ 121—121,5°; 71%. — *2-Fluor-3-methylbuttersäure*, $C_5H_9\cdot FO_2$, F. 41°, Kp.$_{10}$ 82°, durch Kochen von **III** in konz. HCl über Nacht; 80%. — Analog *2-Fluor-3-methylvaleriansäure*, $C_6H_{11}FO_2$, Kp.$_{10}$ 95,5—96,5°; 80%. — *2-Fluor-4-methylvaleriansäure*, Kp. 96,5—98,5°; 75%. — *2-Carbamoyl-2-fluorbutyramidin*, $C_5H_{10}FN_3O$, F. 150 bis 151° (Zers.), durch Stehen von **IV** in fl. NH_3 über Nacht; 95%. — 2-Alkyl-2-fluormalonamidsäuren (F. aus Aceton/Ae./PAe.): *2-Äthyl-*, $C_5H_8FNO_3$, F. 142° (Zers.), durch 2std. Rühren von **IV** in NaOH u. Stehen über Nacht 66%. — Analog *2-n-Propyl-*, $C_6H_{10}FNO_3$, F. 154° (Zers.); 38%. — *2-Isopropyl-*, F. 159° (Zers.); 69%. — *2-n-Butyl-*, $C_7H_{12}FNO_3$, F. 160° (Zers.); 58%. — *2-Isobutyl-*, F. 153° (Zers.); 60%. — *2-sek.-Butyl-*, F. 145° (Zers.); 33%. — *2-Benzyl-*, $C_{10}H_{10}FNO_3$, F. 147° (Zers.); 66%. — *2-Fluormalonamidsäure, NH_4-Salz, Monohydrat*, $C_3H_9FN_2O_4$, F. 209—210° (Zers.; W./Methanol/Aceton), durch Stehen von Fluormalonsäurediäthylester u. NaOH in W./A. (2:1) über Nacht, Rk. mit Amberlite IR-120 u. Alkalisieren mit NH_4OH; 35%. — Analog *2.2-Difluormalonamidsäure, NH_4-Salz, Monohydrat*, $C_3H_8F_2N_2O_4$, F. 220—221° (Zers.; Methanol/Aceton); 47%.

H. Miele 820△

1312 **Synthese von Seneciphyllinsäure.** J. D. Edwards jun., Tsunao Hase und Nobutaka Ichikawa. (J. heterocyclic. Chem. **4** (1967) 4, 487—90; Dep. of Chem., Lamar State Coll. of Technol., Beaumont, Tex.; engl.) — Aus 3-Methyl-$Δ^3$-butenon-(2) (**I**) u. wasserfreier HCN in abs. CH_3OH wird *2-Hydroxy-2.3-dimethyl-$Δ^3$-butensäurenitril* erhalten, das mit wasserfreier HCl in abs. CH_3OH/abs. Ae. *2-Hydroxy-2.3-dimethyl-$Δ^3$-orthobutensäuretrimethylester* (**II**) gibt. **II** bildet mit verd. H_2SO_4 *2-Hydroxy-2.3-dimethyl-$Δ^3$-butensäuremethylester* (**III**), der von sd. $Ba(OH)_2$-Lsg. zu *2-Hydroxy-2.3-dimethyl-$Δ^3$-butensäure* hydrolysiert wird. Mit N-Bromsuccinimid (**IV**) in CCl_4 in Ggw. von Dibenzoylperoxid (**V**) reagiert **III** zu *3-Brommethyl-2-hydroxy-2-methyl-$Δ^3$-butensäuremethylester*, aus dem mit Acetessigsäuremethylester (**VI**) u. CH_3ONa in CH_3OH *5-Acetyl-2-hydroxy-2-methyl-3-methylenhexandisäuremonomethylester-δ-lacton* (**VII**) erhalten wird. **VII** läßt sich mit $NaBH_4$ nicht reduzieren. Mit 85%ig. Polyphosphorsäure gibt das Prod. der Red. von **VII** mit Boran/Morpholin bei 145—150° 7% *cis-* (**VIII**) u. 41% *trans-5-Äthyliden-2-hydroxy-2-methyl-3-methylenhexandisäure-δ-lacton* (**IX**). **IX** wird von sd. $Ba(OH)_2$-Lsg. zu (±)-*trans-Seneciphyllinsäure* (**X**) hydrolysiert. Analog wird aus **VIII** (±)-*cis-Seneciphyllinsäure* (**XI**) erhalten. Die Trennung der Enantiomeren erfolgt über die *Cinchonidinsalze* von **X** bzw. **XI**. **X** gibt bei der Subl. im Vakuum bei 90° (±)-*trans-Seneciphyllinsäurelacton.*

Versuche: *2-Hydroxy-2.3-dimethyl-$Δ^3$-butensäurenitril*, C_6H_9NO, Kp.$_{1,5}$ 57—59°, aus **I**, HCN u. 20%ig. K_2CO_3-Lsg. in CH_3OH bei —5°; 66% (Ausb.). — *2.3-Dimethyl-2-hydroxy-$Δ^3$-butensäure*, $C_6H_{10}O_3$, F. 87—88° (Cyclohexan), aus 1 g **III** u. sd. wss. $Ba(OH)_2$-Lsg.; 0,5 g. *Methylester* (**III**), $C_7H_{12}O_3$, Kp.$_{10}$ 64—65°, aus 40,5 g vorst. Verb. u. trockenem HCl-Gas in abs. CH_3OH/abs. Ae. [→ 30 g **II**, F. 51—52° (PAe. u. Bzl.)] u. Rk. von **II** mit verd. H_2SO_4 bei 50°; 95%. — *3-Brommethyl-2-hydroxy-2-methyl-$Δ^3$-butensäuremethylester*, $C_7H_{11}BrO_3$, Kp.$_{0,25}$ 54—55°, aus **III** u. 1 Val **IV** in Ggw. von **V** in sd. CCl_4; 46%. — *5-Acetyl-2-hydroxy-2-methyl-3-methylenhexandisäuremonomethylester-δ-lacton* (**VII**), $C_{11}H_{14}O_5$, F. 96 bis 97° (n-Heptan), aus vorst. Verb., **VI** u. CH_3ONa in CH_3OH; 32%. — *5-Äthyliden-2-hydroxy-2-methyl-3-methylenhexandisäure-δ-lacton, trans-Form* (**IX**), $C_{10}H_{12}O_4$, F. 65—66° (Ae./PAe.), aus dem Prod. der Red. von **VII** mit Boran/Morpholin bei 145—150° u. 20 Torr in Ggw. von 85%ig. Polyphosphorsäure; 41%; daneben 7% *cis-Form* (**VIII**). — *trans-Seneciphyllinsäure*, (±)-*Form* (**X**), $C_{10}H_{14}O_5$, F. 161—162° (Ae./PAe.), aus **IX** u. sd. wss. $Ba(OH)_2$-Lsg.; 94% [*δ-Lacton*, $C_{10}H_{12}O_4$, F. 151—152° (Bzl. u. Ae./PAe.), aus **X** bei 90°/0,1 Torr; 75%]. *Enantiomeres A*, F. 145—146° (Ae./PAe.), aus 40 mg Cinchonidinsalz u. 5%ig. HCl; 8 mg [*Cinchonidinsalz*, $C_{29}H_{36}N_2O_6$, F. 199—200° (CH_3OH/Essigester), aus 0,16 g **X** u. Cinchonidin in sd. CH_3OH; $[α]_D^{27}$ —80° (c = 1,607; A.); 230 mg; daneben 50 mg *Cinchonidinsalz des Enantiomeren B*]. *Enantiomeres B*, F. 144—145°, aus 20 mg Cinchonidinsalz u. 5%ig. HCl; $[α]_D^{25}$ +9° (c = 1,021; A.); 5 mg [*Cinchonidinsalz*, F. 161—162° (Aceton), $[α]_D^{27}$ —68° (c = 0,801; A.)]. — *cis-Seneciphyllinsäure*, (±)-*Form* (**XI**), F. 97—98° (Ae./PAe.), analog **X** aus 45 mg

VIII; 45,9 mg. *Enantiomeres A*, F. 114—116° (Ae./PAe.), aus 14 mg Cinchonidinsalz u. 5%ig. HCl; 5,2 mg [*Cinchonidinsalzacetonsolvat*, $C_{29}H_{36}N_2O_6 \cdot CH_3COCH_3$, F. 165 bis 167° (Aceton), aus 41,2 mg **XI** u. Cinchonidin in CH_3OH, $[\alpha]_D^{27}$ —92° (c = 1,016; A.); 22 mg; daneben 25 mg *Cinchonidinsalz des Enantiomeren B*]. *Enantiomeres B*, F. 112—114° (Ae./PAe.), aus 20 mg Cinchonidinsalz u. 5%ig. HCl; 4,2 mg [*Cinchonidinsalz*, F. 192 bis 194° (Aceton), $[\alpha]_D^{26}$ —87° (c = 0,937; A.)].

Hans Köhne/Berlin 850△

1313 **Einige neue Carbamate und Carbanilate.** T. M. Valega und J. C. Ingangi. (J. chem. Engng. Data **12** (1967) 3, 457—60; Entomology Res. Divis., Agriculture Res. Service, U. S. Dep. of Agriculture, Beltsville, Md. 20705; engl.) — Vgl. J. agric. Food Chem. **15**, (1967) 139 — Es werden die Darst., die physikal. Konst. von *Carbamaten* u. *Carbanilaten* sowie die Testung als Synergisten für Insektizide gegen resistente Hausfliegen (*Musca domestica*) angegeben (vgl. Orig.).

Versuche: Carbamate: *N-Methyl-O-propyl-*, $C_5H_{11}NO_2$, Kp.$_{14}$ 84,5—85°; n_D^{25} 1,4234. — *N-Propyl-O-propyl-*, $C_7H_{15}NO_2$, Kp.$_{13}$ 103°; n_D^{25} 1,4292. — *N-Propyl-O-butyl-*, $C_8H_{17}NO_2$, Kp.$_{14}$ 115,5—115,8°; n_D^{25} 1,4327. — *N-Isopropyl-O-butyl-*, $C_8H_{17}NO_2$, Kp.$_{14}$ 106—106,8°; n_D^{25} 1,4300. — *N-Cyclohexyl-O-butyl-*, $C_{11}H_{21}NO_2$, F. 53 bis 54°. — *N.N-Diisobutyl-O-phenyl-*, $C_{15}H_{23}NO_2$, Kp.$_{0,05}$ 94—102°; n_D^{25} 1,4899. — *N.N-Di-sek.-butyl-O-phenyl-*, $C_{15}H_{23}NO_2$, Kp.$_{0,13}$ 112,5—114,5°; n_D^{25} 1,4988. — *N.N-[2.5-Äthanohexamethylen]-O-phenyl-*, $C_{15}H_{19}NO_2$, F. 72,5 bis 74°. — *N.N-Diphenyl-O-[3-chlorpropyl]-*, $C_{16}H_{16}ClNO_2$, F. 57—59°. — *N.N-Diphenyl-O-butyl-*, $C_{17}H_{19}NO_2$, F. 55,5—56,5°. — *N.N-Diphenyl-O-phenyl-*, $C_{19}H_{21}NO_2$, F. 45—46°. — *N.N-Diphenyl-O-[4-nitrobenzyl]-*, $C_{20}H_{16}N_2O_4$, F. 141,5—143,5°. — *N-[2.5-Dichlorphenyl]-O-butyl-*, $C_{11} \cdot H_{13}Cl_2NO_2$, Kp.$_{0,08}$ 122—126°; n_D^{25} 1,5400. — *N-Äthyl-N-phenyl-O-phenyl-*, $C_{15}H_{15}NO_2$, Kp.$_{0,13}$ 135—140°; n_D^{25} 1,5620. — *N-Propyl-N-phenyl-O-phenyl-*, $C_{16}H_{17}NO_2$, Kp.$_{0,095}$ 142—147°; n_D^{25} 1,5556. — *N-Isopropyl-N-phenyl-O-phenyl-*, $C_{16}H_{17}NO_2$, F. 98,5—101°. — *N-Butyl-N-phenyl-O-phenyl-*, $C_{17}H_{19}NO_2$, Kp.$_{12}$ 147—152,5°; n_D^{25} 1,5468. — *N-Isopentyl-N-phenyl-O-phenyl-*, $C_{18}H_{21}NO_2$, Kp.$_{0,18}$ 156—159°; n_D^{25} 1,5415. — Thiocarbamate: *N-Propyl-S-phenyl-*, $C_{10}H_{13}NOS$, F. 75,5—77°. — *N-Isopropyl-S-phenyl-*, $C_{10}H_{13}NOS$, F. 98—102°. — *N-Pentyl-S-butyl-*, $C_{10}H_{21}NOS$, Kp.$_{16}$ 172—175°; n_D^{15} 1,4822. — *N.N-Diisobutyl-S-phenyl-*, $C_{15}H_{23}NOS$, Kp.$_{0,11}$ 127 bis 129°; n_D^{25} 1,5318. — *N.N-Di-sek.-butyl-S-phenyl-*, $C_{15} \cdot H_{23}NOS$, Kp.$_{0,12}$ 133—135°; n_D^{25} 1,5405. — *N-[2.5-Dichlorphenyl]-S-isopropyl-*, $C_{10}H_{11}Cl_2NOS$, F. 79—82,5°. — *N-[2-Methylphenyl]-S-phenyl-*, $C_{14}H_{13}NOS$, F. 136—138°. — *N-[3-Methylphenyl]-S-phenyl-*, $C_{14}H_{13}NOS$, F. 80 bis 82°. — Carbanilide: *O-[2-(Aziridinyl-(1))-äthyl]-*, $C_{11} \cdot H_{14}N_2O_2$, F. 92—94,5°. — *O-[3-Chlorphenyl]-*, $C_{13}H_{10} \cdot ClNO_2$, F. 124—125°. — *O-[2-Chlor-4-tert.-butylphenyl]-*, $C_{17}H_{18}ClNO_2$, F. 126—132°. — *O-[2-Methylphenyl]-*, $C_{14} \cdot H_{13}NO_2$, F. 132—134°. — *O-[2.6-Dimethylphenyl]-*, $C_{15} \cdot H_{15}NO_2$, F. 148—150,5°. G. Westphal 880△

1314 **Acylierung von Guanidinen und Guanylhydrazonen.** Raj Nandan Prasad und A. F. Mc Kay. (Canad. J. Chem. **45** (1967) 19, 2247—52; Abbott Labor. Ltd., Montreal, Quebec; engl.) — *Alkyl-* bzw. *Arylguanidine* werden aus prim. bzw. sek. Aminen u. 1 Val S-Methylisothiuroniumjodid in CH_3OH dargestellt. Äthylenimin gibt mit S-Methylisothiuroniumsulfat (**I**) *β-Methylmercaptoäthylguanidinsulfat*, das zum Strukturbeweis auch aus *β*-Methylmercaptoäthylamin (**II**) u. **I** synthetisiert wird. *Acylderiv.* werden durch Rk. der freien Guanidine bzw. Guanylhydrazone mit Estern bzw. in einigen Fällen mit Säurechloriden bzw. Anhydriden erhalten. *Guanylhydrazone* werden aus Aldehyden u. Aminoguanidin (**III**) gebildet. Dichloracetaldehyd (**IV**) ergibt mit dem Hydrochlorid von **III** *Glyoxal-bis-[guanylhydrazonhydrochlorid]*. Durch Rk. von Benzil mit dem Hydrochlorid von **III** in Ggw. von HCl u. anschließende Rk. mit NH_4OH entsteht *Benzil-bis-[guanylhydrazon]*. Indol-3-carbaldehyd (**V**) u. **III** ergeben *Indol-3-carbaldehydguanylhydrazon* (**VI**), das auch aus **V** u. dem Hydrochlorid von **III** dargestellt wird. **VI** u. Dichloressigsäureäthylester (**VII**) bilden *Indol-3-carbaldehyd-[N′-dichloracetylguanyl]-hydrazon*. Mono- u. Diacetylierung verringern die antibakterielle Aktivität der Guanidine bzw. Guanylhydrazone. Einführung eines Cl-Atoms in eine Monoacetylgruppe steigert die Aktivität wieder. Eine Azidgruppe hat keinen Einfluß.

Versuche: *n-Dodecylguanidin*, F. 94°. — *3.4-Dichlorbenzylguanidinhydrochlorid*, F. 168°. — *4-Chlorbenzylguanidinsulfat*, F. 228—229°. — *β-Methylmercaptoäthylguanidin, Sulfat*, $(C_4H_{11}N_3S)_2 \cdot H_2SO_4$, F. 138—139° ($CH_3OH$/Ae.), a) aus **I** u. Äthylenimin in wss. CH_3OH; 22% (Ausb.); b) aus **II** u. 1 Val **I** in 20%ig. CH_3OH; 77%. *Pikrat*, F. 157—159°. — *Glyoxal-bis-[guanylhydrazon]*, F. 260—262° (Zers.), aus dem Dihydrochlorid u. verd. NH_4OH. *Dihydrochlorid*, $C_4H_{10}N_8 \cdot 2\,HCl$, F. 288 bis 289° (Zers.; W./A./Aceton), aus dem Bicarbonat von **III** u. **IV** in sd. verd. HCl; 15%. — Analog *n-Dodecanalguanylhydrazonhydrochlorid*, $C_{13}H_{28}N_4 \cdot HCl$, F. 67 bis 68° (PAe.); 71%. — *2-Hydroxy-5-chlorbenzaldehydguanylhydrazon*, $C_8H_9ClN_4O$, F. 167—169° (Bzl.). *Hydrochlorid*, $C_8H_9ClN_4O \cdot HCl$, F. 286—287° (A./Bzl.); 44%. — *Vanillinguanylhydrazonhydrochlorid*, $C_9H_{12}N_4O_2 \cdot HCl$, F. 219—220° ($CH_3OH$/Bzl./Aceton); 31%. — *2.4-Dichlorbenzaldehydguanylhydrazonhydrochlorid*, $C_8H_8Cl_2N_4 \cdot HCl$, F. 244—246° (A./Bzl.); 82%. — *β-Naphthaldehydguanylhydrazon*, $C_{12}H_{12}N_4$, F. 183—185° (Aceton/PAe.). *Hydrochlorid*, $C_{12}H_{12}N_4 \cdot HCl$, F. 166—167° ($CH_3CN$); 95%. — *β-Acetonaphthonguanylhydrazon*, $C_{13}H_{14}N_4$, F. 208—210° (Bzl.). *Hydrochlorid*, $C_{13}H_{14}N_4 \cdot HCl$, F. 248 bis 249° (A./Bzl.); 76%. — *Campherguanylhydrazon*, $C_{11}H_{20}N_4$, F. 219—221° (Zers.; Bzl.). *Hydrochlorid*, $C_{11} \cdot H_{20}N_4 \cdot HCl$, F. 278—281° ($CH_3OH$/Bzl.); 78%. — *Benzil-bis-[guanylhydrazon]*, $C_{16}H_{18}N_8$, F. 241—244° (Zers.), aus dem Dihydrochlorid u. NH_4OH. *Dihydrochlorid*, $C_{16}H_{18}N_8 \cdot 2\,HCl$, F. 240—242° ($CH_3OH$/Bzl.), aus dem Bicarbonat von **III** u. Benzil in sd. verd. wss.-methanol. HCl; 87%. — *Indol-3-carbaldehydguanylhydrazon* (**VI**), $C_{10}H_{11}N_5$, F. 218—219° (Aceton/PAe.), a) aus dem Hydrochlorid u. $NaHCO_3$ in W.; 90%; b) aus **III** u. **V** in sd. CH_3OH; 55%. *Hydrochlorid*, $C_{10}H_{11}N_5 \cdot HCl$, F. 236—238° (A./Toluol), aus dem Hydrochlorid von **III** u. **V** in CH_3OH; 60%. — *Furil-bis-[guanylhydrazon]*, $C_{12}H_{14}N_8O_2$, F. 247—248° (Zers.; CH_3OH/Bzl., CH_3OH/Toluol), aus dem Dihydrochlorid u. $NaHCO_3$ in H_2O. *Dihydrochlorid*, $C_{12}H_{14}N_8O_2 \cdot 2\,HCl$, F. 240—243° (Zers.), aus dem Bicarbonat von **III** u. Furil in sd. verd. wss.-methanol. HCl; 22%. — *Indol-3-carbaldehyd-[N′-dichloracetylguanyl]-hydrazonhydrat*, $C_{12}H_{11}Cl_2N_5O \cdot H_2O$, F. 209—210° (Zers.; DMF/CH_3OH/Ae.), aus **VI** u. **VII** in CH_3OH/Ae. bei Raumtemp.; 89%. — *1-β-Methylmercaptoäthyl-2-dichloracetylguanidin*, $C_6H_{11}Cl_2N_3OS$, F. 100 bis 103° ($CHCl_3$/PAe.), aus *β*-Methylmercaptoäthylguanidin u. **VII** in Bzl. bei Raumtemp.; 73%. — *Dichloracetylguanidin, Hydrochlorid*, $C_3H_5Cl_2N_3O \cdot HCl$, F. 193,5 bis 194,5° (DMF/Aceton/Ae.), aus Dichloracetylchlorid u. dem Bicarbonat von **III** in Bzl. bei 10°; 80%. *Pikrat*, $C_3H_5Cl_2N_3O \cdot C_6H_3N_3O_7$, F. 204—205° (W.). — *1-n-Dodecyl-2.3-diacetylguanidin*, $C_{17}H_{33}N_3O_2$, F. 44—46° (Ae.), aus n-Dodecylguanidin u. heißem Acetanhydrid; 96%. — *1-[3.4-Dichlorbenzyl]-2.3-diacetylguanidin*, $C_{12} \cdot H_{13}Cl_2N_3O_2$, F. 113—114° (PAe.); analog vorst. Verb.; 60%. — *1-[3.4-Dichlorbenzyl]-2-dichloracetylguanidinhydrat*, $C_{10}H_9Cl_4N_3O \cdot H_2O$, F. 170—171° (Zers.; Aceton/Bzl.), aus 3.4-Dichlorbenzylguanidin in Bzl./CH_3OH u. **VII** in Ae. bei Raumtemp.; 44%. — Analog *Piperonal-[N′-azidoacetylguanyl]-hydrazonhydrat*, $C_{11}H_{11}N_7O_3 \cdot H_2O$, F. 150—153° (Aceton/Bzl.); 99%. — *1-p-Chlorbenzylguanidinsulfat*, $(C_8H_{10}ClN_3)_2 \cdot H_2SO_4$, F. 228—229° (W.); 57%. — *1-n-Dodecyl-2-acetylguanidin*, $C_{15}H_{31}N_3O$, F. 69,5—71° (PAe.); 96%. — *1-n-Dodecyl-2-chloracetylguanidinhydrat*, $C_{15}H_{30}ClN_3O \cdot H_2O$, F. 109—110° (Bzl./PAe.); 39%. — *1-n-Dodecyl-2-dichloracetylguanidinhydrat*, $C_{15}H_{29}Cl_2N_3O \cdot H_2O$, F. 126—127° (Aceton/PAe.); 77%. — *1-n-Dodecyl-2-dibromacetylguanidin*, $C_{15}H_{29}Br_2N_3O$, F. 68—69° (PAe.); 20%. — *1.1-Pentamethylen-2-acetylguanidinhydrat*, $C_8H_{15}N_3O \cdot H_2O$, F. 238,5—239° (CH_3OH/Essigester); 28%. — *1-p-Chlorbenzyl-2-dichloracetylguanidinhydrat*, $C_{10}H_{10}Cl_3N_3O \cdot H_2O$, F. 137—138° (Aceton/Essigester); 64%. — *1-p-Chlorbenzyl-2-dibromacetylguanidinhemihydrat*, $C_{10}H_{10}Br_2ClN_3O \cdot 0{,}5\,H_2O$, F. 123 bis 126° (Bzl./Essigester); 94%. — *1-p-Nitrophenyl-2-dichloracetylguanidinhydrat*, $C_9H_8Cl_2N_4O_3 \cdot H_2O$, F. 155

bis 158° (Zers.; Aceton/Bzl.); 93%. — *1-[3.4-Dichlorbenzyl]-2-acetylguanidinhydrat*, $C_{10}H_{11}Cl_2N_3O \cdot H_2O$, F. 195,5—196,5° ($CH_3OH$/Bzl./Aceton); 93%. — *1-[3.4-Dichlorbenzyl]-2-[α-hydroxypropionyl]-guanidinhydrat*, $C_{11}H_{13}Cl_2N_3O_2 \cdot H_2O$, F. 122—123° (Aceton); 75%. — *1-[3.4-Dichlorbenzyl]-2-n-dodecanoylguanidinhydrat*, $C_{20}H_{31}Cl_2N_3O \cdot H_2O$, F. 142—143° (Aceton/Bzl.); 32%. — *1-[3.4-Dichlorbenzyl]-2-dibromacetylguanidinhydrat*, $C_{10}H_9Br_2Cl_2N_3O \cdot H_2O$, F. 143—145° (Aceton/Bzl.); 50%. — *1-[2.4-Dichlorbenzyl]-2-acetylguanidin*, $C_{10}H_{11}Cl_2N_3O$, F. 181—182° (Aceton); 72%. — *1-[2.4-Dichlorbenzyl]-2-dichloracetylguanidinhydrat*, $C_{10}H_9Cl_4N_3O \cdot H_2O$, F. 136 bis 137,5° (Aceton/Bzl.); 78%. — *2-Dichloracetylguanidinhydrat*, $C_3H_5Cl_2N_3O \cdot H_2O$, F. 176—177° (Zers., CH_3CN); 44%. — *3-Nitrobenzaldehyd-[N'-dichloracetylguanyl]-hydrazonhydrat*, $C_{10}H_9Cl_2N_5O_3 \cdot H_2O$, F. 187—188° (Essigester); 80%. — *2-Hydroxy-4-chlorbenzaldehyd-[N'-dichloracetylguanyl]-hydrazonhydrat*, $C_{10}H_9Cl_3N_4O_2 \cdot H_2O$, F. 200° (Zers.; Aceton/PAe.); 75%. — *β-Acetonaphthon-[N'-dichloracetylguanyl]-hydrazonhydrat*, $C_{15}H_{14}Cl_2N_4O \cdot H_2O$, F. 194—196° (Zers.); 93%. — *Piperonal-[N'-dichloracetylguanyl]-hydrazonhydrat*, $C_{11}H_{10}Cl_2N_4O_3 \cdot H_2O$, F. 170 bis 171° (Zers.; Aceton/Bzl.); 92%. — *Campher-[N'-dichloracetylguanyl]-hydrazonhydrat*, $C_{13}H_{20}Cl_2N_4O \cdot H_2O$, F. 177° (Zers.; Aceton/Bzl.); 94%.

Hans Köhne/Berlin 880△

1315 **Chemosterilisatoren für Insekten.** 4. Mitt. **Phosphoramide.** Paul H. Terry und Alexej B. Bořkovec. (J. med. Chem. **10** (1967) 1, 118—19; Entomol. Res. Div., U.S. Dep. of Agricult., Peltsville, Md.; engl.) — 3. vgl. C. **1968**, 42-0959. — Zum Vgl. der chemosterilisierenden Wrkg. mit der von Hexamethylphosphorsäure triamid (HEMPA; **I**; vgl. Chang et al., C. **1965**, 20-1599) auf die Hausfliege wurden *substituierte Phosphorsäureamide, Thiophosphorsäureamide* u. verwandte Verb. dargestellt u. ihre Aktivität (Tabelle) bestimmt. Nur das S-Analoga von **I** zeigte vergleichbare Wirkung.

Versuche: *N.N.N'.N'-Tetramethyl-N''-isopropylphosphorsäuretriamid*, $C_7H_{20}N_3OP$, F. 118—122° (Sintern; Hexan), durch Zugabe von Bis-[dimethylamino]-phosphorylchlorid in Isopropylamin bei 2°, 1std. Kochen, Abdest. des überschüssigen Amins, Lösen in CH_2Cl_2 u. Aufarbeiten; 50% (Ausb.). — Analog: *N.N.N'.N'-Tetramethyl-N''-äthylphosphorsäuretriamid*, $C_6H_{18}NOP$, F. 35,5 bis 38,5° (PAe.), $Kp._{0,03}$ 92—100° (Zers.); 40%. — *N.N.N'.N'-Tetramethylphosphorsäuretriamid*, $C_4H_{14}N_3OP$, F. 114,5 bis 117,5° (Bzl.); 63%. — *N.N.N'.N'-Tetramethylphosphorsäurediamidpiperidid*, $C_9H_{22}N_3OP$, $Kp._{0,1}$ 59,5 bis 60°; 52%. — *N.N.N'.N'-Tetramethylphosphorsäurediamidmorpholid*, $C_8H_{20}N_3O_2P$, $Kp._{0,005}$ 81°; 83%. — *N.N.N'.N'-Tetramethylphosphorsäurediamid-tetramethylguanidid*, $C_9H_{24}N_5OP$, $Kp._{0,005}$ 95°; 75%. — *N.N'.N''-Trimethyl-N.N'.N''-triäthylphosphorsäuretriamid*, $C_9H_{24}N_3OP$, $Kp._{0,1}$ 52—53°, durch Ox. des entsprechenden Phosphorigsäuretriamids mit H_2O_2 in Aceton (1 Std. bei 4°, mehrstd. Kochen) u. Aufarbeiten mit $CHCl_3$; 55%. — *Tris-[tetramethylguanidino]-phosphinoxid*, $C_{15}H_{36}N_9O$, F. 118—123° (Cyclohexan), durch Zutropfen von $POCl_3$ in abs. Ae. zu 1.1.3.3-Tetramethylguanidin in abs. Ae. bei —30 bis —50°, Stehenlassen über Nacht bei Raumtemp. u. Aufarbeiten; 30%. — *Hexamethylphosphorigsäuretriamid*, $C_6H_{18}N_3P$, $Kp._{27}$ 66°; 75%. — *Tris-[dimethylamino]-äthylphosphoniumjodid*, $C_8H_{23}JN_3P$, F. 280—317° (Zers.; $CHCl_3$/Ae.), durch Umsetzen vorst. Verb. mit C_2H_5J in abs. Ae. u. Aufarbeiten.

H. Hadamik 910

1316 **Darstellung einiger Derivate von β-Mercaptopropionsäure, Cystamin und Cysteamin und Untersuchung ihrer strahlenschützenden Eigenschaften.** G. M. Ajrapetjan, P. G. Žerebčenko, V. M. Bystrova, Ė. V. Benevolenskaja, N. D. Kulešova, M. G. Lin'kova, O. V. Kil'diševa und I. L. Knunjanc. (Izvest. Akad. Nauk SSSR, Ser. chim. **1967**, 334—41; Inst. ėlementorgan. soedinenij AN SSSR; russ.) — Durch Acylierung von 6-Methoxy-8-aminochinolin (**VI**) bzw. 1-[p-Nitrophenyl]-2-aminopropandiol-(1.3) (**VII**) mit β-Mercaptopropionsäure (**I**) werden die entsprechenden *β-Mercaptopropionamide* erhalten. Die Acylierung von Aminocarbonsäuren mit β-Propiothiolacton-Deriv. liefert *N-[α-Alkyl(aryl)-β-mercaptopropionyl]-aminoalkyl(aryl)-carbonsäuren*. Analog reagieren Amide der β-Chlorpropionsäure mit $Na_2S_2O_3$ oder Thioharnstoff (**II**) unter Bldg. der entsprechenden *β-Mercaptopropionsäuren*. Durch Acylierung von Cystamin (**IV**) mit Anhydro-N-carboxyphenylalanin (**V**) entstehen *Mono-* u. *Bis-phenylalanylcystamin*.

Versuche: *6-Methoxy-8-[β-mercaptopropionylamino]-chinolin*, $C_{13}H_{14}N_2O_2S$, F. 120—121°, durch 1std. Erhitzen von 3 g **VI** mit 5,4 g **I** auf 145—150°, Alkalisieren mit wss. $NaHCO_3$ u. Extraktion mit Ae.; 1,8 g (Ausb.). — *1-[p-Nitrophenyl]-2-[β-mercaptopropionylamino]-propandiol-(1.3)*, $C_{12}H_{16}N_2O_5S$, F. 129—130° (Äthylacetat/PAe.), durch Zugabe von Triäthylamin zu **I** in Ae., Abkühlen auf —15°, Zugabe von Chlorkohlensäureisobutylester, mehrstd. Stehen bei —15°, Filtrieren, Zugabe von **VII** in A., mehrstd. Stehen, Filtrieren, Lösen in 2 n NaOH, Ansäuern u. Extraktion mit Äther. — *N-[α.α-Diphenyl-β-mercaptopropionyl]-methionin*, $C_{20}H_{23}NO_3S_2$, F. 115—116°, durch 5std. Erhitzen von Methionin in A. mit α.α-Diphenyl-β-propiothiolacton in A., Einengen unter N_2, Lösen in W. u. Ansäuern mit HCl. — *p-[β-Mercaptoisobutyrylamino]-phenylessigsäure*, $C_{12}H_{15}NO_3S$, F. 149—150° (W.), durch 18std. Erhitzen von α-Methyl-β-propiothiolacton mit p-Aminophenylessigsäure in Acetonitril. — *p-[β-Mercaptoisobutyrylamino]-benzoesäure*, $C_{11}H_{13}NO_3S$, F. 260° (50%ig. wss. A.) analog mit p-Aminobenzoesäure (6std. Erhitzen); 22,2%. — *S-[β.β-Diphenyl-β-carboxyäthyl]-thiophosphorsäure, Tri-Na-Salz, Octahydrat*, $C_{15}H_{12}Na_3O_5PS \cdot 8H_2O$, durch Zugabe von Na_3SPO_3 in W. zu α.α-Diphenyl-β-propiolacton in DMF bei 40—50°. — *N.N'-Bis-[β-chlorpropionyl]-cystamin*, $C_{10}H_{18}Cl_2N_2O_2S_2$, F. 134 bis 135° (A.), durch tropfenweise Zugabe von Cystamin (**IV**) in 1 n NaOH zu β-Chlorpropionylchlorid in Dioxan bei 5°. — *S-[β-(Benzylcarbamoyl)-äthyl]-thioschwefelsäure, Na-Salz*, $C_{10}H_{12}NNaO_4S_2$, F. 175—177° (A./Ae.), durch 6std. Erhitzen von 3 g β-Chlorpropionsäurebenzylamid (**III**) in A. mit $Na_2S_2O_3$ in W., Zugabe von A. u. mehrstd. Stehen; 1,15 g. — *N.N'-Bis-[β-(sulfomercapto)-propionyl]-cystamin, Di-Na-Salz*, $C_{10}H_{18}N_2Na_2O_8S_6$, aus vorvorst. Verb. u. $Na_2S_2O_3$. — *S-[β-(β-Phenyläthylcarbamoyl)-äthyl]-thioschwefelsäure, Na-Salz*, $C_{11}H_{14}NNaO_4S_2$, F. 163—165° (A./Ae.), aus β-Chlorpropionsäure-β-phenyläthylamid. — *β-[2-Isothioureido]-propionsäurebenzylamid*, $C_{11}H_{15}N_3OS$, F. 132° (A.), durch 3std. Erhitzen von **III** mit **II** in A. u. mehrstd. Stehen. — *Cystamindiphosphat*, $C_4H_{18}N_2O_8P_2S_2$, F. 192—193° (Zers.), aus **IV** u. H_3PO_4 in Äthanol. — *N-[β-Phenyl-α-alanyl]-cystamin, Dihydrochlorid*, $C_{13}H_{21}N_3OS_2 \cdot 2HCl$, durch Zugabe von **V** in A. zu **IV** in A. bei —70°, 2½std. Stehen bei —70° u. 1std. Stehen bei 20°. — *N.N'-Bis-[β-phenyl-α-alanyl]-cystamin*, $C_{22}H_{30}N_4O_2S_2$, F. 102—104° (A./Ae.), analog aus 2 g **V** u. 1,8 g **IV**; 0,85 g. — *S-[β-Dithiocarboxyaminoäthyl]-thiophosphorsäure, Tri-Na-Salz*, $C_3H_5NNa_3O_3PS_3$, durch portionsweise Zugabe von wss. NaOH zu Na-S-[β-Aminoäthyl]-thiophosphat in W. u. CS_2 in A. u. 1std. Rühren.

H. Dalmer 950△

1317 **O-Acylierung von dl-Carnitinchlorid.** H. J. Ziegler, P. Bruckner und F. Binon. (J. org. Chemistry **32** (1967) 12, 3989—91; Res. Dep., LABAZ, Brüssel, Belgien; engl.) — dl-Carnitinchlorid (**I**) gibt beim Erhitzen mit einer Carbonsäure u. 1 Val Carbonsäurechlorid *O-Acylcarnitinchloride* in guter Ausbeute. Die Carbonsäurechloride lassen sich durch 1 Val $SOCl_2$ ersetzen. SO_2Cl_2 bzw. p-Toluolsulfonylchlorid sind dagegen unwirksam. In Gemischen von Fettsäuren mit mehr als 7 C-Atomen u. deren Chloriden bzw. $SOCl_2$ ist **I** nicht löslich. Man verwendet Trichloressigsäure als Lösungsmittel.

Versuche: dl-Carnitinchloride: *O-Acetyl-*, F. 210°, a) aus **I**, 1 Val Acetylchlorid u. CH_3COOH in 3 Std. bei 80°; 15% (Ausb.); b) aus Acetylchlorid u. CH_3COOH bei 80° u. Rk. mit **I** bei 80°; 96%; c) analog a) in 4 Std.; 80%. — *O-Propionyl-*, F. 157°, aus Propionsäure u. $SOCl_2$ bei 80° u. Rk. mit **I** in Trichloressigsäure; 97%. — Analog: *O-Butyryl-*, F. 147°; 93%. — *O-Decanoyl-*, F. 164°; 91%. — *O-Lauroyl-*, F. 170—171°; 90%. — *O-Myristoyl-*, F. 164°; 90%. — *O-Palmitoyl-*, F. 161°; 90%. — *O-Stearoyl-*, F. 152°; 88%. — *O-Hexanoyl-*, F. 160°, a) aus Capronsäure, **I** u. 1 Val Capronsäurechlorid bei 80° in 6 Std.; 62%; b) aus Capronsäure, **I** u. 1 Val

$SOCl_2$ bei 80° in 5 Std.; 98%. — *O-Octanoyl-*, F. 161°, a) aus Caprylsäure u. $SOCl_2$ bei 80° u. Rk. mit **I**; 77%; b) analog a) in Trichloressigsäure; 90%.
Hans Köhne/Berlin 950△

1318 **Umwandlung von Phosphorigsäurebis-[β-chloräthylester] und Derivaten. 4. Mitt. Reaktion von Phosphorigsäurebis-[β-chloräthylester] mit Acetylen.** S. M. Šner, L. P. Bočarova und I. K. Rubcova. (Ž. obšč. Chim. **37/99** (1967) 2, 418—20; NII plasticeskich mass; russ.) — Bei der Anlagerung von Phosphorigsäurebis-[β-chloräthylester] (**I**) an C_2H_2 in Ggw. von Radikalbildnern entsteht *Vinylphosphonsäurebis-[β-chloräthylester]* (**II**), der mit überschüssigem **I** zu *Äthan-1.2-diphosphonsäuretetra-[β-chloräthylester]* reagiert. IR-Spektren sind angegeben. — 2. vgl. C. **1968**, 3-1145.

Versuche: *Äthan-1.2-diphosphonsäure*, $C_2H_8O_6 \cdot P_2$, F. 220—221° (A. + Ae.), durch 8std. Erhitzen nachst. Verb. mit HCl (1:1) in einer Ampulle auf 120° u. Eindampfen; Nadeln. *Tetra-[β-chloräthylester]*, $C_{10}H_{20}Cl_4 \cdot O_6P_2$, F. 100,7—101,7° ($CCl_4$), a) durch 30std. Einleiten von C_2H_2 in **I** bei 100—110° unter period. Zugabe von tert.-Butylperbenzoat (**III**), Austreiben von C_2H_2 mit trockenem N_2 u. 24std. Stehen; Nadeln; b) durch 6std. Erhitzen von **I** mit **II** unter period. Zugabe von wenig gesätt. CH_3ONa-Lösung. — *Gemisch von Phosphorigsäurebis-[β-chloräthylester]* (**I**) u. *Vinylphosphonsäurebis-[β-chloräthylester]* (**II**), Kp.$_{1,5}$ 110—117°, a) neben vorst. Verb. nach a); b) durch Zugabe von **I** zu N-Methylpyrrolidon bei 100° innerhalb von 34 Std. unter Einleiten von C_2H_2 u. period. Zugabe von **III**, Austreiben von C_2H_2 mit trockenem N_2 u. weiter analog a).
H.-J. Graubaum 980△

C–2. Isocyclische Verbindungen

1319 **Synthese einiger Hydroxyalkylvinyläther des Thiophenols.** A. M. Kuliev, A. A. Džafarov und F. N. Mamedov. (Azerbajdžanskij chim. Ž. **1967**, 2, 25—28; Inst. chimii prisadok AN AzerbSSR; russ.) — Durch Zutropfen der entsprechenden Acetylenalkohole zu Thiophenol u. KOH-Pulver unter N_2 u. 3std. Rühren bei 100 bis 140° wurden folgende 1-Phenylmercaptoalken-(1)-ole-(3) dargestellt: *-3-methylbuten-(1)-ol-(3)*, $C_{11}H_{14}$·OS, Kp.$_3$ 116—117°, D.$_4^{20}$ 1,1310, n_D^{20} 1,6148; 62,4% (Ausb.). — *-3-methylpenten-(1)-ol-(3)*, $C_{12}H_{16}OS$, Kp.$_3$ 130 bis 132°, D.$_4^{20}$ 1,1153, n_D^{20} 1,6075. — *-3-methylhexen-(1)-ol-(3)*, $C_{13}H_{18}OS$, Kp.$_2$ 134—135°, D.$_4^{20}$ 1,0963, n_D^{20} 1,5908. — *-hexen-(1)-ol-(3)*, $C_{12}H_{16}OS$, Kp.$_2$ 142—143°, D.$_4^{20}$ 1,0874, n_D^{20} 1,5912; 64,5%. — *-propen-(1)-ol-(3)*, $C_9H_{10}OS$, Kp.$_1$ 124—126°, D.$_4^{20}$ 1,1317, n_D^{20} 1,6070; 63%. — Nach den IR-Spektren besitzen alle vorst. Verb. *trans*-Konfiguration. H.-E. Toussaint 1060

1320 **Organische Disulfide und verwandte Substanzen. 21. Mitt. Sulfurylchlorid bei der Darstellung von Thiolsulfonaten aus Disulfiden.** John D. Buckman, Michael Bellas, H. K. Kim und Lamar Field. (J. org. Chemistry **32** (1967) 5, 1626—27; Dep. of Chem., Vanderbilt Univ., Nashville, Tenn.; engl.) — 20. vgl. C. **1969**, 12-1223. — Es wird die Darst. einer Reihe von *Thiolsulfonsäuren* durch Umsetzung von Mercaptanen oder Disulfiden mit SO_2Cl_2 in Essigsäure beschrieben.

Versuche: Thiolsulfonsäuren: *p-Toluol-, p-Tolylester*, F. 74—76° (Cyclohexan), aus p-Tolylmercaptan, SO_2Cl_2 u. Essigsäure in CH_2Cl_2 bei —50° (Meth. **A**); 91% (Ausb.). — *p-Nitrophenyl-, p-Nitrophenylester*, F. 181—183°; 21%. — *Äthyl-, Äthylester*, $C_4H_{10}O_2S_2$, Kp.$_5$ 112°; 60%. — *Isopropyl-, Isopropylester*, $C_6H_{14}O_2S_2$, Kp.$_{20}$ 132—134°; 47%. — *2-[4-Cyclohexylbutylamino]-äthyl-, S-2-[4-Cyclohexylbutylamino]-äthylester, Dihydrochlorid*, $C_{24}H_{50}Cl_2N_2O_2S_2$, F. 195—196° (Zers.); 75%. — *2-Aminoäthyl-, 2-Aminoäthylester, Dihydrochlorid*, F. 162—164° (Zers.); 67%. — *Bis-{2-[3-aminopropylamino]-äthyl}-disulfid, Tetrahydrochlorid*, $C_{10}H_{30}Cl_4N_4S_2$, F. 262° (Zers.; konz. HCl/Essigsäure), aus S-{2-[3-Aminopropylamino]-äthyl}-thiophosphorsäure-Hydrat analog **A**; 23%.
K.-P. Hilgetag 1090△

1321 **Darstellung von 2.5-Bis-alkylamino-3.6-dimethoxy-p-benzochinon.** Herbert S. Verter und Robert Dominic. (J. chem. Engng. Data **12** (1967) **3**, 448; Central Michigan Univ., Mt. Pleasant, Mich.; engl.) — Vgl. J. org. Chemistry **31** (1966) 987. — Tetramethoxy-p-chinon bildet mit Aminen entsprechend *disubst. Dimethoxychinone*. UV- u. IR-Spektren vgl. Original.

Versuche: 3.6-Dimethoxy-p-chinone: *2.5-Bis-[furfurylamino]-*, $C_{18}H_{18}N_2O_6$, F. 147° (A.); 78% (Ausb.). — *2.5-Dicyclohexylamino-*, $C_{20}H_{30}N_2O_4$, F. 165 bis 190° (A.); 90%. — *2.5-Bis-[α-methylbenzylamino]-*, $C_{24}H_{26}N_2O_4$, F. 183° (Aceton); 88%. — *2.5-Bis-[benzylamino]-*, $C_{22}H_{22}N_2O_4$, F. 213° ($CHCl_3$); 90%. — *2.5-Bis-[β-phenäthylamino]-*, $C_{24}H_{26}N_2O_4$, F. 192° (Bzl.); 92%. — *2.5-Bis-[p-tolylamino]-*, $C_{22}H_{22}N_2O_4$, F. 235° (A.); 14%. — *2.5-Bis-[m-tolylamino]-*, $C_{22}H_{22}N_2O_4$, F. 250° (Methylenchlorid); 85%. — *2.5-Bis-[o-äthylanilino]-*, $C_{24}H_{26}N_2O_4$, F. 196° (A.); 11%. — *2.5-Bis-[p-äthylanilino]-*, $C_{24}H_{26}$·N_2O_6, F. 203° (A.); 86%. — *2.5-Bis-[o-äthoxyanilino]-*, $C_{24}H_{26}N_2O_6$, F. 183° (A.); 50%. — *2.5-Bis-[p-äthoxyanilino]-*, $C_{24}H_{26}N_2O_6$, F. 263° (Dioxan); 93%. — *2.5-Bis-[2.3-dimethylanilino]-*, $C_{24}H_{26}N_2O_4$, F. 254° (Bzl.); 18%.
G. Westphal 1190△

1322 **Potentielle Antimalariamittel. o-Äthoxy- und p-Isopropylbenzamide.** Leslie M. Werbel, Carolyn A. Hess und Edward F. Elslager. (J. med. Chem. **10** (1967) **3**, 508—09; Res. Labors., Parke, Davis and Co., Ann Arbor, Mich.; engl.) — Die dargestellten Amide waren gegen *Plamodium berghei* (in Mäusen) unwirksam.

Versuche (F. korr.): 9-Äthoxybenzamide(**A**), durch Rk. des aus der Säure mit $SOCl_2$ erhaltenen *Chlorids* mit Aminen in Bzl.: *N-[Pyridyl-(3)]-*, $C_{14}H_{14}N_2O_2$, F. 66—68° [Isooctan (Io.)]; 33% (Ausb.). — *N-Phenyl-*, $C_{15}H_{15}NO_2$, F. 70—71° (Io.); 50%. — *N-Äthyl-N-phenyl-*, $C_{17}H_{19}NO_2$, Kp.$_{0,2}$ 112—114°; 49%. — *N-[2-Phenyläthyl]-*, $C_{17}H_{19}NO_2$, F. 56—58° (Io.); 28%. — *N-[p-Methoxybenzyl]-*, $C_{17}H_{19}NO_3$, F. 54—56° (A.-W.); 50%. — *N-Äthyl-N-benzyl-*, $C_{18}H_{21}NO_2$, Kp.$_{0,1}$ 133—135°; 33%. — *N.N-Diphenyl-*, $C_{21}H_{19}NO_2$, F. 97—99° (Io.); 78%. — *N.N-Dicyclohexyl-*, $C_{21}H_{31}NO_2$, Kp.$_{0,3}$ 170—172°; 32%. — p-Isopropylbenzamide, analog **A**: *N.N-Diäthyl-*, $C_{14}H_{21}NO$, Kp.$_{0,4}$ 97—100°; 25%. — *N-[Pyridyl-(3)]-*, $C_{15}H_{16}N_2O$, F. 100—101° (Io.); 14%. — *N-Phenyl-*, $C_{16}H_{17}NO$, F. 129—131° (A.-W.); 43%. — *N-Cyclohexyl-N-methyl-*, $C_{17}H_{25}NO$, F. 80—81° (Io.); 38%. — *N-Äthyl-N-phenyl-*, $C_{18}H_{21}NO$, Kp.$_{0,2}$ 124—127°; 36%. — *N-[2-Phenyläthyl]-*, $C_{18}H_{21}NO$, F. 110—112° (A.-W.); 19%. — *N-[p-Methoxybenzyl]-*, $C_{18}H_{21}NO_2$, F. 119—121° (A.-W.); 33%. — *N-Äthyl-N-benzyl-*, $C_{19}H_{23}NO$, Kp.$_{0,4}$ 168—169°; 12%. — *N.N-Dicyclohexyl-*, $C_{22}H_{31}NO$, Kp.$_{0,1}$ 170—172°; 43%. — *p-Isopropylbenzoesäurepiperidid*, $C_{15}H_{21}NO$, F. 60—61° (Io.); 37%. W. Senf 1200△

1323 **Darstellung und Eigenschaften einiger N-Arylhydroxamsäuren.** Usha Priyadarshini und S. G. Tandon. (J. chem. Engng. Data **12** (1967) 1, 143—44; Dep. of Chem., Gov. Sci. Coll., Jabalpur, India; engl.) — *N-Arylhydroxamsäuren* werden durch Umsetzen von N-Arylhydroxylaminen mit Säurechloriden in Ae. bei 0° in Ggw. von $NaHCO_3$ in Ausb. zwischen 50—90% erhalten. UV-Max. vgl. Original.

Versuche: Hydroxamsäuren: *N-Phenyl-n-butyr-*, $C_{10}H_{13}NO_2$, F. 81° (verd. A.). — *N-[p-Tolyl]-n-butyr-*, $C_{11}H_{15}NO_2$, F. 63° (verd. A.). — *N-Phenyl-laurin-*, $C_{18}H_{29}NO_2$, F. 80° (verd. A.). — *N-[p-Tolyl]-laurin-*, $C_{19}H_{31}NO_2$, F. 80° (verd. A.). — *N-Phenyl-palmitin-*, $C_{22}H_{37}NO_2$, F. 91° (verd. A.). — *N-[p-Tolyl]-palmitin-*, $C_{23}H_{39}NO_2$, F. 85° (verd. A.). — *N-Phenyl-phenylacet-*, $C_{14}H_{13}NO_2$, F. 91° (verd. A.). — *N-[p-Tolyl]-phenylacet-*, $C_{15}H_{15}NO_2$, F. 110° (verd. A.). — *N-Phenyl-phenoxyacet-*, $C_{14}H_{13}NO_3$, F. 154° (verd. A.). — *N-Phenyl-p-chlorphenoxyacet-*, $C_{14}H_{12}ClNO_3$, F. 175° (verd. A.). — *N-Phenyl-p-fluorbenz-*, $C_{13}H_{10}FNO_2$, F. 138° (verd. A.). — *N-[p-Tolyl]-p-fluorbenz-*, $C_{14}H_{12}FNO_2$, F. 150° (verd. A.). — *N-[p-Tolyl]-o-chlorbenz-*, $C_{14}H_{12}$·$ClNO_2$, F. 139° (verd. A.). — *N-Phenyl-o-brombenz-*, C_{13}·$H_{10}BrNO_2$, F. 113° (verd. A.). — *N-[p-Tolyl]-o-brombenz-*, $C_{14}H_{12}BrNO_2$, F. 130° (verd. A.). — *N-[p-Tolyl]-m-brombenz-*, $C_{14}H_{12}BrNO_2$, F. 88° (verd. A.). — *N-Phenyl-p-brombenz-*, $C_{13}H_{10}BrNO_2$, F. 160—164° (Zers.; verd. A.). — *N-[p-Tolyl]-p-brombenz-*, $C_{14}H_{12}BrNO_2$, F. 180° (Zers.; verd. A.). — *N-[p-Tolyl]-o-jodbenz-*, $C_{14}H_{12}JNO_2$, F. 128° (verd. A.). — *N-Phenyl-m-methylbenz-*, $C_{14}H_{13}$·NO_2, F. 93° (verd. A.). — *N-[p-Tolyl]-m-methylbenz-*,

$C_{15}H_{15}NO_2$, F. 112° (verd. A.). — *N-[p-Tolyl]-o-methylbenz-*, $C_{15}H_{15}NO_2$, F. 103° (verd. A.). — *N-[p-Tolyl]-p-methylbenz-*, $C_{15}H_{15}NO_2$, F. 119° (verd. A.). — *N-Phenyl-p-methoxybenz-*, $C_{14}H_{13}NO_3$, F. 130° (verd. A.). — *N-[p-Tolyl]-p-methoxybenz-*, $C_{15}H_{15}NO_3$, F. 129° (verd. A.).

G. Westphal 1210△

1324 **Asymmetrische Reduktion von α-Ketosäuren und ihren Derivaten mit Alkoxyaluminiumdichloriden.** D. Nasipuri und C. K. Ghosh. (J. Indian chem. Soc. **44** (1967) 6, 556—58; Univ. Coll. of Sci. and Technol., Calcutta; engl.) — Phenylglyoxylsäure (**I**), **I**-Nitril bzw. **I**-Äthylester werden von (—)-Isobornyloxy-, (—)-Bornyloxy- (**II**) bzw. (—)-Menthyloxyaluminiumdichlorid zu *opt.-akt. Mandelsäure* reduziert. In denn meistenFällen ist die Mandelsäure rechtsdrehend. Aus **I** u. **II** wird Mandelsäure mit $[\alpha]_D^{20}$ —91,8° (c = 2—10; A.) erhalten.

Hans Köhne/Berlin 1250△

1325 **Fluoreszierende Reagentien.** 2. Mitt. O. N. Devgan und M. M. Bokadia. (J. Indian chem. Soc. **44** (1967) 9, 776—79; Vikram Univ., Ajjain; engl.) — 1. vgl. C. **1966,** 23-0916. — *2.5-Dimethoxy-* (**III**) u. *3-Nitro-2.5-dimethoxybenzhydrazid* (**V**), *2.5-Dimethoxy-* u. *3-Nitro-2.5-dimethoxybenzoylchlorid* sowie ihre Deriv. fluoreszieren in alkohol. Lsg. beim Bestrahlen mit UV-Licht.

Versuche: *2.5-Dimethoxybenzoesäuremethylester* (**II**), $C_{10}H_{12}O_4$, $Kp._4$ 135°, a) durch 12std. Kochen von 6 g 2.5-Dimethoxybenzoesäure (**I**) u. konz. H_2SO_4 in CH_3OH; 4 g (Ausb.); b) durch Einleiten von trockenem HCl in 1 g **I** in CH_3OH u. Kochen; 0,6 g. — *2.5-Dimethoxybenzhydrazid* (**III**), $C_9H_{12}N_2O_3$, F. 92° (CH_3OH), durch 1/4std. Kochen von 3 g **II** mit Hydrazinhydrat u. 2std. Kochen mit CH_3OH; 2 g. — *3-Nitro-2.5-dimethoxybenzoesäure* (**IV**), $C_9H_9NO_6$, F. 159° (abs. A.), aus HNO_3 (D. 1,42) in Eisessig u. 5 g **I** in Eisessig; 4 g. *Methylester*, $C_9H_{11}NO_6$, F. 93° (A.), a) analog **II** nach a) mit 3,5 g **IV**; 2,8 g; b) durch Einleiten von trockenem HCl in 1 g **IV** in CH_3OH u. Kochen; 0,5 g; c) analog **IV** aus 0,5 g **II**; 0,3 g. *α-Terpinylester*, $C_{19}H_{25}NO_6$, F. 95° (PAe.). *p-Nitrophenylester*, F. 240° (Zers.; A.). — *3-Nitro-2.5-dimethoxybenzhydrazid* (**V**), $C_9H_{11}N_3O_5$, F. 183° (A.), durch 10 Min. langes Kochen von 3 g Methylester von **IV** u. Hydrazinhydrat u. 2std. Kochen mit A.; 2,1 g. — 2.5-Dimethoxybenzoylhydrazone: *Citral-*, $C_{19}H_{26}N_2O_3$, F. 220° (Zers.; A.), aus Citral u. **III** in A. u. wenig Eisessig. — Analog *Benzaldehyd-*, $C_{16}H_{16}N_2O_3$, F. 153° (A.). — *Salicylaldehyd-*, $C_{16}H_{16}N_2O_4$, F. 123° (A.). — *Acetophenon-*, $C_{17}H_{18}N_2O_3$, F. 196° (A.). — *Bromcampher-*, $C_{19}H_{25}BrN_2O_3$, F. 181° (PAe.). — 3-Nitro-2.5-dimethoxybenzoylhydrazone: *Salicylaldehyd-*, $C_{16}H_{15}N_3O_6$, F. 188° (A.), aus Salicylaldehyd u. **V** in A. u. wenig Eisessig. — Analog *Acetophenon-*, $C_{17}H_{17}N_3O_5$, F. 195° (A.). — *Campher-*, $C_{19}H_{25}N_3O_5$, F. 170° (A.). — *Bromcampher-*, $C_{19}H_{24}BrN_3O_5$, F. 202° (PAe.). — *2.5-Dimethoxybenzoylchlorid*, $C_9H_9ClO_3$, $Kp._{1,5}$ 127—128°, durch 2std. Erhitzen von 3 g **I** u. $SOCl_2$ auf dem W.-Bad; 2,1 g. — *3-Nitro-2.5-dimethoxybenzoylchlorid*, $C_9H_8ClNO_5$, F. 76° (CCl_4), analog vorst. Verb. aus 3 g **IV**; 1,8 g. — *2.5-Dimethoxybenzoesäure* (**I**), *α-Terpinylester*, $C_{19}H_{26}O_4$, F. 55° (A.). *Menthylester*, $C_{19}H_{28}O_4$, F. 42° (A.). *Anilid*, $C_{15}H_{15}NO_3$, F. 86° (A.).

H. Miele 1250△

1326 **Synthese und Charakterisierung verschiedener Schiff'scher Basen.** D. V. Lopiekes. (J. chem. Engng. Data **12** (1967) 3, 455—57; Monsanto Res. Corp., Boston Labor., Everett, Mass.; engl.) — Die Kondens. substituierter Aniline mit verschiedenen Aldehyden zu Schiff'schen Basen wird beschrieben. IR-Max. vgl. Original.

Versuche: Aniline: *N-[2-Chlor-4-dimethylaminobenzyliden]-p-acetylmercuri-*, $C_{17}H_{17}ClHgN_2O_2$, F. 188—190° (Bzl.), durch Kochen des entsprechenden Anilins mit dem entsprechenden Aldehyd in Bzl. unter Abtrennung des Rk.-W.; 80% (Ausb.). — *N-[p-Cyanbenzyliden]-p-acetylmercuri-*, $C_{16}H_{16}HgN_2O_2$, F. 202—204° (Bzl.); 85%. — *N-[2-Hydroxy-5-nitrobenzyliden]-p-acetylmercuri-*, $C_{15}H_{21}HgN_2O_5$, F. 330° (Zers.; Bzl.); 90%. — *N-Furyliden-p-acetylmercuri-*, $C_{13}H_{11}HgNO_3$, F. 172—174° (Bzl.); 67%. — *N-[2-Hydroxy-5-nitrobenzyliden]-2.4.5-trichlor-*, $C_{13}H_7Cl_3N_2O_3$, F. 272—273° (Bzl.); 54%. — *N-Thienyliden-2.4.5-trichlor-*, $C_{11}H_6Cl_3NS$, F. 72—74° (Bzl.); 90%. — *N-[p-Cyanbenzyliden]-2.4.5-trichlor-*, $C_{14}H_7Cl_3N_2$, F. 174 bis 177° (Bzl.); 59%. — *N-Furyliden-2.4.5-trichlor-*, $C_{11}H_6Cl_3NO$, F. 87—90° (Bzl.); 78%. — *N-[2-Chlor-4-dimethylaminobenzyliden]-2.4.5-trichlor-*, $C_{15}H_{12}Cl_4N_2$, F. 170—172° (Bzl.); 53%. — *N-[2-Hydroxy-5-nitrobenzyliden]-3-methylmercapto-*, $C_{14}H_{12}N_2O_3S$, F. 148—150° (Bzl.); 78%. — *N-Thienyliden-3-methylmercapto-*, $C_{12}H_{11}NS_2$, $Kp._{0,1}$ 149°; 79%. — *N-[p-Cyanbenzyliden]-3-methylmercapto-*, $C_{15}H_{12}N_2S$, F. 99—101° (Bzl.); 97%. — *N-[2-Chlor-4-dimethylaminobenzyliden]-3-methylmercapto-*, $C_{16}H_{17}ClN_2S$, F. 103—106° (Bzl.); 94%. — *N-[2-Hydroxy-5-nitrobenzyliden]-4-jod-*, $C_{13}H_9JN_2O_2$, F. 214—216° (Bzl.); 89%. — *N-Thienyliden-4-jod-*, $C_{11}H_8JNS$, F. 101—103° (Bzl.); 71%. — *N-[p-(β-Diäthylaminoäthoxy)-benzyliden]-4-jod-*, $C_{19}H_{23}JNO$, F. 49—51° (Bzl.); 95%. — *N-[2-Chlor-4-dimethylaminobenzyliden]-4-jod-*, $C_{15}H_{14}ClJN_2$, F. 122—124° (Bzl.); 91%. — *N-[p-Cyanbenzyliden]-4-jod-*, $C_{14}H_9JN_2$, F. 164—166° (Bzl.); 68%.

A. Westphal 1310△

1327 **Photoinduzierte Reaktion von Benzophenon mit Amiden.** M. Ogata und H. Kano. (Chem. and Ind. **1967,** 8, 321—22; Shionogi Res. Labor., Fukushima-ku, Osaka, Japan; engl.) — Vgl. Molecular Photochemistry **1965,** 142. — Bei Bestrahlung von 1%ig. bzl. Lsg. an Benzophenon u. Amiden entstehen entsprechend substituierte Carbinole. Die Prod. werden durch IR- u. NMR-Spektren gekennzeichnet, Maxima u. Protonensignale vgl. Original.

Versuche: *1.1-Diphenyl-2-[N-acetyl-N-methylamino]-äthanol* (**II**), F. 142,5—143°, aus N-Acetyldimethylamin u. Benzophenon in Bzl. bei Bestrahlung mittels Hg-Dampflampe; 15,4% (Ausb.); daneben 34,2% *Benzpinakol* (**I**). — Carbinole: *Diphenyl-[N-acetylpiperidinyl-(2)]-*, F. 187—188°, a) analog **II** aus N-Acetylpiperidin; 16,6%; daneben 40,2% **I**; b) aus **IV** durch Red. an Pt in Äthanol. — *Diphenyl-[piperidinyl-(2)]-*, aus vorst. Verb. u. KOH in n-Butanol. *Hydrochlorid*, F. 309° (Zers.). — *Diphenyl-[7-oxohexahydroazepinyl-(2)]-*, F. 255—256°, analog **II** aus ε-Aminocaprolactam; 10,3%; daneben 45,5% **I**. — *Diphenyl-[hexahydroazepinyl-(2)]-*. *Hydrochlorid*, F. 264° (Zers.), aus vorst. Verb. u. $LiAlH_4$. — *Diphenyl-[N-acetylhexahydroazepinyl-(2)]-*, F. 141—142,5°, aus vorst. Verb. u. Essigsäureanhydrid. — *Diphenyl-[N-acetyl-1.2.3.4-tetrahydropyridyl-(6)]-* (**IV**), F. 172—173,5°, analog **II** aus N-Acetyl-Δ^5-tetrahydropyridin; 7,6%; daneben 7,9% **I** u. 5,6% *2-Acetyl-8.8-diphenyl-7-oxa-2-azabicyclo-[4.2.0]-octan*, F. 158,5—160,5°.

G. Westphal 1320△

1328 **2-Chlor-3.3-dimethyl-methylencyclopropan.** T. C. Shields und W. E. Billups. (Chem. and Ind. **1967,** 47, 1999; Union Carbide Corp., Chem. and Plastics Res. and Dev. Dep., South Charleston, W.Va.; engl.) — Bei der Rk. von 1.1-Dichlor-2.2.3-trimethylcyclopropan mit K-tert.-Butylat in DMS bei 25° entsteht 33,4% *2-Chlor-3.3-dimethyl-methylencyclopropan* u. 30,5% *2-Methylpenten-(1)-in-(3)*. NMR- u. UV-Max. vgl. Original. Die Auftrennung des Substanzgemisches geschieht mit Hilfe der Gaschromatographie.

G. Westphal 1810△

1329 **Dehydrochlorierung der Kondensationsprodukte von Allylchlorid mit Alkylchlorcyclohexanen.** Š. G. Sadychov, S. T. Achmedov, V. A. Soldatova und M. A. Šalimov. (Azerbajdzanskij chim. Ž. **1967,** 2, 72—81; INChP AN Azerb. SSR, AGU im. S. M. Kirova; russ.) — Die bei der Rk. von Alkylchlorcyclohexanen (**A**) mit Allylchlorid (**I**) erhaltenen Alkyl-[1.2-dichlorpropyl-(2)]- (**B**) u. Alkyl-[1.3-dichlorpropyl-(1)]-cyclohexane (**C**) spalten bei der Einw. von alkohol. Alkali bei 80—90° nur 1 HCl ab. Dabei werden aus den **B** ganz überwiegend *Alkyl-[1-chlorpropen-(1)-yl-(2)]-* (**D**), aus den **C** hauptsächlich *Alkyl-[3-chlorpropyliden]-cyclohexane* erhalten. In einigen Fällen konnte der Eintrittsort der Dichlorpropylgruppe in den **B** u. **C** nicht geklärt werden.

Versuche: 1-[1.2-Dichlorpropyl-(2)]-cyclohexane (**B**), aus den entsprechenden **A** u. **I**: *unsubstituiert*, $Kp._1$ 70—72°, $D._4^{20}$ 1,0836, n_D^{20} 1,4835. — *2-Methyl-*, $Kp._{0,5}$ 74—76°, $D._4^{20}$ 1,0752, n_D^{20} 1,4480. — *3-Methyl-*, $Kp._{0,5}$ 78—80°, $D._4^{20}$ 1,0764, n_D^{20} 1,4892. — *4-Methyl-*, $Kp._{0,5}$ 81—82°, $D._4^{20}$ 1,0766, n_D^{20} 1,4896. — Weitere x-[1.2-Dichlorpropyl-(2)]-cyclohexane (**B**): *1.2-Dimethyl-*, $Kp._{0,5}$ 95—100°, $D._4^{20}$ 1,0668, n_D^{20}

1,4880. — *1.3-Dimethyl-*, Kp.$_{0,5}$ 94—98°, D.$_4^{20}$ 1,0441, n_D^{20} 1,4816. — *1.4-Dimethyl-*, Kp.$_{0,5}$ 95—97°, D.$_4^{20}$ 1,0499, n_D^{20} 1,4842. — *1-Äthyl-*, Kp.$_5$ 102—107°, D.$_4^{20}$ 1,0586, n_D^{20} 1,4874. — 1-[1.3-Dichlorpropyl-(1)]-cyclohexane (**C**), neben den entsprechenden **B**: *unsubstituiert*, Kp.$_1$ 85—90°, D.$_4^{20}$ 1,0882, n_D^{20} 1,4876. — *2-Methyl-*, Kp.$_{0,5}$ 87—89°, D.$_4^{20}$ 1,0831, n_D^{20} 1,4922. — *3-Methyl-*, Kp.$_{0,5}$ 92—93°, D.$_4^{20}$ 1,0844, n_D^{20} 1,4930. — *4-Methyl-*, Kp.$_{0,5}$ 94—95°, D.$_4^{20}$ 1,0834, n_D^{20} 1,4925. — Weitere x-[1.3-Dichlorpropyl-(1)]-cyclohexane (**C**): *1.2-Dimethyl-*, Kp.$_1$ 115—120°, D.$_4^{20}$ 1,0723, n_D^{20} 1,4930. — *1.3-Dimethyl-*, Kp.$_{0,5}$ 106—112°, D.$_4^{20}$ 1,0594, n_D^{20} 1,4860. — *1.4-Dimethyl-*, Kp.$_2$ 118—120°, D.$_4^{20}$ 1,0542, n_D^{20} 1,4882. — *1-Äthyl-*, Kp.$_{0,5}$ 115—120°, D.$_4^{20}$ 1,0653, n_D^{20} 1,4930. — 1-[1-Chlorpropen-(1)-yl-(2)]-cyclohexane (**D**), durch 4—5std. Erhitzen der **B** mit KOH in A. auf 90°: *unsubstituiert*, Kp.$_{10}$ 68 bis 70°, D.$_4^{20}$ 0,9457, n_D^{20} 1,47. — *2-Methyl-*, Kp.$_{10}$ 82—86°, D.$_4^{20}$ 0,9530, n_D^{20} 1,4760. — *3-Methyl-*, Kp.$_{10}$ 86—87°, D.$_4^{20}$ 0,9602, n_D^{20} 1,48. — *4-Methyl-*, Kp.$_{10}$ 85—88°, D.$_4^{20}$ 0,9558, n_D^{20} 1,4792. — *3.5-Dimethyl-*, Kp.$_{10}$ 98 bis 102°, D.$_4^{20}$ 0,9487, n_D^{20} 1,4740. — x-[1-Chlorpropen-(1)-yl-(2)]-cyclohexane (**D**): *1.2-Dimethyl-*, Kp.$_{10}$ 102—105°, D.$_4^{20}$ 0,9553, n_D^{20} 1,48. — *1.4-Dimethyl-*, Kp.$_{10}$ 100—102°, D.$_4^{20}$ 0,9490, n_D^{20} 1,4756. — *1-Äthyl-*, Kp.$_{10}$ 102—106°, D.$_4^{20}$ 0,9595, n_D^{20} 1,4803. — 1-[3-Chlorpropyliden]-cyclohexane, analog den **D** aus den **C**: *unsubstituiert*, Kp.$_{10}$ 80—83°, D.$_4^{20}$ 0,9415, n_D^{20} 1,4650. — *2-Methyl-*, Kp.$_{10}$ 93—96°, D.$_4^{20}$ 0,9487, n_D^{20} 1,4724. — *3-Methyl-*, Kp.$_{10}$ 97—99°, D.$_4^{20}$ 0,9501, n_D^{20} 1,4730. — *4-Methyl-*, Kp.$_{10}$ 98—100°, D.$_4^{20}$ 0,9493, n_D^{20} 1,4732. — *2.3-Dimethyl-*, Kp.$_2$ 85—90°, D.$_4^{20}$ 0,9589, n_D^{20} 1,4810. — x-[3-Chlorpropyliden]-cyclohexane: *1.3-Dimethyl-*, Kp.$_2$ 78—80°, D.$_4^{20}$ 0,9554, n_D^{20} 1,4795. — *1.4-Dimethyl-*, Kp.$_2$ 74—78°, D.$_4^{20}$ 0,9528, n_D^{20} 1,4780. — *1-Äthyl-*, Kp.$_{10}$ 110—115°, D.$_4^{20}$ 0,9602, n_D^{20} 1,4830.
H.-E. Toussaint 1810

1330 **Darstellung cyclischer Kumulene.** Manfred Mühlstädt und Jürgen Graefe. (Z. Chem. **7** (1967) 11, 420—21; Inst. für Organ. Chem., Karl-Marx-Univ., Leipzig; dt.) — Die aus Cyclotridecadien-(1.2) bzw. Cyclotetradecadien-(1.2) durch Addition von Dichlorcarben dargestellten *14.14-Dichlor-bicyclo-[11.1.0]-tetradecen-(1)* bzw. *15.15-Dichlor-bicyclo-[12.1.0]-pentadecen-(1)* werden bei —70° unter N_2 in Ae. mit n-Butyl-Li umgesetzt. Nach beendeter Rk. u. Erwärmen auf 0° wurde mit H_2O versetzt u. die äther. Schicht abgetrennt. Diese enthielt in hohen Ausb. (> 90%) *Cyclotetradecatrien-(1.2.3)* (**I**) bzw. *Cyclopentadecatrien-(1.2.3)* (**II**) sowie geringe Mengen (< 10%) *Nebenprod.* unbekannter Konstitution. **I** u. **II** konnten wegen starker Polymerisationsneigung nicht in reiner Form dargestellt werden. Sie sind in Lsg. einige Zeit beständig u. bilden in Ae. unlösl. *Polymere.* Gegen O_2 sind sie extrem empfindlich. Durch Hydrierung von **I** bzw. **II** an PtO_2 entsteht *Cyclotetradecan* bzw. *Cyclopentadecan*, während durch Hydratisierung nach Schubert et al. (1954) *Cyclotetradecen-(2)-on-(1)* bzw. *Cyclopentadecen-(2)-on-(1)* gebildet werden. Die UV-Max. bestätigen die Struktur von **I** u. **II**.
G. Westphal 1810△

1331 **Alicyclische Kohlenhydrate.** 31. Mitt. **Synthese von Protoquercit.** G. E. McCasland, M. O. Naumann und Louis J. Durham. (Carbohydrate Res. [Amsterdam] 4 (1967) 6, 516—18; Dep. of Chem., Univ. of San Francisco, Calif.; engl.) — 30. vgl. J. org. Chemistry **31** (1966),

IV 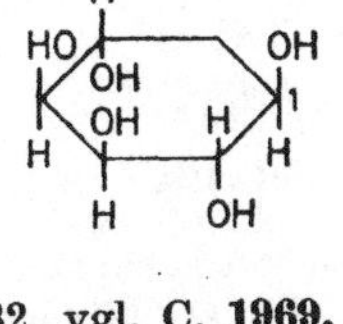 V 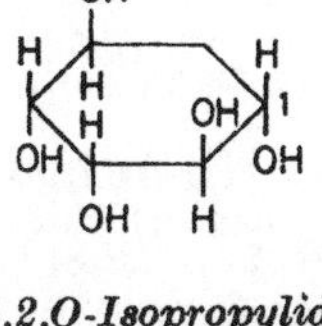

3079; 32. vgl. C. **1969**, 64-0817. — *1.2.O-Isopropyliden-3.4.5.6-tetra-O-methyl-L-inosit* (**I**) entsteht durch Methylierung des Quebrachit-isopropylidenacetals oder des (L)Inositmonoisopropylidenacetals. Deacetonierung von **I** führt zu *3.4.5.6-Tetra-O-methyl-L-inosit* (F. 90—92°), das in die *2-O-p-Tosyl-Verb.* (**II**, F. 115—116°) übergeführt wird. Aus **II** entsteht mit Na-Methylat/A. *1.3.4.5.6-Penta-O-methyl-L-inosit* (*Benzoat*, F. 88—89°), das mit $RuO_2/NaJO_4$ zu *(—)-Protoinososepentamethyläther* (**III**; *2.4-Dinitrophenylhydrazon*, F. 202—203°) ox. wird. Einw. von Äthandithiol-(1.2) auf **III**, Kochen des Rk.-Prod. in abs. A. in Ggw. von Raney-Ni u. Hydrolyse des erhaltenen Cyclohexanpentaolpentamethyläthers gibt *(—)-Protoquercit* [**IV**, F. 238 bis 239°; $[\alpha]_D^{25}$ —25,1° (c = 1; W.). *Pentabenzoat*, F. 154 bis 155°; $[\alpha]_D^{25}$ —62,8° (c = 1; Äthylacetat)]. Auf die gleiche Weise kann aus D-Inosit *(+)-Protoquercit* (**V**) erhalten werden. Krist. eines äquimol. Gemischs von **IV** u. **V** gibt *DL-Protoquercit* (F. 238—239°; $[\alpha]_D$ 0°).
R. Becker 1850△

1332 **Cyclopropanone.** 5. Mitt. **Verhinderung der Polymerisation und Addition von Säuren.** Nicholas J. Turro und Willis B. Hammond. (J. Amer. chem. Soc. **89** (1967) 4, 1028—29; Columbia Univ., New York, N.Y.; engl.) — 4. vgl. ibid. 88 (1966) 3672; 7. vgl. C. **1968,** 61-0534. — Die Polymerisation von Cyclopropanon (**I**) in CH_2Cl_2 wird durch Zusatz mol. Mengen von Acetanhydrid (**II**) oder Acetylchlorid (**III**) wesentlich verzögert. Addition von überschüssiger Essigsäure oder HCl an **I** in CH_2Cl_2 bei 25° in Ggw. von **II** oder **III** bzw. bei —78° ohne Zusatz von **II** oder **III** liefert 100% *1-Acetoxy-* (**IV**) bzw. ≈ 65% *1-Chlor-1-hydroxycyclopropan* (**V**), die bei Raumtemp. instabil sind. Die Rk. von **I** mit Essigsäure ist noch reversibel bei —78°. Addition von überschüssigem Keten an **IV** in CH_2Cl_2 bei —78° ergibt 62% *1.1-Diacetoxycyclopropan*, **II** u. 31% **I**. Addition von überschüssigem **III** an **V** in CH_2Cl_2 bei 25° liefert 34% *1-Chlor-1-acetoxycyclopropan*, 15% *Chloraceton*, 12% *1-Chlor-1-propionyloxycyclopropan* u. 2% *[1-Chlorcyclopropyl-(1)]-[1-acetoxycyclopropyl-(1)]-äther*. **IV** bzw. **V** reagieren mit CH_3OH quant. zu *1-Hydroxy-1-methoxycyclopropan*, das in Ggw. von Säuren in *Propionsäuremethylester* (97%) übergeht.
H. Miele 1960△

1333 **Auf das Zentralnervensystem wirkende Agentien.** 8. Mitt. **5-Substituierte-6.7.8.9-tetrahydro-5H-benzocycloheptene.** J. M. Khanna, I. M. Chak und Nitya Anand. (Indian J. Chem. **5** (1967) 8, 347—52; Central Drug Res. Inst., Lucknow; engl.) — Die Synth. verschiedener *5-substituierter 5-Amino-6.7.8.9-tetrahydro-5H-benzocycloheptene* u. *1-[6.7.8.9-Tetrahydro-5H-benzocycloheptenyl]-hydrazine* sowie von *5-[γ-Diäthylaminopropyl]-6.7.8.9-tetrahydro-5-H-benzocyclohepten* u. von *5-[Piperidyl-(2)-methyl]-6.7.8.9-tetrahydro-5H-benzocyclohepten* wird beschrieben. Die pharmakolog. Wrkg. der Verb. vgl. Original. Max. der IR- u. UV-Spektren werden angegeben. — 10. vgl. C. **1968,** 38-1769.

Versuche: 6.7.8.9-Tetrahydro-5H-benzocycloheptene: *5-Oximino-*, $C_{11}H_{13}NO$, F. 108° (verd. A.), aus dem entsprechenden Keton durch Kochen mit Hydroxylaminhydrochlorid in 50%ig. A. in Ggw. von KOH; 83% (Ausb.). — *5-Amino-* (**I**), $C_{11}H_{15}N$, Kp.$_{5-6}$ 114 bis 116°, durch Zugabe vorst. Verb. in abs. A. zu Na in Toluol u. $^1/_2$std. Kochen; 70%. *Hydrochlorid*, $C_{11}H_{16}ClN$, F. 280° (Zers.; A./Ae.). — *5-Formylamino-*, $C_{12}H_{15}NO$, F. 165° ($CHCl_3$/PAe.), durch $1^1/_2$std. Erwärmen von **I** mit Chloral auf 100°; 75%. — *5-Methylamino-*, *Hydrochlorid*, $C_{12}H_{18}ClN$, F. 199—200° (A./Ae.), durch 6std. Kochen vorst. Verb. mit $LiAlH_4$ in THF/Ae.; 80%. — *5-Dimethylamino-*, $C_{13}H_{19}N$, Kp.$_5$ 98—100°, durch Zugabe von **I** zu einem Gemisch aus 99—100%ig. Ameisensäure u. 40%ig. Formalinlsg. u. 8std. Erwärmen auf 100°; 72%. *Hydrochlorid*, $C_{13}H_{20}ClN$, F. 218° (A./Ae.). — *5-Isopropylamino-*, $C_{14}H_{21}N$, Kp.$_{5-6}$ 128—130°, durch Umsetzung von **I** mit Aceton in Ggw. von abs. A. u. Raney-Ni u. 24std. Hydrieren bei 60 lb p.s.i.; 85%. *Hydrochlorid*, $C_{14}H_{22}ClN$, F. 199—200° (A./Ae.). — *5-[α-Methyl-β-phenyläthylamino]-*, $C_{20}H_{25}N$, Kp.$_{5-6}$ 160—165°, aus **I** mit Phenylaceton analog vorst. Verb.; 80%. — *5-Oxo-*, *5-Acetylhydrazon*, $C_{13}H_{16}N_2O$, F. 160—161° (A.), durch 2std. Kochen von 6.7.8.9-Tetrahydro-5H-benzo-cycloheptenon-(5) (**II**) mit Acetylhydrazin in abs. A.; 72%. — *5-Acetylhydrazino-* (**III**), $C_{13}H_{18}N_2O$, F. 100—102° (Bzl./PAe.), aus vorst. Verb. durch 24std. Hydrieren an Adams-Katalysator in Essigsäure bei 50 lb p.s.i.; 90%. *Hydrochlorid*, $C_{13}H_{19}ClN_2O$, F. 162—165° (A./Ae.). — *5-{N'-[6.7.8.9-Tetrahydro-5H-benzocycloheptenyl-(5)]-hydrazino}-*, *Dihydrochlorid*, $C_{22}H_{30}Cl_2N_2$, F. 270—272°, durch $1^1/_2$std. Kochen von **II** mit 99–100%ig. Hydrazinhydrat in A., Eindampfen u. 24std. Hydrieren des Bis-[6.7.8.9-tetrahydro-5H-benzocycloheptenyliden-(5)]-azin in Essigsäure an Adams-Katalysator bei 40 lb. p.s.i.; 95%. – *5-[Piperidyl-(1)]-*, $C_{16}H_{23}N$, Kp.$_2$ 100–102°, durch 8std. Kochen von 5-Chlor-6.7.8.9-tetrahydro-5H-benzocyclohepten (Kp.$_{0,4}$ 95°, aus 5-Hydroxy-6.7.8.9-tetrahydro-5H-benzocyclohepten mit $SOCl_2$ in Bzl.) mit Piperidin; 70%. – *5-Morpholino-*, $C_{15}H_{21}NO$, analog vorst. Verb.; 65%. *Pikrat*, $C_{21}H_{24}N_4O_8$, F. 202–205° (A.). – *5-[4-Methylpiperazinyl]-*, $C_{16}H_{24}N_2$, analog vorvorst. Verb.; 40%. *Pikrat*, $C_{22}H_{27}N_5O_7$, F. 270° (Zers.; A.). – *2.3-Dimethoxy-5-amino-* (**IV**), $C_{13}H_{19}NO_2$, F. 55–56° (Bzl./PAe.), durch Red. von 2.3-Dimethoxy-5-oximino-6.7.8.9-tetrahydro-5H-benzocyclohepten mit 4%ig. Na-Amalgam; 85%. *Hydrochlorid*, $C_{13}H_{20}ClNO_2$, F. 230–234° (A./Ae.). – *2.3-Dimethoxy-5-isopropylamino-*, *Hydrochloridhemihydrat*, $C_{16}H_{26}ClNO_2 \cdot {}^1/_2H_2O$, F. 215–216° (A./Ae.), aus **IV**; 70%. – *2.3-Dimethoxy-5-acetylhydrazino-*, $C_{15}H_{22}N_2O_3$, F. 125–128° (Bzl.PAe.); 78%. *Hydrochlorid*, $C_{15}H_{23}ClN_2O_3$, F. 163–164° (A./Ae.). – *2.3-Dimethyl-5-amino-*, *Hydrochlorid*, $C_{13}H_{20}ClN$, F. 215 bis 217° (A./Ae.), durch Red. von 2.3-Dimethyl-5-oximino-6.7.8.9-tetrahydro-5H-benzocyclohepten mit $LiAlH_4$; 66%. – *2.3-Dimethyl-5-dimethylamino-*, $C_{15}H_{23}N$, Kp.$_8$ 120–125°, aus vorst. Verb. mit Ameisensäure/Formalin; 72%. – *5-Oxo-*, *Hydrazon*, $C_{11}H_{14}N_2$, F. 83° (verd. A.), aus **II** mit Hydrazin; 92%. – *5-Hydrazino-*, *Dihydrochlorid*, $C_{11}H_{18}Cl_2N_2$, F. 270° (A./Ae.), durch 2std. Kochen von **II** mit Hydrazinhydrat in abs. A., Eindampfen u. katalyt. Red.; 90%. – *5-[3-Diäthylaminopropyliden]-*, (**VII**), $C_{18}H_{27}N$, Kp.$_6$ 160–165°, durch 6std. Kochen von **V** mit Essigsäureanhydrid; 82%. – *2.3-Dimethyl-5-oxo-*, *Hydrazon*, $C_{13}H_{18}N_2$, F. 95–96° (verd. A.); 82%. – *5-[Pyridyl-(2)-methylen]-*, $C_{17}H_{17}N$, Kp.$_{5-6}$ 166–168°, aus **VI** durch 6std. Kochen mit Essigsäureanhydrid; 85%. – *2.3-Dimethoxy-5-[pyridyl-(2)-methylen]-*, *Hydrochlorid*, $C_{19}H_{22}ClNO_2$, F. 208–210° (A./Ae.); 60%. – *5-[3-Diäthylaminopropyl]-*, $C_{18}H_{29}N$, Kp.$_6$ 150°, durch 24std. Hydrieren von **VII** in Methanol an Pd/Kohle bei Raumtemp.; 95%. – *5-[Pyridyl-(2)-methyl]-*, $C_{17}H_{19}N$, Kp.$_6$ 160–162°, analog vorst. Verb.; 90%. *Hydrochlorid*, $C_{17}H_{20}ClN$, F. 113 bis 114° (A./Ae.). – *5-[Piperidyl-(2)-methyl]-*, $C_{17}H_{25}N$, Kp.$_{5-6}$ 130–132°, durch Hydrieren vorst. Verb. in Essigsäure an Adams-Katalysator bei 50 lb p.s.i.; 82%. *Hydrochlorid*, $C_{17}H_{26}ClN$, F. 185–186° (A./Ae.). – *2.3-Dimethoxy-5-[pyridyl-(2)-methyl]-*, $C_{19}H_{23}NO_2$, Kp.$_5$ 175 bis 178°; 90%. *Hydrochlorid*, $C_{19}H_{24}ClNO_2$, F. 120–122°. – *2.3-Dimethoxy-5-[piperidyl-(2)-methyl]-*, $C_{19}H_{29}NO_2$; 92%. *Hydrochloridmonohydrat*, $C_{19}H_{30}ClNO_2 \cdot H_2O$, F. 65–67° (A./Ae.). – 5-Hydroxy-6.7.8.9-tetrahydro-5H-benzocycloheptene: *5-[3-Diäthylaminopropyl]-* (**V**), $C_{18}H_{29}NO$, Kp.$_6$ 172–174°, durch 2std. Kochen von 3-Diäthylaminopropylchlorid mit Mg in THF, Zugabe von **II** u. 24std. Kochen; 40%. *Hydrochlorid*, $C_{18}H_{30}ClNO$, F. 120° (A./Ae.). – *5-[Pyridyl-(2)-methyl]-* (**VI**), $C_{17}H_{19}NO$, F. 76° (n-Hexan), durch Umsetzen von Phenyl-Li mit α-Picolin, Zugabe von **II** in Ae. u. 6std. Kochen; 62%. *Hydrochlorid*, $C_{17}H_{20}ClNO$, F. 178° (A./Ae.). – *2.3-Dimethoxy-5-[pyridyl-(2)-methyl]-*, $C_{19}H_{23}NO_3$, F. 76 bis 78° (n-Hexan), analog **VI**; 55%. *Hydrochlorid*, $C_{19}H_{24}Cl \cdot NO_3$, F. 160–161° (A./Ae.). – *8.9-Dihydro-7H-benzocycloheptadien*, $C_{11}H_{12}$, Kp.$_{5-6}$ 105–110°, durch 6std. Kochen von **III**-Hydrochlorid mit 3 n HCl. – *2.3-Dimethoxy-8.9-dihydro-7H-benzocycloheptadien*, $C_{13}H_{16}O_2$, Kp.$_{0,1}$ 138–140°, a) aus vorst. Verb.; b) durch 8std. Erwärmen von **IV** mit 99–100%ig. Ameisensäure in Ggw. von 40%ig. Formalinlsg. auf 100°.

G. Westphal 2110△

1334 **Synthese von siliciumorganischen Verbindungen mit Cyclopentyl-, Cyclopentenyl- und Cyclopentadienyl-Resten.** V. F. Mironov, H. G. Maksimova und V. V. Nepomnina. (Izvest. Akad. Nauk SSSR, Ser. chim. **1967** 2, 329–33; Inst. org. chim. im Zelinskogo AN SSSR; russ.) – Durch Rk. von Cyclopenten (**I**) mit Trichlorsilan (**II**) in Ggw. von H_2PtCl_6 wird *Cyclopentyltrichlorsilan* (**III**) erhalten, das bei der Rk. mit SO_2Cl_2 *2-Chlorcyclopentyltrichlorsilan* (**IV**) liefert. Bei der Rk. von 1-Chlorcyclopenten-(1) (**V**) mit **II** in der Dampfphase bzw. durch HCl-Abspaltung aus **IV** in Ggw. von Chinolin entsteht *Cyclopenten-(1)-yl-(1)-trichlorsilan*. Cyclopentadien-(1.3) (**VI**) liefert bei Rk. mit **II** in der Dampfphase oder in Ggw. von H_2PtCl_6 *Cyclopenten-(1)-yl-(3)-trichlorsilan* (**VII**). Daraus wird durch Chlorierung u. anschließende Pyrolyse *Cyclopentadien-(1.3)-yl-(5)-trichlorsilan* erhalten. Durch Rk. der substituierten Trichlorsilane mit CH_3MgCl werden die entsprechenden *Trimethylsilane* dargestellt. IR-Daten s. Original.

Versuche: Silane: *Cyclopentyltrichlor-* (**III**), Kp.$_{758}$ 181°, durch 3std. Erhitzen von 34 g **I** mit 68 g **II** u. 0,2 ml 0,1 n H_2PtCl_6 in Isopropanol im Autoklaven auf 120°; n_D^{20} 1,4702; $D._4^{20}$ 1,2425; 53% (Ausb.). – *Cyclopentylmethyldichlor-*, Kp.$_{76}$ 181–182°, aus **I** u. Methyldichlorsilan; n_D^{20} 1,4630; $D._4^{20}$ 1,0973; 55%. – *Cyclopentyltrimethyl-*, Kp.$_{752}$ 147,5°, durch 14std. Erhitzen von **III** oder vorst. Verb. mit CH_3MgCl; n_D^{20} 1,4370; $D._4^{20}$ 0,7986; 92%. – *2-Chlorcyclopentyl-(1)-trichlor-* (**IV**), Kp.$_{12}$ 88–89° durch 5std. Erhitzen von 264 g **III**, 175 g SO_2Cl_2 u. 0,5 g Dibenzoylperoxid; n_D^{20} 1,4912; $D._4^{20}$ 1,3614; 53,5%. – *Cyclopenten-(1)-yl-(1)-trimethyl-*, Kp.$_{755}$ 144°, a) durch Zugabe von 20 g Trimethylchlorsilan, 2 ml **V** u. 2 ml Äthylacetat zu 12 g Na in 100 ml Toluol u. 100 ml Ae., erneute Zugabe von 26 g **V** innerhalb von 3 Std. u. 5std. Erhitzen; n_D^{20} 1,4480; $D._4^{20}$ 0,8115; 56%; b) durch Rk. nachst. Verb. mit $CH_3 \cdot MgCl$; n_D^{20} 1,4515; $D._4^{20}$ 0,8170; 77%. – *Cyclopenten-(1)-yl-(1)-trichlor-*, a) Kp.$_5$ 56°, durch Durchleiten von 74 g **V** u. 100 g **II** durch ein Quarzrohr bei 550°; n_D^{20} 1,5020; $D._4^{20}$ 1,2389; 10 g; b) Kp.$_{755}$ 174–175°, durch Dest. von 15 g **IV** mit 8 g Chinolin bei 175–180°; n_D^{20} 1,4802; $D._4^{20}$ 1,2658; 33%. – *Cyclopenten-(1)-yl-(3)-trichlor-* (**VII**), a) Kp.$_5$ 43–45°, durch 4std. Erhitzen von 162 g **VI** u. 165 g **II** mit 0,5 g Hydrochinon in Ggw. von 2 ml 0,1 n H_2PtCl_6 im Autoklaven auf 250°; n_D^{20} 1,4870; $D._4^{20}$ 1,1912; 26%; b) Kp.$_6$ 40–42°, Kp.$_{759}$ 177–178°, durch 5std. Erhitzen von 125 g **VI** u. 270 g **II** in Ggw. von 1 ml 0,1 n H_2PtCl_6 im Autoklaven auf 240–250°; n_D^{20} 1,4812; $D._4^{20}$ 1,2630; 52%; daneben nach a) u. b) *4.7-Methano-2.3.3a.4.7.7a-hexahydroindenyl-(1)-trichlor-* [$C_{10} \cdot H_{13}Cl_3Si$, Kp.$_4$ 117–118°; n_D^{20} 1,5220–1,5260; $D._4^{20}$ 1,2869–1,2945; 40%; liefert bei der Methylierung *4.7-Methano-2.3.3a.4.7.7a-hexahydroindenyl-(1)-trimethyl-*, $C_{13}H_{22}Si$, Kp.$_{18}$ 119; n_D^{20} 1,4960; $D._4^{20}$ 0,9322]; c) Kp.$_{765}$ 172–173°, durch 8std. Durchleiten von 132 g **VI** u. 185 g **II** durch ein Quarzrohr bei 550°; n_D^{20} 1,5010; $D._4^{20}$ 1,1306; 30%. Daneben m-Xylol, Kp. 137–138°; 15 g. – *Cyclopenten-(1)-yl-(3)-trimethyl-*, Kp.$_{754}$ 144°, Kp.$_{760}$ 141°, durch Rk. von **VII** mit CH_3MgCl; n_D^{20} 1,4510–1,4560; $D._4^{20}$ 0,8175–0,8230; 80–88%. – *1.2-Dichlorcyclopentyl-(3)-trichlor-*, Kp.$_7$ 110°, durch Einleiten von Cl_2 in **VII**; n_D^{20} 1,5170; $D._4^{20}$ 1,5245; 85,2%. – *Cyclopentadien-(1.3)-yl-(5)-trichlor-*, Kp.$_{20}$ 80–90°, durch 3std. Erhitzen vorst. Verb. im Quarzrohr auf 400–450°; n_D^{20} 1,5140; 24%. – *Cyclopentadien-(1.3)-yl-(5)-trimethyl-*, Kp.$_{756}$ 141°, durch Methylierung vorst. Verb.; n_D^{20} 1,4630; $D._4^{20}$ 0,8390; 78%.

H. Dalmer 2180△

1335 **Arsoniumylide aus einem Carben und Arsin.** Douglas Lloyd und M. I. C. Singer. (Chem. and Ind. **1967**, 12, 510–11; Chem. Dep., United Coll., Univ. of St. Andrews, Scotland; engl.) – Durch therm. Zers. von diazotiertem Tetraphenylcyclopentadien in Triphenylarsin wird *Triphenylarsonium-tetraphenylcyclopentadienylid*, F. 228–230° (Zers., aus Nitromethan), erhalten. Das genannte Ylid bildet ein *Perchlorat* (F. 216–217° Zers.; A.); beide Prod. sind stabil gegen Luftsauerstoff. Maxima des UV-Spektrums sowie Rk. des Ylids mit Benzaldehyd (ohne Lsgm. u. in Methanol) vgl. Original.

G. Westphal 2180△

1336 **1.5-Dinitro-2.6-dimethylnaphthalin.** Milos Bil und Arthur Bernstein. (Chem. and Ind. **1967**, 28, 1221 bis 1222; Clairol Res. Labor., Stamford, Conn.; engl.) – Eine verbesserte Meth. zur Darst. der Titelverb. aus 2.6-Dimethylnaphthalin (**I**) wird beschrieben. Als Nebenprod. entstehen *1-Nitro-* (0,5–4% Ausb.), *1.8-Dinitro-* u. *Trinitro-2.6-dimethylnaphthalin* (11–16%).

Versuche: *1.5-Dinitro-2.6-dimethylnaphthalin*, F. 200,5–202° (Aceton), durch 4–5std. Zugabe von 98 bis 100%ig. HNO_3 zu **I** in Essigsäureanhydrid bei 5 bis 10°, Zugabe von 50–60%ig. HNO_3, 40 Min. langes Erwärmen auf 50—65°, 20 Min. langes Erwärmen auf 70°, Kühlen auf 15° u. fraktionierte Kristallisation aus Aceton; 30% (Ausb.). G. Westphal 2700△

1337 **Synthese von 1.5-Dimethyl-1-methoxycarbonyl-$\Delta^{4a(5)}$-octalon-(6).** Usha Ranjan Ghatak, Ajoy Kumar Banerjee und Nithar Ranjan Chatterjee. (Indian J. Chem. **5** (1967) 9, 457—59; Dep. of Organ. Chem., Indian Assoc. for Cultivat. of Sci., Jadavpur, Calcutta; engl.) — Ausgehend von 3-[2-Methyl-2-methoxycarbonyl-6-oxo-cyclohexyl]-propionsäuremethylester wird die Titelverb. durch Reformatsky-Rk. mit α-Brompropionsäuremethylester u. Fraktionierung des Rk.-Gemisches erhalten. Max. der IR- u. UV-Spektren vgl. Original.

Versuche: *3-[2-Methyl-2-methoxycarbonyl-6-oxocyclohexyl]-propionsäuremethylester*, $Kp._{0,4}$ 125—128°, durch Umsetzen von 3-[2-Methyl-6-oxocyclohexen-(1)-yl]-propionsäure (F. 78—80°) mit KCN, Hydrolyse zu 3-[2-Methyl-2-hydroxycarbonyl-6-oxo-cyclohexyl]-propionsäure u. 55std. Kochen von 22 g mit Methanol/konz. H_2SO_4; 14,4 g (Ausb.). *2.4-Dinitrophenylhydrazon*, $C_{19}H_{24}N_4O_8$, F. 151—152° (Essigester/Methanol). — *1.5-Dimethyl-1-methoxycarbonyl-$\Delta^{4a(5)}$-octalon-(6)*, $C_{14}H_{20}O_3$, $Kp._{6,5}$ 140—143°, durch Reformatsky-Rk. von 9 g vorst. Verb. mit α-Brompropionsäuremethylester; 4,9 g. *2.4-Dinitrophenylhydrazon*, $C_{20}H_{24}N_4O_6$, F. 193°; aus Essigester/Methanol rote Nadeln. G. Westphal 2700△

1338 **Stereoselektive Totalsynthese des (±)-1β-Methyl-4aα'-hydroxy-trans-1.2.3.4.4a.9a-hexahydrofluoren-1α-carbonsäurelacton und der Stereoisomeren von (±)-1-Methyl-1.2.3.4.4a.9a-hexahydrofluoren-1-carbonsäure.** U. R. Ghatak, J. Chakravarty und R. Dasgupta. (Indian J. Chem. **5** (1967) 9, 459—60; Dep. of Organ. Chem., Indian Assoc. for. Cultivat. of Sci., Calcutta; engl.) — *(±)-1β-Methyl-4aα-hydroxy-trans-1.2.3.4.4a.9a-hexahydrofluoren-1α-carbonsäurelacton* (**I**, F. 154°; 20 bis 30% Ausb.) entsteht durch Umsetzen von 1-Methyl-1.2.3.4-tetrahydrofluoren-1-carbonsäure (**II**) mit H_2SO_4 bei 0°. Durch Hydrieren von **I** in A. an Pd/Kohle wird *1β-Methyl-1.2.3.4.4aβ.9aβ-hexahydrofluoren-1α-carbonsäure* (F. 181—182°) erhalten, die auch durch katalyt. Hydrierung von **II** neben wenig *1β-Methyl-1.2.3.4.4aα.9aα-hexahydrofluoren-1α-carbonsäure* (F. 187—188°; 5—13%) gewonnen werden kann. Die reduktive Spaltung von **I** mit Li in fl. NH_3 ergibt *1β-Methyl-1.2.3.4.4aα.9aβ-hexahydrofluoren-1α-carbonsäure* (F. 202°; 95%). Die Strukturen der Verb. befinden sich in Übereinstimmung mit den Erg. der IR- u. UV-spektralanalyt. Untersuchungen. G. Westphal 2750△

1339 **Reaktion von Polyhalogenanthrachinonen mit nucleophilen Reagenzien.** 1. Mitt. **Reaktion von 1.2.3.4-Tetrachlor- und 1.2.3.4-Tetrafluoranthrachinon mit NH_3 und Methyl- bzw. Dimethylamin.** E. P. Fokin, V. A. Loskutov und A. V. Konstantinova. (Ž. obšč. Chim. **37/99** (1967) 2, 391—94; Novosibirskij inst. org. chim. Sibir. otd. AN SSR; russ.) — Einw. von NH_3, Methylamin (**I**) u. Dimethylamin (**II**) auf 1.2.3.4-Tetrachloranthrachinon (**III**) führt zu entsprechenden *1-Amino-2.3.4-trichloranthrachinonen* (**A**); analoge Rk. mit 1.2.3.4-Tetrafluoranthrachinon (**IV**) ergibt Gemische von entsprechenden *1-Amino-2.3.4-trifluor-* u. *2-Amino-1.3.4-trifluoranthrachinonen* (**B**). Die Dehalogenierung von **A** u. **B** führt mit 7—25%ig. Ausb. zu den entsprechenden Aminoanthrachinonen. UV-Daten vgl. Original.

Versuche: 1.2.3.4-tetrasubstituierte Anthrachinone: *1-Amino-2.3.4-trichlor-*, $C_{14}H_6Cl_3NO_2$, F. 250—253° (Bzl.), durch 2std. Erhitzen von **III** mit 25%ig. NH_4OH in einer Ampulle auf 160° u. Gießen in 5%ig. HCl; rotorange Nadeln; 75% (Ausb.). — *1-Amino-2.3.4-trifluor-* (**V**), $C_{14}H_6F_3NO_2$, F. 207,5—210° (Chlorbenzol) durch 34std. Stehen von **IV** mit fl. NH_3, Eindampfen, Aufarbeiten mit heißem Chlf. u. Chromatographieren an Al_2O_3; rotorange Nadeln; 10%. *Acetylderiv.*, $C_{16}H_8F_3NO_3$, F. 215,5—217,5° (CH_3OH), durch 1std. Erhitzen von **V** mit Acetanhydrid, Eisessig u. wenig 85%ig. H_3PO_4 u. Gießen auf Eis; gelbe Nadeln; 88%. — *2-Amino-1.3.4-trifluor-*, $C_{14}H_6F_3NO_2$, F. 260—263° (CH_3OH), neben **V**; gelbe Plättchen; 87%. *Acetylderiv.*, $C_{16}H_8F_3NO_3$, F. 269 bis 270,5° (CH_3OH); dunkelgelbe Nadeln; 80%. — *1-Methylamino-2.3.4-trichlor-*, $C_{15}H_8Cl_3NO_2$, F. 163—165° (CH_3OH), durch 8std. Erhitzen von **III** mit 25%ig. methanol. **I**-Lsg. auf 50° u. Gießen in 5—10%ig. HCl; rote Nadeln; 93%. *Acetylderiv.*, $C_{17}H_{10}Cl_3NO_3$, F. 260 bis 262° (Bzl.); gelbe Nadeln; 80%. — *1-Methylamino-2.3.4-trifluor-*, $C_{15}H_8F_3NO_2$, F. 178—180° (CH_3OH), durch 12std. Rühren von **IV** mit 25%ig. methanol. **I**-Lsg. bei —33°, Gießen in 10%ig. HCl u. Chromatographieren des Nd. an Al_2O_3; rote Nadeln; 12%. *Acetylderiv.*, $C_{17}H_{10}F_3NO_3$, F. 140—142° (CH_3OH); gelbe Nadeln; 83%. — Daneben: *2-Methylamino-1.3.4-trifluor-*, $C_{15}H_8 \cdot F_3NO_2$, F. 272—274° (Chlf.); gelbe Nadeln; 60%. *Acetylderiv.*, $C_{17}H_{10}F_3NO_3$, F. 117—119° (CH_3OH); gelbe Plättchen; 66%. — *1-Dimethylamino-2.3.4-trichlor-*, $C_{16} \cdot H_{10}Cl_3NO_2$, F. 166—169° ($CH_3OH$), durch 1std. Erhitzen von **III** mit 33%ig. wss. **II**-Lsg. auf 100° u. Chromatographieren des Nd.; dunkelrote Nadeln; 58%. — *2-Dimethylamino-1.3.4-trifluor-*, $C_{16}H_{10}F_3NO_2$, F. 162—165° ($CH_3 \cdot OH$), durch 2std. Rühren von **IV** mit 33%ig. wss. **II**-Lsg. u. Gießen in 10%ig. HCl; orange Nadeln; 56%. H. Berger 2800△

1340 **Synthesen von 1.2.3.4.9.9-Hexachlor-1.4.4a.5.6.7.8.8a-octahydro-1.4-methanonaphthalin-6.7-dicarbonsäure und ihren Estern.** Carleton W. Roberts, Daniel H. Haigh und Richard J. Rathsack. (J. chem. Engng. Data **12** (1967) 3, 450—52; Polymer and Chem. Res. Labor., Dow Chem. Co, Midland, Michegan; engl.) — Die Titelverb. entsteht in zwei isomeren Formen durch Diels-Alder-Rk. aus Δ^4-Cyclohexen-1.2-dicarbonsäureanhydrid u. Hexachlorcyclopentadien, ihre Struktur wird durch Veresterung sowie durch Gaschromatographie u. IR-Spektren gekennzeichnet (vgl. Orig.).

Versuche: *1.2.3.4.9.9-Hexachlor-1.4.4a.5.6.7.8.8a-octahydro-1.4-methanonaphthalin-6.7-dicarbonsäureanhydrid. Isomeres* A, $C_{13}H_8Cl_6O_3$, F. 278—280° (1.2-Dibromäthan), aus 816 g cis-Δ^4-Cyclohexen-1.2-dicarbonsäureanhydrid u. Hexachlorcyclopentadien in Xylol; 791 g (Ausb.); daneben *Isomeres* B, F. 256—257,5° [Toluol/Butanon-(2)]. — *1.2.3.4.9.9-Hexachlor-1.4.4a.5.6.7.8.8a-octahydro-1.4-methanonaphthalin-6.7-dicarbonsäure*, aus vorst. Verb. durch Hydrolyse mittels NaOH auf 100° (*Isomeres* A, F. 274°; *Isomeres* B, F. 252°). *Dimethylester. Isomeres* A, $C_{15}H_{14}Cl_6O_4$, F. 102—103° (n-Heptan), aus dem A-Isomeren der vorvorst. Verb. u. abs. Methanol mit HCl-Gas in Ggw. von p-Toluolsulfonsäure; 98%. *Isomeres* B, F. 132° (n-Heptan), analog A-Isomeres; 85%. *Monoisopropylester*, (Isomeres A), $C_{16}H_{16}Cl_6O_4$, F. 119—120°. *Diallylester* (Isomeres A), $C_{19}H_{18}Cl_6O_4$, F. 78—79°. *Mono-methallylester* (Isomeres A), $C_{17}H_{16}Cl_6O_4$, F. 124 bis 126°. *Di-n-butylester. Isomeres* A, $C_{21}H_{26}Cl_6O_4$, F. 56 bis 57°. *Isomeres* B, $Kp._{0,1}$ 190°; n_D 1,5190, d_4^{25} 1,3533. *Di-n-octylester* (Isomeres A), $C_{29}H_{42}Cl_6O_4$, F. 33—34°. *Bis-[2-äthylhexyl]-ester* (Isomeres A), $C_{29}H_{42}Cl_6O_4$, $Kp._{0,1}$ > 255°; n_D^{27} 1,5051. G. Westphal 2950△

1341 **Diels-Alder-Reaktion: Addition von N-Arylmaleinimiden an asymmetrische Bis-[p-alkoxyphenyl]-äthene.** Gamil Aziz. (Indian J. Chem. **5** (1967) 11, 527—29; Chem. Dep., Univ. Cairo, Giza, UAR; engl.) — Vgl. Liebigs Ann. Chem. **491** (1931) 1. — Es wird die Diels-Alder-Rk. zwischen asymmetr. Di-[p-alkoxyphenyl]-äthenen mit Maleinsäureanhydrid beschrieben. Die Struktur der Addukte wird durch Rk. u. NMR-Spektren (Signale vgl. Orig.) aufgeklärt. (Anisyl = Methoxyphenyl.)

Versuche: 5.8-endo-[1.2-Bis-carboxyäthano]-2.3.4.4a.5.8-hexahydronaphthalin-3.4-dicarbonsäuren: *1-[p-Anisyl]-6-methoxy-*, *Dianhydrid* (**III**), $C_{24}H_{20}O_8$, F. 272° (Essigsäure), aus 1 g 1.1-Di-p-anisyläthen (**I**) u. Maleinsäureanhydrid in sd. Bzl.; 0,31g (Ausb.). — *1-[p-Anisyl]-6-methoxy-*, *N.N'-Diphenyldiimid* (**II**), $C_{36}H_{30}N_2O_6$, F. 212° (A./Bzl.), aus 1 g **I** u. N-Phenylmaleinimid in sd. Bzl.; 0,35 g. — *1-[p-Äthoxyphenyl]-6-äthoxy-*, *N.N'-Diphenyldiimid*, $C_{38}H_{34} \cdot N_2O_6$, F. 258°. — *1-[p-Anisyl]-6-methoxy-*, *N.N'-Di-p-tolyldiimid*, $C_{38}H_{34}N_2O_6$, F. 200°. — *1-[p-Äthoxyphenyl]-6-äthoxy-*, *N.N'-Di-p-tolyldiimid*, $C_{40}H_{38}N_2O_6$, F. 218°. — *1-[p-Anisyl]-6-methoxy-*, *N.N'-Di-p-anisyl-diimid*, $C_{38}H_{34} \cdot N_2O_8$, F. 192°. — *1-[p-Äthoxyphenyl]-6-äthoxy-*, *N.N'-Di-p-anisyl-diimid*, $C_{40}H_{38}N_2O_8$, F. 210°. — *1-[p-Anisyl]-6-*

methoxy-, Di-[anilid], $C_{36}H_{34}N_2O_8$, F. 201—202° (W./Methanol), a) aus 1 g **II** in sd. methanol. NaOH; 0,7 g; b) aus 1 g. **III** u. Anilin in sd. Bzl.; 0,65 g. *N.N'-Diacetat* $C_{40}H_{38}N_2O_{10}$, F. 285° (W./Methanol), aus 1 g Stammverb. in sd. Acetylchlorid; 0,56 g. — *Verb.* $C_{36}H_{30}N_2O_6$, F. 340°, a) aus 1 g **II** u. sd. Essigsäure in Ggw. von konz. HCl; 0,56 g; b) aus 1 g **II** in sd. 70%ig. H_2SO_4; 0,35 g; c) aus 1 g vorst. Verb. in sd. methanol. NaOH; 0,53 g.

G. Westphal 2950△

C-3. Heterocyclische Verbindungen

1342 **Heterocyclen aus Fluorketonen und Alkylisocyanaten. 1.3-Oxazetidinone, 1.3.5-Dioxazine und 1.3.5-Oxadiazine.** R. J. Shozda. (J. org. Chemistry **32** (1967) 10, 2960—64; E. I. du Pont de Nemours and Co., Gibbstown, N.J.; engl.) — Elektronegativ substituierte Ketone, z. B. Hexafluoraceton (**I**), reagieren mit Methylisocyanat (**II**) zu *1.3-Oxazetidinonen*, z. B. *4.4-Bis-[trifluormethyl]-3-methyl-1.3-oxazetidinon* (**III**). Aceton, 1.1.1-Trifluoraceton bzw. α.α.α-Trifluoracetophenon geben diese Rk. nicht. Aus **I** u. n-Butylisocyanat (**IV**) entsteht *3-n-Butyl-4.4-bis-[trifluormethyl]-1.3-oxazetidinon.* Cyclohexylisocyanat, Dodecylisocyanat bzw. Isocyanatoessigsäureäthylester bilden mit **I** ebenfalls *1.3-Oxazetidinone*, die aber nicht isoliert wurden. Phenylisocyanat, p-Methoxyphenylisocyanat bzw. Chlorsulfonylisocyanat reagieren nicht mit **I**. Die Cycloaddition wird durch Säuren bzw. Basen katalysiert. Katalyt. Mengen BF_3 bzw. CsF erhöhen die Ausb. beträchtlich. In fl. SO_2 werden ebenfalls höhere Ausb. erhalten. **III** ist bei Raumtemp. gegen CH_3OH bzw. W. stabil. Aus **I** u. 1 Vol **II** wird in Ggw. von 2,5% CsF nach 2 Std. bei 100° nur **III** erhalten. Nach 8 Std. werden wenig **III**, *5.6-Dihydro-5-methyl-2.2.6.6-tetrakis-[trifluormethyl]-4 H-1.3.5-dioxazinon-(4)* (**V**) u. *3.4.5.6-Tetrahydro-6.6-bis-[trifluormethyl]-3.5-dimethyl-2 H-1.3.5-oxadiazindion-(2.4)* (**VI**) isoliert. Chlorpentafluoraceton (**VII**) u. **II** geben analog *5.6-Dihydro-5-methyl-2.6-bis-[chlordifluormethyl]-2.6-bis-[trifluormethyl]-4H-1.3.5-dioxazinon-(4)* (**VIII**) u. *3.4.5.6-Tetrahydro-3.5-di-methyl-6-chlordifluormethyl-6-trifluor-methyl-2H-1.3.5-oxadiazindion-(2.4)* (**IX**). Aus symm.-Tetrafluoraceton (**X**) bzw. Perfluorcyclobutanon (**XI**) werden analog *5.6-Di-hydro-5-methyl-2.2.6.6-tetrakis-[difluormethyl]-4 H-1.3.5-dioxazinon-(4)* bzw. *1.1.2.2.3.3-Hexafluor-7.9-dimethyl-5-oxa-7.9-diazaspiro-[3.5]-nonandion-(6.8)* dargestellt. *Gemische* aus **V** u. **VI** bzw. **VIII** u. **IX** werden auch aus **III** bzw. 3-Methyl-4-trifluormethyl-4-chlordifluormethyl-1.3-oxazetidinon (**XII**) u. CsF erhalten. In diesen Fällen bzw. bei der Rk. von überschüssigem Keton mit **II** ist das Dioxazin das Hauptprodukt. Aus **III** u. überschüssigem **II** in Ggw. von CsF entsteht dagegen **VI** als Hauptprodukt.

Versuche: 1.3-Oxazetidinone: *3-Methyl-4.4-bis-[trifluormethyl]-* (**III**), $C_5H_3F_6NO_2$, Kp. 102°, a) aus **I** u. **II** bei 80° in 8 Std.; 28% (Ausb.); b) analog a) in Ggw. von BF_3-Ätherat; 43,8%; c) aus **I** u. **II** in Ggw. von CsF bei 100° in 1,5 Std.; 36,9%; d) aus **I** u. **II** in SO_2 bei 100° in 8 Std.; 61%. — *3-Methyl-4-chlordifluormethyl-4-trifluormethyl-* (**XII**), $C_5H_3ClF_5NO_2$, Kp. 135°, aus **VII** u. **II** bei 80° in 8 Std.; 16%. — *3-Methyl-4.4-bis-[chlordifluormethyl]-*, $C_5H_3Cl_2F_4NO_2$, Kp. 154°, aus 1.3-Dichlortetrafluoraceton u. **II** bei 100°. 10,5%. — *3-Methyl-4-chlordifluormethyl-4-dichlorfluormethyl-*, aus 30 g 1.1.3-Trichlortrifluoraceton u. **II** bei 100°; 0,6 g. — *3-Methyl-4.4-bis-[difluormethyl]-*, $C_5H_5F_4NO_2$, Kp. 174°; aus **X** u. **II** bei 100°; 5,2%. — *3-n-Butyl-4.4-bis-[trifluormethyl]-*, $C_8H_9F_6NO_2$, Kp. 161°, aus **I**, **IV** u. BF_3-Ätherat bei 75°. — *3-Methyl-5.5.6.6.7.7-hexafluor-1-oxa-3-azaspiro-[3.3]-heptanon-(2)*, $C_6H_3F_6NO_2$, F. 52—53° (Subl.), aus **XI** u. **II** bei 80°; 69,6%. — *5.6-Dihydro-5-methyl-2.2.6.6-tetrakis-[trifluormethyl]-4 H-1.3.5-dioxazinon-(4)* (**V**), $C_8H_3F_{12}NO_3$, Kp. 140°, Kp.$_{65}$ 72°, aus 30 g **I** u. **II** in Ggw. von CsF bei 100°; 30,8 g; daneben 3 g *3.4.5.6-Tetrahydro-6.6-bis-[trifluormethyl]-3.5-dimethyl-2 H-1.3.5-oxadiazindion-(2.4)* (**VI**, $C_7H_6F_6N_2O_3$, Kp. 187°) u. 2,8 g **III**. *Gemisch* aus **V** u. **VI**, a) aus **III** u. CsF im Vakuum bei Raumtemp.; b) aus **III** u. **I** in Ggw. von CsF bei 100°. *1:2-Gemisch* aus **V** u. **VI**, aus **III** u. **II** in Ggw. von CsF bei Raumtemperatur. — *5.6-Dihydro-5-methyl-2.6-bis-[chlordifluormethyl]-2.6-bis-[trifluormethyl]-4 H-1.3.5-dioxazinon-(4)* (**VIII**), $C_8H_3Cl_2F_{10}NO_3$, Kp. 193°, a) aus 30 g **VII** u. **II** in Ggw. von CsF bei 100°; 5,9 g; daneben 38,4% **XII** u. 6,2 g *3.4.5.6-Tetrahydro-3.5-dimethyl-6-chlordifluormethyl-6-trifluormethyl-2 H-1.3.5-oxadiazindion-(2.4)* (**IX**, $C_7H_6ClF_5N_2O_3$, Kp. 213°); b) aus 4,8 g **XII** u. CsF im Vakuum bei 85°; 0,58 g; daneben 0,22 g **IX**, **VII** u. **II**. — *5.6-Dihydro-5-methyl-2.2.6.6-tetrakis-[difluormethyl]-4 H-1.3.5-dioxazinon-(4)*, Kp. 238°, aus **X** u. **II** in Ggw. von CsF bei 90°; 2 g. — *1.1.2.2.3.3-Hexafluor-7.9-dimethyl-5-oxa-7.9-diazaspiro-[3.5]-nonandion-(6.8)*, $C_8H_6F_6N_2O_3$, Kp. 217°, aus 15 g **XI** u. **II** bei 90° in Ggw. von CsF; 6,3 g. — *Gemisch* aus *5.6-Dihydro-5-methyl-2-chlordifluormethyl-2.6.6-tris-[trifluormethyl]-4 H-1.3.5-dioxazinon-(4)* (**XIII**) u. *5.6-Dihydro-5-methyl-6-chlordifluormethyl-2.2.6-tris-[trifluormethyl]-4 H-1.3.5-dioxazinon-(4)* (**XIV**), $C_8H_3ClF_{11}NO_3$, Kp. 167°, aus 15 g **III** u. **VII** in Ggw. von CsF bei 100° in 8 Std. u. gaschromatograph. Trennung der erhaltenen 1,1 g; 35,6%; daneben 8,4% **V**, 8,9% **VI**, 9,4% **VIII** u. 25% **IX**. *Gemisch* aus 39,8% **V**, 18,2% **III**, 17,2% **XII**, 2,9% **VI** u. 21,4% *Gemisch* aus **XIII** u. **XIV**, bei 100° aus 15 g **I**, **VII** u. **II**; 28 g.

Hans Köhne/Berlin 3000△

1343 **Additionen an die Dreifachbindung. 6. Mitt. Heterocyclen aus Acetylenverbindungen.** Ekkehard Winterfeldt und Hans-Joachim Dillinger. (Chem. Ber. **99**, 1558—68, 1966; Organ.-Chem. Inst. der TU Berlin; dt.) — 5. vgl. ibid. **99** (1966), 450. — Über die Addition von Donatoren an die aktivierte Dreifachbindung gelingt die Synth. von *Pyrrol-*, *Furan-*, *Thiophen-* u. *Pyron-Derivaten.* — 7. vgl. C. **1968**, **44**-0878.

Versuche: *4-[1.2-Bis-methoxycarbonylvinyloxy]-1-äthylpyrroldicarbonsäure-(2.3)-dimethylester*, $C_{16}H_{19}NO_9$, aus 4,6 g Acetylendicarbonsäuredimethylester (**I**) u. 2 g Diäthylaminoessigsäuremethylester; 2,2 g (Ausb.). — *[Methoxycarbonylmethyläthyl-amino]-maleinsäuredimethylester*, $C_{11}H_{17}NO_6$, Kp.$_{0,01}$ 125°, aus **I** u. Äthylaminoessigsäuremethylester; 63% (Ausb.). — *4-Hydroxy-1-äthyl-2.5-bis-methoxycarbonyl-pyrrol*, $C_{10}H_{13}NO_5$, F. 86,5°, aus vorst. Verb. mit K in Toluol; 23%. — *4-[1.2-Bis-methoxycarbonyl-vinyloxy]-1-äthylpyrroldicarbonsäure-(2.5)-dimethylester*, $C_{16}H_{19}NO_9$, F. 67°, Kp.$_{0,01}$ 175°, aus 110 mg vorst. Verb., 60 mg N-Methylmorpholin u. 90 mg **I**; 106 mg. — *1-[(2-tert.-Butoxyäthyl)-benzylamino]-äthylendicarbonsäure-(1.2)-dimethylester*, $C_{19}H_{27}NO_5$, Kp.$_{0,01}$ 150°, aus N-Benzyläthylenimin u. **I** in tert.-Butanol; 41%. — *Mellitsäurehexamethylester*, analog vorst. Verb. in Dioxan; 90%. — *[1.2-Bis-methoxycarbonyl-vinyl]-[2-methyl-3.4-bis-methoxycarbonyl-butadien-(1.3)-yl-(1)]-äther*, $C_{15}H_{18}O_9$, F. 122° (Ae./PAe.), aus Propionaldehyd, N-Methylmorpholin u. **I**; 47%. — *Benzoylfumarsäuredimethylester*, $C_{13}H_{12}O_5$, F. 83,5 g (Ae.), aus 10 g Triphenylphosphin, 6 g Benzaldehyd u. 5,7 g **I**; 1,4 g im Gemisch mit nachst. Verb.; daneben 0,6 g *Fumarsäuredimethylester.* — *4-Hydroxy-2-methoxy-4-phenyl-3-methoxycarbonylcrotonsäurelacton*, $C_{13}H_{12}O_5$, F. 97° (Ae.), analog vorst. Verbindung. — *2-Benzoylbicyclo-[2.2.1]-heptan-trans-dicarbonsäure-(2.3)-dimethylester*, $C_{18}H_{20}O_5$, F. 111° (PAe.), aus 150 mg vorvorst. Verb. mit Cyclopentadien über ein *Addukt* [$C_{18}H_{18}O_5$, F. 120° (Ae.); 210 mg] u. dessen Reduktion. — *Addukt* **II**, $C_6H_{10}O_3S$, F. 104°, aus Propiolsäuremethylester (**III**) mit überschüssigem DMSO; 40%. — *Addukt* **IV**, $C_{10}H_{14}O_5S$, F. 156° (Aceton/Ae.), aus **III** u. DMSO; 43%. — *β-Benzoyloxy-α-methylmercapto-acrylsäure-methylester*, $C_{12}H_{12}O_4S$, F. 69° (Ae.), aus **II** mit Benzoylchlorid; 81%. — *β-Chlor-α-*

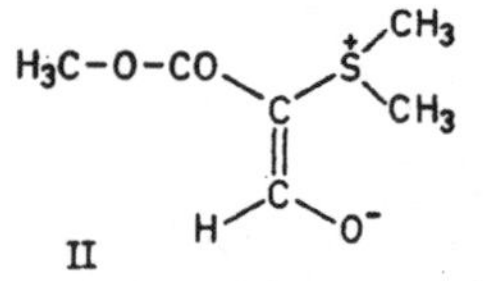

II

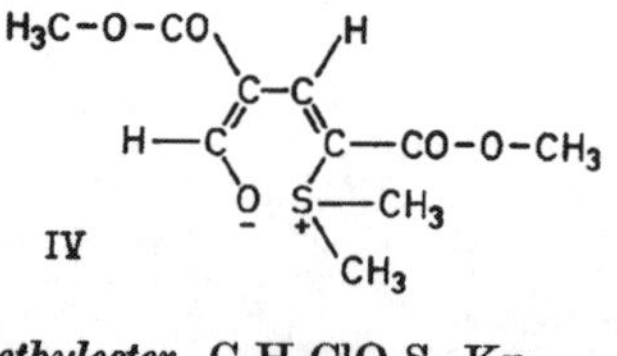

IV

methylmercapto-acrylsäuremethylester, $C_5H_7ClO_2S$, Kp.$_{0,001}$ 55° (Bad), aus **II** mit $SOCl_2$; 77%. — *Furantricarbonsäure-(2.3.4)-trimethylester*, aus **II** mit **I**; 31%. — *3-Methylmercapto-5-methoxycarbonyl-pyron-(2)*, $C_8H_8O_4S$, F. 109°, Kp.$_{Hochvakuum}$ 185—220°, aus **IV** durch Erhitzen; 21%; daneben *Furandicarbonsäure-(2.4)-dimethylester* (2%). — *Thiophendicarbonsäure-(2.4)-dimethylester*, $C_8H_8O_4S$, F. 120°, aus **IV** mit $SOCl_2$; 91%. — *5-Methylmercaptoiso-*

phthalaldehyd, $C_9H_8O_2S$, F. 120° (Aceton/Ae.), Kp.$_{0,01}$ 180°, aus Propargylaldehyd u. DMSO; 6%.
R. Becker 3000△

1344 **Derivate des Thiacyclobutens (Thiet). 2. Mitt. Reaktionen von 7-Thia-$\Delta^{1,6}$-bicyclo-[4.2.0]-octen-7.7-dioxid.** Donald C. Dittmer und Franklin A. Davis. (J. org. Chemistry **32** (1967) 12, 3872–76; Dep. of Chem., Bowne Hall, Syracuse Univ., Syracuse, N.Y.; engl.) — 1. vgl. C. **1962**, 10824. — 7-Thia-$\Delta^{1,6}$-bicyclo-[4.2.0]-octen-7.7-dioxid (I) gibt mit KOH in THF *7-Thia-$\Delta^{1,6}$-bicyclo-[4.2.0]-octen-7.7-dioxid* (II) u. wenig *2-Methylsulfonylcyclohexanon* (III). II wird zum Strukturbeweis zu *7-Thiabicyclo-[4.2.0]-octan-7.7-dioxid* hydriert. Mit K-tert.-Butylat (IV) in tert.-Butanol reagiert I zu viel III, wenig II u. *Isobutylen*. II wird unter analogen Bedingungen in III umgewandelt. Mit C_2H_5ONa in abs. A. gibt I *1-Äthoxy-7-thiabicyclo-[4.2.0]-octan-7.7-dioxid*. II bildet mit N-Bromsuccinimid (V) ein *Öl*, das mit Triäthylamin *2H-Benzo-[b]-thiet-1.1-dioxid* liefert.

Versuche: *7-Thia-$\Delta^{1,6}$-bicyclo-[4.2.0]-octen-7.7-dioxid* (II), $C_7H_{10}O_2S$, F. 80–81° (Ae.), aus I u. KOH-Pulver in THF bei Raumtemp.; 90% (Ausb.); daneben 6% III. — *2-Methylsulfonylcyclohexanon* (III), $C_7H_{12}O_3S$, F. 71–72° (Subl. bei 75°/0,25 Torr), a) aus I u. IV in tert.-Butanol; 66%; daneben 10% II; b) analog a) aus II; 58%. *2.4-Dinitrophenylhydrazon*, F. 194–196°. — *1-Äthoxy-7-thiabicyclo-[4.2.0]-octan-7.7-dioxid*, $C_9H_{16}O_3S$, aus I u. C_2H_5OK in abs. A.; 90%. — *2H-Benzo-[b]-thiet-1.1-dioxid*, $C_7H_6O_2S$, F. 126–128° (Ae.), aus II u. V in CCl_4 in Ggw. von Dibenzoylperoxid bei 60–65° u. Rk. mit Triäthylamin in Bzl. bei Raumtemp.; ca. 3%. — 3. vgl. C. **1968**, 62-0512. Hans Köhne/Berlin 3040△

1345 **Strukturmodifizierungsuntersuchungen von 3-Piperonylsydnon. 1. Mitt. Synthese von piperonylsubstituierten Pyrazolen, Isoxazolen, Triazolen, Oxadiazolen und Thiadiazolen.** Sharon G. Boots und C. C. Cheng. (J. heterocyclic Chem. **4** (1967) 2, 272–83; Kansas City, Mo., Midwest Res. Inst.; engl.) — In Abwandlung des Antimalariamittels 3-Piperonylsydnon (I) werden eine Reihe von *piperonylsubstituierten Pyrazolen, Isoxazolen, 1.2.4-Triazolen, 1.3.4-Oxadiazolen, 1.3.4-Thiadiazolen* sowie deren Zwischenprod. dargestellt. Diese Verb. zeigen beim Mäusetest gegenüber *Plasmodium berghei* geringere Antimalariawrkg. als I.

Versuche: *N-[3.4-Dimethoxybenzyl]-N-nitrosoglycin*, $C_{11}H_{14}N_2O_5$, F. 172–173° (A.), durch Zutropfen von $NaNO_2$ in W. zu N-[3.4-Dimethoxybenzyl]-glycinhydrochlorid (F. 218–219°, aus 3.4-Dimethoxybenzylamin) in W. bei 10° u. 1¼std. Rühren bei 0°; 90% (Ausb., roh). — *3-[3.4-Dimethoxybenzyl]-sydnon*, $C_{11}H_{12}N_2O_4$, F. 100–102° (Äthylacetat/PAe.), durch 2,5std. Erhitzen von vorst. Verb. mit Acetanhydrid auf dem Dampfbad; 55%. — *1-Piperonylsemicarbazid*, $C_9H_{11}N_3O_3$, F. 181–183° (Methanol), durch 4,5std. Rühren von Py.-Boran (II) mit Piperonalsemicarbazon in Eisessig bei Raumtemp.; 90%. — *1-Piperonyl-3-hydroxy-1.2.4-triazol*, $C_{10}H_9N_3O_3$, F. 248–250° (Äthylenglykolmonomethyläther), durch 24std. Kochen von vorst. Verb. in Xylol mit Orthoameisensäuretriäthylester in Ggw. von p-Toluolsulfonsäure; 69%. — *1-Piperonylthiosemicarbazid* (III), $C_9H_{11}N_3O_2S$, F. 148–150° (Methanol), durch 22std. Rühren von Piperonalthiosemicarbazon mit II in Eisessig bei 25°; 91%. — *1-Formyl-1-piperonylthiosemicarbazid*, $C_{10}H_{11}N_3O_3S$, F. 170–172° (CH_3COOH), durch 1std. Stehen von III in Ameisensäureessigsäureanhydrid (IV) bei 6°; 71%. — *1-Piperonyl-3-mercapto-1.2.4-triazol*, $C_{10}H_9N_3O_2S$, F. 237–238° (Äthylenglykolmonomethyläther), durch ¼std. Rühren von vorst. Verb. in Methanol/1 m K_2CO_3-Lsg. bei 25°; 92%. — *1.4-Diformyl-1-piperonylthiosemicarbazid*, $C_{11}H_{11}N_3O_4S$, F. 161–163° (CH_3COOH), durch ½std. Rühren von III in IV auf dem Eisbad u. 15std. Rühren bei 25°; 66%. — *1-Piperonyl-4-methylsemicarbazid*, $C_{10}H_{13}N_3O_3$, F. 162–165°, durch 2std. Rühren von Piperonal-[4-methylsemicarbazon] mit II in Eisessig bei 25° u. 1,5std. Rühren mit 10%ig. HCl bei 25°; 58%. — *1-Formyl-1-piperonyl-4-methylsemicarbazid*, $C_{11}H_{13}N_3O_4$, F. 171–173° (CH_3OH), durch 24std. Stehen von vorst. Verb. in IV bei 6°; 73%. — *Anhydro-1-piperonyl-3-hydroxy-4-methyl-1.2.4-triazoliumhydroxid* (*Pseudo-1-piperonyl-3-oxo-4-methyl-1.3-dihydro-1.2.4-triazol*), $C_{11}H_{11}N_3O_3$, F. 202–204° (A.), durch 2std. Stehen von vorst. Verb. mit 1 m K_2CO_3-Lsg. in Methanol; 72%. — *4-Methylpiperonalthiosemicarbazon*, $C_{10}H_{11}N_3O_2S$, F. 213–215° (Methanol), durch 1std. Erhitzen von Piperonal (V) in A. mit 4-Methylthiosemicarbazid in W./CH_3COOH auf dem Dampfbad u. 3std. Stehen bei 0°; 97%. — *1-Piperonyl-4-methylthiosemicarbazid* (VI), $C_{10}H_{13}N_3O_2S$, F. 162–164° (Methanol), durch 15std. Rk. von vorst. Verb. mit II in Eisessig bei 25°; 93%. — *1-Formyl-1-piperonyl-4-methylthiosemicarbazid* (VII), $C_{11}H_{13}N_3O_3S$, F. 160–162° (Essigsäure/CH_3OH, Wiederverfestigung u. F. 234–236°), durch 1std. Stehen von VI in IV bei 6°; 75%. — *1-Piperonyl-4-formyl-4-methylthiosemicarbazid*, $C_{11}H_{13}N_3O_3S$, F. 157 bis 159° (CH_3COOH), durch 20std. Stehen von VI in IV bei 25°; 54%. — *Anhydro-1-piperonyl-3-mercapto-4-methyl-1.2.4-triazoliumhydroxid* (*Pseudo-1-piperonyl-3-thioxo-4-methyl-1.3-dihydro-1.2.4-triazol*), $C_{11}H_{11}N_3O_2S$, F. 246–248° (Äthylenglykolmonomethyläther), a) durch 5 Min. langes Stehen von VII in Methanol mit einer 1 m K_2CO_3-Lsg. bei 25°; 97%; b) durch zweimaliges Umkristallisieren von 0,32 g vorst. Verb. aus CH_3COOH/Methanol (1:1); 0,1 g. — *Piperonylcyanessigsäureäthylester* (VIII), $C_{13}H_{13}NO_4$, F. 53–54° (Ae./PAe.), durch Hydrieren von Piperonylidencyanessigsäureäthylester in Äthylacetat an 10%ig. Pd/Kohle bei 25° u. 37 psig; 99%. — *Piperonylcyanessigsäurehydrazid*, $C_{11}H_{11}N_3O_3$, F. 140–141° (CH_3OH/A.), durch 18std. Stehen von VIII u. $N_2H_4 \cdot H_2O$ in A. bei 25°; 91%. — *3-Amino-4-piperonyl-5-hydroxypyrazol*, $C_{11}H_{11}N_3O_3$, F. 235–237° (A.), durch 2std. Erhitzen von vorst. Verb. in Triäthylenglykol auf 165°; 96%. — *Piperonylidenessigsäureäthylester*, $C_{12}H_{12}O_4$, F. 66–69° (Ae./PAe.), durch 3std. Kochen von V, Bromessigsäureäthylester, Zn-Staub u. $HgBr_2$ in abs. Ae./Bzl. u. 1std. Erhitzen mit 98–100%ig. HCOOH auf dem Dampfbad; 74%. — *Piperonylessigsäureäthylester*, $C_{12}H_{14}O_4$, Kp.$_{14}$ 180°, durch Hydrieren von vorst. Verb. in Äthylacetat an 5%ig. Pd/Kohle bei 25° u. 26 psig; 99%. — *Piperonyl-[hydroxymethylen]-essigsäureäthylester*, durch 1,5std. Rühren von 11,1 g vorst. Verb. u. Ameisensäureäthylester in Ggw. von $NaOCH_3$ in Ae. bei 25° u. 15std. Stehen bei 25°; 11 g roh. — *5-Hydroxy-4-piperonylpyrazol*, $C_{11}H_{10}N_2O_3$, F. 181–183° (A.), durch 18std. Stehen von 10 g vorst. Verb. u. 65%ig. Hydrazinhydrat in A. bei 25°; 1 g. — *5-Hydroxy-4-piperonyl-3-methylpyrazol*, $C_{12}H_{12}N_2O_3$, F. 226–227° (A.), analog vorst. Verb. aus Piperonylacetessigsäureäthylester (IX) in 3 Std.; 50%. — *α-Piperonyliden-β-oxovaleriansäureäthylester*, $C_{15}H_{16}O_5$, Kp.$_{0,5}$ 171°, durch 18std. Kochen von Propionylessigsäureäthylester u. V in Bzl./Piperidin/Essigsäure; 97%. — *α-Piperonyl-β-oxovaleriansäureäthylester*, $C_{15}H_{18}O_5$, Kp.$_{14}$ 214–216°, durch Hydrieren von vorst. Verb. in Äthylacetat an 10%ig. Pd/Kohle bei Raumtemp.; 83%. — *5-Hydroxy-4-piperonyl-3-äthylpyrazol*, $C_{13}H_{14}N_2O_3$, F. 195–197° (A.), durch 18std. Stehen von vorst. Verb. u. 65%ig. Hydrazinhydrat in A. bei 25°; 30%. — *3-Methyl-4-piperonyl-Δ^2-isoxazolon-(5)*, $C_{12}H_{11}NO_4$, F. 115–117° (Äthylacetat/Hexan), durch 2std. Kochen von IX u. $NH_2OH \cdot HCl$ in abs. A.; 57%. — *3-Amino-4-piperonyl-Δ^3-isoxazolon-(5)*, $C_{11}H_{10}N_2O_4$, F. 163–164° (CH_3OH/W.), durch 18std. Stehen von VIII u. $NH_2OH \cdot HCl$ in methanol. KOH bei 25°; 58%. — *4-Piperonyl-5-amino-Δ^4-isoxazolon-(3)*, F. 204–205° (Äthylacetat), durch 18std. Rühren von VIII mit $NH_2OH \cdot HCl$ in Ggw. von 2,5 m $NaOCH_3$-Lsg. in Methanol bei 25°; 94%. — *Homopiperonylsäurehydrazid* (X), $C_9H_{10}N_2O_3$, F. 154–156° (CH_3OH), durch 20std. Rühren von Homopiperonylsäuremethylester mit 65%ig. Hydrazinhydrat in Methanol bei 25°; 84%. — *2-Piperonyl-1.3.4-oxadiazol-thiol-(5)*, $C_{10}H_8N_2O_3S$, F. 117,5–119° (A.), durch 31std. Kochen von X mit festem KOH in CS_2/abs. A.; 61%. — *2-Amino-5-piperonyl-1.3.4-oxadiazol*, $C_{10}H_9N_3O_3$, F. 171–172° (W.), durch 20std. Rühren von X, $KHCO_3$ u. BrCN in W. bei Raumtemp.; 96%. — *3.4-Diamino-5-piperonyl-1.2.4-triazol*, $C_{10}H_{11}N_5O_2$, F. 197–199° (W.), durch 24std. Kochen von vorst. Verb. mit 85%ig. $N_2H_4 \cdot H_2O$; 29%. — *1-Homopiperonoylsemicarbazid* (*1-Piperonylcarbonylsemicarbazid*), $C_{10}H_{11}N_3O_4$, F. 210–212° (Äthylenglykolmonomethyläther), durch 2std. Stehen von X mit KOCN in W./10%ig. HCl bei 25°; 99%. —

3-Hydroxy-5-piperonyl-1.2.4.4H-triazol, $C_{10}H_9N_3O_3$, F. 265–266° (Äthylenglykolmonomethyläther), durch 2,5std. Erhitzen von vorst. Verb. in 10%ig. KOH auf dem Dampfbad; 47%. — *1-Homopiperonoylthiosemicarbazid*, $C_{10}H_{11}N_3O_3S$, F. 197–197,5° (W.), durch Eindampfen einer Lsg. von **X** u. KSCN in konz. HCl u. Methanol auf dem Dampfbad u. 1std. Erhitzen; 31%. — *3-Mercapto-5-piperonyl-1.2.4.4H-triazol*, $C_{10}H_9N_3O_2S$, F. 255–256° (A.), durch 15std. Stehen von vorst. Verb. in 10%ig. KOH bei Raumtemp.; 78%. — *1-Homopiperonoylaminoguanidin, Hydrochlorid*, $C_{10}H_{13}ClN_4O_3$, F. 224 bis 226° (CH_3OH), durch Eindampfen einer Lsg. von **X** u. Cyanamid in Methanol/10%ig. HCl auf dem Dampfbad; 37%. — *3-Amino-5-piperonyl-1.2.4.4H-triazol*, $C_{10} \cdot H_{10}N_4O_2$, F. 212–213° (W.), durch 18std. Stehen von vorst. Verb. in Methanol/1 m K_2CO_3-Lsg. bei Raumtemp.; 53%. — *2-Piperonyl-5-mercapto-1.3.4-thiadiazol*, $C_{10}H_8 \cdot N_2O_2S_2$, F. 125–127° (wss. A.), durch 4std. Rühren von **X** u. festem KOH in Methanol/CS_2 bei Raumtemp. (→ *K-Piperonoyldithiocarbazat*, F. 240–250°) u. 17std. Stehen mit BF_3-Ätherat in CH_2Cl_2 bei Raumtemp. unter N_2; 25%. — *1-Piperonylpyrazoldicarbonsäure-(3.4)-dimethylester* (**XI**), $C_{15}H_{14}N_2O_6$, F. 117–118° (Bzl./PAe.), durch 4std. Kochen von **I** u. Acetylendicarbonsäuredimethylester in Xylol; 90%. — *1-Piperonylpryazoldicarbonsäure-(3.4)*, $C_{13}H_{10}N_2O_6$, F. 216–218° (W.), durch 5std. Kochen von **XI** mit festem KOH in W./Methanol; 99%. — *1-Piperonyl-3-carboxypyrazolcarbonsäure-(4)-methylester*, $C_{14}H_{12}N_2O_6$, F. 176–177° (Äthylenglykolmonomethyläther), durch ½std. Rühren von **XI** u. festem KOH in W./Methanol bei 35°; 43%. — *1-Piperonylpyrazolcarbonsäure-(4)-methylester* (**XII**), $C_{13}H_{12}N_2O_4$, F. 99–100° (CH_3OH), durch 1std. Erhitzen von vorst. Verb. in Triäthylenglykol auf 200 ± 10° (Bad); 72%. — *1-Piperonylpyrazolcarbonsäure-(3)-methylester* (**XIII**), F. 92–94,5° (Äthylacetat/PAe.), durch 17std. Kochen von 12 g **I** u. Propiolsäuremethylester in Toluol [→ 12,8 g *Gemisch* (83:17) aus **XIII** u. **XII**] u. 6maliges Umkristallisieren aus Methanol. — *1-Piperonylpyrazolcarbonsäure-(4)*, $C_{12}H_{10}N_2O_4$, F. 148–149° (CH_3OH/W.), durch 5std. Kochen von **XII** u. festem KOH in Methanol/W.; 93%. — *1-Piperonylpyrazolcarbonsäure-(3)*, F. 126,5–128° (CH_3OH/W.), durch 2,5std. Kochen von **XIII** u. festem KOH in Methanol/W.; 83%. — *1-Piperonylpyrazolcarbonsäure-(4)-hydrazid*, $C_{12}H_{12}N_4O_3$, F. 158–160° ($CH_3 \cdot OH$), durch 3std. Kochen von **XII** u. 64%ig. Hydrazinhydrat in Methanol; 96% roh. — Analog *1-Piperonylpyrazolcarbonsäure-(3)-hydrazid*, F. 135–137° (CH_3OH), aus **XIII**; 69%. H. Miele 3050△

1346 **Aminomethylderivate des 2-Amino-3-äthoxycarbonyl-4-arylthiophens.** V. I. Švedov, V. K. Ryžkova und A. N. Grinev. (Chim. geterociklíceskich Soedinenij **1967,** 3, 450–51; VNI chimiko-farmacevt. inst. im. Ordzonikidze, Moskva; russ.) — Durch 2½std. Kochen von 2-Amino-3-äthoxycarbonyl-4-arylthiophenen mit Bis-[dialkylamino]-methan in abs. Dioxan, Eindampfen im Vakuum, Lösen in wenig abs. Ae. u. Neutralisieren mit äther. HCl werden dargestellt: 2-Amino-3-äthoxycarbonylthiophene, Hydrochloride: *4-Phenyl-5-dimethylaminomethyl-*, $C_{16}H_{20}N_2O_2S \cdot HCl$, Zers. 220–222° ($CH_3OH$–Aceton, 1:1); 72% (Ausb.). — *4-[p-Tolyl]-5-dimethylaminomethyl-*, $C_{17}H_{22}N_2O_2S \cdot HCl$, Zers. 200–202° ($CH_3OH$–Ae., 1:2); 66%. — *4-[p-Äthylphenyl]-5-dimethylaminomethyl-*, $C_{18}H_{24}N_2O_2S \cdot HCl$, Zers. 212–214° ($CH_3OH$); 42%. — *4-[2.4-Dimethylphenyl]-5-dimethylaminomethyl-*, $C_{18}H_{24}N_2O_2S \cdot HCl$, Zers. 214–216° ($CH_3OH$–Ae., 1:2); 66%. — *4-[2.5-Dimethylphenyl]-5-dimethylaminomethyl-*, $C_{18}H_{24}N_2O_2S \cdot HCl$, Zers. > 220° ($CH_3OH$–Ae., 1:4); 55%. — *4-[2.4-Dimethoxyphenyl]-5-dimethylaminomethyl-*, $C_{18}H_{24}N_2O_4S \cdot HCl$, Zers. > 200° ($CH_3OH$–Ae., 1:2); 71%. — *4-[2.5-Dimethoxyphenyl]-5-dimethylaminomethyl-*, $C_{18}H_{24}N_2O_4S \cdot HCl$, Zers. 194–195° ($CH_3OH$–Ae., 1:1), 80%. — *4-[p-Tolyl]-5-diäthylaminomethyl-*, $C_{19}H_{26}N_2O_2S \cdot HCl$, Zers. > 193° ($CH_3OH$–Ae., 1:1); 63%. — *4-[2.4-Dimethoxyphenyl]-5-diäthylaminomethyl-*, $C_{20}H_{28}N_2O_4S \cdot HCl$, Zers. 202–204° ($CH_3OH$–Ae., 1:2); 46%. — *4-[2.5-Dimethoxyphenyl]-5-diäthylaminomethyl-*, $C_{20}H_{28}N_2O_4S \cdot HCl$, Zers. 206–208° ($CH_3OH$–Ae., 1:1); 75%. — IR-Daten sind angegeben. H.-J. Graubaum 3071△

1347 **Pyrrolidindione.** M. D. Nair und P. A. Malik. (Indian J. Chem. **5** (1967) 12, 603–06; CIBA Res. Centre, Goregaon, Bombay; engl.) — Die Unters. der NMR-Spektren von 1-Methyl-2.3-dioxo-4-cyan- (**II**), 1-n-Butyl-2.3-dioxo-4-cyan- (**I**) u. 1-Methyl-2.3-dioxo-4-carboxamidopyrrolidin schafft Klarheit über den enol. Charakter dieser Verbindungen. Die Pyrrolidine werden mit einer Reihe von aromat. u. heterocycl. Aminen kondensiert. Rk. mit Guanidin, Thiosemicarbazid, Harnstoff u. Hydroxylamin werden beschrieben. Die NMR-Spektren der Aminkondens.-Prod. zeigen, daß die Verb. im wesentlichen in der Enaminonitrilstruktur vorliegen. IR- u. NMR-Spektral-Max. vgl. Original.

Versuche: *1-n-Butyl-2.3-dioxo-4-cyanpyrrolidin* (**I**), $C_9H_{12}N_2O_2$, F. 140–141° (W.), durch Zugabe von n-Butylaminopropionitril zu Oxalsäurediäthylester in Na-Äthylatlsg., 2std. Kochen u. Stehen über Nacht bei Raumtemp.; 49,8% (Ausb.). — 2-Oxo-4-cyan-Δ^3-pyrroline, durch 3std. Erhitzen von **I** oder **II** mit entsprechenden substituierten Anilinen in Essigsäure auf 100° oder durch 1,5–3std. Kochen mit heterocycl. Aminen in Bzl. in Ggw. von p-Toluolsulfonsäure unter Abtrennung von H_2O: *1-Methyl-3-[p-chloranilino]-*, F. 240 bis 241° (DMF/A.); 56%. — *1-Methyl-3-[p-toluidino]-*, F. 185–188° (A.); 66,5%. — *1-Methyl-3-[p-hydroxyanilino]-*, F. 230–233° (A.); 59%. — *1-Methyl-3-[m-nitroanilino]-*, F. 190–195° (Zers.; DMF/A.); 40,8%. — *1-Methyl-3-[p-carboxyanilino]-*, F. 263° (Zers.; DMF/A.); 47%. — *1-Methyl-3-piperidino-*, F. 146–151° (A./Ae.); 97,5%. — *1-Methyl-3-[p-methoxyanilino]-*, F. 190° (A.); 55,6%. — *1-Methyl-3-[m-trifluormethylanilino]-*, F. 193–195° (A.); 47,2%. — *1-n-Butyl-3-[thiazolyl-(2)-amino]-*, F. 138° (Bzl./Hexan); 83,4%. — *1-n-Butyl-3-[pyrimidyl-(2)-amino]-*, F. 99–100° (Bzl./Hexan); 92,5%. — *1-n-Butyl-3-piperidino-, Monohydrat*, F. 142–144° (Bzl./Hexan); 74,4%. — *1-n-Butyl-3-diäthylamino-, Monohydrat*, F. 163–166° (Bzl./Hexan); 94%. — *1-n-Butyl-3-amino-*, $C_9H_{13}N_3O$, F. 126–127° (Bzl./Hexan), durch 1std. Erhitzen von 3,6 g **I** mit Harnstoff auf 180°; 1,8 g. — *1-Methyl-3-amino-*, $C_6H_7N_3O$, F. 188–189° (Bzl./Hexan), analog vorst. Verb. aus **II**. — *1-Methyl-2.3-dioxo-4-carbamoylpyrrolidin*, $C_6H_8N_2O_3$, F. 215° (Zers.; DMF/A.), durch 16std. Stehen von 5 g **II** mit konz. H_2SO_4 bei Raumtemp.; 3,6 g. — *1-n-Butyl-2.3-dioxo-4-carbamoylpyrrolidin*, $C_9H_{14}N_2O_3$, F. 181–182°, aus **I** analog vorst. Verbindung. — *1-n-Butyl-2-oxo-3-[p-chloranilino]-4-carbamoyl-Δ^3-pyrrolin*, $C_{15}H_{18}ClN_3O_2$, F. 152–153°, durch Kochen von 3 g vorst. Verb. mit p-Chloranilin in Essigsäure; 3,9 g. — *[1-Methyl-2-oxo-4-cyan-Δ^3-pyrrolinyl-(3)]-guanidinmonohydrat*, $C_7H_9N_5O \cdot H_2O$, F. 245 bis 247°, durch Zugabe von 4,2 g **II** zu Guanidinhydrochlorid in alkohol. Na-Äthylatlsg., 76std. Kochen u. Neutralisieren mit Essigsäure; 3 g. — *[1-Methyl-2-oxo-4-cyan-Δ^3-pyrrolinyl-(3)]-thiosemicarbazidmonohydrat*, $C_7 \cdot H_9N_5OS \cdot H_2O$, F. 226–228° (Zers.; Bzl./PAe.), durch 6std. Kochen von 3 g **II** mit Thiosemicarbazid in abs. A.; 2,9 g. — *1-Methyl-2-oxo-3-hydroxylamino-4-cyan-Δ^3-pyrrolinmonohydrat*, $C_6H_7N_3O_2 \cdot H_2O$, F. 147–150° (A.), durch 5 Min. langes Erwärmen von 2,76 g **II** mit Hydroxylaminhydrochlorid in Methanol in Ggw. von Na-Methylat auf 60° u. 20std. Stehen bei Raumtemp.; 2,7 g. — *1-n-Butyl-4-hydroxy-5-cyan-1.6-dihydropyrimidin*, $C_9H_{13}N_3O$, F. 88–92° (Bzl./Hexan), durch 36std. Kochen von 8,3 g **I** mit NH_4-Formiat in abs. A.; 1 g. — *1-n-Butyl-3-cyan-2.3-dihydro-1H-pyrrolo-[2.3:b]-chinoxalin*, $C_{15}H_{16}N_4$, F. 230° (Zers.; DMF/A.), durch 3std. Kochen von 3 g **I** mit o-Phenylendiamin in Isopropanol; 3,1 g. G. Westphal 3081△

1348 **Neue Reaktionen von Pyrrolen. 2. Mitt. Darstellung und Reaktionen von Pyrrolglyoxyloyl-Derivaten.** John L. Archibald und Meier E. Freed. (J. heterocyclic Chem. **4** (1967) 3, 335–38; Res. and Developm. Div., Wyeth Labors. Inc., Radnor, Pa.; engl.) — 1. vgl. C. **1968,** 6-1060. — Bei tiefen Temp. reagieren Pyrrole (**A**) mit Oxalylchlorid (**I**) zu *monosubstituierten Pyrrol-2-glyoxylsäurechloriden* (**B**) bzw. bei 2.5-disubstituierten **A** mit kleinerer Rk.-Geschw. zu *Pyrrol-3-glyoxylsäurechloriden*. Die Verb. sind instabil, lassen sich aber leicht in die entsprechenden *Säureamide* (**C**) überführen. N-substituierte **A**, z. B. 1-[2-Cyanäthyl]-pyrrol (**III**), bilden stabilere **B**. Auch C-Acylpyrrole sowie Pyrrolcarbonsäurederiv. geben — nach Rk. mit Aminen — stabilere **C**. Durch Rk. von N-substituierten **A** mit Indol-3-glyoxylsäurechloriden werden *Indolyl-pyrrolylglyoxale* erhalten. Die dargestellten Verb. haben schwache zentraldämpfende Wrkg., **II** zeigt antiphlogist. Aktivität.

Versuche: Pyrrol-2-glyoxylsäureamide: *-isopropylamid* (**VI**), $C_9H_{12}N_2O_2$, F. 120—123° (A.), aus 26,8 g Pyrrol in Ae. bei —50° durch Zutropfen von äther. **I**, dann Rk. mit äther. Isopropylamin; 47 g (Ausb.). — Analog: *unsubstituiert*, $C_6H_6N_2O_2$, F. 126—127° (W.). — *-[2-dimethylaminoäthylamid]*, $C_{10}H_{15}N_3O_2$, F. 116—117° (W.). — *Pyrrol-2-glyoxylsäurepyrrolidid* (**V**), $C_{10}H_{12}N_2O_2$, F. 111—112° (W.). — *Pyrrol-2-glyoxylsäure-[4-phenylpiperazid]*, $C_{16}H_{17}N_3O_2$, F. 141—145° (Bzl.–n-Hexan). — *1.4-Bis-[pyrryl-(2)-glyoxyloyl]-piperazin* (**II**), $C_{16}H_{16}N_4O_4$, F. 237—238° (Zers., W.–DMF), mit Piperazin in W.–$CHCl_3$; 75%. — *1-[2-Cyanäthyl]-pyrrol-2-glyoxyloylchlorid* (**IV**), F. 99—101°, aus 24 g **III** u. **I** in sd. Ae.; 34,8 g. — *1-[2-Cyanäthyl]-pyrrol-2-glyoxylsäureamid*, $C_9 \cdot H_9N_3O_2$, F. 133—134° (W.), aus **IV** u. NH_4OH. — *1-[2-Cyanäthyl]-pyrrol-2-glyoxylsäurepiperidid*, $C_{14}H_{17}N_3O_2$, F. 70—71° (Ae.), aus **IV** u. Piperidin; daneben *Bis-[1-(2-cyanäthyl)-pyrryl-(2)]-glyoxal* [$C_{14}H_{14}N_4O_2$, F. 151—152° (W.–A.)]. — *3-Acetyl-2.4-dimethyl-5-[4-phenylpiperazinyl-(1)-glyoxyloyl]-pyrrol*, $C_{20}H_{23}N_3O_3$, F. 212—213° (Aceton–W.), aus 4,1 g 3-Acetyl-2.4-dimethylpyrrol u. **I**, dann mit N-Phenylpiperazin; 3,75 g; daneben *Bis-[3-acetyl-2.4-dimethylpyrrolyl-(2)]-glyoxal* [*Hemihydrat*, $C_{18} \cdot H_{20}N_2O_4 \cdot 0{,}5H_2O$, F. 286—288° (Zers.); 2,2 g]. — *2.4-Dimethyl-3-[4-methylpiperazinyl-(1)-glyoxyloyl]-pyrrol-5-carbonsäureäthylester*, $C_{16}H_{23}N_3O_4$, F. 167—168° (W.–A.), aus 1,3 g 2.4-Dimethylpyrrol-5-carbonsäureäthylester [F. 118—121° (W.–A.)] u. **I**, dann mit N-Methylpiperazin; 0,7 g. — *2-[2-Pyrrolidino-1-hydroxyäthyl]-pyrrol*, $C_{10}H_{16} \cdot N_2O$, F. 118—120° (A.), durch $LiAlH_4$-Red. von 30 g **V** in THF; 19 g. — *1.4-Bis-[2-hydroxy-2-(pyrrolyl-(2))-äthyl]-piperazin*, $C_{16}H_{24}N_4O_2$, F. 210° (Zers., W.–DMF), analog vorst. Verb. aus **II**. — *2-[2-(Isopropylamino)-äthyl]-pyrrol*, $C_9H_{16}N_2$, F. 56—58° (PAe.), aus 18 g **VI** analog vorvorst. Verb.; 4,2 g; daneben *N-Isopropyl-2-[pyrrolyl-(2)]-1-hydroxyacetamid* [$C_9H_{14}N_2O_2$, F. 109 bis 111° (Äthylacetat); 1,6 g]. — *[Indolyl-(3)]-[1-methylpyrrolyl-(2)]-glyoxal*, $C_{15}H_{12}N_2O_2$, F. 197—199° (A.), aus 12,15 g 1-Methylpyrrol u. Indol-3-glyoxylsäurechlorid in THF; 21,5 g. — *[Indolyl-(3)]-[1-(2-cyanäthyl)-pyrrolyl-(2)]-glyoxal*, $C_{17}H_{13}N_3O_2$, F. 174—175° (A.), analog vorst. Verb. aus 5 g **III**; 6,5 g. — *3-[2-(1-Methylpyrrolyl-(2))-äthyl]-indol*, $C_{15}H_{16}N_2$, F. 113—115° (W.–A.), aus 5 g vorvorst. Verb. mit $LiAlH_4$ in 1.2-Dimethoxyäthan; 2,3 g.
W. Senf 3081△

1349 **Derivate von Kaliumcyanimidodithiocarbonat.** 1. Mitt. **Synthese von 1.4.6.9-Tetrathiaspiro-[4.4]-nonan und verwandten Verbindungen.** John J. D'Amico und Robert H. Campbell. (J. org. Chemistry **32** (1967) 8, 2567—70; Monsanto Co., Organ. Chem. Div., Nitro, W.Va.; engl.) — Säurekatalysierte Methanolyse von 2-Cyanimino-1.3-dithiolan (**I**) bei 25—30° liefert *1-[1.3-Dithiacyclopentyliden-(2)]-harnstoff* (**III**), während unter gleichen Bedingungen aus 2-Cyanimino-1.3-dithiacyclohexan (**II**) *1.5.7.11-Tetrathiaspiro-[5.5]-undecan* (**V**) entsteht, dessen Ausb. durch Zusatz von Propandithiol-(1.3) (**IV**) gesteigert wird. Analoge Rk. von **I** mit Äthandithiol-(1.2) (**VII**) in HCl/Methanol gibt je nach der Rk.-Temp. vorwiegend **III** oder *1.4.6.9-Tetrathiaspiro-[4.4]-nonan* (**VI**), wobei **III** die Vorstufe von **VI** darstellt. Rk. von **I** oder **VI** mit **IV** bzw. von **II** oder **V** mit **VII** in HCl/Methanol liefert in allen Fällen *Gemische* aus **V**, **VI** u. *1.4.6.10-Tetrathiaspiro-[4.5]-decan*, die nur gaschromatograph. trennbar sind. Als Rk.-Mechanismus wird ein Dithiol–Dithiol-Austausch vorgeschlagen.

Versuche: *Kaliumcyanimidodithiocarbonat*, durch 1std. Rühren einer 50%ig. wss. Cyanamid-Lsg. mit KOH in A. u. CS_2 bei 25—30°; 87% (Ausb.). — *2-Cyanimino-1.3-dithiolan* (**I**), $C_4H_4N_2S_2$, F. 81—82° (A.), durch 5tägige Rk. von 1.2-Dibromäthan mit vorst. Verb. in W. bei 25—30°; 83,3%. — *2-Cyanimino-1.3-dithiacyclohexan* (**II**), $C_5H_6N_2S_2$, F. 99—100° (A.), analog **I** mit 1.3-Dibrompropan; 69,6%. — *1-[1.3-Dithiacyclopentyliden-(2)]-harnstoff* (**III**), $C_4H_6N_2OS_2$, F. 156—157° (A.), durch 24std. Rühren von **I** mit 36,5%ig. methanol. HCl bei 25—30° u. 1std. Rühren mit konz. NH_4OH bei 0—10°; 77,7%. *Hydrochlorid*, $C_4H_6N_2OS_2 \cdot HCl$, F. 206—207°, durch 18std. Rühren von **I** mit 36,5%ig. methanol. HCl bei 25—30°; 76,5%. Beim 22std. Erhitzen auf 65—68° entsteht analog nur ein harziges Produkt. — *1.5.7.11-Tetrathiaspiro-[5.5]-undecan* (**V**), $C_7H_{12}S_4$, F. 119—120° (A.), a) durch 18std. Rühren von **II** mit 36,5%ig. methanol. HCl bei 25—30° u. 1std. Rühren mit NH_4OH bei 25—30°; 58%; b) analog a) unter Zusatz von **IV**; 90%. — *1.4.6.9-Tetrathiaspiro-[4.4]-nonan* (**VI**), $C_5H_8S_4$, F. 142 bis 143° (Äthylacetat), a) durch 22std. Erhitzen von **I** u. **VII** mit 36,5%ig. methanol. HCl bei 65—73° u. Aufarbeiten mit NH_4OH analog **V**; 46,9%; b) analog a) aus **III**; 59,3%; c) analog a) in 22 Std. bei 25—30°; 8,3%; daneben 69% **III**.
H. Miele 3112△

1350 **Reaktion von Diazomethan mit 1.6-Diaryl-2.5-dinitrohexadienen-(1.5).** Gerhard Rembarz und Bruno Ernst. (Z. Chem. **7**, (1967) 11, 421; Inst. f. Organ. Chem., Univ. Rostock; dt.) — Durch mehrwöchiges Stehen einer äther. Aufschlämmung von 1.6-Diphenyl-2.5-dinitrohexadien-(1.5) (**I**) in Ggw. von Diazomethan entsteht ein *Gemisch* aus *1.2-Bis-[3-nitro-4-phenylpyrazolinyl-(3)]-äthan* (**II**) u. *1.2-Bis-[4-phenylpyrazolyl-(3)]-äthan*. Bei der Rk. kernsubstituierter **I** (p-Cl-, p-Br-, p-CH_3O-, p-HO- u. m-CH_3O-) werden nur die entsprechenden *Pyrazolderiv.* gewonnen. p-Nitro-, o-Nitro- u. p-Dimethylamino-substituierte **I** konnten nicht umgesetzt werden. Beim Erhitzen von **II** in Chlorbenzol entsteht unter Abspaltung von N_2 *1.2-Bis-[1-nitro-2-phenylcyclopropyl-(1)]-äthan*.

Versuche: Äthane: *1.2-Bis-[3-nitro-4-phenylpyrazolinyl-(3)]-* (**II**), durch 6wöchiges Stehen von **I** mit überschüssiger äther. Diazomethanlsg. im Kühlschrank; aus Toluol Prismen; 80% (Ausb.). — *1.2-Bis-[4-phenylpyrazolyl-(3)]-*, $C_{20}H_{18}N_4$, F. 249—251° (Chlorbenzol), neben **II**; 12%. — *1.2-Bis-[4-(chlorphenyl)-pyrazolyl-(3)]-*, $C_{20}H_{16}Cl_2N_4$, F. 273° (verd. A.), analog **II**; 47%. — *1.2-Bis-[4-(p-bromphenyl)-pyrazolyl-(3)]-*, $C_{20}H_{16}Br_2N_4$, F. 287—289° (verd. A.); 42%. — *1.2-Bis-[4-(p-methoxyphenyl)-pyrazolyl-(3)]-*, $C_{22}H_{22}N_4O_2$, F. 261—263° (A.); 83%. — *1.2-Bis-[4-(3.4-dimethoxyphenyl)-pyrazolyl-(3)]-*, $C_{24}H_{26}N_4O_4$, F. 203—205° (verd. A.); 46%. — *1.2-Bis-[1-nitro-2-phenylcyclopropyl]-*, $C_{20}H_{20}N_2O_4$, F. 94—95°, durch 1/2std. Kochen von **II** mit Chlorbenzol, Eindampfen im Vakuum u. Verreiben mit PAe.; aus Methanol Spieße; 80%.
G. Westphal 3122△

1351 **Photochemische Bildung von Benzimidazolen aus aminierten p-Benzochinon-di-benzolsulfonyliminen.** I. Baxter und D. W. Cameron. (Chem. and Ind. **1967**, 33, 1403; Univ. Chem. Labor., Cambrodge; engl.) — Aus 2.5-Dipiperidino-p-benzochinon-di-benzolsulfonylimin in $CHCl_3$ entsteht bei Sonnenbestrahlung unter N_2 *2.5-Dipiperidino-bis-[benzolsulfonyl]-p-phenylendiamin* (23% Ausb.) u. *1.2-Tetramethylen-5-piperidino-6-benzolsulfonylaminobenzimidazol* (Freie Base; F. 191°). Analog bildet das 2.5-Dimethylaminobenzochinonderiv. das entsprechend *subst. p-Phenylendiamin* u. *1-Methyl-5-dimethylamino-6-benzolsulfonylaminobenzimidazol* (F. 164°). Maxima der IR- u. NMR-Spektren sowie Rk. der Benzimidazole mit $Pb(OOCCH_3)_4$ vgl. Original.
G. Westphal 3122△

1352 **Ein unerwarteter Verlauf der Schmidt-Reaktion mit Phthalsäure.** D. Fărcaşiu und Maria Roman. (Chem. and Ind. **1967**, 28, 1225; Inst. for Atomic Physics, Bucharest, Rumania; engl.) — Die Umsetzung von Phthalsäure mit NaN_3 in Dichloräthan in Ggw. von 90%ig. H_2SO_4 führt nicht zu Anthranilsäure, sondern zu einem *Gemisch* aus *Benzimidazolinon* (**II**) u. *2-Hydroxy-2-azido-benzimidazolin* (**I**, F. 82°). Beim mehrwöchigen Stehen im Kühlschrank ist **I** stabil, spaltet jedoch beim Stehen bei Raumtemp. bzw. bei Umkristallisationsvers. HN_3 unter Bldg. von **II** ab. IR-Max. vgl. Original.
G. Westphal 3122△

1353 **Darstellung und Reaktionen von 2-Trichlormethylbenzothiazolin und einigen verwandten Verbindungen.** David T. Manning und C. B. Strow jun. (J. org. Chemistry **32** (1967) 9, 2731—34; Union Carbide Corp., Chemicals and Plastics, South Charleston, W.Va.;

engl.) — Wasserfreies Chloral reagiert mit o-Aminothiophenol (I) zu *2-Trichlormethylbenzothiazolin* (II) u. *2.7-Bis-[trichlormethyl]-2.3.7.8-tetrahydrodibenzo-[d;i]-[1.6.3.8]-dithiadiazecin* (III). II gibt mit $FeCl_3$ in A. *2-Dichlormethylbenzothiazol* (IV), das auch aus I u. Dichloracetylchlorid (V) dargestellt wird. IV wird zu *2-Methylbenzothiazol* reduziert. In Ggw. von Cu-Acetat bildet II mit O_2 in Essigester eine nicht identifizierte *Verb.* $C_{30}H_{20}N_4O_4S_4$. Von $MMnO_4$ in schwach saurer Lsg. wird II dagegen zu *2-Trichlormethylbenzothiazol* (VI) oxydiert. Aus IV u. Cl_2 in Ggw. von $FeCl_3$ bei 40° entsteht ebenfalls VI. Mit Dichloracetaldehyd (VII) reagiert I zu *2-Dichlormethylbenzothiazolin.* Aus 2-Amino-4-trifluormethylthiophenol (VIII) u. V wird *2-Dichlormethyl-5-trifluormethylbenzothiazol* erhalten. Mit Chloral reagiert VIII nicht. Beim Erhitzen auf 100° unter N_2 geht II in IV über. Analog gibt III bei 152—160° ebenfalls IV. Bei 25° bzw. beim Umkristallisieren aus A., Bzl. bzw. Hexan wird II unter Bldg. von III, *HCl* u. IV (?) zersetzt. Das NMR-Spektrum von III ist abgebildet.

Versuche: *2-Trichlormethylbenzothiazolin* (II), $C_8H_6Cl_3NS$, $F._{korr}$ 92,5—93,5° (Zers.; Hexan), aus wasserfreiem Chloral u. I in Bzl.; 79,5% (Ausb.). — *2-Dichlormethylbenzothiazol* (IV), $C_8H_5Cl_2NS$, $F._{korr}$ 72—73° (Hexan), $Kp._3$ 122—124°, a) aus II u. wasserfreiem $FeCl_3$ in A.; 71%; b) aus I, V u. Py. in Bzl.; 88,6%; c) aus II bei 100° unter N_2; 53,5%; d) aus III bei 152—160° unter N_2; 53%. — *2-Methylbenzothiazol*, $Kp._4$ 90°, aus IV u. Zn-Pulver in CH_3COOH bei 60—70°; 45,3%. — *2-Trichlormethylbenzothiazol* (VI), $C_8H_4Cl_3NS$, F. 35,5—36° (Pentan), $Kp._{1-3}$ 117—128°, a) aus II, H_3PO_4 u. $KMnO_4$ in wss. Aceton bei 4—15°; 60%; b) aus IV u. Cl_2 in Tetrachloräthylen in Ggw. von $FeCl_3$ u. Fe-Spänen; 84,8%. — *Verb.* $C_{30}H_{20}N_4O_4S_4$, F. 213—214° (Toluol), aus 25,5 g II u. O_2-Gas in Essigester in Ggw. von Cu-Acetat u. Eisessig bei 12°; 2,9 g. — *2.7-Bis-[trichlormethyl]-2.3.7.8-tetrahydrodibenzo-[d;i]-[1.6.3.8]-dithiadiazecin* (III), $C_{16}H_{12}Cl_6N_2S_2$, F. 167—168,5° (Zers.; Essigester), aus 67 g II in A. bei ca. 60°; 1,87 g. *3.8-Dideuteroderiv.*, $F._{korr}$ 166—169° (Zers., Essigester/CH_3OD), aus 0,33 g III in heißem Essigester u. überschüssigem CH_3OD; 0,11 g. — *x-Nitro-2-dichlormethylbenzothiazol*, $C_8H_4Cl_2N_2O_2S$, aus IV, konz. HNO_3 u. konz. H_2SO_4 bei 46—101°. — *2-Dichlormethylbenzothiazolin*, $C_8H_7Cl_2NS$, F. 76,5—77,5° (Hexan), aus I u. VII in Bzl.; 60,9%. — *2-Dichlormethyl-5-trifluormethylbenzothiazol*, $C_9H_4Cl_2F_3NS$, F. 39° (Hexan), aus V u. VIII in Bzl.; 39,3%.

Hans Köhne/Berlin 3142△

1354 **Reaktion von 2-Mercaptothiazolin mit α-Halogencarbonylverbindungen.** V. A. Bogoljubskij und L. T. Bogoljubskaja. (Chim. geterociklićeskich Soedinenij **1967**, 4,647—48; Filial VNI Kinofotoinst., Šostka; russ.) — Durch Kondens. von 2-Mercaptothiazolin (I) mit α-Halogencarbonylverb. bei 100° werden *2.3-Dihydrothiazolo-[2.3:b]-thiazoliumsalze* dargestellt.

Versuche: 2.3-Dihydrothiazolo-[2.3 : b]-thiazoliumsalze: *Unsubstituiert, Perchlorat,* $C_5H_6ClNO_4S_2$, F. 202—205° (A.), durch 6std. Erhitzten von I mit 2-Bromacetaldehyd auf 100°, Lösen in W. u. Zugabe von 30%ig. wss. $NaClO_4$; 48,2% (Ausb.). — *5-Methyl-, Chlorid,* $C_6H_8ClNS_2$, F. 235—336° (A. + Ae.), durch 1std. Erhitzen von I mit Chloraceton auf 100°, Abkühlen u. Zugabe von A.; 40%. *Bromid,* $C_6H_8BrNS_2$, F. 235° (A.), analog aus Bromaceton; 31,8%. *Jodid,* $C_6H_8JNS_2$, F. 219—220° (A.), aus der wss. Lsg. des Bromids durch Zugabe von KJ. — *6-Methyl-, Bromid,* $C_6H_8BrNS_2$, F. 240—242° (A.), durch 5std. Erhitzen von I mit α-Brompropionaldehyd auf 100°; 25,7%. — *5-Phenyl-, Bromid* (III), $C_{11}H_{10}BrNS_2$, F. 231° (A.); 84,8%. — *5.6-Tetramethylen-, Bromid,* $C_9H_{12}BrNS_2$, F. 240—241° (A.), durch 1/2std. Erhitzen von I mit 2-Bromcyclohexanon auf 100°; 71,2%. — *5.6-Diphenyl-, Bromid,* $C_{17}H_{14}BrNS_2$, F. 265° (A.); 28,4%. — *2-Phenacylmercaptothiazolin,* $C_{11}H_{11}NOS_2$, F. 61—62° (A.), aus nachst. Hydrobromid; 81%; *Hydrobromid* (II), $C_{11}H_{11}NOS_2 \cdot HBr$, F. 150—152° (1%ig. HBr), durch Zugabe von Phenacylbromid zu I in Bzl. unter Erwärmen; 97,5%. II liefert bei 10 Min. langem Erhitzen auf 150° 60% III. L. Austenat 3142△

1355 **Natürliche Chromone.** 6. Mitt. **Massenspektrographisches Verhalten einiger natürlicher Chromone und verwandte Produkte.** M. M. Badawi, M. B. R. Fayez, T. A. Bryce und R. I. Reed. (Indian J. Chem. **5** (1967) 12, 591—97; Nation. Res. Centre, Dokki, Cairo, UAR; engl.) — Die Massenfragmentierungscharakteristika von *2-Methyl-, 2-Methyl-5.7-dihydroxy-, 2-Methyl-5-hydroxy-7-methoxy-, 2-Methyl-5-hydroxy-7-allyloxy-, 2-Methyl-5-methoxy-6-formyl-7-hydroxy-, 2-Methyl-3-acetyl-5.7-dihydroxy-, 2-Methyl-3-acetyl-5.7-dihydroxy-, 2-Methyl-3-acetyl-5-hydroxy-7-acetoxy-* u. *2-Methyl-5.7-dihydroxy-6-acetyl-8-bromchromon,* von *Chromon, Visnagin, 5-Norvisnagin, Khellol, Khellin, Khellinol, Ammiol, Khellolglucosid, Isovisnagin, Norisovisnagin, Rubrofusarin* u. *Siphulin* werden beschrieben. Spektren vgl. Original.

Versuche: *2-Methyl-3-acetyl-5-hydroxy-7-acetoxychromon,* $C_{14}H_{12}O_6$, F. 135—137°, durch 6std. Kochen von 36 g Phloracetophenon mit Essigsäureanhydrid in Ggw. von geschmolzenem Na-Acetat; aus A. Nadeln; 35 g Ausbeute. — 4. vgl. C. **1968**, 60-0582.

G. Westphal 3211△

1356 **Eine bequeme neue Synthese von Flavenen-(3).** J. W. Clark-Lewis, R. W. Jemison, D. C. Skingle und L. R. Williams. (Chem. and Ind. **1967**, 34, 1455—56; Flinders Univ. of South Australia, Bedford Park, South Australia; engl.) — Vgl. Chem. Commun. **1967**, 251. — Parallel zur Biosynth. wird die Synth. der Titelverb. aus entsprechenden 2′-Hydroxychalkonen mittels $NaBH_4$ in Isopropanol beschrieben. Kopplungskonst. der NMR-Spektren vgl. Original.

Versuche: Flavene-(3): *Unsubstituiert,* aus 2′-Hydroxychalkon mit $NaBH_4$ in sd. Isopropanol. — *3′.4′-Dimethoxy-6-methyl-* (I), F. 79,5—80,5° (Methanol). — *4′.7.8-Trimethoxy-* (II), F. 75,5° (Methanol). — *3′.4′.5.7-Tetramethoxy-* (III), F. 119,5—120° (Methanol). — *3.4′.5.7-Tetramethoxy-*, F. 110° (Methanol). — *3.3′.4′.5.7-Pentamethoxy-*, Öl. — *3-Äthoxy-3′.4′.7-trimethoxy-* (IV), F. 100 bis 101° (Methanol). — *2.2′-Methylendioxy-3.7-dimethoxy-*, F. 154—155°. — Flavane: *3′.4′-Dimethoxy-6-methyl-*, F. 76°, aus I durch katalyt. Hydrierung an Pd/C. — *4′.7.8-Trimethoxy-*, F. 53—55°, analog vorst. Verb. aus II. — *3′.4′.5.7-Tetramethoxy-*, F 109°, analog vorst. Verb. aus III. — *cis-3-Äthoxy-3′.4′.7-trimethoxy-*, aus IV durch Hydrierung an Rh; 72% (Ausb.); daneben 28% *trans-Form.* — *2.3-trans-6-Methyl-3′.4′-dimethoxy-cis-3.4-dihydroxy-*, aus I durch Hydroxylierung mittels OsO_4.

G. Westphal 3211△

1357 **Bildung von Dimeren von Flavyliumsalzen.** G. A. Reynolds, J. A. VanAllan und T. H. Regan. (J. org. Chemistry **32** (1967) 12, 3772—74; Res. Labor., Eastman Kodak Co., Rochester, N.Y.; engl.) — Flavyliumperchlorat (I) gibt mit Zn-Staub in CH_3CN bei Raumtemp. unter N_2 *4.4′-Bis-[flaven-(2)]* (II) u. eine nicht identifizierte Verbindung. In Ggw. von Pd–Kohle in sd. p-Cymol gibt II *4.4′-Bis-[flavenyliden].* Mit Zn in heißem CH_3CN in Ggw. von Luft gibt I *Flavon.* 3-Methyl- (III), 3-Äthyl- (IV) bzw. 3-Phenylflavyliumperchlorat (V) werden von Zn-Staub in sd. CH_3CN unter N_2 zu *4.4′-Bis-[3-methylflaven-(2)], 4.4′-Bis-[3-äthylflaven-(2)]* bzw. *4.4′-Bis-[3-phenylflaven-(2)]* reduziert. 4-Phenylflavyliumperchlorat reagiert unter analogen Bedingungen nicht mit Zn-Staub. Aus 6-Methyl-3.4-diphenylflavyliumperchlorat (VI) entsteht *Bis-[6-methyl-3.4-diphenylflaven-(2)-yl-(4)]-peroxid.*

Versuche: *4.4′-Bis-[flaven-(2)]* (II), $C_{30}H_{22}O_2$, F. 167—168° (Gelbfärbung ab 120°; CH_3CN), aus 25 g I u. Zn-Staub in CH_3CN bei Raumtemp. unter N_2; 85% (Ausb.); daneben 1 g *Verb. vom F. 105—125°.* — *4.4′-Bis-[flavenyliden],* F. 221—222°, aus 1 g II u. 20%ig. Pd–Kohle in sd. p-Cymol; 0,4 g. — *Flavon,* aus 10 g I u. Zn-Staub in sd. CH_3CN in Ggw. von Luft; 3 g; daneben 4 g *Polymere.* — *4.4′-Bis-[3-methylflaven-(2)],* $C_{32}H_{26}O_2$, F. 156—157°, Verfestigung u. F. 247—250° (A.), aus 3 g III u. Zn-Staub in sd. CH_3CN unter N_2; 1,85 g. — Analog: *4.4′-Bis-[3-äthylflaven-(2)],* $C_{34}H_{30}O_2$, F. 145—147° (A.), aus 5 g IV; 2 g; daneben 0,6 g *Isomerengemisch vom F. 123—125°* (A.). — *4.4′-Bis-[3-phenylflaven-(2)],* $C_{42}H_{30}O_2$, *Isomeres A,* F. 175—176° (A.), aus 3 g V; 0,8 g; daneben 0,3 g *Isomeres B* [F. 108 bis 110° (A.)]. — *Bis-[6-methyl-3.4-diphenylflaven-(2)-yl-(4)]-peroxid,* $C_{56}H_{42}O_4$, aus 3 g VI; 0,2 g.

Hans Köhne/Berlin 3211△

1358 **Einfluß von großen Substituenten auf die Synthese von 4'-Hydroxy-3'.5'-dialkylflavanoiden.** J. Howard Adams. (J. org. Chemistry **32** (1967) 12, 3992–98; Chevron Res. Co., Richmond, Calif.; engl.) — 4-Hydroxy-3.5-dimethylbenzaldehyd reagiert in alkal. Medium nur wenig mit o-Hydroxyacetophenon (I). 4-Hydroxy-3.5-dialkylbenzaldehyde (A) mit größeren Substituenten lassen sich in alkal. Medium mit I nicht kondensieren. In abs. äthanol. HCl geben **A** mit **I** *Gemische* von *2'-Hydroxychalkonen* u. *Flavanonen*, 4-Hydroxy-3.5-di-tert.-butylbenzaldehyd (**II**) gibt mit **I** in abs. äthanol. HCl bei 25° *2'.4-Dihydroxy-3.5-di-tert.-butylchalkon* (**III**), *4'-Hydroxy-3'.5'-di-tert.-butylflavanon* (**IV**) u. *3-[4-Hydroxy-3.5-di-tert.-butylbenzyliden]-4'-hydroxy-3'.5'-di-tert.-butylflavanon*. Analog entstehen aus **I** u. 4-Hydroxybenzaldehyd (**V**) *2'.4-Dihydroxychalkon* (**VI**), *4'-Hydroxyflavanon* (**VII**) u. *3-[4-Hydroxybenzyliden]-4'-hydroxyflavanon*. Die Chalkon-Flavanon-Gleichgewichte hängen stark von der Größe der Alkylgruppen ab. **I** u. Benzaldehyd geben ein *Gemisch* von 17% *2'-Hydroxychalkon mit 83% Flavanon*. **I** u. **V** reagieren analog zu einem *Gemisch* von 47% **VI** mit 53% **VII**. Aus **II** u. **I** entsteht ein *Gemisch* mit 39% **III** u. 61% **IV**. **VI** wird von H_2O_2 in Alkali zu *3.4'-Dihydroxyflavon* u. *2-[4-Hydroxyphenyl]-benzofuran-3-carbonsäure* oxydiert. Analog werden 3-Methyl-5-tert.-butyl-, 3.5-Dimethyl- (**VIII**) bzw. 3.5-Diisopropyl-2'.4-dihydroxychalkon zu entsprechenden *3.4'-Dihydroxy-3'.5'-dialkylflavonen* oxydiert. **III** wird analog in *4-Hydroxy-3.5-di-tert.-butylbenzoesäure* umgewandelt.

Versuche (F. korr.): *2'-Hydroxychalkon*, F. 87 bis 88°, nach Feuerstein u. Kostanecki (1898); 50% (Ausb.). — *Flavanon*, F. 75–76°, nach Kostanecki u. Szabranski (1904). — *2'.4-Dihydroxychalkon* (**VI**), F. 157,5–159°, a) nach Simpson u. Whalley (vgl. C. **1955**, 9796) aus **I** u. **V**; 62%; daneben 9% *4'-Hydroxyflavanon* (**VII**, F. 186–188°); b) aus **I** u. 1 Val **V** in abs. äthanol. HCl bei 25°; 30%; daneben 32% **VII** u. 36% *3-p-Hydroxybenzyliden-4'-hydroxyflavanon* [$C_{22}H_{16}O_4$, F. 216 bis 217° (Bzl./Hexan)]. — Analog: *2'.4-Dihydroxy-3.5-dimethylchalkon* (**VIII**), $C_{17}H_{16}O_3$, F. 191–192° (CH_3OH/W.), a) nach a) aus 3.5-Dimethyl-4-hydroxybenzaldehyd, **I** u. 60%ig. wss. KOH in A.; 35%; b) nach b) bei 0°; 9%; daneben 19% *4'-Hydroxy-3'.5'-dimethylflavanon* [$C_{17}H_{16}O_3$, F. 174,5–175,5° (Aceton/W.)]. — *2'.4-Dihydroxy-3-methyl-5-tert.-butylchalkon*, $C_{20}H_{22}O_3$, F. 156 bis 157° (CH_3OH/W.), nach b) bei 0°; 58%. — *2'.4-Dihydroxy-3.5-diisopropylchalkon*, $C_{21}H_{24}O_3$, F. 145–146° (CH_3OH/W.), nach b) bei 0°; 18%. — *2'.4-Dihydroxy-3.5-di-tert.-butylchalkon* (**III**), $C_{23}H_{28}O_3$, F. 173–174° (Ae./Pentan), nach b) bei 25°; 20%; daneben *4'-Hydroxy-3'.5'-di-tert.-butylflavanon* [**IV**, $C_{23}H_{28}O_3$, F. 139–140,5° (Ae./Pentan); 35%] u. *3-[4-Hydroxy-3.5-di-tert.-butylbenzyliden]-4'-hydroxy-3'.5'-di-tert.-butylflavanon* [C_{38}·$H_{48}O_4$, F. 206–207° (Ae./Pentan); 20%]. — *3.4'-Dihydroxyflavanon*, F. 275–276°, aus **VI** nach Cummins et al. (Tetrahedron [London] **19** (1963) 499); 58%; daneben *2-[4-Hydroxyphenyl]-benzofuran-3-carbonsäure* (Zers. bei 211°; 32%). — *3.4'-Dihydroxy-3'.5'-dimethylflavon*, $C_{17}H_{14}O_4$, F. 224–225° (CH_3OH), aus **VIII** u. 3%ig. H_2O_2 in 10%ig. NaOH bei 0°; 84%. — Analog: *3.4'-Dihydroxy-3'-methyl-5'-tert.-butyl-flavon*, $C_{20}H_{20}O_4$, F. 204–205° (CH_3OH); 62%. — *3.4'-Dihydroxy-3'.5'-diisopropylflavon*, $C_{21}H_{22}O_4$, F. 174–175° (CH_3OH); 88%. — Analog: *4-Hydroxy-3.5-di-tert.-butylbenzoesäure*, F. 205 bis 215°, aus **III**; 100%. Hans Köhne/Berlin 3211△

1359 **1.6-Dihydroxy-3.5-dimethylxanthon, ein Pyrolyseprodukt der Lecanorsäure.** V. Jayalakshmi, S. Neelakantan und T. R. Seshadri. (Indian J. Chem. **5** (1967) 5, 180–82; Dep. of Chem., Univ. of Dehli, Dehli; engl.) — Durch Pyrolyse von Flechten-Depsid, der Lecanorsäure, entsteht *1.6-Dihydroxy-3.8-dimethylxanthon*, dessen Struktur wird geklärt durch Rk. u. Gegensynth. aus p-Orsellinsäure u. Orcinol (**I**) in Ggw. von $POCl_3$ sowie durch UV- u. IR-Spektren bzw. durch Papierchromatographie (Maxima u. R-Werte vgl. Orig.).

Versuche: *1.6-Dihydroxy-3.8-dimethylxanthon*, $C_{15}H_{12}O_4$, F. 267–268° (W./Py.), a) aus 1 g p-Orsellinsäure u. **I** mit $POCl_3$/$ZnCl_2$ bei Raumtemp.; 0,9 g (Ausb.); b) aus 2 g Lecanorsäure bei der Vak.-Subl.; 0,2 g (daneben *Orcinol* (**I**), F. 105°). *Di-O-acetat*, $C_{19}H_{16}O_6$, F. 170 bis 171° (Essigsäureäthylester), aus 0,2 g Stammverb. u. Essigsäureanhydrid in Ggw. von konz. H_2SO_4. — *1-Hydroxy-6-methoxy-3.8-dimethylxanthon*, $C_{16}H_{14}O_4$, F. 198 bis 200° (Bzl.), aus 0,5 g vorst. Verb. u. $(CH_3)_2SO_4$ in sd. Aceton in Ggw. von K_2CO_3; 0,5 g. — *1.6-Dimethoxy-3.8-dimethylxanthon*, $C_{17}H_{16}O_4$, F. 161–162° (A.), analog vorst. Verb. aus 0,2 g vorvorst. Verb. u. 0,3 ml $(CH_3)_2$·SO_4. — *1.4-Dihydroxy-6-methoxy-3.8-dimethylxanthon*, $C_{16}H_{14}O_5$, F. 245–246° (Essigsäureäthylester), aus 1 g vorvorst. Verb. in Py. u. $K_2S_2O_7$ in Ggw. von KOH; 0,1 g. — *Everninsäure*, aus vorst. Verb. u. 1%ig. H_2O_2 in Ggw. von NaOH. G. Westphal 3211△

1360 **Neue Synthesewege zu 2-Halogenpyridinen.** 1. Mitt. **2-Chlorpyridin.** Max M. Boudakian, F. F. Frulla, David F. Gavin und Joel A. Zaslowsky. (J. heterocyclic Chem. **4** (1967) 3, 375–76; Olin Mathieson Chem. Corp., New Haven, Conn.; engl.) — Photochem. Chlorierung von Py. in sd. CCl_4 liefert *2-Chlorpyridin* (**I**) in 62 bis 78%ig. Ausbeute. Die Einfl. von Lichtintensität u. Lsgm. werden untersucht.

Versuche: *2-Chlorpyridin* (**I**), Kp. 169,5°, a) durch Einleiten von Cl_2 in Py. in sd. CCl_4 unter UV-Bestrahlung; n_D^{25} 1,5309; 63,3% (Ausb., bez. 65,9%ig. Umwandlung); b) analog a) mit einer zusätzlichen 100 W-Lampe; 77,6% (bez. 49,6%ig. Umwandlung); c) analog a) durch Chlorieren in überschüssigem Py. bei 116 bis 119°; 28,5% (bez. 19%ig. Umwandlung); daneben 0,1% *2.6-Dichlorpyridin*, 0,2% *3-Chlorpyridin* u. 1,6% *3.5-Dichlorpyridin* d) analog c) durch Chlorieren in W. bei 98,5–102°; 12,8% (bez. 16,3%ig. Umwandlung); e) analog a) durch Chlorieren von Py. in viel W. bei 94–101°; 7,3% (bez. 8,2%ig. Umwandlung). H. Miele 3231△

1361 **Neue Synthesewege zu 2-Halogenpyridinen.** 2. Mitt. **2-Brompyridin.** Max M. Boudakian, David F. Gavin und Roger J. Polak. (J. heterocyclic Chem. **4** (1967) **3**, 377–80; engl.) — 1. vgl. vorst. Referat. — Bromierung von Py. mit BrCl (Gleichgew.-Gemisch) in der Dampfphase bei 375° unter Verw. von CCl_4 als Verdünnungsmittel liefert 75%. *2-Brompyridin* (**I**), 21% *2-Chlorpyridin* (**II**), 2% *3-Brompyridin* (**III**) u. ≈ 1,5% *2.6-Dibrompyridin* (**VI**). Verw. von Br_2 statt BrCl bei 450° gibt fast gleiche Mengen **I** u. **III**.

Versuche (Ausb. bez. umgesetztes Py.): *2-Brompyridin* (**I**), a) durch gleichzeitiges Eintragen von vorgeheiztem (375°) Py., Br_2 in CCl_4 u. Cl_2 in CCl_4 in einen Glasreaktor bei 375–400° (Kontaktzeit: 0,9 Sek.); 69% (Ausb., bez. 18%ig. Umwandlung); daneben 16% *2-Chlorpyridin* (**II**), 2,5% *3-Brompyridin* (**III**), Spuren *3-Chlor-* (**IV**) u./oder *4-Brompyridin* (**V**) u. Spuren *2.6-Dibrompyridin* (**VI**); b) analog a) unter Verw. einer Lsg. von Br_2 u. Cl_2 in CCl_4 bei 450° (Kontaktzeit 1,6 Sek.); 79% (bez. 22%ig. Umwandlung; daneben 26% **II**, 1,5% **VI**, 1,6% **III** u. Spuren **IV** u./oder **V** u. *2.6-Dichlorpyridin*; c) analog a) aus Py. u. Br_2 in CCl_4 bei 450° (Kontaktzeit: 0,8 Sek.); 22,4% (bez. 14%ig. Umwandlung); daneben 17,1% **III** u. 13% **IV** u./oder **V**. H. Miele 3231△

1362 **Neue Synthesewege zu 2-Halogenpyridinen.** 3. Mitt. **2-Fluorpyridin.** Max M. Boudakian. (J. heterocyclic Chem. **4** (1967) 3, 381–84; engl.) — 2. vgl. vorst. Referat. — Während Fluorierung von 2-Chlorpyridin (**I**) ohne Lsgm. mit KF bei 315° zu totalem Abbau führt, wird unter gleichen Bedingungen mit KHF_2 *2-Fluorpyridin* (**II**) in 74%ig. Ausb. erhalten. $NaHF_2$ gibt nur 3,5% **II**. Die Ergebnisse werden im Hinblick auf die Aktivierung des Substrats, die Eig. der Fluorierungsmittel u. die Stabilität von **II** diskutiert.

Versuche: *2-Fluorpyridin* (**II**), Kp. 126–128°, a) durch 4std. Erhitzen von **I** u. KH_2F unter N_2 auf 315° (550 p.s.i.g.) im Schüttelautoklaven; n_D^{27} 1,4662; 65,8% (Ausb.); b) analog a) mit $NaHF_2$; 3,5%. H. Miele 3231△

1363 **5-[1.1-Dinitroäthyl]-α-picolin durch Reaktion von 5-Äthyl-α-picolin mit Salpetersäure.** Harry Rubinstein, George Hazen und Richard Zerfing. (J. chem. Engng. Data **12** (1967) 1, 149–51; Merck Sharp & Dohme Res. Labor., Danville, Pa.; engl.) — Die Nitrierung von 5-Äthyl-α-picolin (**II**) führt zu *5-[1.1-Dinitroäthyl]-α-picolin* (**I**, $C_8H_9N_3O_4$, Kp.$_{1}$ 112°; 3–22,4% Ausb.). Die Rk.-Bedingungen unter Variierung des Molverhältnisses HNO_3/**II**, der Temp., der Rk.-Zeit u. des Druckes werden beschrieben. **I** ist ein geeignetes Intermediäres für die Darst. von Nicotinsäure.

G. Westphal 3231△

1364 **Acylierung und andere Reaktionen von Pyridyl-(2)- und Pyridyl-(4)-acetonitrilen.** C. David Gutsche und Heinz-Werner Voges. (J. org. Chemistry **32** (1967) 9, 2685–89; Washington Univ., St. Louis, Mo.; engl.) — Pyridyl-(2)-acetonitril (**I**) ergibt mit $NaOC_2H_5$ in sd. A. *3-Amino-2.4-di-[pyridyl-(2)]-Δ²-butennitril.* Mit Acetanhydrid/CH_3COOH reagiert **I** zu *2-[Pyridyl-(2)]-3-hydroxy-Δ²-butennitril* u./oder *2-Acetylcyanmethylen-1.2-dihydropyridin*, dessen Ag-Salz mit C_2H_5J zu *2-[Pyridyl-(2)]-3-äthoxy-Δ²-butennitril* reagiert. Mit Propionsäureanhydrid (**III**) bildet **I** *2-[Pyridyl-(2)]-3-hydroxy-Δ²-pentennitril* u./oder *2-Propionylcyanmethylen-1.2-dihydropyridin.* Durch Knoevenagel-Kondens. von **I** mit Acetaldehyd wird *2-[Pyridyl-(2)]-Δ²-butennitril* dargestellt, das bei der katalyt. Hydrierung in *2-[Pyridyl-(2)]-butyronitril* übergeht. Pyridyl-(4)-acetonitril (**II**) reagiert mit Acetanhydrid bei Raumtemp. schnell zu *1-Acetyl-4-cyanmethylen-1.4-dihydropyridin.* Aus **II** u. heißem Acetanhydrid entsteht *1-Acetyl-4-acetylcyanmethylen-1.4-dihydropyridin*, das beim Umkristallisieren aus n-Butanol in *2-[Pyridyl-(4)]-3-hydroxy-Δ²-butennitril* u./oder *4-Acetylcyanmethylen-1.4-dihydropyridin* übergeht, dessen Ag-Salz mit CH_3J *1-Methyl-4-acetylcyanmethylen-1.4-dihydropyridin* liefert.

Versuche (F. korr.): *Pyridyl-(2)-acetonitril* (**I**), Kp.$_{15}$ 124–127°. — *Pyridyl-(2)-acetamid*, F. 119–120° (Bzl.), aus **I** u. Amberlite IRA-400 (bas. Form) in sd. H_2O. — *Pyridyl-(4)-acetonitril* (**II**), F. 46–49° (PAe.). — *3-Amino-2.4-di-[pyridyl-(2)]-Δ²-butennitril*, $C_{14}H_{12}N_4$, F. 124–126° (CH_3OH), aus **I** u. $NaOC_2H_5$ in sd. abs. A.; 96% (Ausb.). — *2-[Pyridyl-(2)]-3-hydroxy-Δ²-butennitril* u./oder *2-Acetylcyanmethylen-1.2-dihydropyridin*, $C_9H_8 \cdot N_2O$, F. 171–172° (CCl_4, Cyclohexan bzw. A.), aus **I** u. Acetanhydrid in sd. CH_3COOH; 98%. *Hydrochlorid*, F. 165–170°. — *2-[Pyridyl-(2)]-3-äthoxy-Δ²-butennitril*, $C_{11}H_{12}N_2O$, F. 81–82° (PAe.), aus vorst. Verb. u. $AgNO_3$ in 1 n NaOH u. Rk. mit C_2H_5J in Äther. — *2-[Pyridyl-(2)]-3-hydroxy-Δ²-pentennitril* u./oder *2-Propionylcyanmethylen-1.2-dihydropyridin*, $C_{10}H_{10}N_2O$, F. 108° (Cyclohexan), aus **I** u. **III** in sd. Propionsäure. — *1-Acetyl-4-cyanmethylen-1.4-dihydropyridin*, $C_9H_8N_2O$, F. 149–150° (n-Butanol), aus **II** u. Acetanhydrid bei Raumtemp.; 87% (roh). — *Verb. vom F. 275–280° (Zers.)*, aus vorst. Verb. u. Br_2. — *1-Acetyl-4-acetylcyanmethylen-1.4-dihydropyridin*, $C_{11}H_{10}N_2O_2$, F. 225° (Zers.; $CHCl_3$), aus **II** u. heißem Acetanhydrid; 62%. — *2-[Pyridyl-(4)]-3-hydroxy-Δ²-butennitril* u./oder *4-Acetylcyanmethylen-1.4-dihydropyridin*, $C_9H_8N_2O$, F. 268–269° (W.), aus vorst. Verb. in heißem n-Butanol. — *1-Methyl-4-acetylcyanmethylen-1.4-dihydropyridin*, $C_{10}H_{10}N_2O$, F. 216–217° (Essigester), aus dem Ag-Salz vorst. Verb. u. CH_3J in Äther. — *2-[Pyridyl-(2)]-Δ²-butennitril*, $C_9H_8N_2$, Kp.$_{0,25}$ 70–71°, aus **I** u. Acetaldehyd in sd. Bzl. in Ggw. von Piperidin u. Eisessig; 74%. — *2-[Pyridyl-(2)]-butyronitril*, $C_9H_{10}N_2$, Kp.$_{0,5}$ 73–76°, durch Hydrieren von vorst. Verb. an 10%ig. Pd/Kohle in A. bei Normaldruck u. Raumtemp.; 88%.

Hans Köhne/Berlin 3231△

1365 **Pyridinisocyanate.** Seymour Hyden und Godfrey Wilbert. (Chem. and Ind. **1967**, **33**, 1406–07; Nepera Chem. Co., Harriman, N.Y.; engl.) — Nicotinoylazid wird in Bzl. in einer Curtius-Rk. zu *3-Isocyanatopyridin* (**I**, $C_6H_4N_2O$, F. 91–93°, Kp. 183–185°; 64% Ausb.) zersetzt. In analoger Weise konnte *2.6-Diisocyanatopyridin* (**II**, $C_7H_3N_3O_2$; 31%) erhalten werden. **I** wird in *Pyridyl-(3)-carbaminsäureäthylester* umgewandelt, der auch aus 3-Aminopyridin mit Chlorameisensäureäthylester erhalten werden kann. Aus **II** entsteht der entsprechende *Dicarbaminsäurediäthylester.* **I** reagiert rasch mit H_2O unter Bldg. von *1.3-Bis-[pyridyl-(3)]-harnstoff.* IR-Max. vgl. Original.

G. Westphal 3231△

1366 **4-[1-Methyl-4-pyrrolidinobutylamino]-7-chlorchinolin und 4-[1-Methyl-4-morpholinobutylamino]-7-chlorchinolin als potentielle Antimalariamittel.** Peter K. Iber und Betty J. Boone. (J. med. Chem. **10** (1967) 3, 509–10; Div. of Biochem., Walter Reed Army Inst. of Res., Washington, D.C.; engl.) — Beide dargestellten Verb. sind gegen *Plasmodium berghei* (in Mäusen) aktiv.

Versuche: 4-[1-Methyl-4-alkylaminobutylamino]-7-chlorchinoline: *-4-pyrrolidino-*, $C_{18} \cdot H_{24}ClN_3$, F. 107–108° (Bzl.), aus 4-[1-Methyl-4-brombutylamino]-7-chlorchinolin u. Pyrrolidin; 26%, daneben *4-[2-Methyl-pyrrolidino]-7-chlorchinolin.* — *-4-morpholino-*, $C_{18}H_{24}ClN_3O$, F. 153–154° (Aceton), analog mit Morpholin; 25%.

W. Senf 3231△

1367 **ESR-Untersuchungen von 4-Nitrochinolin-1-oxid und verwandten Verbindungen.** 5. Mitt. **Oxydationsreaktionen des carcinogenen 4-Hydroxyaminochinolin-1-oxid.** Nobuko Kataoka, Sachiko Shibata, Akira Imamura, Yutaka Kawazoe, Goro Chihara und Chikayoshi Nagata. (Chem. pharmac. Bull. [Tokyo] **15** (1967) 2, 220–25; Nation. Cancer Center Res. Inst., Chuo-ku, Tokyo; engl.) — Bei der Einw. von O_2 auf 4-Hydroxyaminochinolin-1-oxid (**I**) erfolgt Abspaltung eines Elektrons aus der NHOH-Gruppe des Mol. unter Bldg. eines stabilen Radikales. Die Einw. anderer Ox.-Mittel wird untersucht. In Ggw. von Ascorbinsäure erfolgt keine Ox. von **I**. UV-Spektren vgl. Original.

Versuche: *4-Hydroxyaminochinolin-1-oxid* (**I**). *Hydrochlorid*, F. 193–196° (20%ig. HCl), durch Hydrieren von 4-Nitrochinolin-1-oxid an Pd/Kohle. — 4. vgl. C. **1968**, 48-1047.

G. Westphal 3231△

1368 **Stereochemie von Decahydroisochinolinen und davon abgeleiteten Verbindungen.** 5. Mitt. **Synthese von 2-Methyl-8-hydroxydecahydroisochinolin.** Masao Okamoto. (Chem. pharmac. Bull. [Tokyo] **15** (1967) 2, 168 bis 172; Kyoto Coll. of Pharmacy, Nikanchi-cho, Yamashina-misasagi, Higashiyama-ku, Kyoto; engl.) — 4. vgl. J. pharmac. Soc. Japan [Yakagaku Zasshi] **85** (1965) 371. — 2-Methyl-5-chlor-8-hydroxy-1.2.3.4-tetrahydroisochinolin liefert bei der katalyt. Red. direkt oder über 2-Methyl-8-hydroxy-1.2.3.4-tetrahydroisochinolin (**II**) die Titelverb. (pK_a-Werte u. säulenchromatograph. Trennung vgl. Orig.), deren Konfig. wird durch NMR-Spektren u. das Verhalten gegen CrO_3 geklärt.

Versuche: *Cyclohexanol*, aus 4-Chlorphenol durch Hydrierung an Raney-Ni. — *5-Chlor-8-hydroxyisochinolin*, aus 5-Chlor-8-aminoisochinolin (**I**) durch Diazotierung u. Verkochen. — *5-Chlor-8-acetylaminoisochinolin*, F. 208–210°, aus **I** u. Essigsäureanhydrid. — *2-Methyl-5-chlor-8-acetylaminoisochinoliniumjodid*, F. 245°, aus vorst. Verb. u. CH_3J. — *2-Methyl-5-chlor-8-acetylamino-1.2.3.4-tetrahydroisochinolin*, aus vorst. Verb. u. $NaBH_4$. — *2-Methyl-5-chlor-8-amino-1.2.3.4-tetrahydroisochinolin*, F. 80–82°, durch Hydrolyse vorst. Verbindung. — *2-Methyl-5-chlor-8-hydroxy-1.2.3.4-tetrahydroisochinolin*, F. 171,5–172,5°, durch Verkochen der vorst. diazotierten Verbindung. — *2-Methyl-8-hydroxy-1.2.3.4-tetrahydroisochinolin* (**II**), F. 177–178°, aus vorst. Verb. durch Hydrierung an Raney-Ni in Ggw. von KOH. — *8-Aminoisochinolin*, aus **I** mit $N_2H_4 \cdot H_2O$ an Pd/C in Äthanol. — *8-Acetylaminoisochinolin*, aus vorst. Verb. u. Essigsäureanhydrid. — *2-Methyl-8-acetylamino-1.2.3.4-tetrahydroisochinolin*, F. 122–123°. — *2-Methyl-8-amino-1.2.3.4-tetrahydroisochinolin*, Kp.$_3$ 120–122°. — *2-Methyl-8-hydroxy-decahydroisochinolin, cis-axial-Form des Alkohols* (*Pikrat*, F. 181–183°. *Methojodid*, F. 229 bis 231°), F. 78–80°, aus **II** durch Hydrierung an Raney-Ni; daneben *trans-axial-Form* (*Pikrat*, F. 235°. *Methojodid*, F. 183–185°), F. 115°, u. *trans-äquatorial-Form* (*Pikrat*, F. 147–150°. *Methojodid*, F. 235°), F. 84°. — *2-Methyl-8-oxodecahydroisochinolin*, F. 40–42°, aus vorst. Verb. u. CrO_3 in verd. H_2SO_4. *Pikrat*, F. 227°. *Dithioäthylenketal*, F. 55–57°. — *trans-2-Methyl-decahydroisochinolin*, aus dem Thioketal vorst. Verb. durch Hydrierung an Raney-Ni in sd. Äthanol.

G. Westphal 3231△

1369 **Gattermann-Reaktion von 3.5-Dimethoxyphenylacetonitril. Synthese von 6.8-Dihydroxyisochinolinen.** J. D. White und D. S. Straus. (J. org. Chemistry **32** (1967) 9, 2689–92; Harvard Univ., Cambridge, Mass.; engl.) — 3.5-Dimethoxyphenylacetonitril (**I**) reagiert mit $Zn(CN)_2$ u. HCl bzw. HBr zu *3-Chlor-* (**II**) bzw. *3-Brom-6.8-dimethoxyisochinolin* (**III**). **II** bzw. **III** geben bei der katalyt. Hydrierung in äthanol. KOH *6.8-Dimethoxyisochinolin* (**IV**). **IV** wird zum Strukturbeweis durch Pomerarnz-Fritsch-Cyclisierung von 2.4-Dimethoxybenzylidenaminoacetaldehyddiäthylacetal (**V**) dargestellt. 3.4-Dimethoxyphenylacetonitril reagiert nicht mit $Zn(CN)_2$ u. HCl. **II**, **III** bzw. **IV** werden von HJ bzw. BBr_3 in sd. $CHCl_3$ bzw. Bzl. zu *6.8-Dihydroxyisochinolinen* entmethyliert; unter bestimmten Bedingungen werden mit HJ *6-Hydroxy-8-methoxyisochinoline* erhalten.

Versuche (F. korr.): Isochinoline: *3-Chlor-6.8-dimethoxy-* (**II**), $C_{11}H_{10}ClNO_2$, F. 160–161° (wss. A.), aus **I**, $Zn(CN)_2$ u. trockenem HCl-Gas in abs. Ae. bei 0°; 54% (Ausb.). — *3-Brom-6.8-dimethoxy-* (**III**), $C_{11}H_{10}Br \cdot NO_2$, F. 159–160° (Bzl./Ligroin), analog **II**; 57%. — *6.8-Dimethoxy-* (**IV**), $C_{11}H_{11}NO_2$, F. 124–125° (Ligroin), a) durch Hydrieren von **II** bzw. **III** an 5%ig. Pd/Kohle in 5%ig. äthanol. KOH bei 50–55°; 93% bzw. 95%; b) aus 2.4-Dimethoxybenzaldehyd u. 2-Aminoacetaldehyddiäthylacetal in sd. Bzl. [→ 99% **V**] u. Rk. mit 75%ig. H_2SO_4; 7,5%. — *3-Chlor-6.8-dihydroxy-*, $C_9H_6 \cdot ClNO_2$, F. 242–243° (Zers.; W.), aus **II** u. sd. 57%ig. HJ in 1,5 Std.; 82,5%. — Analog *3-Brom-6.8-dihydroxy-*, $C_9H_6BrNO_2$, Zers. bei 258–263° (W.), aus **III**; 78%. — *6.8-Dihydroxy-*, $C_9H_7NO_2$, Zers. bei 253–257° (W.), aus **IV**; 64%. — *3-Brom-6-hydroxy-8-methoxy-*, $C_{10}H_8BrNO_2$, F. 247–249° (Zers.; wss. A.), aus **III** u. sd. 57%ig. HJ in 15 Min.; 58%. Hans Köhne/Berlin 3231△

1370 **1-[Pyridyl-(2)]-3.4-dihydro-6.7-dimethoxyisochinolin und einige seiner hydrierten und N-substituierten Derivate.** Wilhelm Wenner und Mychajlo Stefaniw. (J. heterocyclic Chem. 4 (1967) 4, 469–73; Chem. Res. Dep., Hoffmann-La Roche Inc., Nutley, N.J.; engl.) — N-3.4-Dimethoxyphenäthylpicolinamid wird durch Bischler-Napieralski-Cyclisierung in *1-[Pyridyl-(2)]-3.4-dihydro-6.7-dimethoxyisochinolin* (**I**) umgewandelt. **I** gibt mit $FeSO_4$ einen *blauen Komplex.* Durch Hydrieren bzw. durch Red. mit $NaBH_4$ wird aus **I** *1-[Pyridyl-(2)]-1.2.3.4-tetrahydro-6.7-dimethoxyisochinolin* (**II**) erhalten. **I** bzw. **II** geben nur *Monohydrochloride.* **II** gibt ein *2-Acetyl-*, ein *2-Methoxycarbonyl-* bzw. ein *2-Äthoxycarbonylmethylderiv.*, die in verd. CH_3COOH an Rh.-Kohle zu den entsprechenden *Piperidylderiv.* hydriert werden. **II** wird in verd. HCl an PtO_2 zu *1.2.3.4-Tetrahydro-6.7-dimethoxy-1-[piperidyl-(2)]-isochinolin* (**III**) hydriert. **III** gibt mit 1 Val Acetanhydrid bzw. 1 Val Chlorameisensäuremethylester (**IV**) *2-Acetyl-* bzw. *2-Methoxycarbonyl-1-[piperidyl-(2)]-6.7-dimethoxy-1.2.3.4-tetrahydroisochinolin.* Das Dihydrobromid von 1-[Piperidyl-(2)]-2-äthoxycarbonylmethyl-6.7-dimethoxy-1.2.3.4-tetrahydroisochinolin gibt mit verd. Alkali *1.2.3.4.6.7.9.10.14b.14c-Dekahydro-12.13-dimethoxypyrido-[2'.1':3.4]-pyrazino-[2.1:a]-isochinolinon-(6).*

Versuche: *N-3.4-Dimethoxyphenäthylpicolinamid*, $C_{16}H_{18}N_2O_3$, F. 60–62° (Essigester), aus 36 g Homoveratrylamin u. Picolinsäuremethylester; 35 g (Ausb.). *Hydrochlorid*, $C_{16}H_{18}N_2O_3 \cdot HCl$, F. 130–132° (A.), aus 6 g der freien Base u. HCl-Gas in Isopropanol; 6 g. — *3.4-Dihydro-6.7-dimethoxy-1-[pyridyl-(2)]-isochinolin* (**I**), $C_{16} \cdot H_{16}N_2O_2$, F. 114–115° (Isopropanol), aus 20 g vorst. Hydrochlorids u. $POCl_3$ u. Rk. mit verd. NaOH; 10 g. *Hydrochlorid*, $C_{16}H_{16}N_2O_2 \cdot HCl$, F. 202–204°, aus 4 g **I** u. HCl-Gas in Isopropanol; 4,5 g. *$FeSO_4$-Komplex*, $Fe(C_{16} \cdot H_{16}N_2O_2)_3SO_4$, aus **I** u. $FeSO_4 \cdot 7H_2O$ in W. bei 50–60°. — *1.2.3.4-Tetrahydro-6.7-dimethoxy-1-[pyridyl-(2)]-isochinolin* (**II**), $C_{16}H_{18}N_2O_2$, F. 81–82° (Essigester), a) durch Hydrieren von 43 g **I**-Hydrochlorid an PtO_2 in W. bei 20 lbs. u. 20–25° u. Rk. mit verd. NaOH; 28 g; b) aus 5,3 g **I** u. $NaBH_4$ in abs. CH_3OH bei Raumtemp.; 5 g. *Hydrochlorid*, $C_{16}H_{18}N_2O_2 \cdot HCl$, F. 252–253° (W./$CH_3OH$), aus 4 g **II** u. 1 n HCl; 4 g. *Hydrobromid*, $C_{16}H_{18} \cdot N_2O_2 \cdot HBr$, F. 249–250° ($CH_3OH$), aus **II** u. äthanol. HBr. — *1.2.3.4-Tetrahydro-6.7-dimethoxy-1-[piperidyl-(2)]-isochinolin* (**III**), $C_{16}H_{24}N_2O_2$, F. 98–99° (Essigester), a) durch Hydrieren von 134 g **II** in 3 n HCl an PtO_2 bei 95–100° u. 1000 lbs.; 120 g; b) analog a) aus 86 g **I**; 50 g. *Dihydrochlorid*, $C_{16}H_{24}N_2O_2 \cdot 2HCl$, F. 257 bis 259° (A.), aus 1 g **III** u. HCl-Gas in Isopropanol; 1 g. — *2-Acetyl-1.2.3.4-tetrahydro-6.7-dimethoxy-1-[pyridyl-(2)]-isochinolin*, $C_{18}H_{20}N_2O_3$, F. 150–151° (A.), aus 7 g **II** u. Acetanhydrid in abs. Dioxan; 6 g. — *1-[Pyridyl-(2)]-2-methoxycarbonyl-6.7-dimethoxy-1.2.3.4-tetrahydroisochinolinhemihydrat*, $C_{18}H_{20}N_2O_4 \cdot {}^1/_2H_2O$, F. 110–112° (Essigester), aus 13 g **II**, **IV** u. Triäthylamin in abs. Ae.; 10 g. — *1-[Pyridyl-(2)]-2-äthoxycarbonylmethyl-6.7-dimethoxy-1.2.3.4-tetrahydroisochinolindihydrobromidhydrat*, $C_{20}H_{24} \cdot N_2O_4 \cdot 2HBr \cdot H_2O$, F. 155–157° (A.), aus 20 g **II**, Bromessigsäureäthylester u. Triäthylamin in abs. Ae. u. Rk. mit äthanol. HBr; 18 g. — *2-Acetyl-1-[piperidyl-(2)]-1.2.3.4-tetrahydro-6.7-dimethoxyisochinolin*, $C_{18}H_{26}N_2O_3$, F. 141–142° (Ae./Ligroin), a) aus 2 g **III** u. Acetanhydrid in abs. Ae.; 2 g; b) durch Hydrieren von 5,6 g drittvorst. Verb. in CH_3COOH an 10%ig. Rh.-Kohle bei 600–700 lbs. u. 20°; 4,5 g. — *1-[Piperidyl-(2)]-2-methoxycarbonyl-6.7-dimethoxy-1.2.3.4-tetrahydroisochinolinhydrochlorid*, $C_{18}H_{26}N_2O_4 \cdot HCl$, F. 246–247° (A.), a) aus 11 g **III** u. **IV** in abs. Ae.; 10 g; b) durch Hydrieren von 8 g drittvorst. Verb. in CH_3COOH an 10%ig. Rh.-Kohle bei 600–700 lbs. u. 20–25° u. Rk. mit HCl-Gas in Isopropanol; 5 g. — *1-[Piperidyl-(2)]-2-äthoxycarbonylmethyl-6.7-dimethoxy-1.2.3.4-tetrahydroisochinolindihydrobromid*, $C_{20}H_{30}N_2O_4 \cdot 2HBr$, F. 218–220° (Isopropanol/A.), durch Hydrieren von 10 g drittvorst. Verb. in $CH_3 \cdot COOH$ an 10%ig. Rh.-Kohle bei 20–25° u. 600–700° lbs. u. Rk. mit äthanol. HBr; 7 g. — *1.2.3.4.6.7.9.10.14b.14c-Dekahydro-12.13-dimethoxypyrido-[2'.1':3.4]-pyrazino-[2.1:a]-isochinolinon-(6)*, $C_{18}H_{24}N_2O_3$, F. 145–147° (Essigester), aus 1 g vorst. Verb. u. verd. NaOH; 0,4 g. *Hydrobromid*, $C_{18}H_{24}N_2O_3 \cdot HBr$, F. 258–260° (A.), aus 0,6 g der freien Base u. äthanol. HBr; 0,7 g.

Hans Köhne/Berlin 3231△

1371 **Verschiedene Vorläufer in biogenetischen Synthesen. 1. Mitt. Synthese von 1.2.3.4.4a.5.6.11b-Octahydro-5.11b-iminoäthano-11H-benzo-[a]-carbazol (Cyclohex-[j]-indolo-[2.3:f]-morphan).** Glenn C. Morrison, Ronald O. Waite, Florence Serafin und John Shavel jun. (J. org. Chemistry **32** (1967) 8, 2551–55; Dep. of Organ. Chem., Warner-Lambert Res. Inst., Morris Plains, N.J.; engl.) — Aus Indol-3-essigsäure (**I**) u. β-Cyclohexenyl-(1)-äthylamin (**II**) wird *Indol-3-essigsäure-β-cyclohexenyl-(1)-äthylamid* (**III**) dargestellt, das bei Raumtemp. mit $POCl_3$ zu *3.4.5.6.7.8-Hexahydro-1-[indolyl-(3)-methyl]-isochinolin* (**IV**) cyclisiert wird. **IV** wird von $NaBH_4$ zu *1.2.3.4.5.6.7.8-Octahydro-1-[indolyl-(3)-methyl]-isochinolin* (**V**) reduziert. Durch Rk. mit Ameisensäureäthylester (**VI**) u. anschließende Red. mit $LiAlH_4$ wird aus **V** *1.2.3.4.5.6.7.8-Octahydro-1-[indolyl-(3)-methyl]-2-methylisochinolin* (**VII**) dargestellt. **VII** wird auch durch Rk. von **IV** mit CH_3J u. anschließende Red. mit $NaBH_4$ erhalten. Durch säurekatalysierte Cyclisierung entstehen aus **V** bzw. **VII** *cis-1.2.3.4.4a.5.6.11b-Octahydro-5.11b-iminoäthano-11H-benzo-[a]-carbazol* (**VIII**) bzw. dessen *14-Methylderiv.* (**IX**). Analog **VII** wird **IX** auch aus **VIII** erhalten. Zum Strukturbeweis wird **IX** durch Rk. mit NaH u. Dimethylcarbonat (**X**) in *cis-11.14-Dimethyl-1.2.3.4.4a.5.6.11b-octahydro-5.11b-iminoäthano-11H-benzo-[a]-carbazol* (**XI**) umgewandelt, das beim Hofmann-Abbau *cis-11b-[2-Dimethylaminoäthyl]-1.2.3.4.4a.11b-hexahydro-11-methyl-11H-benzo-[a]-carbazol* (**XII**) gibt. **XII** läßt sich zu *11-Methyl-11H-benzo-[a]-carbazol* (**XIII**) aromatisieren. Mit N-Methyl-[β-cyclohexenyl-(1)]-äthylamin (**XIV**) bildet **I** *Indol-3-essigsäure-N-methyl-N-[β-cyclohexenyl-(1)-äthyl]-amid* (**XV**), das von $POCl_3$ zu *4a-Chlor-2.3.4.4a.5.6.7.8-octahydro-1-[indolyl-(3)-methyl]-2-methylisochinolin* (**XVI**) cyclisiert wird. Die Hydrierung von **XVI** mit $NaBH_4$ führt zu *4a-Chlordecahydro-1-[indolyl-(3)-methyl]-2-methylisochinolin* (**XVII**). Beim Kochen mit KOH in CH_3OH liefert **XVII** ein *krist.* u. ein *öliges Isomerengemisch* von *3a.4.5.6.7a-Hexahydro-3.7a-N-methyliminoäthano-indan-[1-spiro-3']-indol.* Das gesamte Isomerengemisch liefert mit 5%ig. sd. äthanol. HCl *trans-14-Methyl-1.2.3.4.4a.5.6.11b-octahydro-5.11b-iminoäthano-11H-benzo-[a]-carbazolhydrochlorid*, das analog **IX** in **XIII** umgewandelt wird.

Versuche: *Indol-3-essigsäure, β-Cyclohexenyl-(1)-äthylamid* (**III**), $C_{18}H_{22}N_2O$, F. 88,5–89,5° (Bzl.)/Skellysolve B), a) aus **I** u. **II** bei 175°; 73% (Ausb.); b) aus **I**-Methylester u. **II** bei 100°; 34%. *N-Methyl-N-[β-cyclohexenyl-(1)-äthyl]-amid* (**XV**), $C_{19}H_{24}N_2O$, F. 124–125°

(Bzl.), a) aus **I** u. **XIV** bei 175°; 46%; b) aus **I**-Methylester u. **XIV** bei 130°; 17%. — *3.4.5.6.7.8-Hexahydro-1-[indolyl-(3)-methyl]-isochinolin* (**IV**), aus 28,2 g **III** u. $POCl_3$ bei Raumtemp.; 23 g. *Pikrat*, $C_{24}H_{23}N_5O_7$, F. 156,5—158° (Zers.; A.), aus der Base u. Pikrinsäure in saurer wss. Lsg.; 73%. — *1.2.3.4.5.6.7.8-Octahydro-1-[indolyl-(3)-methyl]-isochinolin* (**V**), $C_{18}H_{22}N_2$, F. 160—161° (Bzl.), aus **IV**-Dichlorphosphat u. verd. NaOH u. Rk. mit Na · BH_4 u. 20%ig. HCl bei pH 3; 60%. — *1.2.3.4.5.6.7.8-Octahydro-1-[indolyl-(3)-methyl]-2-methylisochinolin* (**VII**), $C_{19}H_{24}N_2$, F. 147,5—148,5° (Skellysolve B), a) aus **IV** u. CH_3J in Aceton bei 0° u. Rk. mit $NaBH_4$ in A. bei 25—30°; 22%; b) aus **V** u. sd. **VI** u. Rk. mit $LiAlH_4$ in Ae.; 19%. — *cis-1.2.3.4.4a.5.6.11b-Octahydro-5.11b-iminoäthano-11H-benzo-[a]-carbazol* (**VIII**), $C_{18}H_{22}N_2$, F. 215—216° (Bzl.), aus **V** u. sd. 48%ig. HBr; 30%. — *cis-14-Methyl-1.2.3.4.4a.5.6.11b-octahydro-5.11b-iminoäthano-11H-benzo-[a]-carbazol* (**IX**), $C_{19}H_{24}N_2$, F. 145—146° (Skellysolve B), a) aus **VII** u. 85%ig. H_3PO_4 bei 150° unter N_2; 29%; b) analog **VII** nach b) aus **VIII**; 46%. — *cis-11.14-Dimethyl-1.2.3.4.4a.5.6.11b-octa-hydro-5.11b-iminoäthano-11H-benzo-[a]-carbazol* (**XI**), aus **IX**, NaH u. **X** in sd. THF; 97%. *Hydrobromid*, $C_{20}H_{27}BrN_2$, F. 231—233° (Essigester u. A.), *Methojodid*, $C_{21}H_{29}JN_2$, F. 262,5—263°. — *cis-11b-[2-Dimethylaminoäthyl]-1.2.3.4.4a.11b-hexahydro-11-methyl-11H-benzo-[a]-carbazol* (**XII**), $C_{21}H_{28}N_2$, Kp.$_{0,05}$ 200°, aus vorst. Methojodid u. 40%ig. NaOH in sd. A.; 89%. — *4a-Chlor-2.3.4.4a.5.6.7.8-octahydro-1-[indolyl-(3)-methyl]-2-methylisochinolin* (**XVI**), $C_{19}H_{23}ClN_2$, F. 129 bis 133° (Bzl./Skellysolve B), aus **XV** u. $POCl_3$ bei Raumtemp.; 20%. — *4a-Chlordecahydro-1-[indolyl-(3)-methyl]-2-methylisochinolin* (**XVII**), $C_{19}H_{25}ClN_2$, F. 159—160° (Bzl.), aus vorst. Verb. u. $NaBH_4$ in verd. HCl bei pH 3; 49%. — *3a.4.5.6.7a-Hexahydro-3.7a-N-methyliminoäthanoindan-[1-spiro-3']-indol, Isomeres A*, $C_{19}H_{24}N_2$, F. 101—102° (Skellysolve B), aus **XVII** u. KOH in sd. CH_3OH; 10%; daneben 49% *Isomerengemisch* (Kp.$_{0,07}$ 190°). — *trans-14-Methyl-1.2.3.4.4a.5.6.11b-octahydro-5.11b-iminoäthano-11H-benzo-[a]-carbazol*, $C_{19}H_{24}N_2$, F. 138—139° (Skellosolve B), aus dem Hydrochlorid u. $NaHCO_3$-Lsg./$CHCl_3$. *Hydrochlorid*, $C_{19}H_{25}ClN_2$, F. 335° (Zers.; A.), aus dem gesamten vorst. Isomerengemisch u. sd. 5%ig. äthanol. HCl; 68%. — *trans-11.14-Dimethyl-1.2.3.4.4a.5.6.11b-octahydro-5.11b-iminoäthano-11H-benzo-[a]-carbazol*, analog **XI** aus vorst. Verb.; 97%. *Hydrobromid*, $C_{20}H_{27}BrN_2$, F. 237—238,5° (A./Essigester), *Methojodid*, $C_{21}H_{29}JN_2$, F. 236,5—237,5° (A.). — *trans-11b-[2-Dimethylaminoäthyl]-1.2.3.4.4a.11b-hexahydro-11-methyl-11H-benzo-[a]-carbazol*, $C_{21}H_{28}N_2$, F. 107,5—108,5° (Ae.), analog **XII** aus vorst. Methojodid; 99%. — *11-Methyl-11H-benzo-[a]-carbazol* (**XIII**), F. 169 bis 170° (A./Bzl.), a) aus vorst. Verb. u. 5%ig. Pd-Kohle bei 310°; 35%; b) analog a) aus **XII**; 65%.

Hans Köhne/Berlin 3231△

1372 **Verschiedene Vorläufer in biogenetischen Synthesen. 2. Mitt. Synthese von 2-Oxo-1.2.3.4.4a.5.6.11-octahydro-5.11b-iminoäthanobenzo-[a]-carbazol („Cyclohex-[j]-indolo-[2.3:f]-morphanon-(15)").** Glenn C. Morrison, Ronald O. Waite und John Shavel jun. (J. org. Chemistry **32** (1967) 8, 2555—57; engl.) — 1. vgl. vorst. Referat. — Indol-3-essigsäure (**I**) reagiert mit m-Methoxyphenäthylamin (**II**) zu *Indol-3-essigsäure-m-methoxyphenäthylamid*, das von $POCl_3$ bei Raumtemp. zu *3.4-Dihydro-1-[indolyl-(3)-methyl]-6-methoxyisochinolin* (**III**) cyclisiert wird. Durch Red. mit $NaBH_4$ wird aus **III** *1.2.3.4-Tetrahydro-1-[indolyl-(3)-methyl]-6-methoxyisochinolin* (**IV**) erhalten, das durch Rk. mit Ameisensäureäthylester (**V**) u. anschließende Red. mit $LiAlH_4$ in *1.2.3.4-Tetrahydro-1-[indolyl-(3)-methyl]-6-methoxy-2-methylisochinolin* (**VI**) umgewandelt wird. **IV** bzw. **VI** geben mit Na u. tert.-Butanol in THF/NH_3 *6-Methoxy-* (**VII**) bzw. *6-Methoxy-2-methyl-1-[indolyl-(3)-methyl]-1.2.3.4.5.8-hexahydroisochinolin* (**VIII**). **VIII** bildet mit 10%ig. HCl *cis-14-Methyl-2-oxo-1.2.3.4.4a.5.6.11b-octahydro-5.11b-iminoäthano-11H-benzo-[a]-carbazol* (**IX**). **VII** liefert analog *cis-2-Oxo-1.2.3.4.4a.5.6.11b-octahydro-5.11b-iminoäthano-11H-benzo-[a]-carbazol.* Mit Oxalsäure in wss. CH_3OH gibt **VII** dagegen *1.2.3.4.6.7.8.8a-Octahydro-1-[indolyl-(3)-methyl]-isochinolon-(6)*. **IX** wird zum Strukturbeweis durch Wolf-Kishner-Red. in *cis-14-Methyl-1.2.3.4.4a.5.6.11b-octahydro-5.11b-iminoäthano-11H-benzo-[a]-carbazol* umgewandelt.

Versuche: *Indol-3-essigsäure-m-methoxyphenäthylamid*, $C_{19}H_{20}N_2O_2$, Kp.$_{0,15}$ 250°, aus **I** u. **II** bei 175 bis 180°; 83% (Ausb.). — *3.4-Dihydro-1-[indolyl-(3)-methyl]-6-methoxyisochinolin* (**III**), $C_{19}H_{18}N_2O$, F. 144 bis 146° (Bzl.), aus vorst. Verb. u. $POCl_3$ in sd. Bzl.; 23%. — *1.2.3.4-Tetrahydro-1-[indolyl-(3)-methyl]-6-methoxyisochinolin* (**IV**), $C_{19}H_{20}N_2O$, F. 162—163,5° (Bzl.), aus **III** u. $NaBH_4$ in wss.-äthanol. HCl bei pH 3; 38%. — *1.2.3.4-Tetrahydro-1-[indolyl-(3)-methyl]-6-methoxy-2-methyl-isochinolin* (**VI**), $C_{20}H_{22}N_2O$, F. 128—129,5° (CH_3CN), aus **IV** u. sd. **V** u. Rk. mit $LiAlH_4$ bei 20—30°; 64%. — *1.2.3.4.5.8-Hexahydro-1-[indolyl-(3)-methyl]-6-methoxyisochinolin* (**VII**), $C_{19}H_{22}N_2O$, F. 157—158° (Bzl.), aus **IV**, Na u. tert.-Butanol in THF/fl. NH_3; 74%. — Analog: *1.2.3.4.5.8-Hexahydro-1-[indolyl-(3)-methyl]-6-methoxy-2-methylisochinolin* (**VIII**), $C_{20}H_{24}N_2O$, F. 141—142° (Bzl.), aus **VI**; 66%. — *1.2.3.4.6.7.8.8a-Octahydro-1-[indolyl-(3)-methyl]-isochinolon-(6)*, $C_{18}H_{20}N_2O$, F. 203—204° (Bzl.), aus **VII** u. Oxalsäure in wss. CH_3OH; 10%. — *cis-2-Oxo-1.2.3.4.4a.5.6.11b-octahydro-5.11b-iminoäthano-11b-benzo-[a]-carbazol*, $C_{18}H_{20}N_2O$, F. 201—201,5° (Ae.), aus **VII** u. HCl in sd. CH_3OH; 22%. — Analog: *cis-14-Methyl-2-oxo-1.2.3.4.4a.5.6.11b-octahydro-5.11b-iminoäthano-11H-benzo-[a]-carbazol* (**XI**), $C_{19}H_{22}N_2O$, F. 236,5—237,5° (Bzl.), aus **VIII**; 67%. — *cis-14-Methyl-1.2.3.4.4a.5.6.11b-octahydro-5.11b-iminoäthano-11H-benzo-[a]-carbazol*, F. 139—141° (Skellysolve B), aus **IX**, NaOH u. $N_2H_4 \cdot H_2O$ in sd. Äthylenglykol; 58%. — 3. vgl. C. **1968**, 62-0724.

Hans Köhne/Berlin 3231△

1373 **Synthese und Reaktionen kondensierter Isochinoline. — Imidazo-, Pyrimido-, Triazolo- und Tetrazoloisochinoline.** M. D. Nair und S. R. Mehta. (Indian J. Chem. **5** (1967) 9, 403—08; CIBA Res. Centre, Goregaon, Bombay; engl.) — Synth. u. Rk. der im Titel genannten Verb. sowie derer Deriv. wird beschrieben. Max. der IR- u. UV-Spektren vgl. Original.

Versuche: *1.3-Dichlor-5-nitroisochinolin* (**I**), $C_9 \cdot H_4Cl_2B_2O_2$, F. 168—170°, durch Zugabe von 10 g 1.3-Dichlor-isochinolin zu konz. H_2SO_4/rauchender HNO_3 bei 0—5°; aus DMF/A. Nadeln; 7,1 g (Ausb.). — *1-[β-Hydroxyäthyl]-amino-3-chlor-5-nitro-isochinolin*, $C_{11}H_{10}ClN_3O_3$, F. 159—160°, durch 1½std. Kochen von 4,5 g **I** mit Äthanolamin in A.; aus A. rote Krist.; 4,5 g. — *2.3-Dihydro-5-chlor-7-nitroimidazo-[2.1:a]-isochinolin* (**II**), $C_{11} \cdot H_8ClN_3O_2$, F. 166—167°, durch 3std. Kochen von 5,2 g vorst. Verb. mit $POCl_3$; aus A. rote Prismen; 4 g. — *1-[β-Hydroxypropyl]-amino-3-chlor-5-nitro-isochinolin*, $C_{12} \cdot H_{12}ClN_3O_3$, F. 140° (A.), durch 1std. Kochen von 3 g **I** mit 2-Aminopropanol in A.; 2,6 g. — *2.3.4.5-Tetrahydro-3-methyl-5-chlor-7-nitro-imidazo-[2.1:a]-isochinolin*, $C_{12}H_{10}ClN_3O_2$, F. 130—132° (A.), durch Zugabe von 16 g vorst. Verb. zu $POCl_3$ bei 0—5° u. 3std. Erhitzen auf 130° nach Beendigung der exothermen Rk.; 13 g. — *4-Brom-5-nitro-isochinolin-N-oxid*, $C_9H_5BrN_2O_3$, F. 219 bis 220° (A./Ae.), durch 8std. Erwärmen von 10 g 4-Brom-5-nitro-isochinolin mit 30%ig. H_2O_2 in Essigsäure auf 70°; 7 g. — *1-Chlor-4-brom-5-nitroisochinolin*, $C_9H_4BrClN_2O_2$, F. 166—167° (verd. Methanol), durch Zugabe von 2,7 g vorst. Verb. zu $POCl_3$ bei 0° u. 2std. Erwärmen auf 60—70° nach Abflauen der exothermen Rk.; 2,3 g. — *1-[β-Hydroxyäthyl]-amino-4-brom-nitro-isochinolin*, $C_{11}H_{10}BrN_3O_3$, F. 208—210° (A.), durch 1std. Kochen von 5 g vorst. Verb. mit Äthanolamin in A.; 3,5 g. — *2.3-Dihydro-6-bromimidazo-[2.1:a]-isochinolin*, $C_{11}H_8BrN_3O_2$, F. 168—169° (verd. A.), durch 1std. Erwärmen von 1,5 g vorst. Verb. mit $POCl_3$ auf 130°. 1,2 g. — 2.3-Dihydroimidazo-[2.1:a]-isochinoline: *7-Amino-*, $C_{11}H_{11}N_3$, F. 214—215°, aus dem Hydrochlorid mit Na-Äthylat in Äther. *Hydrochlorid*, $C_{11}H_{12} \cdot ClN_3$, F. > 300° (A./Ae.), durch Hydrieren von 14 g **II** in A. an PtO_2; 7,8 g. — *3-Methyl-7-[N'-allylthioureido]-*, $C_{16}H_{18}N_4S$, F. 202—203°, durch Hydrierung von 2.3-Dihydro-3-methyl-5-chlor-7-nitroimidazo-[2.1:a]-isochinolin zum entsprechenden Aminhydrochlorid u. Umsetzen der freien Base mit Allylisothiocyanat. — *5-Morpholino-7-nitro-*, F. 164—166° (A.); 87%. — *5-[N-Methylpiperazino]-7-nitro-*, F. 123—125° (verd. A.); 85,2%. — *5-Piperidino-7-nitro-*, F. 144—147° (verd. A.); 82%. — *5-Pyrrolidino-7-nitro-*, F. 194—195° (Bzl./Hexan); 87,8%. — *5-[β-Hydroxyäthylpiperazino]-7-nitro-*, *Mono-*

hydrat, F. 157–160° (verd. A.); 69,5%. — *7-[N'-Phenylureido]*- F. 193–196° (Bzl./Hexan); 62,5%. — *7-Phenylsulfonylamino-*, *Monohydrat*, F. 285–288° (A./Ae.); 64,5%. — *7-[p-Acetylaminophenylsulfonylamino]-*, *Monohydrat*, F. 290–291° (A./Ae.); 55%. — *1-[3-Hydroxypropyl]-amino-5-chlor-7-nitroisochinolin*, $C_{12}H_{12}ClN_3O_3$, F. 160–162°, durch Kondens. von **I** mit 3-Aminopropanol; 86%. — 2.3.4.5-Tetrahydro-8-nitropyrimido-[2.1:a]-isochinoline, durch $1^1/_2$–3std. Erhitzen von **III** mit den entsprechenden sek. Aminen auf 130°: *6-Chlor-* (**III**), $C_{12}H_{10}ClN_3O_2$, F. 146–147°, durch Umserzen vorst. Verb. mit $POCl_3$; 84%. — *6-Piperidino-*, F. 130–132° (A.); 66,8%. — *6-[N-Methylpiperazino]-*, F. 80 bis 82° (verd. A.); 64,7%. — *6-Hydroxy-*, F. 250–251° (Zers.; verd. DMF); 68,4%. — *2.3.4.5-Tetrahydro-8-[N'-phenylureido]-pyrimido-[2.1:a]-isochinolin*, F. 212 bis 215° (Bzl./Hexan), durch Hydrieren von 3,5 g **III** in A. an PtO_2, Eindampfen u. 3std. Kochen mit Phenylisocyanat in Toluol; 3 g. — *1-Hydrazino-3-chlor-5-nitroisochinolin* (**V**), F. 223–225°, durch 2std. Kochen von 4,5 g **I** mit Hydrazinhydrat in A.; aus DMF orangefarbene Nadeln; 4 g. — *5-Chlor-7-nitrotriazolo-[2.1:a]-isochinolin* (**IV**), F. 244–245°, durch $1^1/_2$std. Kochen von 3,5 g **V** mit Ameisensäure; aus DMF/A. gelbe Nadeln; 3,5 g. — *2.3-Dihydro-3-oxo-5-chlor-7-nitro-triazolo-[2.1:a]-isochinolin*, $C_{10}H_5ClN_4O_3$, F. 320° (Dioxan), durch 3std. Kochen von 2 g **V** mit $COCl_2$ in Toluol; 1,1 g. — *Verb.* $C_{13}H_{11}ClN_4O_4 \cdot H_2O$, F. 198–201° (A.), durch 1std. Erwärmen von 1 g **V** mit Essigsäureanhydrid auf 65°; 1,1 g. — *N-Acetylhydrazino-3-morpholino-5-nitroisochinolin*, $C_{15}H_{17}N_5O_4$, F. 232–235°, durch Erwärmen von 1 g vorst. Verb. mit Morpholin auf 30°; 1 g. — 7-Nitrotriazolo-[2.1:a]-isochinoline: aus **IV** mit entsprechenden Aminen: *5-Morpholino-*, F. 233–234° (verd. A.); 78%. — *5-[N-Methylpiperazino]-*, F. 203–204° (A.); 71,7%. — *5-Piperidino-*, F. 204–205° (A.); 60%. — *5-[3-Dimethylaminopropylamino]-*, F. 224–225° (verd. A.); 65,5%. — *6-Oktahydrazocino-*, F. 179° (verd. A.); 49,5%. — *5-[N-(β-Hydroxyäthyl]-piperazino]-*, F. 192 bis 193° (A.); 61,8%. — *5-[N-(β-Chloräthyl)-piperazino]-*, *Hydrochlorid*, F. 240° (Zers.; verd. Aceton); 81,7%. — *5-Chlor-7-nitro-tetrazolo-[2.1:a]-isochinolin*, $C_9H_4ClN_5O_2$, F. 198–199° (Zers.; verd. A.); durch Zugabe von wss. $NaNO_2$-Lsg. zu 4,6 g **V** in verd. HCl bei 5° u. 1std. Erwärmen auf 100°; 3,8 g. — 7-Nitro-tetrazolo-[2.1:a]-isochinoline, aus vorst. Verb. mit entsprechenden Aminen bei Raumtemp. bzw. 5–30 Min. langes Erwärmen auf 100°: *5-Morpholino-*, F. 204–205° (verd. DMF); 83,5%. — *5-[β-Dimethylaminopropylamino]-*, F. 145–147° (A.); 78,5%. — *5-[N-Methylpiperazino]-*, F. 173–174° (A.); 57%. — *5-Hexamethylenimino-*, F. 105 bis 106° (verd. A.); 72,9%. — *5-[β-Hydroxyäthylamino]-*, F. 190–191° (verd. A.); 73%. — *5-[β-Aminoäthylamino]-*, F. 156–158° (verd. A.); 55%. — *5-[N-Phenylpiperazino]-*, F. 176–178° (verd. DMF); 70%. — *5-[N-(β-Hydroxyäthyl)-piperazino]-*, F. 160–162° (verd. A.); 72,5%.

G. Westphal 3231△

1374 **Pyrolyse von Keton-N.N.N-trimethylhydrazoniumtetrafluoroboraten.** 3. Mitt. **Darstellung von kondensierten Pyridinen.** George R. Newkome und D. L. Fishel. (J. heterocyclic Chem. **4** (1967) 3, 427–30; Kent State Univ., Kent, O.; engl.) — 2. vgl. J. Amer. chem. Soc. **88** (1966) 3654. — Keton-N.N-dimethylhydrazone werden mit CH_3J zu den *N.N.N-Trimethylhydrazoniumjodiden* quaternisiert, die mit $NaBF_4$ zu den *Keton-N.N.N-trimethylhydrazoniumtetrafluoroboraten* (**A**) umgesetzt werden. Pyrolyse der **A** bei ≈ 200° liefert kondensierte N-Heterocyclen: α-Indanon-N.N.N-trimethylhydrazoniumtetrafluoroborat (**III**) gibt *10.12-Dihydrodiindeno-[1.2:b; 2'.1':e]-pyridin*, substituierte α-Tetralon-N.N.N-trimethylhydrazoniumtetrafluoroborate geben substituierte *5.6.8.9-Tetrahydrodibenz-[c.h]-acridine*; aus 3.3.5.5-Tetramethylcyclohexanon-N.N.N-trimethylhydrazoniumtetrafluoroborat (**V**) entsteht *1.1.3.3.6.6.8.8-Oktamethyl-1.2.3.4.5.6.7.8-oktahydroacridin*.

Versuche: Keton-N.N-dimethylhydrazone, nach Newkome u. Fishel (C. **1967**, 6-1020): *α-Indanon-* (**I**), $C_{11}H_{14}N_2$, $Kp._{0,2}$ 73–75°, n_D^{26} 1,5817; 95% (Ausb.). — *α-Tetralon-*, $C_{12}H_{16}N_2$, $Kp._{0,1}$ 76–77°, n_D^{26} 1,5718; 95%. — *4-Methyl-α-tetralon-*, $C_{13}H_{18}N_2$, $Kp._{0,1}$ 83–84°, n_D^{20} 1,5680; 87%. — *5-Methoxy-α-tetralon-*, $C_{13}H_{18}N_2O$, $Kp._{0,7}$ 136–137°, n_D^{20} 1,5806; 73%. — *6-Methoxy-α-tetralon-*, $Kp._{0,2}$ 127–128°, n_D^{26} 1,5797; 86%. — Analog *3.3.5.5-Tetramethylcyclohexanon-*, $C_{12}H_{24}N_2$, $Kp._{0,25}$ 33 bis 34°, n_D^{26} 1,4622; 98%. — *α-Indanon-N.N.N-trimethylhydrazoniumjodid* (**II**), $C_{12}H_{17}JN_2$, F. 179–180° (Zers.; A.), durch mehrtägiges Stehen von **I** mit überschüssigem CH_3J in abs. A.; 88%. — Analog: α-Tetralon-N.N.N-trimethylhydrazoniumjodide: *unsubstituiert*, $C_{13}H_{19}JN_2$, F. 167–169°; 95%. — *4-Methyl-*, $C_{14}H_{21}JN_2$, F. 184–186°; 85%. — *5-Methoxy-*, $C_{14}H_{21}JN_2O$, F. 193 bis 194°; 90%. — *6-Methoxy-*, F. 188–189°; 92,5%. — Analog *3.3.5.5-Tetramethylcyclohexanon-N.N.N-trimethylhydrazoniumjodid*, $C_{13}H_{27}JN_2$, F. 184–186° (Zers.); 75%. — *α-Indanon-N.N.N-trimethylhydrazoniumtetrafluoroborat* (**III**), $C_{12}H_{17}BF_4N_2$, F. 166–167° (Zers.; abs. A.), durch Kochen von **II** mit wss. $NaBF_4$-Lsg.; 92%. — Analog α-Tetralon-N.N.N-trimethylhydrazoniumtetrafluoroborate: *unsubstituiert* (**IV**), $C_{13}H_{19}BF_4N_2$, F. 145 bis 146°; 94%. — *4-Methyl-*, $C_{14}H_{21}BF_4N_2$, F. 146–147°; 82%. — *5-Methoxy-*, $C_{14}H_{21}BF_4N_2O$, F. 183–185°; 85%. — *6-Methoxy-*, F. 164°; 88%. — Analog *3.3.5.5-Tetramethylcyclohexanon-N.N.N-trimethylhydrazoniumtetrafluoroborat* (**V**), $C_{13}H_{27}BF_4N_2$, F. 178–179° (Zers.); 99%. — *10.12-Dihydrodiindeno-[1.2:b;2'.1':e]-pyridin*, $C_{19}H_{13}N$, F. 204–205° (PAe./Bzl.), durch Pyrolyse von **III** unter N_2; 31%. — 5.6.8.9-Tetrahydrodibenz-[c.h]-acridine: *unsubstituiert* (**VI**), $C_{21}H_{17}N$, F. 162 bis 163° (PAe./Bzl.), durch Pyrolyse von **IV**; 56,2%. — Analog *5.9-Dimethyl-*, $C_{23}H_{21}N$, F. 177–178°; 53%. — *4.10-Dimethoxy-*, $C_{23}H_{21}NO_2$, F. 193–194°; 46%. — *3.11-Dimethoxy-*, F. 184–185°; 63%. — *Dibenz-[c.h]-acridin*, F. 188°, durch Erhitzen von **VI** mit 10%ig. Pd/Kohle auf 250° im Vakuum; 100%. — *1.1.3.3.6.6.8.8-Oktamethyl-1.2.3.4.5.6.7.8-oktahydroacridin*, $C_{21}H_{33}N$, F. 114–115°, durch Pyrolyse von **V**; 40%.

H. Miele 3231△

1375 **Neue Therapeutika der Chinolin-Reihe.** 1. Mitt. **Kondensierte Chinolinverbindungen.** N. Mohanty, P. C. Rath und M. K. Rout. (J. Indian chem. Soc. **44** (1967) 12, 1001–04; Ravenshaw Coll., Cuttack; engl.) — Kondens. von Chromandionen-(2.4), Isocumaron (**III**), β-Tetralon bzw. 5-Methoxy-7-hydroxyindandion-(1.3) mit o-Nitrobenzaldehyd (**I**) oder 4.5-Dimethoxy-o-nitrobenzaldehyd u. Red. der erhaltenen *o-Nitrobenzylidenderiv.* führt zu *Chinolino-[3'.2':3.4]-chromenonen*, *Chinolino-[2'.3':2.3]-cumaronen*, *Chinolino-[3'.2':1.2]-3.4-dihydronaphthalinen* u. *1-Hydroxy-6-methoxy-4-aza-2.3-benzofluorenonen-(9)*. Die meisten dieser Verb. sind sehr potente Spasmolytika.

Versuche: Chromandione-(2.4): *3-[o-Nitrobenzyliden]-7-hydroxy-* (**II**), $C_{19}H_9NO_6$, F. $>$ 260° (A.), durch 3std. Kochen von 7-Hydroxychromandion-(2.4) u. **I** in Eisessig mit Na-Acetat; 65% (Ausb.). — Analog *3-[2-Nitrobenzyliden]-5.6-benzo-*, F. 155°; 45%. — *3-[2-Nitro-4.5-dimethoxybenzyliden]-5.6-benzo-*, F. 176°; 51%. — *3-[2-Nitrobenzyliden]-7.8-benzo-*, F. 300°; 44%. — *3-[2-Nitro-4.5-dimethoxybenzyliden]-7.8-benzo-*, F. 260°; 48%. — *3-[2-Nitro-4.5-dimethoxybenzyliden]-7-hydroxy-*, F. 260°; 35%. — *2-[2-Nitrobenzyliden]-isocumaron*, F. 112°; 71%. — *2-[2-Nitro-4.5-dimethoxybenzyliden]-isocumaron*, F. 260°; 44%. — *2-[2-Nitrobenzyliden]-5-methoxy-7-hydroxyindandion-(1.3)*, F. 220°; 74%. — *7-Hydroxychinolino-[3'.2':3.4]-chromenon-(2)*, $C_{16}H_9NO_3$, F. 232° (A.), durch ≈ 4std. Kochen von **II** mit Zn-Staub in Eisessig; 40%. — Analog *Chinolino-[3'.2':3.4]-5.6-benzochromanon-(2)*, F. 167°; 59%. — *6'.7'-Dimethoxychinolino-[3'.2':3.4]-5.6-benzochromenon-(2)*, F. 190°; 57%. — *Chinolino-[3'.2':3.4]-7.8-benzochromenon-(2)*, F. 178–180°; 60%. — *6'.7'-Dimethoxychinolino-[3'.2':3.4]-7.8-benzochromenon-(2)*, F. 185°; 69%. — *Chinolino-[2'.3':2.3]-cumaron*, F. 108°; 68%. — *6'.7'-Dimethoxychinolino-[2'.3':2.3]-cumaron*, F. 230°; 53%. — *Chinolino-[3'.2':1.2]-3.4-dihydronaphthalin*, F. 105°; 65%. — *6'.7'-Dimethoxychinolino-[3'.2':1.2]-3.4-dihydronaphthalin*, F. 190°; 47%. — *6'.7'-Dimethoxy-7-hydroxychinolino-[3'.2':3.4]-chromenon-(2)*, F. 245°; 70%. — *1-Hydroxy-6-methoxy-4-aza-2.3-benzofluorenon-(9)*, F. 93–95°; 51%. — *4'-Hydroxychinolino-[2'.3':2.3]-cumaron*, $C_{15}H_9NO_2$, F. 93–95° (A.), aus **III**, Anthranilsäure u. Na-Acetat bei 150–160°;

58%. — Analog *4'.7-Dihydroxychinolino-[3'.2':3.4]-chromenon-(2)*, F. 237°; 62%, — *4'-Hydroxychinolino-[3'.2':3.4]-5.6-benzochromenon-(2)*, F. 220°; 73%. — *4'-Hydroxychinolino-[3'.2':3.4]-7.8-benzochromenon-(2)*, F. 168 bis 170°; 70%. — *4'-Hydroxychinolino-[3'.2':1.2]-3.4-dihydronaphthalin*, F. 328—330°; 83%. — *1.8-Dihydroxy-6-methoxy-4-aza-2.3-benzofluorenon-(9)*, F. 230°; 59%.

H. Miele 3231△

1376 **Synthese von 5-Hydroxyalkylpyrimidinen aus Lactonen. 3. Mitt. 5-Dihydroxycyclopentylpyrimidine.** John D. Fissekis und Barbara Markert Creegan. (J. org. Chemistry **32** (1967) 11, 3595—3603; Graduate School of Med. Sci., Cornell Univ. Med. Coll., New York, N.Y.; engl.) — 2. vgl. ibid. **31** (1966) 2945; 1. vgl. C. **1966**, 2-0977. — Ox. von Cyclopenten-(2)-ylessigsäure (**I**) mit Perameisensäure (**II**) liefert *[trans-2.3-Dihydroxycyclopentyl]-essigsäure-γ-cis-lacton*, dessen O-Methylderiv. mit Ameisensäuremethylester in Ggw. von $NaOCH_3$ zum *Na-Salz* (**III**) von *α-Hydroxymethylen-[trans-2-hydroxy-3-methoxycyclopentyl]-essigsäure-γ-cis-lacton* (**IV**) reagiert. Saure Hydrolyse von **III** führt zu **IV**, das mit Harnstoff, N-Methylharnstoff bzw. Thioharnstoff in 3 n HCl zu *α-Carbamoylaminomethylen-*, *α-N-Methylcarbamoylaminomethylen-* bzw. *α-Thiocarbamoylaminomethylen-[trans-2-hydroxy-3-methoxycyclopentyl]-essigsäure-γ-cis-lacton* reagiert, die mit sd. $NaOC_2H_5$-Lsg. zu *5-[trans-2-Hydroxy-3-methoxycyclopentyl]-2.4-dioxo-* (**V**), *-2.4-dioxo-3-methyl-* (**VI**) bzw. *-2-thiono-4-oxo-1.2.3.4-tetrahydropyrimidin* umgesetzt werden. Behandlung von **V** bzw. **VI** mit HBr in W. führt zu *5-[trans-2.3-Dihydroxycyclopentyl]-2.4-dioxo-* (**VII**) bzw. *-2.4-dioxo-3-methyl-1.2.3.4-tetrahydropyrimidin*. Acetylierung von **VII**, Rk. des erhaltenen Diacetats mit P_2S_5 u. Methylierung liefern *5-[trans-2.3-Dihydroxycyclopentyl]-4-methylmercapto-2-hydroxypyrimidin*, das mit methanol. NH_4OH *5-[trans-2.3-Dihydroxycyclopentyl]-2-hydroxy-4-aminopyrimidin* gibt. Rk. von **V** mit Methansulfonylchlorid in Py. führt zu *5-[trans-2-Methansulfonyloxy-3-methoxycyclopentyl]-2.4-dihydroxypyrimidin*, das mit K-tert.-Butylat in DMSO *5-[3-Methoxycyclopentenyl]-2.4-dihydroxypyrimidin* (**VIII**) liefert. Red. von **VIII** an Adams-Katalysator in Ggw. von $NaNO_2$ gibt wahrscheinlich *5-[3-Methoxycyclopentyl]-2.4-dihydroxypyrimidin*. Die Strukturen der dargestellten Verb. werden durch UV- u. IR-Spektren gestützt. Die IR-Spektren von 5-Hydroxymethyl-, 5-[β-Hydroxyäthyl]- u. 5-[2-cis-Hydroxycyclopentyl]-1.3-dimethyl-2.4-dioxo-1.2.3.4-tetrahydropyrimidin sind graph. dargestellt.

Versuche (F. < 235° korr.): *[trans-2.3-Dihydroxycyclopentyl]-essigsäure-γ-cis-lacton*, $C_7H_{10}O_3$, $Kp._{0,085}$ 112 123°, durch 3std. Rk. von **I** u. **II** (aus 97—100%ig. HCOOH u. 30%ig. H_2O_2) bei 40° u. Stehen über Nacht; 88,5% (Ausb.). — *[trans-2-Hydroxy-3-methoxycyclopentyl]-essigsäure-γ-cis-lacton*, $C_8H_{12}O_3$, $Kp._{0,1}$ 67—68°, durch Kochen von vorst. Verb. mit CH_3J in Ggw. von Ag_2O; 89,5;. — *[trans-2-Hydroxy-3-triphenylmethoxycyclopentyl]-essigsäure-γ-cis-lacton*, $C_{26}H_{24}O_3$, F. 149—153° (Ae.), durch 12½tägige Rk. von vorvorst. Verb. u. Chlortriphenylmethan in Ggw. von abs. Py.; 9%. — *α-Hydroxymethylen-[trans-2-hydroxy-3-methoxycyclopentyl]-essigsäure-γ-cis-lacton* (**IV**), $C_9H_{12}O_4$, F. 106—107° (PAe.), aus **III** u. HCl/W.; 67%. *Na-Salz* (**III**), durch ¼std. Rk. von 1,5 g vorvorst. Verb. u. Ameisensäuremethylester in Ggw. von $NaOCH_3$ in abs. Ae.; 1,72 g. *2.4-Dinitrophenylhydrazon*, $C_{15}H_{16}N_4O_7$, F. 124—127° (A./W.), aus **III** u. 2.4-Dinitrophenylhydrazin in W./HCl. — *α-Carbamoylaminomethylen-[trans-2-hydroxy-3-methoxycyclopentyl]-essigsäure-γ-cis-lacton*, $C_{10}H_{14}N_2O_4$, F. 243—244° (CH_3OH), durch 12std. Rühren von **III** mit Harnstoff in 3 n HCl; 77,5%. — Analog *α-N-Methylcarbamoylaminomethylen-[trans-2-hydroxy-3-methoxycyclopentyl]-essigsäure-γ-cis-lacton*, $C_{11}H_{16}N_2O_4$, F. 210—212° (CH_3OH), mit N-Methylharnstoff; 76%. — *α-Thiocarbamoylaminomethylen-[trans-2-hydroxy-3-methoxycyclopentyl]-essigsäure-γ-cis-lacton*, $C_{10}H_{14}N_2O_3S$, F. 222—223,5° (CH_3OH), mit Thioharnstoff; 74,5%. — *2.4-Dioxo-5-[trans-2-hydroxy-3-methoxycyclopentyl]-1.2.3.4-tetrahydropyrimidin* (**V**), $C_{10}H_{14}N_2O_4$, F. 263—264° (CH_3OH), durch 6std. Kochen von drittvorst. Verb. mit $NaOC_2H_5$ in abs. A.; 89%. — Analog *2.4-Dioxo-5-[trans-2-hydroxy-3-methoxycyclopentyl]-3-methyl-1.2.3.4-tetrahydropyrimidin* (**VI**), $C_{11}H_{16}N_2O_4$, F. 192—193° (CH_3OH), aus drittvorst. Verb.; 61,5%. — *4-Oxo-5-[trans-2-hydroxy-3-methoxycyclopentyl]-2-thiono-1.2.3.4-tetrahydropxrimidin*, $C_{10}H_{14}N_2O_3S$, F. 252—254° (CH_3OH), aus drittvorst. Verb.; 90%. — *2.4-Dioxo-5-[trans-2.3-dihydroxycyclopentyl]-1.2.3.4-tetrahydropyrimidin* (**VII**), $C_9H_{12}N_2O_4$, F. 296—298°, durch 4tägiges Rühren von **V** mit HBr in der Kälte im Rohr; 86%. — Analog *2.4-Dioxo-5-[trans-2.3-dihydroxycyclopentyl]-3-methyl-1.2.3.4-tetrahydropyrimidin*, $C_{10}H_{14}N_2O_4$, F. 232 bis 237°, aus **VI**; 69%. — *2.4-Dihydroxy-5-[trans-2.3-diacetoxycyclopentyl]-pyrimidin*, $C_{13}H_{16}N_2O_6$, F. 256—257° (CH_3OH), durch 12std. Rühren von **VII** mit Acetanhydrid/Py.; 96%. — *2-Hydroxy-5-[trans-2.3-diacetoxycyclopentyl]-4-mercaptopyrimidin*, $C_{13}H_{16}N_2O_5S$, F. 238—239° (W., CH_3OH/W.), durch 8std. Kochen von vorst. Verb. mit P_2S_5 in abs. Py.; 41%. — *2-Hydroxy-5-[trans-2.3-dihydroxycyclopentyl]-4-methylmercaptopyrimidin*, $C_{10}H_{14}N_2O_3S$, F. 256—257° (W./CH_3OH), durch 12std. Rk. von vorst. Verb. mit CH_3J in 1 n NaOH im Rohr; 67,5%. — *4-Amino-2-hydroxy-5-[trans-2.3-dihydroxycyclopentyl]-pyrimidin, Hemihydrat*, $C_9H_{13}N_3O_3 \cdot 1/_2\, H_2O$, F. 270° (Zers. ab 235°, CH_3OH, durch 18std. Erhitzen von vorst. Verb. mit methanol. NH_3 auf 110° im Rohr; 95%. — *2.4-Dihydroxy-5-[trans-2-methansulfonyloxy-3-methoxycyclopentyl]-pyrimidin*, $C_{11}H_{16}N_2O_6S$, F. 194° (A.), durch 12std. Rühren von **V** mit Methansulfonylchlorid in abs. Py.; 67%. — *2.4-Dihydroxy-5-[3-methoxycyclopentenyl]-pyrimidin* (**VIII**), $C_{10}H_{12}N_2O_3$, Zers. > 250° (konz. NH_4OH), durch 7tägiges Rühren von vorst. Verb. mit K-tert.-Butylat in DMSO bei Raumtemp.; 60%. — *2.4-Dihydroxy-5-[3-methoxycyclopentyl]-pyrimidin* (?), durch Hydrieren von **VIII** in verd. NH_4OH an Adams-Katalysator in Ggw. von $NaNO_2$. — *2.4-Dihydroxy-5-cyclopentylpyrimidin*, $C_9H_{12}N_2O_2$, F. 327° (konz. NH_4OH), durch Red. von 2.4-Dihydroxy-5-cyclopentenylpyrimidin in 10%ig. NaOH an Raney-Ni; 83%. — *5-Hydroxymethyl-1.3-dimethyluracil*, $C_7H_{10}N_2O_3$, F. 138—142°, durch Kochen von 852,6 mg 5-Hydroxymethyluracil mit Dimethylsulfat in 1 n NaOH, 28,5%; daneben *5-Methoxymethyl-1.3-dimethyluracil*, $C_8H_{12}N_2O_3$, F. 273 bis 275° (CH_3OH/Ae.); 270 mg. — Analog *5-[β-Hydroxyäthyl]-1.3-dimethyluracil*, $C_8H_{12}N_2O_3$, F. 140—142° (CH_3OH/Ae.), aus 5-[β-Hydroxyäthyl]-uracil; 54,5%.

H. Gleinig 3272△

1377 **Einstufensynthese von anellierten Pyrimidinthionen aus o-Aminonitrilen und Thioamiden.** John A. Zoltewicz und Thomas W. Sharpless. (J. org. Chemistry **32** (1967) 9, 2681—85; Univ. of Fla., Gainesville, Fla.; engl.) — 2-Aminobenzonitrile reagieren mit Thioamiden in stark saurer Lsg. zu *3.4-Dihydrochinazolinthionen-(4)* (**A**). Aliphat. u. aromat. Thioamide lassen sich bei dieser Synth. verwenden. Prim. Thioamide geben reinere Produkte. Thioformanilid (**I**) bzw. Thioacetamid (**II**) sind reaktiver als Thiobenzamid (**III**). Thioharnstoff, Acetyl- bzw. Phenylthioharnstoff geben diese Rk. nicht. Die Kondens.-Rk. werden in mit HBr-Gas gesätt. DMF, A. bzw. Eisessig durchgeführt. Aus 5-Methoxy-2-aminobenzonitril (**IV**) u. **I** entstehen in HBr/Eisessig *6-Methoxy-* (**IX**) u. wenig *2-Methyl-6-methoxy-3.4-dihydrochinazolinthion-(4)* (**VIII**). Bei der Rk. von 5-Nitro-2-aminobenzonitril (**V**) mit **I** in HBr/A./DMF wird *6-Nitro-3.4-dihydrochinazolinon-(4)* als Nebenprod. erhalten. Mit **II** in HBr/Eisessig bildet **V** nur *2-Methyl-6-nitro-3.4-dihydrochinazolinon-(4)*. 4-Methoxy-2-aminobenzonitril (**VI**) gibt mit HBr/Eisessig *2-Methyl-7-methoxy-3.4-dihydrochinazolinon-(4)*. **A** werden in Lsg. von der Luft langsam zu *Disulfiden* oxydiert. *Bis-[2-phenyl-7-methoxychinazolinyl-(4)]-disulfid* wird zum Strukturbeweis durch Ox. von 2-Phenyl-7-methoxy-3.4-dihydrochinazolinthion-(4) (**VII**) mit J_2 in Alkali dargestellt.

Versuche: 3.4-Dihydrochinazolinthione-(4) (**A**): *2-Methyl-6-methoxy-* (**VIII**), F. 286,5—287,5° (Zers.; DMF/W.), aus **IV** u. **II** in HBr/Eisessig; 42% (Ausb.). — *7-Methoxy-*, F. 253,5—254° (Zers.), analog **VIII**; 42%. — *6-Methoxy-* (**IX**) F. 323—324° (Zers.; A./W.), a) analog **VIII**; 34%; b) aus **IV** u. **I** in wenig HBr/Eisessig; 41%; daneben **VIII**. — Analog **IX** nach b) *2-Methyl-7-methoxy-*, F. 274—276° (Zers.; A./W.); 47%. — *6-Methyl-*, F. 322—323° (Zers.; A./W.); 25%. — *2.6-Dimethyl-*, F. 258—259° (Zers.); 30%. — *2-Phenyl-7-meth-*

oxy- (**VII**), F. 196—198° (abs. A.; Subl.), a) analog **IX** nach b); 17%; b) aus **VI** u. **III** in HBr/DMF; 32%. — *2-Phenyl-6-methoxy-*, F. 226—227,5° (Zers.), analog **IX** nach b) bzw. **VII** nach b); 1% bzw. 6%. — *6-Nitro-*, F. 255,5—256,5° (Zers.; W.), analog **IX** nach b) bzw. **VII** nach b); 60% bzw. 28%. — Analog **VII** nach b) *Unsubstituiert*, F. 320—322°; 70%. — *2-Phenyl-*, F. 221—221,5°; 50%. — *2-Methyl-6-nitro-*, F. 255—256° (Zers.; W.); 38%. — *2-Phenyl-6-nitro-*, F. 247—248°; 45%. — *2-Phenyl-6-methyl-*, F. 240—241° (A./W.), a) analog **IX** nach b); 5%; b) aus 5-Methyl-2-aminobenzonitril u. **III** in HBr/abs. A.; 21%. — *6-Nitro-3.4-dihydrochinazolinon-(4)*, F. 282—283° (A./DMF), aus **V**, **I** u. HBr in A./DMF (1:1) bei 74°; 57%. — *2-Methyl-6-nitro-3.4-dihydrochinazolinon-(4)*, F. 298,5—299° (Zers.), aus **V** u. HBr/Eisessig; 43%; daneben 36% *5-Nitroanthranilsäure*, F. 272—273° (Subl.). — *2-Methyl-7-methoxy-3.4-dihydrochinazolin-on-(4)*, F. 270—272° (A./W.), aus **VI** u. HBr/Eisessig bei 100°; 23%. — *Bis-[2-phenyl-7-methoxychinazolinyl-(4)]-disulfid*, $C_{30}H_{22}N_4O_2S_2$, F. 229—232° (Py/W.), aus **VII** u. J_2 in wss.-äthanol. NaOH. Hans Köhne/Berlin 3272△

1378 **Synthesen möglicher Metaboliten von Chlorpromazin.** 1. Mitt. **7-Hydroxyderivate von Chlorpromazin, Norchlorpromazin und Dinorchlorpromazin.** Edward A. Nodiff, Shuichiro Ina, Noriichi Oda, Takanori Hayazaki, Sansei Nishibe, Tetsuya Kohno, Martin Hausman und Albert A. Manian. (J. heterocyclic Chem. 4 (1967) 2, 239—45; Res. Inst. of Temple Univ., Philadelphia, Pa.; engl.) — *2-Chlor-7-hydroxy-10-[3-dimethylaminopropyl]-phenothiazin* (*7-Hydroxychlorpromazin*, **I**) wird aus 2-Chlor-7-hydroxyphenothiazin (**II**) durch Umwandlung mit 2-Jodpropan (**III**) in den Isopropyläther (**IV**), dessen N-Alkylierung mit 3-Dimethylaminopropylchlorid (**V**) u. Hydrolyse des Äthers dargestellt. *2-Chlor-7-hydroxy-10-[3-methylaminopropyl]-phenothiazin* (*7-Hydroxynorchlorpromazin*, **VI**) wird durch Rk. von **IV** mit N-[3-Chlorpropyl]-N-methylformamid (**VII**), Decarbonylierung des Rk.-Prod. u. Hydrolyse des Äthers erhalten. **I** bzw. **VI** werden in die *S-Oxide* umgewandelt. **II** wird mit Dihydropyran (**VIII**) zu *2-Chlor-7-tetrahydropyranyloxyphenothiazin* umgesetzt, das mit Acrylnitril (**IX**) *2-Chlor-7-tetrahydropyranyloxy-10-[2-cyanäthyl]-phenothiazin* (**X**) liefert. *7-Hydroxy-2-chlor-10-[3-aminopropyl]-phenothiazin* (*7-Hydroxydinorchlorpromazin*) entsteht aus **X** durch Hydrieren an Raney-Ni in Acetanhydrid zu *2-Chlor-7-tetrahydropyranyloxy-10-[3-acetamidopropyl]-phenothiazin* (**XI**) u. Kochen mit äthanol. KOH bzw. durch Red. mit $LiAlH_4$ durch Hydrieren an PtO_2 in äthanol. HCl oder durch saure Hydrolyse zum freien Alkohol u. dessen Hydrierung an PtO_2 in äthanol. HCl **X** bzw. **XI** in *10-[3-Acetamidopropyl]-7-acetoxy-2-chlorpenothiazin* (**XIX**) übergeführt, das zum *Sulfoxid* u. zum *7-Hydroxysulfoxid* ox. wird. *7-Benzyloxy-2-chlorphenothiazin* (**XII**) wird durch Benzylierung von **II** gewonnen. Eine unabhängige Synth. aus 3-Chlor-4-nitrophenol (**XIII**) u. 2-Brom-4-chlorthiophenol (**XIV**) führt nicht zu **XII**, sondern im Sinne einer halogeninduzierten Smiles-Umlagerung zu *7-Benzyloxy-3-chlorphenothiazin*. — 2. vgl. C. **1968**, 63-0725.

Versuche: *N-[3-Chlorpropyl]-N-methylformamid* (**VII**), $Kp._{10}$125—133°, durch Zugabe von N-Methylformamid zu NaH in abs. Toluol, 2std. Rühren bei Raumtemp. u. 8std. Kochen mit 3-Chlorpropylbromid; n_D^{24} 1,4793; 40% (Ausb.). — 2-Chlorphenothiazine: *7-Isopropoxy-* (**IV**), $C_{15}H_{14}ClNOS$, F. 170—170,5° (CH_3OH), durch 8std. Kochen von **II** u. **III** mit $NaHSO_3$ in äthanol. KOH; 67%. — *7-Isopropoxy-10-[3-dimethylaminopropyl]-*, $C_{20}H_{25}ClN_2OS$, F. 53—55°, $Kp._{0,008}$ 210—219°, durch 1std. Kochen von **IV** mit NaH in Xylol u. 3std. Kochen mit **V**; 96%. — *7-Hydroxy-10-[3-dimethylaminopropyl]-* (**I**), $C_{17}H_{19}ClN_2OS$, F. 177—178° (Ae.), durch 1std. Kochen von vorst. Verb. in konz. HCl; 30%. — *7-Methoxy-10-[3-dimethylaminopropyl]-* (**XV**), $C_{18}H_{21}ClN_2OS$, $Kp._{0,3}$ 212°, durch 3std. Kochen von 2-Chlor-7-methoxyphenothiazin mit **V** u. $NaNH_2$ in Xylol; 39%. *Hydrochlorid*, $C_{18}H_{22}Cl_2N_2OS$, F. 207—209° (Isopropanol). — *7-Acetoxy-10-[3-dimethylaminopropyl]-*, $C_{19}H_{21}ClN_2O_2S$, F. 70—71° (Ligroin), durch 4std. Kochen von **I** in Eisessig mit Acetanhydrid u. $NaHSO_3$; 80%. *Oxalat* (**XVI**), $C_{21}H_{23}ClN_2O_6S$, F. 160,5—161,5° (Ligroin/A.); 85%. — *7-Hydroxy-* (**II**), F. 224—226°, durch 5std. Erhitzen von **XV** mit Pyridinhydrochlorid auf 200°. — *7-Isopropoxy-10-[3-(N-methylformamido)-propyl]-*, durch Zugabe von 40,9 g **IV** zu NaH in DMSO, 2std. Rühren bei Raumtemp. u. 5std. Erhitzen mit **VII** auf 115—120°; 49,5 g roh. — *7-Isopropoxy-10-[3-methylaminopropyl]-*, $C_{19}H_{23}ClN_2OS$, $Kp._{0,005}$ 196—200°, durch 3std. Kochen von vorst. Verb. mit wss.-äthanol. NaOH; n_D^{25} 1,6246; 64%. — *7-Hydroxy-10-[3-methylaminopropyl]-* (**VI**), $C_{16}H_{17}ClN_2OS$, F. 160—161° (Ae./PAe.), durch 1std. Erhitzen von vorst. Verb. in konz. HCl auf 105°; 77%. *Hydrochlorid*, $C_{16}H_{18}Cl_2N_2OS$, F. 204—206°. — *7-Acetoxy-10-[3-(N-methylacetamido)-propyl]-* (**XVII**), durch Acetylierung von **VI** mit Acetanhydrid/$NaHSO_3$ in Eisessig; 96%. — *7-Tetrahydropyranyloxy-*, $C_{17}H_{16}ClNO_2S$, F. 159—161° (A.), durch 3std. Rühren von **II** u. **VIII** in konz. HCl bei Raumtemp. u. 1std. Rk. bei 60°; 45%. — *7-Tetrahydropyranyloxy-10-[2-cyanäthyl]-* (**X**), $C_{20}H_{19}ClN_2O_2S$, F. 133 bis 135° (CH_3OH), durch Zutropfen von **IX** zu vorst. Verb. u. Triton B (Benzyltrimethylammoniumhydroxid) in Bzl. bei 60° u. 1std. Rühren bei 70°; 76%. *Polymorphes* **X**, F. 115—117° (CH_3OH). — *7-Tetrahydropyranyloxy-10-[3-acetamidopropyl]-* (**XI**), $C_{22}H_{25}ClN_2O_3S$, F. 134—135°, durch 3std. Schütteln von **X** mit H_2 an Raney-Ni in Acetanhydrid bei 60 psig. u. 30°; 59%. — *7-Acetoxy-10-[3-acetamidopropyl]-* (**XIX**), $C_{19}H_{19}ClN_2O_3S$, F. 165,5 bis 166,5° (A./Ligroin), a) durch Hydrieren von **X** an Raney-Ni in Acetanhydrid bei 50° u. 60 psig.; 55%; b) durch 3std. Kochen von **XI** in Eisessig u. Acetanhydrid; 61%. — *7-Hydroxy-10-[2-cyanäthyl]-*, $C_{15}H_{11}ClN_2OS$, F. 223 bis 225° (CH_3OH), durch Einleiten von HCl-Gas in eine Lsg. von **X** in Ae. bei Raumtemp.; 90%. — *7-Hydroxy-10-[3-aminopropyl]-*, $C_{15}H_{15}ClN_2OS$, F. 196,5—197° (Bzl./A.), a) durch Hydrieren von vorst. Verb. in A. bei 50° u. 60 psig. an PtO_2 in Ggw. von HCl-Gas; 49%; b) durch 5std. Kochen von **XI** in 30%ig. äthanol KOH (→ *das Hydrochlorid*, $C_{15}H_{16}Cl_2N_2OS$, F. 263,5—265°; 48%) u. Rk. mit Na_2CO_3 in W.; 42%; c) durch 20std. Extrahieren im Soxhlet von **X** mit $LiAlH_4$ in Ae. (→ 37% des Hydrochlorids); d) durch Hydrieren von 4,3 g **X** in A. bei 50° u. 60 psig. an PtO_2 in Ggw. von HCl; 1,8 g. *Polymorphes*, F. 184—185° (Bzl./A.). — *7-Benzyloxy-* (**XII**), $C_{19}H_{14}ClNOS$, F. 200—201° (Bzl.), durch 20std. Kochen von 12 g **II**, Benzylbromid u. wasserfreiem K_2CO_3 in abs. Aceton; 4,7 g. — 2-Chlorphenothiazin-5-oxide: *7-Acetoxy-10-[3-dimethylaminopropyl]-*, *Oxalat*, F. 194—195°, durch 7std. Kochen von **XVI** in wss. A. mit 30%ig. H_2O_2; 83%. — *7-Acetoxy-10-[3-dimethylaminopropyl]-*, $C_{19}H_{21}ClN_2O_3S$, F. 149,5—150,5° (Ligroin/A.), durch Zugabe von Na_2CO_3 zu vorst. Verb. in W. bei 0° u. 2std. Rühren bei Raumtemp.; 46%. — *7-Hydroxy-10-[3-dimethylaminopropyl]-*, $C_{17}H_{19}ClN_2O_2S$, F. 166 bis 167° ($CHCl_3$/Ae.), a) durch 50 Min. langes Kochen von 1 g vorst. Verb. in 5%ig. äthanol. NaOH; 0,15 g; b) analog a) aus vorvorst. Verb.; 39%. — *7-Acetoxy-10-[3-(N-methylacetamido)-propyl]-* (**XVIII**), $C_{20}H_{21}ClN_2O_4S$, F. 197—198° (Ligroin/A.), durch 7std. Kochen von **XVII** in A. mit 30%ig. H_2O_2; 31%. — *7-Hydroxy-10-[3-(N-methylacetamido)-propyl]-*, $C_{18}H_{19}ClN_2O_3S$, F. 245 bis 245,5° (Zers.; Ligroin/A.), durch 50 Min. langes Kochen von **XVIII** mit NaOH in A.; 65%. — *7-Hydroxy-10-[3-methylaminopropyl]-*, $C_{16}H_{17}ClN_2O_2S$, F. 201,5—202,5° (Ae./A.), a) durch 5std. Kochen von vorst. Verb. mit 10%ig. äthanol. KOH; b) analog a) aus **XVIII**; 46%. — *7-Acetoxy-10-[3-acetamidopropyl]-*, $C_{19}H_{19}ClN_2O_4S$, F. 199 bis 200,5° (Aceton/A.), durch 5std. Kochen von **XIX** in A. mit 30%ig. H_2O_2; 61%; daneben *7-Hydroxy-10-[3-acetamidopropyl]-*, $C_{17}H_{17}ClN_2O_3S$, F. 242—244° (Ligroin/Ae.). — 2-Brom-4-chlordiphenylsulfide: *2'-Nitro-5'-hydroxy-*, $C_{12}H_7BrClNO_3S$, F. 186,5—187,5° (Bzl./Ligroin), durch Eindampfen einer Lsg. von **XIV** in äthanol.-wss. NaOH (→ das *Na-Salz* von **XIV**), Zugabe von **XIII** in A. u. 5std. Kochen; 41%; daneben *Bis-[2-brom-4-chlorphenyl]-disulfid*, $C_{12}H_6Br_2Cl_2S_2$, F. 111 bis 112°. — *2'-Amino-5'-hydroxy-*, $C_{12}H_9BrClNOS$, F. 123,5 bis 124,5° (Bzl./Ligroin), durch 2std. Kochen von vorst. Verb. mit $SnCl_2 \cdot 2H_2O$ in konz. HCl; 87%. — *2'-Formamido-5'-hydroxy-*, F. 171—172° (Bzl./Ligroin), durch 6std. Kochen von vorst. Verb. mit 90%ig. HCOOH;

80%. — *2'-Formamido-5'-benzyloxy-*, $C_{20}H_{15}BrClNO_2S$, F. 82,5–83,5° (W./A.), durch 4std. Kochen von vorst. Verb. mit Benzylbromid u. wasserfreiem K_2CO_3 in Aceton; 71%. — *7-Benzyloxy-3-chlorphenothiazin*, $C_{19}H_{14}ClNOS$, F. 184–185° (Bzl.), durch 8½std. Kochen von vorst. Verb. mit wasserfreiem K_2CO_3 u. Cu-Bronze in DMF; 40%. A. Jochum 3292

1379 **Einige hydroxylierte Derivate von Chlorpromazin.** H. M. Grotta, T. F. Page jun., C. J. Riggle und A. A. Manian. (J. heterocyclic Chem. 4 (1967) 4, 611–18; Battelle Memorial Inst. and Nat. Inst. of Mental Health, Columbus, O.; engl.) — Aus 2-Bromthiophenol (**XVI**), Na u. 1-Isopropoxy-2-nitro-3.6-dichlorbenzol (**I**) in sd. Isopropanol wird *2'-Brom-4-chlor-3-isopropoxy-2-nitrodiphenylsulfid* (**III**) dargestellt. Aus 2-Brom-4-chlorthiophenol (**XIX**), $NaOC_2H_5$ u. 1-Isopropoxy-2-chlor-3-nitrobenzol (**II**) in sd. A. wird *2-Brom-4-chlor-2'-isopropoxy-6'-nitrodiphenylsulfid* (**IV**) erhalten. **III** bzw. **IV** werden an Adams-Katalysator in Bzl. zu *2'-Brom-4-chlor-3-isopropoxy-2-amino-* bzw. *2-Brom-4-chlor-2'-isopropoxy-6'-aminodiphenylsulfid* hydriert, die mit K_2CO_3, Cu u. J_2 in sd. DMF zu *1-Isopropoxy-* (**V**) bzw. *6-Isopropoxy-2-chlorphenothiazin* (**VI**) reagieren. **V** bzw. **VI** geben mit NaH u. 3-Dimethylaminopropylchlorid (**VII**) in sd. Xylol *1-Isopropoxy-* (**VIII**) bzw. *6-Isopropoxy-2-chlor-10-[3-dimethylaminopropyl]-phenothiazin* (**IX**). Aus **VIII** bzw. **IX** u. sd. konz. HCl entstehen *1-* bzw. *6-Hydroxy-2-chlor-10-[3-dimethylaminopropyl]-phenothiazin*. 2-Chlorphenothiazin (**X**) wird von $FeCl_3$ in CH_3COOH zu *2-Chlorphenothiazon-(3)* (**XI**) u. *2-Chlorphenothiazon-(7)* oxydiert. **XI** wird von $NaHSO_3$ zu *2-Chlor-3-hydroxyphenothiazin* red., das mit sd. Dihydropyran in Ggw. von HCl *2-[2-Chlorphenothiazinyl-(3)-oxy]-tetrahydropyran* (**XII**) liefert. **XII** reagiert mit Acrylnitril in Ggw. von Benzyltrimethylammoniummethylat (**XX**) in CH_3OH zu *2-[2-Chlor-10-(2-cyanäthyl)-phenothiazinyl-(3)-oxy]-tetrahydropyran*, das mit $LiAlH_4$ zu *2-[10-(3-Aminopropyl)-2-chlorphenothiazinyl-(3)-oxy]-tetrahydropyran* (**XIII**) reagiert. Aus **XIII** u. 2 n HCl entsteht *10-[3-Aminopropyl]-2-chlor-3-hydroxyphenothiazin*. p-Dichlorbenzol gibt bei der Dinitrierung ein *Isomerengemisch*, aus dem sich keine Verb. abtrennen ließ. *1.4-Dichlor-2.6-dinitrophenol* (**XIV**) wird aus 4-Chlor-2.6-dinitrophenol (**XV**) u. $POCl_3$ in Diäthylanilin dargestellt. **XIV** wird mit $TiCl_3$ zu *2.5-Dichlor-3-nitroanilin* red., das mit Nitrosylschwefelsäure in das *Diazoniumsalz* umgewandelt wird. Das Diazoniumsalz konnte nicht in 2.5-Dichlor-3-nitrophenol übergeführt werden. **XIV** wird mit **XVI** zu *2'-Brom-4-chlor-2.6-dinitrodiphenylsulfid* kondensiert, dessen Red. zu *2-Amino-2'-brom-4-chlor-6-nitrodiphenylsulfid* (**XVII**) führt. Aus **XVII** wird *2'-Brom-4-chlor-2-formamido-6-nitrodiphenylsulfid* dargestellt, das mit K_2CO_3, Cu-Pulver u. J_2 in sd. DMF *2-Chlor-4-nitrophenothiazin* (**XVIII**) gibt. **XVIII** gibt mit NaH u. **VII** in sd. Xylol *2-Chlor-10-[3-dimethylaminopropyl]-4-nitrophenothiazin*, das zu *2-Chlor-4-amino-10-[3-dimethylaminopropyl]-phenothiazin* hydriert wird. Das Diazoniumsalz ließ sich nicht in 2-Chlor-4-hydroxy-10-[3-dimethylaminopropyl]-phenothiazin umwandeln.

Versuche: *3.6-Dichlor-2-nitrophenol*, F. 70–72° (PAe.), aus 2.5-Dichlorphenol u. 90%ig. HNO_3 in Oleum; 51% (Ausb.). — *1-Isopropoxy-2-nitro-3.6-dichlorbenzol* (**I**), $C_9H_9Cl_2NO_3$, Kp.$_{0,18-0,28}$ 84–88°, aus vorst. Verb., Isopropyljodid u. K_2CO_3 in sd. abs. Aceton; 92%. — Analog: *1-Isopropoxy-2-chlor-3-nitrobenzol* (**II**), Kp.$_{0,05}$ 79–81°, aus 2-Chlor-3-nitrophenol; 91%. — *2'-Brom-4-chlor-3-isopropoxy-2-nitrodiphenylsulfid* (**III**), $C_{15}H_{13}BrClNO_3S$, F. 86–86,5° (Isopropanol), aus **XVI**, Na u. **I** in sd. abs. Isopropanol; 66%. — *2-Brom-4-chlor-2'-isopropoxy-6'-nitrodiphenylsulfid* (**IV**), F. 81–82° (A.), aus **XIX**, $NaOC_2H_5$ u. **II** in sd. A.; 51%. — *2'-Brom-4-chlor-3-isopropoxy-2-aminodiphenylsulfid*, $C_{15}H_{15}BrClNOS$, F. 91–93° (Isopropanol), durch Hydrieren von **III** an Adams-Katalysator in Bzl. bei 50 psig. u. Raumtemp.; 80%. — Analog: *2-Brom-4-chlor-2'-isopropoxy-6'-aminodiphenylsulfid, Hydrochlorid*, F. 199–202° (Zers.; A.). — *1-Isopropoxy-2-chlorphenothiazin* (**V**), $C_{15}H_{14}ClNOS$, F. 109–111° (A.), aus vorvorst. Verb., K_2CO_3, Cu-Pulver u. J_2 in sd. DMF; 75%. — Analog: *6-Isopropoxy-2-chlorphenothiazin* (**VI**), Öl. — *1-Isopropoxy-2-chlor-10-[3-dimethylaminopropyl]-phenothiazin* (**VIII**), aus **V**, NaH u. **VII** in sd. Xylol. — Analog: *6-Isopropoxy-2-chlor-10-[3-dimethylaminopropyl]-phenothiazin* (**IX**). *Hydrochlorid*, F. ca. 114–116° (A./Ae.). — *2-Chlor-10-[3-dimethylaminopropyl]-1-hydroxyphenothiazin*, $C_{17}H_{19}ClN_2OS$, F. 176–177° (A.), aus 4,1 g **VIII** u. sd. konz. HCl; 1 g. — Analog: *2-Chlor-10-[3-dimethylaminopropyl]-6-hydroxyphenothiazin*, F. 172–173° (A.), aus **IX**; 16%. — *2-Chlorphenothiazon-(3)* (**XI**), $C_{12}H_6ClNOS$, F. 232–234° (Cyclohexan), aus **X** u. $FeCl_3$ in verd. CH_3COOH bei 95°; daneben *2-Chlorphenothiazon-(7)* [F. 212–213° (verd. CH_3COOH)]. — *2-Chlor-3-hydroxyphenothiazin*, $C_{12}H_8ClNOS$, F. 197–198° (Zers.; Bzl.), aus 5 g **XI** u. $NaHSO_3$ in CH_2Cl_2/W.; 3,5 g. — Analog: *2-Chlor-7-hydroxyphenothiazin*, aus 98 mg 2-Chlorphenothiazon-(7); 45 mg. — *2-[2-Chlorphenothiazinyl-(3)-oxy]-tetrahydropyran* (**XII**), $C_{17}H_{16}ClNO_2S$, F. 193–194° (Zers.; A.), aus 4,6 g vorvorst. Verb. u. sd. Dihydropyran in Ggw. von HCl; 2,5 g. — *2-[2-Chlor-10-(2-cyanäthyl)-phenothiazinyl-(3)-oxy]-tetrahydropyran*, $C_{20}H_{19}ClN_2O_2S$, Zers. bei 143–144° (Essigester), aus 0,5 g **XII** u. Acrylnitril in Ggw. von **XX** bei Raumtemp.; 0,35 g. — *2-[10-(3-Aminopropyl)-2-chlorphenothiazinyl-(3)-oxy]-tetrahydropyran* (**XIII**), $C_{20}H_{23}ClN_2O_2S$, F. 70–72° (CH_3OH), aus 8 g vorst. Verb. u. $LiAlH_4$ in sd. Ae.; 6,8 g. — *10-[3-Aminopropyl]-2-chlor-3-hydroxyphenothiazin*, $C_{15}H_{15}ClN_2OS$, F. 171–173° (Zers.; Bzl. u. A.), aus 8 g **XIII** u. 2 n HCl; 130 mg. — *1.4-Dichlor-2.6-dinitrobenzol* (**XIV**), $C_6H_2Cl_2N_2O_4$, F. 105–107° (A.), aus 21,9 g **XV** u. $POCl_3$ in Diäthylanilin bei 80°; 15,7 g. — *2'-Brom-4-chlor-2.6-dinitrodiphenylsulfid*, F. 148–149° (A.), aus 23,7 g **XIV**, **XVI** u. $NaOC_2H_5$ in sd. A.; 27 g. — *2-Amino-2'-brom-4-chlor-6-nitrodiphenylsulfid* (**XVII**), F. 157–159° (A.), aus 71,8 g vorst. Verb. u. $TiCl_3$ in A. bei 70–75°; 36 g. — *2'-Brom-4-chlor-2-formamido-6-nitrodiphenylsulfid*, F. 219 bis 223° (A.), aus 60 g **XVII** u. sd. HCOOH; 7 g. — *2-Chlor-4-nitrophenothiazin* (**XVIII**), aus 3,9 g vorst. Verb., K_2CO_3, Cu-Pulver u. J_2 in sd. DMF; 1,8 g. — *2-Chlor-10-[3-dimethylaminopropyl]-4-nitrophenothiazin*, aus 2,79 g **XVIII**, NaH u. **VII** in sd. Xylol; 1,5 g. — *4-Amino-2-chlor-10-[3-dimethylaminopropyl]-phenothiazin*, durch Hydrieren von 6,5 g vorst. Verb. an Adams-Katalysator in Bzl. bei Raumtemp. u. 40 psig; 5,9 g.

Hans Köhne/Berlin 3292△

1380 **1-substituierte Phenothiazinderivate.** 2. Mitt. Richard H. Nealey und John S. Driscoll. (J. heterocyclic Chem. 4 (1967) 4, 587–90; Monsanto Res. Corp., Everett, Mass.; engl.) — 1. vgl. C. **1966**, 45-1071. — Beim Vers., 1-Hydroxymethylphenothiazin in 1-Halogenmethylphenothiazin zu überführen, entsteht nur *1.1'-[Oxydimethylen]-diphenothiazin*. Rk. von Phenothiazin-1-carbonsäure (**I**) mit Oxalylchlorid (**II**) gibt *1-Chlorcarbonylphenothiazin* (**III**), aus dem durch Rosenmund-Red. *Phenothiazin-1-carbaldehyd* (**IV**) erhalten wird. Kondens. von **IV** mit Malonsäure (**V**) bzw. Äthoxycarbonylmethylentriphenylphosphoran (**VI**) gibt *3-[Phenothiazinyl-(1)]-propensäure* (**VII**) bzw. den Äthylester von **VII**. **VII** wird über das Triäthylammoniumsalz red. zu *3-[Phenothiazinyl-(1)]-propansäure* (**VIII**). Beim Nitrieren von **VIII** in Eisessig entsteht *1-[β-Carboxyäthyl]-3.7-dinitrophenothiazin-5-oxid* (**IX**). Hydrieren des Triäthylammoniumsalzes von **IX** in Methanol bei 3 at. an PtO_2 gibt das *Triäthylammoniumsalz* von *3-[3.7-Diaminophenothiazinyl-(1)]-propansäure*, die an der Luft zu *3-[3-Immonio-7-amino-3H-phenothiazinyl-(1)]-propionat* ox. wird.

Versuche (F. korr.): *Phenothiazin-1-carbonsäure* (**I**), F. 267–268° (Zers.), nach H. Grilman et al. [J. Amer. chem. Soc. **66** (1944) 625]; 64% (Ausb.). — *1-Chlorcarbonylphenothiazin* (**III**), $C_{13}H_8ClNOS$, F. 94 bis 95° (Hexan), aus **I** u. **II** in sd. abs. Bzl.; 70%. — *Phenothiazin-1-carbaldehyd* (**IV**), $C_{13}H_9NOS$, F. 81–83°, durch Hydrieren von **III** in sd. abs. Toluol an Pd/$BaSO_4$; 81%. — *3-[Phenothiazinyl-(1)]-propensäure* (**VII**), $C_{15}H_{11}NO_2S$, F. 273–274° (Zers.; A./Kohle), aus **IV** u. **V** in Ggw. von Piperidin in Py. bei 100°; 77%. *Äthylester*, $C_{17}H_{15}NO_2S$, F. 93–95° (Hexan/Kohle), aus **IV** u. **VI** in sd. Bzl. unter N_2; 49%. — *3-[Phenothiazinyl-(1)]-propansäure* (**VIII**), $C_{15}H_{13}NO_2S$, F. 206–208° (Methanol/Kohle), durch 1std. Rühren von Triäthylamin u. **VII** in Methanol u. Hydrieren an PtO_2 bei 50 psig u. 25°; 65%. — *1-[β-Carboxyäthyl]-3.7-dinitrophenothiazin-5-oxid* (**IX**), $C_{15}H_{11}N_3O_7S$, F. 240° (Zers.), aus **VIII**, Eisessig u. konz. HNO_3 bei 10—12°; 49%. — *3'-[3-Immonio-7-amino-3H-phenothiazinyl-(1)]-propionat*, $C_{15}H_{13}N_3O_2S$, F. 183 bis 187° (Zers.), durch Hydrieren von **IX** u. Tritähylamin in Methanol an PtO_2 bei 50 psig u. 25° u. Durchleiten von O_2; 78,5%. P. Dietsch 3292

1381 **Asymm.-Triazinchemie.** 5. Mitt. **Die oxydative Ringöffnung von 5.6-Diphenyl-2H-asymm.-triazinonen-(3) mit organischen Persäuren.** Tadashi Sasaki und Katsumaro Minamoto. (J. heterocyclic Chem. **4** (1967) 4, 571—76; Inst. of Applied Organ. Chem., Fac. of Eng., Nagoya Univ., Japan; engl.) — 4. vgl. J. org. Chemistry **31** (1966) 3917. — Die Strukturen der Ox.-Prod. von 5.6-Diphenyl-2H-asymm.-triazinon-(3) u. dessen 2-Methyl-Analogen konnte mit Hilfe chem. u. spektroskop. Meth. aufgeklärt werden. Danach werden *1.4-Dibenzoylsemicarbazid* (**I**) bzw. dessen *2-Methylanalogon* (**II**) gebildet. Max. der IR-, UV- u. NMR-Spektren vgl. Original.

Versuche: *1-Methyl-1.4-dibenzoylsemicarbazid*, $C_{16}H_{15}N_3O_3$, F. 193—194°, durch $1^1/_2$std. Erwärmen von 1,2 g **I** mit Methyljodid in alkohol. Lsg. in Ggw. von NaOH auf 95° im Rohr; aus Methanol Prismen; 0,2 g (Ausb.). — *3-Hydroxy-5-phenyl-1.2.4-triazol*, $C_8H_7N_3O$, F. > 300° (A.), durch 4std. Kochen von **I** mit konz. HCl in A.; 57%; daneben *Benzoesäure* (**III**). — *1-Benzoylsemicarbazid*, F. 235—236° (A.), durch $5^1/_2$std. Kochen von **I** mit NaOH in A.; 80%; daneben 50% **III**, F. 120 bis 122°. — *1-(oder 4)-Benzoyl-5-phenyl-1.2.4-triazolinon-(3)*, $C_{15}H_{11}N_3O_2$, F. 209—210°, durch Zugabe von $SOCl_2$ zu 2,2 g **I** in abs. Py. bei 7—10°, 1,5std. Stehen bei Raumtemp. u. Eindampfen bei 45° im Vakuum; aus $CHCl_3$/Aceton Nadeln; 0,8 g. — *1.4-Dibenzoylsemicarbazid* (**I**), durch Stehen von 0,5 g vorst. Verb. mit konz. HCl in Dioxan über Nacht; 0,4 g. — *2-(oder 4)-Acetyl-5-phenyl-1.2.4-triazolinon-(3)*, $C_{10}H_9N_3O_2$, F. 230—231°, durch 2std. Erwärmen von 0,3 g vorvorst. Verb. mit Essigsäureanhydrid in Ggw. von Py. auf 100°; aus Aceton Nadeln; 0,2 g. — *2-Phenyl-4-methyl-1.3.4-oxdiazolon*, $C_9H_8N_2O_2$, F. 103—104°, a) durch $1^1/_2$std. Erhitzen von 0,5 g **II** mit NaOH in A. auf 100° im Rohr; aus Ae./PAe. Blättchen; 0,15 g; b) durch Ox. von 8,2 g 2-Methyl-5.6-diphenyl-2H-asymm.-triazinon-(3) mit Permaleinsäure u. Chromatographie; 0,3 g; daneben 3 g **II** u. *Benzoylurethan* (F. 110—112°; aus PAe. Nadeln; 0,37 g). — *Benzamid*, F. 130—131° (Subl.), neben vorst. Verb. nach a) bzw. b); 70 mg bzw. 0,2 g. — *1-Benzoyl-4-benzylsemicarbazid*, $C_{15}H_{15}N_3O_2$, F. 183—184°, durch Zugabe von $LiAlH_4$ zu 2,5 g **I** in abs. Dioxan bei 45°; aus Methanol Nadeln; 1,7 g. — *4-Benzylsemicarbazid*, $C_8H_{11}N_3O$, F. 111,5—112,5°, durch 3std. Kochen von 1,8 g vorst. Verb. mit konz. HCl in A. u. Eindampfen; aus A. Naden; 0,6 g. *Hydrochlorid*, $C_8H_{12}ClN_3O$, F. 237—239° (Methanol). G. Westphal 3313△

1382 **Chemosterilisatoren für Insekten.** 5. Mitt. **Derivate von Melamin.** Slexej B. Bořkovec und Albert B. DeMilo. (J. med. Chem. **10** (1967) 3, 457—61; engl.) — 4. vgl. C. **1969**, 13-1315. — Die Struktur von 64 *Melaminderiv.* wurde in Wechselbeziehung gebracht mit ihrer Aktivität als Chemosterilisatoren für die Hausfliege, Musca domestica L. Die Werte für die Aktivität sind tabelliert.

Versuche: symm.-Triazine: *2.4.6-Tris-[dimethylamino]-*, F. 170,5—173° (CH_3OH), durch Zugabe von wasserfreiem Dimethylamin in $CHCl_3$ zu Cyanursäurechlorid bei 25—30° u. 1std. Kochen; 72% (Ausb.). — *2-Amino-4.6-bis-[methylamino]-*, $C_5H_{10}N_6$, F. 206,5 bis 209° (A.), durch Zugeben von abs. Methylamin in Toluol zu 2-Amino-4.6-dichlor-symm.-triazin bei —5° u. 2std. Erhitzen auf 115°; 65%. — Analog: *2-Amino-4.6-bis-[propylamino]-*, $C_9H_{18}N_6$, Kp.$_{0,15}$ 100°; 42%. — *2-Amino-4.6-bis-[isopropylamino]-*, $C_9H_{18}N_6$, F. 120—122,5° (Isooctan); 36%. — *2-Amino-4.6-bis-[pyrrolidino]-*, $C_{11}H_{18}N_6$, F. 228,5—229,5° (A.); 58%. — *2-Amino-4.6-bis-[piperidino]-*, $C_{13}H_{22}N_6$, F. 195—198° (A.); 27%. — *2.4-Bis-[methylamino]-6-dimethylamino-*, $C_7H_{14}N_6$, F. 91—91,5° (Cyclohexan), durch Zugabe von 2-Chlor-4.6-bis-[methylamino]-symm.-triazin in Toluol zu Dimethylamin in W. u. 20 Min. langes Kochen unter Zugabe von NaOH-Lsg.; 78%. — Analog: *2.4-Diamino-6-methylamino-*, $C_4H_8N_6$, F. 265—269° (W.); 70%. — *2.4-Diamino-6-propylamino-*, $C_6H_{12}N_6$, F. 195—201° (Äthylacetat); 86%. — *2.4-Diamino-6-cyclohexylamino-*, $C_9H_{16}N_6$, F. 146,5—148° (A./W.); 62%. — *2.4-Diamino-6-[β-aminoäthylamino]-*, *Hydrochlorid, Monohydrat*, $C_5H_{11}N_7 \cdot HCl \cdot H_2O$, Zers. (A./W.); 30%. — *2.4-Diamino-6-[β-äthoxyäthylamino]-*, $C_7H_{14}N_6O$, F. 118—123° (W.); 46%. — *2.4-Diamino-6-[furfuryl-(2)-amino]-*, $C_8H_{10}N_6O$, F. 150 bis 152° ($CHCl_3$/A.); 80%. — *2.4-Diamino-6-dipropylamino-*, $C_9H_{18}N_6$, F. 197,5—200° (CH_3OH); 47%. — *2.4-Diamino-6-[4-(2.4-diamino-symm.-triazinyl-(6))-piperazinyl-(1)]-*, $C_{10}H_{16}N_{12}$, Zers. (W.); 99%. — *2.4.6-Tris-[methylamino]-*, $C_6H_{12}N_6$, F. 129—131° ($CHCl_3$/Cyclohexan); 70%. — *2.4.6-Tris-[propylamino]-*, $C_{12}H_{24}N_6$, Kp.$_{0,1}$ 168°; 36%. — *2.4.5-Tris-[isopropylamino]-*, $C_{12} \cdot H_{24}N_6$, F. 143,5—145° (Bzl.); 42%. — *2-Amino-4-methylamino-6-dimethylamino-*, $C_6H_{12}N_6$, F. 191—192° (A.); 67%. — *2-Amino-4-methylamino-6-pyrrolidino-*, $C_8H_{14}N_6$, F. 214—216,5° (A.); 70%. — *2.4-Bis-[methylamino]-6-pyrrolidino-*, $C_9H_{16}N_6$, F. 110—110,5° (Cyclohexan); 73%. — *2.4-Bis-[methylamino]-6-morpholino-*, $C_9H_{16}N_6O$, F. 144—146° (W.); 63%. — *2-Dimethylamino-4.6-bis-[äthylamino]-*, $C_9H_{18}N_6$, F. 108—109° (A./W.); 52%. — *2.4-Bis-[äthylamino]-6-piperidino-*, $C_{12}H_{22}N_6$, F. 92 bis 94° (Aceton/W.); 24%. — *2.4-Bis-[dimethylamino]-6-methylamino-* (**I**), $C_8H_{16}N_6$, F. 98—103° (A./W.); 92%. — *2.4-Bis-[dimethylamino]-6-äthylamino-*, $C_9H_{18}N_6$, F. 54,5 bis 59°, Kp.$_{0,05}$ 100,5°; 66%. — *2.4-Bis-[dimethylamino]-6-isopropylamino-*, $C_{10}H_{20}N_6$, F. 98,5—100,5° (Hexan); 48%. — *2.4-Bis-[dimethylamino]-6-methyläthylamino-*, $C_{10} \cdot H_{20}N_6$, F. 111—113° (A./W.); 58%. — *2.4-Bis-[dimethylamino]-6-diäthylamino-*, $C_{11}H_{22}N_6$, Kp.$_{0,3}$ 110°; 24%. — *2.4-Bis-[dimethylamino]-6-pyrrolidino-*, $C_{11}H_{20}N_6$, F. 129 bis 131° (A./W.); 73%. — *2.4-Bis-[dimethylamino]-6-piperidino-*, $C_{12}H_{22}N_6$, F. 85,5—87,5° (A.); 92%. — *2.4-Bis-[dimethylamino]-6-morpholino-*, $C_{11}H_{20}N_6O$, F. 121 bis 124,5° (A.); 87%. — *2.4-Bis-[dimethylamino]-6-acetamido-*, $C_9H_{14}N_6O$, F. 154—156° (Bzl.), durch 2,5std. Kochen von 2-Amino-4.6-bis-[dimethylamino]-symm.-triazin in Xylol mit Acetanhydrid; 80%. — *N''-[4.6-Bis-(dimethylamino)-symm.-triazinyl-(2)]-N.N.N'.N'-tetramethylphosphorsäuretriamid*, $C_{11}H_{25}N_8OP$, F. 159—160° (Ae.), durch 1std. Kochen von [4.6-Bis-(dimethylamino)-symm.-triazinyl-(2)]-amidophosphorsäuredichlorid in abs. Ae. mit Dimethylamin; 56%. — *2.4-Bis-[dimethylamino]-6-methylhydroxymethylamino-symm.-triazin*, $C_9H_{18}N_6O$, F. 119,5 bis 123° (Hexan), durch 3std. Kochen von **I** mit wss. Formaldehyd bei pH 8,9 u. Aufarbeiten; 31%. — *$N^2.N^{2'}$-Methylen-bis-[$N^2.N^4.N^4.N^6.N^6$-pentamethylmelamin]*, $C_{17} \cdot H_{32}N_{12}$, F. 195—196° (Cyclohexan), a) durch 4std. Erhitzen von **I** mit Paraformaldehyd auf 125° u. 75 Min. langes Erhitzen auf 145°; 20%; b) analog vorst. Verb. in Ggw. von A.; 33%. H. Hadamik 3313

1383 **5.8-Dihydro-4H-1.3.4-thiadiazine.** 2. Mitt. **Synthese und Verwendung von 1-[1-Methylhydrazino]-propanthiol-(2) zur Darstellung einiger Thiadiazine und eines Thiazolidinthions-(2).** D. L. Trepanier und P. E. Krieger. (J. heterocyclic Chem. **4** (1967) 2, 254—58; Human Health Res. and Dev. Center, The Dow Chem. Co., Zionsville, Ind.; engl.) — 1. vgl. C. **1967**, 16-1057. — *1-[1-Methylhydrazino]-propanthiol-(2)* (**I**) wird neben wenig *1-[2-(1-Methylhydrazino)-1-methyläthylmercapto]-propanthiol-(2)* (**II**) beim Erhitzen von Propylensulfid (**III**) mit Methylhydrazin (**IV**) erhalten. Rk. von **I** mit Benzaldehyd (**V**) bzw. Benzoylchlorid (**VI**) liefert *N-Benzyliden-* (**VII**) bzw. *N-Benzoyl-N'-methyl-N'-[2-mercaptopropyl]-hydrazin* (**VIII**). **VII** gibt durch Cyclisierung *2-Phenyl-4.6-dimethyltetrahydro-1.3.4-thiadiazinhydrochlorid* (**IX**), das mit $FeCl_3$ zu *4.6-Dimethyl-2-phenyl-5.6-dihydro-4H-1.3.4-thiadiazin* (**X**) ox. wird. **X** entsteht auch durch Rk. von **VIII** mit HBr/Eisessig bzw. direkt aus **I** u. Benzonitril (**XI**). Analog reagieren Orthoameisensäuretriäthylester (**XII**) bzw. BrCN oder Cyclopropylcyanid (**XIII**) mit **I** zu *4.6-Dimethyl-* bzw. *2-Amino-4.6-dimethyl-* oder *2-Cyclopropyl-4.6-dimethyl-5.6-dihydro-4H-1.3.4-thiadiazin*. Cyclisierende Kondens. von **I** mit CS_2 liefert

3.5-Dimethylthiazolidinthion-(2). Die Konstit. aller synthetisierten Verb. sind durch die IR-, UV- u. NMR-Spektren gesichert.

Versuche (F. korr.): *1-[1-Methylhydrazino]-propanthiol-(2)* (**I**), $C_4H_{12}N_2S$, Kp.$_{19}$ 70—71°, a) durch Zutropfen von **III** zu 7,5 Val sd. **IV**, 22std. Kochen u. Fraktionieren; 36% (Ausb.); daneben *1-[2-(1-Methylhydrazino)-1-methyläthylmercapto]-propanthiol-(2)* (**II**), $C_7H_{18}N_2S_2$, Kp.$_{15}$ 146—149°; 9%; b) analog a) durch 2std. Kochen von **III** mit 3 Val **IV** in Bzl.; 84%; daneben 4% **II**. — *1-[2-(1-Methyl-2.2-diacetylhydrazino)-1-methyläthylmercapto]-2-acetylmercaptopropan*, $C_{13}H_{24}N_2O_3S_2$, Kp.$_{0,1}$ 156—159°, aus **II** u. Acetylchlorid in Bzl./Py. (1½ Tage bei 0°, 1 Std. bei 100°); 55%. — N'-Methyl-N'-[2-mercaptopropyl]-hydrazine: *N-Benzyliden-* (**VII**), $C_{11}H_{16}N_2S$, Kp.$_{0,5}$ 128—131°, durch 1std. Erhitzen von **I** mit 1 Val **V** in abs. A. in Ggw. von Py.; 69%. — *N-Benzoyl-* (**VIII**), $C_{11}H_{16}N_2OS$, F. 148—150° (CH_3OH/Ae.), durch Zutropfen von **VI** in CH_2Cl_2 zu **I** in CH_2Cl_2/Triäthylamin u. 2std. Kochen; 18%. — *4.6-Dimethyl-2-phenyltetrahydro-1.3.4-thiadiazin, Hydrochlorid* (**IX**), $C_{11}H_{16}N_2S \cdot HCl$, F. 187—189° [Isopropanol/Ae.], durch 18std. Rk. von äther. HCl mit **VII** in wenig Isopropanol/Ae. in der Kälte; 75%. — 4.6-Dimethyl-5.6-dihydro-4H-1.3.4-thiadiazine: *2-Phenyl-* (**X**), $C_{11}H_{14}N_2S$, Kp.$_{0,5}$ 116—119°, a) durch 18std. Kochen von **I** mit 1 Val **XI** in A.; 15%; b) durch Zutropfen einer Lsg. von $FeCl_3 \cdot 6H_2O$ in W. zu **IX** in sd. W. u. 40 Min. langes Kochen; 100%; c) durch 5tägiges Stehenlassen von **VIII** in Eisessig/HBr bei Raumtemp.; 85%; d) durch 3std. Erhitzen von **VIII** mit Polyphosphorsäure auf dem Dampfbad; 38%. — *Unsubstituiert*, $C_5H_{10}N_2S$, Kp.$_{75}$ 115°, durch jeweils ½std. Erhitzen von **I** mit **XII** in Ggw. von konz. H_2SO_4 auf 125° bzw. 185°; 62%. — *2-Amino-*, $C_5H_{11}N_3S$, Kp.$_{0,1}$ 79°, durch 1std. Kochen von **I** mit BrCN in W.; 26%. — *2-Cyclopropyl-*, $C_8H_{14}N_2S$, Kp.$_{14}$ 105—113°, durch 30std. Kochen von **I** mit **XIII** in A.; 45%. — *2.2'-Äthylenbis-4.6-dimethyl-[5.6-dihydro-4H-1.3.4-thiadiazin]*, $C_{12}H_{22}N_4S_2$, F. 90—92° (Äthylacetat/Hexan), durch 22std. Kochen von **I** mit Na-Äthylat u. Bernsteinsäuredinitril in abs. A.; 10%. — *3.5-Dimethylthiazolidinthion-(2)*, $C_5H_9NS_2$, Kp.$_{0,4}$ 133—140°, durch Zutropfen von CS_2 zu **I** unter Kühlen u. 2½std. Erhitzen auf 100—150° im Rohr; 54%. — *Benzoesäure*, F. 121 bis 122°, durch ½std. Rühren von **VIII** in konz. H_2SO_4 bei Raumtemp.; 81%. G. O. Jäger 3333△

1384 **5.6-Dihydro-4H-1.3.4-thiadiazine. 3. Mitt. Chemie und Pharmakologie einer Reihe basischer Derivate.** Donald L. Trepanier, Paul E. Krieger, John H. Mennear und John N. Eble. (J. med. Chem. **10** (1967) 6, 1085—87; engl.) — 2. vgl. vorst. Referat. — Einige bas. substituierte *4.6-Dimethyl-5.6-dihydro-4H-1.3.4-thiadiazine* (**A**) werden durch Kondens. von 1-[1-Methylhydrazino]- (**I**) oder 2-Methyl-1-[1-methylhydrazino]-propanthiol-(2) (**II**) mit Nitrilen bzw. Imidoestern oder BrCN synthetisiert u. bez. ihrer depressiven Aktivität auf das Zentralnervensyst. von Mäusen geprüft, Kondens. von **I** mit Pyridin-3-carbaldehyd (**III**) führt zu *2-[Pyridyl-(3)]-4.6-dimethyl-2.3.5.6-tetrahydro-4H-1.3.4-thiadiazin*. Alle **A** zeigen lediglich beim Hexobarbital-Schlafzeittest eine pharmakolog. Aktivität.

Versuche (F. korr.): *Propylensulfid* (**IV**), Kp. 72—73°, aus Propylenoxid u. KSCN in W.; 73% (Ausb.). — Analog: *2-Methylpropylensulfid*, Kp. 83—85°; 40%. — 1-[1-Methylhydrazino]-propanthiole-(2): *unsubstituiert* (**I**), aus **IV** u. Methylhydrazin. — Analog *2-Methyl-* (**II**), Kp.$_{13}$ 70—75°, aus vorvorst. Verb.; 46%. — *Isonicotinonitril-1-oxid* (**V**), F. 225—227°, durch Ox. von Isonicotinonitril (**VI**) mit H_2O_2 in CH_3COOH; 90%. — 4.6-Dimethyl-5.6-dihydro-4H-1.3.4-thiadiazine (**A**): *2-[Pyridyl-(4)]-* (**VII**), Kp.$_3$ 169—175°, durch 18std. Kochen von **I** mit **VI** in A.; 47%. *Maleat*, F. 116—117°, aus **VII** u. Maleinsäure in Ae./A.; 42%. *N-Oxid, Hydrochlorid*, F. 196—198°, analog **VII** aus **V**; 16%. — Analog *2-[2-(Pyrrolyl-(1))-äthyl]-*, Kp.$_{0,5}$ 132—139°; 37%. — *2-[3-(Pyrrolidinyl-(1))-propyl]-*, Kp.$_{0,2}$ 111—116°; 28%. — *2-[Pyridyl-(3)]-, Hydrochlorid*, F. 168—170°; 21%. — *2-[Pyridyl-(2)]-*, Kp.$_{0,5-2,5}$ 151—163°, durch Zutropfen von Picolinimidsäuremethylester in CH_3OH zu **I** in CH_3OH/HCl; 26%. *Hydrochlorid*, F. 103—104°. — *2-[Pyridyl-(4)]-6-methyl-*, Kp.$_1$ 132—136°, durch 18std. Kochen von **II** mit Isonicotinimidsäureäthylesterdihydrochlorid in A.; 38%. *Hydrochlorid*, F. 227—228° (Zers.). — *2-Amino-*, Kp.$_{0,1}$ 78—80°, durch Zutropfen von **I** in W. zu BrCN in W. u. 1std. Kochen; 26%. — *2-[Pyridyl-(3)]-4.6-dimethyl-2.3.5.6-tetrahydro-4H-1.3.4-thiadiazin*, F. 137 bis 138° (Äthylacetat), durch Zutropfen von **III** in A. zu **I** in A. in Ggw. von Py. bei 70° u. ½std. Erhitzen auf 100°; 26%. G. O. Jäger 3333△

1385 **Chinazoline und 1.4-Benzodiazepine. 36. Mitt. Bildung von 1.3-Dihydro- und 1.5-Dihydro-1.4-benzodiazepinen aus Tosyl- und Mesyl-substituierten 1.3.4.5-Tetrahydro-5-phenyl-1.4-benzodiazepinderivaten.** R. Ian Fryer, D. Winter und L. H. Sternbach. (J. heterocyclic Chem. **4** (1967) 3, 355—59; Chem. Res. Dep., Hoffmann-La Roche Inc., Nutley, N.J.; engl.) — 35. vgl. C. **1967**, 59-0403. — Basenkatalysierte Eliminierung der Sulfonatgruppe aus 4-Tosyl- bzw. -Mesyl-1.3.4.5-tetrahydro-1.4-benzodiazepinonen-(2) in unpolaren wasserfreien Lsgm. führt zu den *1.5-Dihydro-1.4-benzodiazepinonen-(2)* (**A**), dagegen in polaren oder wss. Lsgm. zu den *1.3-Dihydro-1.4-benzodiazepinonen-(2)* (**B**). Durch Basen werden **A** zu **B** isomerisiert. Bei der analogen Rk. von 1-Tosyl- bzw. -Mesyl-1.3-dihydro-1.4-benzodiazepinen werden *2-Sulfonamidobenzophenonvinylimine* erhalten.

Versuche (F. korr.): 5-Phenyl-1.4-benzodiazepinone-(2): *7-Chlor-4-p-tosyl-1.3.4.5-tetrahydro-2H-* (**I**), $C_{22}H_{19}ClN_2O_3S$, F. 246—252° ($CHCl_3$–A.), aus 7-Chlor-5-phenyl-1.3.4.5-tetrahydro-1.4-benzodiazepinon-(2) u. p-Tosylchlorid (**VI**) in sd. Py.; 79,4% (Ausb.). — *7-Chlor-4-mesyl-1.3.4.5-tetrahydro-* (**II**), $C_{16}H_{15}ClN_2O_3S$, F. 203 bis 206° ($CHCl_3$–A.), analog **I** mit Mesylchlorid (**VII**); 86%. — *7-Chlor-1.5-dihydro-* (**III**), $C_{15}H_{11}ClN_2O$, F. 202—210° [$CHCl_3$–Hexan (H.)], aus **I** mit NaH in sd. Bzl.; 35%. — *7-Chlor-1.3.4.5-tetrahydro-*, F. 184—186° (Äthylacetat–H.), durch Hydrieren von **III** an PtO_2 in verd. CH_3COOH. — *7-Chlor-1.3-dihydro-*, F. 215—221° (CH_2Cl_2–H.), a) aus **I** mit NaH in DMF; 25%; b) aus **II** analog a); c) aus **III** in methanol. $NaOCH_3$; d) aus **I** mit methanol. $NaOCH_3$ in DMF; e) aus **I** mit K-tert.-Butylat in DMF; f) aus **I** mit wss. NaOH/DMF; g) aus **I** mit NaH in THF; h) aus **I** mit NaH in DMSO. — 7-Chlor-5-phenyl-2.3-dihydro-1H-1.4-benzodiazepine: *1-p-Tosyl-* (**IV**), $C_{22}H_{19}ClN_2O_2S$, F. 154—156° ($CHCl_3$–A.), aus 7-Chlor-5-phenyl-2.3-dihydro-1H-1.4-benzodiazepin u. **VI** in sd. Py.; 70%. — *1-Mesyl-* (**V**), $C_{16}H_{15}ClN_2O_2S$, F. 170—173° ($CHCl_3$–A.), analog **IV** mit **VII** bei 10°; 61%. — *4'-Chlor-2'-[N-vinyl-benzimidoyl]-p-toluolsulfonanilid* (**VIII**), $C_{22}H_{19}ClN_2O_2S$, F. 140—142° (CH_2Cl_2–H.), aus **IV** mit NaH in DMF; 10%. — *4'-Chlor-2'-[N-vinyl-benzimidoyl]-methansulfonanilid* (**IX**), $C_{16}H_{15}ClN_2O_2S$, F. 122—124° (Ae.), aus **V** analog **VIII**; 51%. — *5-Chlor-2-p-toluolsulfonamidobenzophenon*, F. 119—121° (A.), aus 0,4 g **VIII** in wss.-äthanol. HCl bei 100°; 0,2 g. — *5-Chlor-2-methansulfonamidobenzophenon* (**X**), $C_{14}H_{12}ClNO_3S$, F. 133—135° (H.–CH_2Cl_2), a) aus **IX** analog vorst. Verb.; 43%; b) aus 2-Amino-5-chlorbenzophenon u. **VII** in Py. bei 60°; 67%. — *[5-Chlor-2-methansulfonamidobenzhydryl]-äthylamin*, $C_{16}H_{19}ClN_2O_2S$, F. 107—109° (Ae.–H.), a) aus **IX** u. $LiAlH_4$ in THF; 30%; b) aus nachst. Verb. in sd. $SOCl_2$, dann Äthylamin; 21%. — *5-Chlor-2-methansulfonamidobenzhydrol*, $C_{14}H_{14}ClNO_3S$, F. 143—146°, aus **X** u. $NaBH_4$; 89%. W. Senf 3370△

1386 **Chinazoline und 1.4-Benzodiazepine. 37. Mitt. Synthese und Umlagerungen eines substituierten 5-Phenyl-1H-1.4-benzodiazepins.** R. Ian Fryer, J. V. Earley und L. H. Sternbach. (J. org. Chemistry **32** (1967) 12, 3798—3803; engl.) — 36. vgl. vorst. Referat. — Aus 7-Nitro-5-phenyl-1.3-dihydro-2H-1.4-benzodiazepinon-(2) (**I**) wird in 3 Stufen *7-Nitro-5-phenyl-1H-1.4-benzodiazepin-3-carbonsäuremethylamid* (**II**) dargestellt. Durch Ox. von **II** wird *6-Nitro-4-phenylchinazolin-2-carbonsäuremethylamid* erhalten. In verd. Mineralsäure erleidet **II** Umlagerung zu *5-Nitro-3-phenylindol-2-glyoxylsäuremethylamid* (**VI**) u. *5-Nitro-3-phenylindol*. Als Nebenprod. der Darst. von **II** wird *1-Methyl-9-nitro-10b-phenyl-1.2.3.10b-tetrahydroimidazo-[1.2:c]-chinazolinon-*

(*2*) (**III**) gefunden. Die Strukturen der dargestellten Verb. werden chem. u. spektroskop. bestätigt, die Rk.-Mechanismen diskutiert.

Versuche (F. korr.): [*α-(2-Amino-5-nitrophenyl)-benzylidenaminoacetyl*]*-methylamin* (**X**), $C_{16}H_{16}N_4O_3$, F. 190—193° (A.), aus **I** u. CH_3NH_2 in DMF; 77,5% (Ausb.). — [*α-(2-Dimethylaminomethylenamino-5-nitrophenyl)-benzylidenaminoacetyl*]*-methylamin*, $C_{19}H_{21}N_5O_3$, F. 194 bis 197° (Zers.; Kapillare), aus **X** u. DMF-Dimethylacetal; 91%. — *7-Nitro-5-phenyl-1H-1.4-benzodiazepin-3-carbonsäuremethylamid* (**II**), $C_{17}H_{14}N_4O_3$, F. 287—292° ($CHCl_3$–A.), aus vorst. Verb. in sd. Toluol (T.); 51,4%; daneben 34,2% **III**. — *1-Methyl-9-nitro-10b-phenyl-1.2.3.10b-tetrahydroimidazo-*[*1.2*:c]*-chinazolinon-(2)* (**III**), $C_{17}H_{14}N_4O_3$, F. 194—197° ($CHCl_3$–A.), a) aus **IX** in sd. abs. T.; 64%; daneben 5% **II**; b) analog a) in sd. Acetanhydrid; 57,6%. — *1-*[*α-(2-Amino-5-nitrophenyl)-benzylidenaminoacetyl*]*-piperidin* (**IV**), $C_{20}H_{22}N_4O_3$, F. 191—196° ($CHCl_3$–A.), aus **I** in sd. Piperidin; 82%. — *1-*[*α-(2-Acetamido-5-nitrophenyl)-benzylidenaminoacetyl*]*-piperidin*, $C_{22}H_{24}N_4O_4$, F. 184—186° [Bzl.–Hexan (H.)], aus **IV** in Acetanhydrid u. Na-Acetat bei 100°; 56%; gibt in 1 n HCl bei 100° *2-Benzoyl-4-nitroacetanilid* (F. 155—158°). — *2-Amino-5-nitrobenzophenon*, F. 150—160°, aus **IV** in verd. HCl/Methanol (M.) bei 100°; fast 100%; daneben *Glycylpiperidin* (**V**). — *1-Hippuroylpiperidin*, F. 89—91° (Ae.–PAe.), aus 1,4 g **V** u. Benzoylchlorid; 1,25 g. — *6-Nitro-4-phenylchinazolin-2-carbonsäuremethylamid*, $C_{16}H_{12}N_4O_3$, F. 285—287° (CH_2Cl_2–Äthylacetat), aus **II** durch CrO_3-Ox. in Eisessig; 29%. — *6-Amino-4-phenylchinazolin-2-carbonsäuremethylamid*, F. 190—193° (M.), durch Hydrieren vorst. Verb. an Raney-Ni in A.; 85%. *Hydrochlorid*, $C_{16}H_{14}N_4O \cdot HCl$, F. 143—145° (M.–Ae.). — *6-Chlor-4-phenylchinazolin-2-carbonsäuremethylamid*, $C_{16}H_{12}ClN_3O$, F. 194—197° (M.), a) aus vorst. Verb. u. $NaNO_2$ in verd. HCl, dann CuCl; b) aus 6-Chlor-4-phenylchinazolin-2-carbonsäure u. $SOCl_2$ in sd. Bzl., dann Methylamin; 69%. — [*5-Nitro-3-phenylindolyl-(2)*]*-glyoxylsäuremethylamid* (**VI**), $C_{17}H_{13}N_3O_4$, F. 251—253° (THF), aus **II** in verd. HCl/M. bei 100°; 49%. — *5-Nitro-3-phenylindol*, $C_{14}H_{10}N_2O_2$, F. 191—200° (CH_2Cl_2–A.), a) neben vorst. Verb.; 15,7%; b) aus 100 mg **VII** u. Cu-Pulver in sd. Chinolin; 30 mg. — [*5-Nitro-3-phenylindolyl-(2)*]*-glyoxylsäure*, $C_{16}H_{10}N_2O_5$, F. 215—225° (Zers.; THF–PAe.), aus **VI** in wss.-äthanol. NaOH; 62,5%. — *5-Nitro-3-phenylindol-2-carbonsäure* (**VII**), $C_{15}H_{10}N_2O_4$, F. 275 bis 295° (Zers.; THF–H.), a) aus vorst. Verb. in wss.-äthanol. NaOH mit H_2O_2; 99%; b) aus N-[2-Benzoyl-4-nitrophenyl]-glycinäthylester u. KOH in sd. abs. A.; 4%. — 1-Methyl-10b-phenyl-1.2.3.10b-tetrahydroimidazo-[1.2:c]-chinazolinone-(2): *9-Amino-* (**VIII**), $C_{17}H_{16}N_4O$, F. 233—236° ($CHCl_2$–H.), aus **III** durch Hydrieren an Raney-Ni in A.; 65%. — *9-Amino-5.6-dihydro-*, $C_{17}H_{18}N_4O$, F. 203—205° (Zers.; CH_2Cl_2–H.), durch Hydrieren von **VIII** an PtO_2 in verd. CH_3COOH; 40%. — *Unsubstituiert*, F. 135—145° (CH_2Cl_2–H.), aus **VIII** u. $NaNO_2$ in verd. HCl, dann HPO_2; 52,5%; daneben *2-Aminobenzophenon*. *Hydrochlorid*, $C_{17}H_{15}N_3O \cdot HCl$, F. 222—226° (Zers.; M.–Ae.). — *5.6-Dihydro-*, $C_{17}H_{17}N_3O$, F. 150—160° (CH_2Cl_2–H., nach Wiedererstarren F. 174 bis 178°), aus vorst. Verb. u. $NaBH_4$ in Diglyme; 16,5%. — [*α-(2-Formamido-5-nitrophenyl)-benzylidenaminoacetyl*]*-methylamin* (**IX**), $C_{17}H_{16}N_4O_4$, F. 179—183° (THF–Ae.), aus **X** in HCOOH/Acetanhydrid; 94,8%.

W. Senf 3370△

C–4. Naturstoffe

1387 **Säurekatalysierte Kondensation von D-Xylose mit Benzaldehyd in Gegenwart von Alkoholen. Zwei diastereomere 1.2;3.5-Di-O-benzyliden-α-D-xylofuranosen.** R. J. Ferrier und L. R. Hatton. (Carbohydrate Res. [Amsterdam] **5** (1967) 2, 132—39; Dep. of Chem., Birkbeck College, Univ. of London; engl.) — Bei der Titelrk. entstehen in Ggw. von prim. Alkoholen die entsprechenden *2.4;3.5-Di-O-benzyliden-D-xylose-dialkylacetale*, in Ggw. von Äthylenglykol das *-äthylenacetal* u. in Ggw. von sek. oder tert. Alkoholen zwei diastereomere *1.2;3.5-Di-O-benzyliden-D-xylofuranosen*, deren Konfig. bestimmt wird.

Versuche: 2.4;3.5-Di-O-benzyliden-D-xylose-acetale, aus D-Xylose durch Rk. mit Benzaldehyd u. dem entsprechenden prim. Alkohol bzw. Äthylenglykol in Ggw. von HCl: *-dimethylacetal*, $C_{21}H_{24}O_6$, F. 209—210°; $[\alpha]_D$ −8° ($CHCl_3$); 70% (Ausb.). — *-diäthylacetal*, $C_{23}H_{28}O_6$, F. 185—186°; $[\alpha]_D$ −3° ($CHCl_3$); 60%. — *-dipropylacetal*, $C_{25}H_{32}O_6$, F. 168—170°; $[\alpha]_D$ −4° ($CHCl_3$); 60%. — *-dibutylacetal*, $C_{27}H_{36}O_6$, F. 160 bis 161°; $[\alpha]_D$ −3° ($CHCl_3$); 50%. — *-diisobutylacetal*, $C_{27}H_{36}O_6$, F. 158—159°; $[\alpha]_D$ +7° ($CHCl_3$); 30%. — *-äthylenacetal*, $C_{21}H_{22}O_6$, F. 219—221°; $[\alpha]_D$ −22° ($CHCl_3$); 60%. — D-Xyloseacetale, aus vorst. Verb. durch Hydrogenolyse in Ggw. von Pd–Kohle in 2-Methoxyäthanol; 80—95%. *-dimethylacetal*, $[\alpha]_D$ +22° (W.). — *-diäthylacetal*, $[\alpha]_D$ +18° (W.). — *-dipropylacetal*, $[\alpha]_D$ +18° (W.). — *-dibutylacetal*, $[\alpha]_D$ +20° (W.). — *-diisobutylacetal*, $[\alpha]_D$ +18° (W.). — *-äthylenacetal*, $[\alpha]_D$ +1° (W.). — D-Xylose-acetal-2.4;3.5-bis-[phenylboronate], aus vorst. Verb. durch 0,5std. Kochen mit Triphenylboroxol in Dioxan: *-dimethylacetal-*, $C_{19}H_{22}B_2O_6$, F. 168—169° (PAe.); $[\alpha]_D$ +30°; 74% (Dioxan). *-diäthylacetal-*, $C_{21}H_{26}B_2O_6$, F. 150—151° (PAe.); $[\alpha]_D$ +28° (Dioxan); 58%. — *-dipropylacetal-*, $C_{23}H_{30}B_2O_6$, F. 135 bis 136° (PAe.); $[\alpha]_D$ +22° (Dioxan); 67%. — *-dibutylacetal-*, $C_{25}H_{34}B_2O_6$, F. 114—115° (wss. Methanol); $[\alpha]_D$ +25° (Dioxan); 25%. — *-diisobutylacetal-*, $C_{25}H_{34}B_2O_6$, F. 130—132°; $[\alpha]_D$ +23° (Dioxan); 75%. — *-äthylenacetal-*, $C_{19}H_{20}B_2O_6$, F. 180—181° (PAe.); $[\alpha]_D$ +1° (Dioxan); 70%. — *(1.2-endo-phenyl)-1.2;3.5-Di-O-benzyliden-α-D-xylofuranose*, $C_{19}H_{18}O_5$, F. 155—156°, aus D-Xylose durch Rk. mit Benzaldehyd u. Isopropanol, sek.-Butanol bzw. tert.-Butanol in Ggw. von HCl; $[\alpha]_{5890}$ +27° ($CHCl_3$); 32,32 bzw. 55%; daneben 50, 22 bzw. 25% *(1.2-exo-phenyl) 1.2;3.5-Di-O-benzyliden-α-D-xylofuranose* [F. 132—133°; $[\alpha]_{5890}$ +25° ($CHCl_3$)]. — *(1.2-endo-phenyl)-1.2-O-Benzyliden-α-D-xylofuranose-3.5-phenylboronat*, $C_{18}H_{17}BO_5$, F. 116—117°, aus einem 78:22-Gemisch vorst. Verb. durch Rk. mit methanol. HCl u. Einw. von Phenylboronsäure auf das Rk.-Prod.; $[\alpha]_D$ −6° (Dioxan). — *3.5-Di-O-methyl-α-D-xylofuranose-1.2-phenylboronat*, F. 53—54° (PAe.), aus nachst. Verb. durch Rk. mit Triphenylboroxol in Dioxan; $[\alpha]_D$ −8° (c = 1; (Dioxan); 60%. — *3.5-Di-O-methyl-D-xylose*, aus dem Rk.-Gemisch vorvorst. Verb. durch 3std. Einw. von NaH in THF u. nachfolgende 18std. Einw. von Methyljodid auf das Rk.-Prod. über *1.2-O-Benzyliden-3.5-di-O-methyl-α-D-xylofuranose* [$[\alpha]_D$ −8° ($CHCl_3$); 84%] u. deren Hydrogenolyse in Ggw. von Pd–Kohle in 2-Methoxyäthanol; $[\alpha]_D$ +23° (W.); 90%.

R. Becker 3400△

1388 **Glykolspaltprodukte aus 1.2-Isopropyliden-α-D-glucofuranose.** T. D. Inch. (Carbohydrate Res. [Amsterdam] **5** (1967) 1, 53—61; Chem. Defence Exp. Establish., Porton Down, Near Salisbury, Wiltshire; engl.) — Vf. vergleichen die Ox. der 1.2-Isopropyliden-α-D-glucofuranose mittels $NaJO_4$ u. $Pb(CH_3COO)_4$. Die Prod. werden chromatograph. getrennt u. durch Dünnschichtchromatographie sowie NMR-Spektren gekennzeichnet (Angaben vgl. Orig.).

Versuche: *1.2-Isopropyliden-α-D-xylo-pentodialdo-(1.4)-furanose* (*Dimeres*), F. 178—180° (Ae. oder Bzl.), a) aus 15 g 1.2-Isopropyliden-α-D-glucofuranose (**I**) u. $NaJO_4$ in W. bei 0°; $[\alpha]_D$ +21° (c = 1,8; $CHCl_3$); R_F 0,34; 6 g (Ausb.); daneben nachst. Verb.; R_F 0,66; 2 g; b) aus 1 g **II** in Methanol durch Hydrierung an Pd; 0,4 g. *Diacetat*, aus der Stammverb. mit Essigsäureanhydrid in Py.; $[\alpha]_D$ +43° (c = 2; A.). *Semicarbazon*, F. 209—210° (W.), a) aus 0,3 g der Stammverb. u. Semicarbazid · HCl in W./A. in Ggw. von $NaOOCCH_3$; 0,3 g; b) aus 0,3 g nachst. Verb. analog a); 0,2 g. — *1.2-O-Isopropyliden-3.5-O-methylen-5-hydroxy-α-D-xylofuranose*, aus 20 g **I** u. $Pb(CH_3COO)_4$ in sd. Bzl.; $[\alpha]_D$ +47° (c = 2,4; ($CHCl_3$); 10 g; daneben vorst. Verb.; 2 g. *5-Acetat*, aus der Stammverb. mit Essigsäureanhydrid in Py. bei 0°; $[\alpha]_D$ +100° (c = 0,6; $CHCl_3$). *5-Benzoat*, $C_{16}H_{18}O_7$, F. 148—149°, analog Acetat mit Benzoylchlorid; $[\alpha]_D$ +113° (c = 1; $CHCl_3$). — *1.2-Isopropyliden-5-C-phenyl-β-L-ido-pentofuranose*, F. 159—160° (Bzn.), aus 0,5 g vorvorst. Verb. u. C_6H_5MgBr in sd. Ae.; 0,4 g; daneben *1.2-Isopropyliden-5-C-phenyl-α-D-glucopentofuranose*, F. 94—95° (Diisopropyläther); 0,15 g. — *3-O-Benzyl-1.2-isopropyliden-α-D-xylo-pentodialdo-(1.4)-furanose* (**II**), aus 3-O-Benzyl-1.2-isopropyliden-α-D-glucofuranose mit $Pb(CCH_3COO)_4$ in Bzl.; $[\alpha]_D$ $-75°$ (c = 3,7; $CHCl_3$). G. Westphal 3400△

1389 **Über eine S(β) → S(α)-Anomerisierung mittels Quecksilber(II)-bromids.** Peter Nuhn und Günther Wagner. (Z. Chem. **7** (1967) 4, 154; Pharm. Inst. der Karl-Marx-Univ., Leipzig; dt.) — Vgl. ibid. **6** (1966) 367. — Die genannte Anomerisierung in sd. Xylol erfolgt am 2-[Tetraacetyl-1-β-D-glucosylmercapto]-4-phenyloxazol (F. 160—163°; $\alpha]_D^{22}$ $-22°$. *Anomeres*, F. 138 bis 140°; $[\alpha]_D^{22}$ $+228°$) u. -thiazol (F. 151—153°; $[\alpha]_D^{22}$ $-31,7°$. *Anomeres*, F. 102—106°; $[\alpha]_D^{22}$ $+156°$). Max. der UV- sowie Protonensignale u. Kopplungskonst. der NMR-Spektren vgl. Original. Die Glukoside werden durch säurekatalysierte Hydrolyse mittels 0,1 n HCl (Entacetylierung) gekennzeichnet.
G. Westphal 3450△

1390 **Acetal-Austauschreaktionen.** M. E. Evans, F. W. Parrish und L. Long jun. (Carbohydrate Res. [Amsterdam] **3** (1967) 4, 453—62; U.S. Army Natick Labor., Natick, Mass.; engl.) — Die Dimethylacetale von Aceton, Pinakolin, Acetophenon u. Benzophenon (**I**) gehen unter Säurekatalyse einen Acetalaustausch mit Methyl-α-D-glucopyranosid (**II**) ein. Dabei entstehen als Hauptprod. die *4.6-O-Alkyliden-Verb.* von **II** u. als Nebenprod. die entsprechenden *2.3; 4.6-Di-O-alkyliden-Verbindungen*. Aus **II** u. **I** entsteht neben der *4.6-O-[Diphenylmethyliden]-Verb.* das *Methyl-6-O-[methoxydiphenylmethyl]-α-D-glucopyranosid* (**IV**).

Versuche: Methyl-4.6-O-alkyliden-α-D-glucoside, aus Methyl-α-D-glucopyranosid durch 24std. Rk. mit dem entsprechenden Dimethylacetal in Ggw. von p-Toluolsulfonsäure in DMF: *Methyl-4.6-O-isopropyliden-*, F. 82—83,5°, mit 2.2-Dimethoxypropan; $[\alpha]_D^{25}$ $+105°$ (c = 4,7; W.); 79%; daneben *Methyl-2.3; 4.6-di-O-isopropyliden-α-D-glucosid* [$C_{13}H_{22}O_6$, F. 85° (Hexan); $[\alpha]_D^{25}$ $+99°$ (c = 2; Bzl.); 1,8%]. — *Methyl-4.6-O-[1-phenyläthyliden]-* (**III**), $C_{15}H_{20}O_6$, F. 162°, mit [1.1-Dimethoxyäthyl]-benzol; $\alpha]_D^{25}$ $+150°$ (c = 1,2; $CHCl_3$); 90%. — *Methyl-4.6-O-[diphenylmethyliden]-*, $C_{20}H_{22}O_6$, mit Dimethoxydiphenylmethan (**I**); $[\alpha]_D^{25}$ $+101°$ (c = 4,5; Aceton); 14%; daneben *Methyl-6-O-[methoxydiphenylmethyl]-α-D-glucopyranosid* (**IV**), $C_{21}H_{26}O_7$, F. 118—119°; $[\alpha]_D^{25}$ $+84°$ (c = 0,7; Aceton); 18%]. — *Methyl-4.6-O-[1-tert.-butyläthyliden]-*, $C_{13}H_{24}O_6$, F. 174—175°, mit 2.2-Dimethoxy-3.3-dimethylbutan; $\alpha]_D^{25}$ $+100°$ (c = 0,34; Aceton); 61%; daneben *2.3; 4.6-Di-O-[1-tert.-butyläthyliden]-α-D-glucosid* [$C_{19}H_{34}O_6$; wahrscheinlich ein Diastereomeren-Gemisch (F. der bei Dünnschichtchromatographie langsamer laufenden Komponente 114°)]. — Methyl-4.6-O-alkyliden-2.3-di-O-methyl-α-D-glucoside, aus vorst. Methyl-4.6-O-alkyliden-Verb. durch 12std. Rk. mit Methyljodid u. Ag_2O in DMF: *Methyl-4.6-O-isopropyliden-*, $C_{12}H_{22}O_6$, F. 84°; $[\alpha]_D^{25}$ $+120°$ (c = 1; $CHCl_3$). — *Methyl-4.6-O-[1-phenyläthyliden]-*, $C_{15}H_{20}O_6$; $[\alpha]_D^{25}$ $+150°$ (c = 1,2; $CHCl_3$). — *Methyl-4.6-O-[diphenylmethyliden]-*, $C_{22}H_{26}O_6$, F. 113—114° (A.); $[\alpha]_D^{25}$ $+110°$ (c = 1,3; $CHCl_3$); 93%. — *Methyl-4.6-O-[1-tert.-butyläthyliden]-*, $C_{15}H_{28}O_6$, F. 71—72°; $[\alpha]_D^{25}$ $+92°$ (c = 1; $CHCl_3$). — *Methyl-2.3.4-tri-O-methyl-6-O-trityl-α-D-glucosid*, $C_{29}H_{34}\cdot O_6$, F. 107—108°, aus **IV** durch Methylierung zu *Methyl-6-O-[methoxydiphenylmethyl]-2.3.4-tri-O-methyl-α-D-glucosid* (84%), dessen Hydrolyse mit 75%ig. Essigsäure u. Einw. von Tritylchlorid in Py. auf das Rk.-Prod.; $[\alpha]_D^{25}$ $+96°$ (c = 0,63; Aceton); 70%. — *Verb.* $C_{15}H_{22}O_6$, aus 0,179 g **III** durch $NaJO_4$-Ox. u. weitere Rk. mit KBH_4; 0,176 g (Ausb.). R. Becker 3450△

1391 **Darstellung von Zuckern aus Methyl-glycopyranosidulosen: Methyl-4-acetamido-4.6-dideoxy-α-L-talopyranosid.** S. W. Gunner, W. G. Overend und N. R. Williams. (Carbohydrate Res. [Amsterdam] **4** (1967) 6, 498—503; Dep. of Chem., Birkbeck College, Univ. of London, London; engl.) — Die *Titelverb.* entsteht aus Methyl-6-deoxy-2.3-O-isopropyliden-α-L-mannopyranosid durch Ox. zu der entsprechenden Glycopyranosidulose, Oximierung u. Reduktion.

Versuche: *Methyl-6-deoxy-2.3-O-isopropyliden-α-L-lyxo-hexopyranosid-4-ulose*, $Kp._{0,03}$ 48—49°, $Kp._{0,45}$ 78 bis 80°, aus Methyl-6-deoxy-2.3-O-isopropyliden-α-L-mannopyranosid (**I**) durch Rk. mit CrO_3 in Py.; $[\alpha]_D^{20}$ $-101°$ (c = 3,5; Methanol); 34% (Ausb.). *2.4-Dinitrophenylhydrazon*, $C_{16}H_{20}N_4O_8$, F. 151,5—152° (wss. A.); $[\alpha]_D^{20}$ $+303°$ (c = 0,36; $CHCl_3$); gelbe Nadeln. *Oxim*, $C_{10}H_{17}NO_5$, F. 128—128,5° (wss. Aceton); $[\alpha]_D^{20}$ $-153°$ (c = 1,3; Methanol). — *N-Acetyl-Verb.*, **II** $C_{12}H_{21}NO_5$, F.

II 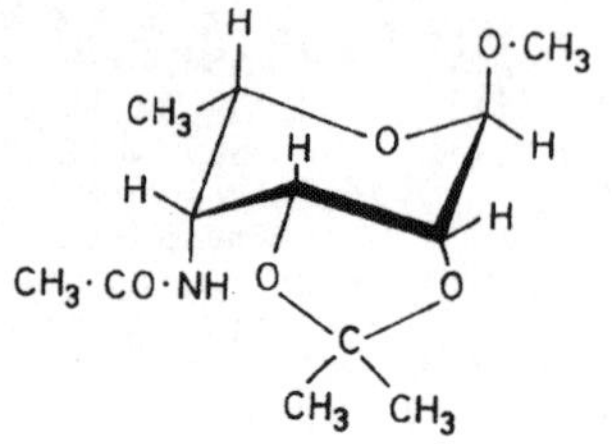

152,5—153° (Aceton), aus vorst. Oxim durch 2std. Kochen mit $LiAlH_4$ in Ae. u. Acetylierung des Rk.-Prod.; $[\alpha]_D^{20}$ $-31°$ (c = 1,22; Methanol); Prismen; 70%. — *Methyl-4-acetamido-4.6-dideoxy-α-L-talopyranosid*, $C_9H_{17}\cdot NO_5$, F. 184,5—185° (Äthylacetat), aus vorst. Verb. durch Schütteln mit Amberlite IR-120 (H^+) in Methanol; $[\alpha]_D^{20}$ $-148°$ (c = 1,22; Methanol); Prismen; 59%. — *Methyl-2.3-di-O-acetyl-4-acetamido-4.6-dideoxy-α-L-talopyranosid*, $C_{13}H_{21}NO_7$, F. 137—137,5° (Aceton/Ae./PAe.), aus vorst. Verb. durch 24std. Rk. mit Essigsäureanhydrid in Py.; $[\alpha]_D^{20}$ $-79°$ (c = 1,1; $CHCl_3$); 82%. — *Methyl-6-deoxy-2.3-O-isopropyliden-4-O-methansulfonyl-α-L-mannopyranosid*, $C_{11}H_{20}O_7S$, F. 130—131° (wss. A.), aus **I** durch 48std. Rk. mit Mesylchlorid in Py.; $[\alpha]_D^{20}$ $-4,6°$ (c = 1,6; $CHCl_3$); 93%. — *Methyl-5-azido-5.6-dideoxy-2.3-O-isopropyliden-α-L-talofuranosid* (?), aus vorst. Verb. durch 48std. Kochen mit NaN_3 in DMF; $[\alpha]_D^{20}$ $-17°$ (c = 2,4; Methanol); 69%.
R. Becker 3450△

1392 **Wanderung der Thiolthiocarbonylgruppen von Methyl-α-D-glucopyranosidxanthogenaten.** D. Trimnell, W. M. Doane, C. R. Russell und C. E. Rist. (Carbohydrate Res. [Amsterdam] **5** (1967) 2, 166—75; Northern Regional Res. Labor., Peoria, Ill.; engl.) — Bei der Einw. von NaOH auf Methyl-α-D-glucopyranosid-2-xanthogenate bildet sich über das 3-Isomere das 6-Isomere.

Versuche: *Methyl-4.6-O-benzyliden-α-D-glucopyranosid-2-[S-benzylxanthogenat]* (**I**) $C_{22}H_{24}O_6S_2$, F. 132 bis 133° (Isopropanol), aus Methyl-4.6-O-benzyliden-α-D-glucopyranosid mit CS_2 u. NaOH u. Einw. von Benzylbromid auf das Rk.-Prod. (Meth. **A**); $[\alpha]_D^{24,5}$ $+80,7°$ (c = 0,87; $CHCl_3$); 34% (Ausb.); daneben das *3-Isomere* (**II**; F. 176—177° (Isopropanol); $[\alpha]_D^{24,5}$ $+38,8°$ (c = 0,31; $CHCl_3$); 4%]. — *Methyl-2-O-benzoyl-4.6-O-benzyliden-α-D-glucopyranosid-3-[S-benzylxanthogenat)*, $C_{29}H_{28}O_7S_2$, F. 138° (A.), aus **II** mit Benzoylchlorid; $[\alpha]_D^{25}$ $+95,9°$ (c = 0,37; $CHCl_3$); 71%. — *Methyl-3-O-benzoyl-4.6-O-benzyliden-α-D-glucopyranosid-2-[S-benzylxanthogenat]*, $C_{29}H_{28}O_7S_2$, F. 127° (Al); aus **I** mit Benzoylchlorid; $[\alpha]_D^{25}$ $+68,4°$ (c = 0,64; $CHCl_3$); 71%. — *Methyl-2-O-benzoyl-4.6-O-benzyliden-α-D-glucopyranosid-3-[S-benzylmonothiolcarbonat)*, F. 132—133° (A.), aus vorvorst. Verb. mit Hg(II)-Acetat; $[\alpha]_D^{24,5}$ $+109,6°$ (c = 0,68; $CHCl_3$); 30%. — *Methyl-3-O-benzoyl-4.6-O-benzyliden-α-D-glucopyranosid-2-[S-benzylmonothiolcarbonat]*, F. 136—137° (A.), aus vorvorst. Verb. mit Hg(II)-Acetat; $[\alpha]_D^{25}$ $+44,5°$ (c = 0,99; $CHCl_3$); 30%. — *Methyl-α-D-glucopyranosid-2-[S-benzylxanthogenat]*, $C_{15}\cdot H_{20}O_6S_2$, F. 130—131° (Ae./Hexan), aus **I**; $[\alpha]_D^{26,5}$ $+97,8°$ (c = 0,49; $CHCl_3$); 83,5%. — *Methyl-α-D-glucopyranosid-3-[S-benzylxanthogenat]*, $C_{15}H_{20}O_6S_2$, F. 100—103°; aus **II**; $[\alpha]_D^{23}$ $+150,9°$ (c = 0,82; $CHCl_3$); 60,5%. — *Methyl-α-D-glucopyranosid-6-[S-benzylxanthogenat]*, F. 90—93° (Hexan), a) aus Methyl-α-D-glucopyranosid nach **A**; $[\alpha]_D^{26,5}$ $+69,6°$ (c = 1,35; $CHCl_3$); 37,4%; b) nach Willard u. Pascu 25,2%. *Triacetylverb.*, F. 106—109°. *Tribenzoylverb.*, F. 124—127°. — *Methyl-4.6-O-benzyliden-3-O-methyl-α-D-glucopyranosid-2-[S-benzylxanthogenat]*, $C_{23}H_{26}O_6S_2$, F. 35—37° (wss. A.), aus **I** mit Diazomethan; $[\alpha]_D^{24}$ $+81,5°$ (c = 1,66; $CHCl_3$);

92%. — *Methyl-3-O-methyl-α-D-glucopyranosid-2-[S-benzylxanthogenat]*, $C_{16}H_{22}O_6S_2$, F. 77—79° (Bzl./Hexan), aus vorst. Verb.; $[\alpha]_D^{24}$ +114,6° (c = 0,74; $CHCl_3$); 57%.
R. Becker 3450△

1393 **Synthese von 2′.3′-Didesoxy-2′-mercapto-3′-amino-uridin.** Takao Sekiya und Tyunosin Ukita. (Chem. pharmac. Bull. [Tokyo] **15** (1967) 4, 542—45; Fac. of Pharm. Sci., Univ. of Tokyo, Hongo, Bunkyo-ku, Tokyo; engl.) — Das nach Codington et al. (J. org. Chemistry **27** (1962) 163) synthetisierte *1-[3′-Desoxy-3′-amino-β-D-arabinofuranosyl]-uracil* reagiert mit CS_2 in Py. in Ggw. von Triäthylamin zu einer Verb., aus der durch Methylierung mit Methyljodid *1-[3′-Desoxy-3′-(dithiocarbomethoxy)-amino-β-D-arabinofuranosyl]-uracil* ($C_{11}H_{15}N_3O_5S_2$, F. 176,5—177° (Zers.); $[\alpha]_D^{22}$ +78° (c = 0,44; Methanol); 73% Ausb.) erhalten wird. Zum Schutz der 5′-Hydroxy-Gruppe wird mit Chlorameisensäuremethylester in Py. umgesetzt, wobei ein *amorphes Prod.* ($C_{13}H_{17}N_3O_7S_2$; 86,5%) erhalten wird, aus dem mit Methansulfonylchlorid in Py. der *2′-Mesylester* (65%) gebildet wird. Beim Kochen des Esters in Py. unter N_2 entsteht *1-{5′-O-Methoxycarbonyl-2′.3′-didesoxy-[2″-methylmercapto-Δ2″-thiazolino]-(4″.5″;3′.2′)-β-D-ribofuranosyl}-uracil* (53%), aus dem mit Na-Methylat *1-{2′.3′-Didesoxy-[2″-methylmercapto-Δ2″-thiazolino]-(4″.5″;3′.2′)-β-D-ribofuranosyl}-uracil* ($C_{11}H_{13}N_3O_4S_2$, F. 206,5—207°; $[\alpha]_D^{23}$ −42° (c = 0,42; Methanol); 18%) erhalten wird. Diese Verb. kann auch direkt aus vorst. Mesylester mit Na-Methylat erhalten werden u. ergibt bei der Red. mit Al-Amalgam in THF *1-[2′.3′-Didesoxy-thiazolidino-(4″.5″;3′.2′)-β-D-ribofuranosyl]-uracil* (68%). Durch Umsetzen mit wss. $HgCl_2$-Lsg. wird der $HgCl_2$-Komplex von *2′.3′-Didesoxy-2′-mercapto-3′-aminouridinhydrochlorid* ($C_9H_{12}N_3O_4S \cdot HCl \cdot HgCl \cdot HgCl_2$, F. 195,5° (Zers.); 44%) gewonnen. Beim Einleiten von H_2S in eine methanol. Suspension des Komplexes entsteht *1-[2′.3′-Didesoxy-2′-mercapto-3′-amino-β-D-ribofuranosyl]-uracilhydrochlorid*, aus dem durch Benzoylierung in Py. *1-[5′-O-Benzoyl-2′.3′-didesoxy-2′-benzoylmercapto-3′-benzoylamino-β-D-ribofuranosyl]-uracilhemihydrat* [$C_{30}H_{25}N_3O_7S \cdot 1/2\ H_2O$; $[\alpha]_D^{24}$ −39° (c = 0,59; $CHCl_3$); 51%) gewonnen wird. Max. der IR- u. UV-Spektren vgl. Original.
G. Westphal 3450△

1394 **Nucleoside. 39. Mitt. 2′-Desoxy-2′-fluorcytidin, 1-β-D-Arabinofuranosyl-2-amino-4-imino-1.4-dihydropyrimidin und verwandte Derivate.** Iris L. Doerr und Jack J. Fox. (J. org. Chemistry **32** (1967) 5, 1462—71; Sloan-Kettering Inst. for Cancer Res., Sloan-Kettering Div. of Cornell Univ. Med. Coll., New York, N.Y.; engl.) — Acetylierung von 2′-Chlor-2′-desoxyuridin (**I**) u. Umsetzung mit P_2S_5 in Ggw. von Py. geben *1-[Di-O-acetyl-2-chlor-2-desoxy-β-D-ribofuranosyl]-4-thiouracil* (**II**), das nach Desacetylierung mit CH_3J zu *1-[2-Chlor-2-desoxy-β-D-ribofuranosyl]-4-methylmercaptopyrimidon-(2)* (**V**) alkyliert wird. Analog wird, ausgehend von 2′-Fluor-2′-desoxyuridin, *1-[2-Desoxy-2-fluor-β-D-ribofuranosyl]-4-methylmercaptopyrimidon-(2)* dargestellt, das mit fl. NH_3 *2′-Desoxy-2′-fluorcytidin* gibt. Analog wird aus **V** ein *Gemisch* (≈ 1:1) aus *2′-Chlor-2′-desoxycytidin* (**VI**) u. *1-β-D-Arabinofuranosyl-2-amino-4-imino-1.4-dihydropyrimidin* (**VII**) erhalten. Es wird gezeigt, daß die Bldg. von **VII** über **VI** u. *2.2′-Anhydro-1-β-D-arabinofuranosylcytosin* (**VIII**; *2.2′-Anhydro-1-β-D-arabinofuranosyl-2-hydroxy-4-imino-1.4-dihydropyrimidin*) als Zwischenstufen erfolgt. Rk. der entsprechenden 2.2′-Anhydroarabinofuranosylpyrimidine mit fl. NH_3 liefert die *1-β-D-Arabinofuranosylderiv.* von *5-Methyl-*, *5-Fluor-* bzw. *4-Thioisocytosin.* Die Hydrolyse von den 2′-Desoxy-2′-halogencytidinen, **VIII** bzw. 1-β-D-Arabinofuranosyl-2-aminopyrimidinen wird untersucht. UV-Banden sind tabelliert.

Versuche (F. korr.): *1-[Di-O-acetyl-2-chlor-2-desoxy-β-D-ribofuranosyl]-uracil*, $C_{13}H_{15}ClN_2O_7$, F. 127 bis 130° (A.), durch 12std. Rk. von **I** mit Acetanhydrid/Py. bei Raumtemp.; $[\alpha]_D^{25}$ +6° (c = 1,5; A.); 92% (Ausb.). — *1-[Di-O-acetyl-2-chlor-2-desoxy-β-D-ribofuranosyl]-4-thiouracil* (**II**), $C_{13}H_{15}ClN_2O_6S$, F. 127—133° (A.), durch 3½std. Kochen von vorst. Verb. mit P_2S_5 in Py. unter Zugabe von wenig W.; $[\alpha]_D^{26}$ +38° (c = 0,8; Aceton); 95%. — *1-[2-Chlor-2-desoxy-β-D-ribofuranosyl]-4-thiouracil* (**III**), $C_9H_{11}ClN_2O_4S$, F. 101—103° (W.), durch 18std. Rk. von **II** in fl. NH_3 bei Raumtemp. im Rohr; $[\alpha]_D^{26}$ +38° (c = 0,3; A.); 83%. — *2.2′-Anhydro-1-β-D-arabinofuranosyl-4-thiouracil* (**IV**), $C_9H_{10}N_2O_4S$, Zers. bei 251° (Sintern bei 226—250°; 95%ig. CH_3OH), durch 1std. Kochen von Triäthylamin mit **III** in n-Butanol, $[\alpha]_D^{28}$ +12° (c = 0,7; W.); 76%. — *1-[2-Chlor-2-desoxy-β-D-ribofuranosyl]-4-methylmercaptopyrimidon-(2)* (**V**), $C_{10}H_{13}ClN_2O_4S$, F. 159—162° (25%ig. A.), durch Zugabe von CH_3J zu **III** in 50%ig. A.; $[\alpha]_D^{28}$ +120° (c = 0,4; A.); 85%. — *2.2′-Anhydro-1-β-D-arabinofuranosylcytosin* (**VIII**), *Hydrochlorid*, Zers. bei 260° (Sintern bei 200 bis 250°; CH_3OH/Kohle), analog **III** aus **V** u. fl. NH_3 in 1 Woche [→ *Gemisch* (55:45) aus *1-β-D-Arabinofuranosyl-2-amino-4-imino-1.4-dihydropyrimidin* (**VII**) u. **VI**] u. 20—30 Min. langes Kochen in Dioxan; 57%; daneben das *Hydrochlorid* von **VII**, $[\alpha]_D^{25}$ +91° (c = 1,9; 50%ig. A.), auch aus dem Hydrochlorid von **VIII** u. fl. NH_3; *Pikrat* von **VII**, $C_{15}H_{17}N_7O_{11}$, Zers. bei 205—210° (teilweises Schmelzen bei 160—165°), a) aus **VII** u. Pikrinsäure; $[\alpha]_D^{25}$ +58° (c = 1,0; 50%ig. A.); 25%; b) aus 0,11 g des Pikrats von **VIII** u. fl. NH_3; 90 mg. *Acetat* von **VIII**, $C_{11}H_{13}N_3O_5 \cdot H_2O$, Zers. bei 190—192° (Sintern bei 165—185°), aus dem Hydrochlorid von **VII** an Dowex 1 (Acetat-Form) in W.; 91%. *Pikrat* von **VIII**, $C_{15}H_{14}N_6O_{11}$, F. 218—221° (25%ig. A.), aus 0,1 g des Acetats von **VIII** u. wss. Pikrinsäurelsg., 0,15 g. — *2′-Chlor-2′-desoxycytidin* (**VI**), *Dihydrat*, $C_9H_{12}ClN_3O_4 \cdot 2\ H_2O$, Zers. bei 230—235° (Sintern bei 190—220°), durch 7tägige Rk. von 0,44 g **V** mit fl. NH_3 [→ *Gemisch* (52:48) aus **VI** u. dem Hydrochlorid von **VII**, Rk. mit Pikrinsäure in A. [→ das *Pikrat* von **VI**, Zers. bei 230—235° (Sintern bei 165—200°); 18%], Lösen von 37 mg des Pikrats in Methanol u. Zugabe von Ae.; $[\alpha]_D^{25}$ +33° (c = 0,2; W.); 17 mg. — *1-[Di-O-acetyl-2-desoxy-2-fluor-β-D-ribofuranosyl]-uracil* (**X**), $C_{13}H_{15}FN_2O_7$, F. 173—174° (A.), durch 18std. Rk. von 2.2′-Anhydro-β-D-arabinofuranosyluracil (**IX**) mit fl. HF in abs. Dioxan bei 107—110° im Rohr u. 18std. Rk. mit Acetanhydrid in Py. bei Raumtemp.; $[\alpha]_D^{26}$ +23° (c = 0,5; Aceton); 55%. — *2′-Fluor-2′-desoxyuridin*, F. 148—150° (A.), analog **III** aus **X** u. fl. NH_3; 80%. — *1-[Di-O-acetyl-2-desoxy-2-fluor-β-D-ribofuranosyl]-4-thiouracil*, $C_{13}H_{15}FN_2O_6S$, F. 109—113° (A.), analog **II** aus **X** u. P_2S_5 in Py./W.; $[\alpha]_D^{26}$ +75° (c = 0,5; Aceton); 74%. — *1-[2-Desoxy-2-fluor-β-D-ribofuranosyl]-4-thiouracil*, *Hemihydrat*, $C_9H_{11}FN_2O_4S \cdot 0,5\ H_2O$, F. 159 bis 160°, analog **III** aus vorst. Verb. u. fl. NH_3 über Nacht; $[\alpha]_D^{26}$ +105° (c = 0,3; A.); 81%. — *1-[2-Desoxy-2-fluor-β-D-ribofuranosyl]-4-methylmercaptopyrimidon-(2)*, $C_{10}H_{13}FN_2O_4S$, F. 170—171° (A.), analog **V** aus vorst. Verb. u. CH_3J; $[\alpha]_D^{26}$ +156° (c = 0,3; A.); 96%. — *1-[2-Desoxy-2-fluor-β-D-ribofuranosyl]-cytosin*, $C_9H_{12}FN_3O_4$, F. 171—173° (W.), durch 2tägige Rk. von vorst. Verb. mit fl. NH_3 bei 60—65° im Rohr; $[\alpha]_D^{26}$ +87° (c = 0,1; W.); 65%. — *1-β-D-Arabinofuranosylisocytosin*, F. 202—205° (Zers.), durch 17std. Rk. von 1,8 g **IX** mit fl. NH_3 im Rohr bei Raumtemp.; $[\alpha]_D^{24}$ +91° (c = 0,34; 50%ig. A.); 0,5 g. — *1-β-D-Arabinofuranosyl-5-methylisocytosin*, $C_{10}H_{15}N_3O_5$, F. 195—199° (Zers.; CH_3OH/Ae.), aus 2.2′-Anhydro-1-β-D-arabinofuranosylthymin in fl. NH_3 in 20 Std. bei Raumtemp.; $[\alpha]_D^{26}$ +76° (c = 0,3; 50%ig. A.); 85%. — *1-β-D-Arabinofuranosyl-5-fluorisocytosin*, $C_9H_{12}FN_3O_5$, F. 198—203° (Zers.; A. in Ggw. von W.), durch 2tägige Rk. von 2.2′-Anhydro-5-fluor-1-β-D-arabinofuranosyluracil mit fl. NH_3 bei Raumtemp.; $[\alpha]_D^{25}$ +55° (c = 0,1; W.); 84%. — *1-β-D-Arabinofuranosyl-4-thioisocytosin*, $C_9H_{13}N_3O_4S$, F. 180—185° (Zers.), durch 2tägige Rk. von 0,3 g **IV** mit fl. NH_3 bei Raumtemp.; $[\alpha]_D^{25}$ +94° (c = 0,27; 50%ig. A.); 0,22 g, roh. — *2′.3′-O-Isopropylidenisocytidin*, F. 203—205° (A.), durch 18std. Rk. von 2′.3′-O-Isopropyliden-2.5′-anhydrouridin mit fl. NH_3 bei Raumtemperatur.
H. Miele 3450△

1395 **Nucleoside von Thioguanin und anderen 6-substituierten 2-Aminopurinen aus 2-Acetamido-6-chlorpurin.** George L. Tong, Kenneth J. Ryan, William W. Lee, Edward M. Acton und Leon Goodman. (J. org. Chemistry **32** (1967) 3, 859—62; Life Sci. Res., Stanford Res. Inst., Menlo Park, Calif.; engl.) — Aus Methyl-2.5-di-O-benzoyl-3-desoxy-β-D-ribofuranosid (**I**) u. HCl-Gas in CH_3COOH/Acetylchlorid bzw. aus 1-O-Acetyl-2.3.5-tri-O-benzoyl-β-L-ribofuranose (II) u. HCl-Gas in Ae./Acetylchlorid werden *2.5-Di-O-benzoyl-3-desoxy-β-D-ribofuranosylchlorid* (III) bzw. *2.3.5-Tri-O-benzoyl-L-ribofuranosylchlorid* (IV) dargestellt. III bzw. IV geben mit dem Hg-Deriv. von 2-Acetamido-6-chlorpurin (V) u. Celite in sd. abs. Xylol *9-[2.5-Di-O-benzoyl-3-desoxy-β-D-ribofuranosyl]-* (VI) bzw. *9-[2.3.5-Tri-O-benzoyl-β-L-ribofuranosyl]-2-acetamido-6-chlorpurin* (VII). Aus VII u. H_2S-Gas in sd. abs. CH_3OH in Ggw. von $NaOCH_3$ entsteht *2-Amino-9-β-L-ribofuranosyl-9H-purin-6-thiol (2-Thioguanosin)*. Analog wird aus VI *2-Amino-9-[3-desoxy-β-D-ribofuranosyl]-9H-purin-6-thiol* erhalten. Aus VI u. Benzylmercaptan (VIII), Methylmercaptan (IX), Dimethylamin (X) bzw. $NaOCH_3$ werden *6-Benzylmercapto-*, *6-Methylmercapto-*, *6-Dimethylamino-* bzw. *6-Methoxy-2-amino-9-[3-desoxy-β-D-ribofuranosyl]-9H-purin* dargestellt. Mit 2-Mercaptoäthanol (XI) gibt VI in sd. CH_3OH in Ggw. von CH_3ONa *9-[3-Desoxy-β-D-ribofuranosyl]-guanin*.

Versuche (F. korr.): *Methyl-3-desoxy-β-D-ribofuranosid*, aus Methyl-2.3-anhydro-β-D-ribofuranosid u. $LiAlH_4$; 85% (Ausb.). — *2.5-Di-O-benzoyl-3-desoxy-β-D-ribofuranosylchlorid* (III), $C_{19}H_{17}ClO_5$, F. 91,5—93,5° (Bzl./Skellysolve), aus I u. HCl-Gas in CH_3COOH/Acetylchlorid bei 10—15°; $[\alpha]_{589}^{23}$ −56° (c = 2,05; $CHCl_3$); 71%. — *2.3.5-Tri-O-benzoyl-L-ribofuranosylchlorid* (IV), analog III aus II in Ae./Acetylchlorid bei 0°; 100%. — 9H-Purine: *2-Acetamido-6-chlor-9-[2.5-di-O-benzoyl-3-desoxy-β-D-ribofuranosyl]-* (VI), $C_{26}H_{22}ClN_5O_6$, F. 206—207° ($CHCl_3$), aus V u. III in sd. abs. Xylol in Ggw. von Celite; $[\alpha]_{589}^{23}$ +24° (c = 0,5; $CHCl_3$); 33%. — *2-Acetamido-6-chlor-9-[2.3.5-tri-O-benzoyl-β-L-ribofuranosyl)-* (VII), $C_{33}H_{26}ClN_5O_8$, analog VI aus IV; 57%. — *2-Amino-6-mercapto-9-β-L-ribofuranosyl-(L-Thioguanosin), Hydrat*, $C_{10}H_{13}N_5O_4S \cdot H_2O$, F. 231—233° (Zers.; W.), aus VII u. H_2S-Gas in sd. abs. CH_3OH in Ggw. von CH_3ONa; $[\alpha]_{589}^{24}$ −72° (c = 1; 0,1 n NaOH); 20%. — *2-Amino-9-[3-desoxy-β-D-ribofuranosyl]-6-mercapto-, Hydrat*, $C_{10}H_{13}N_5O_3S$, · 0,8 H_2O, F. 199—200° (Zers.; 0,1 n NaOH/1 m CH_3COOH), analog vorst. Verb. aus VI; $[\alpha]_{D89}^{24}$ −61° (c = 0,5; 0,1 n NaOH); 86%. — *2-Amino-6-benzylmercapto-9-[3-desoxy-β-D-ribofuranosyl]-*, $C_{17}H_{19} \cdot N_5O_3S$, F. 158,5—159° (wss. CH_3OH), aus VI u. VIII in sd. CH_3OH in Ggw. von $NaOCH_3$; $[\alpha]_{589}^{24}$ −25° (c = 0,49; CH_3OH); 54%. — *2-Amino-6-methylmercapto-9-[3-desoxy-β-D-ribofuranosyl]-*, $C_{11}H_{15}N_5O_3S$, F. 159—159,5° (CH_3CN), aus VI u. IX in sd. CH_3OH in Ggw. von $NaOCH_3$; $[\alpha]_{589}^{21}$ −46° (c = 0,5; W.); 79%. — *2-Amino-6-dimethylamino-9-[3-desoxy-β-D-ribofuranosyl]-*, $C_{12}H_{18} \cdot N_6O_3$, F. 175—176,5° (abs. A.), aus VI u. X bei 90°; $[\alpha]_{589}^{21}$ −48° (c = 0,5; W.); 34%. — *2-Amino-6-methoxy-9-[3-desoxy-β-D-ribofuranosyl]-*, $C_{11}H_{15}N_5O_4$, F. 164,5 bis 165° (CH_3CN), aus VI u. CH_3ONa in sd. CH_3OH; $[\alpha]_{589}^{22}$ −46° (c = 0,5; W.); 75%. — *9-[3-Desoxy-β-D-ribofuranosyl]-guanin*, kein F. bis 300° (Braunfärbung ab 250°; W.), aus VI u. XI in sd. 1 n methanol. CH_3ONa; $[\alpha]_{589}^{23}$ −41° (c = 0,3; W.); 63%.

Hans Köhne/Berlin 3450△

1396 **Pachysandra-Alkaloide.** 2. Mitt. **Struktur von Pachysandrin A, einem neuen pregnanähnlichen Alkaloid.** Masao Tomita, Shoichiro Uyeo und Tohru Kikuchi. (Chem. pharmac. Bull. [Tokyo] 15 (1967) 2, 193—207; Fac. of Pharm. Sci., Kyoto Univ., Yoshida-shimoadachi-cho, Sakyo-ku, Kyoto; engl.) — 1. vgl. J. pharmac. Soc. Japan [Yakugaku Zasshi] 87 (1967) 198. — Vf. diskutieren u. bestimmen die Struktur des aus der schwach bas. Alkaloid-Fraktion von *Pachysandra terminalis* Sieb et. Zucc. isolierten *Pachysandrin A* (I) als *3-[N-methyl-N-benzoylamino]-4β-acetoxy-20-dimethylamino-5α-pregnan*. IR-Spektren sowie IR- u. UV-Maxima bzw. NMR-Daten vgl. Original.

Versuche: *O-Desacylpachysandrin A* (VI), $C_{31} \cdot H_{48}N_2O_2$, F. 194—195°, durch 2std. Kochen von 105 mg I mit 5%ig. methanol. NaOH; aus Aceton Nadeln; $[\alpha]_D^{10}$ +91° (c = 1,8; $CHCl_3$); 100 mg (Ausb.). — *Pachysandrin-A* (I), F. 227—230° (Aceton), durch 12std. Rk. vorst. Verb. mit Acetanhydrid/Py. bei Raumtemperatur. — *N.O-Desacylpachysandrin A* (II), $C_{24}H_{44} \cdot N_2O$, F. 226—227°, a) durch 5std. Kochen von 1,03 g I mit 20%ig. äthanol. KOH; aus Aceton/CH_2Cl_2 Nadeln; $[\alpha]_D^{10}$ +28° (c = 1,1; $CHCl_3$); 655 mg; b) durch 2std. Kochen eines Gemisches aus 50 mg IV u. $LiAlH_4$ in THF; 34 mg. *N.O-Diacetylderiv., Hemihydrat*, $C_{28}H_{48}N_2O_3 \cdot {}^1/_2H_2O$, F. 192—193°; aus Aceton Nadeln; 60 mg. — *N-Methyl-N.O-desacylpachysandrin A, Hemihydrat* (III), $C_{25}H_{46}N_2O \cdot {}^1/_2H_2O$, F. 126—150°, durch 3std. Erhitzen von 120 mg II, Ameisensäure u. 37%ig. Formalin bei 100°, Zugabe von 3%ig. HCl, Alkalisieren mit NH_4OH; aus Aceton/CH_2Cl_2 Prismen; $[\alpha]_D^{10}$ +21° (c = 1,34; $CHCl_3$); 125 mg. *O-Acetylderiv.*, $C_{27}H_{48}N_2O_2$, F. 169 bis 170°; aus Aceton Nadeln; $[\alpha]_D^{15}$ +16° (c = 1,26; $CHCl_3$); 113 mg. — *$\Delta^{4,22}$-Ergostadienon-(3)*, F. 124—127°, durch katalyt. Hydrierung von Isoergosteron in 4%ig. methanol. KOH in Ggw. von Pd–Kohle. — *3-Oxobisnor-Δ^4-cholensäure*, F. 269—273° (Methanol/CH_2Cl_2), durch Zugabe von O_3 zu 3,25 g vorst. Verb. in CH_2Cl_2/Py. bei −70°, Zugabe von Essigsäure u. Zn-Staub u. Zugabe von CrO_3; $[\alpha]_D^{15}$ +55° (c = 1; $CHCl_3$); 1 g. — *3β-Hydroxybisnor-Δ^4-cholensäure*, F. 237°, durch Zugabe von $NaBH_4$ zu 185 mg vorst. Verb. in Methanol/CH_2Cl_2, 2std. Kochen u. Zugabe von 3%ig. HCl; aus Essigester/CH_2Cl_2 Nadeln; 166 mg. — *Bisnorallocholansäure* (V), $C_{22}H_{36}O_2$, F. 213 bis 214° (Methanol/CH_2Cl_2), durch Hydrieren von 78 mg vorst. Verb. in Essigester u. $PtO_2 \cdot 2\,H_2O$/60%ig. $HClO_4$, Filtrieren u. Einengen im Vakuum; $[\alpha]_D^{10}$ +7° (c = 1,4; $CHCl_3$); 65 mg. *Methylester*, $C_{22}H_{38}O_2$, F. 95°; 110—112°, durch Rk. der Säure mit äther. Diazomethan; aus Methanol Nadeln; $[\alpha]_D^{10}$ +0° (c = 1,9; $CHCl_3$). — 5α-Pregnane: *3-Methylamino-4-oxo-20-dimethylamino-* (IV), $C_{24}H_{42}N_2O$, F. 169—170°, a) durch Zutropfen von CrO_3 in Essigsäure/W. zu 153 mg II in Essigsäure/W. unter Eiskühlung, 2std. Rühren unter Kühlen, Zugabe von W., Alkalisieren mit $NaHCO_3$ u. Extrahieren mit CH_2Cl_2; aus Aceton Nadeln; $[\alpha]_D^{10}$ −28° (c = 1,13; $CHCl_3$); 130 mg; b) durch Zugabe von CrO_3 in Essigsäure/W. zu 45 mg 3-[N-Methylamino]-4-hydroxy-20α-dimethylamino-5α-pregnan bei Raumtemp., 1std. Rühren, Zugabe von Methanol, Gießen in Eis/wss. $NaHCO_3$ u. Extrahieren mit CH_2Cl_2; 35 mg. *N-Acetylderiv.*, $C_{26}H_{44}N_2O_2$, F. 151—153° (n-Hexan), durch Rk. von 50 mg IV mit Acetanhydrid/Py.; $[\alpha]_D^{15}$ −5° (c = 1; $CHCl_3$); 57 mg. — *3.20-Bis-[dimethylamino]-4-oxo-* (VII), $C_{25}H_{44}N_2O$, F. 187—188°, a) aus 440 mg III analog vorst. Meth.; aus Aceton Nadeln; $[\alpha]_D^{23}$ +24° (c = 1,06; $CHCl_3$); 330 mg; b) durch Ox. von 190 mg 3.20-Bis-[dimethylamino]-4-hydroxy-5α-pregnan analog vorst. Meth. nach b); 110 mg. — *20α-Dimethylamino-*, $C_{23}H_{41}N$, F. 141—142°, a) durch 1,5std. Erhitzen eines Gemisches aus 420 mg IV (oder vorst. Verb.), 80%ig. Hydrazinhydrat, KOH, A. u. Diäthylenglykol bei 150—210°, Kühlen, Zugabe von W. u. Extrahieren mit CH_2Cl_2 (Meth. A); aus Aceton/CH_2Cl_2 Platten; $[\alpha]_D^{17}$ +25° (c = 1,97; $CHCl_3$); 320 mg; b) durch Rk. von 90 mg V mit $SOCl_2$ unter Eiskühlung, Einengen im Vakuum, Lösen des erhaltenen Säurechlorids in Aceton, Zutropfen von NaN_3 in W. unter Eiskühlung u. Rühren, Zugabe von W., Filtrieren, Lösen des erhaltenen *Azids* in Essigsäure/W., 0,5std. Rühren bei 50°, 10 Min. langes Rühren bei 100°, Zugabe von 20%ig. HCl, 3std. Erhitzen bei 100°, Alkalisieren mit NH_4OH, Extrahieren mit Ae., Schütteln mit HCl, Filtrieren u. Erhitzen des erhaltenen *Amin-Hydrochlorids* mit Ameisensäure u. 37%ig. Formalin (Meth. B); 42 mg; c) aus 3-Oxo-4-hydroxy-20α-dimethylamino-Δ^4-pregnen analog A. — *20α-[N-Formyl-N-methylamino]-*, F. 172—174° (Ae.), durch mehrstd. Stehen von 118 mg vorst. Verb., CrO_3 u. Py. bei Raumtemp., Zugabe von NH_4OH u. Extrahieren mit CH_2Cl_2; $[\alpha]_D^{15}$ −4° (c = 1,12; $CHCl_3$); 108 mg. — *3-Methylamino-4-benzoyloxy-20α-dimethylamino-*, $C_{31}H_{48}N_2O_2$, F. 205—206°, durch 20std. Rk. eines Gemisches aus 130 mg VI u. $POCl_3$ in Py. bei Raumtemp., Gießen in Eiswasser, Alkalisieren mit NH_4OH u. Extrahieren mit CH_2Cl_2; aus Methanol Platten; $[\alpha]_D^{10}$ −18° (c = 1,3; $CHCl_3$); 138 mg. — *3.20α-Bis-[dimethylamino]-4-benzoyloxy-*, $C_{32}H_{50}N_2O_2$, F. 156 bis 157°, durch 6std. Erhitzen von 100 mg vorst. Verb., Ameisensäure u. 37%ig. Formalin bei 100°; aus Aceton Nadeln; $[\alpha]_D^{15}$ +14° (c = 1,16; $CHCl_3$); 100 mg. — *3-Methylamino-4-hydroxy-20α-dimethylamino-*, $C_{24}H_{44} \cdot N_2O$, F. 215—216°, durch 1std. Kochen von 138 mg vorst. Verb. mit 5%ig. methanol. NaOH, Einengen im

Vakuum, Zugabe von W. u. Extrahieren mit CH_2Cl_2; aus Aceton/CH_2Cl_2 Nadeln; $[\alpha]_D^{10}$ $-38°$ (c = 1,06; $CHCl_3$); 108 mg. — *3.20α-Bis-[dimethylamino]-4-hydroxy-*, $C_{25}H_{46}N_2O$, F. 172—173°, a) aus 80 mg vorvorst. Verb. analog vorst. Meth.; aus Methanol Nadeln; $[\alpha]_D^{15}$ $-28°$ (c = 1,14; $CHCl_3$); 50 mg; b) durch 6std. Kochen von 113 mg nachst. Verb. u. $LiAlH_4$ in abs. THF; 110 mg; c) durch Red. von **VII** mit $LiAlH_4$; daneben **III**. *O-Acetylderiv.*, $C_{27}H_{48}N_2O_2$, F. 165—167° (Aceton); $[\alpha]_D^{10}$ $+32°$ (c = 1,2; $CHCl_3$). — *20α-Dimethylamino-N-methyloxazolidino-[4.5:c]-*, $C_{25}H_{44}N_2O$, F. 201—202°, durch 5std. Erhitzen eines Gemisches aus 20 mg vorvorst. Verb., Ameisensäure u. 37%ig. Formalin bei 100°, Zugabe von W., Alkalisieren mit NH_4OH u. Extrahieren mit CH_2Cl_2; aus Aceton Nadeln; $[\alpha]_D^{10}$ $-58°$ (c = 1,16; $CHCl_3$); 20 mg. — *Δ^{22}-5β-Ergosten-3-on*, F. 107—110°, durch Hydrieren von 2 g Isoergosterin in 2%ig. äthanol. KOH an Pd-Kohle; 1,1 g. — *3α-Acetoxy-Δ^{22}-5β-ergosten*, durch Red. von 3,3 g vorst. Verb. mit $NaBH_4$ in Methanol/CH_2Cl_2 u. Rk. mit Acetanhydrid/Py.; 3 g. — *3α-Acetoxybisnorcholansäure*, durch Einleiten von O_3 in eine Lsg. von 3 g vorst. Verb. in CH_2Cl_2 bei −70°, Zugabe von Essigsäure u. Zn-Staub, 5std. Rühren bei Raumtemp., Filtrieren, Einengen im Vakuum, Lösen in Essigsäure, Ox. mit CrO_3 bei Raumtemp. unter Rühren, Zugabe von Methanol u. W. u. Extrahieren mit Ae.; 1,9 g. — *3α-Hydroxy-20α-dimethylamino-5β-pregnan*, $C_{23}H_{41}NO$, F. 150—151° (Aceton), aus 1,9 g vorst. Verb. analog **B** u. nachfolgendes 3std. Kochen des erhaltenen *3α-Acetoxy-20α-dimethylamino-5β-pregnans* mit 5%ig. äthanol. KOH; $[\alpha]_D^{15}$ $+24°$ (c = 1; $CHCl_3$); 620 mg. — *3-Oxo-20α-dimethylamino-5β-pregnan*, $C_{23}H_{39}NO$, F. 103—104° (wss. Aceton), durch Ox. von 700 mg vorst. Verb. mit CrO_3 in Essigsäure; $[\alpha]_D^{10}$ $+34°$ (c = 1,43; $CHCl_3$); 615 mg. — *3-Oxo-4-hydroxy-20α-dimethylamino-Δ^4-pregnen*, $C_{23}H_{37}\cdot NO_2$, F. 195,5—196,5°, a) durch 24std. Rühren eines Gemisches aus 400 mg vorst. Verb. u. K-tert.-Butylat in tert.-Butanol bei 30°, Zugabe von W. u. Extrahieren mit Ae.; $[\alpha]_D^{17}$ $+24°$ (c = 1,58; $CHCl_3$); 100 mg; b) durch 2std. Rühren eines Gemisches aus 235 mg **IV** u. 5%ig. äthanol. KOH bei Raumtemp., mehrstd. Stehen bei Raumtemp., Alkalisieren mit NH_4OH u. Extrahieren mit NH_4OH; 82 mg. K.-P. Hilgetag 3500△

1397 **Einige Analoge von Papaverin.** 2. Mitt. **Synthese von elf Analogen von Papaverin durch successiven Ersatz der Methoxy-Gruppen durch Methyl-Gruppen.** S. N. Kulkarni, P. V. Panchangam und K. S. Nargund. (Indian J. Chem. **5** (1967) 9, 401—03; Dep. of Chem., Karnatak Univ., Dharwar; engl.) — Durch successiven Ersatz der Methoxygruppen durch Methylgruppen werden elf der sechzehn möglichen Analoga des Papaverins dargestellt.

Versuche: Phenylessigsäuren: *3.4-Dimethyl-*, F. 100°, nach Kulkarni u. Nargund (ibid. **5** (1967), im Druck); 58% (Ausb.). — *3.4-Dimethoxy-*, F. 96—97°, nach Bürger u. Fitchett (1952); 70%. — *3-Methyl-4-methoxy-*, F. 85—86°, nach Wenner (1951); 55%. — *3-Methoxy-4-methyl-*, $C_{10}H_{12}O_3$, F. 82°, durch 6std. Kochen des entsprechenden Acetophenons mit S in Morpholin, Zugabe von 10%ig. alkohol. KOH, 6std. Kochen u. Ansäuern; 56%. — Phenylacetamide, durch 2std. Erhitzen der entsprechenden Phenyläthylamine mit entsprechenden Phenylessigsäuren auf 180°: *N-[3.4-Dimethyl-phenäthyl]-3.4-dimethoxy-*, $C_{20}H_{25}NO_3$, F. 113—114° (verd. A.); 66%. — *N-[3.4-Dimethyl-phenäthyl]-3-methyl-4-methoxy-*, $C_{20}H_{25}NO_2$, F. 87—88° (verd. A.); 91%. — *N-[3.4-Dimethoxy-phenäthyl]-3-methyl-4-methoxy-*, $C_{20}H_{25}NO_4$, F. 133° (verd. A.); 85%. — *N-[3.4-Dimethoxy-phenäthyl]-3.4-dimethyl-*, $C_{20}H_{25}NO_3$, F. 129° (verd. A.); 76%. — *N-[3-Methyl-4-methoxy-phenäthyl]-3.4-dimethoxy-*, $C_{20}H_{25}NO_4$, F. 114° (verd. A.); 38%. — *N-[3-Methyl-4-methoxyphenäthyl]-3-methyl-4-methoxy-*, $C_{20}H_{25}NO_3$, F. 104—105° (verd. A.); 39%. — *N-[3-Methyl-4-methoxyphenäthyl]-3.4-dimethyl-*, $C_{20}H_{25}NO_2$, F. 114—115° (verd. A.); 36%. — *N-[3-Methoxy-4-methylphenäthyl]-3-methoxy-4-methyl-*, $C_{20}H_{25}NO_3$, F. 95° (verd. A.); 38%. — *N-[3-Methoxy-4-methyl-phenäthyl]-3-methyl-4-methoxy-*, $C_{20}H_{25}NO_3$, F. 89° (verd. A.); 42%. — *N-[3-Methoxy-4-methylphenäthyl]-3.4-dimethoxy-*, $C_{20}H_{25}NO_4$, F. 105° (verd. A.); 37%. — *N-[3-Methoxy-4-methylphenäthyl]-3.4-dimethyl-*, $C_{20}H_{25}NO_2$, F. 115° (verd. A.), 40%. — 3.4-Dihydroisochinolinpikrate, durch Kochen vorst. Amide mit $POCl_3$ in Xylol unter N_2, Zers. mit W., Zugabe von 20%ig. NaOH zur wss. Lsg., Extrahieren mit Ae., Eindampfen u. Umsetzen mit alkohol. Pikrinsäurelösung: *1-[3.4-Dimethoxybenzyl]-6.7-dimethyl-*, $C_{26}H_{26}N_4O_9$, F. 175° (A.); 6%. — *1-[3-Methyl-4-methoxybenzyl]-6.7-dimethyl-*, $C_{26}H_{26}N_4O_8$, F. 203° (A.); 9%. — *1-[3-Methyl-4-methoxybenzyl]-6.7-dimethoxy-*, $C_{26}\cdot H_{26}N_4O_{10}$, F. 162° (A.); 26%. — *1-[3.4-Dimethylbenzyl]-6.7-dimethoxy-*, $C_{26}H_{26}N_4O_9$, F. 192° (A.); 24%. — *1-[3.4-Dimethoxybenzyl]-6-methyl-7-methoxy-*, $C_{26}H_{26}N_4O_{10}$, F. 164° (A.); 15%. — *1-[3-Methyl-4-methoxybenzyl]-6-methyl-7-methoxy-*, $C_{26}H_{26}N_4O_9$, F. 162—163° (A.); 14%. — *1-[3.4-Dimethylbenzyl]-6-methyl-7-methoxy-*, $C_{26}H_{26}N_4O_8$, F. 220° (A.); 32%. — *1-[4-Methoxy-4-methylbenzyl]-6-methoxy-7-methyl-*, $C_{26}H_{26}N_4O_9$, F. 185° (A.); 12%. — *1-[3-Methyl-4-methoxybenzyl]-6-methoxy-7-methyl-*, $C_{26}\cdot H_{26}N_4O_9$, F. 154° (A.); 20%. — *1-[3.4-Dimethoxybenzyl]-6-methoxy-7-methyl-*, $C_{26}H_{26}N_4O_{10}$, F. 158° (A.); 10%. — *1-[3.4-Dimethylbenzyl]-6-methoxy-7-methyl-*, $C_{26}H_{26}N_4O_8$, F. 188° (A.); 30%. — Isochinolinpikrate, durch 3std. Kochen vorst. Dihydroisochinoline (aus den Pikraten) mit Pd/Kohle in Tetralin, Extrahieren mit verd. HCl, Extrahieren mit Ae. u. Umsetzen mit wss. Pikrinsäurelösung: *1-[3.4-Dimethoxybenzyl]-6.7-dimethyl-*, $C_{26}H_{24}\cdot N_4O_9$, F. 195° (A.). — *1-[3-Methyl-4-methoxybenzyl]-6.7-dimethyl-*, $C_{26}H_{24}N_4O_8$, F. 180° (A.). — *1-[3-Methyl-4-methoxybenzyl]-6.7-dimethoxy-*, $C_{26}H_{24}N_4O_{10}$, F. 210° (A.). — *1-[3.4-Dimethoxybenzyl]-6-methyl-7-methoxy-*, $C_{26}H_{24}\cdot N_4O_{10}$, F. 185° (A.). — *1-[3-Methyl-4-methoxybenzyl]-6-methyl-7-methoxy-*, $C_{26}H_{24}N_4O_9$, F. 238° (A.). — *1-[3.4-Dimethylbenzyl]-6-methyl-7-methoxy-*, $C_{26}H_{24}N_4O_8$, F. 189° (A.). — *1-[3-Methoxy-4-methylbenzyl]-6-methoxy-7-methyl-*, $C_{26}H_{24}N_4O_9$, F. 172° (A.). — *1-[3-Methyl-4-methoxybenzyl]-6-methoxy-7-methyl-*, $C_{26}H_{24}N_4O_{10}$, F. 166° (A.). — *1-[3.4-Dimethylbenzyl]-6-methoxy-7-methyl-*, $C_{26}H_{24}N_4O_8$, F. 202° (A.). G. Westphal 3500△

1398 **Tumor-Inhibitoren.** 28. Mitt. **Hochauflösende Massenspektrometrie bei Molekularstrukturuntersuchungen.** 15. Mitt. **Isolierung, Strukturaufklärung und Synthese von Solapalmitin und Solapalmitenin, zwei neuen Alkaloid-Tumorinhibitoren aus Solanum tripartitum.** S. Morris Kupchan, Alan P. Davies, S. J. Barboutis, H. K. Schnoes und A. L. Burlingame. (J. Amer. chem. Soc. **89** (1967) 22, 5718—19; Dep. of Pharmac. Chem., Univ. of Wis., Madison, Wis.; engl.) — 27. vgl. C. **1968**, 57-0737 bzw. 14. vgl. Analytic. Chem. **40** (1968) **1**, 13. — Aus *Solanum tripartitum* wird *Solapartin* (**A**) isoliert, das durch Hydrierung in *Hydrosolapartin* (**B**) u. mit folgender $LiAlH_4$-Red. in *Desoxohydrosolapartin* übergeführt wird. Saure Hydrolyse von **A** bzw. **B** gibt *Solamin* (**I**; $C_{12}H_{29}N_3$), neben einem *Gemisch von Palmitin-* u. *Stearinsäure* (4:1). Das aus N-Acetyl-**I** erhaltene *Bis-methojodid* wird dem Hofmannschen Abbau zu *Trimethylamin* u. einem *Methin*, dessen $LiAlH_4$-Red. *Bis-[buten-(3)-yl]-äthylamin* (**II**) liefert, unterworfen. Hydrierung von **II** gibt *Di-n-butyläthylamin* (*Pikrat*, F. 85—87°; *Oxalat*, F. 92—97°). **I** hat daher die Struktur *Bis-[4-dimethylaminobutyl]-amin*. Durch Rk. mit Peressigsäure u. Br_2 wird **A** in *Solapalmitin* (**III**; $C_{28}H_{59}N_3O$) u. *Solapalmitenindibromid* (**IV**; $C_{28}H_{57}\cdot Br_2N_3O$) aufgetrennt. Die Struktur von **III** wird als *Palmitinsäure-bis-[4-dimethylaminobutyl]-amid* erkannt, was die Synth. aus **I** u. Palmitoylchlorid bestätigt. Debromierung von **IV** mit Zn liefert *Solapalmitenin* (**V**; $C_{28}H_{57}N_3O$). Durch Synth. von **V** aus **I** u. trans-Hexadecen-(2)-oylchlorid wird seine Struktur als *Hexadecen-(2-trans)-säure-bis-[4-dimethylaminobutyl]-amid* bestätigt. Durch Massen-, IR- u. NMR-Spektren werden die Strukturen der Verb. gestützt. **A**, **III** u. **V** zeigen Hemmung von Walker-Carcinosarkom 256 (Ratte). W. Senf 3500△

1399 **Terpene als Heilmittel.** 1. Mitt. **1-Terpenyl-3-arylsulfonylharnstoffe.** Gianfranco Pala, Antonio Mantegani und Germano Coppi. (J. med. Chem. **10** (1967) 3, 508; Res. Labors., Ist. de Angeli S.p.A., Milan, Italy; engl.) — Von den dargestellten *1-Terpenyl-3-p-tosylharnstoffen* zeigt nur *1-Citronellyl-3-p-tolylsulfonylharnstoff* hypoglykäm. Wirkung.

Versuche: 3-[p-Tolylsulfonyl]-harnstoffe: *1-Citronellyl-*, $C_{18}H_{28}N_2O_3S$, aus Citronellylamin u. Äthyl-N-[p-tolylsulfonyl]-carbamat in sd. abs. Toluol; Öl; 72% (Ausb.). — *1-Geranyl-*, $C_{18}H_{26}N_2O_3S$, F. 89—90° (A.), analog aus Geranylamin; 82%. — *1-Farnesyl-*, $C_{23}H_{34}N_2 \cdot O_3S$, analog aus Farnesylamin; Öl; 70%.
W. Senf 3600△

1400 **Terpene als Heilmittel.** 2. Mitt. **Terpenylderivate von Barbitursäuren und Normeperidin.** Gianfranco Pala, Elda Crescenzi und Tiberio Bruzzese. (J. med. Chem. 10 (1967) 3, 507—08; engl.) — 1. vgl. vorst. Referat. — Keines der dargestellten *Terpenylderiv. von 5-Phenyl-, 1.3-Diphenylbarbitursäure* sowie *Normeperidin* zeigte pharmakolog. Wirkung.

Versuche (F. korr.): Phenylmalonsäurediäthylester: *Farnesyl-* (I), $C_{28}H_{40}O_4$, aus Phenylmalonsäurediäthylester u. Farnesylbromid mit $NaOC_2H_5$ in sd. A.; Öl; 50% (Ausb.). — Analog: *Geranyl-*, $C_{23}H_{32}O_4$, Kp.$_{0,1}$ 148—154°; 54%. — *Citronellyl-*, $C_{23}H_{34}O_4$, Kp.$_{0,2}$ 155—160°; 38%. — *Digeranylmalonsäurediäthylester* (II), $C_{27}H_{44}O_4$, aus Malonsäurediäthylester u. Geranylbromid (III) analog I. — Barbitursäuren: *5-Phenyl-5-farnesyl-*, $C_{25}H_{32}N_2O_3$, F. 139—140° (W.-A.), aus I u. Harnstoff mit $NaOCH_3$ in sd. CH_3OH unter N_2; 46%. — Analog: *5-Phenyl-5-geranyl-*, $C_{20}H_{24}N_2O_3$, F. 147—148° (W.-A.); 53%. — *5-Phenyl-5-citronellyl-*, $C_{20}H_{26}N_2O_3$, F. 102 bis 103° (W.-A.); 48%. — *5.5-Digeranyl-*, $C_{24}H_{36}N_2O_3$, F. 92° (Hexan), aus II; 46%. — *1.3-Diphenyl-5-geranyl-*, $C_{26}H_{28}N_2O_3$, F. 81—82° (A.), aus Geranylmalonsäure u. N.N'-Diphenylharnstoff mit Acetanhydrid in sd. $CHCl_3$ unter N_2; 38%. — Analog: *1.3-Diphenyl-5-farnesyl-*, $C_{31}H_{36}N_2O_3$; Öl; 25%. — *1.3-Diphenyl-5-citronellyl-*, $C_{26}H_{30}N_2O_3$, F. 83—84° (W.-A.); 32%. — Normeperidine: *1-Geranyl-*, $C_{24}H_{35}NO_2$, Kp.$_{0,1}$ 166—168°, aus III u. Normeperidincarbonat mit $NaOC_2H_5$ in sd.jw· d_2; 76%. *Hydrochlorid*, F. 143—144° (Äthylacetat). —. Analog: *1-Neryl-*, $C_{24}H_{35}NO_2$, Kp.$_{0,1}$ 162—165°; 68% *Hydrochlorid*, F. 167—168° (Äthylacetat). — *1-Citronellyl-*, $C_{24}H_{37}NO_2$, Kp.$_{0,2}$ 171—174°; 34%. — *1-Farnesyl-*, $C_{29}H_{43}NO_2$, Kp.$_{0,2}$ 187—189°; 81%. *Hydrochlorid*, F. 145 bis 146° (Äthylacetat). W. Senf 3600△

1401 **Terpene als Heilmittel.** 3. Mitt. **Terpenylketoxime.** Gianfranco Pala, Antonio Mantegani und Germano Coppi. (J. med. Chem. 10 (1967) 5, 980; engl.) — 2. vgl. vorst. Referat. — Die dargestellten *Oxime* einiger Terpenketone zeigen weder hypnot. noch antikonvulsive Wrkg.; jedoch besitzen I u. II hyperglykäm. Aktivität (Ratten, Kaninchen). — 5. vgl. C. **1969**, 53—0779.

Versuche: Acetonoxime, aus dem entsprechenden Aceton, $H_2NOH \cdot HCl$ in wss. $NaHCO_3$-Lsg.: *Geranyl-* (I), $C_{13}H_{23}NO$, Kp.$_{0,05}$ 107—108°, aus Geranylaceton; 83% (Ausb.). — *Neryl-* (II), $C_{13}H_{23}NO$, Kp.$_{12}$ 112 bis 114°, aus Nerylaceton; 84%. — *Farnesyl-*, $C_{18}H_{31}NO$, Kp.$_{0,07}$ 142—143°, aus Farnesylaceton; 81%.
W. Senf 3600△

1402 **Terpen–Formaldehyd-Reaktionen.** 1. Mitt. **α-Terpinen.** A. T. Blomquist und J. D. Meador. (J. org. Chemistry 32 (1967) 12, 3986—89; Dep. of Chem., Cornell Univ., Ithaca, N.Y.; engl.) — α-Terpinen gibt mit HCHO in Eisessig bei 110—115° *1-Acetoxymethyl-$\Delta^{2.4,8}$-p-menthadien* (I) u. *1-Acetoxymethyl-$\Delta^{2.4}$-p-menthadien* (II). In Ggw. von HCOOH wird ein *Gemisch von Acetaten* u. *Formiaten* erhalten, das bei der alkal. Hydrolyse ein *Gemisch* mit 71% *1-Hydroxymethyl-$\Delta^{2.4,8}$-p-menthadien* (III) bildet. Ein 1:1-Gemisch von I u. II gibt bei der durch H_2SO_4 katalysierten Methanolyse ein *Gemisch*, das 85% III enthält. Das Gemisch von I u. II wird katalyt. zu einem *Gemisch* der *cis-trans-Isomeren* von *1-Acetoxymethyl-p-menthan* hydriert, das alkal. zu einem *Gemisch* von *cis-* u. *trans-1-Hydroxymethyl-p-menthan* verseift wird. Mit HCHO in CH_2Cl_2 reagiert α-Terpinen bei Raumtemp. in Ggw. von $SnCl_4$ zu einem *Gemisch* mit ca. 80% *6-Methyl-9-isopropyl-2.4-dioxabicyclo-[4.4.0]-decen-(9)* (IV), das bei der sauer katalysierten Methanolyse ein *Gemisch* mit ca. 90% III bildet. Aus α-Terpinen u. HCHO entsteht in CH_2Cl_2/Acetanhydrid in Ggw. von BF_3-Ätherat ein *Gemisch*, das I u. II enthält. In Abwesenheit von Lsgm. u. Katalysator, in Eisessig in Ggw. von H_2SO_4 bzw. in verd. HCOOH geben α-Terpinen u. HCHO in geringer Ausb. *komplexe Gemische*.

Versuche: *6-Methyl-9-isopropyl-2.4-dioxabicyclo-[4.4.0]-decen-(9)* (IV), $C_{12}H_{20}O_2$, Kp.$_{4,5}$ 99—103°, Kp.$_{0,5}$ 75—76°, aus 66,3 g α-Terpinen u. Paraformaldehyd in CH_2Cl_2 in Ggw. von $SnCl_4$ bei Raumtemp. [→ 28 g (Ausb.) *Gemisch* mit ca. 80% IV] u. Rk. von 27,3 g Gemisch mit α-Naphthylisocyanat; 17,6 g. — *1-Hydroxymethyl-$\Delta^{2.4/8}$-p-menthadien* (III), $C_{11}H_{18}O$, Kp.$_{2,1}$ 97,5 bis 98°, aus IV in sd. abs. CH_3OH in Ggw. von konz. H_2SO_4. *3.5.-Dinitrobenzoat*, $C_{18}H_{20}N_2O_6$, F. 103,5—104° (CH_3OH). — *1-Acetoxymethyl-$\Delta^{2.4/8}$-p-menthadien* (I), $C_{13}H_{20}O_2$, Kp.$_{3,8}$ 102—105°, aus 5,47 g III u. Acetanhydrid bei 58—67° in Ggw. von Na-Acetat; 5 g. — *1-Hydroxymethyl-$\Delta^{2.4}$-p-menthadien*, Kp.$_{3,3}$ 88—88,5°, aus α-Terpinen u. Paraformaldehyd in Eisessig bei 79—82° (→ *Gemisch* mit I u. II) u. Hydrolyse; daneben IV. — *1-Acetoxymethyl-$\Delta^{2.4}$-p-menthadien* (II), Kp.$_{6,3}$ 103—106°, aus vorst. Verb. u. Acetanhydrid in Pyridin. — *1-Acetoxymethyl-p-menthan, cis-trans-Gemisch*, Kp.$_{1,1}$ 54—87°, a) aus α-Terpinen u. Paraformaldehyd in Eisessig bei 111—115° (→ *Gemisch* von I u. II) u. Hydrieren von 25 g Gemisch an Adams-Katalysator bei 47—48 psi; 22 g; b) aus α-Terpinen, 7,65 g Paraformaldehyd u. BF_3-Ätherat in CH_2Cl_2/Acetanhydrid bei Raumtemp. (→ 32,5 g *Gemische* mit I u. II) u. Hydrieren von 32 g in Eisessig an Adams-Katalysator bei 40 psi u. Raumtemp.; 21 g. — *1-Hydroxymethyl-p-menthan, cis-trans-Gemisch*, $C_{11}H_{22}O$, Kp.$_{0,3}$ 73—77°, Kp.$_{0,8}$ 83—85°, a) aus 21 g vorst. Gemischs nach a) durch Hydrolyse; 12 g; b) analog a) aus Gemisch nach b); 80%. — *Gemisch mit ca. 71%* III, Kp.$_{0,35}$ 68—80°, aus 83,4 g α-Terpinen, Paraformaldehyd u. 98—100%ig. HCOOH in Eisessig bei 111—114° (→ 38,8 g *Gemisch von Acetaten u. Formiaten*) u. Rk. von 22,5 g Gemisch mit KOH in 95%ig. A.; 15 g. — *Gemisch mit 85%* III, Kp.$_{0,7-0,9}$ 75—87°, aus 13 g eines 1:1-Gemischs von I u. II in sd. abs. CH_3OH in Ggw. von konz. H_2SO_4; 7,5 g. — 2. vgl. C. **1968**, 61—0756.
Hans Köhne/Berlin 3600△

1403 **Totalsynthese von (±)-Copaen und (±)-Ylangen. Allgemeine Methode zur Synthese von Tricyclo-[4.4.0.0$^{2.7}$]-decanen.** Clayton H. Heathcock, Rodney A. Badger und John W. Patterson jun. (J. Amer. chem. Soc. *89* (1967) 16, 4133—45; Dep. of Chem., Univ. of Calif., Berkeley, Calif.; engl.) — Ausgehend vom Wieland-Miescher-Keton (I) wird in 4 Stufen *1-Methyltricyclo-[4.4.0.0$^{2.7}$]-decanon-(8)* (III) dargestellt, das zumeist durch wenig *4aβ-Methyl-2-oxo-1.2.3.4.4a.7.8.8aβ-oktahydronaphthalin* (II) verunreinigt ist. III ließ sich mit Isopropyl-MgBr (VI) nur schlecht, dagegen mit Isopropyl-Li (VIII) zur *8-Isopropyl-8-hydroxy-Verb.* umsetzen, die durch $POCl_3$-Dehydratisierung u. Hydrierung (±)-*Norcopan* ergab. Das auf anderem Wege leicht erhältliche II eignet sich zur Einführung funktioneller Gruppen im anderen Cyclohexanring des Copan-Systems. So wird *1-Methyl-3-antimethoxytricyclo-[4.4.0.0$^{2.7}$]-decanon-(8)* (XIV) in 10 Stufen aus I in 13%ig. Ausb. dargestellt. Die Schlüsselrk. ist die unter gleichzeitiger Cyclisierung zum Tricyclodecan-Syst. verlaufende Dehydrotosylierung von 4aβ-Methyl-5β-tosyloxy-6α-methoxy-2-oxo-cis-dekalin. Diese Cyclisierung läßt sich auch auf andere, in 5β-Stellung negativ substituierte 4aβ-Methyl-2-oxo-cis-dekaline übertragen u. eröffnet somit einen Weg in die Tricyclo-[4.4.0.0$^{2.7}$]-decan-Reihe. Rk. von II mit N-Bromsuccinimid (XVII) in Alkoholen führt bereits in 2 Stufen zu *1-Methyl-3-anti-alkoxytricyclo-[4.4.0.0$^{2.7}$]-decanonen-(8)*. Die 3-anto-Bnezyloxyverb. wird in die *3-anti-Acetoxyverb.* (XVI; 55% Ausb.) übergeführt, die in 3 Stufen *1-Methyl-8-isopropyltricyclo-[4.4.0.0$^{2.7}$]-decen-(8)-on-(3)* (XXII; 17% Ausb.) u. nach weiteren 3 Stufen (±)-*Copaen* (XXV) u. (±)-*Ylangen* (XXVI) gibt. Basenkatalysierte Cyclisierung des aus II erhaltenen *5β.6β-Oxids* (IX) zu 1-Methyl-3-syn-hydroxytricyclo-[4.4.0.0$^{2.7}$]-decanon-(8) gelang nicht.

Versuche: *4aβ-Methyl-5β-hydroxy-2-oxo-2.3.4.4a.5.6.7.8-oktahydronaphthalin* aus 178 g 4a-Methyl-2.5-dioxo-2.3.4.4a.5.6.7.8-oktahydronaphthalin (I) mit $NaBH_4$ in A.; Öl; 179 g (Ausb.). *p-Toluolsulfonat*, $C_{18}H_{22}O_4S$, F. 117—118° [Äthylacetat(Ät.)–Pentan(P.)], mit Tosylchlorid in Py.; 245 g (roh). — *4aβ-Methyl-5β-p-toluol-*

sulfonyloxy-2-oxo-cis-dekalin (**IV**), $C_{18}H_{24}O_4S$, F. 142 bis 143° (Ät.–P.), durch Hydrieren vorst. Tosylats am Pd–$SrCO_3$ in Ät.; 45–55% (bezogen auf **I**). — *4aβ-Methyl-2-oxo-1.2.3.4.4a.7.8.8aβ-oktahydronaphthalin* (**II**), $C_{11}H_{16}O$, $Kp._{0,15}$ 65°, aus vorst. Verb. in sd. Py. unter N_2; 70 bis 97%. *2.4-Dinitrophenylhydrazon* (DNP), $C_{17}H_{20}N_4O_4$, F. 103,5–104,5° (A.). — *1-Methyltricyclo-*[*4.4.0.0*$^{2.7}$]*-decanon-(8)* (**III**), $C_{11}H_{16}O$, $Kp._{0,8}$ 73,5–75,5°, a) aus **IV** u. Methylsulfinylcarbanion in DMSO unter N_2 bei 75°; 66%; daneben wenig **II**; b) aus 10,08 g **IV** u. K-tert.-Butylat in sd. tert.-Butanol unter N_2; 52%; daneben 1,6 g **V**. *Dideuteroderiv.*, mit 1,4 n NaOD in D_2O bei 100°. *DNP*, $C_{17}H_{20}N_4O_4$, F. 174–175,5° (A.). *Semicarbazon*, $C_{12}H_{19}\cdot N_3O$, F. 238–239° (A.). *Benzylidenderiv.*, $C_{18}H_{20}O$, F. 110 bis 111° (W.–A.), mit Benzaldehyd u. KOH in A.; 87%. — *1-Methyltricyclo-*[*4.4.0.0*$^{2.7}$]*-decanol-(8)*, $C_{11}H_{18}O$, F. 59 bis 61° (Subl. bei 45°/0,2 Torr), durch $NaBH_4$-Red. von **III**; 95%. *p-Nitrobenzoat*, $C_{18}H_{21}NO_4$, F. 78–78,5° (P.). — *9-[1-Methyltricyclo-*[*4.4.0.0*$^{2.7}$]*-decyliden-(8)]-1-methyltricyclo-*[*4.4.0.0*$^{2.7}$]*-decanon-(8)* (**V**), $C_{22}H_{30}O$, a) aus 2,72 g **III** analog **III** nach b); 0,99 g (1:1-Doppelbindungs-Stereoisomerengemisch); b) aus **III** mit **VI** in Ae.; wenig; c) aus **III** mit Isopropylidentriphenylphosphoran in DMSO oder Äther. — *1-Methyl-9-bromtricyclo-*[*4.4.0.0*$^{2.7}$]*-decanon-(8)* (**VII**), $C_{11}H_{15}BrO$, F. 94–95° (P.), a) aus 3,28 g **III** u. Br_2 in Eisessig/Essigsäure in Ggw. von konz. HBr u. 4std. Rühren; 3,027 g; b) analog a) ohne Rühren; *2:1-Gemisch mit nachst. Verbindung.* — *1-Methyl-9.9-dibromtricyclo-*[*4.4.0.0*$^{2.7}$]*-decanon-(8)*, $C_{11}H_{14}Br_2O$, F. 125–126° [Hexan (H.)], analog **VII** nach a) u. 15 Min. Rühren; 2,716 g (aus 1,64 g **III**). — *1-Methyltricyclo-*[*4.4.0.0*$^{2.7}$]*-decen-(9)-on-(8)*, $C_{11}H_{14}O$, aus 1,205 g **VII** in sd. γ-Kollidin (Kp. 169–170°); Öl; 0,149 g. *DNP*, $C_{17}H_{18}\cdot N_4O_4$, F. 164–168° (A.). 59,6 mg geben bei der Hydrierung an Pd–Kohle in Ät. 1,8 mg **III**. — *1-Methyl-8-isopropyltricyclo-*[*4.4.0.0*$^{2.7}$]*-decanol-(8)*, $C_{14}H_{24}O$, aus 820 mg **III** u. **VIII** in P. unter N_2; Öl; 333 mg. — *1-Methyl-8-isopropyltricyclo-*[*4.4.0.0*$^{2.7}$]*-decen-(8)*, $C_{14}H_{22}$, aus 128,5 mg vorst. Verb. mit $POCl_3$ in Py. bei 90°; Öl; 99,4 mg *3:1-Gemisch mit einer nichtidentifizierten Verbindung.* — *1-Methyl-8-isopropyltricyclo-*[*4.4.0.0*$^{2.7}$]*-decan* [(±)-*Norcopan*], $C_{14}H_{24}$, aus 35,6 mg vorst. Verb. durch Hydrieren an Pd–Kohle in H.; Fl.; 25,3 mg. — *1.8-Dimethyltricyclo-*[*4.4.0.0*$^{2.7}$]*-decanol-(8)*, $C_{12}H_{20}O$, F. 35–37° (P.), aus 5 g **III** u. CH_3Li in Ae.; 1,4 g. — *2-Methylen-8-methyltricyclo-*[*5.3.0.0*$^{3.8}$]*-decan*, $C_{12}H_{18}$, $Kp._1$ 42–43°, aus 2,06 g vorst. Verb. u. 50%ig. H_2SO_4 in P.; 1,1 g. — *2-Hydroxy-2-hydroxymethyl-8-methyltricyclo-*[*5.3.0.0*$^{3.8}$]*-decan*, $C_{12}H_{20}\cdot O_2$, F. 163,5–164° (Aceton–P.), aus 400 mg vorst. Verb. u. OsO_4 in Bzl./Py. u. Zers. mit KOH/Mannit; 235 mg. — *8-Methyltricyclo-*[*5.3.0.0*$^{3.8}$]*-decanon-(2)*, $C_{11}H_{16}O$, F. 161 bis 162,5° (Subl. bei 40°/2 Torr), aus 157 mg vorst. Verb. mit H_5JO_6 in wss. CH_3OH; 100 mg. *DNP*, $C_{17}H_{20}N_4O_4$, F. 165–167° (A.). — *4aβ-Methyl-5β.6β-oxido-2-oxo-cis-dekalin* (**IX**), $C_{11}H_{16}O_2$, F. 67–68° (Aceton–PAe.), aus **II** mit m-Chlorperbenzoesäure in $CHCl_3$ bei 5°; 40%. — *2:1-Gemisch aus 4aβ-Methyl-5β.6β-oxido-8aβ-dekahydronaphthol-(2α)-* u. *-(2β)*, $C_{11}H_{18}O_2$, F. 125–127° (für das 2α-Isomere), aus **IX** mit $NaBH_4$. — *4aβ-Methyl-5β-hydroxy-6α-methoxy-2-oxo-cis-dekalin*, aus 720 mg **IX** in sd. methanol. $NaOCH_3$ unter N_2; Öl; 353 mg. Gibt bei Jones-Ox. **XII**. — *4aβ-Methyl-2.2-äthylendioxy-1.2.3.4.4a.7.8.8aβ-oktahydronaphthalin* (**X**), $C_{13}H_{20}O_2$, F. 34–36° (P.), aus **II** u. Äthylenglykol in sd. Bzl. in Ggw. von p-Toluolsulfonsäure; 82%. — *4aβ-Methyl-5β.6β-oxido-2.2-äthylendioxy-cis-dekalin* (**XIII**), $C_{13}H_{20}O_3$, F. 42–43,5° (Subl. bei 35°/0,2 Torr), aus **X** analog **IX**; 77%. — *2.2-Äthylendioxy-4aβ-methyl-5β-hydroxy-6α-methoxy-cis-dekalin* (**XI**), $C_{14}H_{24}O_4$, F. 82–83° (P.), aus **XIII** in sd. methanol. $NaOCH_3$; 85%. — *4aβ-Methyl-6ξ-methoxy-2.5-dioxo-cis-dekalin* (**XII**), $C_{12}H_{18}O_3$, F. 87–89° (H.), aus 1 g **XI** durch Jones-Ox.; 598 mg. — *2.2-Äthylendioxy-4aβ-methyl-5β-tosyloxy-6α-methoxy-cis-dekalin*, $C_{21}H_{30}O_6S$, F. 159–160° (Ät.), aus **XI** mit p-Tosylchlorid (**XV**) in Py. bei 60–65°; 92%. — *4aβ-Methyl-5β-tosyloxy-6α-methoxy-2-oxo-cis-dekalin*, $C_{19}H_{26}O_5S$, F. 176–177° (Ät.), aus vorst. Verb. mit H_2SO_4 in wss. Aceton; 89%. — *1-Methyl-3-anti-methoxytricyclo-*[*4.4.0.0*$^{2.7}$]*-decanon-(8)* (**XIV**), $C_{12}\cdot H_{18}O_2$, a) aus vorst. Verb. u. Methylsulfinylcarbanion in DMSO bei 65°; 67%; b) analog a) aus **XIX**; Öl; 61%; daneben 150 mg **XX**. *DNP*, $C_{18}H_{22}N_4O_5$, F. 149–150° (A.). — *2.2-Äthylendioxy-4aβ-methyl-5β-hydroxy-6α-benzyloxy-cis-dekalin*, $C_{20}H_{28}O_4$, F. 79–80° (Ät.–PAe.), aus 2 g **XIII** u. Na-Benzylat in Benzylalkohol bei 200°; 1,31 g. — *2.2-Äthylendioxy-4aβ-methyl-6α-benzyloxy-5β-tosyloxy-cis-dekalin*, $C_{27}H_{34}O_6S$, F. 144,5–146° (Ät.), aus vorst. Verb. u. **XV** in Py.; 76% (bezogen auf **XIII**). — *4aβ-Methyl-5β-tosyloxy-6α-benzyloxy-2-oxo-cis-dekalin*, $C_{25}H_{30}\cdot O_5S$, F. 105–106° (Ät.–PAe.), aus vorst. Verb. mit H_2SO_4 in wss. Aceton; 85%. — *1-Methyl-3-anti-benzyloxytricyclo-*[*4.4.0.0*$^{2.7}$]*-decanon-(8)*, $C_{18}H_{22}O_2$, $Kp._{0,1}$ 65°, a) aus vorst. Verb. analog **XIV** nach a); 96%; b) analog a) aus **XXI**; 50%. *DNP*, $C_{24}H_{26}N_4O_5$, F. 211–213° (A.). — *1-Methyl-3-anti-acetoxytricyclo-*[*4.4.0.0*$^{2.7}$]*-decanon-(8)* (**XVI**), $C_{13}H_{18}O_3$, F. 67–68° (P. u. Subl. bei 65°/0,5 Torr), aus vorst. Verb. in 1 n HBr in Eisessig; 57%. — *5-Hydroxy-8-methyltetralin*, F. 88–89°, aus **XIV** analog **XVI** u. Rk. mit methanol. KOH. — *2.2-Äthylendioxy-4aβ-methyl-5β-brom-6α-hydroxy-cis-dekalin*, $C_{13}H_{21}BrO_3$, F. 106,5 bis 108° (P.–Bzl. 2:1), aus **X** u. **XVII** in wss. THF; 71%. — *4aβ-Methyl-5β-brom-6α-hydroxy-2-oxo-cis-dekalin* (**XVIII**), $C_{11}H_{17}BrO_2$, F. 127–128,5° (P.–$CHCl_3$), a) aus **II** u. **XVII** in W.; 87%; b) aus vorst. Verb. mit H_2SO_4 in wss. Aceton; 67%. — *4aβ-Methyl-5β-brom-6α-formyloxy-2-oxo-cis-dekalin*, $C_{12}H_{17}BrO_3$, F. 145,5–147° ($CHCl_3$), aus 2,39 g **XVIII** in abs. HCOOH; 1,49 g. — *4aβ-Methyl-5α.6α-oxido-2-oxo-cis-dekalin*, $C_{11}H_{16}O_2$, $Kp._{0,2}$ 65°, a) aus 2,07 g **XVIII** in wss.-äthanol. NaOH bei 70°; 850 mg; b) aus vorst. Verb. analog **XIV** nach a); c) aus vorst. Verb. mit K-Triphenylmethanid in Dimethoxyäthan. — *4aβ-Methyl-5β-brom-6α-methoxy-2-oxo-cis-dekalin* (**XIX**), $C_{12}H_{19}BrO_2$, F. 90–90,5° (Methanol), aus **II** u. **XVII** in Methanol; 83% (roh). — *4aβ-Methyl-5α-brom-6β-methoxy-2-oxo-cis-dekalin* (**XX**), F. 168,5–169,5° (Ät.–P), neben **XIX**. — *4aβ-Methyl-5β-brom-6α-benzyloxy-2-oxo-cis-dekalin* (**XXI**), aus 15,5 g **II** u. **XVII** in Benzylalkohol unter N_2 bei 50–55°; Öl; 14,7 g. — *1-Methyl-8-isopropyltricyclo-*[*4.4.0.0*$^{2.7}$]*-decen-(8)-on-(3)* (**XXII**), $C_{14}H_{20}O$, aus 17,29 g **XVI** u. **VIII** in Ae.–P. unter N_2 (→ 14,85 g *1-Methyl-8-isopropyl-3-anti-8ξ-dihydroxytricyclo-*[*4.4.0.0*$^{2.7}$]*-decan*; Öl), Jones-Ox. von 14,67 g (→ 12,22 g *1-Methyl-8-isopropyl-8ξ-hydroxytricyclo-*[*4.4.0.0*$^{2.7}$]*-decanon-(3)*; Öl) u. Dehydratisierung mit $POCl_3$–Py. bei 95°; 17%. *DNP*, $C_{20}H_{24}N_4O_4$, F. 182–184° (Methanol). — *1-Methyl-8-syn-isopropyltricyclo-*[*4.4.0.0*$^{2.7}$]*-decanon-(3)* (**XXIII**), $C_{14}H_{22}O$, aus 314 mg **XXII** durch Hydrieren an Pd–Kohle in Ät.; 152 mg. *DNP*, $C_{20}H_{26}N_4O_4$, F. 187–188° (Methanol). — *1-Methyl-8-anti-isopropyltricyclo-*[*4.4.0.0*$^{2.7}$]*-decanon-(3)* (**XXIV**), a) neben **XXIII**; 44 mg; b) aus 45 mg **XXII** mit $NaBH_4$ in A.; 30 mg (enthält 9% **XXIII**). *DNP*, F. 214 bis 215° (Methanol). — *1.3-anti-Dimethyl-8-isopropyltricyclo-*[*4.4.0.0*$^{2.7}$]*-decen-(8)-ol-(3 syn)*, $C_{15}H_{24}O$, $Kp._{0,3}$ 150°, aus 140 mg **XXII** u. CH_3Li in Ae.; 73 mg. — *1.3-anti-Dimethyl-8-syn-isopropyltricyclo-*[*4.4.0.0*$^{2.7}$]*-decanol-(3-syn)*, $C_{15}H_{26}O$, F. 85–85,5° (P.), a) aus 150 mg **XXIII** u. CH_3Li in Ae.; 147 mg; b) aus 58 mg vorst. Verb. durch Hydrieren an Pd–Kohle in Ät.; 38,4 mg *Gemisch mit nachst. Verbindung* (**A**). Gibt durch Dehydratisierung **XXVI**. — *1.3-anti-Dimethyl-8-anti-isopropyltricyclo-*[*4.4.0.0*$^{2.7}$]*-decanol-(3-syn)*, aus **XXIV** analog vorst. Verb. nach a). Gibt durch Dehydratisierung **XXV**. — (±)-*Copaen* (**XXV**), aus 340 mg **A** u. $POCl_3$ in Py. bei 100°; 80 mg 1:1-*Gemisch mit* **XXVI**. W. Senf 3600△

1404 **Terpenoide.** 60. Mitt. **Triterpene.** 14. Mitt. **Berichtigte Strukturen der Kaktustriterpenelactone Stellatogenin und Thurberogenin.** Michael Marx, J. Leclercq, B. Tursch und Carl Djerassi. (J. org. Chemistry **32** (1967) 10, **3150**–55; Dep. of Chem., Stanford Univ., Stanford, Calif.; engl.) — 59. vgl. C. **1967,** 53-0033 bzw. 13. vgl. C. **1967,** 58-0461. — Die Strukturen der beiden aus Kaktus-Arten isolierten Triterpene *Stellatogenin* (**I**) u. *Thurberogenin* (**II**) werden auf Grund neuer chem. u. spektroskop. Unters. revidiert. **I** hat die Struktur *3β.20.21β-Trihydroxylupan-28-säurelacton-(28→21)* u. **II** *3β.21β-Dihydroxy-*$\Delta^{20,29}$*-lupen-28-säurelacton-(28→21)*. Die Lacton-OH-Gruppe ist also keine tert., sondern eine sekundäre. $LiAlH_4$-Red. von **II** führt zu einem *Triol* (**III**), dessen sorgfältige Acetylierung das *28-Monoacetat* liefert, das durch Jones-Ox. in das *3.21-Dion* des *28-Mono-*

acetats (V) übergeführt wird. Über mehrere Stufen wird aus Betulinsäure *3-Desoxybetulin* erhalten, welches sich mit dem Wolff-Kishner-Red.-Prod. von V als ident. erweist. Die 19α-Konfig. der Triterpene wird durch ORD-Messungen festgelegt. Weitere Rk. von I- u. II-Deriv. werden diskutiert. Spektroskop. Daten von *Dihydrothurberogenon* (*21β-Hydroxylupan-3-on-28-säurelacton*, NMR), *3-O-Acetyl-20-oxo-30-norbetulinsäuremethylester* (ORD), *19ξ-Methoxy-20-oxo-30-norbetulinsäuremethylester* (ORD), *3β 21β.28-Triacetoxy-20-oxo-30-norlupan* (ORD) u. *3β.21β.28-Triacetoxylupan* (NMR) sind angegeben. 3β.21β.28-Trihydroxy-$\Delta^{20,29}$-lupen-28-tritylather konnte nicht dargestellt werden. Die Isomerisierung von 3β.21β.28-Trihydroxy-$\Delta^{20,29}$-lupen zum $\Delta^{19,20}$-Isomeren (mit $NaOCH_3$) gelang nicht.

Versuche: *Thurberogenon-3.21-Dioxo-$\Delta^{20,29}$-lupen-28-al-Gemisch*, durch Jones-Ox. von 230 mg Thurberogenintriol (III) in Aceton; 68 mg (Ausb.). — *Thurberogenintriol-28-acetat, Acetonsolvat*, $C_{32}H_{52}O_4 \cdot 0,5C_3H_6O$, F. 124—127° (Aceton–Hexan, nach Wiedererstarren F. 206—207°), aus 500 mg III u. Acetanhydrid in Py.; 83,3% (bezogen auf umgesetztes III), daneben 343 mg III. — *$\Delta^{20,29}$-Lupen-28-ol-3.21-dion* (IV), $C_{30}H_{46}O_3$, F. 215—217° (Aceton–Ae.), aus dem Acetat (V; aus 100 mg vorst. Verb.) in methanol. $NaOCH_3$; 58 mg. *Acetat* (V), aus 100 mg vorst. Verb. durch Jones-Ox. in Aceton; teilweise kristallisiert. — *Betulonsäure*, aus 0,92 g Betulinsäure analog V; 0,87 g. *Methylester*, F. 167—169° (Hexan–Bzl. 2:1), mit CH_2N_2. — *3-Desoxybetulinsäuremethylester*, F. 156—157,5° (Ae.–Methanol, Subl.), aus 440 mg vorst. Verb. u. Hydrazindihydrochlorid in n-Butanol–Triäthylenglykol bei 130° unter N_2, dann KOH u. Erhitzen bis 210°; 230 mg. — *3-Desoxybetulin*, $C_{30}H_{50}O$, F. 140—142° (Methanol, Subl.), a) durch $LiAlH_4$-Red. von 120 mg vorst. Verb.; 92 mg; b) aus V analog vorst. Verb.; vermutlich *$C_{(19)}$-Epimerengemisch.*

W. Senf 3600△

1405 **Oxydation von β-Sitosterin mit H_2O_2.** M. B. Muchina und A. M. Chaleckij. (Z. absc. Chim. **37/99** (1967) 4, 826—28; Leningradskij chim.-farm. inst.; russ.) — *5β.6β-Dihydroxy-5.6-dihydro-β-sitosterin* (II), $C_{29}H_{52}O_3$, F. 240—242° (Bzl.; 50%ig. A.), a) durch 2std. Erhitzen von 5 g β-Sitosterin (I) mit Eisessig u. 30%ig. H_2O_2 auf 100°, 5std. Stehen bei 0° u. Aufarbeiten des Nd. mit sd. Lsg. von Na in abs. CH_3OH; 1,5 g (Ausb.); b) durch 2std. Erhitzen von 5 g I mit 30%ig. H_2O_2 in Dioxan in Ggw. von H_2SO_4 auf 95° u. Gießen in W.; 1 g. — *3-Acetylderiv.*, $C_{31}H_{54}O_4$, F. 230° (A.), analog aus 5 g I-Acetat u. Chromatographie an Al_2O_3; 1,65 g. 2std. Kochen mit 0,5 n äthanol. KOH u. Gießen in W. → II.

H. Berger 3700△

1406 **Terpenoide.** 101. Mitt. **Synthese von 2.3-Seco-$\Delta^{1,3}$-cholestadien.** L. J. Patil und A. S. Rao. (Indian J. Chem. **5** (1967) 8, 393—95; Nat. Chem. Labor., Poona; engl.) — Die Synth. von *2.3-Seco-$\Delta^{1,3}$-cholestadien* aus Cholesterin wird beschrieben. Die Max. der IR- u. NMR-Spektren vgl. Original.

Versuche: *Cholestan-3β-ol*, F. 139—140° (A.), durch 6std. Hydrieren von 25 g Cholesterin in Essigsäureäthylester in Ggw. von H_2SO_4 an Pt/Kohle bei 60—70°/60 at, Eindampfen u. Verseifen mit alkohol. K_2CO_3-Lsg.; $[\alpha]_D$ +24° (c = 4; $CHCl_3$); 19 g (Ausb.). — *2.3-Seco-cholestan-2.3-disäure*, F. 193—194° (Ae./PAe.), durch Ox. von 5 g vorst. Verb. mit HNO_3 in Ggw. von $(NH_4)_3VO_4$; $[\alpha]_D$ +31° (c = 4; $CHCl_3$); 2,5 g. *Dimethylester*, F. 58 bis 59°, mit Diazomethan; $[\alpha]_D$ +21° (c = 4; $CHCl_3$). — *2.3-Seco-cholestan-2.3-diol*, $C_{27}H_{50}O_2$, F. 154—155° (verd. A.), aus 2,8 g vorst. Dimethylester mit $LiAlH_4$ in Ae.; $[\alpha]_D$ −8° (c = 2; $CHCl_3$); 1,5 g *Ditosylat*, aus 2,5 g Diol mit p-Toluolsulfonsäurechlorid in Py. bei 60°; 2,2 g. — *2.3-Dijod-2.3-seco-cholestan*, $C_{27}H_{48}J_2$, F. 81—82° (PAe.), aus 1 g vorst. Ditosylates durch 6std. Kochen mit NaJ in Aceton; $[\alpha]_D$ −26° (c = 4,5; $CHCl_3$); 0,7 g. — *2.3-Seco-$\Delta^{1,3}$-cholestadien*, durch Stehen von 0,3 g vorst. Verb. mit K-tert.-Butylat in DMS bei Raumtemp. über Nacht; 0,15 g. — *2.3-Seco-cholestan*, $C_{27}H_{50}$, F. 38—39°, durch Hydrierung von 0,8 g vorst. Verb. in Essigsäure an PtO_2 unter Normalbedingungen, Filtration u. Eindampfen der Filtrate; 0,17 g.

G. Westphal 3700△

1407 **Chemie der Gentamicine.** 1. Mitt. **Charakterisierung und Hauptstruktur von Gentamicin A.** Hubert Maehr und Carl P. Schaffner. (J. Amer. chem. Soc. **89** (1967) 25, 6787—88; Inst. of Microbiol., Rutgers, State Univ., New Brunswick, N.J.; engl.) — Gentamicin A [I, [α-2-Amino-2-desoxy-D-glucopyranosyl-(1→4)]-[3-methylamino-3-desoxypentopyranosyl-(1→6)]-1.3-diamino-1.2.3-tridesoxyscylloinositsesquihydrat, $C_{18}H_{36}N_4O_{10} \cdot 1,5H_2O$, Zers. > 200° (Sintern bei 151—154°), $[\alpha]_D^{23}$ +136° (c = 1; W.)] gibt bei der Hydrolyse mit 6 n HCl bei 100° *2-Desoxystreptamindihydrochlorid*, *2-Amino-2-desoxy-D-glucosehydrochlorid* u. zwei nicht identifizierte Substanzen. Wasserfreies I bildet in sd. methanol. HCl *Paromamintrihydrochloridhydrat* [II, $C_{12}H_{25}N_3O_7 \cdot 3HCl \cdot H_2O$, $[\alpha]_D^{23}$ +82° (c = 0,5; W.)] u. *Methyl-N-methylgentosaminid* (III, *Methyl-3-methylamino-3-desoxypentopyranosid*) II wird in *Paromamin* [*(α-2-Amino-2-desoxy-D-glucopyranosyl-(1→4)]-1.3-diamino-1.2.3-tridesoxyscylloinosit)*, $C_{12}H_{25}N_3O_7$, $[\alpha]_D^{23}$ +110° (c = 0,9; W.) umgewandelt, das bei der Hydrolyse mit 6 n HCl *2-Desoxystreptamin* u. *2-Amino-2-desoxy-D-glucose* liefert. III gibt ein *N-Acetylderivat*. In sd. 1 n H_2SO_4 entstehen aus III *Genosamin* u. eine nicht reduzierende Verb., die analog auch aus Gentosamin erhalten wird. In methanol. HCl geht Gentosamin wieder in III über. I verbraucht 4 Val Perjodat. Das Ox.-Prod. gibt mit 48%ig. HBr bei 100° *2-Desoxystreptamin* in 90%ig. Ausbeute.

Hans Köhne/Berlin 3900△

1408 **Neue Totalsynthese des Macrolides Zearalenon.** N. N. Girotra und N. L. Wendler. (Chem. and Ind. **1967,** 35, 1493; Merck Sharp & Dohme Res. Labor., Rahway, N.J.; engl.) — Die Ozonolyse von 5-[2-Methoxy-6-methyltetrahydropyranyl-(2)]-penten-(1) ergibt *4-[2-Methoxy-6-methyltetrahydropyranyl-(2)]-butanal*, das mit 3.5-Dimethoxyhomophthalsäureanhydrid in Py. bei 25° zu *3-[4-Oxo-8-hydroxynonyl]-4-hydroxycarbonyl-6.8-dimethoxy-3.4-dihydroisocumarin* kondensiert wird. Durch Erhitzen auf 150° in γ-Picolin wird *1-[2-Hydroxycarbonyl-3.5-dimethoxyphenyl]-6-oxo-10-hydroxyundecen-(1)* gebildet, aus dem durch Cyclisierung mit Trifluoressigsäureanhydrid in Bzl. (±)-*Zearalenondimethyläther* (F. 124 bis 126°) gebildet wird. Durch Demethylierung konnte (±)-*Zearalenon* gewonnen werden.

G. Westphal 3950△

D. Makromolekulare Chemie

1409 **Genauigkeit verschiedener Näherungen bei der Bestimmung kinetischer Daten.** Václav Haber. (J. appl. Polymer Sci. **10,** 1185—90, 1966; Prague, Charles Univ.; engl.) — Zur Ermittlung kinet. Größen aus zwei kinet. Gleichungen in ihrer integrierten Form werden bei der Berechnung des exponentiellen Integrals im allg. Näherungsverf. verwendet. Vf. diskutiert die dadurch im Falle der Best. der Aktivierungsenergie (für die am häufigsten benutzten Näherungen) resultierenden Fehler. Die geringsten Fehler (± 1%) entstehen für $\int_0^T \exp(-E/RT)\,dT \approx (RT^2/E)\exp(-E/RT)$.

B. A. Wolf 4001

1410 **IR-Messungen der Konfiguration und Stereoregularität von Polymeren.** 1. Mitt. **Theorie.** J. L. Koenig. (Spectrochim. Acta [London] **22,** 1223—32, 1966; Case Inst. of Technol., Cleveland, Ohio; engl.) — Die intramol. Bldg. von Helix-Mol. wird mathemat. nach einer Störungsmeth. behandelt. Je nach der Art der Stereoregularität ergeben sich hieraus 3 Typen von IR-Banden. Die Zuordnung der Banden, deren Struktur u. die Auswertungsmeth. sind für die einzelnen Polymeren zwar etwas verschieden voneinander, doch können die Ergebnisse als eine allg. Basis zur Unters. der Stereoregularität angesehen werden.

O. Fuchs 4004△

1411 **Spezifische Wärme von Hochpolymeren.** H. Wilski. (Kolloid-Z., Z. Polymere **210**, 37–45, 1966; Frankfurt/M.-Höchst, Farbwerke Hoechst AG.; dt.) — An einer Reihe von Literaturbeispielen wird gezeigt, inwiefern die Kenntnis der spezif. Wärme der Hochpolymeren (u. ihrer Temp.-Abhängigkeit) zur Strukturaufklärung makromol. Stoffe mit herangezogen werden kann. Das Einfrier-Verh. von amorphen Hochpolymeren prägt sich in einer charakterist. Stufe im Temp.-Verlauf der spezif. Wärme aus; Kristallisieren, Schmelzen u. Strukturumlagerungen verraten sich durch exotherme bzw. endotherme Max., die ihrerseits wieder eine Berechnung von krist. Anteilen erlauben. Die Meth. der Schnellkalorimetrie geben ganz neue Einblicke in Relaxationsprozesse beim Einfrieren u. Schmelzen. E. Ühlein 4004

1412 **Kinetik der Polymerisation von Propylen in der Gasphase mit Titantrichlorid-Aluminiumalkyl-Katalysatoren.** Setsuko Kanetaka und Tokuji Takagi. (J. chem. Soc. Japan, ind. Chem. Sect. [Kōgyō Kagaku Zasshi] **69**, 695–99, 1966; Tokyo, Tokyo Inst. of Technol.; Meguro-ku; jap.) — Mit Hilfe einer Quarzfederwaage verfolgten die Vf. bei konst. Druck für gegebene Katalysatormenge die Polymerbildung. Die Unters. der Abhängigkeit der Rk.-Geschw. vom Al/Ti-Verhältnis, Propylendruck sowie von Temp. u. Sauerstoffzusatz ergab folgendes: 1. Bei Verw. von $TiCl_3$–$AlEt_3$ entstehen Hochpolymere (Molgew.: $3-4 \cdot 10^5$). 2. Die höchste Anfangspolymerisationsgeschw. wird erreicht bei $2 \cdot 10^{19}$ Mol/m² $AlEt_3$ an der Oberfläche von $TiCl_3$. 3. $AlEt_3$ wird anscheinend im Verlauf der Rk. verbraucht; ein Teil des Überschusses von $AlEt_3$ scheint daher eine Rolle in der Neubldg. von akt. Zentren zu spielen. 4. Die Rk.-Geschw. nimmt linear mit dem Propylendruck zu. 5. Die Aktivierungsenergie beträgt ~ 9 kcal/Mol. Für $TiCl_3$–$AlEt_2$·Cl u. $TiCl_3$–$AlEtCl_2$ ähneln die Zeit-Umsatzkurven denen von $TiCl_3$–$AlEt_3$. Die gebildeten Polymeren sind im ersten Fall ähnlich wie für $TiCl_3$–$AlEt_3$-Syst., im zweiten wie für $TiCl_3$–$AlCl_3$. B. A. Wolf 4010

1413 **Kinetische Untersuchung der Polymerisation von Propylen mit $TiCl_3$–$Al_2Et_3Cl_3$–n–Bu_2O als Katalysator.** Hiroo Ikegami, Hiroharu Kumura und Kazu Machida. (J. chem. Soc. Japan, ind. Chem. Sect. [Kōgyō Kagaku Zasshi] **69**, 326–29, 1966; Tokuyama-shi, Tokuyama Soda Co.; jap.) — Die Polymerisationsbedingungen waren folgende: *$TiCl_3$*, *$Al_2Et_3Cl_3$* u. *n-Bu_2O* je 2,52 mmol; 500 ml *Heptan*; Polymerisationstemp. 30–90°; *Propylen*-Druck 1,0–9,0 kg/cm² (0,25 bis 4,45 mol/l) Polymerisationsdauer 2,5 Std. Das untersuchte ternäre Katalysatorsyst. verhält sich kinet. ähnlich wie andere typ. Natta-Katalysatoren. Bei niedrigen Propylenkonz. ist die mittlere Polymerisationsgeschw. der Monomerkonz. proportional; scheinbare Aktivierungsenergie 16,0 kcal/mol. Die Zahl der nicht stereospezif. akt. Stellen scheint unabhängig von der Polymerisationstemp. zu sein, während die der stereospezif. anscheinend über 50° merklich abnimmt. Auf die Stereospezifität der entstehenden Polymeren hat die Monomerkonz. keinen Einfl.; das mittlere Molgew. nimmt mit zunehmender Monomerkonz. leicht zu u. mit steigender Polymerisationstemp. ab. B. A. Wolf 4010

1414 **Thermische Polymerisation von Acenaphthylen.** Hans Georg Gelhaar und Kurt Ueberreiter. (Kolloid-Z., Z. Polymere **209**, 136–40, 1966; Berlin-Dahlem, Max-Planck-Ges., Fritz-Haber-Inst.; dt.) — Für durch Anpolymerisation u. zweifache Hochvakuum-Sublimation gereinigtes *Acenaphthylen* (I) wurde bei verschiedenen Temp. mit einer dilatometr. Meth. die Bruttogeschw. der therm. Polymerisation gemessen. Man fand, daß zwischen 95 u. 105° als Rk.-Geschw.-Konst. $k_{br} = 7{,}0_8 \cdot 10^{10} \exp(-30{,}9\ \text{kcal}/RT)$ gilt. Die beträchtliche Aktivierungsenergie der Brutto-Rk. ist sowohl auf eine große Aktivierungsenergie der therm. Startrk. wie auch auf eine relativ hohe Wachstumsaktivierungsenergie zurückzuführen. Das Polymerisationsverh. von I läßt sich wahrscheinlich auf Grund seiner ster. Eig. erklären. E. Ühlein 4010

1415 **Kinetik der Lösungspolymerisation von Vinylpropionat und Vinylacetat.** Savitri Nigam und S. Banerjee. (Indian J. Chem. **4**, 301–04, 1966; Kharagpur, Ind. Inst. of Technol.; engl.) — Vf. bestimmten bei 59,8° die Bruttopolymerisationsgeschw. von *Vinylpropionat* (I) u. *Vinylacetat* (II) in Bzl., Toluol, Äthylbenzol u. n-Hexan in Abhängigkeit von der Monomer- u. Starterkonzentration. Als Starter diente im Falle I *Azo-bis-isobutyronitril*, im Fall II Dibenzoylperoxid u. Azo-bis-isobutyronitril. Für beide untersuchten Syst. ist die Rk.-Ordnung bez. des Monomeren größer als 1 (2,0–3,0); für I in Bzl. u. II in allen vier Lsgm. ergibt sich die bekannte Abhängigkeit der Bruttopolymerisationsgeschw. von der Wurzel aus der Starterkonzentration. Die Best. der Übertragungskonst. der untersuchten Lsgm. lieferte für die oben angegebene Reihenfolge die folgenden Werte: Monomeres I 6,67, 30,0, 100,0, $8{,}33 \cdot 10^{-3}$; Monomeres II 1,4 bzw. 1,85, 20,0, 55,55 u. $8{,}33 \cdot 10^{-4}$. Bei konst. Lsgm.-Monomer-Verhältnis sind die Grenzviskositätszahlen der entstehenden Polymeren unabhängig von der Starterkonz.; die Vf. weisen darauf hin, daß weder die ermittelte Rk.-Ordnung bez. der Monomeren, noch die Größe der Übertragungskonst. zur Erklärung dieses Befundes ausreichen. B. A. Wolf 4020

1416 **Kinetik der Propylenoxid-Polymerisation durch Zinn(IV)-chlorid.** Shizuyoshi Sakai, Tatsuo Sugiyama und Yoshio Ishii. (J. chem. Soc. Japan, ind. Chem. Sect. [Kōgyō Kagaku Zasshi] **69**, 699–702, 1966; Nagoya, Nagoya Univ., Fac. of Engng.; jap.) — Vf. untersuchten bei 25,0° in Äthylendichlorid die Polymerisation von *Propylenoxid* (I) durch *$SnCl_4$* unter Verw. von *Acetylchlorid* (II) als Korcagens. Die scheinbare Verbrauchsgeschw. von I u. II ergab sich direkt proportional zur Konz. von II u. verkehrt proportional zur Konz. von I. Unter den gewählten Bedingungen entsteht $CH_3CO(OC_3H_6)_nCl$, (n ≦ 6); die Verhältnisse der Molenbrüche P der n-meren P_n/P_{n+1} (n = 1 u. 2) sind nahezu proportional dem Konz.-Verhältnis II/I. Aus der Steigung dieser Geraden wurde das Verhältnis der Abbruchs- u. der Wachstumskonst. für einen S_N/2-Mechanismus bestimmt. Diese Verhältnisse sowie die Differenzen in den Aktivierungsenergien waren 19 u. 7,4 kcal/Mol für n = 1 u. 0,5 u. 3 ± kcal/mol für n = 2. B. A. Wolf 4020

1417 **Synthese und Polymerisationseigenschaften von Vinylestern substituierter Hydroxyessig- und β-Hydroxypropionsäuren.** S. I. Sadych-zade und A. S. Rzaeva. (Ž. org. Chim. **2**, 1407–10, 1966; Inst. neftechim. processov AN Azerbajdž. SSR; russ.) — Durch 6std. Erhitzen von Vinylestern O-substituierter Hydroxyessig- u. β-Hydroxypropionsäuren in Ggw. von Di-tert.-butylperoxid in einer Ampulle auf 125–130° werden Polymere dargestellt u. deren Eig. untersucht.

Versuche: Essigsäuren (nach bekannten Angaben): *β-Äthoxyäthoxy-*, $Kp._3$ 112–113°; $D._4^{20}$ 1,1009, n_D^{20} 1,4328; 73% (Ausb.). — *β-Phenoxyäthoxy-*, $Kp._4$ 193–194°; $D._4^{20}$ 1,2187, n_D^{20} 1,5315; 32%. — *Propionsäuren*: *β-[β-Äthoxyäthoxy]-*, $Kp._3$ 138–139°; $D._4^{20}$ 1,0858, n_D^{20} 1,4342; 62%. — *β-[β-Allyloxyäthoxy]-*, $Kp._3$ 159–162°; $D._4^{20}$ 1,0807, n_D^{20} 1,4530; 30%. — *β-[β-Butoxyäthoxy]-*, $Kp._3$ 168–169°; $D._4^{20}$ 1,0296, n_D^{20} 1,4358; 65%. — *β-[β-(o-Tolyloxy)-äthoxy]-*, $Kp._3$ 198 bis 199°; $D._4^{20}$ 1,1509, n_D^{20} 1,5162; 47%. — *β-[β-(o-Methoxyphenoxy)-äthoxy]-*, $Kp._3$ 216–218°; $D._4^{20}$ 1,2284, n_D^{20} 1,5335; 25%. — *β-[m-Tolyloxy]-propionsäurevinylester*, $C_{12}H_{14}O_3$, $Kp._3$ 128°, durch 18std. Erhitzen von β-[m-Tolyloxy]-propionsäure mit Vinylacetat in Ggw. von wenig Hg-Acetat u. konz. H_2SO_4 auf 45–50°, 55std. Stehen bei Raumtemp., Zugabe von Na-Acetat u. Filtrieren; $D._4^{20}$ 1,0883, n_D^{20} 1,5122; 77%. — Analog: Essigsäurevinylester: *Äthoxy-*, $C_6H_{10}O_3$, $Kp._{20}$ 59 bis 60°; $D._4^{20}$ 1,0010, n_D^{20} 1,4175; 55%. — *β-Äthoxyäthoxy-*, $C_8H_{14}O_4$, $Kp._7$ 88–90°; $D._4^{20}$ 1,0369, n_D^{20} 1,4285; 53%. — *β-Phenoxyäthoxy-*, $C_{12}H_{14}O_4$, $Kp._2$ 138 bis 139°; $D._4^{20}$ 1,1404, n_D^{20} 1,5130; 42%. — *Cyclohexyloxy-*, $C_{10}H_{16}O_3$, $Kp._{17}$ 118–120°; $D._4^{20}$ 1,0558 n_D^{20} 1,4602; 50%. — *2-Methylcyclohexyloxy-*, $C_{11}H_{18}O_3$, $Kp._7$ 99–101°; $D._4^{20}$ 1,0165, n_D^{20} 1,4576; 39%. — *3-Methylcyclohexyloxy-*, $C_{11}H_{18}O_3$, $Kp._9$ 113–114°; $D._4^{20}$ 1,0171, n_D^{20} 1,4580; 36%. — *4-Methylcyclohexyloxy-*, $C_{11}H_{18}O_3$, $Kp._{10}$ 120°; $D._4^{20}$ 1,0118, n_D^{20} 1,4580; 35%. — Propionsäurevinylester: *β-Phenoxy-*, $C_{11}H_{12}O_3$, F. 40°; 70%. — *β-[o-Tolyloxy]-*, $C_{12}H_{14}O_3$, $Kp._3$ 128–130°; $D._4^{20}$ 1,0802,

n_D^{20} 1,5082; 64%. — *β-[p-Tolyloxy]-*, $C_{12}H_{14}O_3$, F. 38°; 68%. — *β-[o-Methoxyphenoxy]-*, $C_{12}H_{14}O_4$, $Kp._3$ 122 bis 126°; $D._4^{20}$ 1,1417, n_D^{20} 1,5110; 38%. — *β-[β-Äthoxyäthoxy]-*, $C_9H_{16}O_4$, $Kp._7$ 96—97°; $D._4^{20}$ 1,0162, n_D^{20} 1,4325; 52%. — *β-[β-Allyloxyäthoxy]-*, $C_{10}H_{16}O_4$, $Kp._5$ 118—120°; $D._4^{20}$ 1,0249, n_D^{20} 1,4480; 53%. — *β-[β-Butoxyäthoxy]-*, $C_{11}H_{20}O_4$, $Kp._4$ 117—118°; $D._4^{20}$ 0,9828, n_D^{20} 1,4367; 65%. — *β-[β-Phenoxyäthoxy]-*, $C_{13}H_{16}O_4$, $Kp._4$ 156—158°; $D._4^{20}$ 1,1086, n_D^{20} 1,5080; 62%. — *β-[β-(o-Tolyloxy)-äthoxy]-*, $C_{14}H_{18}O_4$, $Kp._3$ 167°; $D._4^{20}$ 1,0948, n_D^{20} 1,5106; 49%. — *α-Phenoxypropionsäurevinylester*, $C_{11}H_{12}O_3$, $Kp._1$ 82—83°; $D._4^{20}$ 1,1008, n_D^{20} 1,5082; 57%. H.-J. Graubaum 4020△

1418 **Methematisches Aufbauverfahren für Proteine.** Robert Diamond. (Acta crystallogr. [Copenhagen] **21**, 253—66, 1966; Cambridge, Med. Res. Council Labor. of Mol. Biol.; engl.) — Es wird ein Computer-Programm beschrieben, das es ermöglicht, in einem Elektronendichtediagramm (E) mittlerer Auflsg. Verfeinerungen aufzubringen. Das Verf. liefert durch schrittweisen Einbau der Matrizen für die erforderlichen Aminosäuren unter Berücksichtigung der in dem Polypeptid möglichen Rotationen um Einfachbindungen eine Darst. des Mol., in dem die Faltung u. Annäherung an die aus dem E vorliegenden Richtpunkte nach einer Meth. der kleinsten Quadrate erfolgt. Hierbei werden neuartige mathem. Meth. zur Überwindung nichtlinearer Verh. des Modells beschrieben. Die Meth. wird erläutert an einem Beispiel, in dem eine 5gliedrige Brücke zwischen 2 Bereiche eingeschoben wird, für die Richtpunkte vorhanden sind sowie an einer Verfeinerung der Konform. der Reste 15 His, 16 Gly, 17 Leu im Myoglobin.
W. Walter 4080

E. Biologische, physiologische und medizinische Chemie

1419 **Adamantylgruppe in medizinischen Agentien.** 3. Mitt. **Nucleosid-5'-adamantanester. Die Adamantoylfunktion als Schutzgruppe.** Koert Gerzon und Don Kau. (J. med. Chem. **10** (1967) 2, 189—99; Lilly Res. Labor., Eli Lilly and Co., Indianapolis, Ind.; engl.) — 2. vgl. ibid. 8 (1965) 580. — Der *Adamantoylrest* wird als Basen-sensitive Schutzgruppe in der Nucleosid-Synth. eingeführt. Die *Adamantoylester* von *6-Thioinosin* zeigen eine Antikörper-Bldg. bei der Maus u. nachfolgenden Angriff durch Schaf-Erythrozyten. Die *Adamantoylester* von *Adenosin* verhindern eine durch Adenosindiphosphat induzierte Plättchen-Ansammlung in vitro. Es wird über die Antitumor-Wrkg. der Adamantoylester verschiedener Nucleoside berichtet. Der Wrkg.-Mechanismus wird diskutiert. IR- u. UV-Maxima sowie NMR-Daten u. R_F-Werte vgl. Original.

Versuche: *3.5.7-Trimethyladamantansäurechlorid* (**II**), durch Zutropfen von Oxalylchlorid zu 3.5.7-Trimethyladamantansäure in abs. Bzl., 1std. Kochen u. Einengen im Vakuum. — *5'-O-Adamantoyl-2'-desoxy-5-fluoruridin*, $C_{20}H_{25}FN_2O_6$, F. 116—117°, a) durch Zugabe von 0,81 g Adamantoylchlorid (**I**) in abs. Bzl. u. 1 g 2'-Desoxy-5-fluoruridin in abs. Py. bei 0—5°, 16std. Stehen bei Raumtemp., Zugabe von W., 0,5std. Rühren, Einengen im Vakuum bei 45—50° u. Extrahieren mit Essigester; 637 mg (Ausb.); b) durch Zugabe von 200 mg **I** zu 270 mg 3-Acetyl-*2'*-desoxy-5-fluoruridin in abs. Py., 16std. Rk., Zugabe von W., 0,5std. Rühren, Einengen im Vakuum, Extrahieren mit $CHCl_3$, Einengen u. Hydrolyse des erhaltenen *3'-Acetyl-5-adamantoyl-2'-desoxy-5-fluoruridins* [$C_{22}H_{27}FN_2O_7$, F. 62—65° (Ae./Cyclohexan); 280 mg] mit 0,5 n NaOH in wss. Dioxan; 80—90%. — *3'-O-Adamantoyl-2'-desoxy-5-fluoruridin*, $C_{20}H_{25}FN_2O_6$, F. 209—210° (Bzl./Methylenchlorid), durch Zugabe von 0,8 g **I** zu 1 g 2'-Desoxy-5-fluor-5'-O-trityluridin in abs. Py., 0,5std. Erwärmen auf 50°, 16std. Rk. bei Raumtemp., Zugabe von W., 0,5std. Rühren, Einengen im Vakuum, Extrahieren mit Essigester, 20 Min. langes Kochen des erhaltenen *3'-O-Adamantoyl-2'-desoxy-5-fluor-5'-O-trityluridins* [$C_{39}H_{39}FN_2O_6$, F. 165°; ca. 400—450 mg] mit 80%ig. Essigsäure, Kühlen u. Einengen im Vakuum bei 45—50°; 170 mg. — *5'-O-Adamantoylthymidin*, $C_{21} \cdot H_{28}N_2O_6$, F. 190—191°, durch Zugabe von **I** zu 250 mg Thymidin in abs. Py., 20std. Rk., Zugabe von W., 2std. Stehen, Einengen im Vakuum, Extrahieren mit Methylenchlorid, Adsorbieren an SiO_2 u. Eluieren mit Ae./Bzl. (1:1); 230 mg; daneben 49 mg *3'.5'-Diadamantoylthymidin* u. wenig *Adamantansäureanhydrid*. — *Thymidin-3'-phosphat*, durch Zugabe von 300 mg vorst. Verb. in abs. Py. zu Phosphorsäurecyanäthylester in Py., Einengen im Vakuum, Zugabe von Dicyclohexylcarbodiimid, 24std. Stehen bei Raumtemp., Zugabe von W., Abfiltrieren des gebildeten *Dicyclohexylharnstoffs*, Einengen im Vakuum, Lösen des erhaltenen *5'-O-Adamantoylthymidin-3'-[2-cyanäthylhydrogenphosphats]* in W., Alkalisieren mit 2 n LiOH, 1std. Erhitzen bei 100°, Zugabe von Dowex 50 (H^+) bis pH 2, Extrahieren mit Ae., Neutralisieren der wss. Lsg. mit $Ba(OH)_2$ u. Zugabe von A.; 105 mg. — *5'-O-Adamantoyl-2'-desoxyadenosin*, $C_{21}H_{27}N_5O_4$, F. 182 bis 183°, durch Zugabe von 0,99 g **I** in Bzl. zu 1 g 2'-Desoxyadenosin in abs. Py., 16std. Rk., Zugabe von W., 0,5std. Rühren, Einengen im Vakuum u. Extrahieren mit Essigester; 0,913 g. — *2'.3'-O-Isopropyliden-6-azauridin*, F. 139 140°, durch Zugabe von 70%ig. $HClO_4$ zu 6-Azauridin in abs. Aceton, 2std. Rk., Zugabe von NH_4OH, Einengen im Vakuum, Lösen in Aceton u. Zugabe von Cyclohexan; 78%. — *5'-O-Adamantoyl-2'.3'-O-isopropyliden-6-azauridin*, durch Zugabe von 12,25 g **I** zu 10 g vorst. Verb. in abs. Py., 1std. Rühren bei Raumtemp., Zugabe von W., 0,5std. Rühren, Einengen im Vakuum, Lösen in Aceton u. Zutropfen zu Eis/W.; 22 g. — *5'-O-Adamantoyl-6-azauridin*, $C_{19}H_{23}N_3O_7$, F. 179—180°, durch Zugabe von 22 g vorst. Verb. zu Essigsäure unter Rühren, Zugabe von W., 0,5std. Kochen, Einengen im Vakuum bei 45—50° u. Extrahieren mit Essigester; 12 g. — *5'-O-[3''.5''.7''-Trimethyladamantoyl]-6-azauridin*, $C_{22}H_{31}N_3O_7$, F. 122—124° (Ae./PAe.), aus 2,05 g 2'.3'-Isopropyliden-6-azauridin u. 3,47 g **II** u. Rk. des erhaltenen *2'.3'-O-Isopropyliden-5'-O-[3''.5''.7''-trimethyladamantoyl]-6-azauridins* [$C_{25}H_{35}N_3O_7$, F. 147—148° (Ae./PAe.); 2,85 g] mit 0,5 n methanol. HCl unter Erhitzen; 1,91 g. — *5'-O-Adamantoyl-6-thioinosin*, $C_{21}H_{26}N_4O_5S$, F. 226—227° (Methanol), durch Zugabe von 1,106 g **I** zu 690 mg 2'.3'-O-Isopropyliden-6-thioinosin in abs. Py., 16std. Rühren bei Raumtemp., Zugabe von W., 0,5std. Rühren, Einengen im Vakuum, Extrahieren mit sd. Methanol, $^3/_4$std. Erhitzen des erhaltenen *5'-O-Adamantoyl-2'.3'-O-isopropyliden-6-thioinosins* [$C_{24}H_{30}N_4O_5S$, F. 214—221° (Zers.); 957 mg] mit 0,3 n methanol. HCl bei 75—85°, Kühlen, Einstellen auf pH 8,5 mit NH_4OH u. Einengen im Vakuum bei 45—50°; 172 mg. — *5'-O-Adamantoyladenosin* (**IV**), $C_{21}H_{27}N_5O_5$, F. 140° (Methylenchlorid), durch Zugabe von 3,26 g **I** zu 5 g Isopropylidenadenosin (**III**) in abs. Py. bei 0—5°, 16std. Rühren bei Raum-g temp., 0,5std. Rühren mit W., Einengen, Extrahieren mit Essigester u. Hydrolysieren des erhaltenen *Isopropyliden-5'-O-adamantoyladenosins* [$C_{24}H_{31}N_5O_5$, F. 159 bis 160° (Ae.); 4,92 g] mit 0,5 n methanol. HCl bei Siedetemp.; 1,1 g. — *5'-O-[3''-Methyladamantoyl]-adenosin*, $C_{22}H_{29}N_5O_5$, F. 194—195° (Methanol/Essigester), aus 1,87 g 3-Methyladamantoylchlorid u. 2 g **III** u. Hydrolyse von 2 g des erhaltenen *2'.3'-O-Isopropyliden-5'-O-[3''-methyladamantoyl]-adenosins* [$C_{25}H_{33}N_5O_5$, F. 151 bis 153° (Ae.); 2,5 g]; 1,3 g. — *5'-O-[3''.5''-Dimethyladamantoyl]-adenosin*, $C_{23}H_{31}N_5O_5$, F. 158—159° (Essigester), aus 0,92 g 3.5-Dimethyladamantoylchlorid u. 1 g **III** u. nachfolgende Hydrolyse; 637 mg. — *5'-O-[3''.5''.7''-Trimethyladamantoyl]-adenosin*, $C_{24}H_{33}N_5O_5$, F. 179 bis 180° (Essigester), aus 0,786 g **II** u. 1 g **III** u. nachfolgende Hydrolyse von 1 g des erhaltenen *2'.3'-O-Isopropyliden-5'-O-[3''.5''.7''-trimethyladamantoyl]-adenosins* [$C_{27}H_{37}N_5 \cdot O_5$, F. 156—162° (Ae./PAe.); 1,2 g]; 0,607 g. — *5'-O-Adamantoyl-2'.3'-O-diacetyladenosin*, $C_{25}H_{31}N_5O_7$, F. 236 bis 237°, durch 4std. Rk. von 0,52 g **IV** mit Acetanhydrid/Py. unter 30°, Zugabe von A., 0,5std. Rühren, Einengen im Vakuum bei 45—50° u. Extrahieren mit Essigester;

196 mg. — *5'-O-Benzoyladenosin*, $C_{17}H_{17}N_5O_5$, F. 166 bis 170° (wss. A.), aus 0,36 ml Benzoylchlorid u. 1 g **III**, nachfolgende 3/4std. Hydrolyse mit 0,5 n methanol. HCl, Einengen im Vakuum, Lösen in W. u. Einstellen auf pH 6 mit 5%ig. $NaHCO_3$-Lsg.; 486 mg.
K.-P. Hilgetag 4160△

1420 **Alkoholyse des Cytidin-2'.3'-Cyclophosphats durch Nucleoside und Nucleotide in Gegenwart von Pankreasribonuclease.** N. S. Tichomirova-Sidorova, G. E. Ustjužanin und E. M. Kogan. (Ž. obšč. Chim. **38/100**, 7, 1491—94; Moskva, inst. vysokomolekuljarnych soedinenij SSSR; russ.) — Bei der Alkoholyse von *Cytidin-2'.3'-Cyclophosphat* (**I**) durch *Cytidin* (**II**), *Uridin* (**II**), *Cytidylsäure* (**III**) oder *Uridylsäure* (**IV**)/mg in Ggw. von 6 μg *Pankreasribonuclease* (**V**) entstehen *Cytidylyl-3'.5'-cytidin* (**VI**), *Cytidylyl-3'.5'-uridin* (**VII**), *Cytidylyl-3'.5'-cytidin-3'(2')-phosphat* (**VIII**) u. *Cytidylyl-3'.5'-uridin-3'.(2')-phosphat* (**IX**) ohne Beimengungen anderer Oligonucleotide, wenn 0,8 m **I**-Lsg. u. 0,032 m Lsg. von **II**, **III** u. **IV** angewandt werden. Die Rk. zwischen **I** u. **II** verläuft ähnlich der Rk. zwischen *Uridin-2'.3'-cyclophosphat* u. **II**. Die Ausb. an *Dinucleosidmonophosphaten* (**X**) u. die Anteile der Alkohoyse u. Hydrolyse an der Rk. sind prakt. einander gleich. Die Rk. zwischen **I** u. **II** ist jedoch in der halben Zeit beendet. In beiden Fällen nimmt der Geh. an **X** nach Abschluß der Alkoholyse trotz der Ggw. von **V** nicht ab. Die Synth. von **VII**, **VIII** u. **IX** ist unter ähnlichen Bedingungen wie die Synth. der Uridinderiv. möglich. Die Alkoholyse des **I** zu **VI** ist in 3—4 Std. beendet. Die **VI**-Ausb. beträgt ca. 25%. Bei der Alkoholyse bzw. Hydrolyse werden 70 bzw. 30% des **I** verbraucht.
O. Lebtag 4220△

1421 **Untersuchungen auf dem Gebiet von Koferment A.** 3. Mitt. **Synthese der Abkömmlinge von D-(—)-α-Hydroxy-β.β-dimethyl-γ-butyrolacton.** V. M. Kopelevič, S. B. Sergienko, E. S. Ždanovič und N. A. Preobraženskij. (Ž. obšč. Chim. **38/100** (1968) 5, 1135—39; Moskva, n.-i. vitaminnyj inst.; russ.) — 2. bid. **37/39** (1967) 3, 1581. — Durch Umsetzung von *α-Hydroxy-β.β-dimethyl-γ-butyrolacton* (**I**) mit *p-Toluolsulfochlorid* in Pyridin bei —15° wird *D-(+)-2-O-Tosylpantolacton* (**II**) erhalten: F. 97,5 bis 98,5° (A.), 87,3% (Ausb.). In ähnlicher Weise wird *D-(+)-O-Mesylpantolacton* (**III**) hergestellt: 55—56° (A.), 79,2%. Durch Umsetzung von **II** bzw. **III** mit 25% ig. Lsg. von NH_4OH wird der Lactonring gesprengt. Es entstehen hierbei die Amide *D-(+)-2'-O-Tosylpantoamid* (**IV**) u. *D-(+)-2'-O-Mesylpantoamid* (**V**). Bei 4std. Kochen von **II** bzw. **III** mit *β-Alanin* in Ggw. von Methanol u. Diäthylamin entstehen *D-(+)-2'-O-Tosyl (bzw. Mesyl)-pantothensäure* (**VI** bzw. **VII**). Aus **VI** werden S-Benzyl- u. S-Benzoyl-2'-O-Tosylpanthein in einer Ausb. von 51,7 bzw. 64,1% hergestellt. Die Synth. der Verb. **II**, **III**, **IV**, **V**, **VI** u. **VII** ermöglicht die Herst. der natürlichen Deriv. von Pantethein.
O. Lebtag 4270△

1422 **Die bei der Kultivierung des Acetobacters suboxydans auf dem Nährboden mit Sorbit entstandenen Produkte.** Z. G. Razumovskaja und V. I. Sucharevič. (Prikl. Biochim. Mikrobiologija 4 (1968) 3, 252—56; Leningrad, Univ.; russ.) — Bei Ox. des Sorbits durch *Acetobacter suboxydans* bildet sich Sorbose, Fructose u. CO_2. Die Bldg. der Sorbose u. CO_2 beginnt schon in den ersten Std. der Kultivierung u. geht parallel zur Ansammlung der Biomasse des Acetobacters. Fruktose erscheint erst nach 12—14 Std., nachdem sich die Biomasse auf das mehrfache erhöht hat. Außerdem steigt die Ansammlung der Fruktose mit der Verminderung des sich bildenden CO_2 u. erreicht ihr Max. beim Aufhören der CO_2-Bildung. Die CO_2-Bldg. hört mit der Beendigung der Vermehrung des Acetobacters u. der Ox. auf.
M. Gordienko 4320

1423 **Gärprodukte mit elektiver Kultur obligat-thermophiler Cellulosebakterien.** M. A. Ščerbakov. (Prikl. Biochim. Mikrobiologija 4 (1968) 3, 243—51; Inst. mikrobiol. AN SSSR; russ.) — Bei Cellulosegärung mit elektiver Kultur obligat-thermophiler Cellulosebakterien wurden folgende Austauschprod. ermittelt: A., Milchsäure, Ameisensäure, Essigsäure, in kleinen Mengen auch Propion- u. Buttersäure. Bei einer Erhöhung der Cellulosemenge von 1 auf 3% steigt der Geh. an Zucker in der Kulturflüssigkeit von 1,6 auf 2,7%, an Milchsäure von 37 auf 50%, während der A.-Geh. sich von 19 auf 9,5% vermindert. Bei Kultivierung obligat-thermophiler Begleiter der Cellulosebakterien *Bac. stearothermophilus* u. *Bac. lentus var. thermophilus* auf Nährboden mit Glucose im Laufe von 48 Std. wurden Milchsäure (79—87%), Essigsäure (12—1,5%) u. Ameisensäure (7,2—9,3%) festgestellt.
M. Gordienko 4320

1424 **Bildung von extrazellulären Kobaltoporphyrinen durch Kulturen von Propionibacterium shermanii.** V. Ja. Bychovskij, N. I. Zajceva und G. V. Mantrova. (Doklady Akad. Nauk SSSR **180** (1968) 5, 1237—38; Moskva, inst. biochimii im. A. N. Bacha AN SSSR; russ.) — Werden 5 Tage alte Kulturen von *Propionibacterium shermanii* (a) oder die Kultur-Fl. (b) mit 1 mg $CoCl_2 \cdot 6\,H_2O$ (**I**)/100 ml versetzt (c bzw. d) u. weiter 48 Std. bei 28° inkubiert, so beträgt der Geh. an *Porphyrinen* (**II**) bei a vor bzw. nach der Hydrolyse durch konz. H_2SO_4 100 bzw. 100% (5500,0 bzw. 5200,0 μg/l), bei b 98,0 bzw. 96,0%, bei c 15,4 bzw. 70,0%, bei d 11,8 bzw. 68,5%. Wird die Kultur-Fl. vor dem **I**-Zusatz 30 Min. auf 100° erhitzt, so beträgt der Geh. 14,7 bzw. 69,5%. Die Bindung der freien **II** u. ihre Freisetzung nach der Hydrolyse beweisen, daß der **I**-Einbau in das **II**-Mol. vorwiegend nichtenzym. erfolgt.
O. Lebtag 4320△

1425 **Biosynthese von Phenolen durch den Produzenten von Aurantin.** T. I. Orlova, A. B. Silaev, A. O. Želtova und V. I. Saburova. (Antibiotiki **13** (1968) 8, 719—23; Moskva, univ.; russ.) — Aus der Kultur-Fl. des *Actinomyces*-Produzenten von *Aurantin* (**I**) werden 6 Phenole (**II**) isoliert u. untersucht. 5 dieser **II** sind Phenolsäuren. II_1 ist nach dem UV-Spektrum der *m-Hydroxybenzoesäure* ähnlich, unterscheidet sich jedoch nach dem elektrophoret. Verh. u. nach der Färbung mit $FeCl_3$. Von *Catechol* u. *Hydrochinon* unterscheidet es sich nach dem UV-Spektrum u. durch das Fehlen der Rk. mit o-Diphenol. II_2 zeigt ein ähnliches UV-Spektrum wie *o-Hydroxybenzoesäure*, ist jedoch sonst von ihr verschieden. II_3 hat nach allen Kennzahlen Ähnlichkeit mit *N-Formyl-4-methyl-3-hydroxyanthranilsäure*. II_4 unterscheidet sich von II_3 nur wenig. II_6 hat ein ähnliches UV-Spektrum wie *2.3.4-Trihydroxybenzoesäure*, ist jedoch sonst verschieden von ihr. Für II_5 sind keine Analoga feststellbar. II_1, II_2, II_5 u. II_6 werden durch *Laccase* oxydiert. Sie sind wahrscheinlich als p-Diphenyle anzusprechen. Ihre Ox.-Prod. sind an der Synth. des Phenoxazinrestes des **I**-Mol. beteiligt.
O. Lebtag 4340△

1426 **Struktur der Aminosäuren von Ristomycin. Aminosäure a.** N. N. Lomakina, V. A. Zenkova, R. Bognar, F. Staričkai, Ju. N. Šejnker und K. F. Turčin. (Antibiotiki **13** (1968) 8, 675—82; Moskva, n.-i. inst. po izyskaniju novych antibiotikov; russ.) — In den Hydrolyseprod. von *Ristomycin* können chromatograph. die *Aminosäuren a, b* u. *c* nachgewiesen werden. Zwecks Nachprüfung der These, wonach diese Säuren Isomere von α-Aminodihydroxyphenylessigsäure sein sollen, wurden die 3.4-, 2.5-, 2.4- u. 3.5-Dihydroxyphenylderiv. von Glycin synthetisiert u. mit den natürlichen Prod. verglichen. Danach unterscheiden sich die Aminosäuren a, b u. c chromatograph. u. spektrograph. von den Dihydroxyphenylglycinderivaten. Auf Grund der chem. u. spektralen Eig. wird gefolgert, daß die Aminosäure a aus je einem p-Hydroxyphenylglycin- u. Dihydroxymethylphenylglycinrest besteht, die über eine O-Brücke miteinander verbunden sind. Die Stellung der OH-, CH- u. Glycinreste bleibt ungeklärt, so daß 4 Strukturen als möglich angesehen werden müssen.
O. Lebtag 4340△

1427 **Biologisch aktive Analoga des Dihydrostreptomycins, die keine Guanidingruppen enthalten.** E. N. Lazareva, V. N. Golubev, A. N. Šneerson und O. S. Vasilenko. (Antibiotiki **13** (1968) 8, 682—86; Moskva, n.-i. inst. antibiotikov; russ.) — Durch Umsetzung des *Dideguanyldihydrostreptomycins* (**I**) mit *Senföl* im organ. Lsgm. u. anschließende Kristallisation aus A. werden die nachstehenden Analoga von *Dihydrostreptomycin* (**II**) erhalten: *N.N'-Bis-[phenylthiocarbamyl]* (**III**)-, *N.N'-Bis-[p-äthoxyphenylthiocarbamyl]* (**IV**)- u. *N.N'-Bis-[p-butoxy-*

phenylthiocarbamyl]-dideguanyldihydrostreptomycin (**V**). F. u. Ausbeute: 192—195° u. 81,8% für **I**; 162—163° u. 99,4% für **II**; 156—158° u. 97,3% für **III**. Im Vgl. zu **I** zeigen **III**, **IV** u. **V** in vitro eine hohe bakteriostat. Aktivität, unabhängig von der Empfindlichkeit des Stammes gegenüber **II**. Die höchste Aktivität zeigt **III**. Es ist auch gegenüber säurebeständigen Mykobakterien mit hoher Resistenz gegenüber *Viomycin*, *Cycloserin*, *Tubazid* u. *Kanamycin* sehr wirksam. Die Thiocarbaminderiv. von **II** lassen geringere Toxizität u. stärkere Wrkg. gegenüber Tuberkuloseerregern erwarten als bei **II**.
O. Lebtag 4340△

1428 **Biosynthese von 2-Acetyl-2-decarboxamidooxytetracyclin durch die Kultur von Actinomyces rimosus.** N. V. Orlova. (Antibiotiki **13** (1968) 4, 291—97; Moskva, n.-i. inst. antibiotikov; russ.) — Zusatz von *L-Glutamin* (**I**) oder *L-Asparagin* (**II**) zum Nährboden von *Actinomyces rimosus* bewirkt bei geringer Konz. (1,5—3,0 mg/ml) auf Sojanährboden Stimulierung, auf synthet. Nährboden geringe Hemmung der Biosynth. von *Oxytetracyclin* (**III**). Hohe Konz. von **I** bzw. **II** hemmen die **III**-Synth. auf beiden Nährböden. Die Synth. von *2-Acetyl-2-decarboxamidooxytetracyclin* (**IV**) wird in allen Fällen vermindert. Unter dem Einfl. von **I** u. **II** wird das bereits gebildete **IV** nicht umgewandelt. **I** u. **II** liefern die für die Synth. der Carboxamidgruppe des **III** erforderlichen Amidgruppen. Am stärksten ist die Wrkg. von **I** u. **II** auf die **IV**-Bldg. bei Zusatz zur 24 Std. alten Kultur, also zu Beginn der intensiven **IV**-Bildung. Bei Zusatz der doppelten Mengen *L-Asparaginsäure* (**V**) oder *L-Glutaminsäure* (**VI**) im Vgl. zur **I**- bzw. **II**-Menge erfolgt die gleiche Unterdrückung der **IV**-Synthese. **V** u. **VI** treten demnach ebenfalls als Donatoren von NH_2-Gruppen auf. Zusatz von $(NH_4)_2SO_4$ oder *Harnstoff* 24 Std. nach Beginn des Wachstums vermindert die Bldg. von **IV**; in Ggw. von Harnstoff nimmt die **III**-Menge als Folge der Alkalisierung ab. *Caseinhydrolysat* beeinflußt die **IV**-Synth. prakt. nicht. Bei erhöhtem Geh. des Nährbodens an P_i wirkt der Zusatz von **I**, **II** oder Ammoniumsalz ebenfalls hemmend auf die Synth. von **IV**. O. Lebtag 4340△

1429 **Neuere Ergebnisse der Antibiotika-Forschung.** Ch. Tamm. (Angew. Chem. **78**, 496—97, 1966, dt.; int.

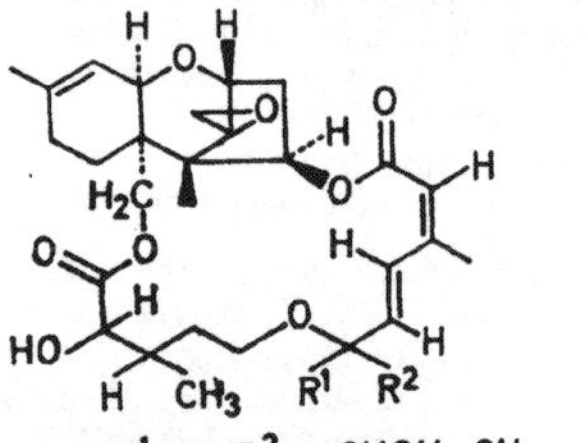

I A: R^1=H, R^2= -CHOH-CH_3
II A: R^1, R^2= =O

Edit. Basel; engl.) — Vortrag. — Durch Unters. der nativen *Roridine* (**I**) u. *Verrucarine* (**II**) u. ihrer Abbauprod. werden für **I** A u. **II** A folgende Strukturen ermittelt:
K.-W. Glombitza 4340

1430 **Aromatische Aldehyde in den Samen der Weinbeere.** T. A. Kananadze. (Prikl. Biochim. Mikrobiologija **4** (1968) 3, 349—53; NI inst. vinograd. i vinodel. Gruz. SSR; russ.) — In frühen Entwicklungsphasen, wenn die bedeckenden Gewebe der Samen der Weinbeere noch eine weiche, d. h. nicht verholzte Oberfläche aufweisen, enthalten sie keine aromat. Aldehyde. Diese bilden sich, nachdem die Samen vollständig geformt u. mit verholzten Geweben bedeckt wurden. Zu Beginn der Verholzung der bedeckenden Gewebe bilden sich Protocatechualdehyd, Vanillin u. Zimtaldehyd. Bei der Keimung der Samen verschwinden aromat. Aldehyde in Weinbeeren, wobei sie auch in Keimlingen nicht ermittelt werden konnten. Es ist anzunehmen, daß Aldehyde bei der Keimung verschiedenen, noch nicht näher erkannten Umwandlungen unterliegen. M. Gordienko 4420

1431 **Zusammensetzung von Pigmenten und Vitaminen von Haferöl.** G. N. Novožilova, Ja. I. Denisenko, A. P. Nečaev und L. O. Snajdman. (Prikl. Biochim. Mikrobiologija **4** (1968) 3, 333—36; Moskva, technol. inst. pišč. prom.; russ.) — Untersuchungen verschiedener Hafersorten zeigten, daß Haferöl O_2-haltige Carotinoide: Xanthophyllepoxid u. Taraxanthin in Mengen von 9,8 bis 30,8 mg/g enthält. Der Geh. an Tocopherolen steht nicht dem im Soja-, Senf-, Sonnenblumen- u. Olivenöl nach, er schwankt, in Abhängigkeit von der Hafersorte, von 9,8—75 mg-%. Nach seinem Steringeh. (0,19—0,30%) nähert sich Haferöl dem von Mohn- u. Sesamöl, steht aber unter dem von Lein- u. Maisöl. In Lipiden von Hafer fehlt B-Carotin. M. Gordienko 4420

1432 **Polyphenole von Rheum rhaponticum. 1. Mitt. Flavonolglykoside.** H. A. W. Blundstone. (Phytochemistry **6** (1967) 10, 1449—52; Fruit and Vegetable Preservation Res. Assoc. Chipping Campden, Gloucestershire; engl.) — In Rhabarberstielen wurden gefunden *Quercetin-3-rutinosid*, *-3-glucosid* (**I**) u. *-3-rhamnosid*. Eine weitere Verb. gab bei Hydrolyse ebenfalls Quercetin u. Glucose. Sie ist von **I** aber zu unterscheiden.
W. Heinze 4420

1433 **Konstitution und Synthese des Isoorensins.** C. Schöpf und W. Merkel. (Abh. dtsch. Akad. Wiss. Berlin, Kl. Chem., Geol. Biol. **1966**, Nr. 3, 133—35; Darmstadt, TH, Inst. f. org. Chemie; dt.) — *Ammodendrin* u. *Orensin* (**I**) lagern leicht A. an die Doppelbindung an, überschüssige wasserfreie Säure oder trockenes Erhitzen bilden sie leicht zurück. Die aus *Isotripiperidin* (**II**) synthetisierte Verb. gibt bei Hydrolyse nicht Tetrahydroanabasin, sondern eine isomere Base, so daß die bisher für *Isoorensin* (**III**) angenommene Formel offensichtlich

III

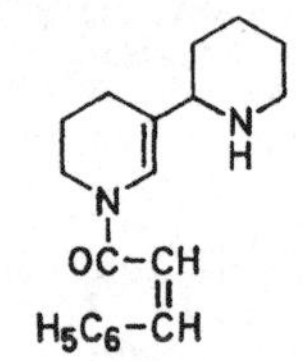

unzutreffend ist. Aus **II** u. Phenylpropiolsäurechlorid, durch anschließende Hydrolyse mit $HClO_4$ u. partielle katalyt. Hydrierung der 3fach-Bindung (Bldg. von *cis*-Olefin) wird Verb. **IV** erhalten, die mit natürlichem **III** ident. war. Bei **III**-Hydrolyse tritt quant. Umlagerung des *cis*- zum *trans*-Zimtsäurerest ein. K. Maier 4420

1434 **Stoffwechselprodukte von Oospora virescens (Link) Wallr. Virescenol B.** Nera Cagnoli Bellavita, Paolo Ceccherelli, Mario Ribaldi, Zoja Baskevitch und Judith Polonsky. (Gazz. chim. ital. **97** (1967) 11, 1625—26; Perugia, Ist. di Chim. Org., Fac. Farmacia, Univ.; ital.) — Ein zweites Aglykon aus *Oospora virescens*, genannt *Virescenol B* (**I**), $C_{20}H_{32}O_2$, F. 125° (PAe.), $[\alpha]_D$ +100° (c = 1,15; Chlf.) ist ein Dihydroxyterpen. Das *Diacetat*, $C_{24}H_{36}O_4$, F. 115—117°, $[\alpha]_D$ +15°, kann über PtO_2 zum *Dihydroderiv.* $C_{24}H_{38}O_4$ hydriert werden. **I** ist vermutlich *Desoxyvirescenol A*. W. Holland 4420

1435 **Chemische Untersuchung der ätherischen Öle von Biota orientalis Endl., und Cupressus sempervirens L.** Ė. Sachatov und N. V. Belova. (Farmacija [Moskva] **17** (1968) 3, 33—39; Leningrad, botaničeskij inst. im. V. A. Komarova AN SSSR; russ.) — Das aus den Nadeln bzw. Früchten von *Biota orientalis Endl.* in einer Ausb. von 0,55 bzw. 1,34% gewonnene äther. Öl besitzt folgende Kennzahlen: $D._{20}^{20}$ 0,8975 bzw. 0,8861, n_D^{20} 1,4870 bzw. 1,4730, $[\alpha]_D^{20}$ +5,12 bzw. +20,50°, SZ. 0,41 bzw. 0,38, EZ. 67,32 bzw. 14,81, VZ. 67,7 bzw. 15,19. Das 1. Öl enthält α- u. *β-Pinen* (α-**I** bzw. β-**I**), *Myrcen* (**II**) u. *Limonen* (**III**), das 2. Öl α-**I**, β-**I**, **II**, *Caryophyllen* (**IV**), *β-Bisabolen* (**V**), *Farnesin* (**VI**), *Cedrol* (**VII**) u. *Bisabolol*. Das aus den Nadeln bzw. Früchten von *Cupressus sempervirens L.* gewonnene äther. Öl besitzt folgende Kennzahlen: $D._{20}^{20}$ 0,8812 bzw. 0,8835, n_D^{20} 1,4720 bzw. 1,4740, $[\alpha]_D^{20}$ +32,3 bzw. 34,5°, SZ. 0,75 bzw. 1,35, EZ. 21,12 bzw. 25,04, VZ. 21,87 bzw. 26,39. Die Ausb. beträgt 1,03 bzw. 1,07%. Dieses Öl enthält α-**I**, β-**I**, **II** u. **III** bzw.

α-I, β-I, **II**, **III**, *β-Cadinen*, **IV**, **V**, **VI**, **VII** u. eine Verb. von F. 65° mit starker Absorption bei 1745 cm^{-1} (C=O-Gruppe). O. Lebtag 4420△

1436 **Ätherisches Öl von Eucalyptus rostrata aus Sardinien.** Aldo Martelli, Gian Mario Nano, Giuseppe Biglino und Marisa Gallino. (Ann. Chimica **57** (1967) 8—9, 1027—34; Torino, Univ., Ist. di Chim. Farmaceut. e Tossicol.; ital.) — Im äther. Öl von *E. rostrata* (gesammelt im Juli in der Umgebung von Cagliari) wird durch Gas- u. Dünnschichtchromatographie der < 100°/15 Torr sd. Anteile als Hauptkomponente *β-Phellandren* u. daneben *p-Cymol*, *β-Myrcen*, *Sabinen*, *α-Thujen*, *α-Pinen* u. *1.8-Cineol* durch direkten Vgl. mit authent. Verb. nachgewiesen. Die IR- u. KMR-Spektren von β-Phellandren sind angegeben. F. Heller 4420

1437 **Terpenoide.** 5. Mitt. **Inhaltsstoffe von Nauclea orientalis L.** 1. Mitt. **Noreugenin und Naucleosid, ein neues Glykosid.** Eiichi Fujita, Tetsuro Fujita und Toyoko Suzuki. (Chem. pharmac. Bull. [Tokyo] **15** (1967) 11, 1682—86; Kyoto, Univ., Inst. for Chem. Res.; engl.) — 4. vgl. Tetrahedron Letters [London] **1966**, 3153. — Aus dem Ae.-Extrakt des Kernholzes von *Nauclea orientalis* L. werden *β-Sitosterin*, *2-Methyl-5.7-dihydroxychromon* (**I**; *Noreugenin*), *Palmitinsäure* u. ein neues Glykosid, *Naucleosid* (**II**) isoliert. Die Konstit. von **II** als *3-O-[D-Xylosyl-L-rhamnosyl]-deriv.* der *Chinovasäure* (**III**) wird durch vollständige u. partielle saure Hydrolyse u. Vgl. der Spaltprod. mit authent. Verb. ermittelt. **I** wird durch Methylieren zum bekannten *Eugenin* identifiziert.

Versuche: *β-Sitosterin*, *1/2-Hydrat*, $C_{29}H_{50}O \cdot 1/2\, H_2O$, F. 139,5—140°, durch Chromatographie (Chr.) der neben **I** erhaltenen Neutralstoffe (5,1 g) an Al_2O_3; $[\alpha]_D^{18}$ —33,7° (c = 0,6; Chlf.); aus Aceton Nadeln; 600 mg (Ausb.). *Acetat*, $C_{31}H_{52}O_2$, F. 192°, aus Chlf./CH_3OH Nadeln. — *Noreugenin* (**I**), $C_{10}H_8O_4$, F. 265—269° (Zers.), durch Extrahieren von 3,5 kg getrocknetem Kernholz mit Ae. bei Raumtemp. u. Kristallisation der phenol. Anteile (3,6 g) aus CH_3OH; Nadeln. *7-Methyläther* (*Eugenin*), F. 118°, aus **I** u. CH_2N_2 in Ae./CH_3OH u. Chr. an SiO_2; aus A. Nadeln. — *Palmitinsäure*, F. 61—64°, aus den neben **I** erhaltenen Säuren (3,9 g) durch Chr. an SiO_2; aus CH_3OH Nadeln. — *Naucleosid* (**II**), *1 1/2-Hydrat*, $C_{41}H_{64}O_{13} \cdot 1^1/_2\, H_2O$, F. 260—261° ($CH_3OH$/Äthylacetat), neben **I**; 560 mg. *Pentaacetat*, $C_{51}H_{74}O_{18}$, F. 244—245° (Zers.), aus **II** u. Acetanhydrid/Py.; aus CH_3OH Nadeln. — *Chinovasäure* (**III**), $C_{30}H_{46}O_5$, F. 294—295° (Zers.; A.), durch 9std. Erhitzen von 100 mg **II** u. konz. HCl in A. auf dem W.-Bad; $[\alpha]_D^{18}$ +90° (c = 1,9; 5%ig. KOH); 50 mg, *Dimethylester*, $C_{32}H_{50}O_5$, F. 179,5—181°. *Acetat*, F. 281 bis 284° (Acetonitril/CH_3OH). *Dimethylesteracetat*, $C_{34}H_{52}O_6$, F. 214—216° (CH_3OH). — *L-Rhamnose*, $[\alpha]_D^{20}$ +8,6° (c = 1,0; W.) u. *D-Xylose*, $[\alpha]_D^{23}$ +10,7° (c = 0,7; W.), neben **III**; die Identifizierung erfolgt durch Gas-Chr. der *Tetrakis-trimethylsilyläther*. F. Heller 4420

1438 **Alkaloide aus Gloriosa superba L.** Luigi Canonica, Bruno Danieli, Paolo Manitto, Giovanni Busso und Ezio Bombardelli. (Chim. e Ind. [Milano] **49** (1967) 12, 1304—12; Milano, Univ., Ist. di Chim. organ.; ital.) — Aus getrockneten Knollen von *Gloriosa superba* werden neben schon bekannten 5 neue Alkaloide isoliert, die durch Rk., UV- u. KMR-Spektren (Werte sind angegeben) sowie Herst. von Beziehungen zu bekannten Verb. als *O^2-Desmethyl-N-formyldesacetylcolchicin* (**I**), *N-Formyldesacetyl-γ-lumicolchicin* (**II**), *N-Formyldesacetyl-β-lumicolchicin* (**III**), *O^2-Desmethyl-N-formyldesacetyl-β-lumicolchicin* (**IV**) u. *O^2-Desmethyl-β-lumicolchicin* (**V**) erkannt werden.

Versuche: *β-Lumicolchicin* (**VI**), F. 184—185°, a) durch Extrahieren von 10 kg getrockneten u. zerkleinerten Knollen bei 60° mit 60 l 90%ig. A., Einengen des Extraktes, Extrahieren mit PAe., Alkalisieren mit NaOH bis pH 9, Extrahieren mit Chlf. u. Chromatographie (Chr.) von 10 g des Extraktes (30 g) an Al_2O_3; $[\alpha]_D^{20}$ +318° (c = 1; Chlf.); 0,15 g (Ausb.); b) aus 130 mg **V** u. Dimethylsulfat in 1 n NaOH; 128 mg. — *γ-Lumicolchicin*, F. 277—278° (Äthylacetat), neben **VI** nach a); $[\alpha]_D^{20}$ —425° (c = 1; Chlf.); 0,08 g. — *Colchicin*, aus dem in W. lösl. Anteil der Mutterlauge vorst. Verb. durch Extrahieren mit Äthylacetat. — *N-Formyldesacetyl-γ-lumicolchicin* (**II**), $C_{21}H_{23}NO_6$, F. 255—257° (Chlf./CH_3OH), a) neben vorst. Verb.; $[\alpha]_D^{20}$ —451° (c = 1; Chlf.); 0,04 g; b) durch 6std. UV-Bestrahlung von 530 mg **VII** in CH_3OH u. Chr. an SiO_2; 38 mg. — *N-Formyldesacetyl-β-lumicolchicin* (**III**), $C_{21}H_{23}NO_6$, F. 214—215° (Äthylacetat/CH_3OH), a) neben **II** nach a); $[\alpha]_D^{20}$ —340° (c = 1; Chlf.); 0,09 g; b) neben **II** nach b); c) aus 100 mg **IV** u. Dimethylsulfat in verd. NaOH u. Chr.; 75 mg. — *O^2-Desmethyl-β-lumicolchicin* (**V**), $C_{21}H_{23}NO_6$, F. 202—203° (CH_3OH/Ae.), a) neben **II** nach a); $[\alpha]_D^{20}$ +331° (c = 1; Chlf.); 0,05 g; b) aus 200 mg **VIII** in CH_3OH/W. im UV-Licht u. Chr. an Al_2O_3; 103 mg. — *O^2-Desmethyl-N-formyldesacetyl-β-lumicolchicin* (**IV**), $C_{20}H_{21}NO_6$, F. 248 bis 249° (CH_3OH), a) neben **V** nach a); $[\alpha]_D^{20}$ +362° (c = 1; Chlf.); b) aus 510 mg **I** in CH_3OH/W. im UV-Licht u. Chr.; 190 mg. — *N-Formyldesacetylcolchicin* (**VII**), F. 264 bis 265° (CH_3OH/Bzl.), a) neben **II** nach a); 0,4 g; b) durch Stehen von 50 mg **I** u. CH_2N_2 in CH_3OH für 3 Tage; 36 mg. — *O^2-Desmethyl-N-formyldesacetylcolchicin* (**I**), $C_{20}H_{21}NO_6$, F. 183—184° u. 229—230° (CH_3OH/Äthylacetat), durch Ansäuern der neben **VI** nach a) erhaltenen alkal. Lsg. mit H_2SO_4, Extrahieren mit Chlf. u. Chr. an Al_2O_3; $[\alpha]_D^{20}$ —210° (c = 0,41; Chlf.); 0,60 g. *O^2-Äthylderiv.* (**Ia**), $C_{22}H_{25}NO_6$, F. 280° (Zers.; Äthylacetat), aus 500 mg **I** u. Diäthylsulfat in 1 n NaOH; $[\alpha]_D^{20}$ —164° (c = 0,9; Chlf.); 420 mg. — *O^2-Desmethylcolchicin* (**VIII**), neben **I**; 0,45 g. *O^2-Acetylderiv.*, F. 228 bis 230° (CH_3OH/Ae.), a) aus **VIII** u. Na-Acetat/Acetanhydrid; $[\alpha]_D^{20}$ —109° (c = 1; Chlf.); b) durch 2 1/2std. Stehen von 200 mg **I** u. 1 n methanol. HCl im Dunkeln, Gießen in Eiswasser, Neutralisieren mit $NaHCO_3$, Extrahieren mit Chlf. u. Acetylieren des rohen **VIII** mit Acetanhydrid/Py.; 147 mg. *O^2-Äthylderiv.*, F. 229—231° (Äthylacetat), a) aus **VIII** u. Diäthylsulfat in 1 n NaOH; b) aus nachst. Verb. u. Acetanhydrid in Äthylacetat. — *O^2-Äthyl-O^2-desmethyl-N-desacetylcolchicin*, durch 3std. Stehen von 250 mg **Ia** u. 1 n methanol. HCl bei Raumtemp. im Dunkeln, Gießen in Eiswasser, Neutralisieren mit $NaHCO_3$ u. Extrahieren mit Chlf.; 220 mg. *d-Tartrat*, $C_{25}H_{31}NO_{11}$, F. 227° (Zers.; CH_3OH); $[\alpha]_D^{20}$ —9° (c = 0,43; Chlf.). — *N-Formyldesacetyl-9β-hydroxy-9-desoxo-γ-lumicolchicin*, $C_{21}H_{25}NO_6$, F. 207—208° (verd. A.), aus 500 mg **II** durch 1std. Stehen mit $NaBH_4$ in W./CH_3OH; 474 mg. — *O^9-Acetyl-O^{10}-desmethyldihydro-γ-lumicolchicin*, F. 235—236°, a) aus γ-Lumicolchicin durch Red. mit $NaBH_4$, Hydrolyse u. Acetylierung; $[\alpha]_D^{20}$ —695° (c = 1; Chlf.); aus CH_3OH Nadeln; b) durch 16std. Kochen von 300 mg vorst. Verb. mit konz. HCl in CH_3OH, Neutralisieren mit verd. NaOH, Extrahieren mit Äthylacetat, Acetylieren mit Acetanhydrid/Py. u. Chr. an Al_2O_3; 100 mg. F. Heller 4420

1439 **Bitterstoffe der Simarubaceen.** 18. Mitt. **Bitterstoffe von Brucea amarissima. Struktur der Bruceine A, B und C.** Judith Polonsky, Zoia Baskévitch, A. Gaudemer und B. C. Das. (Experientia [Basel] **23** (1967) 6, 424—26; 91-Gif-sur-Yvette, France, CNRS, Inst. de Chim. des Subst. Natur.; engl.) — (Opt. Drehung in Py.). Aus Früchten von *B. amarissima* werden 4 krist. Bitterstoffe, *Brucein A* (**I**; $C_{26}H_{34}O_{11}$, F. 267—270°; $[\alpha]_D$ —86,3°),

IVa

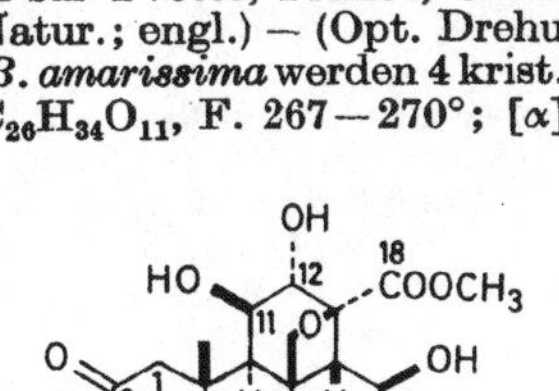

Brucein B (**II**; $C_{23}H_{28}O_{11}$, F. 262—266°; $[\alpha]_D$ —77,2°), *Brucein C* (**III**; $C_{28}H_{36}O_{12}$, F. 175—180°; $[\alpha]_D$ —34,2°) u. das nicht weiter untersuchte *Brucein D* isoliert. Milde alkal. Hydrolyse von **I** liefert *Bruceolid* (**IVa**; $C_{21}H_{26}O_{10}$, F. 300 bis 302°; $[\alpha]_D$ —95,4°) u. *Isovaleriansäure*; analog entstehen aus **II** bzw. **III** neben **IVa** *Essigsäure* bzw. *3.4-Dimethyl-4-hydroxy-Δ²-pentensäure*. **I**, **II** u. **III** sind O^{15}-Acylderiv. von **IVa**; ihre Konstit. u. die der anderen Abbauprod.

wird durch IR-, KMR- u. Massenspektren sowie z. T. durch ORD u. Deuterierungsvers. bewiesen. Ozonolyse von **III** liefert *3-Hydroxy-3-methylbutanon* (*2.4-Dinitrophenylhydrazon*, $C_{11}H_{14}N_4O_5$, F. 142—145°) u. geringe Mengen *Aceton*. Beim Acetylieren geben **II** u. **IVa** das **IVa**-*Tetraacetat* (**IVb**; $C_{29}H_{34}O_{14}$, F. 295—298°; $[\alpha]_D$ —16,6°), aus **I** entsteht das **I**-*Triacetat* (**Ia**; $C_{32}H_{40}O_{14}$, F. 195—200°) u. aus **III** werden das *$O^3.O^{11}.O^{12}$-Triacetat* (**IIIa**; $C_{34}H_{42}O_{15}$, F. 258—260°) u. das *Tetraacetat* (**IIIb**; $C_{36}H_{44}O_{16}$, F. 265 bis 268°) erhalten. Bei der partiellen Acetylierung werden aus **I** das *$O^3.O^{12}$-Diacetat* (**Ib**; $C_{30}H_{38}O_{13}$, F. 237—240°) u. aus **II** das **IVa**-*$O^3.O^{12}.O^{15}$-Triacetat* (**IVc**; $H_{27}H_{32}O_{13}$. 230° u. 295°) gebildet; bei der Hydrierung von **II** entsteht das *3.4-Dihydroderiv.* ($C_{23}H_{30}O_{11}$, F. 283—285°). Vollständige Verseifung von **I**, **II** u. **III** führt zur *Carbonsäure* (**IV**; $C_{20}H_{24}O_{10}$, F. 220° u. 270°), die mit CH_2N_2 **IVa**, mit Diazoäthan den **IV**-*Äthylester* (**IVd**; $C_{22}H_{28}O_{10}$, F. 290—292°) liefert. Die Ox. von **Ib** gibt *11-Desoxy-11-oxobrucein-A-$O^3.O^{12}$-diacetat* ($C_{30}H_{36}O_{13}$, F. 268 bis 271°) u. analog wird aus **IVc** die entsprechende *Oxoverb.* ($C_{27}H_{30}O_{13}$, F. 282—285°) erhalten. Die Ozonolyse von **IVb** liefert *$O^{11}.O^{12}.O^{15}$-Triacetyl-4-oxo-3-nor-2.3-secobruceolid-2-säure* (*Methylester*, $C_{27}H_{34}O_{14}$, F. 285—288°), die durch Verseifen u. Erhitzen mit Säure in *4-Oxo-3-nor-18-desmethyl-2.3-secobruceolid-2-säure-(2 → 11)-lacton* ($C_{19}H_{22}O_{10}$, F. 330°. *Methylester*, $C_{20}H_{24}O_{10}$, F. 305—310°) übergeführt wird. F. Heller 4420

1440 **Cytokinine in Zea mays.** Carlos O. Miller. (Ann. New York Acad. Sci. **144** (1967) 1, 251—57; Bot. Dep., Indiana Univ., Bloomington, Ind.; engl.) — In der Süßmaissorte „Golden Cross Bantam" wurden 3 Cytokinine gefunden, dazu Spuren eines vierten. Eines hiervon ist *Zeatin* (**I**). Eine weitere Verb. wird durch Säurehydrolyse in **I** übergeführt. Sie wird als **I**-*Ribosid* angesehen (Ausb. ca. 0,5—0,1 μ Mol/kg Maiskörner). Die 3. u. oft die aktivste Verb. der Extrakte ist offensichtlich ein Nucleotid u. wird durch alkal. Phosphatase in **I**-Ribosid überführt. Die 4. Verb. hat vermutlich 2 Phosphatgruppen. W. Heinze 4485

1441 **Beitrag zur Analyse der Gibberelline in Samen von Pisum sativum L.** E. Reinhard und W. Konopka. (Planta [Berlin] **77** (1967) 1, 58—76; Inst. für Pharmakognosie, Univ. Würzburg; dt.) — *Gibberellin A_5* ist das wichtigste in unreifen Samen gefundene Gibberellin. Wahrscheinlich liegt in kleinen Mengen auch *Gibberellin A_6* vor. Eine neue Substanz, *Gibberellin A_x* genannt, wurde isoliert. 2 Gibberellin-ähnliche Substanzen konnten ebenfalls abgetrennt werden. W. Heinze 4485

1442 **Aliphatische Amine und ein Wachstumsfaktor aus Kokosnußmilch als Stimulatoren der Zellteilung von Helianthus tuberosus in vitro.** N. Bagni. (Experientia [Basel] **22**, 732—33, 1966; Ist. Botan.dell'Univ. di Bologna; engl.) — *Spermidin* (**I**), *Putrescin* (1.4-Diaminobutan; **II**), u. *Cadaverin* (1.5-Diaminopentan; **III**) wurden auf Freiheit von Indolverb. geprüft u. in den Konz. von 10^{-4}—10^{-6} m verwendet. Nach 8—10 Tagen waren die Gefäßparenchymstücke aus Tobinamburknollen bei **I** (10^{-4}, 10^{-5} m), **II** (10^{-4}, 10^{-5} m) u. **III** (10^{-4} m) fast so viel gewaschsen wie mit Naphthyl-(1)-essigsäure ($0,5 \cdot 10^{-7}$ m). Später trat Wachstum auch bei den anderen Konz. der Amine ein. — In Kokosnußmilch wurden 3 Amine gefunden, eines konnte mit **II** identifiziert werden. (Konz. in Kokosmilch ca. $0,25 \cdot 10^{-5}$ m). Die beiden nicht identifizierten Amine bewirkten keine Zellteilung. W. Heinze 4485

1443 **Ancepsenolid: ein neues Bisbutenolid marinen Ursprungs. Chemie der Coelenteraten.** 5. Mitt. F. J. Schmitz, K. W. Kraus, L. S. Ciereszko, D. H. Sifford und A. J. Weinheimer. (Tetrahedron Letters [London] **1966**, 97—104; Norman, Okla., Univ. of Okla., Dep. of Chem.; engl.) — 4. vgl. Petroleum Res. Fund, 8. Annual Rep. 33 (1963). — Das aus Pentanextrakten der Moduse *Pterogorgia anceps Pallas* (*Xiphigorgia anceps*) isolierte Lacton *Ancepsenolid* hat auf Grund des chem. Abbaus u. der IR-, UV-, NMR- u. Massenspektren Konstit. **I**.

Versuche: *Acepsenolid* (**I**), $C_{22}H_{34}O_4$, F. 91,5 bis 92° (CH_3OH). — *Diketodisäure*, *4.7-Dicarboxyeicosandion-(2.19)* (**II**), $C_{22}H_{38}O_4$, F. 115—135°, aus **I** durch Verseifen. *Bis-2.4-dinitrophenylhydrazon*, F. 210—214°. — **I**-*Tetrahydroderivate*, $C_{22}H_{38}O_4$, F. 135,5—136,6° u. F. 105—106°,

I 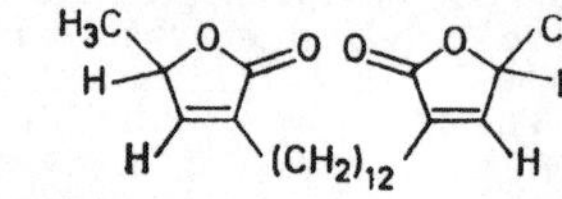

aus **I** durch Hydrierung mit Pt in Äthylacetat. — *Diketosäuredimethylestergemisch*, $C_{24}H_{42}O_4$, F. zwischen 48 u. 84°, aus **II** mit CH_3OH oder CH_2N_2. *Bis-2.4-dinitrophenylhydrazon.* — *Tetradecan-1.14-disäure*, F. 122—125°, aus **I** durch Ozonolyse in CH_2Cl_2 bei Raumtemp. u. Einw. von H_2O_2. — *Eicosandion-(2.19)*, F. 90—92°, aus **II** durch oxydative Decarboxylierung eines Gemisches ungesätt. Ketone (*cis. trans*-Formen der α.β- u. β.γ-ungesätt. Isomeren) u. Hydrierung. — **I**-Rückbldg. aus **II** durch Kochen mit Acetanhydrid in Ggw. einer Spur p-Toluolsulfonsäure. K. Maier 4520

1444 **Höhere Fettsäuren der O-Acylcerebroside.** N. K. Kočetkov, I. G. Žukova und I. S. Gluchoded. (Doklady Akad. Nauk SSSR **179** (1968) 2, 341—44; Moskva, inst. organičeskoj chimii im. N.D. Zelinskogo AN SSSR; russ.) — Die aus dem Gehirn des Rindes gewonnene Cerebrosidfraktion enthält *Minorglykolipide*, die weniger polar sind als die bekannten Cerebroside (*Phrenosin*, *Kerasin*). Diese neuen Glykolipide sind *3-O-Acylkeramidgalaktoside*. *Glykolipid I* erweist sich als *3-O-Acyl-N-acylsphingosylgalaktosid* (**I**), welches n höhere Fettsäuren (bis zu C_{27}) enthält. *Glykolipid II* ist ein Gemisch von 2 **I**. Im ersten **I** ist die OH-Gruppe des Sphingosins durch n höhere Fettsäuren acyliert; an der Aminogruppe des Sphingosins stehen höhere α-Hydroxyfettsäuren. Beim 2. Typ des **I** ist die OH-Gruppe des Sphingosins durch höhere α-Hydroxyfettsäuren acyliert, die Aminogruppe durch n höhere Fettsäuren. Eine chromatograph. Trennung der **I**-Typen ist nicht möglich. O. Lebtag 4520△

1445 **Synthese von $^{14}C_{(3)}$-Eikosatetraen-(trans-2-all-cis-8.11.14)-säure und $^{14}C_{(3)}$-DL-3-Hydroxy-eikosatrien-(all-cis-8.11.14)-säure.** W. Stoffel und H. D. Pruss. (J. Lipid Res. 8 (1967) 3, 196—201; Köln, Univ., Physiol.-Chem. Inst.; engl.) — Beschreibung einer allg. Meth. zur Synth. von *trans-2-Polyenfettsäuren* u. DL-*3-Hydroxypolyenfettsäuren* durch $LiAlH_4$-Red. eines geeigneten Polyenfettsäureesters zum Alkohol, Tosylatbldg., Ox. zum Aldehyd u. Doebner-Kondensation desselben mit Malonsäure. Die *3-Hydroxysäuren* werden durch Rk. des Acylchlorids einer geeigneten Polyensäure mit Na-Acetessigsäuremethylester u. $NaOCH_3$ zum 3-Ketoester u. $NaBH_4$-Red. der CO- zur Alkoholgruppe erhalten.

Versuche: *[1-^{14}C]-Octadecatrien-(all-cis-6.9.12)-ol-(1)* (**I**) aus [1-^{14}C]-Octadecatrien-(6.9.12)-säuremethylester mit $LiAlH_4$ in Ae. (4 Std. Raumtemp., 1 Std. Rückfluß); n_D^{21} 1,4798; 95% (Ausb.). *p-Toluolsulfonat*, aus 5,5 g Alkohol u. p-Toluolsulfonylchlorid in Pyridin (3 Std., Raumtemp.); 6,7 g (roh), — *[1-^{14}C]-Octadecatrien-all-cis-6.9.12-al-(1)*, aus vorst. Ester durch 5 Min. Erhitzen mit $NaHCO_3$ in DMSO unter N_2 u. Pentanextraktion nach schnellem Abkühlen u. Eisw.-Zusatz. *[3-^{14}C]-Eikosatetraen-(trans-2-all-cis-8.11.14)-säure*, aus vorst. Verb. in Malonsäure in Pyridin (1 Std. 55°, 5 Std. 80—90°, N_2), Chromatographie an SiO_2 (PAe.-Ae.); 35% (bez. auf **I**). *Octadecatrien-(6.9.12)-oylchlorid*, aus Säure u. Oxalylchlorid in Bzl. (8 Std., 40°). — *3-Ketoeikosatrien-(all-cis-8.11.14)-säuremethylester* aus vorst. Verb. u. Na-Acetessigsäuremethylester in Bzl. (0°, 2 Std. Raumtemp., 30 Min. Rückfl.), Waschen mit A.-W. (1:1) u. W.-A. (9:1), Bzl.-Eindampfrückstand mit methanol. $NaOCH_3$-Lsg. 15 Std. bei Raumtemp. stehenlassen, Ansäuern u. Ae.-Extraktion; 37%. — *[3-^{14}C]-DL-Hydroxyeikosatrien-all-cis-(8.11.14)-säure*, aus vorst. Verb. mit $NaBH_4$ in abs. CH_3OH (14 Std., Raumtemp.), 2 Std. Rückfl. mit wss. $NaOH(N_2)$, PAe.-Ae.-Extraktion von Unverseifbarem, Ansäuern u. Ae.-Extraktion; 73%. K. Maier 4520

1446 **Simultane Bestimmung geringer Mengen von Östron und 11β-Östradiol im menschlichen Urin.** V. Assted Frandsen. (J. europ. Stéroides 2 (1967) 6, 403—22; Statens Seruminst., Copenhagen; engl.) — Die Meth. basiert auf H_2SO_4-Hydrolyse, Extraktion, Reinigung u. Trennung der Östron-Östradiole-Fraktion durch Verteilung in fl. Phase. Östron wird dann mit $NaBH_4$ zu Östradiol red. u. chromatograph. gereinigt, dann methyliert, wieder chromatograph. gereinigt auf Al_2O_3 u. nach einer modifizierten Kober-Rk. quant. bestimmt. Die Genauigkeit der Meth. u. die Stärke des Einflusses von Arzneimittel auf die Best. wird diskutiert. W. Hiller 4560

1447 **Synthese und biologische Aktivität der Methylderivate von dl-19-Nor-D-homotestosteron.** K. K. Košoev, I. G. Romanova, S. N. Anačenko, I. V. Torgov, T. I. Barkova und I. B. Sorokina. (Chim. prirodnych Soedinenij 4 (1968) 1, 3—9; Moskva, inst. chimii prirodnych soedinenij AN SSSR; russ.) — Die anabol. Wrkg. von *dl-19-Nor-D-homosteron* (**I**) ist 2 mal stärker als die von *dl-19-Nortestosteron*. Es werden die nachstehenden Deriv. von **I** synthetisiert u. auf ihre anabol. u. androgene Aktivität untersucht: *2α-Methyl* (**II**)-, *4-Methyl* (**III**)-, *17α-Methyl* (**IV**)- u. *2α.17α-Dimethyl-19-nor-D-homosteron* (**V**). **I** zeigt die gleiche anabol. Wrkg. wie *Testosteronpropionat* (**VI**), jedoch eine um 67% geringere androgene Wirkung. **IV** zeigt erst bei 24,5 mg eine anabol. u. androgene Wirkung. Bei **II** u. **V** fehlen bei dieser Dosis die beiden Wrkg. völlig. Bei **III** nimmt bei Erhöhung der Dosis auf 3,5 u. 4,9 mg die anabol. Wrkg. rascher zu als die androgene. Die androgene Wrkg. erreicht jedoch auch bei hoher Dosis nur einen Bruchteil der Aktivitäten von **I** u. **VI**. Die anabol. Wrkg. von **III** ist bei 4,9 mg gleich der von **I** u. nähert sich der von **VI**. Die gleichen Gesetzmäßigkeiten zeigen sich bei den Acetaten. CH_3-Gruppen in Stellung 2α oder 17α heben die androgene u. die anabol. Wrkg. völlig auf O. Lebtag 4560△

1448 **Steroide.** 9. Mitt. **Basenkatalysierte Reaktion von Δ^5-Androsten-3-ol-17-on mit Formaldehyd.** I. Weisz-Vincze, Ö. K. J. Kovács und A. Deák. (J. europ. Stéroides 2 (1967) 3, 139—55; Inst. of Org. Chem., Jozsef Attila Univ., Szeged; engl.) — 8. vgl. Acta chim. hung. im Druck; 10. vgl. nachst. Arbeit. — Die Methylolierung von *Δ^5-Androsten-3-ol-17-on* (**I**) mit überschüssigem CH_2O in Ggw. von Na-Äthylat in A. gibt als Hauptprod. *16β-Äthoxymethyl-16α-hydroxymethyl-Δ^5-androsten-3β.17β-diol* (**II**) neben *16.16-Bishydroxymethyl-Δ^5-androsten-3β.17β-diol* u. *16α-Äthoxymethyl-Δ^5-androsten-3β-ol-17-on*, deren Strukturen chem. u. durch die Spektren bewiesen werden. Dabei tritt 16-Methylen-androst-5-en-3β-ol-17-on (**V**) als Zwischenprod. auf. In Methanol mit Na-Methylat wird das Methoxymethylanaloge von **II** erhalten. **II** wird durch CrO_3 zum 17-Keton ox., mit HJ in Propionsäureanhydrid (**III**) zu *16-Jodmethyl-16-hydroxymethyl-Δ^5-androsten-3β.17β-diol-tripropionat* umgesetzt.

Versuche: *3β-Methoxymethoxy-16β-äthoxymethyl-16α-hydroxymethyl-Δ^5-androsten-17β-ol* (**IV**), $C_{21}H_{32}O_3$, F. 126° (n-Hexan), durch Zutropfen von Chlormethylmethyläther zu **I** in Py. u. 1std. Erhitzen auf 150°, $[\alpha]_D$ +8°; 84%. — Δ^5-Androsten-3β.17β-diole: *16β-Äthoxymethyl-16α-hydroxymethyl-* (**II**), $C_{23}H_{38}O_4$, F 213 bis 214° (A./W.), a) durch 2std. Stehen von **I** mit Paraformaldehyd in Na-Äthylatlsg. bei 60—65°, $[\alpha]_D$ —59°; 50,3%, b) durch analoge Methylolierung von **IV**; 45%. *Triacetat*, $C_{29}H_{44}O_7$, F. 120—121° (A./W.), mit Essigsäureanhydrid in Py.; $[\alpha]_D$ —46,6°; 62%. — *16.16-Bishydroxymethyl-*, $C_{21}H_{34}O_4$, F. 256—258°, neben **I**, $[\alpha]_D$ —70°; 5,7%. *Tetraacetat*, $C_{29}H_{42}O_8$, F. 163—166° (Methanol); 44%. — *16β-Methoxymethyl-16α-hydroxymethyl-*, $C_{22}H_{36}O_4$, F. 216 bis 218° (Methanol/W.), a) durch Methylolierung von **I** in Methanol, $[\alpha]_D$ —43,7°; 51%. b) analog aus **VI**; 63%. — Androsten-3β-ol-17-one: *16α-Äthoxymethyl-*, $C_{22}H_{34}O_3$, F. 183—187° (A./W.), neben **I**, $[\alpha]_D$ +8°; 3,75%. *Acetat*, $C_{24}H_{36}O_4$, F. 148—151° (A./W.); 78%. — *16β-Äthoxymethyl-16α-hydroxymethyl-*, $C_{23}H_{36}O_4$, F. 128 bis 131° (Essigester), durch Ox. von **I** mit CrO_3 in Dimethylformamid; 20%. *16α-Methoxymethyl-* (**VI**), $C_{21}H_{32}O_3$, F. 211—213° (Methanol/W.), durch 2std. Stehen von **V** mit Na in Methanol; 88%. — *16-Jodmethyl-16-hydroxymethyl-Δ^5-androsten-3β.17β-dioltripropionat*, $C_{30}H_{45}JO_6$, F. 58—61° (A./Ae.), durch 1std. Kochen von **I** mit HJ u. P in **III**; 20%. — 5α-Androstan-3β.17β-diole: *16β-Äthoxymethyl-16α-hydroxymethyl-*, $C_{23}H_{40}O_4$, F. 206 bis 208,5° (Methanol), a) durch Methylolierung von 5α-Androstan-3β-ol-17-on, $[\alpha]_D$ —5,9°; 59%. b) durch katalyt. Hydrierung von **II**; 55%. W. Holland 4560

1449 **6-Glycin-8-[phenylmilchsäure]-bradykinin. Synthese, biologische Aktivität und Spaltung durch Kininase (Carboxypeptidase N).** G. A. Ravdel, M. P. Filatova, L. A. Shchukina, T. S. Paskhina, M. S. Surovikina, S. S. Trapeznikova und T. P. Egorova. (J. med. Chem. **10 (1967)** 2, 242—46; Inst. of Chem. of Nat. Prod., USSR Acad. of Sci., Moscow, USSR; engl.) — Vf. beschreiben die Synth. eines neuen dem *Bradykinin* (**II**) analogen *Depsipeptids* (**I**). Die vasodepressiven Effekte von **I** bei der Ratte u. beim Kaninchen sowie die Wrkg. auf den aus Ratten isolierten Uterus u. die Kapillarpermeabilität in der Haut von Kaninchen werden untersucht u. mit den Wrkg. von **II** verglichen. **I** zeigt keine Antibradykinin-Wirkung. Der durch Human- bzw. Rattenserum-Kininase induzierte Abbau von **I** in vitro erfolgt ca. 20—35% langsamer als bei **II**.

Versuche: *L-Prolyl-L-phenylmilchsäure-tert.-butylester* (**III**), *Tartrat*, $C_{22}H_{31}NO_{10}$, F. 146° (A./Ae.; 1:1), durch Zugabe von Benzolsulfonylchlorid zu Carbobenzoxy (Z)-L-Prolin in Py. bei —5°, Zugabe von L-Phenylmilchsäure-tert.-butylester in Py., 2std. Rühren bei 0—5°, 1std. Rühren bei Raumtemp., Gießen in Eis/W., Extrahieren mit Essigester, Einengen, Hydrieren des Rückstands in Methanol/Weinsäure in Ggw. von Pd-Schwarz, Filtrieren u. Einengen im Vakuum; $[\alpha]_D^{18}$ —20° (c = 1; W.); 71% (Ausb.). — *Benzyloxycarbonylglycyl-L-prolyl-L-phenylmilchsäure, Hemihydrat*, $C_{24}H_{26}N_2 \cdot O_7 \cdot 0{,}5\ H_2O$, durch Lösen vorst. Verb. in $NaHCO_3$/Ae. bei —8°, Abtrennen der organ. Phase, Einengen, Zugabe von Z-Glycin u. Dicyclohexylcarbodiimid (**IV**) bei 0°, 20std. Stehen bei 20°, Filtrieren, Einengen im Vakuum, 0,5std. Rk. des erhaltenen Öls mit Trifluoressigsäure, Einengen bei 20°, Lösen in Essigester, Extrahieren mit $NaHCO_3$ u. Ansäuern mit 5 n HCl (Meth. **A**); $[\alpha]_D^{20}$ —30° (c = 1; A.); 65%. — *Benzyloxycarbonylglycyl-L-Gly-L-Pro-L-phenyllactylnitro-L-Arg-p-nitrophenylester* $C_{37} \cdot H_{42}N_8H_{12}$, F. 77—81°, durch 40 Min. lange Rk. vorst. Verb. mit $SOCl_2$, Einengen im Vakuum, Zugabe von Bzl., Einengen im Vakuum, Lösen des erhaltenen *Säurechlorids* in abs. Bzl., Zugabe zu einer Lsg. aus Nitro-L-arginin-p-nitrobenzylester, Triäthylamin u. DMF bei 20°, 1std. Stehen bei 0—5°, 3std. Stehen bei Raumtemp., Zugabe von Essigester u. Einengen im Vakuum; $[\alpha]_D^{18}$ —32° (c = 1; DMF); 83%. — *Benzyloxycarbonylglycyl-L-Phe-Gly-L-Pro-L-phenylmilchsäure*, $C_{33}H_{35}N_3O_8$, F. 95°, aus **III**, *Benzyloxycarbonylglycyl-L-Phe-Gly-OH* u. **IV** in Acetonitril analog **A**; $[\alpha]_D^{20}$ —56° (c = 1; A.); 59%. — *Benzyloxycarbonylglycyl-L-Phe-Gly-L-Pro-L-phenyllactyl-nitro-L-Arg-p-nitrophenylester, Monohydrat*, $C_{46}H_{51}N_9O_{13} \cdot H_2O$, F. 87—90°, a) durch Zugabe von 4 n HBr in Essigsäure zu vorst. Verb. in Essigsäure, 46 Min. langes Stehen bei Raumtemp., Einengen zur Trockene, Lösen des erhaltenen *2.5-Hydrobromids* [$C_{29}H_{36}N_8O_{10} \cdot 2{,}5$ HBr; 81%] in DMF, Zugabe von Z-L-Phenylalanin, Triäthylamin u. **IV** in Essigester bei 0°, 78std. Rk. bei Raumtemp., Filtrieren u. Einengen; $[\alpha]_D^{20}$ —37° (c = 1; A); 56%; b) durch 40 Min. lange Rk. vorst. Verb. mit $SOCl_2$ bei 20°, Einengen, Lösen in Bzl., Zugabe zu einer Lsg. von Nitro-L-Arginin-p-nitrobenzylester, Hydrobromid u. Triäthylamin in DMF, 1std. Rk. bei 0—5°, 3std. Rk. bei Raumtemp. u. Einengen; 70%. — *Benzyloxycarbonylglycyl-L-Pro-L-Pro-Gly-L-Phe-Gly-L-Pro-L-phenyllactyl-nitro-L-Arg-p-nitrobenzylester, Monohydrat*, $C_{58}H_{68}N_{12}O_{16} \cdot H_2O$, F. 111—114° ($CHCl_3$/Ae.; 1:1), durch Überführung vorst. Verb. in das *Hydrobromid* (94%) Zugabe von DMF, Triäthylamin, L-Pro-L-Pro-Gly-p-nitrophenylester u. Imidazol, 48std. Rk. bei 20°, Zugabe von Essigester u. Einengen; $[\alpha]_D^{20}$ —40° (c = 1; A.); 70%. — *Tribenzyloxycarbonylglycyl-L-Arg-L-Pro-L-Pro-Gly-L-Phe-Gly-L-Pro-L-phenyllactyl-nitro-L-Arg-p-nitrobenzylester, Dihydrat*, $C_{80}H_{92}O_{21} \cdot 2\,H_2O$, F. 101—105° (Essigester/Ae.; 1:3), aus dem Hydrobromid vorst. Verb. u. Tri-Z-L-Arginin-p-nitrobenzylester; $[\alpha]_D^{20}$ —41° (c = 1; A.); 70%. — *H-L-Arg-L-Pro-L-Pro-Gly-L-Phe-Gly-L-Pro-L-phenyllactyl-L-Arg-OH, Pentahydrat, 1.5-Essigsäuresolvat*, $C_{49}H_{70}H_{14}O_{11} \cdot$

$5H_2O \cdot 1{,}5\ CH_3COOH$, F. 179—181°, durch Hydrieren vorst. Verb. in Methanol/Essigsäure in Ggw. von Pd-Schwarz, Filtrieren u. Einengen im Vakuum; $[\alpha]_D^{19}$ —73° (c = 0,5; W.); 96%. K.-P. Hilgetag 4569△

1450 **Reinigung und Aminosäurezusammensetzung von Rinder-Rhodopsin.** J. E. Shields, E. C. Dinovo, Ruth Ann Henriksen, R. L. Kimbel jun. und P. G. Millar. (Biochim. biophysica Acta [Amsterdam] 147 (1967) 2, 238—51; Dep. of Chem., Case Western Res. Univ., Cleveland, O.; engl.) — Natives Rinder-*Rhodopsin* (I) wurde in red. *S-Carboxymethyl*-I (II), eine andere I-Probe in *N-Retinylopsin* (III) umgewandelt. Chromatographie an Sephadex G25 u. DEAE-Cellulose zeigte, daß beide I-Deriv. nur aus einer großen Polypeptidkomponente bestehen. II u. III enthalten unterschiedliche Nichtprotein-Komponenten. Bei der Scheiben-Elektrophorese in 5% vernetztem Polyacrylamid läuft I als eine einheitliche Hauptzone mit einer diffusen, schmalen Nebenbande, die offenbar infolge des Gleichgew. zwischen wenigstens 2 I-Spezies mit unterschiedlichem Phospholipid-Geh. entsteht. Gebleichtes I u. II haben folgende Aminosäurezus.: Asp_{18}-Thr_{20}-Ser_{17}-Glu_{21}-Pro_{19}-Gly_{19}-Ala_{22}-Cys_6-Val_{20}-Met_8-Ile_{14}-Leu_{22}-Tyr_{11}-Phe_{21}-Lys_{13}-His_6-Arg_{10}. Als Molgew. wurde daraus 28600 ermittelt. K. D. Schwenke 4598

1451 **Azobenzolcarbamate als Insektizide.** Warren W. Kaeding und Eugene E. Kenaga. (J. agric. Food Chem. **15** (1967) 3, 512—16; Walnut Creek, Calif., Dow Chem. Co.; engl.) — Die orientierende Prüfung neuer synth. *Phenylcarbamate* mit p-Azogruppen ergab interessante insektizide Aktivität gegenüber Larven (3. Instarstadium) von *Epilachna varivestis* (*Muls.*) u. *Prodenia eridania* (*Cran*).

Versuche: *4-[2-Methylphenylazo]-3.5-xylenol*, $C_{15}H_{16}N_2O$, F. 108—110°, aus diazotiertem o-Toluidin in W. u. alkal. 3.5-Xylenol-Lsg. bei 0°, 20 Min.; orangebraune Krist. (Hexan). *N-Methylcarbamat*, $C_{17}H_{19}N_3O_2$, F. 125—127°, aus vorst. Phenol in Hexan (Ae. oder CH_2Cl_2) u. Methylisocyanat (10—100% im Überschuß) in Ggw. einer Spur $(C_2H_5)_3N$ als Katalysator (evtl. Kühlung). — 4-Hydroxyazobenzole: *3-Methyl-*, $C_{13}H_{12}N_2O$, F. 105°, analog. *N-Methylcarbamat*, $C_{15}H_{15}N_3O_2$, F. 138—139° analog. — *3-tert.-Butyl-*, $C_{16}H_{18}N_2O$, F. 107—108°. *N-Methylcarbamat*, $C_{18}H_{21}N_3O_2$, F. 146 bis 147°. — *3.5.2'-Trimethyl-*, $C_{15}H_{16}N_2O$, F. 108—110°. *N-Methylcarbamat*, $C_{17}H_{19}N_3O_2$, F. 125—127°. — *3.5.3'-Trimethyl-*, $C_{15}H_{16}N_2O$, F. 114—115°. *N-Methylcarbamat*, $C_{17}H_{19}N_3O_2$, F. 109°. — *3.5.4'-Trimethyl-*, $C_{15}H_{16}N_2O$, F. 96—97°. *N-Methylcarbamat*, $C_{17}H_{19}N_3O_2$, F. 145 bis 146°. — *3.5.2'.6'-Tetramethyl-*, $C_{16}H_{18}N_2O$, F. 114—118. — *3.5-Dimethyl-4'-chlor-*, $C_{14}H_{13}ClN_2O$, F. 113—115°. *N-Methylcarbamat*, $C_{16}H_{16}ClN_3O_2$, F. 178—179°. — *3.5-Dimethyl-2'.5'-dichlor-*, $C_{14}H_{12}Cl_2N_2O$, F. 180—182°. *N-Methylcarbamat*, $C_{16}H_{15}Cl_2N_3O_2$, F. 169—170°. — *3.5-Dimethyl-3'.4'-dichlor-*, $C_{14}H_{12}Cl_2N_2O$, F. 146—147°. *N-Methylcarbamat*, $C_{16}H_{15}Cl_2N_3O_2$, F. 169—170°. — *3.5-Dimethyl-4'-nitro-*, $C_{14}H_{13}N_3O_3$, F. 167—168°. *N-Methylcarbamat*, $C_{16}H_{16}N_4O_4$, F. 195—196°. — *3.5-Dimethyl-4'-dimethylamino-*, $C_{16}H_{19}N_3O$, F. 150°. *N-Methylcarbamat*, $C_{18}H_{22}N_4O_2$, F. 144—146°. — *3.5-Dimethyl-4'-diäthylamino-*, $C_{18}H_{23}N_3O$, F. 156—157°. *N-Methylcarbamat*, $C_{20}H_{26}N_4O_2$, F. 148—150°. — *3.5-Dimethyl-2'-methoxy-*, $C_{15}H_{16}N_2O_2$, F. 164—165°. *N-Methylcarbamat*, $C_{17}H_{19}N_3O_3$, F. 124—125°. — *3.5-Dimethyl-2'.5'-dimethoxy-*, $C_{16}H_{18}N_2O_3$, F. 105—106°. *N-Methylcarbamat*, $C_{18}H_{21}N_3O_4$, F. 131—134°. — *3-Methyl-4'-dimethylamino-*, $C_{13}H_{17}N_3O$, F. 158—159°. *N-Methylcarbamat*, $C_{15}H_{20}N_4O_2$, F. 158 bis 159°. — *3.2'-Dimethoxy-*, $C_{16}H_{12}N_2O_3$, F. 123—125°. *N-Methylcarbamat*, $C_{18}H_{15}N_3O_4$, F. 138—140°. — *3.5.5'-Trimethyl-2'-methoxy-*, $C_{14}H_{18}N_2O_2$, F. 124—125°. *N-Methylcarbamat*, $C_{18}H_{21}N_3O_3$, F. 137—138°. — *3-tert.-Butyl-2'-methoxy-*, $C_{17}H_{20}N_2O_2$, F. 145—146°. *N-Methylcarbamat*, $C_{19}H_{23}N_3O_3$, F. 117—119°, sowie *1-Benzolazonaphthol-(4)*, $C_{16}H_{12}N_2O$, F. 200—202° u. dessen *N-Methylcarbamat*, $C_{18}H_{15}N_3O_2$. K. Maier 4607

1452 **Synthese und tuberkulostatische Aktivität der N-Phenyl-N-[chinazolyl-(6)]-thioharnstoffe.** K. M. Murav'eva, N. V. Archangel'skaja und M. N. Ščukina. (Chim. farm. Ž. 2 (1968) 1, 3—6; Moskva, n.-i. chimiko-farmacevtičeskij inst. im. S. Ordžonikidze; russ.) — Durch Umsetzung von *4-Äthoxy-6-aminochinazolin* (I) mit *p-Methoxy-*, *p-Äthoxy-*, *p-Propoxy-*, *p-Butoxy-* oder *p-Chlorphenylisothiocyanat* werden die nachstehenden Verb. hergestellt: *N-(p-Methoxyphenyl)-N'-[4-äthoxychinazolyl-(6)]-thioharnstoff* (II), F. 139—140°, Ausb. 65,5%; *N-(p-Äthoxyphenyl)* (III)-, 136—137°, 29,0%; *N-(p-Propoxpyhenyl)* (IV)-, 131—132°, 33,8%; *N-(p-Butoxyphenyl)* (V)-, 120—121°, 50,8%; *N-(p-Chlorphenyl)-N'-[4-äthoxychinazolyl-(6)]-thioharnstoff* (VI), 157—158°, 30,0%. Für die tuberkulostat. Aktivität dieser Verb. u. ihrer Methojodide werden folgende Werte (in μg/ml) erhalten: II 250 bzw. 500; III 8 bzw. —; IV 4 bzw. 4; V 8 bzw. —; VI 64 bzw. 500. Zwecks Herst. von II wird die kochende Lsg. von 2,84 g I in wasserfreiem Aceton mit 2,84 g p-Methoxyphenylisocyanat in Aceton versetzt, 1 Std. gekocht, zur Trockne eingedampft, mit wasserfreiem Ae. zerrieben, dünnschichtchromatograph. im Syst. Chlf.-1,5%ig. Methanol getrennt, mit Methanol eluiert, im Vakuum eingedampft. Neben II erhält man *N.N'-[4.4-Diäthoxychinazolyl-(6)]-thioharnstoff*, F. 180 bis 181°, *4.4-Dimethoxythiocarbanilid*, F. 183—185°, *p-Methoxyphenylisothiocyanat*, *p-Anisidin* (F. 58°) u. *4-Äthoxychinazolyl-(6)-isothiocyanat*. Die Rk.-Mechanismen werden eingehend erörtert. O. Lebtag 4610△

1453 **Synthetische biologisch aktive Polymere.** 4. Mitt. **N-Acylsulfanilamid-Formaldehyd-Mischpolymere.** John R. Dombroski, L. Guy Donaruma und John Razzano. (J. med. Chem. **10** (1967) 5, 963—64; Potsdam, N.Y., Clarkson Coll. of Technol., Dep. of Chem.; engl.) — Einige Mischpolymere dieser Art zeigten bei der *Plasmodium berghei*-Infektion der Maus kurative Wirkung.

Versuche: *Sulfanilamid-Formaldehyd-Mischpolymeres* (I), $C_7H_8N_2O_2S$, Erweichung 187—190°, aus Sulfanilamid in W., 4%ig. wss. HCl u. 37%ig. CH_2O durch 8 Std. Erhitzen unter Rückfluß, Extraktion des gepulverten Harzes mit heißem W., [η] in DMSO 0,07; 57,8% (Ausb.). — *Sulfabenzamid-Formaldehyd-Mischpolymere* (II), $C_{14}H_{12}N_2O_3S$, Erweichung 193—197°, aus Sulfabenzamid in W., konz. HCl u. 37%ig. CH_2O unter Rückfluß (8 Std.) u. Umfällen aus DMF durch W.-Zusatz; [η] in DMSO 0,24 (25°), 66%. — *Sulfacetamid-Formaldehyd-Mischpolymeres* (III), $C_9H_{10}N_2O_3S$, Erweichung

I 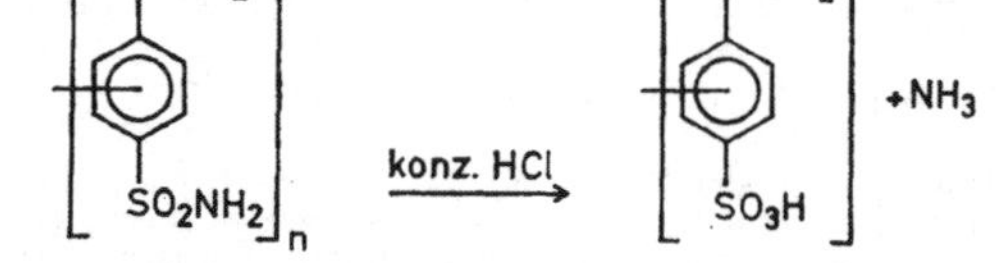

230—235°; analog wie vorst.; [η] in DMSO 0,10 (25°); 14,2%. — I, durch bas. Hydrolyse von II u. III mit sd. 10%ig. NaOH (8 u. 24 Std.). — IV, durch saure Hydrolyse von I. K. Maier 4610

1454 **Cholesterin-lösende Agenzien mit Bezug zum Gallenstein-Problem.** C. Ainsworth, D. N. Benslay, J. Davenport, J. L. Hudson, D. Kau, T. M. Lin und R. R. Pfeiffer. (J. med. Chem. **10** (1967) 2, 158—161; Lilly Res. Labor., Indianapolis, Ind.; engl.) — Vf. synthetisieren homologe Reihen von drei verschiedenen Typen höher alkylsubstituierter Carbonsäuren u. untersuchen die Verb. in vitro als cholesterinlösende Agenzien. Dabei wächst das Lsg.-Vermögen der Testverb. mit der Kettenlänge, wobei Verb. mit einer Kettenlänge von C_{14}—C_{16} das größte Cholesterin-Lsg.-Vermögen zeigen. Verschiedene *quartäre Nicotinsäuren* zeigen bei oraler Verabreichung in vitro ein gutes Cholesterin-Lösungsvermögen.

Versuche (F. unkorr.): 3-Carboxypyridiniumsalze; a) durch 24std. Erhitzen eines Gemisches aus Nicotinsäure u. n-Alkylbromid auf 150°, Zugabe von A., Filtrieren u. Zugabe von Aceton u. Ae. (Meth. **A**); b) durch 20—60 Min. langes Erhitzen eines Gemisches aus Isonicotinsäure u. n-Alkylbromid auf 190° (Meth. **B**); c) durch Adsorbieren des nach **A** oder **B** erhaltenen Prod.

in A. an Amberlite IR 45 (OH-Form), Eluieren mit A., Einengen im Vakuum u. Zugabe von Aceton (Meth. C): *N-Decyl-, Bromid*, $C_{16}H_{26}BrNO_2$, F. 178—179°, analog A; 38% (Ausb.). — *N-Dodecyl-, Bromid*, $C_{18}H_{30}BrNO_2$, F. 176—178°, analog A; 27%. — *N-Tetradecyl-, Bromid*, $C_{20}H_{34}BrNO_2$, F. 171—173°, analog B; 67%. — *N-Hexadecyl-, Bromid*, $C_{22}H_{38}BrNO_2$, F. 175—176°, analog A; 30%. — *N-Octadecyl-, Bromid*, $C_{24}H_{42}BrNO_2$, F. 172 bis 173°, analog A; 42%. — *N-Dodecyl-, Chlorid*, $C_{18}H_{30} \cdot ClNO_2$, F. 175—176°, analog A; 32%. — *N-Tetradecyl-, Chlorid*, $C_{20}H_{34}ClNO_2$, F. 208—209°, analog C; 85%. — *N-[5.5.7.7-Tetramethylocten-(2)-yl]-, Chlorid*, $C_{18}H_{28}ClNO_2$, F. 197—198°, analog B; 70%. — *N-Dodecyl-, Jodid*, $C_{18}H_{30}JNO_2$, F. 145—147°, analog A; 24%. — *N-Tetradecyl-* (inneres Salz), $C_{20}H_{33}NO_2$, F. 185° (Zers.), analog C; 85%. — *N-Dodecyl-4-carboxypyridiniumbromid*, $C_{18} \cdot H_{30}BrNO_2$, F. 255—256°, analog B; 47%. — *N-Tetradecyl-4-carboxypyridiniumbromid*, $C_{20}H_{34}BrNO_2$, F. 250 bis 252°, analog B; 52%. — *N-Dodecyl-4-carboxypyridinium (inneres Salz), Hydrat*, $C_{18}H_{29}NO_2 \cdot H_2O$, F. 205° (Zers.), analog C; 81%. — *N-Decylpyridinium-3-sulfonat*, $C_{15}H_{25}NO_3S$, F. 197—198° (Essigester), durch 24std. Erhitzen eines Gemisches aus Pyridin-3-sulfonsäure, Na-Salz u. Alkylbromid auf 150°, Kühlen, Zugabe von A., Filtrieren u. Einengen; 27%. — *N-Dodecylpyridinium-3-sulfonat*, $C_{17}H_{29}NO_3S$, F. 200—201° (Essigester), analog vorst. Meth.; 61%. — α-Phenoxyessigsäuren, a) durch Kochen eines Gemisches aus dem entsprechenden Phenol u. äthanol. KOH, Zutropfen der entsprechenden α-Bromcarbonsäure in A., 6std. Kochen, Kühlen, Ansäuern mit verd. HCl, Einengen im Vakuum, Extrahieren mit Ae., Einengen u. Krist. aus PAe. oder $CHCl_3$/PAe. (Meth. D); b) durch Zutropfen von $CHCl_3$ zu einer Lsg. des entsprechenden Phenols u. KOH in Aceton bei 15°, 1std. Kochen, Gießen in Eiswasser, Ansäuern mit 6 n HCCl, Extrahieren mit Ae., Einengen u. Krist. aus PAe. (Meth. E): *4-Caproyl-*, $C_{14}H_{18}O_4$, F. 114—115°, analog D. — *α-Methyl-4-caproyl-*, $C_{15}H_{20}O_4$, F. 68—69°, analog A. — *α.α-Dimethyl-4-caproyl-*, $C_{16}H_{22}O_4$, F. 93 bis 94°, analog E. — 4-Capryloyl-, $C_{16}H_{22}O_4$, F. 121—122°, analog D. — *α-Methyl-4-capryloyl-*, $C_{17}H_{24}O_4$, F. 68 bis 69°, analog D. — *α.α-Dimethyl-4-capryloyl-*, $C_{18}H_{26}O_4$, F. 83—84°; analog E. — *4-Hexyl-*, $C_{14}H_{20}O_3$, F. 91—92°; analog D. — *α-Methyl-4-hexyl-*, $C_{15}H_{22}O_3$, F. 39—40°; analog D. — *α.α-Dimethyl-4-hexyl-*, $C_{16}H_{24}O_3$, F. 38 bis 39°; analog E. — *4-Oktyl-*, $C_{16}H_{24}O_3$, F. 91—92°; analog D. — *α-Methyl-4-oktyl-*, $C_{17}H_{26}O_3$, F. 45—46°; analog D. — *α.α-Dimethyl-4-oktyl-*, $C_{18}H_{28}O_3$, F. 35—36°, analog E. — *β-[4-Caproylphenoxy]-propionsäure*, $C_{15}H_{20}O_4$, F. 112 bis 113°, analog D. — *β-[4-Capryloylphenoxy]-propionsäure*, $C_{17}H_{24}O_4$, F. 109—110°, analog D.

K.-P. Hilgetag 4640△

1455 **Die wundheilenden Eigenschaften von Estern des D-Panthenols mit Terpensäuren unter besonderer Berücksichtigung des Trifarnesylessigsäure-D-pantothenylesters.** S. Casadio, A. Mantegani, G. Coppi und G. Pala. (Arzneimittel-Forsch. 17 (1967) 9, 1122—25; Res. Labor., Ist. de Angeli S.p.A., Milano; engl.) — Aus einer Reihe von Estern des D-Panthenols [I, *D-2.4-Dihydroxy-N-[3-hydroxypropyl]-3.3-dimethylbutyramid*] mit Terpensäuren ist *Pantothenyltrifarnesylacetat* (II, *DA 1813*) die lokal wirksamste Verb. bei der Wundheilung am Meerschweinchen. Die DL_{50} von II beträgt 3,2 g/kg i.p. an der Maus, im Leberfunktionstest werden keine Störungen beobachtet. II wird unverändert ausgeschieden.

Versuche: D-Panthenolester: *4.3'-Bis-α-Cyclogeranoyl-*, $C_{29}H_{47}NO_6$, durch Zutropfen von Py. zu α-Cyclogeranoylchlorid u. I in sd. Chlf., 6std. Kochen Eindampfen, Zugabe von W., Extraktion mit Ae. u. Chromatographie an Al_2O_3, n_D^{25} 1,4991; 77% (Ausb.). — *4.3'-Difarnesoyl-*, $C_{39}H_{63}NO_6$, n_D^{25} 1,5089; 88%. — *4.3'-Dihomofarnesoyl-*, $C_{41}H_{67}NO_6$, n_D^{25} 1,5001; 91%. — *4.3'-Difarnesylacetyl-*, $C_{43}H_{71}NO_6$, n_D^{25} 1,4981; 93%. — *Trisfarnesylacetyl-* (II), $C_{60}H_{97}NO_7$, analog wie vorst. mit überschüssigem Farnesylacetylchlorid, n_D^{25} 1,4975; 95%. b) analog mit Farnesylessigsäureanhydrid; 93%. — *Trigeranoyl-*, $C_{39}H_{61}NO_7$, analog II nach a), n_D^{25} 1,5071; 86%. — *Trihomogeranoyl-*, $C_{42}H_{67}NO_7$, n_D^{25} 1,4943; 87%. — *Trigeranylacetyl-*, $C_{45}H_{73}NO_7$, n_D^{25} 1,4922; 92%. — *Tricitronelloyl-*, $C_{39}H_{67}NO_7$, n_D^{25} 1,4787; 94%. — *Trifarnesoyl-*, $C_{54}H_{85}NO_7$, n_D^{25} 1,5092; 91%. — *Trihomofarnesoyl-*, $C_{57}H_{91}NO_7$, n_D^{25} 1,5009; 90%.

W. Holland 4660

F. Pharmazeutische Chemie

1456 **Reaktion von Trägern mit Arzneimitteln.** 1. Mitt. **Einfluß makromolekularer Hilfsstoffe auf die Löslichkeit einiger Arzneimittel.** P. Ionescu-Stoian, E. Savopol und Natalia Vitec. (Farmacia [Bucureşti] 15 (1967) 10, 577—83; Inst. pentru contr. de stat al medicament. şi de cerc. farmac.; rum.) — Übersicht über die Löslichkeit von Sorbinsäure u. Pyramidon in Ggw. von Polymeren. — 28 Literaturangaben. R. K. Müller 4840△

1457 **NMR-spektroskopische Bestimmung von Meprobamat in Tabletten.** John W. Turczan und Theodore C. Kram. (J. pharmac. Sci. 56 (1967) 12, 1643—45; Brooklyn, N.Y., Food and Drug Admin. District Labor.; engl.) — Bei einem durchschnittlichen Fehler von 0,9% wird *Meprobamat* unter Verw. von Malonsäure als innerem Standard NMR-spektroskop. bestimmt. Das aufgenommene Spektrum ist spezif. u. kann gleichzeitig zur Identifizierung dienen. F. Schwarz 4846

1458 **Qualitative und quantitative Tests für Furosemide.** E. F. Salim, A. Haussler und J. B. Vaughan. (J. pharmac. Sci. 57 (1968) 4, 640—41; Drug Standards Labor. of APhA Found., Washington, D.C.; engl.) — Bei Titration des Diuretikums *Furosemide* (I; *4-Chlor-N-furfuryl-5-sulfamoyl-anthranilsäure*), F. 205—207°, mit NaOH u. Bromthymolblau werden 100,1 ± 0,4% I u. mit 0,1 n Na-Methoxid gegen Azoviolett-Indikator noch eine zweite schwach saure Gruppe gefunden. In handelsüblichen I-Tabletten werden spektrophotometr. durchschnittlich 99,2 ± 1,0% I festgestellt. Die Fluoreszenz von I in 0,01 n HCl bildet die Grundlage der quant. Best. nach Hajdu u. Hauseler [1964]. Konz. von 0,03 bis 0,5 μg/ml können bei 410 nm (Fluoreszenzmax.) bestimmt werden. U. Drehmann 4846

1459 **Polarographische Untersuchung der Reaktion des Antimonylions mit Pyrazolonabkömmlingen.** Joseph L. Roosemont. (J. pharmac. Sci. 57 (1968) 6, 1056—57; Labor. of Toxicol., Univ. of Louvain, Belgium; engl.) — Das *Antimonylion* (I) unterscheidet sich von Pb^{2+} u. As^{3+} durch die Werte seiner Halbwellenpotentiale in verschiedenen Puffern u. durch die Einw. auf Pyrazolonderiv. (*Antipyrin, Aminopyrin*), wobei I zur Komplexbldg. neigt. Bei As(III) ist das Auftreten von Wellen auf ein bestimmtes pH-Gebiet beschränkt, u. die Wellen werden in Ggw. von Pyrazolonen verzerrt. Die Unters. sind von Interesse für analyt. Anwendung.

U. Drehmann 4846

1460 **Spektrophotometrische Bestimmung von Sulpyrin mit Lumogallion.** Yukimasa Kato, Kaoru Ohashi, Hisashi Koike und Yahyoe Kinoshita. (J. pharmac. Soc. Japan [Yakugakuzasshi] 88 (1968) 4, 393—97; Nagoya, City Univ., Fac. of Pharmac. Sci.; jap., Auszug: engl.) — Gibt man Lumogallion (*5-Chlor-2-hydroxy-3-[2.4-dihydroxyphenylazo]-benzolsulfonsäure*) zu *Sulpyrin* u. erwärmt, so erfolgt nach dem Ansäuern mit H_2SO_4 eine rote Färbung, die mit Butanol extrahiert wird. Die Absorption bei 510 nm zeigt Linearität mit der Konzentration. Störend wirken Formaldehyd, Hexamethylentetramin sowie Substanzen, die eine Methansulfonsäure-Gruppierung besitzen u. somit CH_2O abspalten können. K. Ziegenhorn 4846

1461 **Struktur und Gehaltsbestimmung von Äthacridinlactat.** H. Möhrle und H. H. Scheltdorf. (Pharmaz. Ztg. verein. Apotheker-Ztg. 113 (1968) 8, 279—82; Pharmazeut.-chem. Inst., Univ., Tübingen; dt.) — Unter den 3 tautomeren Formen des 2-Äthoxy-6.9-diaminoacridiniumions wird auf Grund des NMR-

Spektrums von den Äthacridiniumsalzen *Perchlorat, Chlorid* u. *Nitrat* für die Protonierung am Ring-N entschieden. Die Geh.-Best. von *Äthacridinlactat* erfolgt am besten in Äthylenglykolmonomethyläther/Acetonitril mit $HClO_4$ in CH_3COOH u. Metanilgelb als Indikator.

Versuche: Äthacridiniumsalze: *Perchlorat*, $C_{15}H_{15}N_3O \cdot HClO_4$, F. 316—319° (Aceton/W.). — *Chlorid*, $C_{15}H_{15}N_3O \cdot HCl$, *Hydrat*, $C_{15}H_{15}N_3O \cdot HCl \cdot H_2O$, F. 360° (Zers.). — *Nitrat*, $C_{15}H_{15}N_3O \cdot HNO_3$, F. 293° (Methanol/Ae.). — *4-Aminopyridiniumperchlorat*, $C_5H_6N_2 \cdot HClO_4$, F. 280—282° (A.). W. Holland 4846

1462 **Elektronische Eigenschaften von N-Heteroaromaten. 21. Mitt. Polarographisches Verhalten von v-Triazolo[d]pyrimidin-Derivaten.** Teisuke Okano und Masahide Noji. (J. pharmac. Soc. Japan [Yakugakuzasshi] 88 (1968) 4, 434—38; Tohoku Univ., School of Med., Pharmac. Inst.; jap., Auszug: engl.) — 20. vgl. ibid. 88 (1968) 428. — Vf. untersuchten das polarograph. Verh. von *v-Triazolo[d]pyrimidin* (**I**) u. dessen 5-Amino- (**II**), 7-Amino- (**III**), 5.7-Diamino- (**IV**), 7-Amino-5-hydroxy- (**V**), 5-Amino-7-hydroxy- (**VI**), 5.7-Dihydroxy- (**VII**) u. 7-Hydroxy-(**VIII**)-Derivat. **I—V** sind polarograph. reduzierbar, **VI—VIII** nicht. Die Substitution in 7-Stellung übt einen dominanten Einfl. auf die Reduzierbarkeit aus. Hieraus leiten Vf. die Vermutung ab, daß der 1. Schritt der Red. an der N_6–C_7-Doppelbindung der Pyrimidinhälfte vor sich geht. Triazolopyrimidin-Deriv. werden an der Hg-Tropfelektrode leichter red. als die entsprechenden Purine, was mit dem Unterschied der Übergangstendenzen der π-Elektronen vom Imidazol- bzw. Triazolring in den Pyrimidinring erklärt werden kann. Zwischen der leichten Reduzierbarkeit u. den Energieniveaus der niedrigsten vakanten Orbitalen wurden parallele Beziehungen gefunden (LCAO-MO-Meth.) — 27 Literaturangaben.
K. Ziegenhorn 4846

1463 **Qualitative und quantitative Nachweisreaktionen für Oxazepam.** Edward F. Salim, J L. Deuble und G. Papariello. (J. pharmac. Sci. 57 (1968) 2, 311—13; Drug Standards Labor., American Pharmac. Assoc. Found., Washington, D.C.; engl.) — Physikal. Eig., Identitätstests (UV- u. IR-Spektrum) von *Oxazepam* (**I**) sowie tabellar. Zusammenstellung der Wellenlängen der UV-Maximalabsorptionen von **I**, *Diazepam*, *Chlordiazepoxidhydrochlorid* in Alkohol u. alkohol. H_2SO_4 u. Beschreibung der potentiometr., nichtwss. **I**-Titration mit Tetrabutylammoniumhydroxid.
U. Drehmann 4846

1464 **Kolorimetrische Bestimmung von Kodein und seinen Salzen im Syrup Bechici officinalis.** S. Bisio und V. De Negri. (Farmaco [Pavia], Ediz. prat. 23 (1968) 8, 418—28; Ist. di Chim. Biolog., Univ., Genova; ital.) — Bei der Behandlung von *Kodein* (**I**) mit p-Dimethylaminobenzaldehyd in 70%ig. H_2SO_4 entsteht eine Gelborangefärbung mit einem Absorptionsmax. bei 440 nm; 4—125 μg I/ml können spektrophotometr. bestimmt werden. Die Rk. ist zur Unters. von **I** u. seinen Salzen in Syrupen sehr geeignet. — 32 Literaturangaben.
U. Drehmann 4846

1465 **Vergleich von Fe-Untersuchungen in Multivitaminpräparaten mit einem automatischen chemischen Verfahren und einer Röntgenemissionsmethode.** William F. Beyer und Karl G. Zipple. (J. pharmac. Sci. 57 (1968) 4, 653—57; Control Div., The Upjohn Comp., Kalamazoo, Mich.; engl.) — Vf. entwickeln eine automat. kolorimetr. Meth. zur *Fe*-Best. in Multivitaminpräp. mit 2.4.6-Tripyridyltriazin in gepufferter Lsg. sowie ein Verf. zur Fe-Best. mit einem Röntgenstrahlenemissionsspektrometer. In 1 Std. können ≈ 20 Proben nach dem automat. Verf. u. 4 Doppelproben nach der Röntgenstrahlemissionsmeth. untersucht werden.
U. Drehmann 4847

1466 **Bestimmung von Dexamethason in pharmazeutischen Präparaten durch Isotopenverdünnung.** C. Rosenblum und H. T. Meriwether. (J. radioanalyt. Chem. [Budapest] 1 (1968) 2, 163—67; Merck Sharp and Dohme Res. Labor., Rahway, N.J.; engl.) — ^3H-markiertes *Dexamethason* (*9-α-Fluor-16-α-methylprednisolon*) wird durch Austausch des Acetats mit ^3H-Essigsäure dargestellt (7 μCi/mg). Die Messung erfolgt durch Flüssigszintillation, die analyt. Best. durch UV-Absorption bei 238 mm. Die mittlere Abweichung beträgt 6%.
W. Dedek 4847

1467 **Wert der Methanol–Schwefelsäure-Kolorimetrie als einer Stabilitätsanalysenmethode für Quinestrol im Vergleich zu einem gaschromatographischen Verfahren.** Lester Chafetz, Michabl G. Boudjouk, Dimitri C. Tsilifonis und Foo Song Hom. (J. pharmac. Sci. 57 (1968) 6, 1000—03; Pharmaceut. Res. and Dev. Labor., Warner-Lambert Res. Inst., Morris Plains, N.J.; engl.) — Vgl. J. pharmac. Sci. 56 (1967) 625. — Nach 20—22std. Behandlung von methanol. *Quinestrol* (**I**; *17α-Äthinylöstra-3.17β-diol-3-cyclopentyläther*)-Lsg. mit 30%ig. H_2O_2, 0,1, 1, 3 u. 6 n HCl oder 0,1 u. 1 n NaOH bei 40°, wobei geringer Abbau stattfindet, wird das verbliebene **I** kolorimetr. (540 nm) mit Methanol–Schwefelsäure oder gaschromatograph. quant. bestimmt. Die erhaltenen Werte stimmen gut überein. 98% werden bei beiden Meth. wiedergefunden, die relativen Standardabweichungen betragen 1,7 bzw. 1,6%. Das kolorimetr. Verf. unterscheidet zwar nicht zwischen **I** u. *Äthinylöstradiol* (**II**), jedoch wird **II** nur nach HCl-Behandlung in signifikanten Mengen gaschromatograph. nachgewiesen. Die ebenso gefundenen **I**-Abbauprod. *Östron-3-cyclopentyläther* u. *Östron* machen < 1% aus. D. Pankow 4847

1468 **Methoden zur mikrobiologischen Bestimmung von Antibiotika- und Vitaminpräparaten.** I. de Carneri und G. Meinardi. (Farmaco [Pavia], Ediz. prat. 23 (1968) 8, 439—46; „Carlo Erba" s. p. a., Milano; ital.) — Mit einem neuentwickelten automat. turbidimetr. Verf. bei der mikrobiolog. Best. von *Tetracyclin*, *Vitamin B_{12}* u. *Pantothensäure* erhielten Vf. reproduzierbare Ergebnisse.
U. Drehmann 4848

1469 Ciba Ltd., Basel, Schweiz, **Herstellung von 1-Isopropylamino-2-hydroxy-3-[2′-isopropoxy-phenoxy]-propan,** F. 60—61°, *Hydrochlorid*, F. 129—130°, erfolgt durch Rk. von 1-Halogen-2-hydroxy-3-[2′-isopropoxy-phenoxy]-propan oder 3-[2′-Isopropoxy-phenoxy]-1.2-epoxypropan, $Kp._{0,05}$ 71—76°, mit Isopropylamin. — *Blockmittel* für *adrenerg. β-Rezeptoren, Herz-* u. *Kreislaufmittel.* (**Brit.P. 1077249** vom 4/10. 1965, ausg. 26/7. 1967. Schwz. Prior. 14/10. 1964.) — 3 S.
R. Bauereis 4846

1470 Ciba Ltd., Basel, Schweiz, **1-Isopropylamino-2-hydroxy-3-(o-propargyloxyphenoxy)-propan,** F. 48 bis 52°, erhält man durch Rk. von 3-(o-Propargyloxyphenoxy)-1.2-epoxypropan (**I**) mit Isopropylamin unter Rückfluß; durch Rk. mit HCl das *Hydrochlorid*, F. 96 bis 97°. — Aus Brenzkatechin u. Propargylbromid → Brenzcatechinmonopropargyläther, $Kp._{14}$ 120—130°, daraus mit Epichlorhydrin → **I**, $Kp._{11}$ 161—170°. — *Heilmittel.* (**Brit.P. 1077288** vom 8/11. 1965, ausg. 26/7. 1967. Schwz. Prior. 17/12. 1964.) — 3 S.
R. Bollinger 4846

1471 Ciba Ltd., Basel, Schweiz, **1-Isopropylamino-2-hydroxy-3-[o-(R-alk-O)-phenoxy]-propane** der allg. Formel $R\text{–alk–O–}C_6H_4\text{–}OCH_2CH(OH)\text{–}CH_2NHCH(CH_3)_2$ (R = Alkenyl; alk = Alkylen C_{1-3}) erhält man durch Rk. von 1-Halogen-2-hydroxy-3-[o-(R-alk-O)-phenoxy]-propan oder 3-[o-(R-alk-O)-phenoxy]-1.2-epoxypropan mit Isopropylamin. — 3-[o-Methallyloxyphenoxy]-1.2-epoxypropan (**I**) gibt mit Isopropylamin u. anschließend mit HCl das *Hydrochlorid* des *1-Isopropylamino-2-hydroxy-3-[o-methallyloxyphenoxy]-propans*, F. 89—91°. — Brenzcatechin gibt mit Methallylchlorid u. K_2CO_3 in Aceton o-Methallyloxyphenol, $Kp._{12}$ 114—120°; daraus durch Rk. mit Epichlorhydrin → **I**, $Kp._{0,15}$ 100—110°. — *Heilmittel.* (**Brit.P. 1079608** vom 9/5. 1966, ausg. 16/8. 1967. Schwz. Prior. 11/6. 1965 u. 18/3. 1966.) — 3 S.
R. Bollinger 4846

1472 Louis Lafon, Paris, Frankreich, **Dimethoxybenzole** der allg. Formel $4\text{-}CH_3OC_6H_3\text{–}(2\text{-}OCH_3)\text{–}C(Ar) \cdot (R)\text{–}OH$ (R = Alkyl mit 1—4 C-Atomen; Ar = Phenyl) erhält man durch Erhitzen von 2.4-Dimethoxyphenylalkylketon mit Mg u. Brombenzol. — Aus Dimethoxyacetophenon durch Erhitzen mit Mg u. Brombenzol in Ae. → *(2′.4′-Dimethoxyphenyl)-1-phenyl-1-methylcarbinol,*

$C_{16}H_{18}O_3$, F. 86—87°. — Ähnlich (*2'.4'-Dimethoxy-phenyl)-1-phenyl-1-äthylcarbinol*, $C_{17}H_{20}O_3$, F. 92—93°. — *Antispasmodika* u. Mittel gegen *Diarrhöe*. (**Brit.P. 1085644** vom 1/6. 1964, ausg. 4/10. 1967.) — 5 S.
R. Bollinger 4846

1473 Soc. d'Exploitation des Laboratoires Jacques Logeais, Issy-les-Moulineaux, Seine, Frankreich (Erfinder: Jacques Maillard, Michel Vincent und Pierre Delaunay), **Herstellung von Phloroglucinderivaten** erfolgt nach folgenden Beispielen: Rk. des Na-Salzes von 3.5-Diäthoxyphenol mit CO_2 → *2-Hydroxy-4.6-diäthoxy-benzoesäure*, F. 88—90°, Ausb. 70%, $C_{11}H_{14}O_5$; Chlorierung dieser Säure mit Cl_2 → *2-Hydroxy-3-chlor-4.6-diäthoxy-benzoesäure*, F. 173°, Ausb. 23,6%, $C_{11}H_{13}ClO_5$, *2-Hydroxy-5-chlor-4.6-diäthoxybenzoesäure*, F. 115—119°, Ausb. 25%, u. *2-Hydroxy-3.5-dichlor-4.6-diäthoxy-benzoesäure*, F. 89°, $C_{11}H_{12}Cl_2O_5$. Rk. von *2-Hydroxy-3-chlor-4.6-dimethoxy-benzoesäure* mit Essigsäureanhydrid → gemischtes Anhydrid von 2-Acetoxy-3-chlor-4.6-dimethoxy-benzoe- u. Essigsäure, F. 141°, Ausb. 88% $C_{13}H_{13}ClO_7$. Rk. des Anhydrids mit NH_3 → *2-Hydroxy-3-chlor-4.6-dimethoxy-benzamid*, F. 279 bis 280°, Ausb. 64%, $C_9H_{10}ClNO_4$. Analog folgende gemischte Benzoesäure–Essigsäureanhydride (**I**) u. Benzamide (**II**): *2-Acetoxy-4.6-dimethoxy-5-chlor*-**I**, Ausb. 73%, $C_{13}H_{13}ClO_7$, Öl; *2-Acetoxy-4.6-dimethoxy-3.5-dichlor*-**I**, F. 49—50°, 70%, $C_{13}H_{12}Cl_2O_7$; *2-Acetoxy-3-chlor-4.6-diäthoxy*-**I**, F. 89°, 85%, $C_{15}H_{17}ClO_7$; *2-Acetoxy-5-chlor-4.6-diäthoxy*-**I**, Öl, 94%, $C_{15}H_{17}ClO_7$; *2-Hydroxy-4.6-dimethoxy-5-chlor*-**II**, F. 159°, 44%, $C_9H_{10}ClNO_4$; *2-Hydroxy-4.6-dimethoxy-3.5-dichlor*-**II**, F. 163—164°, 55%, $C_9H_9Cl_2NO_4$; *2-Hydroxy-5-chlor-4.6-diäthoxy*-**II**, F. 172 bis 174°, 34%, $C_{11}H_{14}ClNO_4$; *2-Hydroxy-4.6-diäthoxy-3-chlor*-**II**, F. 211°, 66%, $C_{11}H_{14}ClNO_4$; *2-Hydroxy-4.6-diäthoxy-3.5-dichlor*-**II**, F. 115—116°, $C_{11}H_{13}Cl_2NO_4$; *2-Hydroxy-3-chlor-4.6-diäthoxy-N-[dimethyl]*-**II**, F. 175—177°, $C_{13}H_{18}\cdot ClNO_4$; *2-Hydroxy-3-chlor-4.6-dimethoxy-N-[dimethyl]*-**II**, F. 193°, $C_{11}H_{14}ClNO_4$; *2-Hydroxy-3-chlor-4.6-dimethoxy-N-[diäthyl]*-**II**, F. 155—157°, $C_{13}H_{18}ClNO_4 \cdot H_2O$; *2-Chlor-3.5-dimethoxy-6-carbamido-phenyläthylcarbamat*, F. 238°, $C_{12}\cdot H_{14}ClNO_6$; *2.4-Dichlor-3.5-dimethoxy-6-carbamido-phenyläthylcarbonat*, F. 130°, $C_{12}H_{13}Cl_2NO_6$; *2-Acetoxy-3-chlor-4.6-dimethoxy-N-[acetyl]*-**II**, F. 223°, 30%, $C_{13}H_{14}ClNO_6$; *2-Acetoxy-3.5-dichlor-4.6-dimethoxy*-**II**, F. 150°, $C_{11}H_{11}\cdot Cl_2NO_5$. — *Analgetika, Antiphlogistika*. (**Brit.P. 1067575** vom 28/6. 1963, ausg. 3/5. 1967.) — 12 S.
R. Bauereis 4846

1474 Soc. d'Études Scientifiques et Industrielles de l'Ile-de-France, Paris, Frankreich, **Herstellung von N-[tert.-Aminoalkyl]-methylendioxybenzamiden** durch Rk. von 2-Alkoxy-methylendioxybenzoesäure mit N-Äthyl-5-phenyl-isoxazolium-3'-sulfonat u. Umsetzung des Rk.-Prod. mit einem N-tert.-Aminoalkylamin. — Beispiel: Durch Rk. von 2-Methoxy-3.4-methylendioxybenzoesäure mit N-Äthyl-5-phenyl-isoxazolium-3'-sulfonat u. Umsetzung des Rk.-Prod. mit N.N-Diäthyläthylendiamin erhält man das *N-[2-Diäthylaminoäthyl]-2-methoxy-3.4-methylen-dioxybenzamid, Hydrochlorid*, F. 164—165°. Analog wurde das *N-[2-Diäthylaminoäthyl]-2-methoxy-4.5-methylendioxybenzamid, Hydrochlorid*, F. 213—215° erhalten. — *Antiemetika, Neuroleptika, Psycholeptika, Analgetika*. (**Brit.P. 1058514** vom 26/5. 1965, ausg. 15/2. 1967. F. Prior. 9/6. 1964.) — 3 S.
R. Bauereis 4846

1475 Farbwerke Hoechst Akt.-Ges. vormals Meister Lucius & Brüning, Frankfurt/M. (Erfinder: Rudi Weyer, Frankfurt/M., Walter Aumüller, Kelkheim, Gerhard Korger, Frankfurt/M., und Erich Haack, Heidelberg), **Herstellung von Benzolsulfonylsemicarbaziden.** Zu D.A.S. 1204675; C. **1966**, 30-1652 ist nachzutragen: *4-[4-Methyl-benzolsulfonyl]-1.1-tetramethylenthiosemicarbazid*, F. 187—188°. — Heilmittel. (**Schwz.P. 438318** vom 18/9. 1962, ausg. 15/12. 1967. D. Prior. 20/9. 1961.) — 2 S. R. Bauereis 4846

1476 Universal Oil Products Co., Des Plaines, Ill. (Erfinder: Joseph Levy, Paramus, und Alvin Friedman, Flushing, N.J.), USA, **Herstellung von 2.2-di-(C_{1-4}-alkyl)-substituierten Propandiol-(1.3)-dicarbamaten** durch Erhitzen eines Gemisches aus einem 2.2-Dialkylpropandiol-(1.3) u. einem Carbaminsäure-(C_{1-4})-alkylester auf erhöhte Temp. unter red. Druck in Ggw. eines Al-alkylat-Katalysators in Abwesenheit eines Lsgm. u. Dest. des gebildeten Alkanols, dad. gek., daß man (zur Erhöhung der Ausb. auf > 75%) die Temp. bei 100—140° u. den Druck ~ konst. bei 50—150 mm Hg während der gesamten Rk. hält u. die Temp. im Hauptteil des vorst. Bereiches, bes. von 100—110° um ≧ 25° während ≧ 2 Std., erhöht. — Aus 2-Methyl-2-n-propylpropandiol-(1.3) u. Carbaminsäureäthylester in Ggw. von Al-isopropylat → *2-Methyl-2-n-propylpropandiol-(1.3)-dicarbamat* (F. 105—106°), sehr rein, 84,5% bzw. 85%; analog *2-Methyl-2-sek.-butylpropandiol-(1.3)-dicarbamat*, **97,5%**ig rein, 87,3%. — *Beruhigungsmittel*. (**Brit.P. 1062604** vom 6/7. 1964, ausg. 22/3. 1967. **Schwz.P. 436258** vom 10/7. 1964, ausg. 15/11. 1967.)
Georg Vogel 4846

1477 Krewel-Leuffen G. m. b. H., Eitorf/Sieg, **N-[Carbamoyloxyalkyl]-carbaminsäureäthylester** der allg. Formel $(R^6)-(R^5)N-OC-O-CH(R^4)-C(R^1)(R^2)-CH_2-N\cdot(R^3)-COOC_2H_5$ [R^1 u. R^2 (gleich oder verschieden) = Alkyl, Aralkyl, Aryl oder zusammen C_{4-5}-Alkylenrest; R^3 = H, Alkyl, Aralkyl, Aryl; R^4 = H, CH_3; R^5 u. R^6 (gleich oder verschieden) = H, Alkyl, Aralkyl, Aryl, zusammen C_{4-5}-Alkylenrest] erhält man durch Rk. eines N-[3-Hydroxyalkyl]-carbaminsäureäthylesters der allg. Formel $R^4-CHOH-C(R^1)(R^2)-CH_2-N(R^3)-COOC_2H_5$ entweder a) mit $COCl_2$ u. Rk. des Chlorkohlensäureesters mit NH_3, einem prim. oder sek. Amin oder b) mit einem Carbamoylchlorid der allg. Formel $(R^6)(R^5)N-COCl$ oder c) mit einem Isocyansäureester der allg. Formel R^5-NCO. — Aus N-[3-Hydroxy-2.2-diäthylpropyl]-carbaminsäureäthylester in Toluol u. Dimethylanilin durch Rk. mit $COCl_2$, dann mit NH_3 → *N-[3-Carbamoyloxy-2.2-diäthylpropyl]-carbaminsäureäthylester*, F. 66—67° (Ae./PAe.), 85% (Ausb.); analog nach a) *Carbaminsäureäthylester*: *N-[3-Carbamoyloxy-2-äthyl-2-benzylpropyl]*-, F. 103—105° (W.), 31%; *N-Äthyl-N-[3-carbamoyloxy-2.2-diäthylpropyl]*-, F. 79°, 54,7%; *N-[3-N-Phenylcarbamoyloxy-2.2-pentamethylenpropyl]*-, Kp.$_{0,2}$ 230—235°, 39%. *N-[3-Carbamoyloxy-2.2-pentamethylenpropyl]*-, Kp.$_{0,3}$ 180 bis 185°, 23%. — *Wrkg. bes. auf das Nervensystem*. (**Brit.P. 1066344** vom 21/9. 1964, ausg. 26/4. 1967. D. Prior. 20/9. 1963.) — 3 S. Georg Vogel 4846

1478 Kyorin Seiyaku K. K., Nihonbashi-Honcho, Tokio, Japan, **Neue Aminoacetonitrile** der allg. Formel $R'-CONH-R-CONH-CH_2-CN$ (R = ggf. substituierter KW-Stoff-Rest; R' = ggf. verzweigter C_{1-9}-Alkyl-, Aryl-, Aralkylrest) erhält man durch Acylierung eines N-Aminoacylaminoacetonitrils mit einem Säureanhydrid, ggf. in Lsgm. (wss. Medium) oder mit einem Säurehalogenid, bes. in Ggw. eines Säureakzeptors in wss. Medium oder organ. Lsgm. bei 0—25°. — Aus Lsg. von Aminoacetonitrilsulfat u. $NaHCO_3$ in W. u. Lsg. von Phthaloylglycylchlorid in Dioxan → Phthaloylglycylaminoacetonitril, $C_{12}H_9N_3O_3$, F. 245—246° [aus Acetonitril (**I**)]; daraus durch Rk. mit $NH_2NH_2 \cdot H_2O$ in A., Dest. des A. u. Rk. mit wss. HCl → N-Glycylaminoacetonitril, $C_4H_7N_3O$ (im Orig. irrtümlich $C_4H_{30}N_3Cl$; der Referent); aus dieser Verb. oder deren Acetat in W. mit Essigsäureanhydrid oder mit Acetylchlorid in wss. $NaHCO_3$ → *N-[N-Acetylglycyl]-aminoacetonitril*, F. 157—159° (A.); analog *Aminoacetonitrile*: *N-[N-Benzoylglycyl]*-, F. 186 bis 188° (A.); *N-[N-Acetylvalyl]*-, F. 187—188° (W.); *N-[N-Benzoylvalyl]*-, F. 225—227° (A.) im Kapillarrohr bzw. F. 234° bei der Mikroanalyse unter Subl. > 200°; *N-[N-Benzoylleucyl]*-, F. 158—159° (W./A.); *N-[N-Benzoyl-α-alanyl]*-; *N-[N-Acetyl-α-alanyl]*-, F. 149—150° [Isopropanol (**II**)]; N-[N-(N-Benzoyl-*ξ-aminocaproyl)-glycyl*]-, F. 158—160° (A. oder W.); *N-[N-Propionylglycyl]*-, F. 159—160° (A.); *N-[N-n-Butyrylglycyl]*-, F. 129—131° (A.); *N-[N-n-Caproylglycyl]*-, F. 142—143° (A.); *N-[N-n-Heptanoylglycyl]*-, F. 141—141,5° (W./A.); *N-[N-n-Caprylylglycyl]*-, F. 146—147° (A.); *N-[N-Acetylalanyl]*-, F. 149—150° (**II**); *N-[N-Benzoylalanyl]*-, F. 168° (W.); *N-[N-Isobutyrylalanyl]*-, F. 165—166° (A.); *N-[N-Propionylvalyl]*-, F. 184—185° (A.); *N-[N-Butyrylvalyl]*-, F. 72—73° (30%ig. A.); *N-[N-Isobutyrylvalyl]*-, F. 192 bis 193° (A.); *N-[N-n-Caproylvalyl]*-, F. 167—168° (A.);

N-[N-n-Heptanoylvalyl]-, F. 167—168° (A.); *N-[N-n-Caprylylvalyl]*-, F. 148—149° (W./A.); *N-[N-Acetylleucyl]*-, F. 144—145° (I); *N-[N-Propionylleucyl]*-, F. 127 bis 128° (W.); *N-[N-Isobutyrylleucyl]*-, F. 134—135° (W.); *N-[N-Acetyl-β-alanyl]*-, F. 143—144° (A.); *N-[N-Acetyl-ε-aminocaproyl]*-, F. 103—104° [Essigester (**III**)]; *N-[N-Acetyl-α-aminocaproyl]*-, F. 147° (**III**); *N-[N-Acetyl-δ-aminocaproyl]*-, F. 88—92° (**III**); *N-[N-Acetyl-α-aminobutyryl]*-, F. 94—96° (**III**); *N-[N-Acetylmethionyl]*-, F. 109—111° (**II**); *N-[N-Acetyltryptophyl]*-, F. 196 bis 197° (Essigsäure); *N-[N-Acetylasparaginyl]*-, F. 195 bis 196° (W./A.); *N-[N-Isovalerylmethionyl]*-, F. 101—102,5° (W.); *N-[N-Acetylphenylalanyl]*-, F. 188—189° (W./A.); *N-[N-Acetyl-O-acetyltyrosyl]*-, F. 179—180° (W.); *N-[N-Acetylphenylglycyl]*-, F. 192—193° (**I**); *N-[N-Acetyl-δ-aminovaleryl]*-, F. 101° (**III**). Mittel (oral, rektal, durch Injektion) *gegen Leberschrumpfung u. -vergiftung* (durch CCl_4, Brombenzol u. Thioacetamid) mit geringeren Sekundärwirkungen. — Tabelle u. Kurven für pharmakolog. Wirkung. (**Brit.P. 1073288** vom 22/4. 1965, ausg. 21/6. 1967. Jap. Prior. 22/4. 1964.) — 8 S.

Georg Vogel 4846

1479 Boehringer Ingelheim G. m. b. H., Ingelheim/Rh., **α-Aminoketonderivate** erhält man z. B. durch Rk. eines Phenyl-α-halogenalkylketons mit einem prim. Amin. — Beispiel: Durch Rk. von 1-Phenyl-2-brombutanon mit n-Propylamin → *1-Phenyl-2-n-propylaminobutanon,* Ausb. 98,5%, *Hydrochlorid,* F. 205—207°, *Maleat,* F. 122—124°. Analog folgende Aminobutanon-[1] (**I**), -pentanon-[1] (**II**) u. -hexanon-[1] (**III**): *Hydrochloride: 1-Phenyl-2-isopropyl-***I**, F. 256—258°; *1-o-Tolyl-2-äthyl-***I**, F. 192—196°; *1-o-Tolyl-2-n-propyl-***I**, F. 196 bis 200°; *1-o-Tolyl-2-isopropyl-***I**, F. 215—218°; *1-m-Tolyl-2-äthyl-***I**, F. 215—217°; *1-m-Tolyl-2-isopropyl-***I**, F. 245 bis 248°; *1-m-Tolyl-2-n-propyl-***I**, F. 202—205°; *1-p-Tolyl-2-äthyl-***I**, F. 223—224°; *1-p-Tolyl-2-n-propyl-***I**, F. 209 bis 211°; *1-p-Tolyl-2-isopropyl-***I**, F. 227—229°; *1-Phenyl-2-äthyl-***II**, F. 202,5—206°; *1-Phenyl-2-n-propyl-***II**, F. 214 bis 217,5°; *1-Phenyl-2-isopropyl-***II**, F. 227—228°; *1-Phenyl-2-n-butyl-***II**, F. 198—200°; *1-Phenyl-2-sek.-butyl-***II**, F. 195,5—198°; *1-o-Tolyl-2-äthyl-***II**, F. 176—181°; *1-o-Tolyl-2-n-propyl-***II**, F. 190—193°; *1-o-Tolyl-2-isopropyl-***II**, F. 208—216°; *1-o-Tolyl-2-n-butyl-***II**, F. 189—191,5°; *1-o-Tolyl-2-sek.-butyl-***II**, F. 183,5—187,5°; *1-m-Tolyl-2-äthyl-***II**, F. 191—194,5°; *1-m-Tolyl-2-n-propyl-***II**, F. 199 bis 200°; *1-m-Tolyl-2-isopropyl-***II**, F. 212,5—213°; *1-m-Tolyl-2-n-butyl-***II**. F. 172—181°; *1-m-Tolyl-2-sek.-butyl-***II**, F. 199—201°; *1-p-Tolyl-2-äthyl-***II**, F. 218—222°; *1-p-Tolyl-2-n-propyl-***II**, F. 221—224°; *1-p-Tolyl-2-isopropyl-***II**, F. 235—239°; *1-p-Tolyl-2-n-butyl-***II**, F. 213—217°; *1-p-Tolyl-2-sek.-butyl-***II**, F. 223—226°; *1-Phenyl-2-äthyl-***III**, F. 171—175°; *1-Phenyl-2-isopropyl-***III**, F. 196—198°; *1-Phenyl-2-n-butyl-***III**, F. 135—140°; *1-[3'-Cyanophenyl]-2-isopropyl-***II**, F. 196—201°. — *Appetitzügler.* (**Brit.P. 1069797** vom 7/4. 1965, ausg. 24/5. 1967. D. Prior. 8/4. 1964.) — 11 S.

R. Bauereis 4846

1480 Dow Chemical Co., Midland, Mich., USA, **Herstellung von [Alkylaminoäthoxy]-dihalogenanilinen** erfolgt durch Rk. eines Aminophenols mit Äthylendibromid u. Rk. des entstandenen β-Bromäthoxy-anilins mit einem Amin. Beispiel: Rk. von 4-Amino-2.6-dichlorphenol mit Essigsäureanhydrid u. Rk. mit Äthylendibromid → *4'-[β-Bromäthoxy]-3'.5'-dichlor-acetanilid,* F. 173,5—174,5°. Analog: *4'-[β-Bromäthoxy]-3'.5'-dibrom-acetanilid,* F. 211—212°, *4-[β-Bromäthoxy]-3.5-dibrom-N.N-dimethylanilin,* F. 59—60°. Rk. der letzten Verb. mit Dimethylamin → *3.5-Dibrom-4-[β-dimethylamino-äthoxy]-N.N-dimethyl-anilin, Dihydrobromid,* F. 210,5—211,5°. Analog: *3.5-Dibrom-4-[β-n-butylamino-äthoxy]-N.N-dimethylanilin, Dihydrobromid,* F. 184—186°; *3'.5'-Dichlor-4'-[β-dimethylamino-äthoxy]-acetanilid,* F. 122—123°, → *3.5-Dichlor-4-[β-dimethylaminoäthoxy]-anilin, Dihydrochlorid,* F. 222—223°; *4-[β-Diäthylaminoäthoxy]-3.5-dichloranilin, Dihydrochlorid,* F. 206—207°; *4'-[Dimethylamino-äthoxy]-3'.5'-dibrom-acetanilid,* F. 143—146°, → *4-[β-Dimethylaminoäthoxy]-3.5-dibrom-anilin, Dihydrochlorid,* F. 234—236°; *4-[β-Dimethylamino-äthoxy]-3.5-dichloranilin,* F. 83—84,5°; *4-[β-Dimethylamino-äthoxy]-3.5-dibrom-anilin,* F. 96—97,5°; *4'-[β-1-Piperidinyläthoxy]-3'.5'-dibrom-acetanilid,* F. 146—147°. *4-[β-Diäthylaminoäthoxy]-3.5-dibrom-anilin, Dihydrochlorid,* F. 181—183°; *4-[β-1-Piperidinyläthoxy]-3.5-dibrom-anilin, Dihydrochlorid,* F. 217,5—218,5°; *4-[β-Dimethylamino-äthoxy]-3.5-dibromanilin, Maleat,* F. 146—147,5°; *4-[β-Dimethylaminoäthoxy]-3.5-dichloranilin, Maleat,* F. 130—131°; *4-[β-Dimethylaminoäthoxy]-3.5-dijodanilin, Dihydrochlorid,* F. 232—233°. — *Tranquillizer.* (**Brit.P. 1070714** vom 10/2. 1966, ausg. 1/6. 1967. U.S. Prior. 17/2. 1965.) — 8 S.

R. Bauereis 4846

1481 Smith, Kline & French Laboratories, Philadelphia, Pa., USA, **Neue N-substituierte 5-Sulfamoyl-4-trifluormethylanthranilsäuren** der allg. Formel **I** (R^1 = H

I 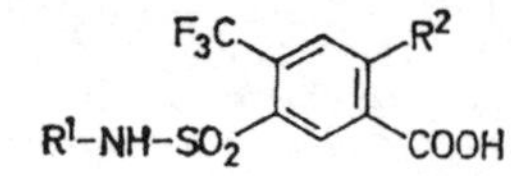

oder C_{1-6}-Alkyl; R^2 = Furylmethylamino-, Thenylamino-, Benzylamino-, Dibenzylaminorest) u. deren Salze erhält man a) durch Rk. einer 2-Halogen-4-CF_3-benzoesäure mit Nitriersäure, Red. der 2-Halogen-5-nitro-4-CF_3-benzoesäure, bes. mit Fe-Pulver in wss. NH_4Cl-Lsg., Rk. der 5-Aminoverb. mit konz. HCl u. $NaNO_2$ u. dann mit einer CuCl-haltigen Lsg. von SO_2 in Essigsäure, Rk. der 4-Chlorsulfonylverb. mit NH_4OH oder einem Alkylamin u. der erhaltenen 2-Halogen-5-sulfamoyl-4-CF_3-benzoesäure mit einem Amin R^2H u. ggf. Umwandlung der Säure in ein Salz, oder b) aus 2-Brom-5-CF_3-anilin durch ca. 1—2std. Rk. mit CuCN in Py. bei ca. 165—170°, Erhitzen des 4-CF_3-Anthranilsäurenitrils (**II**) mit überschüssigem $SO_2(OH)Cl$ in Ggw. von NaCl in Lsgm., Rk. der konz. Lsg. mit überschüssigem kaltem NH_4OH oder einem Alkylamin, Trennung der organ. Schicht, Dest. des Lsgm. im Vakuum, Hydrolyse des 5-Sulfamoyl-4-CF_3-anthranilsäurenitrils mit überschüssigem NaOH in wss. A. bei Rückflußtemp. zu 5-Sulfamoyl-4-CF_3-anthranilsäure (**III**) ca. 1—4std. Rk. von **III** mit einem Aldehyd der allg. Formel R–CHO (R = Phenyl, Furyl, Thienyl) bei ca. 120—160° oder durch Erhitzen von **III** in einem Lsgm., wie A., Äthylenglykolmonomethyläther (**IV**), Eisessig, Red. der erhaltenen Schiff'schen Base mit $NaBH_4$ oder katalyt. Hydrierung in Ggw. von Pd/Kohle. **III** erhält man aus **II** nach Meth. b) auch durch Erhitzen mit NaOH in wss. A. (wie vorst.), Ansäuern des Gemisches u. Rk. der 4-CF_3-Anthranilsäure mit $SO_2(OH)Cl$, dann mit NH_4OH oder einem Alkylamin. — Aus 2-Brom-4-CF_3-benzoesäure u. Nitriersäure → 2-Brom-5-nitro-4-CF_3-benzoesäure, $\xrightarrow{\text{Fe-Pulver}}$ 5-Amino-2-brom-4-CF_3-benzoesäure, $\xrightarrow{\text{HNO}_2\text{, dann SO}_2}$ 2-Brom-5-sulfamoyl-4-CF_3-benzoesäure, Furfurylamin in **IV** bei Rückflußtemp. u. Eingießen in HCl → *N-Furfuryl-5-sulfamoyl-4-CF_3-anthranilsäure.* — Aus **III** durch ca. 2std. Erhitzen mit 2-Thiophenaldehyd bei ca. 140° u. Rk. der N-[2-Thenyliden]-5-sulfamoyl-4-CF_3-anthranilsäure mit $NaBH_4$ → *N-[2-Thenyl]-5-sulfamoyl-4-CF_3-anthranilsäure,* $\xrightarrow{\text{KOH}}$ *K-Salz*; analog *5-Sulfamoyl-4-CF_3-anthranilsäuren: N-Benzyl-; N.N-Dibenzyl-* (im Orig. N.N-Dibenzylamin-; der Referent); *N-[3-Furylmethyl]-; N-[3-Thenyl]-,* bzw. *4-CF_3-Anthranilsäuren: N-Furfuryl-5-[n-butyl]-sulfamoyl-; N-Benzyl-5-hexylsulfamoyl-. Diuretika* ohne extreme K-Exkretion bzw. *Mittel gegen hohen Blutdruck.* — Rk.-Schemen mit Strukturformeln, Mengenbeispiele für die Herst. von Kapseln. (**Brit.P. 1075800** vom 24/5. 1966, ausg. 12/7. 1967. U.S. Prior. 14/6. 1965.) — 7 S.

Georg Vogel 4846

1482 Universal Oil Products Co., Des Plaines, Ill., USA (Erfinder: Joseph Levy), **Herstellung von N-Alkoxy-α-substituierten Äthylaminen** der allg. Formel $R–CH(CH_3)–N(OR')R''$ (R = C_5–C_7-gesätt. KW-Stoff; R' = C_1–C_4-Alkyl; R'' = H, C_1–C_4-Alkyl) erfolgt durch Hydrierung eines Oximäthers der allg. Formel $R–C(CH_3)=NOR'$ in alkohol. HCl mit H_2 in Ggw. von PtO_2 u. ggf. N-Alkylierung des red. Oxims. — Durch Hydrierung des O-Methyläthers des 2-Heptanons erhält man das *N-Methoxy-2-aminoheptan,* $Kp._3$ 50°. Analog: *N-Methoxy-1-cyclopentyl-2-aminopropan,* $Kp._2$ 65°, *Hydrochlorid,* F. 80,6—81,8°. — *N-Methoxy-1-cyclohexyl-2-aminopropan,*

Kp.$_5$ 88°, *Hydrochlorid*, F. 95,4—96,2°. — *N-Methyl-N-methoxy-1-cyclopentyl-2-aminopropan*, Kp.$_3$ 53—54°, *Hydrochlorid*, F. 77,4—79,2°. — *Sympathikomimetika.* (**Brit.P. 1058813** vom 6/7. 1964, ausg. 15/2. 1967.) — 5 S.
R. Bauereis 4846

1483 N. V. Koninkljke Pharmaceutische Fabrieken v/h Brocades Stheeman & Pharmacia, Meppel, Niederlande (Erfinder: Gerardus Johannes Bertramszoon Corts), **3.3.5-Trimethylcyclohexanolester** der allg. Formel R^1OC (=O)C(R)(OH)CH_3 (R^1 = 3.3.5-Trimethylcyclohexyl; R = H oder CH_3) erhält man durch Rk. von 3.3.5-Trimethylcyclohexanol mit einer Verb. der allg. Formel ZC(R)(OH)CH_3 (I) (Z = COOH, CN oder $COOR^2$; R^2 = Alkyl) oder durch Rk. von 3.3.5-Trimethylcyclohexylhalogenid mit dem Na-Salz der Säure von I. — 3.3.5-Trimethylcyclohexanol gibt mit Milchsäureäthylester *3.3.5-Trimethylcyclohexylmilchsäureester*, $C_{13}H_{24}O_3$, Kp.$_{18}$ 140°; ähnlich *3.5.5-Trimethylcyclohexyl-α-hydroxyisobuttersäureester*, $C_{13}H_{24}O_3$, Kp.$_{15}$ 128 bis 131°. — *Heilmittel mit spasmolyt. u. vasodilator. Wirkung.* (**Brit.P. 1081314** vom 3/8. 1965, ausg. 31/8. 1967.) — 3 S.
R. Bollinger 4846

1484 Merck & Co., Inc., Rahway, N.J., USA, **Dibenzocyclohepten-Derivate,** die in der 5-Stellung durch H u. den Rest-$CH_2 \cdot CH_2 \cdot CH_2$ NH · CH_3 u. in den Benzolkernen durch Halogen, Alkyl, CF_3, OH, Alkoxy, Alkylmercapto, Alkylsulfonyl oder Dialkylsulfamoyl substituiert sind, erhält man aus einem Dibenzocyclohepten-Deriv. mit dem Rest =$CHCH_2CH_2N(CH_3)COR$ (R = Alkyl, Aryl oder Aralkyl) durch Hydrierung oder durch Hydrolyse eines Dibenzocyclohepten-Deriv. mit H u. dem Rest–CH_2 · CH_2 · CH_2 · $N(CH_3)$-COOR in der 5-Stellung. Die 10.11-Stellung kann dehydriert werden, ggf. durch vorherige Halogenierung mit nachfolgender Dehydrohalogenierung. — Aus 5-[3-(N-Dimethylamino)-propyliden]-5H-dibenzo(a.d)-10.11-dihydrocyclohepten erhält man durch Rk. mit Äthylchlorformiat *5-[3-(N-Methyl-N-carbäthoxyamino)-propyliden]-5H-dibenzo(a.d)-10.11-dihydrocyclohepten*, daraus durch Hydrierung das *Propyl-Deriv.*, F. 71—72°, durch Hydrolyse mit KOH *5-[3-(N-Methyl)-aminopropyl]-5H-dibenzo-(a.d)-10.11-dihydrocyclohepten*, F. 54—55°, ähnlich: *5-[3-Methylaminopropyl]-5H-dibenzo(a.d)cyclohepten* F. 180—181°. — *Antidepressiva.* (**Brit.P. 1055469** vom 12/7. 1963, ausg. 18/1. 1967. U.S. Prior. 17/7. 1962.) — 13 S.
R. Bollinger 4846

1485 Merck & Co., Inc., Rahway, N.J., USA, **5.10-Epoxy-5-[aminopropyl]-dibenzocycloheptene** erhält man nach folgendem Beispiel: Durch Erhitzen von cis-3a.12b-Dihydro-2.2-dimethyl-8-[3-dimethylaminopropyl]-8-hydroxy-8H-dibenzo-[3.4:6.7]-cyclohepta-[1.2-d]-1.3-dioxolan mit p-Toluolsulfonsäure erhält man das *cis-10.11-Dihydro-5-[3-dimethylaminopropyl]-5.10-epoxy-11-hydroxy-8H-dibenzo-[a.d]-cyclohepten*, F. 151—153°, $C_{20}H_{23}NO_2$, Ausb. 81%. Analog wurden folgende 10.11-Dihydro-5.10-epoxy-5H-dibenzo-[a.d]-cycloheptene (I) erhalten: *trans-5-[3-Dimethylaminopropyl]-11-hydroxy-***I**, F. 157—158°; *cis-11-Acetoxy-[3-dimethylaminopropyl]-***I**, *Hydrogenoxalat*, F. 173—175°, $C_{22}H_{25}NO_3$ $C_2H_2O_4$, 84%; *cis-11-Hydroxy-5-[3-methylaminopropyl]-***I**, F. 138—139°, $C_{19}H_{21}$ · NO_2, 35%; *trans-11-Acetoxy-5-[3-dimethylaminopropyl]-***I**, F. 125—126°, 79%; *cis-5-[3-(N-Carbäthoxy-N-methylamino)-propyl]-11-hydroxy-***I**, F. 128—130°; *trans-11-Acetoxy-5-[3-(N-carbäthoxy-N-methylamino)-propyl]-***I**, F. 77—78°, $C_{24}H_{27}NO_3$; *trans-11-Hydroxy-5-[3-methylaminopropyl]-***I**, F. 129—130°, $C_{19}H_{21}NO_2$, 51%; *10.11-Dihydro-5-[3-dimethylaminopropyl]-5.10-epoxy-11-keto-5H-dibenzo-[a.d]-cyclohepten*, F. 76—78°, $C_{20}H_{21}NO_2$, 98,5%; *Spiro-[10.11-dihydro-5-(3-dimethylaminopropyl)-5.10-epoxy-5H-dibenzo-[a.d]-cyclohepten]-11.2'-m-dithian*, F. 130,5—132°, $C_{23}H_{27}NOS_2$; *5-[3-Dimethylaminopropyl]-***I**, *Hydrogenmaleat*, F. 141,5—143,5°, $C_{20}H_{23}NO$ $C_4H_4O_4$; *trans-5-[3-dimethylaminopropyl]-11-hexanoyloxy-***I**, *Hydrogenmaleat*, F. 109—110°, $C_{26}H_{33}NO_3$ $C_4H_4O_4$, 67%; *5-[3-Dimethylaminopropyl]-11-hydroxyimino-***I**, F. 206—210°, $C_{20}H_{22}N_2$ · O_2, 93%; *11-Amino-5-[3-dimethylaminopropyl]-***I**, *Dihydrogenmaleat*, F. 169—172° (Zers.), $C_{20}H_{24}N_2O$ 2 $C_4H_4O_4$; *5-[3-Dimethylaminopropyl]-11-hydroxy-11-methyl-***I**, *Hydrogenmaleat*, F. 182—184°, $C_{21}H_{25}NO_2$ $C_4H_4O_4$. — *Antidepressiva.* (**Brit.P. 1074081** vom 8/6. 1964, ausg. 28/6. 1967. U.S. Prior. 11/6. u. 4/9. 1963.) — 32 S.
R. Bauereis 4846

1486 Merck & Co., Inc., Rahway, N.J., USA, **5-Hydroxy-5-[substituiertes amino]-propyldibenzocyclohepten,** das in 10.11-Stellung ggf. hydriert, in 3-Stellung durch die Gruppe SO_2NRR^1 (R u. R^1 = Alkyl C_{1-4}) u. in 7-Stellung mit Halogen substituiert sein kann, erhält man durch Rk. des entsprechenden 5-Ketons mit einer Grignard-Verb. der allg. Formel Halogen · Mg$(CH_2)_3$ · NR^2R^3 (R^2 u. R^3 = Alkyl C_{1-6} oder zusammen mit N oder O Piperidyl, Pyrrolidyl, Morpholinyl bzw. Piperazinyl). — 3-Dimethylsulfamoyl-5H-dibenzo-(a.d)-cyclohepten-5-on gibt mit der Grignard-Verb. aus 3-Dimethylaminopropylchlorid *3-Dimethylsulfamoyl-5-[3-dimethylaminopropyl]-5-hydroxy-5H-dibenzo-(a.d)-cyclohepten*, $C_{22}H_{28}O_3N_2S$, F. 148,5—149,5°; ähnlich *3-Dimethylsulfamoyl-5-[3-dimethylaminopropyl]-5-hydroxy-7-chlor-5H-dibenzo-(a.d)-cyclohepten*, $C_{22}H_{27}O_3ClN_2S$, F. 175—176°. — *Zwischenprod. für Therapeutika.* (**Brit.P. 1063524** vom 20/9. 1963, ausg. 30/3. 1967. U.S. Prior. 24/9. 1962.) — 3 S.
R. Bollinger 4846

1487 F. Hoffmann-La Roche & Co., Akt.-Ges., Basel, Schweiz, **Dibenzocycloheptatrien-Derivate,** die in 5-Stellung durch eine ggf. ketalisierte Oxogruppe u. in 9-Stellung durch den Rest –C(O) · NPQ (P u. Q = H, Alkyl, Phenylalkyl, Pyridylalkyl oder Dialkylaminoalkyl) substituiert sind, erhält man durch Rk. eines 5-Ketons oder ggf. des 5-Ketals, das in 9-Stellung durch Halogen substituiert ist, in Form der Grignard-Verb. mit CO_2. — 10-Bromdibenzo-]a.d]-cyclohepta-(1.4.6)-trienon-(5) gibt mit Äthylenglykol die *5.5-Äthylendioxy-Verb.*, F. 171—172°; daraus durch Rk. mit Mg u. anschließend mit CO_2 die *10-Carbonsäure*, F. 276—278°; daraus durch Ketalspaltung das *5-Keton*, F. 202—204°. — 10-Chlorcarbonyldibenzo-[a.d]-cyclohepta-(1.4.6)-trienon-(5) gibt mit Dimethylamin in Bzl. das *10-Dimethylcarbamoyl-Deriv.*, F. 146—147°; ferner *10-R-dibenzo-[a.d]-cyclohepta-(1.4.6)-trienone-(5)*; *R* = *[N-Methyl-N-picolyl-(2)-carbamoyl]*, F. 158—158°; *[(4-Hydroxyäthylpiperazinyl)-carbonyl]*, das *Hydrochlorid*, F. 274—276°; *[N-Isopropyl-N-benzylcarbamoyl]*, F. 149—150°; *Carbamoyl*, F. 209—211°; *Methylcarbamoyl*, F. 199—200°; *Diäthylcarbamoyl*, F. 110—112°; *10-Morpholino*, F. 155 bis 156°; *Carbomethoxy*, F. 112—114°, u. *Dimethylcarbamoyl*, F. 146—147°; *R-Dibenzo-[a.d]-cyclohepta-(1.4.6)-triene*; *R* = *10-Dimethylcarbamoyl-5.5-äthylendioxy*, F. 204—205°; *5-Methylen-10-brom*, F. 80—82°; *5-Methylen-10-carboxy*, F. 210—212°; *5-Methylen-10-dimethylcarbamoyl*, F. 132—134°; *10-Dimethylcarbamoyl*, F. 200—202°, u. *10-Carbamoyl-5-methylen*, F. 132—134°. — *Heilmittel.* (**Brit.P. 1070362** vom 16/2. 1965, ausg. 1/6. 1967. Schwz. Prior. 18/2. u. 4/12. 1964.) — 8 S.
R. Bollinger 4846

1488 Merck & Co., Inc., Rahway, N.J., USA, **5.6.7.12-Tetrahydrodibenzo-(a.d)-cyclooctene,** die in 12-Stellung durch sek. oder tert. Aminopropyl- oder Aminopropylidenreste substituiert sind, erhält man aus 6.7-Dihydrodibenzo-(a.d)-cycloocten-12-(5H)-on durch Rk. mit der Grignard-Verb. eines 3-tert.-Aminopropylhalogenids u. anschließende Hydrolyse, Red. des entstandenen tert.-Alkohols mit HJ bzw. Dehydratisierung u. anschließende Hydrierung. Die tert.-Aminogruppe kann durch Rk. mit Halogenformiat, wobei das Urethan entsteht, u. anschließende Hydrolyse bzw. durch Rk. mit Halogen · CN u. anschließende Hydrolyse dealkyliert werden. — Aus 2-[3-Phenylpropyl]-benzoesäure erhält man durch Erhitzen mit Polyphosphorsäure auf 125—130° *6.7-Dihydrodibenzo-(a.d)-cycloocten-12-(5H)-on*, $C_{16}H_{14}O$, F. 145,5—147°, daraus durch Rk. mit der Grignard-Verb. von Dimethylaminopropylchlorid *12-[3-Dimethylaminopropyl]-12-hydroxy-5.6.7.12-tetrahydrodibenzo-(a.d)-cycloocten* (I), $C_{21}H_{27}ON$, F. 126,5—128°, daraus durch Rk. mit Trifluoressigsäure u. Trifluoressigsäureanhydrid *12-[3-Dimethylaminopropyliden]-5.6.7.12-tetrahydrodibenzo-(a.d)-cycloocten, Hydrochlorid*, $C_{21}H_{25}N$ · HCl, F. 178 bis 179°. — Aus I erhält man durch Rk. mit HJ, rotem P u. Essigsäure *12-(3-Dimethylaminopropyl]-5.6.7.12-tetrahydrodibenzo-(a.d)-cycloocten, Hydrochlorid*, $C_{21}H_{27}N$ · HCl,

F. 177,5—178,5°, daraus durch Rk. mit BrCN in Bzl. *12-[3-(N-Cyan-N-methyl)-aminopropyl]-5.6.7.12-tetrahydrodibenzo-(a.d)-cycloocten*, F. 79—85°, daraus durch Kochen mit konz. HCl u. Essigsäure *12-[3-Methylaminopropyl]-5.6.7.12-tetrahydrodibenzo-(a.d)-cycloocten, Hydrochlorid*, $C_{20}H_{25}N \cdot HCl$, F. 178,5—179,5°. — *Heilmittel.* (**Brit.PP. 1065965** u. **1065967** vom 20/12. 1963, ausg. 19/4. 1967. U.S. Prior. 11/1. 1963.) — 10 S. — 3 S.
R. Bollinger 4846

1489 Merck & Co., Inc., Rahway, N.J., USA, **Ester und Amide der 5H-Dibenzo-(a.d)-cycloocten-5-carbonsäure,** die in 5-Stellung durch den Rest –COR (R = $-OCH_2CH_2NR^1R^2$ oder $-NHCH_2CH_2NR^1R^2$; R^1 u. R^2 = Alkyl C_{1-6} oder zusammen mit N oder O Piperidyl, Pyrrolidyl, Morpholinyl, oder Piperazinyl) substituiert sind, erhält man aus der 5-Carbonsäure durch Rk. mit dem entsprechenden Alkohol oder Amin. — 5H-Dibenzo-(a.d)-cyclohepten-5-carbonsäure gibt mit SO_2Cl_2 das *Säurechlorid*, $C_{16}H_{11}OCl$, F. 127,5—130,5°, daraus durch Rk. mit 2-Dimethylaminoäthanol *2-Dimethylaminoäthyl-5H-dibenzo-(a.d)-cyclohepten-5-carboxylat, Hydrochlorid*, $C_{20}H_{21}O_2N \cdot HCl$, F. 192—197°, *2-Trimethylammoniummethylbromid*, $C_{21}H_{24}BrNO_2$, F. 206—208°; ähnlich: *4-Methyl-1-piperazinyläthyl-5H-dibenz-(a.d)-cyclohepten-5-carboxylat, Hydrochlorid*, $C_{23}H_{26}O_2N_2 \cdot 2\,HCl$, F. 256 bis 257° (Zers.) u. *4.4-Dimethyl-1-piperaziniummethylmethylsulfat*, $C_{25}H_{32}O_6N_2S$, F. 158—166°; *N-[2-Dimethylaminoäthyl]-5H-dibenzo-(a.d)-cyclohepten-5-carboxamid*, $C_{20}H_{22} \cdot ON_2$, *Hydrochlorid*, F. 268—269° (Zers.). — *Heilmittel.* (**Brit.P. 1069372** vom 4/11. 1964, ausg. 17/5. 1967. U.S. Prior. 15/11. 1963.) — 5 S. R. Bollinger 4846

1490 Österreichische Stickstoffwerke Akt.-Ges., Linz, Österreich, **Herstellung von 1.1-Diphenyl-1-methoxy-3-benzyl-aminopropan (I),** F. 68—69°, erfolgt durch Hydrierung von 1.1-Diphenyl-1-methoxy-3-dibenzylaminopropan, Hydrochlorid, F. 186—188°, in Ggw. von Pd/C. — **I**-*Hydrochlorid*, F. 186,5—188°, *-Nitrat*, F. 133 bis 134,5°, *-D-Tartrat*, F. 150—151°, *-D.L-Malat*, F. 153 bis 155°, *-Succinat*, F. 142—144°, *-Cyclohexylsulfat*, F. 127 bis 129°, *-L-Mandelat*, F. 134—135,5°. — *Analgetika.* (**Brit.P. 1064929** vom 17/3. 1966, ausg. 12/4. 1967. Oe. Prior. 25/3. 1965.) — 2 S. R. Bauereis 4846

1491 Delmar Chemicals Ltd., Ville la Salle, Quebec, Canada (Erfinder: Ctirad Podesva und Ernest Cullen), **Herstellung von 2-Phthalimido-acetamido-benzophenonen** durch Rk. eines 2-Aminobenzophenons mit einem Phthalimido-acylhalogenid oder durch Rk. eines acylierten 2-Aminobenzophenons, dessen Acylgruppe in 2-Stellung ein Halogenatom trägt, mit einem Phthalimidalkalimetallsalz. — Beispiel: Durch Rk. von Phthalimidoacetylchlorid mit 2-Methylamino-5-chlor-benzophenon erhält man das *2-[2-Phthalimido-N-methyl-acetamido]-5-chlorbenzophenon*, F. 190—191°, u. 170—172°. Analog wurden folgende 5-Chlorbenzophenone (**I**) erhalten: *2-[2-Phthalimidoacetamido]*-**I**, F. 207—208°; 2-Phthalimido-2-phenylessigsäure, F. 172—173°, → *2-[2-Phthalimido-2-phenylacetamido]*-**I**, F. 210°; *2-[2-Phthalimido-2-phenyl-N-methylacetamido]*-**I**, F. 156—157°; *2-[2-Phthalimido-2-(p-hydroxybenzyl)-N-methyl-acetamido]*-**I**, F. 229—230°; *2-[2-Phthalimido-2-(p-hydroxybenzyl)-acetamido]*-**I**, F. 165—167°; *2-[2-Phthalimido-2-methylacetamido]*-**I**, F. 122—123°; *2-[2-Phthalimido-2-methyl-N-methylacetamido]*-**I**, F. 170—171°. — Zwischenprod. für *Arzneimittel.* (**Brit.P. 1056289** vom 14/1. 1964, ausg. 25/1. 1967.) — 6 S. R. Bauereis 4846

1492 Upjohn Co., Kalamazoo, Mich., USA (Erfinder: Daniel Lednicer), **1.2.3.4-Tetrahydro-1-naphthole,** die in 1- u. 2-Stellung durch ggf. substituiertes Phenyl u. im Bzl.-Kern ggf. durch Alkyl oder eine ggf. alkylierte Amino-Gruppe bzw. einen heterocycl. Rest substituiert sind, erhält man durch Rk. des entsprechenden 1-Ketons mit einer Grignard-Verb. in einem inerten Lsgm. bei einer Temp. von 0° bis zur Rückfluß-Temp. des Lsgm., bes. 15—30°. — Aus 2-Phenyl-6-methoxy-1.2.3.4-tetrahydro-1-naphthalenon (**I**) erhält man durch Rk. mit C_6H_5MgBr in Tetrahydrofuran *1.2-Diphenyl-6-methoxy-1.2.3.4-tetrahydro-1-naphthol*, $C_{23}H_{22}O_2$, F. 113—116°, ähnlich: *1-[p-Tolyl]-2-phenyl-6-methoxy-1.2.3.4-tetrahydro-1-naphthol*, $C_{24}H_{24}O_2$, F. 108—111°, u. *1-[p-Fluorphenyl]-2-phenyl-6-methoxy-1.2.3.4-tetrahydro-1-naphthol*, $C_{23}H_{21}FO_2$, F. 130—132,5°. — Wird **I** durch ggf. substituierte 2-Phenyl-1-indanone (**II**) ersetzt, erhält man entsprechende *Indane* (Aufzählung von **II** als Austauschverb. für **I** u. Endprod. ohne Angabe von Kennzahlen). *Biolog. akt. Stoffe* mit *fertilitätshemmenden*, östrogenen, antiöstrogenen, den *Cholesterinspiegel* senkenden Eigenschaften. (**Brit.P. 1087583** vom 7/12. 1964, ausg. 18/10. 1967. U.S. Prior. 9/12. 1963.) — 9 S.
R. Bollinger 4846

1493 Farbenfabriken Bayer Akt.-Ges., Leverkusen, **Herstellung von basisch substituierten Bis-naphthalimiden** durch Rk. der entsprechenden Anhydride mit einem prim. Amin. Beispiel: Rk. von Dinaphthyl-4.4'-ketontetracarbonsäure-[1.1'.8.8']-dianhydrid mit β-Diäthylamino-äthylamin → *N.N'-Bis-[β-diäthylaminoäthyl]-dinaphthyl-4.4'-keton-1.1'.8.8'-tetracarbonsäure-diimid*, F. 175—178°. Analog folgende Dinaphthyl-4.4'-keton-1.1'.8-8'-tetracarbonsäure-diimide (**I**), 3.4'-Oxydinaphthalsäurediimide (**II**) Terephthaloyl-4.4'-dinaphthalsäure-diimide (**III**): *N.N'-Bis-[β-dimethyl-γ-piperidino-propyl]*-**I**, F. 163 bis 165°; *N.N-Bis-[β-dimethyl-γ-dimethylamino-propyl]*-**I**, F. 174—176°; *N.N'-Bis-[γ-N''-methylpiperazino-propyl]*-**I**, F. 141°; *N.N'-Bis-[β-dimethylamino-äthyl]*-**I**, F. 115 bis 117°; *N.N'-Bis-[β-pyrrolidino-äthyl]*-**I**, F. 153—154°; *N.N'-Bis-[p-piperidino-methyl-phenyl]*-**I**, F. 152—153°; *N.N'-Bis-[1.3-bis-diäthylamino-propyl-2]*-**I**, F. 170—171°; *N.N'-Bis-[γ-(N''-methyl-N''-β'-hydroxyäthylamino)-propyl]*-**I**; *N.N'-Bis-[β-diäthylamino-äthylamino]*-**I**, F. 171 bis 172°; *N.N'-Bis-[γ-(N''-di-β-hydroxyäthyl-amino)-propyl]*-**I**, F. 121—122°; *N.N'-Bis-[N''-äthyl-piperidyl-6-methyl]*-**I**, F. 152—153°; ;*N.N'-Bis-[γ-cyclohexylamino-propyl]*-**I**, F. 220°; *N.N'-Bis-[pyridyl-(4)-methyl]*-**I**, F. 243°; *N.N'-Bis-[γ-4-methylpiperidino-propyl]*-**I**, F. 141°; *N.N'-Bis-[β-isobutylamino-äthyl]*-**I**, F. 132—133°; *N.N'-bis-[2.3-bis-diäthylamino-propyl]*-**I**, F. 186°; *N.N'-Bis-[2.3-bis-diäthylamino-propyl]*-**I**, F. 192°; 3.4'-Oxydinaphthalsäureanhydrid, F. > 300°, → *N.N'-Bis-[γ.α-bis-diäthylaminoisopropyl]*-**II**, F. 189—191°; *N.N'-Bis-[β-diäthylamino-äthyl]*-**II**, F. 142—144°; *N.N'-Bis-[γ-dimethylamino-propyl]*-**II**, F. 128—130°; *N.N'-Bis-[β-diäthylaminoäthoxy]*-**II**, F. 146—148°; *N.N'-Bis-[β-(6-methoxy-1.2.3.4-tetrahydroisochinolino)-äthyl]*-**II**, F. 161°; *N.N'-Bis-[β-diäthylaminoäthoxy]*-**I**, F. 177—180°; *N.N'-Bis-[6-methoxy-1.2.3.4-tetrahydroisochinolyläthyl]*-**I**, F. 190—194°; *N.N'-Bis-[β-(N''-azabicyclo-2.2.3-nonyl)-äthyl]*-**I**, F. 173 bis 175°; *N.N'-Bis-[β-(N''-azabicyclo-2.2.3-nonyl)-äthyl]*-**II**, F. 173°; *N.N'-Bis-[β-diäthylaminoäthyl]*-**III**, *Dihydrochlorid*, F. 260°; N.N'-Bis-*[β-diäthylaminoäthoxy]*-**III**, F. 142 bis 144°; *N.N'-Bis-[γ-dimethylaminopropyl]*-**III**, *Dihydrochlorid*, F. 283—285°; *N.N'-Bis-[α.γ-bis-(diäthylamino)-isopropyl]*-**III**, *Tetrahydrochlorid*, F. 180° (Zers.); *N.N'-Bis-[β-(2-methylpentyl-amino)-äthyl]*-**I**, F. 133°; *N.N'-Bis-[β-hexylamino-äthyl]*-**I**, *Dihydrochlorid*, F. 260°; *N.N'-Bis-[β-(3-methyl-butylamino)-hexyl]*-**I**, F. 117°; *N.N'-Bis-[β-(3-methyl-butylamino)-butyl]*-**I**, *Dihydrochlorid*, F. 260°; *N.N'-Bis-[β-(3-methyl-butylamino)-äthyl]*-**I**, *Dihydrochlorid*, F. 217°; *N.N'-Bis-[β-(3-methyl-butylamino)-äthyl]*-**I**, F. 173°. — *Tuberkulostatika*, Mittel gegen *Amoeben, Lamblien* u. *Oxyuren.* (**Brit.P. 1069337** vom 31/8. 1965, ausg. 17/5. 1967. D. Prior. 31/8. 1964.) — 6 S.
R. Bauereis 4846

1494 Ciba Ltd., Basel, Schweiz, **9-[γ-Methylaminopropyl]-9.10-dihydro-9.10-endoäthylen-(1.2)-anthracen-hydrochlorid,** F. 230—232°, erhält man aus β-[9.10-Dihydro-9.10-endoäthylen-(1.2)-9-anthryl]-propionsäure-monomethylamid durch Red. mit $LiAlH_4$ u. anschließende Rk. mit HCl. — *Heilmittel.* (**Brit.P. 1069069** vom 20/12. 1965, ausg. 17/5. 1967. Schwz. Prior. 23/12. 1964 u. 24/11. 1965.) — 3 S. R. Bollinger 4846

1495 Roussel-Uclaf, Paris, Frankreich, **9.10-Dihydroanthracen-Derivate,** die in 9-Stellung durch die Isopropyliden-Gruppe u. in 10-Stellung durch eine Gruppe der allg. Formel $-COOCH_2CH_2NR^1R^2$ (R^1 u. R^2 sind gleich oder verschieden u. bedeuten Alkyl mit 1—5 C-Atomen) substituiert sind, erhält man durch Rk. von 9-Isopropyliden-9.10-dihydroanthracen-10-carbonsäurechlorid mit einem β-Aminoäthanol der allg. Formel $R^1R^2NCH_2CH_2 \cdot$

OH. — Aus 9-[2′-Hydroxy-2′-propyl]-9.10-dihydroanthracen-10-carbonsäure erhält man durch Rk. mit $SOCl_2$ das *Säurechlorid*, F. 85—90°, daraus durch Rk. mit β-Diäthylaminoäthanol *9-Isopropyliden-10-[β-diäthylaminoäthoxycarbonyl]-9.10-dihydroanthracen*, dessen *Nitrat*, $C_{24}H_{30}O_5N_2$, F. 137°, ähnlich *9-Isopropyliden-10-[β-dimethylaminoäthoxycarbonyl]-9.10-dihydroanthracennitrat*, $C_{22}H_{26}O_5N_2$, F. 159—160°, *Oxalat*, $C_{24}H_{27}O_6N$, F. 163°. — *Heilmittel mit spasmolyt. Wirkung*. (**Brit.P. 1078250** vom 20/6. 1966, ausg. 9/8. 1967. F. Prior. 23/6. 1965.) — 4 S.
R. Bollinger 4846

1496 Sandoz Patents Ltd., Toronto, Ontario, Canada (Erfinder: Ernst Jucker, Ettingen, Anton Ebnöther, Reinach, und Andre Stoll, Birsfelden) Schweiz), **Anthracenderivate** erhält man durch Rk. von Anthronen mit Grignard-Verb. von 4-Halogenpiperidinen u. W.-Abspaltung aus den entstandenen 9.10-Dihydro-9-hydroxyanthracenen. — Durch Rk. der Grignard-Verb. von 1-Methyl-4-chlorpiperidin mit 10.10-Dimethylanthron erhält man das 9.10-Dihydro-9-hydroxy-10.10-dimethyl-9-[1′-methylpiperidyl-(4′)]-anthracen, F. 196—198°, daraus durch W.-Abspaltung mit konz. HCl in Eisessig das *9.10-Dihydro-10.10-dimethyl-9-[1′-methylpiperidyliden-(4′)]-anthracen*, F. 196—197,5°; *Hydrochlorid*, F. 305 bis 307° (Zers.). — Analog folgende *9.10-Dihydro-9-hydroxy-anthracen* (**I**) u. *9.10-Dihydroanthracene* (**II**): 10.10-Diäthyl-9-[1′-methylpiperidyl-(4′)]-**I**, F. 194—196°, → *10.10-Diäthyl-9-[1′-methylpiperidyliden-(4′)]*-**II**-*hydrochlorid*, F. 276—277° (Zers.). — 10.10-Diallyl-9-[1′-methylpiperidyl-(4′)]-**I**, F. 156—158°, → *10.10-Diallyl-9-[1′-methylpiperidyliden-(4′)]*-**II**, F. 90—115°; *Hydrochlorid*, F. 307—309° (Zers.). — 10.10-Dipropyl-9-[1′-methylpiperidyl-(4′)]-**I**, F. 179,5—181,5°, → *10.10-Dipropyl-9-[1′-methylpiperidyliden-(4′)]*-**II**, F. 193—196°. — 10.10-Dimethyl-9-[1′-butylpiperidyl-(4′)]-**I**, $Kp._{0,05}$ 200 bis 220°, → *10.10-Dimethyl-9-[1′-butylpiperidyliden-(4′)]*-**II**-*hydrochlorid*, F. 310—313°. — *Antihistaminika, Antitussiva, Antiasthmatika, Anticholinergika*. (**Brit.P. 1060466** vom 27/11. 1963, ausg. 1/3. 1967. Schwz. Prior. 20/12. 1962 u. 16/7. 1963.) — 5 S.
R. Bauereis 4846

1497 E. I. du Pont de Nemours & Co., Wilmington, Del., USA, **Derivate des Adamantans**, das in der 1-Stellung durch die Gruppe NR^1R^2 (R u. R^1 = gleich oder verschieden u. bedeuten H, Alkyl mit 1—12 C-Atomen, bes. 1—4 C-Atomen, monosubstituiertes Alkyl mit weniger als 5 C-Atomen oder zusammen ein cycl. Amin) substituiert ist, erhält man durch Rk. mit Salicylsäure, 4.4′-Methylen-bis-[3-hydroxy-2-naphthoesäure] (**I**) u. mit L-4-[o-Chlorbenzyl]-5-oxo-4-phenylhexansäure (**II**). — Aus 1-Adamantanhydrochlorid erhält man durch Rk. mit dem Na-Salz von **I** in W. das 1-Aminoadamantansalz von **I**, $C_{43}H_{50}N_2O_6$, ähnlich das *1-Aminoadamantansalz* von **II**, $C_{29}H_{36}ClNO_3$, F. 198,8—199,8°. — *Heilmittel*. (**Brit.P. 1068366** vom 19/3. 1964, ausg. 30/3. 1967. U.S. Prior. 22/10. 1963.) — 4 S. R. Bollinger 4846

1498 E. I. du Pont de Nemours & Co., Wilmington, Del., USA, **Adamantan- und Tricyclo-(4.3.1.1^{3,8})-undecan-Derivate**, die in der 1- bzw. 3-Stellung durch den Rest –C(R)(X)Y (X u. Y = H, CH_3 oder C_2H_5, R = $-NR^1R^2$, $-N{=}CHR^3$, wobei R^1 = H, Alkenyl mit 2—6 oder Alkinyl mit 2—6 C-Atomen, Cyclopropyl, Cyclobutyl, Cyclopropylmethyl, Cyclobutylmethyl oder Alkyl mit 1—6 C-Atomen, das ggf. durch OH, OCH_3, OC_2H_5 oder durch eine Aminogruppe der Formel $-NR^4R^5$, wobei R^4 u. R^5 = H oder Alkyl mit 1—6 C-Atomen bedeuten, substituiert sein kann, R^3 = Alkyl, Aryl oder ein heterocycl. Rest, wobei diese Reste nicht mehr als 12 C-Atome enthalten) substituiert sind, erhält man aus 1-Adamantancarbonsäure oder 3-Tricyclo-(4.3.1.1^{3,8})-undecancarbonsäure oder deren Säurechloriden durch Rk. mit Aminen oder NH_3 u. anschließender Red. mit $LiAlH_4$. Das α-Alkyl-1-adamantan oder -3-tricyclo (4.3.1.1^{3,8})-undecanmethylamin erhält man durch Rk. des Säurechlorids mit Dialkylcadmium u. Red. des Oxims des dabei entstehenden Ketons mit $LiAlH_4$. Die α.α-Dialkyl-Verb. erhält man ebenfalls aus dem Säurechlorid durch Rk. mit einer Grignard-Verb., darauffolgender Rk. des dabei erhaltenen Alkohols mit Acetonitril u. H_2SO_4 u. nachfolgender Hydrolyse. — Aus 1-Adamantancarboxamid erhält man durch Rk. mit $LiAlH_4$ in Tetrahydrofuran *1-Aminomethyladamantanhydrochlorid*, $C_{11}H_{20}ClN$, F. 337—340°, die freie *Base*, $C_{13}H_{21}NO$, F. 123—124°. Aus 1-Adamantoylchlorid erhält man durch Rk. mit Methylamin *1-N-Methyladamantancarboxamid*, F. 137 bis 138°, daraus durch Red. mit $LiAlH_4$ *1-(N-Methylaminomethyl)-adamantanhydrochlorid*, $C_{12}H_{22}ClN$, F. 324,5 bis 325°, ähnlich folgende *1-(R)-Adamantanhydrochloride*: R = *N.N-Dimethylaminomethyl*, $C_{13}H_{24}ClN$, F. 254°; *N-Äthylaminomethyl*, $C_{13}H_{24}ClN$, F. 356°; *N-Propylaminomethyl*, $C_{14}H_{26}ClN$, F. 342°; *N.N-Diäthylaminomethyl*, F. 240—241° u. *N-Äthyl-N-methylaminomethyl*, F. 251 bis 251,5° sowie folgende *3-(R)-Tricyclo-(4.3.1.1^{3,8})-undecanhydrochloride*: R = *N-Methylaminomethyl*, F. 338° u. *Aminomethyl*, F. 352—352,5°. Ferner ist noch beschrieben die Herst. folgender Verb.: *N-[1-Adamantylmethyl]-piperidinhydrochlorid* (Hydrochlorid = hc), *α-Methyl-1-adamantanmethylamin-hc*, $C_{12}H_{22}ClN$, F. 373—375°, erhält man aus Adamantyl-1-methylketon, F. 53,5—55°, über das Adamantyl-1-methylketonoxim, F. 180,5 bis 182°. *α-Methyl-3-tricyclo-(4.3.1.1^{3,8})-undecanmethylamin-hc*. Aus *1*-Adamantoylchlorid erhält man *α.α-Dimethyl-1-adamantanmethanol*, F. 77—80°, daraus *N-Acetyl-α.α-dimethyl-1-adamantanmethylamin*, daraus *α.α-Dimethyl-1-adamantanmethylamin-hc*, $C_{13}H_{24}ClN$, F. 340—345°. *α.α-Dimethyl-3-tricyclo-(4.3.1.1^{3,8})-undecanmethylamin-hc*, *N-Äthyl-α.α-dimethyl-1-adamantanmethylamin-hc*, $C_{15}H_{28}ClN$, F. 276—279°, *N-Äthyl-α.α-dimethyl-3-tricyclo-(4.3.1.1^{3,8})-undecanmethylamin-hc*. Aus Adamantyl-1-äthylketon, F. 30,5—32,5° erhält man über dessen Oxim, F. 177—179°, *α-Äthyl-1-adamantanmethylamin-hc*, $C_{13}H_{24}ClN$, F. 278 bis 282°. Die Herst. ähnlicher Verb. ohne Angabe von Kennzahlen ist noch beschrieben. — *Heilmittel*. (**Brit.P. 1069563** vom 4/8. 1964, ausg. 17/5. 1967. U.S. Prior. 24/7. 1963 u. 18/6. 1964.) — 18 S.
R. Bollinger 4846

1499 Imperial Chemical Industries Ltd., London, Großbritannien (Erfinder: Edwin Harry Paterson Young), **Epoxide** der allg. Formel $C_6F_2R^1R^2R^3OCH_2$–CH–O–CH$_2$ (Epoxidring) erhält man durch Rk. eines Phenols oder Phenolats der allg. Formel $C_6F_2R^1R^2R^3OR^4$ (R^1, R^2 u. R^3 = F oder Cl; R^4 = H oder Alkalimetall) mit einem Epoxid der allg. Formel XCH_2CH–O–CH_2 (Epoxidring) (X = Halogen), ggf. in Ggw. eines Alkalihydroxids. — Pentafluorphenol gibt mit Epichlorhydrin in wss. NaOH *1.2-Epoxy-3-pentafluorphenoxy*-**I** (**I** = *Propan*), $Kp._{0,08}$ 52—55°; ähnlich: *1.2-Epoxy-3-[2.4-dichlor-3.5.6-trifluorphenoxy]*-**I**, $Kp._{0,33}$ 90—93°; *1.2-Epoxy-3-[4-chlor-2.3.5.6-tetrafluorphenoxy]*-**I**, $Kp._{0,4}$ 72—78°; *1.2-Epoxy-3-[2.4.6-trichlor-3.5-difluorphenoxy]*-**I**, $Kp._{0,8}$ 130—132°. — Zwischenprod. für *Therapeutika*. (**Brit.P. 1069344** vom 8/4. 1964, ausg. 17/5. 1967.) — 2 S. R. Bollinger 4846

1500 May & Baker Ltd., Dagenham, Essex, Großbritannien (Erfinder: Heather Nina Grant, Glyn Evan Lee, George Brian Leslie, Derek William Pulsford, William Robert Wragg und Donald Robert Maxwell), **Tetrahydrofuranol-Derivate** erhält man durch Red. der entsprechenden Tetrahydrofuranone. Durch Rk. von Acetylen in fl. NH_3 in Ggw. von $NaNH_2$ mit Diäthylketon erhält man das *3-Äthyl-3-hydroxy-pent-1-in*, $Kp._{110}$ 90°. Durch Rk. dieser Verb. mit C_2H_5MgBr u. Umsetzung des Zwischenprod. mit Acetaldehyd erhält man das *2.5-Dihydroxy-5-äthyl-hept-3-in*, $Kp._{0,2}$ 85°. Die gleiche Verb. erhält man auch durch Rk. von Diäthylketon mit 2-Hydroxy-but-3-in in Ae. in Ggw. von KOH. Durch Erhitzen einer Mischung von 2.5-Dihydroxy-5-äthyl-hept-3-in u. $HgSO_4$ in W. erhält man ein Gemisch von *2.2-Diäthyl-5-methyl-tetrahydrofuran-3-on* u. *-4-on*, $Kp._{15}$ 77—81°, das durch frakt. Dest. in die Komponenten mit $Kp._{757}$ 184—186° bzw. 192° zerlegt werden kann. Durch Hydrierung des Gemisches in Ggw. von Raney-Ni erhält man ein Gemisch von *2.2-Diäthyl-5-methyl-tetrahydrofuran-3-ol* u. *-4-ol*, $Kp._8$ 103°. Durch Hydrierung der isolierten Ketone erhält man das *2.2-Diäthyl-5-methyl-tetrahydrofuran-4-ol*, $Kp._{10}$ 88—90°, bzw. das *-3-ol*, $Kp._{10}$ 89—91°. Durch Rk. des Gemisches

mit Phosgen u. Umsetzung der entstandenen Chlorkohlensäureester mit konz. NH_4OH erhält man ein Gemisch von *3- u. 4-Carbamoyloxy-2.2-diäthyl-5-methyltetrahydrofuran*, F. 56—57°. Analog: 3-Methyl-3-hydroxyhex-1-in, Kp.$_{10}$ 132—138°, → 2.5-Dihydroxy-5-methyloct-3-in, Kp.$_{10}$ 132—138°, → 2-Methyl-2-propyl-5-methyl-tetrahydrofuran-3-on u. -4-on, Kp.$_{10}$ 70—73°, → *2-Methyl-2-propyl-5-methyl-tetrahydrofuran-3-ol u. -4-ol*, Kp.$_{10}$ 102—103°; 2.5-Dihydroxy-5-äthyl-oct-3-in, Kp.$_{0,05}$ 99—103°, → 2-Äthyl-2-propyl-5-methyl-tetrahydrofuran-4-on u. -3-on, Kp.$_{20}$ 98—100°. → *2-Äthyl-2-propyl-5-methyl-tetrahydrofuran-3-ol u. -4-ol*, Kp.$_{22}$ 115—119°; *3-Carbamoyloxy-2.2-diäthyl-5-methyl-tetrahydrofuran*, F. 86—87°; *4-Carbamoyloxy-2.2-diäthyl-5-methyl-tetrahydrofuran*, F. 84—85°; *4- u. 3-N-Methylcarbamoyloxy-2.2-diäthyl-5-methyl-tetrahydrofuran*, Kp.$_{0,04}$ 104—109°. IR-Spektren. — *Hypnotika, Anästhetika.* (**Brit.P. 1058857** vom 17/7. 1964, ausg. 15/2. 1967.) — 14 S.
R. Bauereis 4846

1501 Soc. An. pour l'Industrie Chimique, Mülhausen/Rh., Frankreich, **Herstellung von α-[Thienyl-2]-4-hydroxy-stilbenderivaten** erfolgt durch Rk. eines 4-Alkoxyphenyl-α-thienylketons mit Benzylmagnesiumchlorid u. ggf. Bromierung des Rk.-Produktes. — Beispiel: Durch Rk. des aus 4-Äthoxybenzoesäurechlorid u. Thiophen erhaltenen Ketons mit Benzylmagnesiumchlorid erhält man das *α-[Thienyl-2]-4-äthoxystilben*, F. 78° (Brit.P. 1062889). Durch Bromierung der Verb. erhält man das *α-[5-Bromthienyl-2]-α'-brom-4-äthoxystilben*, F. 124—125°. Analog wurden folgende Stilbene (I) erhalten: *α-[Thienyl-2]-4-benzyloxy-***I**, Kp.$_{0,5}$ 240—255°; *α-[Thienyl-2]-4-hydroxy-***I**, F. 124—125°; *α-[Thienyl-2]-4-acetoxy-***I**, F. 128—129°; *α-Thienyl-2]-***I***-yl-4-oxyessigsäure*, F. 180°; *Phenyl-[α-thienyl-2-***I***-yl-4], Hydrogenphosphat*, $C_{24}H_{19}O_4SP$; *Mononatrium-[α-thienyl-2-***I***-yl-4], Phosphat*, F. 157—158°, $C_{18}H_{14}O_4SPNa$; *α-[5-Bromthienyl-2]-α'-brom-4-benzyloxy-***I**, F. 156°; *α-[Brom-thienyl-2]-α'-brom-4-acetoxy-***I**, F. 143°, $C_{20}H_{14}O_2SBr_2$; *α-[5-Bromthienyl-2]-α'-brom-4-hydroxy-***I**, F. 151—152°, $C_{18}H_{12}OS\cdot Br_2$; *α-[5-Brom-thienyl-2]-α'-brom-***I***-yl-4-oxyessigsäure*, F. 173°, $C_{20}H_{14}O_3SBr_2$, *Zinksalz*, $C_{40}H_{26}O_6S_2Br_4Zn$, *bas. Zinksalz*, $C_{20}H_{14}O_4SBr_2Zn$. — Mittel gegen *Prostataerkrankungen*. (**Brit.PP. 1062889** u. **1062890** vom 21/10. 1964, ausg. 22/3. 1967. F. Prior. 20/11. 1963.) — 6 S. — 5 S.
R. Bauereis 4846

1502 Imperial Chemical Industries Ltd., London, Großbritannien (Erfinder: Gilbert Joseph Stacey), **2.5-Dihydro-4-hydroxy-2-oxothiophen-3-carbonsäureester-derivate** erhält man durch Rk. dieser Ester mit einem Aldehyd. Durch Rk. von 2.5-Dihydro-4-hydroxy-2-oxothiophen-3-carbonsäureäthylester mit Benzaldehyd erhält man den *5-Benzyliden-2.5-dihydro-4-hydroxy-2-oxothiophen-3-carbonsäureäthylester*, F. 129,5—130,5°. Analog wurden folgende 2.5-Dihydro-4-hydroxy-2-oxothiophen-3-carbonsäure(**I**)-äthylester (**II**) erhalten: *5-[4-Dimethylaminobenzyliden]-***II**, F. 172—173°; *5-[4-Nitrobenzyliden]-***II**, F. 259°; *5-[3-Nitrobenzyliden]-***II**, F. 181 bis 182°; *5-[3-Chlorbenzyliden]-***II**, F. 145—146°; *5-[4-Chlorbenzyliden]-***II**, F. 167—168°; *5-[2.4-Dichlorbenzyliden]-***II**, F. 222—223°; *5-[2.3.6-Trichlorbenzyliden]-***II**, F. 198 bis 199°; *5-[2-Chlor-4-nitrobenzyliden]-***II**, F. 172—174°; *5-[4-Brombenzyliden]-***II**, F. 179—180°; *5-[Then-3-yliden]-***II**, F. 152—153°; *5-[4-Nitrobenzyliden]-***I***-n-butylester*, F. 176—177°; *5-[4-Chlorbenzyliden]-***I***-n-butylester*, F. 150 bis 151°; *5-Benzyliden-***I***-benzylester*, F. 148—150°; *5-Benzyliden-***I***-[2-äthoxyäthyl]-ester*, F. 78—80°; *5-Benzyliden-***I***-cyclohexylester*, F. 123°; **I**-methylester, F. 201—204°, → *5-Benzyliden-***I***-methylester*, F. 177—179°; **I**-isopropylester, F. 81—82°, → *5-Benzyliden-***I***-isopropylester*, F. 128—129°; **I**-allylester, F. 89—91°, → *5-[4-Chlorbenzyliden]-***I***-allylester*, F. 156—157°; *5-Cinnamyliden-***II**, F. 175—176°. — *Antiallergika, Antiphlogistika.* (**Brit.P. 1056268** vom 6/3. 1963, ausg. 25/1. 1967.) — 6 S.
R. Bauereis 4846

1503 Smith, Kline & French Laboratories, Philadelphia, Pa., USA, **Heterocyclische Nitropyrrolylverbindungen** der allg. Formel I erhält man durch Kondens. von Nitropyrrolaldehyd mit o-Phenylendiamin oder o-Amino-(thio)-phenol u. Cyclisierung der gebildeten Schiffschen Basen mit Pb-tetraacetat (R = H, niederer Alkyl-, Hydroxyalkylrest; X = O, S, NH). — Es wurden erhalten: Benzimidazole: *2-(5'-Nitro-2'-pyrrolyl)-*, gelb-orange Verb., F. 265—266,5° (Aceton-Toluol). — *2-(N'-Methyl-5'-nitro-2'-pyrrolyl)-*, gelbe Verb., F. 242—243° (Toluol). — *2-(N'-Hydroxyäthyl-5'-nitro-2'-*

I 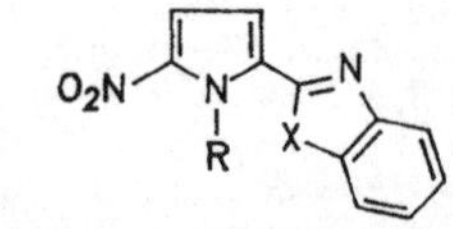

pyrrolyl)-. — *2-(5'-Nitro-2'-pyrrolyl)-benzoxazol*, zitronengelbe Verb., F. 161—161,5° (Toluol). — *2-(5'-Nitro-2-pyrrolyl)-benzthiazol*, gelbe Verb., F. 160—161° (Toluol). — *2-(N'-Methyl-5'-nitro-2'-pyrrolyl)-benzoxazol*, grüngelbe Platten, F. 186,5—187,5° (Toluol). — *2-(N'-Methyl-5'-nitro-2'-pyrrolyl)-benzthiazol*, gelbe Verb., F. 140—141° (Toluol–Aceton). — *Anthelminthika.* (**Brit.P. 1058565** vom 12/11. 1964, ausg. 15/2. 1967. U.S. Prior. 22/11. 1963.) — 3 S.
A. Jahn 4846

1504 Organon Laboratories Ltd., London, Großbritannien, **Herstellung von Pyrrolidin-Derivaten** durch Kondens. von 1-Hydroxy-3-amino-pyrrolidon-(2) mit einem Aldehyd der allg. Formel O=CH—R (R = ggf. substituierter aromat. oder heterocycl. Rest). Genannt werden folgende 1-Hydroxy-pyrrolidone-(2) (**I**) *3-o-Hydroxy-benzylidenamino-***I**, F. 190—191°, Ausb. 86%; *3-Vanillidenamino-***I**, F. 194—197°, 72%; *3-Furfurylidenamino-***I**, F. 148—150°; *3-p-Dimethylamino-benzylidenamino-***I**, F. 194—195°; *3-o-Chlorbenzylidenamino-***I**, F. 142—143°; *3-Benzylidenamino-***I**, F. 146—148°; *3-p-Nitrobenzylidenamino-***I**, F. 143—144°. — *Muskelrelaxantien, Anticonvulsiva, Sedativa.* (**Brit.P. 1078976** vom 21/8. 1964, ausg. 28/6. 1967. Niederl. Prior. 23/8. 1963.) — 3 S.
R. Bauereis 4846

1505 Chas. Pfizer & Co., Inc., New York, N.Y., USA, **Aminoalkylindolderivate** erhält man durch Rk. eines Indols mit einem Aldimin. — Beispiel: Rk. von 5-Methoxyindol mit Isobutyliden-isopropylamin in Eisessig → *3-[1-Isopropylamino-2-methylpropyl]-5-methoxyindol*, F. 96—98°, Ausb. 55%, *Hydrochlorid*, F. 129,5—130°, $C_{16}H_{24}N_2OHCl$. Analog folgende Indole (**I**) u. Indol-Hydrochloride (**II**): *3-[1-Isopropylamino-n-butyl]-5-methoxy-***I**, F. 95—97°, $C_{16}H_{24}N_2O$; *3-[Isopropylamino-n-butyl]-***II**, F. 131—133°, $C_{15}H_{22}N_2HCl$; *3-[1-Cyclopentylamino-2-methylpropyl]-5-methoxy-***II**, $C_{18}H_{25}N_2HCl$; *3-[1-Isopropylamino-3-methyl-n-butyl]-5.6-methylendioxy-***II**, F. 145—146,5°, $C_{17}H_{22}N_2OHCl$; *3-[1-Cycloheptyl-amino-2-methyl-propyl]-***II**, F. 130—131°, $C_{19}H_{28}N_2HCl$; *3-[1-Cyclopropylamino-2-methyl-propyl]-***II**, F. 126—127,5°; *3-[1-Cyclopropylamino-2-methylpropyl]-5-methoxy-***II**, F. 110—112°; *3-[1-Cyclopropylamino-2-methyl-propyl]-5.6-methylendioxy-***II**, F. 126—127°; *3-[1-Isopropylamino-3-methyl-n-butyl]-5-methoxy-***II**, F. 139—140,5°; *3-[1-sek.-Butylamino-3-methyl-n-butyl]-5-methoxy-***II**, F. 128,5 bis 130°; *3-[1-(1-Methyl-2-methoxyäthylamino)-2-methyl-propyl]-***II**, F. 133—134,5°; *3-[1-Isopropylamino-3-äthylthiopropyl]-***II**, F. 133—135°; *3-[1-Isopropylamino-n-butyl]-5-methoxy-***I**, F. 95—97°; *3-[1-Isopropylamino-3-methyl-n-butyl]-***II**, F. 128—130°; *3-[1-Isopropylamino-n-amyl]-5-methoxy-***II**, F. 131—132°; *3-[1-sek.-Butylamino-2-methylpropyl]-5-methoxy-***II**, F. 115,5—117,5°; *3-[1-Isopropylamino-2-methylpropyl]-5.6-methylendioxy-***II**, F. 132,5—134°; *3-[1-Isopropylamino-1-cyclohexylmethyl]-***II**, F. 129,5—131°; *3-[1-Isopropylamino-2-methylpropyl]-6-methoxy-***II**, F. 127—129°; *3-[1-Cyclooctylamino-2-methylpropyl]-***II**, F. 121—123°; *3-[1-Isopropylamino-n-propyl]-***II**, F. 137—138,5°; *3-[1-Isopropylamino-2-methylpropyl]-5-methyl-***II**, F. 132—134°; *3-[1-Cyclopentylamino-2-methylpropyl]-***II**, F. 132—134°; *3-[1-Isopropylamino-n-propyl]-5-methoxy-***II**, F. 141—143°; *3-[1-Isopropylamino-1-cyclopropylmethyl]-5-methoxy-***II**, F. 139—140°; *3-[1-Isopropylamino-2-methylpropyl]-5-hydroxy-***II**, F. 132—133,5°; *3-[1-Isopropylamino-2-methylpropyl]-5.6-äthylendioxy-***II**, F. 108—109°; *3-[1-Isopropylamino-2-methylpropyl]-5.7-dimethoxy-***II**, F. 153—154°; *3-[1-Isopropylamino-2-methylpropyl]-6.7-dimethoxy-***II**, F. 137—140°; *3-[1-Isopropyl-*

amino-2-methylpropyl]-5.6-dimethoxy-**II**, F. 141—143,5°; *3-[1-Isopropylamino-2-methylpropyl]-5-chlor*-**II**, F. 136,5 bis 137,5°. — *Antibiotika*. (**Brit.P. 1079091** vom 7/1. 1966, ausg. 9/8. 1967. U.S. Prior. 10/8. 1965.) — 11 S.
R. Bauereis 4846

1506 Merck & Co., Inc., Rahway, N.J., USA, **N-acylierte Indolessigsäuren** erhält man durch Red. einer Indolylessigsäure mit H_2 bei 50—150° u. 10—100 at, Acylierung des entstandenen 2.3-Dihydroindols mit einem Säurechlorid oder einem Säureanhydrid einer aromat. Carbonsäure in Ggw. von 3—10 Mol einer starken wss. Base u. Ox. des entstandenen N-Acyl-indols. — 2-Methyl-5-methoxy-indol-3-essigsäure, → 2-Methyl-5-methoxy-2.3-dihydroindol-3-essigsäure, → 1-p-Chlorbenzoyl-2-methyl-5-methoxy-2.3-dihydroindol-3-essigsäure, → *1-p-Chlorbenzoyl-2-methyl-5-methoxy-indol-3-essigsäure*, F. 159 bis 160°. — *Antiphlogistika*. (**Brit.P. 1070405** vom 29/6. 1964, ausg. 1/6. 1967. U.S. Prior. 15/7. 1963.) — 6 S.
R. Bauereis 4846

1507 Sandoz Akt.-Ges. (Erfinder: Max Kuhn, Albert von Wartburg und Jany Renz), Basel, Schweiz, **Herstellung von Verbindungen aus der Lignanreihe** der allg. Formel **I** (ein R^1 = H oder OH, das andere

I 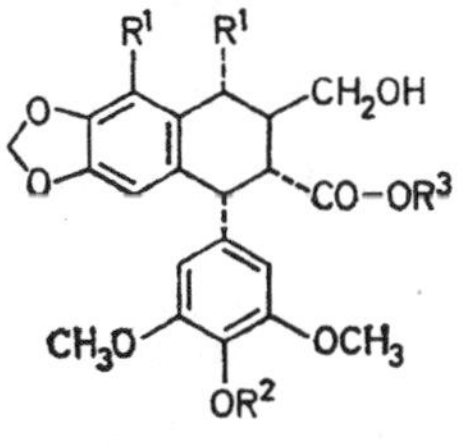

R^1 = H; R^2 = H, niedermol. Alkyl; R^3 = niedermol. Alkyl) durch Rk. z. B. von Silicicolin mit einem niederen aliphat. Alkohol in Ggw. eines sauren Katalysators. — Beispiel: Durch Rk. von Silicicolin mit Methanol in Ggw. von $HClO_4$ erhält man den *Silicolinsäure-methylester*, F. 137—138°, $[\alpha]_D^{20}$ —159,7° (Methanol), —165° ($CHCl_3$). Analog wurden erhalten: *Silicicolinsäureäthylester*, F. 122—125°, $[\alpha]_D^{20}$ —179°; *Podophyllinsäuremethylester*, F. 166—169°, $[\alpha]_D^{20}$ —199,1°; *β-Peltatinsäuremethylester*, F. 176—179°, $[\alpha]_D^{20}$ —176,1°; *α-Peltatinsäuremethylester*, F. 105—107°, $[\alpha]_D^{20}$ —182,8°; *4'-Demethylsilicicolinsäure-methylester*, F. 145—146°, $[\alpha]_D^{20}$ —175,3°. — *Zytostatika*. (**Schwz.P. 427848** vom 29/3. 1963, ausg. 14/7. 1967.) — 3 S.
R. Bauereis 4846

1508 Dr. A. Wander Soc. An., Bern (Erfinder: Rudolf Hirt, Muri), Schweiz, **Neue Benzamidobenzanilidverbindungen** der allg. Formel R^1–C_6H_4–NH–CO–C_6H_4–NH–CO–C_6H_4–R^2 [R^1 u. R^2 (gleich oder verschieden) = Rest der allg. Formel **I** [X = ggf. alkyl-

I 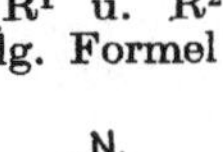

substituierter Äthylen- oder Propylen-(1.3)-Rest mit höchstens 4 C-Atomen] u. deren Salze erhält man a) durch Rk. eines Amins der allg. Formel R^1–C_6H_4–NH_2 oder R^1–C_6H_4–NH–CO–C_6H_4–NH_2 oder deren Salzen mit einer carbocycl. Säure der Formel HOOC–C_6H_4–NH–CO–C_6H_4–R^2 oder HOOC–C_6H_4–R^2 oder deren Deriv. (Anhydriden, Halogeniden, Estern oder Thioestern) in einem Lsgm. (Dioxan, $CHCl_3$, Alkoholen) bei Raum- bis Rückflußtemp., bes. in Ggw. eines Kondens.-Mittels, z. B. eines Carbodiimids, u. bei Verw. eines Säurechlorids in Ggw. eines Säureakzeptors, z. B. Py., der gleichzeitig als Lsgm. dient, oder b) aus Verb., in denen mindestens einer der Reste R^1 u. R^2 einen Nitrilrest darstellt, durch Umwandlung der Nitrilgruppe(n) mit H_2S oder alkohol. HCl u. dann mit einem Diamin der Formel NH_2–X–NH_2 in die bas. Reste R^1 u. R^2. — Aus p-Aminobenzonitril durch Kondens. mit p-Nitrobenzoylchlorid → 4-Nitro-4'-cyanobenzanilid, katalyt. hydriert → 4-Amino-4'-cyanobenzanilid; daraus durch Kondens. mit p-Cyanobenzoylchlorid → 4'-Cyan-4-[p-cyanobenzamido]-benzanilid, F. 320—325°; aus dessen Suspension in einem Gemisch aus Piperidin u. Dimethylformamid durch 1std. Einleiten von H_2S bei ≦ 50° u. Stehen der Lsg. über Nacht → gelber Nd., 4'-Thiocarbamoyl-4-[p-thiocarbamoylbenzamido]-benzanilid (**I**), F. 328° (Zers.); daraus durch 3std. Erhitzen mit 1.3-Diaminopropan (**II**), 1std. Weitererhitzen (nach Zugabe von Methanol) bei Rückflußtemp., Fällen mit W., Kochen einer wss. Suspension des Nd. mit Milchsäure zur Austreibung von H_2S, Fällen der Lsg. mit NaCl, Lösen des Nd. in 80%ig. HCOOH bei 70° u. Fällen der geklärten Lsg. mit abs. A. u. äthanol. HCl → Nd., *4'-[1.4.5.6-Tetrahydro-2-pyrimidinyl]-4-[p-(1.4.5.6-tetrahydro-2-pyrimidinyl)-benzamido]-benzaniliddihydrochlorid*, Braunfärbung bei 400°; analog aus **I** u. Äthylendiamin (**III**) → *4'-[2-Imidazolinyl-(2)]-4-{p-[2-imidazolinyl-(2)]-benzamido}-benzaniliddihydrochlorid*, Braunfärbung bei 380°, bzw. aus **I** u. 1.2-Diaminopropan (**IV**) → *4'-[4(oder 5)-Methyl-2-imidazolidinyl-(2)]-4-{p-[4(oder 5)-methyl-2-imidazolinyl-(2)]-benzamido}-benzaniliddihydrochlorid*, F. 355° (Zers.). — Aus 4'-Cyan-3-[p-cyanobenzamido]-benzanilid (F. 285°) u. H_2S usw. → 4'-Thiocarbamoyl-3-[p-thiocarbamoylbenzamido]-benzanilid (**V**), F. 240° (Zers.); daraus mit **IV** usw. → *4'-[4(oder 5)-Methyl-2-imidazolinyl-(2)]-3-{p-[4(oder 5)-methyl-2-imidazolinyl-(2)]-benzamido{-benzaniliddihydrochlorid*, F. 255—265° (Zers.); analog aus **V** u. **II** → *4'-[1.4.5.6-Tetrahydro-2-pyrimidinyl]-3-[p-(1.4.5.6-tetrahydro-2-pyrimidinyl)-benzamido]-benzaniliddihydrochlorid*, F. 295° (Zers.); analog aus **V** u. **III** → *4'-[2-Imidazolinyl-(2)]-3-{p-[2-imidazolinyl-(2)]-benzamido}-benzaniliddihydrochlorid*, F. 275° (Zers.). — Aus 3'-Cyan-4-[p-cyanobenzamido]-benzanilid, F. 265—272° u. H_2S usw. → 3'-Thiocarbamoyl-4-[p-thiocarbamoylbenzamido]-benzanilid, F. 265° (Zers.), daraus mit **III** usw. → *3'-[2-Imidazolyl-(2)]-4-{p-[2-imidazolinyl-(2)]-benzamido}-benzaniliddihydrochlorid*, F. 292° (Zers.). — Wirksam gegen *Leukämie*, *Krebs*, *Tuberkulose* u. *Trypanosomen*. (**Brit.P. 1047245** vom 4/2. 1964, ausg. 2/11. 1966. Schwz. Prior. 15/2. 1963. **Schwz.P. 417604** vom 15/2. 1963, ausg. 15/2. 1967.) — 7 S.
Georg Vogel 4846

1509 Norwich Pharmacal Co., Norwich, N.Y., USA (Erfinder: Frank Frederick Ebetino), **Herstellung von Imidazolidinonen** der allg. Formel **I** (B = 5-

I 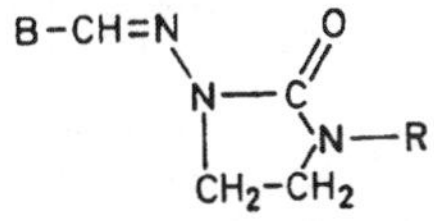

Nitro-2-furyl-, Phenyl; R = Hydroxyalkyl, Halogenalkyl, tert.-Aminoalkyl) erfolgt durch Rk. von Benzaldehyd (**VI**) oder 5-Nitrofurfurol (**IV**) oder deren funktionellen Deriv. mit einem 1-substituierten 3-Amino-2-A (**II**; A = Imidazolidinon), bes. in einem Alkohol. **II** wird hergestellt durch Erhitzen von [2-Aminoäthylamino]-alkanol mit Harnstoff (**III**), Nitrosieren des entstandenen 1-[Hydroxyalkyl]-2-A u. nachfolgende Hydrierung. — 2-[2-Aminoäthylamino]-äthanol u. **III** werden langsam erhitzt u. $2^3/_4$ Std. auf 230° gehalten → *1-[2-Hydroxyäthyl]-2-A* (**V**), F. 53,5—57,5°, das in 10%ig. H_2SO_4 bei 5° mit $NaNO_2$ behandelt u. nach $1^1/_4$ Std. bei 0—5° mit Zn-Staub versetzt wird. Das Gemisch wird 1 Std. bei < 20° gerührt, filtriert u. das Filtrat zu einer Lsg. von **IV** in A. gegeben. Das Gemisch wird über Nacht gekühlt u. das Rk.-Prod. abfiltriert → *1-[2-Hydroxyäthyl]-3-[5-nitrofurfurylidenamino]-2-A*, $C_{10}H_{12}N_4O_5$, F. 194—195°, Ausb. 82%, das mit $SOCl_2$ 30 Min. gekocht wird → *1-[2-Chloräthyl]-3-[5-nitrofurfurylidenamino]-2-A*, $C_{10}H_{11}ClN_4O_4$, F. 195—196°. — Analog aus 3-Amino-**V** in saurer wss. Lsg. mit **VI** durch $1^1/_2$std. Erhitzen → *1-[2-Hydroxyäthyl]-3-benzylidenamino-2-A*, F. 184—186°, → *1-[2-Chloräthyl]-3-benzylidenamino-2-A*, F. 116—117°; daraus mit Morpholin in Bzl. nach 7 Std. unter Rückfluß → *1-[2-Morpholinoäthyl]-3-benzylidenamino-2-A*, das in verd. HCl mit **IV** behandelt wird → *1-[2-Morpholinoäthyl]-3-[5-nitrofurfurylidenamino]-2-A-hydrochlorid*, F.

245—250° (Zers.). — Aus 3-[5-Nitrofurfurylidenamino]-2-A in einer sd. 5%ig. wss. HCHO-Lsg. → *1-Hydroxymethyl-3-[5-nitrofurfurylidenamino]-2-A*, $C_9H_{10}N_4O_5$, F. 200°. — *Pharmazeutika*. (**Brit.P. 1016840** vom 18/11. 1964, ausg. 12/1. 1966. **U.S.P. 3254075** vom 28/8. 1963, ausg. 31/5. 1966.) — 5 S. — 2 S. C. Lüttgen 4846

1510 Aziende Chimiche Riunite Angelini Francesco, Rom, Italien, **1-Substituierte 3-Dialkylaminoalkoxyindazole,** die in 1-Stellung durch Alkyl, Phenyl, Benzyl, Chlorbenzyl, Methoxybenzyl, Dimethoxybenzyl oder Phenyläthyl, in 3-Stellung durch einen Rest der allg. Formel $-OCH(R^2)(CH_2)_nN(R^3)_2$ (R^2 = H oder Alkyl; R^3 = Alkyl; n = 1 oder 2) u. im Bzl.-Kern ggf. durch Cl substituiert sind, erhält man aus dem entsprechenden 3-Hydroxyindazol-Alkalisalz, bes. dem Na-Salz, durch Rk. mit einem Halogenalkyldialkylamin der allg. Formel $HalCH(R^2)(CH_2)_nN(R^3)_2$ (Hal = Halogen). Das 3-Hydroxyindazol erhält man aus einer N-substituierten Anthranilsäure oder deren Ester durch Nitrosierung u. anschließende Rk. mit $NaHSO_3$. — (*1H-Indazol* = **I**; *Hydrochlorid* = Hy.) 4-Chloranthranilsäuremethylester gibt mit Benzylchlorid in Ggw. von wasserfreiem Na-Acetat *N-Benzyl-4-chloranthranilsäuremethylester*, F. 79°; daraus durch Rk. mit $NaNO_2$ u. anschließend mit Na · HSO_3 *1-Benzyl-3-hydroxy-6-chlor*-**I**, F. 229°; daraus durch Rk. mit Chlorpropyldimethylamin *1-Benzyl-3-γ-dimethylaminopropoxy-6-chlor*-**I**, *Hy*, F. 140°; ähnlich: *1-p-Chlorbenzyl-3-hydroxy*-**I**, F. 178°; *1-p-Chlorbenzyl-3-β-dimethylaminoäthoxy*-**I**-*Hy*, F. 155°; *1-Methyl-3-hydroxyindazol*, F. 154—156°; *1-R-3-R¹*-**I**, *R* = CH_3, R^1 = *β-dimethylaminoäthoxy*, Kp.$_{0,3}$ 115°, *Hy*, F. 161°; CH_3, *γ-dimethylaminopropoxy*, Kp.$_{0,3}$ 122°, *Hy*, F. 150°; C_6H_5, *β-dimethylaminoäthoxy*, Kp.$_1$ 190°, *Hy*, F. 175°; C_6H_5, *β-diäthylaminoäthoxy*, Kp.$_{0,02}$ 140°, *Citrat*, F. 75°; C_6H_5, *γ-dimethylaminopropoxy*, F. 65°, *Hy*, F. 197°; *Benzyl*, *β-dimethylaminoäthoxy*, Kp.$_1$ 190°, *Hy*, F. 155°; *Benzyl*, *β-diäthylaminoäthoxy*, Kp.$_{0,1}$ 170°, *Citrat*, F. 104°; *Benzyl*, *γ-dimethylaminopropoxy*, Kp.$_{0,05}$ 160°, *Hy*, F. 160°, *Citrat*, F. 115—117°, *Maleat*, F. 113°, *Sulfat*, F. 149°; *p-Chlorbenzyl*, *β-diäthylaminoäthoxy*, Kp.$_{0,2}$ 170°, *Citrat*, F. 93°; *p-Chlorbenzyl*, *γ-dimethylaminopropoxy*, Kp.$_{0,1}$ 171°, *Hy*, F. 120°; *Phenäthyl*, *β-dimethylaminoäthoxy*, Kp.$_{0,2}$ 165°, *Hy*, F. 181°; *Benzyl*, *β-dimethylaminoäthoxy-5-chlor*, Kp.$_{0,2}$ 176°, *Hy*, F. 195°; *p-Methoxybenzyl*, *β-dimethylaminoäthoxy*, Kp.$_{0,3}$ 189°, *Hy*, F. 215°; *p-Chlorbenzyl*, *γ-diäthylaminopropoxy*, Kp.$_{0,3}$ 205°, *Hy*, F. 96°; *p-Methoxybenzyl*, *γ-dimethylaminopropoxy*, Kp.$_{0,4}$ 200°, *Hy*, F. 120°; *Benzyl*, *γ-dimethylaminopropoxy-5-chlor*, Kp.$_{0,2}$ 187°, *Hy*, F. 160°; *1-Phenäthyl*, *γ-dimethylaminopropoxy*, Kp.$_{0,2}$ 174°, *Hy*, F. 173°; *p-Chlorbenzyl*, *α-methyl-β-dimethylaminoäthoxy*, Kp.$_{0,1}$ 180°, *Hy*, F. 178°; *p-Methoxybenzyl*, *α-methyl-β-dimethylaminoäthoxy-5-chlor*, Kp.$_{0,2}$ 198°, *Hy*, F. 135°; *p-Methoxybenzyl*, *γ-dimethylaminopropoxy-5-chlor*, Kp.$_{0,5}$ 220°, *Hy*, F. 117°; *p-Methoxybenzyl*, *β-dimethylaminoäthoxy-5-chlor*, Kp.$_{0,4}$ 207°, *Hy*, F. 130°; *Benzyl-β-dimethylaminoäthoxy-6-chlor*, Kp.$_{0,2}$ 180°, *Hy*, F. 199°; *Benzyl*, *α-methyl-β-dimethylaminoäthoxy-6-chlor*, Kp.$_{0,2}$ 187°, *Hy*, F. 148°, *Butyl*, *β-dimethylaminoäthoxy-5-chlor*, Kp.$_{0,3}$ 173°, *Hy*, F. 122°; *Butyl*, *γ-dimethylaminopropoxy-5-chlor*, Kp.$_{0,2}$ 166°, *Hy*, F. 139°; *Butyl-6-chlor*, *β-dimethylaminoäthoxy*, Kp.$_{0,5}$ 155°; *Benzyl*, *γ-dimethylaminopropoxy-4-chlor*, Kp.$_{0,2}$ 188°, *Hy*, F. 160°; *p-Chlorbenzyl*, *β-dimethylaminoäthoxy-6-chlor*, Kp.$_{0,5}$ 193°, *Hy*, F. 190°; *p-Chlorbenzyl*, *γ-dimethylaminopropoxy-6-chlor*, Kp.$_{0,3}$ 197°, *Hy*, F. 173°; *m-Chlorbenzyl*, *γ-dimethylaminopropoxy*, Kp.$_{0,5}$ 195°, *Hy*, F. 97°; *o-Chlorbenzyl*, *γ-dimethylaminopropoxy*, Kp.$_{0,2}$ 185°, *Hy*, F. 140°; (*m.p-Dimethoxybenzyl*), *γ-dimethylaminopropoxy*, Kp.$_{0,3}$ 209°, *Hy*, F. 111°. — *1-p-Methoxybenzyl-3-hydroxy*-**I**, F. 161°; *1-Phenäthyl-3-hydroxy*-**I**, F. 145°; *N-Nitroso-N-benzylanthranilsäure*, F. 120° (Zers.); *1-Benzyl-3-hydroxy-5-chlor*-**I**, F. 213°; *1-p-Methoxybenzyl-3-hydroxy-5-chlor*-**I**, F. 199°; *1-m-Chlorbenzyl-3-hydroxy*-**I**, F. 151°; *1-p-Chlorbenzyl-3-hydroxy-6-chlor*-**I**, F. 236°; *1-o-Chlorbenzyl-3-hydroxy*-**I**, F. 231°; *1-Benzyl-3-hydroxy-4-chlor*-**I**, F. 223°; *1-(m.p-Dimethoxybenzyl)-3-hydroxy*-**I**, F. 166°; *1-Butyl-3-hydroxy-6-chlor*-**I**, F. 171° u. dessen *5-Chlor-Deriv.*, F. 120°. — *Heilmittel*. (**Brit.P. 1054833** vom 18/3. 1964, ausg. 11/1. 1967. It. Prior. 8/8. 1963.) — 7 S. R. Bollinger 4846

1511 Ciba Ltd., Basel, Schweiz, **2-Hydrazin-2-thiazoline** der allg. Formel $R^1N(R^2)-N(R^3)-C{=}N-A-S$ erhält man durch intramol. Kondens. von Thiosemicarbaziden der allg. Formel $R^1N(R^2)N(R^3)C(S)NH-A-X$ (X = Halogen), die auch in situ aus Hydrazinen u. β-X-äthylthiocyanaten hergestellt werden können. Ferner kann man entsprechende Hydrazine mit 2-Alkylmercapto-2-thiazolinen umsetzen (R^1 = ggf. durch niedere Alkyl-, Alkoxy-, CF_3-Gruppen, Halogenatome substituierter Arylrest; R^2 = R^1, Alkyl-, Aralkylrest; R^3 = H, niederer Alkylrest; A = ggf. durch eine oder mehrere niedere Alkylreste substituierter Äthylenrest). — Es wurden erhalten: *2-(N²-Phenyl-N²-methyl-hydrazino)-2-thiazolin*, F. 108 bis 110° (A.–PAe.). *Hydrochlorid*, F. 173—174°. — *Heilmittel*. (**Brit.P. 1066926** vom 17/5. 1965, ausg. 26/4. 1967. Schwz. Prior. 29/11. 1964.) — 4 S. A. Jahn 4846

1512 Crookes Laboratories Ltd., London (Erfinder: Christopher James Sharpe, und Francis Frederick Stephens, Harrow), Großbritannien, **Benzthiazol-Derivate,** die in 2-Stellung durch $-C_6H_4R'''$, in 5-Stellung durch R′ u. in 6-Stellung durch R″ substituiert sind, erhält man durch Kondens. von entsprechenden o-Aminothiophenolen mit entsprechend substituierten Benzaldehyden oder Benzoylhalogeniden (R′ u. R″ = H, Halogen, Alkyl-, Alkoxy; R‴ = $-C(O)N(R)R$ oder $-SO_2N(R)R$; R = H oder niedere Alkyle; R‴ steht nicht in o-Stellung). — Es wurden erhalten: (benzthiazol = **I**) *2-(4′-Sulfamylphenyl)*-**I**, F. 272—273°. — *2-(4′-Carbamoylphenyl)*-**I**, F. 256—257° (Dioxan). — *2-[4′-(N.N-Dimethylcarbamoyl)-phenyl]*-**I**, Nadeln, F. 170,5—171,5°. — *2-[4′-(N.N-Dimethylsulfamoyl)-phenyl]*-**I**, gelbe Nadeln, F. 208,5—209,5° (Bzl.). — *Heilmittel*. (**Brit.P. 1044361** vom 1/1. 1963, ausg. 29/9. 1966. **Schwz.P. 433320** vom 26/12. 1963, ausg. 30/9. 1967. Brit. Prior. 1/1. u. 20/12. 1963.) — 2 S. — 2 S. A. Jahn 4846

1513 Philippe Gold-Aubert, Diran Melkonian, Genf, Schweiz, und Roland-Yves Mauverney, Riom, Frankreich, **Δ²-1.2.4-Triazolin-5-on(I)-Derivate,** die in 4-Stellung durch R^1, in 3-Stellung durch R^2 u. in 1-Stellung durch R^3 substituiert sind, u. deren Salze erhält man durch Cyclisierung von Verb. der allg. Formel $R^2CON \cdot (R^1)CON(R^3)NH_2$, die wiederum durch Kondens. von Verb. der allg. Formel R^3NHNH_2 u. $R^2CON(R^1)CONH_2$ zugänglich sind (R^1 = H, gesätt. oder ungesätt. acycl. KW-Stoffrest, der ggf. durch einen Phenyl-, Amino- oder N-haltigen heterocycl. Rest, der über das N-Atom gebunden ist, substituiert ist; R^2 = gesätt. oder ungesätt. acycl. KW-Stoffrest, Aralkyl-, Aralkenyl- oder Arylrest; R^3 = Arylrest). — N-[Diäthylacetyl]-harnstoff + Phenylhydrazin (**II**) (10 Std. 175—180°) → *1-Phenyl-3-[α-äthylpropyl]*-**I**, Nadeln, F. 161°. — N-[Diallylacetyl]-Harnstoff + **II** → *1-Phenyl-3-diallylmethyl*-**I**, F. 112° (verd. A.). — Ferner wurden erhalten: *1-Phenyl-3-[α-phenylpropyl]*-**I**, F. 175—177° (A.). — *1-Phenyl-3-[α-phenylpropyl]-4-methyl*-**I**. — *1-Phenyl-3-[α-phenylpropyl]-4-morpholinoäthyl*-**I**, F. 105—108°. — *1-Phenyl-3-[α-phenylpropyl]-4-dimethylaminoisopropyl*-**I**, *Hydrochlorid*, F. 215—217° (A.). — Ferner 1-Phenyl-I-Deriv.: *3-Allyl-*, F. 189—193°. — *3-Phenyl-*, F. 235—237°. — *3-[α-Methylbenzyl]-*, F. 200—202°. — *3-[α-Äthylbenzyl]-*, F. 165—167°. — *3-[α-Allylbenzyl]-*, F. 164—166°. — *3-[α-Äthylpropyl]-*, F. 161°. — *3-[α-Allyl-but-3-enyl]-*, F. 108—110°. — *3-[α-Äthyl-n-pentyl]-*, F. 106—108°. — *3-[1′-Äthyl-4′-methyl-pentyl]-*, F. 94—96°. — *3-Allyl-β-methylpropyl]-*, Öl. — *3-[α-Äthylbenzyl]-4-[β-(dimethylamino)-äthyl]-*, F. 224—225°. — *3-[α-Äthylbenzyl]-4-[γ-(dimethylamino)-propyl]-*, F. 186—188°. — *3-[α-Äthylbenzyl]-4-[3′-(dimethylamino)-propyl-(2′)]-*, F. 217—219°. — *3-[α-Äthylbenzyl]-4-[β-(pyrrolidino)-äthyl]-*, F. 210°. — *3-[α-Äthylbenzyl]-4-[β-(morpholino)-äthyl]-*, F. 209—212°. — *3-[α-Äthylbenzyl]-4-[β-(piperidino)-äthyl]-*, F. 220—222°. — *3-[α-Äthylbenzyl]-4-[β-(diäthylamino)-äthyl]-*, F. 189 bis 190°. — *3-Phenyl-4-[β-(diäthylamino)-äthyl]-*, F. 163°. — *3-[α-Äthylpropyl]-4-[β-(diäthylamino)-äthyl]-*, F. 163 bis 165°. — *3-[1-Allyl-but-3-enyl]-4-[β-(diäthylamino)-äthyl]-*, F. 148—151°. — *3-[α-Äthylbenzyl]-4-methyl-*, F. 93°. — *3-[α-Äthylbenzyl]-4-äthyl-*, F. 106—110°. — *3-[α-Äthylbenzyl]-4-[n-propyl]-*, F. 72—75°. — *3-[α-Äthylbenzyl]-4-*

isopropyl-, F. 122—124°. — *3-[α-äthylbenzyl]-4-n-butyl-*, F. 95°. — *3-[α-äthylbenzyl]-4-isobutyl-*, F. 105°. — *3-[α-äthylbenzyl]-4-[sek.-butyl]-*, F 120—122°. — *3-[α-äthylbenzyl]-4-(n-pentyl)-*, F. 55—57°. — *3-[α-äthylbenzyl]-4-[n-hexyl]-*, F. 55—57°. — *3-[α-äthylbenzyl]-4-[n-decyl]-*, F. 48 bis 50°. — *3-[α-äthylbenzyl]-4-benzyl-*, F. 91—92°. — *3-[α-äthylbenzyl]-4-allyl-*, F. 55—58°. — *Entzündungshemmende, antipyret.* oder *analget. Mittel.* (**Brit.P. 1068083** vom 2/4. 1964, ausg. 10/5. 1967.) — 14 S.

A. Jahn 4846

1514 Recordati S. p. A., Mailand, Italien, **Herstellung von 3-Methylflavon-8-carbonsäure** erfolgt durch Ox. eines 3-Methylflavons, das in 8-Stellung durch eine Alkenylgruppe mit 3 C-Atomen substituiert ist, in Py.–W.-Suspension in Ggw. des Mg-Salzes einer Mineralsäure bei 15—18° u. Ansäuerung des Filtrates. — Beispiel: Rk. von 3-Allyl-2-hydroxypropiophenon mit Benzoylchlorid u. Na-Benzoat → 8-Allyl-3-methyl-flavon, F. 87—89°. Analog aus 3-[Propenyl-1]-2-hydroxypropiophenon, F. 84—86°, das 8-[Propenyl-1]-3-methyl-flavon, F. 85—88. Durch Ox. des 8-Allyl-3-methylflavons mit $KMnO_4$ in Ggw. von $Mg(NO_3)_2$ → *3-Methylflavon-8-carbonsäure*, F. 227 bis 229°, $C_{17}H_{12}O_4$. Rk. mit Piperidinoäthylchlorid, Hydrochlorid → *Piperidinoäthyl-3-methylflavon-8-carboxylat, Hydrochlorid*, F. 232—234°, $C_{24}H_{26}O_4NCl$. Analog folgende 3-Methylflavon-8-carboxylate, Hydrochloride (**I**): Morpholinoäthyl-**I**, F. 233—234°, $C_{23}H_{24}O_5NCl$; Dimethylaminoäthyl-**I**, F. 177—178°, $C_{21}H_{22}O_4NCl$; Diäthylaminoäthyl-**I**, F. 163—164°, $C_{23}H_{26}O_4NCl$; Dipropylaminoäthyl-**I**, F. 212—215°, $C_{25}H_{30}O_4NCl$; Diisopropylaminoäthyl-**I**, F. 190—192°, $C_{25}H_{30}O_4NCl$; Dimethylaminopropyl-**I**, F. 207—210°, $C_{22}H_{24}O_4NCl$; Diäthylaminopropyl-**I**, F. 187—189°, $C_{24}H_{28}O_4NCl$. — *Arzneimittel.* (**Brit.P. 1078756** vom 9/10. 1964, ausg. 9/8. 1967. It. Prior. 10/10. 1963.) — 5 S.

R. Bauereis 4846

1515 Deutsche Gold- & Silber-Scheideanstalt vormals Roessler, Frankfurt/M., **Herstellung von Pyridinsulfinyl und -sulfonyl-aminen.** Zu Port.P. 42688; C. **1966**, 17-1815, sind folgende Pyridine nachzutragen: *2-[Morpholinoäthyl-sulfinyl]-, Hydrochlorid*, F. 186°; *2-[Morpholinoäthyl-sulfinyl]-3-chlor-, Hydrochlorid*, F. 202° (Zers.); *2-[Morpholinoäthyl-sulfonyl]-3-, Hydrochlorid*, F. 219°; *2-[Morpholinoäthylsulfinyl]-6-chlor-, Hydrochlorid*, F. 193°; *2-[Morpholinoäthyl-sulfonyl]-6-chlor-, Hydrochlorid*, F. 211°; *2-[Diäthylaminoäthylsulfinyl]-6-chlor-, Hydrochlorid*, F. 115°; *2-[Morpholinoäthyl-sulfonyl]-, Hydrochlorid*, F. 222—225°; *2-[Piperidinoäthylsulfinyl]-, Hydrochlorid*, F. 188°; *2-[Piperidinoäthyl-sulfinyl]-6-chlor-, Hydrochlorid*, F. 191—192°; *2-[Diäthylaminoäthylsulfinyl]-, Hydrochlorid*, F. 142—144°; *2-[Morpholinoäthyl-sulfinyl]-6-brom-, Hydrochlorid*, F. 200—202°; *2-[Morpholinoäthylsulfinyl]-5-chlor-, Hydrochlorid*, F. 216—218°; *2-[Morpholinoäthyl-sulfinyl]-3-cyan-, Hydrochlorid*, F. 210°; *2-[3'-Morpholinopropyl-sulfinyl-(2')]-, Fumarat*, F. 130°; *2-[Diäthylaminoäthylsulfinyl]-5-chlor-, Fumarat*, F. 124—126°; *2-[Diäthylaminoäthylsulfinyl]-3-chlor-, Hydrochlorid*, F. 204—205°; *2-[Morpholinoäthylsulfonyl]-6-brom-, Hydrochlorid*, F. 207—210°; *2-[Morpholinoäthylsulfonyl]-5-chlor-, Hydrochlorid*, F. 237—240°; *2-[Diäthylaminoäthylsulfonyl]-, Hydrochlorid*, F. 208—210°; *2-[Diäthylaminoäthylsulfonyl]-6-chlor-, Hydrochlorid*, F. 151—153°; *2-[Diäthylaminoäthylsulfonyl]-5-chlor-, Hydrochlorid*, F. 138—140°. — *Analgetika.* (**Brit.P. 1054338** vom 10/7. 1964, ausg. 11/1. 1967. D. Prior. 11/7. 1963.) — 3 S.

R. Bauereis 4846

1516 I. R. Geigy Akt.-Ges. (Erfinder: Rolf Denss, Alex Meisels und Hugo Ryf), Basel, Schweiz, **Piperidine** der allg. Formel **I** (R = H, ggf. durch niedrigmol. Alkyl, Alkoxy substituierter aliphat., ggf. durch niedrigmol. Alkyl, Alkoxy, Halogen, NO_2, Acetylamino substituierter aromat., araliphat. oder heterocycl. Rest, in dem ggf. CH_2-Gruppen durch O ersetzt sein können; X = ggf. verzweigtkettiges C_2—C_4-Alkylen), erhält man durch Addition von 4-Phenyl-4-carbäthoxypiperidin an Verb. der allg. Formel R¹–CH=C[R²]–COOR. — Aus 4-Phenyl-4-carbäthoxypiperidincarbonat u. Acrylsäureäthylester nach 2std. Erhitzen in abs. A. → *1-[β-Carbäthoxyäthyl]-4-phenyl-4-carbäthoxypiperidin*, Kp.$_{0,01}$ 140 bis 141°; *Hydrochlorid*, F. 140—141° (aus Methanol–Ae.). — Analog: 4-Phenyl-4-carbäthoxypiperidine: *1-[β-Carbomethoxypropyl]-*, Kp.$_{0,001}$ 157—159°; *Hydrochlorid*, F. 115—117° (aus Aceton–PAe.). — *1-[β-Carbäthoxyisopropyl]-*, Kp.$_{0,0001}$ 170—175°; *Hydrochlorid*, F. 145 bis 147° (aus Methanol–Ae.). — *1-[β-Carbomethoxyäthyl]-*, F.

I 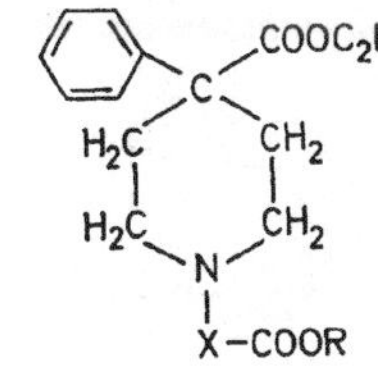

45—47° (aus Bzl.). — *1-[β-Carbobenzyloxyäthyl]-*, Kp.$_{0,01}$ 180—190°. — *1-[β-Carbofurfuryloxyäthyl]-, Hydrochlorid*, F. 118—120°. — *1-[β-Carbophenoxyäthyl]-; Hydrochlorid*, F. 152—154°. — *1-[γ-Carbäthoxypropyl]-*, Kp.$_{0,0001}$ 195 bis 200°. — *1-[γ-Carbomethoxypropyl]-*, Kp.$_{0,0001}$ 169 bis 171°. — *1-[β-Carbomethoxypropyl]-*, Kp.$_{0,01}$ 157—159°. — *Zentraldämpfende, antitussiv, analget.* wirksame *Heilmittel.* (**Schwz.P. 437287** vom 23/12. 1964, ausg. 30/11. 1967.) — 3 S.

A. Ullrich 4846

1517 Sandoz Akt.-Ges., Basel (Erfinder: Ernst Jucker, Ettingen, und Rudolf Süess, Bettingen), Schweiz, **Piperidinderivate** der allg. Formel **I** erhält man durch Red. von Verb. der allg. Formel **II**, X = –CO–NH–

I 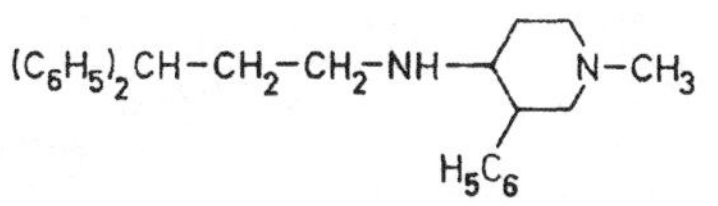

II 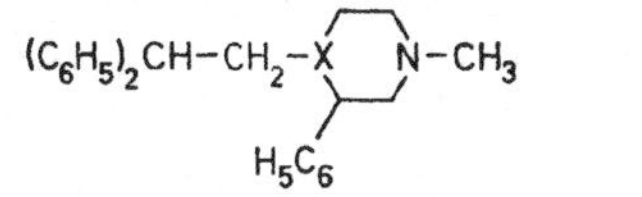

CH⟨, –CH=N–CH⟨, –CH_2–N=C⟨, mit $LiAlH_4$, wenn X = –CO=NH–CH⟨, sonst. mit $LiAlH_4$, $NaBH_4$ oder katalyt. erregtem H. **II** erhält man durch Rk. des durch Red. des Oxims von 1-Methyl-3-phenyl-4-oxopiperidins entstandenen 1-Methyl-3-phenyl-4-aminopiperidins mit einem 3.3-Diphenylpropionsäurehalogenid. — Aus 4-[N-(3.3-Diphenylpropinyl)-amino]-1-methyl-3-phenylpiperidin, Isomeres A', F. 127—129° (aus Ae.), $LiAlH_4$ in abs. Ae. unter Rückfluß → *4-[N-(3.3-Diphenylpropyl)-amino]-1-methyl-3-phenylpiperidin, Isomeres A*, Kp.$_{0,1}$ 195°; *Dihydrochlorid*, F. 287—289° (Zers.). — 4-[N-(3.3-Diphenylpropionyl)-amino]-1-methyl-3-phenylpiperidin, Isomeres B', F. 166—168° (aus Bzl.–PAe.) → *4-[N-(3.3-Diphenylpropyl)-amino]-1-methyl-3-phenylpiperidin, Isomeres B*, F. 97—98° (aus Aceton); *Maleinat*, F. 205° (aus Methanol; Blasenentw.). — Herzkranzgefäße erweiternde, lokalanästhet. wirkende *Arzneimittel.* (**Schwz.P. 436289** vom 26/3. 1964, ausg. 15/11. 1967.) — 4 S.

A. Ullrich 4846

1518 Chemische Fabrik Promonta G. m. b. H., Hamburg (Erfinder: Otto Hromatka, Otto Nieschulz und Gerhard Hackmack), **1-Phenyl-4-amino-1.2.3.4-tetrahydrochinoline** der allg. Formel **I** (R¹ u. R²

I 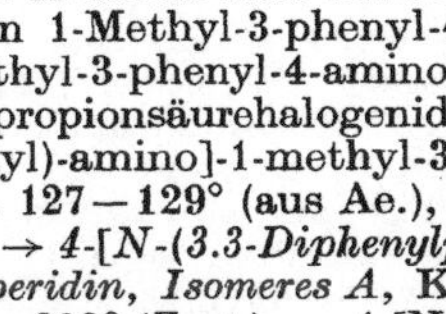

= H, R-, C_6H_5–R'-, HO–R'-, R–O–R'-, R_2N–R'- oder R–OOC · R'-; R³ u. R⁴ = H, Halogen, R- oder R–O-; hierbei bedeuten R u. R' C_1—C_4-Alkyl- bzw. C_1—C_4-Alkylenreste) erhält man durch Rk. der entsprechend substituierten 1-Phenyl-4-oxo-1.2.3.4-tetrahydrochino-

line mit NH_2OH zu 1-Phenyl-4-hydroxylimino-1.2.3.4-tetrahydrochinolinen, die dann red. u. ggf. alkyliert werden, oder mit prim. Aminen der allg. Formel H_2N-R^1 zu den entsprechenden Ketimiden, die nach Red. ggf. ebenfalls alkyliert werden. — Folgende 1.2.3.4-Tetrahydrochinoline werden hergestellt: 4.4'-Dimethyldiphenylamin + β-Propiolacton ($ZnCl_2$, 160°) → β-[4.4'-Dimethyldiphenylamino]-propionsäure, F. 77—80°, + Essigsäureanhydrid + $ZnCl_2$ → *1-[p-Tolyl]-4-oxo-6-methyl-*, F. 75—79°, + $H_2N-OH \cdot HCl$ (in A. mit Py.) → *1-[p-Tolyl]-4-hydroximino-6-methyl-*, F. 200—202°, + Na-Amalgam → *1-[p-Tolyl]-4-amino-6-methyl-*, gelbes Öl; *Maleat*, F. 177—180° (Zers.). — Analog: *1-Phenyl-4-hydroximino-*, F. 149—152°, → *1-Phenyl-4-amino-*, gelbes Öl; *Maleat*, F. 170—174° (Zers.); *Hydrochlorid*, F. 221 bis 224° (Zers.). — *1-[4'-Äthylphenyl]-4-oxo-6-äthyl-*, → *1-[4'-Äthylphenyl]-4-hydroximino-6-äthyl-*, F. 167—169°, → *1-[4'-Äthylphenyl]-4-amino-6-äthyl-*, F. 188° (Zers.); *Maleat*, F. 166—168° (Zers.). — *1-[4'-Methoxyphenyl]-4-oxo-*, gelbe Blättchen, F. 124—126,5°, → *1-[4'-Methoxyphenyl]-4-hydroximino-*, gelb, F. 178—180°, → *1-[4'-Methoxyphenyl]-4-amino-*, F. 42—47°; *Tartrat*, F. 171 bis 173° (Zers.); *Citrat*, gelb, F. 166° (Zers.). — *1-[4'-Chlorphenyl]-4-oxo-*, → *1-[4'-Chlorphenyl]-4-hydroximino-*, gelb, F. 173—176°, → *1-[4'-Chlorphenyl]-4-amino-*, $Kp._{0,001}$ 140 bis 160°; *Maleat*, F. 175—178° (Zers.); *Hydrochlorid*, F. 248—250° (Zers.). — *1-Phenyl-4-hydroximino-6-chlor-*, F. 136—139°, → *1-Phenyl-4-amino-6-chlor-*, $Kp._{0,001}$ 130 bis 150°; *Hydrochlorid*, F. 211—213° (Zers.). — *1-Phenyl-4-[2'-methoxycarbonyläthylamino]-*, gelbes Öl; *Maleat*, F. 144—145° (Zers.), + $LiAlH_4$ → *1-Phenyl-4-[3'-hydroxypropyl-1'-amino]-*, gelbes Öl, $Kp._{0,001}$ 170°; *Maleat*, F. 143 bis 146° (Zers.). — *1-Phenyl-4-[3'-hydroxypropionamido]-*, F. 140—142°. — *1-Phenyl-4-[bis-(2'-hydroxyäthyl)-amino]-*, F. 105—107°. — *1-Phenyl-4-methylamino-*, $Kp._{0,05}$ 105—108°; *Hydrochlorid*, F. 189—190°. — *1-Phenyl-4-äthylamino-*, $Kp._{0,01}$ 121—128°; *Hydrochlorid*, F. 192 bis 193°. — *1-Phenyl-4-[n-propylamino]-*, $Kp._{0,03}$ 130 bis 133°; *Hydrochlorid*, F. 186°. — *1-Phenyl-4-[3'-methoxypropylamino]-*, $Kp._{0,05}$ 126—140°; *Hydrochlorid*, F. 161,5 bis 163,5°. — *1-Phenyl-4-[3'-dimethylaminopropylamino]-*, $Kp._{0,05}$ 130—140°; *Hydrochlorid*, F. 187—188°. — *1-Phenyl-4-benzylamino-*, $Kp._{0,1}$ 140—160°; *Malonat*, F. 130—131°. — *Stimulantia* u. *Thymoleptika*. (**Brit.P. 1077974** vom 14/7. 1964, ausg. 2/8. 1967.) — 9 S.
O. Schön 4846

1519 N. V. Philips' Gloeilampenfabrieken, Eindhoven, Niederlande, (Erfinder: Hendrik Moed, Volkert Claassen und Jan van Dijk), **Benzodioxanderivate** erhält man nach folgendem Beispiel: Hydrierung von 2-Aminomethylbenzodioxan in Ggw. von [4-Hydroxyphenyl]-aceton u. PtO_2 → *2-{[1-Methyl-2-(4-hydroxyphenyl)-äthylamino]-methyl}-benzodioxan-1.4*, F. 122,5 bis 123,5°, *Hydrochlorid*, F. 201—201,5°. Analog: *4'-Benzyloxy-2-[(2-benzodioxanylmethyl)-amino]-propiophenon, Hydrochlorid*, F. 195—197°, → *2-{[1-Methyl-2-hydroxy-2-(4-hydroxyphenyl)-äthylamino]-methyl}-benzodioxan, Hydrochlorid*, F. 178—180°; 2-{[2-(4-Benzyloxyphenyl)-acetamido]-methyl}-benzodioxan, F. 121—122°, → *2-{[2-(4-Benzyloxyphenyl]-äthylamino]-methyl}-benzodioxan, Hydrochlorid*, F. 219—220°, → *2-{[2-(4-Hydroxyphenyl)-äthylamino]-methyl}-benzodioxan-(1.4), Hydrochlorid*, F. 203,5—204°; *2-{[2-(2-Methoxyphenoxy)-äthylamino]-methyl}-benzodioxan-(1.4), Hydrochlorid*, F. 109—111°; *2-{[1-Methyl-2-(3.4-methylendioxyphenyl)-äthylamino]-methyl}-benzodioxan-(1.4), Hydrochlorid*, F. 182—187°. — *Sympathikolytika, Tranquilizer, blutdrucksenkende Mittel*. (**Brit.P. 1054104** vom 18/7. 1963, ausg. 4/1. 1967. **Aust.P. 269202** vom 17/7. 1963, ausg. 25/8. 1966. Beide Niederl. Prior. 20/7. 1962.) — 8 S. R. Bauereis 4846

1520 Egyesült Gyógyszer és Tápszergyár, Budapest, Ungarn, **Guanidin-derivate** erhält man nach folgendem Beispiel: Rk. von 2-Hydroxymethyl-5.6-benzo-1.4-dioxan mit Methansulfonyl-chlorid → *2-Methansulfonyloxymethyl-5.6-benzo-1.4-dioxan*, F. 56—58°. Rk. dieser Verb. mit Piperazin → *2-Piperazin-methyl-5.6-benzo-1.4-dioxan*, $Kp._3$ 190—196°. Rk. dieser Verb. mit Bromäthylphthalimid → *2-[4'-(β-Phthalimido-äthyl)-piperazinyl-1']-methyl-5.6-benzo-1.4-dioxan*, F. 100—102°. Spaltung des Phthalimids mit Hydrazin → *2-[4'-(β-Aminoäthyl)-piperazinyl-1']-methyl-5.6-benzo-1.4-dioxan*, $Kp._{0,2}$ 190 bis 195°. Rk. dieser Verb. mit S-Methyl-isothioharnstoffsulfat → *2-[4'-β-Guanidino-äthyl)-piperazinyl-1']-methyl-5.6-benzo-1.4-dioxan, Sulfat*, F. 250—252°. Analog: *2-[4'-(β-Guanidino-äthyl)-piperazinyl-1']-methyl-5.6-benzo-1.4-oxathian, Fumarat*, F. 230—235°; *2-[4'-(β-Guanidinoäthyl)-piperazinyl-1']-methyl-5.6-[2'.3']-naphtha-1.4-dioxan*. — *Antihypertonika*. (**Brit.P. 1065306** vom 19/11. 1965, ausg. 12/4. 1967. Ung. Prior. 19/11. 1964.) — 4 S.
R. Bauereis 4846

1521 Merck & Co., Inc., Rahway, N.J., USA (Erfinder: Edward Jethro Cragoe, Roger James Tull und Jan Ten Broeke), **Herstellung von Aminopyrazincarbonsäuren und deren Estern.** Zu D.A.S. 1238478; C. **1968**, 7-2631 ist nachzutragen: 3-Amino-6-cyclohexylpyrazinamid → 3-Amino-6-cyclohexylpyrazincarbonsäure, F. 118—121°, → -methylester, F. 126,5—128°, $C_{12}H_{17}N_3O_2$, → *3-Amino-5-chlor-6-cyclohexylpyrazincarbonsäuremethylester*; 3-Amino-5-phenyl-pyrazincarbonsäuremethylester, F. 231—232°, $C_{12}H_{11}N_3O_2$, → *3-Amino-6-chlor-5-phenylpyrazincarbonsäuremethylester*; 3-Amino-5-methylpyrazincarbonsäuremethylester, F. 165—167°, $C_7H_9N_3O_2$, → *3-Amino-6-chlor-5-methylpyrazincarbonsäuremethylester*; *[3-Amino-5.6-dichlorpyrazinoyl]-guanidin, Hydrochlorid*, F. 259—261°, $C_6H_7Cl_3N_6O$; *3-Amino-5.6-dichlorpyrazincarbonsäure*, F. 227° (Zers.), $C_5H_3Cl_2 \cdot N_3O_2$; *[3-Amino-5-dimethylamino-6-chlorpyrazinoyl]-guanidin*, F. 216—217°, $C_8H_{12}ClN_7O$. — Zwischenprod. für *Arzneimittel*. (**Brit.P. 1082060** vom 6/10. 1964, ausg. 6/9. 1967.) — 6 S. R. Bauereis 4846

1522 Farbwerke Hoechst Akt.-Ges. vormals Meister Lucius & Brüning, Frankfurt/M., **Herstellung von Carbonsäurepiperaziden** durch Rk. von Carbonsäuren (II) mit einem Piperazinderivat. — Beispiel: Durch Rk. von [3.4-Dichlorbenzyl]-essigsäure, F. 117°, mit N-Methylpiperazin in Ggw. von Dicyclo-hexylcarbodiimid erhält man das *Bis-[3.4-dichlorbenzyl]-essigsäure-N'-methylpiperazid*, F. 114—116°, *Hydrochlorid*, F. 185 bis 187°. Analog wurden folgende Piperazide (I) erhalten: Bis-[4-chlorbenzyl]-essigsäure, F. 124—126°, → *-N'-methyl-***I**, F. 75—77°, *Maleat*, F. 140—141°; α.β-Bis-[4-chlorphenyl]-propionsäure, F. 119—123°, → *-N'-methyl-***I**, F. 134°; α.β-Bis-[4-chlorphenyl]-valeriansäure, F. 170 bis 172°, → *-N'-methyl-***I**, F. 136—138°, *Maleat*, 201—203°; β.γ-Bis-[4-chlorphenyl]-buttersäure, F. 172—173°, → *-N'-methyl-***I**, *Maleat*, F. 182—184°; α-[4-Chlorphenyl]-β-[3.4-dichlorphenyl]-propionsäure, F. 139—142°, → *-N'-methyl-***I**, F. 134—137°, *Maleat*, F. 143—145°; α.β-Bis-[4-chlorphenyl]-acrylsäure, F. 158—160°, → *-N'-methyl-***I**, *Maleat*, F. 208—210°; β.β.β-Tris-[4-chlorphenyl]-propionsäure, F. 185—186° → -chlorid, F. 110—112°, → *-N'-methyl-***I**, F. 213—215°, *Hydrochlorid*, F. 267—269°; β.β-Bis-[4-fluorphenyl]-β-[4-chlorphenyl]-propionsäure, F. 109—110°, → *-N'-methyl-***I**, F. 133—134°, *Hydrochlorid*, F. 253—254°; β.β-Bis-[4-Chlorphenyl]-β-phenylpropionsäure, F. 180—182°, → *-N'-methyl-***I**, F. 166 bis 167°, *Hydrochlorid*, F. 250°; β-[4-Chlorphenyl]-β.β-diphenyl-propionsäure, F. 183—185°, → *-N'-methyl-***I**, *Hydrochlorid*, F. 150° (Zers.); Bis-[2.4-dichlorbenzyl]-essigsäure, F. 155—157°, → *-N'-methyl-***I**, F. 111—113°, *Hydrochlorid*, F. 212—214°; α.β-Bis-[4-chlorphenyl]-acrylsäure-N'-methyl-**I**, F. 124—125°, Hydrochlorid, F. 246—248°, → *-N'-äthyl-***I**, *Hydrochlorid*, F. 240—242°; α-[4-Chlorphenyl]-β-[3.4-dichlorphenyl]-acrylsäure, F. 150 bis 153°, → *-N'-methyl-***I**, *Hydrochlorid*, F. 166—168°; α-[4-Chlorphenyl]-β-[2.4-dichlorphenyl]-acrylsäure, F. 157 bis 160°, → *-N'-methyl-***I**, F. 160—162°, *Hydrochlorid*, F. 188—190° (Zers.); α.β-Bis-[3.4-dichlorphenyl]-acrylsäure, F. 164—167°, → *-N'-methyl-***I**, *Hydrochlorid*, F. 241 bis 243°; α-[4-Chlorphenyl]-β-[2.4-dichlorphenyl]-propionsäure, F. 171—174°, → *-N'-methyl-***I**, F. 165—166°, *Hydrochlorid*, F. 207—209°; α.β-Bis-[3.4-Dichlorphenyl]-propionsäure, F. 149—151°, → *-N'-methyl-***I**, F. 141 bis 142°, *Hydrochlorid*, F. 251—252°; *β.β.β-Tris-[4-chlorphenyl]-propionsäure-N'-[β-methoxyäthyl]-***I**, *Hydrochlorid*, F. 220—222°; *β.β-Bis-[4-chlorphenyl]-β-[3-fluorphenyl]-propionsäure-N'-methyl-***I**, F. 157—158°, *Hydrochlorid*, F. 239—240°; *β.β.β-Triphenyl-propionsäure-N'-methyl-***I**,

Hydrochlorid, F. 253—254°; β.β-Bis-[4-Bromphenyl]-β-[4-chlorphenyl]-propionsäure, F. 206—208°, → -chlorid, F. 108—110°, → -N'-methyl-I, F. 216—219°, Maleat, F. 216° (Zers.); β-[3-Chlorphenyl]-β.β-diphenyl-propionsäure, F. 115°, → -N'-methyl-I, Maleat, F. 190—191°; β.β-Di-[4-fluorphenyl]-β-phenyl-propionsäure, F. 162°, → -N'-methyl-I, F. 103—105°, Hydrochlorid, F. 258 bis 260°; β-[3-Chlorphenyl]-β.β-diphenyl-propionsäure-N'-benzyl-I, Hydrochlorid, F. 157° (Zers.); β.β-Bis-[4-Bromphenyl]-β-[4-chlorphenyl]-propionsäure-N'-benzyl-I, Hydrochlorid, F. 238—240°; β.β.β-Tris-[4-chlorphenyl]-propionsäure-N'-äthyl-I, F. 170°, Hydrochlorid, F. 230 bis 232°; β.β.β-Tris-[4-chlorphenyl]-propionsäure-N'-[β-hydroxy-äthyl]-I, Hydrochlorid, F. 166° (Zers.); β-[2.4-Dichlorphenyl]-β-[4-chlorphenyl]-propionsäure-N'-methyl-I, Hydrochlorid, F. 243—244°; β.β-Bis-[4-chlorphenyl]-propionsäure-N'-methyl-I, Hydrochlorid, F. 236—238°; N-Isopropyl-piperazin, Kp. 169—171°, → β.β.β-Tris-[4-chlorphenyl]-propionsäure-N'-isopropyl-I, Hydrochlorid, F. 240—242°; N-Cyclohexyl-piperazin, Kp. 114—115°, Hydrochlorid, F. 283°, → β.β.β-Tris-[4-chlorphenyl]-propionsäure-N'-cyclohexyl-I, Hydrochlorid, F. 289—291°; β.β-Bis-[4-Fluorphenyl]-β-[4-chlorphenyl]-propionsäure-N'-benzyl-I, F. 224°; β.β.β-Tris-[4-chlorphenyl]-propionsäure-N'-benzyl-I, Hydrochlorid, F. 240—242° → β.β.β-Tris-[4-chlorphenyl]-propionsäure-I, F. 167—169°, Hydrochlorid, Tetrahydrat, F. 94°; β.β-Bis-[4-fluorphenyl]-β-phenyl-propionsäure-N'-benzyl-I, Hydrochlorid, F. 193—194°, → β.β-Bis-[4-fluorphenyl]-β-phenyl-propionsäure-I, Hydrochlorid, F. 250°; β.β-Bis-[4-chlorphenyl]-β-phenyl-propionsäure-N'-benzyl-I, Hydrochlorid, F. 192°, → β.β-Bis-[4-chlorphenyl]-β-phenyl-propionsäure-I, Maleat, F. 169 bis 170°; β.β.β-Triphenyl-propionsäure-N'-benzyl-I, Hydrochlorid, F. 229—231°, → β.β.β-Triphenyl-propionsäure-I, Hydrochlorid, F. 230—232°; Bis-[4-chlorbenzyl]-essigsäure, F. 125—126° → -N'-benzyl-I, F. 116—118°, Hydrochlorid, F. 187—189°, → Bis-[4-chlorbenzyl]-essigsäure-I, Oxalat, F. 183—185°, Maleat, F. 144—145°; β.β.β-Tris-[4-chlorphenyl]-propionsäure-N'-[β-hydroxyäthyl]-I, Hydrochlorid, F. 167° (Zers.); α-[4-Chlorphenyl]-β-[3.4-dichlorphenyl]-propionsäure-N'-methyl-I, Maleat, F. 143 bis 144°; α.β-Bis-[4-chlorphenyl]-propionsäure-I, Maleat, F. 167—168°; β.β.β-Tris-[4-chlorphenyl]-propionsäure-N'-methyl-I, F. 212—214°; α-[4-Chlorphenyl]-β-[2.4-dichlorphenyl]-acrylsäure-N'-methyl-I, Hydrochlorid, F. 188 bis 190° (Zers.); 2-Methyl-4.4-bis-[4-chlorphenyl]-butadiencarbonsäure, F. 175°, → -N'-methyl-I, F. 165°; 2-Methyl-4-phenyl-4-[3.4-dichlorphenyl]-butadien-carbonsäure-N'-methyl-I, F. 106°, Hydrochlorid, F. 193°; 2-Methyl-4-[4-chlorphenyl]-4-[3.5-dichlorphenyl]-butadien-carbonsäure-N'-methyl-I, F. 96°, Hydrochlorid, F. 196°; 2-Methyl-4-phenyl-4-[3.5-dichlorphenyl]-butadien-carbonsäure-N'-methyl-I, Hydrat, F. 53—58°, Hydrochlorid, F. 200°; 2-Methyl-4-[4-chlorphenyl]-4-[4-bromphenyl]-butadiencarbonsäure-N'-methyl-I, F. 154°, Hydrochlorid, F. 236°; 2-Methyl-4-phenyl-4-[2.4-dichlorphenyl]-butadien-carbonsäure-N'-methyl-I, Hydrochlorid, F. 210°; 2-Methyl-4.4-bis-[4-bromphenyl]-butadien-carbonsäure-N'-methyl-I, F. 152°, Hydrochlorid, F. 228°; 2-Methyl-4-[4-chlorphenyl]-4-[2.4-dichlorphenyl]-butadiencarbonsäure-N'-methyl-I, Hydrochlorid, F. 208°; 2-Methyl-4-[4-chlorphenyl]-4-[2-chlorphenyl]-butadien-carbonsäure-N'-methyl-I, F. 137°, Hydrochlorid, F. 223°; 2-Methyl-4-[4-chlorphenyl]-4-[4-methylphenyl]-butadien-carbonsäure-N'-methyl-I, F. 143°, Hydrochlorid, F. 202°; 2-Methyl-4-[4-chlorphenyl]-4-[3-chlorphenyl]-butadien-carbonsäure-N'-methyl-I, Hydrochlorid, F. 191°; 2-Methyl-4-[4-chlorphenyl]-4-[3-chlorphenyl]-butadien-carbonsäure-I, Hydrochlorid, F. 212°; 2-Methyl-4-[4-chlorphenyl]-4-[2-methylphenyl]-butadien-carbonsäure-N'-methyl-I, F. 115°, Hydrochlorid, F. 231°; 2-Methyl-4-[4-methylphenyl]-4-[2-chlorphenyl]-butadien-carbonsäure-N'-methyl-I, Hydrochlorid, F. 225°; 2-Methyl-4-[4-methylphenyl]-4-[2.4-dichlorphenyl]-butadien-carbonsäure-N'-methyl-I, Hydrochlorid, F. 226°; 2-Methyl-4-[4-chlorphenyl]-4-[4-chlor-diphenyl]-butadien-carbonsäure-N'-methyl-I, Hydrochlorid, F. 230°; 2-Methyl-4-[4-chlorphenyl]-4-[2-chlor-5-methyl-phenyl]-butadien-carbonsäure-N'-methyl-I, Hydrochlorid, F. 204°; 2-[β-(4-Chlorphenyl)-vinyl]-4.4-bis-[4-chlorphenyl]-butadien-carbonsäure-N'-methyl-I, Hydrochlorid, F. 233°; 2-Methyl-4.4-bis-[4-chlorphenyl]-butadien-carbonsäure-N'-isopropyl-I, Hydrochlorid, F. 230°; 2-Methyl-4.4-bis-[4-chlorphenyl]-butadien-carbonsäure-N'-benzyl-I, F. 228°; 2-Methyl-4.4-bis-[4-chlorphenyl]-butadien-carbonsäure-N'-äthyl-I, Hydrochlorid, F. 236°; 2-Methyl-4.4-bis-[4-chlorphenyl]-butadiencarbonsäure-N'-propyl-I, Hydrochlorid, F. 211°; 2-Methyl-4.4-bis-[4-chlorphenyl]-butadien-carbonsäure-N'-butyl-I, Hydrochlorid, F. 171°; 2-Methyl-4.4-bis-[4-chlorphenyl]-butadien-carbonsäure-N'-[2-hydroxyäthyl]-I, F. 187°; 2-Methyl-4.4-bis-[4-chlorphenyl]-butadien-carbonsäure-N'-[2-diäthylaminoäthyl]-I, Hydrochlorid, F. 222°; 2-Methyl-4.4-bis-[4-chlorphenyl]-butadien-carbonsäure-N'-dodecyl-I, Hydrochlorid, F. 99°. — Neue II als Zwischenprod. für I: 2-Methyl-4-phenyl-4-[3.4-dichlorphenyl]-butadien-carbonsäure, F. 179°; 4-Chlor-3.5-dichlorbenzophenon, F. 82°, → 2-Methyl-4-[4'-chlorphenyl]-4-[3.5-dichlorphenyl]-butadien-carbonsäure, F. 181°; 2-Methyl-4-phenyl-4-[3.5-dichlorphenyl]-butadien-carbonsäure, F. 181°; 2-Methyl-4-[4-chlorphenyl]-4-[4-brom-phenyl]-butadien-carbonsäure, F. 190°; 2-Methyl-4-phenyl-4-[2.4-dichlorphenyl]-butadien-carbonsäure, F. 83°; 2-Methyl-4.4-bis-[4-brom-phenyl]-butadien-carbonsäure, F. 192°; 2-Methyl-4-[4-chlorphenyl]-4-[2.4-dichlorphenyl]-butadien-carbonsäure, F. 147°; 2-Methyl-4-[4-chlorphenyl]-4-[2-chlorphenyl]-butadien-carbonsäure, F. 138°; 2-Methyl-4-[4-chlorphenyl]-4-[4-methylphenyl]-butadien-carbonsäure, F. 201°; 2-Methyl-4-[4-chlorphenyl]-4-[3-chlorphenyl]-butadien-carbonsäure, F. 192° u. 156°; 2-Methyl-4-[4-chlorphenyl]-4-[2-methylphenyl]-butadien-carbonsäure, F. 139°; 2-Methyl-4-[4-methylphenyl]-4-[2-chlorphenyl]-butadien-carbonsäure, F. 195°; 2-Methyl-4-[4-methylphenyl]-4-[2.4-diphenyl]-butadien-carbonsäure, F. 185°; 4-Chlor-4-[p-chlorphenyl]-benzophenon, F. 192°, → 2-Methyl-4-[4-chlorphenyl]-4-[4-chlordiphenyl]-butadien-carbonsäure, F. 197°; 2.4-Dichlor-5-methyl-benzophenon, F. 93°, → 2-Methyl-4-[4-chlorphenyl]-4-[2-chlor-5-methylphenyl]-butadien-carbonsäure, F. 170°. — 2-Methyl-4-[4-chlorphenyl]-4-[4-(p-chlorphenoxy)-phenyl]-butadien-carbonsäure-N'-methyl-I, Hydrochlorid, F. 210°; 2-Methyl-4-[4-methylphenyl]-4-[3-methylphenyl]-butadien-carbonsäure-N'-methyl-I, Hydrochlorid, F. 194°; 2-Methyl-4-[4-methylphenyl]-4-[2-methylphenyl]-butadien-carbonsäure-N'-methyl-I, Hydrochlorid, F. 218°; 2-Methyl-4-[4-methylphenyl]-4-[3-methyl-5-chlor-phenyl]-butadien-carbonsäure-N'-methyl-I, Hydrochlorid, F. 215°; 2-Methyl-4-[4-chlorphenyl]-4-[3-methylphenyl]-butadien-carbonsäure-N'-methyl-I, Hydrochlorid, F. 199°. — 2-Methyl-4-[4-chlorphenyl]-4-[3-methylphenyl]-butadien-carbonsäure, F. 185° u. 137°, → 2-Methyl-4-[4-chlorphenyl]-4-[3-methylphenyl]-butadien-carbonsäure-N'-methyl-I, Hydrochlorid, F. 205°; 2-Methyl-4-[4-methylphenyl]-4-[3.5-dichlorphenyl]-butadien-carbonsäure-N'-methyl-I, Hydrochlorid, F. 128°; 2-Methyl-4-phenyl-4-[4-chlorphenyl]-butadien-carbonsäure-N'-methyl-I, Hydrochlorid, F. 206°; 2-Methyl-4-[4-chlorphenyl]-4-[4-methoxyphenyl]-butadien-carbonsäure-N'-methyl-I, Hydrochlorid, F. 206°; 2-Methyl-4-[2-chlorphenyl]-4-[4-methoxyphenyl]-butadien-carbonsäure-N'-methyl-I, F. 125°, Hydrochlorid, F. 165°; 2-Methyl-4-[2.4-dichlorphenyl]-4-[4-methoxyphenyl]-butadien-carbonsäure-I, Hydrochlorid, F. 206°; 2-Methyl-4-[4-methylphenyl]-4-[4-methoxyphenyl]-butadien-carbonsäure-N'-methyl-I, Hydrochlorid, F. 192°; 2-Methyl-4-[4-chlorphenyl]-4-[4-fluorphenyl]-butadien-carbonsäure-N'-methyl-I, F. 138°, Hydrochlorid, F. 216°; 2-Methyl-4-[4-chlorphenyl]-4-[3-methyl-4-chlorphenyl]-butadien-carbonsäure-N'-methyl-I, Hydrochlorid, F. 224°; 2-Methyl-4.4-bis-[4-methyl-phenyl]-butadien-carbonsäure-N'-methyl-I, F. 127°. Weitere II als Zwischenprod. zu I: 2-Methyl-4-[4-chlorphenyl]-4-[4-(p-chlorphenoxy)-phenyl]-butadien-carbonsäure, F. 163°; 2-Methyl-4-[4-methyl-phenyl]-4-[3-methyl-phenyl]-butadien-carbonsäure, F. 172°; 2-Methyl-4-[4-methyl-phenyl]-4-[2-methyl-phenyl]-butadien-carbonsäure, F. 198°; 2-Methyl-4-[4-methyl-phenyl]-4-[3-methyl-5-chlor-phenyl]-butadien-carbonsäure, F. 188°; 2-Methyl-4-[4-chlor-phenyl]-4-[3-methyl-phenyl]-butadien-carbonsäure, F. 185° u. 137°; 3.5-Dichlor-4-methyl-benzophenon, F. 68°, → 2-Methyl-4-[4-methylphenyl]-4-[3.5-dichlor-phenyl]-butadien-carbonsäure, F. 170°; 2-Methyl-4-phenyl-4-[4-chlorphenyl]-butadien-carbonsäure, F. 147°; 2-Methyl-4-[4-chlorphenyl]-4-[4-methoxyphenyl]-butadien-carbonsäure, F. 174°; 2-Methyl-4-

[2-chlorphenyl]-4-[4-methoxyphenyl]-butadien-carbonsäure, F. 145°; 2-Methyl-4-[2.4-dichlorphenyl]-4-[4-methoxy-phenyl]-butadien-carbonsäure, F. 172°; 2-Methyl-4-[4-methylphenyl]-4-[4-methoxy-phenyl]-butadien-carbonsäure, F. 189°; 4-Chlor-4-fluor-benzophenon, F. 117°, → 2-Methyl-4-[4-chlorphenyl]-4-[4-fluorphenyl]-butadien-carbonsäure, F. 189°; 3-Methyl-4.4-dichlor-benzophenon, F. 120°, → 2-Methyl-4-[4-chlorphenyl]-4-[3-methyl-4-chlorphenyl]-butadien-carbonsäure, F. 171°. — *Anthelminthika.* (**Brit.P. 1056421** vom 15/7. 1963, ausg. 25/1. 1967. D. Prior. 21/12. 1962 u. 5/2. 1963.) — 36 S.
R. Bauereis 4846

1523 Ciba Ltd., Basel, Schweiz, **Herstellung von N.N'-disubstituierten Piperazinen** erfolgt durch Rk. eines 1-Phenyl-piperazins mit einem Phenyloxy-alkylhalogenid. Beispiel: Rk. von 1-[2-Methyl-phenyl]-piperazin mit 4-Phenyloxybutyl-chlorid → *4-[2-Methyl-phenyl]-1-[4-phenyloxy-butyl]-piperazin,* Kp.$_{0,07}$ 180—184°, *Dihydrochlorid,* F. 183°. Analog folgende Piperazine (I) u. Piperazindihydrochloride (II): *4-Phenyl-1-[4-phenyloxy-butyl]*-I, Kp.$_{0,05}$ 170—186°, II, F. 206°; *4-[3-Chlor-phenyl]-1-[4-phenyloxy-butyl]*-I, Kp.$_{0,28-0,3}$ 230°, II, F. 178—180°; *4-[3-Methoxy-phenyl]-1-[4-phenyloxybutyl]*-I, Kp.$_{0,07}$ 206 bis 208°, II, F. 192—193°; *4-Phenyl-1-[3-phenyloxy-propyl]*-II, F. 206—208°; *1-[3-(2-Chlor-phenyloxy)-propyl]-4-[3-methylphenyl]*-II, F. 178—180°; *1-[3-(4-Methoxy-phenyloxy)-propyl]-4-[3-methyl-phenyl]*-II, F. 190—191°; *1-[4-(2-Methyl-phenyloxy)-butyl]-4-phenyl*-I, Kp.$_{0,07}$ 192°, II, F. 205—208°; *1-[4-(4-Methyl-phenyloxy)-butyl]-4-phenyl*-II, F. 210—212°; *4-[4-Methyl-phenyl]-1-[4-phenyloxy-butyl]*-II, F. 219—220°; *4-[2-Methyl-phenyl]-1-[3-phenyloxy-propyl]*-I, *Hydrochlorid,* F. 210—213°; *4-[2-Methyl-phenyl]-1-[4-(2-methyl-phenyloxy)-butyl]*-II, F. 167—168°; *4-[2-Methylphenyl]-1-[4-(3-methyl-phenyloxy)-butyl]*-II, F. 181—183°; *4-[2-Chlor-phenyl]-1-[4-(4-methyl-phenyloxy)-butyl]*-I, Kp.$_{0,03-0,04}$ 200—204°, *Hydrochlorid,* F. 147 bis 148°; *4-[4-Chlorphenyl]-1-[4-phenyloxy-butyl]*-I, F. 94 bis 98°, II, F. 199—200°; *4-[4-Methoxy-phenyl]-1-[4-(3-methyl-phenyloxy)-butyl]*-II, F. 208—210°; *4-[3-Methoxy-phenyl]-1-[4-(4-methyl-phenyloxy)-butyl]*-II, F. 194—196°; *1-[3-(3-Methoxy-phenyloxy)-propyl]-4-[4-methyl-phenyl]*-II, F. 204—205°; *4-[3-Methoxyphenyl]-1-[3-phenyloxy-propyl]*-II, F. 200—201°; *4-[3-Methoxyphenyl]-1-[3-(4-methoxy-phenyloxy)-propyl]*-I, *Hydrochlorid,* F. 195—197°; *4-[3-Methoxyphenyl]-1-[4-(2-methylphenyloxy)-butyl]*-II, F. 196°; *4-[4-Methoxyphenyl]-1-[3-(4-methoxyphenyloxy)-propyl]*-II, F. 213—215°; *4-[4-Methoxy-phenyl]-1-[4-(2-methyl-phenyloxy)-butyl]*-II, F. 226—228°; *4-[4-Methoxy-phenyl]-1-[3-phenyloxy-propyl]*-II, F. 198—201°; *1-[4-(3-Methyl-phenyloxy)-butyl]-4-phenyl*-I, Kp.$_{0,05}$ 176°, II, F. 201—202°; *1-[3-(4-Methoxy-phenyloxy)-propyl]-4-[2-methyl-phenyl]*-I, *Hydrochlorid,* F. 219—220°; *4-[4-Methyl-phenyl]-1-[3-phenyloxypropyl]*-II, F. 195—197°; *4-[3-Methyl-phenyl]-1-[4-phenyloxy-butyl]*-I, Kp.$_{0,02-0,03}$ 170 bis 174°, II, F. 187—188°; *4-[4-Methoxy-phenyl]-1-[3-phenyl-oxy-propyl]*-II, F. 208—209°; *4-[3-Methyl-phenyl]-1-[4-(3-methyl-phenyloxy)-butyl]*-I, Kp.$_{0,03}$ 178—180°, II, F. 200—203°; *4-[2-Chlor-phenyl]-1-[3-(4-methoxy-phenyloxy)-propyl]*-I, Kp.$_{0,18-0,2}$ 203—206°, *Hydrochlorid,* F. 206°; *4-[4-Methyl-phenyl]-1-[4-(3-methyl-phenyloxy)-butyl]*-I, Kp.$_{0,18-0,19}$ 197—198°, II, F. 211—214°. — *Antiphlogistika, Antihypertonika, Tranquillizer, Sedativa, Adrenolytika, Antihistaminika.* (**Brit.P. 1061571** vom 14/1. 1964, ausg. 15/3. 1967. U.S. Prior. 14/1., 11/2., 10/4. u. 4/11. 1963.) — 12 S.
R. Bauereis 4846

1524 Istituto Luso Farmaco d'Italia S.r.l., Mailand, Italien, **[3'-Indolyl]-alkyl-piperazine** erhält man durch Indolringschluß entsprechender Phenylhydrazone. — Beispiel: Durch Rk. von 1-Chlor-4-pentanon mit Phenylpiperazin erhält man das 1-[3'-Acetylpropyl]-4-phenylpiperazin, Hydrochlorid, F. 115°. Durch Rk. dieser Verb. mit Phenylhydrazin erhält man das 1-[3'-Acetylpropyl]-4-phenyl-piperazin-phenylhydrazon, Hydrochlorid, F. 235—240°. Durch Ringschluß dieser Verb. mit konz. H_2SO_4 erhält man das *1-β-[2'-Methyl-3'-indolyl]-äthyl-4-phenyl-piperazin,* F. 150—153°. Analog wurden folgende Piperazine (I) erhalten: 1-[3'-p-Fluorbenzoylpropyl]-4-phenyl-I, F. 108—110°, Hydrochlorid, F. 195—200°, -Phenylhydrazon, F. 160—165°; *1-[3'-Indolyl]-methyl-4-β-hydroxyäthyl*-I, F. 85—95°; *1-[3'-Indolyl]-methyl-4-methyl*-I, F. 157—160°; *1-[3'-Indolyl]-methyl-4-phenyl*-I, F. 183—185°; *1-[3'-Indolyl]-methyl-4-benzyl*-I, F. 160—163°; *1-[3'-Indolyl]-methyl-4-carbäthoxy-methyl*-I, F. 84—88°; *1-[5'.6'-Dimethoxy-3'-indolyl]-methyl-4-phenyl*-I, F. 159—160°; *1-β-[3'-Indolyl]-äthyl-4-phenyl*-I, F. 133—135°; *1-β-[3'-Indolyl]-äthyl-4-p-chlor-phenyl*-I, F. 180—183°; *1-β-[3'-Indolyl]-äthyl-4-p-toluyl*-I, F. 145—150°; *1-β-[3'-Indolyl]-äthyl-4-benzyl*-I, F. 90 bis 95°; *1-β-[3'-Indolyl]-äthyl-4-methyl*-I, *Dihydrochlorid,* F. 280—285°; *1-β-[3'-Indolyl]-äthyl-4-β-hydroxyäthyl*-I, F. 105—110°, *Dihydrochlorid,* F. 265—267°; *1-β-[3'-Indolyl]-äthyl-4-o-methoxyphenyl*-I, F. 110—114°; *1-β-[5'-Benzyl-oxy-3'-indolyl]-äthyl-4-p-toluyl*-I, F. 148—153°; *1-β-[5'.6'-Dimethoxy-3'-indolyl]-äthyl-4-phenyl*-I, F. 129—132°; *1-β-[5'.6'-Diäthoxy-3'-indolyl]-äthyl-4-phenyl*-I, F. 120—126°; *1-β-[5'.6'-Dimethoxy-2'-methyl-3'-indolyl]-äthyl-4-phenyl*-I, *Hydrochlorid,* F. 250—252°; *1-β-[6'-Methyl-3'-indolyl]-äthyl-4-phenyl*-I, F. 170—173°; *1-β-[6'-Methoxy-2'-phenyl-3'-indolyl]-äthyl-4-phenyl*-I, F. 145—147°; *1-β-[6'-Chlor-3'-indolyl]-äthyl-4-phenyl*-I, F. 173—174°; *1-β-[1'-Benzyl-2'-methyl-5'.6'-methylendioxy-3'-indolyl]-äthyl-4-o-methoxyphenyl,* F. 167—168°; *1-β-[1'-Methyl-3'-indolyl]-äthyl-4-phenyl*-I, F. 90—94°; *1-β-[3'-Indolyl]-äthyl*-I, F. 148 bis 152°; *1-γ-[3'-Indolyl]-propyl-4-benzyl*-I, F. 90—92°; *1-γ-[3'-Indolyl]-propyl-4-phenyl*-I, F. 125—127°; *1-γ-[5'.6'-Dimethoxy-3'-indolyl]-propyl-4-phenyl*-I, F. 157—159°; *Trimethoxybenzoesäureester* des *1-[3'-Indolylmethyl]-4-β-hydroxyäthyl*-I, *Hydrogenfumarat,* F. 130°; *Phenylcarbamat des 1-[3'-Indolylmethyl]-4-β-hydroxyäthyl*-I, F. 50 bis 60° (Zers.). — *Depressiva* für das *Zentralnervensystem.* (**Brit.P. 1075156** vom 28/11. 1963, ausg. 12/7. 1967. It. Prior. 27/8. 1963.) — 7 S. R. Bauereis 4846

1525 Orsymonde Soc. An., Paris, Frankreich (Erfinder: Victor Lafon), **N-Substituierte Piperazino-alkoxy-acetophenon-Derivate** erhält man nach folgendem Beispiel: Durch Rk. von 2.4.6-Trimethoxy-[ω-chloracetophenon] mit N-[p-Methoxyphenyl]-piperazin erhält man das *N-[p-Methoxyphenyl]-piperazino-2.4.6-trimethoxy-acetophenon,* F. 110°, $C_{22}H_{28}N_2O_3$, *Maleat,* F. 179—180°. Analog wurden erhalten: *N-[4'-Chlorphenyl]-piperazino-2.4-dimethoxyacetophenon,* F. 147—148°, $C_{20}H_{23}ClN_2O_3$, *Dihydrochlorid,* F. 164°; *N-[2'-Chlorphenyl]-piperazino-2.4.6-trimethoxyacetophenon,* F. 144°, $C_{21}H_{25}N_2O_4Cl$, *Hydrochlorid,* F. 180°; *N-Phenylpiperazino-2.4-dimethoxy-acetophenon,* F. 95°, $C_{20}H_{24}N_2O_3$, *Dihydrochlorid,* F. 183°; *N-[4'-Chlorphenyl]-piperazino-2.4.6-trimethoxyacetophenon,* F. 98°, *Hydrochlorid,* F. 181°; *N-Phenylpiperazino-2.4.6-trimethoxyacetophenon,* F. 74—75°, *Hydrochlorid,* F. 158°; *N-[p-Methoxyphenyl]-piperazino-2.4-dimethoxyacetophenon,* F. 87°, Maleat, F. 151°; *N.N'-Bis-[2.4-dimethoxy-acetophenon]-piperazin,* F. 168—169°, $C_{24}H_{30}N_2O_6$, *Dimaleat,* F. 205—206°; *N.N'-Bis-[2.4.6-Trimethoxy-acetophenon]-piperazin,* F. 208—209°, $C_{26}H_{34}N_2O_8$, *Dimaleat,* F. 201—202°. — *Monoaminoxydase-Inhibitoren, Tranquillizer, Antiserotonin-Mittel, Antitussiva, Mittel* gegen *Harnsteine.* (**Brit.P. 1078975** vom 26/2. 1964, ausg. 9/8. 1967.) — 10 S. R. Bauereis 4846

1526 Sumitomo Chemical Co. Ltd., Osaka, Japan (Erfinder: Shigeru Sakai, Hisao Yamamoto und Isamu Maruyama), **2-Methyl-4(3H)-chinazolinon(I)-Derivate,** die in 5-Stellung durch Halogen u. in 3-Stellung durch den Rest $-C_6H_3(R^1)R^2$ substituiert sind, erhält man durch Rk. von 2-Acetylamino-6-halogenbenzoesäuren mit entsprechenden Anilinen [R^1 = H, Halogen, Methyl-, Äthyl-, Halogenmethyl-, Halogenäthyl-, Methoxy-, Äthoxyrest oder NO_2; R^2 = R^1 außer H]. — *3-[o-Chlorphenyl]-5-chlor*-I, F. 163—164° (A.). — *3-[o-Methyl-p-chlorphenyl]-5-chlor*-I, F. 163° (A.). — *3-[m-Chlorphenyl]-5-chlor*-I, F. 176—178°. — *3-[p-Chlorphenyl]-5-chlor*-I, F. 184—185°. — *3-[p-Methylphenyl]-5-chlor*-I, F. 171—173°. — *3-[m-Methoxyphenyl]-5-chlor*-I, F. 154—155°. — *3-[p-Äthoxy-phenyl]-5-chlor*-I, F. 209—210°. — *3-[p-Bromphenyl]-5-chlor*-I, F. 192—193°. — *3-[m-Methoxy-p-methylphenyl]-5-chlor*-I, F. 164—165°. — *3-[o-Bromphenyl]-5-chlor*-I, F. 155 bis 156°. — *3-[o-Nitrophenyl]-5-chlor*-I, F. 152—153°. — *3-[m.p-Dichlorphenyl]-5-chlor*-I, F. 195—196°. — *3-[o-Nitro-p-methoxyphenyl]-5-chlor*-I, F. 184—185°. — *3-[2-Methyl-5-chlorphenyl]-5-chlor*-I, F. 162—163°. — *3-[m-*

Trifluormethylphenyl]-5-chlor-**I**, F. 166–167°. — *3-[2-Chlor-5-trifluormethylphenyl]-5-chlor*-**I**, F. 148–149°. — *3-[2-Methyl-3-chlorphenyl]-5-chlor*-**I**, F. 148–149°. — *3-[2-Methyl-4-chlorphenyl]-5-chlor*-**I**, F. 162–163° (A.). — *3-Phenyl-5-chlor*-**I**, F. 145–146° (A.). — *3-[m-Trifluormethylphenyl]-5-chlor*-**I**, F. 166–167°. — *Tranquillizer*. (**Brit.P. 1054718** vom 5/7. 1965, ausg. 11/1. 1967.) — 5 S.
A. Jahn 4846

1527 Boehringer Ingelheim G. m. b. H., Ingelheim/Rh., **2-Methyl-3-aminophenyl-3H-4-chinazolonderivate,** die an C_5-C_8 durch eine NH_2-Gruppe substituiert sind, erhält man durch katalyt. Hydrierung entsprechender NO_2-Verb. oder durch Entfernung von Schutzgruppen (Acyl-, Benzyloxycarbonyl-, Benzylresten) durch Hydrolyse oder Hydrierung oder durch Rk. von Acetylanthranilsäuren bzw. Acetylanthranilen mit Phenylendiaminen in Ggw. von Dehydratisierungsmitteln. Es wurden erhalten: 2-Methyl-3H-4-chinazolone: *3-(2-Aminophenyl)-7-amino-*, F. 256–257°. — *3-(2-Aminophenyl)-8-amino-*, F. 260–262°. — *3-(3-Aminophenyl)-7-amino-*, F. 295–296°. — *3-(4-Aminophenyl)-7-amino-*, F. 290–292°. — *Sedative* u. *anticonvulsive Mittel ohne Stimulierung des Zentralnervensystems*. (**Brit.P. 1054539** vom 28/7. 1965, ausg. 11/1. 1967. D. Prior. 28/7. 1964.) — 5 S.
A. Jahn 4846

1528 F. Hoffmann-La Roche & Co., Akt.-Ges., Basel (Erfinder: Peter Fahrni, Binningen, Walter Mosimann und Otto Schneider, Basel), Schweiz, **2-Thiobarbitursäuren,** die in 5-Stellung durch R^1 u. R^2 substituiert sind, erhält man durch Rk. von Thioharnstoff (**I**) mit Verb. der allg. Formel $R^1C(R^2)(R^3)CO_2R^4$ u. Hydrolyse der gebildeten 4-Iminothiobarbitursäuren (R^1 = C_{11-18}-Alkyl; R^2 = gesätt. oder ungesätt., Halogenatome tragende niedere Alkyl-, Cycloalkylreste; R^3 = CN, Carbalkoxygruppen; R^4 = niederer Alkylrest). — **I** + (β-Bromallyl)-myristylmalonsäurediäthylester (Kp.$_{0,07}$ 190°) → *5-(Bromallyl)-5-myristyl-2-thiobarbitursäure*, F. 90° (wss. A.). — *Viruzide, Heilmittel*. (**Schwz.P. 427819** vom 19/7. 1962, ausg. 14/7. 1967.) — 2 S.
A. Jahn 4846

1529 Deutsche Gold- und Silber-Scheideanstalt vormals Roessler, Frankfurt/M., **Alkylxanthinderivate** der allg. Formel T–(propylen)–NH–CH(R)CH(R^1) · OH erhält man durch katalyt. Hydrierung von Verb. der allg. Formel T–A–N($CH_2C_6H_5$)CH(R)COR^1 [T = 1.3- oder 3.7-Dialkylxanthinyl-(7- oder 1)-gruppe; R = H oder C_1-C_6-Alkylrest; R^1 = Hydroxyarylrest]. — 7-{3-[2-(3.5-Dihydroxyphenyl)-2-oxo-äthylbenzylamino]-propyl}-theophyllin-Hydrochlorid + H_2 Pd/C → *7-{3-[2-(3.5-Dihydroxyphenyl)-2-hydroxyäthylamino]-propyl}-theophyllin, Hydrochlorid*, F. 245–248°. — *7-{3-[2-(3.4-Dihydroxyphenyl)-2-hydroxyäthylamino]-propyl}-theophyllin, Hydrochlorid*, DL*-Verb.*, F. 217–218°. — L*-Verb.*, F. 221 bis 222°. — *Bronchialdilatoren*. (**Brit.P. 1084152** vom 11/1. 1966, ausg. 20/9. 1967. D. Prior. 16/1. 1965.) — 4 S.
A. Jahn 4846

1530 Deutsche Gold- und Silber-Scheideanstalt vormals Roessler, Frankfurt/M., **Alkylxanthinderivate** der allg. Formel T–A–NH–CH(R)CH(R^1)OH erhält man durch katalyt. Hydrierung von Verb. der allg. Formel T–CH_2–CHOH–CH_2N($CH_2C_6H_5$)CH(R)COR^1 [T = 1.3- oder 3.7-Dialkylxanthinyl-(7 oder 1); A = –CH_2CHOH · CH_2–; R = H oder C_1-C_6-Alkylrest; R^1 = Hydroxyarylrest]. — 7-{2-Hydroxy-3-[2-(3.4-dihydroxyphenyl)-2-oxoäthylbenzylamino]-propyl}-theophyllin (F. 185 bis 188°) + H_2/Pd–C → *7-{2-Hydroxy-3-[3.4-(dihydroxyphenyl)-2-hydroxyäthylamino]-propyl}-theophyllin, Hydrochlorid*, F. 209–211°. — *Broncholytika*. (**Brit.P. 1084153** vom 15/8. 1966, ausg. 20/9. 1967. D. Prior. 9/9. 1965. **Zusatz zu Brit.P. 1084152; s. vorst. Referat.**) — 3 S.
A. Jahn 4846

1531 Merck & Co., Inc., Rahway, N.J., USA, **4H-Pyrazino-[2.3-d]-1.3-oxazinon-(4)(I)-Derivate,** die am C_2 durch C_{1-5}-Alkylreste u. am C_6 durch Halogen substituiert sind, erhält man durch Erhitzen von 3-Amino-6-halogenpyrazincarbonsäuren mit C_{2-6}-Alkancarbonsäureanhydriden. — Es wurde erhalten: *2-Methyl-6-chlor*-**I**, $C_7H_4ClN_3O_2$, (F. Zers.) 158–160° (Äthylacetat). — Zwischenprod. für *Diuretika*. (**Brit.P. 1067474** vom 15/10. 1963, ausg. 3/5. 1967. U.S. Prior. 30/10. 1962 u. 27/9. 1963.) — 2 S.
A. Jahn 4846

1532 VEB Arzneimittelfabrik Dresden, Radebeul (Erfinder: Helmut Wunderlich und Andreas Stark), **10-[2′-Dimethylamino-2′-methyläthyl-(1′)]-phenthiazin-9.9-dioxid** (**I**) erhält man aus Gemischen mit 10-[2′-Dimethylamino-1′-methyläthyl-(1′)]-phenthiazin-9.9-dioxid (**II**) durch Überführung der beiden Isomeren in die Salze mit anorgan. oder organ. Säuren u. fraktionierte Krist. aus organ. oder anorgan. Medium u. ggf. Freisetzung der Basen. Es wurden erhalten: **I**-*Hydrochlorid*, F. 265–268°, **I**-*Oxalat*, F. 200–203°. — **I**-*Dibenzoyltartrat*, F. 168 bis 169°. — **I**-*Di-(p-toluyl)-tartrat*, F. 179–181°. — **I**-*Tartrat*, F. 194–197°. — **I**-*Pikrat*, F. 211–213°. — **II**-*Hydrochlorid*, F. 234–235°. — **II**-*Oxalat*, F. 181–182°. — **II**-*Dibenzoyl-tartrat*, F. 148–149°. — **II**-*Di-(p-toluyl)-tartrat*, F. 175–177°. — **II**-*Tartrat*, F. 183–185°. — **II**-*Pikrat*, F. 209–211°. — Verb. mit *Antihistaminwirkung*. (**Brit.P. 1062404** vom 8/2. 1966, ausg. 22/3. 1967.) — 4 S.
A. Jahn 4846

1533 Lajos Toldy, Joszef Borsi und Marton Fekete, Budapest, Ungarn, **10-[Heptamethyleniminoalkyl]-phenthiazine,** die in einem Benzolkern ggf. durch einen Cl- oder CH_3O-Rest substituiert sind, erhält man durch Rk. von ggf. substituiertem Phenthiazin (**I**) mit reaktiven Estern entsprechender Aminoalkohole. Man kann auch reaktive Ester von 10-Hydroxyalkyl-**I** mit Heptamethylenimin umsetzen oder 10-[Heptamethylenimin-alkoxycarbonyl]-**I** bei > 100° decarboxylieren. — *3-Chlor-10-[3-(Heptamethylenimino)-propyl]*-**I**, *Fumarat*, F. 140 bis 150°. — *Methojodid*, F. 110–112° (Zers.). — *10-[3-(Heptamethylenimino)-propyl]*-**I**, *Äthansulfonat*, F. 140 bis 142°. — *10-[2-(Heptamethylenimino)-äthyl]*-**I**, Kp.$_{0,6}$ 245–250°. — *Äthansulfonat*, F. 124–125°. — *10-[2-(Heptamethylenimino)-propyl]*-**I**, *Äthansulfonat*, F. 143 bis 145°. — *3-Methoxy-10-[3-(Heptamethylenimino)-propyl]*-**I**, Kp.$_{0,4}$ 250–260°. — *Hypotensive Mittel*. (**U.S.P. 3289517** vom 12/10. 1964, ausg. 8/3. 1966.) — 3 S.
A. Jahn 4846

1534 Upjohn, Kalamazoo, Mich., USA, **10-Aminoalkyl-(5H)-dibenzo-[b.e]-1.4-diazepin-11-(10H)-one,** die in den beiden Benzolringen ggf. durch je einen Rest Cl, F, CF_3, C_{1-8}-Alkyl, C_{1-8}-Alkoxy substituiert sind, erhält man durch Alkylierung entsprechender, in 10-Stellung unsubstituierter Alkalimetallderiv. mit Aminoalkylhalogeniden der allg. Formel Halogen–C_nH_{2n}–N(R^1)(R^2) [R^1 u. R^2 = H, Benzyl, niedere Alkylreste; beide Reste zusammen können für einen Alkylen-, Oxaalkylen-, Thiaalkylen-, N-nieder-Alkyl-azaalkylenrest stehen, so daß sich zusammen mit dem N-Atom, an das sie gebunden sind, ein 5–7gliedriger heterocycl. Ring ergibt, n = 2–4). — Es wurden erhalten: 5H-Dibenzo-[b.e]-1.4-diazepin-11-(10H)-one: *10-(2-Diäthylaminoäthyl)-*, $C_{19}H_{23}N_3O$, F. 132–133° (Isopropanol). — *10-(3-Dimethylaminopropyl)-*, $C_{18}H_{21}N_3O$, F. 119–121°. — *10-(3-Methylaminopropyl)-*, dunkelbrauner Sirup. — *10-(3-Diäthylaminopropyl)-*, F. 77–78°. — *Zwischenprod.* für Arzneimittel, *Pharmazeutika*. (**Brit.P. 1059188** vom 17/7. 1963, ausg. 15/2. 1967. U.S. Prior. 28/8. 1962.) — 13 S.
A. Jahn 4846

1535 American Home Products Corp., New York, N.Y., USA, **3-Acylamino-5-aryl-1.3-dihydro-2H-1.4-benzdiazepin-2-onderivate,** die in 1-Stellung ggf. durch Alkyl, Alkenyl, Alkinyl, Cycloalkyl, Aralkylrest u. im anellierten Benzolring durch X u. Y substituiert sind, erhält man durch Cyclisierung von 2-[2-(N-Acyloxyacylamino)-acetamido]-phenyl-arylketonen mit NH_3. Die Acylaminogruppe kann zu NH_2 sauer hydrolysiert werden. Es wurden erhalten: 7-Chlor-5-phenyl-1.3-dihydro-2H-1.4-benzdiazepin-2-one: *3-Acetamido-*, $C_{17}H_{14}ClN_3O_2$, F. 272–273°. — *3-Amino-*, F. 202 bis 203°. *Hydrochlorid*, F. 211–212°. — *3-Formamido-*, F. 243–245°. — *Antikonvulsive, muskelerschlaffende, sedative Mittel*. (**Brit.P. 1082212** vom 25/11. 1964, ausg. 6/9. 1967. U.S. Prior. 3/12. 1963.) — 5 S. A. Jahn 4846

1536 J. R. Geigy Akt.-Ges., Basel (Erfinder: Henri Dietrich, Birsfelden), Schweiz, **Herstellung von N-Oxi-**

den von Azepinderivaten der allg. Formel I (R^1 u. R^2 = H, niederes Alkyl, R^1 auch = Aryl, R^3 u. R^4 = niedere Alkylreste, von denen einer direkt mit Z oder beide miteinander direkt oder über ein O-Atom verbunden sein können, X^1 u. X^2 = H oder zusätzliche Bindung, Y^1 u. Y^2 = H, Halogen, niedere Alkylreste, Z = ggf. verzweigte

I 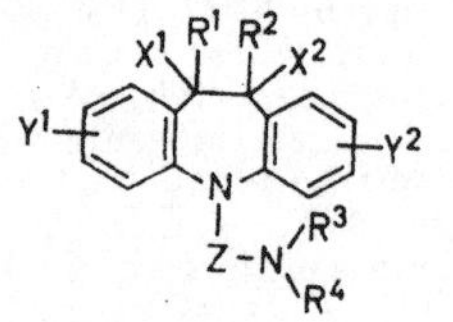

C_{2-6}-Alkylenrest), durch Behandlung von Azepinen der allg. Formel I mit einem O_2 abgebenden Mittel, bes. H_2O_2. — 31,5 (Teile) 3-Chlor-5-[γ-dimethylaminopropyl]-A (**II**) (A = Iminodibenzyl) werden mit 160 A. u. 12 28,1%ig. H_2O_2 2½ Std. gekocht → *N-Oxid von* **II** in quant. Ausb. als Mono- oder Dihydrat je nach Art der Trocknung, F. 74—77°. Analog *N-Oxide*, von: *5-[β-Dimethylaminopropyl]-A* mit > 2 Mol Krist.-W., F. 122 bis 125°, *5-[γ-Diäthylaminopropyl]-A*, F. 51—60°, *5-[γ-Dimethylamino-β-methylpropyl]-A-hydrat*, F. 133—135°, *3.7-Dichlor-5-[8-dimethylaminopropyl]-A-hydrat*, F. 115 bis 119°, *3-Chlor-5-[β-morpholino-äthyl]-A-dihydrat*, F. 137,5° (Zers.), *5-[γ-Dimethylamino-propyl]-iminostilben*, mit 1½ Mol. W., F. 72—75°, *3-Chlor-5-[γ-dimethylamino-propyl]-iminostilben-Hydrat*, u. *-Dihydrat*, F. 115—118°, *5-[γ-Dimethylamino-propyl]-10-methyl-5-H-dibenz-[b.f]-azepin-dihydrat*, F. 97—102°. — *Pharmazeutika*. (**Schwz.P. 408018** vom 22/6. 1962, ausg. 15/9. 1966.) — 4 S.
C. Lüttgen 4846

1537 Ciba Ltd., Basel, Schweiz, **2-Phenyl-2.3.4.5-tetrahydro-1.4-benzoxazepin(I)-Derivate.** Die in 2-Stellung ggf. durch einen niederen Alkylrest u. in 4-Stellung durch einen aliphat. Rest substituierten Deriv. erhält man durch Einführen des Restes in 4-Stellung nach bekannten Meth. oder durch katalyt. Red. von entsprechenden 4-Acylverbindungen. — **I** ($Kp._{0,12}$ 128—135°, F. 79—81°, Hydrochlorid, F. 235—237°) + CH_2O + HCO_2H → *4-Methyl*-**I**, $Kp._{0,08}$ 127—133°, *Maleat*, F. 165—167° (Aceton). — 4-Acetyl-**I** (F. 104—106°) + $LiAlH_4$ → *4-Äthyl*-**I**, $Kp._{0,05}$ 123—128°. — *Maleat*, F. 160—161° (Aceton–Äthylacetat). — *Methansulfonat*, F. 154—155° (A.–Ae.). — *4-Propyl*-**I**, $Kp._{0,05}$ 133—140°. — *Methansulfonat*, F. 167—168° (A.–Ae.). — *4-n-Butyl*-**I**, $Kp._{0,05}$ 143—148°. — *Methansulfonat*, F. 129—131°. — *4-Isopropyl*-**I**, $Kp._{0,1}$ 132—136°. — *Hydrochlorid*, F. 190 bis 191°. — *2-Methallyl*-**I**, $Kp._{0,04}$ 130—137°. — *4-Äthyl-7-chlor*-**I**, Öl. — *Hydrochlorid*, F. 223—225°. — *4-Isobutyl-7-chlor*-**I**, $Kp._{0,06}$ 140—144°. — *Hydrochlorid*, F. 211 bis 213° (Aceton). — Heilmittelzwischenprod., *psychotrope* u. *analget. Mittel*. (**Brit.P. 1076069** vom 20/9. 1965, ausg. 19/7. 1967. Schwz. Prior. 21/9. 1964 u. 30/7. 1965.) — 9 S.
A. Jahn 4846

1538 Glaxo Laboratories Ltd., Greenford, übert. von: Alexander Grawford Ritchie, Harrow, Dennis Edward Clark, Windsor, Rupert Frederick Keith Meredith, Glamorgan, und Keith Desmond Eric Whiting, Brookmans Park, Großbritannien, **2.3-Dehydroemetin** (**I**). Der Alkohol der Formel **II** wird mit

II 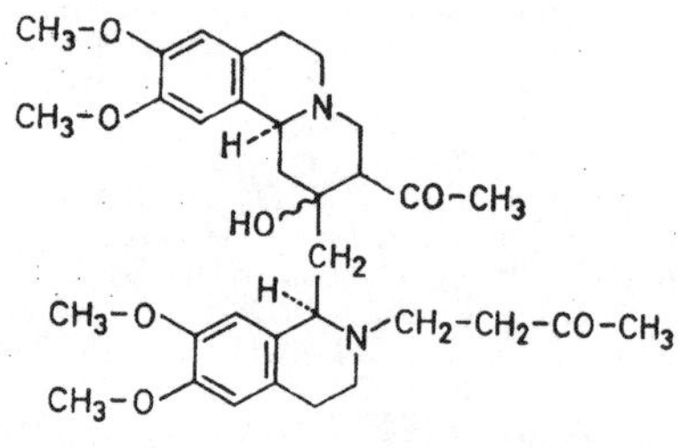

Benzylbromid quaternisiert → $C_{40}H_{51}BrN_2O_7 \cdot 2H_2O$, F. 155—160°, mit gesätt. $NaHCO_3$ in wss. Dioxan 1½ Std. behandelt, die als *Hydrochlorid* (**III**) erhaltene *2'-Benzyl-Verb.*, F. 185—187° (Zers.) (F. der *freien Base* 177—179°) durch 1std. Kochen mit äthanol. HCl dehydratisiert zu dem entsprechenden *α.β-ungesätt. Keton*, F. 138—140°, dieses mit Äthan-1.2-dithiol in gesätt. methanol. HCl behandelt u. die entsprechende *Äthylendithioketal-Verb.* als *Hydrobromid*, $C_{38}H_{46}N_2O_4S_2 \cdot 2HBr \cdot 4H_2O$, F. 195 bis 200° (Zers.), gewonnen; aus dieser mit Na in fl. NH_3 oder durch Hydrieren in Ggw. von Raney-Ni → (±)-*N-Benzyl*-**I**; dessen *Oxalat*, $C_{36}H_{44}N_2O_4 \cdot C_2H_2O_4 \cdot 5H_2O$, sintert bei 140—145°, wird in 50%ig. A. mit H_2 u. Pd–C 2 Std. hydriert → (±)-**I**, F. des **III** 225—232°. Wird **II** mit CH_3J u. die erhaltene quatern. Verb. mit NH_4OH behandelt, erhält man die entsprechende *N-Methyl-Verb.*, $C_{30}H_{40}N_2O_6 \cdot ½H_2O$, F. 171—172°. — Analog: *N-Allyl-Verb.*, $C_{32}H_{42}N_2O_6 \cdot ½H_2O$, F. 183—185°, hydriert → *N-Propyl-Verb.*, $C_{32}H_{44}N_2O_6$, F. 193—195°. — *Heilmittel*. (**U.S.P. 3282945** vom 27/9. 1962, ausg. 1/11. 1966. Brit. Prior. 2/10. 1961. **Brit.P. 1019572** vom 2/10. 1961, ausg. 9/2. 1966.) — 6 S. — 10 S. C. Lüttgen 4846

1539 Sandoz Patents Ltd., Ontario, Canada (Erfinder: Dietrich Stauffacher, Basel, Schweiz), **Buchsbaumalkaloide.** Zu Ung.P. 151507; C. **1966**, **37**-1784 ist nachzutragen: Folgende Alkaloide werden hergestellt: aus dem Alkaloid $C_{26}H_{44}N_2O$ (**I**) mit Aceton → Acetonimin, $C_{29}H_{48}N_2O$, F. 206—209°; $[\alpha]_D^{20}$ +95° (c = 0,51 in abs. $CHCl_3$); daraus mit Benzaldehyd → Schiffsche Base $C_{33}H_{48}N_2O$, F. 219°; $[\alpha]_D^{20}$ +167° (c = 0,5 in abs. Chlf.); mit Anisaldehyd → $C_{34}H_{50}N_2O_2$, F. 225°; $[\alpha]_D^{22}$ +191° (c = 0,5 in Chlf.); mit Zimtaldehyd → $C_{35}H_{50}N_2O$, F. 183°; $[\alpha]_D^{22}$ +149° (c = 0,5 in Chlf.); mit Furfurol → $C_{31}H_{46}N_2O_2$, F. 177°; $[\alpha]_D^{22}$ +182° (c = 0,44 in Chlf.); mit Acetophenon → $C_{34}H_{50}N_2O$, F. 263°; $[\alpha]_D^{22}$ +185° (c = 0,44 in Chlf.); mit Mesityloxid → $C_{32}H_{52}N_2O$, F. 195°; $[\alpha]_D^{22}$ +102° (c = 0,5 in Chlf.). — Aus $C_{26}H_{44}N_2$ mit Aceton → $C_{29}H_{43}N_2$, F. 186—187°; $[\alpha]_D^{20}$ +48° (c = 0,5 in abs. Chlf.); aus $C_{25}H_{42}N_2$ mit Aceton → $C_{28}H_{46}N_2$, F. 191—193°; $[\alpha]_D^{22}$ +30° (c = 0,48 in Chlf.). — Behandelt man **I** in Äthylacetat mit Essigsäureanhydrid (**II**), so erhält man das *N-Acetylderiv.* (**III**) $C_{28}H_{46}N_2O_2$, F. 235°; $[\alpha]_D^{22}$ +2° (c = 0,5 in Chlf.); *Hydrochlorid*, F. 299°; $[\alpha]_D^{22}$ −18° (c = 0,5 in 50%ig. A.). — Erfolgt die Behandlung von **I** mit **II** in Ggw. von Py., so erhält man das **III**, $C_{30}H_{48}N_2O_3$, F. ~ 135°; $[\alpha]_D^{22}$ −30° (c = 0,5 in Chlf.). — *Herzwirksame Heilmittel*. (**Brit.P. 1049396** vom 29/8. 1963, ausg. 30/11. 1966. Schwz. Prior. 6/9. 1962 u. 29/1. 1963. **Schwz.P. 419163** vom 6/9. 1962, ausg. 28/2. 1967.) — 7 S. — 2 S. C. Lüttgen 4846

1540 Ajinomoto Co., Inc., Tokio, Japan, **2-N-Aroyl-2'.3'-isopropylidenguanosine,** in denen die Arylgruppe ggf. einen NO_2-Rest trägt, erhält man durch Cyclisierung von 4-Carbamoyl-5-(N'-aroyl-S-methylisothiocarbamyl)-amino-1-(2'.3'-isopropyliden-β-D-ribofuranosyl)-imidazol auf 80—170°. *2-N-Benzoyl-2'.3'-isopropylidenguanosin*, $C_{20}H_{21}O_6N_5$. Durch Hydrolyse mit wss. HCl wird die Isopropylidengruppe abgespalten u. durch alkal. Hydrolyse der Aroylrest entfernt. — Zwischenprod. für Arzneimittel; *Pharmaka*. (**Brit.P. 1069116** vom 6/8. 1964, ausg. 17/5. 1967. Jap. Prior. 7/8., 7/8. u. 20/10. 1963.) — 7 S.
A. Jahn 4846

1541 Kyowa Hakko Kogyo Co. Ltd., Tokio, Japan, **Inosin** (Hypoxanthinribosid) erhält man durch Kultivieren von *Bacillus subtilis*, *Streptomyces fradiae* oder *Canadida utilis* im wss. Nährmedium unter aeroben Bedingungen unter Zusatz von Hypoxanthin u./oder Adenin, bes. bei 20—40° u. pH 4—9. — *Heilmittel*. (**Brit.P. 1080676** vom 22/10. 1965, ausg. 23/8. 1967. Jap. Prior. 26/10. 1964.) — 4 S. A. Jahn 4846

1542 F. Hoffmann-La Roche & Co. Akt.-Ges., Basel, Schweiz, **Herstellung von Nucleosiden.** Man setzt 5-Fluoruracil (**I**), 5-Fluorcytosin (**II**) oder **II**, das durch eine abspaltbare Alkyl- oder Acylgruppe geschützt ist, mit einem Hexa-(niederalkyl)-disilazan um, kondensiert das erhaltene 2.4-Bis-[tri-(niederalkyl)-silyloxy]-5-fluorpyrimidin, 2-[Tri-(niederalkyl)-silyloxy]-4-{N-[tri-(niederalkyl)-silyl]-amino}-5-fluorpyrimidin oder dessen N-geschütztes Deriv. mit Ribofuranosylhalogenid, 2-Deoxy-Ribofuranosylhalogenid, Arabinofuranosylhalogenid oder Glucopyranosylhalogenid, in denen die OH-Gruppen geschützt sind, um u. entfernt dann die Schutzgruppen, wobei N'-Ribosyl-, N'-2'-Deoxyribosyl-, N'-Glucopyranosyl- u. N'-Arabinofuranosylderiv. von **I** u. **II** erhalten werden. — **I** + Hexamethyldisilazan → 2.4-Bis-[trimethylsilyloxy]-5-fluorpyrimidin (**III**), $Kp._{14}$ 114—116,5°. — **III** + 3.5-Di-[O-p-Toluoyl]-2-deoxyribofuranosylchlorid → *3'.5'-Di-[p-Toluoyl]-5-fluor-2'-deoxyuridin*, F. 209—216°; *α-Isomer*, F. 205—207°, *β-Isomer*, F. 230 bis 231°. — **III** + Tri-[O-benzoyl]-α-D-arabinofuranosylbromid → *Tri-[O-benzoyl]-β-D-arabinofuranosyl-5-fluoruracil* (**IV**), F. 219—220°. — **IV** + $NaOCH_3$ → *5-Fluoruracil-β-D-arabinosid*, F. 182—183°. — **III** + 2.3.4.6-Tetra-[O-acetyl]-D-glucopyranosyl-(1)-bromid → *1-[2'.3'.4'.6'-Tetra-(O-acetyl)-β-D-glucopyranosyl]-5-fluoruracil* (**V**), F. 150—151°. — **V** + $NaOCH_3$ → *1-β-D-Glucopyranosyl-5-fluoruracil*, λ_{max} 268 mμ. — *α-* u. *β-Tri-[O-benzoyl]-N-p-toluoyl-D-arabinofuranosyl-5-fluorcytosin*, F. 87—95°. — *Heilmittel*. (**Brit.P. 1080491** vom 18/7. 1966, ausg. 23/8. 1967. U.S. Prior. 22/7. 1965.) — 7 S. A. Jahn 4846

1543 Syntex Corp., Panama, Panama (Erfinder: Alejandro Zaffaroni und Carlos Casas Campillo), **11-Hydroxysteroide** erhält man durch mikrobiolog. Hydroxylierung der entsprechenden 11-Desoxyverb. mit der Kultur eines 11-hydroxylierenden Mikroorganismus unter üblichen aeroben Bedingungen u. in Ggw. von Dimethylsulfoxid. — Man hydroxyliert 6α-Fluor-16α.17α-isopropylidendioxy-Δ^4-pregnen-21-ol-3.20-dion mit einer Kultur von *Cunninghamella blakesleeana* ATCC 8688b wie vorst. → *6α-Fluor-16α.17α-isopropylidendioxy-Δ^4-pregnen-11β.21-diol-3.20-dion*. — Die Hydroxylierung weiterer Steroide der Pregnan-, Androstan-, Östran-, Cholestan- u. Sapogeninreihe wird ohne Angabe der physikal. Kennzahlen beschrieben. — *Hormonwirksame Heilmittel*; Zwischenprod. zuderen Herstellung. (**Brit.P. 1083204** vom 15/3. 1965, ausg. 13/9. 1967.) — 6 S. U. Sievers 4847

1544 British Drug Houses Ltd., London, Großbritannien (Erfinder: Derek Burn und Vladimir Petrow), **6-Methyl- und 6-Methylenverbindungen der Pregnanreihe.** Man acetyliert z. B. 17α-Hydroxypregn-4-en-3.11.20-trion (**I**) mit Acetanhydrid in Ggw. von p-Toluolsulfonsäure → **I**-*17-Acetat*, F. 203—204°, welches sich durch Rk. mit Methylorthoformiat in methanol. HCl überführen läßt → *17α-Acetoxy-3-methoxypregna-3.5-dien-11.20-dion*, F. 175—177°; daraus durch Rk. mit $POCl_3$-Dimethylformamid in Äthylendichlorid → *17α-Acetoxy-6-formyl-3-methoxypregna-3.5-dien-11.20-dion*, F. 214°, welches sich mit $NaBH_4$ red. läßt → *17α-Acetoxy-6-methylenpregna-4-en-3.11.20-trion* (nach saurer Spaltung der Enoläthergruppe), F. 241—243°; daraus durch katalyt. Hydrierung in Ggw. von Pd-Kohle in A. u. Na-Acetat → *17α-Acetoxy-6-methylpregna-4.6-dien-3.11.20-trion* (**II**), F. 216—217°. — Man kann auch 17α-Acetoxy-3-methoxypregna-3.5-dien-11.20-dion wie vorst. formylieren, mit $LiBH_4$ u. dann katalyt. wie vorst. hydrieren → *17α-Acetoxy-3-methoxy-6-methylpregna-3.5-dien-11.20-dion*, F. 226°, welches sich durch Dehydrierung mit Chloranil überführen läßt → **II**. — *Hormonwirksame Heilmittel*. (**Brit.P. 1078174** vom 1/7. 1965, ausg. 2/8. 1967.) — 5 S. U. Sievers 4847

1545 British Drug Houses Ltd., London, Großbritannien (Erfinder: Derek Burn, Robert Victor Coombs und Vladimir Petrow), **Steroid-4.6-dien-3-ketone,** die eine 6ständige substituierte Methylgruppe tragen, erhält man durch Rk. der entsprechenden 6-Halogenmethylverb. mit Na-, Li oder Ag-Cyanid, -Rhodanid, -Selenocyanid, -Azid, -Nitrit oder -Phthalimid. — Man setzt 17α-Acetoxy-6-brommethyl-16-methylenpregna-4.6-dien-3.20-dion mit KCN in Dimethylformamid um → *17α-Acetoxy-6-cyanmethylpregna-4.6-dien-3.20-dion*, F. 248° (Zers.). — Analog *17α-Acetoxy-16-methylen-6-thiocyanatomethylpregna-4.6-dien-3.20-dion*, F. 207,5° (Zers.). — *17α-Acetoxy-6-azidomethyl-16-methylenpregna-4.6-dien-3.20-dion*, F. 175—177°. — *17α-Acetoxy-16-methylen-6-phthalimidomethylpregna-4.6-dien-3.20-dion*. — *17α-Acetoxy-16-methylen-6-selenocyanmethylpregna-4.6-dien-3.20-dion*, F. 205° (Zers.). — *17α-Acetoxy-16-methylen-6-nitromethylpregna-4.6-dien-3.20-dion*, F. 251,5° (Zers.). — *17β-Acetoxy-6-thiocyanatomethylandrosta-4.6-dien-3-on*, F. 175°. — *17β-Acetoxy-6-cyanmethylandrosta-4.6-dien-3-on*, F. 163°. — *17α-Acetoxy-6-thiocyanatomethylpregna-4.6-dien-3.20-dion*, F. 91°. — *16α.17α-Isopropylidendioxy-6-thiocyanatomethylpregna-4.6-dien-3.20-dion*, F. 184°. — *17α-Acetoxy-6-azidomethylpregna-4.6-dien-3.20-dion*, F. 175°. — *16α.17α-Isopropylidendioxy-6-phthalimidomethylpregna-4.6-dien-3.20-dion*, F. 140—150° (Zers.). — *17β-Acetoxy-6-selenocyanatomethylandrosta-4.6-dien-3-on*, F. 192,5°. — *21-Acetoxy-6-azidomethyl-11β.17α-dihydroxypregna-4.6-dien-3.20-dion*. — *21-Acetoxy-6-thiocyanatomethyl-11β.17α-dihydroxypregna-4.6-dien-3.20-dion*. — *21-Acetoxy-6-selenocyanatomethyl-11β.17α-dihydroxypregna-4.6-dien-3.20-dion*. — *Hormonwirksame Heilmittel*; Zwischenprod. zu deren Herstellung. (**Brit.P. 1063922** vom 31/3. 1965, ausg. 5/4. 1967.) — 10 S. U. Sievers 4847

1546 British Drug Houses Ltd., London, Großbritannien (Erfinder: Derek Burn, Robert Victor Coombs und Vladimir Petrow), **Steroid-4.6-dien-3-ketone, die einen substituierten 6ständigen Methylsubstituenten tragen,** erhält man durch Rk. der entsprechenden 6-Halogenmethylverb. mit einer Verb. M–X–R, M = Na, K, Li; X = O, S; R = Acyl, Alkyl, Cycloalkyl mit bis zu 20 C-Atomen. — Man setzt 17α-Acetoxy-6-brommethyl-16-methylenpregna-4.6-dien-3.20-dion (**I**) mit Na-Thiophenat in N-Methyl-2-pyrrolidon bei Raumtemp. 5 Min. um → *17α-Acetoxy-16-methylen-6-phenylthiomethylpregna-4.6-dien-3.20-dion*, F. 161°. — Analog: **I** + Na-Phenylat → *17α-Acetoxy-16-methylen-6-phenoxymethylpregna-4.6-dien-3.20-dion*, F. 188,5°. — *17α-Acetoxy-16-methylen-6-(p-nitrophenoxy)-methylpregna-4.6-dien-3.20-dion*, F. 203—205°. — *17α-Acetoxy-6-methoxymethyl-16-methylenpregna-4.6-dien-3.20-dion*, F. 175°. — *17β-Acetoxy-6-acetoxymethylandrosta-4.6-dien-3-on*, F. 101—102°. — *17α-Acetoxy-6-äthylthiomethyl-16-methylenpregna-4.6-dien-3.20-dion*. — *16α.17α-Isopropylidendioxy-6-(p-nitrophenoxy)-methylpregna-4.6-dien-3.20-dion*, F. 227°. — *17α-Acetoxy-6-(p-nitrophenoxy)-methylpregna-4.6-dien-3.20-dion*, F. 241—243°. — *17α-Acetoxy-6-phenoxymethylpregna-4.6-dien-3.20-dion*, F. 177°. — *17α-Acetoxy-6-phenylthiomethylpregna-4.6-dien-3.20-dion*, F. 185°. — *17α-Acetoxy-6-(p-phenylphenoxy)-methylpregna-4.6-dien-3.20-dion*, F. 194°. — *17α-Acetoxy-6-(o-phenylphenoxy)-methylpregna-4.6-dien-3.20-dion*, F. 215—216°. — *Hormonwirksame Heilmittel*. (**Brit.P. 1076962** vom 25/2. 1965, ausg. 26/7. 1967.) — 10 S. U. Sievers 4847

1547 Syntex Corp., Panama, Panama, **19-Amino-10α-Verbindungen der Androstanreihe** erhält man z. B. durch Rk. von 19-Hydroxy-10α-testosteron (**I**) mit Acetanhydrid in Py. → **I**-*17-Acetat*, welches sich durch Rk. mit CrO_3 in Aceton überführen läßt → *17β-Acetoxy-Δ^4-10α-androsten-3-on-19-säure*; daraus durch Rk. mit Oxalylchlorid u. Rk. des erhaltenen *19-Säurechlorids* (**II**) mit fl. NH_3 → *17β-Acetoxy-Δ^4-10α-androsten-3-on-19-säureamid*, welches sich durch Red. mit $LiAlH_4$ in Tetrahydrofuran überführen läßt → *19-Amino-Δ^4-10α-androsten-3β.17β-diol*; daraus durch Rk. mit 2.3-Dichlor-5.6-dicyanbenzochinon → *19-Amino-Δ^4-androsten-17β-ol-3-on* (**III**). — Analog: **II** + Diäthylamin → *17β-Acetoxy-Δ^4-10α-androsten-3-on-19-säure-N.N-diäthylamid*. — **III** läßt sich durch Ketalisierung der 3-Oxogruppe, Ox. der 17β-Hydroxygruppe, Methylierung der 17-Stellung u. Ketalspaltung überführen → *17α-Methyl-19-amino-Δ^4-10α-androsten-17β-ol-3-on*. — Die Herst. weiterer Verb. wird ebenfalls ohne Angabe der physikal. Kennzahlen beschrieben. — *Anabolika, Androgene, antiöstrogen, antigonadotrop* wirksame u. *appetitanregende Mittel*. (**Brit.P. 1061026** vom 8/11. 1963, ausg. 8/3. 1967. U.S. Prior. 20/12. 1962.) — 6 S. U. Sievers 4847

1548 Shionogi & Co. Ltd., Osaka, Japan (Erfinder: Wataru Nagata und Haruo Nishimura), **17-Tertiäraminoalkoxyiminoverbindungen der Androstanreihe** erhält man z. B. durch Rk. von 17-Hydroxyimino-5α-androstan mit N.N-Dimethyl-2-chloräthylaminhydrochlorid in abs. A. u. in Ggw. von Na-Äthylat → *17-(2-Dimethylaminoäthoxy)-imino-5α-androstan*, F. 225—228,5°. — Analog: (-dimethylaminoäthoxy)-imino = **D**): *17-(2-**D**-5α-2-androsten* · HCl, F. 206—212°. — *17-(3-Piperi-*

dinopropoxy)-imino-5α-androstan-3β-ol (**II**), F. 124—126°; *Hydrochlorid*, F. 239—248°. — *17-2-***D***-5α-androstan-3β-ol*, F. 137,5—139,5°; *Methjodid*, F. 268—270,5°. — *17-2-***D***-5α-androstan-3-onhydrochlorid*, F. 217—222°. — **I** + p-Toluolsulfonylchlorid in Py. → **I**-*3-p-Toluolsulfonat*, welches sich durch Rk. mit LiCl in Dioxan überführen läßt → *3α-Chlor-17-***D***-5α-androstanhydrochlorid*, F. 210 bis 216°; *Perjodat*, F. 216—220°. — *Antimikrobiell* wirksame *Heilmittel*. (**Brit.P. 1062506** vom 8/10. 1965, ausg. 22/3. 1967.) — 11 S. U. Sievers 4847

1549 G. D. Searle & Co., Chicago, Ill., USA, **17β-Androstan- bzw. Östranyloxytrialkylsilane.** Man setzt z. B. Androst-4-en-17β-ol in Py. mit Hexamethyldisilazan u. Trimethylchlorsilan um → *Androst-4-en-17β-yloxytrimethylsilan*, F. 133—135°, — Analog: *3-Oxoandrost-4-en-17β-yloxytrimethylsilan*, F. 133—134°. — *3-Oxoöstr-4-en-17β-yloxytrimethylsilan*, F. 118—120°. — *17α-Methyl-3-oxoandrost-4-en-17β-yloxytrimethylsilan*, F. 104—111°. — *17α-Äthyl-3-oxoöstr-4-en-17β-yloxytrimethylsilan*, F. ca. 100°. — *3-Oxoandrosta-1.4-dien-17β-yloxytrimethylsilan*, F. 101—104°. — *3-Oxoandrost-4-en-17β-yloxyäthyldimethylsilan*. — *Anabolika*; *Androgene*. (**Brit.P. 1084759** vom 26/8. 1965, ausg. 27/9. 1967. U.S. Prior. 27/8. 1964 u. 28/4. 1965.) — 3 S. U. Sievers 4847

1550 G. D. Searle & Co., Chicago, Ill., USA, **2.3-Epithioverbindungen der Androstanreihe** erhält man z. B. durch Rk. von 17α-Methyl-3α-thiocyanato-5α-androstan-2β.17β-diol mit methanol. KOH → *2α.3α-Epithio-17α-methyl-5α-androstan-17β-ol*, F. 173—174°. — Analog: *2α.3α-Epithio-5α-androstan-17-on*, F. 106—108°, welches sich wie üblich äthinylieren läßt → *2α.3α-Epithio-17α-äthinyl-5α-androstan-17β-ol*, F. 169—171°. — Man kann auch die 17α-Alkylierung bzw. -Äthinylierung u. dann die Einführung der 2α.3α-Epithiogruppe durchführen. — *Anabolika, Androgene, antiöstrogen* wirksame *Heilmittel*. (**Brit.P. 1071031** vom 11/8. 1964, ausg. 7/6. 1967. U.S. Prior. 12/8. 1963.) — 5 S. U. Sievers 4847

1551 Shionogi & Co. Ltd., Osaka, Japan, **Furanverbindungen** erhält man durch Red. der entsprechenden α.β-ungesätt. γ-Lactonverb. mit einem Al-Hydrid. — Man red. 3-Methyl-2.4.5.6.7.7a-Hexahydrobenzofuran-2-on mit Diisobutyl-AlH_4 in Tetrahydrofuran → *3-Methyl-4.5.6.7-tetrahydrobenzofuran*, $C_9H_{12}O$, $Kp._8$ 55°. — Analog: *dl-3.8a-Dimethyl-trans-4.4a.5.6.7.8.8a.9-octahydronaphtho-[2.3-b]-furan*, $C_{14}H_{20}O$, F. 35—37,5°. — *l-3.5β.8β-Trimethyl-4.5.5aα.6.7.8.8aα.9-octahydroazuleno-[5.6-b]-furan*, $C_{15}H_{22}O$, $Kp._{1,5}$ 110°. — *3.4-Dimethoxy-4′.17-dimethylfuro-[2′.3′;6.7]-Δ^6-morphinan*, Öl. — 3β.14-Dihydroxy-5β-card-20(22)-enolid → *17β-(3-Furyl)-5β.14β-androstan-3β.14-diol*, $C_{23}H_{34}O_3$, F. 208—209°. — *17β-(3-Furyl)-5β.14β-androstan-3β.14.16β-triol*, $C_{23}H_{34}O_4$, F. 247—249°. — *3β-Acetoxy-17β-(3-furyl)-5β-androst-14-en*, $C_{25}H_{34}O_3$, F. 145—148°. — *3β-Acetoxy-17β-(3-furyl)-5β-androstan*, $C_{25}H_{36}O_3$, F. 123—125°. — *17-(3-Furyl)-5β.14β-androst-16-en-14-ol*, $C_{23}H_{32}O_4$, F. 145—148°. — *17β-(3-Furyl)-5β-androst-14-en-3β.16β-diol*, $C_{23}H_{32}O_3$, F. 168 bis 171°. — *17α-(3-Furyl)-5β.14β-androstan-3β-ol*, $C_{23}H_{34}O_2$, F. 152—153,5°. — *17-(3-Furyl)-5β-androstan-14.16-dien-3β-ol*, $C_{23}H_{30}O_2$, F. 145—147°. — *3.3-Äthylendioxy-17β-(3-furyl)-14β-androst-5-en-14-ol*, $C_{25}H_{34}O_4$, F. 136—138°; *freies 3-Keton*, F. 184—186°. — *3β.5.14-Trihydroxy-17β-(3-furyl)-5β.14β-androstan-19-al*, $C_{23}H_{32}O_5$, F. 183—185°. — *17β-(3-Furyl)-5β.14β-androstan-3β.5.14.19-tetraol*, amorph. — *17β-(3-Furyl)-5β.14β-androstan-3β.14-diol-3-tridigitoxosid*, F. 232—240°. — *4′-Methyl-17β-acetoxy-furo-[3′.2′;2.3]-5α-androst-2-en*, $C_{24}H_{34}O_3$, F. 155—157°. *Androgene, Anabolika*; das *Wachstum fördernde Mittel*. (**Brit.P. 1081647** vom 23/3. 1966, ausg. 31/8. 1967. Jap. Prior. 1/4. 1965.) — 14 S. U. Sievers 4847

1552 G. D. Searle & Co., Chicago, Ill., USA, **5α-Androst-1-ene.** Man verestert z. B. 17β-Hydroxy-5α-androst-1-en-3-on (**I**) mit p-tert.-Butylphenoxyacetylchlorid in Py. → *17β-(p-tert.-Butylphenoxyacet)-oxy-5α-androst-1-en-3-on*(**IIa**), F. 158,5—160°. — Analog: **I** + Dihydropyran in Ggw. von p-Toluolsulfonsäure → **I**-*17-Tetrahydropyranyläther*, F. 94—96°, daraus durch Red. mit $LiAlH_4$ → *17β-Tetrahydropyranyl-2-oxy-5α-androst-1-en-3β-ol* (**II**), F. 130—133°; daraus durch Acetylierung mit Acetanhydrid in Py. → **II**-*3-Acetat*. — Man kann auch **I** mit α-Chloressigsäureanhydrid umsetzen u. die erhaltene 17β-Chloracetoxyverb. durch Rk. mit Na-tert.-Butylphenolat überführen → **IIa**. — *Anabolika, Androgene, antiöstrogen* wirksame *Heilmittel*. (**Brit.P. 1071509** vom 12/5. 1966, ausg. 7/6. 1967. U.S. Prior. 13/5. 1965.)— 4 S. U. Sievers 4847

1553 Syntex Corp., Panama, Panama, **$\Delta^{1.4}$-3-Ketosteroide** erhält man durch Bebrütung des entsprechenden Δ^4-3-Keto-, Δ^5-3-Hydroxy- oder -Acyloxysteroids der Androstan- oder Pregnanreihe mit einer Kultur von *Mycobacterium acapulcensis* unter üblichen aeroben Bedingungen. — Es wird die Umwandlung von Δ^5-Androsten-3β-ol-17-on → *$\Delta^{1.4}$-Androstadien-3.17-dion*; 17α-Methyl-Δ^5-androsten-3β.17β-diol → *17α-Methyl-$\Delta^{1.4}$-androstadien-17β-ol-3-on*; 4-Methyltestosteron → *4-Methyl-$\Delta^{1.4}$-androstadien-3.17-dion*; Progesteron → *1-Dehydroprogesteron*; Cortison bzw. Hydrocortison → *Prednison* bzw. *Prednisolon* beschrieben. — *Hormonwirksame Heilmittel*. (**Brit.P. 1082508** vom 10/11. 1965, ausg. 6/9. 1967. U.S. Prior. 8/12. 1964.) — 5 S. U. Sievers 4847

1554 Upjohn Co., Kalamazoo, Mich., USA, **17β-Hydroxy-4.9(11)-androstadien-3-on** (**I**), F. 153—155°, erhält man z. B. durch Rk. von 11β.17α.20.21-Tetrahydroxy-4-pregnen-3-on-21-acetat mit Pb-Tetraacetat in Eisessig → *11β-Hydroxyandrost-4-en-3.17-dion*, welches sich durch Dehydratisierung mit der SO_2–Py.-Komplexverb. überführen läßt → *Androsta-4.9(11)-dien-3.17-dion*; daraus durch Rk. mit Pyrrolidin in Methanol u. Red. des erhaltenen 3-Pyrrolidylenamins mit $LiAlH_4$ in Tetrahydrofuran u. Hydrolyse der Schutzgruppe → **I**. — Zwischenprod. zur Herst. von *Heilmitteln*. (**Brit.P. 1081307** vom 29/6. 1966, ausg. 31/8. 1967. U.S. Prior. 15/7. 1965.) — 5 S. U. Sievers 4847

1555 Trustees of Tufts College, Medford (Erfinder: Vlasios Georgian, Belmont), Mass., USA, **6.6-Äthylentestosteronverbindungen** erhält man durch Rk. der entsprechenden 6-Methylentestosteronverb. mit Trimethylsulfoxoniumjodid (**I**) in Ggw. von NaH u. ggf. Hydrolyse einer vorhandenen 17ständigen Acetatgruppe. — Man setzt z. B. 6-Methylentestosteronacetat, F. 139—141°, mit **I** in Ggw. von NaH unter N_2 um → *6.6-Äthylentestosteronacetat*, F. 147—150°, neben *6.6-Äthylentestosteron* (**IIa**). F. 222—224° (nach chromatograph. Aufarbeitung). — Analog: 6-Methylen-17α-methyltestosteronacetat, F. 134 bis 135°, → *6.6-Äthylen-17α-methyltestosteronacetat*, F. 164 bis 165°; *freier Alkohol* (**II**), F. 186—187°. — 6-Methylen-17α-äthinyltestosteronacetat, F. 164—165°, → *6.6-Äthylen-17α-äthinyltestosteron*, F. 237—238°, welches sich katalyt. partiell hydrieren läßt → *6.6-Äthylen-17α-vinyltestosteron*, F. 206—208°. — **II** + Dichlordicyanbenzochinon → *6.6-Äthylen-17α-methyl-1.4-androstadien-17β-ol-3-on*, F. 188—190°. — Analog: *6.6-Äthylen-1.4-androstadien-17β-ol-3-on*, F. 174—175°. — **IIa**-*Cyclopenten-1-yläther*. — Die Herst. weiterer Verb. wird ohne Angabe physikal. Kennzahlen beschrieben. — *Anabol.-androgen* wirksame *Heilmittel*. (**Brit.P. 1070329** vom 28/4. 1965, ausg. 1/6. 1967. **Schwz.P. 435263** vom 10/5. 1965, ausg. 31/10. 1967. Beide U.S. Prior. 11/5. 1964.) — 6 S. — 4 S. U. Sievers 4847

1556 Shionogi & Co. Ltd., Osaka, Japan, **5.10.17-Trihydroxyverbindungen der Östranreihe** erhält man durch Hydroxylierung der entsprechenden 5(10)-Ene u. ggf. übliche Folgerk. in der 17-Stellung. — Man setzt 17β-Hydroxy-5(10)-östren-3-on-3-bis-äthylenketal mit OsO_4 in Ggw. von Py. in Bzl. um → *3.3-Äthylendioxy-5β-* u. *-5α.10α-östran-5.10.17β-triol*, Gemisch der Isomeren, welches sich nach Acetylierung chromatograph. trennen läßt → *3.3-Äthylendioxy-5β-östran-5.10.17β-triol-17-acetat* (**Ia**), F. 166—167,5° u. *3.3-Äthylendioxy-5α.10α-östran-5.10.17β-triol-17-acetat*, F. 196—196,5°; aus **Ia** durch Verseifung mit methanol. KOH → *3.3-Äthylendioxy-5β-östran-5.10.17β-triol* (**I**), F. 173,5—175°. — Analog: *3.3-Äthylendioxy-5α.10α-östran-5.10.17β-triol* (**II**), F. 217—222°. — **I** läßt sich sauer deketalisieren → *5.10.17β-Trihydroxy-5β-östran-3-on*, F. 118—120°. — Analog:

5.10.17β-Trihydroxy-5α.10α-östran-3-on, F. 158—160°. — Analog: 3.3-Äthylendioxy-17α-methyl-5(10)-östren-17β-ol, F. 114—116,5°, → *3.3-Äthylendioxy-17α-methyl-5β-östran-5.10.17β-triol* (**IIIc**), F. 164—164,5°, neben *3.3-Äthylendioxy-17α-methyl-5α.10α-östran-5.10.17β-triol*, F. 265—268°. — *17α-Methyl-5.10.17β-trihydroxy-5β-östran-3-on*, F. 181—182°. — *17α-Methyl-5.10.17β-trihydroxy-5α.10α-östran-3-on*, F. 202—210°. — *3.3-Äthylendioxy-5β-östran-5.10.17β-triol* (**IIIa**), F. 173,5—175°. — *3.3-Äthylendioxy-5α.10α-östran-5.10.17β-triol* (**IIIb**), F. 217 bis 222°. — **Ia** läßt sich sauer deketalisieren → *17β-Acetoxy-5.10-dihydroxy-5β-östran-3-on*, F. 183—185°. — Analog: *17β-Acetoxy-5.10-dihydroxy-5α.10α-östran-3-on*. — **I**-*17-Benzyläther* (**III**), F. 156—157,5°. — **II**-*17-Benzyläther* (**IV**), F. 164,5—166°. — **III** läßt sich durch übliche katalyt. Hydrierung überführen → **IIIa**. — Analog: **IV** → **IIIb**. — 3.3-Äthylendioxy-5(10)-östren-17-on → → *3.3-Äthylendioxy-5.10-dihydroxy-5β-östran-17-on* (**V**), F. 180—182°, neben dem *5α.10α-Isomeren*. — **IIIa** läßt sich durch CrO_3-Ox. überführen → **V**, welches sich durch Rk. mit $LiCH_3$ überführen läßt → **IIIc**. — Man kann die Hydroxylierung z. B. auch mit RuO_2 durchführen. — Den *Cholesterinspiegel* des Blutes *senkende Heilmittel* ohne hormonelle Nebenwirkungen. (**Brit.P. 1080150** vom 22/12. 1965, ausg. 23/8. 1967. Jap. Prior. 29/12. 1964.) — 7 S. U. Sievers 4847

1557 Herchel Smith, Wayne (Erfinder: Gordon Alan Hughes, Konshohocken, und Herchel Smith, Wayne), Pa., USA, **18-Alkylsteroidketone.** Man setzt z. B. 1.4-Dihydro-17α-äthyl-18-homoöstradiol-3-methyläther mit wss. Oxalsäure um → *17α-Äthyl-18-homoöstr-5(10)-en-17β-ol-3-on*, $C_{21}H_{32}O_2$, F. 142—143,5°. — Analog: *17α-Äthinyl-18-homoöstr-5(10)-en-17β-ol-3-on*, F. 169 bis 173°. — *17α-Allyl-18-homoöstr-5(10)-en-17β-ol-3-on*. — *18-Homo-17α-(1-propinyl)-östr-5(10)-en-17β-ol-3-on*, F. 156 bis 159°. — *18-Homo-17α-(2-methallyl)-östr-5(10)-en-17β-ol-3-on*. — *17α-Methyl-18-nor-13β-n-propylöstr-5(10)-en-17β-ol-3-on*, F. 158—163°. — *17α-Äthinyl-18-nor-13β-n-propylöstr-5(10)-en-17β-ol-3-on*, F. 201—205°. — *18-Nor-13β-n-propyl-17α-(1-propinyl)-östr-5(10)-en-17β-ol-3-on*, $C_{23}H_{32}O_2$, F. 147—150°. — *13β-n-Butyl-17α-äthinyl-18-noröstr-5*(10)-*en-17β-ol-3-on*, F. 160—164°. — *17α-Chloräthinyl-17β-hydroxy-18-homoöstr-5(10)-en-3-on*, $C_{21}H_{27}Cl \cdot O_2$, F. 115—120°. — Man kann auch 1.4-Dihydro-18-homo-17α-methylöstradiol-3-methyläther durch Rk. mit methanol. HCl überführen → *18-Homo-17α-methyl-19-nortestosteron*, F. 128—129°. — Analog: *17α-Äthyl-18-homo-19-nortestosteron*, F. 139—141°. — *17α-Äthinyl-18-homo-19-nortestosteron*, F. 203—206°. — *18-Homo-19-nor-17α-n-propyltestosteron*, $C_{22}H_{34}O_2$, F. 132—134,5°. — *17α-Allyl-18-homo-19-nortestosteron*. — *18-Homo-19-nor-17α-(1-propinyl)-testosteron*, F. 124—125°. — *18-Homo-17α-(2-methallyl)-19-nortestosteron*. — *18.19-Bis-nor-17α-methyl-13β-n-propyltestosteron*, F. 134—135,5°. — *18.19-Bis-nor-17α-äthyl-13β-n-propyltestosteron*, F. 98—100°. — *18.19-Bis-nor-17α-äthinyl-13β-n-propyltestosteron*, $C_{22} \cdot H_{30}O_2$, F. 149—150,5°. — *18.19-Bis-nor-13β.17α-bis-n-propyltestosteron*, F. 147—149°. — *17α-Allyl-18.19-bis-nor-13β-n-propyltestosteron*, $C_{23}H_{34}O_2$, F. 135—137°. — *18.19-Bis-nor-13β-n-propyl-17α-(1-propinyl)-testosteron*, $C_{23}H_{32} \cdot O_2$, F. 182—184°. — *18.19-Bis-nor-17α-(2-methallyl)-13β-n-propyltestosteron*, $C_{24}H_{36}O_2$, F. 141,5—143,5°. — *18.19-Bis-nor-17α-[1-methallyl)-13β-n-propyltestosteron*. — *18.* 19-*Bis-nor-13β-n-butyl-17α-äthyltestosteron*, F. 78—80°. — *13β-n-Butyl-17α-äthinyl-18.19-bis-nortestosteron*, $C_{23}H_{32} \cdot O_2$, F. 159—163°. — *17α-Äthyl-18-homo-19-nortestosteron*, F. 138—139°. — *17α-Äthinyl-18-homo-19-nortestosteron* (**I**), F. 206°. — *17α-Äthyl-18-homo-19-nortestosteron*, $C_{21} \cdot H_{32}O_3$, F. 144—145°. — *17α-Chloräthinyl-18-homo-19-nortestosteron*, F. 178—182°. — **I** läßt sich katalyt. hydrieren → *18-Homo-19-nor-17α-vinyltestosteron*, $C_{21}H_{30}O_2$, F. 108—111°, bzw. *17α-Äthyl-18-homo-19-nortestosteron* (**II**), F. 144°. — Analog: *18.19-Bis-nor-13β-n-propyl-17α-vinyltestosteron*, F. 94—97°. — 13β-Äthyl-17α-chloräthinylgon-4-en-3-on-17β-ol → *13β-Äthyl-17α-(2′-chlorvinyl)-gon-4-en-3-on-17β-ol*. — Man kann auch 17α-Äthyl-18-homo-östr-5-en-3.17β-diol, F. 178—182°, durch Ox. mit CrO_3 in Aceton u. in Ggw. von festem CO_2 in **II** überführen. — Alle vorst. Verb. wurden in der (±)-Form eingesetzt oder erhalten. — *Anabolika, Androgene, Progestatika*; *Östrogenantagonisten*; den *Blutcholesterinspiegel senkenke Heilmittel*. (**Brit.P. 1041279** vom 19/10. 1961, ausg. 1/9. 1966. **F.P. 1437364** vom 17/10. 1962, ausg. 6/7. 1966. **Schwz.P. 432509** vom 17/10. 1962, ausg. 15/9. 1967. **Oe.PP. 256354, 256355** u. **256356** vom 19/10. 1962, ausg. 25/8. 1967. Alle Brit. Prior. 19/10. 1961.) — 17 S. — 11 S. — 2 S. — 4 S. — 4 S. — 4 S. U. Sievers 4847

1558 Herchel Smith, Wayne, Pa., USA (Erfinder: Gordon Alan Hughes und Herchel Smith), **D-Homo-$\Delta^{5(10)}$- oder -$\Delta^{4(5)}$-Verbindungen der Gonanreihe.** Man red. z. B. 13β-Äthyl-D-homo-3-methoxygona-1.3.5(10)-trien-17aβ-ol mit Li in fl. NH_3 → *13β-Äthyl-D-homo-3-methoxygona-2.5(10)-dien-17aβ-ol* (**Ia**), F. 141—143°, welches sich nach Oppenauer ox. läßt → *13β-Äthyl-D-homo-3-methoxygona-2.5(10)-dien-17a-on* (**I**), F. 138—145°. Analog: *13β-Äthyl-D-homo-3-methoxy-17α-methylgona-2.5(10)-dien-17aβ-ol*, F. 175—180°. — *13β.17aα-Diäthyl-D-homo-3-methoxygona-2.5(10)-dien-17aβ-ol*, F. 161—166°. — **I** + Li-Acetylid → *13β-Äthyl-17aα-äthinyl-D-homo-3-methoxygona-2.5(10)-dien-17aβ-ol*, F. 118—124°. — *D-Homo-3-methoxy-13β-n-propylgona-2.5(10)-dien-17aβ-ol*, F. 150 bis 157°, welches sich wie vorst. ox. läßt → *D-Homo-3-methoxy-13β-n-propylgona-2.5(10)-dien-17a-on*, F. 121 bis 130°; daraus durch Äthinylierung wie vorst. → *17aα-Äthinyl-D-homo-3-methoxy-13β-n-propylgona-2.5(10)-dien-17aβ-ol*, F. 65—75°. — **Ia** läßt sich durch Rk. mit methanol. Oxalsäuredihydrat überführen → *13β-Äthyl-D-homogon-6(10)-en-17aβ-ol-3-on*, F. 110—115°. — Analog: *13β.17aα-Diäthyl-D-homogona-5(10)-en-17aβ-ol-3-on*, F. 116—123°. — *13β-Äthyl-17aα-äthinyl-D-homogon-5(10)-en-17-aβ-ol-3-on*, F. 173—177°. — **Ia** + wss. konz. HCl → *13β-Äthyl-D-homogon-4-en-17aβ-ol-3-on*, F. 144—146°. — Analog: *13β-Äthyl-D-homo-17aα-methylgon-4-en-17aβ-ol-3-on*, F. 129,5—130,5°. — *13β.17aα-Diäthyl-D-homogon-4-en-17aβ-ol-3-on*, F. 153—155°. — *13β-Äthyl-17aα-äthinyl-D-homogon-4-en-17aβ-ol-3-on*, F. 171—174°. — *D-Homo-13β-n-propylgon-4-en-17aβ-ol-3-on*, F. 150 bis 152°. — *15aα-Äthinyl-D-homo-13β-n-propylgon-3-en-17aβ-ol-3-on*, F. 165—168°. — Alle vorst. Verb. liegen in der (±)-Form vor. — *Hormonwirksame Heilmittel*. (**Brit.P. 1054262** vom 10/5. 1963, ausg. 11/1. 1967. **Zusatz zu Brit.P. 1041279; s. vorst. Referat.**) — 8 S. U. Sievers 4847

1559 British Drug Houses Ltd., London, Großbritannien (Erfinder: Peter Feather und Vladimir Petrow), **17α-Alka-1′.3′-diinyl-17β-hydroxysteroide** erhält man durch Rk der entsprechenden 17-Oxoverb. mit einer Metallverb. eines Alka-1.3-diins. — Man setzt Östron-3-methyläther mit 1.4-Dichlorbut-2-in in Ggw. von $NaNH_2$ u. CH_3J in fl. NH_3 um → *17α-Penta-1′.3′-diinyl-3-methoxyöstra-1.3.5(10)-trien-17β-ol*, $[\alpha]_D^{29}$ —50°; *17-Methyläther*, F. 117,5°. — Analog: (-penta-1′.3′-diinyl = **P**; -hexa-1′.3′-diinyl = **H**): *17α-***P***-3-methoxyöstra-2.5(10)-dien-17β-ol*. — *17α-***P***-19-norandrost-4-en-17β-3-on*, F. 117,5°. — *17α-***P***-3-17β-dimethoxyöstra-2.5(10)-dien*. — *17α-***P***-17β-methoxy-19-norandrost-4-en-3-on*. — *17α-***P***-östr-5(10)-en-17β-ol-3-on*. — *17α-***H***-3-methoxyöstra-1.3.5(10)-trien-17β-ol*, F. 66—69°. — *17α-***H***-3.17β-dimethoxyöstra-1.3.5(10)-trien*, F. 80,5°. — *17α-***P***-androst-5-en-3β.17β-diol*, F. 236°. — *17α-***P***-androst-4-en-17β-ol-3-on*, F. 134,5°. — *17α-***P***-4-methylöstra-1.3.5(10)-trien-17β-ol*, F. 192,5°. — *17α-***P***-13β-äthyl-3-methoxygona-1.3.5(10)-trien-17β-ol*. — *17α-***H***-5α-androst-2-en-17β-ol*, F. 70°. — *17α-***P***-östra-1.3.5(10)-trien-17β-ol*. — *17α-***P***-5α-androst-2-en-17β-ol*. — *17α-***P***-3-methoxy-7α-methylöstra-1.3.5(10)-trien-17β-ol*. — *(dl)-17α-***H***-3-methoxy-18-methyl-östra-1.3.5(10).8(9)-tetraen-17β-ol*, F. 135,5°. — *(dl)-17α-***H***-3-methoxy-18-methyl-8α-östra-1.3.5(10)-trien-17β-ol*, F. 130°. — *17α-(5′-Cyclopropylpenta-1′.3′-diinyl)-3-methoxyöstra-1.3.5(10)-trien-17β-ol*, F. 73,5°. — *17α-(5′-Cyclopropylpenta-1′.3′-diinyl)-19-norandrost-4-en-17β-ol-3-on*, F. 244,5°. — *17α-(n-Nona-1′.3′-diinyl)-3-methoxyöstra-1.3.5(10)-trien-17β-ol*, F. 77°. — *17α-(n-Nona-1′.3′-diinyl)-19-norandrost-4-en-17β-ol-3-on*, F. 203°. — *17α-***H***-östra-1.3.5(10)-trien-3.17β-diol*, F. 129°. — *17α-***H***-androst-5-en-3β.17β-diol*, F. 144 bis 145°. — *17α-***H***-3-methoxy-1-methylöstra-1.3.5(10)-trien-17β-ol*, F. 147°. — *17α-***H***-17β-hydroxyandrosta-1.4-dien-3-on*, F. 200°. — *17α-***H***-17β-hydroxyandrost-4-en-3.11-*

dion, F. 127°. — *17α*-**H**-*östra-1.3.5(10)-trien-17β-ol*, F. 184°. — *17α-(n-Hepta-1'.3'-diinyl)-androst-5-en-3β.17β-diol*, F. 184,5°. — *17α*-**H**-*17β-hydroxyandrost-4-en-3-on*, F. 125°. — *(dl)-17α*-**H**-*17β-hydroxy-18-methyl-19-norandrost-4-en-3-on*, F. 138°. — *(dl)-17α-H-3-methoxy-7ζ-methyl-östra-1.3.5(10)-8-tetraen-17β-ol*, F. 122°. — *3-(2'-Diäthylaminoäthoxy)-17α*-**H**-*östra-1.3.5(10)-trien-17β-ol*, $[\alpha]_D^{27}$ −40°; *Maleat*, F. 145°. — *17α*-**P**-*östra-1.3.5(10)-trien-3.17β-diol*, F. 148—158°. — *17α*-**H**-*3-methoxyöstra-2.5(10)-dien-17β-ol*, F. 91°. — *17α*-**H**-*19-norandrost-4-en-17β-ol-3-on*, F. 163°. — *17α-n-Hepta-1'.3'-diinyl-3-methoxyöstra-1.3.5(10)-trien-17β-ol*, F. 65,5°. — *17α-n-Hepta-1'.3'-diinyl-19-norandrost-4-en-17β-ol-3-on*, F. 199,5°. — *17α-n-Octa-1'.3'-diinyl-3-methoxyöstra- 1.3.5(10)-trien-17β-ol*, F. 74,5°. — *17α-n-Octa-1'.3'-diinyl-19-norandrost-3-en-17β-ol-3-on*, F. 228,5°. — *17α*-**H**-*4-methylöstra-1.3.5(10)-trien-17β-ol*, F. 189°. — *3-Methoxy-17α-(6'-methylhepta-1'.3'-diinyl)-östra-1.3.5(10)-trien-17β-ol*, F. 91°. — *17β-Hydroxy-17α-(6'-methylhepta -1'.3'-diinyl)-19-norandrost-4-en-3-on*, F. 227,5°. — *17α*-**H**-*17β-hydroxyandrosta-4.6-dien-3-on*, F. 219°. — *17α*-**H**-*17β-hydroxy-6-methylandrosta-4.6-dien-3-on*, F. 263—265°. — *17α*-**H**-*17β-hydroxy-6-methylandrost-4-en-3-on*, F. 215,5—216,5°. — *17α*-**H**-*17β-hydroxy-6α-methyl-19-norandrost-4-en-3-on*, $[\alpha]_D^{31}$ −94°. — *Hormon-, antihormonwirksame* u. *lipothroph* wirksame *Heilmittel*. (**Brit.P. 1081494** vom 14/9. 1965, ausg. 31/8. 1967.) — 36 S. U. Sievers 4847

1560 Shalom Sarel, Yehuda Yanuka, Yehuda Shalon und Staat Israel, Jerusalem, Israel, **Steroidbutenolide** erhält man z. B. durch Rk. von 3α-Acetoxynorcholansäure (I) mit Br_2 in Py. u. $SOCl_2$ → *3α-Acetoxy-22-bromnorcholansäure*, F. 210—230° (nach chromatograph. Reinigung über Kieselgel), welche sich durch Überführung in den Methylester u. Rk. mit NaJ in tert.-Butanol u. Na-tert.-Butylat überführen läßt → *3α-Hydroxy-$\Delta^{20(22)}$-norcholensäure*, F. 210—211°; daraus durch Rk. mit SeO_2 in Essigsäure u. chromatograph. Reinigung an Kieselgel → *17β-Butenolid* des *3α-Acetoxy-10β.13β-dimethylperhydrocyclopentanophenanthrens*, IR-Spektren. — Analog lassen sich die entsprechenden 3β-Epimeren herstellen. — Zur Herst. von **I** setzt man Cholsäure mit Methanol/HCl um, führt den erhaltenen *Methylester* über die *7.12-Diketo-3-succinoxyverb.* über → *Lithocholsäure*, F. 184°; *Methylester*, F. 125—126°; daraus durch Rk. mit Phenyl-MgBr u. Acetylierung → *3α-Acetoxy-bis-norcholanyl-2.2-diphenyläthylen*, $C_{38}H_{50}O_2$, $[\alpha]_D^{20}$ 67°, welches sich durch Ox. mit CrO_3 in Eisessig überführen läßt → **I**, $C_{25}H_{40}O_4$, F. 177—178°; *freie 3α-Hydroxysäure*, $C_{23}H_{38}O_3$, F. 186°; daraus durch CrO_3-Ox. wie vorst. → *3-Ketonorcholansäure*, $C_{23}H_{36}O_3$, F. 180 bis 181°, welche sich durch katalyt. Hydrierung u. Digitonidspaltung des erhaltenen Gemisches der 3α- u. 3β-Hydroxyepimeren überführen läßt → *3β-Hydroxy-norcholansäure*, F. 186—187°; *3-Acetat* (**II**), $C_{25}H_{40}O_4$, F. 198°; **II**-*Methylester*, $C_{26}H_{42}O_4$, F. 149°. — *Herzwirksame Heilmittel*; Zwischenprod. zu deren Herstellung. (**Brit.P. 1081930** vom 2/12. 1964, ausg. 6/9. 1967. Israel. Prior. 5/12. 1963.) — 8 S. U. Sievers 4847

1561 Wellcome Foundation Ltd., London, Großbritannien (Erfinder: Samuel Wilkinson), **4'-Monobutylcymarin** (= 3β.4'-O-Butyryl-β-D-cymarosyloxy-5β.14β-dihydroxy-19-oxo-card-20(22)-enolid), F. 155°, erhält man durch Rk. von Cymarin mit Buttersäureanhydrid. — *Herzwirksames Heilmittel*. (**Brit.P. 1075252** vom 16/12. 1966, ausg. 12/7. 1967.) — 2 S. U. Sievers 4847

1562 Wellcome Foundation Ltd. (Erfinder: Samuel Wilkinson), London, Großbritannien, **Cymarinester.** Inhaltlich ident. mit Brit.P. 1075252; s. vorst. Referat. Zu ergänzen ist: *4'-Monopropionylcymarin*, F. 156°. — *Herzwirksame Heilmittel*. (**Schwz.P. 438277** vom 27/9. 1963, ausg. 30/9. 1967. Brit. Prior. 4/10. 1962 u. 16/8. 1963.) — 2 S. U. Sievers 4847

1563 Ferring A/B, Malmö, Schweden, **Herstellung von polymerem Corticotrophin** durch Behandlung von Corticotrophin mit bekannten Mitteln zur Erzeugung einer Peptidbindung durch Abspaltung von W. aus einer endständigen Amino- u. HO-Gruppe, z. B. durch Behandlung mit N.N'-disubstituiertem Carbodiimid. — *Therapeutika*. (**Brit.P. 1078334** vom 9/4. 1965, ausg. 21/6. 1967. Schwed. Prior. 26/5. 1964.) — 3 S. R. Bauereis 4847

1564 Eli Lilly & Co., Indianapolis, Ind., USA (Erfinder: Richard Thaddeus Rapala), **1-Adamantansäureester von Corticosteroiden** erhält man durch übliche Veresterung der freien Corticosteroid-21-alkohole mit einem reaktionsfähigen Deriv. der Adamantansäure. — Man setzt z. B. 6α-Fluor-16α-hydroxyhydrocortison-16α.17α-acetonid (**I**) mit Adamantoylchlorid in Bzl. u. in Ggw. von Py. um → **I**-*21-(1-adamantoat)*, $C_{35}H_{49}FO_8$, F. 268—272°. — Analog: *Prednisolon-21-(1-adamantoat)*, F. 253—256°. — *Corticoide* mit geringen unerwünschten Nebenwirkungen. (**Brit.P. 1056198** vom 4/11. 1965, ausg. 25/1. 1967.) — 2 S. U. Sievers 4847

1565 Beecham Group Ltd., Brentford, Großbritannien (Erfinder: Edward Raymond Stove), **Penicilline** der allg. Formel F'–C_6H_4–O–CH_2–CO–NH–A [A = an C_6 gebundener Rest der Penicillansäure (**I**)] erhält man durch Rk. von 6-Amino-**I** mit Fluorphenoxyessigsäure oder deren Derivaten. — Es wurden erhalten: *Fluorphenoxymethylpenicilline*; *o-Verb.* (73%ig.). — *m-Verb.* (73%ig., Ausb. 89%). — *p-Verb.* (80%ig). — *Bakterizide*. (**Brit.P. 1053817** vom 3/12. 1964, ausg. 4/1. 1967.) — 5 S. A. Jahn 4848

1566 Beecham Group Ltd., Brentford, Großbritannien (Erfinder: Edward Raymond Stove), **Penicilline** der allg. Formel C_6H_4(F)–OCH(R)CONH–A erhält man durch entsprechende Acylierung von 6-Aminopenicillansäure (R = C_{1-4}-Alkylrest; A = in 6-Stellung gebundener Rest der Penicillansäure). — Es wurden erhalten: *DL-α-[m-Fluorphenoxy]-äthylpenicillin* (Reinheit 72%). — *DL-α-[p-Fluorphenoxy]-äthylpenicillin* (Reinheit 81%). — *DL-α-[o-Fluorphenoxy]-äthylpenicillin* (Reinheit 74%). — *Antibiotika*. (**Brit.P. 1054209** vom 3/12. 1964, ausg. 4/1. 1967.) — 4 S. A. Jahn 4848

1567 Beecham Group Ltd., Brentford, Großbritannien (Erfinder: George Robert Fosker, John Herbert Charles Nayler und Harry Smith), **Penicilline** der allg. Formel HO_2C–X–CONHCH(R)CO–NH–A u. deren nichtgiftige Salze erhält man durch Rk. von 6-Aminopenicillansäure mit reaktiven Deriv. entsprechender Dicarbonsäuren oder durch Hydrogenolyse entsprechender endständiger Benzylester [R = Alkyl-, Aralkyl-, Aryl-, oder heterocycl. Rest; X = aliphat., aromat. oder heterocycl. Rest oder Einfachbindung; A = in 6-Stellung gebundener Rest der Penicillansäure (**I**)]. — Es wurden erhalten: Na-Salze: *6-[D-α-(o-Carboxybenzamido)-phenylacetamido]*-**I** (Reinheit 69%). — *6-[D-α-(β-Carboxypropionamido)-phenylacetamido]*-**I** (Reinheit 88%). — *6-[D-α-(β-Carboxyacrylamido)-phenylacetamido]*-**I** (Reinheit 90%). — *6-[α-(o-Carboxybenzamido)-3-thienylacetamido]*-**I**. — *6-[α-(β-Carboxypropionamido)-2-furylacetamido]*-**I**. — *6-[D-α-(γ-Carboxybutyramido)-phenylacetamido]*-**I** (Reinheit 71%). — *6-[D-α-(Carboxymethoxyacetamido)-phenylacetamido]*-**I** (Reinheit 63%). — *6-[D-α-(2-Carboxypyridin-3-carbonamido)-phenylacetamido]*-**I**. — *6-[D-α-(3-Carboxypyrazin-2-carbamido)-phenylacetamido]*-**I** (Reinheit 74%). — *6-[D-α(β-Carboxy-α.β-dichloracrylamido)-phenylacetamido]*-**I** (Reinheit 73%). — *6-[D-α-(o-Carboxyphenylacetamido)-phenylacetamido]*-**I**. — *6-[D-α-(o-Carboxymethylbenzamido)-phenylacetamido]*-**I**. — *6-[D-α-(m-Carboxybenzamido)-phenylacetamido]*-**I** (Reinheit 83%). — *6-[D-α-(5-Carboxypyrazol-3-carbonamido)-phenylacetamido]*-**I** (Reinheit 83%.). — *6-[D-α-(2-Carboxy-3-nitrobenzamido)-phenylacetamido]*-**I** (Reinheit 66%). — *6-[D-α-(β-Carboxyacrylamido)-m-hydroxyphenylacetamido]*-**I**. — *6-[DL-α-(β-Carboxyacrylamido)-valeramido]*-**I**. *6-[D-α-(Carboxyamido)-phenylacetamido]*-**I** (68% Reinheit). — *6-[D-α-(Carboxyacetamido)-phenylacetamido]*-**I** (Reinheit 34%). — *Bakterizide*. (**Brit.P. 1057697** vom 3/9. 1964, ausg. 8/2. 1967.) — 7 S. A. Jahn 4848

1568 Beecham Group Ltd., Brentford, Großbritannien (Erfinder: Kenneth David Hardy, John Herbert Charles Nayler und Edward Raymond Stove), **Penicilline** der allg. Formel $R^1N(R^2)SO_2CH(R)$–

CO–NH–A, deren Ester, Amide u. Salze erhält man durch entsprechende Acylierung von 6-Aminopenicillansäure u. ggf. nachfolgende Veresterung, Amidierung oder Salzbldg. (R = H, Alkyl-, Aryl-, heterocycl. Rest; R^1 u. R^2 = H, niedere Alkylreste; A = in 6-Stellung gebundener Rest der Penicillansäure). — Es wurden erhalten: *(α-Sulfamoyl)-benzylpenicillin, Na-Salz* (Reinheit 83%). — *(α-Sulfamoyl)-benzylpenicillinamid* (91%). — *(α-Sulfamoyl)-benzylpenicillin, Methylester*, F. 144—146° (Äthylacetat). — *α-(N.N-Dimethylsulfamoyl)-benzylpenicillin* (79,3%). — *Sulfamoylmethylpenicillin, Na-Salz* (57%). — *Bakterizide*. (**Brit.P. 1067965** vom 22/1. 1965, ausg. 10/5. 1967.) — 4 S. A. Jahn 4848

1569 Beecham Group Ltd., Brentford, Großbritannien (Erfinder: George Robert Fosker und John Herbert Charles Nayler), **Penicilline** der allg. Formel $H_2NXCO–NHCH(R)CO–NH–A$ u. deren nichtgiftige Salze erhält man durch Erzeugung der endständigen NH_2-Gruppe durch Hydrierung oder Hydrolyse aus entsprechenden Vorprod. [R = aromat. oder heteroaromat. Rest; X = C_{1-4}-KW-Stoffrest, der ggf. OH-substituiert oder durch Amidgruppen unterbrochen sein kann; A = in 6-Stellung gebundener Rest der Penicillansäure (**I**)]. — 6 - [D - α - (Benzyloxycarbonylglycylamino) - phenylacet - amido]-**I** + H_2Pd/C → *6-[D-α-(Glycylamino)-phenylacetamido]*-**I**, *Na-Salz* (Reinheit 65%). — Analog erhält man: *6-[D-α-(β-Aminopropionamido)-phenylacetamido]*-**I**, *Na-Salz*. — *6-[D-α-(α-Aminopropionamido)-phenylacetamido]*-**I**, Na-Salz. — *6-[D-α-(Glycylglycylamino)-phenylacetamido]*-**I**, *Na-Salz*. — *6-[D-α-(L-α-Amino-β-hydroxypropionamido)-phenylacetamido]*-**I**, *Na-Salz*. — *6-[D-α-(L-α-Amino-β-hydroxybutyramido)-phenylacetamido]*-**I**, *Na-Salz*. — *6-[D-α-(γ-Aminobutyramido)-phenylacetamido]*-**I**. — *Antibiotika*. (**Brit.P. 1080247** vom 27/7. 1965, ausg. 23/8. 1967.) — 6 S. A. Jahn 4848

1570 Bristol-Myers Co., East Syracuse, N.Y., USA (Erfinder: Yvon Gaston Perron, Ville d'Anjou, Quebec, Canada, Lee C. Cheney, Fayetteville, und John C. Godfrey, Syracuse, N.Y., USA), **Penicilline** der allg. Formel $R^1–CH(NH_2)CO–NH–A$ erhält man durch Rk. von 6-Aminopenicillansäure mit Carbonsäuren der allg. Formel $R^1–CH(X)CO_2H$ [X = $–NH_2$, $–N_3$ oder –NHB; B = Blockierungsrest, der durch Hydrierung abgespalten werden kann; R^1 = ggf. substituierter Thienyl-, Pyrryl-, Pyridylrest; A = in 6-Stellung substituierter Rest der Penicillansäure (**I**)] u. ggf. nachfolgende hydrogenolyt. Entfernung des Restes B. Es wurden erhalten: *DL-6-[α-Amino-(2-thienyl)-acetamido]*-**I**, F. (Zers.) 186—190°. — *DL-6-[α-Amino-(3-thienyl)-acetamido]*-**I**, F. (Zers.) 177—180°. — *6-[α-Amino-(5-äthyl-2-thienyl)-acetamido]*-**I**. — *6-[α-Amino-(5-methyl-2-thienyl)-acetamido]*-**I**. — *6-[α-Amino-(5-tert.-butyl-2-thienyl)-acetamido]*-**I**. — *6-[Amino-(2.5-dimethyl-3-thienyl)-acetamido]*-**I**. — *6-[(−)-α-Amino-(3-thienyl)-acetamido]*-**I**, F. 205° (Zers.). — *DL-6-[α-Amino-(4-pyridyl)-acetamido]*-**I**, *Hydrochlorid*, $C_{15}H_{18}N_4O_4S$, HCl · H_2O, F. 160—170°. — *DL-6-[α-Amino-(3-pyridyl)-acetamido]*-**I**, *Hydrochlorid*, $C_{15}H_{18}N_4O_4S$ · HCl · H_2O. — *6-[α-(N-Carbobenzoxyamino)-(3-pyridyl)-acetamido]*-**I**, *K-Salz*, F. 110—115°. — *DL-6-[α-Amino-(2-pyrrolyl)-acetamido]*-**I**, $C_{14}H_{18}N_4O_4S$, F. (Zers.) 230°. — *6-[(−)-α-Amino-(2-thienyl)-acetamido]*-**I**, $C_{14}H_{17}N_3O_4S_2$ · $3H_2O$, Zers. 205°. — *Bakterizide*. (**Brit.P. 1017615** vom 25/4. 1963, ausg. 19/1. 1966. **Schwz.P. 436298** vom 26/4. 1963, ausg. 15/11. 1967. Beide U.S. Prior. 27/4. u. 27/4. 1962.) — 16 S. A. Jahn 4848

1571 Bristol-Myers Co., East Syrakuse, N.Y., USA, **N-methylol-α-aminobenzylpenicillin** u. deren Alkalisalze erhält man durch Rk. von α-Aminobenzylpenicillin mit CH_2O, einer CH_2O abgebenden Verb. oder polymerem CH_2O im fl. Medium. — *Bakterizid*. (**Brit.P. 1060133** vom 25/3. 1964, ausg. 1/3. 1967. U.S. Prior. 1/4. 1963.) — 3 S. A. Jahn 4848

1572 Pfizer Ltd., Sandwich, Kent, Großbritannien (Erfinder: Roger John Brunton und Gilbert Armstrong), **Hydroxytetracyclin** erhält man aus W.-unlösl. Komplexen des Oxytetracyclins mit Aminen oder quatern. Ammoniumsalzen durch Einstellen auf einen pH von 4—6, bes. 4—4,5 in Ggw. von Harnstoff. — Aus einem Oxytetracyclinkomplex erhält man durch Zufügen von Harnstoff u. W., Filtrieren u. Zufügen von wss. NH_3 zum Filtrat bei einem pH von 4,1 *Hydroxytetracyclindihydrat*. (**Brit.P. 1060126** vom 3/11. 1964, ausg. 22/2. 1967.) — 3 S. R. Bollinger 4848

1573 Glaxo Laboratories Ltd., Greenford, Großbritannien (Erfinder: Wilfred Frank Wall, Michael Fatherley und Brian Boothroyd), **Cephalosporansäure(I)-Derivate** erhält man durch Rk. von 7-Amino-**I** mit gemischten Anhydriden aus niederen Alkansäuren $\leqq C_6$ u. Aminosäuren, deren Aminogruppe durch den Triphenylmethylrest (**II**) geschützt ist u. nachfolgende Abspaltung von **II** aus dem Rk.-Prod. durch saure Hydrolyse. — N-Triphenylmethylglycin + Triäthylamin + $ClCO_2C_2H_5$ + 7-Amino-**I** → *7-[α-Triphenylmethylacetamido]*-**I** (**III**), λ_{max} 262 mμ, $E^{1\%}_{1cm}$ 185 (A. 0,005%). — **III** + Essigsäure → *7-[α-Aminoacetamido]*-**I**, λ_{max} 260mμ, $E^{1\%}_{1cm}$ 244. — Ferner wurden erhalten: *7-[α-Methyl-α-triphenylmethylamino-acetamido]*-**I**, *Na-Salz*, λ_{max} 260mμ, $E^{1\%}_{1cm}$ 167 (W. 0,005%). — *7-[α-Amino-α-methylacetamido]*-**I**, λ_{max} 256 mμ, $E^{1\%}_{1cm}$ 191 (Na-Salz in W. 0,005%). — *7-[α-Phenyl-α-triphenylmethylaminoacetamido]*-**I**, λ_{max} 261 mμ, $E^{1\%}_{1cm}$ 133 (Methanol 0,005%). — *7-[α-Amino-α-phenylacetamido]*-**I**, λ_{max} 258 mμ, $E^{1\%}_{1cm}$ 133 (W. 0,005%). — *7-[β-Triphenylmethylaminopropionamido]*-**I**, λ_{max} 260 mμ, $E^{1\%}_{1cm}$ 137. — *7-[β-Aminopropionamido]*-**I**, λ_{max} 259 mμ, $E^{1\%}_{1cm}$ 218 (wss. Alkali 0,005%). — *7-[β-Phenyl-β-triphenylmethylaminopropionamido]*-**I**, λ_{max} 258 bis 260 mμ $E^{1\%}_{1cm}$ 128,5. — *7-[β-Phenyl-β-triphenylmethylaminopropionamido]*-**I**, λ_{max} 258 mμ, $E^{1\%}_{1cm}$ 175 (wss. Alkali 0,005%). — *7-[p-Triphenylmethylaminophenylacetamido]*-**I**, λ_{max} 256 mμ, $E^{1\%}_{1cm}$ 304, λ_{max} 235 mμ, $E^{1\%}_{1cm}$ 233 (A. 0,005%). — *7-[p-Aminophenylacetamido]*-**I**, λ_{max} 242 mμ, $E^{1\%}_{1cm}$ 379 (wss. Alkali 0,005%). — *7-[L-γ-Carboxy-γ-triphenylmethylaminobutyramido]*-**I**, λ_{max} 261 mμ, $E^{1\%}_{1cm}$ 132 λ_{min} 253, $E^{1\%}_{1cm}$ 130 (Methanol 0,005%). — *7-[L-γ-Amino-γ-carboxybutyramido]*-**I**, λ_{min} 260 mμ, $E^{1\%}_{1cm}$ 172. — *7-[11-Triphenylmethylaminoundecylamido]*-**I**. — *7-[11-Aminoundecylamido]*-**I**. — *7-[d.l-β-Triphenylmethylamino-β-carboxypropionamido]*-**I**. — *7-[d.l-β-Amino-β-carboxypropionamido]*-**I**, λ_{max} 258 mμ, $E^{1\%}_{1cm}$ 125. — *7-[4′-Amino-1′-naphthalinacetamido]*-**I**, λ_{max} 260 mμ, $E^{1\%}_{1cm}$ 240. — *Antibiotika*. (**Brit.P. 1054806** vom 20/7. 1962, ausg. 11/1. 1967.) — 7 S. A. Jahn 4848

1574 Fujisawa Pharmaceutical Co. Ltd., Osaka, Japan, **Cephalosporansäurederivate** der allg. Formel **II**

II 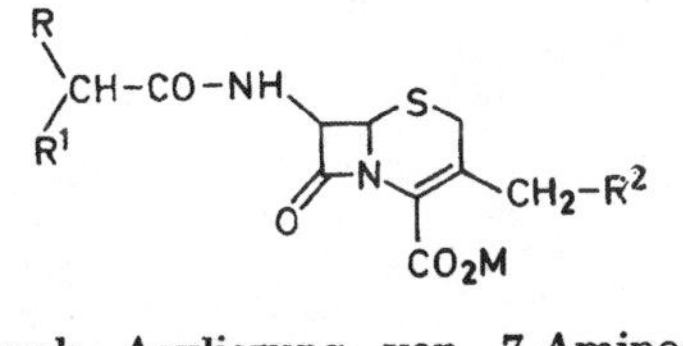

erhält man durch Acylierung von 7-Aminocephalosporansäureverb. mit α-substituierten Carbonsäuren der allg. Formel $RCH(R^1)–CO_2H$ oder deren reaktiven Deriv. [R = Halogen, N_3, Carbamoyl-, Naphthoxy-, Halogennaphthoxy-, Äthoxycarbonyl-, Arylmercapto-, Halogenarylmercapto-, . Phenoxyrest, niedere Alkylmercapto-, Alkanoyl-, Alkanoyloxy-, Alkoxyalkoxy-, Alkoxyaralkyl-, Alkenyl-, Alkoxyrest; R^1 = Aryl-, Halogenaryl-, Nitroaryl-, Aryloxy-, Arylmercaptorest; R^2 = Acetoxy-, Pyridinium, Imidazolinium-, Methylimidazoliniumrest; M = H, nicht giftiges Kation oder anion. Ladung). — Es wurden folgende Cephalosporansäurederiv. (**I**) erhalten: *7-(2-Chlor-2-phenylacetamido)*-**I**, $C_{18}H_{17}O_6H_2SCl$, F. 92—94°, *Dicyclohexylaminsalz*, F. 196—200° (A.–W.); *Dibenzylätherdiaminsalz*, F. 171—174° (Zers.); *Na-Salz*. — *7-(2-Brom-2-phenylacetamido)*-**I**, F. 141—142°. *Dicyclohexylaminsalz*, F. 159—165° (Zers.); *Dibenzyläthylendiaminsalz*, F. 150—153° (Zers.); *Na-Salz*. — *7-[2-Chlor-2-(p-chlorphenyl)-acetamido]*-**I**, F. 104—108°. — *7-[2-Chlor-2-(p-bromphenyl)-acetamido]*-**I**, F. 127—130° (Zers.). — *7-[2-Brom-2-(p-chlorphenyl)-acetamido]*-**I**, F. 85—92° (Zers.). — *7-[2-Chlor-2-(p-nitrophenyl)-acetamido]*-**I**, F. 60—63°. — *7-[2-Brom-2-(1-naphthyl)-acetamido]*-**I**, F.

115—125° (Zers.). — *7-[2-Azido-2-phenylacetamido]-I*, F. 76—78° (Zers.). — *7-[2-Azido-2-(p-chlorphenyl)-acetamido]* **I**, F. 200° (Zers.). — *7-[2-Azido-2-(p-nitrophenyl)-acetamido]*-**I**, F. 175—180° (Zers.). — *7-(2-Acetoxy-2-phenylacetamido)*-**I**, F. 92—96°. — *7-(2-Methylmercapto-2-phenylacetamido)*-**I**, F. 78—84° (Zers.). — *7-(2-Acetyl-2-phenylacetamido)*-**I**, F. 180—210° (Zers.). — *7-(2-Propylmercapto-2-phenylacetamido)*-**I**, F. 68—70°. — *7-[2-Phenyl-2-(o-bromphenylmercapto)-acetamido]*-**I**, F. 164 bis 167° (Zers.). — *7-[2-Phenyl-2-(1-brom-2-naphthoxy)-acetamido]*-**I**, F. 85—89° (Zers.). — *7-(2-Phenyl-3-aminomalonamido)*-**I**, F. 60—65° (Zers.). — *7-(2-Phenoxy-3-aminomalonamido)*-**I**, F. 100—110° (Zers.). — *7-[2-Phenyl-2-(2-naphthoxy)-acetamido]*-**I**, F. 85—100° (Zers.). — *7-[2-Phenyl-2-(2-äthoxyäthoxy)-acetamido]*-**I**, F. 33 bis 35°. — *7-(2-Phenoxy-2-äthoxycarbonylacetamido)*-**I**, F. 120—128° (Zers.). — *7-[2-Phenyl-2-(phenylmercapto)-acetamido]*-**I**, F. 114—120° (Zers.). — *7-[2.2-Di-(phenylmercapto)-acetamido]*-**I**, F. 78—85° (Zers.). — *7-{2-Phenyl-2-[o-methoxy-p-(2-propenyl)-phenoxy]-acetamido}*-**I**, hygroskop. Pulver. — *DL-7-[2-Phenyl-3-(p-methoxyphenyl)-propionamido]*-**I**, F. 104° (Zers.); $C_{26}H_{26}O_7M_2S \cdot H_2O$. — *7-(2-Chlor-2-phenylacetamido)-3-pyridinium-methylde*-**I**, *inneres Salz.* — *7-(2-Brom-2-phenylacetamido)-3-pyridinium-methylde*-**I**, *inneres Salz.* — *7-[2-Phenyl-3-(p-methoxyphenyl)-propionamido)]-3-pyridinium-methylde*-**I**, *inneres Salz*, F. 180° (Zers.). — *7-[2-Phenyl-3-(p-methoxyphenyl)-propionamido]-3-(1-imidazolium)-methyl-de*-**I**, *inneres Salz*, F. 65—70°. — *7-[2-Phenyl-3-(p-methoxyphenyl)-propionamido]-3-[1-(2-methyl)-imidazolium]-methyl-de*-**I**, *inneres Salz.* — *7-[2-Phenyl-3-(p-methoxyphenyl)-propionamido]-3-[1-(2-amino)-pyridinium]-methyl-de*-**I**, *inneres Salz.* — *Mikrobizide.* (**Brit.P. 1038529** vom 15/3. 1965, ausg. 10/8. 1966. Jap. Prior. 14/3. u. 23/7. 1964.) — 13S.

A. Jahn 4848

1575 Whitefin Holding Soc. An., Lugano, Schweiz, **N-Acetylcystein-Salz** des D-Threo-1-[p-Methylsulfonylphenyl]-2-dichloracetamido-3-aminoacetoxy-1-propanol, F. 158—160° erhält man durch Umsetzung der beiden Verb. in einem wasserfreien organ. Lösungsmittel. *Wasserlösl., geschmack- u. geruchloses, schleimlösendes Antibiotikum.* (**Brit.P. 1064970** vom 16/3. 1966, ausg. 12/4. 1967. F. Prior. 29/3. 1965.) — 4 S.

R. Bauereis 4848

1576 May & Baker Ltd., Dagenham, Essex, Großbritannien (Erfinder: Edgar William Parnell), **Pyridin-3-sulfonamide** der allg. Formel Pyridyl-3-SO_2–NH–R, R = H, gerad- oder verzweigtkettiges C_1—C_4-Alkyl, erhält man durch Rk. von Pyridin-3-sulfonylchlorid mit einem Amin der allg. Formel R–NH_2. — Aus Pyridin-3-sulfonylchloridhydrochlorid u. Äthylamin in alkohol. Lsg. bei 10—20° → *Pyridin-3-sulfon-N-äthylamid*, F. 76—77°. — Analog Pyridin-3-sulfon(**I**)-amide: **I**-*N-Methylamid*, F. 114,5—116° (Bzl.). — **I**-*N-n-propylamid*, F. 65—66° (aus Äthylacetat/PAe.). — **I**-*N-isopropylamid*, F. 62—63°. — **I**-*N-n-butylamid*, F. 82 bis 83,5°. — **I**-*N-tert.-butylamid*, F. 89—90°. — *Bakterizide für veterinärmedizin. Arzneimittel*, bes. gegen *Cocciodiosis.* (**Brit.P. 1055266** vom 11/9. 1962, ausg. 18/1. 1967.) — 5 S.

A. Ullrich 4851

1577 Smith, Kline & French Laboratories Ltd., Welwyn Garden City, Hertfordshire, Großbritannien (Erfinder: Robert Geoffrey William Spickett), **Piperidolester** erhält man durch Rk. eines substituierten Piperidols mit einer reaktionsfähigen Halogenverbindung. — Durch Rk. von 1-Äthyl-3-methyl-4-piperidol mit 3.4.5-Trimethoxybenzoylchlorid erhält man das *1-Äthyl-3-methyl-4-piperidyl-3.4.5-trimethoxybenzoat, Hydrochlorid*, F. 220—222°; freie Base, $Kp._1$ 164°. — Analog: *1-Äthyl-3-methyl-4-piperidylcinnamat*, $Kp._{0,6}$ 152°; *Hydrochlorid*, F. 192—202°. — *1.3-Dimethyl-4-piperidylcinnamat*, $Kp._{0,15}$ 137°; *Hydrochlorid*, F. 218—228°. — *1-β-Phenäthyl-3-methyl-4-piperidylcinnamat*, F. 82,3°; *Hydrochlorid*, F. 270—272°. — *1-β-Phenäthyl-4-piperidylcinnamat*, F. 85,5—86,5°; *Hydrochlorid*, F. 221—222°. — *Chemotherapeutika* für *Tiere.* (**Brit.P. 1056101** vom 1/2. 1963, ausg. 25/1. 1967.) — 2 S. R. Bauereis 4851

1578 Warner-Lambert Pharmaceutical Co., Morris Plains, N.J., USA, **Cinnamoylphenyl-1.3-propandiole** der allg. Formel X–C_6H_4–CH=CH–C(=O)–C_6H_4–CH·(OH)CH(NH–CO–$CHCl_2$)–CH_2OH (X = H, CH_3CO–) erhält man durch Rk. einer Verb. der Formel CH_3–CO–C_6H_4–CH(OH)–CH(NH–CO–$CHCl_2$)–CH_2OH mit C_6H_5·CHO oder p-(2-Methyl-1.3-dioxolan-2-yl)-benzaldehyd bei 25—30° in Ggw. von bes. 10%ig. wss. NaOH, anschließender Behandlung mit einer verd. Mineralsäure, bes. HCl, bei 0—4° u. nachfolgende Rk. der entstandenen 2-Aminoverb. mit Dichloressigsäuremethylester in einem Lsgm., bes. Methanol oder Isopropanol. — Aus D-threo-1-(p-Acetylphenyl)-2-amino-1.3-propandiol erhält man durch Rk. mit Benzaldehyd in Ggw. von 10%ig. wss. NaOH bei 20—30° u. Rk. des entstandenen D-threo-1-(p-Cinnamoylphenyl)-2-amino-1.3-propandiols mit Dichloressigsäuremethylester u. folgender chromatograph. Reinigung → *D-threo-1-(p-Cinnamoylphenyl)-2-(2.2-dichloracetamido)-1.3-propandiol*, $C_{20}H_{19}Cl_2NO_4$, F. 155 bis 156°; $[\alpha]_D^{25}$ +5,5°. — Ähnlich: *D-threo-1-[p-(p-Acetylcinnamoyl)-phenyl]-2-(2.2-dichloracetamido)-1.3-propandiol*, $C_{22}H_{21}Cl_2NO_5$, F. 187—189°; $[\alpha]_D^{25}$ +9,5°. — *Heilmittel* gegen *Staphylokokkeninfektionen, Salmonella* u. *Protozoen.* (**Brit.P. 1084271** vom 19/2. 1965, ausg. 20/9. 1967. U.S. Prior. 22/4. 1964.) — 4 S.

R. Bollinger 4852

1579 C. F. Boehringer & Soehne G.m.b.H., Mannheim, **s-Triazolo-[4.3-b]-pyridazin(I)-Derivate** der allg. Formel **II** erhält man durch Kondens. von 3-Methyl- bzw. 3-Formyl-**I**-Deriv. mit 5-Nitrofurfural oder -thienal, bzw. 5-Nitro-1-methylfuran, bzw. der entsprechenden

II

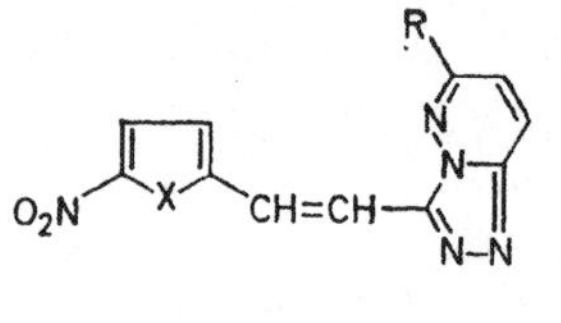

Thioverb. (X = O oder S; R = H, ggf. halogenierter C_1—C_3-Alkyl-, C_1—C_3-Alkoxy- oder C_1—C_3-Alkylmercaptorest, ggf. substituierter Aryl-, Aralkyl-, Aralkoxy–Aralkylmercaptorest, ggf. acylierte Amino-, Hydroxy- oder Mercaptogruppe). — *3-[2-(5-Nitro-2-furyl)-vinyl]*-**I**, (**III**), F. (Zers.) 275° (Dimethylformamid). — *6-Hydroxy*-**III**, F. 313° (Zers.). — *6-Methoxy*-**III**, F. 235—237° (Zers.). — *6-Methyl*-**III**, F. 232—234° (Zers.). — *6-Phenyl*-**III**, F. 252—256°. — *6-Amino*-**III**, Zers. 300° (Dimethylformamid). — *6-Acetamido*-**III**, F. (Zers.) 284 bis 286° (Dimethylformamid). — *6-Amino-3-[2-(5-nitro-2-thienyl)-vinyl]*-**I**, F. 274—276° (Zers.). — *6-Acetamido-3-[2-(5-nitro-2-thienyl)-vinyl]*-**I**, F. 268—270°. — *Heilmittel gegen Mikroorganismen.* (**Brit.P. 1079196** vom 27/6. 1966, ausg. 16/8. 1967. D. Prior. 2/7. 1965.) — 3 S.

A. Jahn 4852

1580 **Boots Pure Drug Co. Ltd.** (Erfinder: **John S. Nicholson** und **Stewart S. Adams**), *Pharmazeutika.* (**Aust.P. 270 670** vom 24/1. 1962, ausg. 3/11. 1966. Brit. Prior. 2/2. 1961. — C. **1967**, 28-1752 [Brit.P. 971 700].)

1581 **Nyegaard & Co. A/S** (Erfinder: **Per Jensen Laland, Sören Laland, Jens Dedichen** und **Nils Thorsdalen**), *Arzneimittel.* (**Aust.P. 270 300** vom 12/2. 1963, ausg. 20/10. 1966. Brit. Prior. 16/2. u. 4/10. 1962. — C. **1967**, 2-1821 [Belg.A.S. 628 482].)

1582 **Olin Mathieson Chemical Corp.** (Erfinder: **John Krapcho**), *Herstellung von physiologisch aktiven Arzneimitteln.* (**Aust.P. 271 313** vom 11/7. 1961, ausg. 8/12. 1966. — C. **1966**, 39-2764 [Ind.P. 77 596].)

1583 **Parke, Davis & Co.**, Detroit, Mich., USA (Erfinder: **E. F. Elslager** und **D. F. Worth**), *Herstellung eines Wurmmittels.* (**Schwed.P. 202 729** vom 28/8. 1958. ausg. 15/3. 1966. U.S. Prior. 6/11. 1957. — C. **1961**, 14 020 [Brit.P. 834 990].)

1584 **Imperial Chemical Industries Ltd.**, London, Großbritannien (Erfinder: **I. Muray** und **J. Raventos**), *Herstellung von 3-Brom-3-fluor-1,1,2,2-tetrafluorpropan.* (**Schwed.P. 204 292** vom 25/5. 1962, ausg. 17/5. 1966. Brit. Prior. 26/5. 1961 u. 11/5. 1962. — C. **1967**, 20-1682 [Brit.P. 999 762].)

1585 **F. Hoffmann-La Roche & Co. Akt.-Ges.**, Basel (Erfinder: **Werner Bollag**, Basel, **Balthasar Hegedüs**, Binningen, **Albert Langemann**, Basel, **Hugo Gutmann**, Reinach, **Ado Kaiser**, Neuallschwil, **Marcel Müller**, Reinach, und **Peter Zeller**, Allschwil), Schweiz, *Methylhydrazine.* (**D.A.S. 1 215 725** Kl. 12q vom 17/5. 1962, ausg. 5/5. 1966. Schwz. Prior. 9/6. 1961. — C. **1966**, 38-1706 (Brit.P. 968 460].)

1586 **Merck & Co., Inc.**, Rahway, N. J., USA, *Halogenphenylalkylfumarsäurederivate.* (**Brit.P. 1 021 858** vom 5/2. 1963, ausg. 9/3. 1966. U.S. Prior. 8/2. 1962. — C. **1967**, 18-1758 [Belg.A.S. 628 135].)

1587 **Sandoz Patents Ltd.**, Toronto, Ontario, Canada (Erfinder: **Ernst Jucker**, Ettingen, **Adolf Johann Lindenmann**, Basel, und **Fulvio Gadient**, Birsfelden, Schweiz), *p,p'-Bis-trifluormethylhydrazobenzol.* (**Brit.P. 1 007 579** vom 18/12. 1961, ausg. 13/10. 1965. Schwz. Prior. 6/1. 1961. — C. **1966**, 32-1675 [F.P. 1 310 906].)

1588 **Ciba Corp.**, Del., übert. von: **William Laszlo Bencze,** Summit, N. J., USA, [*Aminoalkylenoxy*]-*phenylalkohole*. (**U.S.P. 3 196 159** vom 29/9. 1959, ausg. 20/7. 1965. – C. **1966,** 46-1713 [F.P. 1 298 913].)

1589 **Centre National de la Recherche Scientifique,** Paris, Frankreich (Erfinder: **G. Thuillier** und **P. Rumpf**), *Basische Aminoäthylester der p-Chlorphenoxyessigsäure*. (**Schwed.P. 203 133** vom 13/4. 1960, ausg. 29/3. 1966. F. Prior. 15/4. u. 30/12. 1959. – C. **1966,** 31-1669 [Oe.P. 223 603].)

1590 **Egyesült Gyógyszer és Tápszergyár,** Budapest, Ungarn, *Herstellung von basischen Estern der 3.5-Dimethoxy-4-alkoxy-benzoesäuren*. (**Brit.P. 1 022 031** vom 23/4. 1963, ausg. 9/3. 1966. Ung. Prior. 11/5. 1962. – C. **1964,** 37-1596 [Ung.P. 150 894].)

1591 **Abbott Laboratories** (Erfinder: **Bruce Horrom**), *Benzamide*. (**Aust. P. 269 997** vom 20/8. 1963, ausg. 29/9. 1966. U.S. Prior. 18/9. 1962. – C. **1967,** 23-1742 [D.A.S. 1 214 669].)

1592 **Farbwerke Hoechst Akt.-Ges. vormals Meister Lucius & Brüning, Frankfurt/M.** (Erfinder: **H. Wagner, W. Aumüller, H. Ruschig** und **G. Korger**), *Sulfonylharnstoffe*. (**Schwed.P. 201 584** vom 4/4. 1957, ausg. 8/2. 1966. D. Prior. 26/5. 1956. – C. **1959, 55 72** [D.A.S. 1 028 114].)

1593 **Farbwerke Hoechst Akt.-Ges. vormals Meister Lucius & Brüning, Frankfurt/M.** (Erfinder: **G. Korger, H. Wagner, W. Aumüller** und **H. Ruschig**), *Sulfonylharnstoffe*. (**Schwed.P. 202 332** vom 8/8. 1957, ausg. 1/3. 1966. D. Prior. 10/8. 1956. – C. **1965,** 14-1652 [Schwz.PP. 371 107 u. 371 108].)

1594 **Farbwerke Hoechst Akt.-Ges. vormals Meister Lucius & Brüning,** Frankfurt/M. (Erfinder: **G. Korger, W. Aumüller, H. Weber, R. Weyer, H. Wagner** und **A. Bänder**), *Neue Sulfonylharnstoffverbindungen*. (**Schwed.P. 202 726** vom 12/10. 1959, ausg. 15/3. 1966. D. Prior. 14/10. 1958. – C. **1964,** 40-1532 [Brit.P. 863 451].)

1595 **Carter Products, Inc.,** New York, N. Y., USA (Erfinder: **F. M. Berger** und **B. J. Ludwig**), *N-monosubstituierte Dicarbamate*. (**Schwed.P. 200 787** vom 22/4. 1958, ausg. 4/1. 1966. U.S. Prior. 24/4. 1957 u. 18/4. 1958. – C. **1961,** 11 425 [D.A.S. 1 068 242].)

1596 **Wellcome Foundation Ltd.,** London, Großbritannien (Erfinder: **F. C. Copp**), *Quaternäre Ammoniumverbindungen*. (**Schwed.P. 202 134** vom 23/3. 1957, ausg. 22/2. 1966. Brit. Prior. 29/3. 1956 u. 24/1. 1957. – C. **1961,** 1652 [Jap.A.S. 7081/1958].)

1597 **Wellcome Foundation Ltd.**. (Erfinder: **Arthur Page Phillips** und **Robert B. Burrows**), *Quaternäre Ammoniumverbindungen*. (**Aust.P. 268 950** vom 4/8. 1962, ausg. 11/8. 1966. U.S. Prior. 24/4. u. 7/6. 1961. – C. **1965,** 43-1892 [Oe.P. 239 218] u. C. **1965,** 38-1703 [U.S.P. 3 075 975].)

1598 **A/B!Astra, Apotekarnes Kemiska Fabriker** (Erfinder: **Aldo Peter Truant** und **Johan Richard Dahlbom**), *Antiarrhytmisch wirkende quaternäre Ammoniumsalze*. (**Aust.P. 268 962** vom 7/2. 1962, ausg. 11/8. 1966. Schwed. Prior. 20/2. 1961. – C. **1966, 41-1796** [Brit.P. 995 256].)

1599 **Ciba Ltd.** (Erfinder: **Paul Schmidt, Max Wilhelm** und **Kurt Eichenberger**), *Amidine*. (**Aust.P. 271 340** vom 15/8. 1963, ausg. 15/12. 1966. Schwz. Prior. 17/8. 1962 u. 19/6. 1963. – C. **1967,** 47-1642 [Brit.P. 1 022 957].)

1600 **F. Hoffmann-La Roche & Co. Akt.-Ges.,** Basel, Schweiz, *Herstellung von Hydrazinderivaten*. (**Brit.P. 989 259** vom 13/7. 1962, ausg. 14/4. 1965. Schwz. Prior. 14/7. 1961. – C. **1966,** 34-1728 [D.P.[DDR] 40 502].)

1601 **Universal Oil Products Co.,** Des Plaines, Ill., USA, *Herstellung von N-Alkoxy-β-phenylalkylaminen*. (**Brit.P. 1 000 654** vom 4/12. 1961, aus 11/8. 1965. U.S. Prior. 5/12. 1960. – C. **1966,** 39-1888 [D.A.S. 1 182 244].)

1602 **Ciba Ltd.** (Erfinder: **Hans Ulrich Daeniker**), Basel, Schweiz, *1:4-Endoalkylen-cyclohexan-2-sulfonamide*. (**Brit.P. 974 983** vom 25/5. 1961, ausg. 11/11. 1964. **D.A.S. 1 194 843** Kl. 12o vom 16/5. 1961, ausg. 16/6. 1965. Beide Schwz. Prior. 25/5. u. 26/8. 1960. **Schwz.P. 398 526** vom 25/5. 1960, ausg. 15/3. 1966. – C. **1966,** 37-1813 [U.S.P. 3 136 787].)

1603 **Sandoz Akt.-Ges.** (Erfinder: **Ernst Jucker** und **Anton Ebnöther**), *Dibenzocycloheptadiene*. (**Aust.P. 270 269** vom 5/7. 1962, ausg. 13/10. 1966. Schwz. Prior. 6/7. 1961. – C. **1966,** 6-1704 [D.A.S. 1 182 664].)

1604 **Hermann Engelhard,** Göttingen, *Dibenzocycloheptadienketoxim-O-äther*. (**Brit.P. 1 026 930** vom 21/8. 1964, ausg. 20/4. 1966. D. Prior. 11/9. 1963 u. 29/7. 1964. – C. **1966,** 30-1659 [D.A.S. 1 198 353] u. C. **1966, 48-1755** [D.A.S. 1 204 217].)

1605 **Sandoz Akt.-Ges.,** Basel, Schweiz (Erfinder: **E. Jucker, A. J. Lindemann** und **J. Gmünder**), *1,5-Diazacyclooctanderivate*. (**Schwed.P. 201 896** vom 7/2. 1962, ausg. 15/2. 1966. Schwz. Prior. 8/2: u. 6/12. 1961. – C. **1966,** 10-1811 [U.S.P. 3 104 238].)

1606 **J. R. Geigy Akt.-Ges.,** Basel (Erfinder: **Walter Schindler,** Riehen, und **Hans Blattner,** Basel), Schweiz, *Herstellung heterocyclischer Verbindungen*. (**Schwz.P.P 390 258, 390 259** vom 4/11. 1960, ausg. 30/7. 1965 u. **389 619** vom 4/11. 1960, ausg. 15/7. 1965. – C. **1966,** 37-2709 [Ung.P. 151 272].)

1607 **Smith, Kline & French Laboratories,** Philadelphia, Pa., USA (Erfinder: **Michael William Baines, Roy Fielden, Anthony Maitland Roe, George Lawrence Willey** und **Wasyl Tertiuk**), *Heterocyclische Guanidin-Verbindungen*. (**Brit.P. 1 000 406** vom 18/10. 1961, ausg. 4/8. 1965. – C. **1966,** 40-1752 [U.S.P. 3 153 057].)

1608 **Parke, Davis & Co.,** Detroit, Mich., USA (Erfinder: **V. H. Maddox** und **E. F. Godefroi**), *Heterocyclische Aminverbindungen*. (**Schwed.P. 202 877** vom 28/2. 1958, ausg. 22/3. 1966. U.S. Prior. 19/9. 1957 u. 22/1. 1958. – – C. **1965,** 12-1711 [Brit.P. 836 083].)

1609 **Norwich Pharmacal Co.,** Norwich, N. Y., USA, *Herstellung von kristallinem Nitrofurantoin*. (**Brit.P. 1 040 980** vom 9/8. 1965, ausg. 1/9. 1966. U.S. Prior. 25/8. 1964. – C. **1967,** 35-1803 [Port.P. 44 328].)

1610 **Merck & Co., Inc.,** Rahway, N. J., USA (Erfinder: **T. Y. Shen** und **L. H. Sarett**), *Substituierte Indole*. (**Schwed.P. 201 346** vom 2/9. 1960, ausg. 1/2. 1966. U.S. Prior. 3/9. 1959. – **C. 1965,** 52-2008 [Brit.P. 948 460].)

1611 **Merck & Co., Inc.,** Rahway, N. J., USA (Erfinder: **T. Y. Shen** und **L. H. Sarett**), *Substituierte Indole*. (**Schwed.P. 201 491** vom 2/9. 1960, ausg. 1/2. 1966. U.S. Prior. 3/9. 1959. – C. **1966,** 11-1773 (Brit.P. 951 112].)

1612 **Sandoz Akt.-Ges.,** Basel, Schweiz (Erfinder: **A. Hofmann** und **F. Troxler**), *Substituierte Indolderivate*. (**Schwed.P. 203 130** vom 5/4. 1960, ausg. 29/3. 1966. Schwz. Prior. 7/4., 13/7., 21/8. 1959 u. 24/2. 1960. – C. **1966,** 12-1743 [Aust.P. 246 130].)

1613 **VEB Arzneimittelwerk Dresden,** Radebeul, (Erfinder: **Andreas Schuhmann, Heinz Tonjes** und **Joachim Schmidt**), *Isoindolinyl-2-essigsäureamide*. (**Brit.P. 989 917** vom 15/5. 1963, ausg. 22/4. 1965. – C. **1966, 34-1731** [D.P. [DDR] 36 432].)

1614 **VEB Arzneimittelwerk Dresden,** Radebeul (Erfinder: **Andreas Schuhmann,** Radebeul, **Bernd Fritzsche,** Dresden, und **Joachim Schmidt,** Magdeburg), *Herstellung von 2-Acylderivaten des 5-Aminoisoindolins*. (**Oe.P. 241 452** vom 13/5. 1963, ausg. 26/7. 1965. D. Prior. 20/2. 1963. – **C. 1966, 34-1730** [D.P.[DDR] 36 431].)

1615 **May & Baker Ltd.** (Erfinder: **Glyn E. Lee** und **William R. Wragg**), *Isoindolinone*. (**Aust.P. 270 875** vom 19/7. 1962, ausg. 17/11. 1966. Brit. Prior. 28/7. 1961 u. 8/1. 1962. – C. **1967,** 11-1864 [Brit.P. 979 994].)

1616 **American Cyanamid Co.,** New York, N. Y., USA (Erfinder: **R. A. Hardy jun., C. F. Howell** und **N. Q. Quinones**), *5-Aryl-2-alkylamino-2-oxazolin-4-one*. (**Schwed.P. 204 142** vom 3/3. 1961, ausg. 10/5. 1966. U.S. Prior. 10/6. 1960. – C. **1964,** 15-1490 [Brit.P. 907 848].)

1617 **Polichimica Sap. S.p.A.** (Erfinder: **Giangiacomo Massaroli**), *Oxazolidinone*. (**Aust.P. 271 589** vom 30/7. 1963, ausg. 22/12. 1966. It. Prior. 1/8. 1962. – C. **1966,** 37-1823 [Brit.P. 969 126].)

1618 **Sandoz Akt.-Ges.** (Erfinder: **Jany Renz, Jean-Pierre Bourquin, Leo Ruesch** und **Gustav Schwarb**), *Herstellung von Thioxanthenen*. (**Aust.P. 268 765** vom 4/5. 1962, ausg. 4/8. 1966. Schwz. Prior. 6/5. 1961 u. 15/2. 1962. – C. **1967,** 45-1670 [F.P. 1 322 527].)

1619 **E. Merck Akt.-Ges.,** Darmstadt (Erfinder: **G. Schorre**), *Herstellung von Bis-(4-hydroxymethyl-5-hydroxy-7-methylpyridyl-(3)methyldisulfid*. (**Schwed.P. 202 501** vom 7/8. 1961, ausg. 8/3. 1966. D. Prior. 27/8. 1960. – C. **1965,** 33-1862 [Brit.P. 927 666].)

1620 **VEB Leuna-Werke „Walter Ulbricht“,** Leuna (Erfinder: **Dieter Eilhauer,** Leipzig, **Wilhelm Höfling,** Leuna, **Gerhard Reckling,** Spergau, und **Friedrich Andreas,** Leuna), *Herstellung von 2-Äthylisonicotinsäurethioamid aus 2-Äthylpyridin*. (**Schwz.P. 426 810** vom 30/6. 1964, ausg. 30/6. 1967. **Oe.P. 246 142** vom 22/11. 1963, ausg. 12/4. 1966. Beide D. Prior. 22/8. 1963. **Brit.P. 1 016 234** vom 16/1. 1964, ausg. 5/1. 1966. – C. **1966, 31-1670** [D.P. [DDR] 34 198].)

1621 **N. V. Research Laboratorium** und **Dr. C. Janssen** (Erfinder: **Paul Adriaan Janssen**), *Piperidinoderivate von Alkanolen*. (**Aust.P. 270 011** vom 21/3. 1962, ausg. 29/9. 1966. U.S. Prior. 22/3. 1961. – C. **1966,** 21-1786 [U.S.P. 3 122 555].)

1622 **Roussel-Uclaf Soc. An.,** Paris, Frankreich (Erfinder: **A. Allais** und **J. Meier**), *α-Monoglyceride von 4-[2'-carboxyphenylamino]-7-chlorchinolin*. (**Schwed.P. 203 132** vom 6/8. 1963, ausg. 29/3. 1966. F. Prior. 20/8. 1962. – C. **1966,** 35-1754 [D.A.S. 1 203 783].)

1623 **Roussel Uclaf,** Paris, Frankreich, *Chinolinderivate*. (**Brit.P. 1 043 993** vom 8/8. 1963, ausg. 28/9. 1966. F. Prior. 20/8. 1962. – C. **1966,** 35-1754 [D.A.S. 1 203 783].)

1624 **Roussel-Uclaf** (Erfinder: **André Allais** und **Pierre Girault**), *Chinoline*. (**Aust.P. 270 796** vom 2/5. 1963, ausg. 10/11. 1966. F. Prior. 8/5. 1962. – C. **1967,** 9-1878 [D.A.S. 1 205 102).]

1625 **Chinoin Gyógyszer és Vegyészeti Termékek Gyára RT,** Budapest Ungarn, *Isochinoline*. (**Brit.P. 1 011 554** vom 21/8. 1962, ausg. 1/12. 1965. **F.P.[Méd.] 2 057** vom 29/8. 1962, ausg. 18/3. 1965. Ung. Prior. 30/8. 1961 u. 10/4. 1962. – C. **1966,** 30-1673 [D.P.[DDR] 37 805].)

1626 **Spofa Sdružení podniku pro zdratvotnickou výrobu** (Erfinder: **Zdeněk Buděšinski, Viktor Bydzovský, Jan Kopecký** und **Jaroslav Přikryl**), Prag, CSSR, *Herstellung von 2-Sulfanilamido-5-methoxypyrimidin*. (**Brit.P. 993 295** vom 14/6. 1963, ausg. 26/5. 1965. Tschech. Prior. 15/6. 1962. **D.P.[DDR] 46 273** Kl. 12p vom 15/6. 1963, ausg. 25/6. 1966 [Wirtschaftspatent]. Tschech. Prior. 15/6. 1962. – C. **1966,** 33-1694 [Oe.P. 242 149].)

1727 **F. Hoffmann-La Roche & Co. Akt.-Ges.,** Basel, Schweiz (Erfinder: **M. R. Uskokovic und W. Wenner**), *Chinazolone*. (**Schwed.P. 203 885** vom 5/4. 1963, ausg. 3/5. 1966. U.S. Prior. 6/4. 1962. – C. **1967,** 32-1759 [D.A.S. 1 215 717].)

1628 **American Cyanamid Co.,** New York (Erfinder: **Elliott Cohen,** Mt. Vernon, und **James Robert Vaughan jun.,** New City), N. Y., USA, *6-Sulfamyl-1,2,3,4-tetrahydrochinazolinone*. (**Schwz.P. 396 014** vom 3/9. 1959, ausg. 14/1. 1966. **Brit.P. 926 038** vom 21/8. 1959, ausg. 15/5. 1963. Beide U.S. Prior. 24/12. 1958 u. 7/4. 1959. – C. **1966,** 50-1752 [F.P.[Méd.] 625].)

1629 **Rhône-Poulenc Soc. An.,** Paris (Erfinder: **Jacques Georges Robert,** Sceaux), Frankreich, *3-Nitrophenthiazin*. (**Schwz.P. 396 912** vom 27/11. 1961, ausg. 31/1. 1966. F. Prior. 7/12. 1960. – C. **1966,** 33-1703 [Brit.P. 969 358].)

1630 **Herbert Goldner,** Radebeul, **Günther Dietz,** Dresden, und **Ernst Carstens,** Radebeul, *Herstellung von 5.6.7.8-Tetrahydro-6.8-dioxo-3H-pyrimido-5.4:c]-1.2.5-oxadiazinen*. (**D.P.[DDR] 42 955** Kl. 12p vom 29/9. 1962, ausg. 5/3. 1966 [Wirtschaftspatent]. – C. **1966,** 34-1743 [D.A.S. 1 199 275].)

1831 **Egyesült Gyógyszer és Tápszergyár,** Budapest, Ungarn, *Herstellung von Phenothiazinderivaten*. (**Niederl.P. 122 487** vom 5/9. 1962, ausg. 15/6. 1967. Ung. Prior. 5/9. 1961. – C. **1966,** 29-1703 [Oe.P. 242 145].)

1632 **Sandoz Akt.-Ges.,** Basel, Schweiz (Erfinder: **J. Renz, J. P. Bourquin, G. Gamboni** und **G. Schwarb**), *2-Mercaptophenthiazinderivate*. (**Schwed. P. 204 141** vom 17/4. 1957, ausg. 10/5. 1966. Schwz. Prior. 18/4., 25/5., 26/7., 22/11. 1956 u. 1/2. 1957. – C. **1963,** 4813 [Brit.P. 863 547].)

1633 **Merck & Co., Inc.,** Rahway, N. J., USA (Erfinder: **F. C. Novello**), *1,2,4-Benzothiadiazin-1,1-dioxide*. (**Schwed.P. 200 790** vom 15/7. 1958, ausg. 4/1. 1966. U.S. Prior. 16/7. 1957. – C. **1966,** 20-1706 [Schwz. P. 380 732].)

1634 **J. R. Geigy Akt.-Ges.,** Basel, Schweiz (Erfinder: **K. J. Doebel** und **H. A. Pfenninger**), *Diazepinderivate*. (**Schwed.P. 202 336** vom 20/12. 1963, ausg. 1/3. 1966. U.S. Prior. 25/12. 1962. – C. **1966,** 42-1967 [D.A.S. 1 207 939].)

1635 **Shionogi & Co. Ltd.,** Osaka, Japan, *Herstellung von 6-Hydroxymorphinanderivaten*. (**Brit.P. 1 031 364** vom 4/4. 1963, ausg. 2/6. 1966. Jap. Prior. 9/4. 1962. – C. **1968,** 9-1696 [Jap.A.S. 9 027 /1965].)

1636 **Roussel-Uclaf Soc. An.,** Paris, Frankreich (Erfinder: **L. Velluz, G. Muller** und **A. Allais**), *Herstellung von l-10-Chlorreserpin*. (**Schwed.P. 202 132** vom 12/4. 1958, ausg. 22/2. 1966. F. Prior. 18/7. 1957. – C. **1961,** 15 489 [F.P. 1 205 153].)

1637 **Warner-Lambert Pharmaceutical Co.** (Erfinder: **John Shaval jun.** und **George Bobowski**), *Herstellung von 17-substituierten Yohimbolderivaten*. (**Aust.P. 258 601** vom 2/5. 1961, ausg. 6/5. 1965. U.S. Prior. 15/6. 1960. – C. **1966,** 35-1772 [Brit.P. 905 823].)

1638 **Roussel-Uclaf Soc. An.,** Paris, Frankreich (Erfinder: **R. Bocourt**), *Herstellung von Heparinderivaten*. (**Schwed.P. 204 006** vom 14/1. 1964, ausg. 3/5. 1966. F. Prior. 21/1. 1963. – C. **1967,** 15-1853 [Brit.P. 994 621].)

1639 **Roussel-Uclaf Soc. An.,** Paris, Frankreich (Erfinder: **R. Bucourt**), *Herstellung von Heparinderivaten*. (**Schwed.P. 204 007** vom 30/1. 1964, ausg. 3/5. 1966. F. Prior. 26/2. 1963. – C. **1967,** 15-1852 [Brit.P. 993 453].)

1640 **Menachem Lewin, Otto Elsner, Michael Mielcharek, Tamar Bernstein** und **Staat Israel, Ministerium für Handel und Industrie,** Jerusalem, Israel, *Gewinnung von reinem Hecogenin*. (**Niederl.P. 120 204** vom 12/11. 1962, ausg. 15/7. 1965. Israel. Prior. 23/11. 1961. – C. **1966,** 36-1772 [Brit.P. 974 877].)

1641 **Ceskoslovenská akademie ved,** Prag (Erfinder: **František Šorm, Jiři Smrt,** Prag, **Jiři Beránek,** Ruzyně und **Jiři Zemlička,** Prag), ČSSR,

2'.3'-Di-O-acylderivate des 6-azauridins. (**Schwz.P. 416 657** vom 22/1. 1963, ausg. 31/1. 1967. **Oe.P. 253 129** vom 22/1. 1963, ausg. 28/3. 1967. Beide Tschech. Prior. 23/1. u. 27/11. 1962. – C. **1966,** 34-1758 [D.A.S. 1 207 392].)

1642 **Československá Akademie věd** (Erfinder: **Jiří Pliml, Miroslav Pryståš** und **František Šorm**) Prag, ČSSR, *Herstellung von Nucleosiden.* (**Oe·P. 253 130** vom 22/11. 1963, ausg. 28/3. 1967. Tschech. Prior. 28/11. 1962. – C. **1968,** 19-1908 [Brit.P. 1 018 986].)

1643 **F. Hoffmann-La Roche & Co. Akt.-Ges.** (Erfinder: **Heinrich Klaui**), *Vitamine.* (**Aust.P. 271 522** vom 20/11. 1963, ausg. 22/12. 1966. Schwz. Prior. 7/12. 1962. – C. **1967,** 20-1706 [Brit.P. 990 902].)

1644 **F. Hoffmann-La Roche & Co. Akt.-Ges.** (Erfinder: **Heinrich Klaui**), *Fettlösliche Vitamine.* (**Aust.P. 271 494** vom 20/11. 1963, ausg. 22/12. 1966. Schwz. Prior. 7/12. 1962. – C. **1967,** 20-1706 [Brit.P. 990 902].)

1645 **E. Merck Akt.-Ges.,** Darmstadt (Erfinder: **H. U. Schmidt**), *Lipoylpyridoxamin.* (**Schwed.P. 204 296** vom 17/8. 1964, ausg. 17/5. 1966. D. Prior. 20/8. 1963. – C. **1966,** 43-1928 [D.A.S. 1 205 972].)

1646 **Sankyo Co. Ltd.** (Erfinder: **Kazuo Nakanishi, Hiroshi Mizushima** und **Hamako Katano**), Tokio, Japan, *Stabilisierung von Cytochrom c.* (**D.A.S. 1 227 414** Kl. 6a vom 24/2. 1962, ausg. 27/10. 1966. Jap. Prior. 28/2. 1961. – C. **1966,** 20-1728 [Can.P. 695 123].)

1647 **N. V. Philips' Gloeilampenfabrieken** (Erfinder: **Ludovicus Zevenhuizen**), *Kondensationsprodukte von Cyanmethylcrotonsäure.* (**Aust.P. 269 909** vom 24/10. 1962, ausg. 29/9. 1966. Niederl. Prior. 26/10. 1961. – C. **1967,** 51/52-1644 [F.P. 1 338 073].)

1648 **Abbott Laboratories** (Erfinder: **Eugene Woroch**), *Steroide.* (**Aust.P. 269 939** vom 9/10. 1962, ausg. 29/9. 1966. U.S. Prior. 27/10. 1961. – C. **1966,** 32-1701 [U.S.P. 3 124 572].)

1649 **Abbott Laboratories** (Erfinder: **John Tadanier** und **John Cole**), *Steroide.* (**Aust.P. 269 943** vom 26/2. 1962, ausg. 29/9. 1966. U.S. Prior. 16/3. 1962. – C. **1966,** 1-1839 [U.S.P. 3 119 817].)

1650 **Ayerst, McKenna & Harrison Ltd.** (Erfinder: **Romano Deghenghi**), *Methylsteroide.* (**Aust.P. 270 747** vom 6/9. 1962, ausg. 10/11. 1966. U.S. Prior. 11/9. 1961. – C. **1965,** 47-1667 [D.A.S. 1190 937].)

1651 **G. D. Searle & Co.,** Chicago, Ill., USA (Erfinder: **R. Pappo**), *Herstellung von 2-Oxa-3-oxosteroiden.* (**Schwed.P. 202 128** vom 17/5. 1961, ausg. 22/2. 1966. U.S. Prior. 17/5. 1960. – C. **1965,** 3-1586 [D.A.S. 1 171 425].)

1652 **Parke, Davis & Co.,** Detroit, Mich., USA (Erfinder: **David Darwin Evans, David Eurof Evans** und **Peter John Palmer**), *Ester von Steroidalkoholen oder phenolischen Steroiden.* (**Brit.P. 1 003 473** vom 1/12. 1961, ausg. 2/9. 1965. – C. **1966,** 33-1729 [F.P. 1 349 991].)

1653 **Ciba Corp.,** Del., USA, übert. von: **Oskar Jeger,** Zürich, **Duilio Arigoni,** Zollikerberg, **Georg Anner, Charles Meystre,** Basel, und **Albert Wettstein,** Riehen, Schweiz, *18.20-Oxidopregnane.* (**U.S.P. 3 247 188** vom 9/2. 1960, ausg. 19/4. 1966. chwz. Prior. 12/2., 23/4. u. 3/7. 1959. – C. **1966,** 26-1724 [F.P. 1 290 124].)

1654 **British Drug Houses Ltd.** (Erfinder: **George Cooley, Bernard Ellis** und **Vladimir Petrow**), *6α-Methyl-3-oxo-$\Delta^{4,7}$-dien-steroide.* (**Aust.P. 268 771** vom 13/3. 1963, ausg. 4/8. 1966. Brit. Prior. 22/3. 1962. – C. **1966,** 32-1712 [Brit.P. 967 009].)

1655 **Research Institute for Medicine and Chemistry** (Erfinder: **Derek Harold Richard Barton**), Cambridge, Mass., USA, *Herstellung von 19-Nor-4.5-dehydro-3-oxosteroiden.* (**D.A.S. 1 238 017** Kl. 12o vom 5/12. 1962, ausg. 6/4. 1967. U.S. Prior. 5/12. 1961. u. 16/11. 1962. – C. **1966,** 36-1766 [F.P. 1 365 290].)

1656 **Merck & Co., Inc.,** Rahway, N. J., USA (Erfinder: **G. E. Arth, W. W. Spooncer** und **L. H. Sarett**), *Herstellung von 16α-Methylpregnan-3α-01-11,20-dion.* (**Schwed.P. 203 305** vom 2/6. 1958, ausg. 5/4. 1966. U.S. Prior. 3/6. 1957. – C. **1963,** 225 [Belg.P. 568 015].)

1657 **Olin Mathieson Chemical Corp.,** New York, N. Y., USA (Erfinder: **R. W. Thoma** und **F. L. Weisenborn**), *Herstellung von 11-α-Hydroxy-A-norprogesteron.* (**Schwed.P. 203 880** vom 7/8. 1961, ausg. 3/5. 1966. – C. **1965,** 5-1809 [Ind.P. 72 695].)

1658 **Laboratoires Français de Chimothérapie** (Erfinder: **Georges Muller, André Poittevin** und **Roland Bardoneschi**), *5.10-Seco-3.5.10-triketoöstranderivate.* (**Aust. P. 271 156** vom 1/7. 1965, ausg. 1/12. 1966. – C. **1964,** 49-1560 [D.A.S. 1 161 887].)

1659 **Crinos Industria Farmacobiologica S.p.A.,** Villaguardia, übert. von: **Pietro Bianchini,** Como, Italien, *Gewinnung eines Pankreas-Heparinoids.* (**U.S.P. 3 181 996** vom 25/5. 1962, ausg. 4/5. 1965. It. Prior. 25/5. 1961. – C. **1966,** 40-1714 [Brit.P. 972 866].)

1660 **Meito Sangyo K. K.,** Nagoya (Erfinder: **Koichi Yamada,** Tokio, und **Harao Machida,** Saitama-ken), Japan, *Mikrobiologische Herstellung von Lipase.* (**D.A.S. 1 230 751 Kl. 6a** vom 21/9. 1962, ausg. 22/12. 1966. Jap. Prior. 25/9. 1961. – C. **1967,** 8-3354 [Brit.P. 976 415].)

1661 **John Herbert Charles Nayler,** Cliftonville, Dorking, und **Harry Smith,** Newdigate, Surrey, Großbritannien, *6-[Hydroxyphenyl-α-aminoacetamido]-penicillansäuren.* (**U.S.P. 3 192 198** vom 31/10. 1963, ausg. 29/6. 1965. Brit. Prior. 2/11. 1962. – C. **1966,** 37-1861 [Brit.P. 978 178].)

1662 **Farbwerke Hoechst Akt.-Ges. vormals Meister Lucius & Brüning** (Erfinder: **Ludwig Schornig** und **Kurt Sellhorn**), *Penicillinsalz.* (**Aust.P. 270 683** vom 8/3. 1962, ausg. 3/11. 1966. – C. **1964, 6/7-1633** [D.A.S. 1 138 777].)

1663 **Geigy Chemical Corp.,** Ardsley, N. Y., USA, übert. von: **Franz Hafliger,** Basel, Schweiz, *Adamantylthiol-Derivate der 6-Aminopenicillansäure.* (**U.S.P. 3 257 463** vom 7/3. 1963, ausg. 21/6. 1966. Schwz. Prior. 9/3. 1962.) – C. **1966,** 34-1724 [D.A.S. 1 188 590].)

1664 **American Cyanamid Co.** (Erfinder: **Robert C. Esse** und **George M. Sieger**), *Tetracyclinverbindungen.* (**Aust.P. 271 256** vom 22/10. 1963, ausg. 8/12. 1966. U.S. Prior. 29/10. 1962. – C. **1967,** 35-1845 [Ung.P. 152 039].)

1665 **Merck & Co., Inc.,** Rahway, N. J., USA (Erfinder: **L. Chaiet**), *Gewinnung von Novobiocin.* (**Schwed.P. 203 061** vom 29/11. 1956, ausg. 22/3. 1966. U.S. Prior. 30/11. 1955. – C. **1959,** 11 670 [D.A.S. 1 039 197].)

1666 **Glaxo Laboratories Ltd.** (Erfinder: **James Cox, Harry Pazakerley** und **John Cocker**), *Cephalosporine.* (**Aust.P. 270 186** vom 7/5. 1962, ausg. 13/10. 1966. Brit. Prior. 16/5. 1961 u. 26/1. 1962. – C. **1967,** 44-1701 [Brit.P. 1 012 943].)

1667 **Merck & Co., Inc.** (Erfinder: **Arthur Patchett** und **Stanton Harris**), *Hydantoincephalosporine.* (**Aust.P. 269 876** vom 2/1. 1964, ausg. 29/9. 1966. U.S. Prior. 15/1. 1962. – C. **1966,** 22-1711 [D.A.S. 1 193 948].)

1668 **Lepetit S.p.A.** (Erfinder: **Piero Sensi** und **Nicola Maggi**), *Rifamycinamide.* (**Aust.P. 270 470** vom 21/5. 1963, ausg. 27/10. 1966. Brit. Prior. 25/5. 1962. – C. **1967,** 17-1823 [Brit.P. 965 019].)

1669 **Rhône-Poulenc Soc. An.** (Erfinder: **Jean Preud'homme** und **Bernard Vuillemin**), *Candidinderivate.* (**Aust.P. 270 122** vom 12/3. 1962, ausg. 6/10. 1966. F. Prior. 13/3. 1961. – C. **1966,** 9-1805 [Oe.P. 227 880].)

1670 **Lipha Lyonnaise Industrieele Pharmaceutique** (Erfinder: **Louis Fontaine**), *Arzneimittel.* (**Aust.P. 269 784** vom 30/8. 1963, ausg. 22/9. 1966. – C. **1967,** 8-1825 [Brit.P. 998 051].)

1671 **Parke, Davis & Co.** (Erfinder: **Paul Thompson** und **Edward Elslager**), *Pharmazeutika.* (**Aust.P. 270 175** vom 28/6. 1963, ausg. 13/10. 1966. U.S. Prior. 29/6. 1962. – C. **1967,** 24-1779 [Brit.P. 999 121].)

1672 **A/B Astra, Apotekarnes Kemiska Fabriker** (Erfinder: **Sven Lindvall** und **Karl Gustav Högberg**), Södertälje, Schweden, *Herstellung eines eisenhaltigen Präparates.* (**D.A.S. 1 219 171** Kl. 30h vom 29/4. 1961, ausg. 16/6. 1966. Schwed. Prior. 26/10. 1960. – C. **1966,** 37-1782 [F.P.[Méd.] 1 586].)

1673 **Biorex Laboratories Ltd.,** London, Großbritannien (Erfinder: **S. Gottfried** und **L. Baxendale**), *Derivate der Glycyrrhetinsäure.* (**Schwed.P. 201 155** vom 22/6. 1960, ausg. 25/1. 1966. – C. **1966,** 2-1830 [F.P.[Méd.] 733].)

1674 **Imperial Chemical Industries Ltd.** (Erfinder: **William G. M. Jones**), *Arzneimittel.* (**Aust.P. 270 803** vom 17/12. 1963, ausg. 10/11. 1966. Brit. Prior. 20/12. 1962. – C. **1967,** 29-1826 [D.A.S. 1 219 486].)

1675 **Chinoin Gyógyszer és Vegyészeti Termékek Gyára R. T.,** Budapest (Erfinder: **Andre Jeney, Tibor Zsolnai,** Debrecen, **György Lugosi,** Felsögöd, **Péter Szentmiklósi, György Csermely, Mária Bakonyi** und **György Körmöczy,** Budapest), Ungarn, *3.4-Dichlorphenylsulfonamide.* (**D.A.S. 1 217 949** Kl. 12o vom 4/8. 1964, ausg. 2/6. 1966. Beide Ung. Prior. 24/8. 1963. – C. **1966,** 30-1709 [D.P.[DDR] 39 649].)

1676 **Ed. Geistlich Söhne Akt.-Ges. für chemische Industrie,** Wolhusen (Erfinder: **Albert Aebi,** Luzern, und **Emil Hofstetter,** Wolhusen, Luzern), Schweiz, *Neue substituierte Thioharnstoffe.* (**Schwz.P. 388 288** vom 9/1. 1961, ausg. 15/6. 1965. Brit. Prior. 21/1. 1960. – **C. 1966,** 31-1716 [F.P.[Méd.] 898].)

1677 **Spofa Sdružení Podniků pro Zdravotnickou Výrobu,** Prag, ČSSR (Erfinder: **K. Fučik**), *Pyridazinderivate.* (**Schwed.P. 200 962** vom 20/1. 1961, ausg. 11/1. 1966. Tschech. Prior. 21/1. u. 25/10. 1960. – C. **1964,** 21-1584 [D.A.S. 1 135 001].)

1678 **Ciba Ltd.** (Erfinder: **Paul Schmidt, Eduard Schumacher** und **Max Wilhelm**), *4':7'-Phenanthrolin[5'.6':e]-1.2.4-triazine.* (**Aust.P. 268 827** vom 13/2. 1962, ausg. 4/8. 1966. Schwz. Prior. 16/3. 1961. – C. **1966,** 20-1747 [U.S.P. 3 118 886].)

1679 **Nyegaard & Co. A/S,** Oslo (Erfinder: **Hugo Holtermann,** Hövik, **Knut Wille,** Oslo, und **Leif Gunnar Haugen,** Grefsen), Norwegen, *Röntgenkontrastmittel,* (**Schwz.P. 398 887** vom 31/1. 1961, ausg. 15/3. 1966. Norw. Prior. 17/11. 1960. – C. **1966,** 31-1721 [F.P.[Méd.] 820].)

G. Analytische Chemie, Laboratoriumspraxis

G–1. Allgemeine Verfahren und Apparate

1680 **Auswahl siliciumorganischer Flüssigkeiten für Hochdruckapparate.** T. P. Eršova. (Zav. Labor. **34** (1968) 6, 703–05; russ.) — Verschiedene techn. Si-organ. Fl. werden qual. auf ihre Eignung zum Übertragen hydrostat. Drücke bei gleichzeitiger therm. Beanspruchung geprüft. H. Roschkowski 5008

1681 **Dimensionierung von Ionenzerstäuberpumpen rotationssymmetrischer Bauart.** 2. Mitt. H. Roth und B. Wenzel. (Vakuum-Techn. **16** (1967) 6, 131–33; Dresden—Weißer Hirsch, Forsch.-Inst. M. von Ardenne; dt.) — 1. vgl. ibid. **16** (1967) 1/2, 8. — Vf. ermittelten zur Erhöhung des Saugvermögens von Ionenzerstäuberpumpen vom Diodentyp die Gehäuseform, für die ein Anodensyst. aus Zellen gleicher Länge optimal ist. Für das Saugvermögen einer Ionenzerstäuberpumpe mit dem Gehäuseprofil $f(\nu) = x_0 \cdot \{2 - \exp[-\sqrt{\sigma/\lambda}\ (n-\nu)]\}$ ergibt sich der Zusammenhang $Sp = k \cdot d \cdot \sqrt{^1/_2(s_0 \cdot A \cdot a)}\ (1 - \exp[-n\sqrt{2 \cdot s_0/A \cdot a}]) \equiv Sp^*$. I. Degen 5010

1682 **Apparatur zur Dialyse kleiner Mengen von Proteinlösungen.** E. J. Wood, J. Simler und B. Borg Bonello. (Lab. Pract. **17** (1968) 5, 603–03; Dep. of Physiol., Roy. Univ. of Malta, Valletta, Malta; engl.) — Vf. beschreiben eine Dialyseapparatur, bei der sich mehrere Dialysierbeutel in einem Behälter mit Dialysierfl. befinden. P. Roth 5024

1683 **Gaschromatographische Trennung polarer isotoper Moleküle.** G. Paolo Cartoni, Arnaldo Liberti und Alberto Pela. (Analyt. Chem. **39** (1967) 13, 1618–22; Inst. Chim. Anal., Univ. Napoli, Naples; engl.) — In einer 60 m langen Kapillarsäule, deren Innenwand durch therm. Zers. von CH_2Cl_2 bei 600° mit einer ca. 25 Å dicken Rußschicht überzogen wurde, werden bei 20° die Mol.-Paare CD_3OH–CH_3OH, C_2D_5OH–C_2H_5OH u. CD_3 ·

$COCD_3$–CH_3COCH_3 an Ucon LB-550-X mit feuchtem N_2 als Trägergas gut getrennt. Die deuterierten Verb. werden zuerst eluiert, stärker polare Trennfl. sind weniger geeignet. Die teilweise Trennung von $CDCl_3$–$CHCl_3$ wird in einer 200 m langen Säule an Squalan bzw. in einer 90 m langen, mit NaOH angeätzten Säule bei −9° erreicht. Der Einfl. der Arbeitsparamater u. der thermodynam. Eig. der Isotopenpaare auf die Trennergebnisse wird erörtert. G. Bock 5030

1684 **Anreicherung von Kohlenstoff- und Neonisotopen durch Gaschromatographie.** 1. Mitt. Claude Blanc, Chanh-Trung Huynh und Lucien Espagno. (J. Chromatogr. [Amsterdam] 28 (1967) 2, 177–93; Centre de Recherches SNPA, Pau; franz.) — Durch Gaschromatographie von CO u. Ne konnten die Isotope ^{12}C u. ^{13}C bzw. ^{20}Ne u. ^{22}Ne merklich angereichert werden, ohne daß jedoch eine vollständige Trennung in einer Stufe möglich war. Die chromatograph. Trennung wurde mit Hilfe eines Massenspektrometers überwacht. Eine neue Größe q, genannt Anreicherungsfaktor, wird definiert als das Produkt aus der Auflösung, welche die analyt. Wirksamkeit einer Kolonne charakterisiert u. der relativen Differenz der Adsorptionskonst. der zwei Isotopen. J. Pickardt 5030

1685 **Anreicherung von Kohlenstoff- und Neonisotopen durch Gaschromatographie.** 2. Mitt. Claude Blanc, Chanh-Trung Huynh und Lucien Espagno. (J. Chromatogr. [Amsterdam] 28 (1967) 2, 194–208; franz.) — 1. vgl. vorst. Referat. — Vf. diskutieren die Ergebnisse, die mit Hilfe der Gaschromatographie von CO bzw. Ne an festen stationären Phasen für die Anreicherung von ^{12}C u. ^{13}C sowie ^{20}Ne u. ^{22}Ne erhalten wurden. Als stationäre Phasen wurden Aktivkohle, Silicagel u. Molekularsiebe verwendet, als Trägergas diente He. Temp. u. Kolonnenlänge beeinflussen die Anreicherung stark, Probenvol., Strömungsgeschw. u. Kolonnendurchmesser sind weniger wichtig. Die Anfangskonz. der Isotope ist ohne Einfluß. Die Ergebnisse werden mit Modellvorstellungen verglichen. J. Pickardt 5030

1686 **Entwicklung einer Fliehkraftsedimentationswaage zum Bestimmen der Korngröße feiner Stäube.** Edgar Muschelknautz. (VDI-Z. **109** (1967) 17, 757–61; Farbenfabriken Bayer, Leverkusen; dt.) — Vf. beschreibt ein Differenzmeßverf. für die Korngrößenbest. mit einer Waage, zwei Sedimentationsgefäßen u. verschieden tief eintauchenden Falltellern, bei dem die Waage unmittelbar die Rückstandssumme registriert. Nach Erprobung im Schwerefeld wurde das Verf. auch im Fliehkraftfeld angewendet. Vgl.-Messungen mit anderen Sedimentationsverf. u. Korngrößenbest. durch Auszählen ergaben in allen Fällen eine gute Übereinstimmung. Bei Zentrifugalbeschleunigungen von 4200 m/s² sind Messungen in einem Korngrößenbereich von 0,25–30 μm bei Dichtedifferenzen von > 0,5 g/cm³ möglich. J. Pickardt 5044

1687 **Untersuchungen mit dem Holderbank-Korngrößenanalysator.** Th. Clement. (Zement-Kalk-Gips **56** (1967) 4, 135–37; Forsch.-Inst. der Zementind. Düsseldorf; dt.) — Es lassen sich Korngrößenverteilungen kleiner Probemengen im Bereich von 2–40 μm in einem Arbeitsgang bestimmen. Über einen Verteilerkopf (optimale Drehzahl: 30000 U/Min.) gelangt die Probe in ein senkrechtes, um seine Längsachse rotierendes zylindr. Rohr, in dem das Korngemisch dem Einfl. senkrechter u. waagerechter Massenkräfte ausgesetzt wird. Die Körner treffen klassiert an die Innenwand der in unterschiedlich lange Abschnitte geteilten Sichtsäule. Die Massenverteilung wird durch Wägen der an den Becherringen haftenden Probemenge bestimmt. Die Streuung der Ergebnisse u. der Arbeitszeitaufwand sind kleiner als bei der Sedimentationsanalyse. K. Seyfert 5044

1688 **Grundlagen der Molekulargewichtsbestimmung mit der Ultrazentrifuge.** Ferencné Nagy. (Kémiai Közlemények [Chem. Mitt.] 28 (1967) 3, 319–42; Budapest, Müanyagipari Kutató Intézet; ung.) — Theorie des Verf., Ausführung der Molgew.-Best. durch Messen der Sedimentationsgeschw. bzw. Sedimentationsgleichgew., Rechenverf. u. Vers. mit Polystyrol bei 50000 U/Min. werden behandelt. J. Plank 5048△

1689 **Bestimmung von Molekulargewichten aus den Daten von Ultrazentrifugationszonen.** D. J. Winzor. (Biochim. biophysica Acta [Amsterdam] **133** (1967) 1, 171–73; North Ryde, N.S.W., C.S.J.R.O. Wheat Res. Unit; engl.) — Vf. zeigt an 3 Beispielen von Proteinen (Katalase, Lysozym u. Hefealkoholdehydrogenase), daß die Best. des Diffusionskoeff. einzelner bei der Ultrazentrifugation auftretender Zonen die Abschätzung des Molgew. von Proteinen möglich macht unter der Annahme eines konst. Sedimentationskoeff. innerhalb der einzelnen Zonen. K. Winnefeld 5048

1690 **Aspekte der thermoelektrischen Dampfdruckosmometrie.** Arnold Adicoff und Warren J. Murbach. (Analytic. Chem. **39** (1967) 3, 302–08; U.S. Naval Ordnance Test Station, China Lake, Calif.; engl.) — Das thermoelektr. Dampfdruckosmometer stellt ein geeignetes Gerät zur Best. der Dampfdruckerniedrigung von Lsgm. durch das Gelöste dar. Die Eichkonst. des Geräts, a_1, ist unabhängig von der Natur des Gelösten u. kann aus der Geometrie des Syst. u. meßbaren thermodynam. u. Transport-Parametern berechnet werden. Experimentelle Ergebnisse wurden als Funktion der Widerstandsänderung der Thermistors u. der Konz. der Lsg. ausgewertet; zwischen beiden ergab sich eine quadrat. Beziehung. Um den quadrat. Term der Gleichung eliminieren zu können, erwies sich die Einführung eines Mischungswärme-Gliedes in Form der Van Laar-Gleichung als notwendig. Der Konz.-unabhängige Term β der Mischungswärme wurde für 14 Lsgm./Gelöstes-Syst. ermittelt. J. Pickardt 5048

1691 **Absolute Temperaturmessung mit Hilfe des thermischen Rauschens.** Luigi Crovini. (Ricerca sci. **37** (1967) 12, 1238–44; Torino, Ist. Termometrico Italiano; engl.) — Beschreibung der Methode. C. Gottfried 5052△

1692 **Einrichtung zur Messung der Oberflächentemperatur mikroskopischer Objekte.** Christoph Kirsten. (Jenaer Rdsch. **13** (1968) 3, 178–79; Arbeitsstelle für Molekularelektronik, Dresden; dt.) — Beschreibung eines Instruments zur berührungslosen Temp.-Messung kleiner Flächen (Halbleiterbauelemente) durch Messung der Temp.-Strahlung. Die Zeitkonst. des Vakuumthermoelements beträgt 30 ms; zusammen mit der Schmalbandigkeit des Verstärkers bedeutet das eine Meßzeit von 1 s je aufzulösender Probenfläche. Das Gerät ist deshalb den Aufgaben bei der Fehlersuche in integrierten Schaltungen (Nachweis therm. Anomalien) nur teilweise gewachsen. H.-D. Schenke 5052

1693 **Einfluß des hydrostatischen Drucks auf eine an der Oberfläche eines dünnen Halbleiterfilms adsorbierte Gasschicht.** Jean-Jules Robillard. (C. R. hebd. Séances Acad. Sci., Sér. A et B **265** (1967) 23, B 1328–30; Limeil-Brévannes, Labor. d'Électronique et de Phys. appl.; franz.) — Die reversible Leitfähigkeitsänderung einer epitakt. Halbleiterschicht als Funktion des Druckes eines an der Oberfläche adsorbierbaren Gases wurde zur Druckmessung im Bereich 0–300 Torr ausgenutzt. Mit einem 1000 Å dicken n-Ge-Film wurde bei Messung der Spannungsänderung unter amperostat. Bedingungen eine Empfindlichkeit von 0,8 V/V/mm Hg erzielt. C. Herold 5054

1694 **Konstruktion eines Differentialdruckmanometers für Fluor und seine Verwendung zur automatischen Fluorbeseitigung.** Shigeo Tsujimura, Akira Takahashi und Ginji Fujisawa. (J. nuclear Sci. Technol. [Tokyo] **5** (1968) 1, 30–34; Japan Atomic Energy Res. Inst., Tokaimura Ibaraki-ken; engl.) — Das beschriebene Manometer besteht aus zwei Ni-elektroplattierten Phosphorbronze-Faltenbälgen, die mit ihren verschlossenen Enden gegeneinander montiert sind. Die Verformung der beiden Verschlußmembranen wird in deren Zentren durch einen Differentialdruck-Umformer gemessen, dessen Ausgangsspannung pro Druckdifferenzeinheit 1,7 mV/mm H_2O beträgt u. vom Arbeitsdruck unabhängig ist. Die Drift beträgt bei $P_1 = P_2$ = Atmosphärendruck während

8 Std. max. 0,5 mm H_2O, der Meßbereich 0—1000 Torr. Das Manometer kann zur Messung des Druckabfalls in Wirbelschicht- u. Festbettreaktoren, Filtern u. Düsen verwendet werden. Vf. beschreiben seine Anwendung zur F_2-Vernichtung, wobei es zur Messung der Druckdifferenz zwischen dem F_2-Behälter u. einem luftgefüllten Puffervol., das sich hinter dem Absorptionsgefäß (aktiviertes Al_2O_3 oder Natronkalk) befindet, dient. Unterschreitet die Druckdifferenz einen vorgegebenen Schwellenwert, so wird über ein elektron. Steuergerät ein hinter dem Puffervol. befindliches, photozellengesteuertes Ventil (das nicht F_2-resistent zu sein braucht) geöffnet u. das F_2-freie Restgas strömt so lange aus, bis der Schwellenwert wieder überschritten wird.
D. Gerlatzek 5054

1695 **Gaspyknometer zur Bestimmung der Dichte fester Stoffe.** A. V. Babkov und L. P. Meščerjakova. (Zav. Labor. **34** (1968) 6, 765; VNII chim. reaktivov i osobo čistych chim. veščestv; russ.)
H. Roschkowski 5056

1696 **Absolut anzeigendes, auf einem verallgemeinerten Dosimetriekonzept beruhendes Neutronendosimeter.** D. R. Davy und L. H. Peshori. (Health Physics **13** (1967) 7, 783—94; Health Phys. Div., ORNL, Oak Ridge, Tenn.; engl.) — Vf. beschreibt ein Neutronendosimeter, bei dem eine Polyäthylenscheibe (110 mg/cm²) über dem Eintrittsfenster eines Oberflächensperrschichtdetektors angeordnet ist. Die am H des Polyäthylens erzeugten Rückstoßprotonen werden mittels Halbleiterdetektor u. Vielkanalanalysator spektrometriert. Vf. stellt ein verallgemeinertes Dosiskonzept auf. 3 Dosisterme werden berücksichtigt: Gewebekerma, Erststoßdosis u. Vielfachstoßdosis an der Oberfläche einer 30 cm dicken Gewebeplatte. Für diese einzelnen Dosisterme werden die an verschiedenen Neutronenquellen erhaltenen Resultate in der Einheit Dosis pro $n \cdot cm^{-2}$ angegeben. Vgl. mit anderen Dosimetriesyst. werden angestellt u. diskutiert.
V. Lößner 5068

1697 **Apparatur zur Messung der Relaxationszeiten von paramagnetischen Substanzen im Mikrowellenbereich.** Janusz Konopka. (Postępy Fizyki **18** (1967) 5, 603 bis 606; Inst. Fiz. PAN, Warszawa; pol.)
Rolf Heyer 5070

1698 **Apparatur zur Messung der Wärmeleitfähigkeit von Gasen.** William P. Teagan und George S. Springer. (Rev. sci. Instruments **38** (1967) 3, 335—39; Mass. Inst. of Technol., Cambridge, Mass.; engl.) — Vf. beschreiben eine einfache App., die im wesentlichen aus einer elektr. beheizten ebenen Metallplatte besteht, die zwischen 2 wassergekühlte Platten eingelegt ist. — Die Vorr. gestattet Messungen über einen großen Druckbereich bis $5 \cdot 10^{-6}$ mm Hg. — Messungen der Wärmeleitfähigkeit von Ar, N_2 u. Luft bei verschiedenen Drücken wurden z. B. durchgeführt; die Ergebnisse sind tabelliert. Die Genauigkeit der Best. beträgt $\approx 2\%$.
J. Pickardt 5070

1699 **Lichtsonde zur Messung turbulenter Konzentrationsschwankungen.** James O. Nye und Robert S. Brodkey. (Rev. sci. Instruments **38** (1967) 1, 26—28; Dep. of chem. Engng., O. State Univ., Columbus, O.; engl.) — Die Konstruktion eines Gerätes mit verbessertem Signal/Rausch-Verhältnis wird beschrieben.
J. Pickardt 5070

1700 **Querdehnungsmesser für spröde Materialien.** Madan M. Singh und Yung Sam Kim. (Rev. sci. Instruments **38** (1967) 6, 769—71; Pa. State Univ., Univ. Park, Pa.; engl.) — Vf. beschreiben die Konstruktion eines Dehnungsmessers zur Messung lateraler Deformationen.
J. Pickardt 5070

1701 **Nomogramm zur Umrechnung von Ammoniumsulfatkonzentrationen bei 0°.** Fernando di Jeso. (J. biol. Chemistry **243** (1968) 8, 2022—23; Ist. di Chim.-Biol., Univ., Pavia; engl.) — Vf. gibt ein Nomogramm, in dem die Konz. in % Sättigung, in Molarität u. g-Menge an Salz, die zu einer Lsg. beliebigen Ausgangsvol. hinzuzufügen ist, angegeben wird. J. Pickardt 5081

1702 **Photochrome 8-Hydroxychinoline.** Fred Przystal, Terry Rudolph und J. P. Phillips. (Analytica chim. Acta [Amsterdam] **41** (1968) 2, 391—94; Dep. of Chem., Univ. of Louisville, Louisville, Ky.; engl.) — Die Darst. der Reagenzien (insgesamt 14) erfolgt durch Kochen unter Rückfluß der entsprechenden 7-Formyl-8-hydroxychinoline mit der äquivalenten Menge einer Fischer-Methylenbase in Isopropylalkohol. Bei der Aufnahme der Spektren in 95%ig. A. bei —79° zeigt sich, daß durch Bestrahlung mit einer W-Lampe die Maxima verschwinden u. durch anschließende Bestrahlung durch UV-Licht wieder aufgebaut werden. Dies wird am Beispiel des inneren Salzes von *2-[2-(8-Hydroxy-7-chinolyl)-vinyl]-1.3.3.7-tetramethyl-3H-indoliumhydroxid* gezeigt. Von den *Cu-*, *Ni-*, *Co-*, *Zn-* u. *Cd*-Komplexen einer der synthetisierten Verb. wird die Absorptionsmaxima im Sichtbaren bei pH 2,5; 5,2 u. 8,7 wiedergegeben. K. Henning 5086

1703 **β-Colubrin als Indikator für die Cer(IV)-Titration von Eisen(II), Hexacyanoferrat(II), Hydrochinon, Uran(IV) und Molybdän(V) und die Dichromattitration von Molybdän(V).** T. P. Sastry, P. S. Sastry, E. L. R. Dayanand und K. A. N. Reddy. (Chemist-Analyst **56** (1967) 3, 66—67; Warangal-Kazipet. India, Regional Engng. Coll., Chem. Dep.; engl.) — Vf. ermittelten die für die einzelnen Titrationen erforderlichen Konz. u. Medien. I. Degen 5086

1704 **Verzerrung von galvanostatischen Chronopotentiogrammen durch Doppelschichtladung.** W. T. de Vries. (J. electroanalyt. Chem. Interfacial Electrochem. [Lausanne] **17** (1968) 1—2, 31—43; Dep. of Chem., Israel Inst. of Technol., Haifa; engl.) — Unter folgenden vereinfachenden Annahmen wurden die durch Doppelschichtladung verzerrten Chronopotentiogramme berechnet: (1) die Elektrodendoppelschichtkapazität ist vom Potential unabhängig u. (2) das Chronopotentiogramm wird von einem endlichen Potential gestartet.
K.-H. Bielicki 5092

1705 **Untersuchung über das voltammetrische Verhalten der Paare Br^-/Br_2, Br^-/Br_3^-, $Br^-/HBrO$ und Br^-/BrO^- in Abhängigkeit vom pH-Wert.** Franco Magno und Mario Fiorani. (Analytica chim. Acta [Amsterdam] **41** (1968) 2, 303—10; Ist. di Chim. Anal., Univ. di Padova, Padova; engl.) — Die Unters. mit elektrochem. erzeugtem Br_2 zeigen, daß die bei diesen Titrationen auftretenden Blindwerte infolge der Hydrolyse von Br_2 in alkal. Medium stark vom pH-Wert abhängen. Die beobachteten sehr großen Blindwerte erklären sich aus der Bldg. von BrO^-. Säure–Base-Titrationen mit Br_2 als Indikator bestätigen diese Ergebnisse.
K. Henning 5098

1706 **Thermostatierter Meßfühler zum Spinechospektrometer.** G. M. Pančenkov, N. N. Borisenko und V. V. Erčenkov. (Z. fiz. Chim. **42** (1968) 6, 1547—49; Mosk. inst. neftechim. i gazovoj prom. im. Gubkina; russ.) — Beschreibung eines Meßkopfs für ein NMR-Spinechospektrometer zur Best. der Selbstdiffusionskoeff. von Fl. bis zu Temp. von 523°K. Der Selbstdiffusionskoeff. von *n-Heptan* bei 293—433°K wird gemessen. H. Roschkowski 5102

1707 **Massenspektrometrie der Metall-Chelate.** 2. Mitt. **Oxinate der gewöhnlichen Metalle.** A. E. Jenkins, J. R. Majer und M. J. A. Reade. (Talanta [London] **14** (1967) 11, 1213—20; Dep. of Chem., Univ., Birmingham; engl.) — 1. vgl. C. **1968,** 17-2038. — Vf. nehmen die Massenspektren der Oxinate von *Zink*, *Fe(III)*, *Mn(II)*, *Ni*, *Co*, *Al*, *Cu* u. *Mg* auf. Die Konz. mehrerer dieser Chelate wurden zu den integrierten Ionenströmen in Beziehung gesetzt, die bei einem charakterist. m/e-Wert während des Verdampfens der Probe in der Ionenquelle eines MS9-Massenspektrometers der A.E.I. registriert wurden. Die strukturelle Bedeutung einiger der Massenspektren wird diskutiert. J. Büttner 5106

1708 **Untersuchung des apparativen Profils eines Spektrographen.** Paul Feautrier und Michel Schneider. (C. R. hebd. Séances Acad. Sci., Sér. A et B **264** (1967) 10, B 774—77; Observatoire de Paris-Meudon, Hauts-de-Seine; franz.) — Vf. beschreiben Meth. u. Ergebnisse zur Messung apparativ bedingter Linienprofile eines Spektrographen im Bereich 3700—4000 Å.
J. Pickardt 5116

1709 **Fehlerkontrolle bei der Infrarotspektrophotometrie. 1. Mitt. Reduzierung der Verzerrung durch endliche Spektralblenden mit Hilfe der „Pseudodeconvolution"-Methode.** R. N. Jones, R. Venkataraghavan und J. W. Hopkins. (Spectrochim. Acta [Oxford], Part A **23 A** (1967) 4, 925–39; Nat. Res. Council, Ottawa; engl.) — Vf. diskutieren mathemat. Meth. zur Korrektur von Spektren bez. der Verzerrung infolge Verw. von Blenden endlicher Breite. Eine Meth. wird beschrieben, die, unter Verw. eines Computers, diese Verzerrung bei IR-Spektren von Syst. kondensierter Phasen im wesentlichen beseitigt. Die besten Ergebnisse wurden bei Bandensyst. mit Peakextinktionen in der Größenordnung von 0,2–0,9 u. Verhältnissen der Blendenbreite zur Halbwertsbreite unter 0,35 erhalten. Die Meth. wird am Beispiel des IR-Spektrums von *5β-Androstan-17-on* in CS_2 erläutert. J. Pickardt 5116

1710 **Fehlerkontrolle bei der Infrarotspektrophotometrie. 2. Mitt. Restverzerrung in „pseudodeconvolutierten" Spektren.** R. N. Jones, R. Venkataraghavan und J. W. Hopkins. (Spectrochim. Acta [Oxford], Part A **23 A** (1967) 4, 941–58; engl.) — 1. vgl. vorst. Referat. — Die Wirksamkeit der Pseudodeconvolutions-Meth. wurde an zwei Folgen von Kurven getestet, die Cauchy-(Lorentz-)Umhüllungskurven von IR-Absorptionsbanden simulierten. Im ersten Fall wurden die Banden getrennt, im zweiten überlappten sie in verschiedenem Maße. Die Effekte auf Peakhöhe, Halbwertsbreite, unvollständige zweite Momente u. Fläche wurden für wahre Peakextinktionen von 0,05–1,4 bei wahren Blendenbreiten/Halbwertsbreiten bis zu 0,5 ermittelt, wobei sowohl Dreiecks- als auch Gaußsche Blendenfunktionen betrachtet wurden. Die Bedingungen für optimale Werte für die Bandenparameter werden diskutiert. Der Effekt quadrat. Schmiegungsfunktionen auf die Banden wurde untersucht. J. Pickardt 5116

1711 **Röntgenröhre mit dünnem Austrittsfenster zur Anregung leichter und schwerer Elemente.** T. D. Kirkendall und P. F. Váradi. (Analytic. Chem. **39** (1967) 11, 1342–44; Machlett Labor., Stamford, Conn.; engl.) — Konstruktion u. Eig. einer Röhre mit einem 0,005 in.-Be-Fenster u. Pt-Anode werden beschrieben.
J. Pickardt 5116

1712 **Betrachtungen zur Spektralanalyse reiner Stoffe.** Ch. I. Zil'berštejn, O. N. Nikitina und M. P. Semov. (Izvest. sibirskogo Otd. Akad. Nauk SSSR, Ser. chim. Nauk **1967**, 9, 72–74; Inst. chim. silikatov im. Grbinščikova AN SSSR, Leningrad; russ.) — Untersucht wird der Einfl. von Verunreinigungen, die in das Analysenmaterial während des Zerkleinerungsprozesses aus der Labor.-Luft eindringen. Bestimmt werden die mittleren Mengen u. die Grenzabweichungen der Schmutzelemente, die sich aus der Luft auf den Elektroden im üblichen Labor. u. in Labor. mit speziell reiner Luftversorgung absetzen. Untersucht wird weiterhin die mögliche Verunreinigung des Schmutzbefalles bei der Zerkleinerung durch elektrohydraul. Methoden. Gebracht wird die abs. Verschmutzung von horizontalen Flächen der Kohlenelektroden (ca. 0,5 cm^2) aus der Luft mit *Al, Fe, Ca, Mg, Mn* u. *Cu*. E. Pfluger 5118

1713 **Absolute Reflexionsmessungen an kleinen Proben bei tiefen Temperaturen.** J. Feinleib und B. Feldman. (Rev. sci. Instruments **38** (1967) 1, 32–33; Mass. Inst. of Technol., Lexington, Mass.; engl.) — Vf. beschreiben eine Vorr. zur Reflexionsmessung an kleinen Krist. bei Zimmertemp. u. der Temp. des fl. He.
J. Pickardt 5120

1714 **Einrichtung zur Messung des spektralen Remissions–Reflexions- und Transmissionsgrades von streuenden Proben.** H. Korte und M. Schmidt. (Z. Instrumentenkunde **75** (1967) 9, 278–80; Phys.-Techn. Bundesanstalt, Braunschweig; dt.) — Die beschriebene Einrichtung arbeitet mit Wechsellicht. Lichtimpulse von einem Vgl.- u. einem Meßstrahlengang treten abwechselnd in dieselbe Ulbrichtsche Kugel. An die Kugel ist ein Photovervielfacher angebaut. Die Photostromimpulse werden so auf einen Kondensator gegeben, daß der eine ihn auflädt, der andere nach Umpolen ihn entlädt. Im abgeglichenen Zustand fließt kein Entladungsgleichstrom des Kondensators über das Meßinstrument. Die Einrichtung unterdrückt die Wrkg. des Rauschens beträchtlich.
H.-D. Schenke 5120

1715 **Einfluß der Energie der Primärstrahlung auf die Empfindlichkeit der Röntgenfluoreszenz-Analyse.** A. Lubecki und M. Wasielewska. (J. radioanalyt. Chem. [Budapest] **1** (1968) 3, 211–18; Inst. of Nucl. Techn., Acad. of Min. and Metallurg., Cracow; engl.) — Es werden Gleichungen abgeleitet u. an Hand experimenteller Daten zur Best. von Ca u. Zn bestätigt. Die Empfindlichkeit hängt von der Energie der Primärstrahlung ab u. nimmt mit steigender Energie zu.
W. Dedek 5122

1716 **Genaue Bestimmung leichter Elemente mit Hilfe der Röntgenfluoreszenz. Vergleich von Schmelzmethoden.** R. Tertian. (Analytica chim. Acta [Amsterdam] **41** (1968) 3, 554–56; Soc. de Prod. Chim. Pechiney-Saint Gobain, Aubervilliers-Seine; franz.) — Vf. untersucht die Reproduzierbarkeit von Al- u. Si-Analysen in Bauxit unter Anwendung einer Schmelzperlenaufschlußmeth. mit $Li_2B_4O_7 + La_2O_3$. J. Pickardt 5122

1717 **Derivatives Mössbauer-Spektrometer.** T. Bressani, P. Brovetto und E. Chiavassa. (Nuclear Instruments Methods [Amsterdam] **47** (1967) 1, 164–68; Ist. di Fis. dell'Univ. di Cagliari; engl.) — Vf. beschreiben eine Meth. der Mössbauer-Spektrometrie, bei der die gleiche Modulationstechnik angewendet wird, wie sie normalerweise in der Elektronenspinresonanz Verw. findet. Unters.-Ergebnisse des ^{57}Fe-γ-Absorptionsspektrums für metall. Fe werden dargestellt.
J. Pickardt 5122

1718 **Mechanischer Antrieb für konstante Geschwindigkeiten zur Mössbauer-Spektroskopie von Hämoglobin.** H. M. Kappler, A. Trautwein, A. Mayer und H. Vogel. (Nuclear Instruments Methods [Amsterdam] **58** (1967) 1, 157–62; Phys.-Dep., TH, München; engl.) — Es wird eine derartige Vorr. beschrieben u. über Messungen, die mit ihrer Hilfe an Methämoglobin, Oxy- u. Desoxyhämoglobin durchgeführt wurden, berichtet.
J. Pickardt 5122

1719 **Anwendung des Mössbauereffekts zur Messung kleiner Schwingungen.** H. Brafman, P. Gilad, P. Hillman, D. Lebenbaum und Y. Wolfsohn. (Nuclear Instruments Methods [Amsterdam] **53** (1967) 1, 13–21; Weizmann Inst. of Sci., Rehovoth, Israel; engl.) — Vf. beschreiben eine Meth. zur Messung von Schwingungen in Å-Größenordnung im Schallfrequenzbereich von kleinen Körpern mit mg-Massen. Die Bewegung einer Mössbauer-Quelle relativ zum Absorber bewirkt Änderungen der Zählrate in einem Detektor hinter dem Absorber, aus denen auf Amplitude u. Phase der Quellenbewegung geschlossen werden kann. — Da Messungen aus der Entfernung durch störende Objekte hindurch ausgeführt werden können, sind bes. in vivo-Messungen, z. B. über den Mechanismus des Hörens usw. möglich.
J. Pickardt 5122

1720 **Apparatur zur Messung der Frequenzen bei der photoelektrischen Registrierung von Raman-Spektren.** A. A. Artamonov und G. I. Baranov. (Izvest. vysšich učebnych Zavedenij [Tomsk], Fiz. **11** (1968) 6(73), 154; Kuzbasskij politechn. inst.; russ.)
H. Roschkowski 5124

1721 **Hochtemperaturkamera zur Untersuchung der diffusen Röntgenstreuung von Einkristallen.** Ja. S. Umanskij und M. Ja. Fiškis. (Zav. Labor. **34** (1968) 6, 764; Mosk. inst. stali i splavov; russ.)
H. Roschkowski 5126

1722 **Quantitative Elektronenstrahl-Mikroanalyse: Unsicherheit der Fluoreszenzkorrektur.** Kurt F. J. Heinrich und Harvey Yakowitz. (Mikrochim. Acta [Wien] **1968**, 5, 905–16; NBS, Washington, D.C.; engl.) — Um zu einer Berechnung der Unsicherheiten bei der Fluoreszenzkorrektur in der Elektronenstrahl-Mikroanalyse zu kommen, werden die Unsicherheiten aus dem Austrittswinkel u. der Beschleunigungsspannung u. die Fehler aus den in den Modellen verwendeten Parametern, wie Fluoreszenzausb. u. Massenschwächungskoeff. berechnet. Es zeigt sich aus den Ergebnissen, daß die Mikrosondenanalyse sogar in Fällen, in denen eine große Fluoreszenzkorrektur erforderlich ist u. selbst bei großem Austrittswinkel (≧ 30°) u. bei niedrigster Spannung mit einer erträglichen Impulsausb. völlig zufriedenstellende Ergebnisse liefert. Diese Ergebnisse wurden erhalten, nachdem annehmbare Parameter für Abnahmewinkel u. Beschleunigungsspannung in bekannter Fluoreszenzkorrekturmodelle eingesetzt worden waren. Der abs. Fehler für die Zus. variiert nur wenig mit dem Abnahmewinkel. Die hauptsächlichste Fehlerquelle ist der Faktor für die Fluoreszenzausbeute. Die Auswahl der Korrekturverf. als eine Quelle für einen möglichen Fehler wird ebenfalls diskutiert. K. Henning 5126

1723 **Transmissions-Elektronenmikroskope.** P. A. Stojanov. (Izvest. Akad. Nauk SSSR, Ser. fiz. **32** (1968) 6, 906–16; russ.) — Übersicht. — 45 Literaturangaben. H. Roschkowski 5128

1724 **Elektronenmikroskope ÈM-11 und ÈM-9.** S. G. Baburova, V. N. Vercner, Ju. M. Voronin, G. N. Guseva, M. G. Ivanov, V. F. Kurkin, V. G. Nikiforova, Ju. N. Rusanov, V. M. Šornikov und Ju. F. Ščetnev. (Izvest. Akad. Nauk SSSR, Ser. fiz. **32** (1968) 6, 920–21; russ.) — Kurze Beschreibung beider App. an Hand von Aufnahmen an Au-Abdrücken u. InSb-Schichten. H. Roschkowski 5128

1725 **Verwendung langsamer Elektronen im Durchlicht-Elektronenmikroskop.** V. N. Vercner und Ju. F. Ščetnev. (Izvest. Akad. Nauk SSSR, Ser. fiz. **32** (1968) 6, 923–27, 1 Tafel; russ.) — Beschreibung elektronenmkr. Unters. bei Elektronengeschw. von 4–12 keV an Repliken von Sitall- u. PbSe-Oberflächen. H. Roschkowski 5128

1726 **Rasterelektronenmikroskop als Röntgen-Mikroanalysator.** D. V. Fetisov, Ju. M. Kušnir, S. A. Dicman, G. V. Der-Švarc, E. B. Postnikov, B. I. Počtarev, K. K. Raspletin, G. Ja. Jurčenko, S. V. Bezlepkin, A. I. Samojlov, S. S. Stepanov, R. P. Gurova, F. U. Spektor und O. K. Paršina. (Izvest. Akad. Nauk SSSR, Ser. fiz. **32** (1968) 6, 942–46; russ.) H. Roschkowski 5128

1727 **Präparation von feinen, rekristallisierten Wolframdrähten für die Durchstrahlungselektronenmikroskopie.** E. F. Koch und J. L. Walter. (Trans. metallurg. Soc. AIME **242** (1968) 1, 157–60; General Electric Co., Res. and Dev. Center, Schenectady, N.Y.; engl.) — Kommerzielle W-Drähte mit 0,001, 0,004 u. 0,010 in. ∅ wurden um eine W-Platte gewunden u. dann bei 1800–2200° im Vakuum von 10^{-6}–10^{-7} Torr 1–3 Std. lang geglüht. Die Drahtenden wurden miteinander verbunden, die Platte herausgeschnitten u. das Drahtblatt in Epoxyharz eingebettet. Darauf wurde von beiden Seiten in 10% NaOH mit einem Disa-Elektropol-Gerät poliert bis ein kleines Loch erschien. Unterhalb 0,004 in. ∅ bewährte sich die Epoxyharzeinbettung nicht, es wurde dann in durch chem. Zers. von WF_6 niedergeschlagenem W eingebettet. Die Unters. ergab, daß diese Meth. zur Präparation von Drahtproben für die Durchstrahlungselektronenmikroskopie ausgezeichnet geeignet ist. R. Zimmer 5128

1728 **Heterodyn-Empfänger zum Nachweis von Sub-Millimeter-Strahlung.** H. A. Gebbie, N. W. B. Stone, E. H. Putley und N. Shaw. (Nature [London] **214** (1967) 5084, 165–66; Nat. Phys. Labor., Teddington, Middlesex; engl.) — Vf. beschreiben die Verw. der Heterodyn-Technik zum Nachw. der kohärenten Strahlung eines CN-Masers bei 0,357 mm. Als Detektoren wurden ein pyroelektr. Detektor, eine Golay-Zelle u. ein InSb-Detektor verwendet. In allen drei Fällen brachte die Heterodyn-Technik eine Verbesserung des Signal/Rausch-Verhältnisses um einen Faktor von etwa 20. F. Langenbucher 5130

1729 **Multielement-Infrarotdetektoren für Systeme mit hohen Informationsgeschwindigkeiten.** F. D. Morten und R. E. J. King. (Infrared Physics 8 (1968) 1, 9–14; Mullard Works, Millbrook Estate, Southampton; engl.) — Vf. untersuchen die Anwendbarkeit u. Eig. von Detektoren, bes. vom InSb-Typ, in Bilddarst.-Syst., z. B. IR-Fernsehen. J. Pickardt 5130

1730 **Neue Konstruktionen von Joule-Thomson-Kühlern für Infrarotdetektoren.** S. W. Stephens. (Infrared Physics 8 (1968) 1, 25–35; Hymatic Engng. Co. Ltd., Glover Street, Redditch; engl.) — Übersicht über neuere Entw. bei der Konstruktion von „Minicooler"-Systemen. J. Pickardt 5130

1731 **Neue Feststoffdetektoren für Kernspuren und neue chemische Entwicklungsmethoden für bereits bekannte Detektoren.** Henri Besson, Michel Monnin und Serge Sanzelle. (C. R. hebd. Séances Acad. Sci., Sér. A et B **264** (1967) 25, B 1751–52; Fac. des Sci., Clermont-Ferrand; franz.) — Als ionograph. Detektorstoffe für den Nachw. von Kernspuren wurden erprobt: Polyäthylen (I), ionomeres I, Polypropylen, -phenoxid, -vinylacetochlorid, -vinylpolyvinylidenchlorid. Als Entwickler werden verwendet für die erstgenannten drei Substanzen eine H_2SO_4-Lsg. von $K_2Cr_2O_7$, für die übrigen wss. Lsg. von $KMnO_4$ bei Temp. von 85–100°. Die Entwickler sind auch verwendbar für die bereits bekannten Detektorstoffe Cellulosenitrat, -acetobutyrat, Polycarbonat (Makrofol), Äthylenpolyterephthalat, Polystyrol, Polyimid u. Formophenolphenoplast. Die Entw.-Zeit beträgt 4–180 Minuten. W. Reusse 5130

1732 **Messung der ^{32}P-Aktivität in einem Flüssigkeitsszintillationszähler ohne Szintillator.** Torben Clausen. (Analyt. Biochem. [New York] **22** (1968) 1, 70–73; Inst. of Physiol., Univ., Aarhus; engl.) — Bei Messungen der ^{32}P-Aktivität durch Nachw. der Čerenkov-Strahlung konnten die Proben direkt in die Zählgefäße pipettiert u. Zeitverluste durch Trocknen vermieden werden. Die Probe, die keine Zusätze erhalten hatte, konnte für weitere Analysen verwendet werden. Bei niedrigem Nullwert wurden bis zu 22 ml wss. Lsg. gezählt. Starke Säuren u. Alkalien beeinträchtigen die Effektivität nicht wesentlich, u. die Kosten für die Szintillatoren fielen fort. U. Drehmann 5130

1733 **Einfache Methode zur Herstellung von Lithium-Oberflächengrenzschicht-Siliciumdetektoren.** Z. Wilhelmi, A. Kamiński, A. Marcinkowski, A. Modelska-Berkan und T. Czyżewski. (Nukleonika [Warszawa] **12** (1967) 11, 985–91; Inst. éksp. fiz., Uniw., Warszawa; russ.) — Eine einfache Meth. wird beschrieben, mit deren Hilfe Detektoren von ≦ 4 mm Dicke u. 2 cm^2 empfindlicher Fläche hergestellt werden können, die Auflösungen von 18–25 keV bei 976 keV-Elektronen u. 35–40 keV bei 8,78 MeV-Alphateilchen bei Zimmertemp. ergeben. J. Pickardt 5130

1734 **Numerische Analysenmethode für Gammaspektren.** J. P. Flandre. (Int. J. appl. Radiat. Isotopes **18** (1967) 6, 337–43; Inst. Royal Météorol. de Belgique, Bruxelles; franz.) — Bei der Konstruktion einer Matrix (100 · 50) für die Darst. eines γ-Spektrometers wurden radioakt. Quellen von monochromat. γ-Strahlen [^{203}Hg (279 keV); ^{137}Cs(662 keV); ^{54}Mn(835 keV); ^{7}Be(479 keV); ^{95}Nb(768 keV); ^{86}Rb(1080 keV)] verwendet u. eine Ausdehnung der Meth. auf die Aktivierungsanalyse u. die Diffusion von γ-Strahlen durch Abschirmungen diskutiert. Die erreichte Genauigkeit ist größer als die von graph. Methoden. U. Drehmann 5130

1735 **Gamma-Spektren und Empfindlichkeiten für die 14 MeV-Neutronen-Aktivierungsanalyse.** M. Cuypers und J. Cuypers. (J. Radioanalyt. Chem. [Budapest] 1 (1968) 3, 243–64; Activation Anal. Res. Labor., Tex. A & M Univ., Coll. Station, Tex.; engl.) — Mit Hilfe eines Cockroft-Walton-Generators (150 kV, 2 · 10^8 n/cm^2sec) werden 14 MeV-Neutronen erzeugt u. für 63 Elemente die γ-Spektren angegeben. Die Tabellen enthalten: Element, Kernrk., Halbwertszeit, Energie, Aktivierungs-, Zerfalls- u. Zählzeit, Impulse/mg, Nachw.-Grenze, störende Nuklide, Ursprung des Photopeaks. W. Dedek 5132

1736 **Quecksilberbestimmung in wäßrigen Proben durch Neutronenaktivierungsanalyse unter Berücksichtigung von Flußstörungen.** D. Brune und K. Jirlow. (Radiochim. Acta [Frankfurt/M.] 8 (1967) 3, 161–64; Stockholm, AB Atomenergi; engl.) — Die Technik der Tieftemp.-Neutronenbestrahlung in Verb. mit einem Trennverf. auf der Grundlage des Isotopenaustausches wurde zur Hg-Best. in wss. Lsg. angewandt. Vf. untersuchen die Kinetik der Isotopenaustauschrk. für verschiedene Probenvolumina. D. Ertel 5132

1737 **Analytische Anwendungen eines 0,5 MeV-Cockroft-Walton-Generators auf der Grundlage der Messung propter γ-Strahlung. Bei Protoneneinfang-Reaktionen emittierte γ-Strahlung.** T. B. Pierce, P. F. Peck und D. R. A. Cuff. (Analyst **92** (1967) 1092, 143–50; Harwell, Berks., A.E.R.E., Analyt. Chem. Group; engl.) — Es wird ein Überblick über die p, γ-Rk. der Elemente Li bis Cl mit Ausnahme von Ne gegeben. Die wichtigsten γ-Energien wurden katalogisiert. An Hand der Rk. diskutieren Vf. die analyt. Anwendungsmöglichkeiten. H. Glaser 5132

1738 **Anwendungen der Niederenergie-Gamma- und -röntgenstrahlung in Polen.** Kazimierz W. Ostrowski, Ludwik Gôrski und Jerzy Niewodniczański. (Nukleonika [Warszawa] **13** (1968) 3, 289–300; Inst. of Nucl. Techn., Acad. of Mining and Metallurgy, Krakow; engl.) — Beschreibung der Anwendungen auf den Gebieten der radiometr. Analyse, der Röntgenfluoreszenzmeth. u. der Absorptionsmethoden. H.-D. Schenke 5132

1739 **Untergrundzählraten bei der Tritiumbestimmung: Einfluß des Gefäßes.** D. Paix. (Int. J. appl. Radiat. Isotopes **19** (1968) 2, 162–64; Prince Henry Hosp., Little Bay, N.S.W. Australia; engl.) — Vf. diskutiert den Einfl. des Gefäßmaterials an Beispielen von Polyäthylen- u. Glas-Ampullen verschiedener Herkunft. J. Pickardt 5132

1740 **Quantitative Bestimmung einer Zweikomponenten-Mischung von Radionucliden.** E. S. Gureev, T. Islamov, M. F. Muminova und V. S. Mirošnikova. (Izvest. Akad. Nauk Uzb. SSR, Ser. fiz.-mat. Nauk **125** (1968) 4, 56–57; Inst. jadernoj fiz. AN Uzb. SSR; russ.) — Bei Kenntnis der Halbwertszeiten u. der Energien der β- u. γ-Strahlung kann aus dem Intensitätsverhältnis von β u. γ die Mischung bestimmt werden, z. B. $^{186,188}Re + {}^{99}Mo$, oder $^{140}La = {}^{141,143}Ce$, $^{140}La + {}^{142}Pr$. M. Wiedemann 5132

1741 **Durch Fixativbindung freier Aminosäuren an Gewebe erhaltener Artefakt bei der Autoradiographie.** Theodore Peters jun. und Charles A. Ashley. (J. Cell Biol. **33** (1967) **1**, Part 1 of 2, 53–60; The Mary Imogene Bassett Hosp., Cooperstown, New York; engl.) — Bei der Unters. der Bindung freier markierter Aminosäuren wurde festgestellt, daß bei Anwendung von Glutaraldehyd (**I**) 25% des freien Leu an das gelöste Serumalbumin gebunden wurden, während Formaldehyd (**II**) nur 0,5% band. Leberschnitte wurden 2 Min. in Ggw. von markiertem Leu u. Puromycin (**III**), das die Leu-Absorption in Zellen fördert, aber den Einbau in Protein hemmt, inkubiert. Zählung u. Autoradiographie zeigten, daß **I** 30mal u. OsO_4 sechsmal soviel freie Aminosäure wie Formaldehyd band. Mit u. ohne **III** 2 Min. lang inkubierte Leberschnitte zeigten nach Fixation mit **I**, OsO_4 oder **II** in Autoradiographien, daß 63, 25 bzw. 4% der Körner freie Aminosäuren gebunden hatten. Frisch aus Paraformaldehyd destillierter **II** gab gute Werte u. wurde als Autoradiographiefixativ empfohlen. Wenn die freien Substratniveaus z. Z. der Fixativzugabe hoch sind, kann die Bindungsmenge des freien Substrats als Kontrolle bei autoradiograph. Vers. gewertet werden. U. Drehmann 5132

1742 **Apparaturen zur Untersuchung der Reaktionskinetik in flüssiger Phase.** A. I. Subbotin. (Ž. fiz. Chim. **42** (1968) 2, 544–46; NII chlororg. prod. iakrilatov, Dzeržinsk; russ.) — Beschreibung zweier halbautomat. Glasapp. für kinet. Unters. bei Rk.-Halbwertszeiten von 6–10 Min. bis zu einigen Stunden. H. Roschkowski 5134

1743 **Gefällefreier Reaktor für die Untersuchung homogener Gasreaktionen.** S. P. Kuz'mičev, G. P. Kornejčuk und V. K. Skarčenko. (Kinetika i Kataliz **9** (1968) 1, 213–15; Inst. chim. vysokomol. soed. AN Ukr. SSR, Kiev; russ.) — Das Schema eines gefällefreien Strömungsreaktors mit eingebautem Rührer ist angegeben. Der Reaktor wurde bei der oxydierenden Dehydrierung des Butans in Ggw. von Sauerstoff u. Jodzusätzen ausprobiert. Die Rk.-Ordnung in bezug auf Butan beträgt bei der Bldg. von Divinyl 0,4, bei der Bldg. von Crackprod. 0,5–0,55. J. J. Pohl 5134

1744 **Thermoanalytische Apparatur.** V. K. Maksimov. (Zav. Labor. **34** (1968) 1, 112–13; Kombinat „Jeveronikel"'; russ.) — Beschreibung einer DTA-Apparatur. H. Roschkowski 5136

1745 **Adiabatisches hermetisches Flüssigkeitskalorimeter zur Messung der spezifischen Wärme nicht wäßriger Lösungen.** N. P. Novoselov und K. P. Miščenko. (Ž. fiz. Chim. **42** (1968) 2, 535–38; Leningradskij technol. inst. celljuloznobumažnoj prom.; russ.) — Beschreibung der App. u. von Vgl.-Messungen der spezif. Wärme von W. u. Methanol. H. Roschkowski 5136

1746 **Mikrokalorimeter zur Untersuchung langsamer thermischer Erscheinungen in Metallen.** B. M. Mogutnov, V. M. Polovov und L. A. Švarcman. (Zav. Labor. **34** (1968) 4, 486–88; CNIIČERMET im. Bardina; russ.) H. Roschkowski 5136

1747 **Apparatur zur gleichzeitigen Hochtemperatur-Aufnahme von Thermogrammen, Messungen des elektrischen Widerstands und der linearen Abmessungen von Proben.** G. A. Taksis, A. F. Bessonov und V. N. Šalanginov. (Zav. Labor. **34** (1968) 4, 501; Ural'skij politechn. inst. im. Kirova; russ.) H. Roschkowski 5136

1748 **Gerät zur komplexen thermischen Analyse.** A. A. Govorov. (Ukrainskij chim. Ž. **34** (1968) 6, 636–37; Inst. obšč. i neorg. chim. AN Ukr. SSR; russ.) — Eine kompakte, einfach konstruierte App. für die Ausführung von DTA- u. thermogravimetr. Unters. wird beschrieben. J. J. Pohl 5136

1749 **Automatische thermogravimetrische Apparatur zur Analyse von Polymeren.** F. N. Višnevskij, V. A. Novikov, L. A. Kuznecova und A. I. Sidnev. (Plastičeskie Massy **1968**, 4, 58–59; russ.) H. Roschkowski 5136

1750 **Thermometrische Analyse von Mischungen von Wasser und mit Wasser mischbaren organischen Verbindungen.** M. Y. Spink und C. H. Spink. (Analytic. Chem. **40** (1968) 3, 617–19; Juniata Coll., Huntingdon, Pa.; engl.) — Die Temp.-Erhöhung bei der Zugabe wss. Lsg. von CH_3OH,- Aceton, Propanol-(1) oder CH_3COOCH_3 zu 80%ig. H_2SO_4Lsg. ist ein Maß für den W.-Geh. der Mischungen. W. Grimmich 5136

1751 **Neue Chromatographietechnik.** John Q. Walker. (Hydrocarbon Processing **46** (1967) 4, 122–24; St. Louis, Mo., Varian-Aerograph.; engl.) — Vf. gibt eine Möglichkeit zur automat. Einführung von 36 gasförmigen, fl. oder festen Proben in Intervallen von 5–60 Min. an, mit der die Leistungsfähigkeit eines Labor. verdoppelt werden kann. R. Tannenberger 5138

1752 **Kontinuierlicher Strömungsmesser für die automatische quantitative Flüssigkeitschromatographie.** J. J. Th. Gerding und P. Hagel. (J. Chromatogr. [Amsterdam] **31** (1967) 1, 218–21; Univ. Amsterdam; engl.) — Ein transistorisierter Strömungsmesser für Experimente, bei denen hohe Konstanz der Strömungsgeschw. notwendig ist, wird beschrieben. J. Pickardt 5138

1753 **Anwendung von Porapak, porösem Äthylvinylbenzol, als neue lipophile stationäre Phase für die Dünnschicht- und Säulenchromatographie.** Jaroslav Janák. (Chem. and Ind. 1967, **26**, 1137–38; Inst. of Instrum. Anal. Chem., Czechoslov. Acad. of Sci., Brno; engl.) — Untersucht wird das Verh. von Porapak Q der Waters Associates, Inc., Framingham, Mass., in Ggw. einiger Lösungsmittel. Ein Quellen des Materials tritt bei Verw. von KW-Stoffen auf. Einige R_F-Werte von Naphthalin Dihydropyren, Fluoranthren, 3.4-Benzfluoren u. 3.4-Benzpyren in CCl_4, Äthylacetat, Aceton oder A. sind angegeben. K. Henning 5138

1754 **Dünnschichtchromatographie in der anorganischen Chemie.** Nicu Dulămiţă. (Studii Cercetări Chim. [Bucureşti] **16** (1968) 3, 183–213; Inst. de chim. al Acad., Filiala Cluj; rum.) — Übersicht. — 198 Literaturangaben. W. Grimmich 5138

1755 **Einfache präparative Dünnschicht- und Dickschichtchromatographie.** George W. Clark. (J. Chromatogr. [Amsterdam] **34** (1968) 2, 262–63; Chem. Dep., Univ., Rochester, N.Y.; engl.) — Das Dünnschichtmaterial wird 1–5 mm stark auf rostfreie Stahlbleche, deren Kanten umgebogen u. Ecken verschweißt sind, aufgetragen. W. Grimmich 5138

1756 **Dünnschichtchromatographie. Neuer Apparat zur Herstellung von Dünnschichtplatten.** Mircea Ionescu. (Ind. uşoară **15** (1968) 5, 295–99; Central de cercetări şi prod. de aparatură ştiinţifică, Acad. RSR; rum.) — Der App. ist zur Herst. von Dünnschichtplatten für analyt. u. präparative Zwecke geeignet. In einer Min. können 6 Platten der Größe 20 × 20 cm mit einer Dicke von 0,1–5 mm auf ±0,002 mm genau hergestellt werden. W. Grimmich 5138

1757 **Halbquantitative Bestimmung von Anionen durch Zirkulardünnschichtchromatographie.** M. H. Hashmi und N. A. Chughtai. (Mikrochim. Acta [Wien] **1968**, 5, 1040–44; West Regional Labor., Pakistan Council of Sci. and Ind. Res., Lahore; engl.) — Die halbquant. Best. einer Mischung von 11 Anionen im µg-Bereich erfolgt mit Hilfe der Zirkulardünnschichtchromatographie durch vergleichende Aufnahme eines Standardchromatogramms, u. zwar werden CrO_4^{2-}, Cl^-, Br^-, J^-, BrO_3^- u. ClO_3^- auf Aluminiumoxid S, $[Fe(CN)_6]^{4-}$, $[Fe(CN)_6]^{3-}$ u. SCN^- auf Aluminiumoxid DS-5 u. AsO_3^{3-} u. S^{2-} auf Silicagel S getrennt. Als Laufmittel dienen Mischungen aus n-Butanol/W./Py. (2:2:1) für die ersten 4 Anionen, aus n-Butanol/W./Py./NH_3-Lsg. (8:8:4:1) für die nächsten 6 Anionen u. aus n-Butanal/W./Py./NH_3-Lsg./Aceton (8:12:4:1:8) für das S^{2-}. Identifiziert wird mit den Reagenzien Diphenylcarbazid, $AgNO_3$, Fluorescein, $PdCl_2$, Tl_2SO_4, Anilinsulfat, $FeCl_3$, Benzidin, $Zn_2[Fe\cdot(CN)_6]$ u. $K_2Cr_2O_7$. Die Genauigkeit beträgt ±5%. K. Henning 5138

1758 **Chromatographie isomerer methylenunterbrochener Methyl-cis, cis-octadecadienoate.** 1. Mitt. **Argentierungs-Dünnschichtchromatographie.** William W. Christie. (J. Chromatogr. [Amsterdam] **34** (1968) 3, 405–06; Chem. Dep., St. Salvator's College, St. Andrews, Fife; engl.) — Vf. untersucht das dünnschichtchromatograph. Verh. der isomeren methylenunterbrochenen Methyl-cis. cis-octadecadienoate (von 2.5-Dien- bis 14.17-Dienderiv.) an mit $AgNO_3$ imprägnierten Silicagelschichten. Die R_F-Werte liegen auf einer sinusartigen Kurve (Max. für das 2.5-Dien, Minimum für das 6.9-Dien, danach wieder Anstieg). H.-D. Schenke 5138

1759 **Empfindliches, bei zwei Wellenlängen arbeitendes Densitometer mit Unterdrückung der durch das Trägermaterial bedingten Untergrundextinktion.** Leon Salganicoff, Mary Kraybill, Dieter Mayer und Victor Legallais. (J. Chromatogr. [Amsterdam] **26** (1967) 2, 434–41; Johnson Res. Found., Univ. of Pa., Philadelphia, Pa.; engl.) — Schema u. Arbeitsweise einer App. zur direkten, photometr. Auswertung von Chromatogrammen werden angegeben. Die verwendete Meth. beruht auf dem wechselweisen Auftreffen zweier Lichtstrahlen auf das Chromatogramm. Als Wellenlängen werden das Absorptionsmax. u. eine Bezugswellenlänge an einer Seite der Absorptionskurve der Verb. des farbigen Fleckes verwendet. Die Genauigkeit u. Empfindlichkeit sind gegenüber Instrumenten mit einer Wellenlänge um zwei Größenordnungen verbessert. J. J. Pohl 5138

1760 **Papierchromatographie anorganischer Substanzen.** 4. Mitt. **R_F-Werte anorganischer Ionen in n-Propanol/HCl-Lösungen.** T. Năşcuţiu. (Rev. roum. Chim. **12** (1967) 7, 839–43; Inst. for Atomic Physics, Bucharest; engl.) — 3. vgl. C. **1968,** 16-1907. — Aufgeführt sind die R_F-Werte von 60 anorg. Ionen unter Anwendung der aufsteigenden Meth. auf Whatman-Papier Nr. 1 u. Benutzung der Laufmittel n-Propanol/1 n, 2 n, 4 n, 6 n, 8 n u. 10 n HCl-Lsg. (1:1). K. Henning 5138

1761 **Papierchromatographie anorganischer Substanzen.** 5. Mitt. **R_F-Werte anorganischer Ionen mit tert.-Butanol/Salzsäure-Lösungen.** T. Năşcuţiu. (Rev. roum. Chim. **12** (1967) 7, 845–51; engl.) — 4. vgl. vorst. Referat. — Angegeben sind die R_F-Werte von 60 anorg. Ionen mit den Laufmitteln tert.-Butanol/1 n, 2 n, 4 n, 6 n, 10 n u. 12 n HCl-Lsg. (1:1) u. tert. Butanol/6 n u. 8 n HCl-Lsg. (2:1). Die Wirksamkeit dieser Lsgm. wird mit den aus n- u. Isobutanol zusammengesetzten verglichen. K. Henning 5138

1762 **Papierchromatographie anorganischer Substanzen.** 6. Mitt. **R_F-Werte verschiedener anorganischer Ionen von Pentylalkohol/HCl-Lösungen.** T. Năşcuţiu und V. Iliescu. (Rev. roum. Chim. **12** (1967) 7, 853–59; engl.) — 5. vgl. vorst. Referat. — Angegeben sind die R_F-Werte von 60 anorg. Ionen, die nach der aufsteigenden Meth. auf Whatman-Papier Nr. 1 mit 1:1-Gemischen aus n-, Iso- u. tert.-Pentylalkohol mit 1 bis 10 n HCl-Lsg. erhalten wurden. K. Henning 5138

1763 **Über radioaktiv markierte Verbindungen.** 4. Mitt. **Der Papierleerwert als Störfaktor bei der quantitativen Bestimmung reduzierender Substanzen mittels Tetrazoliumsalzen auf Chromatographierpapier.** Walter Hartrodt. (J. Chromatogr. [Amsterdam] **26** (1967) 1, 151–57; Berlin-Buch, Dt. Akad. der Wiss., Inst. für kortiko-viszerale Pathol. u. Therapie; dt.) — 2. vgl. C. **1967,** 1-1683. — Vf. verwendet zur Best. reduzierender Substanzen (Steroide, Zucker, Fermentsyst.) auf Papierchromatogrammen das markierte 2.5-Diphenyl-3-(p-jodphenyl)-tetrazoliumchlorid[^{131}J] (^{131}JTTC). Besprühen oder Tauchen der Papiere, nachfolgendes Auswaschen der nichtumgesetzten Anteile mit 2%ig. Essigsäure u. anschließende direkte radioaktive Messung ergeben eine gute analyt. Mikromethode. Eine beträchtliche Störung tritt durch unspezif. reduzierende Substanzen in den Chromatographiepapieren auf (Papierleerwert). Die Vers. ergaben, daß mit Methanol/KOH vorbehandeltes Papier vom Typ SS 2043 a u. b (Säure gewaschen), kurze Rk.-Zeit u. möglichst geringer Alkaligeh. der Tetrazoliumlsg. die niedrigsten Papierleerwerte ergeben. J. Wilke 5138

1764 **Isotopentrennfaktoren von [^{14}C]-Aminosäuren beim Ionenaustausch an Harzen mit carbocyclischen Gruppen.** I. R. Bellobono. (J. Chromatogr. [Amsterdam] **34** (1968) 4, 515–19; Ist. Tecn. Ind. „Stanislao Cannizzaro", Rho, Milan; engl.) — Vf. bestimmt auf automat. Wege den gesamten Isotopeneffekt beim Ionenaustausch für [^{12}C–^{14}C]-Aminosäuren mit isoion. Punkten > 7. Aus den Durchbruchskurven bei 25° werden die Isotopentrennfaktoren ber. u. die einem theoret. Boden äquivalente Höhe wird auf die chromatograph. Säule angewendet. Ein Zusammenhang besteht hauptsächlich zu den pK_1-Werten der bas. Gruppen, die an den Rk. beteiligt sind. H.-D. Schenke 5138

1765 **Analyse der Molekülgröße mit Hilfe der Gelpermeationschromatographie.** J. G. Hendrickson. (Analytic. Chem. **40** (1968) 1, 49–53; Dow Chem. Co., Freeport, Tex.; engl.) — Die Mol.-Größe von gelösten Stoffen in THF wurde bei einigen neuen Testverb. untersucht. Allg. ergaben sich die Mol.-Größen, die auf Grund additiver Strukturelemente, welche die effektive Größe bestimmen, erwartet wurden. Die effektive Größe von Phenolen jedoch war wesentlich größer als erwartet; Phenole erscheinen allg. um 4,67 C-Atome größer als die entsprechenden aromat. KW-Stoffe. J. Pickardt 5138

1766 **Automatische Registrierung von Molekularsiebeffekten an Sephadex unter Verwendung der Verteilungschromatographie mit Thermodetektor.** Kakuma Nagasawa. (J. Assoc. off. analyt. Chemists **51** (1968) 2, 333 bis 37; Dep. of Biol. Chem. and Reference Standards, Nat. Inst. of Hyg. Sci., Tamagawayoga-machi, Setagaya-ku, Tokyo; engl.) — Es wird ein Verf. beschrieben, mit dem Äthylenglykol (I) u. seine Oligomeren durch Chromatographie an Sephadex G 25 unter Verw. eines Thermodetektors getrennt werden können. Das Auftreten der verschiedenen Fraktionen wird automat. registriert. Es können 0,01–0,1 m I-Lsg. analysiert werden. W. Grimmich 5138

1767 **Gelfiltrationschromatographie fluoreszierender phenolischer und heterocyclischer Verbindungen.** J. A. Demetriou, F. M. Macias R., M. J. McArthur und J. M. Beattie. (J. Chromatogr. [Amsterdam] **34** (1968)

3, 342–50; Northrop Corporate Labor., Hawthorne, Calif.; engl.) — Das Verh. der Verb. bei der Chromatographie an Sephadex G-15 wurde systemat. untersucht. Die Verteilungskoeff. bei Verw. von dest. W. oder einer Säure/Salz-Lsg. zur Eluierung wurden bestimmt. Verb. mit Carboxysubstituenten am Ring konnten mit W. eluiert werden, bei Verw. von Säure/Salz-Lsg. wurden diese Verb. jedoch an der Säule adsorbiert. Phenol- u. Indolyl-Verb. mit einer Aminogruppe in der aliphat. Seitenkette hafteten infolge der kation. Eig. der Gelmatrix an der Säule u. konnten unter Verw. von Säure/Salz-Lsg. frakt. eluiert werden. Hydroxy-, Methoxy- u. Dihydroxy-Substituenten am Ring bewirkten stärkere Adsorption bei Entw. unter Bedingungen, bei denen Ionenausschlußeffekte unwirksam oder unterdrückt waren. Der Grad der Adsorption an der Gelmatrix war von den funktionellen Gruppen der aliphat. Seitenkette der Verb. abhängig. Für eine Säure/Salz-Säule galt folgende Reihenfolge für die Eluierung von Phenol- oder Indolyl-Verb.: Amine, Glykole u. schließlich Carbonsäurederivate. Eine Meth. zur Trennung der letzteren von den Deriv. der anderen Verb.-Klassen durch Eluierung mit W. u. anschließenden Trennung von Phenol- u. Indolylverb. mit Säure/Salz-Lsg. wird beschrieben.
J. Pickardt 5138

1768 **Theoretische und experimentelle Untersuchung von gepackten Kapillarsäulen für die Gaschromatographie. 1. Mitt. Experimentelle Untersuchung der Arbeitsbedingungen.** C. Landault und G. Guiochon. (Chromatographia [Braunschweig] **1968**, 3/4, 119–31; Ecole Polytechn., Paris; franz.) — Es wurden gepackte Kapillarsäulen untersucht, die mit Chromosorb P verschiedener Korngröße u. mit verschiedenen Mengen Squalan gefüllt waren. Ihre Permeabilität war 10mal höher als die üblicher Säulen. Die Kapillaren wiesen bis zu 2500 Böden/m für n-Heptan bei 50° auf. Mit Hilfe verschiedener Trägergase wurde die Änderung der Höhe eines theoret. Bodens mit dem Durchflußvol. des Trägergases bestimmt. Die Ergebnisse können nicht mit der van Deemter-Gleichung ausgewertet werden.
W. Grimmich 5138

1769 **Fenster-Durchflußproportionalzähler zum Zählen radioaktiver Ausströmungen in der Verteilungsgaschromatographie.** Michael Welch, Ronald Withnell und Alfred P. Wolf. (Analytic. Chem. **39** (1967) 2, 275–77; Brookhaven Nat. Labor., Upton, N.Y.; engl.) — Konstruktion, Fenstermaterial, Zählausb. u. Anwendungsmöglichkeiten derartiger Vorr. werden beschrieben.
J. Pickardt 5138

1770 **Wirksamkeit von Molekularseparatoren als Verbindungsglieder zwischen Gaschromatographen und Massenspektrometer.** Michael A. Grayson und Clarence J. Wolf. (Analytic. Chem. **39** (1967) 12, 1438–41; McDonnell Douglas Corp., St. Louis, Mo.; engl.) — Ein Gaschromatograph benötigt im allg. ein Trägergas von Atmosphärendruck u. Strömungsgeschw. von 5 bis 200 ml /Min., während ein Massenspektrograph Drücke $< 10^{-4}$ Torr benötigt. Vf. beschreiben Unters. über die Wirksamkeit von 2 Molekularseparatorsyst., einem Glasfrittenrohr u. einer porösen Teflonkapillare, bei der Abtrennung des Trägergases aus dem Effluat. Der Trennungswrkg.-Grad u. der Anreicherungsfaktor wurden in Abhängigkeit von Temp., Trägergasgeschw. u. Molgew. der Proben untersucht.
J. Pickardt 5138

1771 **Wahl der geeignetsten Stelle bei der Messung von Peakbreiten zur Erzielung eines minimalen Fehlers bei der Peakflächenbestimmung in der Chromatographie.** D. L. Ball, W. E. Harris und H. W. Habgood. (Analytic. Chem. **40** (1968) 7, 1113–16; Dep. of Chem., Univ. of Alberta, Edmonton, Alberta; engl.) — Der Einfl. der Größe r (r = y/h mit y = Peakhöhe, bei der die Peakbreite gemessen wird; h = maximale Peakhöhe) auf die Genauigkeit der Peakflächenbest. in der Gaschromatographie wird untersucht. Der beste r-Wert hängt von der Form des Peaks ab u. sollte bei scharfen Gaußschen Kurven klein sein, bei flachen, breiten Kurven dagegen bei 0,5 liegen. Allg. hat sich die Messung bei r = 0,25 bewährt.
W. Grimmich 5138

1772 **Vorrichtung zur Isolierung, Anreicherung und chemischen Charakterisierung gaschromatographisch getrennter Komponenten im μg-Bereich.** K.-H. Kubeczka. (J. Chromatogr. [Amsterdam] **31** (1967) 2, 319–25; Bot. Inst. der TH, Karlsruhe; dt.) — Vf. beschreibt eine Meth., mit der gaschromatograph. getrennte Komponenten durch Adsorption in kurzen, gepackten Säulen isoliert u. durch wiederholtes Auffangen angereichert werden können; z. B. können Duftstoffe über Pilz-Kulturen entsprechend der „head space"-Technik ohne Verw. von Kühlfallen angereichert werden. Durch geeignete Beschichtung des Füllmaterials der Kurzsäule können bereits in der Adsorptionsvorr., unabhängig von den Chromatographiebedingungen, chem. Identifizierungsrk. (z. B. Verseifungen, Hydrierungen) an Einzelkomponenten stationär durchgeführt werden. Nach therm. Desorption lassen sich die in der Säule adsorbierten Verb. ohne Zwischenmedium in einen Gaschromatographen einführen.
J. Pickardt 5138

1773 **Derivatographische Untersuchungen gaschromatographischer Trennflüssigkeiten.** 2. Mitt. G. Liptay, V. Békássy und J. Takács. (J. Chromatogr. [Amsterdam] **34** (1968) 1, 1–6; Inst. for Appl. Chem., TU, Budapest; engl.) — 1. vgl. C. **1968, 48**-1820. — Mit einer Heizrate von 3°/min u. ca. 300 mg Probe werden Apiezon L (**A**) u. Siliconöl DC 550 in reiner Form u. auf Chromosorb W, P u. G aufgebracht im Derivatographen untersucht, um aus den Resultaten Hinweise für die Temp.-Beständigkeit von Säulenfüllungen zu erhalten. Reines **A** u. 5–50% **A** auf Chromosorb W ergibt ab 240° merklichen Substanzverlust, der auf Chromosorb G erst bei 280° auftritt. Waschen der Träger mit Säure u. Silanisieren verbessert die therm. Beständigkeit nicht, Zusatz von 0,4–1% Stearinsäure zu den Trennfl. verringert sie beträchtlich.
G. Bock 5138

1774 **Einfluß der Wechselwirkung von Makromolekülen bei der Gelpermeation, Elektrophorese und Ultrazentrifugierung.** G. A. Gilbert. (Analytica chim. Acta [Amsterdam] **38** (1967) 1/2, 275–78, Birmingham, Univ., Dep. of Chem.; engl.) — An Hand von Modellen u. Vgl. mit Experimenten werden Wechselwrkg. in Lsg. bei der Unters. von Makromol. durch die Transportmeth. nachgewiesen. An einem Beispiel wird gezeigt, wie mit Hilfe solcher Modelle die Wirksamkeit von Experimenten verbessert werden kann.
J. Pickardt 5138

1775 **Automatische Analyse von Elektrophoresestreifen mit Hilfe eines cyclischen elektronischen Abtasters.** G. Vanzetti, F. Palatucci und G. Cosci. (Clin. chim. Acta [Amsterdam] **20** (1968) 2, 215–25; Biochem. Labor., Ospedale Maggiore, Milano; engl.) — Der Analysator kann 40–60 gefärbte Elektrophoresestreifen oder Celluloseacetatmembranen in der Std. messen. Die Proteinkonz. werden von einem Integrator mit einstellbaren Grenzen berechnet.
H.-D. Schenke 5138

1776 **Kaliumxanthogenat als Extraktionsmittel.** Anil K. De. (Separat. Sci. **3** (1968) 1, 103–05; Dep. of Chem., Visva-Bharati, Santiniketan, India; engl.) — Überblick. — 17 Literaturangaben.
W. Grimmich 5140

1777 **Extraktion einiger Elemente aus Bromwasserstoff- und Perchlorsäure mit Trilaurylamin und Tributylphosphat.** A. Alian. (Mikrochim. Acta [Wien] **1968, 5,** 981 bis 987; Nucl. Chem. Dep., Anal. Div., Atomic Energy Establishment, Cairo; engl.) — Die Extrahierbarkeit von *Pa, Fe, Hg, Ag, Zn, Co* u. *Se* aus HBr- bzw. $HClO_4$-Lsg. mit Trilaurylamin (TLA) oder TBP wird in Abhängigkeit von der Säurekonz. in der wss. Phase u. der Lsgm.-Konz. in der organ. Phase untersucht u. an Hand der Ergebnisse allg. formulierte Rk.-Gleichungen für den Extraktionsvorgang aufgestellt. Hg, Ag oder Zn können aus $\leqq$ 1 m sauren Lsg. von Pa, Co, Ce u. Fe durch Extraktion mit 50%ig. TBP-Lsg. oder 0,06 m TLA-Lsg. abgetrennt werden. Ag läßt sich von den anderen Elementen aus 6,4 m HBr-Lsg. mit 0,06 m TLA-Lsg. abtrennen. Pa u. Co werden mit 0,06 m TLA-Lsg. bei HBr-Konz. bis zu 5 m mit etwa 1 bzw. 0,1% extrahiert.
K. Henning 5140

1778 **Extraktion einiger Elemente aus wäßrigem Methanol, Äthanol und Aceton mit Tridodecylamin und Tributylphosphat.** A. Alian, W. Sanad und H. Khalifa. (Talanta [London] **15** (1968) 2, 249—55; Atomic Energy Establ., Cairo; engl.) — Vf. untersuchen die Extraktion von Ag, Hg, Se, Zn, Co u. Fe aus salzsauren wss. CH_3OH-, A.- u. Aceton-Lösungen. W. Grimmich 5140

G-2. Analyse der Elemente und anorganischen Verbindungen

1779 **Photometrische Nitratbestimmung mit Chrom(II).** E. R. Groeneveld und G. den Boef. (Z. analyt. Chem. **238** (1968) 1, 19—28; Labor. für analyt. Chem., Univ., Amsterdam; dt.) — Es wurde die Red. des NO_3^- zu NH_4^+ durch Cr(II) zwischen pH 7,5 u. 8,3 untersucht. Die Messung erfolgt bei 850 nm, wobei Cr(II) mit KJO_3-Lsg. nach einem früher beschriebenen Verf. zurücktitriert wird. Da Harnstoff, PO_4^{3-}, NH_4^+ nicht stören u. vorhandenes NO_2^- durch N_2H_4 unter Bldg. von N_2 u. N_2O entfernt werden kann, eignet sich die Meth. zur Best. von NO_3^- in Düngern. U. Geisler G 243

1780 **Trennung verschiedener Oxydationsstufen des Jods durch Dünnschichtchromatographie und Elektrophorese.** H. Behrens. (Z. analyt. Chem. **236** (1968), 396—406; Inst. für Radiohydrometrie, Ges. für Strahlenforsch. m. b. H., München; dt.) — Wss. Lsg. von ^{131}J-markierten anorgan. J-Verb. verschiedener Ox.-Stufen werden dünnschichtchromatograph. an Kieselgel mit Aceton/Isopropanol/NH_3-Lsg. als Laufmittel getrennt. Das aus Kieselgelplatten aufgetragene J^- geht beim Lagern an der Luft allmählich in höhere Ox.-Stufen über. Bei gleichzeitiger Belichtung bilden sich JO_3^-, JO_4^- u. mehrere noch nicht identifizierte J-Verbindungen. Beim Lagern im Dunkeln entsteht JO_4^-, die Bldg. von JO_3^- bleibt jedoch aus. Gleichzeitig tritt eine geringfügige Verflüchtigung von J auf. Die Störungen können durch sofortige chromatograph. Entw. nach dem Auftrag u. Vermeidung von Belichtung eliminiert werden. Zur Identifizierung der bei der Trennung auftretenden J-Verb. dienen elektrophoret. Untersuchungen. Um Änderungen der Ox.-Stufen mit der Zeit möglichst auszuschließen, wird die elektrophoret. Trennung gleichzeitig mit der chromatograph. Entw. durch Anlegen eines elektr. Feldes an die Platte quer zur Fließrichtung des Laufmittels durchgeführt (zweidimensionales Verf.). H.-D. Schenke G 249

1781 **Analyse von Gemischen ^{35}S-markierter Schwefelanionen.** J. Zamfir und M. Szabô. (Rev. roum. Chim. **13** (1968) 2, 219—23; Inst. de Phys. atom., Bucarest; franz.) — Vf. beschreiben Meth. zur Trennung von $^{35}S^{2-}$, $^{35}SO_3^{2-}$ u. $^{35}SO_4^{2-}$ mit Hilfe der Papierchromatographie u. Elektrophorese. Die Ionen treten bei der Bestrahlung von Alkalichloriden infolge der Rk. $^{35}Cl \cdot (n, p)^{35}S$ auf. $^{35}SO_3^{2-}$ u. $^{35}SO_4^{2-}$ werden an einer Al_2O_3-Säule getrennt, die SO_3^{2-} zurückhält. J. Pickardt G 253

1782 **Mikromethode zur Bestimmung von Orthophosphat in Gegenwart von Adenosintriphosphat nach Enteiweißen mit Trichloracetat-Puffer.** Samuel M. Mozersky, Julio D. Pettinati und Stanley D. Kolman. (Analytic. Chem. **40** (1968) 4, 788—91; Philadelphia, Pa., Eastern Utilizat. Res. and Dev. Div.; engl.) — Für die Best. von Orthophosphat nach partieller enzymat. Hydrolyse von ATP wird die zu untersuchende Lsg. mit einem Trichloracetat-Puffer (pH $= 1,85 \pm 0,05$) enteiweißt. PO_4^{3-} wird mit Ammoniummolybdat ohne Red. als Molybdatophosphat in Isobutanol/Bzl. (1,77:1) photometr. bei 310 nm bestimmt. Der Vorteil der beschriebenen Meth. liegt darin, daß bei vorgegebener PO_4^{3-}-Menge die Extinktion der Probe sehr hoch u. die absorbierende Verb. sehr beständig ist. Ein bes. für die Meth. entwickeltes Extraktionsgefäß erleichtert die Ausführung. A. M. Fretzdorff G 264

1783 **Antimon-8-hydroxychinolate.** T. J. Cardwell, F. G. Nasouri, H. H. Mc Connell und R. J. Magee. (Austral. J. Chem. **21** (1968) 2, 359—67; Belfast, Queen's Univ., Dep. of Chem.; engl.) — Zur Best. von Sb(III) durch Fällung mit Oxin in Ggw. von Weinsäure (I) werden thermogravimetr. u. spektroskop. Unters., deren Ergebnisse tabellar. bzw. graph. mitgeteilt werden, durchgeführt u. diskutiert.

Versuche: Sb-8-Oxinat, durch Lösen von 8-Acetoxychinolin in Aceton, Zugeben einer Lsg. von Essigsäure u. **I**, Zusetzen der Sb-Lsg. u. Verdünnen, Einstellen auf pH 9,3 mit konz. NH_3-Lsg. sowie 3std. Erwärmen auf 70°. H. Gleinig G 266△

1784 **Parameteruntersuchung zur Alkalimetalltrennung auf Sephadex-Säulen.** H. Ortner und H. Spitzy. (Z. analyt. Chem. **238** (1968) 3, 167—82; Inst. für Allg. Chem., Mikro- u. Radiochemie, TH, Graz; dt.) — Vgl. C. **1967**, 36-1902. — Im Hinblick auf die Erzielung optimaler Trenneffekte werden Korngröße u. -gestalt, pH-Wert, Durchflußgeschw., Aufgabekonz. u. Temp. bei der Trennung von Alkalimetallen an Sephadex G-25 fine mit 75%ig. CH_3OH untersucht. W. Grimmich G 272

1785 **Berechnung und Ergebnisse der Alkalimetalltrennung auf Dextrangelsäulen.** H. Ortner und H. Spitzy. (Z. analyt. Chem. **238** (1968) 4, 251—67; dt.) — Vgl. vorst. Referat. — Vf. behandeln die mathemat. Erfassung des Trennvorganges. Bei gleichgewichtsnahen Bedingungen kann das verwendete Syst. auf Grund linearer Verteilungsisothermen auch bei „non-trace conditions" als Modell für die Berechnungen von Säulendimensionen angesehen werden. Auch bei ausgeprägten Ungleichgew.-Bedingungen gelingt die Konstruktion von Elutionsbanden durch die Berechnung markanter Kurvenpunkte. Aus der Parameterunters. u. den ber. Säulendimensionen ergeben sich Trennmeth. für die Alkalimetalle, die mit anderen modernen Meth. verglichen werden. W. Grimmich G 272

1786 **Elutionschromatographische Trennung der Alkali-Ionen am Kationenaustauscher Wofatit KPS; Trennung der Li^+–Na^+- und K^+-Ionen.** Fred Scheibe. (Z. Chem. 8 (1968) 1, 27—28; 1. Chem. Inst., Humboldt-Univ., Berlin; dt.) — Vf. untersuchte die Trennung von Na^+/K^+- u. Li^+/Na^+-Gemischen (Eluens: 0,3 n bzw. 0,2 n HCl-Lsg.). Es können maximal 5 mVal Kation/50 m Val Austauscher, unabhängig von der Zus. des Gemischs, quant getrennt werden. Es wird gezeigt, daß die Li^+-Elution infolge Verdrängungschromatograph. Wrkg. von H^+ bes. begünstigt ist; die Meth. ist daher zur Reinigung von Li-Verb. geeignet. J. Pickardt Gl272

1787 **Beiträge zur ^7Li-Bestimmung durch Kernresonanz.** F. Koch und V. Niculescu. (Isotopenpraxis **4** (1968) 4, 150; Univ. Babeş-Bolyai, Cluj, Rumänien; dt.) — Das differenzierte Absorptionssignal des ^7Li (als LiCl in wss. Lsg.) wurde unter Verw. eines JNM-BL-2-Breitband-Kernresonanzspektrometers bei 21,92 MHz registriert. Zur Best. diente die Linienverschiebung in Ggw. von $CuSO_4$ u. $MnSO_4$. J. Pickardt G 273

1788 **Störungen bei der Atomfluoreszenzanalyse von Calcium und Magnesium.** Donald R. Demers und David W. Ellis. (Analytic. Chem. **40** (1968) 6, 860—66; Univ. of N.H., Durham, N.H.; engl.) — Bei Verw. einer „kalten" Flamme, eines Direktzerstäuberbrenners mit konst. Fl.-Zufuhr (8 ml/min) u. einer Kontinuumquelle werden keine Störeinfl. durch Auftreten mehrerer Fluoreszenzlinien innerhalb der Monochromatorbandbreite beobachtet. Störungen durch Streulicht von Lsgm.-Tropfen bzw. Salzpartikeln oder durch Fremdionen können bis auf den H_2SO_4-Einfl. durch geeignete Reagenzien ($SrCl_2$ oder $LaCl_3$) eliminiert werden. Die Fluoreszenz von Ni, Cu, Mn u. Cr ist vom pH-Wert unabhängig; ebenso die von Ca u. Mg zwischen pH 0 u. 9, während die bei höheren pH-Werten auftretende Verringerung des Signals bei Mg bis pH 12,1 ganz, bei Ca nur teilweise durch EDTA-Zusatz aufgehoben werden kann. H.-J. Ostmann G 283

1789 **Bestimmung von einkernigen Aluminiumkomplexionen in Gegenwart großer Mengen mehrkerniger Aluminiumspecies.** Katsumi Goto und Takeo Yotsuyanagi. (J. chem. Soc. Japan, pure Chem. Sect. [Nippon Kagaku Zasshi] **89** (1968) 1, 49—53; Labor. of Anal. Chem., Fac. of Engng.; Hokkaido Univ., Sapporo-shi; jap., Auszug:

engl.) — Vgl. C. **1963,** 16477. — Die l.c. beschriebene Extraktionsmeth. mit 8-Hydroxychinolin (HOX) zur Best. einkerniger Al-Species (**A**) kann in Ggw. hoher Konz. mehrkerniger Al-Species (**B**) wegen des schnellen Abbaus von **B** zu **A** u. der Bldg. einer stabilen Emulsion während der Extraktion nicht angewendet werden. Die Emulsionsbldg. kann durch Zugabe von Na-Dodecylsulfatlsg. verhindert werden. Die Geschw. des Abbaus von **B** in einer mit CH_3COOH/CH_3COO^- gepufferten OX^--Lsg. hängt von dem Konz.-Therm $[B][OX^-]^2$ u. von $[B][CH_3 \cdot COO^-]^2$ ab. Es wurde gefunden, daß die Rk. in der Anfangsperiode linear zur Zeit verläuft, so daß die anfängliche Konz. an **A** in der Lsg. graph. durch Extrapolation bestimmt werden kann. Eine Unters. des Eintl. von Anionen auf die Best. zeigt, daß die durch diese Meth. bestimmten Species labile einkernige Komplexe wie $Al(H_2O)_6^{3+}$, $Al(OH)(H_2O)_5^{2+}$, $AlSO_4^+$, $Al(OOCCH_3)_n^{(3-n)+}$ u. $Al(C_2O_4)_n^{(3-2n)+}$ sind. Diese Meth. soll auf die Unters. der Hydrolyse von Al-Ionen angewendet werden.
G. Heller G 294

1790 **Spektrophotometrische Untersuchung einiger Monoazoabkömmlinge von R-Salz als Reagenzien auf Gallium.** V. D. Salichov, Ju. M. Dedkov und M. Z. Jampol'skij. (Ž. analiticeskoj Chim. **23** (1968) 4, 529 bis 553; Kurskij pedagog. inst. i inst. geochim. i anal. chim. im. Vernadskogo AN SSSR, Moskva; russ., Auszug: engl.) — Vf. untersuchten die opt. Charakteristika von 9 Monoazoderiv. des R-Salzes, sowie den Einfl. der Substituenten auf die Dissozationskonst. u. bestimmten die optimalen pH-Werte für die Bldg. der Ga-Komplexe u. die Komplexbeständigkeitskonstanten.
E. Pfluger G 295

1791 **Photometrische Bestimmung von Gallium, Indium und Thallium mit Solochromcyanin R.** Arun P. Joshi und Kailash N. Munshi. (Microchem. J. [New York] **12** (1967) 4, 447—53; Chem. Dep., Univ. of Nagpur, India; engl.) — o-Sulfohydroxydimethylfuchsindicarbonsäure (SCR) bildet um pH 3,5 farbige Chelate mit Ga(III), In(III) u. Tl(III). In der genannten Reihenfolge betragen die λ_{max}-Werte 570, 560 bzw. 560 nm, die ε_{580}-Werte 20600, 10260 bzw. 10200 cm^2/Mol, der Bereich des Beerschen Gesetzes 0,28—5,0, 0,46—3,7 bzw. 0,82—4,9 ppm. u. die prakt. Empfindlichkeit 0,07, 0,30 u. 1,20 $\mu g/cm^2$. Zur maximalen Farbentw. ist ein 6facher SCR-Überschuß zum Metall notwendig. Die photometr. Messung erfolgt nach 1 Std. bei 580 nm.
P. Wild G 297

1792 **Spezifische ultraviolettspektrophotometrische Bestimmung von Europiumoxid als Komplex in Mischungen von Seltenerdmetalloxiden.** Harvey Pobiner. (Analytic. Chem. **40** (1968) 3, 564—67; Amer. Can Co., Princeton, N.J.; engl.) — Da Eu_2O_3 als einziges Lanthanidoxid (LO.) mit polaren, protonenfreien Lsgm., wie z. B. DMF, in konz. HCl einen charge-transfer-Komplex (stabil bei pH 1—2) bildet, kann man es photometr. bei 272 nm neben anderen LO. u. Sc, Y u. Th bestimmen.
K. Worm G 303

1793 **Schnellbestimmung von Chlor in Titanschwamm durch Röntgenfluoreszenzanalyse.** Tozo Miyazawa, Takaji Horiguchi, Masao Fujimaru und Masami Kitamura. (Japan Analyst **17** (1968) 2, 191—94; Toho Titanium Co., Ltd., Chigasaki Plant, Chigasaki-shi, Kanagawa-ken; jap., Auszug: engl.) — Der Ti-Schwamm wird vorsichtig zerkleinert, bis er ein 50-mesh-Sieb passiert u. danach unter sorgfältig kontrollierten Bedingungen zu einer Probe gepreßt. Die Cl^--Best. erfolgt mit Hilfe der Intensität der Cl-K_α-Linie nach dem Eichverfahren. Die Standardabweichung beträgt 0,0021% bei einem Cl^--Geh. von 0,7%. H.-D. Schenke G 231

1794 **Komplexe Aktivatoren bei katalytischen Reaktionen.** P. R. Bontschev und B. Evtimowa. (Mikrochim. Acta [Wien] **1968,** 3, 492—98; Dep. of Analyt. Chem., Univ., Sofia; engl.) — Vf. untersuchen den Einfl. von Carbonsäurepaaren auf die Ox. von p-Phenetidiniumchlorid durch ClO_3^- mit V(V) als Katalysator (Rk. zur V-Best.). Als Aktivierungssyst. werden Citronensäure (**I**)/Weinsäure (**II**), **II**/Sulfosalicylsäure (**III**) u. **I**/**III** verwendet. In manchen Fällen ist der gemeinsame Aktivierungseffekt größer als der eines der jeweiligen Aktivatoren allein. Die kinet. Daten der komplexen Syst. bestätigen die Annahme einer verschiedenartigen Aktivierung der zwei Stufen der katalyt. Reaktion. Manche Aktivatorkombinationen könnten für die katalyt. Analyse von Wert sein. W. Grimmich G 330

1795 **Spektrophotometrische Titration von Wismut mit EDTA.** N. A. Ramaiah, G. D. Tewari und S. R. Trivedi. (Talanta [London] **15** (1968) 3, 352—56; Dep. of Phys. Chem., Nat. Sugar Inst., Kanpur, India; engl.) — Es wird eine neue photometr. Meth. mit dem Fe-Salicylat-Komplex als Indikator beschrieben. Die Extinktionsmessungen erfolgen bei 520 nm u. pH 0,5 in 20%ig. alkohol. Lösung. Es können 8—500 mg Bi/l mit einem Fehler $< 1\%$ bestimmt werden. K. Worm G 334

1796 **Polarographische Bestimmung von Molybdän neben anderen Metallen.** Heinz Holzapfel, Oswald Gürtler und Brunhilde Tempel. (Z. analyt. Chem. **235** (1968) 5, 413—18; Inst. für Anorg. Chem., Karl-Marx-Univ., Leipzig; dt.) — Mo(VI) gibt unter Verw. von 0,25 m Ammoniumtartratlsg. als Leitelektrolyt im pH-Bereich von 4,5—7,0 eine gut reproduzierbare Red.-Stufe bei $E_{1/2} = -1{,}27$ V (SCE). Die Stufenhöhe ist der Quadratwurzel der Hg-Behälterhöhe u. der Mo-Konz. im Bereich von $5 \cdot 10^{-5}$—$1{,}2 \cdot 10^{-3}$ Mol/l direkt proportional. F^-, Cl^-, SO_4^{2-}, NO_3^- u. PO_4^{3-} sowie ein 10facher Überschuß an W(VI), Mn(II), Ni(II), Cu(II) u. Tl (I) u. gleiche Mengen an Fe(II), Fe(III), Cd(II), Co(II), V(V) u. Bi(III) stören nicht. Cr(VI) stört u. wird säulenchromatograph. mit dem Anionenaustauscher Wofatit SBW abgetrennt. Bei der Unters. von Leg. trat ein Fehler von $\pm 1\%$, bei mineral. Gestein von $\pm 2\%$ auf. K. Seyfert G 336

1797 **Bestimmung geringer Mengen Molybdän in metallischem Vanadin und in Vanadaten.** Otto N. Klug und Alexander I. Metlenko. (Chem. analit. [Warszawa] **13** (1968) 1, 7—16; Forsch.-Inst. für Nichteisenmetalle, Budapest; dt.) — Zur Anreicherung u. Trennung des Mo(VI) vom V(V) in Verhältnissen 1:(10^4—10^5) wird in 3—4 n HCl-Lsg. der ungar. Anionenaustauscher AD verwendet. Mo(VI) wird mit 0,5—1 n HCl-Lsg. eluiert. Dabei wird Mo auch von W, Ti, Bi u. Pb vollständig getrennt. Die Meth. ist nur bei Proben mit Mo-Geh. $<0{,}05\%$ anwendbar. Die Best. erfolgt nach Red. photometr. als $Mo(SCN)_5$ bei 465 nm. Die extraktive Trennung kann mit u. ohne vorherige Anreicherung durchgeführt werden. Die Farbbeständigkeit war in n-Amylalkohol am besten. Die Best. wird von Ti, CrO_4^{2-}, W, U, Co^{2+}, Fe^{3+}, Cu^{2+} u. Pb^{2+} auch bei 100fachem Überschuß nicht gestört.
K. Seyfert G 336

1798 **Potentiometrische Titration von Eisen(II)/HCl-Lösungen mit Permanganat.** George W. Latimer jun. (Z. analyt. Chem. **238** (1968) 2, 96—104; Dep. of Chem., Univ. of Ut.; engl.) — Salze mit Anionen, die Mn(III) stabilisieren, beeinflussen das Potential am Äquivalenzpunkt (ÄP.) stärker als solche, die Mn(II) enthalten. Die Potentialänderung am ÄP. wird auch durch Kationen (H^+, Na^+, K^+, NH_4^+) verändert. Die Pt-Elektrode kann nicht als inert gelten. Unterschiedliche Säurekonz. macht sich bemerkbar. U. Geisler G 354

1799 **Anwendung der 2-Thiobarbitursäure zum Nachweis und zur Bestimmung von Metallen. 1. Mitt. Nachweis und Bestimmung von Eisen(III).** Halina Sikorska-Tomicka. (Z. analyt. Chem. **234** (1968) 6, 414—17; Inst. für allg. Chem., Ing.-Hochsch., Bialystolk; dt.) — 2-Thiobarbitursäure (TBS) bildet mit Fe(III) bei pH 3 einen rosafarbenen Komplex (λ_{max} bei 380 nm), der zum Nachw. u. zur Best. von Fe(III) verwendet werden kann. Im Reagenzglas kann noch 1 μg Fe(III) nachgewiesen werden, bei einer Tüpfelrk. unter Verw. von mit TBS getränktem Papier noch 0,2 μg/ml. Eine quant. Best. ist im Bereich 4—40 μg Fe(III)/ml mit einem Fehler von 0,5 μg möglich. A. Lützkendorf G 354

1800 **Abschätzung der Störungen bei der spektralphotometrischen Bestimmung von Eisen mit Äthylendiamindi-(o-hydroxyphenylessigsäure).** Gordon V. Johnson und Ralph A. Young. (Analytic. Chem. **40** (1968) 2, 354 bis 357; Div. of Plant, Soil and Water Sci., Univ. of Nev.,

Reno, Nev.; engl.) — EDDHA liefert mit Fe^{3+} bei 470 nm u. pH 2,5—9 einen roten 1:1-Komplex mit einer Stabilitätskonst. $> 10^{30}$. Ca, Mg, K, Rh stören bei 700fachen μ Al, Pb, V, Zn bei 70fachem Überschuß nicht, während Hg, Mn, Ni, Cu. Co stören. Die Störungen lassen sich durch lange Entw.-Zeiten (18 Std.) u. bes. bei Cr, Th u. Zn durch Verw. eines Citratpuffers bzw. bei Co, Cr, Ni, Zn durch Arbeiten ohne Puffer bei pH 3 beseitigen. Temp. u. Ionenstärke sind ohne Einfl. auf den molaren Extinktionskoeffizienten. P. Wild G 354

1801 **Chelataustauscher auf Maleinhydroxamsäure-Basis zur Abtrennung von Fe(III)-Spuren aus konzentrierten Salzlösungen.** E. Blasius und E. Möschter. (Z. analyt. Chem. **236** (1968), 461—71; Inst. für Analyt. Chem. u. Radiochem., Univ. des Saarlandes, Saarbrücken; dt.) — In Batch-Vers. wird die Fe(III)-Konz. in einer 1 m $MgCl_2$- u. einer 1 m NH_4Cl-Lsg. bei pH 4 u. der Anwendung von 2 g Maleinhydroxamsäureaustauscherharz in 50 ml Lsg. nach 24 Std. von 10^{-6} auf ca. 10^{-8} bzw. $5 \cdot 10^{-9}$ Mol/l herabgesetzt. Bei Säulenvers. ist für die gleiche Lsg.-Menge die entsprechende Erniedrigung der Fe(III)-Konz. in ca. 3 Std. zu erreichen (Austauschermenge 20 ml, Durchflußgeschw. 0,25—0,30 ml/Min). Eine noch weitergehendere Fe(III)-Entfernung ist bei nochmaliger Übergabe der Lsg. oder größerem Harzeinsatz möglich.
H.-D. Schenke G 354

1802 **Schwefelhaltige chelatbildende Reagenzien. 16. Mitt. Verwendung von β-Mercaptohydrozimtsäure und β-Mercaptozimtsäure als Reagenzien für die spektralphotometrische Bestimmung von Nickel und Kobalt.** Hisashi Tanaka, Yukio Sugiura und Akira Yokoyama. (Japan Analyst **17** (1968) 2, 129—33; Fac. of Pharm. Sci., Kyoto Univ., Sakyo-ku, Kyoto-shi; jap., Auszug: engl.) — 14. vgl. C. **1966**, 4-0854; 15. vgl. C. **1968**, 51/52-0820i — β-Mercaptohydrozimtsäure (I) bildet mit u. Co bei pH 9 wasserlösl. Komplexe (λ_{max} 520 bzw. 560 nm). β-Mercaptozimtsäure (**II**) bildet bei pH 12 mit Ni einen 2:1- (λ_{max} 495 nm) u. mit Co einen 3-1-Komplex (λ_{max} 635 nm). Mit **II** ist eine simultane Best. von Ni u. Co möglich. Das Beersche Gesetz gilt in allen Fällen bis hinauf zu 100 ppm. **I** wird aus Zimtsäureäthylester mit H_2S u. $N(C_2H_5)_3$ u. Verseifen des β-Mercaptohydrozimtsäureesters mit NaOH-Lsg. dargestellt, **II** (F. 110°) aus Phenylpropiolsäure mit Thioharnstoff u. $p\text{-}CH_3C_6H_4 \cdot SO_3H$ u. Hydrolyse des Isothiuronium-p-toluolsulfonats mit NaOH-Lsg. (70% Ausb.).
W. Grimmich G 355

1803 **Schwefelhaltige chelatbildende Reagenzien. 17. Mitt. Synthese von β-Mercaptoacrylsäure und β-Mercaptocrotonsäure und Verwendung ihrer Thiuroniumsalze als Reagenzien für die spektralphotometrische Bestimmung von Nickel und Kobalt.** Hisashi Tanaka, Yukio Sugiura, Sei Hujiwara und Akira Yokoyama. (Japan Analyst **17** (1968) 2, 134—38; jap., Auszug: engl.) — 16. vgl. vorst. Referat. — Aus $R\text{–}C{\equiv}C\text{–}COOH$ erhält man mit Thioharnstoff u. p-Toluolsulfonsäure die Verb. $[NH_2{=}C(NH_2)\text{–}S\text{–}C(R){=}CHCOOH]^+CH_3C_6H_4SO_3^-$ mit R = H (**I**, $C_{11}H_{14}O_5N_2S_2$, F. 182—183°) u. R = CH_3 (**II**, $C_{12}H_{16}O_5N_2S_2$, F. 190°). Durch Hydrolyse mit NaOH-Lsg. erhält man daraus β-Mercaptoacryl- (**III**, $C_3H_4O_2S$) u. -crotonsäure ($C_4H_6O_2S$, F. 65°), die mit einigen Metallkationen empfindliche Farbrk. zeigen, sich jedoch wegen ihrer Instabilität u. ihres Geruchs nicht als Reagenzien eignen. Dagegen sind **I** u. **II** stabil u. können auf Grund der leichten hydrolyt. Bldg. der freien Säuren als Reagenzien verwendet werden. Bes. **I** eignet sich zur simultanen Best. von 10—50 ppm Ni u. Co, die bei pH 10—12 mit **III** einen 1:2- (λ_{max} 505) bzw. 1:3-Komplex (λ_{max} 640 nm) bilden. W. Grimmich G 355

1804 **Dithiosalicylsäure als analytisches Reagenz. 1. Mitt. Nickelbestimmung.** J. Weyers und T. Gancarczyk. (Z. analyt. Chem. **235** (1968) 5, 418—21; Med. Akad., Kraków; dt.) — Dithiosalicylsäure (**I**) ergibt mit folgenden Metallen bei pH 3 u. 7 Nd., die verschieden stark in Laugen u. organ. Lsgm. löslich sind: Ag^+ (rotbraun), Cu^{2+} (dunkelbraun), Cd^{2+} (gelb), Co^{2+} (rotbraun), Pb^{+2} (hellbraun), Bi^{+3} (orangegelb), Sn^{2+} (rot), Fe^{2+} (grün), $Hg_2{}^{2+}$ (orangefarben), Ni^{2+} (braunschwarz) u. Fe^{3+} (grün). Zur gravimetr. Best. von Ni mit **I** (1:2-Komplex) werden 8 ml Probelsg. (ca. 1 mg Ni/ml) bei pH 3 oder 7 mit 30 ml 1%ig. frisch bereiteter wss. **I**-Lsg. u. einigen mg $NaHCO_3$ versetzt. Der Nd. wird abgesaugt, mit dest. W. gewaschen u. bei 100° getrocknet. Zur photometr. Best. wird 1 ml der Probelsg. (10—50 μg Ni/ml) bei pH 3 oder 7 mit 1 ml 0,5%ig. wss. **I**-Lsg. versetzt. Man extrahiert mit 10 ml Äthylacetat u. mißt die Extinktion bei 550 nm. Die Herst. von **I** ist beschrieben. K. Seyfert G 356

1805 **Hochempfindliche spektralphotometrische Methode zur Bestimmung der Seltenerdmetalle und Nickel.** W. J. de Wet und G. B. Behrens. (Analytic. Chem. **40** (1968) 1, 200—02; Chem. Div., Nat. Nucl. Res. Inst., Pelindaba, South Africa; engl.) — Die Seltenerdmetalle (SE) u. Ni bilden bei pH 7,5 mit Xylenolorange (XO) in Ggw. von Cetylpyridiniumbromid (CPB) einen starken Komplex der Formel $SE[(XO)(CPB)_2]_2$ [$\varepsilon_{605-616}$ = 80000—172000) bzw. $Ni[(XO)(CPB)_2]_2$ (ε_{610} = 27800). Zur Best. der einzelnen SE werden 0,37 ml 10^{-3} m XO-Lsg. in 20%ig. wss. Methanol, 2,5 ml CPB-Lsg. u. 2,5 ml Tris-Pufferlsg. (pH 7,5) mit einer Lsg. versetzt, die höchstens 8 μg Metallionen enthalten darf. Es wird auf 25 ml aufgefüllt u. nach einer Std. gegen eine Blindlsg. photometriert. Außerdem wird eine Meth. beschrieben, bei der die SE über eine Ionenaustauschersäule getrennt u. nach dem vorst. Verf. mit einer Genauigkeit von ± 5% bestimmt werden können. Es stören Ca, Mg, Mn(II), Zn, Co(II), Cu(II), Cd, Ag(I), Be, In(III). P. Wild G 356

1806 **Bis-acetessigsäureäthylester-oxalsäuredihydrazon (Neocuprizon) als Reagenz für die photometrische Kupferbestimmung.** Gerhard Ackermann und Werner Kaden. (Z. analyt. Chem. **234** (1968) 6, 409—14; Inst. für Anorg. u. Analyt. Chem., Bergakad. Freiberg; dt.) — Bis-acetoessigsäureäthylester-oxalsäuredihydrazon liefert bei pH 9 mit Cu einen blauen wasserlösl. 2:1-Komplex λ_{max} = 585 nm; $\varepsilon = 1{,}39 \cdot 10^4$). Das Lambert-Beersche Gesetz wird zwischen 20 u. 750 μg Cu/100 ml befolgt.
A. Lützkendorf G 358

1807 **Substöchiometrische Bestimmung von Silberspuren in Palladium nach Adsorption.** J. Miller. (Isotopenpraxis **4** (1968) 2, 63—65; Budapest, Hung. Acad. of Sci., Inst. of Isotopes; engl.) — Vf. beschreibt eine substöchiometr. hochempfindliche Meth. zur Ag-Best. in Pd unter Ausnutzung der selektiven Abscheidung von Ag-Mikromengen aus wss. Pd-Lsg. auf kathod. polarisierten Pt-Oberflächen. Die Konstanz u. Reproduzierbarkeit des Sättigungswertes bei Ag-Abscheidungen ist prakt. unabhängig vom Ag-Geh. u. von der Pd-Konz. der Lösung. Die Empfindlichkeit der Meth. liegt bei 0,01 ppm, ihr mittlerer Fehler bei ± 30%. D. Ertel G 359

1808 **Schnelle radiochemische Abtrennung von Silberionen durch Reduktion an Quecksilber.** E. Loepfe und D. Monnier. (Analytica chim. Acta [Amsterdam] **41** (1968) 3, 467—74; Labor. de chim. Minérale et Anal., Univ. of Genève, Genève; engl.) — Zur schnellen Abtrennung von Ag aus Lsg. wird die Red. der Ag^+ an einem Hg-Tropfen verwendet. Die Meth. eignet sich zur Best. der bei der Neutronenaktivierungsanalyse anfallenden kurzlebigen Isotope ^{108}Ag u. ^{110}Ag. Durch Schütteln mit einem Elektrovibrator können nach 90 Sek. 97% des gelösten Ag in das Hg übergeführt werden. 1 ppm Ag werden noch mit einer Genauigkeit von ± 10% nachgewiesen. Andere Edelmetalle stören bei Kurzzeitbestrahlung die Ag-Best. nicht.
Karl-Heinz Walter/Jülich G 359

1809 **Bestimmung von Gold(I) in Cyanidlösungen durch Solventextraktion und Atomabsorptionsspektrometrie.** Theo Groenewald. (Analytic. Chem. **40** (1968) 6, 863—66; Chamber of Mines of South Africa, Johannesburg, South Africa; engl.) — Zur Best. von Au in Cyanoaurat(I)-Lsg. bei pH 10—11 wird mit Diisobutylketon extrahiert, das ein quatern. Ammoniumsalz [„Aliquat 336" = $R_3(CH_3)NCl$, R = hauptsächlich C_8H_{17} u. $C_{10}H_{21}$] enthält. Die organ. Phase wird direkt in die Flamme versprüht. Es können Au-Konz. zwischen 50 u. 0,01 mg/l bestimmt werden. Die relative Standardabweichung beträgt bei 10^{-8} m Au-Lsg. 7, bei 10^{-7} m u. $5 \cdot 10^{-5}$ m Lsg. 1%. Bei der Analyse von $6 \cdot 10^{-5}$—$6 \cdot 10^{-7}$ m Au-Lsg. stören 10^{-3} Mol/l Zn, Mn(II), Ni, Co, Ag, Al, Mg, Ca,

$Cu(II)$, $[Fe(CN)_6]^{3-}$, $[Fe(CN)_6]^{4-}$, SO_3^{2-}, $H_2PO_4^-$ u. NH_4^+ nicht. H.-J. Ostmann G 360

1810 **Photochronometrische Bestimmung von Gold(III)-Spuren.** V. Armeanu, L. M. Băloiu und Maria Damian. (Z. analyt. Chem. **238** (1968) 2, 90–95; Acad. de Studii Economice, Bucureşti; engl.) — Die Red. von Ag(I) mit Fe(II) wird in einer Zeitrk. von Au(VI) in Ggw. von Citronensäure katalysiert. Die Abhängigkeit der Rk. vom pH-Wert, von der Temp., der Säurekonz. u. der Konz. an Ag(I), Fe(II), Au(III) werden bestimmt. Es wird die Zeit gemessen, die vom Zugeben der $FeSO_4$-Lsg. bis zum Erreichen eines bestimmten Extinktions- bzw. Stromstärkewertes benötigt wird. 0,01–0,08 μg Au/1,5 ml können bestimmt werden. Bei 45 ng betrug der Fehler maximal 2,5 ng. U. Geisler G 360

1811 **Derivate des o-(2-Thiazolylazo)-phenols als analytische Reagenzien. 8. Mitt. Farbreaktionen von Benzthiazolylazonaphtholen mit Metallionen.** Akira Kawase. (Japan Analyst **17** (1968) 1, 56–60; Nat. Res. Inst. for Metals, Meguro-ku, Tokyo; jap., Auszug: engl.) — 7. vgl. C. **1968**, 27-2187. — Die Farbrk. von *1-(R)-2-*, *2-(R)-1-* (**I**) u. *4-(R)-1-naphthol* (**II**), wobei *R* = *2-Benzthiazolylazo-*, mit Cu, Ni, Co(II), Co(III), Fe(II), Cd, Zn, Hg(II), Pb, U(VI), Pd(II), Ag, In u. Th werden untersucht. Die Darst. von **I** ($C_{17}H_{11}N_3SO$, F. 216°) wird beschrieben. Die Chelate besitzen die Zus. 1:2 (Metall/Ligand) u. lassen sich bei pH 6,5–9,5 mit organ. Lsgm. extrahieren. Bei **II** existiert ein Gleichgew. zwischen einer benzoiden Azo- u. einer chinoiden Hydrazoform, die in $CHCl_3$-Lsg. überwiegt. Die Säure-Dissoziationskonst. in Dioxan/W. (1:1) u. die Absorptionsmaxima der Verb. in verschiedenen organ. Lsgm. u. in KBr sowie der Cu-, Zn-, Ni- u. Co-Chelate in $CHCl_3$ werden angegeben. Die Chelate mit **I** besitzen die höchsten Extinktionskoeff. ($\varepsilon = 7 \cdot 10^4$ für Zn) u. sind für photometr. Best. am besten geeignet. W. Grimmich G 365

1812 **Anwendung von Elektrophorese und Chromatographie zur Trennung und quantitativen Bestimmung von radioaktiven Iridiumverbindungen in normalen und trägerfreien Mengen.** W. J. van Ooij und J. P. W. Houtman. (Z. analyt. Chem. **236** (1968) 407–18; Reactor Inst., Delft; engl.) — Zur Analyse wss. Lsg. von Aquohalogenkomplexen von Ir(III) u. Ir(IV), markiert mit ^{192}Ir, werden elektrophoret. u. chromatograph. Verf. angewendet. Während sich Ir(III)-Komplexe durch Hochspannungselektrophorese trennen lassen, werden die entsprechenden Komplexe von Ir(IV) vom Papier reduziert. Ihre Trennung erfolgt durch Elektrophorese u. Dünnschichtchromatographie an Kieselgel N–HR u. Cellulose MN 300. Eine quant. Best. kann autoradiograph. durchgeführt werden. Mit diesen Meth. wird die Hydrolyse einiger Komplexe des Ir(IV) in wss. Lsg. untersucht. Vf. analysieren auch Lsg. von Komplexen in trägerfreien Konz. ($< 10^{-12}$ Mol/l), die durch Szilard-Chalmers-Rk. in K_2IrCl_6 u. K_3IrCl_6 erhalten werden. Durch Dünnschichtelektrophorese auf Kieselgelplatten können in einer Lsg. von bestrahltem K_2IrCl_6 20 trägerfreie Produkte getrennt u. bestimmt werden. Ungefähr die gleiche Zahl wird in einer Lsg. von bestrahltem K_3IrCl_6 mit Hilfe eines zweidimensionalen Verf. (Dünnschichtelektrophorese u. -chromatographie) gefunden. Die Wanderungsgeschw. bei der Dünnschichtelektrophorese hängt nur von der Ladung u. der Größe der Ionen ab, der R_F-Wert dagegen von der Zahl der W.-Liganden in den Komplexen. H.-D. Schenke G 367

1813 **Bestimmung des Kohlenstoffs in legierten Stählen durch Verbrennung und Messung der Wärmeleitfähigkeit.** Gerald Kainz und Eugen Wachberger. (Mikrochim. Acta [Wien] **1968**, 3, 591–95; Anal. Inst., Univ., Wien; dt.) — Zur quant. Ox. legierter Stähle in O_2-Atmosphäre wird als Fließmittel ein Gemisch von feinverteiltem Cu mit Cr_2O_3 oder CeO_2 verwendet. Das gebildete CO_2 wird mit Hilfe eines Wärmeleitfähigkeitsdetektors bestimmt. K. Henning 5156

1814 **Instrumentelle Aktivierungsanalyse von Standardgesteinen mit hochauflösenden γ-Strahlendetektoren.** Glen E. Gordon, Keith Randle, Gordon G. Goles, John B. Corliss, Marvin H. Beeson und Susanna S. Oxley. (Geochim. cosmochim. Acta [London] **32** (1968) 4, 369–96; San Diego, La Jolla, Calif., Univ. of Calif., Dep. of Chem. and Earth Sci.; engl.) — Für die Best. von 22 Elementen in einer Vielzahl von magmat. Gesteinen wurde die instrumentelle Neutronenaktivierungsanalyse mit Li-haltigen Ge-Detektoren [Ge(Li)] angewandt. Die bei der Best. benutzten γ-Strahlen u. ihre Interferenzen sind tabellar. aufgeführt. Für die γ-Strahlenenergien von ^{59}Fe werden neue genauere Werte angegeben. Unter den bestimmten Elementen sind die Alkalien, viele Lanthaniden u. Übergangsmetalle sowie verschiedene stark lithophile Spurenelemente, die als Indizes für die geochem. Differentiation von Bedeutung sind. Daten sind angegeben für sechs U.S.G.S. Standardgesteine, für einen subalkal. abyssalen Basalt u. für einen Rhyolit Obsidian. Unter den durch die Verhältnisse angezeigten Trends in diesen Gesteinen sind das Ansteigen von K/Cs u. Ba/Cs mit der Differentiation u. die Zr/Hf-Verhältnisse der Gesamtgesteine niedriger als die früher in Zirkon-Aufbereitungen beobachteten Werte. Eine Ausbreitung der Meth., die zur Best. weiterer 6 Elemente führen kann, wird diskutiert. Ernst Schulte 5158△

1815 **Neue Röntgenfluoreszenzdaten von Silicatgestein-Standards.** P. Richter. (Neues Jb. Mineralog., Mh. **1968**, 7, 209–14; Würzburg, Univ., Miner. Inst.; engl.) — Für die Gestein-Standards G-2, GSP-1, AGV-1, BCR-1, PCC-1, DTS-1, GR, GA, GH, BR, T-1 u. Syenit 1a werden neue röntgenfluoreszenzanalyt. ermittelte Werte für SiO_2, Al_2O_3, (Gesamt)-Fe_2O_3, CaO, K_2O, TiO_2, P_2O_5, MnO, NiO u. Cr_2O_3 mitgeteilt u. mit Literaturwerten verglichen. Die Geh. wurden über einen Aufschluß mit $Li_2B_4O_7$ u. La_2O_3 nach dem Verf. von Rose et. al. (1963) bestimmt. E. Schulte 5158△

1816 **Schnelle Fluorbestimmung in Mineralien mit der Fluoridelektrode.** J. C. Van Loon. (Analyt. Letters **1** (1968) 6, 393–98; Univ. of Toronto, Dep. of Geol., Toronto, Ontario; engl.) — 10–50 mg der zerkleinerten (100 mesh) Probe werden mit 1,2 g NaOH in einem Ag-Tiegel geschmolzen, der Schmelzkuchen wird in W. gelöst, die Lsg. mit HCl auf pH 7–8 gebracht u. auf 1000 ml verdünnt. Die F-Konz. wird elektrometr. mit der Orion-Elektrode gemessen. Die erforderlichen Standardlsg. haben den gleichen Na^+- u. Cl^--Geh. wie die Proben. Unter diesen Bedingungen haben diejenigen in Mineralien enthaltenen Kationen, die F^- fällen oder komplexieren, keinen Einfl. auf die Bestimmung. Der Zeitbedarf beträgt 12 Min. pro Analyse. In *Fluorit*, *Kryolith*, *Topas*, *Chiolith* u. *Matlockit* wurde der F-Geh. mit Abweichungen bis zu 5 Rel.-% vom theoret. Wert bestimmt. D. Gerlatzek 5158

1817 **Schnelle visuelle komplexometrische Titration von Calcium in natürlichen Wässern.** B. Fleet, Soe-Win und T. S. West. (Talanta [London] **15** (1968) 3, 333–37; Chem. Dep., Imp. Coll. London; engl.) — Zu einer Ca u. Mg enthaltenden Lsg. wird der Zn-EGTA-Komplex gegeben. Das durch Ca verdrängte Zn wird nach Maskierung von Mg mit F^- mit EGTA-Lsg. titriert. Indikator ist Zincon. Es stören: Cu^{2+} (> 0,5 ppm), Co^{2+} (> 1 ppm), Ni^{2+} (> 2 ppm), Mn^{2+} (> 5 ppm) u. Al^{3+} (> 3 ppm). K. Worm 5162

G–3. Analyse organischer Verbindungen

1818 **Ultramikronachweis von Stickstoff in organischen Substanzen.** A. Sá, C. N. Carducci und P. Luis. (Mikrochim. Acta [Wien] **1968**, 1, 53–55; Fac. de Farm. y Bioquím., Univ., Buenos Aires; engl.) — Der Nachw. erfolgt mittels Kapillartechnik, indem in der Kapillarspitze das Probenmaterial mit einer Mischung aus calciniertem CaO u. Zn-Pulver erhitzt wird. Nach der Rk. wird bei positivem Nachw. mit einer Phenolrotlsg. innerhalb von 20 Min. der Farbumschlag beobachtet. K. Henning 5176

1819 **Graphische Darstellung der kernmagnetischen Protonresonanzverschiebungen bei acylischen Methingruppen.** Osamu Yamamoto, Teruo Suzuki, Masaru Yanagisawa, Kikuko Hayamizu und Masako Ohnishi. (Analytic. Chem. **40** (1968) 3, 568–70; Nat.

Cancer Center Res. Inst., Chuo-ku, Tokyo; engl.) — Die chem. Verschiebungen der acycl. OH-Gruppe in ca. 250 Verb. werden graph. als Shift-Tafel dargestellt u. diskutiert. B. I. 5178△

1820 **Viskosität binärer Gemische von Kohlenwasserstoffen und einigen chlorierten Derivaten.** Robert Darmois und Jacqueline Darmois. (Chim. analytique **49** (1967) 3, 158—67; franz.) — Die Viskosität bin. KW-Stoffgemische u. wahrscheinlich auch ihrer halogenierten Deriv. zeigen eine Abweichung von der idealen Viskosität, wenn die Strukturen der Verb. verschieden genug sind, um merkliche Unterschiede in der Mol.-Gestalt hervorrufen zu können. Diese Unterschiede können als Form- oder Kugelgestaltfaktor in Zahlen ausgedrückt werden. — Ein abs. Viskositätsminimum tritt auf, wenn das Verhältnis $(\eta_1/\eta_0 - 1)/(\Delta\eta/\eta_1)$ kleiner ist als ein bestimmter Wert, der zwischen 3,2 u. 3,6 liegt. J. Pickardt G 550

1821 **Spektrophotometrische Bestimmung von aliphatischen Hydroxylgruppen in Estern mit Vanadinoxinat.** R. Amos. (Analytica chim. Acta [Amsterdam] **40** (1968) 3, 401—06; Abingdon, Berks., Esso Petroleum Co. Ltd., Res. Dep.; engl.) — Die Rotfärbung von OH-Gruppen enthaltenden Verb. in Lsg. von V-Oxinat in Nitrobenzol wird zu einer Best. ausgearbeitet. Überschüssiges Reagenz muß ausgewaschen werden, die Eichkurve muß tägl. kontrolliert werden, die V-Oxinat-Lsg. ist ca. 14 Tage stabil. Mit dem Verf. werden 0,05—2% C_8—C_{18} Alkohole in Fumarsäureestern bestimmt. W. Kupfer G 600

1822 **Gaschromatographische Trennung von Alkoholen als Ester der 4'-Nitroazobenzol-4-carbonsäure.** Georg Neurath und Werner Lüttich. (J. Chromatogr. [Amsterdam] **34** (1968) 2, 253—56; H.F. & Ph. F. Reemtsma, Hamburg; engl.) — Ca. 80 aliphat., cycl. u. heterocycl. Alkohole u. Phenole werden mit 4'-Nitroazobenzol-4-carbonsäurechlorid umgesetzt. Die Retentionszeiten der Ester werden an 2,5% Siliconfett auf säuregewaschenem u. silanisiertem Chromosorb G bei 270° mit 30 ml He/Min. bestimmt. G. Bock G 600

1823 **Chromatographische Identifizierung von Carbonylverbindungen.** 4. Mitt. **Gaschromatographie von Aldehyd-2.4-dinitrophenylhydrazonen.** Pentti Ronkainen und Saara Brummer. (J. Chromatogr. [Amsterdam] 28 (1967) 2, 253—58; Helsinki, Res. Labor. of the State Alkohol Monopoly (Alko); engl.) — 3. vgl. C. **1969**, 7-1684. — Eine Mischung von je 0,2 mMol der *2.4-Dinitrophenylhydrazone* von *Acet-*, *Propion-*, *Butyr-*, *Isobutyr-*, *Valer-*, *Isovaler-*, *2-Methylbutyraldehyd* u. *Furfural* wurden in 100 ml Methylformiat (**I**) gelöst. 10 ml dieser Lsg. wurden zur Trockene eingedampft u. der Rückstand (R) in 1 ml **I** gelöst. In Trockeneis/A. wurde durch diese Lsg. 30 Min. 10—20 ml/Min. O_2 (2% O_3 enthaltend) u. 30 Min. reiner O_2 geleitet u. danach auf Raumtemp. erwärmt. Diese Ozonisation wurde ebenfalls mit einer Dinitrophenylhydrazonmischung (M) vorgenommen, welche durch Adsorption von 4 l einer A./W.-Lsg. an Kohle u. Elution mit 1 ml **I** gewonnen wurde. Die ozonisierten Proben R u. M wurden unter folgenden Bedingungen gaschromatograph. analysiert: Perkin-Elmer-Fraktometer F 6/4 HF mit F/D, rostfreie Stahlsäule 4 m Länge, 3 mm Innen-⌀, gefüllt mit 20% Neopentylglykolsuccinat u. 3% Phosphorsäure auf säuregewaschenem Chromosorb W (60—80 mesh), Trägergas He (74 ml/Min), Eingangsdruck 2,5 kg/cm², Säulentemp. 140°, Dosiervol. 5 μl. Die Gaschromatogramme der den Aldehyden entsprechenden Carbonsäuren der Proben R u. M zeigten beim Vgl. völlige Übereinstimmung der Komponenten. I. Lindenhahn G 650

1824 **Chromatographische Identifizierung von Carbonylverbindungen.** 5. Mitt. **Gaschromatographie von Ketonsäuremethylestern.** Pentti Ronkainen und Saara Brummer. (J. Chromatogr. [Amsterdam] 28 (1967) 2, 259—62; engl.) — Die *Methylester* der *2.4-Dinitrophenylhydrazone* von *Brenztrauben-*, *2-Oxobutter-*, *2-Oxoisovalerian-*, *2-Oxoisocapron-*, *2-Oxo-3-methylvalerian-*, *Lävulin-*, *2-Oxoglutar-* u. *Oxalessigsäure* wurden ozonisiert. Die entstandenen Methylester der entsprechenden Säuren wurden programmiert gaschromatograph. analysiert an 20% Diäthylenglykoladipat u. 3% H_3PO_4 auf Chromosorb W bei 100—180° (2,5°/Min.) u. 65 ml/Min. He. — 4. vgl. vorst. Referat. I. Lindenhahn G 650

1825 **Chromatographische Identifizierung von Carbonylverbindungen.** 6. Mitt. **Dünnschichtchromatographische Bestimmung von Gemischen von Ketosäure-2.4-dinitrophenylhydrazonen.** Pentti Ronkainen. (J. Chromatogr. [Amsterdam] 28 (1967) 2, 263—69; engl.) — 5. vgl. vorst. Referat. — Die Dünnschichtchromatographie von *Brenztrauben-*, *2-Oxobutter-*, *2-Oxoisovalerian-*, *2-Oxoisocapron-*, *2-Oxo-3-methylvalerian-*, *Lävulin-*, *2-Oxoglutar-* u. *Oxalessigsäure-2.4-dinitrophenylhydrazon* (**A**) an Silicagel G u. PAe./Äthylformiat/Propionsäure (26:14:3) als Lsgm. wird beschrieben. Mit reinen Ketonsäure-2.4-dinitrophenylhydrazonen als Vergleichssubstanzen wird die Vollständigkeit der Adsorption u. Elution überprüft. Durch Vergleich der Stärke der Komponentenflecken von Test- u. Vgl.-Mischung wird die teilweise Zers. von **A** festgestellt. I. Lindenhahn G 650

1826 **Chromatographische Identifizierung von Carbonylverbindungen.** 7. Mitt. **Dünnschichtchromatographische Bestimmung von Gemischen von Ketosäuremethylester-2.4-dinitrophenylhydrazonen.** P. Ronkainen. (J. Chromatogr. [Amsterdam] 28 (1967) 2, 440—42; engl.) — 6. vgl. vorst. Referat. — Vf. beschreibt die DC-Analyse der *2.4-Dinitrophenylhydrazone* von *Brenztrauben-*, *2-Oxobutyr-*, *2-Oxoisovalerian-*, *2-Oxoisocapron-*, *2-Oxo-3-methylvalerian-*, *Lävulin-*, *2-Oxoglutar-* u. *Oxalessigsäuremethylester* an Silicagel HF_{254} u. PAe./Py./Diäthyloxalat (18:2:1) als Lösungsmittel. Die Komponentenflecken werden durch Besprühen mit einem PAe./Py./Epichlorhydrin-Gemisch (3:1:1) sichtbar gemacht. I. Lindenhahn G 650

1827 **Chromatographische Identifizierung von Carbonylverbindungen.** 8. Mitt. **Carbonylverbindungen in einer vergorenen Glucoselösung.** P. Ronkainen, S. Brummer und Heikki Suomalainen. (J. Chromatogr. [Amsterdam] **28** (1967) 2, **443—45**; engl.) — 7. vgl. vorst. Referat. — Die Carbonylverb. wurden aus der Lsg. nach der in der 1. Mitt. beschriebenen Adsorptions- u. Elutionstechnik abgetrennt u. in die 2.4-Dinitrophenylhydrazone übergeführt. 1. Die Aldehyd-2.4-dinitrophenylhydrazone wurden wie in der 4. Mitt. beschrieben ozonisiert u. isotherm gaschromatograph. als Carbonsäuren identifiziert. 2. Die Ketonsäure-2.4-dinitrophenylhydrazone wurden mit CH_2N_2 in die Methylester übergeführt, wie in der 5. Mitt. beschrieben ozonisiert u. programmiert gaschromatograph. als Ketonsäuremethylester identifiziert. Analysenergebnisse: Zu 1. Hauptbestandteil der Aldehydkomponenten war *Acet-* neben *Propion-*, *Isobutyr-*, *Butyr-*, *Isovaler-* u./oder *2-Methytbutyraldehyd.* Zu 2. Hauptbestandteil der Ketonsäurekomponenten war *Brenztrauben-* neben *2-Oxoisovalerian-*, *2-Oxobutter-*, *2-Oxo-3-methylvalerian-*, *2-Oxoisocapronsäure* u. *unbekannten Deriv. der Brenztraubensäure.* I. Lindenhahn G 650

1828 **Chromatographische Identifizierung von Carbonylverbindungen.** 9. Mitt. **Carbonylverbindungen in Rohspiritus.** Pentti Ronkainen, Saara Brummer und Heikki Suomalainen. (J. Chromatogr. [Amsterdam] **28** (1967) 2, 270—76; engl.) — 8. vgl. vorst. Referat. — Die Carbonylverb. in finn. Rohspiritus wurden in 2.4-Dinitrophenylhydrazone übergeführt u. nach der in der 1. Mitt. beschriebenen Adsorptions- u. Elutionstechnik abgetrennt. Die Dicarbonylverb. wurden als Bis-2.4-dinitrophenylhydrazone wie in der 2. Mitt. beschrieben durch Dünnschichtchromatographie an Silicagel HF_{254} u. Bzl./PAe./Äthylacetat (34:5:1) als Lsgm. identifiziert. *Diacetyl* u. *2.3-Pentandion* wurden in beiden Spiritusarten gefunden. Die Aldehyd-2.4-dinitrophenylhydrazone wurden wie in der 4. Mitt. beschrieben nach der Ozonisierung isotherm gaschromatograph. an einer NEGS-Säule als Carbonsäuren identifiziert. Hauptbestandteil der Carbonylverb. war *Acet-* neben wenig *Propion-*, *Isobutyr-*, *Isovaler-* u./oder *2-Methylbutyraldehyd.* Eine gaschromatograph. Best.-Meth. wird beschrieben. I. Lindenhahn G 650

1829 **Gaschromatographische Analyse kurzkettiger Fettsäuren.** 2. Mitt. G. Kaderavek und G. Volonterio. (Riv. ital. Sostanze grasse **44** (1967) 2, 75; Ist. Ind. Agrarie, Univ., Milano; ital.) — 1. vgl. ibid. **43** (1966) 1, 9. — Nach Veresterung mit A. an Dowex 50 W werden C_2—C_5-Fettsäuren bei 190° gaschromatograph. an Porapak Q (80—100 mesh) gut getrennt. W. Holland G 810

1830 **Methylierung von Fettsäuren durch Pyrolyse ihrer Tetramethylammoniumsalze im Gaschromatographen.** Donald T. Downing und Richard S. Greene. (Analytic. Chem. **40** (1968) 4, 827—28; Boston, Mass., Boston Univ. School of Med., Dep. of Dermatol. and Biochem.; engl.) — Gesätt. Fettsäuren werden bei der pyrolyt. Zers. ihrer trockenen Tetramethylammoniumsalze (**I**) im Verdampfungsteil des Gaschromatographen quant. in ihre Methylester übergeführt. Wird die normalerweise stark alkal. Lsg. der **I** durch vorsichtige Zugabe von 5%ig. Essigsäure auf pH 7,5—8,0 eingestellt, so läßt sich diese pyrolyt. Veresterung auch auf mehrfach ungesätt. Fettsäuren anwenden. A. M. Fretzdorff G 810

1831 **Nachweis und Bestimmung von Ameisensäure und Formiaten.** G. Ciuhandu und A. Dumitreanu. (Z. analyt. Chem. **235** (1968) 5, 421—22; Labor. für org. Chem., Univ., Timişoara, Rumänien; dt.) — HCOOH (**I**) u. Formiate (**II**) werden mit H_2SO_4 in der Wärme zersetzt. Das gebildete CO wird anschließend mit einer alkal. Lsg. von AgHN–SO_2–C_6H_4–COONa nach einer früher [ibid. **161** (1958) 345] beschriebenen Meth. photometr. bestimmt. Die Nachw.-Grenze für **I** u. **II** liegt bei 2 μg/ml, die Eichkurve zur quant. Best. verläuft bis 80 μg I/ml linear. Milchsäure reagiert achtmal schwächer. Oxalate, Oxalsäure, CH_3CHO u. Brenztraubensäure stören nicht. K. Seyfert G 810

1832 **Ozonolyse ungesättigter Fettsäuren.** 2. Mitt. **Veresterung der Gesamtprodukte aus der oxydativen Zersetzung von Ozoniden mit 2.2-Dimethoxypropan.** John D. Castell und R. G. Ackman. (Canad. J. Chem. **45** (1967) 13, 1405—10; Dep. of Chem., Dalhousie Univ., Halifax, Nova Scotia; engl.) — 1. vgl. C. **1966,** 44-0803. — Die bei der Ox. der aus Methyloleat erhaltenen Ozonide mit Perameisensäure entstehenden sauren Prod. wurden mittels 2.2-Dimethoxypropan in Methanol methyliert. Als Additiv wurde Dimethylsulfoxid (**I**) zugegeben, um Nebenrk. zu unterdrücken. Die Veresterungsprod. wurden gaschromatograph. an Chromosorb G analysiert. Es wurden bes. der Einfl. des Methanols, des **I** u. der HCl-Konz. untersucht. Die Ergebnisse zeigen, daß der Zusatz von **I** nicht nötig ist. Die Meth. ist auf 5—30 mg-Proben anwendbar. U. Feist G 810

1833 **Chromatographisches Verhalten isomerer langkettiger aliphatischer Verbindungen.** 2. Mitt. **Dünnschichtchromatographie von isomeren Octadecensäuren an Silbernitrat.** L. J. Morris, D. M. Wharry und E. W. Hammond. (J. Chromatogr. [Amsterdam] **31** (1967) 1, 69 bis 76; Unilever Res. Labor., Sharnbrook, Bedford; engl.) — 1. vgl. C. **1967,** 43-1830. — Vf. beschreiben eine neue u. verbesserte dünnschichtchromatograph. Trennung stellungsisomerer *cis*- u. *trans-Octadecensäuren* (**I**) an mit $AgNO_3$ (**A**) imprägnierten Silicagelschichten bei tiefen Temp. (+4, —8, —15, —25°). Der Einfl. des Geh. an **A** (5%, 10%, 20%, 30%) auf die R_F-Werte wurde untersucht, wobei sich bei 30% **A** die günstigsten Trenneffekte ergeben. Laufmittel: Toluol; Nachw. der **I** durch Besprühen mit Chlorsulfonsäure/Essigsäure (1:2) u. Erhitzen auf 200°. Die Haupteinfl. der einzelnen **I** auf das Fließvermögen u. das Wanderungsverh. werden interpretiert. An einigen Beispielen wird die prakt. Anwendbarkeit dieser Meth. für die Trennung von Stellungsisomeren in natürlichen u. synthet. Methylestermischungen aufgezeigt. R. Dörfeld G 810

1834 **Magnetische Protonen-Resonanzspektren acetylenischer Fettsäuren.** J. M. Purcell und Heino Susi. (Analytic. Chem. **40** (1968) 3, 571—75; Philadelphia, Pa., Eastern Regional Res. Labor., U.S. Dep. of Agriculture; engl.) — Die ^{1}H-NMR-Spektren von *Octadecin-(5)-, -(6)-, -(7)-, -(8)-, -(9)-, -(10)-, -(11)-, -(12)-* (**I**), *-(13)-* (**II**), *-(15)-säure* (**III**), *Octadecin-(7)-, -(8)-säuremethylester, Octadecadiin-(10.12)-säure* u. *trans-Octadecen-(11)-in-(9)-säure* werden untersucht u. analysiert. Die Einfl. der Dreifachbindung auf das Spektrum werden diskutiert. Die Lage der C≡C-Bindung kann eindeutig bestimmt werden. Die Spektren der Verb. (außer **I**—**III**) sind abgebildet. B. I. G 810△

1835 **Vergleich der Säulen-, Dünnschicht- und Papierchromatographie von oxydierten Alkyloleaten.** J. Pokorný und J. Hladík. (J. Chromatogr. [Amsterdam] **33** (1968) 2, 267—70; Prag, Techn. Univ., Inst. of Chem. Technol., Fac. of Food Technol.; engl.) — Die Identifizierung der einzelnen Komponenten des sehr komplexen Gemisches, das bei der Autox. ungesätt. Fettsäuren entsteht, vereinfacht sich, wenn der papier- u. dünnschichtchromatograph. Trennung u. Best eine säulenchromatograph. Trennung in einzelne Fraktionen vorangeht. Chromatographie an mit SiO_2 imprägnierten Papier oder Kieselgel-Dünnschichten sind in gleicher Weise für die Endbest. der einzelnen Komponenten des Gemisches geeignet. A. M. Fretzdorff G 810

1836 **Verbesserte Methode zur quantitativen Analyse von Fetten durch Dünnschichtchromatographie unter Anwendung von Verkohlen und Desitometrie.** L. J. Nutter und O. S. Privett. (J. Chromatogr. [Amsterdam] **25** (1968) 4, 519—25; Austin, Minn., Univ., Hormel Inst.; engl.) — Vf. beschreiben ein dünnschichtchromatograph. Verf. zur quant. Analyse verschiedener Fette, wobei die Flecken der einzelnen Fettkomponenten auf dem Chromatogramm durch Behandlung mit Konz. H_2SO_4 u. $K_2Cr_2O_7$ bei 200° verkohlt u. anschließend densitometr. bestimmt werden. Der chromatograph. Trennung geht eine Hydrierung in alkohol. Lsg. bei Raumtemp. mit Adam's Katalysator voraus, um Störeffekte ungesätt. Verb. zu eliminieren u. so einheitliche Verkohlungs-Eig. der Fette zu erreichen u. damit die Auswahl der Bezugs-Standard-Verb. zu erleichtern. A. M. Fretzdorff G 810

1837 **Coulometrische Titration von Thioacetamid mit Silber.** D. M. King und W. S. Eaton. (Talanta [London] **15** (1968) 3, 347—49; Dep. of Chem., Western Wash. State Coll., Bellingham, Wash.; engl.) — Die Titration mit elektr. erzeugtem Ag wird in einer Lsg. durchgeführt, die 0,1 m an DH_3 u. NaOH ist. Der Endpunkt wird potentiometr. mit einer Ag/AgS-Elektrode ermittelt. Bei Geh. zwischen 0,188 u. 2608 mg TA/50 ml ergab sich ein mittlerer Fehler von —0,4%. K. Worm G 810

1838 **Dünnschichtchromatographie der Hydroxamsäuren.** Eberhard G. Trams. (J. Lipid Res. **8** (1967) 6, 698—99; Labor. of Neurochem., Nat. Inst. of Health Bethesda, Md.; engl.) — Die Abtrennung der Hydroxamsäurederiv. sehr kurzkettiger von langkettigen Fettsäuren wird dünnschichtchromatograph. an Silicagel G mit Toluol/Methanol (8:2 oder 6:4) als Laufmittel durchgeführt (Nachw.-Grenze 2 μg). G. Ast G 810

1839 **Gaschromatographische Trennung der 5-Nitro-2-hydroxybenzalderivate unsymmetrischer Hydrazine.** Georg Neurath und Werner Lüttich. (J. Chromatogr. [Amsterdam] **34** (1968) 2, 257—58; H. F. & Ph. F. Reemtsma, Hamburg; engl.) — Es werden die Retentionszeiten von 25 5-Nitro-2-hydroxybenzalderiv. 1.1-disubstituierter Hydrazine an 2,5% Siliconfett auf Chromosorb G (säuregewaschen u. silanisiert) bei 220° mit 30 ml He/Min. bestimmt. G. Bock G 900

1840 **Trennung von Aminen durch Ligandenaustausch.** 4. Mitt. **Ligandenaustausch mit Chelatharzen und Celluloseaustauschern.** Kazuko Shimomura, Luther Dickson und Harold F. Walton. (Analytica chim. Acta [Amsterdam] **37** (1967) 1, 102—11; Boulder, Colo., Univ. of Colo.; engl.) — 3. vgl. C. **1967,** 24-1965. — Sulfon. Harz- u. Cellulose-Ionenaustauscher mit Iminodiacetat als Chelatbildner werden in der Ni^{2+} u. Cu^{2+}-Form auf ihr Ligandenaustauschverh. gegenüber Diäthanolamin, Äthanolamin, Dimethylamin, n-Butylamin, n-Propylamin, Isopropylamin, tert.-Butylamin, Hydrazin, Methylhydrazin, Äthylenimin, Thymin, Cytosin,

Adenin u. Guanin untersucht. Die mit Ni beladenen sulfonierten Polystyrolharze scheinen für die Ligandenaustausch-Chromatographie geeignet, während die Cellulose-Ionenaustauscher übermäßigen Metalldurchbruch zeigen. K. Dorfner G 910

1841 **Saure Denitrosierung und jodometrische Bestimmung von N-Nitroso-Verbindungen.** Joseph Gal, E. R. Stedronsky und Sidney I. Miller. (Analytic. Chem. **40** (1968) 1, 168–71; Chicago, Ill., Ill. Inst. of Technol., Dep. of Chem.; engl.) — Aliphat. u. aromat. N-Nitrosoverb. werden in einer geschlossenen App. unter O_2-Ausschluß in geeigneten Lsgm. mit HJ bei 50–55° denitrosiert. Das gebildete NO wird jodometr. nach der Dead-Stop-Meth. mit $S_2O_3^{2-}$ bestimmt. In dem zu wählenden Lsgm. muß die Denitrosierung schneller ablaufen als mögliche Nebenreaktionen. Bei den geprüften Lsgm. nimmt die Rk.-Geschw. in folgender Reihenfolge zu: W., DMF, CH_3OH, CH_3CN, Aceton, CH_3COOH. Schlecht reagierende Nitrosamine werden in wasserfreiem, HCl enthaltendem CH_3CN oder CH_3COOH umgesetzt. Die C–NO-Best. beruht auf anderen Prinzipien u. stört daher hier nicht. Der Einfl. der verschiedenen Vers.-Parameter (Lsgm., Rk.-Dauer u. Rk.-Temp.) auf die Best. sehr unterschiedlicher N-Nitrosamine wurde an folgenden Verb. überprüft: N-Methyl-N-nitrosanilin, N-Nitrosopiperidin, N-Methyl-N-nitroso-p-toluolsulfonamid, N-Nitrosocarbazol, N-Methyl-N'-Nitro-N-nitrosoguanidin, N-Nitrosophenylbenzylamin, Dimethylnitrosamin, N-Nitroso-N-methylacetamid. W. Kupfer G 910

1842 **Schnelle Gaschromatographie isomerer aromatischer Kohlenwasserstoffe.** Pavel Matoušek. (Z. analyt. Chem. **236** (1968) 201–07; Res. Inst. for Org. Synth., Pardubice-Rybitví; engl.) — Vf. beschreibt eine Meth. zur schnellen gaschromatograph. Trennung isomerer aromat. KW-Stoffe bis C_9 mit modifiziertem Bentone **34** (**I**) an kurzen Kapillarsäulen oder an gepackten Hochleistungstrennsäulen mit kleinem Innendurchmesser. Die Eig. der beiden Säulentypen werden diskutiert. Ein Gemisch von Äthylbenzol (**II**) u. Xylolisomeren (**III**) kann in < 3 Min. getrennt werden. Eine Trennung von **II**, **III**, Äthyltoluolen, Trimethylbenzolen u. KW-Stoffen (C_8–C_9) wird innerhalb von 5 Min. an einer 3 m-Säule mit 0,8 mm Innendurchmesser, die mit 1,5% **I** u. 1,5% Dinonylphthalat auf Chromosorb W (80–100 mesh) gepackt ist, entspricht. H.-D. Schenke G 1010

1843 **Verbesserte Trennung von Phenolen in der Dünnschicht- und der Säulenchromatographie durch Modifizierung des Adsorbens unter Verwendung einer Dampfphase.** J. H. van Dijk und W. J. Mijs. (Z. analyt. Chem. **236** (1968) 419–26; Central Res. Inst. of AKU and Affiliated Co., Arnhem; engl.) — Vf. untersuchen die Änderung der Aktivität des Adsorbens in der Dünnschichtchromatographie durch Einfl. von Lsgm.-Dämpfen, bes. bin. Gemische von polaren u. nichtpolaren Lsgm. (CCl_4/Methanol, Bzl./Äthylacetat, n-Hexan/Aceton). Die Ergebnisse können bei der Wahl der geeigneten Kammerdimensionen bzw. der Frage der Kammersättigung von Nutzen sein. Außerdem wird die Beziehung zwischen der dünnschicht- u. der entsprechenden säulenchromatograph. Trennung aufgeklärt. Eine präparative Trennung eines Phenolgemisches wird auf der Grundlage dieser Erkenntnisse durchgeführt.
H.-D. Schenke G 1060

1844 **Untersuchung über die gleichzeitige Löslichkeit verschiedener Phenolverbindungen im Wasser.** Zygmunt Frankl, Henryka Zbraniborska und Maria Stateczna. (Koks–Smola–Gaz **13** (1968) 1, 44–46; Inst. Chem. Przeróbki Węgla; pol.) — Um die Verluste von Phenolverb. infolge ihrer Löslichkeit (**A**) im W. zu untersuchen, wurden **A**-Vers. mit Phenol (**I**) u. dessen Homologen (**B**) im W. sowie von W. in **I** u. **B** einzeln u. in Gemischen durchgeführt. **I** u. **B** nebeneinander besitzen eine niedrigere **A** in wss. Lsg. als diese Verb. einzeln. Ein Überschuß von Xylenolen (**C**) im Gemisch reicht aus, um die **A** des **I** von 8 bis auf 1% u. darunter herabzusetzen. Analog löst sich weniger W. in Phenolgemischen je höher die **C**-Anteile liegen. G. Niechoj G 1060

1845 **Analytische Untersuchung von Fettsäuren.** 1. Mitt. **p-Hydroxyphenylacetylester gesättigter Fettsäuren und aromatischer Säuren.** Sadayoshi Kosuge, Masaji Furuta und Okitatsu Yamaguchi. (Japan Analyst **17** (1968) 3, 310–14; Gifu-ken, Kagamigahara-shi, Nakamenzen-cho, Gifu Univ., Fac. of Agric., Dep. of Agric. Chem.; jap., Auszug: engl.) — Vf. erhielten aus der Rk. von p-Hydroxyphenylacetylbromid mit gesätt. Fettsäuren oder aromat. Säuren (C_2–C_{20}) die entsprechenden Ester. Die Eig. der Ester wurden untersucht u. die Spektren der Verb. (IR, UV) sowie die F. werden mitgeteilt. I. Degen G 1200

1846 **Farbreaktion von Aminen und photometrische Bestimmung von sekundären aromatischen Aminen mit Chinondichlordiimid.** Toyozo Uno und Masayasu Yamamoto. (Japan Analyst **17** (1968) 3, 306–10; Fac. of Pharm. Sci., Kyoto Univ., Sakyo-ku, Kyoto-shi; jap., Auszug: engl.) — Zur qual. Unters. wird die Probe mit einer äthanol. Lsg. von Chinondichlordiimid für 20 Min. auf 80° erhitzt. Primäre u. sek. aliphat. Amine rufen eine Gelbfärbung hervor, tert. bleiben farblos. Aromat. prim. Amine färben die Lsg. rötlichbraun, während sek. Amine eine charakterist. grüne Farbe ergeben. Zur Best. der aromat. sek. Amine wird die 10 oder 20 $\mu g/5$ ml A. enthaltende Probelsg. mit der äthanol. Reagenzlsg. in K-Biphthalatlsg. gegeben u. 15 Min. in sd. W. erhitzt. Nach 25 Min. bei Raumtemp. wird die Extinktion der Lsg. bei 689 nm gemessen. Die Best. wird durch andere Amine nicht gestört, sondern nur durch Anilinderiv. wie m-Toluidin, die in p-Stellung unsubstituiert sind u. in o- oder m-Stellung zur Aminogruppe eine Elektronendonatorgruppe haben. I. Degen G 1310

1847 **Gaschromatographische Analyse der isomeren Diaminotoluole.** L. E. Brydia und Friso Willeboordse. (Analytic. Chem. **40** (1968) 1, 110–13; Union Carbide Corp., South Charleston W.Va.; engl.) — Vor der Analyse werden die Isomeren durch Rk. mit Trifluoracetanhydrid in die entsprechenden Diamide übergeführt. Diese können nach der Umsetzung direkt an Neopentylglykolsuccinat auf Chromosorb G bestimmt werden oder nach Umkristallisation an m-Polyphenyläther auf Chromosorb G. Die erste Meth. dient zur schnellen Betriebskontrolle, trennt jedoch nicht die 2.4- u. 2.5-Isomeren. Bei der zweiten Meth. werden alle 5 vorkommenden iso-Verb. getrennt, die Vorbereitungs- u. Retentionszeiten sind aber länger. U. Hädicke G 1310

1848 **Photometrische Bestimmung von Benzol und einigen seiner Derivate.** G. Ciuhandu und M. Mracec. (Z. analyt. Chem. **238** (1968) 2, 104–11; Inst. für Hyg. Timişoara, Rumänien; dt.) — Bzl., Nitro-, m-Dinitrobenzol, m-Nitranilin, m-Phenylendiamin werden durch Red. zum Diamin u. Kupplung mit diazotiertem N.N-Dimethylsulfanilamid zu Farbstoffen umgesetzt, die sich orangefarben in Pentanol (**I**) lösen. Die Best. erfolgt bei 425 u. 470 nm, der Fehler liegt bei $\pm 2\%$. Es können noch 0,5 μg/ml **I** bestimmt werden.
U. Geisler G 1310

1849 **Gewinnung von sehr reinem Hexafluorbenzol (99,99%) durch richtungsabhängiges Umschmelzen.** F. David Evans, Michael Bogan und Rubin Battino. (Analytic. Chem. **40** (1968) 1, 224–26; Dayton, O., Wright State Univ., Chem. Dep.; engl.) — Durch 6maliges Ausfrieren von Hexafluorbenzol (**I**) in Aceton-Kühlbädern in einer Zonenschmelzapp., deren Antrieb mitgeteilt wird, wird die Reinheit von **I** von ca. 98% auf über 99,99% gesteigert. Die Reinheit wird über den F., die D. u. eine gaschromatograph. Kontrolle geprüft. Zur gaschromatograph. Prüfung wird isotherm an Chromosorb W mit 9,6% Bis-(2-äthylhexyl)-tetrachlorphthalat bei 58°, bzw. an Anatron mit 4% Polyäthylenglykol bei 63° getrennt. W. Kupfer G 1380

1850 **Analyse von 2.6-substituierten Cyclohexanonen und Phenolen durch kombinierte Gas- und Dünnschichtchromatographie.** B. H. Bibo und H. L. Louwerse. (Z. analyt. Chem. **236** (1968), 208–15; Central Res. Inst. of AKU and affiliated Co., Arnhem; engl.) — Die Autokondens. von Cyclohexanon kann unter bestimmten Umständen ein Gemisch von cis-2.6-Di-(cyclohexen-1-

yl)-cyclohexanon u. dessen Stereoisomeren ergeben. Dünnschichtchromatograph. wird gezeigt, daß diese Verb. sowohl bei Erhitzen als auch bei Ggw. von Säuren u. Basen ineinander übergehen. Behandlung mit einem Pd-Katalysator ergibt komplizierte Gemische vieler, in struktureller Hinsicht ähnlicher 2.6-disubstituierter Cyclohexanone u. Phenole. Durch Kombination von Gas- u. Dünnschichtchromatographie werden diese Gemische analysiert. H.-D. Schenke G 1960

1851 **Dünnschicht-Chromatographie von Monoalkyl- und Polymethylaromaten an Aluminiumoxid.** L. H. Klemm, D. S. W. Chia, C. E. Klopfenstein und K. B. Desai. (J. Chromatogr. [Amsterdam] **30** (1967) 2, 476—92; Dep. of Chem., Univ. of Oreg., Eugene, Oreg.; engl.) — Quant. dünnschichtchromatograph. Ergebnisse über den Einfl. von Monoalkyl- u. Polymethylsubstituenten auf die Adsorption zahlreicher *Naphthalin-* (**I**), *Anthracen-* (**II**) u. *Phenanthrenabkömmlinge* (**III**) sowie einiger *Azulene* (**IV**) an Al_2O_3 G mit C_6H_{12} oder $C_6H_{12}/C_6H_5C \cdot (CH_3)_3$ als Laufmittel werden beschrieben. Allg. nimmt die Adsorption der Polymethylnaphthaline u. -anthracene mit der Zahl der Methylgruppen zu, d. h. die R_F-Werte werden kleiner. In der (**IV**)-Reihe ändert eine CH_3-Gruppe in 1-Stellung den R_F-Wert gegenüber dem unsubstituierten Aromaten nicht meßbar, obwohl der R_F-Wert durch 3 CH_3-Substituenten wesentlich herabgesetzt wird. Für monoalkylsubstituiertes (**I**), (**II**) u. (**III**) nimmt die Adsorption in der Reihe $CH_3 > C_2H_5 \simeq H \geq$ n-C_3H_7 > i-C_3H_7 > tert.-C_4H_9 zu. Mit zunehmender Kettenlänge steigt der R_F-Wert bei den n-Alkylaromaten. Aromaten mit vicinalen Substituenten zeigen die höchste Adsorption. Die Resultate stehen in Übereinstimmung mit einer Taft-Gleichung für die Freie Energie: Das gesamte π-Elektronensyst. des Stammaromaten ist flach an das Adsorbens gebunden, u. diese Adsorption dient als empfindliche Anzeige für polare Effekte, die die Adsorption verstärken u. ster. Einfl., die die Adsorption durch Hinderung zwischen Substituenten u. Al_2O_3-Oberfläche verschlechtern.
E. Schrage G 2850

1852 **Fluoreszenz substituierter 7-Hydroxycumarine.** William R. Sherman und Eli Robins. (Analytic. Chem. **40** (1968) 4, 803—05; St. Louis, Mo., Wash. Univ. School of Med., Dep. of Psychiatry; engl.) — Vf. untersucht den Einfl. verschiedener Substituenten (Carboxy-, Acetyl-, Nitril- u. Phenol-Gruppen) in 3- oder 4-Stellung auf die Fluoreszenz von 7-Hydroxycumarinen. Die beobachtete Änderung der Fluoreszenz beruht nicht nur auf einfacher Resonanzerscheinung oder auf Elektronenentzug aus der 3-Stellung.
A. M. Fretzdorff G 3211

1853 **Dünnschichtchromatographie von Flavonoiden auf Fertigschichten.** G. Pastuska, H.-J. Petrowitz und Renate Krüger. (Z. analyt. Chem. **236** (1968), 333—40; Bundesanstalt für Materialprüfung, Berlin; dt.) — Das dünnschichtchromatograph. Verh. der Flavonoide (**I**) in Abhängigkeit von ihrer Konstitution entspricht grundsätzlich dem Verh. der Phenole. Ihre Trennung u. die ihrer Glucoside (**II**) erfolgt auf Gelman SG-Schichten [Fließmittel für **I**: Bzl./Methanol (95:5), für **II**: Bzl./Methanol/Eisessig (35:5:5)]. Es werden Möglichkeiten zur Trennung isomerer Verb. beschrieben.
H.-D. Schenke G 3550

1854 **Analytisch-chemische Untersuchungen an Steroiden.** 19. Mitt. **Gaschromatographische Trennung isomerer 16- und 17-Oxosteroide.** Toshio Nambara, Toshihiro Kudo und Haruko Ikeda. (J. Chromatogr. [Amsterdam] **34** (1968) 4, 526—29; Tohoku Univ., Sendai, Japan; engl.) — 18. vgl. ibid. **31** (1967) 535; 12. vgl. C. **1968**, 61-0089. — Die gaschromatograph. Trennung von 5 Paaren isomerer 16- u. 17-Oxosteroide gelang an Chromosorb W (60—80 mesh) mit 1,5% SE-30 oder Shimalite W mit 2% OV-17 unter Verw. von N_2 als Trägergas. Ferner wurde das gaschromatograph. Verh. der O-Trimethylsilyloximderiv. untersucht.
J. Pickardt G 3700

1855 **Trennung von Cholesterinestern. Vergleich zwischen Papier- und Dünnschicht-Chromatographie.** Jiři Tichý und Sven J. Dencker. (J. Chromatogr. [Amsterdam] **33** (1968) 2, 262—66; Lillhagen, Schweden, Hosp.; engl.) — Vf. beschreiben ein papierchromatograph. Verf. zur Trennung von Cholesterinestern im Serum an mit Na-Silicat imprägnierten Papier u. mit PAe. (80—100°) als Laufmittel. Der Nachw. erfolgt mit Rhodamin B. Die Ergebnisse werden mit den durch Dünnschichtchromatographie (DC) von $CHCl_3/CH_3OH$-Extrakten des Serums an Kieselgel mit n-Heptan/Toluol (80:20) erhaltenen verglichen. Der Nachw. erfolgt in diesem Fall mit $(NH_4)_2SO_4$-Reagenz. Beide Meth. eignen sich für die halbquant. Best.; die Papierchromatographie ist etwas ungenauer, dafür aber rascher u. einfacher durchzuführen. Die DC eignet sich für präparative Zwecke.
A. M. Fretzdorff G 3700

1856 **Reinigung antidiuretischer Hormone durch Hochspannungselektrophorese.** W. J. Decker, M. L. Nusynowitz, C. Y. E. Brown und E. C. Arnold. (J. Chromatogr. [Amsterdam] **34** (1968) 2, 278—81; William Beaumont Gen. Hosp., El Paso, Tex.; engl.) — Durch präparative Hochspannungselektrophorese (2500 V, 2 Std.) kann reines antidiuret. Hormon (Vasopressin) leicht aus käuflichem Extrakt des hinteren Hirnanhangs gewonnen werden. Das erhaltene Produkt scheint mit dem synthet. Hormon ident. zu sein. Als Puffer wird eine 0,05 m $Na_2B_4O_7$-Lsg. verwendet, die mit NaOH auf pH 9,4 eingestellt wird. H.-D. Schenke G 3750

1857 **Bestimmung von Adenosin-Nucleotiden.** Chien-Ho Chiu-Lin. (Analyt. Biochem. [New York] **22** (1968) 2, 355—57; Wis., Madison, Univ. of Wis., Dep. of Biochem.; engl.) — Die Verunreinigung von ATP mit ADP oder mit AMP bzw. ADP mit ATP u. AMP wird bestimmt durch enzymat. Umlagerung von ATP in ADP mit Succinyl-CoA-Synthetase unter Verw. von [^{14}C]-ADP u. anschließende papierchromatograph. Trennung.
W. Fester G 3850

1858 **Chromatographische Analyse von Plasmalogenen.** C. V. Viswanathan. (Chromatogr. Reviews [Amsterdam] **10** (1968) 1, 18—36; Univ. of Minn., Hormel Inst., Austin, Minn.; engl.) — Übersicht über die Anwendung der Chromatographie zur Unters. von Plasmalogenen. — 167 Literaturangaben. Jürgen Peters G 3950

1859 **Trennung von Ribonucleinsäuren durch Polyacrylamid-Gel-Elektrophorese.** Ulrich Grossbach und I. Bernard Weinstein. (Analyt. Biochem. [New York] **22** (1968) 2, 311—20; Tübingen, Max-Planck-Inst. für Biol., Abt. Beermann; engl.) — RNS aus *Chironomus tentans* oder *Drosophila* lassen sich auf Polyacrylamid-Gel trennen. Zum Nachw. wird eine Farb-Rk. mit Gallocyanin-Chromalaun angewandt.
W. Fester G 4090

1860 **Trennung von Ribonucleosiden und Ribonucleotiden durch eindimensionale Papierchromatographie** Marion Nestle und Walden K. Roberts. (Analyt. Biochem. [New York] **22** (1968) 2, 349—51; Berkeley, Calif., Univ. of Calif., Dep. of Molecular Biol.; engl.) — Die Trennung erfolgte auf Whatman-Papier (No 3 MM) während 48 Stunden. Das Papier wird mit 0,2 m Na_3PO_4 (pH 7,5) vorbehandelt. Fließmittel: Isopropanol/NH_3-Lsg./W. (7:1:2). Diese Meth. kann auf DC mit Cellulose-Pulver übertragen werden. W. Fester G 4090

1861 **Bestimmung von Adenosin-5'-triphosphat im ng-Bereich in μl-Proben mit Hilfe des Luciferin/Luciferase-Systems unter Benutzung eines Flüssigkeitsszintillationszählers.** W. Ernst. (Z. analyt. Chem. **238** (1968) 1, 35—37; Bremerhaven, Inst. für Meeresforsch.; dt.) — Vf. beschreibt eine Meth. zur Best. von ATP mit dem Luciferin/Luciferase-Syst., bei der das Enzym- u. das Probenvol. auf je 20 μl reduziert wird. Die kleinste bestimmbare ATP-Konz. beträgt 2,5 ng/ml entsprechend ca. 10^{-13} Mol ATP. A.-M. Fretzdorff G 4090

1862 **Quantitative spektroskopische Bestimmung von Natrium in flüssigen organischen Verbindungen.** A. I. Černova. (Zav. Labor. **33** (1967) 8, 972; russ.) — Fl. organ. Verb. werden mit C-Staub versetzt, in einer Box aus Quarzbechern verdampft, der Rückstand mit 5% spektralreinem NH_4Cl vermischt u. zwischen C-Elektroden mit Hilfe des Spektrographen ISP-28 u. eines Generators DG-2 angeregt. Die Auswertung erfolgt mikrophotometr. durch Vgl. mit Na_2CO_3/C-Standards. Im Schwärzungs-Konz.-Diagramm ΔS/lg c ergibt sich Linearität für 0,001—0,1% Na. D. Linke 5180

G-4. Analyse biologischer Materialien, forensische Analyse

1863 **Elektrophorese und Dünnschichtgelfiltration von Nitro-Blautetrazoliumchlorid.** H. Grossmann und H. Wagner. (J. Chromatogr. [Amsterdam] **35** (1968) 2, 301—03; Med. Akad. „Carl Gustav Carus", Dresden; dt.) — Vier im Handel erhältliche Präp. der genannten, in der Histochemie verwendeten Verb. wurden papierelektrophoret. in HCOOH/CH_3COOH/W.-Puffer (5:15:80; pH 1,2) bei 400 V oder an Sephadex G 25-Schichten mit 0,9%ig. NaCl-Lsg. als Elutionsmittel getrennt. In beiden Fällen zeigten 3 Präp. zwei Komponenten: Eine starke Bande, die mit alkal. Ascorbinsäurelsg. unter Blauviolettfärbung (Diformazan) u. eine schwache Bande, die unter Rotfärbung reagierten (Monotetrazoliumsalz). Ein Präp. (Lachema, Chemapol, Prag) zeigte nur die Diformazan-Bande. Ein Präp. zeigte sogar noch ein drittes, nicht identifiziertes rotes Rk.-Produkt. W. Grimmich 5202

1864 **Quantitative Bestimmung von Aminosäuren, Zuckern und einigen Pflanzenwuchsstoffen.** V. Jiráček. (J. Chromatogr. [Amsterdam] **33** (1968) 2, 312—15; Prag, Karlsuniv., Naturwiss. Fak., Biochem. Inst.; dt.) — Vf. beschreiben ein papierchromatograph. Verf. für die Trennung von Aminosäuren (AS.), Zuckern (Z.) u. von Glucobrassicin (I) u. Neoglucobrassicin (II). Die Best. der einzelnen Verb. erfolgt im Eluat der entsprechenden Flecken des Papierchromatogramms photometr. mit Ninhydrin (für AS.) u. einer modofizierten Anthron-Meth. (für Z.) sowie fluorimetr. mit p-Dimethylaminobenzaldehyd für **I** u. **II**. A.-M. Fretzdorff 5206

1865 **Gaschromatographie einiger Indolderivate.** Judith L. Brook, R. H. Biggs, P. A. St. John und D. S. Anthony. (Analyt. Biochem. [New York] **18** (1967) 3, 453—58; Gainesville, Fla., Univ. of Fla.; engl.) — Vf. beschreiben die gaschromatograph. Trennung von *Indol-3-acetonitril, Äthylindol-3-acetat,* den durch Rk. mit CH_2N_2 erhaltenen Methylderiv. (**A**) von Indol-3-carbon-, -essig-, -propion- u. -buttersäure u. den Trifluoracetylderiv. (**B**) der genannten Verbindungen. Die **A** werden unter Verw. eines Flammenionisationsdetektors u. die **B** mit einem Elektroneneinfangdetektor getrennt. Wegen einer um den Faktor 10^3 verbesserten Empfindlichkeit eignet sich das 2. Syst. zur Best. geringer Mengen Auxine oder anderer Indolverb. des Auxinstoffwechsels. A.-M. Fretzdorff 5206

1866 **Spektrophosphorimetrie einiger Indolderivate.** P. A. St. John, Judith L. Brock und R. H. Biggs. (Analyt. Biochem. [New York] **18** (1967) 3, 459—63; Gainesville, Fla., Univ., Dep. of Chem. and Fruit Crops; engl.) — Vgl. vorst. Referat. — Einige Indolverb. lassen sich auf Grund ihrer Phosphoreszenzeig. noch in sehr kleinen Mengen nachweisen, sie haben definierte Anregungs- u. Emissions-Spektren u. meßbare u. unterschiedliche Zerfallszeiten. Untersucht werden: *Indol-3-essig-, -propion-, -buttersäure, 5-Hydroxyindol-3-essigsäure, Indol-3-acetonitril, Indol-3-carbonsäure,* L-*Tryptophan,* L-*Tyrosin* u. *Methylfluorindol-3-acetat, -propionat* u. *-butyrat.* A.-M. Fretzdorff 5206

1867 **Bestimmung von Kupfer und Zink durch Atomabsorption.** Maurice Louis Girard. (Clin. chim. Acta [Amsterdam] **20** (1968) 2, 243—60; Paris, Hôp. Lariboisière; franz.) — Mit Hilfe einer Lampe mit gekühltem Brennerkopf können $\leqq$ 0,4 μg/ml Cu u. Zn in biolog. Materialien durch Atomabsorption bestimmt werden. Durch einfaches Verdünnen des Serums (1:10) kann die Extraktion der Dithiocarbamid-Verb. aus der organ. Phase umgangen werden u. die Best. direkt erfolgen. Für Organe u. Gewebe ist eine vollständige Veraschung nicht mehr erforderlich. Die HNO_3/HCl- bzw. $HNO_3/HClO_4$-Extraktion für Zn bzw. Cu ist zur Vorbereitung der Probe ausreichend. K. Dorfner 5208

1868 **Auffinden von Störungen des Aminosäurestoffwechsels durch Dünnschicht-Hochspannungselektrophorese.** R. O. Farrelly und W. B. Watkins. (Clin. chim. Acta [Amsterdam] **20** (1968) 2, 291—94; Auckland, Neuseeland, Auckland Hosp.; engl.) — Durch Hochspannungselektrophorese an Dünnschichten bei 800 V, 12—20 mA u. 22—30° werden im Harn zwei Substanzen als Tyrosin-u. Indoxyl-O-sulfat identifiziert, deren Auftreten angeborenen Fehlern des Aminosäurestoffwechsels bei Kinderkrankheiten zugeschrieben wird. K. Dorfner 5208

1869 **Fraktionierung von Indolverbindungen an Sephadex G-10.** John A. Anderson. (J. Chromatogr. [Amsterdam] **33** (1968) 3—4, 536—38; Lubbock, Tex., Tex. Technol. Coll., Chem. Dep.; engl.) — Fraktionierung von alkohol. Extrakten aus *Claviceps purpurea PRL 1980* an Sephadex G-10 durch Elution mit 0,02 m CH_3COONH_4-Puffer (pH 6) führt zur Trennung der sauren, neutralen u. bas. Indolverb. von nichtaromat. Verunreinigungen. Durch diese vorangegangene Trennung wird die dünnschichtchromatograph. Identifizierung der Indole erleichtert. A.-M. Fretzdorff 5208

1870 **Reduziertes 2.6-Dichlorphenolindophenol als Ersatz für o-Toluidin bei der enzymatischen Bestimmung von Blutglucose.** A. Clark und B. G. Timms. (Clin. chim. Acta [Amsterdam] **20** (1968) 2, 352—54; Haverfordwest, Wales, Pembroke County War Memorial Hosp.; engl.) — Zum Ersatz von o-Toluidin u. o-Dianisidin im klin. Labor. werden Leukomalachitgrün, reduziertes Phenolphthalein u. reduziertes 2.6-Dichlorphenolindophenol (**I**) auf ihre Brauchbarkeit als O_2-Akzeptoren bei der enzymat. Best. von Blutglucose untersucht. **I** kann bei Zimmertemp. mit genügend schneller Rk. verwendet werden. Der mögliche Einfl. des pH auf **I**, die Linearität in Abhängigkeit von der Konz. von **I** u. die Stabilität der Lsg. von **I** mit Peroxydase wurden überprüft. K. Dorfner 5212

1871 **Direkte Bestimmung von Lithium in Serum durch Atomabsorptionsspektrometrie.** Vidar Lehmann. (Clin. chim. Acta [Amsterdam] **20** (1968) 3, 523—25; Univ. of Bergen, School of Med., Dep. of Clin. Biochem., Bergen, Norway; engl.) — Nach Verdünnung mit 0,1 n HCl wird die Serumprobe direkt in die Luft/C_2H_2-Flamme gesprüht u. die Extinktion bei 607,8 nm gemessen. H. Kuchenbecker 5214

1872 **Schnelle Ultramikromethode mit verbesserter Stabilisierung und weiterem Arbeitsbereich für die photometrische Bestimmung von Calcium mit Glyoxal-bis-[2-hydroxyanil.]** Ann V. Kuczerpa. (Analytic. Chem. **40** (1968) 3, 581—85; Dep. of Physiol., Univ. of Brit. Columbia Med. School, Vancouver; engl.) — Die optimalen Bedingungen für die Stabilität des Ca-Glyoxal-bis-[2-hydroxyanil]-Komplexes (**I**) in alkal. Lsg. (A./W. oder $CHCl_3$ als Lsgm.) werden im Hinblick auf eine photometr. Vorschrift zur direkten Ca-Best. im Plasma untersucht. $\leqq$ 3,6 μg Ca können nach Extraktion als **I** mit 0,5 ml $CHCl_3$ photometr. bestimmt werden. P stört bis zu P:Co = 100:1 nicht. Ebensowenig stören Proteine bis zu 4,6 mg/Probe. Störungen durch Mg werden untersucht. K. Worm 5214

1873 **Vergleich der fluorimetrischen und chromatographischen Verfahren zur Bestimmung von Phenylalanin in Serum.** Helen K. Berry. (Clin. chim. Acta [Amsterdam] **20** (1968) 2, 299—304; Cincinnati, O., Univ. of Cincinnati, Coll. of Med.; engl.) — Zur Best. von Phenylalanin (**I**) in Serum werden das papierchromatograph. Verf. nach Berry et al. [J. Pediat. **67** (1965) 609] u. das fluorimetr. Verf. nach Wong et al. [Clin. Chem. **10** (1964) 1098] verglichen. Beide Verf. zeigen gute Übereinstimmung u. können für diagnost. Zwecke u. zur Diätkontrolle eingesetzt werden. Es wurden keine signifikanten Unterschiede im Geh. von **I** in Proben nach 24 Std. u. in eingeschickten u. gelagerten nach 1 Woche gefunden. Papierchromatograph. wird im gleichen Chromatogramm neben **I** auch Tyrosin erfaßt. K. Dorfner 5214

1874 **Verteilungsgaschromatographische Bestimmung von Diphenylhydantoin im Serum.** D. H. Sandberg, G. L. Resnick und C. Z. Bacallao. (Analytic. Chem. **40** (1968) 4, 736—38; Biscayne Annex, Miami, Fla., Univ.

of Miami, School of Med., Dep. of Pediatrics; engl.) — Aus dem mit 0,5 ml 0,5 n HCl versetzten Serum (0,5 bis 1,0 m) extrahiert man Diphenylhydantoin (I) mit 10 ml frisch dest. $CHCl_3$. 5 ml dieser Lsg. werden eingedampft. Der Rückstand wird mit CH_2N_2 verestert. Der I-Methylester wird gaschromatograph. an 2% XE-60-Säulen mit He u. einem Flammenionisationsdetektor bestimmt. Folgende Arzneimittel stören nicht: Propoxyphen-, Diphenoxylat-, Diphenhydramin-, Meperidinhydrochlorid, Atropinsulfat, Secobarbital-Na, Chloralhydrat, Glutaethimid, Acetylsalicylsäure, Pentobarbital, Digoxin, Sulfisoxazol, Penicillamin, u. Methylphenyläthylhydantoin.
A.-M. Fretzdorff 5214

1875 **Einfluß von Gluconat und Glucogalaktogluconat auf die fluorimetrische Bestimmung von Magnesium mit o.o'-Dihydroxyazobenzol.** D. G. Oreopoulos, M. A. O. Soyannwo und M. G. McGeown. (Clin. chim. Acta [Amsterdam] **20** (1968) 2, 349—51; Belfast, Queen's Univ. of Belfast; engl.) — Die Überprüfung der Störung der fluorimetr. Best. von Mg mit o.o'-Dihydroxyazobenzol durch Ca-Gluconat (I) u. Ca-Glucogalaktogluconat (**I**) ergab, daß I u. **II** im Harn bis 500 u. im Serum bis 200 mg-% keinen Einfl. auf die Best. haben. K. Dorfner 5214

1876 **Halbautomatische Analyse von Serum-Triglyceriden und Cholesterinestern durch Infrarotabsorption.** N. K. Freeman, E. Lampo und A. A. Windsor. (J. Amer. Oil Chemists' Soc. **44** (1967) 1, 1—4; Berkeley, Calif., Univ., Donner Labor. of Med. Phys. and Biophys.; engl.) — Auf der Grundlage einer früheren Arbeit [vgl. J. Lipid Res. **5** (1964) 236] wird ein einfaches Gitterspektrophotometer in Verbindung mit einer geeigneten Computer-Anordnung für die halbautomat. IR-Analyse von Triglyceriden u. Cholesterinestern im Serum beschrieben. A.-M. Fretzdorff 5214

1877 **Direkte fluorimetrische quantitative dünnschichtchromatographische Routinemethode zur Bestimmung von freiem Cortisol, Cortison, Corticosteron und Verbindung S im Plasma.** A. Uettwiller und M. Keller. (J. Chromatogr. [Amsterdam] **35** (1968) 4, 526—30; Basel, Univ.-Frauenklinik; dt.) — Beschreibung einer dünnschichtchromatograph. Meth. zur Best. von Cortisol, Cortison, Corticosteron u. ihrer Deriv. im Ae./Methylenchlorid-Extrakt aus menschl. Plasma an MN Kieselgel (G–HR UV_{254} u. $CHCl_3$/Methanol/CH_3COOH (90:5:5) als Laufmittel. Die einzelnen Flecken der Cortison-Verb. können auf dem Chromatogramm auf Grund ihrer Fluoreszenzlöschung direkt durch Reflexionsmessung ausgewertet werden. — Zugegebene Testverb. wurden zu 83—95% wiedergefunden. A.-M. Fretzdorff 5214

1878 **Nachweis von Ketosäuren in biologischen Flüssigkeiten als 2.4-Dinitrophenylhydrazone durch zweidimensionale Papierchromatographie.** R. F. Coward und P. Smith. (J. Chromatogr. [Amsterdam] **33** (1968) 3—4, 508—13; Farnborough, Hants., R. A. F. Inst. of Aviat. Med.; engl.) — Durch Zugabe eines gleichen Vol. 0,2%ig. Lsg. von Dinitrophenylhydrazin (DNPH) in 2 n HCl zu der zu untersuchenden Fl. (Harn, Schweiß, etc.) werden die Ketosäuren in ihre DNPH-Deriv. überführt, mit Isopropyläther extrahiert u. schließlich nach Zugabe von $NaHCO_3$ in Essigester übergeführt. Die so isolierten Deriv. werden zweidimensional an Whatman-Papier No. SG 81 mit 2-Nitropropan + 1% HCOOH als Lsgm. für die erste u. Bzl. +5% Eisessig als Lsgm. für die 2. Dimension chromatographiert. Folgende Ketosäuren werden untersucht: *Oxalessig-*, *α-Ketoglutar-*, *Brenztraubensäure* (I), *p-Hydroxyphenyl-*, *4-Hydroxy-3-methoxy-*, *Indolyl-*I u. *α-Ketoisovaleriansäure.* A.-M. Fretzdorff 5224

1879 **Bestimmung von 3-Methoxy-4-hydroxyphenyläthylenglykol im Harn durch Gaschromatographie mit Elektroneneinfangdetektor.** Sherwin Wilk, Stanley E. Gitlow, Donald D. Clarke und David H. Paley. (Clin. chim. Acta [Amsterdam] **16** (1967) 3, 403—08; New York, N.Y., Mount Sinai Hosp.; engl.) — 3-Methoxy-4-hydroxyäthylenglykol (I), ein Metabolit von Epinephrin u. Norepinephrin, wird nach Extraktion aus dem Harn mit Essigester u. Reinigung des Extraktes in sein Trifluoracetat übergeführt, das gaschromatograph. isoliert u. mit einem Elektroneneinfangdetektor bestimmt wird. Eingesetztes HMPG wird zu 55,4% mit einer Standardabweichung von 5,7—6,9% wiedergefunden. Die Ausscheidung an **I** bei 35 Erwachsenen beträgt im Mittel 0,86 µg/mg Kreatinin. Patienten mit Phäochromozytämie u. Neuroblastosen zeigen erhöhte Ausscheidung.
A.-M. Fretzdorff 5224

1880 **Chromatographische Methoden zur Isolierung und Identifizierung der Oxydationsprodukte von Cholin.** D. Speed und M. Richardson. (J. Chromatogr. [Amsterdam] **35** (1968) 4, 497—505; Durham, Univ., Dep. of Botany; engl.) — Die bei der Ox. von Cholin entstehenden quatern. Ammoniumverb. Betain, Betainaldehyd u. Dimethylglycin werden von Cholin säulenchromatograph. an einem gepufferten schwachen Kationenaustauscher getrennt u. aus dem Säuleneluat als Reineckat isoliert, anschließend wieder in die Ausgangsverb. übergeführt u. papierelektrophoret. bzw. dünnschichtchromatograph. an Kieselgel G bzw. papierchromatograph. charakterisiert. Vf. prüfen die Wirksamkeit der beschriebenen Meth. an den Rk.-Prod. von durch Rattenleber-Mitochondrien ox. [^{14}C]-Methylcholin-Chlorid.
A.-M. Fretzdorff 5228

1881 **Gaschromatographische Bestimmung von Barbituraten und einigen verwandten Arzneimitteln.** Henry Leach und P. A. Toseland. (Clin. chim. Acta [Amsterdam] **20** (1968) 2, 195—203; Sheffield, Royal Infirmary; engl.) — Für die Barbiturate u. neutralen Arzneimittel *5.5-Diäthyl-*, *-Diallyl-*, *5-Äthyl-5-n-butyl-*, (*1-methylpropyl*)-, *-phenyl-*, *-phenyl-1-methyl-isoamyl-*, -(*1-methylbutyl*)-, *5-Allyl-5-neopentyl-*, (*1-methylbutyl*)-, *1.5-Dimethyl-5-*(*cyclohexen-1-yl*)-, *5-Methyl-5-phenyl-*, *5-Cyclohexen-1-yl-5-aethyl-*, *5-*(*Cyclohepten-1-yl*)*-5-äthylbarbitursäure*, *3-Hydroxyamylobarbiton*, *Megimide*, *Methyl-p-hydroxybenzoesäure*, *Salicylamid*, *p-Nitrophenol*, *Vanillinsäurediäthylamid*, *Carbromal*, *Äthinamat*, *Methyprylon*, *Phenacetin*, *Glutaethimid*, *Caffein*, *Phenazon*, *Tybamat* u. *Methaqualon* werden an 10% Apiezon L auf silanisiertem Chromosorb W (80—100 mesh) bei 210° mit Ar als Trägergas die Retentionszeiten bestimmt. Durch Extraktion mit $CHCl_3$ bei pH ≈ 7 werden aus Blut Extrakte erhalten, die keine nennenswerten Mengen der stärker polaren Barbituratstoffwechselprod. enthalten. Die Störung der gaschromatograph. Barbiturat-Best. durch Substanzen des Blutes, die ebenfalls mit neutralem $CHCl_3$ extrahiert werden, wird geprüft u. diskutiert. K. Dorfner 5234

1882 **Schneller Nachweis phosphorhaltiger organischer Gifte.** J. Fischl, N. Pinto und C. Gordon. (Clin. Chem. [New York] **14** (1968) 4, 371—73; Dep. of Biochem., „Asaf Harofe" Gov. Hospital, Zerifin, Israel; engl.) — Vf. ermittelten *Parathion*, *Methylparathion*, *Thimet*, *Guthion*, *Phosdrin*, *Tabun* u. *Sarin* (Erfassungsgrenzen zwischen 0,8 u. 2,4 µg) mittels imprägnierter Filterpapierstreifen. Zur Imprägnierung stellten Vf. folgende Lsg. her: Lsg. 1 (6,65 g Na_2HPO_4 u. 0,43 g KH_2PO_4 in 500 ml dest. W., pH 7,8), Lsg. 2 (0,1 g Phenolrot wurden in 1 ml 0,1 n NaOH-Lsg. gelöst, 100 ml 1.2-Propylenglykol zugefügt u. mit dest. W. auf 500 ml aufgefüllt). Zur Imprägnierung wurden je 25 ml der Lsg. 1 u. 2 vermischt u. 0,3 g Acetylcholinchlorid im Gemisch gelöst. Die Filterpapierstreifen (Whatman No. 3) wurden mit dem Imprägnierungsgemisch getränkt u. luftgetrocknet, bis sie nur noch halbfeucht waren. Die so bereiteten Streifen wurden bis zum Gebrauch einzeln in Polyäthylen-Folie verpackt aufbewahrt. Zur Ermittelung der P-haltigen giftigen Verb. wurden die zu untersuchenden Proben auf die von der Folie befreiten Papierstreifen gebracht u. 1 Tropfen menschlichen Blutserums (durch Zusatz einer 0,01%ig. NaN_3-Lsg. konserviert) hinzugefügt. Die so behandelten Streifen wurden erneut in Folie verpackt. Nach 15 Min. wurde bei positivem Test eine rotviolette Färbung beobachtet. Bei negativem Test wurde durch die ungehemmte Wrkg. der Serum-Acetylcholinesterase Säure in Freiheit gesetzt, welche die Papierstreifen gelb färbte. H.-U. Melchert 5234

G–5. Analyse technischer Produkte

1883 **Organische ^{131}J-Verbindungen aus einer chemischen Kernbrennstoffveredelungsanlage.** W. A. Haller und R. W. Perkins. (Health Physics **13** (1967) 7, 733—38;

Battelle Memorial Inst., Pacific Northwest Labor., Richland, Wash.; engl.) — Organ. Radiojodverb. in den Ausströmungen der Hanford-Purex-Plant für Kernbrennstoffveredelung wurden gaschromatograph. fraktioniert u. γ-spektroskop. gemessen. Die Analyse des ausströmenden, organ. gebundenen ^{131}J ergab ein komplexes Verb.-Gemisch im Siedebereich von 40—255°. Die niedriger sd. Verb. waren Alkyljodide. U. Drehmann 5241

1884 **Bestimmung des Gadoliniums in Reaktorgraphit.** H. H. Russmann. (Metallurgia ital. **59** (1968) 8, 639—40; Ringsdorf-Werke, Bad Godesberg; franz.) — Durch Veraschen des Graphits wird das bis zu 0,0025 ppm herunter vorhandene Gd angereichert u. mit Y-Lsg. versetzt. Durch Lösen in 6 n HCl u. Extraktion mit Essigsäureäthylester wird Fe entfernt, mit NH_3-Lsg. die Hydroxide von Y u. Gd gefällt, mit HF abgeraucht u. in HNO_3 gelöst. Im Spektrographen wird Gd durch die Linie bei 3032,85 Å bestimmt. W. Holland 5241

1885 **Substöchiometrische Bestimmung von Mangan in den Reagenzien und im Targetmaterial für die Erzeugung von ^{52}Mn mittels Aktivierungsanalyse.** B. Mudrová und F. Kukula. (Isotopenpraxis **3** (1967) 2, 51—53; Řež bei Prag, Inst. für Kernforsch. der Tschechoslowak. Akad. der Wiss.; dt.) — Die Proben der Reagenzien u. des metall. Cr (Targetmaterial für die Herst. von trägerfreiem ^{52}Mn) wurden 2 Std. lang mit $7{,}5 \cdot 10^{12}$ n · cm^{-2} · s^{-1} bestrahlt, mit 2 ml Mn-Trägerlsg., 0,5 ml $[NH_3OH]Cl$-Lsg., 10 ml Pufferlsg. (pH 8,5), 0,5 ml TTA u. W. bis zum Vol. von 30 ml versetzt. Anschließend wurde 3 Min. lang mit 20 ml Äthylacetat geschüttelt. Nach dem Auswaschen der organ. Phase mit verd. Pufferlsg. wurde das γ-Spektrum der organ. Phase am 200-Kanal-Amplitudenanalysator gemessen. Die chem. Trennung dauert etwa 5 Min. In 4 ml W. konnten z. B. 0,001 32 μg/ml bestimmt werden. H. Glaser 5241

1886 **Analytische Methoden für ^{85}Kr in wäßrigen Lösungen.** J. L. Setser, T. C. Rozzell und B. L. Smith. (Radiochim. Acta [Frankfurt/M.] 8 (1967) 1, 18—22; Cincinnati, O., Taft Sanitary Engng. Center; engl.) — Im Hinblick auf ^{85}Kr-Best. bei Unters. fließender Gewässer bez. ihres hydrolog. Belüftungs- u. Selbstreinigungsverh. wurden folgende Meßmeth. untersucht: Direkte Messung im Durchflußzählrohr, in einer Niederniveau-β-Meßanordnung u. γ-Spektroskopie; nach Entgasung β-Szintillationsspektroskopie u. Ionisationskammermessung. Die experimentellen Anordnungen zur Entgasung werden beschrieben. Die direkten Meth. erweisen sich als unempfindlich u. ungeeignet für Außenversuche. Mit den letztgenannten Verf. wurden Maximalempfindlichkeiten von 5,6 bzw. 2,9 pCi erzielt, wobei das Ionisationskammerverf. für die vorgesehenen Anwendungen am vorteilhaftesten u. entwicklungsfähigsten erscheint. C. Herold 5242

1887 **Vergleichende Untersuchung der Methoden zur Analyse von gelöstem Sauerstoff.** J. J. McKeown, L. C. Brown und G. W. Gove. (J. Water Pollut. Control. Federat. **39** (1967) 8, 1323—36; Nat. Council for Stream Improvement, Tufts Univ., Medford, Mass.; engl.) — Die Anwendbarkeit volumetr. Meth., von Messungen mit Hilfe von Membranelektroden sowie der Winkler-Meth. zur Best. von gelöstem O_2 in salz- u. sulfitlaugehaltigem W. wird verglichen. J. Pickardt 5242

1888 **Bestimmung gelösten Sauerstoffes in Gegenwart von zweiwertigem Eisen und Chlor im Wasser.** A. Berka, H. Glassl und P. Hofmann. (Mikrochim. Acta [Wien] **1968,** 5, 997—1002; Lehrkanzel für anal. Chem., Karlsuniv., Prag; dt.) — Die bereits von den Vf. angegebene Meth. zur O_2-Best. in W. (Mikrochim. Acta [Wien] **1967,** 828) kann auch in Ggw. von störendem Fe(II) oder Cl_2 angewendet werden, wenn in Ggw. von Fe zuerst mit einem MnO_4^--Überschuß in saurem Medium ox. u. das unverbrauchte MnO_4^- in einem Blindvers. bestimmt wird. In Ggw. von Cl_2 wird die gesamte O_2- u. Cl_2-Menge nach dem obigen Verf. bestimmt u. das Cl_2 durch jodometr. oder photometr. Best. erfaßt u. in Abzug gebracht. K. Henning 5242

1889 **Automatisierte Analyse von Nitrat durch Hydrazinreduktion.** L. J. Kamphake, S. A. Hannah und J. M. Cohen. (Water Res. **1** (1967) 3, 205—16; Engng. Activities, Res. and Dev., Federal Water Pollution Controll Adm., Robert A. Taft Sanitary Engng. Center, Cincinnati, O.; engl.) — Es wird ein automat. Verf. für Simultanbest. von Nitrat u. Nitrit in W. beschrieben. Dabei werden zuerst Nitrit u. in einer 2. Probe Nitrit u. Nitrat, wobei letzteres durch Hydrazinsulfat red. wird, nach einer Diazotierungs-Kupplungsrk. photometr. bestimmt. Angegeben werden die optimalen Bedingungen für die 5 Red. beeinflussenden Faktoren (pH-Wert, Hydrazinsulfatkonz., Kupferkonz., Red.-Zeit u. Temp.) u. der Einfl. von einigen Fremdionen. Die Meth. läßt 20 Proben/Std. zu u. ist anwendbar für Konz. von 0,05—10 mg/l Nitrit- oder Nitratstickstoff. M. Grabner 5242

1890 **Nachweis und Bestimmung der wichtigsten Anionen in Brauch- und Abwasser.** 3. Mitt. **Bestimmung von Nitraten, Phosphaten und anderen phosphorhaltigen Verbindungen.** Toni Klein. (Wasser, Luft Betr. **11** (1967) 8, 462—65; dt.) — 2. vgl. C. **1969,** 10-1755. — Überblick über die wichtigsten PO_4^{3-}- u. NO_3^--Best.-Meth. in Wasser- und Abwasserproben mit dem Blick auf die gesundheitlichen Schäden durch diese Ionen. M. Sidillo 5242

1891 **Abtrennung von Fluor mit Hilfe eines Ionenaustauschers.** I. Popa, Angela Voicu, Gh. Borş und N. Ioanid. (Farmacia [Bucureşti] **16** (1968) 6, 335—39; Labor. de toxicol., Fac. de farm., Bucureşti; rum.) — Für die Abtrennung von F^- aus dem Trinkwasser ist der stark bas. Ionenaustauscher Merk III gut geeignet. F^- wird mit 0,5 n NaOH-Lsg. eluiert. Die photometr. F^--Best. beruht auf der Entfärbung des Th-Xylenolorange-Komplexes bei pH 2,92 (Glykokoll/HCl-Puffer). Die Abnahme der Extinktion wird bei 560—565 nm verfolgt. Der mittlere Fehler beträgt ± 3% bei Aufgabe von W. mit einem F^--Geh. von 0,1—0,3%. W. Grimmich 5242

1892 **Bestimmung von organisch gebundenem Kohlenstoff in Wasser unter Verwendung eines Wasserstoff-Flammen-Ionisationsdetektors.** Richard A. Dobbs, Robert H. Wise und Robert B. Dean. (Analytic. Chem. **39** (1967) 11, 1255—58; U.S. Dep. of Interior, Cincinnati, O.; engl.) — Geringe C-Konz. können bestimmt werden, indem die wss. Lsg. in eine Verbrennungskammer mit heißem CuO eingespritzt, das gebildete CO_2 bei erhöhter Temp. am Ni-Kontakt mit H_2 zu CH_4 red. u. das Gas in einen H_2-FID eingeführt wird. — Meßdaten für verd. wss. Lsg. reiner organ. Verb. werden angegeben. J. Pickardt 5242

1893 **Emissionsspektrographische Bariumbestimmung in Meerwasser mit Hilfe einer Kationenaustauschanreicherung.** Barney J. Szabo und Oiva Joensuu. (Bnvironment. Sci. Technol. **1** (1967) 6, 499—502; Inst. of Marine Sci., Univ. of Miami, Fla.; engl.) — Ba kann durch Austausch an Dowex 50 W angereichert werden. Das abgetrennte Ba wird, zusammen mit Ca u. Sr, als Fluorid gefällt u. emissionsspektrograph. bestimmt. Die Genauigkeit der Meth. beträgt ≈ 13%. — Als Beispiel werden Meerwasser-Proben mit 7—23 μg/l Ba untersucht. J. Pickardt 5242

1894 **Extraktive photometrische Bestimmung von Zinkspuren in Wasser.** M. Sadilková. (Mikrochim. Acta [Wien] **1968,** 5, 934—37; Res. Inst. Balneol., Mariánské Lázně, CSSR; engl.) — Zur Best. wird zu maximal 400 ml CO_2-freiem W. mit 5—25 μg Zn zur Maskierung von Fe 40%ig. Citratlsg. gegeben, mit NH_3-Lsg. gegen Phenolphthalein neutralisiert, 4 ml 2%ig. Diäthyldithiocarbamatlsg. hinzugefügt u. 3mal mit je 5 ml $CHCl_3$ extrahiert. Die Extrakte werden 1 Min. lang mit W. geschüttelt u. das Zn durch 2 Min. langes Schütteln mit 4 ml 0,16 m HCl reextrahiert. Man fügt zum Extrakt 7 ml Botatpuffer pH 9 nach Clark u. Lubs, 5 ml 30%ig. KJ-Lsg., 3 ml Zinkonlsg. (0,13 g Zinkon in 2 ml 1 m NaOH-Lsg. gelöst u. auf 100 ml verd.), u. mißt bei 620 nm gegen die Reagenslsg. die Extinktion. Die Eichkurve ist von 5—25 μg Zn linear. K. Henning 5242

1895 **Bestimmung von Mangan in Wasser durch Atomabsorption.** Lloyd R. Robinson jun., R. A. Dixon und E. D. Breland. (Water Sewage Works **115** (1968) 2,

80—82; Miss. State Univ.; engl.) — Mn im Konz.-Bereich von 0,08—5 mg/l wird durch direktes Zerstäuben der Probe in eine Luft/C_2H_2-Flamme u. Absorptionsmessung bei 279,4 nm bestimmt. Bei Mn-Konz. < 0,5 mg/l wird eine Anreicherung durch Einengen der Probelsg. empfohlen. Fe stört die Best. nicht.
H. Kuchenbecker 5242

1896 **Einfache und schnelle Bestimmung des Gesamteisens in Kesselwasser durch Reflexionsspektrophotometrie.** Fumio Mizuniwa, Tatsuo Umino und Kaoru Sakai. (Japan Analyst **16** (1967) 12, 1373—76; Hitachi Res. Labor., Hitachi, Ltd., Kuji-machi, Hitachi-shi, Ibaraki-ken; jap., Auszug: engl.) — Nach dem Säureauszug des Probewassers wird mit NH_3 gefällt, der kolloidale Nd. durch eine Millipore-Membrane filtriert u. unter geeigneten Bedingungen getrocknet. Die Farbintensität der Membran wird reflexionsphotometr. bei 320 nm gemessen. Die Reproduzierbarkeit der Meth. ist so gut wie die der photometr. Verf. im Konz.-Bereich von 5—3000 ppb.
H.-D. Schenke 5242

1897 **Bestimmung kleiner Mengen aromatischer Kohlenwasserstoffe in Wässern.** Luciano Zanoni und Agostino Venturini. (Bull. Lab. chim. provinc. **18** (1967) 6, 869—76; Labor. Chim. Provinc., Ferrara; ital.) — Durch Adsorption an $Al(OH)_3$, Ansäuern, Extraktion mit PAe. u. Eindampfen werden die KW-Stoffe aus W. isoliert. Sie werden mit H_2SO_4 u. CH_2O zu Chinomethanen umgesetzt, die bei 500 nm photometriert werden. Die Meth. ist zur Routinekontrolle geeignet.
W. Holland 5242

1898 **Gaschromatographische Bestimmung von Abate-Rückständen in Wasser.** Fred C. Wright, Bennye N. Gilbert und Jayme C. Riner. (J. agric. Food Chem. **15** (1967) 6, 1038—39; Agric. Res. Serv., U.S. Dep. of Agric., Kerrville, Tex.; engl.) — 0,05—20 ppm Abate $[(CH_3O)_2P(S)C_6H_4SC_6H_4P(S)(OCH_3)_2]$ in W. werden durch mehrmalige Extraktion mit $CHCl_3$ (Ausb. ca. 70%), Einengen der vereinigten Extrakte u. Analyse in einer 6 ft. langen Säule an 5% Dow 11 Silicon auf Chromosorb W bei 270°, mit 57 ml N_2/Min. u. Verw. eines FID bestimmt.
G. Bock 5242

1899 **Untersuchung des Uranins in Abwässern.** Giuseppe Ratto. (Bull. Lab. chim. provinc. **18** (1967) 6, 865 bis 868; Labor. Chim. Provinc., Genova; ital.) — Durch Extraktion mit n-Butanol aus schwach saurer Lsg. u. Rückextraktion mit 0,1 n NaOH wird *Uranin* (**I**) auch aus stark verschmutzten Abwässern ausreichend rein isoliert. Durch Dünnschichtchromatographie wird **I** (R_F 0,45) anschließend bis zu 0,3 γ/l herunter infolge seiner Fluoreszenz bestimmt. W. Holland 5242

1900 **Papierchromatographie von Phenolen und Kresolen.** 2. Mitt. **Quantitative Auswertung von Chromatogrammen und Anwendung auf die Analyse von Abwasser.** Jaroslav Makeš und Miroslav Vašta. (Chem. Průmysl **18** (**43**) (1968) 3, 145—48; Výzk. úst. synthet. pryskyřic a laků, Pardubice; tschech.) — 1. vgl. C. **1967**, 5-1719. — Phenol, o-, m- u. p-Kresol werden mit p-Nitrophenyldiazoniumacetat bei pH 4,8 ($NaCH_3COO$/CH_3COOH) gekuppelt, wie l.c. beschrieben entwickelt, mit Britton-Robinson-Puffer (pH 12) angefärbt, mit W./A. eluiert u. bei λ_{max} = 500, 517, 513 bzw. 540 nm bestimmt. Bei der Analyse von Modellgemischen (≈ 1 g/l) betrug der relative Fehler ± 5%.
W. Grimmich 5242

1901 **Vorkommen von Harzsäuren des Abietin- und Pimarsäuretyps in den Abwässern von Sulfit- und Sulfat-Zellstoffabriken.** Ritva Mäenpää, P. Hynninen und J. Tikka. (Paperi ja Puu **50** (1968) 4a, 143—50; Labor. of Biochem., Inst. of Technol., Otaniemi, Finland; engl.) — Harzsäuren u. Resinate, deren Vorhandensein zur fischgefährdenden Wrkg. von Zellstoffablaugen wesentlich beiträgt, können durch Verteilungsgaschromatographie identifiziert u. in Abwässern bestimmt werden. Die Meth. hat gegenüber der Photometrie den Vorzug, daß die verschiedenen Lsg.-Bestandteile nebeneinander nachgewiesen werden können, während die Farbrk. unspezif. ist. — Als Hauptbestandteil wurde sowohl in Sulfit- als auch in Sulfatabwässern Dehydroabietinsäure gefunden. Die Gesamtharzsäure-Konz. schwankte in Proben unterschiedlicher Herkunft zwischen 0,1 mg/l u. 460 mg/l. Die Best.-Meth. eignet sich am besten für geringe Konz. (0,1 bis 10 mg/l). Tox. Wrkg. auf *Daphnia pulex* zeigten Resinate (pH 8,2) ab 2 mg/l, freie Harzsäuren (pH 7,1) dagegen in wesentlich schwächerem Maße bei mehr als 10 mg/l. W. Scheele 5242

1902 **Nachweis und Messung gefährlicher Mengen von CO.** K. Slater. (J. sci. Instruments **44** (1967) 8, 642 bis 643; Guelph, Ontario, Univ. of Guelph, Textile Dep.; engl.) — Zum CO-Nachw. in Motorfahrzeugen wird eine Meth. angegeben, nach der die Luftprobe durch ein auf 60° geheiztes Ni-Drahtnetz geleitet wird, an dem durch CO flüchtiges Ni-Carbonyl entsteht, das an einem zweiten auf 150° erhitzten Glasfaserfilter unter Ni-Abscheidung zersetzt wird. Die Leitfähigkeitsänderung des Filters infolge der Metallabscheidung ist ein Maß für den CO-Geh. der Luft. W. Luchsinger 5242

1903 **Staubgehaltsmessung–Vergleichsmessungen und Standardisierung.** Kurt Guthmann. (Arch. techn. Messen ind. Meßtechn. **1967**, 374, 63—64; Verein dt. Eisenhüttenleute, Düsseldorf; dt.) — Vf. gibt eine Übersicht über Verf. u. Geräte für gravimetr. u. Teilchenzahl-Messungen. — 8 Literaturangaben.
J. Pickardt 5242

1904 **Bestimmung von Blei und Staub der atmosphärischen Luft.** Erdwin Lahmann und Manfred Möller. (Gesundheits-Ing. **88** (1967) 6, 182—86; Berlin-Dahlem, Bundesgesundheitsamt, Inst. für Wasser-, Boden- u. Lufthyg.; dt.) — Das mit atmosphär. Staub beladene Filter des ‚High-Volume-Samplers' wird mit halbkonz. HNO_3 gekocht u. anschließend mit Tartrat-Lsg. u. NH_3-Lsg. bis zur alkal. Rk. versetzt. Ein aliquoter Teil der Probe wird nach Zusatz von $NH_2OH \cdot HCl$-Lsg. u. Puffer-Lsg. mit Dithizon in $CHCl_3$ ausgeschüttelt. Die organ. Phase wird mit KCN-Lsg. gewaschen u. anschließend in eine Meßküvette filtriert. Die Konz.-Best. erfolgt auf Grund der Absorption der Lsg. bei 514 nm. Der ermittelte Lichtfaktor ist 94,3 u. die Nachw.-Grenze liegt bei 1,5 μg Pb/m^3 Luft. Die Reproduzierbarkeit der Werte bei 10 μg = ± 3,1%, bei 30 μg = ± 0,7% u. bei 50—90 μg weniger als ± 0,5%. K. Wettig 5242

1905 **Methode zur Bestimmung geringer Konzentrationen von Nitroglykol und Nitroglycerin in der Luft.** W. Pietrulla. (Z. analyt. Chem. **237** (1968) 3, 178—92; Berlin, Max von Pettenkofer-Inst.; dt.) — Die HNO_3-Ester enthaltende Luft wird durch A./W. (1:1) geleitet. Nach Zugabe von Tetramethylammoniumbromid wird elektrolyt. bei —1,300 mV (SCE) red. u. das NO_2^- mit α-Naphthylamin u. Sulfanilsäure photometr. bestimmt. Die Empfindlichkeit liegt bei 0,1 μg/ml. Die Meth. eignet sich zur Best. der MAK-Werte. G. Krien 5242

1906 **Bestimmung von Toluol-2.4-diisocyanat durch Elektroneneinfang-Gaschromatographie.** B. B. Wheals und J. Thomson. (Chem. and Ind. **1967**, 18, 753—54; Ministry of Technol., Labor. of the Gov. Chem., Cornwall House, London; engl.) — Für die arbeitsschutzmäßige Unters. von Toluol-2.4-diisocyanatdämpfen niedriger Konz. wurde eine gaschromatograph. Meth. erarbeitet. Als stationäre Phase dienen Apiezon L u. Epikote 1001 auf speziell aufbereitetem Chromosorb G. Die Nachw.-Grenze liegt bei einer Konz. von 1—2 ng. Dimeres Toluol-2.4-diisocyanat u. Dianisidindiisocyanat konnten erst bei Säulentemp. von 200° nachgewiesen werden. U. Hädicke 5242

1907 **Anwendung des chromatographischen Gleichgewichtsverfahrens für Luftverunreinigungsuntersuchungen. Bestimmung von kleinen Beträgen von Benzol, Chlorbenzol und Nitrobenzol in Luft.** M. Selucky, J. Novak und J. Janak. (J. Chromatogr. [Amsterdam] **28** (1967) 2, 285—92; Pardubice, Regional-Hyg. u. Epidemiol. Station; engl.) — Gaschromatograph. Best. von Bzl., Chlorbenzol u. Nitrobenzol in Luft nach Anreicherung der Stoffe in Röhrchen, so daß die Menge der Gleichgew.-Menge in Luft entspricht. W. Luchsinger 5242

1908 **Verbesserungen bei der Benzo-[a]-pyren-Bestimmung in Luftproben.** L. Dubois, A. Zdrojewski, C.

Baker und J. L. Monkman. (J. Air Pollut. Control Assoc. **17** (1967) 12, 818–21; Ottawa, Tunney's Pasture, Environmental Assessment Unit, Occupational Health Div.; engl.) — Die mit Bzl. extrahierte Staubprobe wird auf 2 ml eingeengt u. auf eine Säule mit aktiviertem Al_2O_3 gebracht. Es wird durchgehend mit Toluol eluiert u. ab 25 ml werden 30 Fraktionen zu je 3 ml gesammelt, deren Spektren einzeln im Fluorimeter aufgenommen werden. Die Benzo-[a]-pyren u. Benzo-[k]-fluoranthen enthaltenden Eluate werden vereint u. noch einmal gemessen. Als Anregungslinien werden 307 u. 384 nm verwendet. Durch Verw. eines Computers wird die Auswertzeit für 20 Proben von 5 Std. auf 5 Min. gesenkt.
K. Wettig 5242

1909 **Photometrische Bestimmung von Benzo-[α]-pyren und seine Trennung durch Dünnschichtchromatographie organischer Extrakte aus Luftproben.** Thomas W. Stanley, Myrna J. Morgan und James E. Meeker. (Analytic. Chem. **39** (1967) 11, 1327–29; O., Cincinnati, Public Health Serv., Dep. of Health Educ. and Welfare, Nat. Center for Air Pollution Control; engl.) — Die Vers. ergaben, daß die Trennung durch Dünnschichtchromatographie u. die Best. von Benzo-[α]-pyren in Abluft rasch u. einfach ist. Als organ. Lsgm. wurden Pentan u. Dichlormethan verwendet. E. Boye 5242

1910 **Verbesserte dünnschichtchromatographische Methode für die Trennung von Azaarenen und dessen Anwendung zur Untersuchung der Luftverunreinigung.** C. R. Engel und E. Sawicki. (J. Chromatogr. [Amsterdam] **31** (1967) 1, 109–19; Nat. Center for Air Pollution Control, U.S. Dep. of Health, Education and Welfare, Cincinnati, O.; engl.) — Vf. schlagen gegenüber früher beschriebenen papier- u. dünnschichtchromatograph. Meth. eine verbesserte dünnschichtchromatograph. Meth. zur Trennung von mehrkernigen azaheterocycl. Verb. unter Verw. von Silicagel GF 254 als Adsorbens u. Pentan/Ae. (7:3) als Entwickler vor. Folgende Verb. wurden mit diesem Syst. befriedigend getrennt: *8.10-Dimethyl-[a]-acridin* (0,94), *7-Methyl-benz-[c]-acridin* (0,85) u. *Benz-[c]-acridin* (9,90) (**I**) von *Benzo-[h]-chinolin* (0,73) (**II**); *Phenanthridin* (0,29) (**III**) u. *Benzo-[f]-chinolin* (0,21) von *Benz-[a]-acridin* (0,36) (**IV**). Außerdem wurde *Pyrenolin* (0,58) von *7.9-Dimethyl-benz-[c]-acridin* (0,87) u. *Dibenz-[a.h]-acridin* (0,83) von *14-Phenyl-dibenz-[a.j]-acridin* (0,46) getrennt. Der Trenneffekt wird begründet mit der unterschiedlichen Anziehung der ster. geschützten bzw. nicht geschützten Azastickstoffgruppen durch Silicagel. Die Einfl. durch weitere N-Atome u. NH- bzw. C=O-Gruppen auf die R_F-Werte werden angegeben. Zur weiteren Charakterisierung des Verh. der Azaarene an Silicagel wurde der Fluoreszenzlöscheffekt unter Verw. von Pentan/Nitrobenzol/Triäthylamin (80:20:10) untersucht. Nachbehandlung mit Trifluoressigsäuredämpfen. — Die oben genannte Meth. wurde zur Trennung einer bas. Steinkohlenteerfraktion mit Pentan/Ae. (7:3) als Entwickler angewendet. **I**, **II** *Acridin* (**V**) **IV** u. **III** konnten identifiziert werden. Bei der Trennung bas. Fraktionen im Hinblick auf Luftverunreinigungsstudien wurden durch zweidimensionale Dünnschichtchromatographie mit Pentan/Ae. (9:1) u. DMF/W. (35:65) an Silicagel–Cellulose (2:1) **I**, **II**, **V**, **IV** u. **III** identifiziert. Außerdem wurden die bas. Fraktionen von Steinkohlenteerpech säulenchromatograph. an Silicagel untersucht u. die Mengen an **I** u. **IV** abgeschätzt. Elutionsmittel: Mischungen aus 100 ml Pentan u. Ae. (0, 8, 16, 24, 35, 45, 60, 100%), 100 ml Pentan/Aceton (20, 40%) u. 100 ml reinem Aceton. R. Dörfeld 5242

1911 **Schnellbestimmung der Festkörperacidität von Siliciumdioxid–Aluminiumoxid-Katalysatoren durch Gasphasenneutralisation.** Takayasu Shirasaki und Kenichi Mukaida. (Japan Analyst **16** (1967) 5, 491–92; Hokkaido, Muroran-shi, Mizumoto-cho, Mororan Inst. of Technol., Dep. of Chem. Engng.; jap., Auszug: engl.) — Die mit Dimethylgelb als Indikator versetzte trockne Probe wird im Fließbett mit Luft aufgewirbelt. Der Luft wird über ein T-Stück mit einer Spritze bis zum Farbumschlag des Katalysators NH_3 zugesetzt. Die so erhaltenen Werte stimmen gut mit den von M. W. Tamele (Discuss. Faraday Soc. 8 (1960) 27) erhaltenen Aciditäten überein. I. Degen 5243

1912 **Analyse von Natriumaluminatlaugen durch photometrische Titration.** H. Bensch. (Aluminium **43** (1967) 6, 360–61; Forsch.-Inst. der Vereinigten Aluminium-Werke AG, Bonn; dt.) — Zur Best. des Molverhältnisses Na_2O/Al_2O_3 in Na-Aluminatlaugen wird zunächst die freie NaOH durch Titration mit 0,5n HCl gegen Dihydroxyweinsäure-2.4-dinitrophenylosazon (**I**) (von der Fa. Galaxy Chemical Co.) als Indikator bestimmt u. in einem zweiten Arbeitsschritt in gleicher Lsg. nach Zugabe von Na-Gluconat als Komplexbildner für Al die dadurch freigesetzte äquivalente Menge NaOH u. damit auch der Al_2O_3-Geh. gegen **I** analog erfaßt. **I** spricht auf Na_2CO_3 u. Na-Aluminat nicht an, der Umschlag ist reversibel. Er erfolgt in beiden Arbeitsschritten von Violettbraun nach Gelb, er wird auf Grund der schlechten visuellen Erkennbarkeit photometr. bei 560 nm verfolgt. Die Titrationsgeschw. beträgt beim ersten Arbeitsschritt 0,7 ml/Min., beim zweiten muß sie > 2,2 ml/Min. sein. Der mittlere Fehler beträgt für beide Oxide 1 g/l, die Dauer einer Best. ca. 15 Minuten. K. Seyfert 5243

1913 **Schwefelschnellbestimmung in Schlacken und Sanden nach dem Verbrennungsverfahren mit Hilfe des Oberflächenabsorbers.** Ursula Junghans. (Giessereitechnik **13** (1967) 7, 209–12; Zentralinst. für Gießereitechn., Leipzig; dt.) — Je nach S-Geh. werden 0,05 bis 0,2 g der Probe (Körnung < 0,06 mm) unter Zuschlag von 2 g sulfidfreiem Elektrolyt-Cu im O_2-Strom von 0,8 l/Min. bei 1470–1500° 10 Min. verbrannt. Die gebildeten SO_2/SO_3-Verbrennungsgase werden in einem Oberflächenabsorber in ca. 3%ig. H_2O_2 absorbiert u. gegen einen Methylrot/Patentblau-Mischindikator mit 0,01 n NaOH bis zum Umschlag Violett/Grün titriert. P-Geh. > 1% bzw. CaF_2-Anteile stören. Der mittlere Fehler einer Einzelbest. beträgt ±0,0032% S. Im Vgl. zur gravimetr. Best. des S als Sulfat ist die Verbrennungsmeth. genauer, schneller u. mit geringeren Kosten verbunden.
K. Seyfert 5245

1914 **Bestimmung von Spuren von Schwefel und Phosphor durch Neutronenaktivierung in hochreinen Metallen (Aluminium, Magnesium, Kupfer, Eisen, Nickel).** 1. Mitt. **Neue Fehlerquelle bei der Schwefelbestimmung mit thermischen Neutronen.** 1. Mitt. Ph. Albert, J. Blouri, Ch. Cleyrergue, N. Deschamps und J. Le Hericy. (J. radioanalyt. Chem. [Budapest] **1** (1968) 4, 297–311; CNRS, Centre d'Etudes de Chim. Métallurg., Labor. anal. activation, Vitry; franz.) — Die Best. von S u. P in hochreinem Al u. Mg wird ausführlich beschrieben. Nach Bestrahlung mit therm. u. schnellen Neutronen werden an Hand der Meßergebnisse bisher nicht berücksichtigte Fehlerquellen diskutiert. W. Dedek 5245

1915 **Schnelle „Lampen-Methode“ zur Bestimmung des Gesamtschwefels in leichten und mittleren Erdölfraktionen.** Dušan Engel. (Nafta [Zagreb] **19** (1968) 2, 55–67; serbokroat.) — Zur Best. von 0,01–2% S in verschiedenen Erdölfraktionen wurden diese rein (0,1 bis 0,2 ml) oder verd. mit Lsgm. (10 Vol.-% Aceton + 90 Vol.-% n-Heptan oder Bzn., Kp. 50–170°) in einer wassergekühlten Kapillarlampe mit einem Baumwollfaden als Docht verbrannt, die Gase in 20 ml 1%ig. CO_2-freier H_2O_2-Lsg. aufgefangen u. das gebildete SO_4^{2-} mit Methylrot/Methylenblau als Indikator mit 0,002 (< 0,1% S) bzw. 0,00624 n (> 0,1% S) NaOH-Lsg. titriert. Die Flammenhöhe lag bei 4,5–6 mm, die Verbrennungsgeschw. betrug 0,1 ml/4 Min., das angewendete Vakuum lag bei 62–65 mm Hg. Es wurden > 98% S wiedergefunden. N, P u. Halogene stören. Analysendauer 25–30, bei verd. Proben 40 Minuten.
H. Cnobloch 5247

1916 **Anwendung der Dünnschichtchromatographie bei der Analyse von Schmierölen.** R. Amos. (Z. analyt. Chem. **236** (1968), 350–58; Esso Petroleum Co. Ltd., Abingdon, Berkshire; engl.) — Vf. beschreibt die dünnschichtchromatograph. Abtrennung u. Identifizierung von Antioxydantien, Phenolaten, Sulfonaten, Zn-Dialkyldithiophosphaten u. polymeren Additiven in Schmierölen. Eine Messung der Abnahme der Additivkonz. in gebrauchten Ölen ist durch Vgl. entsprechender Chromatogramme möglich. H.-D. Schenke 5247

1917 **Untersuchung der Zusammensetzung eines Asphalts und seiner Molekulardestillation-Fraktionen durch Kernresonanz und Infrarotspektrometrie.** R. V. Helm und J. C. Petersen. (Analytic. Chem. **40** (1968) 7, 1100—03; Laramie Petroleum Res. Center, Bur. of Mines, Laramie, Wy.; engl.) — Von einem Wilmington-Asphalt u. seinen Mol.-Dest.-Prod. werden der Geh. an paraffin., naphthen. u. aromat. C mit Hilfe der NMR-Spektren u. der O-Geh. ermittelt. Die IR-Spektren im Carbonylbereich werden diskutiert. M. Meyer zur Heyde 5247

1918 **Analyse nichtionischer Netzmittel durch Verteilungsgaschromatographie.** Tsugio Kojima und Hisashi Oka. (J. chem. Soc. Japan, ind. Chem. Sect. [Kōgyō Kagaku Zasshi] **70** (1967) 4, 448—53; Dep. of Ind. Chem., Fac. of Engng., Kyoto, Univ., Sakyo-ku, Kyoto; jap., Auszug: engl.) — Netzmittel vom Estertyp wurden mit $LiAlH_4$ zu den entsprechenden Alkoholen red. u. in die Trimethylsilylderiv. umgewandelt. Diese werden auf 3 Säulen mit 1% SE-30 auf Gas-Chrom Q getrennt. Die Meth. wird zur Best. hydrophiler u. hydrophober Gruppen sowie des Molgew. der Netzmittel angewendet. Als Proben wurden Fettsäureester der Sorbinsäure, der Saccharose, das Glycerins, des Pentaerythrits sowie Polyoxyäthylenalkyläther u. Polyoxyäthylenalkylphenoläther benutzt. U. Hädicke 5249

1919 **Höhermolekulare aliphatische Sulfonsäuren.** 7. Mitt. **Papierchromatographie der Sulfonate sowie einiger Alkylsulfate.** F. Püschel und D. Prescher. (J. Chromatogr. [Amsterdam] **32** (1968) 2, 337—45; Berlin-Adlershof, Inst. für Fettchem. der Dt. Akad. der Wiss.; dt.) — 6. vgl. Tenside [München] **4** (1967) 320; 4. vgl. C. **1968, 48-1113.** — Vf. berichten über die papierchromatograph. Trennung von Alkan-, Alken-, 2- u. 3 Hydroxyalkan-, 2- u. 3-Oxoalkansulfonaten (C_{10}—C_{18}) nach dem Verf. von Borecky. Es wurden verschiedene Methanol/NH_3-Gemische getestet, sowie die Temp. variiert. Dabei ergaben sich auch Trennmöglichkeiten für Gemische von Sulfonaten gleicher Kettenlänge mit verschiedenen funktionellen Gruppen. W. Fester 5249

1920 **Pyrolytisch-gaschromatographische Untersuchungen an Polymeren.** Diedrich Noffz und Wolfgang Pfab. (Z. analyt. Chem. **228** (1967) 3, 188—200; Unters.-Labor. der BASF AG, Ludwigshafen/Rhein; dt.) — Die in dünner Schicht auf ein Fe-Stäbchen aufgebrachte Probe (ca. 200 μg) wird ein Trägergasstrom (He bzw. H_2) durch HF-Induktion in wenigen Millisek. auf 768° erhitzt. Die Pyrolyseprod. werden in einer Makro-Kapillarsäule von 100 m Länge u. 0,8 mm ⌀ an Polyphenylenäther OS 124 getrennt u. mittels FID nachgewiesen. Durch Temp.-Programmierung (60—200°, 5°/Min.) werden auch di- u. trimere Spaltprod. erfaßt. Dadurch lassen sich Copolymerisate von Polymerisatgemischen unterscheiden, wie am Beispiel Polyacrylsäureäthyl- u. -isobutylester gezeigt wird. Mischpolymerisate aus Vinylacetat u. Acrylsäurebutylester bzw. Vinylacetat-Malein- oder Fumarsäurebutylester, die prakt. gleiche IR-Spektren geben, unterscheiden sich deutlich in den Pyrolysechromatogrammen. Die Reproduzierbarkeit der Resultate ist sehr gut. G. Bock 5250

1921 **Bestimmung des Carbonylgruppengehaltes von Copolymeren im Infrarot mit Hilfe der Extinktionsverhältnismethode.** Allen J. Scism. (Analytica chim. Acta [Amsterdam] **42** (1968) 1, 177—80; Southern Ill. Univ., Carbondale, Ill.; engl.) — Durch Quotientenbldg. der Carboxylextinktion (5,88 μ) mit der CH-Extinktion bei 3,45, 10,35 bzw. 10,98 μ kann der der Carboxylanteil in Copolymeren bestimmt werden. Die Eichkurven werden durch Vgl. mit titrimetr. Werten erhalten. M. Meyer zur Heyde 5250

1922 **Stöchiometrie der volumetrischen Ammoniummolybdatophosphat-Methode zur Bestimmung von P_2O_5.** J. E. Barker. (J. Assoc. off. analyt. Chemists **50** (1967) 3, 712—13; Nat. Plant Food Inst., College Park, Ga.; engl.) — Zur Unters. der Zus. des Nd. wird NH_3 unter Zugabe von KOH abdest. u. bestimmt. Dabei werden aber entsprechend dem Verhältnis MoO_3:N nur höchstens bis zu 99% wiedergefunden. Unter Verw. eines bekannten Phosphates wird festgestellt, daß der Verlust in unerklärlicher Weise mit dem MoO_3-Geh. zusammenhängt. Nach Eichung des Verf. wird der NH_4^+-Geh. im Nd. des $(NH_4)_3PO_4 \cdot 12MoO_3$ zu 99,5% ermittelt. K. Henning 5253

1923 **Polarographische Analyse von s-Triazin-Herbiziden.** M. H. B. Hayes, M. Stacey und J. M. Thompson. (Chem. and Ind. 1967, 28, 1222—23; Dep. of Chem., Univ., Birmingham; engl.) — Die Polarographie erlaubt schnelle u. genaue Analyse von s-Triazin-Herbiziden. Die Nachw.-Grenzen liegen bei der konventionellen Meth. bei ca. 1,5—2 μg bei der Kathodenstrahl-Polarographie bei ca. 0,15 μg. Die in 2-Stellung unsubstituierten *4-Amino-6-alkylamino-s-triazine* geben in saurer Lsg. 1Stufe; ähnlich verhält sich *2-Methylthio-4.6-bis-[isopropylamino]-s-triazin. 2-Chlor-* u. *2-Brom-4.6-bis-[alkylamino]-s-triazine* geben 2 Stufen in saurer Lösung. *2-Azido-4-äthylamino-6 tert.-butylamino-s-triazin* (**I**) gibt 1 Stufe im gesamten pH-Bereich. Die *2-Methoxy-4.6-bis-[alkylamino]-s-triazine* werden polarograph. nicht reduziert. Es ist nicht möglich, die einzelnen Triazine nebeneinander zu bestimmen, wenn 2 oder mehr in einer Mischung vorliegen. Nur **I** kann neben anderen bestimmt werden. H. Marsen 5253

1924 **Methoden zur Bestimmung von Pestiziden in Luft für fahrbare Laboratorien.** 3. Mitt. **Mevinphos.** G. A. Lloyd und G. J. Bell. (Analyst **92** (1967) 1098, 578—80; Harpenden, Herts., Plant Pathol. Labor.; engl.) — 2. vgl. C. **1967, 48-1928.** — Beschreibung einer Feldmeth. zur Best. von Mevinphos nach der Pestizid in alkal. Isopropylalkohol zu Methylacetylacetat hydrolysiert wird. Das entsprechende Br-Keton reagiert mit CN^- unter BrCN-Bldg., das mit p-Phenylendiamin umgesetzt bei 520 nm photometr. gemessen wird. W. Luchsinger 5253

1925 **Infrarotspektren von Carbophenothion (Trithion) und seinen möglichen Stoffwechselprodukten.** Jo-yun T. Chen und Roland W. Dority. (J. Assoc. off. analyt. Chemists **50** (1967) 2, 426—30; Washington, D.C., Div. of Food Chem., Food and Drug Adm.; engl.) — Die IR-Spektren von Trithion u. 5 anderen Verb., die möglicherweise daraus entstehen können, werden in 6 Abb. gezeigt u. die charakterist. Frequenzen angegeben. E. Wiehr 5253

1926 **Kernmagnetische Resonanzuntersuchungen von Phosphor(V)-pestiziden.** 2. Mitt. **Schnelle Bestimmung des Isomerenverhältnisses von Systox.** Harry Babad, Tim N. Taylor und Marvin C. Goldberg. (Analytica chim. Acta [Amsterdam] **40** (1968) 3, 387—92; Denver, Colo., Univ. of Denver, Dep. of Chem.; engl.) — 1. vgl. ibid. **41** (1968) 2, 259. — Das techn. Insektizid *Systox* besteht aus O.O-Diäthyl-O- u. -S-[2-(äthylthio)-äthyl]-phosphorthionat neben 1—5% Tetraäthyldithiopyrophosphat. Die Kombination von ^{1}H-NMR- u. Gaschromatographie wird als schnelle Analysentechnik zur Best. des Isomerenverhältnisses entwickelt. Zur vollständigen Analyse werden weniger als 0,1 g benötigt. Genauigkeit 1,5%. B. I. 5253△

1927 **Verbesserte Infrarot-Methode zur Bestimmung von Carbaryl (Sevin) in handelsüblichen Formulierungen.** Martin F. Kovacs jun. (J. Assoc. off. analyt. Chemists **50** (1967) 3, 566—58; Agric. Res. Serv., U.S. Dep. of Agric., Beltsville, Md.; engl.) — Nach Extraktion des Sevins mit $CHCl_3$ wird die Extinktion bei 5,75 u. 8,94 μm gemessen. E. Herfurt 5253

1928 **Röntgenfluoreszenzanalyse flüssiger organischer Konservierungsmittel für Holz.** Yoko Ishii, Hajime Kawamura und Shunji Yagi. (Japan Analyst **17** (1968) 1, 3—7; Rly. Techn. Res. Inst., Hikari-machi, Koku-bunjishi, Tokyo; jap., Auszug: engl.) — Es werden verschiedene Hölzer, die mit *Tributylzinnterephthalat, Cu-Naphthenat* u. *Pentachlorphenol* imprägniert sind, untersucht. Zur besseren Reproduzierbarkeit der Ergebnisse werden die aus verschiedenen Holzgeweben stammenden Proben gepulvert u. als Preßlinge gemessen. Die Intensität der Sn-Lα_1-, Cu-Kα- u. Cl-Kα-Linie hängt linear vom Geh. an dem jeweiligen Konservierungsmittel ab. K. Worm 5254

1929 **Verhalten von technischen Papieren im Strahlenfeld. Bestimmung von Spurenelementen in technischen Papieren mit Hilfe der Neutronenaktivierungsanalyse.** 2. Mitt. P. Patek und H. Sorantin. (Papier **21** (1967) 4, 179–83; Inst. für Chem., Reaktorzentrum Seibersdorf, Österreich; dt.) — 1. vgl. ibid. **21** (1967) 114. — Bei aktivierungsanalyt. Unters. (Bestrahlung mit $2 \cdot 10^{12}$ n $\cdot$ cm^{-2} $\cdot$ s^{-1}) eines sog. Natron-Packpapieres wurden als hauptsächliche Fremdelemente (in ppm-Mengen) Na u. Al, weiterhin Cl, Cu, Mn, Zn u. Sb, in Spuren Co, Cr, Sc, Au u. Ag nachgewiesen. W. Scheele 5254

1930 **Überblick über Verunreinigungen mit organischen Chlorverbindungen in für Lebensmittel verwendeter Salzsäure.** J. G. Cummings und K. T. Zee. (J. Assoc. off. analyt. Chemists **50** (1967) 6, 1262–65; Washington, D.C., Div. of Food Stand. and Additives, Food and Drug Adm.; engl.) — Bei 15 verschiedenen Lebensmittelherstellern wurde HCl (20–22°Be), die bei der Herst. von Gelatine, Invertzucker, Stärkesyrup, Rübenmelasse usw. benutzt wird, entnommen u. deren Geh. an organ. Cl-Verb. bestimmt. 600 g HCl werden mit 15 ml anschließend mit 10 ml PAe. ausgeschüttelt (Eiskühlung). Die PAe.-Lsg. wird mit 5 ml 5% Na_2CO_3 u. anschließend mit 5 ml Portionen W. bis zur neutralen Rk. ausgewaschen. In einer Schöniger-Flasche wird verbrannt u. in der wss. Absorptionslsg. mit 70%ig. Essigsäure als Elektrolyt Cl^- mikrocoulometr. bestimmt. 3,9–10,2 ppm Cl^- wurden gefunden. Chlorhaltige Insektizide konnten nicht nachgewiesen werden. E. Wiehr 5255

1931 **Übersicht über polycyclische aromatische Kohlenwasserstoffe in geräucherten Lebensmitteln.** A. J. Malanoski, E. L. Greenfield, C. J. Barnes, J. M. Worthington und F. L. Joe jun. (J. Assoc. off. analyt. Chemists **51** (1968) 1, 114–21; Washington, D.C., Food and Drug Adm., Div. of Food Stand. and Additives; engl.) — Bei Unters. von Fleischprod., Geflügeln, Fischen u. einer Vielzahl anderer Nahrungsmittel, deren Räucherbedingungen größtenteils bekannt waren, wurde festgestellt, daß viele von ihnen geringe Mengen (0,5 bis 7,0 ppb) von polycycl. aromat. KW-Stoffen enthalten. Die Analysen wurden parallel von USDA u. FDA-Labor. durchgeführt. E. Haase-Sajak 5255

1932 **Bestimmung von Rückständen von Organophosphor-Insektiziden in Lebensmitteln pflanzlichen Ursprungs.** Ivanka Pejkovič-Tadič und Slavko Vitorovič. (Hrana i Ishrana **9** (1968) 1, 29–31; Beograd, Prir.-mat. fak., Hem. inst.; serbokroat., Auszug: engl.) — Zur Best. der Insektizide *Bytex* (**I**), *Guthion* (**II**), *Malathion* (**III**) u. *Diazinon* (**IV**) in Kartoffeln, Weizen u. Mais wurde die Kombination von Dünnschichtchromatographie u. Ringkolorimetrie (Weisz) angewendet. **I** u. **II** wurden aus den Kartoffeln mit Aceton herausgelöst u. anschließend mit $CHCl_3$ aus der Aceton-Lsg. extrahiert. **III** aus dem Weizen u. **IV** aus dem Mais erhielt man durch Extraktion mit Acetonitril. Die Trennung der Extrakte erfolgte dünnschichtchromatograph. an Silicagel G mit Bzl./Acetonitril (19:1). Als Entwickler diente eine 0,5%ig. $PdCl_2$-Lösung. Anschließend wurden die Flecken mit $CHCl_3$ eluiert u. die Insektizide ringkolorimetr. bestimmt. Gefunden wurden 89,2% **I**, 92,5% **II**, 93,5% **III** u. 95,6% **IV**. H. Cnobloch 5255

1933 **Spektrophotometrische Methode zur Bestimmung der Ascorbinsäure, Chlorogensäure und der Catechine in Äpfeln.** N. Delaporte und J. J. Macheix. (Chim. analytique **50** (1968) 4, 187–98; Bellevue, C.N.R.S., Labor. de Biol. végétale; franz.) — Die Best. der Ascorbinsäure beruht auf dem selektiven Abbau durch UV-Strahlen, die der Chlorogensäure erfolgt durch Darst. der Veränderungen der Spektren mit dem pH-Wert u. die Catechine werden aus der Differenz berechnet. H. Rupp 5255

1934 **Oszillopolarographische Bestimmung von Parathion, Paraoxon und p-Nitrophenol in angereicherten Konservenpfirsichen im Anschluß an Dünnschichtchromatographie.** Fred E. Hearth, Daniel E. Ott und Francis A. Gunther. (J. Assoc. off. analyt. Chemists **51** (1968) 3, 690–97; Univ. of Calif., Citrus Res. Center and Agric. Exper. Station, Riverside, Calif.; engl.) — Es wird eine Meth. beschrieben, die schnelle quant. Aussagen über Rückstände von Parathion u. seiner beiden wesentlichen Abbauprod. Paraoxon u. p-Nitrobenzol auf Lebensmittel erlaubt. Die Insektizide werden dünnschichtchromatograph. getrennt, u. oszillopolarograph. bestimmt. Als innerer Standard wird Anthracen eingesetzt, das die polarograph. Best. nicht stört. Die Meth. spricht noch bis zu 0,5 ppm an. H. Marsen 5255

1935 **Ringversuch zur polarimetrischen Bestimmung der L-Äpfelsäure.** Enrique Fernandez-Flores, Arthur R. Johnson und Victor H. Blomquist. (J. Assoc. off. analyt. Chemists **51** (1968) 4, 934–36; Food and Drug Adm., Div. of Food Chem. and Technol., Washington, D.C.; engl.) — Für Fruchtsäfte, Fruchtsaftgetränke Gelees u. Konserven wurde folgende Meth. als geeignet gefunden: Abtrennung der Pektinsubstanzen mit A. u. der Weinsäure mit K-Acetat; Fällung der mehrbas. Säuren (**A**) u. mehrwertigen Phenole (**B**) mit Pb-Acetat; Waschen des Nd. mit 85%ig. A. auf Zuckerfreiheit; Behandeln des Nd. mit H_2SO_4 zur Entfernung von Pb; Entfernung von **B** u. Gerbstoffen mit Aktivkohle; Umsetzung von **A** mit Uranylacetat unter Komplex-Bldg.; Best. der opt. Drehung des Komplexes. Sie ist für L-Äpfelsäure (**I**) proportional der Konzentration. Zugesetzte **I** wurde zu 94 bis 101% wiedergefunden. K. Herrmann 5255

1936 **Einfluß der chemischen Konservierungsmittel und der Lagerung auf charakteristische Bestandteile von Zitronensaft.** Carl E. Vandercook und Henry C. Guerrero. (J. Assoc. off. analyt. Chemists **51** (1968) 1, 6–10; US Dep. of Agric., Pasadena, Calif.; engl.) — SO_2, Na-Benzoat u. K-Sorbat haben keinen Einfl. auf die Best. des Geh. an Gesamtsäure (Citronensäure) u. L-Äpfelsäure u. die UV-Absorption bei **330** nm (Gesamtphenole), auch nicht auf die Formoltitration der Aminosäuren, wenn SO_2 durch kurzes Kochen entfernt worden ist. — Während einer Lagerung bis zu 17 Wochen bei Zimmertemp. u. 6 Wochen bei 30° blieben diese Bestandteile relativ stabil mit Ausnahme einiger geringer, aber statist. signifikanter Veränderungen, die anscheinend eine Funktion des Saftes u. im Falle der Gesamtphenole auch der verwendeten Konservierungsmittel waren. K. Herrmann 5255

1937 **Flammenphotometrische Bestimmung von K, Na und Ca in unreinen Sucroselösungen.** J. Drago, A. Awad und H. J. Delavier. (Z. Zuckerind. **17** (1967) 6, 301–03; Inst. für Zuckerind., Berlin; dt.) — Zur flammenphotometr. Best. von K, Na u. Ca in unreinen Sucrose-Lsg. wurde eine Acetylen/Luft-Flamme benutzt, die Messung erfolgte für K bei 768 nm, für Na bei 589 nm u. für Ca bei 620 nm. Dabei wurde Rübenmelasse zur Na- u. K-Best. auf 0,3 g/100 ml, zur Ca-Best. auf 0,03 g/100 ml u. Rohrmelasse für alle 3 Best. auf 0,03 g/100 ml verdünnt. Bei diesen Konz. ist der Einfl. von Sacchariden, anderen nichtion. Stoffen u. Anionen zu vernachlässigen, nur den Standardlsg. zur Ca-Best. muß Sucrose in den Mengen zugesetzt werden, wie sie in den Proben auftritt. Ca stört die Na-Best. nicht, der Einfl. von Na u. Ca auf die K-Best., der von K auf die Na-Best. u. der von K u. Na auf die Ca-Best. wurde untersucht u. in Tabellenform wiedergegeben. K. Seyfert 5255

1938 **Neue direkte photometrische Bestimmungsmethode für Aldehyde in alkoholischen Getränken.** Joseph L. Owades und Joseph M. Dono. (J. Assoc. off. analyt. Chemists **51** (1968) 1, 148–51; Rheingold Breweries, Brooklyn, N.Y.; engl.) — 3-Methyl-2-benzothiazolinonhydrazonhydrochlorid bildet mit Aldehyden eine stark gefärbte Verb., die zur photometr. Best. dienen kann. In getrennten Best. können freies CH_3CHO (**I**) u. an Bisulfit oder Alkohol (Acetal) gebundenes **I** bei 666 nm zu ca. 98% erfaßt werden. Mit der Meth. wurden Mengen von 30–175 mg **I**/kg aufgefunden. K. Herrmann 5255

1939 **Bestimmung von Diäthylcarbonat im Wein.** C. Reinhard. (Dtsch. Lebensmittel-Rdsch. **63** (1967) 5, 151–53; Staatl. Chem. Unters.-Anst. Würzburg; dt.) — Von den bisher veröffentlichten Meth. zur Best. des

Diäthylcarbonats werden gaschromatograph. Verf. vom Vf. für am günstigsten gehalten. Die Meth. von Prillinger u. Horwatitsch [Rebe u. Wein **14** (1964) 251] wird modifiziert. Extrahiert wird mit CS_2. Die Best. erfolgt an 15% Polypropylenglykol auf Celite **545** (60 bis 100 mesh), mit N_2 (30 ml/Min.) bei 100° (isotherm) unter Verw. eines Flammenionisationsdetektors bei 240°.
K. Herrmann 5255

1940 **Enzymatische Bestimmung von Glucose und Fructose im Wein.** Klement Möhler und Siegfried Looser. (Z. Lebensmittel-Unters. u. -Forsch. **134** (1967) 1, 18; Dt. Forsch.-Anst. für Lebensmittelchem., München; dt.) — Die Best. ist in einem Arbeitsgang mit dem Enzymsyst. Hexokinase/Glucose-6-phosphatdehydrogenase/Isomerase direkt durchführbar (photometr. Messung bei 340 nm). SO_2, Fe- u. Cu-Ionen sowie Sorbinsäure stören nicht, dagegen stört der Rotweinfarbstoff. Pb(II)-Acetat u. Aktivkohle sind zur Entfärbung ungeeignet, dagegen sind Säulen mit 4 g Al_2O_3 (sauer) u. 0,1 g Aktivikohle geeignet. An etwa 80 Weiß- u. Rotweinen wurden die Ergebnisse von Drawert u. Kupfer [Z. analyt. Chem. **211** (1965) 89] bestätigt, daß das Glucose/Fructose-Verhältnis innerhalb weiter Grenzen, hier 1:1 bis 1:10 schwankt.
K. Herrmann 5255

1941 **Polarographische Bestimmung von Kupfer, Blei und Zink in synthetischen Aromaessenzen.** Feliks Kaczmarek, Urszula Rutkowska und Kazimiera Wojsa. (Herba polon. **13** (1967) 1—2, 53—57; Zaklad Analityczno-Kontrolny IPZ, Warszawa; engl.) — 5 g Probe werden mit 1 ml H_2SO_4, 0,5 ml rauchendem HNO_3 u. 0,5 ml $HClO_4$ unter Steigerung der Temp. auf 600° aufgeschlossen. Anschließend wird mit 5 ml 3%ig. NH_4-Citratlsg. gelöst, evtl. filtriert u. die Lsg. gegen Thymolblau mit NH_3-Lsg. auf pH 9,8—10 eingestellt. Man extrahiert 2 mal mit je 4 ml 0,05%ig. Dithizonlsg. in $CHCl_3$ u. wäscht mit 5 ml $CHCl_3$. Nach Abdampfen des Lsgm. wird der Dithiozonkomplex mit obigem Säuregemisch zerstört. Man gibt 10 ml W. zu, dampft ein, wiederholt den Arbeitsgang nach Aufnehmen in HCl-Lsg. u. löst schließlich mit 4 ml 2%ig. Hydrogenphthalatlsg. (pH 5), gibt 1 ml 0,02%ig. Gelatine zu, entlüftet mit N_2 u. polarographiert. Untersucht wurden 35 Aromaessenzen.
K. Henning 5255

1942 **Trennung und quantitative Analyse von Tabakprodukten zugesetzten mehrwertigen Alkoholen.** John M. Slanski und Raymond J. Moshy. (J. Chromatogr. [Amsterdam] **35** (1968) 1, 94—98; Machine and Foundry Co., Stanford, Conn.; engl.) — Glycerin, Tri-, Diäthylenglykol, 1.3-Butylen- u. Propylenglykol, die in Tabakprod. aufgefunden wurden, sowie Tetraäthylenglykol u. Polyglycerin können durch mindestens 5std. Extraktion mit CH_3OH abgetrennt u. als Trimethylsilyläther gaschromatograph. an 3% SE-30 auf Chromasorb G (42/60 mesh) bestimmt werden. Zugesetzte Mengen wurden zu 95—106% wiedergefunden. K. Herrmann 5255

1943 **Nachweis und Bestimmung von Thiouracilderivaten und Futtermitteln.** J. Brüggemann und J. Schole. (Landwirtsch. Forsch., Sonderh. **21** (1967) —, 134—37; München, Inst. für Tierphysiol. der Univ.; dt.) — Die Ggw. von Thiouracilderiv., bes. ***4-Methyl-2-thiouracil* (I)** u. ***4-Propyl-2-thiouracil* (II)** (aber auch *Uracil, Orot-* u. *2-Thioorotsäure*), die Futtermitteln trotz Verbotes zu Mastzwecken zugesetzt sein können, wird zunächst qual. papierchromatograph. nachgewiesen. Nach Extraktion der Futterprobe mit A. (96%ig.), Zentrifugieren, Dekantieren u. Einengen wird absteigend chromatographiert (Laufmittel n-Butanol, gesätt. mit n/5 NH_3-Lsg.). Die Entw. des Chromatogramms erfolgt mit 2.6-Dichlorchinonchlorimid (0,4%ig. in A.). **I** u. **II** werden bei diesem Verf. getrennt. Die Best. kann dann photometr. mit Grotes-Reagenz (1 g Nitroprussidnatrium, 1 g Hydroxylamin · HCl in 20 ml W., dazu 2 g $NaHCO_3$ u. dann 0,1 ml Br_2, nach Abfiltration auf 50 ml auffüllen) oder spektrograph. bei pH 9 im Bereich von 220—320 nm erfolgen. Der Extinktionskoeff. von **I** u. **II** beträgt bei 260 nm $11,6 \cdot 10^3$. E. Wiehr *5255*

1944 **Mikrobestimmung von Polystyrol in Sprengstoffmischungen durch pyrolytische Gaschromatographie.** Stanley K. Yasuda. (J. Chromatogr. [Amsterdam] **35** (1968) 3, 323—28; Los Alamos, N.Mex., Univ. of Calif.; engl.) — Zur Best. von *Polystyrol* neben *Hexogen* u. *Dioctylphthalat* in Kunststoff-Verbundsprengstoffen wird eine Probe von 0,1 g in 10 ml Bzl. gelöst. 10 μl werden eingedampft, bei 500—525° pyrolysiert u. im H_2-Strom (30 ml/Min.) bei 85° gaschromatographiert. Standardabweichung: 0,1%. G. Krien 5257

1945 **Kernmagnetische Resonanzuntersuchung und Bestimmung von Di- und Trinitrotoluolisomeren in 2.4.6-Trinitrotoluol.** D. G. Gehring und G. S. Reddy. (Analytic. Chem. **40** (1968) 4, 792—95; Gibbstown, N.J., E.I. du Pont de Nemours u. Co.; engl.) — Vf. beschreiben. eine Meth. zur quant. Best. kleiner Mengen unsymm. Trinitro- u. Dinitrotoluolisomeren (0,03—1,1%) in rohem u. gereinigtem 2.4.6-Trinitrotoluol. Mit Hilfe der chem. Verschiebungen u. der Art der Kopplungskonst. zwischen H u. CH_3 werden die verschiedenen Komponenten indentifiziert. Die Fernkopplungskonst. sind von der Zahl der NO_2-Gruppen unabhängig. B. I. 5257△

H. Angewandte Chemie

H–3. Anorganische Industrie

1946 **Herstellung von Wasserstoff aus Kohlenwasserstoffgasen durch Dampfsauerstoffkonvertierung in der Wirbelschicht unter Druck.** G. P. Sečenov, V. S. Al'tšuler und L. D. Leonova. (Neftepererabotka i Neftechim. **1968,** 7, 21—24; Inst. gorjučich iskopaemych; russ.) — Bedingungen der Dampf-O_2-Konvertierung von CH_4 wurden für die Verhältnisse H_2/CH_4 = 1—4, H_2O/CH_4 = 1—6, O_2/CH_4 = 0,4—0,7, Temp. von 1000—1300°K u. Druck bis 40 at berechnet. Die Ergebnisse wurden mit Vorr. für die CH_4-Konvertierung (GIAP-Katalysator, Körnung 0,25—1 mm) u. CO-Konvertierung (FeCr-Katalysator gleicher Körnung) überprüft. Unabhängig von den Verhältnissen u. dem Druck bildet sich > 1000° kein C; mit dem Druck steigt der Konvertierungsgrad, doch muß das H_2O/CH_4-Verhältnis vergrößert oder die Gasgeschw. verkleinert werden. Unter geeigneten Bedingungen wird eine CH_4-Konvertierung von 100% u. eine CO-Konvertierung bis 90% erzielt. J. Tumova H 238△

1947 **Entwicklung einer warmfesten, ferromagnetischen Kobalt-Wolfram-Legierung als Konstruktionswerkstoff.** R. L. Ashbrook, A. C. Hoffmann, G. D. Sándrock, R. L. Dreshfield und J. C. Freche. (Kobalt **1968,** 40, 111—17; Cleveland, O., Nat. Aeronautics and Space Adm., Lewis Res. Center.; dt.) — Vf. berichten über die Entw. einer neuen Leg., für die Raumfahrttechnik. Die Leg. (Co-7,5 W—2,5 Fe—1 Ti-0,5 Zr—0,5 C) hat > 650° verbesserte Warmzeitstandfestigkeit u. ist in seinen magnet. Eig. *Nivco* vergleichbar, das Vf. als Spitzenprod. für derartige Anwendungen ansehen. Ergebnisse der Unters. der mechan. u. metallograph. Eig. werden mitgeteilt. G. Günther H 270

1948 **Metallkeramische Werkstoffe für die Atomtechnik.** G. A. Meerson. (Poroškovaja Metallurg. **7** (1967) 11, 50—64; Moskau; russ.) — Übersicht über sowjet. Arbeiten auf diesem Gebiet einschließlich Eig. von U, Th, UC–ZrC, Be, Mg–MgO, Mg–Be, Zr u. neutronenabsorbierende Werkstoffe. — 54 Literaturhinweise.
J. Tůmová H 270△

1949 **Möglichkeit der Herstellung einer Al–$NbAl_3$-Legierung mit dispergierter Phase durch schnelles Erstarren des flüssigen Zustandes.** G Beghi, R. Matera und G. Piatti. (J. nuclear Mater. [Amsterdam.) **26** (1968) 2, 219 bis 222; Div. Métallurg. et Céram., CCR, Euratom, Ispra, Italy; franz.) — Unters. der Dispersion des intermetall. $NbAl_3$ in Al u. der mechan. Eig. der Leg. Al–$NbAl_3$ (10% Nb). Herbert Weber H 294

1950 **Herstellung von Überzügen auf Aluminium nach einem stromlosen Verfahren.** Zbigniew Moser. (Rudy Metale nieżelazne **12** (1967) 10, 507—12; Kraków, PAN, Zakł. Metali; pol.) — Die Abscheidung von *Ni–P*-Überzügen auf Al wird bei 75—95° untersucht. Die in 2 Std. erzielte Überzugsdicke nimmt mit steigender Temp. von 17,4 auf 47,8 μ zu. Der Abscheidung liegt die katalyt. Rk. $(H_2PO_2)^- + 3Ni^{2+} + 7H \rightarrow Ni_3P + 5H^+ + 2H_2O$ zugrunde. Die Aktivierungsenergie der Rk. beträgt 14500 kcal/Mol, für die Geschw.-Konst. k gilt $\log k = -(14500/4{,}575 \cdot T) + 8{,}345$. R. K. Müller H 294

1951 **Änderungen in der Gassättigung der Legierung AL9 während des Schmelzens.** D. F. Černega, O. M. Bjalik, E. D. Šabas und V. T. Pogorelyj. (Litejnoe Proizvod. **1967**, 9, 14—15; russ.) — Der Gasgeh. der Al-Leg. AL 9 wurde durch Vakuumextraktion während verschiedener Phasen des Schmelzens verfolgt. So beträgt der Gasgesamtgeh. beim Einführen von Mg 1,49 (cm^3/100 g), nach 10—15 Min. Raffination mit Ar 0,67, nach Modifizieren mit tern. Salzflußmittel 1,23 u. beim Ende des Gusses 1,51. Der H_2-Geh. bleibt während des Schmelzens ebenfalls auf gleicher Höhe. Für die Erniedrigung des Gasgeh. wird eine erneute kurze Ar-Raffination vor dem Guß empfohlen. J. Tůmová H 294△

1952 **Flüchtigkeit von kryolithaltigen Schmelzbädern in Gegenwart von metallischem Aluminium.** 1. Mitt. **Anwendung der Siedemethode.** G. Poupa und M. Rolin. (Electrochim. Metallorum **2** (1967) 3, 301—09; Villeurbanne, Rhône, Inst. nat. des Sci. appl.; franz.) — Bei Zusatz von metall. Al zu *Kryolith*(**I**)-Schmelzen kann eine Rk. von Al mit NaF unter Bldg. von flüchtigem *Na* u. *AlF* stattfinden. Wenn das Schmelzbad 30% AlF_3, Rest **I** enthält, wird der Dampfdruck durch den Zusatz von Al im Bereich 5—20 Torr (entsprechend Kp. 900 bis 1150°) nicht nachteilig beeinflußt. Bei ≧30% AlF_3 reagiert Al bei <Kp. mit dem Bad, der Kp. wird herabgesetzt u. von 950° an ist die Verdampfungskurve unregelmäßig. Bei reinem **I** ist in Ggw. von Al die Siedemeth. nicht anwendbar, weil heftige Rk. auftreten. Jedoch kann eine angenäherte Verdampfungskurve durch Extrapolation auf 0% AlF_3 konstruiert werden. Bei ∼ 1000° ist die Flüchtigkeit von **I** in Ggw. von Al nahezu verdoppelt. R. K. Müller H 294△

1953 **Flüchtigkeit von kryolithhaltigen Schmelzbädern in Gegenwart von metallischem Aluminium.** 2. Mitt. **Chemische Analyse der Restbäder und der Kondensate. Nähere Untersuchung von reinem Kryolith.** G. Poupa und M. Rolin. (Electrochim. Metallorum **2** (1967) 3. 310—17; franz.) — 1. vgl. vorst. Referat. — Der direkte Vgl. der Verdampfungsgeschw. von Kryolith in Ggw. u, in Abwesenheit von metall. Al unter Bedingungen, die denjenigen der elektrolyt. *Al*-Gewinnung nahekommen, bestätigt, daß die Flüchtigkeit durch den Einfl. von Al, das Na freisetzt, verdoppelt wird. Die vewendeten Bäder sind mit AlF_3 angereichert. R. K. Müller 294△

1954 **Hydrophobierung der Korundoberfläche bei der Flotation in Laurinsäure- und Dodecylammoniumchlorid-Lösungen.** Václav Hejl. (Sborník Vysoké Školy chem.-technol. Praze, Mineralogie **1967**, 9, 75—85; Vys. školy chem.-technol. v Praze; tschech.) — Die Flotierbarkeit des Korunds (Verf. u. Ausb. beschrieben) in Lsg. anionenakt. u. kationenakt. Sammler wird theoret. untersucht, die mathemat. Beziehungen zwischen pH-Wert u. Sammlerkonz. abgeleitet u. festgestellt, daß sowohl bei Laurinsäure als auch Dodecylammoniumchlorid-Lsg. die hydrophobisierende Komponente das hydrolyt. Prod. des Sammlers darstellt; die Flotation wird von den neutralen Mol. der Sammler beeinflußt; die Ionen derselben sind für die Flotation ohne Wirksamkeit. O. Rössner H 294

1955 **Neues Verfahren zur Oberflächenbehandlung von Titan und Titanlegierungen.** R. Piontelli und P. Pedeferri. (Electrochim. Metallorum **2** (1967) **3**, 346—51; Milano, Politecn., Ist. di Chim. fis., Elettrochim. e Metallurgia; ital.) — Um ein vollkommenes Haften auch dickerer galvan. Überzüge auf Ti u. Ti-Leg. zu erzielen u. die bei dünnen Überzügen störende Porosität zu vermeiden, wird ein Verf. entwickelt, bei dem Ti bzw. seine Leg. zunächst anod. in einem konz. alkal. Bad bei Spannungen ≧ 30 V von Oxidschichten befreit u. mit einer neuen gleichmäßigen u. regulären Schicht von charakterist. Aussehen überzogen werden, dann wird diese neue Schicht unter Einw. von Wechselstrom in einem sauren Bad prakt. vollständig beseitigt bis auf einen kleinen Restfilm. Dadurch wird eine Reox. bei der Behandlung vor dem Galvanisieren verhindert u. das Anhaften des galvan. Überzugs verbessert. R. K. Müller H 321△

1956 **Germanide von Seltenerdmetallen.** K. A. Lynčak und T. Ja. Kosolapova. (Poroškovaja Metallurg. **7** (1967) 11, 92—96; Inst. problem metalloved. AN UkrSSR; russ.) — Aus reinem Ge (99,99%) u. Seltenerdmetallen (97—99) wurden durch Bogenschmelze unter Ar die Phasen Me_5Ge_3, MeGe u. $MeGe_2$ hergestellt. Für die Bldg. der Phasen mit La, Ce u. Pr muß ein 1(%ig.) Ge-Überschuß, für die Bldg. von Nd_5Ge_3 u. $NdGe_2$ ein 1—3 u. NdGe 1—5 Ge-Überschuß anwesend sein. Nach tabellar. Zusammenstellung der röntgenograph. u. pyknometr. Messungen stimmt die D. gut überein. Die kleinste Mikrohärte zeigt La_5Ge_3 (312 kg/mm^2), die größte $NdGe_2$ (760); in manchen Fällen steigt die Härte mit der Belastung (bei Ce_5Ge_3 von 408 auf 467 bei 20 u. 50 g Belastung). J. Tůmová H 326△

1957 **Gewinnung von Zinn hoher Reinheit.** Panajotis Papageorgios und Władysław Walczyk. (Rudy Metale nieżelazne **12** (1967) 10, 519—21; pol.) — Übersicht über die Meth. der Reingewinnung von Sn mit bes. Berücksichtigung der elektrolyt. Gewinnung aus $Sn \cdot (HSO_4)^+$ enthaltender schwefelsaurer Lsg. u. der Entfernung von Verunreinigungen durch fraktionierte Fällung mit H_2SO_4. — 29 Literaturangaben. R. K. Müller H 327

1958 **Blei-Lithium-Wasserstoff-Legierungen.** H. Cerjak und F. Erdmann-Jesnitzer. (Metall **22** (1968) 2, 113—23; Hannover, TH; dt.) — H_2 wurde entweder in Form von Gas oder über Mn oder TiH_2 in schmelzfl. Pb mit 0,03% Li eingebracht. Mn u. Ti ließen sich ohne Schwierigkeit aus der Schmelze entfernen. Kriechunters. an der so behandelten Leg. ergaben eine starke Verbesserung der Dauerstandfestigkeit gegenüber der von unbehandelten Leg. sowohl bei Raumtemp. als auch bei 80°. Die Rekristallisationstemp. der mit H_2 behandelten Leg. wurde auf 80—100° angehoben. Gasbest. ergaben, daß diese Leg. H enthalten, das erst bei 400° entweicht, obwohl Pb H_2 nicht löst. DTA-Messungen ließen erkennen, daß die H_2-Abgabe bei 400° auf einer chem. Zers. beruht. Das Gefüge war durch die H_2-Behandlung nicht verändert, wie metallograph. u. elektronenmkr. Unters. zeigten. Kriechstudien u. daraus durchgeführte Berechnungen ergaben die Bldg. eines Rk.-Prod. in der Schmelze in der Weise, daß im Pb-Gitter sich Li u. H assoziieren u. wie ein „Quasi-Zusatz" mit sehr großem Atomradienunterschied auf Pb wirken, wodurch die Kristallerholung behindert u. das Kriechen erschwert wird. F. Vier H 328

1959 **Entfestigung der W–Ni–Fe-Legierung beim Erhitzen.** 2. Mitt. I. N. Francevič, O. K. Teodorovič, L. G. Baženova und R. V. Minakova. (Poroškovaja Metallurg. **7** (1967) 11, 84—91; Inst. problem metalloved. An Ukr.SSR; russ.) — Mittels der Röntgenstrukturanalyse u. Härtebest. wurde die Entfestigung der W–Ni–Fe-Leg. (Herst. beschrieben) nach Kaltverformung bis um 50% u. Glühen 1std. bei 575—1573 °K verfolgt. Die Rekristallisationstemp. der relativ niedrig schmelzenden Verbindungsphase (ca. 23—25% der Gesamtleg.; feste Lsg. von W in Ni–Fe) sinkt mit dem Verformungsgrad von 2—50% von 1273 auf 673 °K; die krit. Verformung sinkt von 6 auf 2% mit steigender Temp. von 1073 auf 1573 °K. Bei kleiner Verformung verläuft die Erholung u. Polygonisation nacheinander, bei großem Verformungsgrad zugleich. J. Tůmová H 337△

1960 **Aktivität des Austenitkohlenstoffs von Eisen-Kohlenstofflegierungen im Licht der Ergebnisse bisheriger Untersuchung.** Zygmunt Przyłęcki. (Hutnik **34** (1967)

7/8, 317—26; pol.) — Übersicht über Theorien u. Gleichungen. — 18 Literaturangaben. R. K. Müller H 354

1961 **Mechanismus der Hydrophobierung des Pyrits in Xanthogenatlösungen.** Václav Hejl und Jan Kašpar. (Sborník Vysoké Školy chem.-technol. Praze, Mineralogie **1967**, 9, 65—73; Vys. Školy chem.-technol. v Praze; tschech.) — Der Mechanismus der Hydrophobierung bei der Flotation von Pyrit (Verf. beschrieben) in Lsg. von Kaliumäthyl- bis Kalium-n-amylxanthogenat wird untersucht u. theoret. erklärt. Die Abhängigkeit zwischen dem pH-Wert u. dem ξ Potential sowie der Einfl. des pH auf die Flotierbarkeit zeigt, daß optimale Ergebnisse bei schwach- bis mittelsauren Lsg. erzielt werden. Die neutralen Mol. der Xanthogensäure werden bei der Flotation an der Pyritoberfläche durch Chemisorption fixiert. O. Rösner H 354

1962 **Chlorierende Röstung von Kupfer und Zink enthaltenden Kiesabbränden.** G. Drigo, C. Dufour-Berte und E. Marino. (Metallurgia ital. **59** (1967) 10, 852—60; Genova, Centro sperim. metallurg. S.p.A.; ital.) — Kiesabbrand mit maximal 0,5% Cu u. Zn wird in Wirbelschicht mit Cl_2 oder in ruhender Schicht mit NaCl oder $CaCl_2$ behandelt, wobei mindestens 90% Cu bzw. Zn durch chlorierende Röstung entfernt werden. Bei Verw. von Cl_2 im Gemisch mit Luft bei 900° u. 30 Min. muß das Gemisch $>$ 1,2 Vol.-% Cl_2 enthalten. Bei Verw. von NaCl ($CaCl_2$) bei 900—1000° u. 30 Min. muß das Feststoffgemisch $>$ 5% NaCl ($>$ 3% $CaCl_2$) enthalten, ein höherer Geh. oder höhere Temp. verbessert die Ergebnisse noch weiter. R. K. Müller H 358

1963 **3-1 Siliciumbronze mit Mangan als Ersatz für Bz-6 Zinnbronze.** P. Marcu und Elena Rădulescu. (Metalurgia [Bucureşti] **19** (1967) 10, 552—56; Inst. de cercetar metalurg.; rum.) — Cu-Leg. mit 3—3,5% Si, 1—1,2% Mn u. maximal 0,3% Fe können in der Elektronik mit Erfolg verwendet werden. (Herst. beschrieben). J. Philips H 358△

1964 Matsushita Electronics Corp., Japan, **Herstellung von Phosphoren** aus Ca-m- oder -o-Silicat oder Ba- oder Sr-Silicat, das durch 0,005—0,06 Tb-Atome u. 0,02—0,06 H_3BO_4-Mol./Silicatmol. aktiviert ist. (**F.P. 1473547** vom 25/3. 1966, veröff. 17/3. 1967. Jap. Prior. 26/3. 1965.) — 4 S. P. Kühn H 261

1965 Siemens Akt.-Ges., Berlin und München, **Herstellung von texturlosem polykristallinem Silizium** für *Halbleiter* durch Abscheidung aus der Gasphase. Mit dem *Si* wird gleichzeitig *SiC* abgeschieden u. ein C enthaltendes Rk.-Gas verwendet, u. als Träger für die abzuscheidende Schicht eine beheizbare Unterlage aus einem unter den Rk.-Bedingungen beständigen Material gewählt u. die Abscheidungstemp. auf einen Wert eingestellt, bei dem die SiC-Bldg. eben einsetzt, so daß nur Spuren von SiC u./oder C zur Abscheidung kommen. Als Rk.-Gas wird z. B. ein Gemisch aus H_2 oder Inertgas u. einer C u. Si enthaltenden Halogenverb., wie CH_3SiHCl_2, verwendet. — Abbildung. (**Oe.P. 256183** vom 3/8. 1965, ausg. 10/8. 1967. D. Prior. 4/8. 1964.) — 7 S. M. Neckermann H 261

1966 Elektrophysikalische Anstalt Bernhard Berghaus, Vaduz, Liechtenstein (Erfinder: Marie Staesche, Wettingen, Schweiz), **Gewinnung von Magnesium** aus Alkalimagnesiumchlorid durch Schmelzflußelektrolyse unter Verw. einer Anode, die mindestens z. T. aus *Mg* besteht u. eines Elektrolyten, der einen Zusatz von unter Schutzgas geglühten *Mg-Cl-N-H-Verb.* enthält, z. B. ein Anlagerungsprod. von NH_3 an $MgCl_2$. (**Schwz.P. 435766** vom 10/11. 1961, ausg. 31/10. 1967.) — 2 S. M. Neckermann H 282

1967 United Kingdom Atomic Energy Authority, London (Erfinder: Herman John D. Nordwall und Thomas Victor Healy), Großbritannien, **Extraktion von Strontium aus Spaltproduktlösungen.** Die Lsg. wird mit HNO_3 einer solchen Konz. bei ca. 55° behandelt, daß eine 15—17 n Lsg. entsteht, wobei Nitrate von Sr u. Ba ausfallen. Um Sr auszulaugen, behandelt man den Nd. mit verd. HNO_3 u. fällt dann erneut mit konz. HNO_3 bei ca. 35° reines $Sr(NO_3)_2$. — Verf.-Schema. (**Brit.P. 1079901** vom 1/7. 1963, ausg. 16/8. 1967.) — 9 S. H. Nebelsiek H 284

1968 Dow Chemical Co., USA (Erfinder: George Stephen Foerster), **Zinklegierung** aus 0,15—0,5(%), bes. 0,2—0,4, *Li*, Rest *Zn* zeichnet sich im gekneteten Zustand durch hohe Streckgrenze, Zug- u. Kriechfestigkeit aus. Die Leg. kann ggf. zusätzlich 0,2—5,0 *Al*, 0,02 bis 0,5 *Cr*, 0,2—2,5 *Cu*, 0,1—2,0 *Mn*, 0,05—0,5 *Ti* u./oder 0,01—0,2 *Mg* enthalten. Die Knetverarbeitung erfolgt durch Warmwalzen, Schmieden oder bes. Strangpressen bei 260° u. darüber mit einer Preßgeschw. von 1,5 m/mm, woran sich bes. ein Abschrecken in W. anschließt. Nach den 14 Leg.-Beispielen liegt die Zugfestigkeit bei $\geqq$ ca. 31,6 kg/mm², wobei in vielen Fällen Werte von 56,2 kg/mm² überschritten werden. (**F.P. 1494009** vom 21/9. 1966, veröff. 24/7. 1967. U.S. Prior. 23/9. 1965.) — 3 S. C. F. Gross H 288

1969 Conzinc Riotinto of Australia Ltd. und Commonwealth Scientific and Industrial Research Organization, Australien, **Indirekte Herstellung von Aluminium durch Elektrolyse** unter Verw. eines Schmelzflußelektrolyten aus mindestens einem der Halogenide der Alkalimetalle, Erdalkalimetalle u. den Halogeniden der Seltenen Erden u. eines Red.-Metalls, z. B. $MgCl_2$, u. unter Verw. einer geschmolzenen Kathode, an der das Red.-Metall abgeschieden wird, damit es sich mit $AlCl_3$ unter Bldg. von *Al* u. $MgCl_2$, umsetzen kann. Als geschmolzene Kathode wird Al oder eine *Al-Mg-Leg.* verwendet. — Abbildung. (**F.P. 1499881** vom 30/12. 1965, veröff. 25/9. 1967. Austr. Prior. 30/12. 1964.) — 12 S. M. Neckermann H 294

1970 Aluminium Laboratories Ltd., Canada (Erfinder: Frederick William Southam), **Herstellung von Aluminium nach dem Subhalogenidverfahren.** Das aus dem Zersetzer strömende $AlCl_3$ wird vor dem Wiedereintritt in den Konverter in einer Kammer vorgewärmt, die mit *Si-*, *B-* oder *Al-Nitrid* von sehr geringem SiO_2-Geh. ausgekleidet ist. — Abbildung. (**F.P. 90383** vom 8/3. 1966, veröff. 23/10. 1967. U.S. Prior. 10/3. 1965. **Zusatz zu F.P. 1348713.**) — 5 S. M. Neckermann H 294

1971 Pechiney Comp. de Produits Chimiques et Electrométallurgiques, Frankreich, **Kontinuierliche Herstellung von Aluminium** durch Red. von Al_2O_3 mittels *C* bei über 2400° im elektr. Lichtbogenofen. Man gießt regelmäßig die gesamte Ofenschmelze aus *Al* u. Al_4C_3, die 70% freies *Al* u. mindestens 3% Al_2O_3 enthält, ab. Aus der abgegossenen Schmelze wird das Al gewonnen, während das Al_4C_3 in den Prozeß zurückgeht. (**F.P. 88651** vom 9/1. 1959, ausg. 26/5. 1967. **Zusatz zu F.P. 1399551; C. 1967, 10-2592.**) — 4 S. M. Neckermann H 294

1972 Elektrophysikalische Anstalt Bernhard Berghaus, Vaduz, Liechtenstein (Erfinder: Marie Staesche, Wettingen, Schweiz), **Gewinnung von Aluminium aus Alkalialuminiumchlorid durch Schmelzflußelektrolyse** unter Verw. einer mindestens z. T. aus *Al* bestehenden Anode. Die Elektrolyse wird bei Temp. unter 658° u. bei Stromdichten von unter 0,5 A/cm² durchgeführt u. während der Elektrolyse entsprechend der Verarmung des Elektrolyten an $AlCl_3$ dem Elektrolyten kontinuierlich oder period. $AlCl_3$ zugesetzt. Der $AlCl_3$-Geh. der Schmelze beträgt mindestens 50%. Es können außerdem noch geringe Mengen einer *Al-Cl-N-H-Verb.* oder/u. Al_2O_3 zugesetzt werden. (**Schwz.P. 435768** vom 10/11. 1961, ausg. 31/10. 1967.) — 2 S. M. Neckermann H 294

1973 Elektrophysikalische Anstalt Burchard Berghans, Vaduz, Liechtenstein (Erfinder: Marie Staesche, Wettingen, Schweiz), **Gewinnung von Aluminium aus Alkalialuminiumhalogenidverbindungen durch Schmelzflußelektrolyse** unter Verw. einer mindestens z. T. aus *Al* bestehenden Anode u. eines Elektrolyten, der einen Zusatz von unter Schutzgas geglühten *Al-Cl-N-H-Verb.*, z. B. ein Anlagerungsprod. von NH_3 an $AlCl_3$. (**Schwz.P. 435767** vom 10/11. 1961, ausg. 31/10. 1967.) — 2 S. M. Neckermann H 294

1974 W. R. Grace & Co., New York, N.Y., USA, **Gewinnung von poröser Tonerde** durch Vermischen einer wss. Al-Salzlösung, z. B. $Al(NO_3)_3$, mit wss. NH_4OH-Leg. in der Polyäthylen-Teilchen der Teilchengröße 500 bis 1500 Å dispergiert sind. Nach mehrstd. Altern des gefällten $Al(OH)_3$ trennt man den Nd. ab, trocknet u. calciniert bei 625—675°. (**Brit.P. 1069455** vom 1/6. 1965, ausg. 17/5. 1967. US. Prior. 19/6. 1964.) — 7 S. H. Nebelsiek H 294

1975 Engelhard Industries, Inc., Newark, N.J., USA, **Gewinnung von Tonerde** durch Rk. von feinteiligem Al-Pulver großer Oberfläche (Teilchen - ⌀ 5—50 μ) mit W. in Ggw. einer niederen Fettsäure (**I**), wie HCO_2H, unter Druck bei ca. 60—250°. Das Verhältnis der Komponenten beträgt 1 (Mol.) **I**: 2—30 g-Atome Al: ≧ 18 Wasser. (**Brit.P. 1088899** vom 7/12. 1965, ausg. 25/10. 1967. U.S. Prior. 8/12. 1964.)) — 8 S. H. Nebelsiek H 294

1976 Conzinc Riotinta of Australia Ltd. und Commonwealth Scientific and Industrial Research Organization, Australien, **Herstellung von Aluminium und Aluminiumlegierungen** durch Red. eines *$AlCl_3$*-haltigen Doppelsalzes mittels eines Red.-Metalls, z. B. *Mg* oder *Li*. Als Doppelsalze wurden Verb. des $AlCl_3$ mit *NaCl* oder *KCl* verwendet. — Abbildung. (**F.P. 1499326** vom 8/9. 1966, veröff. 18/9. 1967. Aust. Prior. 8/9. 1965 u. 29/8. 1966.) — 10 S. M. Neckermann H 294

1977 Aluminium Laboratories Ltd., Canada (Erfinder: Ernest William Dewing und Norman William Frederick Phillips), **Gewinnung von Aluminium nach der Subhalogeniddestillationsmethode.** Das durch die Zers. des *AlCl* entstehende *$AlCl_3$* wird von einem $AlCl_3$-haltigen geschmolzenen Salz absorbiert. Die mit $AlCl_3$ gesätt. Salzschmelze zirkuliert zur Verdampfungszone u. nach der Verdampfung des $AlCl_3$ wieder zur Absorptionszone. Die zur Verdampfung des $AlCl_3$ erforderliche Wärme wird im Zersetzer auf die $AlCl_3$-haltige Salzschmelze übertragen. Die Verdampfung wird bei hohem Druck durchgeführt, der ausreicht, um das $AlCl_3$ durch die Umwandlungs-, Zers.- u. Absorptionszone zu treiben. — Abbildung. (**F.P. 1501177** vom 3/11. 1966, veröff. 2/10. 1967. U.S. Prior. 8/11. 1965.) — 21 S. M. Neckermann H 294

1978 Aluminium Laboratories Ltd., Canada (Erfinder: Norman William Frederick Phillips und Fredrick William Southam), **Gewinnung von Aluminium nach dem Subhalogenidverfahren.** Das aus dem Zusetzer strömende *$AlCl_3$* wird zunächst durch eine Zone mit frischem *Al*-haltigen Material, z. B. einer Leg., die durch carbotherm. Red. von *Bauxit* erhalten wurde, geleitet, um dieses Material auf dem Wege zum Konverter vorzuwärmen. Das $AlCl_3$ wird hierbei auf Temp. bis unter den F. des Al abgekühlt. — Abbildung. (**F.P. 1503615** vom 31/8. 1966, veröff. 23/10. 1967. U.S. Prior. 8/9. 1965.) — 8 S. M. Neckermann H 294

1979 Crucible Steel Co. of America, USA (Erfinder: Howard Brubaker Bomberger jun., Vincent Carl Petersen und Walter Leonard Finlay), **β-Titanlegierungen** bestehen aus 7—13(%) *Mo*, 2—20 *Sn*, 1—20 *Zr*, 0—3,5 *Fe*, wobei der Gesamtgeh. an Zr u. Fe 2—20 ausmacht, Rest Ti u. übliche Verunreinigungen, bes. insgesamt ≦ 0,2 *C*; *O* u./oder *N*. Die Leg. können ggf. zusätzlich ein oder mehrere β-Stabilisatorelemente, wie *Hf*, *V*, *Nb*, *Ta*, insgesamt ≦ 10, jedoch nur ≦ 5 Hf. Nb oder Ta, sowie ferner ≦ 1 *Cr* u./oder ≦ 3 *Al* enthalten, Die Leg. können auch aus < 0,1 *Si*, < 3 *Al*, < 0,15 C, < 0,15 *B*, < 0,07 N, < 4 *Cu*, < 3 O, insgesamt < 7 Hf. *Cr*, V, *Ni*, *Mn* u./oder *Co*, Rest Ti bestehen. Zur Herst. der Leg. wird bes. eine Pulvermischung aus Ti-Schwamm u. einer Vorleg. aus Mo mit Zr u./oder Fe erschmolzen Die Leg. zeichnen sich durch verbesserte Festigkeit, Zähigkeit u. Duktilität aus u. lassen sich gut zu Blech mit einer Tiefziehfähigkeit nach Olsen von > 6,35 mm kaltverformen. Durch Alterungsglühen bei ca. 540° kann die Festigkeit der Leg. weiter erhöht werden. Die so behandelten Leg. sind bei 400° kriechfest u. zeigen bei einer Belastung von 70 kg/mm² nach 150 Std. eine bleibende Dehnung von 0,2%. — Zahlreiche Beispiele. (**F.P. 1480826** vom 23/5. 1966, veröff. 3/4. 1967. U.S. Prior. 24/5., 23/12. 1965, 21/4. u. 26/4. 1966.) — 14 S. C. F. Gross H 321

1980 Commissariat à l'Energie Atomique, Frankreich (Erfinder: Louis Champeix, Raymond Darras und Jaques Sannier), **Nioblegierung** besteht aus 5—10(%), bes. 7,5 *Ti*, 0,5—2, bes. 0,75, *Zr*, Rest Nb u. geringe Geh. an unvermeidbaren Verunreinigungen. Die Leg. zeichnet sich bei guter Festigkeit durch geringe Neutronenabsorption u. hohe Korrosionsbeständigkeit gegenüber fl. *Na* bei erhöhter Temp., bes. bei 500—600°, aus. Sie findet daher bes. Verw. als Werkstoff zur Herst. von *Brennelementhüllen* in mit fl. Na gekühlten Kernreaktoren. — 2 Abb. von Mikrohärtevergleichsmessungen, 1 graph. Darst. der Korrosionsgeschwindigkeit. (**F.P. 1477584** vom 28/2. 1966, veröff. 13/3. 1967.) — 3 S. C. F. Gross H 321

1981 Titanium Metals Corp. of America, USA, **Elektrolytische Titanherstellung** unter Verw. einer perforierten Kathode, welche den Zelleninhalt in einen Anolyten u. Katholyten abteilt. Dem Katholyten wird in bestimmten Zeitabschnitten *$TiCl_4$* zugesetzt u. die Elektrolyse mit einer solchen Stromstärke betrieben, daß wenigstens 9 Faraday auf 1 Mol $TiCl_4$ kommen. Danach werden die $TiCl_4$-Zusatz u. die Stromstärke derart geregelt, daß 4,5—7 Faraday pro Mol $TiCl_4$ durch den Elektrolyten fließen. Ferner wird überwacht, daß keine nennenswerten Mengen an $TiCl_4$ im entweichenden *Cl_2* enthalten sind. — Abbildung. (**F.P. 1509951** vom 6/9. 1966, veröff. 11/12. 1967.) — 7 S. M. Neckermann H 321

1982 Soc. d'Études de Recherches et d'Applications pour l'Industrie S.E.R.A.I., Brüssel (Erfinder: Jean Piret, Watermael), Belgien, **Herstellung von Salzen einer Polysäure in Kristallform**, z. B. von *Phosphaten*, *Vanadaten*, *Wolframaten*, *Arsenaten*, *Molybdaten*, *Phosphomolybdaten* oder *Phosphowolframaten* von Metallen der 4. u. 5. Gruppe des period. Systems. Man erhitzt eine Verb. des betreffenden Metalls, z. B. ZrO_2, TiO_2, $TiCl_4$, $SnCl_4$, $Nb_2[SO_4]_3$, $Sn[SO_4]_2$, mit H_2SO_4 (D. 1,84) auf 120—180°, bis eine klare Lsg. erhalten wird, fügt wasserfreie Phosphor-, Vanadin-, Wolfram-, Phosphowolfram, Molybdän- oder Phosphomolybdänsäure zu u. erhitzt die Mischung auf 100—200, bes. 150—170°, bis sich ein krist. Nd. bildet. Nach Kühlen wird der Nd. filtriert u. mit deionisiertem W. gewaschen. — Verw. als *Ionentauscher*. (**Schwz.P. 428673** vom 23/6. 1964, ausg. 31/7. 1967. Oe. Prior. 1/7. 1963. B-it. Prior. 13/3. u. 20/5. 1964.) — 3 S. H. Roos H 321

1983 W. R. Grace & Co., Cambridge, Mass., USA (Erfinder: Frederick Froop Fitek und Jean Gillen Smith), **Gewinnung von Thoriumoxidsol** durch 2—30std. Erhitzen einer wss. Lsg. eines Th-Salzes (Konz. > 2 g ThO_2/100 ml) einer einbas. Säure, z. B. $ThCl_4$ oder $Th(NO_3)_4$, im Autoklaven auf 100—200, bes. 120—150°. (**Brit.P. 1090547** vom 22/10. 1965, ausg. 8/11. 1967. U.S. Prior. 2/11. 1964.) — 5 S. H. Nebelsiek H 324

1984 Siemens-Schuckertwerke Akt.-Ges., Berlin und Erlangen (Erfinder: Richard Maier, Erlangen), **Pulvermetallurgische Herstellung der intermetallischen Verbindung V_3Ga**, zur Verw. als *Supraleiter*, dad. gek., daß *V*- u. *Ga*-Pulver im stöchiometr. Verhältnis entsprechend der Rk.-Gleichung 13 V + V_2Ga_5 → 5 V_3Ga gemischt werden u. das Gemisch gepreßt u. bei 1150—1400° gesintert wird. Der Preßling wird vor der Sinterung im Vakuum bei ≈ 600° ausgeheizt. Die Sinterung erfolgt unter Schutzgas, bes. unter Ar-Druck von 1/2 Atmosphäre Die Verb. V_3Ga besitzt bei 0° (K) eine krit. Feldstärke von wenigstens 300—400 K Gauss, ihre Sprungtemp. liegt bei ≈ 14,5° (K). (**Schwz.P. 436735** vom 15/9. 1964, ausg. 15/11. 1967. D. Prior. 7/2. 1964.) — 2 S. V. Zeiler H 330

1985 General Electric Co., USA (Erfinder: Carl Leo Kolbe), **Herstellung von Supraleitern aus Nb–Sn-Legierungen,** wobei die Verb.-Bldg. zu *Nb_3Sn* unter Sn-Überschuß bei 850—1000° erfolgt, dad. gek., daß man das Nb_3Sn auf eine unterhalb der Rk.-Temp. liegende Temp. abschreckt oder die Abschreckung in einem Ar-Strom, der Raumtemp. besitzt, vornimmt. Auf diese Weise wird die Bldg. von anderen Nb-Sn-Verb. als Nb_3Sn u. *$NbSn_2$* verhindert. Die supraleitende Eig. wird dad. verbessert.

(**F.P. 1457891** vom 3/12. 1965, ausg. 20/1. 1967. U.S. Prior. 4/1. 1965.) — 3 S. V. Zeiler H 331

1986 General Electric Co., USA (Erfinder: Winston H. Chang), **Chromlegierung** besteht aus 0,5–1,5(%) *Nb*. 0,05–0,15 *C*, 0,05–0,2 *Y*, 0,05–0,2 *Th*, $\leqq$ 0,2 *Zr*, Res-Cr u. zufällige Verunreinigungen. Das Erschmelzen der Leg. erfolgt z. B. im Induktionsofen unter Ar. Der Gußbarren wird zunächst bei $\leqq$ 1600°, bes. bei 1540°, stranggepreßt, dann bei ca. 1110° um 50% abgewalzt u. bei ca. 815–985° fertiggewalzt, woran sich ein 1std. Spannungsfreiglühen bei 1095° anschließt. Die gut verformbare, durch feinverteilte Nb-Carbid-Teilchen dispersionsgehärtete Leg. wird bes. zu Blech hoher Festigkeit verarbeitet u. zeichnet sich durch hohe Zunderbeständigkeit, bes. $\leqq$ 980°, u. eine Rekristallisationstemp. von $\geqq$ ca. 1260° aus. Verw. findet die Leg. bes. zur Herst. von *Gasturbinenteilen*. — 1 graph. Darst. der Warmfestigkeit (**F.P. 1495789** vom 3/10. 1966, veröff. 16/8. 1967. U.S. Prior. 14/10. 1965.) — 4 S. C. F. Gross H 335

1987 American Metal Climax, Inc., New York, N.Y., übert. von: Augus V. Henrickson, Golden, Colo., USA, **Gewinnung von Molybdän aus Ammoniummolybdat enthaltenden wäßrigen Lösungen.** Die Lsg. wird im Vakuum in einem kontinuierlich arbeitenden Kristallisator erhitzt, um *W.* u. NH_3 abzutreiben, so daß NH_4-*Paramolybdat*-Krist. ausfallen. Ein genügender Anteil der Mutterlauge aus dem Kristallisator wird abgezweigt, um die Anreicherung von Fremdstoffen u. deren Ausfällung zu verhindern. Die NH_4-Paramolybdatkrist. werden zwecks Austreibung des NH_3 erhitzt, wobei *Mo-Oxid* als Endprod. anfällt. Die abgezweigte Mutterlauge wird angesäuert, um weitere NH_4-Paramolybdatkrist. auszufällen. Aus der verbleibenden Lauge wird das *Mo* mit einem organ. Mittel, z. B. einem tern. Amin, extrahiert u. aus der Extraktionslsg. abgestreift. — Abbildung. (**U.S.P. 3357821** vom 24/3. 1965, ausg. 12/12. 1967.) — 9 S. M. Neckermann H 336

1988 Commissariat à l'Énergie Atomique, Paris, übert. von: Maurice Delange, Ballancourt, und Henri Huet, Le-Verger-Saint-Vrain, Frankreich, **Herstellung von Uran** durch Red. von UF_4 mittels *Ca.* Zur Auslsg. der exothermen Rk. wird eine kleine Menge der Rk.-Mischung mit *Alkali-* oder *Erdalkaliperoxid* gemischt, diese Mischung in dem geschlossenen Rk.-Gefäß in einiger Entfernung von der Rk.-Mischung zur Entzündung gebracht u. dann in die Rk.-Mischung geschossen. — Abbildung. (**U.S.P. 3356492** vom 27/4. 1959, ausg. 5/12. 1967. F. Prior. 2/5. 1958.) — 4 S. M. Neckermann H 339

1989 Tomoji Murata, Shioya-cho, Japan, **Gewinnung von Mangansulfat** aus Manganerzen. Das Erz wird in Ggw. von freiem S u. einer S-Verb. (ZnS, H_2S, SO_2) der Einw. von *Thiobacillus thio-oxidans* unterworfen. (**Brit.P. 1068308** vom 18/11. 1965, ausg. 10/5. 1967. Jap. Prior. 30/1., 31/3. u. 7/5. 1965.) — 8 S. E. Miessgang H 350

1990 Université Libre de Bruxelles, Belgien, **Herstellung von Mangan mit niedrigem Kohlenstoffgehalt durch Schmelzflußelektrolyse** unter Verw. eines Elektrolyten, der die tern. Syst. *MnO–SiO₂–CaO*, *MnO–SiO₂–MgO*, *MnO–CaO–MgO*, *MnO–CaO–Al₂O₃*, *MnO–MgO–Al₂O₃* oder aus Syst. sich ableitende komplexe Syst. enthält. Die Elektrolyse wird bei über 800° durchgeführt. — Abbildung. (**F.P. 1505395** vom 12/7. 1966, veröff. 6/11. 1967. Belg. Prior. 16/7. 1965 u. 5/7. 1966.) — 13 S. M. Neckermann H 350

1991 Commission de l'Énergie Atomique (Atomic Energy Commission), USA (Erfinder: Walter Bruno Bienert und Floyd Mathias Gillen), **Herstellung von Mn_4Si_7.** Mn u. Si werden im Verhältnis 4:7 gemischt u. geschmolzen. Das entstandene Mn_4Si_7 wird gemahlen u. durch Heißpressen zu Formkörpern verarbeitet. Durch Dotieren mit Ge oder mit Re wird p-Leitfähigkeit erzeugt: *Thermoelektr. Material* für Temp. bis zu 1100°K. — Diagramme, Zeichnung. (**F.P. 1468316** vom 9/2. 1966, veröff. 3/2. 1967. U.S. Prior. 10/2. 1965.) — 8 S. J. Bardeleben H 350

1992 Laboratoire Central de Télécommunications, Frankreich (Erfinder: Françoise Marie Georgette Damay und Rudolf Wilhelm Heindl), **Herstellung von Ferrit-Einkristallen** ($MeFe_2O_4$; Me = 2-wertiges Metall, z. B. Ni) durch Kristallisation aus geschmolzenem $Na_2Mo_2O_7$. (**F.P. 1469158** vom 30/12. 1965, veröff. 10/2. 1967.) — 3 S. P. Kühn H 354

1993 Laboratoire Central de Télécommunical tions, Frankreich (Erfinder: Rudolf Wilhelm Heindl und Auguste Loriers), **Herstellung von Ga-Orthoferrit-Einkristallen** ($Ga_{2-x}Fe_xO_3$; 1,4 < x < 0,7) durch Kristallisation in einer $Na_2Mo_2O_7$-Schmelzlösung. (**F.P. 1495507** vom 30/6. 1966, veröff. 22/9. 1967.) — 2 S. P. Kühn H 354

1994 Charles Davidoff, Manhasset, N.Y., USA, **Gewinnung von Silber** aus einer wss. Lsg. von *Alkalimetallsilbercyanid* durch Zusatz von 0,5–1 Mol eines wasserlösl. Additionsprod. eines aliphat. *Aldehyds* mit *Alkalimetallhydrosulfit* pro Mol gelösten *Ag* u. Erhitzen des Lsg.-Gemisches auf ca. 150°F bis die Ag-Fällung beendet ist. Als Additionsprod. wird *Formaldehydsulfoxylat* oder *Acetaldehydsulfoxylat* verwendet. (**U.S.P. 3311468** vom 26/12. 1963, ausg. 28/3. 1967.) — 3 S. M. Neckermann H 359

1995 Research Silver Refining Co., Baltimore, übert. von: Russell L. Shigley, Silver Spring, Md., und Robert A. Glenn, Falls Church, Va., USA, **Gewinnung von Silber aus Lösungen,** z. B. Fixiersalzlösungen. Die *Ag*-Lsg. werden durch ein Haufwerk von Metall mit Wabenstruktur, z. B. aus *Messing*, geleitet, wobei sich das Ag auf der Oberfläche der Waben abscheidet u. die unedlen Metalle, aus denen die Wabenkörper bestehen, in Lsg. gehen. — Abbildung. (**U.S.P. 3346869** vom 8/7. **1963**, ausg. 10/10. 1967.) — 3 S. M. Neckermann H 359

1996 International Nickel Ltd., London, Großbritannien (Erfinder: Walter Betteridge), **Duktile Iridiumlegierung** besteht aus 0,1–2(%) *Nb*, Rest handelsübliches Ir einer Reinheit von $\geqq$ 98, im allg. 99,8, mit gelegentlichen Verunreinigungen an *Pd, Pt, Rh, Fe* u. *Ni* von je $\leqq$ 0,5 u. solchen an *Pb, Au, Ag* u. *Bi* von je $\leqq$ 0,05. Das Erschmelzen der Leg. erfolgt bes. unter Ausschluß von O_2. Die Leg. läßt sich gut kalt verformen, bes. walzen u. ziehen, u. besitzt eine bessere Schweißbarkeit sowie eine höhere Rekristallisationstemp. als Ir, z. B. von 1000° bei 0,25 Nb. Das Warmwalzen erfolgt bei 1500–1600°. Verw. findet die Leg. zur Herst. von *Federn, Zündkerzenelektroden*, bes. *Tiegeln* zum Erschmelzen von Halbleiterwerkstoffen, u. ähnlichen Hochtemp.-Anwendungen. — 2 Diagramme. (**Brit.P. 1082078** vom 12/8. 1965, ausg. 6/9. 1967. **Zusatz zu Brit.P. 1016809; C. 1967, 1-2570.**) — 4 S. C. F. Gross H 367

1997 **Imperial Chemical Industries Ltd.**, London, Großbritannien (Erfinder: **George Wallace Hooper**), *Wasserstoffperoxid*. (**Brit.P. 1 041 045** vom 21/6. 1962, ausg. 1/9. 1966. — C. **1967**, 20-2206 [Belg.A.S. 633 974].)

1998 **Allied Chemical Corp.**, New York, N. Y. (Erfinder: **Curtis B. Hayworth**, Morristown, N. J., **Robert H. Hutzler**, Wilmington, Del., **Aubrey W. Michener jun.**, Rockaway, N. J., und **Richard Soebel**, Claymont, Del.), USA, *Herstellung von Fluorwasserstoff*. (**D.A.S. 1 245 339** Kl. 12i vom 28/2. 1962, ausg. 27/7. 1967. **Brit.P. 940 289** vom 20/2. 1962, ausg. 30/10. 1963. Beide U.S. Prior. 27/4. 1961. — C. **1966**, 36-2094 [F.P. 1 316 980].)

1999 **Soc. d'Électro-Chimie, d'Électro-Métallurgie et des Aciéries Électriques d'Ugine**, Paris, Frankreich (Erfinder: **G. Boutillon**), *Herstellung von ClO_2*. (**Schwed.P. 203 303** vom 11/12. 1963, ausg. 5/4. 1966. F. Prior. 22/12. 1962. — C. **1968**, 3-2246 [F.P. 1 350 880].)

2000 **Imperial Chemical Industries Ltd.** (Erfinder: **Richard Brooks** und **Harry Smith**), *Herstellung von Chlor*. (**Aust.P. 271 220** vom 6/11. 1962, ausg. 8/12. 1966. Brit. Prior. 14/11. 1961. — C. **1967**, 23-2121 [Brit.P. 967 876].)

2001 **Farbenfabriken Bayer Akt.-Ges.**, Leverkusen (Erfinder: **Dieter Goerrig**, Lohmar, **Werner Schabacher**, Leverkusen, und **Friedrich Schubert**, Neuried bei München), *Herstellung von Boranaten*. (**Schwz.P. 412 824** vom 29/11. 1957, ausg. 30/11. 1966. D. Prior. 24/12. 1956. — C. **1960**, 5610 [D.A.S. 1 036 222].)

2002 **General Electric Co.** (Erfinder: **Robert Henry Wentorf jun.**), Schenectady, N. Y., USA, *Herstellung von kubischem Bornitrid*. (**D.A.S. 1 220 837** Kl. 12i vom 14/1. 1964, ausg. 14/7. 1966. U.S. Prior. 17/1. 1963. — C. **1966**, 40-2153 [U.S.P. 3 150 929].)

2003 **Makhtsavei Israel**, Hakira, Tel Aviv (Erfinder: **Avraham M. Baniel**, **Simon Lavie** und **Hugo C. Heimann**, Haifa) Israel, *Herstellung von wasserfreiem Magnesiumphosphat*. (**Brit.P. 960 198** vom 8/8. 1962, ausg. 10/6. 1964. **U.S.P. 3 194 632** vom 13/8. 1962, ausg. 13/7. 1965. Beide Israel. Prior. 20/8. 1961. — C. **1966**, 36-3004 [D.P.[DDR] 33 322].)

2004 **Asahi Kasei Kogyo K. K.**, Osaka (Erfinder: **Kensuke Ono**, **Jiroe Yamada**, **Hayashi Ohki** ind **Takashi Nishimori**, Nobeoka-shi), Japan, *Ge-*

winnung von Alkalihydroxiden aus Alkalichloridlösungen. (**Schwz.P. 435 224** vom 9/3. 1962, ausg. 31/10. 1967. — C. **1966, 38**-2153 [Brit.P. 960 031].)

2005 **Snam S.p.A.**, Mailand, Italien, *Abtrennung von Ammoniak aus Synthesegas.* (**Belg.A.S. 668 023** vom 6/8. 1965, bekanntgemacht 7/2. 1966. It. Prior. 7/8. 1964. — C. **1968**, 14-2187 [D.A.S. 1 244 746].)

2006 **Associated Electrical Industries Ltd.**, London, Großbritannien (Erfinder: **T. Raine** und **J. A. Robinson**), *Herstellung von Beryllium.* (**Schwed.P. 202 221** vom 21/6. 1960, ausg. 22/2. 1966. Brit. Prior. 22/6. 1959. — C. **1965**, 9-2512 [D.A.S. 1 164 671].)

2007 **Dow Chemical Co.** (Erfinder: **Chester A. Lesinski** und **Edward J. Sullivan**), *Herstellung von Tonerde.* (**Aust.P. 268 071** vom 2/1. 1963, ausg. 7/7. 1966. — C. **1966**, 39-2330 [D.A.S. 1 188 060].)

2008 **N. V. Philips' Gloeilampenfabrieken**, Eindhoven, Niederlande, *Herstellung von Tl_2Te_3.* (**Oe.P. 256 039** vom 1/7. 1960, ausg. 10/8. 1967. D. Prior. 4/7. 1959. Zusatz zu Oe.P. 236 917; C. 1967, 42-2143. — C. **1966**, 29-2144 [Aust.P. 248 838].)

2009 **Laporte Titanium Ltd.**, London, übert. von: **George Geoffrey Durrant** und **Barrie Denis Atkinson**, Grimsby, Großbritannien, *Titandioxidpigmente.* (**U.S.P. 3 253 939** vom 14/2. 1963, ausg. 31/5. 1966. Brit. Prior. 19/2. 1962. — C. **1967**, 3-2251 [F.P. 1 347 579].)

2010 **Corning Glass Works** (Erfinder: **Thomas Coleman Mac Avoy** und **James Aloysius Marley jun.**), Corning, N. Y., USA, *Herstellung von Einkristallen aus SnO_2.* (**Schwz.P. 411 805** vom 10/4. 1962, ausg. 15/11. 1966. U.S. Prior. 17/4. 1961. — C. **1968**, 3-2281 [Can.P. 679 093].)

2011 **Varta Akt.-Ges.**, Hagen (Erfinder: **E. Voss** und **A. König**), *Herstellung von 5 $PbO \cdot 2H_2O$.* (**Schwed.P. 202 873** vom 7/12. 1961, ausg. 22/3. 1966. D. Prior. 31/12. 1960. — C. **1964**, 51-2005 [Oe.P. 229 846].)

2012 **Union Carbide Corp.**, New York, N. Y., USA (Erfinder: **W. P. Schoder**), *Herstellung von reinem Vanadinpentoxid.* (**Schwed.P. 200 959** vom 12/5. 1958, ausg. 11/1. 1966. U.S. Prior. 24/5. 1957. — C. **1962**, 16 804 [D.A.S. 1 070 154].)

2013 **General Mills, Inc.**, Minneapolis, Minn., USA (Erfinder: **C. J. Lewis** und **J. L. Drobnick**), *Gewinnung von Wolfram.* (**Schwed.P. 202 329** vom 8/2. 1960, ausg. 1/3. 1966. U.S. Prior. 10/2. 1959. — C. **1965**, 22-2066 [Aust.P. 239 579].)

2014 **United States Atomic Energy Commission**, Germantown, Md., USA (Erfinder: **F. L. Horn**), *Abtrennen von Uran.* (**Schwed.P. 202 497** vom 4/4. 1960, ausg. 8/3. 1966. U.S. Prior. 6/4. 1959. — C. **1964**, 19-1869 [Brit.P. 891 436].)

H–6. Organische Industrie

2015 **Kontinuierliche Herstellung von Äthylnitrat und seine Untersuchung als Cetanadditiv.** Ch. F. Asadullaeva, M. A. Mardanov, Z. E. Aliev und A. G. Ismajlov. (Azerbajdzanskoe neftjanoe Choz. **46** (1967) 8, 41—42; russ.) — Die optimalen Bedingungen der Synth. werden festgelegt: man gibt 57—70%ig. HNO_3 u. A. unter Durchleiten von Luft in einen Reaktor. Nach Beigabe von 3% Harnstoff läuft die Rk. innerhalb 2 Min. ab. Durch kontinuierliche Dest. erhält man ein ökonom. Verfahren. Das erhaltene Äthylnitrat erhöht bei Zugabe von 1% zu Dieselkraftstoffen die Cetanzahl um 8—11 Einheiten. G. Tischer H 560

2016 **Katalyse von Hydridobis-[bis-(diphenylphosphino)-äthan]-cobalt bei der Reaktion von Butadien mit Äthylen.** Masao Iwamoto und Sadao Yuguchi. (Chem. Commun. **1968**, 1, 28—29; Toyo Rayon Co. Ltd., Sonoyama, Otsu, Japan; engl.) — Der Hydrido-Co-Komplex bewirkt in Ggw. von Diäthyl-Al-chlorid, anderen Organo-Al-Verb. oder Chlorphenolen als Aktivatoren H-Wanderung von Äthylen zu Butadien unter Bldg. von *1.4-Hexadien.* Wirkungsmechanismus des Katalysators wird diskutiert. R. Hintsche H 570

2017 **Katalytische Dehydratisierung von Alkoholen an modifiziertem Aluminiumoxid. Gewinnung höherer α-Olefine.** Ju. M. Žorov und G. M. Pančenkov. (Neftechimija **7** (1967) 3, 413—19; Mosk. inst. neftechim. i gasovoj prom. im. Gubkina; russ.) — Es wird der Einfl. der LiOH- bzw. KOH-Behandlung eines γ-Al_2O_3-Katalysators auf dessen Aktivität bei der Dehydratisierung von C_7—C_9-Alkoholen u. bei der Isomerisierung der gebildeten *α-Olefine* untersucht. Da die Isomerisierung vorwiegend an stark sauren Zentren des Katalysators erfolgt, unterdrückt eine vorhergehende Alkalibehandlung des Katalysators diese Wrkg., u. nur die an weniger sauren Zentren katalysierte Alkoholdehydratisierung läuft ab. γ-Al_2O_3-Proben, die unterhalb 350° isomerisierungsinakt. sind, zeigen bei höheren Temp. eine bedeutende Isomerisierungsaktivität. Koksablagerungen am Katalysator erhöhen die Aktivität nicht. K. Jasche H 570△

2018 **Mathematische Modellierung der nichtisothermen Umwandlung von Methan zu Acetylen auf einem EBM-Rechner.** B. A. Kostandjan, A. A. Mantašjan, A. B. Nalbandjan und V. K. Sarkisjan. (Armjanskij chim. Ž. **20** (1967) 12, 942—49; Labor. Chim. fiz. AN Arm. SSR; russ.) — Es werden die Ergebnisse einer Analyse der Prozeßdynamik bei der *Acetylen*-Bldg. aus CH_4 unter den Bedingungen der adiabat. Kompression der reagierenden Gase wiedergegeben sowie der Einfl. einer Temp.-Änderung auf den Prozeßverlauf unter Verw. eines EBM-Elektronenrechners „Rasdan-3" mathemat. modelliert. K. Jasche H 580△

2019 **Acrolein als neues chemisches Halbprodukt.** Lidia Burczyk. (Probl. Syntezy org. **13** (1967) 9, 555—70; Blachownia Śląska, Inst. ciężkej Synt. org.; pol.) — Übersicht über Synth. u. Verw. von *Acrolein.* — 29 Literatur- u. Patentangaben. R. K. Müller H 670

2020 **Reaktion von Methanol mit Kohlenmonoxid unter hohem Druck und in Anwesenheit eines Metallcarbonylkatalysators.** 5. Mitt. **Absorptionsspektrum des Co-II-Ion-Katalysators bei der Reaktion von Methanol mit Kohlenmonoxid und Wasserstoff unter Hochdruck.** Tsutomu Mizoroki und Mikitake Nakayama. (Rep. Government chem. ind. Res. Inst., Tokyo **62** (1967) 12, 452—57; jap., Auszug: engl.) — Das Absorptionsspektrum des Katalysators (Gemisch aus $(CH_3COO)_2Co$ u. NaJ) zeigt bei Rk.-Beginn (200—220 kg/cm² u. 180—185°; Bldg. von *Acetaldehyd*) eine Verminderung der Absorption von $[Co(AcO)_4]^{2-}$, während die Absorption von $[CoJ_4]^{2-}$ steigt. Wenn eine größere Zahl Jodid-Ionen in der Lsg. sind, bildet sich kein Co-Carbonyl, während große Tendenz zur Bldg. tetraedr. Jod-Co-II-Komplexionen vom Typ $[Co(AcO)_{4-n}J_n]^{2-}$ (n = 1—4) besteht. R. Hintsche H 670

2021 **Reaktion von Methanol mit Kohlenmonoxid unter hohem Druck und in Anwesenheit eines Metallcarbonylkatalysators.** 6. Mitt. **Effekt von Acetaten bei der Essigsäuresynthese aus Methanol und Kohlenmonoxid in Gegenwart von Kobalt-II-jodid als Katalysator.** Tsutomu Mizoroki und Mikitake Nakayama. (Rep. Government chem. ind. Res. Inst., Tokyo **62** (1967) 12, 458—64; jap., Auszug: engl.) — 5. vgl. vorst. Referat. — Die Zugabe von Acetat fördert die Bldg. von Co-Carbonylen u. macht sich in maximaler Methanolumwandlung u. Rk.-Geschw. bemerkbar, wenn z. B. 2mal soviel K-Acetat wie Co-II-Ionen zugegeben werden; jedoch wird die Rk. bei 4facher Menge gestoppt. Wrkg. des Katalysatorkomplexes u. Rk.-Mechanismus werden diskutiert. R. Hintsche H 810

2022 **Reaktion von Methanol mit Kohlenmonoxid unter hohem Druck und in Anwesenheit eines Metallcarbonylkatalysators.** 7. Mitt. **Betrachtung der Raum-Zeit-Ausbeute bei der Essigsäuresynthese aus Methanol und Kohlenmonoxid.** Tsutomu Mizoroki und Mikitake Nakayama. (Rep. Government chem. ind. Res. Inst., Tokyo **62** (1967) 12, 465—67; jap., Auszug: engl.) — 6. vgl. vorst. Referat. — Die Synth. wird bei einem Druck von 300—500 kg/cm² u. mit einem Katalysatorgemisch aus CoJ_2, NaJ u. CH_3COOK im Autoklaven durchgeführt. Die Raum-Zeit-Ausb. an ***Essigsäure*** läßt sich durch eine Gleichung beschreiben u. beträgt 0,1 bis 0,2 kg/l · h. R. Hintsche H 810

2023 **Gemischte Vanadium-Katalysatoren für die Ammoxydation von Xylol.** Masatomo Ito, Hazime Tanaka und Akira Matsumoto. (Bull. chem. Soc. Japan **41** (1968) 3, 716—21; Central Res. Lab., Showa Denko K. K., Tamagawa, Ohta ku, Tokyo; engl.) — Mit Hilfe von Röntgen-, IR- u. ESR-Spektren sowie Differentialthermoanalysen wurden Struktur u. physikochem. Eig. der bei der Ammox. von Xylol verwendeten ***Sb-V-*** **(I)** bzw. *Cr-V***(II)***-Katalysatoren* untersucht. **I** besteht im wesentlichen aus $SbVO_4$ ohne eine kovalente V = O-Doppelbindung. Die Struktur von **II** ist komplizierter u. besteht nicht aus $CrVO_4$, denn dieses wird unter Vers.-Bedingungen kaum red., während Katalysator **II** eine reduzierbare Verb. enthält. Die katalyt. Aktivität u. Selektivität wird durch die Art u. Verteilung der Metall- u. Sauerstoffionen an der Oberfläche bestimmt. M. Jatkowski H 1100

2024 **Oxydation von Kohlenwasserstoffen mit Metallsalzkatalysatoren in flüssiger Phase.** 4. Mitt. **Negativer Konzentrationseffekt verschiedener Metallsalzkatalysatoren bei der Oxydation von Toluol in flüssiger Phase.** Kanekichi Kagami. (J. chem. Soc. Japan, ind. Chem. Sect. [Kōgyō Kagaku Zasshi] **70** (1967) 6, 906—11;

Government Chem. Ind. Res. Inst., Tokyo; jap., Auszug: engl.) — Untersucht wurden die *Co-*, *Mn-*, *Ni-*, *Cr-* u. *Cu-Salze* der *Naphthen-* (**I**), *Öl-* (**II**), *Linol-* (**III**) u. *Caprinsäure* (**IV**), die z. T. auch als 2-Komponenten-Gemisch vorlagen, bei der Ox. von Toluol zu Benzoesäure. Die negativen Effekte traten oberhalb folgender krit. Grenze auf (Konz. in Grammatom Metall/Mol Toluol: Co-Salze von **I**—**IV**: $50 \cdot 10^{-5}$; Mn-Salze von **I** u. **IV**: $100 \cdot 10^{-5}$; Mn-Salze von **II** u. **III**: $50 \cdot 10^{-5}$; Ni- u. Cu-Salze von **II** u. **III**: $5 \cdot 10^{-5}$. Bei gemischten Katalysatoren liegt die Grenze im allg. tiefer. Der negative Effekt äußert sich in einer Ox.-Hemmung u. vorzeitigem Rk.-Abbruch.
M. Jatkowski H 1210

2025 **Synthese von Antioxydationsmitteln vom Typ der N-alkylierten Aminophenole.** V. I. Isaguljanc und Adel' Zaki Rafail. (Chim. Technol. Topliv Masel **12** (1967) 8, 46—49; MINH i GP; russ.) — An Hand der Rk. von p-Aminophenol mit n-Butylbromid zum *N.N-Di-n-butyl-p-aminophenol* (**I**) werden optimale Rk.-Bedingungen festgelegt. Die beste Ausb. erhält man bei 90 bis 95°, Verhältnis der Molgew. der Ausgangsprod. 1:2, Rk.-Zeit von 4 Std. u. Durchführung der Rk. in n-Butanol. Unter diesen Bedingungen erhält man aus den entsprechenden Alkylbromiden folgende Verb.: **96**(%) **I**, 49 *N.N-Diisobutyl-p-aminophenol*; 97 *N.N-Di-n-amyl-p-aminophenol*; 93,5 *N.N-Diisoamyl-p-aminophenol*; 90 *N.N-Di-n-heptyl-p-aminophenol*; 92 *N.N-Di-n-octyl-p-aminophenol*. Von allen Verb. werden die physikal.-chem. Konst. Kp., n_D^{20}, D., Elementarzus. u. Molgew. angegeben u. die IR-Spektren aufgenommen. Die Verb. zeigen durchweg gute antioxydative Eigenschaften.
G. Tischer H 1320

2026 **Synthese quartärer Ammoniumverbindungen auf Erdölbasis.** I. I. Namazov, R. K. Gadžiev, F. N. Mamedov und R. S. Chalilov. (Azerbajdžanskoe neftjanoe Choz. **46** (1967) 4, 38; russ.) — Ein Zweistufenverf. wird beschrieben: 1. Chlormethylierung einer Erdölfraktion (Geh. an Aromaten 65,6%) mit HCl u. wss. HCHO-Lsg. bei 60—70°. Nach Beendigung der Rk. läßt man das Gemisch absitzen u. trennt die obere KW-Stoff-Schicht ab. 2. Ein Gemisch aus chlormethyliertem Erdöl, Pyridin u. W. wird 6 Std. auf 95—98° erwärmt. Man läßt 30 Min. absitzen u. gewinnt als untere Schicht die quart. Ammoniumverb., die als Korrosionsinhibitoren für Stahl dienen.
S. Brändel H 3000

2027 **Neue Defolianten.** N. K. Rožkova. (Uzbekskij chim. Ž. **11** (1967) 3, 32—34; Inst. chim. rastitel'nych veščestv AN UzSSR; russ.) — *2-Alkylthiobenzthiazole* (**A**) mit C_3—C_9-Alkylgruppen werden synthetisiert u. als Defolianten geprüft. C_1—C_3-Alkylthiobenzthiazole sind akt., solche mit C_4—C_5-Alkylresten sind nur schwach wirksam. Nitrogruppen am Bzl.-Ring verändern die Aktivität von **A** kaum. Die Sulfongruppe senkt die Defolianswrkg. der Verb. beträchtlich. Durch **A**-Ox. erhaltene Sulfone liegen in ihrer Aktivität in der Nähe der Ausgangssulfide.

Versuche: 2-Alkylbenzthiazole: *2-Propyl-* (**I**), $Kp._5$ 154—155°, $D._4^{20}$ 1,1719, n_D^{20} 1,6393. — *2-n-Butyl-*, $Kp._6$ 162—163°, $D._4^{20}$ 1,1644, n_D^{20} 1,6248. — *2-sek.-Butyl-*, $Kp._5$ 155—157°, $D._4^{20}$ 1,1626, n_D^{20} 1,6222. — *2-Isobutyl-*, $Kp._6$ 154—155°, $D._4^{20}$ 1,1546, n_D^{20} 1,1546. — *2-n-Hexyl-*, $Kp._3$ 170—171°, $D._4^{20}$ 1,1301, n_D^{20} 1,6041. — *6-Nitro-2-propylthiobenzthiazol*, F. 94—95° (Aceton), durch Nitrierung von 2-Propylthiobenzthiazol mit HNO_3 (D. 1,5)/H_2SO_4 bei 0° u. übliche Aufarbeitung; 90% (Ausb.). — 2-Alkylbenzthiazolylsulfone: *2-Propyl-*, $C_{10}H_{11}NO_2S_2$, F. 52—53° (wss. A.), durch $KMnO_4$-Ox. von **I** in 98%ig. CH_3COOH; 72%. — Analog: *2-Methyl-*, $C_8H_7NO_2S_2$, F. 89,5—90,5°. — *2-Äthyl-*, $C_9H_9NO_2S_2$, F. 109—110°. — *2-n-Butyl-*, $C_{11}H_{13} \cdot NO_2S_2$, F. 50,5—51,5°. — *2-n-Heptyl-*, $C_{14}H_{19}NO_2S_2$, F. 39—40°. — *2-Propylthiobenzthiazolyl-sulfochlorid*, F. 64 bis 65°, durch Sulfierung von **I** mit Oleum bei —5°, nach 15—30 Min. Rk. Ausfällen des Na-Sulfonats mit NaCl (85% Ausb.), nach mehrmaligem Umkristallisieren aus A. glänzende Blättchen, Überführung in das Sulfochlorid. — *-sulfamid*, F. 113—114°.
K. Jasche H 3142△

2028 **Elektrochemische Reduktion einiger substituierter Pyridin-N-oxide.** J. Hranilovic, D. Koruncev und E. Gustak. (Electrochem. Technol. **6** (1968) 1—2, 62—64; PLIVA Pharmac. and Chem. Works, Zagreb, Yugoslavia; engl.) — Die Red. zu den entsprechenden *Pyridinen* gelingt in verd. H_2SO_4 bei 50° u. einem Stromfluß von 0,05 A/cm². Es wurden folgende Verb. red.: 2-Äthylpyridin-N-oxid, 2-Äthyl-4-nitropyridin-N-oxid, 2-Äthyl-4-brompyridin-N-oxid, 2-Äthyl-4-chlorpyridin-N-oxid, 4-Nitropyridin-N-oxid, 4-Brompyridin-N-oxid u. 4-Chlorpyridin-N-oxid. Folgende Pyridine wurden erhalten: *2-Äthyl-*, $Kp._{50-52}$ 70—75°; 55,2% (Ausb.). *2-Äthyl-4-amino-*, $Kp._{4-5}$ 128—130°; 72,0%. *2-Äthyl-4-brom-*, $Kp._{28-30}$ 96—98°; 65,2%. *2-Äthyl-4-chlor-*, $Kp._{19-20}$ 77—79°; 89,2%. *4-Amino-*, F. 152—154°; 59,5%. *4-Brom-*, $Kp._{0,4-0,5}$ 37—38°; 87,0%. *4-Chlor-*, *Pikrat*, F. 142—145°; 57,8%.
R. Hintsche H 3231

2029 **Drucksteigerung bei der stoßweisen Trimerisierung von Acetaldehyd.** Irwin Pliskin. (Canda. J. chem. Engng. **45** (1967) 5, 327—28; Dep. of Chem. Eng., McGill Univ., Montreal, Quebec; engl.) — Bei der Trimerisierung von Acetaldehyd zu *Paraldehyd* infolge Kontamination mit Säure wird Drucksteigerung als Folge der exothermen Rk. beobachtet. Bei einer H^+-Konz. von 1,35 bis 24,3 ppm wird in 30 Sek. ein Maximaldruck von 55 psig u. eine Maximaltemp. von 75° beobachtet u. eine gute Übereinstimmung mit den theoret. errechneten Werten erzielt.
R. Hintsche 3303

2030 **Katalytische Hydrogenolyse von p-Menthandiol-(3.8).** Mamoru Yamaguchi, Mannosuke Arai und Fujiko Aizawa. (J. chem. Soc. Japan, pure Chem. Sect. [Nippon Kagaku Zasshi] 88 (1967) 11, 1218—20; Coll. of General Education, Tohoku Univ., Japan; jap., Auszug: engl.) — Die Hydrierung über Raney-Ni führt bei 200° u. 20 at im Falle der cis-Verb. zu (+)-*Neomenthol* (**I**) u. im Falle der trans-Verb. zu (—)-*Menthol* (**II**) jeweils neben *3-Methylcyclohexanol* (**III**). Bei 98 kg/cm² steigt der Anteil von **III**, welches bei Anwendung von Cu–Cr-Oxid-Katalysatoren das einzige Prod. ist. **III** besteht aus cis–trans-Isomeren im Verhältnis 2:1.
R. Hintsche H 3600

2031 B. F. Goodrich Co., New York, N.Y. (Erfinder: Jerome Weston Harping, Arthur Edwin Van Antwerp, Avon, Robert Frank Sterbenz, Lyndhurst, und Tzu Liang Kang, Brecksville, O.), USA, **1.2-Dichloräthan** erhält man durch Rk. einer gasförmigen Mischung aus Äthylen, O_2 u. HCl im Molverhältnis 1,02—1,2:0,55—1:2 an einem $CuCl_2$-Fließbettkatalysator bei 200—250° u. 0,7—3,5 kg/cm². (**Schwz.P. 482486** vom 24/5. 1965, ausg. 15/9. 1967.) — 5 S.
A. Jahn H 560

2032 Unilever Ltd., Port Sunlight, Großbritannien (Erfinder: Jacobus Roelof Nooi), **Disulfonierte Dialkylsulfoxide** werden hergestellt durch Ox. von dichlorierten aliphat. Thioäthern u. Substitution der Cl-Atome durch Sulfongruppen. — *Di-[natriumsulfodecyl]-sulfoxid*, 50% Ausbeute. — Ausführliche Angaben über die Herst. der Ausgangsverbindungen. — *Detergentien.* (**Brit.P. 1054955** vom 22/5. 1964, ausg. 11/1. 1967.) — 7 S.
A. Debo H 640

2033 Monsanto Co., übert. von: Billy D. Vineyard, Bellefontaine Neighbors, Mo., USA, **Thiobis-(bernsteinsäuremonoalkylester)-amide oder -ammoniumsalze** werden hergestellt durch Rk. von H_2S mit Halbestern der Malein-, Citracon- oder Itaconsäure in Ggw. eines bas. Katalysators u. dann mit Aminen. — *Thiobis-(tridecyl-oleylammoniumsuccinat)*. — *Thiobis-(oleylsuccinimid)*. — *3.3'-Thiobis-(bernsteinsäuretridecylesterdiäthylamid)*. — Zwischenprod.: 2.2'-Thiobis-(bernsteinsäure(**I**)-monotridecylester), $C_{34}H_{62}O_8S$. — **I**-Monoäthylester, $C_{12}H_{18}O_8S$. — 2.2'-Thiobis-(methylbernsteinsäuremonoäthylester), $C_{14} \cdot H_{22}O_8S$. — *Ölzusätze.* (**U.S.P. 3299121** vom 6/11. 1961, ausg. 17/1. 1967.) — 4 S.
A. Debo H 640

2034 Shell Internationale Research Mij. N. V., Den Haag, Niederlande, **Herstellung von α.β-olefinisch ungesättigten 1.4-Dioxo- oder 4-Hydroxy-1-oxoverbindungen** erfolgt durch Rk. der entsprechenden α.β- oder β.γ-ungesätt. Aldehyde oder Ketone mit mindestens 4 C- u. mindestens 1 H-Atom am α- oder γ-C-Atom mit

O_2 oder einem O_2-haltigen Gas bei −60 bis +60°, bes. −5° bis +25°, in Ggw. eines Cu-Salzes, bes. Cu-Acetat oder Cu-Nitrat, eines C_1–C_6-Alkylamins, z. B. $[C_2H_5]_3N$ (**I**), einer mit Cu eine Komplexverb. bildenden heterocycl. N-Base, z. B. Py. (**II**) u. eines Lsgm., bes. eines C_1-C_4-Alkanols. — Man erhält z. B. durch Aufnahme von 2450 ml O_2 aus einem Gemisch aus 4 (m Mol) Cu··-Acetat, 63 **II**, 36 **I**, 124 Crotonaldehyd u. 80 ml CH_3OH bei 17° → 8,3 (bezogen auf O_2-Verbrauch = 70%) *Methoxysuccinaldehyd*, Kp.$_{19}$ 80—85° u. 1,4 g *β-Methoxybutyraldehyd.* — Analog: „Dypnon" $[C_6H_5-C(CH_3)=CH-CO-C_6H_5]$ → 42% *α.γ-Diphenyl-γ-hydroxycrotonsäure-γ.γ'-bis-lacton.* — $Δ^5$-Cholesten-3-on → 75% *$Δ^4$-Cholesten-3.6-dion.* — 5-Methyl-4-hexen-2-on (**III**) → Gemisch aus 25(%) CH_3CHO, 12 Methylacetat, 10 *β.β-Dimethylglycidaldehyd* u. 35 *β.β-Dimethylmethylglycidad,* außerdem 50 *5-Methyl-5-hydroxy-3-hexen-2-on,* ber. auf **III**. — Gemisch aus 3.5.5-Trimethyl-2- u. vic. -3-cyclohexen-1-on → *3.5.5-Trimethyl-2-cyclohexen-1.4-dion,* Kp.$_{12}$ 90—95°; n_D^{20} 1,4877. (**Brit.P. 1066709** vom 6/9. 1965, ausg. 26/4. 1967. Niederl. Prior. 8/9. 1964.) — 5 S.
O. Müller-Meiningen H 720

2035 Dynamit Nobel Akt.-Ges., Deutschland (Erfinder: Heinz Hartel, Gerhard Bier und Hermann Richtzenhain), **Herstellung der Alkalisalze von Carbonsäuren,** bes. von *Acryl-* oder *Methacrylsäure,* durch Ox. von Allyl- oder Methallylchlorid, z. B. in wss. n NaOH oder KOH, mit $Cu(OH)_2$ oder CuO in Ggw. von AgOH oder Ag_2O in der Siedehitze; Ausb. bis zu ca. 90%. (**F.P. 89134** vom 24/11. 1965, veröff. 12/5. 1967. D. Prior. 1/12. 1964. **Zusatz zu F.P. 1429208**). — 2 S.
G. Colsmann H 810

2036 Esso Research and Engineering Co., übert. von: Lloyd Albert Pine und Henry George Ellert, Baton Rouge, La., USA, **Herstellung von Estern** erfolgt durch Rk. von α-alkylsubstituierten aliphat. C_4-C_{15}-Aldehyden mit 10—100 Gew.-% Mo-Sulfid (**I**), Mo-Oxid oder sulfiertem („sulfided") Co-Molybdat bei 200—600°F u. 50—100 psi, bes. in Ggw. eines C_1-C_{12}-Alkanols in fl. Phase. — Man erhitzt z. B. ein Gemisch aus 500 (ml) Isobutanol, 300 Isobutyroaldehyd u. 300 10%ig. **I** auf A-Kohle in Pillenform 6,5 Std. auf 350—400 °F unter Eigendruck u. erhält in 81%ig. Umsatz *Isobutylisobutyrat.* (**U.S.P. 3287401** vom 14/2. 1964, ausg. 22/11. 1966.) — 3 S. O. Müller-Meiningen H 810

2037 Farbwerke Hoechst Akt.-Ges. vormals Meister Lucius & Brüning, Frankfurt/M., **Vinylester** erhält man durch Rk. von C_2H_4 mit einer Carbonsäure C_{2-5} u. O_2 oder einem O_2-haltigen Gas in der Gasphase in Ggw. eines Katalysators aus einem Edelmetall der VIII. Gruppe des Period. Syst. auf einem Träger, wie Al_2O_3, Al-Silikat, Silikagel oder Kohle, bei Temp. ≧ 100° über dem Kp. der Carbonsäure u. einer Verweilzeit von ≦ 100, bes. 5—50 Sekunden. — Beschrieben ist die Herst. von *Vinylacetat, Vinylpropionat* u. *Vinylisobutyrat.* (**Brit.P. 1082564** vom 18/3. 1965, ausg. 6/9. 1967. D. Prior. 21/3. 1964.) — 3 S. R. Bollinger H 810

2038 Eastman Kodak Co., Rochester, N.Y. (Erfinder: Harry Wesley Coover jun. und Thomas Hamilton Wicker jun., Kingsport, Tenn.), USA, **α-Cyanacrylsäureester** von Alkanolen mit 1—8 C-Atomen, Alkenolen, des Phenols oder des Cyclohexanols erhält man durch Kondens. von CH_2O mit > 1, aber < 2 Mol des entsprechenden Cyanessigsäureesters (**I**) in einem mit W. azeotrop dest. Lsgm., azeotropem Abdest. des W. u. Depolymerisieren des polymeren Zwischenprod. durch Erhitzen im Vakuum auf eine Temp., bei der das Zers.-Prod. frei von **I** ist, in Ggw. eines Polymerisationsverzögerers unter Abdest. des monomeren α-Cyanacrylsäureesters. — Zu 5 Mol Cyanessigsäuremethylester (**II**), 100 (g) Bzl., 0,2 Piperidin u. 5,5 9%ig. wss. NaOH-Lsg. gibt man 4 Mol Paraformaldehyd in 4 Portionen. Nach azeotropem Abdest. des W. gibt man 5 Hydrochinon (**III**) zu, dest. das Bzl. ab u. dest. den Rückstand im Vakuum unter einem trockenen SO_2-Strom in ein Auffanggefäß, das etwas **III** u. P_2O_5 enthält. Der erhaltene *α-Cyanacrylsäuremethylester,* Kp.$_{ca.1}$ 39—44°, ist **II**-frei, solange die Zers.-Temp. < 175° liegt. — Ferner wurden folgende *α-Cyanacrylsäureester* hergestellt: *-isopropylester,* Kp.$_{2-2,5}$ 53—56°, *-butylester, -cyclohexylester, -octylester.* — *Klebstoffe,* bes. *für Metalle.* (**Brit.P. 1023802** vom 23/8. 1962, ausg. 23/3. 1966. **Zusatz zu Brit.P. 982328; C. 1967, 49/50-2481. Schwz.P. 419097** vom 21/8. 1962, ausg. 28/2. 1967. Beide U.S. Prior. 23/8. 1961.) — 6 S. — 6 S.
H.-W. Ebersbach H 810

2039 Wallace & Tiernan G. m. b. H., Wasserburg über Günzburg, **Diacylperoxide** der allg. Formel $[A-O-(CH_2)_n-COO-]_2$ (A = Alkyl, Alkoxyalkyl, Phenoxyalkyl C_3-C_{10}, Phenylalkyl oder Phenylalkoxy; n = 2 oder 3) werden erhalten durch Rk. von Na_2O_2 mit den entsprechenden Säurechloriden, z. B. *Di-3-n-butoxypropionyl-, Di-3-n-hexoxypropionyl-* u. *Di-4-phenoxybutyrylperoxid.* — *Polymerisationskatalysatoren für Olefine.* (**Brit.P. 1086405** vom 15/4. 1966, ausg. 11/10. 1967. D. Prior. 15/4. 1965.) — 5 S.
O. Müller-Meiningen H 810

2040 Merck & Co., Inc., Rahway, übert. von: Edward A. Kaczka, Union, N.J., USA, **Hydroxamsäure-Derivate** der allg. Formel $R^4-CO-N(OH)C(R^1)(R^2)-(CH_2)_xR^3$ erhält man durch Acylierung von Hydroxyaminosäuren, deren Estern, Nitrilen oder Amiden (R^1 u. R^2 = H, Alkyl- oder ggf. substituierter Arylrest; R^3 = Carboxy-, Carbalkoxy-, Carboxamido- oder CN-Rest; R^4 = H, Alkyl- oder Halogenalkylrest; x = 0—10). — β-Hydroxylamino-β-phenylpropionsäure + HCO_2H, anschließend Neutralisation → *Na-N-Formyl-β-hydroxyamino-β-phenylpropionat.* — Ferner wurden erhalten: *Na-N-Formyl-1-hydroxyaminocyclopentan-1-carboxylat,* F. 250° (Zers.). — *N-Formyl-α-hydroxyaminoisovaleriansäureamid,* F. 156—158°. — *N-Formyl-α-hydroxyaminoisovaleronitril,* Kristalle. — *N-Formyl-β-hydroxyamino-β-phenylpropionsäure.* — *N-Acetyl-β-hydroxyamino-β-phenylpropionsäure.* — *Na-N-Formyl-β-hydroxyamino-β-[o-chlorphenyl]-propionat.* — *Na-N-Formyl-β-hydroxyamino-β-[p-nitrophenyl]-propionat.* — *N-Formyl-α-hydroxyaminohendecansäureamid.* — *Chelatbildner.* (**U.S.P. 3282986** vom 6/10. 1960, ausg. 1/11. 1966.) — 4 S.
A. Jahn H 810

2041 Institut Fisiologii Rastenij AN USSR (Erfinder: Jaroslaw Nikolajewitsch Iwaschtschenko, Semen Dawidowitsch Moschtschizkij und Weronika Pawlowna Akkerman), Kiew, UdSSR, **Asymmetrische Oxalsäure(I)-dialkylester(II)** werden in 60—80%ig. Ausb. erhalten durch Rk. von **I**-Deriv., bes. symm. **I**-Dialkylestern, mit aliphat. Alkoholen in Ggw. von CuCl. — Man kocht ein Gemisch aus 0,5 (Mol) **I**-Diäthylester, 0,5 abs. n-Butanol u. 0,5 g CuCl, wobei man in 1—1,5 Std. ca. 100% des gebildeten A. abdest., → 67% **I**-*Äthyl-n-butylester,* Kp. 213—216°; $D._4^{20}$ 1,026; n_D^{19} 1,4142. — Weitere **II**: *Methyl-n-propyl-,* Kp. 185 bis 188°; $D._4^{18}$ 1,085; n_D^{18} 1,4160. — *Methylisopropyl-,* Kp. 177—178°; $D._4^{18}$ 1,084; n_D^{18} 1,4099. — *Methyl-n-butyl-,* Kp.$_{2}$ 62—65°; $D._4^{21}$ 1,064; n_D^{21} 1,4182. — *Methylisobutyl-,* Kp. 199—202°; $D._4^{22}$ 1,037; n_D^{22} 1,4131. — *Äthyl-n-propyl-,* Kp. 192—194°; $D._4^{19}$ 1,060; n_D^{19} 1,4151. — *Äthylisopropyl-,* Kp. 187—189°; $D._4^{19}$ 1,067; n_D^{19} 1,4102. — *Äthylisobutyl-,* Kp. 203—206°; $D._4^{19}$ 1,020; n_D^{19} 1,4142. — *n-Propylisopropyl-,* Kp. 200—202°; $D._4^{19}$ 1,012; n_D^{19} 1,4121. — *n-Propyl-n-butyl-,* Kp. 221—223°; $D._4^{20}$ 1,003; n_D^{20} 1,4192. — *n-Propylisobutyl-,* Kp. 217 bis 220°; $D._4^{16}$ 1,001; n_D^{16} 1,4182. — *Isopropyl-n-butyl-,* Kp. 214—216°; $D._4^{20}$ 1,000; n_D^{20} 1,4145. — *Isopropylisobutyl-,* Kp. 208—210°; $D._4^{22}$ 0,999; n_D^{22} 1,4115. — *Isobutyl-n-butyl-,* Kp. 232—233°; $D._4^{21}$ 0,985; n_D^{21} 1,4175. — Zwischenprod., bes. zur Herst. physiolog. akt. Verbindungen. (**Schwz.P. 438257** vom 19/11. 1964, ausg. 30/11. 1967.) — 2 S. O. Müller-Meiningen H 820

2042 Eastman Kodak Co., Rochester, N.Y., USA, **Herstellung von Dialkylperoxymalonsäureestern** der allg. Formel $R-OO-CO-C[R]_2-CO-OO-R$ (R = C_3-C_{14}, bes. C_4-C_{10}). — Man gibt z. B. 5,9 (g) 30%ig. KOH u. 1,95 2.2-Dimethylmalonylchlorid in 3 ml Pentan (**I**) zu 3,34 tert.-Butyl(**II**)-hydroperoxid innerhalb 15 Min. bei 10° u. hält anschließend 18 Std. bei 25°, setzt dann 25 ml 5%ig. Na_2CO_3 u. 25 ml **I** zu, wäscht die organ. Schicht mit W. u. erhält in 22%ig. Ausb. eine **I**-Lsg. von **II**-*2.2-dimethylperoxymalonat.* — Weiter werden folgende Peroxymalonate bzw. deren Lsg. erhalten: *Di-**II**-2-butyl-*

2-äthyl-; Bis-[1.1-dimethylhexyl]-dimethyl-; Bis-[1.1.3.3-tetramethylbutyl]-dimethyl-; Bis-[α.α-dimethylbenzyl]-dimethyl-; Bis-[p-methoxy-α-methylbenzyl]-dihexyl-. — *Polymerisationskatalysatoren für Äthylen.* (**Brit.P. 1086726** vom 2/10. 1964, ausg. 11/10. 1967. U.S. Prior. 3/10. 1963.) — 6 S. O. Müller-Meiningen H 820

2043 Monsanto Co., Mo., USA, **Herstellung von [2.3-Dihalogenalkyl]-bernsteinsäure-Derivaten** der allg. Formel R'–CHX–C(R'')$_2$–CH[CO · R''']$_2$ (X = Cl oder Br; R' = H, CH_3, C_2H_5; R'' = H, C_1–C_5-Alkyl; R''' = OH, Cl, Br, C_1–C_4-Alkoxy, C_2–C_4-Hydroxyalkoxy). — Man leitet z. B. in ein Gemisch aus 600 (g) Maleinsäureanhydrid, 5 p-tert. Butylcatechin u. 600 ml Bzl. 490 Propylen, erhitzt den Autoklav-Inhalt 12 Std. auf 200° u. erhält 245 *Allylbernsteinsäureanhydrid* (Kp.$_{0,9}$ 131 bis 132°). — Zur Lsg. von 140 dieser Verb. in 125 ml CH_3 · COOH (I) gibt man innerhalb 40 Min. 165 Br_2 in 100 ml I bei 20–25°, rührt 18 Std. bei Raumtemp. u. erhält 87% *[2.3-Dibrompropyl]-bernsteinsäureanhydrid*, $C_7H_8Br_2O_3$; Kp.$_{1,2-2,3}$ 187–200°; Hydrolyse der Verb. liefert die freie Säure, die sich z. B. in ihre Ester überführen läßt. — Die Verb. dienen als *flammfestmachende Zusätze* u. *Modifikatoren für Kunstharze.* (**Brit.P. 1056221** vom 1/1. 1964, ausg. 25/1. 1967. U.S. Prior. 2/1., 2/1. u. 2/1. 1963.) — 12 S. O. Müller-Meiningen H 820

2044 A. Boake, Roberts & Co., Ltd., London, Großbritannien (Erfinder: Geoffrey Goldberg), **Polyallylester von Polyolestersäuren** der allg. Formel (HOOCR·CO_2)$_n$Z (R = Rest einer gesätt. aliphat. oder aromat. Di- oder Tricarbonsäure, die einen 5–6gliedrigen Anhydrid-Ring bildet, Z = der Rest eines Glykols der Formel HOZOH, wobei Z Alkylengruppe mit 2–6 C-Atomen ist, n = eine ganze Zahl bis 3) erhält man durch Rk. eines Säureanhydrids mit einem Polyol, z. B. Glycerin, Trimethyloläthan, Erythrit oder Pentaerythrit in Ggw. eines Amins u. anschließend mit Allylchlorid bei Temp. bis zu 90°, bes. 50–80° in Ggw. eines Amins. — Aus Trimethylolpropan erhält man durch Rk. mit Bernsteinsäureanhydrid in Methyläthylketon in Ggw. von Äthylamin u. anschließend mit Allylchlorid bei 70° *Triallyltrimethylolpropantrisuccinat.* — *Weichmacher für thermoplast. Harze.* (**Brit.P. 1072695** vom 25/6. 1964, ausg. 21/6. 1967. **Zusatz zu Brit.P. 1041034.**) — 6 S. R. Bollinger H 820

2045 Rewo Chemische Fabrik G. m. b. H., Steinau, **Salze von Sulfobernsteinsäurehalbestern** der Formel R–A–[$(CH_2)_mO$]$_n$–CO–CH(X)–CH(X')–CO–OM (R = C_8–C_{20}-Alkyl; A = CONR'; R' = H, Alkyl oder Hydroxyalkyl mit bis zu 20 C-Atomen, CH_2O; m = 1–3; n = 0–10; X, X' = H u. SO_3M; M = Metall der II. oder III. Gruppe) werden hergestellt durch Rk. von Maleinsäureanhydrid mit R–A–[$(CH_2)_mO$]$_n$H u. dann Sulfonieren mit dem entsprechenden Metallsulfit. — *Sulfobernsteinsäurehalbester* (I) *von Undecylensäuremonoäthanolamid, Zn-Salz*; I *von Laurylalkoholdiglykoläther, Mg-Salz*; I *von Laurylalkohol-triglykoläther, Al-Salz.* — *Kosmetika.* (**Brit.P. 1077470** vom 5/1. 1966, ausg. 26/7. 1967. D. Prior. 13/1. u. 5/5. 1965.) — 4 S. A. Debo H 820

2046 Chemicals & Phosphates Ltd. (Erfinder: Dahlia Shimeona Greidinger und Maria Levav), Haifa, Israel, **Salze der α-Hydroxy-γ-alkylmercaptobuttersäure** werden hergestellt durch Rk. der entsprechenden Nitrile mit wss. Phosphorsäure u. Entfernung der letzteren durch Zusatz eines Metalloxids oder -hydroxids, das mit der Carbonsäure ein wasserlösl. Salz bildet. — Beispiele für *Calcium-[α-hydroxy-γ-methylmercapto]-butyrat.* — *Futtermittelzusätze.* (**Brit.P. 1080667** vom 28/7. 1965, ausg. 23/8. 1967. Israel. Prior. 28/7. 1964.) — 4 S. A. Debo H 850

2047 J. R. Geigy Akt.-Ges., Basel, Schweiz, **Schwefel enthaltende Bernsteinsäureester** der allg. Formel R[1]–S–CH_2–CH(COOR[2])–CH_2–COOR[3] (R[1] = C_8–C_{18}-Alkyl; R[2], R[3] = C_{12}–C_{18}-Alkyl) werden hergestellt durch Rk. von Itaconsäureanhydrid mit dem entsprechenden Alkohol in Ggw. von p-Toluolsulfonsäure u. dann mit einem Alkylmercaptan in Ggw. von CH_3ONa, oder durch Rk. von Alkylmercaptomethylbernsteinsäuren mit Alkoholen oder durch Rk. von Mercaptomethylbernsteinsäure mit Alkoholen oder deren Gemischen. — *Didodecyldodecylmercaptomethylsuccinat*, F. 34–35°. — *Dioctadecyloctadecylmercaptomethylsuccinat*, F. 60,5 bis 63°. — *Didodecyloctadecylmercaptomethylsuccinat*, F. 30°. — *Stabilisatoren* für *Polyolefine.* (**Brit.P. 1062804** vom 4/6. 1965, ausg. 22/3. 1967. U.S. Prior. 5/6. 1964. **Zusatz zu Brit.P. 964647; C. 1966, 32-2728.**) — 6 S. A. Debo H 850

2048 Marconi Products Ltd., London, Großbritannien (Erfinder: Herbert Alexander Potts und Adolf Koebner), **Herstellung von Aminoxiden** der allg. Formel A–N(R)(C_qH_{2q}OH)–O (A = C_{8-18}-Alkyl, -Alkenyl; q = 2–3; R = A oder –C_qH_{2q}OH, oder C_{1-4}-Alkyl) erfolgt durch Rk. eines Monosulfatesters $AOSO_3M$ (M = Kation) mit einem Alkylolamin R'NHC_qH_{2q}OH (R' = H, C_{1-4}-Alkyl, –C_qH_{2q}OH) in Ggw. eines Lsgm. u. einer Base bei mindestens 100° u. Ox. des entstandenen tert. Amins mit einem Peroxydierungsmittel. Durch Rk. mit Laurylschwefelsäure u. Diäthanolamin erhält man das Lauryl-bis-[2-hydroxyäthyl]-amin, Kp.$_{1-1,5}$ 180–185°. Durch Ox. mit H_2O_2 erhält man das *Lauryl-bis-[2-hydroxy-äthyl]-amin-N-oxid.* — *Oberflächenakt. Mittel.* (**Brit. P. 1066763** vom 11/5. 1964, ausg. 26/4. 1967. **Zusatz zu Brit.P. 992860; C. 1967, 32-2765.**) — 7 S. R. Bauereis H 920

2049 Unilever Ltd., Port Sunlight, Chester, Großbritannien (Erfinder: Helmut Hans Wilhelm Weldes und Robert Dorol), **Organische Stickstoffbasensilicate** der allg. Formel [N(R[1])(R[2])(R[3])R[4]]$_2$O · xSiO_2 · yH_2O (R[1] u. R[2] = C_1–C_4-Hydroxyalkyl; R[3] = Alkyl, C_1–C_4-Hydroxyalkyl oder mit R[4] u. dem N-Atom gleich Piperazin, Morpholin; R[4] = C_1–C_4-Alkyl, Hydroxyalkyl; x = 0,3–20; y = 0–99) erhält man durch Entfernung des Alkalimetalls aus Alkalimetall-organ.-ammoniumsilicaten durch Ionenaustauscherharze oder durch Lösen von Na-freier Kieselsäure in hydroxylierten organ. Ammoniumverb. oder durch Rk. von Kieselgel mit konz. NH_4OH u. einer Oxiranverbindung. — *Tetraäthanolammoniumsilicat*, Zers. bei 173°. — *N.N-Bis-(β-hydroxyäthyl)-morpholiniumsilicat*, leicht lösl. in Wasser. — *Klebstoffe.* (**Brit.P. 1053676** vom 14/11. 1963, ausg. 4/1. 1967.) — 8 S. R. Bauereis H 920

2050 Marchon Products Ltd., London, Großbritannien (Erfinder: Adolf Koebner und Herbert Alexander Potts), **Amine** der allg. Formel R–NH–R' werden hergestellt, indem man R–NH_2 mit R'OSO_3M in einem wss. alkal. Medium erhitzt (R = H, ggf. substituierter KW-Stoff; R' = Deriv. eines Alkohols mit mindestens 6 C-Atomen; M = Kation). — *Monolaurylamin*, Kp.$_2$ 102°; (Ausb.) 76%. — *Methyllaurylamin*, Kp.$_2$ 100–110°; 80%. — *Lauryläthanolamin*, 80%. — *β''-Aminoäthoxyäthoxyäthyllauryläther.* — Zwischenprod. für *oberflächenakt. Stoffe.* (**Brit.P. 1067762** vom 8/4. 1963, ausg. 3/5. 1967.) — 6 S. A. Debo H 920

2051 L'Oréal, Paris (Erfinder: Grégoire Kalopissis, André Viout, Paris, und Guy Vanlerberghe, Mitry-Mory, Seine-et-Oise), Frankreich, **Neue oberflächenaktive Asparaginverbindungen** der allg. Formel (R[1])(R[2])N–$(CH_2)_n$–N(R')–CO–CH_2–CH–COOM–NH–R [R[1] u. R[2] (gleich oder verschieden) = C_{1-4}-Alkylreste, ggf. zusammen Teile eines heterocycl. Ringes; n = 2–5; R u. R' = aliphat. C_{10-18}-KW-Stoff-Reste; M = Na, K, NH_4] erhält man durch Rk. von Maleinsäureanhydrid (I) mit einem Alkylendiamin der allg. Formel R'–NH–$(CH_2)_n$–N(R[1])(R[2]) u. Rk. des in ein Salz umgewandelten Maleinsäureamidderiv. der Formel (R[1])(R[2])N–$(CH_2)_n$–N(R')–CO–CH=CH–COOM mit einem prim. Fettamin, bes. Decyl-, Dodecylamin bzw. einem Fettamin aus Kopra, Schmalz. — Aus Dodecylbromid u. N'.N'-Diäthyläthylendiamin bei < 50° → N'.N'-Diäthyl-N-dodecyläthylendiamin, Ausb. fast quant., 98%ig. rein; daraus durch Rk. mit I in Essigester bei 35–40° → N-Dodecyl-N-[N'.N'-diäthylaminoäthyl]-maleinsäureamid, 80%; daraus durch 11std. Rk. der neutralisierten Verb. mit einem Fettamin in A. bei 65° → *Na-Salz von N[2]-[Schmalzalkyl]-N-dodecyl-N-[N'.N'-diäthylaminoäthyl]-asparagin*; analog *Na-Salze* von *N-[N'.N'-Diäthylaminoäthyl]-aspara-*

gin: *N^2-[Copra-alkyl]-N-cetyl-*, *N^2-[Schmalz-alkyl]-N-cetyl-*, *N^2-[Kopra-alkyl]-N-dodecyl-*; ferner *Asparagine*: *N^2-[Schmalz-alkyl]-N-dodecyl-N-[morpholinoäthyl]-*, *N^2-[Schmalz-alkyl]-N-dodecyl-N-[N'.N'-diäthylaminopropyl]-, K-Salz* bzw. *N^2-[Kopra-alkyl]-N-cetyl-N-[N'.N'-diäthylaminopropyl]-, Na-Salz. — Herst. von Shampoos.* **(Schwz. P. 433374** vom 13/1. 1965, ausg. 30/9. 1967. F. Prior. 17/1. 1964.) — 2 S. Georg Vogel H 950

2052 Monsanto Research Corp., St. Louis, Mo., übert. von: James A. Webster, Dayton, O., USA, **Disilaalkane** der allg. Formel CH_3–Si(R)(R')–CH_2–$(CH_2)_n$–CH_2–Si(Y)(Y')–CH_3 (R u. Y = CH_3, C_6–C_{10}-Alkyl; R' u. Y' = C_6–C_{10}-Alkyl; n = 3–6) werden hergestellt durch Rk. der Halogendisilaalkane mit den entsprechenden Grignard-Verbindungen. — 2.2.9.9-Tetrachlor-2.9-disiladecan, $Kp._{15}$ 155°; n_D^{25} 1,4655, → *7.14-Dihexyl-7.14-dimethyl-7.14-disilaeicosan*, $Kp._{0,05}$ 196°; n_D^{25} 1,4601. — *Hydraul. Flüssigkeiten.* **(U.S.P. 3296296**vom 13/6. 1963, ausg. 3/1. 1967.) — 3 S. A. Debo H 980

2053 Imperial Chemical Industries Ltd., London, Großbritannien (Erfinder: Patrick McAvoy Kelly und Robert Patton), **Organosiliciumverbindungen** werden hergestellt durch Anlagerung von Mono- oder Dihydrogensiliciumverb. an ggf. substituierte aliphat. ungesätt. Verb. in Ggw. einer Komplexverb. aus einem Pt-Halogenid u. einer Si-Verb., die mindestens eine Si-gebundene Vinylgruppe enthält. — Eine Komplexverb. wird hergestellt durch Rk. von Cyclohexen mit $PtCl_2$; aus 0,03 Teilen des Rk.-Prod. u. 10 Teilen 1.3.5.7-Tetramethyl-1.3.5.7-tetravinylcyclotetrasiloxan → gelbe Lsg. der Komplexverb. unter Entw. von Cyclohexen. Beispiele für Anlagerungen an Methylvinylsiloxane. **(Brit.P. 1060420** vom 5/8. 1964, ausg. 1/3. 1967.) — 5 S. A. Debo H 980

2054 Imperial Chemical Industries Ltd., London, Großbritannien (Erfinder: Ian Muray, Robert Leitch Forman, Douglas Gibson Boller und Peredur John Pennant Roberts), **Trialkylphosphonate** mit Cl- u./oder Br-Substituenten mindestens in dem direkt an P gebundenen C_6–C_{30}-Alkylrest erhält man durch Rk. von Phosphorigsäureestern mit Halogenalkanen u. ggf. nachfolgende Bromierung u./oder Chlorierung. Beispiele für die Rk. von Triäthylphosphit mit Dibromdodecan, Tetrabromdecan, Bromchlorhexadecan (I) bzw. von I mit Tris-β-chloräthylphosphit. — *Weichmacher, Flammschutzmittel für Polymere.* **(Brit.P. 1077749** vom 15/4. 1965, ausg. 2/8. 1967.) — 4 S. A. Jahn H 980

2055 United States of America, Secretary of Army, übert. von: Dietrich Lang, Sherborn, und Louis Long jun., Concord, Mass., USA, **p-(Thia-n-dodecyl)-benzolsulfonate** der allg. Formel CH_3–$(CH_2)_m$S$(CH_2)_n$–C_6H_4–SO_3M–(4) (M = Kation; n = 1–10; m = 0–9; n + m = 10) werden hergestellt durch Rk. des entsprechenden ω-Chloralkylbenzols mit $ClSO_3H$, Hydrolyse zum Sulfonat u. dann Rk. mit einem Mercaptid. — *Benzolsulfonate*: *Na-p-[1-thia-n-dodecyl)-*, $C_{17}H_{27}NaO_3S_2$, (Ausb.) 65%. — *Na-p-[2-thia-n-dodecyl)-*, 50%. — *Na-p-(3-thia-n-dodecyl)-*, 65%, aus p-(2-Chloräthyl)-benzolsulfonylchlorid, $C_8H_8Cl_2O_2S$, F. 53,5–55°; 57%. — *Na-p-(4-thia-n-dodecyl)-*, 46%, aus p-(3-Chlorpropyl)-benzolsulfonylchlorid, $Kp._{0,5}$ 146–149°; 75%. — *Na-p-(5-thia-n-dodecyl)-*, 29%. — *Na-p-(6-thia-n-dodecyl)-*, 31%. — *Na-p-(7-thia-n-dodecyl)-*, 34%. — *Na-p-(10-thia-n-dodecyl)-*, 30%, aus 9-Phenylnonanylchlorid, $Kp._{0,5}$ 137 bis 140°. — *Na-p-(11-thia-n-dodecyl)-*, 32%. — *Oberflächenakt. Stoffe.* **(U.S.P. 3344173** vom 3/11. 1964, ausg. 26/9. 1967.) — 3 S. A. Debo H 1090

2056 Raychem Corp., Redwood, Calif., USA, **Aluminiumtetrabromphthalat** erhält man durch Rk. einer wss. Lsg. von Alkalimetalltetrabromphthalat mit einem Al-Salz. — *Flammhemmendes Mittel,* bes. für *Kunststoffe,* wie *Siliconharze.* **(Brit.P. 1061372** vom 10/2. 1964, ausg. 8/3. 1967. U.S. Prior. 11/2. u. 27/3. 1963.) — 4 S. L. Stadelmann H 1220

2057 Monsanto Co., St. Louis, Mo., USA, **7-[2.6.6.8-Tetramethyl-4-oxa-3-oxononyl]-benzylhydrogenphthalat,** $Kp._{60-70}$ 125–130°, erhält man in 94,7%ig. Ausb. durch Rk. von 7-[2.6.6.8-Tetramethyl-4-oxa-3-oxononyl]-hydrogenphthalat mit einem tert.-aliphat. Amin u. Benzylhalogenid. — *Weichmacher* für *Polyvinylchloridpolymere,* vgl. Tabellen. **(Brit.P. 1086280** vom 31/12. 1965, ausg. 4/10. 1967. U.S. Prior. 31/12. u. 31/12. 1964.) — 8 S. R. Bauereis H 1220

2058 National Lead Co., New York, N.Y., USA (Erfinder: Leonard Martin Kebrich und Edward Louis White), **Basische Bleisalze von Isophthalsäure** erhält man durch Rk. von PbO mit Isophthalsäure in Ggw. von W. bei 15–100°, wobei 5 (Mol) PbO pro 1 Isophthalsäure verwendet werden. — *Stabilisatoren für Vinylharze.* **(Brit.P. 1066898** vom 4/4. 1966, ausg. 26/4. 1967.) — 4 S. L. Stadelmann H 1220

2059 L'Oreal, Paris (Erfinder: Grégoire Kalopissis, Paris, und Andrée Bugaut, Boulogne-sur-Seine), Frankreich, **Herstellung von 1-Methylamino-2-nitro-4-[2-hydroxyäthyl]-methylaminobenzol** (I). Man acetyliert 1-Amino-2-nitro-4-methylaminobenzol mit Essigsäureanhydrid in 4-Stellung u. führt mit p-Toluolsulfonylchlorid einen p-Toluolsulfonylrest in 1-Stellung ein. Anschließend wird mit Dimethylsulfat in 1-Stellung methyliert, sowie der p-Toluolsulfonyl- u. der Acetylrest durch Hydrolyse mit H_2SO_4 u. mit HCl abgespalten. Durch Kochen mit einem Äthylenhalogenhydrin entsteht **I**, F. 92,5°. — *Haarfärbemittel.* **(Brit.P. 1061515** vom 19/11. 1965, ausg. 15/3. 1967. Luxemburg. Prior. 19/11. 1964.) — 3 S. H.-W. Wille H 1320

2060 Koppers Co., Inc., übert. von: Hans Dressler, Pitcairn, und Kenneth G. Reabe, Delmont, Pa., USA, **Di-(3-hydroxy-4-benzoylphenoxy)-silane** dienen als UV-Stabilisatoren für Kunststoffe. — *Di-(3-hydroxy-4-benzoylphenoxy)-diphenylsilan,* gelbliches Öl; aus 4-Benzoylresorcin u. Diphenyldichlorsilan; Ausb. 86%. **(U.S.P. 3352896** vom 17/6. 1964, ausg. 14/11. 1967.) — 2 S. A. Debo H 1380

2061 Union Carbide Corp., übert. von: George M. Omietanski, Tonawanda, und Thomas C. Williams, Lancaster, N.Y., USA, **Organocyclosiloxane** werden hergestellt durch Rk. von Siloxan- oder Silandiolen mit difunktionellen Organosiliciumverb., bei denen mindestens ein organ. Rest von den Resten der Diole verschieden ist, in einem inerten Lösungsmittel. — *{[$(C_6H_5)_2SiO$] · [$(CH_3)_2SiO$]$_3$}*, $C_{18}H_{28}O_4Si_4$, $Kp._{0,25}$ 120–121°; n_D^{25} 1,4900; $D._4^{25}$ 1,056; (Ausb.) 46%. — *{[$(C_6H_5)_2SiO$)] · [$(CH_3)_2SiO$]$_2$}*, $C_{16}H_{22}O_3Si_3$, $Kp._1$ 123°; 66%. — *{[$(C_6H_5)_2$· SiO][$(CH_3)_2SiO$]$_4$}*, $C_{20}H_{34}O_5Si_5$, $Kp._{0,2}$ 125°; n_D^{25} 1,4772. — Zwischenprod. zur Herst. von *Polymeren.* **(U.S.P. 3347895** vom 29/4. 1963, ausg. 17/10. 1967.) — 4 S. A. Debo H 1380

2062 Thiokol Chemical Corp., Bristol, Pa., USA, **Carboranylsilicate** werden hergestellt durch Rk. von Carboranylalkoholen mit $Si(A)_n(X)_{4-n}$ (A = Alkyl, Aryl, Aralkyl; X = Halogen, Alkoxy). — *1.2-Bis-triäthylsiloxymethyldecachlorcarboran,* $Kp._{0,01}$ 325°. — *1.2-Bis-triäthylsiloxypropylcarboran,* $Kp._1$ 200°. — *1.2-Bis-triäthylsiloxymethyl-B-phenylcarboran,* $Kp._{1,5}$ 200°. — *1.2-Bis-triäthylsiloxymethyl-B-äthylcarboran,* $Kp._1$ 180°. — *1.2-Bis-trimethylsiloxymethylcarboran,* $Kp._{0,5}$ 140–146°. — *1.2-Bis-tripropylsiloxymethylcarboran,* $Kp._{0,5}$ 190 bis 195°. — *1-Tripropylsiloxymethylcarboran,* $Kp._1$ 150 bis 155°. — *1-Triäthylsiloxyäthylpentachlorcarboran,* viskoses Öl. — *1-Trimethylsiloxymethylcarboran,* Öl. — *1-Triäthylsiloxypropyldecachlorcarboran.* — *Wärmeüberträgerfl.*; *Hochdruckschmiermittel*; *Flotationsfl.*; Zwischenprod. für *Polymere.* **(Brit.P. 1062915** vom 13/11. 1964, ausg. 22/3. 1967. U.S. Prior. 13/11. 1963.) — 11 S. A. Debo H 1380

2063 J. R. Geigy Akt.-Ges., Basel, Schweiz, **Metallderivate von Dialkylhydroxyphenylalkylphosphonsäuren und deren Halbestern** der allg. Formel $P_mM_xG_p$ erhält man durch Rk. entsprechender Phosphonsäuren bzw. deren Halbestern mit Metallverb., bes. Alkalimetallchloriden (M = Metall oder Metallalkyl der Wertigkeit 1–4; Alk = Alkyl; G = Anion der Wertigkeit 1–3; P = **I**; p = 0–6; y = 1–4; n = 0–1; m = 1–3; x = 1–2; z = 0–3; Wertigkeit von M = (2 – n)m/x + r · p/x, wobei r = Wertigkeit von G). — [*(O-Butyl-3.5-di-tert.-*

butyl-4-hydroxybenzylphosphonat) = **II**]. Es wurden erhalten: *Na*-**II**. — *Na-[O-Dodecyl-β-(3.5-di-tert.-butyl-4-hydroxyphenyl)-äthylphosphonat*]. — *Ni-Bis*-**II**, F. 120 bis 130°. — *Al-Tris*-**II**, F. 180° (Zers.). — *Cr-Tris*-**II**, F. 120

I 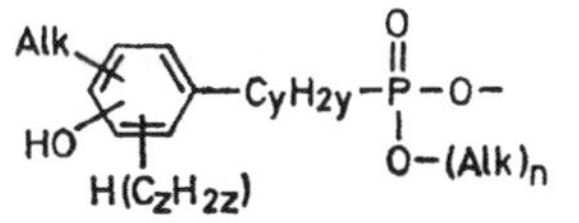

bis 130° (Zers.). — *Co-Bis*-**II**, F. (Zers.) 295—300°. — *Sn-Bis*-**II**, F. 95—100°, Zers. 130°. — *Cd-Bis*-**II**, F. 250 bis 255° (A.). — *Ba-Bis*-**II**, F. 240—247° (Zers.). — *Zn-Bis*-**II**, F. 295—300°. — *Dibutylzinn-bis*-**II**, F. 201—207° (Cyclohexan). — [*3.5-Di-tert.-butyl-4-hydroxybenzylphosphonat* = **III**]. — *Ba*-**III**, F. > 300°. — *Dialuminium-tris*-**III**, F. > 300° (Heptan). — *Cd*-**III**. — *Ni*-**III**, F. > 300°. — *Zn*-**III**, F. > 300°. — *Ni-Bis-[O-octadecyl*-**III**]. — *Dibutylzinn*-**III**, F. > 300°. — *Ni*-**II**-*chlorid*. — *Ni*-**III**-*acetat*. — *Ni₂-Bis*-**II**-*sulfat*. — *Zusätze zu Polyolefinen* zur Erhöhung der UV- u. der therm. Stabilität sowie der Anfärbbarkeit. (**Brit.P. 1081825** vom 13/1. 1966, ausg. 6/9. 1967. U.S. Prior. 13/1. u. 26/11. 1965.) — 17 S. A. Jahn H 1380

2064 Hooker Chemical Corp., Niagara Falls, N.Y., USA, **Phosphate** der allg. Formel $P(=O)OR^1(OR^2)(OR^3)$ (R^1 = ein Rest der allg. Formel $R^4R^5C=C(R^6)CH_2$–, R^4 = H oder Alkyl, R^5 u. R^6 = H, Halogen oder Alkyl, R^2 u. R^3 = Alkyl, Cycloalkyl, substituiertes Alkyl, Aryl oder halogensubstituiertes Aryl) erhält man durch Rk. eines Phosphits der allg. Formel $P(OR^1)(OR^2)OR^3$ mit 10 bis 60 Vol.-% O_2 bei 120—205°, bes. 130—190°. — Aus Triallylphosphit erhält man durch Einleiten von Luft bei 130° *Triallylphosphat*. Ferner ist noch beschrieben die Herst. von *Diallylmethyl-*, *Diallyläthyl-*, *Dimethylallyl-*, *Diallylphenyl-*, *Dimethallyläthyl-* u. *Dimethallylkresylphosphat*. (**Brit.P. 1076796** vom 14/8. 1964, ausg. 19/7. 1967. U.S. Prior. 16/8. 1963.) — 5 S. R. Bollinger H 1380

2065 Union Carbide Corp., übert. von: Chisung Wu, South Charleston, W.Va., USA, **Trithiophosphorigsäureester** werden hergestellt durch Rk. von organ. Disulfiden mit P in Ggw. eines bas. Katalysators u. in einem dipolaren, aproton. Lösungsmittel. — *Trithiophosphorigsäure*: *Tributylester*, $C_{12}H_{27}PS_3$, Kp.₃ 144°; n_D^{30} 1,5460; (Ausb.) 86,5%. — *Triphenylester*, F. 76—77°; 89%. — *Trimethylester*, Kp.₀,₂ 85—90°; n_D^{30} 1,6397; 96%. — *Triäthylester*, Kp.₀,₂ 85°; n_D^{30} 1,5850; 85%. — Lsgm. sind Dimethylsulfoxid, Acetonitril, N.N-Dimethylformamid, Aceton; Katalysatoren sind K-Äthylmercaptid, KOH, $KOCH_3$, LiC_4H_9. — Zusätze für *Hochdruckschmieröle* u. *Bzn.*; *Flammschutzmittel*; *Weichmacher*; *Antioxydationsmittel*; *Biozide*; *Entlaubungsmittel*; Zwischenprod., *Treibstoffzusätze*. (**U.S.P. 3341632** vom 24/6. 1964, ausg. 12/9. 1967.) — 5 S. A. Debo H 1380

2066 Union Carbide Corp., N.Y., übert. von: Frederick J. Karol, Somerset, und Wayne L. Carrick, East Brunswick, N.J., USA, **Aromatische und cycloaliphatische Kohlenwasserstoffe** erhält man durch Disproportionierung von Cycloolefinen mit 6 C-Atomen bei 20—200° in Ggw. von Pd-Halogeniden, bes. $PdCl_2$. — Aus Cyclohexen erhält man durch Erhitzen auf 80—81° in Ggw. von $PdCl_2$ Bzl. u. *Cyclohexan*. (**U.S.P. 3287427** vom 30/1. 1964, ausg. 22/11. 1966.) — 3 S. R. Bollinger H 1810

2067 Continental Oil Co., Ponca City, Okla., USA (Erfinder: Joseph Fath und John McNaughton Kolyer), **Primäre Mercaptane** werden hergestellt durch Rk. von α-Olefinen mit Thiocarbonsäuren, die bis 7 C-Atome enthalten, u. Hydrolyse des so erhaltenen Esters. — *Mercaptane*: *n-Dodecyl-*, F. — 9,2°, n_D^{25} 1,4572, D_4^{25} 0,845; *2-Äthylhexyl-*, Kp.₅₀ 101—102°, n_D^{25} 1,4550, D_4^{25} 0,852; *2-Phenyläthyl-*, Kp.₂₅ 109—110°, n_D^{25} 1,5584, D_4^{25} 1,03; *n-Octyl-*, Kp.₅₀ 107—109°, n_D^{25} 1,4523, D_4^{25} 0,842; *Eicosyl-*; *n-Hexyl-*, Kp. 150—153°, n_D^{25} 1,4477, D_4^{25} 0,839; *Cyclohexyl-*, Kp. 157—158°, n_D^{25} 1,4919, D_4^{25} 0,949. — Weitere Beispiele für Olefingemische, die Ausb. liegen zwischen 61 u. 86%. — *Zusätze zu synthet. Gummi u. anderen Polymeren*. (**Brit.P. 1060898** vom 24/1. 1966, ausg. 8/3. 1967.) — 8 S. A. Debo H 1890

2068 R. J. Reynolds Tobacco Co., Winston, N.C., USA (Erfinder: Ralph Lawrence Rowland), **Herstellung von 4-(2-Butenyliden]-3.5.5-trimethyl-2-cyclohexen-1-on**, Kp.₀,₂ des *cis–trans*-Gemisches 75°, bei Kp.₀,₀₉₅ 62°, durch Red. von Dehydroionon zu Dehydroionol, bes. mit $LiAlH_4$ oder $NaBH_4$, Umformung des Ionols mit einer Mineralsäure, bes. mit H_2SO_4, zu *4-[2-Butenyliden]-3.5.5-trimethyl-2-cyclohexen-1-ol*, u. Ox., bes. mit MnO_2, CrO_3 oder einem CrO_3/Py.-Komplex. — Verw. als *Geschmacksstoff in Tabak*. (**Brit.P. 1062852** vom 27/7. 1965, ausg. 22/3. 1967.) — 5 S. H. Roos H 1960

2069 Roussel-Uclaf, Paris (Erfinder: Robert Bucourt, Clichy-sous-Bois, André Pierdet, Noisy-le-Sec, Germain Costerousse, Montrouge, Daniel Hainaut, Paris, Robert Joly, Montmorency, Julien Warnant, Neuilly-sur-Seine, und Bernard Goffinet, Paris), Frankreich, **1.2-Dioxo-2-alkylcyclopentane** erhält man aus einem β-Ketosäureester der allg. Formel $RCH_2COCH\cdot(COOR')CH_2COOR'$ (R u. R' — gleich oder verschieden — Alkyl) durch Behandeln mit alkal. Mittel in einem aproton. Lsgm. mit anschließender Verseifung u. Decarboxylierung des erhaltenen 4-Alkoxycarbonyl-1.3-dioxo-2-alkylcyclopentans. — Aus Propionylbernsteinsäureäthylester → *4-Äthoxycarbonyl-1.3-dioxo-2-methylcyclopentan*, $C_9H_{12}O_4$, F. 105°, daraus durch Verseifung → *4-Carboxy-1.3-dioxo-2-methylcyclopentan*, F. 160°, daraus durch Decarboxylierung → *1.2-Dioxo-2-methylcyclopentan*, $C_6H_8O_2$, F. 214°, ähnlich: *1.3-Dioxo-2-äthylcyclopentan*, $C_7H_{10}O_2$, F. 175° u. *1.3-Dioxo-2-isopropylcyclopentan*, $C_8H_{12}O_2$, F. 218°. — *Verw. bei Synth. von Steroiden*. (**Schwz.P. 428696** vom 17/4. 1964, ausg. 31/7. 1967. F. Prior. 26/4., 10/7. u. 20/12. 1963.) — 5 S. R. Bollinger H 1970

2070 Robert Neville Haszeldine, Disley, und John Michael Birchall, Hulme, Cheshire, Großbritannien, **Fluorierte aromatische Verbindungen** der allg. Formel Ar–R erhält man durch Rk. von aromat. Polyfluorverb. der allg. Formel Ar–F mit einem Radikal, das ein einsames Elektron an C oder O gebunden enthält, keine elektr. Ladung trägt oder kein freies Ion ist [Ar = aromat. Rest; R = freier Radikalrest]. — Hexafluorbenzol (**I**) + Benzoylperoxid (**II**) (72 Std. Rückfluß) → *2.3.4.5.6-Pentafluorbiphenyl*, $C_{12}H_5F_5$, F. 108—110° (Ausb. 46%). — Pentafluorbenzol + **II** → *Tetrafluorbiphenyl*, $C_{12}H_6F_4$ F. 75—78° (Ausb. 7%). — **I** + Di-tert.-butylperoxid → *2.3.4.5.6-Pentafluortoluol*, Kp. 90—120°. (**Brit.P. 1054624** vom 5/9. 1963, ausg. 11/1. 1967.) — 11 S. A. Jahn H 2210

2071 J. R. Geigy Akt.-Ges., Basel (Erfinder: Heinrich Häusermann, Riehen), Schweiz, **Stilbenderivate** der allg. Formel **I** (R^1 u. R^2 = unsubstituiertes oder nicht

$$\begin{array}{l} R^1(O)_{n_1}CO(NHC_6H_4CO)_{m_1}NHC_6H_2(SO_3H)(SO_2R)CH \\ \qquad\qquad\qquad\qquad\qquad\qquad\qquad\qquad\qquad\quad \| \\ R^2(O)_{n_2}CO(NHC_6H_4CO)_{m_2}NHC_6H_2(SO_3H)(SO_2R)CH \end{array} \quad \mathbf{I}$$

chromogen substituiertes Alkyl, R = Alkyl, n_1, n_2, m_1, m_2 = 0 oder 1) erhält man durch Acylierung einer Verb. der allg. Formel **II** in inertem Lsgm. unter Ausschluß von

$$\begin{array}{l} (H_2NC_6H_4CO)_{m_1}NHC_6H_2(SO_3H)(SO_2R)CH \\ \qquad\qquad\qquad\qquad\qquad\qquad\qquad\qquad\quad \| \\ (H_2NC_6H_4CO)_{m_2}NHC_6H_2(SO_3H)(SO_2R)CH \end{array} \quad \mathbf{I}$$

W. bei 20—120°. — Aus 2-Methyl-4-chlorbenzol-1-sulfonsäurechlorid durch Rk. mit Na_2SO_3 → 2-Methyl-4-chlorbenzol-1-sulfonsäure, daraus mit Dimethylsulfat → 2-Methyl-4-chlorphenylmethylsulfon, F. 70°, daraus durch Nitrierung → *2-Methyl-4-chlor-5-nitrobenzol-1-methylsulfon*, F. 137°, daraus durch Rk. mit wss. Na_2SO_3 2-Nitro-4-methylsulfonyl-5-methylbenzol-1-sulfonsäure, daraus durch Ox. mit wss. NaOCl → 4.4'-Dinitro-6.6'-dimethylsulfonylstilben-3.3'-disulfonsäure, daraus durch Red. → 4.4'-Diamino-6.6'-dimethylsulfonylstilben-3.3'-disulfonsäure, daraus durch Rk. mit 2-Äthoxy-4-methylbenzoylchlorid → die in 4.4'-Stellung acylierte Verb.; ähnlich erhält man eine Reihe anderer, in der 4.4'-Stellung

acylierter Verb. durch Rk. mit Säurechloriden, wie 2.4-Dimethoxybenzoylchlorid, 2-Methoxy-4.5-dimethylbenzoylchlorid, 4-Nitrobenzoylchlorid, 2-Acetyloxy-4-methylbenzoylchlorid, 4.6-Dimethylbenzoylchlorid. Die Verb. sind nicht durch Kennzahlen charakterisiert. — *Chlorbeständige opt. Aufheller.* (**Brit.P. 1031750** vom 18/12. 1964, ausg. 2/6. 1966. Schwz. Prior. 20/12. 1963. **Schwz.P. 433249** vom 20/12. 1963, ausg. 30/9. 1967.) — 11 S.
R. Bollinger H 2290

2072 Argus Chemical Corp., Brooklyn, N.Y., USA, **Acylierte Dihydroxybenzophenone** der allg. Formel $C_6X_5COC_6(OH)_2(Y_{3-n})(COR)_n$ (X = H oder Halogen bzw. NO_2 oder Alkyl mit 1—30 C-Atomen, Y = H oder Halogen oder Alkyl mit 1—30 C-Atomen, R = Alkyl mit 11—29 C-Atomen, Cycloalkyl oder ein heterocycl. Rest, n = 1 oder 2) erhält man durch Rk. von Dihydroxybenzophenon mit einem Säurechlorid in Ggw. eines Friedel-Crafts-Katalysators oder durch Rk. mit einer Carbonsäure bei 150—190° in Ggw. von 2—20 Mol-% einer Sulfonsäure, wie Benzosulfonsäure, Toluolsulfonsäure, Naphthalinsulfonsäure oder Methansulfonsäure als Katalysator. — Aus 2.4-Dihydroxybenzophenon erhält man durch Rk. mit Lauroylchlorid in Ggw. von $AlCl_3$ in o-Dichlorbenzol bei 120° das *3-Lauroyl-2.4-dihydroxybenzophenon*, F. 80—81°, das 5-Isomere, F. 59—61°, ähnlich: *Dilauroyl-2.4-dihydroxybenzophenon*, F. 58—61°, *3-Butylcycloheptyl-2.4-dihydroxybenzophenon* u. das *5-Isomere, 3-* u. *5-Bromheptadecoyl-2.4-dihydroxybenzophenon* u. *Linolenyl-2.4-dihydroxybenzophenon.* — Zusätze zur *Steigerung der Lichtbeständigkeit von Polyolefinen* u. *Polyvinylhalogeniden.* (**Brit.P. 1071489** vom 17/12. 1963, ausg. 7/6. 1967. U.S. Psior. 21/12. 1962.) — 10 S.
R. Bollinger H 2380

2073 Allied Chemical Corp., New York, N.Y., USA, **Herstellung von hydroxysubstituierten, aromatischen Säuren** der allg. Formel **I** (X = Alkyl mit 1—4 C-Atomen,

I 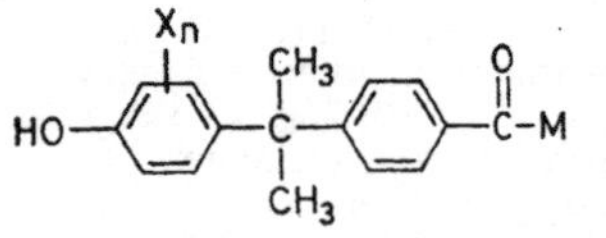

Cl, Br; M = OH, Alkoxy mit 1—4 C-Atomen; n = 0—4) erfolgt durch Rk. eines einwertigen Phenols mit einem Cuminsäurederivat. — Beispiel: Durch Rk. von Phenol mit α-Chlorcuminsäure erhält man die *α-p-Hydroxyphenylcuminsäure*, F. 170,5—172,5°. Durch Acetylierung erhält man daraus die *α-[p-Acetoxyphenyl]-cuminsäure*, F. 161—162°. Durch Erhitzen dieser Verb. mit Katalysatoren für die Polymerisation von Diestern mit Glykolen erhält man *Polyester.* — Hitzefeste *Filme* u. *Fasern.* (**Brit.P. 1082269** vom 16/8. 1965, ausg. 6/9. 1967. U.S. Prior. 17/8. 1964.) — 9 S.
R. Bauereis H 2450

2074 National Distillers & Chemical Corp., New York, N.Y. (Erfinder: Charles Edward Frank, Irving Lester Mador, Louis Joseph Rekers und Chase Davies Tonne, Cincinnati, O.), USA, **Diaminobicyclohexadien,** das an den Ringen durch Alkylreste substituiert sein kann, erhält man durch Rk. eines unsubstituierten oder eines mono- oder disubstituierten Hydroxylamins oder eines Oxims der Formeln RR^1NOH oder $R^2 = NOH$ (R u. R^1 = H oder organ. Rest; R^2 = substituiertes Methylen) mit einem unsubstituierten oder durch Alkylreste substituierten Benzol u. mit $TiCl_3$, $Ti(NO_3)_3$, $Ti(CH_3COO)_3$, $ZrCl_3$, $SnCl_2$, $MnCl_2$ oder VCl_2 im homogenen Rk.-Medium in Ggw. eines aliphat. Alkohols C_{1-4}, ggf. in Ggw. eines konjugierten aliphat. Diolefins C_{4-8}, wobei das Metallsalz mit dem Hydroxylamin oder Oxim eine Redox-Rk. eingeht. — Aus $TiCl_3$, NH_2OH u. Bzl. erhält man in Methanol über das nicht isolierte Diaminobicyclohexadien mit anschließender Hydrierung *Diaminobicyclohexyl*, $C_{12}H_{24}N_2$, Kp.$_{0,05}$ 92 bis 98°; ähnlich *Diaminodimethylbicyclohexyl*, $C_{14}H_{28}N_2$, Kp.$_{0,05}$ 98—124°. — *Zwischenprod.* für *Polyamide.* (**Schwz.P. 418328** vom 8/12. 1958, ausg. 15/2. 1967. U.S. Prior. 9/12. 1957.) — 5 S.
R. Bollinger H 2500

2075 Imperial Chemical Industries Ltd., London, Großbritannien (Erfinder: George Wright Taylor und Derek Harold Wood), **Phosphorsäure-Derivate** der allg. Formel $R(X)_nO \cdot P[O(X)_nR^2] \cdot O(X)_nR^1$ (R = ggf. in den Ringen substituierter 2-Hydroxybenzophenonrest; R^1 u. R^2 = Aryl oder Alkyl $\leqq C_6$; X = Alkylen- oder Alkylenoxyreste $\leqq C_{20}$; n = 0 oder 1) erhält man durch ggf. stufenweise Einw. der einzelnen entsprechenden OH Gruppen enthaltenden Komponenten auf PCl_3. — Durch Rk. von Trilaurylphosphit, PCl_3, 2-Hydroxy-4-[2-hydroxyäthoxy]-benzophenon u. 2.5-Di-tert.-butylhydrochinon bei 200° erhält man eine Verb. der Formel $C_{12}H_{25} \cdot OP[O\text{-}2.5\text{-}di\text{-}tert.\text{-}C_4H_9\text{–}C_6H_2OH]\text{–}[O(CH_2)_2OC_6H_3(OH) \cdot COC_6H_5]$; ähnlich folgende Verb.: $C_{12}H_{25}OP[O(CH_2)_2 \cdot OC_6H_3(OH)COC_6H_5]_2$; $(C_{12}H_{25}O)_2PO(CH_2)_2OC_6H_3(OH) \cdot COC_6H_5$ u. $C_{12}H_{25}OP[O(CH_2)_2O\text{–}3.5\text{-}di\text{-}tert.\text{-}C_4H_9\text{–}C_6H_2 \cdot OH]O(CH_2)_3OC_6H_3(OH)COC_6H_5$. — *Stabilisatoren für Polyolefine gegen Abbau durch Hitze u. UV-Bestrahlung.* (**Brit.P. 1066404** vom 1/3. 1965, ausg. 26/4. 1967.) — 4 S.
R. Bollinger H 2580

2076 Roussel-Uclaf, Paris, Frankreich, **1.5-Dioxo-7a-methyl-5.6.7.7a-tetrahydroindan-4-essigsäure** erhält man durch Rk. von $CH_2{=}CHCOCH_2CH_2COOR^1$ (R^1 = Alkyl mit 1—10 C-Atomen) mit 1.3-Dioxo-2-alkylcyclopentan in Ggw. eines alkal. Kondens.-Mittels. Das Kondens.-Prod. wird cyclisiert u. gleichzeitig hydrolysiert. — Aus Methyl-4-oxo-5-hexanoat mit 1.3-Dioxo-2-methylcyclopentan in Ae. u. Py. bei anschließendem Erhitzen mit HCl → *racem. 1.5-Dioxo-7a-methyl-5.6.7.7a-tetrahydroindan-4-essigsäure* u. → die *epimeren 4-Lactone des 4-(2'-Carboxyäthyl)-7.8-dioxo-4-hydroxy-1-methylbicyclo-(3.2.1)-octans*; das Gemisch wird mit $NaHCO_3$-Lsg. behandelt, filtriert, das Filtrat wird mit HCl angesäuert → *1.5-Dioxo-7a-methyl-5.6.7.7a-tetrahydroindan-4-essigsäure*, $C_{12}H_{14}O_4$, F. 200°, *Methylester*, $C_{13}H_{16}O_4$, F. 145°. — *Zwischenprod. für Steroidsynthese.* (**Brit.P. 1071818** vom 27/11. 1964, ausg. 14/6. 1967. F. Prior. 29/11. 1963.) — 5 S.
R. Bollinger H 2650

2077 United States Rubber Co., New York, N.Y., USA, **Reduktive Alkylierung** erfolgt durch Hydrierung eines Amins oder einer Nitroverb. in Ggw. eines aliphat. oder aromat. Aldehyds oder Ketons u. eines Sulfids der Platinmetalle. — Beispiel: Durch Hydrierung von Anilin in Ggw. von Butyraldehyd, Rh/C u. H_2S erhält man ein Gemisch von *N-n-Butylanilin*, Ausb. 12%, u. *N.N-Di-n-butylanilin*, Ausb. 36%. Analog wurden erhalten: *N-Phenyl-α-methylbenzylamin*, Kp.$_7$ 155—157°, *Hydrochlorid*, F. 183,5—185°; *N-Isopropyl-N'-phenyl-p-phenylendiamin*, F. 70—78°; *N-[1.3-Dimethylbutyl]-N'-phenyl-p-phenylendiamin, Monohydrochlorid*, F. 202—205°, $C_{18}H_{25} \cdot N_2Cl$, *N-3-[5-Methyl-heptyl]-N'-phenyl-p-phenylendiamin*, Kp.$_2$ 193—195°; *N.N'-Diisopropyl-1.5-diaminonaphthalin*, F. 134—135°, $C_{16}H_{22}N_2$, *Dihydrochlorid*, F. 284° (Zers.); *N.N'-Dicyclohexyl-1.5-diaminonaphthalin*, F. 195—196°, $C_{22}H_{30}N_2$; *N.N'-Di-sek.-butyl-1.5-diaminonaphthalin*, $C_{18} \cdot H_{26}N_2$; *N.N'-Di-1.3-dimethylbutyl-1.5-diaminonaphthalin*, $C_{22}H_{24}N_2$, F. 104,5—105°. — *Stabilisierungsmittel* u. *Antikrackmittel* für *Gummi.* (**Brit.P. 1064958** vom 31/12. 1963, ausg. 12/4. 1967. U.S. Prior. 12/3. 1963.) — 11 S.
R. Bauereis H 2700

2078 Merck & Co., Inc., Rahway, N.J., USA, **Dibenzocycloheptenderivate,** die in 10- u. 11-Stellung durch Acyl, in 5-Stellung durch OH u. $–CH_2CH_2CH_2NRR^1$ u. in den Bzl.-Kernen durch X u. X^1 substituiert sind (R u. R^1 = Alkyl oder zusammen mit N Piperidyl, Pyrrolidinyl, Morpholinyl, 1-Alkyl-4-piperazinyl, X u. X^1 = Halogen, Alkyl, Alkenyl, CF_3, OH, Alkoxy, Mercapto, Alkylmercapto, Alkylsulfonyl, Alkylsulfamoyl, Dialkylsulfamoyl) erhält man durch Rk. des 5-Ketons mit einer Grignard-Verb. der allg. Formel $RR^1N(CH_2)_3MgHalogen$. Durch Dehydratisierung kann die Propylidenverb. erhalten werden. — Aus 3-Dimethylaminopropyl-Mg-chlorid mit cis-10.11-Diacetoxy-10.11-dihydro-5H-dibenzo-(a.d)-cyclohepten-5-on in Tetrahydrofuran → *5-(3-Dimethylaminopropyl)-5-hydroxyderiv.*, $C_{24}H_{29}NO_5$, F. 134—135°. (**Brit.P. 1074083** vom 9/7. 1964, ausg. 28/6. 1967. U.S. Prior. 22/7. 1963.) — 4 S.
R. Bollinger H 2910

2079 Roussel-Uclaf, Paris, Frankreich, **Benzocycloheptene,** die in 2-, 3- u. 4-Stellung ggf. durch Alkoxy substituiert sind u. in 5-Stellung die Gruppe CH_2CH_2-COOH tragen, erhält man durch Ringschluß eines 8-Phenyl-4-ketooctansäureesters (**I**) in Ggw. von Sulfonsäuren, bes. p-Toluolsulfonsäure, als Katalysator in inertem Lsgm. unter W.-Ausschluß u. Verseifung der Estergruppe. **I** wird durch Ketospaltung von 8-Phenyl-5-carboalkoxy-4-ketooctansäureester, den man aus einem ggf. substituierten 3-Phenylpropan mit einer β-Ketoadipinsäure erhält, mittels Alkalihydroxid erhalten. — Aus 1-Chlor-3-(3′.4′.5′-trimethoxyphenyl)-propan mit Na·J in Aceton → *1-Jod-Deriv.*, daraus mit β-Ketoadipinsäureäthylester in Bzl. → *8-(3′.4′.5′-Trimethoxyphenyl)-5-carbäthoxy-4-ketooctansäureäthylester*, daraus durch Verseifung *freie Säure*, $C_{17}H_{24}O_6$, F. 91°, daraus mit CH_2N_2 *Methylester*, daraus mit p-Toluolsulfonsäure in Bzl. unter Ringschluß → *2.3.4-Trimethoxy-5-(2′-carbomethoxyäthyl)-8.9-dihydro-7H-benzocyclohepten*, $C_{13}H_{24}O_5$, F. 170—172°, daraus durch Verseifung *freie Säure*, $C_{17}H_{22}O_5$, F. 72°. — Zwischenprod. für die Herst. von *Colchicin*-Verbindungen. (**Brit.P. 1059812** vom 6/4. 1964, ausg. 22/2. 1967. F. Prior. 10/4. 1963.) — 7 S. R. Bollinger H 2910

2080 Roussel-Uclaf, Paris, Frankreich, **5-[2′-Carboalkoxyäthyl]-6-[2′-cyanäthyl]-8.9-dihydro-7H-benzocycloheptene,** die im Bzl.-Kern ggf. durch Alkoxy substituiert sind, erhält man aus 5-[2′-Carboxyäthyl]-8.9-dihydro-**I** (**I** = 7H-benzocyclohepten) durch Hydroxylierung der Doppelbindung, wobei das 5-Lacton des entsprechenden 5.6-Dihydroxy-5-[2′-carboxyäthyl]-5.6.8.9-tetrahydro-**I** entsteht, daraus durch Pinacolinumlagerung 5-[2′-Carboxyäthyl]-6-keto-5.6.8.9-tetrahydro-**I**; daraus erhält man durch Rk. mit einem Alkaliacetylid das 6-Hydroxy-6-äthinyl-Deriv., daraus durch Hydrierung die 6-Hydroxy-6-vinyl-Verb., daraus die 5-[2′-Carboalkoxyäthyl]-Verb., daraus durch Bromierung u. gleichzeitige Allylumlagerung das 6-[2′-Bromäthyliden]-Deriv.; daraus erhält man durch Rk. mit einem Cyanid die 6-[2′-Cyanäthyliden]-Verbindung. Diese wird dann mit konz. H_2SO_4 behandelt. — Aus 2.3.4-Trimethoxy-5-[2′-carbomethoxyäthyl]-8.9-dihydro-**I** erhält man durch Rk. mit N-Methylformanilid u. $POCl_3$ mit anschließender chromatograph. Reinigung *2.3.4-Trimethoxy-5-[2′-carbomethoxyäthyl]-6-formyl-8.9-dihydro-***I**, $C_{19}H_{24}O_6$, F. 92°, das *2.4-Dinitrophenylhydrazon*, F. 184°; daraus durch Rk. mit Cyanessigsäuremethylester in Ggw. von Piperidin das *6-[2′-Carbomethoxy-2′-cyanvinyl]-Deriv.*, daraus durch Hydrierung die *6-[2′-Carbomethoxy-2′-cyanäthyl]-Verb.*, daraus durch Verseifung das *6-[2′-Carboxy-2′-cyanäthyl]-5-[2′-carboxyäthyl]-Deriv.*, $C_{21}H_{25}NO_7$, F. 163°, daraus durch Decarboxylierung das *6-[2′-Cyanäthyl]-Deriv.*, F. 70°. — Zwischenprod. für *Colchicin-Derivate.* (**Brit.P. 1078418** vom 4/12. 1964, ausg. 9/8. 1967. F. Prior. 5/12. 1963.) — 10 S. R. Bollinger H 2910

2081 Roussel-Uclaf, Paris, Frankreich, **5-[2′-Carboxyäthyl]-6-[2′-cyanäthyl]-8.9-dihydro-7H-benzocyclohepten** erhält man aus 5-[2′-Carboalkoxyäthyl]-6-formyl-8.9-dihydro-7H-benzocyclohepten durch Rk. mit $CNCH_2$·COOR (R = ggf. durch Phenyl substituiertes Alkyl), anschließende Hydrierung des dabei entstehenden 6-[2′-Carboalkoxy-2′-cyanvinyl]-Deriv., Verseifung u. anschließende CO_2-Abspaltung. — Aus 2.3.4-Trimethoxy-5-[2′-carbomethoxyäthyl]-6-formyl-8.9-dihydro-7H-benzocyclohepten erhält man durch Rk. mit Cyanessigsäuremethylester in Ggw. von Piperidin das *6-[2′-Carbomethoxy-2′-cyanvinyl]-Deriv.*, daraus durch Hydrierung die *6-[2′-Carbomethoxy-2′-cyanäthyl]-Verb.*, daraus durch Verseifung die *5-[2′-Carboxyäthyl]-6-[2′-carboxy-2′-cyanäthyl]-Verb.*, $C_{21}H_{25}NO_7$, F. 163°, daraus durch Erhitzen auf 180° *2.3.4-Trimethoxy-5-[2′-carboxyäthyl]-6-[2′-cyanäthyl]-8.9-dihydro-7H-benzocyclohepten. — Zwischenprod.* für *Colchicin-Derivate.* (**Brit.P. 1078420** vom 4/12. 1964, ausg. 9/8. 1967. F. Prior. 5/12. 1963.) — 6 S. R. Bollinger H 2910

2082 Dow Chemical Co., Midland, Mich., USA (Erfinder: Carleton Whitman Roberts, Daniel H. Haigh und Richard James Rathsack), **Diels-Alder-Addukte von Hexachlorcyclopentadien und Tetrahydrophthalsäureanhydrid** erhält man durch Rk. der äquimolaren Mengen der beiden Bestandteile in einem inerten hochsd. Lsgm., z. B. o-Dichlorbenzol bei 150—200° oder in Abwesenheit eines Lösungsmittels. — Aus Hexachlorcyclopentadien u. cis-Tetrahydrophthalsäureanhydrid in o-Dichlorbenzol bei 275—276° erhält man *1.2.3.4.9.9-Hexachlor-1.4.4a.5.6.7.8.8a-octahydro-1.4-methanonaphthalin-6.7-dicarbonsäureanhydrid*, $C_{13}H_8Cl_6O_3$, F. 275—276°, *freie Säure*, F. 274°, *Dimethylester*, F. 102—103°, *Monoisopropylester*, F. 119—120°, *Dibutylester*, Kp.$_{0,1}$ 190°, *Bis-(2-äthylhexyl)-ester*, *Diallylester*, F. 78—79° u. *Mono-2-methylallylester*, F. 124—126°. — *Flammfeste Weichmacher* für *Polyvinylchlorid* u. *Äthylcelluloseharze.* (**Brit.P. 1069747** vom 10/8. 1964, ausg. 24/5. 1967.) — 7 S. R. Bollinger H 2950

2083 Esso Research and Engineering Co., Elizabeth, N.J., USA (Erfinder: Eugene Leo Stogryn und Anthony John Passannante), **1.2-Divinyläthylenoxid** erhält man durch Rk. von 3.4-Dihydroxy-1.5-hexadien mit CH_3COCl in Ggw. von $CaCl_2$ u. des dabei erhaltenen 3-Chlor-4-acetoxy-1.5-hexadiens mit Alkalihydroxid. — Aus 3.4-Dihydroxy-1.5-hexadien durch Rk. mit $CaCl_2$ u. CH_3COCl → *3-Chlor-4-acetoxy-1.5-hexadien*, daraus durch Rk. mit NaOH in W. bei 90—100° *1.2-Divinyläthylenoxid*, Kp. 108—112°. Diese Verb. kann *polymerisiert* werden. (**Brit.P. 1061019** vom 26/11. 1963, ausg. 8/3. 1967.) — 6 S. R. Bollinger H 3030

2084 Shell Internationale Research Mij. N.V., Den Haag, Niederlande, **Glycidyläther des 2.2-bis-(4-hydroxyphenyl)-propans,** das substituiert sein kann, erhält man durch Rk. eines (substituierten) 2.2-Bis-(4-hydroxyphenyl)-propans mit einem Epichlorhydrin u. einem α-Dichlorhydrin im Mol.-Verhältnis 1:1,1 in Lsgm. bei Ggw. einer alkal. Verbindung. — Aus 2.2-Bis-(4-hydroxyphenyl)-propan mit wss. HCHO in Ggw. von wss. NaOH u. anschließend mit Epichlorhydrin → monomethylolsubstituierter Diglycidyläther des 2.2-Bis-(4-hydroxyphenyl)-propans. Die erhaltenen Epoxyverb. können polymerisiert u. mischpolymerisiert werden. (**Brit.P. 1088594** vom 17/11. 1964, ausg. 13/9. 1967. U.S. Prior. 19/11. 1963.) — 11 S. R. Bollinger H 3030

2085 Celanese Corp. of America, New York, N.Y., übert. von: Hubert H. Thigpen, Wallace E. Taylor und Arthur W. Schnizer, Corpus Christi, Tex., USA, **Oxydation organischer Verbindungen** erfolgt durch Einleiten eines Dampfgemisches aus Peressigsäure u. CH_3·CHO (**I**), das man bes. durch Ox. von CH_3CHO mit O_2 bei 130—180° unter Druck in einem Al-Reaktor erhält, in eine 3—60-bödige Al-Kolonne, die bei 60—150°, bes. bei 100°/50 mm betrieben wird, in der das Dampfgemisch mit der zu oxydierenden fl. Verb. in Berührung kommt, wobei man ein das Ox.-Prod. enthaltendes „Raffinat", das bei 150° eine „stripping section" passiert u. nach Kondens. als Nebenprod. CH_3COOH erhält, während nichtumgesetztes **I** als Dampf wieder in die Ox. zurückgeführt wird. — Beispiele zur Epoxydierung von Soyabohnenöl u. 2-Äthylhexyltallat. — 2.2-Bis-[p.p′-diallyloxyphenyl]-propan → *2.2-Bis-[p-glycidylphenyl]-propan.* — Cyclohexanon (**II**) → *α-Hydroxy-***II** u. *γ-Caprolacton.* — Allylacetat → *Glycidylacetat* + *Glycerindi-* u. *-triacetat.* Weitere nach dem Verf. oxydierbare Verb.: Allylpropionat, Camphen, Dichloräthylen, Dicyclopentadien, 1-Dodecen, Methylcrotonat, Methyl-**II**, Nonen-2, Octylen, Pinen, Styrol, cis-Stilben, Dibenzyl- u. Diallylsulfid, Äthyl-n-butylsulfid, 2.5-Dimethylpyrazin, 6-Nitrochinolin, Nitrostyrole. (**U.S.P. 3278562** vom 30/8. 1962, ausg. 11/10. 1966.) — 6 S. O. Müller-Meiningen H 3030

2086 E. I. du Pont de Nemours & Co., Wilmington, übert. von: Gilbert H. Berezin, Newark, Del., USA, **3-Hydroxymethyl-3-hydroxyoxetan** erhält man durch Ox. von 3-Methylenoxetan mit 1 Mol H_2O_2 in Ggw. von OsO_4 oder RuO_4 bei 0—50° → $C_4H_8O_3$, Kp.$_3$ 102—105°. Durch Ox. von 3-Methylenoxetan mit 2 Mol H_2O_2 u. OsO_4 erhält man *3-Oxetanon*, $C_3H_4O_2$, Kp.$_{150}$ 58—60°. — Zwischenprod. für *Polymere*; *Bindemittel* für elektroluminiscierende Schirme. (**U.S.P. 3297719** vom 27/11. 1964, ausg. 10/1. 1967.) — 3 S. R. Bauereis H 3040

2087 Celanese Corp. of America, New York, N.Y., USA, **Herstellung von Ortho- und Oxetanestern** erfolgt durch Erhitzen von Dimethylolverb. der allg. Formel $HO–CH_2–CR(CH_2–OH)–CH_2–OCOR'$ (R = H, Alkyl, Aralkyl, Aryl, Alkaryl; R' = H, Alkyl, Aralkyl, Aryl, Alkaryl, Hydroxyalkyl, Alkenyl) unter sauren Bedingungen u. unter Vakuum. – Beispiel: Durch Erhitzen von Trimethylolpropan mit Essigsäure in Ggw. von p-Toluolsulfonsäure erhält man das *1-Methyl-4-äthyl-2.6.7-trioxabicyclo-[2.2.2]-octan*, $Kp._8$ 85°, F. 40–41°, $C_8H_{14}O_3$, 36%. Analog wurde erhalten: *Trimethylolpropan-orthopropionat*, $Kp._4$ 83°, F. 14–15°, $C_9H_{16}O_3$, 52,7%; *Trimethylolpropanorthoformiat*, F. 60°, $C_7H_{12}O_3$, 22,2%; *Trimethyloläthan-orthopropionat*, $Kp._3$ 60,5°, F. 14,5 bis 15,5°, $C_8H_{14}O_3$, 80,2%; *Trimethylolpropan-orthoheptanoat*, $Kp._{3,2}$ 140–146°, F. 29–30°, $C_{13}H_{24}O_3$, 23,5%; *Trimethylolpropan-orthopivalat*, F. 94–94,5°, $C_{11}H_{20}O_3$, 77,5%; *Trimethylolbutanorthopropionat*, $Kp._5$ 103°, F. 24 bis 25°, $C_{10}H_{18}O_3$; *Trimethylolpropan-orthochloracetat*, F. 53–54°, $C_8H_{13}O_3Cl$; *Trimethylolpropan-monocaproat*, $Kp._3$ 112–134°, F. 41,5–42°, $C_{12}H_{22}O_3$, 46,2%. Durch Erhitzen der Orthoester in Ggw. von Al_2O_3 erhält man die Oxetanester. – Zwischenprod. für *Polymere*. (**Brit.P. 1086540** vom 28/10. 1964, ausg. 11/10. 1967. U.S. Prior. 31/10. 1963.) – 11 S. R. Bauereis H 3040

2088 Imperial Chemical Industries Ltd., London, Großbritannien (Erfinder: Robert Arthur Lawrence Wilson und Leonard Keith Pugh), **Isomerisierung von 2.5-Dihydrothiophen-1.1-dioxid** u. Monoalkylderiv. davon zu *2.3-Dihydrothiophen-1.1-dioxid* u. Monoalkylderiv. davon erfolgt durch Kontakt mit einem alkal., im Rk.-Gemisch unlösl. Katalysator wie KOH oder LiOH oder einem alkal. Salz oder einer starken organ. Base in einem Lösungsmittel. So erhält man durch Behandlung von Butadiensulfon in tert.-Butanol mit NaOH das *2.3-Dihydrothiophen-1.1-dioxid*, F. 52°. – Zwischenprod. für *Kunstharze*. (**Brit.P. 1057664** vom 1/11. 1962, ausg. 8/2. 1967.) – 3 S. R. Bauereis H 3071

2089 Shell Internationale Research Mij. N.V., Den Haag, Niederlande, **N-[β-Hydroxyäthyl]-α-pyrrolidon,** $Kp._7$ 160°, erhält man durch Rk. von N-[β-Hydroxyäthyl]-allylamin mit CO in einem fl. inerten Verdünnungsmittel bei 125–350° u. 75–450 at in Ggw. eines Kobalt- oder Rhodiumcarbonyl-Katalysators. – Zwischenprod. für *Copolymere*. (**Brit.P. 1072429** vom 23/5. 1966, ausg. 14/6. 1967. U.S. Prior. 24/5. 1965.) – 4 S.
R. Bauereis H 3081

2090 Institute Organicheskoi Khimii Im. N.D. Zelinskogo, Moskau, UdSSR (Erfinder: Gennady Ivanovitch Nikishin und Ramiz Ibragim Ogly Mustafaev), **Herstellung von 5-Alkyl-2-pyrrolidonen** erfolgt durch Rk. eines prim. Alkylamins mit mindestens 2 C-Atomen mit Methylacrylat bei 130–180° in Ggw. von tert.-Butylperoxid als Katalysator. Hexylamin → *5-Amyl-2-pyrrolidon*, $Kp._8$ 139,5–141,5°, F. 36,5°, Ausb. 72%; Decylamin → *5-Nonyl-2-pyrrolidon*, F. 58,5–59°, 80%. – Zwischenprod. für *Polymere*. (**Brit.P. 1073944** vom 7/8. 1964, ausg. 28/6. 1967.) – 2 S.
R. Bauereis H 3081

2091 Ilford Ltd., Ilford, Essex, Großbritannien (Erfinder: Brian Anderson und David William Crichton Ramsay), **N-Aminophenylphthalimido-Derivate** erhält man durch Rk. eines Phenylendiamins mit einem durch Carbon- oder Sulfonsäuregruppen substituierten Phthalsäureanhydrid. – Beispiel: Durch Rk. des NaK-Salzes von 5-Sulfo-trimellitsäureanhydrid mit 4-Amino-N-äthyl-N-hydroxypentylanilin erhält man das *Kalium-N-[4-N-ε-hydroxypentylaminophenyl]-phthalimido-4-carboxy-5-sulfonat*, $C_{22}H_{23}O_8N_2SK$, $2H_2O$, als rotbraune Kristalle. Analog: *Di-kalium-N-[4.N.N-diäthylamino-2-methoxyphenyl]-phthalimid-4-carboxylat-5-sulfonat*, $C_{20}\cdot H_{20}N_2O_9SK_2$, H_2O; *Di-kalium-N-[4-N-äthyl-N-ε-hydroxypentylaminophenyl]-phthalimid-3.5-disulfonat*, $C_{21}H_{22}N_2\cdot S_2O_9K_2$, H_2O; *N-[4-N.N-Diäthylamino-2-methylphenyl]-phthalimid-4-carboxy-5-sulfonat*; *4.5-Dicarboxy-N-[4-N.N-diäthylaminophenyl]-phthalimid*, F. > 300°; *4.5-Dicarboxy-N-[4-N.N-diäthylamino-2-methylphenyl]-phthalimid*, F. 247–250°; *Di-kalium-N-[4-N-äthyl-N-β-hydroxyäthylaminophenyl]-phthalimid-4-carboxylat-5-sulfonat*; Monokalium-trimellitsäure-4-sulfonamid, $C_9H_6NO_8SK$, → Kaliumphthalsäureanhydrid-4-sulfonamid-5-carboxylat, F. 165–170°, → *N-[4-N-Äthyl-N-ε-hydroxypentylaminophenyl]-phthalimid-4-sulfonamid-5-carbonsäure*, $C_{22}H_{25}\cdot N_3SO_7$, F. 215–217°; *N-[4-N.N-Diäthylamino-2-methylphenyl]-phthalimid-4-sulfonamid-5-carbonsäure*, F. 285 bis 286°. – *Photograph. Farbentwickler*. (**Brit.P. 1069061** vom 10/2. 1965, ausg. 17/5. 1967.) – 7 S.
R. Bauereis H 3081

2092 Mitsubishi Kasei Kogyo K.K., Tokio (Erfinder: Hisashi Senshu und Masao Yamashita, Yawata-shi, Fukuokaken), Japan, **Herstellung von Naphthalsäureimidderivaten** erfolgt durch Rk. eines 4-Halogen-, 4-Nitro-, 4-Thionaphthalsäureimids oder eines Naphthalsäureimid-4-sulfonsäuresalzes mit einem Alkohol (Schwz.P. 416639) oder durch Rk. eines 4-Oxynaphthalsäureimids mit Verätherungsmitteln (Schwz.P. 416640) oder durch Rk. einer in 4-Stellung entsprechend substituierten Naphthalsäure oder dessen Anhydrid mit einem Amin (Schwz.P. 416641). – Durch Rk. von N-Methylnaphthalsäureimid-4-Na-sulfonat mit NaOH u. Methanol unter Rückfluß erhält man das *N-Methyl-4-methoxynaphthalsäureimid*, $C_{14}H_{11}NO_3$, F. 198,8–199,2°. – Durch Rk. von N-Methyl-4-oxynaphthalsäureimid mit Diäthylsulfat bei 60 u. dann bei 95° erhält man das *N-Methyl-4-äthoxynaphthalsäureimid*, F. 167,5–168,3°. – Durch Rk. von 4-Methoxynaphthalinsäureanhydrid mit Anilin bis zum Kp. erhält man das *N-Phenyl-4-methoxynaphthalsäureimid*, F. 238,8–240,3°. Analog folgende Naphthalsäureimide (**I**): *N-Methyl-4-phenoxy-***I**, F. 177,5–178,5°. *N-Methyl-4-[2'-äthoxy]-äthoxy-***I**, F. 124,5–126°. *N-Methyl-4-benzyloxy-***I**, F. 198,8–200,5°. *N-Phenyl-4-phenoxy-***I**, F. 274–275,2°. *N-Methyl-4-[2'-oxy]-äthoxy-***I**, F. 196,8–198,5°. *N-Methyl-4-N'.N'-dimethylaminoäthoxy-***I**, F. 142,8–144°. *4-Methoxy-***I**, F. 307,5–309°. – Opt. Bleichmittel. (**Schwz.P.P 416639, 416640** u. **416641** vom 18/7. 1962, ausg. 31/1. 1967. Jap. Prior. 20/7. 1961.) – 5 S. – 4 S. – 5 S.
R. Bauereis H 3081

2093 Eastman Kodak Co., Rochester, N.Y. (Erfinder: Melvin Sigmund Bloom, Kingsport, Tenn.), USA, **Heterocyclische Verbindungen** der allg. Formel **I** erhält man durch Rk. von 4.4'-Stilbendicarbonsäuren der allg. Formel $[HO_2C–]_nR$ mit einem o-substituierten

I 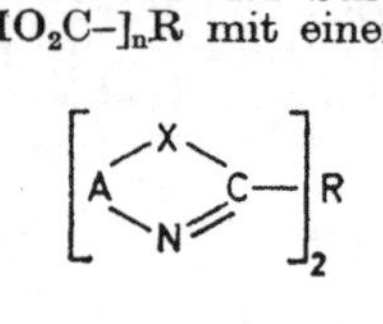

Anilin der allg. Formel $(HZ)_{2-n}A–(NH_2)_n(HCl)_m$ (A = o-Phenylenrest; R = 4.4'-Stilbenrest; Z = O oder S; X = Z oder NH; n = 1 oder 2; m = o oder n). – o-Aminophenol-Hydrochlorid + 4.4'-Stilbendicarbonsäure → *4.4'-Bis-[benzoxazolyl-(2)]-stilben*, $C_{28}H_{18}N_2O_4$, F. 351 bis 355°. – Analog erhält man: *4.4'-Bis-[benzthiazolyl-(2)]-stilben*, $C_{28}H_{18}N_2S_2$, F. 320–325° (1.2.4-Trichlorbenzol). – *4.4'-Bis-[benzimidazolyl-(2)]-stilben*. – *4.4'-Bis-[5-phenylbenzoxazolyl-(2)]-stilben*, $C_{40}H_{26}N_2O_2$, gelbe Blättchen, F. 360°. – *Opt. Aufheller* für Textilien. (**Schwz.P. 421964** vom 1/6. 1964, ausg. 15/4. 1967. **Brit.P. 1072919** vom 14/5. 1964, ausg. 21/6. 1967. Beide U.S. Prior. 10/6. 1963.) – 5 S. A. Jahn H 3100

2094 Tenneco Chemicals, Inc., New York, N.Y., USA, **Methylen-bis-[4-oxymethyl-1.3-dioxolane]** erhält man durch Rk. von 2 Mol eines 4-Hydroxymethyl-1.3-dioxolans mit 1 Mol CH_2O in Ggw. eines sauren Katalysators (BF_3-Di-n-butylätherat). – Beispiel: Durch Rk. von 4-Hydroxymethyl-1.3-dioxolan mit Polyoxymethylen in Ggw. von BF_3-Di-n-butylätherat erhält man das *Methylen-bis-[4-oxymethyl-1.3-dioxolan]*, $Kp._{0,5-9}$ 114 bis 122°. – Zwischenprod. für *Formaldehyd-Copolymere*. (**Brit.P. 1077673** vom 10/7. 1964, ausg. 2/8. 1967. U.S. Prior. 10/7. 1963.) – 2 S. R. Bauereis H 3102

2095 Gevaert-Agfa N.V., Mortsel, Belgien (Erfinder: Pieter Hendrik Eerdekens und Robert Joseph Pollet), **3-Arylamino-2-pyrazolin-5-on-Derivate,** die in der 1-Stellung durch eine ggf. substituierte Phenyl-

gruppe u. in der 3-Stellung durch den Rest $-NHC_6H_3RR^1$ (R = Halogen, Alkyl, Alkoxy, NO_2 oder Acylamino, R^1 = H, Halogen, Alkyl, Alkoxy, NO_2, Acylamino) substituiert sind, erhält man durch Rk. von 3-Amino-3-pyrazolin-5-on, das in der 1-Stellung durch ggf. substituiertes Phenyl substituiert ist, mit einem Arylamin der allg. Formel $NH_2C_6H_3RR^1$. — Aus 1-Phenyl-3-amino-2-pyrazolin-5-on erhält man durch Rk. mit Anilinhydrochlorid in CH_3COOH *1-Phenyl-3-anilino-2-pyrazolin-5-on*, F. 222°; ähnlich folgende *1-Phenyl-3-R-2-pyrazolin-5-one*: *R* = *p-Methoxyanilino*, F. 190°, *p-Toluidino*, F. 230°, *p-Chloranilino*, F. 232°, *p-Hydroxyanilino*, F. 260°, *o-Methoxyanilino*, F. 178°, *p-Fluoranilino*, F. 215°, *2-Hydroxy-5-nitroanilino*, F. 262°, *4-Methyl-5-nitroanilino*, F. 220°, *p-Hexadecylanilino*, F. 110°, *p-Hexadecyloxyanilino*, F. 137°, *β-Naphthylamino*, F. 217° u. *3-Carboxy-4-hexadecylthioanilino*, F. 223°, aus 2-Hexadecylthio-5-nitrobenzoesäure, F. 108°, u. 3-Carboxy-4-hexadecylthioanilinhydrochlorid, F. 132°. Ferner ist noch beschrieben die Herst. von: *1-p-Nitrophenyl-3-p-methoxyanilino-2-pyrazolin-5-on*, F. 234°, *3-Anilino-2-pyrazolin-5-on*, F. 256°, *1-β-Hydroxyäthyl-3-[p-hexadecylanilino]-2-pyrazolin-5-on*, F. 142°, *N.N'-Bis-[1-phenyl-5-oxo-2-pyrazolinyl-(3)]-p-phenylendiamin*, F. 280°, *1-[2.2.2-Trifluoräthyl]-3-[p-hexadecyloxyanilino]-2-pyrazolin-5-on*, F. 120°, u. *1-[5-(N-Methyl-N-hexadecyl)-sulfamoyl]-2-pyridyl-3-anilino-2-pyrazolin-5-on*, F. 144°. — *Verw. in der Farbenphotographie*. (**Brit.P. 1069584** vom 15/10. 1964, ausg. 17/5. 1967.) — 7 S.
R. Bollinger H 3122

2096 Eastman Kodak Co., Rochester, N.Y., USA, **1-Aryl-3-anilin-5-pyrazolone** erhält man durch Rk. eines Arylhydrazins mit Methyl-β-methylmercapto-β-aryliminopropionat u. nachfolgendem Erhitzen mit $NaOCH_3$. — Aus 2.4.6-Trichlorphenylhydrazin erhält man durch Rk. mit 4-Methylsulfonylphenylisothiocyanat u. anschließendem Erhitzen mit $NaOCH_3$ *1-[2.4.6-Trichlorphenyl]-3-[4-methylsulfonylanilino]-5-pyrazolon*, F. 267 bis 269°, ähnlich folgende *1-[2.4.6-Trichlorphenyl]-3-(R)-5-pyrazolone*: R = *4-Cyananilin*, F. 299—303°, *3-Cyananilin*, F. 290—292°, *2-Chlor-5-cyananilin*, F. 259—262°, *3-Nitroanilin*, F. 250—251° u. *2.4-Dichloranilin*, F. 197 bis 201°. Ferner ist noch beschrieben die Herst. von *1-[2.6-Dichlor-4-nitrophenyl]-3-[2.4-dichloranilin]-5-pyrazolon*, F. 229—231° u. *1-[2.6-Dichlor-4-cyanphenyl]-3-[2.4-dichloranilin]-5-pyrazolon*, F. 258—261°. — Verw. in der *Farbenphotographie*. (**Brit.P. 1059146** vom 13/2. 1964, ausg. 15/2. 1967. U.S. Prior. 18/2. 1963.) — 8 S.
R. Bollinger H 3122

2097 Farbwerke Hoechst Akt.-Ges. vormals Meister Lucius & Brüning, Frankfurt/M., **1.4-Bis-[benzoxazolyl-(2)]-naphthalin** (I) u. seine in den beiden Benzolresten jeweils durch R^1 u. R^2 substituierten Deriv. erhält man durch Rk. von Naphthalin-1.4-dicarbonsäuredichlorid mit o-Aminophenolen (R^1 u. R^2 = H, Alkyl, Phenyl oder Halogen; R^1 u. R^2 zusammen können einen niederen Alkylenrest bilden). — Es wurden erhalten: I, gelbe Nadeln, F. 212—213° (Diäthylketon). — Naphthaline: *1.4-Bis-[5-tert.-butylbenzoxazolyl-(2)]-*, F. 167—168° (PAe.). — *1.4-Bis-[5-methyl-benzoxazolyl-(2)]-*, F. 236—238°. — *1.4-Bis-[6-methylbenzoxazolyl-(2)]-*, F. 211—213°. — *1.4-Bis-[5.7-dimethylbenzoxazolyl-(2)]-*, F. 242—243°. — *1.4-Bis-[5.6-dimethylbenzoxazolyl-(2)]-*; *1.4-Bis-[5-chlor-6-methylbenzoxazolyl-(2)]-*, F. 276—278°. — *1.4-Bis-[5-phenylbenzoxazolyl-(2)]-*, F. 247—248°. — *1.4-Bis-[5-chlor-benzoxazolyl-(2)]-*, F. 253—256°. — *1.4-Bis-[6-chlorbenzoxazolyl-(2)]-*, F. 238—240°. — *Opt. Aufheller*. (**Brit.P. 1059687** vom 29/4. 1965, ausg. 22/2. 1967. D. Prior. 29/4. u. 28/12. 1964.) — 7 S. A. Jahn H 3132

2098 American Cyanamid Co., Township of Wayne (Erfinder: Bennett George Buell, Somerville), N.J., USA, **2-Styrylbenzoxazole** der allg. Formel **I** erhält man durch Ringschluß aus Verb. **II** u. **III**, wobei **III** vor oder während des Ringschlusses red. wird [Q u. Z = H, NH_2, NO_2, RCONH-Reste; R = H, Alkyl-, ein- oder zweikerniger Arylrest, Aralkyl-, C_{1-7}-Alkoxy-, NH_2, Mono- oder Di-C_{1-7}-Alkylaminorest, Arylaminorest]. Es werden die in Brit.P. 1007017; C. **1968**, 10-2903 beschriebenen

I, II, III
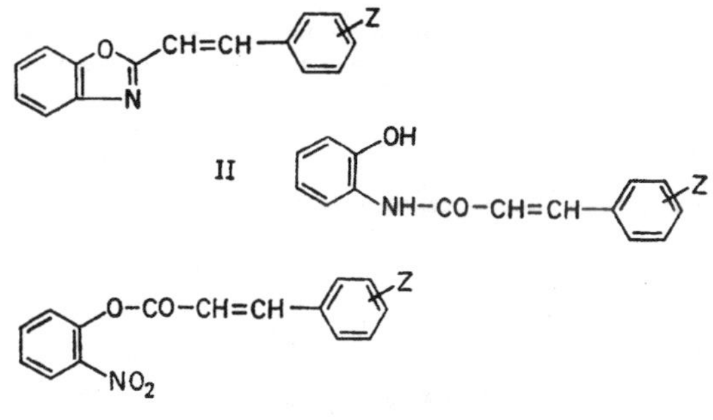

Verb. erhalten. — *Opt. Aufheller*. (**Schwz.P. 419180** vom 24/10. 1962, ausg. 28/2. 1967. U.S. Prior. 17/11. 1961.) — 7 S. A. Jahn H 3132

2099 S.p.A. Ferrania (Erfinder: Brunello Mariani und Renato Sgarbi), Mailand, Italien, **Benzazolderivate** der allg. Formel **I** (X = O oder S; R = H, Halogen) erhält man durch Rk. von 5- oder 6-Amino-2-

I
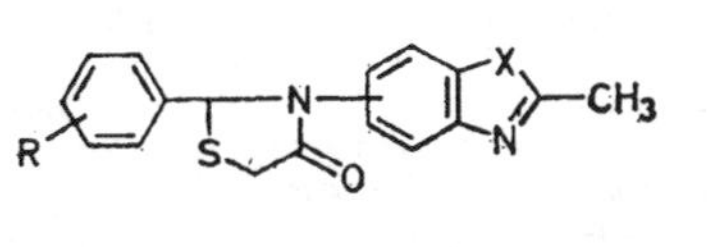

methyl-benzazolderiv. in der Wärme mit entsprechenden Benzaldehyden u. nachfolgend mit Thioglykolsäure (**II**). -6-Amino-2-methylbenzthiazol + Benzaldehyd + **II** → *2-Methyl-6-[2-phenyl-4-oxothiazolidinyl-(3)]-benzthiazol*, F. 161° (Methanol). — Analog wurden erhalten: *2-Methyl-5-methoxy-6-[2-phenyl-4-oxothiazolidinyl-(3)]-benzthiazol*, F. 175°. — *2-Methyl-5-[2-phenyl-4-oxathiazolidinyl-(3)]-benzoxazol*, F. 142°. — *2-Methyl-5-[2-(2-chlorphenyl)-4-oxothiazolidinyl-(3)]-benzthiazol*, F. 179°. — *2-Methyl-6-[2-(2-chlorphenyl)-4-oxothiazolidinyl-(3)]-benzthiazol*, F. 130°. — *Photosensibilisatoren*. (**Schwz.P. 424785** vom 29/4. 1965, ausg. 31/5. 1967. It. Prior. 5/5. 1964.) — 2 S.
A. Jahn H 3142

2100 Olin Mathieson Chemical Corp., New York, N.Y., USA (Erfinder: Edward Anthony Staba) **Blei-nitroaminotetrazol-Blei-styphnat-Doppelsalz**, $C_7H \cdot N_9O_{10}Pb_2$, erhält man durch Rk. der wss. Lsg. eines Pb-Salzes mit der wss. Lsg. *eines Metallsalzes* von Nitroaminotetrazol u. Styphninsäure in etwa äquimolaren Mengen bei pH 3—7, bes. 35—95°. — *Sprengstoff*. (**Brit.P. 1069440** vom 14/10. 1964, ausg. 17/5. 1967.) — 8 S.
A. Jahn H 3184

2101 Imperial Chemical Industries Ltd., London, Großbritannien (Erfinder: Edward George Gazzard und James Mairn Greenshields), **Aldimine** erhält man durch Rk. eines 2-Aminomethyl-3.4-dihydro-2H-pyrans mit einem Aldehyd. — Beispiel: Durch Rk. von 2-Aminomethyl-3.4-dihydro-2H-pyran mit 2-Formyl-2.4-dihydro-2H-pyran erhält man das *1.3-Bis-[3.4-dihydro-2H-pyran-2-yl]-2-azaprop-2-en*, $C_{12}H_{17}NO_2$, $Kp._8$ 138 bis 138,5°. Analog: *1-[3'.4'-Dihydro-2'H'-pyran-2'-yl]-4-methyl-2-azapent-2-en*, $C_{10}H_{17}NO$, $Kp._{8,8-8}$ 56—58°; *1-Phenyl-3-[3'.4'-dihydro-2'H'-pyran-2'-yl]-2-azaprop-1-en*, $C_{13} \cdot H_{15}NO$, $Kp._{0,11-0,18}$ 115—131°; *1-[2'.5'-Dimethyl-3'.4'-dihydro-2'H'-pyran-2'-yl]-3-[3'.4'-dihydro-2'H'-pyran-2'-yl]-2-azapropen*, $Kp._{0,10-0,16}$ 99—102°; *1-[3'-(3''.4''-Dihydro-2''H''-pyran-2''-yl)-2'-azaprop-1'-enyl]-phenyl-3-[3'.4'-dihydro-2'H'-pyran-2'-yl]-2-azapropen*, F. 74°; *1-[2'.5'-Dimethyl-3'.4'-dihydro-2'H'-pyran-2'-yl]-3.3-dimethyl-2-azapropen*, $Kp._{17}$ 112°. — *Vernetzungs- u. Härtungsmittel für Polymere*, Zwischenprod. für *Homopolymere*. (**Brit.P. 1067782** vom 24/11. 1964, ausg. 3/5. 1967.) — 8 S. R. Bauereis H 3211

2102 Imperial Chemical Industries Ltd., London, Großbritannien (Erfinder: Edward George Gazzard und James Nairn Greenshields), **Polymerisierbare Bis-amide** erhält man durch Rk. eines 2-Aminomethyl-3.4-dihydro-2H-pyrans mit einer aromat. oder gesätt. aliphat. Dicarbonsäure oder einem Deriv. davon. — Beispiel: Durch Rk. von 2-Aminomethyl-3.4-dihydro-

2H-pyran mit Dimethylphthalat erhält man das *N.N'-Bis-[3.4-dihydro-2H-pyran-2-methyl]-phthalamid*, F. 150,4°. Analog: *N.N'-Bis-[3.4-dihydro-2H-pyran-2-methyl]-adipamid*, F. 133—134°; *N.N'-Bis-[3.4-dihydro-2H-pyran-2-methyl]-oxamid*, F. 162—163°; *N.N'-Dimethyl-N.N'-bis-[2.5-dimethyl-3.4-dihydro-2H-pyran-2-methyl]-succinamid*, Kp.$_{0,5}$ 174—200°; *N.N'-Bis-[2.5-dimethyl-3.4-dihydro-2H-pyran-2-methyl]-oxamid*, F. 70—71°; *N.N'-Bis-[2.5-dimethyl-3.4-dihydro-2H-pyran-2-methyl]-phthalamid*, F. 131°. — Zwischenprod. für *Homo-* u. *Copolymere*. (**Brit.P. 1071816** vom 30/10. 1964, ausg. 14/6. 1967.) — 6 S. R. Bauereis H 3211

2103 Nitto Chemical Industry Co. Ltd., Tokio, und Zaidanhojin Nitto Rikagaku Kenkyujo, Urawa-shi, Saitama-ken, Japan (Erfinder: Hachiro Yamaguchi und Keiji Nakano), **Imidosulfonsäuresalze von Hydroxyaminen** mit 2—12 C-Atomen u. 1—3 Hydroxylgruppen, wie Äthanolamin oder 2-Amino-2-methyl-1-propanol oder von Morpholin, N-Alkylmorpholin, wie N-Methylmorpholin, oder von tert. Aminen mit 3—12 C-Atomen, wie Trimethylamin oder Py., erhält man durch Ionenaustausch eines Ammoniumsalzes von Imidodisulfonsäure mit dem entsprechenden Amin in wss. Lsg. bei 0—100° oder durch Freisetzung der Imidodisulfonsäure aus einem Ammoniumsalz mit einem Ionenaustauscher u. Neutralisation der Säure mit einem entsprechenden Amin unter 35°. Genannt werden die Imidosulfonsäuresalze folgender Amine: Chinolin, F. 113°, Pyridin, F. 148°, β-Picolin, F. 95—97°, α-Picolin, F. 113 bis 117°, 2.4-Lutidin, F. 100—103°, Morpholin, F. 167°, N-Methylmorpholin, F. 165—167°, Dimethylbenzylamin, F. 90—91,5°, Trimethylamin, F. 67°, Triäthylamin, F. 82 bis 84°, 2-Amino-2-methyl-propanol, F. 102—102,8°. — *Härtungskatalysatoren für säurehärtbare Aminoplaste*. — Zeichnung. (**Brit.P. 1065086** vom 13/3. 1964, ausg. 12/4. 1967.) — 8 S. R. Bauereis H 3231

2104 Imperial Chemical Industries Ltd., London, Großbritannien (Erfinder: Norman Gunning Bromby, Graham Howard Rayner und David Buchanan Wootton), **Pyridiniumsalze** erhält man nach folgendem Beispiel: Durch Rk. von 4-Methyl-2-α-methylcyclohexylphenol mit HCl erhält man das 2-Chlor-methyl-4-methyl-6-α-methylcyclohexylphenol. Durch Rk. dieser Verb. mit Py. erhält man das *2-Hydroxy-5-methyl-3-[α-methylcyclohexyl]-benzylpyridiniumchlorid*, F. 211,5 bis 215°. Analog wurden folgende Benzylpyridiniumverb. (I) erhalten: *4-Hydroxy-3-methyl-5-tert.-butyl-*I*-chlorid*, F. 225 bis 226°; *2-Hydroxy-3-tert.-butyl-5-methyl-*I*-chlorid*, F. 214 bis 215°; *2-Hydroxy-3.5-di-tert.-butyl-*I*-chlorid*, F. 201 bis 202°; *4-Hydroxy-3.5-di-tert.-butyl-*I*-chlorid*, F. 226°; *4-Hydroxy-3.5-diisopropyl-*I*-chlorid*, F. 219°; *2-Hydroxy-3-tert.-octyl-5-methyl-*I*-chlorid*, F. 193—196°; *4-Hydroxy-3-tert.-butyl-5-methyl-*I*-chlorid*, F. 218°; *2-Hydroxy-5-methyl-3-[α-methylcyclohexyl]-*I*-2-hydroxy-5-methyl-3-[α-methylcyclohexyl]-phenylmethansulfonat*, F. 158—159°; *4-Hydroxy-3-methyl-5-tert.-butyl-*I*-4-hydroxy-3-methyl-5-tert.-butylphenylmethansulfonat*, F. 202,5—203,5°; *2-Hydroxy-5-methyl-3-[α-methylcyclohexyl]-*I*-nitrat*, F. 135—136°; *Bis-[2-hydroxy-5-methyl-3-α-methylcyclohexyl-*I*]-thiosulfat*, F. 74—75°, *-dithionat*, F. 206—207° (Zers.), *-tetrathionat*, F. 151—152°. — Mittel zur *Verhinderung der vorzeitigen Vulkanisierung von Kautschuk*; Tabellen. (**Brit.P. 1059581** vom 7/5. 1963, ausg. 22/2. 1967.) — 7 S. R. Bauereis H 3231

2105 Warner-Lambert Pharmaceutical Co., Morris Plains, N.J., USA (Erfinder: Richard Emery Brown und Robert Israel Meltzer), **Lactame** der allg. Formel **I** (R^1, R^2 = H, Alkoxy mit 1—6 C-Atomen; R^3 = H, Alkyl mit 1—6 C-Atomen; R^4 = H, OH, O; n = 1, 2) erhält man durch Rk. eines ggf. substituierten Phenylalkylamins der allg. Formel R^1–C_6H_3(o-R^2)–p-CH_2–CH_2–NH_2 mit einer cycl. Ketosäure der allg. Formel **II** unter azeotroper Entfernung des W. u. Ringschluß der entstandenen Schiffschen Base der allg. Formel **III** mit einem substituierten Carbodiimid der allg. Formel R'–N=C=N–R' (R' = Isopropyl, Cyclohexyl, Isobutyl). — Eine Lsg. von 2-(β-Carboxyäthyl)-2-methyl-1.3-cyclopentandion (**IV**) u. m-Methoxyphenäthylamin in CH_2Cl_2 wird 2½ Std. unter Rückfluß u. dann 10 Min. mit Dicyclohexylcarbodiimid erhitzt → *4.4a-Dihydro-1-(m-methoxyphenäthyl)-4a-methyl-1H-1-pyrindin-2.5-(3H.6H)-dion*, gelbes Öl. — Analog: Aus Homo-

I

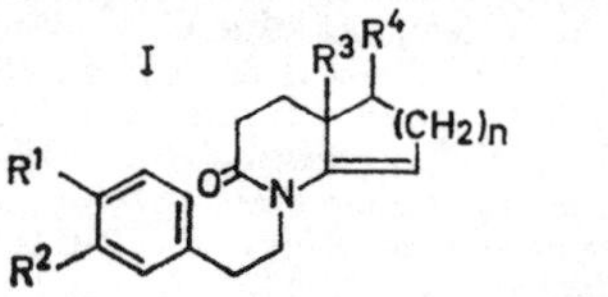

II

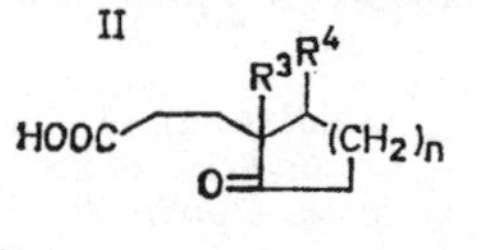

III

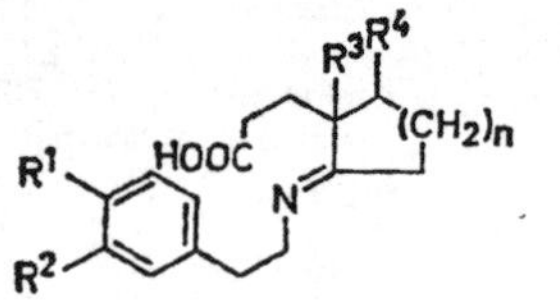

veratrylamin u. **IV** → *4.4a-Dihydro-1-(3.4-dimethoxyphenäthyl)-4a-methyl-1H-1-pyrindin-2.5-(3H.6H)-dion*, F. 75—76° (Ae.). — Zwischenprod. für *8-Azasteroide* u. substituierte *Chinolizine*. (**Brit.P. 1085076** vom 4/8. 1964, ausg. 27/9. 1967.) — 3 S. A. Ullrich H 3231

2106 Imperial Chemical Industries Ltd., London, Großbritannien (Erfinder: Norman Geoffrey Creasey und James Alastair Crichton Watt), **Silane oder Siloxane**, die mindestens eine Piperidyl-C_2H_4-Gruppe enthalten, erhält man durch Rk. eines Alkenylpyridins mit einer Siliconverb., die ein Si-gebundenes H-Atom enthält, u. Hydrierung der entstandenen Pyridyl-siliconverbindung. So erhält man durch Hydrierung von 1.3-Bis-[β-[2-methyl-5-pyridyl)-äthyl]-tetramethyldisiloxan in Ggw. von PtO_2 das *1.3-Bis-[β-(4-piperidyl)-äthyl]-tetramethyldisiloxan*, Kp.$_{0,01}$ 134—136°. — *Modifizierungsmittel für Silicone*; Zwischenprod. für *Polymere*. (**Brit.P. 1059914** vom 12/9. 1962, ausg. 22/2. 1967.) — 4 S. R. Bauereis H 3231

2107 Monsanto Chemicals (Australia) Ltd., West Footscray, Australien, **Herstellung von Chinolinen** durch Kondens. von geeignet substituierten Anilinderiv. mit β-Vinylketonen bzw. -aldehyden oder Vorstufen solcher Ketoderiv. bei 110—130° mit Arsensäure als Kondens.-Mittel. — Man erhitzt z. B. eine Mischung aus 7,7 g 3-Nitro-4-aminotoluol, 5,5 ml 1-Hydroxy-2-methylbutan-3-on(I) u. 0,5 ml konz. HCl 1 Std. auf 90°, verd. *4-[2-Nitro-4-methylanilino-]-3-methylbutan-2-on* enthaltendes Rk.-Prod. mit 40 ml 65 Gew.-%ig. As_2O_5 u. gibt die Mischung innerhalb 2 Std. in 40 ml 65 Gew.-%ig. sd. As_2O_5, worauf man noch weitere 2 Std. unter Rückfluß erhitzt → 69% *3.4.6-Trimethyl-8-nitrochinolin*, F. 198—199°. — Analog nachst. Chinoline: Nitroanilin + I → 79% *3.4-Dimethyl-6-nitro-*, $C_{11}H_{10}N_2O$, F. 180—181°. — p-Toluidin + Methylisopropenylketon + I → 54% *3.4.6-Trimethyl-*, $C_{12}H_{13}N$, F. 66°. — o-Nitroanilin (**II**) + I → 76% *3.4-Dimethyl-8-nitro-*, F. 156°. — **II** + Pent-3-en-2-on → 70% *2.4-Dimethyl-8-nitro-*, F. 148—150°. — **II** + 4-Hydroxybutan-2-on → *4-Methyl-8-nitro-*, F. 124—126°. — **II** + β-Hydroxypropiophenon → *4-Phenyl-8-nitro-*, F. 126°. — **II** + 3-Hydroxybutyraldehyd → *2-Methyl-8-nitro-*, F. 137 bis 138°. — **II** + 2-Isopropyl-3-hydroxypropionaldehyd → *3-Isopropyl-8-nitro-*, F. 103—104°. — **II** + Methacroleindiacetat → *3-Methyl-8-nitro-*, F. 107—110°. (**Brit.P. 1075223** vom 28/8. 1964, ausg. 12/7. 1967. Aust. Prior. 30/8. 1963.) — 7 S. O. Schön H 3231

2108 Firmenich & Cie., Genf, Schweiz, **Herstellung von Pyrazinderivaten** erfolgt durch Rk. eines halogenierten Methylpyrazins mit einem Alkalimethylat oder einem -methylmercaptid. — Durch Rk. von 2-Methylpyrazin-N-oxid, Kp.$_8$ 80—115°, mit $POCl_3$ erhält man das 2-Methylchlorpyrazin, Kp.$_{10}$ 53—54°, daraus durch Rk. mit Na-Methylat ein Gemisch aus 75% *2-Methyl-3-methoxypyrazin* u. 25% *2-Methyl-5-* u. *-6-methoxypyrazin*, Kp.$_{15}$ 48—50°. — Analog: Gemisch aus 70% *2-Methyl-3-methylmercaptopyrazin* u. *2-Methyl-5-* u. *-6-methylmercaptopyrazin*, Kp.$_{10}$ 84—88°. — *Aromastoffe* für *Nahrungsmittel* u. *Getränke*. (**Brit.P. 1061734** vom 21/2. 1964, ausg. 15/3. 1967. Schwz. Prior. 26/2. 1963.) — 6 S. R. Bauereis H 3272

2109 Whiffen & Sons Ltd., Loughborough, Leicestershire, Großbritannien (Erfinder: Michael David Hinchliffe, John Miller, Brian John Needham und Michael Arthur Smith), **Organische Hydrazin(I)-Derivate** werden erhalten durch Behandeln eines Isohydrazons der allg. Formel II (R^1 u. R^3 = H oder Alkyl; R^2 =

II
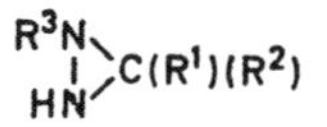

Alkyl oder Aryl; oder $R^1 + R^2$ = Polymethylen), das man bes. durch Rk. von Cl_2 oder $ClNH_2$ in Ggw. eines prim. Amins u./oder NH_3 mit Aldehyden oder Ketonen erhält, mit einer Säure, bes. wss. H_2SO_4, HCl oder konz. CH_3COOH. — 8,6 (Teile) Methyläthylketonisohydrazon (III) tropft man zu 4 98%ig. H_2SO_4 + 28 W., erhitzt bis 100°, wobei CH_3–CO–C_2H_5 abdest. u. 3,2 einer ca. 10%ig. I-Sulfatlsg. (IV) hinterbleibt, der man 15,3 Aceton u. dann 10,7 NaCN in 15,3 W. innerhalb 1,5 Std. bei 20—25° zutropft, wobei man 10,3 (76,7%) *Hydrazodiisobutyronitril* erhält. Verwendet man an Stelle von Aceton Cyclohexanon, erhält man *Hydrazodicyclohexanonnitril*. — IV + 17,28 Harnstoff → 8,2 (75,14%) *Dehydroharnstoff*, H_2N–CO–NH–NH–CO–NH_2, F. 246°. — IV + Maleinsäure(V)-anhydrid → 33% V-*Hydrazid* (*1.2-Dihydropyridazin-3.6-dion*), F. 314°. — IV + $C_6H_5SO_2Cl$ → 70,5% *Benzolsulfonylhydrazid*, F. 92—100° (Zers.), das entsprechende *Oxy-bis-Deriv.*, F. 150°. — 25,8 III + 14,7 H_2SO_4 in 60 W. 15 Min. unter Rückfluß, dann Zugabe von 22,8 NH_4-Thiocyanat, nach 2std. Sieden 50 W. zugeben u. W. + CH_3–CO–C_2H_5 abdest. → 19,6 (71,8%) *Thiosemicarbazid*, F. 175°. — 10 III + 19,6 V-Anhydrid in 200 Eisessig 6 Std. bei Raumtemp. → 14,7 (64,6%) *N.N'-Di-[β-carboxyacroyl]-I*, F. 185°. — 10,6 III + 29,6 Phthalsäureanhydrid in 400 Eisessig → 20 (67%) *N-Phthalimidophthalimid*, F. 314—315°. (**Brit.P. 1066055** vom 18/5. 1963, ausg. 19/4. 1967.) — 4 S.
O. Müller-Meiningen H 3272

2110 Imperial Chemical Industries Ltd., London, Großbritannien (Erfinder: Godfrey Fort), **Piperazinderivate** erhält man durch Rk. von Methansulfonamid mit Glyoxal in Ggw. eines alkal. Katalysators. Je nach Rk.-Bedingungen erhält man das *2.3.5.6-Tetrahydroxy-1.4-dimethansulfonylpiperazin* (I), F. 190°, $C_6H_{14}N_2O_8S_2$, oder das *1.2-Dimethansulfonamido-äthan-1.2-diol*, F. 199° (Zers.), $C_4H_{12}N_2O_6S_2$. Durch Rk. von I mit Essigsäureanhydrid erhält man das *2.3.5.6-Tetra-acetoxy-1.4-dimethansulfonyl-piperazin*, F. 190—194°, $C_{14}H_{22}N_2O_{12}S_2$. Durch Rk. von I mit $SOCl_2$ erhält man das *2.3.5.6-Tetrachlor-1.4-dimethansulfonyl-piperazin*, $C_6H_{10}Cl_4N_2O_4S_2$. Durch Rk. dieser Verb. mit $AgNO_3$ erhält man das *1.4-Dimethansulfonyl-2.3.5.6-tetranitropiperazin*, F. 140° (Zers.), $C_6H_{10}N_6O_{12}S_2$. — *Sprengstoffe*. (**Brit.P. 1060202** vom 5/2. 1965, ausg. 1/3. 1967.) — 4 S.
R. Bauereis H 3272

2111 Imperial Chemical Industries Ltd., London, Großbritannien (Erfinder: James Andrew Gibson und James Brown Parker), **2.3.5.6-Tetrahydroxypiperazin-1.4-disulfonsäure (I).** Durch Rk. von Sulfaminsäure mit Glyoxalmonohydrat in Ggw. von $NaHCO_3$ erhält man das *Dinatriumsalz* von I, F. 127—129°, $C_4H_8N_2Na_2O_{10}S_2$, Di-[S-benzyl-thiuronium]-I, (Zers.). Analog: *Dikaliumsalz* von I, F. 154° (Zers.); *Dilithiumsalz* von I, F. 105—107°. — Zwischenprod. für *Sprengstoffe*. (**Brit.P. 1065946** vom 21/4. 1965, ausg. 19/4. 1967.) — 3 S. R. Bauereis H 3272

2112 Imperial Chemical Industries Ltd., London, Großbritannien (Erfinder: James Andrew Gibson und James Brown Parker), **Piperazinderivate** erhält man durch Rk. von 2.3.5.6-Tetrahydroxy-piperazin-1.4-disulfonsäure, Dinatriumsalz, mit Difluoramin. Je nach Rk.-Bedingungen erhält man das *2.3.5.6-Tetrafluorimino-piperazin*, F. 230°, $C_4H_2N_6F_4$, *2.3.5-Trifluorimino-6-keto-piperazin*, F. 206—207°, $C_4H_2F_3N_5O$, oder das *Bisfluorimino-diketopiperazin*, F. 156—157°, $C_4H_2F_2 \cdot N_4O_2$. — *Treibstoffe*. (**Brit.P. 1081866** vom 28/4. 1965, ausg. 6/9. 1967.) — 3 S. R. Bauereis H 3272

2113 Imperial Chemical Industries Ltd., London, Großbritannien (Erfinder: Alan Norman Ferguson und Godfrey Fort), **1.4-Diformyl-2.3.5.6-tetrakis-[difluoramino]-piperazin,** F. 168—170°, $C_6H_6O_2N_6F_8$, erhält man durch Rk. von 1.4-Diformyl-2.3.5.6-tetrahydroxypiperazin oder einem Ester davon mit Difluoramin in einer inerten Atmosphäre u. in Ggw. eines sauren Kondens.-Mittels (Schwefelsäure). — *Treibstoffe*. (**Brit.P. 1081897** vom 6/8. 1964, ausg. 6/9. 1967.) — 3 S.
R. Bauereis H 3272

2114 Imperial Chemical Industries Ltd., London, Großbritannien (Erfinder: Godfrey Fort), **Difluoraminierte Piperazin-Derivate** erhält man nach folgendem Beispiel: Durch Rk. von 2.3.5.6-Tetrahydroxy-1.4-dimethansulfonylpiperazin mit Difluoramin erhält man je nach Rk.-Bedingungen das *2.3.5.6-Tetrakis-[difluoramino]-1.4-dimethansulfonylpiperazin*, $C_6H_{10}F_8N_6O_4S_2$, F. 235 bis 240° (Zers.), u. das *Bis-[difluoramino]-dihydroxy-1.4-dimethansulfonylpiperazin*, $C_6H_{12}F_4N_4O_6S_2$, F. 184° (I). Durch Acetylierung von I erhält man das *Diacetoxy-bis-[difluoramino]-1.4-dimethansulfonylpiperazin*, $C_{10}H_{16}F_4 \cdot N_4O_8S_2$, Zers. 210—220°. — *Treibstoffe*. (**Brit.P. 1082062** vom 5/2. 1965, ausg. 6/9. 1967.) — 3 S.
R. Bauereis H 3272

2115 J. P. Stevens & Co., Inc., New York, N.Y., USA, **Polyfunktionelle Amidverbindungen,** die 2 Endgruppen der allg. Zus. Z–X–N< enthalten (Z = CH_2=CR–X–N<, QCH_2–CHR–X–N<, R^1OCH_2–CHR–X–N<; X = –CO–, –SO_2–; R = H, C_{1-5}-Alkyl; Q = Konjugat einer Base mit einer Säure, tert.-Ammoniumkation; R^1 = H, C_{1-5}-Alkyl), erhält man nach folgendem Beispiel: Durch Rk. von Piperazin mit 3-Acetoxypropionylchlorid erhält man das *1.4-Bis-[3-Acetoxypropionyl]-piperazin*, F. 136—138°, Ausb. 90%. Genannt werden noch: *1.4-Diacryloyl-piperazin*, F. 93—98°, 35%; *1.4-Diacryloyl-2.5-dimethylpiperazin*, A, F. 145—151°, B, F. 83—95°; *1.4-Dimethylacryloylpiperazin*, F. 114 bis 116°; *1.4-Bis-[3-Hydroxypropionyl]-piperazin*, F. 127,5 bis 129°; *1.2-Bis-[3-methoxypropionyl]-hydrazin*, F. 78 bis 83°, 26%; *1.2-Bis-[3-acetoxypropionyl]-hydrazin*, F. 160—162,5°, 39%; *1-[3-Methoxypropionyl]-2-acryloylhydrazin*, F. 109—113°, 69%; *1-[3-Chlorpropionyl]-2-[3-methoxypropionyl]-hydrazin*, F. 155—158°, 74%; *1-[3-Acetoxypropionyl]-2-[3-methoxypropionyl]-hydrazin*, F. 98 bis 99°, 60%; *1.2-Bis-[3-methoxypropionyl]-1.2-bis-[hydroxymethyl]-hydrazin*; *Bis-[vinylsulfonyl]-piperazin*, F. 204—205,5°, 29,9%; *1.4-Bis-[vinylsulfonyl]-2.5-dimethylpiperazin*, F. 145—158°, 44%; *1.4-Bis-[vinylsulfonyl]-2-methylpiperazin*, F. 112—114°, 25%. — *Modifizierungsmittel* für *Polymere*, *Vernetzungsmittel* für *Cellulosetextilien*. (**Brit.P. 1071298** vom 13/8. 1964, ausg. 7/6. 1967. U.S. Prior. 13/8., 27/9. 1963, 16/1., 1/4. u. 23/7. 1964.) — 24 S. R. Bauereis H 3272

2116 Yissum Research Development Co. (Erfinder: Felix Gotthilf Bergmann, Zohair Neiman und Moshe Rashi), Jerusalem, Israel, **1-Methyl-6-thionopurine** erhält man durch Rk. von 1-Methyl-6-methylmercaptopurinen mit H_2S in Ggw. von wss. NH_3. — 1.9-Dimethyl-6-methylmercaptopurinjodid (Zers. 220—221°) → *1.9-Dimethyl-6-thionopurin*, $C_7H_8 \cdot N_4S$, gelbe Nadeln, F. 250° (Essigsäure). — Ferner 6-Thionopurine: *1-Methyl-8-(o-pyridyl)-*, $C_{11}H_9N_5S$, gelbe Nadeln, Zers. > 300° (wss. Dimethylformamid). — *1.9-Dimethyl-8-(o-pyridyl)-*, $C_{12}H_{11}N_5S$, gelbliche Nadeln, F. 255° (Dimethylformamid). — *1-Methyl-8-phenyl-*, $C_{12}H_{10}N_4S$, gelbe Nadeln, Zers. > 300° (verd. Essigsäure). (**Brit.P. 1073040** vom 2/3. 1966, ausg. 21/6. 1967. **Zusatz zu Brit.P. 1073039.**) — 5 S. A. Jahn H 3272

2117 Imperial Chemical Industries Ltd., London, Großbritannien (Erfinder: Edward George Gazzard und James Nairn Greenshields), **1.3.5-Tris-[3.4-dihydro-2H-pyran-2-methyl]-hexahydro-symm.-triazin,** $Kp._{0,04}$ 134°, erhält man durch Erhitzen von CH_2O mit 2-Aminomethyl-3.4-dihydro-2H-pyran, bes. in Ggw. von Triäthylamin als Katalysator, bes. in Methanol. — *Quervernetzer*. (**Brit.P. 1067783** vom 24/11. 1964, ausg. 3/5. 1967.) — 1 S. A. Jahn H 3313

2118 Monsanto Co., St. Louis, Mo., USA (Erfinder: Walter Fink, Rüschlikon, Schweiz), **Siliciumhaltige**

heterocyclische Triisocyanate der mutmaßlichen Formel I erhält man durch Rk. eines Silazans der allg. Formel $[-(R)_2Si-NH-]_n$ mit einem organ. Diisocyanat der allg. Formel $R^1(NCO)_2$ im Mol.-Verhältnis von $\geq$ 1:4 n (R = ggf. substituierter aliphat., cycloaliphat., araliphat.,

I 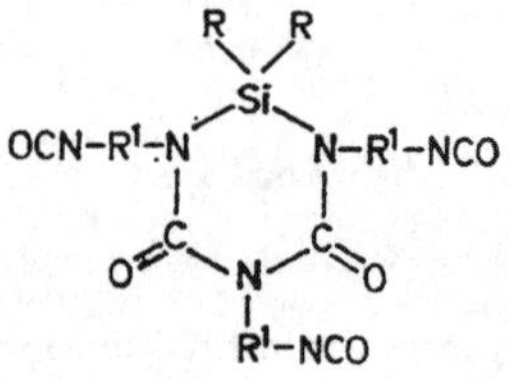

aromat. oder heterocycl. Rest; n $\geq$ 2; R^1 = 2wertiger organ. Rest). — Als Nebenprod. entsteht ein Diisocyanat der mutmaßlichen Formel OCN–R^1–NHCONCO. — Toluylendiisocyanat (0,45 Mol.) wird mit Hexamethylcyclotrisilazan (II) (0,025 Mol.) 8—16 Std. bei 120—140° gerührt, das Rk.-Prod. in 250 ml Bzl. gelöst u. mit Hexan gefällt → gelbliches Pulver der Zus. $C_{28}H_{24}N_6O_5Si$ mit 3,1 freien NCO-Gruppen. — Hexamethylendiisocyanat + II → zähe gelbliche Fl., $C_{25}H_{42}N_6 \cdot O_5Si$. — Diphenylmethan-4.4'-diisocyanat + II → $C_{46} \cdot H_{36}N_6O_5Si$. — *Polymerenvorprodukte.* (**Schwz.P. 422781** vom 13/12. 1962, ausg. 29/4. 1967.) — 4 S.
A. Jahn H 3354

2119 Rohm & Haas Co., Philadelphia, übert. von: Fred E. Boettner, Huntingdon Valley, Pa., USA, **Alkyl- und Polyalkoxyalkylglucoside** der allg. Formel $R-O-C_6H_{11}O_5$ (R = n-Alkyl- oder prim. oder sek. verzweigter Alkylrest, jeweils C_{8-18}, oder $R'-O-(C_2H_4O)_x$; R' = normaler oder verzweigter Alkylrest C_{8-18} oder Mono- oder Dialkylphenyl mit insgesamt 8—12 C-Atomen in den Alkylresten; x = 1—8) erhält man a) durch Rk. von 1 Mol Glucose (I) oder einer hydrolysierbaren I-Verb., z. B. Maltose, Saccharose, mit 1—8, bes. 1,5—4 Mol eines Alkanols der allg. Formel ROH in einem Lsgm., z. B. Dimethylsulfoxid oder bes. Dimethylformamid (DMF) bei 60—100° in Ggw. eines wasserfreien Kationenaustauscherharzes in der Säureform, z. B. „XE-230" oder „Amberlyst-15", oder b) durch Rk. von I in Ggw. des Austauschers mit Methanol (M) (→ *Methylglucosid*), Zugabe von n-Butanol zum Rk.-Gemisch, Abdest. des M (→ *Butylglucosid*), Zugabe von ROH u. Abdest. des Butanols, wobei die Alkohole jeweils im Überschuß eingesetzt u. die Zwischenprod. nicht isoliert werden; nach der Rk. wird überschüssiges ROH abdestilliert. Bei nicht destillierbarem ROH kann auch ein I-Überschuß angewandt werden. Geeignete ROH sind prim. Alkohole mit einem Mol.-Gew. von 130—435 (z. B. n-Octyl-, n-Decyl-, n-Dodecyl-, n-Tetradecyl-, n-Octadecyl-, Undecyl-, Tridecylalkohol, Octylphenoxy-tris- u. -pentaäthoxyäthanol, Lauryl-tetrakis-äthoxyäthanol, N-Hydroxyäthyl-lauroylamid), sek. Alkohole [z. B. Octanol-(2), 2.6.8-Trimethylnonanol-(4), 2-Methyl-7-äthylundecanol-(4), Dodecanol-(6), 3-Äthylundecanol-(6), 3.9-Diäthyltridecanol-(6), 5-Äthylnonanol-(2), 2.6-Dimethylheptanol-(4)] sowie durch Oxosynth. hergestellte Isodecyl-, Isoundecyl- u. Isotridecylalkohole. — *n-Tetradecyl-G* (G = Glucosid), $C_{20}H_{40}O_6$, nach b), $[\alpha]_D^{25}$ +41,26° (c = 4%; M); 84% (Ausb.). — *n-Octadecyl-G*, $C_{24}H_{48}O_6$, nach b), $[\alpha]_D^{25}$ +48,63° (c = 4%; Butanol). — *Undecyl-G* mit verzweigter Kette, $C_{17}H_{34}O_6$, nach b), $[\alpha]_D^{25}$ +34,00 (c = 4%; M); 65%. — *Tridecyl-G*, $C_{19}H_{38}O_6$, nach b), $[\alpha]_D^{25}$ +42,91° (c = 2%; M); 97%, enthält noch etwas Tridecanol. — *Octylphenoxy-tetrakis-äthoxyäthyl-G*, $C_{30}H_{52}O_{11}$, nach b) mit überschüssigem I, Isolierung des Prod. durch Lösen in Aceton, Filtrieren u. Eindampfen des Filtrats, $[\alpha]_D^{25}$ +16,38° (c = 4%; M); 65,2%. — *Octylphenoxy-bis-äthoxy-äthyl-G*, $C_{26}H_{44}O_9$, nach b), $[\alpha]_D^{25}$ +43,35° (c = 4%; M); 59,6%. — *Lauryltetrakis-äthoxy-äthyl-G*, $C_{28}H_{56}O_{11}$, nach b), $[\alpha]_D^{25}$ +32,97° (c = 4%; M); 82%. — *N-Lauroylaminoäthyl-G*, $C_{20}H_{39}NO_7$, nach a) in Isopropanol. — *n-Decyl-G*, $C_{16} \cdot H_{32}O_6$, nach a) in DMF oder b) (→ α-Form), $[\alpha]_D^{25}$ +60,86° (+6,86°?) (c = 4%; M); 29,6 bzw. 93,6%. — *n-Dodecyl-G*, $C_{18}H_{36}O_6$, F. 75—133°, nach a) in DMF oder b) (→ α-Form), $[\alpha]_D^{25}$ +45,1° (c = 4%; M); 22,6 bzw. 82,5%. — *n-Octyl-G*, $C_{14}H_{28}O_6$, nach b), 87,6%. — *2.6.8-Trimethylnonyl-(4)-G*, nach b), 40,2%. — Biolog. abbaubare nichtion. *Detergentien, Schaumstabilisatoren, Emulgatoren u. Netzmittel.* Tabellen über oberflächenakt. Eigenschaften. (**U.S.P. 3219656** vom 12/8. 1963, ausg. 23/11. 1965. **Brit.P. 1072655** vom 6/8. 1964, ausg. 21/6. 1967. **Belg.A.S. 651712** vom 12/8. 1964, bekanntgemacht 12/2. 1965. Beide U.S. Prior. 12/8. 1963.) — 7 S. — 15 S. — 36 S.
H. Ascherl H 3450

2120 Colonial Sugar Refining Co. Ltd. (Erfinder: Clarence Junior Moye), **Herstellung von Aldoseglykosiden.** Man löst eine Aldose in einem einwertigen Alkohol, der in β-Stellung zur OH-Gruppe eine Ätherbindung enthält, u. erhitzt in Ggw. eines sauren Katalysators unter Abdest. des Rk.-Wassers, bes. in Ggw. eines mit W. azeotrop sd. Stoffes. — Ein Gemisch aus 15 g Glucose, 100 (ml) Diäthylenglykolmonomethyläther u. 40 Bzl. werden nach Zugabe von 0,2 g p-Toluolsulfonsäure $2^1/_2$ Std. auf 130° erhitzt u. das Rk.-Prod. mit Ae. gefällt → *2-[2'-Methoxyäthoxy]-äthylglykosid*, viskoses Öl, $[\alpha]_D^{20}$ +44°, das mit Essigsäureanhydrid in das *Tetraacetat*, $Kp._{0,05}$ 179—180°, $[\alpha]_D^{20}$ +71,2°, übergeführt wurde. — Analog: *2-Äthoxyäthylxylosid*, $[\alpha]_D^{20}$ +60,4°, dessen *Triacetylderiv.*, $Kp._{0,35-0,5}$ 140—145°, u. *Tetrahydrofurfurylglykosid*, $[\alpha]_D^{20}$ +59,3°, dessen *Tetraacetat*, $Kp._{0,7}$ 176—178°, $[\alpha]_D^{20}$ +66,7°. (**Aust.P. 272247** vom 2/9. 1963, ausg. 19/1. 1967.) — 11 S.
C. Lüttgen H 3450

2121 Rohm & Haas Co., Philadelphia, Pa., USA, **Ester 2basischer Säuren** der allg. Formel $R^1OOCRCOOR^2$ (R = 2wertige Alkyl- oder Arylgruppe mit bis zu 20 C-Atomen, R^1 = Alkyl oder Alkoxyäthyl, R^2 = Terpenyl) erhält man durch Rk. von Terpen mit einem Alkyl- oder Alkoxyäthylhalbester in Ggw. eines Kationenaustauscherharzes vom Sulfonsäuretyp in der Säureform. — Durch Rk. eines Gemisches aus n-Hexyl-, n-Octyl- u. n-Decylalkohol mit Adipinsäure bei 115° in Ggw. eines Kationenaustauscherharzes u. anschließender Rk. der partiell veresterten Adipinsäure mit α-Pinen erhält man das [Hexyl-octyl-decyl]-isobornyladipat. — *Weichmacher für Polyvinylchlorid.* (**Brit.P. 1083194** vom 11/11. 1964, ausg. 13/9. 1967. U.S. Prior. 18/11. 1963 u. 25/9. 1964.) — 5 S.
R. Bollinger H 3600

2122 Gerhard Langbein, Manfred Meyer, Elfriede Menzer, Karl Heller und Joachim Zaumseil, Jena, **Dehydrierung von 3-Oxosteroiden** mit dehydrierbaren H-Atomen in α.β-Stellung durch Umsetzen in einem Rk.-Gemisch, das neben 0,5—5% nichttert. Alkohol vom Siedebereich Kp. 50—200°, bes. Methanol oder Isopropanol, Paraldehyd (I) u./oder Ester, bes. Butyl- oder Amylacetat, u. eine Se(IV)-Verb. (II; Molverhältnis II/Prod. ist kleiner als bei Rk. in tert. Alkoholen) enthält, bei > 100° in Ggw. von Säuren, I, Säurechloriden, Radikalbildnern oder autoxydierenden KW-Stoffen. — Man kocht 1 g Cortisonacetat, 25 ml I, 25 ml Butylacetat, 1 ml Methanol u. 21 mg SeO_2 $^1/_2$ Std., setzt 210 mg SeO_2 hinzu u. kocht bis das SeO_2 verbraucht ist. Nach Filtration wird das Filtrat in $CHCl_3$ bei 0° mit 2 n S^{2-} u. 2 n SO_3^{2-} enthaltendem 2 n KOH gewaschen: 795 mg *Prednisonacetat*, F. 232 bis 236°. — Ähnlich: *1-Dehydrotestosteronacetat*, 44% (Ausb.). — *1-Dehydroprogesteron*, 70%. — *17α.21-Dihydroxy-21-acetoxy-$\Delta^{1.4}$-pregnadien-3.20-dion.* — *1-Dehydrodesoxycorticosteronacetat*, 60—70%. (**D.P.[DDR] 31097** Kl. 12o vom 29/10. 1960, ausg. 20/4. 1967 [Wirtschaftspatent].) — 5 S. K.-D. Stolp H 3700

2123 Syntex Corp., Panama, Panama, **Aldehyde und Ketone** erhält man durch Ox. von prim. bzw. sek. Alkoholen mit einem Carbodiimid unter W.-Ausschluß in einem fl. KW-Stoffsulfoxid (Dimethylsulfoxid) in Ggw. eines sauren Katalysators (H_3PO_4, H_3PO_3, $CF_3 \cdot CO_2H$, Pyridiniumtrifluoracetat). — Beispiele zur Herst. von *3'-O-Acetylthymidin-5'-aldehyd, Adenosin-5'-aldehyd, Δ^5-Cholesten-3-on, p-Nitrobenzaldehyd, Propionaldehyd, Methyläthylketon, Diäthylketon, n-Octanal, Cyclohexanon, Δ^4-Androsten-3.17-dion, Cholan-24-al, 3β-Acetoxy-Δ^5-androsten-17-on-19-al, 11-Ketoprogesteron, Spegazzinidin.*

(**Brit.P. 1073588** vom 2/10. 1964, ausg. 28/6. 1967. U.S. Prior. 7/10. 1963.) — 8 S. A. Jahn H 3700

2124 J. R. Geigy Akt.-Ges. (Erfinder: Albert Johl, Albert Hartmann und Hans Rink), **Herstellung eines neuen Tetrapeptids.** N-Carbobenzyloxy(**I**)-L-isoleucin in abs. Tetrahydrofuran wird mit Triäthylamin (**III**) behandelt, bei —10° tropfenweise mit $ClCO_2 \cdot C_2H_5$ u. nach 15 Min. mit einer —5° kalten Lsg. von L-Serin-methylester(**II**)-hydrochlorid u. **III** in abs. $CHCl_3$ versetzt. Das Gemisch wird 4 Std. bei 0° gerührt u. im Vakuum eingedampft → ***I-L-Isoleucyl-II***, F. 180,5 bis 181,5° (aus Äthylacetat/PAe.), das in CH_3OH u. konz. HCl gelöst u. in Ggw. von Pd mit H_2 hydriert wird → *L-Isoleucyl-**II**-hydrochlorid*, Zers. bei 203—204°. Es wird in Dimethylformamid (**IV**) bei 0° mit **III** behandelt, vom **III**-Hydrochlorid abfiltriert, mit S-Benzyl-N-tosyl-L-cysteinyl-L-tyrosin (hergestellt nach V. Du Vigneaud et al., J. Am. Chem. Soc. **79**, 5572 [1957]) in Acetonitril u. bei —10° mit N.N′-Dicyclohexylcarbodiimid versetzt u. 55 Std. bei —10° gerührt → *S-Benzyl-N-tosyl-L-cysteinyl-L-tyrosinyl-**II***, F. 219—221°, der in **IV** bei 0° mit $N_2H_4 \cdot H_2O$ versetzt u. 45 Std. bei 0° gehalten wird → *S-Benzyl-N-tosyl-L-cysteinyl-L-tyrosyl-L-isoleucyl-L-serin-hydrazid*, F. 226—229° (Zers.), $[\alpha]_D^{24}$ —69,2° (c = 1,79 in HCOOH). (**Aust.P. 272476** vom 11/8. 1966, ausg. 2/2. 1967.) — 12 S. C. Lüttgen H 3800

2125 Bakelite Xylonite Ltd., London, Großbritannien (Erfinder: James Anthony Horrocks), **Organozinnverbindungen** werden hergestellt durch Erhitzen eines Gemisches aus R^1R^2SnO, YH u. HXH (R^1, R^2 = Alkyl, Alkaryl, Aralkyl, Aryl mit 2—20 C-Atomen; Y = einbas. einwertiger Rest; X = zweibas. zweiwertiger, S enthaltender Rest). — *$(C_4H_9)_2Sn(OO-CCH=CH-COOC_8H_{17})SCH_2CH_2COOSn(C_4H_9)_2OOC-CH=CH-COOC_8H_{17})$*, gelbe Fl.; (*Dibutyl-Sn* = **I**): *S-**I**-(2-äthylhexylthioglykolat)-salz von S-**I**-(2-äthylhexylmaleat)-β-mercaptopropionsäure*, n_D^{25} 1,5200; *Mono-(S-**I**-2-äthylhexylthioglykolat)-mono(**I**-2-äthylhexylmaleat)(**II**)-dicarboxymethylthiomethan*, F. 113—121°; ***II**-1.2-di-(carboxymethylthio)-äthan*, F. 129—132°; ***II**-1.4-di-(carboxymethylthio)-butan*, F. 115—122°; ***II**-2.2′-di-(carboxymethylthio)-diäthyläther*, n_D^{25} 1,5086; ***I**-phenylmercaptoacetatsalz von S-(**I**-2-äthylhexylmaleat)-β-mercaptopropionsäure*, F. 89 bis 110°; ***I**-benzylthioglykolatsalz von S-(**I**-2-äthylhexylmaleat)-β-mercaptopropionsäure*, n_D^{25} 1,5116; ***I**-laurylmercaptoacetatsalz von S-(**I**-2-äthylhexylmaleat)-β-mercaptopropionsäure*, n_D^{25} 1,4959; ***I**-2-äthylhexylthioglykolatsalz von S-(**I**-2-äthylhexylthioglykolat)-β-mercaptopropionsäure*, n_D^{25} 1,5103. — *Stabilisatoren für Polymere, bes. PVC.* (**Brit.P. 1061747** vom 2/9. 1964, ausg. 15/3. 1967.) — 6 S. A. Debo 6680

2126 Bakelite Xylonite Ltd., London, Großbritannien (Erfinder: James Anthony Horrocks), **Organozinnverbindungen** der Formel $R^1R^2Sn(Y^1)XSn(Y^2)R^3R^4$ (R^1, R^2, R^3, R^4 = Alkyl, Aryl, Alkaryl, Aralkyl mit 2—20 C-Atomen; X = gesätt. oder ungesätt. zweibas., zweiwertiger Rest ohne S; Y^1, Y^2 = einbas. einwertiger Rest außer Fettsäureresten) werden hergestellt durch Rk. der entsprechenden Zinnoxide oder -hydroxide mit YH u. XH_2. — *Bis-[dibutylzinn-(2-äthylhexylmaleat)]-maleat*, n_D^{25} 1,4822; *Mono-[dibutylzinn-S-(2-äthylhexyl)-thioglykolat]-mono-[dibutylzinn-(2-äthylhexyl)-maleat]-maleat*, n_D^{25} 1,5110; *$[(C_4H_9)_2Sn(SCH_2COOC_8H_{17})]_2OOCCH=CHCOO$*; n_D^{25} 1,5110. — *Stabilisatoren für Polymere.* (**Brit.P. 1069165** vom 11/9. 1964, ausg. 17/5. 1967.) — 5 S. A. Debo 6680

2127 Gulf Research & Development Co., Pittsburgh, übert. von: John P. Pellegrini jun., O'Hara Township, und Ilgvars J. Spilners, Monroeville, Pa., USA, **Triorganostannyl- und Triorganoplumbylferrocene** werden hergestellt durch Rk. von Alkaliferrocenen mit Triorgano-Sn- oder Triorgano-Pb-halogeniden. — *Ferrocene: Triphenylstannyl-*, gelb, F. 143—144°; (Ausb.) 28%. — *Triphenylplumbyl-*, gelb, F. 130—132°; 20%. — *Tributylstannyl-*, rotbraun, $Kp._{0,15}$ 188—190°; 10,5%. — *1.1′-Bis-tributylstannyl-*, rotbraun, $Kp._{0,65}$ 270°. — Zusätze zu *Schmiermitteln*, bes. solchen aus Siliconen. (**U.S.P. 3350484** vom 28/12. 1964, ausg. 31/10. 1967.) — 4 S. A. Debo 6680

2128 M & T Chemicals, Inc., New York, N.Y., übert. von: Albert K. Sawyer, Durham, N.H., USA, **Organotrizinnverbindungen** der allg. Formel $(R)_3Sn-Sn(R')_2-Sn(R)_3$ werden hergestellt durch Rk. von 2 Mol $(R)_3Sn-Z$ mit einem Mol $(R')_2Sn(X)_2$ (ein Z u. X = H, das andere Z u. X = $^1/_2$O, OH, OR″; R, R′, R″ = KW-Stoffrest ohne aliphat. Mehrfachbindung). — *Octabutyltri-Sn*; *Octaphenyltri-Sn*; je 100% Ausbeute. — *Katalysatoren* für *Polymerisationen*; *Biozide.* (**U.S.P. 3347889** vom 31/7. 1963, ausg. 17/10. 1967.) — 3 S. A. Debo 6680

2129 M & T Chemicals, Inc., New York, N.Y., USA, **Diorganozinn-O.S-mercaptoacylate** werden hergestellt durch Rk. von R'_2SnO mit einem Gemisch aus $HSC(R)_2 \cdot (CR_2)_nC(O)OH$ u. $S[C(R)_2(CR_2)_nC(O)OH]_2$, wobei mindestens 1 Mol der Mercaptocarbonsäure je Mol R'_2SnO vorhanden sein muß (R = gesätt. KW-Stoff; n = 0—2; R = H, gesätt. KW-Stoff). — *Dibutylzinn-S.O-β-mercaptopropionat*, 96% Ausbeute. Weitere Formelbeispiele ohne Kennzahlen. — *Stabilisatoren für halogenierte Harze.* (**Brit.P. 1084610** vom 2/12. 1965, ausg. 27/9. 1967. U.S. Prior. 16/12. 1964.) — 5 S. A. Debo 6680

2130 International Lead Zinc Research Organisation, Inc., New York, N.Y., USA, **Organobleitriacylate,** bei denen wenigstens ein Acylrest monohalogensubstituiert ist, werden als *Katalysatoren bei der Herst. von Polyurethanschäumen* verwendet. — *$C_6H_5Pb(OOC \cdot CH_2Cl)_3$*, gelb, n_D^{20} 1,5958, 100% (Ausb.); *$C_6H_5Pb \cdot (OOCCHBrCH_3)_2OOCCH_3$*, gelb, n_D^{20} 1,5855, 100%; *$C_6H_5Pb(OOCCHBrCH_3)_3$*, n_D^{20} 1,5815; *$C_6H_5Pb(OOCCH_2 \cdot CH_2Cl)_3$*, n_D^{20} 1,5825; *$C_6H_5Pb(OOCCH_2CHClCH_3)_3$*, n_D^{20} 1,5638; *$C_6H_5Pb(OOCCH_3)_2OOCCHBrCH_3$*, n_D^{20} 1,5878; *Phenylblei-tri-ω-bromundecylat*, n_D^{20} 1,5350; *$4-CH_3C_6H_4 \cdot Pb(OOCCH_2CH_2Cl)_3$*, n_D^{20} 1,5734; *β-Naphthylblei-tri-β-chlorpropionat*, n_D^{20} 1,6068. — Die Herst. nach üblichen Verf. ist beschrieben. (**Brit.P. 1071891** vom 2/3. 1965, ausg. 14/6. 1967. Niederl. Prior. 2/3. 1964.) — 8 S. A. Debo 6680

2131 M & T Chemicals, Inc., New York, N.Y., übert. von: John J. Ventura, East Brunswick, N.J., USA, **Diarylwismuthalogenide** werden hergestellt durch Rk. von Bi-Triarylen mit Bi-Trihalogeniden in einem inerten aromat. KW-Stoff. — *Diphenyl-BiCl*, fahlgelb, F. 184—185°; Ausb. 97%. (**U.S.P. 3347892** vom 29/12. 1965, ausg. 17/10. 1967.) — 2 S. A. Debo 6680

2132 M & T Chemicals, Inc., New York, N.Y., übert. von: John R. Leebrich, Roselle Park, N.J., USA, **Organowismutverbindungen** der allg. Formeln $R_aBi(OOC-R^1)_{3-a}$ u. $(Ar)_3Bi(OOC-R^1)_2$ (R = Alkyl, Alkenyl mit < 20 C-Atomen, Cycloalkyl, Aryl; Ar = ggf. substituiertes Aryl; R^1 = Vinyl, α-Alkylvinyl, Vinylphenyl; a = 1, 2) werden hergestellt durch Rk. von R^1–COOH mit einer entsprechenden Organo-Bi-verbindung. — *Phenyl-Bi-di-p-vinylbenzoat*, F. 230° (Zers.). — *Diphenyl-Bi-methacrylat*, F. 220° (Zers.). — *Triphenyl-Bi-di-p-vinylbenzoat*, F. 170—180° (Zers.). — *Triphenyl-Bi-dimethacrylat*, F. 170°; Ausb. 80%. — Zwischenprod. für *Polymere*; *Bakterizide.* (**U.S.P. 3350436** vom 15/5. 1963, ausg. 31/10. 1967. **Brit.P. 1033485** vom 24/4. 1964, ausg. 22/6. 1966. U.S. Prior. 15/5. 1963.) — 4 S. — 5 S. A. Debo 6680

2133 Ethyl Corp., New York, N.Y., USA, übert. von: Geoffrey Wilkinson, London, Großbritannien, **Cyclohexadienylmangantricarbonyle.** Zu U.S.P. 3153073, C. **1966**, 49-2805 ist nachzutragen: *Cyclohexadienyl-Mn-tricarbonyle*: *Methyl-*, 2 Isomere, gelbes Öl, gelboranges Öl. — *1.3.5-Trimethyl-*, oranges Öl. — *Hexamethyl-*, orange, F. 70°. — *Benzo-*, orange, F. 10°. — *Antiklopfmittel.* (**U.S.P. 3345390** vom 21/7. 1961, ausg. 3/10. 1967. Brit. Prior. 8/8. 1960.) — 2 S. A. Debo 6680

2134 **Institut Français de Pétrole, des Carburants et Lubrifiants,** Rueil-Malmaison (Erfinder: **Claude Mercier**, Chatou), Frankreich, *Herstellung von Butadien und Isopren.* (**D.A.S. 1 277 843** Kl. 12o vom 29/3. 1962, ausg. 19/9. 1968. F. Prior. 30/3. 1961. — C. **1966**, 25-2473 [Brit.P. 959 744].)

2135 **British Petroleum Co. Ltd.**, London (Erfinder: **Anthony George Goble**, Sunbury-on-Thames), Großbritannien, *Herstellung von Olefinen.* (**D.A.S. 1 270 032** Kl. 12o vom 14/5. 1963, ausg. 12/6. 1968. Brit. Prior. 15/5. 1962. — C. **1967**, 2-2624 [Brit.P. 981 697].)

2136 **British Petroleum Co. Ltd.**, London, Großbritannien, *Herstellung von Methylpenten-(2).* (**Niederl.P. 123 915** vom 23/3. 1961, ausg. 15/3. 1968. Brit. Prior. 25/8. 1960. — C. **1966**, 36-2452 [Brit.P. 912 822].)

2137 **British Petroleum Co. Ltd.**, London, Großbritannien, *Herstellung von 2-Methylpenten-(2).* **(Niederl.P. 123 916** vom 23/3. 1961, ausg. 15/3. 1968. Brit. Prior. 23/3. 1960. — **C. 1966,** 50-2434 [F.P. 1 284 455].)

2138 **British Petroleum Co. Ltd.**, London, Großbritannien, *Herstellung von 4-Methylpenten-(1).* **(Niederl.P. 123 917** vom 23/3. 1961, ausg. 15/3. 1968, — **C. 1966,** 50-2436 [F.P. 1 284 457].)

2139 **Pittsburgh Plate Glass Co.** (Erfinder: **Arthur Charles Ellsworth**), Pittsburgh, Pa., USA, *Herstellung von Vinylchlorid.* **(Schwz.P. 447 139** vom 21/5. 1963, ausg. 29/3. 1968. U.S. Prior. 23/5. 1962. — **C. 1965,** 10-2566 [Port. P. 40 793].)

2140 **National Lead Co.** (Erfinder: **John Happel** und **Charles Joseph Marsel**), New York, N. Y., USA, *Herstellung von Methylacetylen und Allen.* **(D.A.S. 1 264 435** Kl. 12o vom 4/8. 1961, ausg. 28/3. 1968. U.S. Prior. 11/8. 1960. — **C. 1966,** 36-2464 [Brit.P. 911 597].)

2141 **E. I. du Pont de Nemours & Co.**, Wilmington, Del. (Erfinder: **Robert Albert Darby**, Vienna, W. Va.), USA, *Herstellung von Polyfluorvinyläthern.* **(D.A.S. 1 263 749** Kl. 12o vom 12/11. 1962, ausg. 21/3. 1968. U.S. Prior. 8/12. 1961. — **C. 1966,** 33-2467 [Brit.P. 976 136].)

2142 **A. Boake, Roberts & Co. Ltd.**, London, Großbritannien, *Herstellung von Geranyl-, Neryl- und Linalylhalogeniden.* **(Niederl.P. 123 918** vom 2/1. 1961, ausg. 15/3. 1968. U.S. Prior. 26/1. 1960. — **C. 1966,** 26-2743 [D.A.S. 1 180 731].)

2143 **International Flavors & Fragrances, Inc.**, New York, N. Y., (Erfinder: **Willard Thomson Somerville**, Fair Haven, N. J.), USA, *2-Isopropenyl-5-methylen-6-hepten-1-ol und seine Ester.* **(D.A.S. 1 267 365** Kl. 23a vom 19/5. 1961, ausg. 2/5. 1968. U.S. Prior. 2/6. 1960 u. 3/3. 1961. — **C. 1966,** 50-2709 [F.P. 1 296 124].)

2144 **Soc. Nationale des Pétroles d'Aquitaine**, Paris, Frankreich, *Herstellung von Thiolen.* **(Niederl.P. 123 920** vom 19/3. 1962, ausg. 15/3. 1968. F. Prior. 20/3. 1961. — **C. 1967,** 16-2586 [Brit.P. 988 155].)

2145 **Henkel & Cie. G. m. b. H.**, Düsseldorf (Erfinder: **Manfred Voss, Horst Baumann**, Hilden, und **Werner Stein**, Düsseldorf), *Sultone.* **(Schwz.P. 454 124** vom 7/11. 1962, ausg. 14/6. 1968. D. Prior. 9/8. 1962. — **C. 1964,** 40-2316 [D.A.S. 1 159 430].)

2146 **Unilever N. V.**, Rotterdam Niederlande (Erfinder: **Arno Cahn**, Pearl River, und **Thaddeus John Kaniecki**, Brooklyn, N. Y., USA), *Herstellung von N-[2-Hydroxyalkyl]-N-methyltaurin-N-oxiden.* **(D.A.S. 1 277 859** Kl. 12q vom 14/2. 1963, ausg. 19/9. 1968. U.S. Prior. 15/2. 1962. — **C. 1968,** 15-2632 [Brit.P. 1 009 190].)

2147 **Stamicarbon N. V.**, Heerlen (Erfinder: **Abraham Hermanus de Rooij**, Geleen), Niederlande, *Herstellung konzentrierter phenolhaltiger Formaldehydlösungen.* **(Schwz.P. 453 324** vom 14/9. 1963, ausg. 14/6. 1968. Niederl. Prior. 25/9. 1962. — **C. 1966,** 7-2549 [D.A.S. 1 192 636 u. Brit.P. 970 930].)

2148 **Chemische Werke Witten G. m. b. H.**, Witten, *Herstellung von Äthylenglykolestern.* **(Niederl.P. 123 782** vom 11/4. 1962, ausg. 15/3. 1968. D. Prior. 23/12. 1961. — **C. 1964,** 11-2275 [D.A.S. 1 150 982].)

2149 **Celanese Corp. of America**, New York, N. Y. (Erfinder: **Arthur Wallace Schnizer** und **Edward Wheeler**, Clarkwood, Tex.), USA, *Herstellung von Acrylsäure aus β-Propiolacton mit einer Säure.* **(D.A.S. 1 277 250** Kl. 12o vom 18/10. 1960, ausg. 12/9. 1968. U.S. Prior. 20/10. 1959. — **C. 1964,** 44-2130 [F.P. 1 270 916].)

2150 **Dynamit Nobel Akt.-Ges.**, Troisdorf, übert. von **Heinz Ratz**, Troisdorf, und **Paul Spielau**, Spich, *Herstellung von monomeren, wasserfreien Bleisalzen der Acryl- bzw. Methacrylsäure.* **(U.S.P. 3 291 818** vom 19/12. 1963, ausg. 13/12. 1966. D. Prior. 5/1. 1963. — **C. 1967,** 16-2917 [Oe.P. 242 117].)

2151 **Distillers Co. Ltd.**, Edinburgh, Schottland (Erfinder: **Frank Ernest Kerr**, Hull, East Yorkshire), Großbritannien, *Herstellung von Kaliumsorbat.* **(D.A.S. 1 276 635** Kl. 12o vom 19/6. 1963, ausg. 5/9. 1968. Brit. Prior. 20/6. 1962. — **C. 1968,** 12-2536 [Brit.P. 1 006 352].)

2152 **Farbwerke Hoechst Akt.-Ges. vormals Meister Lucius & Brüning**, Frankfurt/M. (Erfinder: **Hans Krekeler**, Wiesbaden, **Hans Fernholz**, Bad-Soden/Taunus, und **Günter Jacobsen**, Frankfurt/M.), *Herstellung von Vinylacetat.* **(Schwz.P. 444 843** vom 3/6. 1965, ausg. 29/2. 1968. D. Prior. 5/6. 1964. — **C. 1967,** 4-2512 [D.A.S. 1 216 290].)

2153 **Montecatini Soc. Gen. per l'Industria Mineraria e Chimica** (Erfinder: **Gian Paolo Chiusoli** und **Sergio Merzoni**), Mailand, Italien, *Herstellung von Estern nichtkonjugierter Polyencarbonsäuren.* **(D.A.S. 1 274 575** Kl. 12o vom 16/12. 1960, ausg. 8/8. 1968. It. Prior. 18/12. 1959 u. 29/9. 1960. — **C. 1966,** 11-2574 [Oe.P. 225 173] u. **C. 1967,** 40-2506 [Brit.P. 952 477].)

2154 **Deutsche Gold- und Silber-Scheideanstalt vormals Roessler**, Frankfurt/M. (Erfinder: **Christian Kosel**, Großauheim, und **Theodor Lüssling**, Hanau), *Herstellung von Fumar- und Maleinsäuredinitril.* **(Schwz.P. 446 300** vom 28/9. 1964, ausg. 15/3. 1968. D. Prior. 11/12. 1963. — **C. 1968,** 16-2540 [Brit.P. 1 015 079].)

2155 **Röhm & Haas G. m. b. H.**, übert. von: **Wilhelm Gruber**, Darmstadt, *Dithiooxamid.* **(U.S.P. 3 385 890** vom 2/4. 1965, ausg. 28/5. 1968. D. Prior. 9/4. 1964. — **C. 1966,** 39-2715 [D.A.S. 1 211 171].)

2156 **Lonza Akt.-Ges.**, Basel (Erfinder: **Theodor Völker**, und **Klaus Hering**, Freiburg, Schweiz, *Disubstituierte α-Hydroxycarbonsäuren, deren Ester oder Amide.* **(D.A.S. 1 275 045** Kl. 12o vom 24/6. 1965, ausg. 14/8. 1968. Schwz. Prior. 9/7. 1964. — **C. 1968,** 24-2522 [Brit.P. 1 036 289].)

2157 **Farbwerke Hoechst Akt.-Ges. vormals Meister Lucius & Brüning**, Frankfurt/M (Erfinder: **Otto Probst, Lothar Hörnig**, Frankfurt/M., und **Lothar Hirsch**, Kelkheim/Taunus), *Herstellung von Acetessigsäuremethyl- bzw. -äthylester.* **(Schwz.P. 451 109** vom 24/6. 1965, ausg. 15/5. 1968. D. Prior. 26/6. 1964. — **C. 1967,** 47-2315 [D.A.S. 1 235 889].)

2158 **Progil**, Paris (Erfinder: **Camille Cottin, Lyon**, Rhône), Frankreich, *Herstellung von N-Methylcarbamoylchlorid.* **(D.A.S. 1 274 572** Kl. 12o vom 12/8. 1963, ausg. 8/8. 1968. F. Prior. 13/8. 1962. — **C. 1967,** 48-2664 [F.P. 1 344 292].)

2159 **Montecatini Soc. Gen. per l'Industria Mineraria e Chimica** (Erfinder: **Livio Cambi**), Mailand, Italien, *Herstellung von Ferrocyanid.* **(Schwz.P. 447 129** vom 2/6. 1960, ausg. 15/3. 1968. It. Prior. 4/6. 1959. — **C. 1965,** 18-2555 [Brit.P. 889 673].)

2160 **Monsanto Chemical Co.**, St. Louis, Mo., USA, *Herstellung von Hexamethylendiamin.* **(Schwz.P. 453 376** vom 24/6. 1964, ausg. 14/6. 1968. U.S. Prior. 24/6. 1963. — **C. 1966,** 45-2595 [U.S.P. 3 152 186].)

2161 **Asahi Kasei Kogyo K. K.**, Osaka (Erfinder: **Sotoo Yamamoto, Tetsukatsu Goto** und **Atsushi Hirano**, Nobeoka-shi, Miyazaki-ken), Japan, *Erzeugung von L-Aminoglutarsäure durch Gärung.* **(Schwz.P. 446 375** vom 16/3. 1963, ausg. 15/3. 1968. Jap. Prior. 20/3. 1962. — **C. 1967,** 15-3265 [Can.P. 693 315].)

2162 **Ajinomoto Co., Inc.**, Tokio (Erfinder: **Shinichi Motozaki**, Tokio, **Mei Ohno**, Tokio, und **Kotara Fujiwara**, Kamakura-shi), Japan, *Glutaminsäuregewinnung.* **(D.A.S. 1 263 660** Kl. 6b vom 30/9. 1959, ausg. 21/3. 1968. Jap. Prior. 27/5. 1959. — **C. 1963,** 685 [Brit.P. 870 031).]

2163 **Montecatini, Soc. Gen. per l'Industria Mineraria e Chimica**, Mailand, Italien, *Herstellung von Methionin.* **(Niederl.P. 123 733** vom 3/2. 1960, ausg. 15/2. 1968. It. Prior. 4/2. 1959. — **C. 1962,** 13 946 [Brit.P. 867 966].)

2164 **United States Borax and Chemical Corp.**, Los Angeles (Erfinder: **Allen Lyle McCloskey**, Orange), Calif., USA, *Herstellung von Glykolborsäureanhydriden.* **(D.A.S. 1 272 930** Kl. 12q vom 6/3. 1961, ausg. 18/7. 1968. U.S. Prior. 7/3. 1960. — **C. 1966,** 40-2479 [U.S.P. 3 033 892].)

2165 **Rhône-Poulenc Soc. An.**, Paris (Erfinder: **Jean Boissieras** und **Marcel Joseph Lefort**, Lyon), Frankreich, *Organosiliciumverbindungen.* **(Schwz.P. 453 356** vom 16/7-1965, ausg. 14/6. 1968. F. Prior. 16/7. 1964 u. 18/5. 1965. — **C. 1968,** 19-2733 [D.A.S. 1 248 048].)

2166 **Stamicarbon N. V.**, Heerlen (Erfinder: **Leendert Blom**, Sittard, und **Johannes Leonardus Franciscus Maria Zwinkels**, Geleen), Niederlande, *Herstellung von Phenolen.* **(Schwz.P. 449 047** vom 31/5. 1963, ausg. 11/4. 1968. Niederl. Prior. 4/6. 1962. — **C. 1967,** 10-2740 [Niederl. P. 108 487].)

2167 **Oxidation Process Corp.**, Schenectady, N. Y., USA (Erfinder: **Ben Dundee** und **Barny Oscar Strom**), *Herstellung von Phenolen durch Oxydation aromatischer Kohlenwasserstoffe.* **(Brit.P. 952 407** vom 8/6. 1962, ausg. 18/3. 1964. — **C. 1966,** 24-2394 [Can.PP. 696 209 u. 696 210].)

2168 **Fuji Shashin Film K. K.** (Erfinder: **Yuichi Kono, Shigeru Matsumoto** und **Masaru Yoshikawa**), Kanagawa-ken, Japan, *Herstellung von reinem Hydrochinon.* **(D.A.S. 1 267 686** Kl. 12q vom 12/10. 1963, ausg. 9/5. 1968. Jap. Prior. 17/10. 1962. — **C. 1967,** 5-2685 [Jap. A.S. 2419/1965].)

2169 **Allied Chemical Corp.**, New York, N. Y. (Erfinder: **Basil Said Farah**, Rockaway, und **Everett Eddy Gilbert**, Morristown, N. J.), USA, *Herstellung von 4-Methylmercaptophenol.* **(Schwz.P. 441 372** vom 25/1. 1963, ausg. 15/1. 1968. U.S. Prior. 29/1. 1962. — **C. 1966,** 25-2537 [Brit.P. 956 229].)

2170 **Crown Zellerbach Corp.**, San Francisco, Calif. (Erfinder: **Merle E. Cisney**, Camas, Wash.), USA, *Herstellung von Hydroxyarylsulfoniumchloriden.* **(D.A.S. 1 275 540** Kl. 12q vom 25/11. 1963, ausg. 22/8. 1968. U.S. Prior. 10/12. 1962. — **C. 1966,** 44-2407 [Brit.P. 991 070].)

2171 **Monsanto Chemical Co.**, St. Louis, Mo., USA, *Herstellung von Alkaliallyloxybenzolsulfonaten.* **(Schwz.P. 441 283** vom 26/8. 1963, ausg. 15/1. 1968. U.S. Prior. 27/8. 1962. — **C. 1966,** 33-2506 [Brit.P. 974 408].)

2172 **Imperial Smelting Corp. (N.S.C.) Ltd.**, London, Großbritannien, *Herstellung von Cyanperfluorbenzolen.* **(Niederl.P. 123 593** vom 26/3. 1963, ausg. 15/1. 1968. Brit. Prior. 4/4. 1962 u. 20/3. 1963. — **C. 1967,** 8-2660 [Can.P. 691 217].)

2173 **Henryk Stanislaw Rudzki** (Erfinder: **Henryk Stanislaw Rudzki** und **Zbigniew J. Augustynowicz**), Los Angeles, Calif., USA, *Herstellung von Isophthalsäure und/oder Terephthalsäure.* **(D.A.S. 1 276 628** Kl. 12o vom 13/5. 1964, ausg. 5/9. 1968. U.S. Prior. 20/5. 1963. — **C. 1968,** 29-2749 [F.P. 1 394 640].)

2174 **Mitsui Petrochemical Industries Ltd.**, Tokio (Erfinder: **Yasuhiro Fujita**, Ohotake, Hiroshima-ken), Japan, *Herstellung von reiner Terephthalsäure.* **(D.A.S. 1 275 047** Kl. 12o vom 26/4. 1963, ausg. 14/8. 1968. Jap. Prior. 27/4. 1962. — **C. 1967,** 4-2540 [Brit.P. 983 677].)

2175 **California Research Corp.**, San Francisco (Erfinder: **Calvin Schwartz Smith**, El Serrito, und **Mack F. Hughes, Albany**), Calif., USA, *Herstellung von Phthalsäureanhydrid.* **(D.A.S. 1 274 569** Kl. 12o vom 2/2. 1963, ausg. 8/8. 1968. U.S. Prior. 5/2. u. 5/2. 1962. — **C. 1968,** 14-2559 [U.S.P. 3 178 452].)

2176 **Toyo Rayon K. K.**, Tokio (Erfinder: **Tadao Tsutsumi**, Mashima-shi), Japan, *Reinigung von Bis-(β-hydroxyäthyl)-terephthalat.* **(D.A.S. 1 274 570** Kl. 12o vom 29/4. 1964, ausg. 8/8. 1968. Jap. Prior. 30/4. 1963. — **C. 1968,** 31-2823 [Brit.P. 1 013 237].)

2177 **Chemische Werke Witten G. m. b. H.**, übert. von: **Gustav Renckhoff** und **Wolfgang Wolfes**, Witten, *Herstellung von Halbesterchloriden von Benzoldicarbonsäuren.* **(U.S.P. 3 284 488** vom 12/12. 1961, ausg. 8/11. 1966. D. Prior. 29/12. 1960. — **C. 1964,** 27-2295 [D.A.S. 1 135 886].)

2178 **Monsanto Co.**, St. Louis, Mo., USA, *Herstellung von Bisphenolen.* **(Brit.P. 971 672** vom 17/12. 1962, ausg. 30/9. 1964. U.S. Prior. 28/12. 1961. — **C. 1967,** 48-2679 [F.P. 1 343 978].)

2179 **Farbenfabriken Bayer Akt.-Ges.**, übert. von: **Erich Klauke** und **Otto Bayer**, Leverkusen, *Herstellung organischer Isocyanate.* **(U.S.P. 3 253 010** vom 18/1. 1963, ausg. 24/5. 1966. D. Prior. 24/1. 1962. — **C. 1964,** 33-2235 [D.A.S. 1 154 091].)

2180 **Badische Anilin- & Soda-Fabrik Akt.-Ges.** (Erfinder: **Peter Dimroth** und **Kurt Mayer**), Ludwigshafen/Rh., *Herstelung von p-Chlorazoverbindungen.* **(Schwz.P. 443 336** vom 4/6. 1965, ausg. 15/2. 1968. D. Prior. 16/6. 1964. — **C. 1967,** 28-2625 [D.A.S. 1 222 933].)

2181 **Sumitomo Chemical Co. Ltd.**, Osaka (Erfinder: **Shoso Maeda**, Oidemachi, Nishinomiya-shi, **Katsundo Yamory**, Kaneko-Otsu, Niihama-shi, **Ken Ito**, Toyonaka-shi, **Masaji Nakata**, Kaneko-Otsu, Niihama-shi, **Horoshi Kaminaka**, und **Mitsuki Funada**, Toyonaka-shi), Japan, *Herstellung von aromatischen Aminoverbindungen durch katalytische Hydrierung.* **(D.A.S. 1 275 065** Kl. 12q vom 6/5. 1963, ausg. 14/8. 1968. Jap. Prior. 8/5. 1962. — **C. 1968,** 24-2547 [Brit.P. 1 017 646].)

2182 **Farbenfabriken Bayer Akt.-Ges.**, Leverkusen (Erfinder: **Karl Nützel, Walter Noll** und **Engelbert Walaschewski**), *Phenylsilane.* **(Brit.P. 1 120 150** vom 22/12. 1966, ausg. 17/7. 1968. D. Prior. 11/1. 1966. — **C. 1968,** 19-2771 [D.A.S. 1 244 182].)

2183 **International Synthetic Rubber Co. Ltd.**, Southampton (Erfinder: **Edward William Duck**, Didben Purlieu, Hythe, und **Donald George Timms**, Eas Boldre), Großbritannien, *Herstellung von Diolefinen und Styrol.* **(D.A.S. 1 277 242** Kl. 12o vom 10/3. 1964, ausg. 12/9. 1968. Brit. Prior. 11/3. 1963. — **C. 1967,** 6-2616 [Brit.P. 998 784].)

2184 **Halcon International, Inc.**, New York, N. Y. (Erfinder: **James H. Carroll jun.**, Verona, und **Joseph L. Russell**, Ridgewood, N. J.), USA, *Herstellung von Cyclohexanol und Cyclohexanon.* **(Schwz.P. 446 307** vom 13/3. 1962, ausg. 15/3. 1968. U.S. Prior. 13/3. 1961. — **C. 1967,** 6-2532 [Brit.P. 990 796].)

2185 **Koninklijke Industrieel Mij. Noury & van der Lande N. V.** (Erfinder: **Hans Giovanni Gerritsen** und **Leonardus Willibrordus Josephus Damen**), Deventer, Niederlande, *2.2-Bis-[4.4-di-Ferrobutylperoxycyclohexyl]-propan.* **(Schwz.P. 442 296** vom 6/5. 1964, ausg. 31/1. 1968. Niederl. Prior. 14/5. 1963. — **C. 1967,** 12-2828 [Oe.P. 242 363].)

2186 **Stamicarbon N. V.**, Heerlen (Erfinder: **Eduard Frans Jozef Duynstee**, Geleen, **Johan Albert Bicot**, Beek, und **Jan Louis Jozef Peter Hennekens**, Geleen), Niederlande, *Herstellung von Cyclohexanon.* **(D.A.S. 1 275 056** Kl. 12o vom 16/2. 1965, ausg. 14/8. 1968. Niederl. Prior. 17/2. 1964. — **C. 1968,** 21-2805 [Brit.P. 1 023 936].)

2187 **Halcon International, Inc.**, New York (Erfinder: **Robert B. Barker**, Port Washington), N. Y., USA, *Herstellung von Cyclohexylamin.* **(D.A.S.**

1 278 432 Kl. 12o vom 14/2. 1964, ausg. 26/9. 1968. U.S. Prior. 14/2. 1963. — C. **1968**, 24-2559 [U.S.P. 3 239 562].)

2188 **Tarchominskie Zaklady Fasmacentyczne „Polfa“** (Erfinder: **Mieczyslaw Makosza, Barbara Serafi** und **Tadeusz Urbanski**), Warschau, Polen, *Substituierte Halogenfettsäurenitrile*. (**Schwz.P. 442 264** vom 18/2. 1964, ausg. 31/1. 1968. Poln. Prior. 18/2. 1963. — C. **1967**, 27-2652 [D.A.S. 1 222 928].)

2189 **Dow Corning Corp.**, Midland, Mich. (Erfinder: **Robert Leslie Merker**, Pittsburgh, PA.), USA, *Siliciumorganische Verbindungen*. (**Schwz.P. 451 933** vom 19/5. 1961, ausg. 15/5. 1968. U.S. Prior. 22/7. 1960. — C. **1964**, 29-2438 [D.A.S. 1 158 069].)

2190 **Instituto de Angeli S.p.A.** (Erfinder: **Silvano Casadio**), Mailand, Italien, *Herstellung von neuen Aminoalkylnaphthyl-(1)-acetamiden*. (**Schwz.P. 442 340** vom 12/5. 1964, ausg. 31/1. 1968. Brit. Prior. 14/5. 1963. — C. **1965**, 44-2448 [Port.P. 42 402].)

2191 **Farbenfabriken Bayer Akt.-Ges.** (Erfinder: **Gerhard Müller**), Leverkusen, *Herstellung von N-Nortricyclylcarbamidsäureestern*. (**Schwz.P. 442 284** vom 9/12. 1964, ausg. 31/1. 1968. D. Prior. 24/12. 1963. — C. **1966**, 6-2494 [D.A.S. 1 181 210].)

2192 **National Cash Register Co.**, Dayton, O., USA, *Herstellung von Spiropyranderivaten*. (**Niederl.P. 123 748** vom 16/7. 1960, ausg. 15/2. 1968. U.S. Prior. 17/7. 1959. — C. **1964**, 47-2301 [D.A.S. 1 159 453].)

2193 **Rhône-Poulenc Soc. An.**, Paris (Erfinder: **Jacques Georges Robert**, Sceaux), Frankreich, *Aminoalkylierung von heterocyclischen Aminen*. (**Schwz.P. 454 149** vom 27/12. 1963, ausg. 14/6. 1968. F. Prior. 14/1. u. 3/7. 1963. — C. **1968**, 12-2575 [F.PP. 1 359 676 u. 84 219].)

2194 **Soc. Belge de l'Azote et des Produits Chimiques de Marly Soc. An.**, Lüttich (Erfinder: **André Lefebvre**, Lüttich, **Robert Englebert**, Angleur, und **Arthur Geukenne**, Brüssel), Belgien, *Herstellung von Hexamethylentetramin*. (**D.A.S. 1 271 119 Kl.** 12p vom 4/3. 1963, ausg. 27/6. 1968. Brit. Prior. 5/3. 1962. — C. **1967**, 41-2726 [Brit.P. 962 925].)

2195 **Sandoz Ltd.**, Basel, übert. von: **Albert Hofmann**, Bottmingen, und **Paul Stadler**, Biel-Benken, Schweiz, *2-Methyl-2-benzyloxymalonsäuremonoalkylester*. (**U.S.P. 3 294 835** vom 27/11. 1963, ausg. 27/12. 1966. Schwz. Prior. 29/11. 1962. — C. **1967**, 1-2764 [D.A.S. 1 204 651].)

2196 **M & T. Chemicals, Inc.**, New York, N. Y. (Erfinder: **Hugh Edwin Ramsden**, Scotch Plains, **Allen Edward Balint**, Woodbridge, und **Clarence Kenneth Bauks**, Westfield, N. J.), USA, *Arylmagnesiumchloridkomplexverbindungen*. (**Schwz.P. 442 295** vom 20/7. 1956, ausg. 31/1. 1968. U.S. Prior. 28/11. 1955. — C. **1962, 11 361** [F.P. 71 934].)

2197 **Socony Mobil Oil Co., Inc.**, New York, N. Y., USA, *Herstellung von Komplexverbindungen aryl- oder alkyldithiophosphorsaurer Zinksalze*. (**Brit.P. 959 115** vom 4/12. 1961, ausg. 27/5. 1964. U.S. Prior. 20/12. 1960. — C. **1965**, 23-2974 [U.S.P. 3 102 096].)

2198 **Continental Oil Co.**, übert. von: **Daniel F. Cameron** und **Malcolm M. Turner**, Ponca City, Okla., USA, *Dialkylaluminiumhydride*. (**U.S.P. 3 388 142** vom 12/7. 1963, ausg. 11/6. 1968. — C. **1966**, 34-2120 [D.A.S. 1 206 898].)

2199 **Wolfgang Jasching**, Königsbrunn, und **Volker Franzen**, Heidelberg, *Alkylzinnhalogenidgemische*. (**U.S.P. 3 387 012** vom 10/9. 1965, ausg. 4/6. 1968. D. Prior. 12/9. 1964. — C. **1967**, 13-2764 [D.A.S. 1 217 951].)

2200 **M & T Chemicals, Inc.**, New York, N. Y. (Erfinder: **Ambrose Joseph Gibbons jun.**, East Brunswick, N. Y.), USA, *Di-u-octyl-zinn-β-mercaptopropionat*. (**Schwz.P. 449 000** vom 3/9. 1963, ausg. 11/4. 1968. U.S. Prior. 4/9. 1962. — C. **1966**, 17-2833 [D.A.S. 1 196 197].)

2201 **Studiengesellschaft Kohle m. b. H.** (Erfinder: **Günther Wilke**), Mühlheim/R., *π-Allylnickelhalogenide*. (**Schwz.P. 443 294** vom 31/7. 1964), ausg. 15/2. 1968. D. Prior. 10/8. 1963. — C. **1966**, 9-2874 [D.A.S. 1 194 417].

2202 **Studiengesellschaft Kohle m. b. H.**, Mühlheim, *π-Allylnickelhalogenide*. (**Brit.P. 1 118 075** vom 25/2. 1967, ausg. 26/6. 1968. D. Prior. 26/2. 1966. — C. **1968**, 24-2209 [D.A.S. 1 249 866].)

H–8. Farbstoffe

2203 General Aniline & Film Corp., New York, N.Y., USA (Erfinder: Harlan Benjamin Freyermuth, David Irwin Randall und Dolores Matthews Buc), **Azofarbstoffe.** Zu Schwz.P. 381642; C. **1966,** 12-2665 ist die Herst. aus diazotiertem Aminobenzolsulfonyläthanol u. N-Acetyl-H-Säure (**I**) nachzutragen. Die Kupplung von 2-(2-Methyl-5-aminobenzylsulfonyl)-äthanol u. I wird beschrieben. (**Brit.P. 1031535** vom 6/12. 1962, ausg. 2/6. 1966. U.S. Prior. 28/12. 1961. **U.S.P. 3170914** vom 28/12. 1961, ausg. 23/2. 1965.) — 4 S. — 2 S. A. Jahn 6842

2204 Farbenfabriken Bayer Akt.-Ges., Leverkusen, übert. von: Franz Frisch, Porza, Ticino, Schweiz, **Herstellung von Monoazofarbstoffen.** Zu Schwz. P. 374784; C. **1966,** 1-2741 (vgl. auch Brit.P. 953544; C. **1967,** 7-2961) ist nachzutragen: Die Kupplung von diazotiertem 1-Amino-4-chlorbenzol-3-sulfonsäure-N-[2'.4'-, 3'.5'- oder 3'.6'-dimethylphenyl]-amid oder 1-Amino-4-chlorbenzol-3-sulfonsäure-N-[2'.4'.6'-trimethylphenyl]-amid mit 2-Amino-8-hydroxynaphthalin-6-sulfonsäure führt zu Farbstoffen, die Wolle, Seide, synthet. Polyamidfasern oder Leder licht-, schweiß-, chlor- u. HCHO-echt blaustichig rot färben. — Färbevorschrift. (**U.S.P. 3284436** vom 23/11. 1965, ausg. 8/11. 1966. Schwz. Prior. 24/7. 1959 u. 30/6. 1960.) — 2 S. O. Roick 6842

2205 Sandoz Ltd., Basel (Erfinder: Rudolf Altermatt, Tecknau, und Curt Müller, Basel), Schweiz, **Herstellung von Benzolazobenzol-Farbstoffen** der allg. Formel **I** (R^1 = NO_2, organ. Sulfonyl, bes. Methylsulfonyl; R^2 = ggf. substituierter KW-Stoffrest; R^3 u. R^4 = Alkyl; R^5 = H, Alkoxy; Y = –CO–, –COO–, $–SO_2–$). Die Kupplung wird in saurem, ggf. gepuffertem Medium bei 0—5° durchgeführt. — Die in W. wenig oder unlösl. Farbstoffe eignen sich zum licht-, wasch-, thermofixier-, alkali- u. sublimierechten Färben von synthet. oder halbsynthet. hydrophoben Fasern, z. B. aus Poly-

I 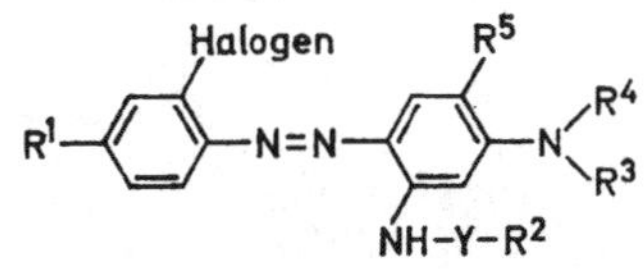

estern (**P**), Celluloseacetaten, Polyamiden, Polyolefinen, Polyacrylnitril oder Polyvinylchlorid. Sie sind auch als Pigmentfarbstoffe für plast. Massen, Kautschuk, Leder oder Papier geeignet. — Der Monoazofarbstoff *1-Amino-2-chlor-4-nitrobenzol* (**II**) → *1-[2'-Chlorpropionyl]-amino-3-N.N-diäthylaminobenzol*, F. 168,5—169°, färbt synthet. Fasern rot. Die folgenden Monoazofarbstoffe färben synthet. Fasern in den angegebenen Tönen: **II** → *1-N.N-Diäthylamino-3-methylsulfonylaminobenzol*, F. 196—197° (aus Dioxan), rot. **II** → *1-[2'-Chloräthoxycarbonyl]-amino-3-N.N-diäthylaminobenzol*, F. 159° (aus Aceton-Dioxangemisch 15:3), rot. *1-Amino-2-chlor-4-methylsulfonylbenzol* → *1-Acetylamino-3-N.N-diäthylaminobenzol*, F. 193°, orange. — Weitere Tabellenbeispiele mit Farbstoffen, die **P** in orangefarben, rot u. violett färben. — Färbevorschriften. (**Brit.P. 1092057** vom 9/3. 1965, ausg. 22/11. 1967. Schwz. Prior. 13/3., 9/4. u. 13/4. 1964.) — 8 S. O. Roick 6842

2206 Sumitomo Chemical Co. Ltd., Osaka, Japan, **Herstellung von Monoazofarbstoffen** der allg. Formel **I** (R^1 = H, OCH_3; R^2 u. R^3 = H, Alkyl mit 1—2 C-Atomen, Hydroxyäthyl). — Die Farbstoffe haben eine große Affinität für metallmodifizierte Polyolefine, die licht-, wasch-, reib- u. trockenreinigungsecht, orangefarben bis

I 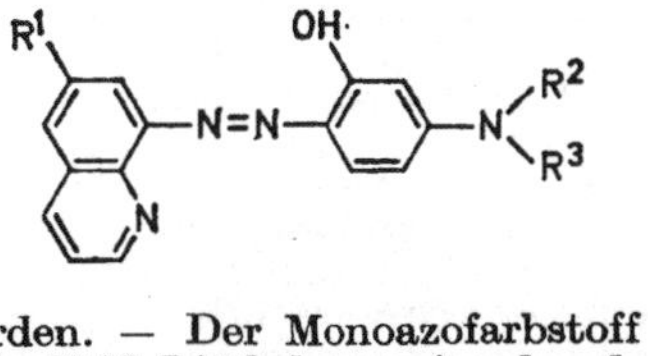

rot gefärbt werden. — Der Monoazofarbstoff *8-Aminochinolin* (**II**) → *N.N-Diäthyl-m-aminophenol* (**III**), rotstichig orangefarbenes Pulver, F. 93—95°, färbt eine Ni-Stearat enthaltende Polypropylenfaser (**Ppro**) rot. Ferner färben die folgenden Azofarbstoffe **Ppro** in den angegebenen Tönen: *6-Methoxy*-**II** (**IV**) → **III**, rot; **IV** → *m-Aminophenol*, braunstichig orange; **IV** → *N.N-Di-[hydroxyäthyl]-m-aminophenol* (**V**), purpurrot; **II** → **V**, rotstichig purpurrot; **II** oder *6-Methoxy*-**II** → *N.N-Dimethyl-m-aminophenol*, rot. — Färbebeispiele. (**Brit.P. 1090045** vom 15/4. 1965, ausg. 8/11. 1967. Jap. Prior. 17/4. u. 18/8. 1964.) — 8 S. O. Roick 6842

2207 Farbenfabriken Bayer Akt.-Ges., Leverkusen (Erfinder: Gerhard Wolfrum und Rolf Pütter), **Herstellung von wasserunlöslichen Azofarbstoffen** der allg. Formel **I**, Z = Rest einer Azokomponente der aromat., 1-Alkyl- oder 1-Arylpyrazolreihe u. Z^1 = Rest einer Azokomponente der aromat. oder heterocycl. Reihe; m = 0, wenn Z = Rest eines 1-Alkyl- oder 1-Arylpyrazols; m = 0 oder 1, wenn Z = aromat. Rest. — Die

I 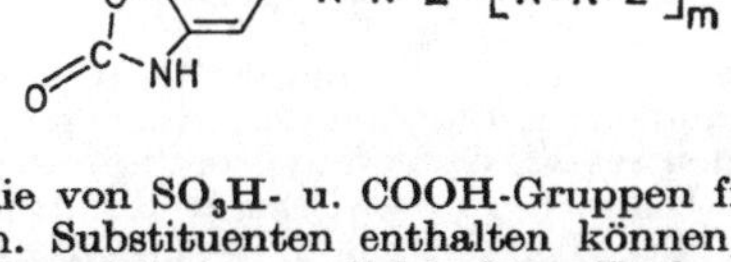

Farbstoffe, die von SO_3H- u. COOH-Gruppen frei sind, aber nichtion. Substituenten enthalten können, eignen sich zum naß-, sublimier- u. lichtechten Färben u. Bedrucken von Gebilden aus Celluloseestern, Polyamiden u. Polyestern (**P**). — Der Azofarbstoff *5-Aminobenzoxazolin-[1.3]-on-[2]* (**II**) → *p-Kresol* ist ein brauner Farbstoff, der in feinster Verteilung **P** grünstichig gelb färbt. — Mit Phenol, m-Kresol, Resorcinmonomethyläther oder m-Chlorphenol als Azokomponenten werden Farbstoffe erhalten, die **P** gelb färben. — **II** → *N-Methyl-N-β-cyanäthylanilin*, gelber Farbstoff, der **P** rotstichig gelb färbt. — **II** → *1-Phenyl-3-methyl-5-pyrazolon*, gelber Farbstoff, färbt **P** gelb. Der Disazofarbstoff **II** → *m-Toluidin* → *3-Methoxyphenol* färbt **P** gelbstichig orange. — Weitere z. T. durch Formelbilder erläuterte Tabellenbeispiele mit Farbstoffen, die **P** gelb u. orangefarben färben. — Färbevorschrift für **P.** (**F.P. 1482251** vom 13/5. 1966, veröff. 17/4. 1967. **Brit.P. 1072887** vom 13/5. 1966, ausg. 21/6. 1967. Beide D. Prior. 15/5. 1965.) — 5 S. — 5 S.

O. Roick 6842

2208 Sandoz Akt.-Ges. (Erfinder: Lukas Schneider), Basel, Schweiz, **Herstellung von reaktiven Monoazofarbstoffen** der allg. Formel **I**, R = H, niedrigmol.

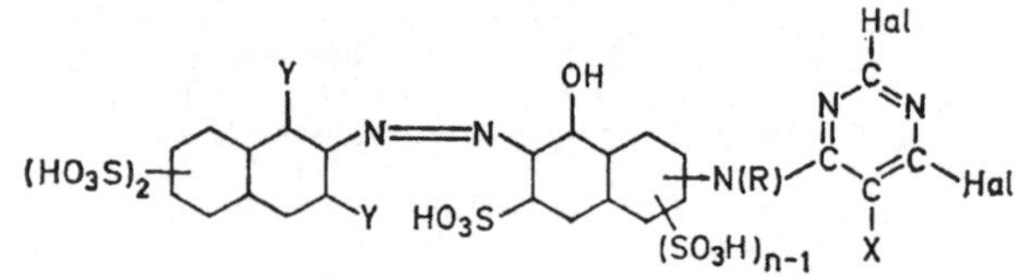

I

Alkyl; X = H, Halogen; ein Y = H, das andere Y = SO_3H; Hal = Cl, Br; n = 1 oder 2, erfolgt nach üblichen Verfahren. — Die Farbstoffe eignen sich zum Färben, Klotzen oder Bedrucken von Fasern aus Wolle, Seide, synthet. Polyamiden, natürlicher oder regenerierter Cellulose oder Cellulosederiv. sowie Mischungen aus diesen Fasern u. von Leder. Die Färbungen u. Drucke auf Cellulosefasern sind bes. beständig gegen die Knitterfestausrüstung u. alkal. oder schwach saure hydrolyt. Einflüsse. — 1-Hydroxy-2-[naphthyl-2′-azo]-6-aminonaphthalin-1′.3.5′.7′-tetrasulfonsäure wird in wss. Lsg. bei 70 bis 80° u. pH 5,5—6,5 mit 2.4.5.6-Tetrachlorpyrimidin behandelt, bis keine freie Aminogruppe mehr vorhanden ist. Der erhaltene Farbstoff färbt Baumwolle (**A**) naß- u. lichtecht orange. — Eine kongosaure wss. Lsg. von 38 (Gew.-Teilen) diazotierter 2-Aminonaphthalin-3.6.8-trisulfonsäure gibt man bei 5—10° langsam zu einer Lsg. von 45 2-[2′.4′.5′-trichlorpyrimidylamino-6′]-5-hydroxynaphthalin-7-sulfonsaurem Na u. 20 Na_2CO_3 in 500 W.; der Farbstoff färbt **A** u. Fasern aus regenerierter Cellulose orange. — Färbevorschriften. (**Schwz.P. 438528** vom 16/10. 1964, ausg. 15/12. 1967. **Belg.A.S. 656244** vom 25/11. 1964, bekanntgemacht 16/3. 1965. Schwz. Prior. 16/10. 1964.) — 3 S. — 13 S. O. Roick 6842

2209 Farbenfabriken Bayer Akt.-Ges., Leverkusen (Erfinder: Walter Horstmann und Edgar Siegal), **Herstellung von Azofarbstoffen** der allg. Formel **I**, R = gleiche oder verschiedene ein- oder mehr-

I

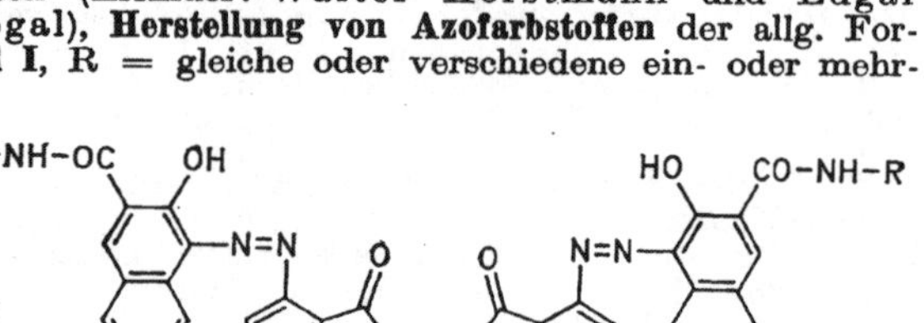

kernige aromat. ggf. substituierte Reste, z. B. der Bzl.- oder Naphthalinreihe; X = gleiche oder verschiedene Substituenten; m = 0, 1, 2, 3; V = carbocycl. oder heterocycl. gesätt. oder ungesätt. Rest u. frei von SO_3H-Gruppen, erfolgt durch Kondens. der **I** entsprechenden Azodicarbonsäuren oder ihrer funktionellen Deriv. in Lsgm. u. in Ggw. saurer Kondens.-Mittel mit Diaminen der allg. Formel $H_2N–V–NH_2$. — Bes. gelb bis blaustichigrot gefärbte Pigmentfarbstoffe, geeignet zum lösungsmittel-, licht-, migrations- u. thermofixierechten Färben von plast. Massen, z. B. von Weichmacher enthaltendem Polyvinylchlorid, Polymeren aus Acrylnitril–Butadien-Styrol, von Lacken u. Papier sowie zur Herst. von Druckansätzen. — 65 (Gew.-Teile) 3-Aminophthalsäure (**II**) diazotiert man in 600 verd. HCl (5:1) bei 0—5° mit einer Lsg. von 25 $NaNO_2$ in 100 W., zerstört den $NaNO_2$-Überschuß mit Amidosulfonsäure, trägt die Diazosuspension in eine Lsg. von 2-Hydroxynaphthoesäure-(3)-2′-toluidid (**III**) in 700 A. ein, versetzt mit 100 NaOH in 200 W., kühlt auf 5—10°, rührt 4 Std. bei 10—15°, stellt das pH mit 10%ig. HCl auf 1—2 ein, wäscht säurefrei u. trocknet bei 80°; Ausb. 160 Monoazo-o-dicarbonsäure. 9,8 dieses Farbstoffs suspendiert man in 500 o-Dichlorbenzol, erhitzt das Gemisch mit 50 Eisessig 2 Std. auf 100—120°, versetzt mit 1,22 1.4-Diamino-2-methylbenzol u. erhitzt 10—12 Std. auf 130 bis 140°. Man erhält 7,6 eines roten Disazopigments. Ähnlich Farbstoffe aus den folgenden Monoazo-o-dicarbonsäuren u. Diaminen: **II** → **III** u. 4.4′-Diaminodiphenylmethan, gelbstichigrot; **II** → 2-Hydroxynaphthoesäure-(3)-anilid (**IIIa**) u. 2.7-Diaminonaphthalin, rot; **II** → 2-Hydroxynaphthoesäure-(3)-4′-chloranilid (**IV**) u. Hexahydrophenylendiamin-1.4, leuchtend rot; **II** → **IV** u. 3.6-Diaminocarbazol, tief rot; **II** → 2-Hydroxynaphthoesäure-(3)-4′-äthoxyanilid (**V**) oder das durch 2std. Erhitzen in Chlorbenzol mit Essigsäureanhydrid bei ca. 100° erhaltene Monoazo-o-dicarbonsäureanhydrid, F. 296—298°, u. 4.4′-Diaminodiphenyläther; **II** → **V** u. Diaminobenzo-bisthiazol, rot; 6-Methyl-**II** → 2-Hydroxynaphthoesäure-(3)-2′-methyl-4′-chloranilid u. 4.4′-Diamino-dibenzyl; 6-Methoxy-**II** → 2-Hydroxy-naphthoesäure-(3)-2′-methoxyanilid (**Va**) u. 1.3-Diamino-2-methylbenzol; 6-Methyl-**II** → 2-Hydroxy-naphthoesäure-(3)-2′-chloranilid (**Vb**) u. 4.4′-Diaminoazobenzol; 4-Chlor-**II** → 2-Hydroxynaphthoesäure-(3)-[naphthyl-(1)]-amid (**Vc**) u. 4.4′-Diaminodiphenylharnstoff; **II** → **III** (oder das Monoazo-o-dicarbonsäureanhydrid, F. 332—335°) u. 2.2′-Dichlor-4.4′-diaminodiphenyl, rot; **II** → **IIIa** u. 1.4-Diaminobenzol (**VI**), rot; **II** → **IV** u. **VI**, leuchtend rot; **II** → **V** (oder Anhydrid) u. 4.4′-Diaminodiphenyl, rot; **II** → **V** u. 3.3′-Dimethyl-4.4′-diaminodiphenyl (**VII**), leuchtend rot; 6-Methoxy-**II** → **Va** u. **VI**; 6-Methyl-**II** → **Vb** u. **VII**; 4-Chlor-**II** → **Vc** u. 4.4′-Diaminodiphenyl. — Weitere Tabellenbeispiele. (**Brit.P. 1094943** vom 22/8. 1966, ausg. 13/12. 1967. D. Prior. 27/8. 1965 u. 11/3. 1966. **F.PP. 1490372** vom 26/8. 1966, veröff. 19/6. 1967. D. Prior. 27/8. 1965, u. **1490374** vom 26/8. 1966, veröff. 19/6. 1967. D. Prior. 11/3. 1966.) — 30 S. — 11 S. — 13 S.

O. Roick 6842

2210 Établissements Kuhlmann, Paris (Erfinder: Marie-Josephe Jeanne Alicot, Soisy-sous-Montmorency, und Robert Fredéric Michel Sureau, Enghien-les-Bains, Seine et Oise), Frankreich, **Herstellung von basischen Disazofarbstoffen** der allg. Formel **I**,

I

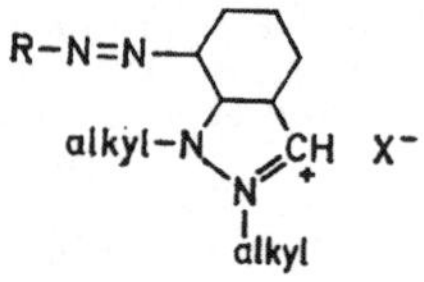

R = p-Hydroxybenzolazobenzol, Benzolazobenzol, deren Bzl.-Ringe durch Cl, CH_3, Alkoxy, NO_2 oder Alkyl substituiert sein können, die Alkyl in den N-Stellungen des Indazolrings bis zu 4 C-Atomen enthalten; X = einwertiges Anion, erfolgt nach üblichen Verfahren. — Die Farbstoffe färben bes. Fasern aus Polymeren oder Mischpolymeren des Acrylnitrils (**PAC**), egal lichtecht orange, orange-, rot, violettbraun, scharlach- oder bordorot. — Der Aminoazofarbstoff p-Phenylendiamin → 1.2-Dimethyl-6-hydroxyindazoliumchlorid (**II**) wird diazotiert, bei pH 7—8 mit Phenol (**III**) gekuppelt, auf 50—60° erwärmt u. mit HCl angesäuert; der Farbstoff färbt Polyacrylnitrilfasern (**PAC**) orangebraun. — Im 2-Chlor-4-amino-N-acetylanilin → **III** verseift man mit konz. HCl die Acetylaminogruppe, diazotiert u. kuppelt mit **II**; der Farbstoff färbt **PAC** rotbraun. — Aminoazobenzol wird diazotiert u. mit **II** gekuppelt; der Farbstoff färbt **PAC** orange. — Weitere Tabellenbeispiele. — Färbevorschrift. (**Brit.P. 1088196** vom 20/11. 1964, ausg. 13/9. 1967. **Belg.A.S. 655513** vom 9/11. 1964, bekanntgemacht

10/5. 1965. Beide F. Prior. 22/11. 1963 u. 7/9. 1964.) — 7 S. — 10 S. O. Roick 6842

2211 Crompton & Knowles Corp., Worcester, Mass., USA, **Herstellung von orange Disazofarbstoffen** der allg. Formel I (R = H, Cl in o- oder p-Stellung zur

I 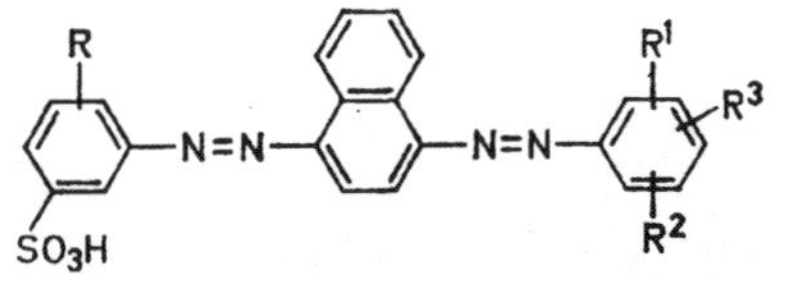

Azobindung; R^1 u. R^2 = CH_3, H; R^3 = Benzolsulfonsäureester in o- oder p-Stellung zur Azobrücke, z. B $-OSO_2-C_6H_4-Cl$, $-OSO_2-C_6H_4-CH_3$ u. $-OSO_2-C_6H_5$) erfolgt durch Kuppeln von diazotierten Metanil- oder Chlormetanilsäuren mit α-Naphthylamin (II), Diazotieren des Rk.-Prod., Kuppeln mit Phenol, Kresol oder Xylenol u. Behandeln der Disazoverb. mit den Benzolsulfonylchloriden. — Die Farbstoffe eignen sich zum lichtechten, orangefarbenen, waschechten Färben von Polyurethan- u. Polyamidfasern (N), von Wolle u. Seide. — Die Disazoverb. Metanilsäure (III) → II → Phenol (IV) wird bei 80° mit p-Toluolsulfonylchlorid (V) umgesetzt u. färbt N aus neutralen oder schwach sauren Bädern licht- u. waschecht orangefarben. — Ferner sind Farbstoffe erhältlich aus: III → II → o-Kresol u. V. III → II → m-Kresol u. V. III → II → p-Kresol u. V. III → II → 3.5-Dimethylphenol u. V. III → II → IV u. Benzolsulfonylchlorid. III → II → IV u. p-Chlorbenzolsulfonylchlorid. 3-Amino-4-chlorbenzolsulfonsäure → II → IV u. V. — Färbebeispiel für N. (**Brit.P. 1090945** vom 3/12. 1964, ausg. 15/11. 1967. U.S. Prior. 4/12. 1963.) — 4 S.

O. Roick 6842

2212 J. R. Geigy Akt.-Ges., Basel (Erfinder: Emil Stocker, Riehen), Schweiz, **Herstellung von Monoazopigmenten** der allg. Formel I, X = niedrigmol. Alkyl,

I 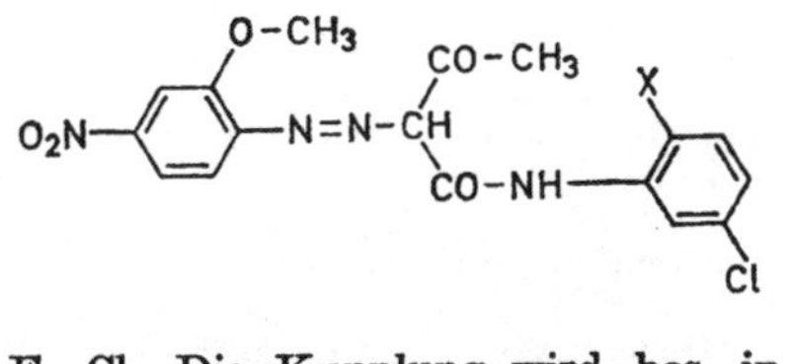

Alkoxy, Br, F, Cl. Die Kupplung wird bes. in wss., schwach saurer, bes. essigsaurer Lsg. oder Suspension durchgeführt. — Die Monoazopigmente eignen sich zum Pigmentieren von Druckfarben für das graph. Gewerbe, bes. den Papierdruck, für Anstrichfarben auf öliger oder wss. Grundlage, für Nitro- oder Einbrennlacke, zur Papiermassefärbung, zum Pigmentieren von Kunststoffen, wie Polyäthylen, Polystyrol oder Polyvinylchlorid (**PVC**), bes. Hart-**PVC**, von härtbaren Harzen, Celluloseestern, bes. zur Spinnfärbung von Viskose- oder Acetatseide oder für den Pigmentdruck u. das Klotzen von Textilien. Die Pigmentfarbstoffe färben farbstark licht-, öl-, lösungsmittel- u. überlackierecht grünstichig-gelb. — Herst. der Azopigmentfarbstoffe *1-Amino-2-methoxy-4-nitrobenzol* → *Acetoacet-[2-methoxy-* oder *-äthoxy-5-chloranilid]*, *Acetoacet-[2.5-dichloranilid]*, *-[2-brom-5-chloranilid]*, *-[2-methyl-* oder *-äthyl-5-chloranilid]*. — Beispiel für Druck auf *Kunstdruckpapier*. (**Schwz.P. 489525** vom 9/7. 1965, ausg. 29/12. 1967. **F.P. 1486225** vom 8/7. 1966, veröff. 16/5. 1967. Schwz. Prior. 9/7. 1965.) — 4 S. — 5 S. O. Roick 6842

2213 Eastman Kodak Co., Rochester, N.Y., übert. von: James M. Straley und David J. Wallace, Kingsport, Tenn., USA, **Herstellung von 7-Hydroxyphthaloylphenthiazin** (I) u. seinen Deriv. erfolgt durch Rk. von Leukochinizarin, Chinizarin oder 2-Halogenchinizarin mit 2-Aminobenzolthiol oder dessen Kernsubstitutionsprod. außer $-SO_3$ oder –COOH. I, F. 256°, färbt Polyestertextilgut grünblau. — *3-Methoxy*-I, *3-β-Hydroxyäthyl*-I. — *1-Methyl-3-chlor*-I. — *2.3-Dichlor*-I. — *3.4-Dichlor*-I. — *3-(β-Hydroxyäthylmercapto)*-I, färben Polyester grünblau. (**U.S.P. 3254078** vom 12/12. 1961, ausg. 31/5. 1966. **Brit.P. 1024654** vom 12/12. 1962, ausg. 30/3. 1966. U.S. Prior. 12/12. 1961.) — 4 S. — 4 S.

A. Jahn 6854

2214 American Aniline Products, Inc., übert. von: David Taber, Wilmette, Ill., Edgar E. Renfrew, White Bear Lake, Minn., und Henry W. Pons, Lock Haven, Pa., USA, **Herstellung von Farbstoffen** der allg. Formel $Z-[A-CH_2CH(OH)CH_2-N(R^1)(R^2)-R^3]_n{}^{n\oplus}nX^{\ominus}$ erfolgt durch Rk. von Verb. der allg. Formel $Z-(AH)_n$ mit mindestens 1 Mol Epichlor- oder Epibromhydrin u. nachfolgend mit entsprechenden tert. Aminen (Z = Rest eines wasserunlösl. Azo- oder Anthrachinonfarbstoffs; A = O, NH; n = 1–4, falls A = O; n = 2–4, falls A = NH; R^1 = niedrigmol. Alkyl, Phenyl; R^2 u. R^3 = niedrigmol. Alkyl; R^1, R^2 u. R^3 können zusammen einen Pyridin-, Methylpyridin-, Chinolin- oder Isochinolinrest bilden; X = Cl oder Br). — 1.4-Diaminoanthrachinon (I) + Epibromhydrin (II) → 1.4-Bis-(3-brom-2-hydroxypropylamino)-anthrachinon (III), $C_{20}H_{20}Br_2O_4$. — III + Triäthylamin → blauer wasserlösl. Farbstoff. — 2.3-Dichlor-I + II + Dimethylanilin (IV) → rötlich blauer Farbstoff. — 2.3-Dicyan-I + II + IV → grünblauer Farbstoff. — 2-Methoxy-I + II + IV → rötlich blauer Farbstoff. — 3-Amino-4-(4′-nitrophenylazo)-anilin + II + Chinolin → oranger Farbstoff. — 1-Naphthylamin → m-Phenylendiamin (VI) + II + Tri-n-propylamin (V) → brauner Farbstoff. — o-Toluidin → m-Phenylendiamin + II + V → orangegelber Farbstoff. — p-Nitranilin → 4-Nitro-m-phenylendiamin + II + V → gelber Farbstoff. — Anilin → Toluol-2.4-diamin + II + V → oranger Farbstoff. — VI + II + Pyridin → brauner Farbstoff. — VI + II + Isochinolin → brauner Farbstoff. — VI + II + Lutidin → brauner Farbstoff. — VI + II + 4-Picolin → brauner Farbstoff. — p-Nitroanilin → Resorcin + II + Pyridin → bräunlich gelber Farbstoff. — p-Nitroanilin → Pyrogallol + II + IV → brauner Farbstoff. — Anilin → Resorcin + II + Pyridin → orangeroter Farbstoff. — Anilin → 2.4-Chinolindiol + II + Pyridin → gelber Farbstoff. — 2.4-Xylidin → Resorcin + II + Pyridin → oranger Farbstoff. — 2-Methoxy-5-nitroanilin → Resorcin + II + Pyridin → rotbrauner Farbstoff. — Chinizarin + II + Pyridin → gelber Farbstoff. — 2-Nitrochinizarin + II + V → orangegelber Farbstoff. — Alizarin + II + V → gelber Farbstoff. — 3-Nitroalizarin + II + V → gelborganger Farbstoff. — 1.4.5.8-Tetrakis-(3-brom-2-hydroxypropoxy)-anthrachinon + V → rotbrauner Farbstoff. — 1.4-Bis-(2-brom-2-hydroxypropoxyäthylamino)-5.8-bis-(3-brom-2-hydroxypropoxy)-anthrachinon (VII) + V → blauer Farbstoff. — VII + 2.6-Lutidin → blauer Farbstoff. — VII + Isochinolin → blauer Farbstoff. — VII + 4-Picolin → blauer Farbstoff. — Diese Verb. eignen sich zum Echtfärben von Proteinfasern, mit denen sie chem. reagieren. (**U.S.PP. 3272792** u. **3272793** vom 22/6. 1964, ausg. 13/9. 1966.) — 4 S. — 4 S.

A. Jahn 6864

2215 J. R. Geigy Akt.-Ges., Basel, Schweiz, **Herstellung von sauren Anthrachinonfarbstoffen** der allg. Formel I (V = Phenylen, das ggf. niedrig mol. Alkyl,

I 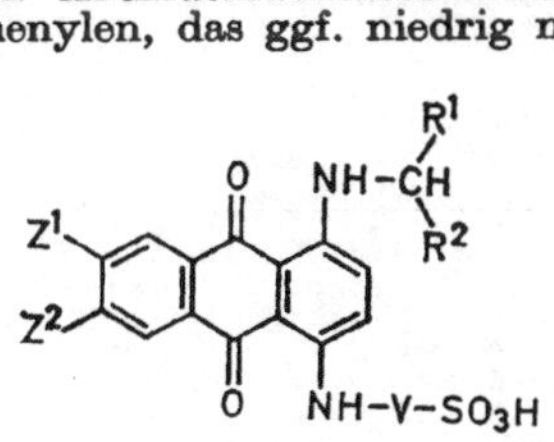

Alkoxy, Alkanoylamino, Trifluormethyl, Halogen enthalten kann; R^1 u. R^2 = niedrigmol. Alkyl; Z^1 u. Z^2 = H, Halogen) erfolgt in bekannter Weise. — Die Farbstoffe sind bes. zum *Färben* u. *Bedrucken* von synthet. Polyamiden (N) u. von Polyurethanen geeignet u. färben auch Wolle (B), Seide oder Leder. — Die aus schwach sauren bis sauren Bädern bei hohen Temp. erhaltenen egalen, grünstichig blauen oder blauen Färbungen sind licht- u. waschecht. — Ein Gemisch aus 5 (g) techn. K-Acetat, 0,005 CuCl u. 0,15 W. gibt man zu einer 100° heißen Schmelze von 13,4 4-Methylphenylamin (II) u. 17,2

anthrachinon = **III**) 1-Isopropylamino-4-brom-**III** (**IV**), rührt 24 Std. bei 100—102° u. versetzt dann mit 100 cm^3 1-n HCl; das erhaltene *1-Isopropylamino-4-[4'-methylphenylamino]*-**III** (**V**), feine violettblaue Nadeln aus n-Butanol, F. 170°, wird noch mit 6%ig. Oleum 3 Std. bei 25° sulfoniert, wodurch eine SO_3H-Gruppe in den äußeren Bzl.-Kern eintritt, färbt dann **N** u. **B** grünstichig blau. — — **IV** ist auch dadurch erhältlich, daß man 1-[N-Acetyl-N-isopropylamino]-4-brom-**III**, F. 173—174°, mit **II** zum 1-[N-Acetyl-N-isopropyl-amino]-4-[4'-methylphenyl-amino]-**III**, rote Nadeln aus Isopropanol, F. 180°, umsetzt u. durch 1std. Einw. von konz. H_2SO_4 bei 60—65° die Acetylgruppe verseift oder 1-[N-Benzoyl- oder N-Phenylsulfonyl-N-isopropylamino]-4-brom- oder -4-chlor-**III** mit **II** umsetzt u. die erhaltene Verb. verseift, oder 1-Chlor-4-[4'-methylphenylamino]-**III** mit Isopropylamin (**VI**) bei 120° in n-Butanol im Autoklav umsetzt, oder 1-Chlor-4-[N-acetyl-, N-(4'-methylphenylsulfonyl)-, N-methylsulfonyl- oder N-benzoyl-N-(4'-methylphenyl)-amino]-**III** mit **VI** umsetzt u. verseift, oder ein Gemisch aus 1-Hydroxy-4-[4'-methylphenylamino]-**III**, Phenol, Zn-Staub u. **VI** 24 Std. bei 100° im Autoklav verrührt, mit 30%ig. NaOH stark alkal. macht u. nach Zugabe von A. mit einem Luftstrom die Leukoverb. ox., oder ein Gemisch aus 1-Methoxy-4-[4'-methylphenylamino]-**III** u. **VI**, 24 Std. bei 150° im Autoklav verrührt, oder 1.4-Dihydroxy-**III** (**VII**), Leuko-**VII**, H_3BO_3 u. **II** 12 Std. in A. bei 78° verrührt, eine Lsg. von **VI** in n-Butanol zugibt u. 12 Std. im Autoklav bei 100° verrührt, oder 1-Isopropylamino-4-hydroxy-**III**, Phenol, Zn-Staub u. **II** 24 Std. bei 100° rührt u. aufarbeitet. In jedem Fall wird noch sulfoniert. — Weitere Tabellenbeispiele. — Färbebeispiele. (**Brit.P. 1090540** vom 20/12. 1965, ausg. 8/11. 1967. **F.P. 1461074** vom 21/12. 1965, veröff. 24/10. 1966. Beide Schwz. Prior. 21/12. 1964.) — 11 S. — 8 S.
O. Roick 6864

2216 **Ciba Soc. An.**, Basel, Schweiz (Erfinder: **K. Ronco**), *Azofarbstoffe*. (**Schwed.P. 202 179** vom 29/12. 1961, ausg. 22/2. 1966. Schwz. Prior. 30/12. 1960. — C. **1967**, 10-2934 [F.P. 1 311 555].)

2217 **General Aniline & Film Corp.**, New York, N. Y., USA (Erfinder: **Harlan Benjamin Freyermuth, David Irwin Randall** und **Dolores Matthews Buc**), *Azofarbstoffe*. (**Brit.P. 1 031 482** vom 6/12. 1962, ausg. 2/6. 1966. U.S. Prior. 28/12. 1961. **U.S.P. 3 170 912** vom 28/12. 1961, ausg. 23/2. 1965. — C. **1968**, 12-2683 [D.A.S. 1 233 820].)

2218 **Badische Anilin- & Soda-Fabrik Akt.-Ges.**, Ludwigshafen/Rh. (Erfinder: **H. Pfitzner** und **H. Baumann**), *Basische Monoazofarbstoffe*. (**Schwed.P. 201 020** vom 15/11. 1961, ausg. 11/1. 1966. D. Prior. 22/12. 1960. — C. **1967**, 9-3009 [D.A.S. 1 205 637].)

2219 **J. R. Geigy Akt.-Ges.** (Erfinder: **Reinrad Hürbin** und **Guido Schetty**), Basel, Schweiz, *Herstellung von Monoazofarbstoffen*. (**D.A.S. 1 220 062** Kl. 22a vom 13/12. 1962, ausg. 30/6. 1966. Schwz. Prior. 14/12. 1961. — C. **1967**, 35-2451 [Schwz.P. 393 587, Brit.P. 1 005 646 u. U.S.P. 3 143 541].)

2220 **J. R. Geigy Akt.-Ges.**, Basel (Erfinder: **Werner Bossard**, Riehen, **Hans Bossard** und **Hans Wegmüller**, Basel), Schweiz, *Herstellung cyclischer Azofarbstoffe*. (**D.A.S. 1220 952** Kl. 22a vom 7/6. 1961, ausg. 14/7. 1966. Schwz. Prior. 8/6., 10/8. 1960 u. 10/5. 1961. — C. **1967**, 12-2750 [U.S.P. 3 133 086, Brit.P. 980 232 u. Schwz.P. 384 750].)

2221 **J. R. Geigy Akt.-Ges.**, (Erfinder: **Guido Schetty**), Basel, Schweiz, *Herstellung chromhaltiger Azofarbstoffe*. (**D.A.S. 1219 149** Kl. 22a vom 14/7. 1961, ausg. 16/6. 1966. Schwz. Prior. 15/7. 1960. — C. **1967**, 12-2754 (Schwz.P. 383 527, F.P. 1 304 058 u. Brit.P. 944 407].)

2222 **J. R. Geigy Akt.-Ges.** (Erfinder: **Guido Schetty**), Basel, Schweiz, *Herstellung chromhaltiger Azofarbstoffe*. (**D.A.S. 1 219 156** Kl. 22a vom 14/7. 1961, ausg. 16/6. 1966. Schwz. Prior. 15/7. 1960 u. 9/3. 1961. — C. **1967**, 12-2753 [Schwz.P. 383 526, Brit.P. 964 275 u. U.S.P. 3 102 110].)

2223 **Otto B. May, Inc.**, Newark, übert. von: **Ernest M. May**, Summit, und **Andrew Fono**, Montclair, N. J., USA, *Monoazofarbstoffe*. (**U.S.PP. 3 249 599** vom 20/7. 1962, ausg. 3/5. 1966 u. **3 257 379** vom 30/8. 1962, ausg. 21/6. 1966. **Brit.P. 1 041 538** vom 9/7. 1963, ausg. 7/9. 1966. U.S. Prior. 20/7. u. 30/8. 1962. — C. **1968**, 11-2710 [F.P. 1 370 010].)

2224 **Otto B. May, Inc.**, Newark, N. J., USA, *Disazofarbstoffe*. (**Brit.P. 1 036 844** vom 23/4. 1963, ausg. 20/7. 1966. U.S. Prior. 23/4., 12/12. 1962 u. 11/1. 1963. **U.S.P. 3 244 694** vom 11/1. 1963, ausg. 5/4. 1966. — C. **1968**, 11-2716 [F.P. 1 370 001].)

2225 **Martin-Marietta Corp.**, New York, N. Y., USA, *Disazodisulfidfarbstoffe*. (**Brit.P. 1 025 043** vom 10/3. 1964, ausg. 6/4. 1966. U.S. Prior. 11/3., 11/3., 11/3., 11/3. u. 6/9. 1963. — C. **1968**, 27-3100 [F.P. 1 385 930].)

2226 **VEB Farbenfabrik Wolfen**, Wolfen (Erfinder: **Günther Essbach** und **Kurt Lippold**), *2:1 Kobaltkomplexverbindungen von Monoazofarbstoffen*. (**Brit.P. 993 908** vom 29/10. 1963, ausg. 2/6. 1965. — C. **1966**, 35-2888 [D.P. [DDR] 36 434].)

2227 **VEB Farbenfabrik Wolfen**, Wolfen, (Erfinder: **Günther Eßbach**, Wolfen, **Kurt Lippold**, Dessau, **Leo Bendl**, Dessau, und **Walter Heyne**, Holzweißig) *Herstellung eines chromhaltigen Mischkomplexfarbstoffes*. (**D.P.[DDR] 29 841** Kl. 22a vom 16/12. 1961, ausg. 15/3. 1965 [Wirtschaftspatent] — C. **1966**, 32-2648 [Brit.P. 967 011].)

2228 **VEB Farbenfabrik Wolfen**, Wolfen (Erfinder: **Günther Eßbach** und **Otto Hoffmann**, Wolfen, und **Kurt Lippold**, Dessau), *Herstellung von grauen Mischkomplexfarbstoffen*. (**D.P.[DDR] 35 242** Kl. 22a vom 2/3. 1962, ausg. 25/2. 1965. [Wirtschaftspatent]. — C. **1966**, 43-2959 [D.A.S. 1 208 021].)

2229 **Farbwerke Hoechst Akt.-Ges. vormals Meister Lucius & Brüning** (Erfinder: **Gustav Schäfer** und **Ferdinand Quint**), *Symmetrische 4-Halogen-4'.4''-diarylaminotriphenylmethanverbindungen*. (**Aust.P. 273 192** vom 27/4. 1962, ausg. 9/3. 1967. D. Prior. 3/5. 1961. — C. **1964**, 42-2451 [D.A.S. 1 161 371].)

2230 **Farbwerke Hoechst Akt.-Ges. vormals Meister Lucius & Brüning** (Erfinder: **Ferdinand Quint** und **Gustav Schäfer**), *Unsymmetrische 4-Halogen-4'.4''-diarylaminotriphenylmethanfarbstoffe*. (**Aust.P. 274 423** vom 3/5. 1962, ausg. 4/5. 1967. D. Prior. 3/5. 1961. — C. **1967**, 17-2723 [D.A.S. 1 161 370].)

2231 **Badische Anilin- & Soda-Fabrik Akt.-Ges.**, Ludwigshafen/Rh. (Erfinder: **Ludwig Bettag**, Freiburg/Brsg., **Emil Kern**, **Albert Palm**, **Walter Seibert** und **Emil Weiß**, Ludwigshafen/Rh.), *Herstellung von Triarylmethanfarbstoffen*. (**D.A.S. 1 214 348** Kl. 22b vom 19/9. 1962, ausg. 14/4. 1966. — C. **1968**, 7-2762 [Brit.P. 978 739].)

2232 **Farbwerke Hoechst Akt.-Ges. vormals Meister Lucius & Brüning**, Frankfurt/M. (Erfinder: **O. Fuchs** und **A. Kirsch**), *Lineare Chinacridone*. **Schwed.P. 201 387** vom 8/9. 1961, ausg. 1/2 .1966. D. Prior. 10/9. 1960. — C. **1964**, 14-2431 [F.P. 1 299 997].)

2233 **Sandoz Akt.-Ges.** (Erfinder: **Hans Bohler**), Basel, Schweiz, *Lineare Chinacridindione*. (**D.A.S. 1 250 033** Kl. 22e vom 11/5. 1963, ausg. 14/9. 1967. Schwz. Prior. 15/5., 31/7. 1962 u. 9/4. 1963. — C. **1966**, 37-2692 [Can.P. 695 185].)

2234 **E. I. du Pont de Nemours & Co.** (Erfinder: **John William Richter**), Wilmington, Del., USA, *Herstellung basischer Chinophthalonfarbstoffe*. (**D.A.S. 1 220 066** Kl. 22e vom 2/6. 1961, ausg. 30/6. 1966. U.S. Prior. 30/6. 1960. — C. **1963**, 21 358 [U.S.P. 3 023 212].)

2235 **Badische Anilin- & Soda-Fabrik Akt.-Ges.**, Ludwigshafen/Rh. (Erfinder: **H. Baumann** und **J. Dehnert**), *Basische heterocyclische Diazofarbstoffe*. (**Schwed.P. 203 176** vom 2/5. 1961, ausg. 29/3. 1966. D. Prior. 20/5. 1960. — C. **1967**, 11-2991 [Brit.P. 932 022].)

2236 **Ciba Soc. An.**, Basel, Schweiz (Erfinder: **K. Weber, M. Stäuble, P. Hugelshofer** und **I. Hari**), *Küpenfarbstoffe*. (**Schwed.P. 201 508** vom 29/11. 1961, ausg. 1/2. 1966. Schwz. Prior. 29/11. 1960, 30/1. u. 2/11. 1961. — C. **1967**, 20-2852 [F.P. 1 310 800].)

2237 **Ciba Soc. An.**, Basel, Schweiz (Erfinder: **K. Weber, M. Stäuble, P. Hugelshofer** und **I. Hari**), *Sulfonsäuregruppenhaltige Küpenfarbstoffe*. (**Schwed.PP. 201 505** vom 29/11. 1961, ausg. 1/2. 1966, **203 177** u. **203 179** vom 29/11. 1961, ausg. 29/3. 1966. Alle Schwz. Prior. 29/11. 1960, 30/1. u. 1/11. 1961. — C. **1967**, 12-2760 [F.P. 1 310 801].)

2238 **Ciba Soc. An.**, Basel, Schweiz (Erfinder: **H. Altermatt**), *Anthrachinonfarbstoffe*. (**Schwed.P. 201 504** vom 28/10. 1961, ausg. 1/2. 1966. Schwz. Prior. 28/10., 23/12. 1960, 24/4. u. 4/5. 1961. — C. **1966**, 17-2700 [F.P. 1 308 796].)

2239 **Établissements Kuhlmann**, Paris (Erfinder: **André Albert Paul Simonnet**, Crell und **Louis Antoine Cabut**, Nogent-sur-Oise), Frankreich, *Herstellung von Anthrachinonfarbstoffen*. (**D.A.S. 1 226 730** Kl. 22b vom 21/8. 1962, ausg. 13/10. 1966. F. Prior. 21/8. u. 25/10. 1961. — C. **1967**, 36-2575 [Schwz. P. 398 848 u. U.S.P. 3 199 941].)

2240 **Aziende Colori Nazionali Affini ACNA S.p.A.** (Erfinder: **Marco Tessandori** und **Aldo Pasquarelli**), Mailand, Italien, *Herstellung wasserlöslicher Phthalocyaninfarbstoffe*. (**D.A.S. 1222189** Kl. 22e vom 22/2. 1963, ausg. 4/8. 1966. It. Prior. 27/2. 1962. — C. **1967**, 12-2762 [Oe.P. 238 347].)

H–13. Schädlingsbekämpfungsmittel

2241 Imperial Chemical Industries Ltd., London, übert. von: Ranajit Ghosh, Bracknell, Großbritannien, **Antimikrobielle Dithiocarbaminsäureverbindungen** der allg. Formel R^2–(R^1) N–C(=S)–S–S–C_nH_{2n}–R^3 (R^1 u. R^2 = H, aliphat. bzw. Aryl- oder Aralkylrest, beide mit dem N-Atom zusammen ggf. Teil eines heterocycl. Ringes; R^3 = Aryl; n = 1—4) erhält man z. B. durch Rk. einer Verb. der allg. Formel X–S–C_nH_{2n}–R^3 mit einem Salz einer Dithiocarbaminsäure der allg. Formel R^2–(R^1) N–C(=S)–SH (X = Halogen). — Suspension von Na–N.N-Dimethyldithiocarbamat in abs. Bzl. gibt mit Benzylsulfenylchlorid (**I**) (15 Min. bei ca. 5°, dann 2 Std. bei Raumtemp.) → *Benzylsulfenyl-N.N-dimethyldithiocarbamat* (**II**), F. 85° (A.); analog *Dithiocarbamate*: *p-Chlorbenzylsulfenyl-N.N-dimethyl-*, F. 92—93° (A.); *Benzylsulfenyl* (**BS**) *-N.N-diäthyl-*, viskoses Öl; **BS**-*N-methyl-N-phenyl-*, F. 85°; **BS**-*N.N-pentamethylen-*, F. 100° (A.); **BS**-*N.N-diisopropyl-*, F. 77° (A.); **BS**-*N.N-3-oxapentamethylen-*, F. 102° (A.); *Bis-***BS***-piperazin-1.4-bis-dithiocarbonat*, F. 174° (Bzl.), aus Na-Piperazin-1.4-bis-dithiocarbonat u. **I** in abs. Benzol. — *Blattfungizide* gegen *Plasmopara viticola, Phytophthora infestans, Piricularia oryzae* u. *Botrytis fabae*. **II** wirkt bes. gegen *Xanthomonas malvacearum* auf Baumwolle. (**U.S.P. 3232974** vom 20/8. 1962, ausg. 1/2. 1966. **Aust.P. 261438** vom 22/8. 1962, ausg. 2/9. 1965. Beide Brit. Prior. 31/8. 1961. **Brit.P. 1011109** vom 31/8. 1961, ausg. 24/11. 1965.) — 2 S. — 3 S.
Georg Vogel 7370

2242 Imperial Chemical Industries Ltd., London, Großbritannien (Erfinder: Maurice Berkeley Green und Robert Roberts), **5-Isoxazolonderivate** erhält man durch Rk. von *β*-Ketoestern, bes. Acetessigsäureäthylester (**I**), oder Diketen mit NH_2OH oder seinen Deriv. bei 30—70°. **I** + NH_2OH → *3-Methylisoxazolon*. Durch Rk. mit Diazoniumverb. → die entsprechenden 4-Phenylhydrazone, z. B. mit diazotiertem o-Chloranilin → *3-Methyl-4-(o-chlorphenylhydrazono)-5-isoxazolon*, F. 163 bis 166°. — *Fungizide*. (**Brit.P. 1049103** vom 1/5. 1964, ausg. 23/11. 1966.) — 5 S.
A. Jahn 7370

2243 Metalsalts Corp., Hawthorne, N.J., USA, **Herstellung von Nichtalkalimetall-chinolinolaten** durch Rk. eines Hydroxychinolinesters in Abwesenheit von W. mit einer Nichtalkalimetallverbindung. Beispiel: Durch Rk. von 8-Chinolylpropionat mit Cu-2-äthylhexoat eine Fällung von Cu-8-chinolinolat. Durch Erwärmen kann die Fällung beschleunigt werden. Durch Imprägnieren oder Beschichten mit dem Ester u. Behandlung mit Metallverb. können die Nichtalkalimetallverb. des 8-Hydroxychinolins im Material, z. B. in Weichmachern, erzeugt werden. — *Fungizide Mittel.* (**Brit.P. 1032051** vom 29/11. 1962, ausg. 8/6. 1966. U.S. Prior. 30/11. 1961.) — 15 S. R. Bauereis 7370

2244 F. Hoffmann-La Roche & Co. Akt.-Ges., Basel, Schweiz, bzw. Hoffmann-La Roche, Inc., Nutley, N.J., USA (Erfinder: Gerald Rey-Bellet und Hans Spiegelberg, Basel, Schweiz), **6-Trichlormethylmercapto-6H-dibenzo-[c.e][1.2]-thiazin-5.5-dioxide (I),** in denen jeder Benzolkern durch einen Rest R^1 bzw. R^2 substituiert ist (R^1, R^2 = H, Halogen, Alkoxy, Alkyl oder Acyl), durch Rk. des in 6-Stellung unsubstituierten **I** oder seiner Alkalisalze mit Cl_3C–SCl. — Außer **I**, F. 122—123° (aus Bzl./PAe.), werden folgende Deriv. von **I** hergestellt: (Benzolsulfonyl-4'-chloranilid = **II**; 4-Chlorbenzolsulfonylanilid = **III**; 6H-Dibenzo-[c.e][1.2]-thiazin-5.5-dioxid = **IV**; Benzolsulfonsäure-4'-äthoxyanilid = **V**; Benzolsulfonsäure-4'-methylanilid = **VI**; Benzolsulfonsäure-4'-acetylanilid = **VII**). *9-Chlor-*, F. 159—160° (aus Bzl./PAe.), aus *2-Nitro-***II**, F. 118—120° (aus Bzl./PAe.) über *2-Amino-***II**, F. 118—120° (aus Bzl./PAe.) u. 9-Chlor-**IV**, F. 238—240° (aus Essigester/PAe.). — *2-Chlor-*, F. 140 bis 142° (aus Bzl./PAe.), aus 2-Nitro-**III**, F. 130—132° (aus Essigester/PAe.), über 2-Amino-**III**, F. 147—148° (aus Essigester/PAe.), u. 2-Chlor-**IV**, F. 212—213° (aus Essigester/PAe.). — *Mischung aus 8.9-* u. *9.10-Dichlor-*, F. 164 bis 184° (aus Bzl./PAe.), aus 2-Nitro-3'-chlor-**II**, F. 135 bis 137° (aus Bzl./PAe.), über 2-Amino-3'-chlor-**II**, F. 130 bis 132° (aus Bzl.) u. die Mischung aus 8.9- u. 9.10-Dichlor-**IV**, F. 220—240° (aus Essigester/PAe.). — *9-Äthoxy-*, F. 168—170° (aus Bzl./PAe.), aus 2-Nitro-**V**, F. 107 bis 108° (aus Bzl./PAe.), über 2-Amino-**V**, F. 101—102° (aus Bzl./PAe.), u. 9-Äthoxy-**IV**, F. 207—209° (aus Essigester/PAe.). — *9-Methyl-*, F. 147—148° (aus Bzl./PAe.), aus 2-Nitro-**VI**, F. 118—120° (aus Bzl./PAe.), über 2-Amino-, F. 130—132° (aus Bzl./PAe.), u. 9-Methyl-**IV**, F. 223—225° (aus Essigester/PAe.). — *9-Acetyl-*, F. 185—187° (aus Bzl./PAe.), aus 2-Nitro-**VII**, F. 221 bis 223° (aus Aceton/W.), über 2-Amino-**VII**, F. 173—174° (aus Bzl./PAe.), u. 9-Acetyl-**IV**, F. 321—323° (aus Essigester/PAe.). — *Mittel gegen Pflanzenpilze.* (**Brit.P. 1018118** vom 21/6. 1963, ausg. 26/1. 1966. **U.S.P. 3210348** vom 7/6. 1963, ausg. 5/10. 1965. Beide Schwz. Prior. 26/6. u. 12/10. 1962.) — 7 S. F. Hirsch 7370

2245 Dow Chemical Co., Midland, übert. von: Walter Reifschneider, Midland, und Jacqueline S. Kelyman, Auburn, Mich., USA, **Alkylthiophenole,** die durch Halogen, Alkyl, Alkenyl, Alkinyl, Cycloalkyl, Aryl, Aralkyl, Alkoxy, Aryloxy, NO_2, CN, NH_2, Amido, Hydrocarbyloxycarbonyl substituiert sein können, erhält man durch Rk. eines Phenolthiocyanats mit einem Alkohol in Ggw. einer Base. — Aus 4-Thiocyanat-o-kresol mit NaOH u. CH_3OH → *4-Methylthio-o-kresol*, $Kp._{0,7}$ 99—104°, ähnlich: *p-Methylthiophenol*, F. 81 bis 83°, *4-Methylthio-3.5-xylenol*, F. 64—65,5°, *2-Methylthio-4-chlor-3.5-xylenol*, $Kp._{0,25}$ 80°, *1-Nitro-4-n-propylthio-3.5-xylenol*, *2.6-Dichlor-4-methylthiophenol*, F. 54 bis 56°, *2-Brom-6-chlor-4-methylthiophenol*, F. 43—44,5°, *p-Hexylthiophenol.* — *Insektizide, Herbizide, Germizide.* (**U.S.P. 3274257** vom 17/6. 1963, ausg. 20/9. 1966.) — 4 S. R. Bollinger 7375

2246 Farbenfabriken Bayer Akt.-Ges., Leverkusen, **3.5-Dihalogen-4-alkylthioanilinderivate** erhält man durch Diazotierung von 2.6-Dihalogen-4-nitro-anilinen, Rk. der entstandenen Diazoverb. mit Na-Alkylmercaptiden u. Red. der entstandenen 4-Azoxy- oder 4-Nitro-2.6-dihalogen-thiophenoläther mit Fe u. HCl oder durch Rk. von 3.5-Dihalogenanilinen mit einem Thiocyanat u. Rk. des entstandenen 4-Thiocyanato-3.5-dihalogenanilins mit einem Alkohol. — Als Beispiele werden genannt: 3.5-Dichlor-4-thiocyanatoanilin, F. 167—168°, → *3.5-Dichlor-4-methylmercapto-anilin*, F. 125—126°; *4-Äthylmercapto-3.5-dichloranilin*, F. 105—106°; *4-Propylmercapto-3.5-dichloranilin*, F. 104—105°; *4-Isopropylmercapto-3.5-dichloranilin*, F. 129—130°; *4-Butylmercapto-3.5-dichloranilin*, F. 90—91°; *4-Allylmercapto-3.5-dichloranilin*, F. 104—105°; *4-Methylmercapto-3.5-dichlorphenylisocyanat*, $Kp._{0,6}$ 121—123°; *4-Methylmercapto-3.5-dichlor-carbanilsäuremethylester*, F. 101—102°; *4-Äthylmercapto-3.5-dichlor-carbanilsäuremethylester*, F. 101 bis 102°; *4-Methylmercapto-3.5-dichlor-N-methylacetanilid*, F. 102—104°; *4-Methylmercapto-3.5-dibromanilin*, F. 102 bis 103°; *4-Äthylmercapto-3.5-dibromanilin*, F. 74—75°; *4-Äthylmercapto-3.5-dichlorcarbanilsäure-β-chloräthylester*, F. 91—92°; *4-Äthylmercapto-3.5-dichlor-N-äthyl-acetanilid*, F. 63°. — *Akarizide.* (**Brit.P. 1053690** vom 25/11. 1965, ausg. 4/1. 1967. D. Prior. 31/12. 1964.) — 6 S. R. Bauereis 7375

2247 Stauffer Chemical Co., New York, N.Y., übert. von: Glenn R. Price und Edward N. Walsh, Chicago Heights, Ill., USA, **Herstellung neuer Dialkoxyphosphinylcarbamoyldisulfide** der allg. Formel $R^1O–(RO)P(=O)–S–S–CO–N(R^2)–R^3$ (**I**) (R u. R^1 = niedrigmol. Alkyl; R^2 u. R^3 = Allyl oder Methallyl; R^3 auch = H) erhält man a) nach dem Schema $R^1O–(RO)P(=O)–S–Cl + R^4O–C(=S)–N(R^2)–R^3 \rightarrow I + R^4Cl$ (R^4 = Alkyl) in Ggw. eines inerten organ. Lsgm. bei ca. 0—70°, bes. 0° bis Raumtemp., oder b) nach dem Schema $R^1O–(RO)P(=O)–S–Cl + M–S–C(=O)–N(R^2)–R^3 \rightarrow I + M–Cl$ (M = Alkalimetall), wobei an Stelle des Metalldialkylthiolcarbamats auch das Salz $[(C_3H_6)_2NH] \cdot [C_3H_6)_2N–C(=O)–SH]$ verwendbar ist, in einem inerten organ. Lsgm. bei 0—70° unter Rühren. — Aus einer Suspension von K–N.N-Diallylthiolcarbamat in Bzl. durch Rk. mit O.O-Diäthylphosphorsäuresulfenylchlorid → $(C_2H_5O)_2P(=O)–S–S–C(=O)–N(C_3H_5)_2$, n_D^{25} 1,5111, 89,5% (Ausb.); analog $(C_2H_5O)_2P(=O)–S–S–C(=O)–N(C_4H_7)_2$, 87%. — $(CH_3O)_2P(=O)–S–S–C(=O)–NH–C_3H_5$, 97%. — $(C_8H_{17}O)_2P(=O)–S–S–C(=O)–NH–C_3H_5$, 94,5%. — $(C_2H_5O)(C_8H_{17}O)P(=O)–S–S–C(=O)–NH–C_3H_5$, 95%. — $(C_2H_5O)_2P(=O)–S–S–C(=O)–NH–C_3H_5$. — *Schädlingsbekämpfungsmittel.* — Tabelle für letale Konz. gegen *Stubenfliegen*, amerikan. Küchenschaben (*Periplaneta americana*), gefleckte Wolfsmilchkäfer (*Oncopeltus fasciatus*), Schwarzkäfer (*Tribolium confusum*) u. „Salt marsh"-Raupen (*Estigmene acrea*). (**U.S.P. 3281507** vom 17/6. 1963, ausg. 25/10. 1966.) — 2 S. Georg Vogel 7375

2248 Velsicol Chemical Corp., übert. von: Eugene F. Barnas und Sidney B. Richter, Chicago, Ill., USA, **N.N'-Dimethoxy-N.N'-dimethyl-α-[O.O-dimethylphosphorodithio]-succinamid,** $C_{10}H_{21}O_6N_2S_2P$, erhält man a) durch Überführung von α-Chlor- oder α-Brombernsteinsäure in das Säurechlorid, nachfolgende Rk. mit N-Methoxy-N-methylamin (**I**) u. Rk. des Diamids mit Alkali-O.O-dimethyldithiophosphat (**II**) oder b) durch Überführung von Malein- oder Fumarsäure in das Dichlorid, das mittels **I** in das Diamid umgewandelt wird, u. Addition von **II** an das Diamid. — *Pestizid.* (**U.S.P. 3278651** vom 12/11. 1963, ausg. 11/10. 1966.) — 3 S. A. Jahn 7375

2249 Dow Chemical Co., Midland, Mich., übert. von: George B. Sterling, Mogadore, O., USA, **Derivate des 4.4'-Bis-[mercaptomethyl]-diphenyloxids** der allg. Formel $RSCH_2–C_6H_4–O–C_6H_4–CH_2SCH_2C \equiv CH$ (R = H oder 2-Propinyl) erhält man durch Rk. eines Propinylhalogenids mit 4.4'-Bis-(mercaptomethyl)-diphenyloxid in inertem Lsgm. in Ggw. von bas. Verb. bei 0—100°. — Aus 4.4'-Bis-(mercaptomethyl)-diphenyloxid mit einem Propargylhalogenid in Aceton in Ggw. von K_2CO_3 → *4-Mercaptomethyl-4'-[(2-propinyl)-thiomethyl]-diphenyloxid*, n_D^{25} = 1,6375; ähnlich → *4.4'-Bis-[(2-propinyl)-thiomethyl]-diphenyloxid.* — *Pestizide.* (**U.S.P. 3268592** vom 26/12. 1963, ausg. 23/8. 1966.) — 1 S. R. Bollinger 7375

2250 Yissum Research Development Co., Jerusalem (Erfinder: David Gertner, Jerusalem, Daniel Wagner, Tel Aviv, und Albert Zilkha, Jerusalem) Israel, **Trialkyl-, Triaryl- und Triaralkylzinnsalze von**

Aminosäuren oder Peptiden werden hergestellt durch Rk. der entsprechenden Organo-Sn-Hydroxide oder -Oxide mit den Aminosäuren oder Peptidenin nichtproton. Lsgm., wobei die Salze von N-Acylaminosäuren ausgenommen sind. — *Triäthyl-Sn-β-alaninat*, $C_{19}H_{21}NO_2Sn$, F. 151—152°. — *Tributyl-Sn*(**I**)-*α-aminobutyrat*, $C_{16}H_{35}$·NO_2Sn, F. 109—112°; Kp.$_{0,05}$ 135—138°. —**I**-*α-alaninat*, F. 130—132°, Kp.$_{0,06}$ 135—140°. — *Bis*-**I**-*DL-aspartat*, $C_{28}H_{59}NO_4Sn_2$, F. 80—82°, (Ausb.) 60%. — *N-Acetyl*-**I**-*valinat*, $C_{19}H_{39}NO_3Sn$, F. 120—121°; 97%. — *Mikrobiozide, Pestizide.* — Beispiele für: N-Carbobenzoxyglycyl(**II**)-DL-phenylalanin, F. 161°, 80%. **II**-DL-tryptophan, $C_{21}H_{21}N_3O_5$, F. 180°; 63%. — **II**-DL-methionin, $C_{15}H_{20}$·N_2O_5S, F. 123°, 81%. — **II**-DL-phenylalanin, 65%. (**Brit.P. 1077970** vom 13/10. 1965, ausg. 2/8. 1967. Israel. Prior. 20/10. 1964.) — 4 S. A. Debo 7375

2251 F. Hoffmann-La Roche & Cie. Soc. An., Basel, Schweiz, **Herstellung von Propinyläthern** der Formel *Ar–O–CH$_2$–C≡CX* (Ar = Phenyl-, 2.3.6-Trichlorphenyl-, 2.5-Dichlorphenyl-, 3.4.5-Trichlorphenyl- oder Phenylrest mit 1—5 niederen Alkoxygruppen; X = H oder Halogen, wenn Ar = Phenylrest, oder X = H oder J, wenn Ar = Di- oder Trichlorphenylrest) durch Rk. entsprechender Phenole mit 3-Brompropin in Ggw. einer Base u. ggf. Jodieren des Zwischenproduktes. — *Bakterizide, Fungizide, Insektizide.* (**Port.P. 46861** vom 7/9. 1966, Auszug veröff. 12/7. 1967. U.S. Prior. 8/9., 8/9., 8/9. u. 8/9. 1965.) W. Wittholz 7375

2252 Farbenfabriken Bayer Akt.-Ges., Leverkusen, **Herstellung von Fluoracylaminotrichlormethylmethan-Derivaten** der allg. Formel *F–CH$_2$–CO–NH–CH(CCl$_3$)–S–R* (R = CN-, Alkoxycarbonyl-, Alkoxythiocarbonyl-, Dialkylaminocarbonyl-, Acyl-, ggf. substituierte Alkylgruppe, ggf. substituierter Aryl- oder heterocycl. Rest) durch Rk. von Fluoracylaminotrichlormethylchlormethan $F–CH_2–CO–NH–CH(CCl_3)Cl$ mit Mercaptiden Me–S–R (Me = Alkalimetall oder H) in Ggw. eines Säureacceptors. — *Insektizide, Akarizide.* (**Port.P. 47010** vom 11/1. 1967, Auszug veröff. 4/8. 1967. D. Prior. 2/2. 1966.) W. Wittholz 7375

2253 Imperial Chemical Industries Ltd., London, Großbritannien (Erfinder: Lindsay Anderson Summers), **Schädlingsbekämpfungsmittel**, enthaltend als Wirkstoffe 4-Aryl-1.3.4-oxadiazol-5-one, deren Arylgruppe eine ggf. durch CH_3, Halogen, Methoxy oder Äthoxy substituierter Phenylrest oder ein Naphthylrest sein kann. — Die Wirkstoffe erhält man durch Rk. eines N-Aryl-N'-formyl-hydrazins mit $COCl_2$ oder einem Chlorameisensäureester. Genannt werden: *4-Phenyl-*, *4-p-Methoxyphenyl-* u. *4-*[*3.5-Dichlorphenyl*]*-1.3.4-oxadiazol-5-on.* — *Ovizide, Akarizide, Insektizide.* (**Brit.P. 1081763** vom 24/7. 1963, ausg. 31/8. 1967.) — 4 S. R. Bauereis 7375

2254 Standard Oil Co., Chicago, Ill., übert. von: Walter I. Kimoto, Edward A. Swakon, Hammond, Ind., und Edmund Field, Chicago, Ill., USA, **β-substituierte Äthylthiolcarbonsäureester** werden hergestellt durch Rk. von C(=O)S mit einem Alkohol u. einem Olefinoxid, Olefinsulfid, Arylnitril, Vinylketon oder einem Acrylsäureester in Ggw. eines bas. Katalysators. — Monothiolcarbonate: *O-Äthyl-S-*(*β-hydroxyäthyl*)-, Kp.$_{0,6}$ 80—84°; $n_D^{20,5}$ 1,4811; (Ausb.) 30%. — *O-Äthyl-S-*(*β-hydroxypropyl*)-, Kp.$_{0,5}$ 72—74°; $n_D^{20,5}$ 1,4760; 51%. — *O-Äthyl-S-*(*β-hydroxy-β-phenyläthyl*)-, Kp.$_{0,5}$ 135—147°; $n_D^{20,5}$ 1,5465; 49%. — *O-Äthyl-S-*(*β-mercaptoäthyl*)-, Kp.$_{0,6}$ 66—69°; $n_D^{20,3}$ 1,5281; 45%. — *O-Äthyl-S-*(*β-cyanäthyl*)-, Kp.$_{0,6}$ 88—90°; $n_D^{20,5}$ 1,4752; 90%. — *Insektizide, Fungizide.* (**U.S.P. 3352900** vom 17/7. 1963, ausg. 14/11. 1967.) — 4 S. A. Debo 7375

2255 National Research Development Corp., London, Großbritannien, **Insektizide** enthalten als Wirkstoff *5-Benzylfuryl-*(*3*)*-methylester* der *Chrysanthemum-* oder *Penetrin-Säure*, die durch Umesterung der entsprechenden Äthylester mit 5-Benzylfuryl-(3)-methylalkohol (**I**) erhalten werden. Man verwendet sowohl die cis-trans-Form als auch die trans-Form. **I** gewinnt man durch Kondens. von Benzylcyanid mit Bernsteinsäurediäthylester, saure Hydrolyse des Kondens.-Prod., Veresterung der Phenyllävulinsäure u. Schützen der Ketogruppe durch die Äthylendioxygruppe, Acylieren mit Ameisensäurealkylester in Ggw. von NaH oder $NaNH_2$, Cyclisieren des Formyläthylendioxyderiv. u. Red. der Carboxylgruppe zur Hydroxymethylgruppe. (**Port.P. 46866** vom 9/12. 1966, Auszug veröff. 12/7. 1967. Brit. Prior. 9/12. 1965 u. 23/8. 1966.) W. Wittholz 7375

2256 P. S. Bataev, V. I. Stavrovskaja und O. N. Lučkovskaja, **N-substituierte aromatische und fettaromatische Säureamide.** Die Säuren werden zunächst mit $SiCl_4$ u. dann mit den Aminen umgesetzt. — 18,3 (g) Benzoesäure, 150 ml abs. Toluol u. 7,3 $SiCl_4$ erwärmt man 2 Std. auf dem sd. W.-Bad. Anschließend wird $^1/_2$ Std. Luft eingeleitet. Zu der Mischung tropft man unter Eiskühlung 8,5 Piperidin, erwärmt 5 Std. auf dem sd. W.-Bad, behandelt mit 10%ig. NaOH, filtriert, wäscht die organ. Schicht mit W., extrahiert die alkal. Schicht mit Bzl., trocknet die vereinigten organ. Extrakte u. fraktioniert: 14,5 *N-Benzoylpiperidin*, Kp.$_{25}$ 196—198°. — Analog *m-Toluyl-N.N-diäthylamid*, Kp.$_8$ 129—132°. — *Phenoxyessigsäure-N.N-diäthylamid*, Kp.$_{20}$ 181—182°. — *m-Toluylpiperidid*, Kp.$_{40}$ 210—214°. — *Phenylessigsäurepiperidid*, Kp.$_{35}$ 205—210°. — *Repellents* für *Insektizide.* (**UdSSR.P. 184060** vom 18/9. 1965, ausg. 5/9. 1966.) — 2 S. J. Plückhan 7375

2257 M & T Chemicals, Inc., New York, N.Y., USA, übert. von: Alwyn G. Davies, London, Großbritannien, **Triorganozinncarbodiimide und -isoharnstoffe** der allg. Formeln $(R)_3Sn–N=C(OR')–R''$ u. $(R)_3Sn–N(R'')–C(OR')=N–R''$ werden hergestellt durch Rk. von $(R)_3SnOR'$ mit einem organ. Nitril oder Carbodiimid (R, R'' = Alkyl, Aryl, Alkenyl; R' = Alkyl, Aryl, Alkenyl, H, $–Sn(R)_3$. — *N-Tributylstannyltrichloracetiminotributylstannyläther*, gelbes Öl. — *N.N'-Di-1-naphthyl-N-tributylstannyl-O-methylisoharnstoff*, Öl; daraus mit W. → O-Methyl-N.N-di-1-naphthylisoharnstoff, F. 157 bis 158°. — *N.N'-Di-1-naphthyl-N.O-bis-*[*tributylstannyl*]*-isoharnstoff.* — *N.N'-Diphenyl-N.O-bis-*[*tributylstannyl*]*-isoharnstoff.* Die Verb. zersetzen sich bei der Destillation. — *Fungizide, Insektizide, Bakterizide.* (**U.S.P. 3347890** vom 26/10. 1964, ausg. 17/10. 1967.) — 3 S. A. Debo 7375

2258 Agripat Soc. An., Basel (Erfinder: Enrico Knüsli, Riehen, und Denis Varsanyi, Basel), Schweiz, **Schutzmittel für Textilien gegen Mikroorganismen und Insekten**, enthaltend als Wirkstoff ein Organo-Sn-Deriv. von s-Triazin der Formel **I** oder dessen Salze

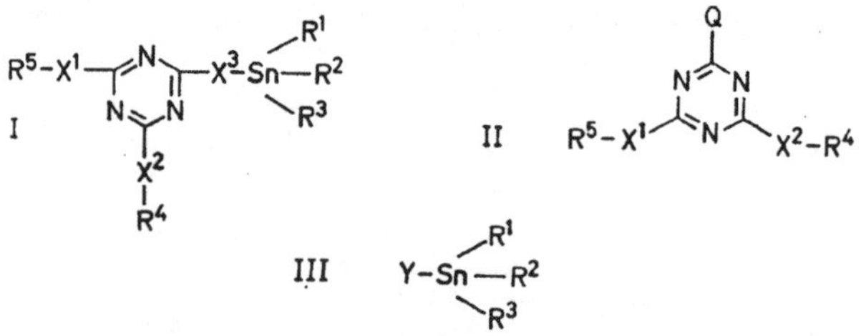

(X^1 u. X^2 = O, S, Imino- oder Alkyliminogruppe oder direkte Bindung; X^3 = S oder direkte Bindung; R^1, R^2 u. R^3 ggf. substituierter aliphat., alicycl. oder aromat. KW-Stoff-Rest; R^4 u. R^5 = H, ggf. substituierter aliphat., alicycl. oder aromat. KW-Stoff-Rest oder zusammen mit X^1 bzw. X^2 Morpholino oder Piperazino, oder in den Fällen, in denen X^1 bzw. X^2 eine direkte Bindung darstellt, auch Halogen, die Thiocyan- oder Cyangruppe oder die Gruppe $–X^3–Sn(R^1)(R^2)(R^3)$. -**I** erhält man durch Rk. eines Triazins der Formel **II** (Q = Mercaptogruppe oder Halogen) mit ≧ 1 Äquivalent einer Organo-Sn-Verb. der Formel **III** (Y = ein als Anion oder Kation abspaltbarer Rest) in Ggw. eines inerten Gases, wie N_2 u. ggf. in Ggw. eines Lösungsmittels. — Beispiele für **I**: (*s-triazin* = **IV**) *2.4.6-Tris-*[*tri-n-butylstannyl-thio*]-**IV**, gelbes Öl; *2.4.6-Tris-*[*tri-n-propylstannyl-thio*]-**IV**, gelbes Öl;

2.4.6-Tris-[triphenylstannyl-thio]-**IV**, F. 200–202°; *2-[Tri-n-butylstannyl-thio]-4.6-diamino*-**IV**, F. 106–108°; *2.4-Bis-[tribenzylstannyl-thio]-6-thio*-**IV**, F. 110–112°; *2-[Tri-n-propylstannyl-thio]-4.6-bis-isopropyl-amino*-**IV**; *2-[Tri-n-butylstannyl-thio]-4.6-bis-isopropyl-amino*-**IV**, gelbes Öl; *2-[Tri-n-butylstannyl-thio]-4-isopropylamino-6-methyl-amino*-**IV**, F. 78–79°; *2-[Tri-n-butylstannyl-thio]-4-isopropylamino-6-äthylamino*-**IV**, F. 81°; *2-[Tri-n-butylstannyl-thio]-4.6-bis-äthylamino*-**IV**, F. 95–96°; *2-[Triphenylstannyl-thio]-4.6-bis-isopropylamino*-**IV**, F. 68 bis 70°. (**Schwz.P. 417216** vom 10/7. 1964, ausg. 31/1. 1967.)

H. Nebelsiek 7380

2259 **Farbenfabriken Bayer Akt.-Ges.** (Erfinder: **Konrad Weis, Willi Hahn** und **Ludwig Eue**), *Herbizide.* (**Aust.P. 270 792** vom 8/3. 1963, ausg. 10/11. 1966. D. Prior. 15/3. 1962. – C. **1966**, 8-2940 [D.A.S. 1 197 678].)

2260 **Deutsche Gold- und Silber-Scheideanstalt vormals Roessler** (Erfinder: **Hermann Schulz** und **Werner Schwarze**), *Herbizide.* (**Aust.P. 270 716** vom 24/5. 1963, ausg. 10/11. 1966. Brit. Prior. 8/6. 1962, 13/3. u. 11/4. 1963. – C. **1968**, 4-2591 [F.P. 1 359 553].)

2261 **May and Baker Ltd.**, Großbritannien, *Herbizide.* (**F.P. 1 340 297** vom 5/9. 1962, ausg. 15/1. 1964. Brit. Prior. 8/9. 1961. – C. **1966**, 38-3007 [Ung.P. 151 448].)

2262 **North American Philips Co., Inc.**, New York, N. Y., USA, übert. von: **Hermannus Koopman**, Weesp, Niederlande, *Herstellung von* **2.6**-*Dichlorbenzonitril.* (**U.S.P. 3 225 081** vom 29/10. 1962, ausg. 21/12. 1965. Niederl. Prior. 30/10. 1961. – C. **1966**, 32-2452 [Can.P. 698 235].)

2263 **E. I. du Pont de Nemours & Co.** (Erfinder: **Raymond W. Luckenhaugh** und **Edward Soboczenski**), *Uracile.* (**Aust.P. 271 483** vom 28/10. 1964, ausg. 15/12. 1966. – C. **1966**, 49-3141 [F.P. 1 270 771].)

2264 **Ciba Ltd.** (Erfinder: **Trevor Jones**), *Pflanzenschutzmittel.* (**Aust.P. 270 100** vom 16/4. 1963, ausg. 6/10. 1966. Brit. Prior. 18/4. 1962. – C. **1967**, 48-3145 [Can.P. 685 053].)

2265 **National Lead Co.** (Erfinder: **Edward J. Dunn jun.**, und **Martin Kushner**), *Herstellung fäulnisverhindernder Kupferboratpigmente.* (**Aust.P. 271 088** vom 27/6. 1962, ausg. 1/2. 1966. U.S. Prior. 30/6. 1961. – C. **1966**, 49-3142 [U.S.P. 3 100 718].)

2266 **Imperial Chemical Industries Ltd.** (Erfinder: **Lindsay Anderson Summers, John Theodore Braunholtz** und **Peter Frank Hilary Freeman**), Großbritannien, *Herstellung von Isoxazolinonen.* (**F.P. 1 336 876** vom 27/7. 1962, ausg. 18/12. 1963. Brit. Prior. 28/7. 1961 u. 16/7. 1962. – C. **1967**, 32-3102 [Brit.P. 1 009 801].)

2267 **Farbwerke Hoechst Akt.-Ges. vormals Meister Lucius & Brüning** (Erfinder: **Maximilian Czech** und **Ludwig F. Emmel**), *Pestizide.* (**Aust.P. 275 131** vom 11/12. 1962, ausg. 8/6. 1967. D. Prior. 13/12. 1961. – C. **1964**, 18-2176 [D.A.S. 1 151 405].)

2268 **W. R. Grace & Co.** (Erfinder: **Carroll Doyle, Luther Young** und **Joseph Chatard jun.**), *Insektizide.* (**Aust.P. 268 093** vom 27/4. 1962, ausg. 7/7. 1966. U.S. Prior. 15/8. 1961. – C. **1966**, 12-2982 [U.S.P. 3 124 505].)

2269 **Montecatini Soc. Gen. per l'Industria Mineraria e Chimica** (Erfinder: **Bruno Barolo**), *Insektizide.* (**Aust.P. 270 694** vom 18/7. 1962, ausg. 10/11. 1966. It. Prior. 20/7. 1961. – C. **1964**, 20-2573 [Port.P. 39 844].)

2270 **Farbenfabriken Bayer Akt.-Ges.** (Erfinder: **Wolfgang Behrenz, Wolfgang Czerch** und **Otto Telle**), *Verhinderung der Verdampfung von Insektiziden.* (**Aust.P. 268 036** vom 12/7. 1963, ausg. 7/7. 1966. D. Prior. 28/7. 1962. – C. **1966**, 47-3176 [D.A.S. 1 204 455].)

2271 **United States Rubber Co.** (Erfinder: **Rupert Covey, Allen Smith** und **Winchester Hubbard**), *Sulfitester von Alkinylalkoholen und Glykoläthern.* (**Aust.P. 269 842** vom 22/6. 1962, ausg. 22/9. 1966. U.S. Prior. 16/8. 1961. – C. **1967**, 51/52-3058 [F.P. 1 326 051].)

2272 **Farbenfabriken Bayer Akt.-Ges.**, Leverkusen (Erfinder: **Bertram Anders**, Köln, **Engelbert Kühle**, Berg.-Gladbach, und **Karlfried Dickore**, Leverkusen), *Herstellung von Sulfonylisocyaniddichloriden.* (**Brit.P. 1 052 180** vom 9/12. 1964, ausg. 21/12. 1966. D. Prior. 11/12. 1963. – C. **1967**, 44-2520 [D.A.S. 1 221 214].)

2273 **Farbenfabriken Bayer Akt.-Ges.**, Leverkusen, übert. von: **Ernst Schraufstätter** und **Rudolf Gönnert**, Wuppertal,| *Herstellung von Salicylanilidderivaten.* (**U.S.P. 3 147 300** vom 21/10. 1959, ausg. 1/9. 1964. D. Prior. 26/9. 1955. – C. **1958**, 13887 [D.A.S. 1 024 745].)

2274 **Rohm & Haas Co.** (Erfinder: **Harold Wilson** und **Charles Glassick**), *Aryl-bis-[tert.-alkylamino]-phosphine und deren quaternäre Derivate.* (**Aust.P. 267 905** vom 17/6. 1963, ausg. 30/6. 1966. U.S. Prior. 20/6. 1962. – C. **1966**, 5-2940 [D.A.S. 1 194 853].)

2275 **Montecatini Soc. Gen. per l'Industria Mineraria e Chimica**, übert. von: **Cesare Augusto Peri** und **Georgio Rossi**, Mailand, Italien, *Herstellung von Amiden von 0.0-Dialkyldithiophosphorylacetamiden.* (**U.S.P. 3 238 202** vom 30/4. 1962, ausg. 1/3. 1966. It. Prior. 2/5. 1961. u. 11/4. 1962. – C. **1967**, 51/52-3061 [F.P. 1 327 314] u. C. **1967**, 1-3304 [Brit.P. 985 466].)

2276 **Farbenfabriken Bayer Akt.-Ges.** (Erfinder: **Gerhard Schrader**), *Thionophosphorsäureester.* (**Aust.P. 268 751** vom 12/8. 1963, ausg. 4/8. 1966. D. Prior. 14/8. 1962. – C. **1968**, 35-3127 [Brit.P. 1 014 346].)

2277 **J. R. Geigy Akt.-Ges.**, Basel, Schweiz, *Insektizide und akarizide Thiophosphorsäureester.* (**Brit.P. 978 854** vom 6/4. 1961, ausg. 23/12. 1964. Schwz. Prior. 7/4. 1960. – C. **1966**, 30-2950 [D.P.[DDR] 31 754].)

2278 **Farbenfabriken Bayer Akt.-Ges.** (Erfinder: **Gerhard Schrader**), Deutschland, *Herstellung von Monothiophosphorsäureestern.* (**F.P. 1 336 360** vom 27/7. 1962, ausg. 18/12. 1963. D. Prior. 28/7. 1961. – C. **1966**, 46-2992 [Brit.P. 983 886].)

2279 **Stauffer Chemical Co.** (Erfinder: **Edward Nelson Walsh** und **James Tilford Hollett**), *(Thio)Phosphorsäureester.* (**Aust.P. 268 860** vom 11/6. 1963, ausg. 11/8. 1966. U.S. Prior. 15/6. 1962. – C. **1966**, 11-3186 [U.S.P. 3 105 003

2280 **Montecatini Soc. Gen. per l'Industria Mineraria e Chimica** (Erfinder: **Raffaello Fusco, Giorgio Rossi, Pietro de Pietri Tonelli** und **Alberto Barontini**) *Herstellung von Phosphorsäureestern.* (**Aust.P. 268 980** vom 2/11. 1962, ausg. 18/8. 1966. It. Prior. 3/11. 1961. – C. **1967**, 49/50-2833 [F.P. 1 345 173].)

2281 **Hooker Chemical Corp.**, Niagara Falls, N. Y., USA, *1.1.3.4.7.7.Hexachlor-*Δ^{2}*-bicyclo-[2.2.1]-hepten-5.6-bisoxymethylensulfit.* (**Niederl.P. 122 802** vom 10/3. 1960, ausg. 15/8. 1967. U.S. Prior. 23/3. 1959. – C. **1964**, 19-1994 [Brit.P. 909 587].)

2282 **McNeil Laboratories, Inc.** (Erfinder: **Richard J. Mohrbacher, George I. Poos** und **Adolph P. Roszkowski**), *Norbornane.* (**Aust.P. 275 195** vom 14/2. 1964, ausg. 8/6. 1967. U.S. Prior. 27/2. 1963. – C. **1967**, 4-3046 [D.P.[DDR] 41 584].)

2283 **Stauffer Chemical Co.** (Erfinder: **Walter A. Stamm, Arthur W. Breindel**, und **Ashley H. Freiberg**), *Herstellung von Organozinn-Derivaten.* (**Aust.P. 264 254** vom 13/3. 1963, ausg. 20/1. 1966. – C. **1965**, 3-2015 [D.A.S. 1 171 920].)

2284 **Esso Research and Engineering Co.** (Erfinder: **Robert Henry Salvesen** und **George Austin Weisgerber**), *Herstellung von herbiziden Wachsdispersionen.* (**Aust.P. 271 119** vom 9/11. 1962, ausg. 1/12. 1966. U.S. Prior. 22/3. 1962. – C. **1966**, 46-2970 [Brit.P. 986 911].)

2285 **Schering Akt.-Ges.** (Erfinder: **Heinz-Eberhard Freund, Hans-Friedrich Arndt** und **Reinhart Rusch**), *Herbizide Anilide.* (**Aust.P. 268 441** vom 11/3. 1963, ausg. 21/7. 1966. D. Prior. 10/4. 1962. – C. **1965**, 18-2272 [D.A.S. 1 166 547].)

2286 **Farbenfabriken Bayer Akt.-Ges.**, Leverkusen (Erfinder: **Werner Schäfer, Richard Wegler**, Leverkusen, **Ludwig Eue**, Köln, und **Helmuth Hack**, Opladen), *Herstellung von N.N-dipropionyl-3.4-dichloranilin als herbizides Mittel.* (**Schwz.P. 447 708** vom 15/9. 1964, ausg. 29/3. 1968. D. Prior. 11/10. 1963. – C. **1966**, 8-2939 [D.A.S. 1 197 679].)

2287 **Whiffen & Sons Ltd.**, Großbritannien, *Sulfolanylphenylhydrazin.* (**F.P. 1 372 418** vom 4/1. 1962, ausg. 30/12. 1964. – C. **1968**, 21-3389 [U.S.P. 3 232 954].)

2288 **Montecatini Soc. Gen. per l'Industria Mineraria e Chimica** (Erfinder: **Giovanni Pellegrini**), Mailand, Italien, *Herstellung von β-Aminoäthylarylketonpikraten.* (**Schwz.P. 446 391** vom 10/6. 1963, ausg. 15/3. 1968. It. Prior. 11/6. 1962. – C. **1966**, 26-3054 [D.A.S. 1 203 790].)

2289 **Meiji Seika Kaisha Ltd.**, Tokio (Erfinder: **Shohei Kawaij, Tadashi Wakazawa**, Kawasaki-shi, **Shunzo Fukatsu**, Tokio, und **Yoshinori Sugano**, Yokohama), Japan, *Herstellung von Kanamycin-Komplexsalzen.* (**Schwz.P. 441 622** vom 23/2. 1962, ausg. 15/1. 1968. Jap. Prior. 24/2. 1961. – C. **1967**, 5-3223 [Brit.P. 974 128].)

2290 **Schering Akt.-Ges.**, Berlin u. Bergkamen (Erfinder: **Horst Peissker**, Wolfenbüttel, **Albert Jäger, Walter Steinhausen** und **Gerhard Boroschewski**, Berlin), *Insektizide und akarizide Mittel.* (**Schwz.P. 449 320** vom 18/6. 1963, ausg. 11/4. 1968. D. Prior. 2/8. 1962. – C. **1965**, 25/26-2324 [D.A.S. 1 169 194].)

2291 **American Cyanamid Co.**, Wayne (Erfinder: **James Byron Lovell**, Pennington, N. J., und **Ronald William Baar**, Flushing, N. Y.,) USA, *Insektizides Mittel.* (**D.A.S. 1 274 399** Kl. 451 vom 10/6. 1964, ausg. 1/8. 1968. U.S. Prior. 12/6. 1963. – C. **1966**, 6-2948 [Port.P. 42 576].)

2292 **Shell Internationale Research Mij. N. V.** (Erfinder: **Donald Phillips**), *Benzylphosphate.* (**Aust.P. 269 268** vom 18/3. 1963, ausg. 25/8. 1966. U.S. Prior. 19/3. 1962. – C. **1965**, 47-2176 [D.A.S. 1 188 360].)

2293 **Farbenfabriken Bayer Akt.-Ges.**, Leverkusen (Erfinder: **Christa Fest** und **Gerhard Schrader**, Wuppertal), *Herstellung von Phosphon- bzw. Thionophosphonsäureestern.* (**Schwz.P. 441 313** vom 25/9. 1963, ausg. 15/1. 1968. D. Prior. 17/10. 1962 u. 15/5. 1963. – C. **1966**, 25-3082 [Brit.P. 979 568].)

2294 **Farbenfabriken Bayer Akt.-Ges.**, Leverkusen (Erfinder: **Karl-Julius Schmidt**, Wuppertal), *Herstellung von Thiol- bzw. Thionothiolphosphonsäureestern.* (**Schwz.P. 452 522** vom 3/2. 1965, ausg. 31/5. 1968. D. Prior. 28/3. 1964. – C. **1966**, 6-2945 [D.A.S. 1 188 596].)

2295 **Farbenfabriken Bayer Akt.-Ges.** (Erfinder: **Gunter Oertel** und **Hugo Malz**), *Phosphorsäureester.* (**Aust.P. 268 560** vom 28/5. 1963, ausg. 28/7. 1966. D. Prior. 30/5. 1962. – C. **1964**, 48-2106 [D.A.S. 1 163 310].)

2296 **Farbenfabriken Bayer Akt.-Ges.**, Leverkusen (Erfinder: **Gerhard Schrader, Walter Lorenz**, Wuppertal, **Günter Unterstenhöfer**, Opladen, und **Ingeborg Hemmann**, Köln), *Herstellung von Amidothiolphosphorsäureestern.* (**Schwz.P. 454 126** vom 21/5. 1965, ausg. 14/6. 1968. D. Prior. 2/7. 1964. – C. **1966**, 47-3173 [Schwz.P. 454 126].)

2297 **Stauffer Chemical Co.**, New York, N. Y. (Erfinder: **Glenn Ronald Price, Edward Nelson Walsh**, Chicago Heigths, Ill., und **James Tilford Hallett**, Saratoga, Calif.), USA, *N-Phosphorsäureester und N-Thio-Phosphorsäureester von N'-substituierten Thioharnstoffen.* (**Schwz.P. 444 570** vom 13/6. 1963, ausg. 29/2. 1968. U. S. Prior. 15/6. 1962. – C. **1965**, 48-2311 [U.S.P. 3 083 135].)

2298 **Eastman Kodak Co.** (Erfinder: **Donald Lee Fields** und **Delbert Daniel Reynolds**), Rochester, N. Y., USA, *Herstellung von cyclischen Sulfiden.* (**D.A.S. 1 263 780** Kl. 12q vom 21/4. 1962, ausg. 21/3. 1968. U.S. Prior. 21/4. 1961. – C. **1967**, 15-3187 [Brit.P. 998 606].)

Redaktionsschluß: 24. Dezember 1968

Akademie-Verlag GmbH, 108 Berlin, Leipziger Str. 3—4 (Fernsprecher: 220441, Telex-Nr. 0112020) und Verlag Chemie, GmbH, 6940 Weinheim/Bergstr., Pappelallee 3 (Fernsprecher: (06201) 3635; Fernschreiber: 465 516 vchwh d). Bestellnummer: 1007/140.
Das Chemische Zentralblatt erscheint wöchentlich. Preis des Jahrganges einschl. Schnellreferatedienst, Autoren-, Patent-, Sach- u. Formelregister: 3200,— einseitig bedruckte Ausgabe: 3700,—. Abgabe der Zeitschrift nur mit sämtlichen Registern. Abbestellungen nur bis spätestens 6 Wochen vor Ablauf des Kalenderjahres.

Satz u. Druck: VEB Druckhaus „Maxim Gorki", Altenburg, und VEB Leipziger Druckhaus, Leipzig.
Veröffentlicht unter der Lizenznummer 1273 des Presseamtes beim Vorsitzenden des Ministerrates.
Printed in Germany.

FSC
www.fsc.org
MIX
Papier | Fördert gute Waldnutzung
FSC® C083411

Kolibri 360 GmbH
Ferdinand-Jühlke-Straße 7
99095 Erfurt, Deutschland
produktsicherheit@kolibri360.de